T0255292

Die schönsten Aufgaben der Mathematik-Olympiade in Deutschland

Die Autoren sind Mathematiker mit langen Erfahrungen in mathematischen Wettbewerben bis hin zu den Internationalen Mathematik-Olympiaden (IMO). Sie sind vielfältig an Aktivitäten zur Förderung mathematisch begabter Talente beteiligt. Alle sind Gründungsmitglieder des MO e.V. – der Mathematik-Olympiaden e.V. ist Träger der Mathematik-Olympiaden in Deutschland.

Andreas Felgenhauer (*1951), Prof. Dr. rer. nat. habil.
Professor für Numerische Mathematik und Informatik an der Hochschule Magdeburg-Stendal (bis 2018); Mitglied im Aufgabenausschuss (seit 1991).

Hans-Dietrich Gronau (*1951), BVK, Prof. Dr. rer. nat. habil.
Professor für Diskrete Mathematik an der Universität Rostock (bis 2016); 1. Vorsitzender des MO e.V. (bis 2010); Leiter der deutschen IMO-Mannschaft (bis 2014).

Roger Labahn (*1959), Prof. Dr. rer. nat. habil.
Außerplanmäßiger Professor für Mathematik an der Universität Rostock.

Wolfgang Ludwicki (*1948), Dr. paed., Dipl.-Math.
Lehrer für Mathematik, Physik und Informatik am Winckelmann-Gymnasium Stendal (bis 2012); Mitglied im Aufgabenausschuss (seit 1990).

Wolfgang Moldenhauer (1949 – 2015), Dr. rer. nat.
Fachrektor am Thüringer Institut für Lehrerfortbildung, Lehrplanentwicklung und Medien (bis 2014); Vorstandsmitglied des MO e.V. (1994 – 2015); Mitglied im Aufgabenausschuss (1974 – 2015).

Jürgen Prestin (*1960), Prof. Dr. rer. nat. habil.
Professor für Mathematik an der Universität zu Lübeck; 1. Vorsitzender des MO e.V. (seit 2010); Mitglied im Aufgabenausschuss (seit 1991); Leiter der deutschen IMO-Mannschaft (seit 2015).

Michael Rüsing (*1955), StD
Lehrer für Mathematik, Physik und Informatik am Gymnasium Beatae Mariae Virginis Essen; 2. Vorsitzender des MO e.V. (seit 1996); Mitglied im Aufgabenausschuss (seit 1992).

Elias Wegert (*1955), Prof. Dr. rer. nat. habil.
Professor für Nichtlineare Analysis an der TU Bergakademie Freiberg (bis 2021); Autor des Logos des MO e.V.; Mitglied im Aufgabenausschuss (seit 1984).

Martin Welk (*1970), Dr. rer. nat.
Außerordentlicher Professor auf dem Gebiet der Bildanalyse an der Privatuniversität UMIT TIROL, Hall in Tirol (seit 2011); Mitglied im Aufgabenausschuss (seit 1994).

Andreas Felgenhauer · Hans-Dietrich Gronau ·
Roger Labahn · Wolfgang Ludwicki ·
Wolfgang Moldenhauer · Jürgen Prestin ·
Michael Rüsing · Elias Wegert · Martin Welk

Die schönsten Aufgaben der Mathematik-Olympiade in Deutschland

300 ausgewählte Aufgaben und Lösungen der Olympiadeklassen 11 bis 13

Andreas Felgenhauer
Magdeburg, Deutschland

Hans-Dietrich Gronau
Elmenhorst/Lichtenhagen, Deutschland

Roger Labahn
Rostock, Deutschland

Wolfgang Ludwicki
Tangermünde, Deutschland

Wolfgang Moldenhauer
Erfurt, Deutschland

Jürgen Prestin
Schönberg, Deutschland

Michael Rüsing
Essen, Deutschland

Elias Wegert
Chemnitz, Deutschland

Martin Welk
Hall in Tirol, Österreich

ISBN 978-3-662-63182-9 ISBN 978-3-662-63183-6 (eBook)
https://doi.org/10.1007/978-3-662-63183-6

Die Deutsche Nationalbibliothek verzeichnet diese Publikation in der Deutschen Nationalbibliografie; detaillierte bibliografische Daten sind im Internet über http://dnb.d-nb.de abrufbar.

Logo der Mathematikolympiade, mit freundlicher Genehmigung von Prof. Dr. Jürgen Prestin, 1. Vorsitzender des MO e.V

Planung/Lektorat: Annika Denkert
Springer Spektrum ist ein Imprint der eingetragenen Gesellschaft Springer-Verlag GmbH, DE und ist ein Teil von Springer Nature.
Die Anschrift der Gesellschaft ist: Heidelberger Platz 3, 14197 Berlin, Germany

gewidmet

einem Vater der Mathematik–Olympiade
Prof. Dr. Wolfgang Engel (1928 – 2010)

einem Retter der Mathematik–Olympiade
Dr. Wolfgang Moldenhauer (1949 – 2015)

Inhaltsverzeichnis

Vorwort

Als 1961 die erste Mathematik-Olympiade auf deutschem Boden durchgeführt wurde, hat wohl niemand geahnt, welche Entwicklung dieser Wettbewerb nehmen würde. In seiner Geschichte gab es Höhen und Tiefen, und während einiger besonders kritischer Jahre war sein Fortbestehen ernsthaft gefährdet. Dem couragierten Handeln einiger besonders Aktiver und dem Einsatz vieler Engagierter aus allen Regionen Deutschlands ist es zu danken, dass wir jetzt auf eine 60-jährige erfolgreiche Geschichte zurückblicken können. In dieser Zeit haben sich etwa 10 Millionen Schülerinnen und Schüler am Wettbewerb beteiligt. Ein historischer Überblick über die Ursprünge der Olympiade und ihre Entwicklung wird im nachfolgenden Kapitel gegeben.

Heute ist die *Mathematik-Olympiade in Deutschland* neben dem *Bundeswettbewerb Mathematik* und dem *Auswahlwettbewerb zur Internationalen Mathematik-Olympiade* ein fester Bestandteil der *Bundesweiten Mathematik-Wettbewerbe* `https://www.mathe-wettbewerbe.de/`. Sie richtet sich an Schülerinnen und Schüler der Klassenstufen 3 bis 13 und wird jährlich in vier Runden durchgeführt. Der *Aufgabenausschuss* erarbeitet in mehreren Teams altersgerechte Aufgaben und Lösungen und stellt diese den Organisatoren zur Verfügung. Bei der *Schulrunde* legen die lokalen Veranstalter fest, ob die Aufgaben einzeln oder in Gruppen, im Unterricht oder zu Hause bearbeitet werden. Erfolgreiche Teilnehmerinnen und Teilnehmer der Schulrunde werden zur *Regionalrunde* eingeladen und schreiben eine Klausur. Die Besten der Regionalrunde nehmen an der *Landesrunde* teil, je nach Bundesland ist dies ein ein- oder zweitägiger Klausurwettbewerb. Den Höhepunkt bildet schließlich die *Bundesrunde*, an der fast 200 Schülerinnen und Schüler der Klassenstufen 8 bis 13 teilnehmen. Sie findet jedes Jahr in wechselnden Bundesländern statt.

Obwohl alle Aufgaben der Mathematik-Olympiaden im Internet verfügbar sind (im Archiv des Mathematik-Olympiaden e.V. [46] und in den Sammlungen von Manuela Kugel [38] und von Steffen Polster [53]), schien es uns sinnvoll, einige besonders „schöne" Probleme und deren Lösungen in Buchform zu veröffentlichen. Die erste derartige Sammlung [28] erschien bereits 1987, sie wurde von vier Autoren dieses Buches (H.-D. Gronau, R. Labahn, W. Moldenhauer und J. Prestin) sowie

M. Krüppel erarbeitet und enthielt 100 Aufgaben und Lösungen der ersten 25 Olympiade-Jahrgänge.

Um 2003 kam der Gedanke auf, diese Aufgabensammlung zu erweitern und mit Erläuterungen zu versehen. Außer den vier oben bereits genannten Autoren wurden weitere Mitglieder des Aufgabenausschusses einbezogen, die mit den Aufgaben und den Lösungen mit ihren verschiedenen Varianten bestens vertraut sind. Acht dieser neun Autoren haben schon als Schüler erfolgreich an der Mathematik-Olympiade teilgenommen und fünf haben es sogar bis zur Internationalen Mathematik-Olympiade (IMO) geschafft. Nach der Schulzeit studierten sie alle Mathematik oder Mathematik auf Lehramt und sind seitdem eng mit der Mathematik-Olympiade verbunden.

Was sind die schönsten Aufgaben der Mathematik-Olympiade? Bei der Auswahl der Aufgaben haben wir uns zunächst aus pragmatischen Gründen entschieden, nur die 1144 Aufgaben einzubeziehen, die in den ersten 50 Jahren der Olympiade für die Klassen 11–13 gestellt wurden. „Schöne Aufgaben“ sollten attraktiv und ästhetisch sein, vielleicht einen überraschenden Sachverhalt beschreiben, zu originellen Ideen anregen und im besten Fall auch eine elegante Lösung besitzen. Wir 9 Autoren haben uns mit vielen Aufgaben weiterhin beschäftigt, z. B. im Training von Schülerinnen und Schülern, so dass unsere Einschätzungen der Aufgaben nicht spontan erfolgte, sondern das Ergebnis der Betrachtung vieler ihrer Facetten war. Wir haben aber auch darauf geachtet, einige „typische Olympiade-Aufgaben“ aufzunehmen, um an ihnen spezielle Lösungsmethoden zu demonstrieren. Nach einer langen und intensiven Diskussion haben wir schließlich über die aufzunehmenden Aufgaben abgestimmt. Weil unsere Arbeitsrichtungen und mathematischen Vorlieben unterschiedlich sind und ein großes Spektrum überdecken, hoffen wir trotz aller Subjektivität eine akzeptable Auswahl getroffen zu haben.

Die Aufgaben sind thematisch geordnet und mit einer vollständig (und teilweise neu) ausgearbeiteten Lösung versehen. In vielen Fällen bieten wir mehrere verschiedene Lösungsvarianten. Ergänzend stellen wir in jedem Abschnitt wichtige Hilfsmittel zusammen und erläutern typische Lösungsstrategien, die nicht nur für Mathematik-Olympiaden relevant sind. Wir hoffen, damit nicht nur Schülerinnen und Schülern ein vielseitiges Trainingsmaterial in die Hand zu geben, sondern auch Lehrende bei der Wahl von Themen für Arbeitsgemeinschaften oder einen vertiefenden Unterricht zu unterstützen.

Alle Aufgaben sind mit Mitteln lösbar, die aus dem Schulunterricht bekannt sind. Dem Vorbild der bei den IMOs gestellten Aufgaben folgend, wurden auch bei deutschen Mathematik-Olympiaden kaum Aufgaben zur Differential- und Integralrechnung oder aus der Stochastik gestellt. Allerdings dürfen Teilnehmende auch solche Methoden einsetzen, wenn sie dazu schon in der Lage sind.

Wir empfehlen, die Lösungsvorschläge erst dann anzuschauen, wenn man sich selbst lange genug an der Lösung versucht hat. Die eigene Arbeit am jeweiligen Problem führt zu einem tieferen Verständnis und Lösungsvorschläge können besser eingeordnet werden. Man sollte auch nicht verzweifeln, wenn es nicht gelingt, die eine oder andere Aufgabe selbst zu lösen. Auch wer sich beim schnellen Problemlösen nicht hervortut, kann durch beständiges Arbeiten tief in die Theorie eindringen und neue Erkenntnisse gewinnen. Interessante Gedanken über die Wechselbeziehungen zwischen „Aufgaben vom Olympiadetyp“ und Problemen der mathematischen Forschung entwickelt STANISLAW SMIRNOW, ein Träger der Fields-Medaille, in seinem Essay „How do research problems compare with IMO problems“ in [29] Seiten 199–208.

Die Entwicklung eines Olympiade-Problems zu einem Problem der aktuellen mathematischen Forschung kann man in [63] nachvollziehen.

Wer nicht nur Spaß an mathematischen Herausforderungen hat, sondern sich ernsthaft mit Mathematik beschäftigen oder diese sogar als Beruf ergreifen will, sollte vor allem seine individuellen Stärken herausfinden und seinen eigenen Weg gehen. Möge das Buch dabei hilfreich sein!

Während der langen Erarbeitung dieses Buches ist WOLFGANG MOLDENHAUER verstorben. Seine hinterlassenen Manuskripte, vor allem zum Kapitel 4 „Ungleichungen“, sind in dieses Buch eingeflossen. Mit der Widmung dieses Buches würdigen wir seine lebenslange unermüdliche Arbeit für die Mathematik-Olympiaden.

Die Zusammenstellung der wesentlichen Akteure des Aufgabenausschusses in den ersten Jahren der Mathematik-Olympiade war eine schwierige Herausforderung. Für die Unterstützung dabei danken wir Prof. Dr. KONRAD ENGEL, Dr. MONIKA NOACK und OStR KARL-HEINZ UMLAUFT.

Wir danken Frau Dr. ANNIKA DENKERT und Frau AGNES HERRMANN für die Aufnahme und freundliche Begleitung dieses Buchprojektes in das Programm von Springer Spektrum.

Abschließend danken wir allen Förderern und Unterstützern der Mathematik-Olympiade, insbesondere dem Bundesministerium für Bildung und Forschung und den Kultusministerien der Bundesländer. Besonderer Dank gilt allen Kolleginnen und Kollegen, die den Wettbewerb auf Schul-, Regional-, Landes- und Bundesebene mit großem Engagement durchführen.

Einleitung

Prof. Dr. Wolfgang Engel, einer der Väter der Mathematik-Olympiade, hat die Geschichte der Olympiade in der DDR, also bis 1990, ausführlich in einem Essay dargestellt, das in ähnlichen Versionen in [44] und [24] erschienen ist. Diese Veröffentlichungen waren für uns in gekürzter und teilweise ergänzter Form Basis für die ersten beiden Abschnitte dieser Einleitung. Hinzu kam die Geschichte der Olympiade nach 1990, die ebenfalls in [44] zu finden ist.

Geschichte der Mathematik-Olympiade

Mathematische Schülerwettbewerbe haben eine lange Tradition. So richtete Frankreich im Jahre 1747 erstmalig landesweit den *Concours General* [18] aus. Zu den berühmten Mathematikern, die Preisträger waren, zählen Évariste Galois, Henri Poincaré und Jean-Pierre Serre. Der Wettbewerb existiert bis heute und umfasst neben Mathematik verschiedene andere Wissenschaftsdisziplinen und Sprachen.

In Cambridge wurden im 19. Jahrhundert die *Mathematical Tripos* durchgeführt [42]. Einer der international bekanntesten Wettbewerbe ist der *Eötvös-Wettbewerb* (später *Kürschák-Wettbewerb*), der 1894 von der physikalisch-mathematischen Gesellschaft in Ungarn ins Leben gerufen wurde und seit dieser Zeit – mit Ausnahme der Jahre 1919–1921, 1944–1946 und 1956 – kontinuierlich ausgetragen wird. Die Aufgaben und Lösungen findet man in den *Hungarian Problem Books.* Diese Aktivitäten wurden seit 1894 begleitet von der Zeitschrift *Középiskolai Matematikai Lapok*, später *Középiskolai Matematikai és Fizikai Lapok.* In der Sowjetunion wurden 1934 in Leningrad und 1935 in Moskau die ersten mathematischen Olympiaden durchgeführt.

Auch in Deutschland gab es bereits im 18. Jahrhundert mathematische Wettbewerbe für Schüler. Diese fanden wahrscheinlich erstmalig an dem von Johann Bernhard Basedow 1774 gegründeten und bis 1793 bestehenden *Philanthropinum* in Dessau statt. Im Allgemeinen wurde jedoch bis 1945 dem Wettbewerbsgedanken in den wissenschaftlichen Schulfächern keine Bedeutung beigemessen. Erste Veröffentlichungen über mathematische Wettbewerbe finden sich in der Zeitschrift *Mathematik, Physik und Chemie in der Schule* aus der DDR in den Jahren 1952 und 1953. Im Jahre 1959 beteiligten sich acht Schüler aus der DDR an der 1. Internationalen Mathematik-Olympiade (IMO). Die IMO löste in den Folgejahren nicht nur eine Vielzahl von Aktivitäten aus, sondern ist bis heute weltweit der Kern aller mathematischen Wettbewerbe für Schülerinnen und Schüler.

An der 1. IMO nahmen 7 Staaten teil. Mangels besserer Kriterien wurde die Mannschaft der DDR anhand der Abiturnoten ausgewählt und belegte folgerichtig den letzten Platz in der inoffiziellen, aber immer wieder gern betrachteten, Länderwertung. Auch diese Erfahrung führte im Schuljahr 1960/1961 zur Organisation regionaler Mathematik-Wettbewerbe, u. a. in Berlin, Greifswald und Leipzig, an denen viele Schülerinnen und Schüler teilnahmen. Zu den Initiatoren gehörten die Lehrer Herbert Titze (Berlin) und Johannes Lehmann (Leipzig). Lehmann war auch der Begründer und langjährige Chefredakteur der mathematischen Schülerzeitschrift *alpha*. Die *1. Olympiade Junger Mathematiker* wurde im Schuljahr 1961/62 bereits in ähnlicher Form wie die heutige *Mathematik-Olympiade in Deutschland* durchgeführt. Damit ist die Mathematik-Olympiade der älteste deutsche mathematische Wettbewerb für Schülerinnen und Schüler. Aus heutiger Sicht ist interessant, dass die eigentlich zentral geplante 4. Stufe (DDR-Olympiade) 1962 wegen einer Ruhr-Epidemie nur regional ausgerichtet werden konnte.

Im gleichen Jahr wurde auch das *Zentrale Komitee für die Olympiaden Junger Mathematiker* durch den Minister für Volksbildung und den Vorsitzenden der Mathematischen Gesellschaft der DDR gegründet. Die Vorsitzenden dieses Gremiums waren Prof. Dr. Wolfgang Engel (Rostock) von der Gründung bis 1974, danach Prof. Dr. Helmut Bausch (Berlin) bis 1986 und im Anschluss daran Prof. Dr. Hans-Dietrich Gronau (Rostock) bis 1990.

Eine im Verwaltungsbetrieb der DDR wertvolle Unterstützung bildete die Erwähnung der Mathematik-Olympiaden im *Mathematikbeschluss zur Verbesserung und weiteren Entwicklung des Mathematikunterrichts* [13] vom 17. Dezember 1962.

Von Anbeginn sollten die Mathematik-Olympiaden, an denen sich Schülerinnen und Schüler freiwillig beteiligen können,

- dazu beitragen, dass Schülerinnen und Schüler im Unterricht und außerhalb des Unterrichts ein solides Wissen und Können auf dem Gebiet der Mathematik erwerben, ihre Kenntnisse erweitern und zu mathematischem Denken befähigt werden,
- die wachsende Bedeutung der Mathematik für die weitere Gestaltung der Gesellschaft bewusst machen,
- Interesse oder sogar Begeisterung für das Fach Mathematik wecken, festigen und vertiefen,
- helfen, mathematische Begabungen zu entdecken und systematisch zu fördern,

- dem Lehrpersonal durch die Aufgabengestaltung Gelegenheit zur Fortbildung geben.

Diese Anliegen sind aktuell bis heute – auch das Bundesministerium für Bildung und Forschung betont den Wert von Wettbewerben für die Motivation und Förderung begabter Schülerinnen und Schüler [12, S. 69 und 99ff.].

Mit dem Beitritt der DDR in die Bundesrepublik Deutschland 1990 fiel schlagartig das Bildungsministerium als Hauptträger der Organisation weg. Die Integration der Mathematik-Olympiade in das bundesweite Schulsystem stieß zunächst auf erhebliche Schwierigkeiten. Durch das unermüdliche Wirken einiger Engagierter auf allen Ebenen gelang es letztendlich, die Olympiaden nicht nur am Leben zu erhalten, sondern Schritt für Schritt weitere Bundesländer für eine Teilnahme zu gewinnen. Eine ganz entscheidende Rolle in diesem Prozess spielte Dr. WOLFGANG MOLDENHAUER. Zunächst wurde ein Koordinierungskomitee ins Leben gerufen, das auch die Gründung des *Mathematik-Olympiaden e. V.* (MO e. V.), als Träger des Wettbewerbes, am 2. Mai 1994 in Magdeburg vorbereitete. Der gewählte 1. Vorsitzende des MO e. V. war von der Gründung bis 2010 Prof. Dr. HANS-DIETRICH GRONAU (Rostock) und ist seitdem Prof. Dr. JÜRGEN PRESTIN (Lübeck).

Der eigentliche mathematische Wettbewerb wurde im Wesentlichen beibehalten, doch gab es zahlreiche Änderungen, die beispielsweise die Rolle der Bundesländer bei der Durchführung der ersten drei Runden und deren Teilnahme an der Bundesrunde betrafen. Heute besitzt jedes Bundesland eine Stimme in der Jury, dem entscheidenden Gremium der Bundesrunde. Schließlich wurde auch die Bezeichnung des Wettbewerbes geschlechtsneutral gestaltet.

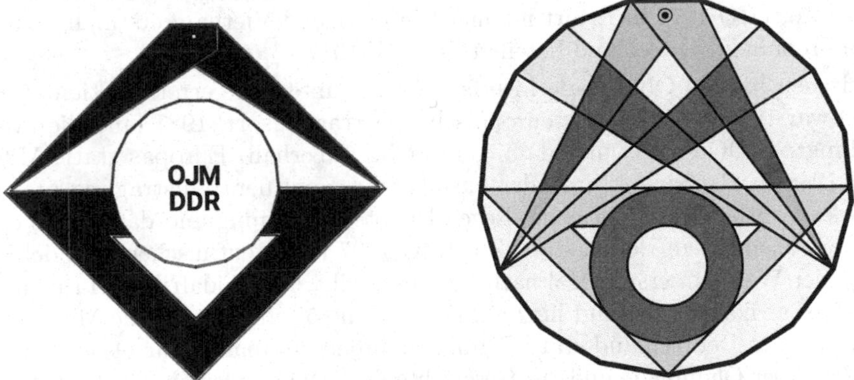

Logos der Olympiaden Junger Mathematiker in der DDR (links) und des Mathematik-Olympiaden e. V. seit 1994 (rechts).

Um diese Änderungen sichtbar zu machen, hat sich der Verein auch ein neues Logo gegeben. Das Logo der Olympiaden Junger Mathematiker bestand aus einem 17-Eck, einem Zirkel und einem Lineal (in Form eines Zeichendreiecks). Die Symbole sollen an die grandiose Jugendleistung von CARL FRIEDRICH GAUSS in Bezug auf die Konstruierbarkeit regelmäßiger n-Ecke mit Zirkel und Lineal erinnern und Ansporn für alle Teilnehmenden sein. Das Logo des Mathematik-Olympiaden e. V. enthält dieselben Elemente und zusätzlich die Buchstaben „M“ und „O“. Im Entwurf unseres Mitautors Prof. Dr. ELIAS WEGERT ist das 17-Eck dominant; die anderen laut Satzung enthaltenen Elemente leiten sich daraus ab.

Nachdem sich bereits Anfang der 1990er Jahre immer mehr Bundesländer an den Bundesrunden beteiligten, sind seit der Olympiade 1996 in Hamburg alle 16 Länder präsent. Ein weiterer wichtiger Meilenstein wurde 2012 in Hessen erreicht: nunmehr waren alle 16 Bundesländer mindestens einmal Austragende der Bundesrunde. Durch die Übernahme der Finanzierung des Aufgabenausschusses durch das Bundesministerium für Bildung und Forschung ab 2007 und die Verankerung der Mathematik-Olympiaden als Bestandteil der *Bundesweiten Mathematik-Wettbewerbe* (`https://www.mathe-wettbewerbe.de/`) wurde die Existenz der Mathematik-Olympiaden auch langfristig gesichert.

Im Schuljahr 2010/2011 konnten die Mathematik-Olympiaden dann auf ihr 50-jähriges Bestehen zurückblicken. Zur Bundesrunde gab es aus diesem Anlass eine Feier. Es erschien eine umfangreiche Festschrift [44], in der versucht wurde, alle Aspekte dieser 50-jährigen Geschichte darzustellen.

An dieser Stelle soll noch ein Blick auf die Entwicklung der IMO geworfen werden. Die IMO war der erste internationale Schülerwettbewerb auf mathematisch-naturwissenschaftlichem Gebiet. Es folgten Physik 1967, Chemie 1968, Informatik 1989 und Biologie 1990. Initiator der IMO und Ausrichter der 1. IMO war 1959 Rumänien. Die Teilnehmer kamen aus Rumänien, Ungarn, der ČSSR, Bulgarien, Polen, der UdSSR und der DDR. Seitdem hat sich der Teilnehmerkreis immer weiter vergrößert. So war Finnland 1965 das erste nicht-sozialistische Land, und 1967 gehörten schon England, Frankreich, Italien und Schweden zu den Teilnehmerländern. An der 16. IMO 1974 in Erfurt nahmen die USA und Vietnam erstmalig teil. Die Bundesrepublik Deutschland beteiligte sich ab 1977.

Inzwischen hat die Olympiade-Idee fast die gesamte Erde erreicht. Lienz (Österreich) war 1976 der erste westeuropäische Austragungsort. 1981 fand die IMO in Washington, DC (USA) und damit erstmalig außerhalb Europas statt. Mit der IMO 1988 in Canberra wurde der australische Kontinent Austragungsort, 1990 fand der Wettbewerb in der chinesischen Hauptstadt Beijing und damit zum ersten Male auf asiatischem Boden statt. Zur IMO 1997 im argentinischen Mar del Plata führte der Weg zum ersten Mal nach Lateinamerika. Mit Südafrika 2014 kam auch ein erstes afrikanisches Land hinzu. 2009 fand die 50. Internationale Mathematik-Olympiade in Deutschland statt. Damals nahmen erstmals mehr als 100 Staaten teil. Zu dieser Olympiade und zur Geschichte der IMO empfehlen wir das Buch [29]. Umfassende weitere Informationen zur IMO finden sich auf der offiziellen Webseite `https://www.imo-official.org`.

Die Idee der Mathematik-Olympiaden fand schon in den sechziger Jahren vielfältige Unterstützung, die sich auch in verschiedenen Publikationen niederschlug.

So gab am 13. Dezember 1962 die *Leipziger Volkszeitung (LVZ)* die 16-seitige *Mathe-LVZ* als Sonderausgabe heraus. Spätere Ausgaben enthielten pro Klassenstufe (beginnend mit Klasse 2) eine Seite mit altersgerechten Aufgaben und deren Lösungen sowie ein Preisausschreiben. Zielgruppe war ein Publikum mit Interesse an mathematischen Knobelaufgaben. Die Materialien waren auch für die außerunterrichtliche Arbeit im Fach Mathematik geeignet. Ab 1964 hatten alle Schulen und Institutionen pädagogischer Fachrichtung die Möglichkeit, diese LVZ-Sonderausgaben zu beziehen.

Am 1. Januar 1967 erblickte die erste Ausgabe der Zeitschrift *Die Wurzel* das Licht der Welt. Hauptsächliches Anliegen war und bleibt es, ein möglichst großes Publikum mit der Begeisterung für die Mathematik anzustecken, mathematisch interessierte Jugendliche zu fördern, ihre Kreativität zu wecken und Fähigkeiten zum Problemlösen zu entwickeln.

In den mehr als 300 Ausgaben der *Wurzel* [65] sind Artikel zu verschiedensten Teilgebieten der Mathematik enthalten. Am 20. Februar 1967 erschien die erste Ausgabe der mathematischen Schülerzeitschrift *alpha*, siehe hierzu auch die Webseite von Steffen Polster [53]. Die Materialien der 6 Hefte jedes Jahrgangs richteten sich vorrangig an Schülerinnen und Schüler der Klassenstufen 5 bis 10 und prägten viele Generationen von mathematischen Nachwuchstalenten.

Mehrere große Fachbuchverlage begannen 1967 gemeinsam mit der Edition der Reihe *Mathematische Schülerbücherei*, in der Buchtitel zur Förderung mathematischer Nachwuchstalente aufgelegt wurden. An dieser Reihe waren vor allem der Teubner-Verlag, der Verlag Volk und Wissen Berlin, der Urania-Verlag Leipzig, der Deutsche Verlag der Wissenschaften Berlin und in geringerem Umfang der Kinderbuchverlag Berlin sowie der Fachbuchverlag Leipzig beteiligt.

Am 1. Juni 1981 erschien *Monoid*, das *Mathematikblatt für Mitdenker*, eine regelmäßig publizierte Schülerzeitschrift für Mathematik, die von Martin Mettler (Frankenthal, Rheinland-Pfalz) begründet wurde. Sie wird seit 2001 vom Fachbereich Mathematik der Johannes-Gutenberg-Universität Mainz herausgegeben. Darin findet man für Schüler und Lehrer aufbereitete Artikel über Probleme und Lösungen aus der Mathematik sowie interessante Aufgaben, deren Lösungen die Schüler einsenden können. Die Zeitschrift kann über das Internet bestellt, ältere Ausgaben können als PDF-Dokumente heruntergeladen werden [48].

Darüber hinaus gab und gibt es eine Vielzahl von regional angebotenen Wettbewerben, z. B. den Mathematik-Wettbewerb des Landes Hessen: *Im Jahre 1969 wird im Lande Hessen zum ersten Male ein Mathematik-Wettbewerb in den allgemeinbildenden Schulen durchgeführt, um Freude und Interesse am Mathematikunterricht zu fördern. Dieser Wettbewerb gibt allen Schülern Gelegenheit, ihre Fähigkeiten und Kenntnisse in einem größeren Rahmen zu vergleichen.* Mit diesen Sätzen beginnt der Erlass, der die erstmalige Ausrichtung eines Landeswettbewerbs im Schuljahr 1968/1969 in Hessen ermöglichte.

Schließlich findet seit 1995 der *Känguru-Wettbewerb* statt. Er begann an drei Berliner Gymnasien mit 184 Teilnehmern und hat sich mit 968 000 Teilnehmern im Jahr 2019 zum zahlenmäßig größten Mathematik-Wettbewerb in Deutschland entwickelt [35]. Die freiwillige Teilnahme ist für alle Schülerinnen und Schüler der Klassen 3 bis 13 möglich. Jede Klassenstufe erhält altersgerechte Aufgaben, die am Kängurutag (traditionell der dritte Donnerstag im März) in 75 Minuten zu bearbeiten sind.

Von der Vielzahl der Publikationen zur Mathematik-Olympiade sind besonders die Jahresbände ab der 35. Olympiade zu erwähnen, die von 1996 bis 2017 vom HEREUS Verlag Hamburg [43] und seither von adiant Druck Rostock [45] vertrieben wurden. Sie enthalten die Aufgaben und Lösungen aller vier Stufen. Ferner wird die jeweilige Bundesrunde mit einem Bericht, Kommentaren und den Ergebnissen dokumentiert. Viele weiterführende Informationen findet man dazu im Internet, z. B. unter `www.mathematik-olympiaden.de`.

In den 50 Jahren der Mathematik-Olympiaden von 1961 bis 2011 haben etwa 10 Millionen Schülerinnen und Schüler an diesem Wettstreit teilgenommen. In dieser Zeit wurden in den Klassenstufen 5 bis 13 insgesamt mehr als 5500 Aufgaben gestellt, von denen wir für Sie 300 der schönsten Aufgaben der Olympiadeklasse 11–13 ausgewählt haben.

Der Aufgabenausschuss

Der wesentliche Zweck des Mathematik-Olympiaden e. V. ist laut seiner Satzung die Bereitstellung der Aufgaben nebst Lösungstexten für alle Runden des Wettbewerbs und alle Klassenstufen sowie die Durchführung der Bundesrunde. Dabei ist die Tätigkeit des Aufgabenausschusses von zentraler Bedeutung – er ist das größte und wichtigste Gremium des Vereins. Der Arbeitsumfang wird ersichtlich, wenn man bedenkt, dass in jedem Jahr etwa 150 Aufgaben zu finden, zu formulieren und mit ansprechenden Lösungsvorschlägen zu versehen sind. Diese Aufgaben sollen altersgerecht, interessant und anregend sein. Hinzu kommt, dass es infolge der Landeshoheit im Bildungssystem in Deutschland verschiedene Lehrpläne gibt. Aufgaben zu entwerfen, die allen Forderungen genügen, ist mitunter eine echte Herausforderung.

Der Aufgabenausschuss besteht aus seinem Vorsitzenden und fünf Aufgabengruppen, die jeweils für zwei Klassenstufen zuständig sind, und zwar für die Klassen 3 und 4, 5 und 6, 7 und 8, 9 und 10 sowie 11 bis 13. Für jede Aufgabengruppe ist ein Leiter zuständig. Dazu kommen Gutachter für die verschiedenen Klassenstufen und ein Redakteur, der die Endfassungen redigiert.

Die einzelnen Aufgabengruppen sind nach verschiedenen Gesichtspunkten zusammengesetzt. In allen Teams sind Lehrerinnen oder Lehrer vertreten, und zwar in der Aufgabengruppe für die jüngeren Schülerinnen und Schüler vorrangig. In den höheren Klassenstufen nimmt der Anteil von Hochschulmitarbeitern und Studierenden zu. Die meisten Mitglieder des Aufgabenausschusses haben selbst Erfahrungen als Teilnehmer von Mathematik-Olympiaden gesammelt, einige sind sogar IMO-Preisträger.

Über die Anfänge der Aufgabenerstellung hat Prof. Dr. Wolfgang Engel in seinem Beitrag [44] berichtet. Die Aufgaben der 3. und 4. Olympiade hat er gemeinsam mit Herbert Titze ausgearbeitet. 1964 wurde dann der Aufgabenausschuss gegründet.

Dessen Leiter waren:

- Prof. Dr. Herbert Karl (Potsdam), 1964–1972,
- Prof. Dr. Udo Pirl (Berlin), 1965–1986 (bis 1972 gemeinsam),
- Doz. Dr. Ludwig Stammler (Halle), 1986–2001,
- Prof. Dr. Norbert Grünwald (Wismar), 2001–2011,
- Prof. Dr. Konrad Engel (Rostock), seit 2011.

Seit 1994, dem Gründungsjahr des MO e. V., wurde auch ein stellvertretender Leiter des Aufgabenausschusses eingesetzt. Dieses waren:

- Prof. Dr. Norbert Grünwald (Wismar), 1994-2001,
- Prof. Dr. Jürgen Prestin (Lübeck), 2001-2010,
- Prof. Dr. Konrad Engel (Rostock), 2010-2011,
- Prof. Dr. Norbert Grünwald (Wismar), 2011-2014,
- Dr. Karsten Roeseler (Göttingen), 2012-2018,
- Prof. Dr. Michael Dreher (Rostock), seit 2018.

Die Zusammensetzung des Aufgabenausschusses und der Aufgabengruppen hat sich natürlich im Laufe der Zeit verändert. Eine vollständige Übersicht ist nicht mehr vorhanden, aber einige Daten sind bekannt. Zum Beispiel wurden die Aufgaben und Lösungen für die Klassenstufe 11/12 der 23. Olympiade in völliger Abgeschiedenheit im Motel Grünau von den Herren Dr. Heinrich Bode (Weimar), Dr. Rolf Lüders (Berlin), Dr. Wolfgang Moldenhauer (Erfurt), Bernd Noack (Berlin) und Dr. Manfred Rehm (Berlin) erstellt.

Seit 1965 existiert die Aufgabengruppe für die Klassenstufen 11/12 bzw. 11–13. Die Leiter dieser Gruppe waren

- OStR Dr. Rolf Lüders (Berlin), ab 1965,
- Dr. Manfred Rehm (Berlin), danach bis 1993,
- Prof. Dr. Elias Wegert (Freiberg), 1993–2007,
- Dr. Martin Welk (Hall in Tirol), seit 2007.

In der Gruppe mitgearbeitet haben (in alphabetischer Reihenfolge und nicht nach der Zeit der Mitgliedschaft):

- OStD Prof. Hans-Dieter Baumgärtner (Winnenden),
- Dr. Heinrich Bode (Weimar),
- Prof. Dr. Andreas Felgenhauer (Magdeburg),
- Dr. Roland Girgensohn (Freising),
- Jürgen Hein (Köthen),
- Matthias Jach (Walsrode),
- Prof. Dr. Jörg Jahnel (Siegen),

- Prof. Dr. Herbert Karl (Potsdam),
- Ben Liese (Heidelberg),
- Dr. Rolf Lüders (Berlin),
- Dr. Wolfgang Ludwicki (Tangermünde),
- Dr. Wolfgang Moldenhauer (Erfurt),
- Bernd Noack (Berlin),
- Prof. Dr. Jürgen Prestin (Lübeck),
- Dr. Manfred Rehm (Berlin),
- Dr. Christian Reiher (Hamburg),
- StD Michael Rüsing (Essen),
- Prof. Dr. Peter Scholze (Bonn),
- Georg Schröter (Dresden),
- Dr. Mikhail Tyomkyn (Prag),
- Prof. Dr. Elias Wegert (Freiberg),
- Dr. Martin Welk (Hall in Tirol).

Wer im Einzelfall der Autor einer bestimmten Aufgabe war, lässt sich heute oft nicht mehr mit Sicherheit feststellen. Hinzu kommt, dass eine Vielzahl von ähnlichen Aufgaben in der internationalen Wettbewerbsszene und in der Wettbewerbsliteratur gestellt wurden und werden, die eine genaue Quellenermittlung nicht zulassen. Auch Ideen von Kollegen, wie z. B. Prof. Dr. Harald Englisch (Leipzig), Prof. Dr. Hans-Dietrich Gronau (Rostock), Dr. Klaus Henning (Hamburg), Prof. Dr. Manfred Krüppel (Rostock), Dr. Monika Noack (Berlin) und Doz. Dr. Ludwig Stammler (Halle) wurden ebenso benutzt, wie nicht publizierte Aufgabenvorschläge in der Rubrik „Unsere Mathematikaufgabe" der Zeitschrift *Wissenschaft und Fortschritt* und Aufgaben aus russischsprachigen Quellen. Auch Vorschläge, die von der Aufgabengruppe 9/10 mitgeteilt wurden, konnten in Einzelfällen verwendet werden, wie auch umgekehrt manche Aufgabenvorschläge an andere Aufgabengruppen abgegeben wurden.

Als Gutachter waren in diesem Zeitraum in den Klassenstufen 11–13 OStD Prof. Hans-Dieter Baumgärtner (Winnenden), Dr. Wolfgang Burmeister (Dresden), Dr. Christian Hercher (Flensburg), Dr. Wolfgang Ludwicki (Tangermünde) und Dr. Karsten Roeseler (Göttingen) tätig.

Erläuterungen zum Buch

Auswahl der Aufgaben. Für dieses Buch haben wir die Aufgaben der Klassenstufen 11–13 von der 1. Olympiade in den Jahren 1961 und 1962 bis zur 50. Olympiade in 2010 und 2011 betrachtet. In der Regel wurden pro Jahr 20 Aufgaben gestellt (je 4 in der 1. und 2. Runde und je 6 in der 3. und 4. Runde), es gab jedoch zahlreiche kleine Abweichungen, insbesondere durch Wahlaufgaben. Von der 10.

bis zur 38. Olympiade wurden diese fast immer in der 3. und 4. Runde gestellt. Die Teilnehmerinnen und Teilnehmer waren dann aufgefordert, genau eine der zwei Wahlaufgaben auszuwählen und zu lösen. Für Klasse 11 wurden in der Regel dieselben Aufgaben wie in Klasse 12/13 gestellt, in einigen Fällen gab es aber Ausnahmen. Eine vollständige Übersicht findet man in der folgenden Tabelle.

	Klasse 12				Klasse 11			
	Runde				Runde			
Olympiade	1	2	3	4	1	2	3	4
01	5	4	5	5	5	4	4	-
02	6	5	6	6	6	5	6	-
03	6	5	6	6	6	5	-	-
04	5	6	6	6	6	-	-	-
05	4	6	6	6	-	-	-	-
06	4	6	6	6	-	-	-	-
07	4	6	6	6	-	-	-	-
08	4	6	6	6	-	-	-	-
09	4	4	6	6	-	-	-	-
10	4	4	6	7	-	-	-	-
11 ... 38	4	4	7	7	-	-	-	-
39	4	4	7	6	-	-	-	1
40	4	4	6	6	-	-	-	1
41	4	4	6	6	-	-	-	2
42	4	4	6	6	-	-	-	1
43	4	4	6	6	-	-	-	1
44	4	4	6	6	-	-	2	2
45	4	4	6	6	-	-	1	-
46	4	4	6	6	-	-	1	1
47	4	4	6	6	-	-	-	-
48	4	4	6	6	-	1	2	2
49	4	4	6	6	-	-	1	2
50	4	4	6	6	-	-	-	2

Die n-te Olympiade $n \in \{1, 2, \ldots, 50\}$ fand im Schuljahr $1960+n/1961+n$ statt. Die nächsten vier Spalten geben die genaue Anzahl der Aufgaben in der Olympiadeklasse 12/13 an. Die letzten vier Spalten enthalten die Anzahl der Aufgaben, die in der Olympiadeklasse 11 abweichend von denen in Klasse 12/13 gestellt wurden. Somit bestand unsere Basis aus genau 1144Aufgaben. In diesem Zusammenhang möchten wir nochmals auf die Aufgabensammlung des Mathematik-Olympiaden e.V. [46] sowie die Sammlungen von Manuela Kugel [38] und von Steffen Polster [53] hinweisen. Hier findet man sogar Scans einiger originaler Aufgabenblätter, so wie sie die Teilnehmenden der Olympiaden erhielten.

In einem mehrstufigen Auswahlverfahren unter Beteiligung aller Autoren wurden die nach unserem Verständnis 300 schönsten Aufgaben ausgewählt und in die 10 Gebiete eingeordnet, die die Kapitel bilden. Alle Aufgaben wurden, wie bei den Olympiaden üblich, in der Form *aabbcd* durchnummeriert. Dabei steht *aa* für die Nummer der Olympiade von 01 bis 50 und *bb* gibt die Klassenstufe an. Seit es Bundesländer gibt, die auch Teilnehmende aus Klasse 13 haben, waren die Aufgaben für 12 und 13 identisch. Oft hatten auch 11 und 12/13 dieselben Aufgaben. In diesen Fällen bezeichnet *bb* die höchste Klassenstufe. Die Zahl *c* gibt die Runde an, also 1,2,3,4, wobei eine 4 heute die Bundesrunde bezeichnet. Schließlich ist *d* eine fortlaufende Nummer. Bei Wahlaufgaben werden am Ende die Buchstaben „A“ und „B“ angefügt.

Wer sich eingehender mit der Historie der Olympiaden beschäftigt, wird feststellen, dass es Anfang der 1990er Jahre einen Paradigmenwechsel gegeben hat. Während bis dahin auch Aufgaben gestellt wurden, die wesentlich auf Begriffe und Methoden der Analysis zurückgreifen (insbesondere Grenzwerte und Differentialrechnung), wurden später solche Aufgaben nicht mehr in Betracht gezogen. Die Aufgabenkommission folgte damit der internationalen Gepflogenheit, bei Schülerolympiaden nur Probleme zu stellen, die prinzipiell mit „elementaren“ Mitteln zu lösen sind. Diese Entscheidung erfolgte außerdem mit Rücksicht auf die unterschiedlichen Lehrpläne der Bundesländer. Um auch die historische Entwicklung zu demonstrieren, haben wir einige dieser Aufgaben trotzdem aufgenommen.

Texttreue. Die Aufgabentexte wurden möglichst im Wortlaut übernommen, wobei die veränderte Orthographie berücksichtigt wurde. Um das Verständnis zu erhöhen und den Stil zu vereinheitlichen, gab es in wenigen Fällen leichte redaktionelle Überarbeitungen; der mathematische Sachverhalt blieb aber unverändert. Außerdem wurden Begriffserläuterungen weggelassen, die sich in diesem Buch aus dem Zusammenhang ergeben, beziehungsweise an anderer Stelle erklärt werden. Bei den Lösungen haben wir uns mehr Freiheiten erlaubt und uns nicht zwingend an den Musterlösungen orientiert. Oft fanden wir mehrere Lösungswege und manchmal auch schönere.

Zusatzmaterial. Damit dieses Buch nicht nur eine Sammlung der schönsten Aufgaben aus deutschen Mathematik-Olympiaden bleibt, beginnt jeder Abschnitt mit einem einführenden Text, in dem relevantes Material und typische Strategien zur Lösung der Aufgaben zusammengestellt werden. Teilweise werden auch Zusammenhänge mit weiterführenden Konzepten der Mathematik hergestellt, die Ausgangspunkte für eine intensivere Beschäftigung mit diesen Themen sein können. Anhand von Lösungsvarianten werden unterschiedliche Herangehensweisen erläutert und die Handhabung mathematischer Werkzeuge demonstriert. Die bewusste Anwendung heuristischer Methoden dient der Entwicklung allgemeiner Fertigkeiten zum Problemlösen. In einem Anhang werden deshalb die nach unserer Ansicht wichtigsten Prinzipien und Lösungsstrategien zusammengestellt. Um diese zielgerichtet trainieren zu können, gibt es zu jedem Thema eine Übersicht relevanter Aufgaben. Auch die Verweise im Sachwortverzeichnis können genutzt werden, um gezielt Aufgaben mit bestimmen Inhalten auszuwählen.

Das Buch stellt damit strukturiertes Trainingsmaterial zur Verfügung, das geeignet ist, sich selbst oder andere aktiv auf mathematische Wettbewerbe vorzubereiten.

Wir denken dabei nicht nur an Mathematik-Olympiaden, sondern auch an den Bundeswettbewerb Mathematik, den Känguru-Wettbewerb und andere mehr.

Zahlenbereiche. In diesem Buch benutzen wir die in der Mathematik üblichen Symbole für Zahlenbereiche:

- $\mathbb{N}$ bezeichnet die Menge der *natürlichen Zahlen* inklusive der Null. Der Gebrauch dieses Begriffs war und ist in den Schullehrplänen unterschiedlich geregelt: meist wird die Null eingeschlossen, manchmal aber auch nicht. Um allen Zweifeln aus dem Wege zu gehen, hat der Aufgabenausschuss in neuerer Zeit vorzugsweise die Begriffe „positive ganze Zahlen“ und „nichtnegative ganze Zahlen“ verwendet.
- $\mathbb{Z}$ bezeichnet die Menge der ganzen Zahlen.
- $\mathbb{Q}$ bezeichnet die Menge der rationalen Zahlen.
- $\mathbb{R}$ bezeichnet die Menge der reellen Zahlen.

Ist $\mathbb{X}$ einer der obigen Zahlenbereiche, so bezeichnet $\mathbb{X}^+$ die Menge der positiven Elemente aus $\mathbb{X}$.

Abkürzungen und Symbole. Außer den aus dem Unterricht bekannten mathematischen Notationen verwenden wir die folgenden Abkürzungen und Symbole:

- Das Kürzel *o. B. d. A.* steht für *ohne Beschränkung der Allgemeinheit.* Diese Abkürzung wird benutzt, wenn eigentlich mehrere Fälle zu diskutieren sind, diese sich aber strukturell nicht unterscheiden.
- Das Ende eines Beweises kennzeichnen wir mit dem Symbol $\square$
Weitere gebräuchliche Versionen dafür sind *w. z. b. w.* für *was zu beweisen war* oder *q. e. d.* für *quod erat demonstrandum.*
- Das Ende der Lösung einer Aufgabe markieren wir mit dem Symbol $\diamondsuit$

Kapitel 1
Kombinatorik

Roger Labahn

Die Welt kombinatorischer Aufgaben beginnt mit dem Abzählen von Objekten, also den *Abzählproblemen*. Eine etwas andere Ausrichtung haben dann die Untersuchungen zur Existenz gewisser Strukturen oder Situationen. Das betrifft oft extremale Fälle, und so hängen solche *Extremalprobleme* ganz eng mit den zuvor genannten *Existenzproblemen* zusammen. Häufig treten dabei Strukturen auf, die sich als *Graphen* modellieren lassen. Schließlich gehören *Algorithmen* zum kombinatorischen Denksport: ganz direkt als Problemstellungen zu Spielen und vielleicht etwas versteckter als konstruktive Existenzbeweise.

Obwohl diese vier Aspekte kombinatorischen Problemlösens in Aufgaben aus den Mathematik-Olympiaden naturgemäß fast beliebig kombiniert werden, wollen wir sie in jeweils einem Abschnitt durch typische Beispiele illustrieren. Davor ist der erste Abschnitt jedoch ganz elementaren Knobelaufgaben gewidmet, um auf fast spielerische Weise die Lust am Problemlösen zu wecken.

Später werden mehr mathematische Grundlagen und Methoden zum erfolgreichen Bearbeiten benötigt. Ja, oft erscheint es geradezu als der wesentliche Schritt, den wirklich mathematischen Kern eines Problems hinter der mehr oder weniger interessanten, praktischen oder einfach nur schönen Aufgabenformulierung zu entdecken. Aber das Verständnis des Hintergrundes ist wichtig, weil typische Problemstellungen dann oft auch mit typischen Ideen und Methoden erfolgreich bearbeitet werden können. Und so verwandeln sich dann gerade auch kombinatorische Lösungsansätze von überraschenden, vielleicht sogar trickreichen Ideen zu systematisch verfügbaren Standardmethoden als Problemlösungsstrategien.

Die wichtigsten Grundlagen zum kombinatorischen Problemlösen werden in den einzelnen Kapiteln und im Zusammenhang mit den jeweiligen Aufgaben der Mathematik-Olympiaden kurz angegeben. Für das wirklich fundierte Erarbeiten dieser Sachverhalte sowie erst recht für das weitergehende Studium verweisen wir aber auf die angegebene Literatur.

A. Felgenhauer et al., *Die schönsten Aufgaben der Mathematik-Olympiade in Deutschland*, https://doi.org/10.1007/978-3-662-63183-6_1

1.1 Knobelaufgaben

Das Interesse am mathematischen Problemlösen entwickelt sich wohl zumeist aus der Attraktivität einfach zugänglicher Knobelaufgaben. Sie erfordern keine speziellen Methoden oder Kenntnisse, sondern können vielmehr durch geschickte Kombination einfacher Überlegungen gelöst werden. Freude und Erfolg stellen sich dabei oft schon auf der Grundlage mathematischen Allgemeinwissens und denksportlicher Aktivität ein. Auch wir beginnen das Gebiet kombinatorischer Aufgaben mit solchen Beispielen ganz elementarer Probleme.

Aufgabe 461314

Die 50. Internationale Mathematik-Olympiade wird im Jahr 2009 in Deutschland stattfinden. Die Abb. A461314 zeigt den Entwurf eines Logos mit fünf Ringen. Die Zahlen von 1 bis 15 sollen nun so in die entstehenden 15 Gebiete eingetragen werden, dass in jedem Gebiet genau eine Zahl steht und die Summe der Zahlen in jedem der fünf Ringe 38 beträgt.

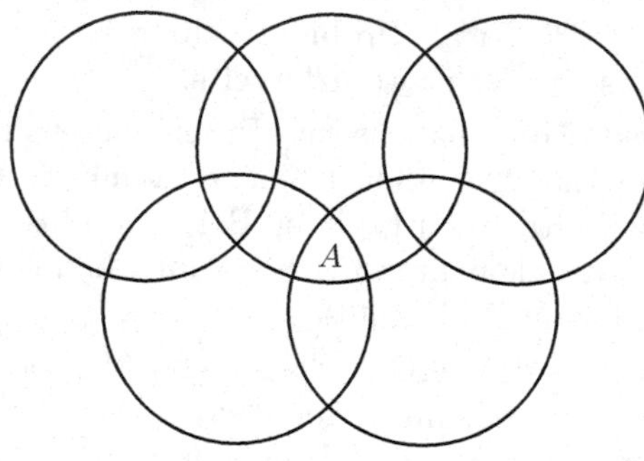

Abb. A461314

(a) Man zeige, dass man die Zahlen der Aufgabenstellung entsprechend eintragen kann.

(b) Man zeige, dass bei jeder derartigen Belegung im Gebiet A die Zahl 1 stehen muss.

Lösung

Wir nennen eine Belegung der Teilgebiete mit Zahlen *zulässig*, wenn sie den Bedingungen der Aufgabenstellung genügt.

(a) Wie man durch Nachrechnen der Summen in den fünf Ringen leicht sieht, ist zum Beispiel die Belegung in Abb. L461314a zulässig.

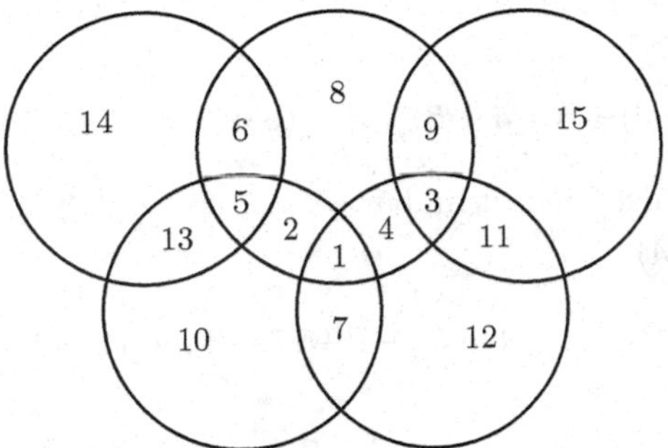

Abb. L461314a: Eine zulässige Belegung.

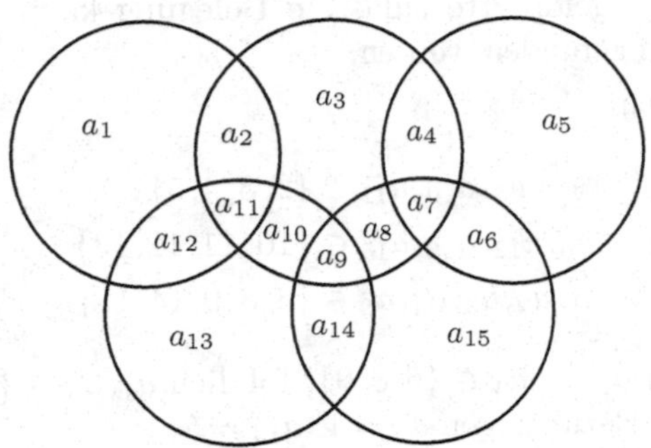

Abb. L461314b: Ansatz für beliebige Belegung.

(b) Den 15 Teilgebieten werden entsprechend der Abb. L461314b die Variablen $a_1, \ldots, a_{15}$ zugeordnet. Für eine zulässige Belegung muss gelten

$$a_2 + a_3 + a_4 + a_7 + a_8 + a_9 + a_{10} + a_{11} = 38. \tag{1}$$

Da die Summe von acht verschiedenen positiven ganzen Zahlen größer gleich $1 + 2 + \cdots + 8 = 36$ ist, kann (1) nur erfüllt sein, wenn entweder

$$\{a_2, a_3, a_4, a_7, a_8, a_9, a_{10}, a_{11}\} = \{1, 2, 3, 4, 5, 6, 7, 10\} \tag{2}$$

oder

$$\{a_2, a_3, a_4, a_7, a_8, a_9, a_{10}, a_{11}\} = \{1, 2, 3, 4, 5, 6, 8, 9\} \tag{3}$$

gilt. Ferner erfordert die Summe in den unteren Ringen

$$a_6 + a_7 + a_8 + a_9 + a_{14} + a_{15} = 38,$$
$$a_9 + a_{10} + a_{11} + a_{12} + a_{13} + a_{14} = 38.$$

Die Addition beider Gleichungen ergibt

$$76 = a_9 + (a_7 + a_8 + a_9 + a_{10} + a_{11}) + a_{14} + (a_6 + a_{12} + a_{13} + a_{14} + a_{15}). \tag{4}$$

Gilt (2), so folgt aus (4):

$$76 \geq 1 + (1+2+3+4+5) + 8 + (8+9+11+12+13) = 77.$$

Die Gleichheit (2) ist also nicht erfüllbar.
Gilt (3), so folgt aus (4):

$$76 \geq 1 + (1+2+3+4+5) + 7 + (7+10+11+12+13) = 76 \tag{5}$$

und damit $a_9 = 1$ und $a_{14} = 7$.
Im Gebiet A kann also nur die Zahl 1 stehen.

Bemerkung. Die in (a) geforderte zulässige Belegung kann zum Beispiel durch folgende Überlegungen gefunden werden:
Aus (5) ergibt sich auch

$$\begin{aligned} a_7, a_8, a_{10}, a_{11} &\in \{2,3,4,5\}, \\ a_6, a_{12}, a_{13}, a_{15} &\in \{10,11,12,13\} \\ \text{und damit} \quad a_1, a_2, a_3, a_4, a_5 &\in \{6,8,9,14,15\}. \end{aligned}$$

Wegen (3) erhält man $a_2, a_3, a_4 \in \{6,8,9\}$, folglich $a_1, a_5 \in \{14,15\}$. Es ergeben sich also zwingend die Beziehungen $a_9 = 1$, $a_{14} = 7$,

$$\begin{aligned} a_1, a_5 &\in \{14,15\}, \\ a_2, a_3, a_4 &\in \{6,8,9\}, \\ a_7, a_8, a_{10}, a_{11} &\in \{2,3,4,5\}, \\ a_6, a_{12}, a_{13}, a_{15} &\in \{10,11,12,13\}. \end{aligned}$$

Der Anzahl der Permutationen entsprechend ergibt dies $2 \cdot 3! \cdot 4! \cdot 4! = 6912$ Möglichkeiten. So eine Möglichkeit ist genau dann eine zulässige Belegung, falls gilt

$$\begin{aligned} a_1 + a_2 + a_{11} + a_{12} &= 38, \\ a_4 + a_5 + a_6 + a_7 &= 38, \\ a_6 + a_7 + a_8 + a_{15} &= 30, \\ a_{10} + a_{11} + a_{12} + a_{13} &= 30. \end{aligned}$$

Durch Probieren erhält man jetzt mögliche Lösungen.

Bemerkung. Mittels Computerhilfe findet man, dass es unter diesen 6912 Möglichkeiten insgesamt 74 zulässige Belegungen gibt. Diese können durch Zusatzvoraussetzungen weiter eingeschränkt werden. Beispielsweise führt die Vorgabe $a_1 = 14, a_2 = 6$ und $a_3 = 8$ zwangsläufig auf die in (a) angegebene Lösung. ◇

Aufgabe 471323

In seinem Kupferstich „Melancholia I“ hat Albrecht Dürer ein magisches Quadrat abgebildet, das in der unteren Zeile das Entstehungsjahr 1514 enthält (siehe Abb. A471323a).

16	**3**	**2**	**13**
5	**10**	**11**	**8**
9	**6**	**7**	**12**
4	**15**	**14**	**1**

Abb. A471323a: Magisches Quadrat von DÜRER.

Bertha beschäftigt sich mit magischen Quadraten. Sie behauptet, dass es ein magisches Quadrat gibt, bei dem die Zahlen 13, 14 und 15 wie in Abb. A471323b eingetragen sind. Man untersuche, ob diese Behauptung wahr ist.

	13		
	15	**14**	

Abb. A471323b: Berthas Beginn eines Magischen Quadrats.

Hinweis. In ein magisches Quadrat (der Ordnung 4) sind die natürlichen Zahlen von 1 bis 16 so einzutragen, dass die Summen der Zahlen in jeder Zeile, in jeder Spalte und in jeder der beiden längsten Diagonalen allesamt gleich groß sind.

Lösung

Wir beweisen, dass Berthas Behauptung falsch ist. Dazu bemerken wir, dass für die Zeilensumme s gilt $4s = 1 + 2 + \ldots + 16 = 136$, also ist $s = 34$. Mit den

	a		
	13		
	b		
x	**15**	**14**	y

Abb. L471323: Ansatz für Berthas Magisches Quadrat.

Bezeichnungen aus Abb. L471323 gilt außerdem

$$a + b + 13 + 15 = x + y + 15 + 14 = 34$$

und damit $a + b = 6$ und $x + y = 5$.

Für (a, b) kommen somit nur die Eintragungen $(1, 5)$, $(2, 4)$, $(4, 2)$, $(5, 1)$ in Betracht und für (x, y) gibt es nur die Möglichkeiten $(1, 4)$, $(2, 3)$, $(3, 2)$, $(4, 1)$.

Verwendet man für x und y die Zahlen 1 und 4, so ist für a und b keine passende Belegung möglich. Verwendet man aber für x und y die Zahlen 2 und 3, so verbleiben für a und b die Zahlen 1 und 5.

Im Fall $b = 1$ wird die Diagonale, in der x und b enthalten sind, betrachtet. Für die Summe d der Zahlen in dieser Diagonalen gilt

$$d \leq x + b + 16 + 12 = x + 29 \leq 3 + 29 < 34.$$

Also ist $b = 5$. Ist auf dieser Diagonalen die 16 nicht enthalten, gilt

$$d \leq x + b + 12 + 11 \leq 3 + 5 + 12 + 11 = 31 < 34.$$

Damit stehen auf dieser Diagonalen die Zahlen

$$x = 2, b = 5 \text{ sowie } 11 \text{ und } 16$$

oder

$$x = 3, b = 5 \text{ sowie } 10 \text{ und } 16.$$

Im obigen ersten Fall ergibt sich als maximale Summe aller Zahlen in der ersten Spalte $12 + 10 + 9 + 2 = 33 < 34$. Im zweiten Fall stehen in der ersten Spalte die Zahlen 12, 11, 8 und 3. Die maximale Summe der Zahlen in der dritten Zeile ist damit $12 + 5 + 9 + 7 = 33 < 34$.

Damit führen alle Fälle zu einem Widerspruch. 

Wir wollen hier auf das letzte Kapitel dieses Buches verweisen, in dem besondere Aufgaben zusammengefasst sind. Dort haben vor allem die Spiele im Abschnitt 10.1 einen ähnlichen Charakter wie die Knobelaufgaben. Der darauffolgende Abschnitt 10.2 präsentiert dann sogar ganz ausdrücklich besondere Probleme eigentlich kombinatorischen Typs. Sie werden direkt mit Aufgaben zur Wahrscheinlichkeit verbunden und auch in diesem Kapitel werden wir diesen engen Zusammenhang unmittelbar sehen.

Probleme der Abzählenden Kombinatorik können nämlich immer wieder äquivalent in der Welt der Stochastik formuliert und bearbeitet werden. Dem liegt ein elementares Verständnis des Wahrscheinlichkeitsbegriffes zugrunde, das historisch mit dem Namen LAPLACE[1] verbunden ist. Der Zusammenhang zu Anzahlen wird deutlich durch die folgende LAPLACE-*Formel*, die sich auf ein Zufallsexperiment und seine Ergebnisse bezieht:

$$\text{Wahrscheinlichkeit des Ereignisses } A = \frac{\text{Anzahl der Ergebnisse, bei denen } A \text{ eintritt}}{\text{Anzahl aller möglichen Ergebnisse}} .$$

In der heutigen Schulmathematik spielt das Thema Stochastik eine zentrale Rolle und die kombinatorischen Abzählformeln sind dort eingeordnet. Aber das ist eine relativ moderne Entwicklung, weshalb in der Tradition der Mathematik-Olympiaden die Stochastik kein eigenständiges Gebiet ist. Entsprechende Aufgaben sind in ihrem eigentlichen Kern kombinatorische Anzahlaufgaben und so werden mehrere Beispiele dafür im Abschnitt über Abzählprobleme auftauchen.

Andererseits konnte der Begriff *Wahrscheinlichkeit* nicht als bekannt vorausgesetzt werden und wurde deshalb immer wieder einmal mit erklärt. Entsprechende Hinweise belassen wir im originalen Text, so wie das recht ausführlich in der folgenden Aufgabe auftritt. Sie illustriert im Übrigen auch, wie die Sprache der Stochastik nur als Einkleidung dient.

Aufgabe 111236B

50 weiße und 50 schwarze Kugeln sind so in zwei äußerlich nicht unterscheidbare Urnen zu verteilen, dass keine Urne leer bleibt und alle Kugeln verwendet werden. Wie ist die Aufteilung der Kugeln auf die beiden Urnen vorzunehmen, wenn die Wahrscheinlichkeit, beim (blindlings erfolgenden) einmaligen Wählen einer der beiden Urnen und Ziehen einer Kugel aus ihr eine weiße Kugel zu ergreifen, so groß wie möglich ausfallen soll?

Hinweis. In der klassischen Wahrscheinlichkeitsrechnung wird die Wahrscheinlichkeit p eines Ereignisses als Quotient aus der Anzahl g der für dieses Ereignis „günstigen" Fälle und der Gesamtzahl m aller möglichen Fälle definiert, also $p = \frac{g}{m}$ gesetzt.

---

[1] PIERRE SIMON LAPLACE (1749–1827)

Somit ist die Wahrscheinlichkeit dafür, aus einer Urne, die insgesamt u Kugeln und darunter w weiße enthält, (blindlings) eine weiße Kugel zu ziehen, als $p = \frac{w}{u}$ anzusetzen.

Sind zwei Urnen vorhanden, bei denen die Wahrscheinlichkeiten für das Ziehen einer weißen Kugel p_1 bzw. p_2 betragen, so ergibt sich die Wahrscheinlichkeit für das zusammengesetzte Ereignis „Auswahl einer der beiden Urnen und Ziehen einer weißen Kugel aus der gewählten Urne" zu:

$$p = \frac{1}{2}p_1 + \frac{1}{2}p_2 \,.$$

Lösung

Wir betrachten irgendeine Aufteilung der Kugeln auf die beiden Urnen. O. B. d. A. seien in der ersten Urne n Kugeln mit $n \leq 50$. Außerdem seien in der ersten Urne w weiße Kugeln. Dabei ist $1 \leq n \leq 50$ und $0 \leq w \leq n$. Diese beiden Parameter beschreiben die Kugelverteilung vollständig.

Offenbar ist nun $p_{n,w} = \frac{1}{2} \cdot \frac{w}{n} + \frac{1}{2} \cdot \frac{50-w}{100-n}$, wobei $p_{n,w}$ die Wahrscheinlichkeit p bei Kugelverteilung mit den Parametern n und w ist. Es ist

$$p_{n,w} = \frac{1}{2}\frac{50}{100-n} + \frac{w}{2}\left[\frac{1}{n} - \frac{1}{100-n}\right] \,.$$

Wegen $n \leq 50$ ist $\frac{1}{n} - \frac{1}{100-n} \geq 0$ also folgt wegen $w \leq n$

$$\begin{aligned} p_{n,w} \leq p_{n,n} &= \frac{1}{2} \cdot \frac{50}{100-n} + \frac{n}{2}\left[\frac{1}{n} - \frac{1}{100-n}\right] = \frac{1}{2} + \frac{1}{2}\frac{50-n}{100-n} \\ &= \frac{1}{2} + \frac{1}{2} - \frac{1}{2} \cdot \frac{50}{100-n} = 1 - \frac{25}{100-n} \,. \end{aligned}$$

Wegen $n \geq 1$ ist $p_{n,w} \leq 1 - \frac{25}{100-1} = p_{1,1} = \frac{74}{99}$.

Die Aufteilung, die die größte Wahrscheinlichkeit $p = \frac{74}{99}$ liefert, ist folgende: Eine Urne erhält eine weiße Kugel, die andere die restlichen Kugeln. ◇

1.2 Abzählprobleme

Für die Bearbeitung von Problemen, in denen es um das Abzählen von Objekten geht, lohnt sich die Bereitstellung einiger grundlegender Abzählformeln. Damit kann man dann in konkreten Lösungen zunächst das zutreffende kombinatorische Modell identifizieren und darauf schließlich die bekannte Anzahlformel anwenden.

Die Überlegungen zu solchen Aufgabenstellungen beginnen mit der Festlegung einer *Grundmenge*, aus der die abzuzählenden Objekte stammen. Für die Einordnung in ein kombinatorisches Modell unterscheidet man dann nach zwei Kriterien.

Modellkriterien Einerseits nennt man ein kombinatorisches Modell *geordnet*, wenn die Reihenfolge berücksichtigt wird, und anderenfalls *ungeordnet*. In geordneten Modellen werden also Objekte als verschieden gezählt, wenn sie sich nur in der Reihenfolge der berücksichtigten Elemente der Grundmenge unterscheiden – in ungeordneten Modellen jedoch gelten solche Objekte als gleich. Falls andererseits die Elemente der Grundmenge wiederholt auftreten bzw. verwendet dürfen, handelt es sich um ein Modell *mit Wiederholung*, anderenfalls um eines *ohne Wiederholung*.

Kombinationen Eine ganz grundlegende Problemstellung untersucht die Anzahl von Teilmengen einer Grundmenge. Die abzuzählenden Objekte sind also Mengen, in denen bekanntlich die Reihenfolge der Elemente keine Rolle spielt – dieses ungeordnete Modell ist in der Kombinatorik auch unter der Bezeichnung *Kombinationen* bekannt. Da zudem kein Element mehrfach wiederholt auftritt, handelt es sich um *Kombinationen ohne Wiederholung*. Deren Anzahl, berechnet für die Auswahl von k Elementen aus n Elementen ist genau die Anzahl der k-elementigen Teilmengen einer n-elementigen Grundmenge. Die *Kombinationen mit Wiederholung* dürfen Elemente der Grundmenge mehrfach enthalten, aber auch hier spielt die Reihenfolge der ausgewählten Elemente keine Rolle. Dies sind also keine Mengen mehr, aber gelegentlich wird in der Kombinatorik der Begriff *Multimenge* dafür verwendet.

Variationen Die Berücksichtigung der Reihenfolge führt dazu, das Elemente nicht nur ausgewählt, sondern zusätzlich auch angeordnet werden. Das kombinatorische Modell wird als *Variationen* bezeichnet und sie gibt es ebenso mit bzw. ohne Wiederholung. Hier haben die Variationen mit Wiederholung eine grundlegende mathematische Interpretation: Es sind endliche Folgen von Elementen, in denen die Reihenfolge zu berücksichtigen ist und gleiche Einträge auftreten dürfen. Es handelt sich also genau um den grundlegenden Begriff der sogenannten *Tupel*.

Permutationen Sind in einer Variation ohne Wiederholung sogar alle Elemente der Grundmenge anzuordnen, so spricht man von *Permutationen ohne Wiederholung*. Der Vollständigkeit halber wollen wir anmerken, dass man unter *Permutationen mit Wiederholung* entsprechend die Anordnungen aller Elemente einer Multimenge versteht. Da darauf aber nicht weiter eingegangen wird, sind im Folgenden unter Permutationen stets die ohne Wiederholung zu verstehen, wie das auch in der Mathematik allgemein üblich ist.

Die Permutationen kann man also als Spezialfall der Variationen (ohne Wiederholung) ansehen, bei dem die Anzahl k der anzuordnenden Elemente gleich der Anzahl n aller Elemente in der Grundmenge ist. Vor allem in der internationalen Literatur findet man aber auch die umgekehrte Sichtweise. Dort werden Variationen als *k-permutations* bezeichnet, in denen also nicht alle, sondern nur k der n Elemente anzuordnen sind.

Im Folgenden werden die benötigten Anzahlformeln für die vier wichtigsten kombinatorischen Modelle bereitgestellt. Hier ist es üblich, für grundlegende, sehr oft auftretende Terme spezielle Symbole zu verwenden.

Definition 1.1. Für nichtnegative ganze Zahlen n und k definiert man

(1) die *fallende Faktorielle* als

$$n^{\underline{k}} := \begin{cases} n \cdot (n-1) \cdot \ldots \cdot (n-k+1) & \text{für } k > 0\,, \\ 1 & \text{für } k = 0\,; \end{cases}$$

(2) die *Fakultät* als

$$n! := n^{\underline{n}} = \begin{cases} n \cdot (n-1) \cdot \ldots \cdot 1 & \text{für } n > 0\,, \\ 1 & \text{für } n = 0\,; \end{cases}$$

(3) den *Binomialkoeffizient* als

$$\binom{n}{k} := \frac{n^{\underline{k}}}{k!} = \frac{n(n-1)\ldots(n-k+1)}{k(k-1)\ldots 1}\,.$$

Man beachte, dass diese Definitionen auch für $k > n$ gelten. Die für den Binomialkoeffizienten bekanntere Formel

$$\binom{n}{k} := \frac{n!}{k!(n-k)!}$$

liefert für $k \leq n$ zwar dasselbe, ist aber für $k > n$ nicht anwendbar.

Satz 1.2 (Kombinatorische Grundformeln). *Es seien n und k nichtnegative ganze Parameter. Über einer n-elementigen Grundmenge gibt es für k Elemente*

(1) n^k Variationen mit Wiederholung – das ist auch die Anzahl von Tupeln der Länge k mit Einträgen aus einer n-elementigen Grundmenge;

(2) $n^{\underline{k}}$ Variationen ohne Wiederholung;

(3) $n!$ Permutationen (ohne Wiederholung);

(4) $\binom{n}{k}$ Kombinationen ohne Wiederholung – das ist auch die Anzahl von k-elementigen Teilmengen einer n-elementigen Grundmenge.

Beweis. Die Reihenfolge der Formeln ist so gewählt, dass aufeinander aufbauende Beweisschritte möglich werden.

(1) Zunächst bemerkt man, dass es für jeden der k Einträge der Variation mit Wiederholung n Möglichkeiten gibt, da stets alle n Elemente der Grundmenge zur Verfügung stehen.

Zentral ist dann das folgende Argument: Für jede beliebige (feste) Wahl eines Eintrages stehen für alle anderen Einträge immer noch alle n Möglichkeiten zur

Verfügung. Unter dieser, auch *Unabhängigkeit* genannten Voraussetzung ergibt sich die Gesamtanzahl dann als das Produkt der Anzahlen der Möglichkeiten für jeden einzelnen Eintrag, hier also

$$\underbrace{n \cdot n \cdot n \cdot \ldots \cdot n}_{k \text{ Faktoren}} .$$

(2) Sind keine Wiederholungen erlaubt, so stehen für den ersten Eintrag zwar noch alle n Möglichkeiten zur Verfügung, für den zweiten aber nur noch $n-1$, für den nächsten nur noch $n-2$ usw., nämlich alle außer den schon verwendeten Elementen. Für k Einträge ergeben sich also

$$\underbrace{n \cdot (n-1) \cdot \ldots \cdot (n-k+1)}_{k \text{ Faktoren}}$$

viele Möglichkeiten und das ist genau die in (2) nachzuweisende Formel der fallenden Faktoriellen für die Anzahl der Variationen ohne Wiederholung.

(3) Die Aussage (3) folgt aus (2) ganz unmittelbar als Spezialfall $n = k$: Dann werden die Variationen ohne Wiederholung ja zu den Permutationen der n-elementigen Grundmenge und die nachzuweisende Anzahl muss $n^{\underline{n}} = n!$ sein.

(4) Zur Untersuchung der Kombinationen ohne Wiederholung beobachtet man zunächst, dass jede k-elementige Teilmenge durch Permutation ihrer k verschiedenen Elemente auf verschiedene (geordnete) Tupel führt und wegen (3) müssen dies genau $k!$ viele sein. Die Anzahl der Variationen ohne Wiederholung muss also durch Multiplikation mit $k!$ aus der Anzahl der Kombinationen ohne Wiederholung hervorgehen. Mit (1) erhält man also

$$\frac{n^{\underline{k}}}{k!} = \binom{n}{k}$$

für die in (4) nachzuweisende Anzahl. □

Produktregel Das im Beweis zu (1) herausgestellte Argument wird auch als *Produktregel* bezeichnet und für kombinatorische Abzählprobleme äußerst häufig genutzt. Für eine mathematisch fundierte Darstellung verweisen wir auf [2] – vereinfacht wird aber die Produktregel immer wieder so verwendet: Die Gesamtanzahl von Variationen mit Wiederholung ergibt sich als Produkt der Anzahlen für die einzelnen Einträge, falls jede dieser einzelnen Anzahlen unabhängig von der konkreten Wahl aller anderen Einträge stets gleich bleibt, d. h. die einzelnen Anzahlen in diesem Sinne voneinander unabhängig sind.

Diese Regel hat ihr Äquivalent in der Stochastik darin, dass man durch Multiplikation der Wahrscheinlichkeiten *unabhängiger* Ereignisse die gemeinsame Wahrscheinlichkeit für beide Ereignisse erhält.

Die Verwendung der Produktregel ist oft so offensichtlich, dass darauf in den Lösungstexten gar nicht mehr ausdrücklich verwiesen wird. Man sollte jedoch zumindest darauf achten und genauer überlegen, dass die fundamentale Voraussetzung der

Unabhängigkeit auch tatsächlich erfüllt ist. Mit den folgenden Problemen werden sowohl das Vorgehen als auch die gelegentlich knappe Darstellung der Argumentation illustriert.

Aufgabe 061244

Gegeben ist eine natürliche Zahl $n \geq 3$. Es sei $V = P_1 P_2 \dots P_n$ ein ebenes regelmäßiges n-Eck.

Geben Sie die Gesamtanzahl aller voneinander verschiedenen stumpfwinkligen Dreiecke $\triangle P_k P_l P_m$ an, wobei P_k, P_l, P_m Ecken von V sind!

Lösung

Ist das $\triangle P_k P_l P_m$ stumpfwinklig, so ist genau ein Winkel größer als 90°; dieser sei bei P_l. Der Kreisbogen von P_k nach P_m, der P_l enthält, ist kleiner als der halbe Umfang. Andererseits bilden je drei Punkte, die auf einem Kreisbogen kürzer als der halbe Umfang liegen, ein stumpfwinkliges Dreieck. Also ist die gesuchte Anzahl gleich der Anzahl von Möglichkeiten, drei der Punkte derartig auszuwählen.

Für die Auswahl des „ersten" Punktes P_k gibt es n Möglichkeiten, da alle n Punkte in Betracht kommen. Für jede Auswahl von P_k kann dann für P_l und P_m jede Auswahl von 2 Punkten aus den Punkten $P_{k+1}, P_{k+2}, \dots, P_{k+\lfloor (n-1)/2 \rfloor}$ verwendet werden, wobei wir in dieser Liste $P_{n+i} \equiv P_i$ $(i = 1, \dots, n)$ setzen. Also ist

$$\begin{aligned} n \cdot \binom{\lfloor \frac{n-1}{2} \rfloor}{2} &= n \cdot \frac{1}{2} \left\lfloor \frac{n-1}{2} \right\rfloor \left(\left\lfloor \frac{n-1}{2} \right\rfloor - 1 \right) \\ &= \frac{1}{2} n \left\lfloor \frac{n-1}{2} \right\rfloor \left\lfloor \frac{n-3}{2} \right\rfloor \\ &= \begin{cases} \frac{1}{8} n(n-1)(n-3) & \text{für } n \text{ ungerade} \\ \frac{1}{8} n(n-2)(n-4) & \text{für } n \text{ gerade} \end{cases} \end{aligned}$$

die gesuchte Gesamtanzahl aller Möglichkeiten. 

Aufgabe 191246B

In einer Dunkelkammer liegen ungeordnet 20 einzelne Handschuhe von gleicher Größe:

5 weiße Handschuhe für die rechte Hand,
5 weiße Handschuhe für die linke Hand,
5 schwarze Handschuhe für die rechte Hand,
5 schwarze Handschuhe für die linke Hand.

Zwei Handschuhe gelten genau dann als ein *passendes* Paar, wenn sie die gleiche Farbe haben und der eine von ihnen für die rechte Hand, der andere für die linke Hand ist. Unter einem *Zug* sei die Entnahme eines einzelnen Handschuhs verstanden, ohne dass dabei eine Auswahl nach Farbe oder Form möglich ist. Ein *Spiel* von n Zügen bestehe darin, dass man nacheinander n Züge ausführt, die dabei entnommenen Handschuhe sammelt und erst nach diesen n Zügen feststellt, ob sich unter den n entnommenen Handschuhen (mindestens) ein passendes Paar befindet. Genau dann, wenn dies zutrifft, gelte das Spiel als *erfolgreich.*

(a) Ermitteln Sie die kleinste natürliche Zahl n mit der Eigenschaft, dass ein Spiel von n Zügen mit Sicherheit erfolgreich ist!

(b) Ermitteln Sie die kleinste natürliche Zahl k mit der Eigenschaft, dass ein Spiel von k Zügen mit größerer Wahrscheinlichkeit als 0,99 erfolgreich ist.

Lösung

(a) Ein Spiel mit zehn Zügen ist nicht mit Sicherheit erfolgreich, denn man kann z. B. zehn linke Handschuhe entnehmen. Ein Spiel mit elf Zügen ist dagegen immer erfolgreich, denn man muss dann mindestens sechs Handschuhe von gleicher Farbe entnehmen, und da jeweils nur fünf linke bzw. rechte Handschuhe vorhanden sind, ist darunter mindestens ein passendes Paar. Die in (a) gesuchte Zahl ist also $n = 11$.

(b) Gibt $f(m)$ die Wahrscheinlichkeit dafür an, dass ein Spiel mit m Zügen erfolgreich ist, so haben wir $f(1) = 0$, $f(11) = 1$ und $f(m)$ ist monoton wachsend, d. h. $f(m) \leq f(m+1)$ für $m = 1, 2, \ldots$. Mithin ist k genau die (eindeutig bestimmte) Zahl mit $f(k) > 0,99$ und $f(k-1) \leq 0,99$.

Die 20 Handschuhe fassen wir zu vier Klassen zusammen: die weißen linken in WL, die weißen rechten in WR, die schwarzen linken in SL, die schwarze rechten in SR. Wir entnehmen m Handschuhe mit $6 \leq m \leq 10$ und betrachten die Menge E der entnommenen Handschuhe. Die Handschuhe sind natürlich unterscheidbar, die Reihenfolge des Entnehmens ist jedoch nicht mehr erkennbar. Insgesamt gibt es $\binom{20}{m}$ Möglichkeiten für E. Wir berechnen jetzt die Anzahl der Möglichkeiten, kein passendes Paar in E zu haben. Dann sind die Handschuhe aus E aus genau zwei Klassen. Als Zusammenstellung der Klassen kommen die vier Kombinationen WL–SL, WL–SR, WR–SL, WR–SR in Betracht. In jedem der vier Fälle gibt es genau $\binom{10}{m}$ Möglichkeiten für E. Also gilt:

$$f(m) = 1 - \frac{4 \cdot \binom{10}{m}}{\binom{20}{m}} .$$

Speziell ist

$$f(6) = 1 - \frac{4 \cdot 10 \cdot 9 \cdot 8 \cdot 7 \cdot 6 \cdot 5}{20 \cdot 19 \cdot 18 \cdot 17 \cdot 16 \cdot 15} = 1 - \frac{7}{323} < 0,99$$

und

$$f(7) = 1 - \frac{4 \cdot 10 \cdot 9 \cdot 8 \cdot 7 \cdot 6 \cdot 5 \cdot 4}{20 \cdot 19 \cdot 18 \cdot 17 \cdot 16 \cdot 15 \cdot 14} = 1 - \frac{2}{323} > 0,99 .$$

Die in (b) gesuchte Zahl ist also $k = 7$. 

Dieses Problem ist erneut zwar mit Wahrscheinlichkeiten formuliert, im Kern aber durch kombinatorisches Abzählen bearbeitet worden. Hier wollen wir aber anmerken, dass sich die kombinatorischen Modelle und Grundformeln analog in der elementaren Stochastik finden. Oft wird dabei die Interpretation über das Ziehen von Kugeln aus einer Urne verwendet. Es wird dann danach modelliert, ob die Kugeln in der Urne durch Nummerierung oder Färbung unterscheidbar sind, ob die Reihenfolge der gezogenen Kugeln eine Rolle spielt und ob Kugeln nach dem Ziehen wieder in die Urne zurückgelegt werden oder nicht. Die Produktregel liest sich dort als Multiplikationssatz: Sind zwei Ereignisse stochastisch unabhängig, so ist das Produkt ihrer Einzelwahrscheinlichkeiten gerade die Wahrscheinlichkeit, dass beide Ereignisse gemeinsam eintreten.

Dementsprechend kann man für solcherart gestellte Aufgaben auch die Lösungen in der Sprache der Wahrscheinlichkeiten formulieren. Die Verwendung weiterführender Methoden der Stochastik ist aber in den Mathematik-Olympiaden sehr selten geblieben. Mit der 2. Lösung für das folgende Problem soll ein solches Vorgehen einmal illustriert werden. Für den dort verwendeten *Satz über die totale Wahrscheinlichkeit* und die dafür nötigen *bedingten* Wahrscheinlichkeiten verweisen wir hier allerdings auf die Grundlagenliteratur zur Stochastik.

Summenregel In der folgenden Aufgabe wird eine weitere grundlegende Methode verwendet, die *vollständige Fallunterscheidung*, in der also alle abzuzählenden Möglichkeiten in einem der Fälle erfasst sind. Für die Gesamtanzahl kann man dann die Anzahlen aus den einzelnen Fällen einfach addieren, wenn sich die Fälle gegenseitig ausschließen, also keine Möglichkeiten in verschiedenen Fällen berücksichtigt werden.

In der Systematik wollen wir diesen unmittelbar einleuchtenden Zusammenhang als *Summenregel* bezeichnen: Die Anzahl der Elemente in einer Vereinigung endlich vieler Mengen ergibt sich genau als die Summe der Anzahlen in den einzelnen Mengen, wenn diese paarweise sind, d. h. keine zwei von ihnen gemeinsame Elemente enthalten. Für eine präzise Darstellung dieser Lösungsidee bietet es sich auch an, von einer *Klassifikation* der abzuzählenden Objekte in paarweise diskunkte Teilklassen zu sprechen.

Auch diese Summenregel hat ihr Äquivalent in der Stochastik mit der bekannten Regel, nach der man durch Addition der Wahrscheinlichkeiten *unvereinbarer Ereignisse* die Wahrscheinlichkeit erhält, dass (mindestens) eines der beiden Ereignisse eintritt.

Aufgabe 351333A

In einem Raum stehen n verschlossene Truhen. Über sie ist Folgendes bekannt: Zu jeder Truhe gibt es genau einen Schlüssel; mit ihm kann diese und nur diese Truhe geöffnet werden. In jeder Truhe liegt genau einer dieser Schlüssel; diese Verteilung der Schlüssel auf die Truhen ist zufällig; d. h., alle möglichen derartigen Verteilungen sollen die gleiche Wahrscheinlichkeit haben. In genau einer Truhe liegt außerdem ein Schatz.

Jemand bricht eine zufällig gewählte Truhe auf. Er hat die Möglichkeit, mit dem darin gefundenen Schlüssel die zugehörige Truhe aufzuschließen, wenn sie noch nicht offen ist; dasselbe gilt für gegebenenfalls in weiteren aufgeschlossenen Truhen gefundenen Schlüssel. Freilich wird er diese Möglichkeit, wenn sie besteht, nur nutzen, solange er noch nicht die Truhe mit dem Schatz geöffnet hat.

Wie groß ist (in Abhängigkeit von n) die Wahrscheinlichkeit dafür, auf diese Weise an den Schatz zu kommen?

Lösungen

1. Lösung. Die Truhen seien mit den Nummern $1, \ldots, n$ gekennzeichnet, der Schatz liege o. B. d. A. in Truhe 1. Ein mögliches Ereignis ist das Vorliegen einer Permutation $\big(p(1), \ldots, p(n)\big)$, die die Verteilung der Schlüssel auf die Truhen angibt (jeweils in der Truhe i liegt der zur Truhe $p(i)$ passende Schlüssel), zusammen mit der Angabe a der aufgebrochenen Truhe. Die Anzahl aller möglichen Ereignisse ist $n! \cdot n$.

Ist $\big(p(1), \ldots, p(n)\big)$ eine Verteilung, so heißt eine Folge $(n_1, \ldots, n_k)$ von paarweise verschiedenen Truhen genau dann ein *p-Zyklus der Länge k*, wenn für $i = 1, \ldots, k-1$ gilt, dass der in Truhe n_i liegende Schlüssel zur Truhe n_{i+1} passt, und wenn der in n_k liegende Schlüssel zur Truhe 1 passt; in Formeln:

$$p(n_1) = n_2, \quad p(n_2) = n_3, \quad \ldots, \quad p(n_{k-1}) = n_k, \quad p(n_k) = n_1 .$$

Zu einem Zyklus $(n_1, \ldots, n_k)$ *gleich* heißen genau die Zyklen

$$(n_1, \ldots, n_k), \quad (n_2, \ldots, n_k, n_1), \quad \ldots, \quad (n_k, n_1, \ldots, n_{k-1}) .$$

Somit ist die Anzahl aller nicht gleichen Zyklen, die sich aus k paarweise verschiedenen Nummern bilden lassen, gleich $(k-1)!$.

Ein mögliches Ereignis $\big(p(1), \ldots, p(n); a\big)$ ist nun genau dann günstig, wenn einer der folgenden Fälle vorliegt, die sich gegenseitig ausschließen:

Fall 1. Es gilt $a = 1$. Da nur noch $\big(p(1), \ldots, p(n)\big)$ alle Permutationen zu durchlaufen hat, ist die Anzahl der günstigen Fälle hierfür

$$G_1 = n! .$$

Fall k. Es ist $a \neq 1$ und die Truhen a und 1 liegen in einem gemeinsamen p-Zyklus der Länge k für ein $k \in \{2, \ldots, n\}$. Diese Ereignisse kann man wie folgt abzählen:

1. Für a hat man genau $n-1$ Möglichkeiten.
2. Bei jeder von ihnen hat man für eine Menge aus $k-2$ Nummern, die zusammen mit a und 1 einen Zyklus der Länge k bilden sollen, genau $\binom{n-2}{k-2}$ Möglichkeiten.
3. Bei jeder von ihnen hat man genau $(k-1)!$ Möglichkeiten, aus den hierfür vorgesehenen k Nummern einen Zyklus zu bilden.
4. Zu jeder hiermit schon getroffenen Festlegung hat man schließlich $(n-k)!$ Möglichkeiten, die übrigen Nummern anzuordnen.

Insgesamt erhält man dadurch eine Permutation $\big(p(1),\ldots,p(n)\big)$, bezüglich der sich der bereits festgelegte Zyklus als ein p-Zyklus erweist. Für je ein k ist die Anzahl der so abgezählten Ereignisse also gleich

$$G_k = (n-1)\cdot\binom{n-2}{k-2}\cdot(k-1)!\cdot(n-k)! = (k-1)\cdot(n-1)!\,.$$

Die Gesamtzahl der günstigen Fälle ist somit

$$\begin{aligned} G = G_1 + \sum_{k=2}^{n} G_k &= n! + \sum_{k=2}^{n}(k-1)(n-1)! = (n-1)!\cdot\left(n+\sum_{k=2}^{n}(k-1)\right)\\ &= (n-1)!\cdot\sum_{k=1}^{n} k = (n-1)!\cdot\frac{n(n+1)}{2} = \frac{1}{2}\,(n+1)!\,. \end{aligned}$$

Die gesuchte Wahrscheinlichkeit ist daher gleich

$$P = \frac{G}{N} = \frac{(n+1)!}{2\cdot n\cdot n!} = \frac{n+1}{2n}.$$

2. Lösung. Unter Verwendung des Satzes über die totale Wahrscheinlichkeit lässt sich wie folgt argumentieren:

Man bestimmt zunächst die Wahrscheinlichkeit dafür, dass bei der Verteilung der Schlüssel auf die Truhen der Zyklus, der 1 enthält, die Länge k hat: Die Anzahl der möglichen Fälle beträgt $n!$; die Anzahl der günstigen Fälle ist hier gleich

$$\binom{n-1}{k-1}\cdot(k-1)!\cdot(n-k)! = (n-1)!\,.$$

Damit ist die Wahrscheinlichkeit, dass der 1 enthaltende Zyklus die Länge k hat, gleich

$$\frac{(n-1)!}{n!} = \frac{1}{n}\,.$$

Unter der Bedingung, dass der 1 enthaltende Zyklus die Länge k hat, wird bei der Auswahl der aufgebrochenen Truhe mit Wahrscheinlichkeit $\frac{k}{n}$ eine aus dem Zyklus von 1 gewählt.

Nach dem Satz über die totale Wahrscheinlichkeit erhält man folglich für die Wahrscheinlichkeit, dass die aufgebrochene Truhe demselben Zyklus wie 1 angehört,

$$\sum_{k=1}^{n} \frac{1}{n} \cdot \frac{k}{n} = \frac{1}{n^2} \sum_{k=1}^{n} k = \frac{1}{n^2} \cdot \frac{n(n+1)}{2} = \frac{n+1}{2n}\,. \qquad \diamond$$

Bijektives Abzählen / Gleichheitsregel Eine der grundlegendsten kombinatorischen Abzählmethoden ist das *bijektive Abzählen.* In [2] wird dafür auch die Bezeichnung *Gleichheitsregel* verwendet: Zwei endliche Mengen haben die gleiche Anzahl von Elementen genau dann, wenn es eine *bijektive Abbildung* zwischen ihnen gibt. Dabei heißt eine Abbildung *bijektiv* oder *Bijektion*, wenn die beiden beteiligten Mengen vollständig (auch: *surjektiv*) und in umkehrbar eindeutiger Weise (auch *injektiv*) aufeinander abgebildet werden. Eine einfache Interpretation macht die Zusammenhänge unmittelbar klar: Bei Bijektionen ist jedem Element der einen Menge genau ein Element der anderen Menge zugeordnet.

Die Lösung des folgenden Problems verwendet diese Herangehensweise sehr explizit. Zudem zeigt es, dass dabei die genaue Anzahl der Elemente gar nicht bekannt sein muss.

Aufgabe 311233B

Es sei $n \geq 2$ die Anzahl der Teilnehmer an einer Feier. Für je zwei Teilnehmer A, B seien die folgenden beiden Aussagen wahr:

(1) Ist A mit B bekannt, so gibt es keinen von A und B verschiedenen Teilnehmer, der sowohl mit A als auch mit B bekannt wäre.

(2) Ist A nicht mit B bekannt, so gibt es genau zwei von A und B verschiedene Teilnehmer, die sowohl mit A als auch mit B bekannt sind.

Man beweise, dass unter diesen Voraussetzungen stets gilt: Alle Teilnehmer haben auf dieser Feier dieselbe Zahl von Bekannten.

Hinweis. Für je zwei Teilnehmer A, B gelte: Ist A mit B bekannt, so auch B mit A. Kein Teilnehmer gelte als mit sich selbst bekannt.

Lösung

Ist $n = 2$, so sind die beiden Teilnehmer miteinander bekannt; denn andernfalls folgt aus (2) der Widerspruch, dass es mindestens 4 Teilnehmer gäbe. Also haben beide Teilnehmer die gleiche Zahl (nämlich 1) von Bekannten, wie behauptet.

Ist $n > 2$, so hat jeder Teilnehmer mindestens 2 Bekannte unter den Teilnehmern; denn hätte ein Teilnehmer weniger als 2 Bekannte, wäre wegen $n > 2$ also mit mindestens einem anderen Teilnehmer nicht bekannt, so führt (2) auf den Widerspruch, dass er doch mindestens 2 Bekannte haben müsste.

Für je zwei Teilnehmer A, B untersucht man nun die beiden Fälle, ob sie miteinander bekannt oder nicht bekannt sind.

Fall 1. Sind A, B miteinander bekannt, so seien

$$\begin{array}{ll} B, X_1, \ldots, X_k & \text{die sämtlichen Bekannten von } A, \\ A, Y_1, \ldots, Y_m & \text{die sämtlichen Bekannten von } B \end{array}$$

($B, X_1, \ldots, X_k$ paarweise voneinander verschieden, $A, Y_1, \ldots, Y_m$ paarweise voneinander verschieden; $k, m \geq 1$, wie soeben gezeigt). Für jedes i mit $1 \leq i \leq k$ gilt dann: Da B und X_i den gemeinsamen Bekannten A haben, sind sie nach (1) nicht miteinander bekannt und haben somit nach (2) außer A noch genau einen weiteren gemeinsamen Bekannten. Das heißt: X_i ist genau mit einer der Personen $Y_1, \ldots, Y_m$ bekannt.

Ebenso folgt für jedes j mit $1 \leq j \leq m$, dass Y_j mit genau einer der Personen $X_1, \ldots, X_k$ bekannt ist.

Daher und wegen der im Hinweis genannten Symmetrie des Bekanntseins entsteht eine umkehrbar eindeutige Abbildung von der Menge $\{X_1, \ldots, X_k\}$ auf die Menge $\{Y_1, \ldots, Y_m\}$, wenn man jeder Person X_i die ihr bekannte unter den $Y_1, \ldots, Y_m$ zuordnet. Also ist $k = m$; d. h. A und B haben die gleiche Zahl $k + 1 = m + 1$ von Bekannten.

Fall 2. Sind A, B nicht miteinander bekannt, so folgt: Nach (2) haben sie (mindestens) einen gemeinsamen Bekannten C. Wie eben im Fall 1 gezeigt, haben A und C die gleiche Zahl von Bekannten; dasselbe gilt für B und C. Also haben auch A und B die gleiche Zahl von Bekannten.

Damit ist der verlangte Beweis geführt. ◇

Meist tritt das bijektive Abzählen aber in eher impliziter, versteckter Weise auf. Dabei geht es für die zu untersuchenden Objekte dann gewissermaßen um ihre Übersetzung oder Codierung in eine andere „Sprache", in der sich die Lösung dann besser finden und darstellen lässt. Oft ist die Bijektivität dabei unmittelbar einleuchtend und bedarf dann keiner ausführlichen Begründung, wie etwa in dem nun folgenden Problem die bijektive Darstellung der Verteilungsvorgänge als Folgen.

Gelegentlich kann aber auch die Bijektion selbst die eigentliche zündende Kernidee sein. In komplizierteren Fällen muss man die Eigenschaften der Bijektivität natürlich exakt nachweisen und wird dann dadurch belohnt, dass die gesuchte Lösung in der übersetzten „Welt" schon bekannt ist.

Die folgende Aufgabe 271246A illustriert das recht eindrucksvoll mit der überraschenden Bijektion zwischen ungünstigen j-Folgen und beliebigen $j+1$-Folgen. Wir wollen jedoch anmerken, dass sowohl die Aufgabenstellung als auch die Beweismethodik ganz eng mit den sogenannten CATALAN-Zahlen verwandt sind. Im Problem 221224 dieses Kapitels wird auch noch eine Rekursion für diese bekannte kombinatorischen Zahlenfolge behandelt, ansonsten sei erneut auf weiterführende Literatur wie [2] verwiesen.

Aufgabe 271246A

Alfred und Bernd teilen sich n Äpfel, indem der Reihe nach für jeden einzelnen Apfel durch eine Zufallsentscheidung (z. B. Werfen einer Münze) festgelegt wird, wer diesen Apfel erhält. Ein solcher Verteilungsvorgang heiße für Alfred *günstig* genau dann, wenn Alfred nicht nur am Ende, sondern während des gesamten Vorgangs niemals weniger Äpfel in seinem Besitz hat als Bernd.

Als Wahrscheinlichkeit $w(n)$ dafür, dass ein Verteilungsvorgang für Alfred günstig ist, bezeichnet man den Quotienten, der sich ergibt, wenn die Anzahl aller für Alfred günstigen Verteilungsvorgänge durch die Anzahl aller überhaupt möglichen Verteilungsvorgänge dividiert wird.

(a) Man ermittle $w(4)$.

(b) Man ermittle $w(n)$ für beliebiges natürliches $n \geq 2$.

Lösung

Jeder Verteilungsvorgang ist durch eine n-gliedrige Folge darstellbar, in der jedes Glied A oder B lautet. Eine solche Folge sei *j-Folge* genannt, wenn sie genau j Glieder A enthält. Eine Folge heiße genau dann *günstig*, wenn sie einen für Alfred günstigen Verteilungsvorgang darstellt. Es sei nun $m = \lfloor \frac{n}{2} \rfloor$ gesetzt (das bezeichnet die größte ganze Zahl, die nicht größer als $\frac{n}{2}$ ist). Dann gilt:

(1) Jede j-Folge mit $j < m$ ist ungünstig.

(2) Die (einzige) n-Folge $(AA \dots A)$ ist günstig.

(3) Für jedes j mit $m \leq j < n$ ist die Anzahl aller ungünstigen j-Folgen gleich der Anzahl aller $(j+1)$-Folgen.

Dies kann wie folgt bewiesen werden: Zu jeder ungünstigen j-Folge F gibt es eine kleinste Zahl $k \geq 1$ derart, dass das k-te Glied B lautet, während sich unter den vorangehenden $k-1$ Gliedern ebenso viele Glieder A wie B befinden. Man ordne der Folge F diejenige Folge F' zu, die aus F dadurch entsteht, dass in den ersten k Gliedern überall A durch B und B durch A ersetzt wird. Für diese Zuordnung gilt:

(I) Die Folge F' ist jeweils eine $(j+1)$-Folge.

(II) Sind zwei ungünstige j-Folgen F_1, F_2 voneinander verschieden, so auch ihre zugeordneten Folgen F_1', F_2'.

(III) Jede $(j+1)$-Folge G ist die zugeordnete Folge $G = F'$ einer ungünstigen j-Folge F. Wegen $j \geq m$, also $j + 1 > \frac{n}{2}$, enthält G nämlich mehr Glieder A als B; also gibt es eine kleinste Zahl $k \geq 1$ derart, dass das k-te Glied A lautet, während sich unter den vorangehenden $k-1$ Gliedern ebenso viele Glieder B wie A befinden. Daher hat diejenige Folge F die verlangten Eigenschaften (ungünstige j-Folge mit $F' = G$ zu sein), die aus G dadurch entsteht, dass in den ersten k Gliedern überall B durch A und A durch B ersetzt wird.

Mit ((I)), ((II)), ((III)) ist die behauptete Anzahlgleichheit ((3)) bewiesen.

Bezeichnet man die Anzahl aller j-Folgen mit a_j und die Anzahl aller günstigen j-Folgen mit g_j, so ergibt sich nach ((1)), ((2)), ((3)): Die Anzahl aller günstigen Folgen ist

$$\begin{aligned} g_0 + \cdots + g_n &= g_m + \cdots + g_{n-1} + g_n \\ &= (a_m - a_{m+1}) + \cdots + (a_{n-1} - a_n) + a_n \\ &= a_m \,. \end{aligned}$$

Die Anzahl a_m aller m-Folgen ist bekanntlich $a_m = \binom{n}{m}$; die Anzahl aller zu berücksichtigenden n-gliedrigen Folgen überhaupt ist 2^n. Damit ergibt sich für die beiden Teilaufgaben:

(a) $w(4) = \binom{4}{2} : 2^4 = 6 : 16 = \frac{3}{8}$ und (b) $w(n) = \binom{n}{m} : 2^n$ mit $m = \lfloor \frac{n}{2} \rfloor$. ◇

Doppeltes Abzählen Bei dieser wichtigen Methode geht es grundsätzlich um das Abzählen von Paaren von Objekten. Typisch dafür sind die sogenannte *Adjazenz*, eine Nachbarschaftsbeziehung zwischen gleichartigen Objekten, und die sogenannte *Inzidenz*, eine Enthaltenseinsbeziehung zwischen Objekten ausdrückt. Im folgenden Problem 121224 tritt Adjazenz zwischen zwei Haltestellen auf, die zu einer gemeinsamen Autobuslinie gehören, während Inzidenz hier bedeutet, dass eine Haltestelle zu einer Autobuslinie gehört.

Die Anzahl der Paare kann man nun aus Sicht sowohl des ersten als auch des zweiten Partners ermitteln. Das ist die Grundidee des doppelten oder zweifachen Abzählens. Die Methode liefert also zunächst keine explizite Anzahlformel, sondern die Gleichheit zweier Anzahlen, aus der dann weitere Schlüsse gezogen werden können.

Unsere folgenden Beispiele verwenden die Technik des doppelten Abzählens ganz ausdrücklich und ziehen dann Schlussfolgerungen auf Anzahlen oder auch Ungleichungen. Die Methode wird aber auch in kombinatorischen Problemlösungen verwendet, die nicht in diesem Abschnitt eingeordnet sind, siehe beispielsweise 501314.

Aufgabe 121224

In einer Stadt soll ein Netz von mindestens zwei Autobuslinien eingerichtet werden. Dieses Liniennetz soll folgenden Bedingungen genügen:

(1) Auf jeder Linie gibt es genau drei Haltestellen.
(2) Jede Linie hat mit jeder anderen Linie genau eine Haltestelle gemeinsam.
(3) Es ist möglich, von jeder Haltestelle aus jede andere Haltestelle mit einer Linie zu erreichen, ohne zwischendurch auf eine andere Linie umsteigen zu müssen.

Man ermittle alle Möglichkeiten für die Anzahl der Autobuslinien eines solchen Netzes.

Lösung

Angenommen, es gibt ein solches Netz von Linien auf der Menge N der Haltestellen. Es bezeichnen n die Anzahl der Haltestellen und b die Anzahl der Linien.

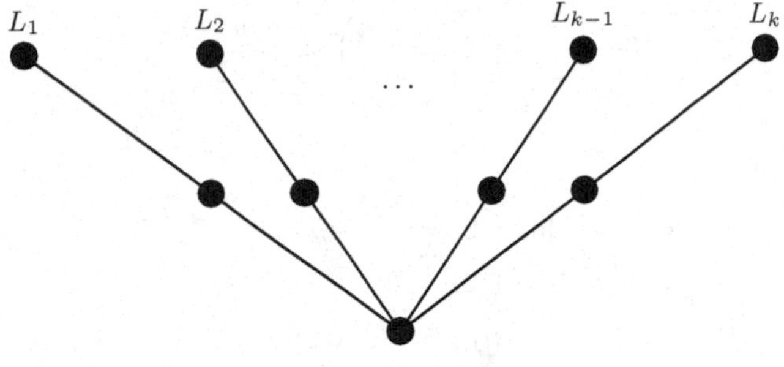

Abb. L121224a

Sei $x \in N$. Für die Linien $L_1, \ldots, L_k$, die x enthalten gilt: Alle Punkte von N liegen auf einer der Linien $L_1, \ldots, L_k$ nach (3), siehe Abb. L121224a. Wegen (2) enthalten je zwei Linien $L_1, \ldots, L_k$ genau den Punkt x gemeinsam. Da nach (1) auf jeder Linie genau drei Haltestellen liegen ist $n = 1 + 2 \cdot k$. Offenbar ist diese Aussage unabhängig von der speziellen Wahl von $x \in N$, d. h. jede Haltestelle liegt auf genau $\frac{n-1}{2}$ Linien.

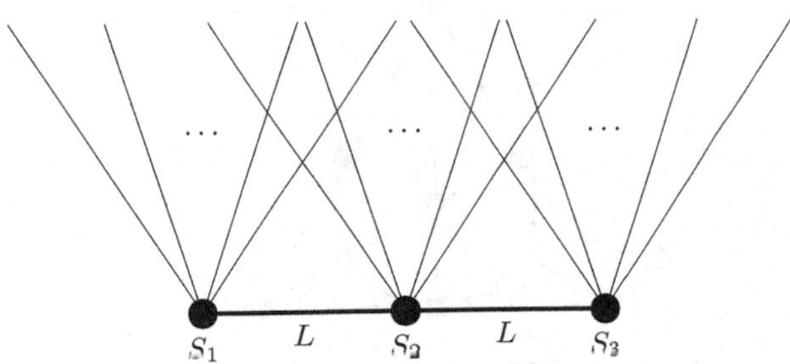

Abb. L121224b

Wir betrachten nun die Linie L, siehe Abb. L121224b. Wegen (2) hat jede andere Linie genau einen Punkt mit L gemeinsam. Also ist

$$b = 3\binom{\frac{n-1}{2}} - 2\,. \tag{4}$$

Schließlich gibt es genau $\binom{n}{2}$ Haltestellenpaare. Zu jedem Paar gibt es genau eine Linie, auf der sich dieses Paar befindet. Da jede Linie genau drei Paare enthält, gilt schließlich

$$3b = \binom{n}{2}\,. \tag{5}$$

Aus (4) und (5) folgt

$$3\left[3\cdot\frac{n-1}{2} - 2\right] = \binom{n}{2} = \frac{n(n-1)}{2}\,,$$

also

$$\begin{aligned} 9n - 21 &= n^2 - n \\ n^2 - 10n + 21 &= 0 \\ n_{1,2} &= 5 \pm \sqrt{25-21} \end{aligned}$$

und schließlich

$$n_1 = 7, n_2 = 3\,.$$

Nach (4) folgt $b_1 = 7$, $b_2 = 1$. Wegen der Forderung $b > 1$ entfällt die zweite Lösung. Für 7 Haltestellen gibt es tatsächlich ein System von 7 Linien, das alle Bedingungen erfüllt: Die Linien sind die sechs geraden Strecken und der Kreis in Abb. L121224c.

◇

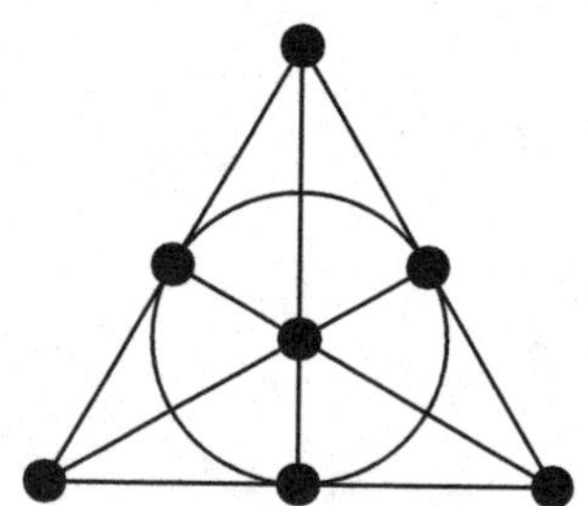

Abb. L121224c: FANO-Ebene.

Die vorhergehende Aufgabe 121224 hat ganz deutliche Bezüge zu allgemeineren mathematischen Sachverhalten. Zunächst tritt die in Abb. L121224c veranschaulichte FANO-*Ebene* in der Projektiven Geometrie als erstes Standard-Beispiel einer sogenannten endlichen projektiven Ebene auf. Das betrachtete Mengensystem selbst ist wiederum ein *kombinatorisches Design*, eine hochreguläre kombinatorische Inzidenzstruktur. Für deren Existenz kennt man grundlegende Anzahlbedingungen, die in der Aufgabe für einen Spezialfall mit kleinen Parameterwerten behandelt werden. Und auch das Vorgehen im Beweis ist bereits so angelegt, wie es dann verallgemeinert werden kann. Die genauen Details findet man in der Grundlagenliteratur zur Theorie kombinatorischer Designs wie beispielsweise [17].

Für die folgende Aufgabe 321241 geben wir zwei Lösungen an. Sie sind zwar im eigentlichen Kern gleich, haben aber doch auch beide ihre methodische Berechtigung. Wir beginnen mit der ganz elementar und weitgehend verbal formulierten Original-Lösung. Mit der zweiten Lösung wird dann aufgezeigt, wie man durch bewusste mathematische Formalisierung – hier des doppelten Abzählens – zu einer deutlich präziseren Darstellung kommen kann.

Aufgabe 321241

Von den Eckpunkten eines regelmäßigen 250-Ecks wurden genau 16 gelb und alle anderen blau gefärbt. Beweisen Sie, dass es zu jeder solchen Färbung eine Drehung des 250-Ecks um seinen Mittelpunkt gibt, bei der alle gelben Ecken in blaue übergehen!

Lösungen

1. Lösung. Für jede gelbe Ecke P seien diejenigen von der identischen Abbildung verschiedenen Drehungen d um den Mittelpunkt M des 250-Ecks aufgezählt, die diese Ecke P in eine ebenfalls gelbe Ecke $d(P)$ überführen. Wird jede Drehung, die in diesen Aufzählungen vorkommt, insgesamt nur einmal berücksichtigt (auch wenn sie mehrere gelbe Ecken $P, Q, \dots$ in gelbe $d(P), d(Q), \dots$ überführt), so folgt: Da es für jede gelbe Ecke nur 15 solche Drehungen gibt, kann es höchstens $16 \cdot 15 = 240$ von der identischen Abbildung verschiedenen Drehungen um M geben, bei denen je mindestens eine gelbe Ecke in eine gelbe übergeht.

Es gibt aber insgesamt 249 von der identischen Abbildung verschiedenen Drehungen um M, die alle Ecken in Ecken überführen. Also muss es unter diesen 249 Drehungen auch (mindestens 9) solche geben, bei denen jede gelbe Ecke in eine blaue übergeht.

2. Lösung. Seien $D_1, \dots, D_{249}$ die von der identischen Abbildung verschiedenen Drehungen des 250-Ecks, bei denen Eckpunkte in Eckpunkte übergehen. Seien $P_1, \dots, P_{16}$ die gelb gefärbten Eckpunkte. Wir betrachten die Menge aller Paare (D_i, P_j), $i = 1, \dots, 249$, $j = 1, \dots, 16$. Wir nennen ein solches Paar (D_i, P_j) *schlecht*, wenn P_j bei der Drehung D_i in einen gelben Punkt, d. h. in ein P_k mit $k \neq j$, $k \in \{1, \dots, 16\}$, übergeht. Sei S die Anzahl aller schlechten Paare.

Für festes P_j gibt es offenbar genau 15 schlechte Paare (D_i, P_j), $i = 1, \dots, 249$. Also gilt

$$S = 16 \cdot 15 = 240\,. \tag{1}$$

Gäbe es zu jedem D_i ein P_j, so dass (D_i, P_j) schlecht ist, so folgte

$$S \geq 249 \cdot 1 = 249$$

im Widerspruch zu (1). Also existiert ein D_i, $i \in \{1, \dots, 249\}$, für das $(D_i, P_1), \dots, (D_i, P_{16})$ alle nicht schlecht sind; d. h. die gelben Punkte $P_1, \dots, P_{16}$ werden durch D_i in blaue Punkte überführt. ◇

Aufgabe 181233

Es ist zu untersuchen, ob es in einer Menge M von 22222 Elementen 50 Teilmengen M_i $(i = 1, 2, \dots, 50)$ mit den folgenden Eigenschaften gibt:

(1) Jedes Element m von M ist Element mindestens einer der Mengen M_i.
(2) Jede der Mengen M_i $(i = 1, 2, \dots, 50)$ enthält genau 1111 Elemente.
(3) Für je zwei der Mengen M_i, M_j $(i \neq j)$ gilt: Der Durchschnitt von M_i und M_j enthält genau 22 Elemente.

Lösungen

1. Lösung. Angenommen, es gäbe 50 Teilmengen mit den angegebenen Eigenschaften. Für $m \in M$ bezeichne $d(m)$ die Anzahl der Mengen M_i, die m enthalten. Wir zählen die Paare (m, i) mit $m \in M$, $i \in \{1, \dots, 50\}$, $m \in M_i$ auf zwei verschiedene Arten:
Halten wir zunächst i fest, so bekommen wir für diese Anzahl P wegen (2)

$$P = \sum_{i=1}^{50} |\{m \in M : \ m \in M_i\}| = 50 \cdot 1111 = 55\,550\,.$$

Halten wir andererseits zuerst m fest, so erhalten wir nach Definition von $d(m)$

$$P = \sum_{m \in M} |\{i \in \{1, \dots, 50\} : \ m \in M_i\}| = \sum_{m \in M} d(m)\,.$$

Also gilt

$$\sum_{m \in M} d(m) = 55\,550\,. \tag{4}$$

Nun bestimmen wir die Anzahl T aller Tripel (m, i, j) mit $m \in M$, $1 \leq i < j \leq 50$, $m \in M_i \cap M_j$. Einerseits gilt wegen (3)

$$T = \sum_{1 \le i < j \le 50} \left| \{ m \in M : \ m \in M_i \cap M_j \} \right| = \binom{50}{2} \cdot 22 = 26\,950$$

und andererseits

$$T = \sum_{m \in M} \left| \{ (i,j) : \ 1 \le i < j \le 50, \ m \in M_i \cap M_j \} \right| = \sum_{m \in M} \binom{d(m)}{2} .$$

Also ist

$$\sum_{m \in M} \binom{d(m)}{2} = 26\,950 . \tag{5}$$

Offenbar gilt $\binom{d(m)}{2} \ge d(m) - 1$ für alle $m \in M$, und es folgt daher aus (4) und (5):

$$26\,950 \ge \sum_{m \in M} (d(m) - 1) = \sum_{m \in M} d(m) - \sum_{m \in M} 1 = 55\,550 - 22\,222 = 33\,328 .$$

Dieser Widerspruch zeigt, dass die Annahme falsch war. Daher existieren solche Mengen M_i nicht.

2. Lösung. Angenommen, es gäbe 50 Teilmengen mit den angegebenen Eigenschaften. Dann gilt:

$$\left| \bigcup_{i=1}^{50} M_i \right| \ge \sum_{i=1}^{50} |M_i| - \sum_{1 \le i < j \le 50} |M_i \cap M_j| , \tag{6}$$

denn: Kommt ein Element aus $\bigcup_{i=1}^{50} M_i$ in genau $k \ge 1$ verschiedenen der Teilmengen M_i vor, so wird es auf der linken Seite von (6) genau einmal, auf der rechten Seite jedoch mit der Vielfachheit

$$k - \binom{k}{2} = \frac{1}{2} k(3 - k) ,$$

also höchstens einmal berücksichtigt.
Aus den Voraussetzungen folgt

wegen (1) : $\left| \bigcup_{i=1}^{50} M_i \right| = |M_1 \cup M_2 \cup \cdots \cup M_{50}| = |M| = 22222$

wegen (2) : $\sum_{i=1}^{50} |M_i| = 50 \cdot 1111 = 55550$

$$\text{wegen (3)}: \quad \sum_{1 \le i < j \le 50} |M_i \cap M_j| = |M_1 \cap M_2| + |M_1 \cap M_3| + \cdots + |M_{49} \cap M_{50}|$$

$$= \binom{50}{2} \cdot 22 = 26950$$

Aus (6) ergibt sich also $22\,222 \ge 55\,550 - 26\,950 = 28\,600$. Dieser Widerspruch zeigt, dass die Annahme falsch war. Daher existieren solche Mengen M_i nicht. ◊

Mit der zweiten Lösung des vorhergehenden Problems 181233 haben wir eine weitere Abzähltechnik vorgestellt. Um nämlich Vereinigungen nicht notwendig disjunkter Mengen abzählen zu können, benötigt man eine Verallgemeinerung der Summenregel. Diese ist im Falle von nur zwei Mengen sehr naheliegend: Die Elemente des Durchschnitts werden beim Einbeziehen von $|A|$ und $|B|$ zunächst doppelt gezählt, was durch das Ausschließen von $|A \cap B|$ dann wieder korrigiert wird. Man erhält also:

Lemma 1.3 (Verallgemeinerung der Summenregel). *Für beliebige Mengen A und B gilt*

$$|A \cup B| = |A| + |B| - |A \cap B|\,.$$

Bei mehr als zwei beteiligten Mengen hat man nach Ausschließen aller paarweisen Durchschnitte dann allerdings wiederum zu viel subtrahiert. Das kann man als Ungleichung interpretieren und erhält so die Abschätzung (6) in der zweiten Lösung zu 181233. Andererseits kann man das das Vorgehen auch fortsetzen, indem Durchschnitte über immer mehr der beteiligten Teilmengen abwechselnd ein- und ausgeschlossen werden. Das führt auf das *Prinzip von Inklusion und Exklusion*, mit dem die Vereinigung endlich vieler Mengen abgezählt werden kann. Für die formalen Details verweisen wir wieder auf die Literatur [2].

Rekursionen Die abschließenden vier Probleme zeigen die Verwendung von Rekursionen. Das ist eine weitere Standard-Technik des kombinatorischen Abzählens, bei der grundsätzlich eine Zahlenfolge $(a_n)_{n=0,1,\ldots}$ im Zentrum steht. Das Ziel ist oft eine *explizite* Bildungsvorschrift, also eine Formel, mit der sich das Folgenglied a_n direkt aus dem Index n berechnen lässt.

Dafür leitet man aus dem kombinatorischen Problem zunächst eine *rekursive* Bildungsvorschrift her, also eine Formel, mit der sich das Folgenglied a_n aus zuvor berechneten Folgengliedern $a_{n-1}, a_{n-2}, \ldots$ berechnen lässt. Damit die gesuchte Zahlenfolge eindeutig bestimmt ist, erfordert eine solche *Rekursionsformel* jedoch außerdem die Angabe hinreichend vieler *Anfangswerte* $a_0, a_1, \ldots$.

Als *Lösung* einer Rekursion bezeichnet man sowohl die angestrebte explizite Formel als auch ihre Herleitung aus der rekursiven Bildungsvorschrift mit den Anfangswerten. Dies ist eine allgemeinere Thematik über Folgen, so dass wir hier für weitere Details, Methoden und Techniken nur auf den Abschnitt 6.1 über Rekursionen im Folgen-Kapitel verweisen.

Aufgabe 221224

Es sei $n \neq 0$ eine natürliche Zahl. Auf einer Kreislinie seien $2n$ paarweise verschiedene Punkte $P_1, P_2, \ldots, P_{2n}$ gegeben. Gesucht wird die Anzahl A_n aller verschiedenen Möglichkeiten, eine Menge von n Sehnen so zu zeichnen, dass folgende Forderungen erfüllt sind:

Jede Sehne verbindet einen der Punkte $P_1, P_2, \ldots, P_{2n}$ mit einem anderen dieser Punkte, und keine zwei dieser Sehnen haben im Innern oder auf dem Rand des Kreises einen gemeinsamen Punkt.

Zwei Möglichkeiten gelten genau dann als verschieden, wenn es mindestens ein Punktepaar P_i, P_j gibt, das bei der einen der beiden Möglichkeiten durch eine Sehne verbunden ist, bei der anderen Möglichkeit dagegen nicht.

(a) Ermitteln Sie die Anzahl A_3, indem Sie zu sechs Punkten $P_1, P_2, \ldots, P_6$ mehrere verschiedene Möglichkeiten für drei Sehnen angeben und nachweisen, dass damit alle verschiedenen Möglichkeiten der geforderten Art erfasst sind!

(b) Ermitteln Sie eine Formel, mit der man für beliebiges $n \geq 2$ die Anzahl A_n aus den Anzahlen $A_1, \ldots, A_{n-1}$ berechnen kann!

(c) Ermitteln Sie die Anzahl A_5!

Lösung

Da jede Sehne zwei Endpunkte hat und je zwei Sehnen keine gemeinsamen Punkte enthalten, gibt es $2n$ Sehnenendpunkte, d. h. jeder der $2n$ Punkte ist Sehnenendpunkt. Nehmen wir nun an, wir haben eine Anordnung solcher Sehnen. Von P_1 möge die Sehne nach P_k gehen. Die restlichen Sehnen verbinden nun die Punkte $P_2, P_3, \ldots, P_{k-1}$ bzw. $P_{k+1}, \ldots, P_{2n}$. Also muss $k = 2m$ gerade sein, siehe Abb. L221224a.

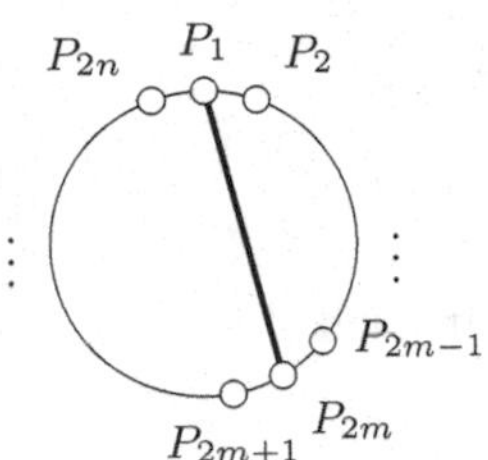

Abb. L221224a

Jede Sehnenanordnung zwischen den Punkten $P_2, P_3, \ldots, P_{2m-1}$ und jede Sehnenanordnung zwischen den Punkten $P_{2m+1}, P_{2m+2}, \ldots, P_{2n}$ liefert mit P_1P_{2m} eine Sehnenanordnung entsprechend des Aufgabentextes. Also ist

$$A_n = \sum_{m=1}^{n} A_{m-1} \cdot A_{n-m}, \text{ wobei } A_0 = 1 \text{ gesetzt sei.}$$

(a) Offenbar ist $A_1 = 1$ und $A_2 = 2$, wie man leicht nachprüft. Weiterhin ist

$$A_3 = \sum_{k=1}^{3} A_{k-1} \cdot A_{3-k} = A_0 \cdot A_2 + A_1 \cdot A_1 + A_2 \cdot A_0 = 2 + 1 + 2 = 5 \,.$$

Danach gibt es für sechs Punkte die fünf Sehnenanordnungen aus Abb. L221224b.

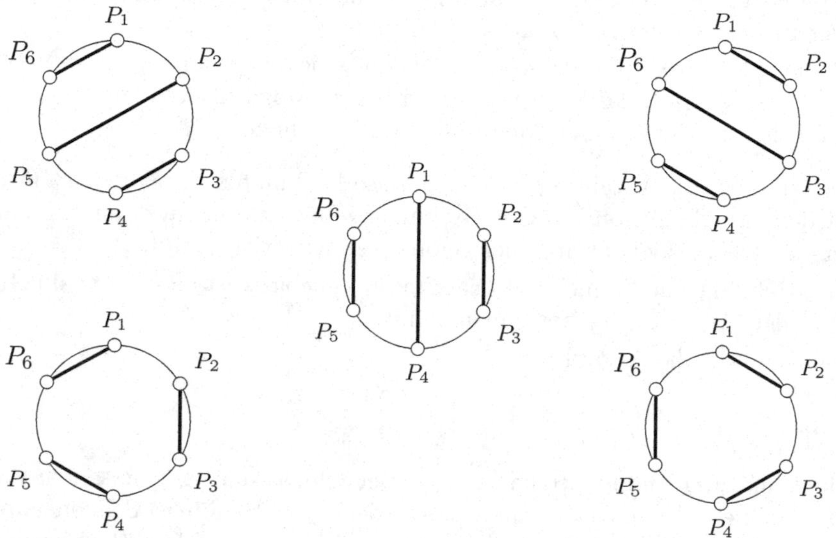

Abb. L221224b: Die 5 zulässigen Sehnen-Anordnungen für 6 Punkte.

(b)

$$A_n = \sum_{m=0}^{n-1} A_m \cdot A_{n-1-m} \qquad \text{für } n \geq 1 \text{ und mit } A_0 = 1\,.$$

(c) Aus $A_2 = 2$ und $A_3 = 5$ folgt nach (b):

$$\begin{aligned} A_4 &= A_0A_3 + A_1A_2 + A_2A_1 + A_3A_0 &&= 2 \cdot (5+2) &&= 14\,, \\ A_5 &= A_0A_4 + A_1A_3 + A_2A_2 + A_3A_1 + A_4A_0 &&= 2 \cdot (14+5) + 4 &&= 42\,. \end{aligned}$$

Bemerkung. Die Folge $A_0, A_1, \ldots, A_n, \ldots$ ist als Folge der CATALAN-Zahlen aus der Literatur bekannt. Es gibt eine geschlossene Formel:

$$A_n = \frac{1}{n+1}\binom{2n}{n}\,.$$

◇

Die im vorhergehenden Problem 221224 behandelte Folge der CATALAN-Zahlen hat zwei Eigenschaften, die für Rekursionen im Kontext der Mathematik-Olympiaden eher ungewöhnlich sind. Erstens ist sie nicht-linear, denn in der Rekursionsformel tritt das Produkt zweier Folgenglieder auf. Und zweitens benötigt man für die Berechnung eines Folgengliedes sogar alle zuvor auftretenden Glieder.

Treten nun in der Rekursionsformel für a_n nur eine immer gleichbleibende Anzahl k von Vorgängern auf, also $a_{n-1}, a_{n-2}, \ldots, a_{n-k}$, so spricht man von einer Rekursion der *Tiefe* oder *Ordnung* k. Für solche Rekursionen benötigt man genau k Anfangswerte $a_0, a_1, \ldots, a_{k-1}$ und kann damit alle Folgenglieder ab a_k schrittweise mit der Rekursionsformel berechnen.

Die wohl berühmteste dieser rekursiv definierten Folgen tritt in der nächsten Aufgabe auf, die Folge der FIBONACCI-Zahlen. Sie sind sehr gut studiert und kommen in zahllosen kombinatorischen und anderen mathematischen Problemen sowie sogar in vielen praktischen Kontexten vor. Ihre Rekursion hat die Tiefe 2 und beruht außerdem nur auf einem in den Folgengliedern linearen Term, der Summe.

Definition 1.4 (Fibonacci-*Zahlen* F_n).

$$\begin{aligned} \text{Rekursionsgleichung} \quad & F_n = F_{n-1} + F_{n-2} \quad \text{für } n \geq 2 \\ \text{Anfangswerte} \quad & F_0 = 0 \quad F_1 = 1 \end{aligned}$$

Für diese Definition ist es auch durchaus üblich, die Anfangswerte etwas anders festzulegen. Dadurch „verschiebt“ sich dann die hier entstehende FIBONACCI-Folge $0, 1, 1, 2, 3, 5, 8, \ldots$ beispielsweise zu der ebenso gebräuchlichen Variante $1, 1, 2, 3, 5, 8, \ldots$ Berühmt und überraschend ist die explizite Formel dieser Zahlenfolge, zu der wir aber erneut auf den Abschnitt 6.1 über Rekursionen allgemeiner Folgen verweisen.

Aufgabe 421333

In einer Beratung sitzen zehn Personen um einen runden Tisch. Nach einer Pause nehmen sie wieder Platz, wobei sich jeder auf seinen bisherigen Stuhl oder auf einen der beiden Nachbarstühle setzt.

Wie viele verschiedene Sitzordnungen sind nach der Pause möglich?

Lösung

Es gibt genau 125 Möglichkeiten, 10 Personen entsprechend der Aufgabenstellung umzusetzen. Dabei wurde auch die Möglichkeit mitgezählt, dass alle Personen sitzen bleiben.

Beweis. Zunächst betrachten wir das gleiche Problem nicht für einen geschlossenen Kreis, sondern für eine Reihe von Stühlen. Die Anzahl der Möglichkeiten, n Personen in einer Reihe so umzusetzen, dass jeder höchstens einen Platz weiter rückt, sei mit r_n bezeichnet.

Für die erste Person der Reihe gibt es zwei Möglichkeiten. Entweder sie bleibt sitzen oder sie tauscht mit der Person neben ihr den Platz. Im ersten Fall bleiben gerade r_{n-1} Möglichkeiten für die restlichen $n-1$ Personen, die Plätze zu tauschen. Im zweiten Fall bleiben entsprechend r_{n-2} Möglichkeiten. Die Zahlen r_n lassen sich also mit Hilfe der Rekursion $r_n = r_{n-1} + r_{n-2}$ ermitteln. Ausgehend von $r_1 = 1$ und $r_2 = 2$ erhält man schrittweise für die ersten 10 der r_n die Werte in Tab. 1.1.

n	1	2	3	4	5	6	7	8	9	10
r_n	1	2	3	5	8	13	21	34	55	89

Tab. L421333: Die ersten 10 Werte

Nun kehren wir zurück zum ursprünglichen Problem. Die Anzahl der Möglichkeiten, n Personen an einem runden Tisch entsprechend umzusetzen, wird mit t_n bezeichnet. Wählt man eine bestimmte Person P am Tisch aus, so gehört jede Möglichkeit des Plätzetausches zu genau einem der folgenden drei Fälle:

Fall 1. Die Person P bleibt auf ihrem Stuhl sitzen. Für die anderen $n-1$ Personen bleiben dann r_{n-1} Möglichkeiten, Plätze zu tauschen.

Fall 2. Die Person P tauscht mit ihrem rechten oder ihrem linken Nachbarn den Platz. Für die anderen $n-2$ Personen bleiben dann jeweils r_{n-2} Möglichkeiten, Plätze zu tauschen.

Fall 3. Nimmt P den Platz eines seiner Nachbarn ein und setzt sich dieser nicht auf den Platz von P, so müssen alle Personen einen Platz nach links oder rechts weiterrutschen. Dies sind insgesamt 2 Möglichkeiten des Plätzetauschs.

Die Zahlen t_n lassen sich also mit Hilfe der Vorschrift $t_n = r_{n-1} + 2r_{n-2} + 2$ ermitteln. Für $n = 10$ erhält man die gesuchte Anzahl $t_{10} = 55 + 2 \cdot 34 + 2 = 125$. $\diamondsuit$

Die folgende Aufgabe 141246A arbeitet mit Permutationen ohne Wiederholung, die auch genau als Anzahl a_n aller möglichen Fälle genannt werden. Als Anzahlen g_n der günstigen Fälle treten die sogenannten *Derangement-Zahlen* auf. Diese zählen die *fixpunktfreien* Permutationen auf n Elementen – das sind jene Umordnungen, bei denen kein Element auf seinem ursprünglichen Platz verbleibt.

Der Weg zur expliziten Formel führt wiederum über eine lineare Rekursion der Ordnung 2, in der die beiden verwendeten Folgenglieder aber noch mit dem sich ändernden Faktor $n-1$ multipliziert werden. Da in der Aufgabenstellung die explizite Lösungsformel bereits angegeben wird, bietet sich hier ein Beweis mittels vollständiger Induktion an, denn diese Methode war in den Anfangsjahren der Mathematik-Olympiaden noch gängiger Schulstoff. Es gibt jedoch auch Methoden zur direkten Lösung der Rekursion (1) aus 141246A, die dann die explizite Formel auf einem konstruktiven Wege liefern.

Aufgabe 141246A

Es sei n eine natürliche Zahl mit $n \geq 2$. Jemand schreibt n Briefe, von denen jeder für genau einen unter n verschiedenen Adressaten vorgesehen ist, und steckt in jeden von n Umschlägen genau einen dieser Briefe, ohne vorher die Adressen auf die Umschläge zu schreiben. Da er nun nicht mehr weiß, in welchem Umschlag sich welcher Brief befindet, schreibt er willkürlich die n Adressen auf die n Umschläge (auf jeden Umschlag genau eine Adresse).

Man beweise: Die Wahrscheinlichkeit q_n dafür, dass bei keinem der Adressaten der an ihn gerichtete Umschlag den für ihn vorgesehenen Brief enthält, hat den Wert

$$q_n = (-1)^2 \cdot \frac{1}{2!} + (-1)^3 \frac{1}{3!} + \cdots + (-1)^n \frac{1}{n!}.$$

Hinweis. Man bezeichne jede überhaupt mögliche Verteilung der Briefe an die Adressaten (jeder Brief an genau einen der Adressaten) als einen *möglichen* Fall. Unter diesen bezeichne man jede Verteilung, bei der für keinen Adressaten der an ihn gerichtete Umschlag den für ihn vorgesehenen Brief enthält, als einen *günstigen* Fall. Die Anzahl aller möglichen Fälle sei a_n genannt, die Anzahl aller günstigen Fälle sei g_n. Dann ist die genannte Wahrscheinlichkeit q_n definiert als

$$q_n = \frac{g_n}{a_n}.$$

Lösung

Es sei A_n die Anzahl derjenigen Adressenbeschriftungen bei denen keine Adresse auf dem richtigen Umschlag steht. Seien $1, 2, \ldots, n$ die richtigen Adressaten und $f(1), f(2), \ldots, f(n)$ die Adressaten, die auf den Umschlägen stehen. Dann ist

$$A_n = \left| \Big\{ \big(f(1), \ldots, f(n)\big) : \quad \begin{array}{l} f(1), f(2), \ldots, f(n) \in \{1, 2, \ldots, n\} \\ f(i) \neq f(j) \text{ für } i \neq j, \\ f(i) \neq i \text{ für } i = 1, 2, \ldots, n \end{array} \Big\} \right|.$$

Offenbar ist $A_1 = 0$, $A_2 = 1$ und $A_3 = 2$.

Sei jetzt $n \geq 4$. Sei $\big(f(1), \ldots, f(n)\big)$ eine Beschriftung, die in A_n eingeht. Dann ist $f(n) = k$ mit $k \neq n$. Hierfür gibt es $(n-1)$ Möglichkeiten. Wir unterscheiden zwei Fälle:

Fall 1. $f(k) = n$. Dann werden die Adressaten $1, 2, \ldots, k-1, k+1, \ldots, n-1$ untereinander total vertauscht. Dafür gibt es A_{n-2} Möglichkeiten.

Fall 2. $f(k) = m$, $m \neq n$, $\neq k$. Ersetzen wir $f(n) = m$, so erhalten wir eine totale Vertauschung zwischen den Adressaten $1, 2, \ldots, k-1, k+1, \ldots, n$. Dafür gibt es A_{n-1} Möglichkeiten.

Damit gilt also für $n \geq 4$:

$$A_n = (n-1) \cdot \big(A_{n-1} + A_{n-2}\big) . \tag{1}$$

Da die Anzahl aller Beschriftungen $n!$ ist, gilt damit offenbar

$$q_n = \frac{A_n}{n!} .$$

Die Behauptung wird nun mittels Induktion bewiesen.

Induktionsanfang.

$$\begin{aligned} q_2 &= \frac{A_2}{2!} = \frac{1}{2} = (-1)^2 \cdot \frac{1}{2!} , \\ q_3 &= \frac{A_3}{3!} = \frac{2}{6} = \frac{1}{3} = \frac{1}{2} - \frac{1}{6} = (-1)^2 \frac{1}{2!} + (-1)^3 \frac{1}{3!} \end{aligned}$$

Induktionsschritt. Für $n \geq 4$ gilt wegen (1):

$$\begin{aligned} q_n &= \frac{A_n}{n!} = \frac{1}{n!}(n-1)\big(A_{n-1} + A_{n-2}\big) \\ &= \frac{n-1}{n!}\left[(n-1)!\left(\sum_{i=2}^{n-1}(-1)^i\frac{1}{i!}\right) + (n-2)!\left(\sum_{i=2}^{n-2}(-1)^i\frac{1}{i!}\right)\right] \\ &= \frac{n-1}{n}\sum_{i=2}^{n-1}(-1)^i\frac{1}{i!} + \frac{1}{n}\sum_{i=2}^{n-2}(-1)^i\frac{1}{i!} \\ &= \sum_{i=2}^{n-1}(-1)^i\frac{1}{i!} - \frac{1}{n}\sum_{i=2}^{n-1}(-1)^i\frac{1}{i!} + \frac{1}{n}\sum_{i=2}^{n-2}(-1)^i\frac{1}{i!} \\ &= \sum_{i=2}^{n-1}(-1)^i\frac{1}{i!} - \frac{1}{n}(-1)^{n-1}\frac{1}{(n-1)!} \\ &= \sum_{i=2}^{n-1}(-1)^i\frac{1}{i!} + (-1)^n\frac{1}{n!} = \sum_{i=2}^{n}(-1)^i\frac{1}{i!} . \end{aligned}$$

$\diamond$

Wie bei allen Bestimmungs(un)gleichungen können auch Rekursionen als ein System auftreten, in dem dann miteinander gekoppelte Zahlenfolgen beschrieben werden. Die abschließende Aufgabe 271243 ist ein recht prägnantes Beispiel dafür, in dem die einzelnen Folgen aus unterschiedlichen Teilklassen der abzuzählenden Objekte entstehen.

Als zentrale Lösungsidee verwendet man wie etwa bei Gleichungen auch hier die *Elimination* von Folgentermen bis eine Rekursion für nur eine Folge verbleibt. Nachdem sie gelöst wurde, werden wiederum schrittweise jeweils schon berechnete explizite Formeln in eine Bestimmungsgleichung für eine noch zu bestimmende Folgenformel eingesetzt. Da hierbei im Allgemeinen die Variablen in umgekehrter

Reihenfolge durchlaufen werden wie sie sich beim Eliminieren entwickelt hat, wird dieser Schritt auch als *Rückwärtseinsetzen* bezeichnet.

Aufgabe 271243

Wie viele verschiedene Wörter $(a_1a_2a_3\ldots a_{n-1}a_n)$ kann man insgesamt aus den Buchstaben $a_i \in \{1,2,3,4,5\}$, $i = 1,\ldots,n$, derart bilden, dass

$$|a_j - a_{j+1}| = 1$$

für $j = 1,\ldots,n-1$ gilt?

Lösung

Bezeichnet man

- die Anzahl der aus n Buchstaben bestehenden zulässigen Wörter mit x_n,
- die Anzahl der von diesen mit 1 beginnenden zulässigen Wörter mit y_n,
- die Anzahl der von diesen mit 2 beginnenden zulässigen Wörter mit z_n,
- die Anzahl der von diesen mit 3 beginnenden zulässigen Wörter mit u_n,
- die Anzahl der von diesen mit 4 beginnenden zulässigen Wörter mit v_n,
- die Anzahl der von diesen mit 5 beginnenden zulässigen Wörter mit w_n,

dann gilt offenbar (wegen der Symmetrie) $v_n = z_n$ und $w_n = y_n$ und weiter für alle $n \geq 2$

$$x_n = 2y_n + 2z_n + u_n, \tag{1}$$
$$y_n = z_{n-1}, \tag{2}$$
$$z_n = y_{n-1} + u_{n-1}, \tag{3}$$
$$u_n = 2z_{n-1}\,. \tag{4}$$

Aus (2), (3) und (4) ergibt sich

$$z_n = z_{n-2} + 2z_{n-2} = 3z_{n-2} \quad \text{mit } z_1 = 1, z_2 = 2\,,$$

also für gerade Indizes $n = 2m$ bzw. ungerade Indizes $n = 2m+1$:

$$z_{2m} = 2\cdot 3^{m-1} \text{ für } m \geq 1 \quad \text{und} \quad z_{2m+1} = 3^m \text{ für } m \geq 0\,.$$

Aus (2) und (4) erhält man somit für alle $m \geq 1$

$$y_{2m} = z_{2m-1} = 3^{m-1} \qquad \text{und} \qquad y_{2m+1} = z_{2m} = 2\cdot 3^{m-1}\,,$$
$$u_{2m} = 2z_{2m-1} = 2\cdot 3^{m-1} \qquad \text{und} \qquad u_{2m+1} = 2z_{2m} = 4\cdot 3^{m-1}\,.$$

Mit (1) folgt schließlich in den beiden Fällen und jeweils für alle $m \geq 1$:

$$x_{2m} = 2 \cdot 3^{m-1} + 4 \cdot 3^{m-1} + 2 \cdot 3^{m-1} = 8 \cdot 3^{m-1}\,,$$
$$x_{2m+1} = 4 \cdot 3^{m-1} + 2 \cdot 3^{m} + 4 \cdot 3^{m-1} = 14 \cdot 3^{m-1}\,.$$

Für x_n mit $n = 1$ erkennt man direkt $x_1 = 5$. 

1.3 Existenzprobleme

Im mathematischen Sinne meint die Frage nach der Existenz eines Objektes, ob es mindestens ein solches Objekt gibt, während deren genaue Anzahl hier unberücksichtigt bleibt. Insbesondere ist auch die Eindeutigkeit nur dann relevant, wenn zu untersuchen ist, ob es nur *genau* ein Objekt der betrachteten Art gibt.

Zunächst ist ein *konstruktiver* Zugang naheliegend, bei dem ein gesuchtes Objekt tatsächlich angegeben wird. Hier wäre natürlich auch die Angabe eines wohlbestimmten Verfahrens zu seiner Konstruktion möglich. Dafür muss dann allerdings auch nachgewiesen werden, dass der Algorithmus korrekt durchführbar ist und so konstruierte Objekte tatsächlich alle geforderten Eigenschaften besitzen.

Aber auch ein *nicht-konstruktiver* Existenzbeweis ist mathematisch hinreichend. Schon bei einfachen Problemstellungen kann es nämlich offen bleiben, welches Objekt eines mit den geforderten Eigenschaften ist. Dann ist es also gegebenenfalls gar nicht möglich, eine explizite Konstruktion anzugeben.

Besonders deutlich wird ein solches Vorgehen auch durch die Verwendung eines indirekten Beweises, in dem die Annahme der Nicht-Existenz eines Objektes der geforderten Art zu einem Widerspruch geführt wird.

In kombinatorischen Aufgabenstellungen über die Existenz kann es nun um die verschiedensten mathematischen Objekte gehen. Wir konzentrieren uns in diesem Abschnitt auf Zahlen oder auch Anzahlen. Komplexere Strukturen werden dann weiter hinten im Abschnitt 1.5 über Graphen behandelt.

Aufgabe 311235

Man untersuche, ob sich unter den natürlichen Zahlen von 1 bis 100 fünfzig verschiedene so auswählen lassen, dass ihre Summe 2525 beträgt und dass keine zwei von ihnen die Summe 101 haben.

Lösung

Eine Auswahl der genannten Art ist möglich. Um dies zu beweisen, genügt es, in einem Beispiel eine Auswahl anzugeben und die geforderten Eigenschaften für diese

Auswahl zu bestätigen. Eine solche Auswahl ist beispielsweise:

$$4, 6, 8, \ldots, 78 \quad ; \quad 84, 86, 88, \ldots, 100 \quad ; \quad 19, 21 \quad ; \quad 99\,.$$

Die Anzahl bzw. die Summe der ausgewählten Zahlen sind nämlich

$$38 \quad + \quad 9 \quad + \; 2 + \; 1 = \quad 50$$

bzw.

$$\frac{38 \cdot 82}{2} + \frac{9 \cdot 184}{2} + 40 + 99 = 2525\,.$$

Für je zwei ausgewählte Zahlen a, b ist $a + b$ gerade oder (bei geeigneter Reihenfolge der beiden Summanden)

$$(a \geq 4 \text{ und } b = 99) \text{ oder } (a \leq 78 \text{ und } b \leq 21) \text{ oder } (a \geq 84 \text{ und } b \geq 19)\,,$$

also in jedem Falle $a + b \neq 101$.

Bemerkung. Zu einem solchen Beispiel kann man folgendermaßen gelangen: Die Summe der 50 geraden Zahlen von 2 bis 100 ist 2550. Um sie zu verkleinern, kann man eine Anzahl k von Summanden ersetzen, etwa jeweils $2p_i$ durch $101 - 2p_i$ $(i = 1, \ldots, k)$. Dann ist keine Summe aus einem neuen Summanden $101 - 2p_i$ und einem nicht ersetzten $2q (q \neq p_i)$ gleich 101. Die gewünschte Verkleinerung um 25 tritt ein, wenn $s = p_1 + \cdots + p_k$ die Bedingung $2s - 25 = k \cdot 101 - 2s$, d. h. $4s = k \cdot 101 + 25$ erfüllt; etwa mit $k = 3$ und z. B. $p_1 = 1, p_2 = 40, p_3 = 41$ gelingt dies. ◇

Aufgabe 451343

Man untersuche, für welche positiven ganzen Zahlen n es möglich ist, die Punkte $1, 2, 3, \ldots, 2n$ der Zahlengeraden so mit n Farben zu färben, dass jede Farbe genau zweimal vorkommt und jede positive ganze Zahl von 1 bis n genau einmal als Abstand gleichfarbiger Punkte auftritt.

Lösung

Schritt I. Zunächst wird gezeigt, dass eine in der Aufgabenstellung beschriebene Färbung nicht möglich ist, wenn n bei Division durch 4 die Reste 2 oder 3 lässt.

Dazu nimmt man an, es gäbe eine solche Färbung, und teilt die Menge $M = \{1, 2, \ldots, 2n\}$ gemäß folgender Vorschrift in zwei Teilmengen M_1 und M_2 auf: Eine Zahl aus M wird der Menge M_1 zugeordnet, wenn es keine kleinere Zahl in M mit derselben Farbe gibt; sonst wird diese Zahl der Menge M_2 zugeordnet. Damit enthält von jedem Paar gleichfarbiger Zahlen die Menge M_1 die kleinere und M_2 die größere Zahl; jede der beiden Mengen enthält also genau n Zahlen.

Es sei nun s_1 die Summe aller Zahlen aus M_1 und s_2 die Summe aller Zahlen aus M_2. Dann ist $s_2 - s_1$ darstellbar als Summe der n Differenzen gleichfarbiger Zahlen. Das ist aber gerade die Summe $1 + 2 + \cdots + n$ der natürlichen Zahlen von 1 bis n, also gilt

$$s_2 - s_1 = \frac{n(n+1)}{2}.$$

Andererseits ist $s_1 + s_2$ die Summe aller Zahlen von 1 bis $2n$, also $\frac{2n(2n+1)}{2}$. Man hat daher

$$2s_2 = (s_2 - s_1) + (s_2 + s_1) = \frac{n(n+1)}{2} + \frac{2n(2n+1)}{2} = \frac{n(n-1)}{2} + 2n(n+1)$$

und schließlich

$$s_2 = n(n+1) + \frac{n(n-1)}{4}.$$

Da s_2 ganzzahlig ist und eine der Zahlen n bzw. $n-1$ ungerade ist, muss entweder n oder $n-1$ durch 4 teilbar sein, es gibt also für $n = 4k+2$ oder $n = 4k+3$ mit ganzzahligem k keine Färbung im Sinne der Aufgabenstellung.

Schritt II. Ist dagegen $n = 4k$ oder $n = 4k+1$, mit einer ganzen Zahl k, so ist der berechnete Wert für s_2 ganzzahlig, die obige Überlegung ergibt also keinen Widerspruch. Um nachzuweisen, dass in diesen Fällen tatsächlich eine Färbung der verlangten Art existiert, werden geeignete Färbungen explizit angegeben, indem jeweils die Paare gleichfarbiger Zahlen aufgezählt werden.

Fall 1. Es sei zunächst $n = 4k$ mit einer ganzen Zahl $k \geq 1$. Die Zahlen $1, 2, \ldots, 8k$ können dann folgendermaßen in $4k$ Paare aufgeteilt werden:

(a) $(2k, 2k+1)$, $(2k-1, 2k+2)$, ..., $(k+1, 3k)$;
(b) $(k, 3k+2)$, $(k-1, 3k+3)$, ..., $(1, 4k+1)$;
(c) $(6k-1, 6k+1)$, $(6k-2, 6k+2)$, ..., $(5k+1, 7k-1)$;
(d) $(5k, 7k+1)$, $(5k-1, 7k+2)$, ..., $(4k+2, 8k-1)$;
(e) $(3k+1, 7k)$, $(6k, 8k)$.

Für $k = 1$ sind die Gruppen (c) und (d) leer. Die Gruppen (a) und (b) enthalten jeweils k Paare, (c) und (d) jeweils $k-1$ Paare. Zusammen mit den zwei Paaren unter (e) sind das tatsächlich $4k$ Paare.

Jede ganze Zahl von 1 bis $8k$ kommt in einem dieser Paare vor: $1, 2, \ldots, k$ unter (b); $k+1, k+2, \ldots, 2k, 2k+1, \ldots, 3k$ unter (a); $3k+1$ unter (e); $3k+2, 3k+3, \ldots, 4k+1$ unter (b); $4k+2, 4k+3, \ldots, 5k$ unter (d); $5k+1, 5k+2, \ldots, 6k-1$ unter (c); $6k$ unter (e); $6k+1, 6k+2, \ldots, 7k-1$ unter (c); $7k$ unter (e); $7k+1, 7k+2, \ldots, 8k-1$ unter (d); $8k$ unter (e). Da alle Paare zusammen genau $8k$ Elemente haben, gibt es keine Doppelungen.

Die Paare unter (a) haben als Differenzen die k ungeraden Zahlen $1, 3, \ldots, 2k-1$. Die Paare unter (b) haben die k geraden Zahlen $2k+2, 2k+4, \ldots, 4k$ als Differenzen. Die Differenzen der Paare unter (c) sind die $k-1$ geraden Zahlen $2, 4, \ldots, 2k-2$

und die der Paare unter (d) die $k-1$ ungeraden Zahlen $2k+1, 2k+3, \ldots, 4k-3$. Die beiden noch fehlenden Differenzen $4k-1$ und $2k$ werden gerade von den Paaren aus (e) realisiert.
Die Abb. L451343a illustriert die Färbung für $k=3$, $n=12$ (Klammern verbinden die Zahlen gleicher Farbe).

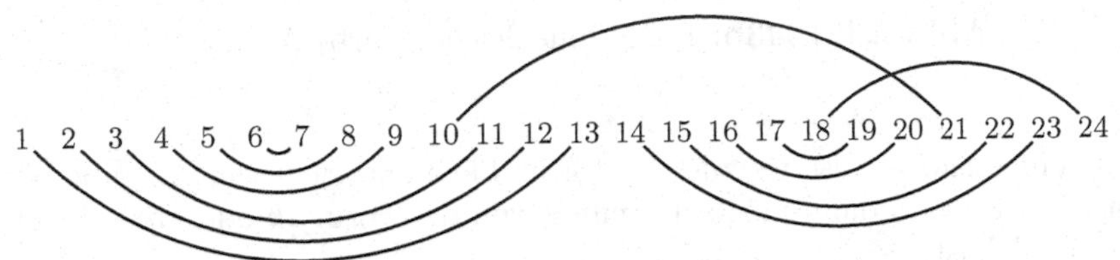

Abb. L451343a: Paare mit gleicher Farbe für $n = 12$.

Fall 2. Es sei nun $n = 4k+1$ mit einer ganzen Zahl $k \geq 0$. Für $k=0$ ist $n=1$, und die Färbung der beiden Zahlen 1 und 2 mit ein und derselben Farbe erfüllt alle Anforderungen. Es bleibt der Fall $k \geq 1$. Analog zu oben werden die Zahlen $1, 2, \ldots, 8k+2$ in $4k+1$ Paare aufgeteilt:

(a) $(2k, 2k+1), (2k-1, 2k+2), \ldots, (k+1, 3k)$;
(b) $(k, 3k+2), (k-1, 3k+3), \ldots, (1, 4k+1)$;
(c) $(6k, 6k+2), (6k-1, 6k+3), \ldots, (5k+1, 7k+1)$;
(d) $(5k, 7k+3), (5k-1, 7k+4), \ldots, (4k+2, 8k+1)$;
(e) $(3k+1, 7k+2), (6k+1, 8k+2)$.

Für $k=1$ ist die Gruppe (d) leer. Die Gruppen (a), (b) und (c) enthalten jeweils k Paare, (d) enthält $k-1$ Paare und (e) 2 Paare. Das sind insgesamt tatsächlich $4k+1$ Paare.
Jede ganze Zahl von 1 bis $8k+2$ kommt in einem Paar vor: $1, 2, \ldots, k$ treten unter (b) auf; $k+1, k+2, \ldots, 2k, 2k+1, \ldots, 3k$ unter (a); $3k+1$ unter (e); $3k+2, 3k+3, \ldots, 4k+1$ unter (b); $4k+2, 4k+3, \ldots, 5k$ unter (d); $5k+1, 5k+2, \ldots, 6k$ unter (c), $6k+1$ unter (e); $6k+2, 6k+3, \ldots, 7k+1$ unter (c), $7k+2$ unter (e); $7k+3, 7k+4, \ldots, 8k+1$ unter (d); $8k+2$ unter (e). Doppelungen sind auch hier ausgeschlossen, da $4k+1$ Paare zusammen genau $8k+2$ Elemente besitzen.
Als Differenzen der Paare findet man unter (a) die k ungeraden Zahlen $1, 3, \ldots, 2k-1$, unter (b) die k geraden Zahlen $2k+2, 2k+4, \ldots, 4k$, unter (c) die k geraden Zahlen $2, 4, \ldots, 2k$, unter (d) die $k-1$ ungeraden Zahlen $2k+3, 2k+5, \ldots, 4k-1$ und unter (e) die beiden Zahlen $4k+1$ und $2k+1$. Damit ist auch für diese Färbung gezeigt, dass die Forderungen der Aufgabenstellung erfüllt sind.
Als Beispiel sei der Fall $k=3$, $n=13$ in Abb. L451343b angegeben.

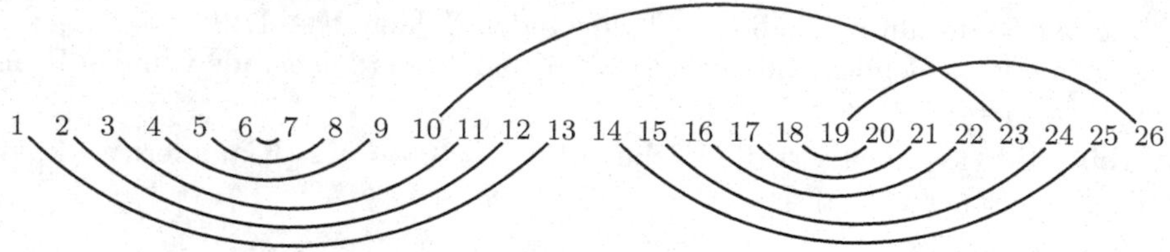

Abb. L451343b: Paare mit gleicher Farbe für $n = 13$.

Zusammenfassend ist also festzustellen: Eine Färbung der in der Aufgabe beschriebenen Art ist genau dann möglich, wenn n von der Form $4k$ oder $4k + 1$ mit einer ganzen Zahl k ist. ◇

Aufgabe 291224

Man löse die folgende Aufgabe

(a) für $n = 8$ und $k = 5$,

(b) für $n = 9$ und $k = 6$.

Aufgabe. Untersuchen Sie, ob bei jeder Eintragung der natürlichen Zahlen 1, 2, ..., n^2 in ein schachbrettartiges $n \times n$-Felder-Quadrat zwei zueinander benachbarte Felder vorkommen müssen, in denen Zahlen stehen, deren Differenz größer oder gleich k ist!

Hinweis 1. Die genannten Eintragungen sollen die Bedingungen erfüllen, dass jedes Feld genau eine Zahl erhält und dass jede Zahl genau einmal verwendet wird.

Hinweis 2. Zwei Felder sollen genau dann zueinander benachbart heißen, wenn sie eine Seitenstrecke miteinander gemeinsam haben.

Lösung

Eine Folge von Feldern werde genau dann eine *Kette* genannt, wenn je zwei darin aufeinanderfolgende Felder zueinander benachbart sind.

(a) Für jede der genannten Eintragungen gilt: Die beiden Felder, in denen die Zahlen 1 bzw. 64 stehen, können durch eine Kette verbunden werden, die aus nicht mehr als 15 Feldern besteht, z. B. durch eine Kette, die vom Anfangsfeld aus erst höchstens 7 Schritte waagerecht und dann höchstens 7 Schritte senkrecht verläuft. Die Zahlen in den Feldern einer solchen Kette seien $a_1 = 1, a_2, \dots, a_m = 64$ ($m \leq 15$). Damit gilt

$$64 - 1 = (a_m - a_{m-1}) + (a_{m-1} - a_{m-2}) + \cdots + (a_3 - a_2) + (a_2 - a_1)\,.$$

Wegen $m \leq 15$ muss eine der hier auftretenden $m-1$ Differenzen $a_i - a_{i-1}$ größer als 4 sein; denn anderenfalls wäre ihre Summe $\leq 14 \cdot 4 < 63$.

Damit ist bewiesen, dass die zur Untersuchung gestellte Frage zu bejahen ist.

(b) Analog betrachte man für diese Aufgabe die Felder mit den Zahlen 1 und 81.

Fall 1. Wenn diese beiden Felder nicht zwei diagonal gegenüberliegende Eckfelder des gesamten 9×9-Quadrates sind, so können sie durch eine Kette verbunden werden, die aus nicht mehr als 16 Feldern besteht, und wegen $15 \cdot 5 < 80$ ergibt sich wie in (a) die Existenz zweier benachbarter Felder, in denen Zahlen mit einer Differenz größer als 5 stehen.

Fall 2. Stehen die Zahlen 1 und 81 aber in zwei diagonal gegenüberliegenden Eckfeldern, so gibt es zwei Ketten aus je genau 17 Feldern, die diese Felder miteinander verbinden und in denen auf das Feld mit der Zahl 1 nicht dasselbe Feld folgt; sondern in der einen Kette das waagerechte und in der anderen Kette das senkrechte Nachbarfeld. Die Zahlen in diesen Ketten seien $a_1 = 1, a_2, \ldots, a_{17} = 81$ bzw. $b_1 = 1, b_2, \ldots, b_{17} = 81$. Wären in den beiden Darstellungen

$$\begin{aligned} 81 - 1 &= (a_{17} - a_{16}) + (a_{16} - a_{15}) + \cdots + (a_3 - a_2) + (a_2 - a_1) \\ &= (b_{17} - b_{16}) + (b_{16} - b_{15}) + \cdots + (b_3 - b_2) + (b_2 - b_1) \end{aligned}$$

$$\text{alle} \quad a_i - a_{i-1} \leq 5 \quad (i = 2, \ldots, 17) \tag{1}$$

und

$$\text{alle} \quad b_i - b_{i-1} \leq 5 \quad (i = 2, \ldots, 17), \tag{2}$$

so ergäbe sich

$$a_2 - a_1 = 5;$$

denn wegen (1) würde $a_2 - a_1 < 5$ auf $(a_{17} - a_{16}) + \cdots + (a_2 - a_1) < 80$ führen. Ebenso ergäbe sich aus (2) aber auch

$$b_2 - b_1 = 5$$

und damit

$$a_2 = 5 + a_1 = 6 = 5 + b_1 = b_2$$

im Widerspruch zu der Bedingung, dass in die zwei nach Wahl der Ketten voneinander verschieden mit a_2 bzw. b_2 belegten Felder voneinander verschiedene Zahlen einzutragen waren. Wegen dieses Widerspruches ist auch im Fall 2 die Existenz zweier benachbarter Felder, in denen Zahlen mit einer Differenz größer als 5 stehen, bewiesen.

Mit den Fällen 1 und 2 ist gezeigt, dass auch die für (b) gestellte Frage zu bejahen ist.

Bemerkung. Diese Aussagen lassen sich noch verschärfen, beispielsweise durch Vergrößerung von k. So gibt es in jeder Belegung des 8×8-Feldes zwei benachbarte Felder mit einer Differenz ≥ 6. (Zur Widerlegung der Annahme, es träten nur Differenzen ≤ 5 auf, folgert man z. B., dass dann diagonal benachbarte Felder stets Differenzen ≤ 9 haben müssten, und wendet diese Folgerung wiederholt an.) ◇

Aufgabe 331335

Zwei kongruente regelmäßige $2n$-Ecke seien durch Verbinden ihrer Eckpunkte mit dem jeweiligen Mittelpunkt in Dreiecke zerlegt. Jedes dieser Dreiecke sei entweder blau oder rot gefärbt. Von einem der beiden $2n$-Ecke werde vorausgesetzt, dass es ebenso viele blaue wie rote Dreiecke hat.

Man beweise: Unter diesen Voraussetzungen ist es stets möglich, die beiden $2n$-Ecke so aufeinanderzulegen, dass in mindestens n übereinanderliegenden Dreieckspaaren die beiden Dreiecke dieses Paares einander gleichgefärbt sind.

Lösung

Die $2n$-Ecke seien $S = A_1A_2 \ldots A_{2n}$ und $T = B_1B_2 \ldots B_{2n}$. In einem von ihnen, etwa in S, kommen nach Voraussetzung n blaue und n rote Dreiecke vor. Von den Dreiecken in T seien b blau und r rot gefärbt.

Für jedes $k = 1, \ldots, 2n$ kann das $2n$-Eck S ohne Änderung des Umlaufsinnes so mit dem $2n$-Eck T zur Deckung gebracht werden, dass A_1 mit B_k zur Deckung kommt. Dabei bezeichne jeweils x_k die Anzahl derjenigen unter den Dreiecken in S, die mit einem Dreieck gleicher Farbe zur Deckung kommen.

Insgesamt bei allen Stellungen von S für $k = 1, \ldots, 2n$ kommt jedes der n blauen Dreiecke aus S genau b mal mit einem gleichfarbigen Dreieck zur Deckung und jedes der n roten Dreiecke aus S genau r mal. Daher gilt $x_1 + \cdots + x_{2n} = b \cdot n + r \cdot n$, wegen $b + r = 2n$ also $x_1 + \cdots + x_{2n} = 2n^2$.

Wären alle $x_k < n$, so wäre damit ein Widerspruch erreicht. Also muss mindestens ein $x_k \geq n$ sein. ◇

Eine Überlegung wie am Ende der vorhergehenden Lösung tritt in solchen Existenzbeweisen immer wieder auf. Sie lässt sich oft eleganter mit einer Argumentation über Mittel von Zahlen darstellen: Da nicht alle der Zahlen echt kleiner als ihr Mittel sein können, muss es eine darunter geben, die mindestens ebenso groß wie das Mittel ist. Entsprechend gilt natürlich auch, dass eine der Zahlen nur höchstens so groß wie das Mittel sein kann.

In der Lösung zu 331335 wurde nun die Summe der $2n$ Zahlen $x_1, \ldots, x_{2n}$ als $2n^2$ hergeleitet. Ihr arithmetisches Mittel ist also n, was unmittelbar und ganz systematisch die Existenz eines $x_k \geq n$ impliziert. In analoger Weise kann man beispielsweise auch für verschiedene Schritte der Lösung zu Aufgabe 291224 argumentieren.

Aufgabe 481333

Gegeben sei die aus den Produkten je zweier aufeinanderfolgender natürlicher Zahlen gebildete Folge

$$a_1 = 0 \cdot 1,\ a_2 = 1 \cdot 2,\ a_3 = 2 \cdot 3,\ a_4 = 3 \cdot 4, \ldots$$

Man beweise, dass es für jede natürliche Zahl $n \geq 2$ eine Menge von genau $2n$ aufeinanderfolgenden Gliedern a_j gibt, die so in zwei Teilmengen zerlegt werden kann, dass die Summen der Elemente beider Teilmengen übereinstimmen.

Lösungen

1. Lösung. Es sei $s_k = a_1 + a_2 + \cdots + a_k$ die Summe der ersten k Glieder der Folge (a_i).
Wir beweisen durch vollständige Induktion, dass für alle $k \geq 1$ gilt

$$s_k = \frac{1}{3}\, k(k^2 - 1). \tag{1}$$

Für $k = 1$ ist diese Aussage richtig. Wenn die Formel für ein gewisses k gilt, so ist

$$\begin{aligned} s_{k+1} = s_k + k(k+1) \ &= \ \frac{1}{3}\, k(k^2-1) + k(k+1) \\ &= \frac{1}{3}\,(k+1)\bigl(k(k-1)+3k\bigr) \ = \ \frac{1}{3}\,(k+1)(k^2+2k) \\ &= \frac{1}{3}\,(k+1)((k+1)^2-1)\,. \end{aligned}$$

Die Behauptung gilt damit auch für $k + 1$ und (1) ist deshalb nach dem Prinzip der vollständigen Induktion für alle natürlichen Zahlen $k \geq 1$ erfüllt.
Wir zeigen nun, dass für jedes $n \geq 2$ und $m = n^2 - n - 1$ gilt

$$s_{m+n+1} - s_m = s_{m+2n} - s_{m+n+1}. \tag{2}$$

Mit $k = m + n$ wird die Differenz $2s_{k+1} - s_{k-n} - s_{k+n}$ beider Seiten von (2)

$$\begin{aligned} &\frac{2}{3}\,(k+1)(k^2+2k) - \frac{1}{3}\,(k-n)((k-n)^2-1) - \frac{1}{3}\,(k+n)((k+n)^2-1) \\ &= \frac{1}{3}\,(2k^3 + 6k^2 + 4k - (k-n)^3 + (k-n) - (k+n)^3 + (k+n)) \\ &= \frac{1}{3}\,(6k^2 - 6kn^2 + 6k) \ = \ 2k\,(k - n^2 + 1) \ = \ 0 \quad \text{wegen } k = m + n = n^2 - 1\,. \end{aligned}$$

Aus (2) ist also ersichtlich, dass die Summen der $n + 1$ Elemente $a_{m+1}, \ldots, a_{m+n+1}$ und der $n-1$ Elemente $a_{m+n+2}, \ldots, a_{m+2n}$ übereinstimmen. Damit ist der geforderte Nachweis erbracht.

2. Lösung. Ohne vollständige Induktion kann man beispielsweise wie folgt argumentieren. Es sei (s_k) die durch (1) definierte Folge. Analog zur ersten Lösung überzeugt man sich durch Nachrechnen, dass für die Differenzen aufeinanderfolgender Glieder dieser Folge gilt

$$s_{k+1} - s_k = k(k+1) = a_{k+1}.$$

Wie in der ersten Lösung zeigt man außerdem (2) und schließt dann

$$\begin{aligned} s_{m+n+1} - s_m &= (s_{m+n+1} - s_{m+n}) + (s_{m+n} - s_{m+n-1}) + \dots + (s_{m+1} - s_m) \\ &= a_{m+n+1} + a_{m+n} + \dots + a_{m+1} \end{aligned}$$

und

$$\begin{aligned} s_{m+2n} - s_{m+n+1} &= (s_{m+2n} - s_{m+2n-1}) + \dots + (s_{m+n+2} - s_{m+n+1}) \\ &= a_{m+2n} + a_{m+2n-1} + \dots + a_{m+n+2}. \end{aligned}$$

Hieraus folgt wieder die Behauptung.

3. Lösung. Wie man sofort nachrechnet, lauten die ersten Folgenglieder:

$a_1 = 0,\ a_2 = 2,\ a_3 = 6,\ a_4 = 12,\ a_5 = 20,\ a_6 = 30,\ a_7 = 42,\ a_8 = 56,\ a_9 = 72,$
$a_{10} = 90,\ a_{11} = 110,\ a_{12} = 132,\ \dots$

Für $n = 2$ können die 4 Glieder a_2 bis a_5 folgendermaßen in zwei Teilmengen mit gleicher Summe zerlegt werden:

$$2 + 6 + 12 = 20.$$

Für $n = 3$ können die 6 Glieder a_2 bis a_7 so zerlegt werden:

$$2 + 12 + 42\,(= 56) = 6 + 20 + 30.$$

Für $n = 4$ gibt es diese Zerlegung der 8 Glieder a_2 bis a_9:

$$2 + 20 + 42 + 56\ (= 120) = 6 + 12 + 30 + 72.$$

Für $n = 5$ schließlich können die 10 Glieder a_2 bis a_{11} auf die folgende Art zerlegt werden:

$$2 + 6 + 20 + 30 + 72 + 90\ (= 220) = 12 + 42 + 56 + 110.$$

Nun wird gezeigt: Wenn es für ein n eine Menge von $2n$ aufeinanderfolgenden Gliedern der Folge mit der gewünschten Eigenschaft gibt, dann gibt es auch eine Menge von $2n + 8$ aufeinanderfolgenden Gliedern mit der gewünschten Eigenschaft. Die zu beweisende Aussage ist damit also auch für $n + 4$ gültig.

Sei a_{k-2n+1} bis a_k eine Menge von $2n$ aufeinanderfolgenden Gliedern der Folge mit der gewünschten Eigenschaft, d. h. es gebe für $i = k - 2n + 1, \ldots, k$ Koeffizienten $\varepsilon_i \in \{-1, 1\}$ so, dass

$$\varepsilon_{k-2n+1}a_{k-2n+1} + \varepsilon_{k-2n+2}a_{k-2n+2} + \cdots + \varepsilon_k a_k = 0$$

ist. Dann gilt weiter:

$$\begin{aligned}
&\varepsilon_{k-2n+1}a_{k-2n+1} + \varepsilon_{k-2n+2}a_{k-2n+2} + \cdots + \varepsilon_k a_k \\
&\qquad + a_{k+1} - a_{k+2} - a_{k+3} + a_{k+4} - a_{k+5} + a_{k+6} + a_{k+7} - a_{k+8} \\
&= 0 + k(k+1) - (k+1)(k+2) - (k+2)(k+3) + (k+3)(k+4) \\
&\qquad - (k+4)(k+5) + (k+5)(k+6) + (k+6)(k+7) - (k+7)(k+8) \\
&= -2(k+1) + 2(k+3) + 2(k+5) - 2(k+7) \\
&= 0.
\end{aligned}$$

Nach dem Prinzip der vollständigen Induktion ist die Aussage damit für alle $n \geq 2$ bewiesen worden.

Bemerkung. Da sich die aus dem in der 3. Lösung gelieferten Beweis ergebenden Teilmengen der Folge jeweils mit dem Glied a_2 beginnen und weil $a_1 = 0$ gilt, gibt es allgemeiner für jedes $k \geq 4$ eine Menge von genau k aufeinanderfolgenden Gliedern a_j mit der gewünschten Eigenschaft. Für $k = 2$ und $k = 3$ gibt es keine solche Menge; für $k = 3$ kann man dies aus einer Betrachtung modulo 3 erkennen. Für $k = 1$ gibt es offenbar als einzige Möglichkeit diejenige, nur a_1 zu nehmen. ◇

Aufgabe 501314

In einem Kurbad gibt es 100 Duschkabinen. In jeder Kabine befindet sich ein Hahn, der die Wasserzufuhr zur Dusche dieser Kabine regelt. Durch ein Versehen bei der Installation setzt aber jeder Hahn außerdem auch die Duschen in genau 5 anderen Kabinen in Betrieb.

Man beweise, dass die Kurverwaltung dann immer 10 Kabinen auswählen kann, in denen von der Fehlfunktion nichts zu bemerken ist, wenn die übrigen 90 Kabinen gesperrt werden.

Lösung

Wir zeigen zunächst, dass es (mindestens) eine Dusche gibt, die von höchstens 5 anderen Kabinen aus in Betrieb gesetzt wird. Wir betrachten dazu sämtliche (geordneten) Paare (H, D) von Hähnen und Duschen mit der Eigenschaft, dass D in Funktion tritt, wenn man H aufdreht. Weil jeder Hahn H nach Aufgabenstellung in genau 6 dieser Paare vorkommt, ist ihre Anzahl genau $6 \cdot 100$. Gäbe es nun zu jeder Dusche 6 (oder mehr) Hähne in anderen Kabinen (und den Hahn in der eigenen

Kabine), durch deren Betätigung sie in Betrieb gesetzt wird, so gäbe es mindestens $7 \cdot 100$ derartige Paare (H, D). Dieser Widerspruch zeigt, dass die Annahme falsch sein muss.

Wir wählen nun eine der Duschen aus, die durch höchstens 5 andere Hähne ausgelöst werden kann. In diese Kabine hängen wir ein Handtuch und nennen sie *belegt.* Alle (höchstens 5) Kabinen, von denen aus die Dusche der belegten Kabine in Betrieb gesetzt wird, werden gesperrt. Durch Öffnen des Hahns der belegten Kabine werden genau 5 andere Duschen in Betrieb gesetzt, deren Kabinen ebenfalls gesperrt werden (wenn das nicht bereits geschehen ist). Die verbleibenden offenen Kabinen ohne Handtuch nennen wir *frei.* Ihre Anzahl beträgt dann mindestens $100 - 11 = 89$.

Ab jetzt betrachten wir nur noch diejenigen Paare (H, D), bei denen H und D sich in freien Kabinen befinden. Jeder Hahn H kommt in höchstens 6 Paaren vor, also gibt es insgesamt höchstens $6 \cdot 89$ Paare. Wie oben sehen wir nun, dass es (mindestens) eine Dusche in einer freien Kabine geben muss, die von höchstens 5 anderen freien Kabinen aus betätigt werden kann. Wir wählen eine solche Dusche aus, belegen ihre Kabine mit einem Handtuch und sperren alle anderen Kabinen, die diese Dusche auslösen. Durch Öffnen des Hahns der zuletzt belegten Kabine finden wir höchstens fünf weitere bis dahin freie Kabinen, die ebenfalls gesperrt werden müssen. Die Anzahl der freien Kabinen (weder gesperrt noch belegt) beträgt danach mindestens noch $100 - 2 \cdot 11 = 78$.

Durch Fortsetzung dieses Prozesses erhält man in jedem Schritt eine weitere belegte Kabine und muss maximal 10 Kabinen sperren. Nach 9 solchen Schritten sind genau 9 Kabinen belegt (mit Handtuch) und höchstens $9 \cdot 10$ Kabinen gesperrt. Es gibt also wenigstens noch eine freie Kabine. Wir belegen eine solche mit dem zehnten Handtuch und sperren alle übrigen freien Kabinen.

Durch das obige Vorgehen werden alle Kabinen gesperrt, von denen aus Duschen der belegten Kabinen in Betrieb gesetzt werden können. Weil durch die Hähne der belegten Kabinen auch nur die eigene Dusche und fünf weitere in gesperrten Kabinen betätigt werden, funktionieren in den zehn belegten Kabinen alle Duschen korrekt.

Abschließend entferne man die nassen Handtücher. 

Schubfachprinzip Zu den sehr häufig verwendeten Existenzargumenten gehört das DIRICHLET*'sche Schubfachprinzip* mit seinen Verallgemeinerungen. Sie sind wiederum nicht-konstruktiv, denn die gesicherte Existenz einer bestimmten Menge lässt im allgemeinen keinerlei Rückschlüsse zu, welche der beteiligten Mengen das sein kann.

Satz 1.5 (Prinzip von Dirichlet).

(1) Hat die Vereinigung von n Mengen (mindestens) $n + 1$ Elemente, so gibt es darunter (mindestens) eine Menge mit (mindestens) zwei Elementen.

(2) Hat die Vereinigung von n Mengen (mindestens) $n \cdot k + 1$ Elemente, so gibt es darunter (mindestens) eine Menge mit (mindestens) $k + 1$ Elementen.

Beweis. Wir zeigen gleich die zweite Aussage, denn die erste ist genau der Spezialfall $k = 1$. Das naheliegende Argument ist ein indirekter Beweis: Hätten nämlich alle n Mengen höchstens k Elemente, so könnte ihre Vereinigung im Widerspruch zur Voraussetzung nur höchstens $n \cdot k$ Elemente enthalten. □

In der Lösung zur Aufgabe 271241 wird sogar eine ebenso naheliegende unendliche Version des Schubfachprinzips verwendet. Sie folgt unmittelbar aus der Aussage, dass die Vereinigung endlich vieler endlicher Mengen wieder endlich ist. Als logische Kontraposition erhält man also: Ist die Vereinigung endlich vieler Mengen unendlich, so ist (mindestens) eine der Mengen unendlich.

Aufgabe 351346B

Jeder Punkt einer Ebene sei mit genau einer der drei Farben rot, schwarz oder blau gefärbt. Man beweise, dass es unter dieser Voraussetzung stets in dieser Ebene ein Rechteck gibt, dessen vier Eckpunkte mit einander gleicher Farbe gefärbt sind!

Lösung

Man kann in der Ebene 82 zueinander parallele Geraden $a_1, \dots, a_{82}$ und vier zu ihnen senkrechte Geraden $b_1, \dots, b_4$ wählen. Der Schnittpunkt von a_i mit b_k sei P_{ik} genannt ($i = 1, \dots, 82, k = 1, \dots, 4$). Für die Färbung der 82 Quadrupel $(P_{i1,}, P_{i2}, P_{i3}, P_{i4})$, $i = 1, \dots, 82$, mit den 3 Farben gibt es nur $3^4 = 81$ verschiedene Möglichkeiten. Nach dem Schubfachschluss müssen daher zwei Quadrupel $(P_{i1}, P_{i2}, P_{i3}, P_{i4}), (P_{j1}, P_{j2}, P_{j3}, P_{j4})$ mit $i \neq j$ existieren, so dass jedes der Paare $(P_{i1}, P_{j1}), (P_{i2}, P_{j2}), (P_{i3}, P_{j3}), (P_{i4}, P_{j4})$ aus zwei zueinander gleichgefärbten Punkten besteht. Da es nur 3 Farben gibt, muss nochmals nach dem Schubfachschluss in 2 dieser Paare dieselbe Farbe auftreten, d. h. es müssen $h \neq k$ so existieren, dass die 4 Punkte $P_{ih}, P_{jh}, P_{ik}, P_{jk}$ einander gleichgefärbt sind. Damit ist die Existenz eines Rechtecks der behaupteten Art nachgewiesen. ◇

Aufgabe 271241

In einer Ebene sei G die Menge aller derjenigen Punkte, deren rechtwinklige kartesische Koordinaten ganze Zahlen sind. Ferner sei F eine Menge von 1988 verschiedenen Farben.

Man beweise: Für jede Verteilung von Farben, bei der jeder Punkt aus G genau eine der Farben aus F erhält, gibt es in G vier gleichfarbige Punkte, die die Ecken eines Rechtecks mit achsenparallelen Seiten sind.

Lösung

Es sei $n = 1988$. Für jede natürliche Zahl a gilt: Da F nur n Farben enthält, gibt es unter den $n + 1$ Punkten

$$(a, 0), (a, 1), \ldots, (a, n)$$

zwei von gleicher Farbe; es seien etwa

$$(a, s_a), (a, t_a) \text{ von der Farbe } f_a \quad (0 \leq s_a < t_a \leq n).$$

Da F nur endlich viele Farben enthält, muss eine von ihnen unter den so definierten Farben f_a $(a = 0, 1, 2, \ldots)$ unendlich oft vorkommen; dies sei etwa die Farbe φ.

Da es ferner nur endlich viele Möglichkeiten für ganze Zahlen s, t mit $0 \leq s < t \leq n$ gibt, muss in den soeben nachgewiesenen unendlich vielen Punktepaaren $(a, s_a), (a, t_a)$ der Farbe φ mindestens eine dieser Möglichkeiten für s_a, t_a, etwa die Möglichkeit $s_a = \sigma, t_a = \tau$, zweimal (sogar unendlich oft) vorkommen, etwa in den Punktepaaren mit $a = \alpha$ und mit $a = \beta$ $(\alpha \neq \beta)$.

Das besagt: Es gibt die vier Punkte (α, σ), (α, τ), (β, σ), (β, τ) der Farbe φ; die Existenz solcher Punkte war zu beweisen.

Bemerkung. Anstelle der Folgerung, dass eine Farbe φ unendlich oft unter den f_a vorkommen muss, kann man auch (mit einer Variante des DIRICHLETschen Schubfachschlusses) erhalten, dass unter $n \cdot \binom{n+1}{2} + 1$ der Farben f_a, etwa unter denen mit $a = 0, 1, \ldots, n \cdot \binom{n+1}{2}$, eine sein muss, die $\binom{n+1}{2} + 1$ Mal vorkommt. Dann sind unter den $\binom{n+1}{2} + 1$ Punktepaaren $(a, s_a), (a, t_a)$ dieser Farbe φ zwei mit den gleichen s_a-, t_a-Werten σ, τ. ◇

Extremalprinzip Dieses „Prinzip" ist eher ein methodischer Hinweis, wie man aussichtsreiche Kandidaten mit besonderen Eigenschaften findet: Man untersuche extremale Elemente! In Abhängigkeit von der konkreten Aufgabenstellung können das kleinste oder größte, erste oder letzte, ... sein.

So wird ein sogar konstruktiver Zugang zur folgenden Aufgabe 271232 durch die Wahl des Punktes mit minimalem Tankinhalt in der Proberunde möglich.

Aufgabe 271232

Ein Auto soll einen Rundkurs in einem vorgeschriebenen Umlaufsinn durchfahren. Das zur Verfügung stehende Benzin reicht genau zum einmaligen Durchfahren des Kurses, wurde aber willkürlich in eine Anzahl $n \geq 1$ von Kanistern verteilt, die ebenfalls willkürlich längs des Rundkurses aufgestellt sind. Der Tank des Autos ist zu Beginn leer und besitzt ausreichendes Fassungsvermögen, um beim Erreichen jedes Kanisters dessen Benzin aufzunehmen.

Man beweise, dass es möglich ist, den Startpunkt des Autos so zu wählen, dass der Kurs genau einmal durchfahren werden kann. (Eventuelle Verluste beim Umfüllen, Mehrverbrauch bei wiederholtem Anfahren usw. sollen nicht berücksichtigt werden.)

Lösung

Zunächst wird angenommen, dass der Tank des Autos zu Beginn nicht leer ist, sondern genauso viel Benzin enthält wie zum einmaligen Durchfahren des Rundkurses notwendig ist. Es wird eine Proberunde mit beliebigem Startpunkt gefahren, wobei der Tankinhalt während der gesamten Fahrt registriert wird, bei Halt an einem Kanister vor und nach dem Nachtanken. Am Ende der Fahrt ist der Tankinhalt genauso groß wie zu Beginn. Es gibt einen Punkt mit minimalem Tankinhalt (dieser fällt mit dem Standpunkt eines der Kanister zusammen).

Wählt man diesen als Startpunkt für die Wertungsrunde (die mit leerem Tank begonnen wird), so ist der Tankinhalt stets nichtnegativ, da sich die Tankinhalte bei Probe- und Wertungsrunde an jedem Punkt um eine konstante Menge Benzin unterscheiden und somit das Minimum am gleichen Punkt angenommen wird. ♢

Eine typische Argumentation kombiniert das Extremalprinzip mit einem indirekten Beweisansatz. Man wählt also ein extremales Objekt und konstruiert unter der zu widerlegenden Annahme ein „noch extremaleres". Dieser Widerspruch impliziert natürlich, dass die Annahme falsch war. Im folgenden Beispiel 321246A ist das extremale Objekt eine gute Reise maximaler Länge. Die Annahme, sie erreiche noch nicht alle Städte führt man dann dadurch zum Widerspruch, dass (hier sogar mehrfach in verschiedenen Fällen) jeweils eine gute Reise größerer Länge angegeben werden kann.

Aufgabe 321246A

Eine *Bus-Bahn-Rundreise* durch n Städte sei eine Reise, die in einer dieser Städte beginnt, jede andere von ihnen genau einmal erreicht, dann zum Ausgangspunkt zurückführt und insgesamt keine anderen Verkehrsmittel als Bus oder Bahn benutzt.

Von n Städten $S_1, \ldots, S_n$ werde vorausgesetzt, dass zwischen je zwei von ihnen genau eine (in beiden Richtungen nutzbare) Verbindung besteht und dass diese jeweils nur entweder eine Bus- oder eine Bahnverbindung ist.

Man beweise für jede natürliche Zahl $n \geq 3$, dass es durch n Städte, die diese Voraussetzungen erfüllen, stets eine Bus-Bahn-Rundreise geben muss, bei der das Verkehrsmittel höchstens einmal gewechselt wird!

Lösung

Ist $P_1 \ldots P_k$ (für ein k mit $2 \leq k \leq n+1$) eine (Teil-)Reise, in der jedes P_i ($i = 1, \ldots, k$) eine der Städte $S_1, \ldots, S_n$ ist, so heiße diese Reise genau dann *zulässig*, wenn sie entweder keine Stadt zweimal enthält oder eine vollständige Rundreise ist, d. h. $P_1 \ldots P_n P_1$ lautet, wobei $\{P_1, \ldots, P_n\} = \{S_1, \ldots, S_n\}$ ist. Eine (Teil-)Reise $P_1 \ldots P_k$ heiße genau dann *gut*, wenn sie zulässig ist und höchstens einen Wechsel des Verkehrsmittels enthält. Offenbar ist z. B. $S_1 S_2$ eine gute Reise.

Unter allen guten Reisen sei $P_1 \dots P_k$ eine solche, für die k maximal ist. Gilt $k = n + 1$, so ist $P_1 \dots P_{n+1} = P_1 \dots P_n P_1$ eine gesuchte Bus-Bahn-Rundreise.

Angenommen, es wäre $k < n+1$. Ist zunächst $k = n$, so ist offenbar auch $P_1 \dots P_n P_1$ oder $P_n P_1 \dots P_n$ gut im Widerspruch zur Maximalität von k. Sei also im Folgenden $k < n$.

Dann gibt es eine von $P_1, \dots, P_k$ verschiedene Stadt S_j. Wird in $P_1 \dots P_k$ das Verkehrsmittel nicht gewechselt, so ist $P_1 \dots P_k S_j$ gut im Widerspruch zur Maximalität von k. Also wird das Verkehrsmittel nach der Stadt P_m für ein m mit $2 \leq m \leq k-1$ gewechselt. Sei o. B. d. A. das Verkehrsmittel für die Reise $P_1 \dots P_m$ der Bus und für $P_{m+1} \dots P_k$ die Bahn. Ist das Verkehrsmittel für $S_j P_1$ Bus oder für $P_k S_j$ die Bahn, so ist $S_j P_1 \dots P_k$ oder $P_1 \dots P_k S_j$ eine gute Reise im Widerspruch zur Maximalität von k. Also fährt auf $S_j P_1$ die Bahn und auf $P_k S_j$ der Bus.

Fall 1. Auf $P_m S_j$ fährt der Bus. Dann ist $P_1 \dots P_m S_j P_k P_{k-1} \dots P_{m+1}$ eine gute Reise im Widerspruch zur Maximalität von k.

Fall 2. Auf $P_m S_j$ fährt die Bahn. Dann ist $P_k \dots P_{m+1} P_m S_j P_1 \dots P_m$ gut im Widerspruch zur Maximalität von k.

Also erhalten wir in allen Fällen einen Widerspruch. Es folgt $k = n + 1$, und damit ist die Behauptung bewiesen. ◇

Aufgabe 281233B

Für jede natürliche Zahl $n \geq 2$ sei die folgende Forderung betrachtet: Man soll $2n$ Gegenstände so in n (genügend große) Behälter verteilen, dass die folgenden Bedingungen erfüllt sind:

(1) Jeder Behälter enthält mindestens einen der Gegenstände.
(2) Jeder Behälter enthält höchstens n der Gegenstände.
(3) Es ist nicht möglich, die n Behälter so in zwei getrennten (genügend großen) Räumen unterzubringen, dass dabei in jeden der beiden Räume n der Gegenstände gelangen.

(a) Geben Sie für $n = 3$ eine Verteilung von 6 Gegenständen in 3 Behälter an, und weisen Sie nach, dass die von Ihnen angegebene Verteilung die Bedingungen (1), (2), (3) erfüllt!

(b) Beweisen Sie, dass es genau dann möglich ist, die Forderungen zu erfüllen, wenn n ungerade ist!

(c) Ermitteln Sie für jedes ungerade $n \geq 3$ alle Verteilungen der geforderten Art!

Lösung

Wir geben zunächst für jedes ungerade $n \geq 3$ eine geforderte Verteilung an: In jeden der n Behälter gebe man genau 2 Gegenstände.

Offenbar sind dann (1) und (2) erfüllt. Ferner ist bei jeder Unterbringung der n Behälter in zwei Räumen in einem der beiden Räume eine größere Anzahl von Behältern als in dem anderen Raum, da die Anzahl der Behälter ungerade ist. Somit ist dann auch in einem der beiden Räume eine größere Anzahl von Gegenständen als in dem anderen Raum; also (3) erfüllt. Hiermit sind (a) und die Hinlänglichkeit in (b) bewiesen.

Die Notwendigkeit in (b) sowie (c) zeigen wir durch Beweis der folgenden Hilfsaussage:

Behauptung. Werden in den i-ten Behälter genau a_i $(i = 1, \ldots, n)$ Gegenstände gegeben und sind (1), (2) und (3) erfüllt, so gilt $a_1 = \cdots = a_n$.

Beweis. Angenommen, es wäre nicht $a_1 = \cdots = a_n$. Es gebe genau e Behälter mit $a_1 = 1$. Hierfür gilt $e > 0$, denn sonst wären alle $a_i \geq 2$, und da nicht alle $a_i = 2$ sind, folgte $a_1 + \cdots + a_n > 2n$.

Für jede Menge M von Behältern bezeichne $s(M)$ die Summe der Anzahlen a_i der Gegenstände in den Behältern aus M. Unter allen M mit

$$s(M) < n \tag{4}$$

werde ein M mit möglichst großem $s(M)$ ausgewählt. Die Menge N aller nicht zu diesem M gehörenden Behälter besteht wegen $a_1 + \cdots + a_n = 2n$ sowie (2) und (4) aus mindestens 2 Behältern. Wären in jedem Behälter aus N mindestens $e + 2$ Gegenstände, so gäbe es insgesamt mindestens

$$2(e + 2) + e \cdot 1 + (n - 2 - e) \cdot 2 = 2n + e$$

Gegenstände, was wegen $e > 0$ nicht möglich ist. Also gilt: Es existiert ein Behälter aus N, für den die Anzahl der darin befindlichen Gegenstände

$$g \leq e + 1 \tag{5}$$

ist. Nun liegt stets einer der folgenden Fälle vor:

Fall 1. N enthält einen Behälter mit $a_i = 1$. Dann füge man diesen Behälter zur Menge M hinzu. Für die so erhaltene Menge M' gilt $s(M') = s(M) + 1$, also $s(M) < s(M') \leq n$. Gilt $s(M') < n$, so widerspricht dies der extremalen Wahl von M. Für $s(M') = n$ haben wir einen Widerspruch zu (3).

Fall 2. Alle e Behälter mit $a_i = 1$ gehören zu M. Dann füge man den in (5) genannten Behälter zu M hinzu und entferne $g - 1$ Behälter mit $a_i = 1$ aus M, was wegen $g - 1 \leq e$ möglich ist. Für die so erhaltene Menge M' gilt wieder $s(M') = s(M) + 1$, und wir erhalten wie oben einen Widerspruch. ◇

Probleme vom Ramsey-Typ Solche Aufgabenstellungen haben in den Mathematik-Olympiaden und der mathematischen Talente-Förderung eine gewisse Tradition. So ist es beispielsweise nicht schwer, sich die Aussage des folgenden Beispiels 1.6 zu überlegen.

Beispiel 1.6. *Zwei äquivalente Formulierungen derselben Aussage: zunächst eher anschaulich und dann formalisiert in der Sprache der Graphentheorie aus Abschnitt 1.5.*

(1) Wir betrachten eine Gruppe von 6 Personen, bei denen sich in jeder Teilmenge aus zwei der Personen entweder beide untereinander kennen oder beide untereinander nicht kennen. Dann gibt es stets 3 Personen, unter denen sich beliebige zwei paarweise kennen, oder aber es gibt 3 Personen, unter denen sich beliebige zwei paarweise nicht kennen.

(2) Sind die Kanten des vollständigen Graphen auf 6 Knoten auf beliebige Weise alle mit einer der Farben Rot oder Blau gefärbt, so gibt es stets 3 Knoten, zwischen denen alle Kanten Rot gefärbt sind, oder es gibt 3 Knoten, zwischen denen alle Kanten Blau gefärbt sind.

Dabei ist es ferner interessant zu beobachten, dass die Existenz einer Teilmenge mit 3 Elementen von einem der beiden Typen über einer Grundmenge mit nur 5 Elementen nicht gesichert werden kann. Ein Beispiel eines mit 2 Farben kantengefärbten vollständigen Graphen auf 5 Knoten, welcher kein einfarbiges Dreieck in einer der beiden Farben enthält, ist schnell gefunden. Insofern ist die Anzahl 6 minimal zur Sicherung der im Beispiel 1.6 diskutierten Eigenschaft.

Im Abschnitt 2.7 des Kapitels zur Kombinatorischen Geometrie wird noch etwas genauer auf diese Anfänge der sogenannten RAMSEY[2]-Theorie eingegangen. Im Übrigen findet man dort auch das fragliche Beispiel und kennt dann die sogenannte RAMSEY-Zahl $R_2(3,3) = 6$.

Das alles beleuchtet die zentrale Idee hinter Aussagen vom RAMSEY-Typ: Für hinreichend große Strukturen kann die Existenz gewisser Teilstrukturen in wenigstens einer von mehreren Klassen gesichert werden. Übrigens kann man auch das oben behandelte Schubfachprinzip auf eine solche Weise interpretieren.

Die wirklich anspruchsvolle Aufgabe 301244 aus dem Schatz der Mathematik-Olympiaden berührt einen der berühmtesten kombinatorischen Existenzsätze vom RAMSEY-Typ. Er sagt etwas über die Existenz *arithmetischer* Folgen aus: Diese sind durch eine konstante Differenz zwischen jeweils aufeinanderfolgenden Folgengliedern charakterisiert.

Satz 1.7 (v.d. Waerden[3]). *Zu beliebigen positiven ganzen Zahlen n und k gibt es eine positive ganze Zahl N (in Abhängigkeit von n und k), so dass in jeder Färbung der Zahlen $1, 2, \ldots, N$ mit k (paarweise verschiedenen) Farben eine arithmetische Folge der Länge n vorkommt, deren Glieder alle die gleiche Farbe haben.*

[2] FRANK PLUMPTON RAMSEY (1903–1930)

[3] BARTEL LEENDERT VAN DER WAERDEN (1903–1996)

Besonders interessant ist natürlich die kleinstmögliche Zahl N, für die die Bedingung des Satzes gilt. Aber leider ist bis heute keine Formel dafür bekannt, sondern nur Abschätzungen. Einfach ist jedoch der Fall $n = 2$, denn beliebige zwei Zahlen bilden eine arithmetische Folge der Länge 2. Um bei jeder beliebigen Färbung mit k Farben nun garantiert zwei Gleichgefärbte zu finden, reicht $N = k$ zwar nicht aus, aber $N = k+1$ dann doch. Hier findet sich also genau das Schubfachprinzip als Spezialfall wieder.

Aufgabe 301244

Eine streng monoton steigende Zahlenfolge $x_1, x_2, \dots, x_n$ werde genau dann *m-schmal* genannt, wenn für alle $i = 2, \dots, n$ die Ungleichungen $x_i - x_{i-1} \leq m$ gelten. Eine Menge A von Zahlen werde genau dann *m-dicht* genannt, wenn sie für jede natürliche Zahl $n \geq 2$ eine n-gliedrige, streng monoton steigende Zahlenfolge enthält, die m-schmal ist.

Man beweise die folgende (einen berühmten Satz des niederländischen Mathematikers B.L. van der Waerden abschwächende) Aussage: Zu jeder Zerlegung der Menge $\mathbb{N}$ aller natürlichen Zahlen in eine Anzahl $r \geq 2$ paarweise disjunkter, nicht leerer Teilmengen $T_1, \dots, T_r$ gibt es eine positive ganze Zahl m, so dass (mindestens) eine der Mengen $T_1, \dots, T_r$ eine m-dichte Menge ist.

Lösung

Wir beweisen, dass (zu jeder Zerlegung von $\mathbb{N}$ in $r \geq 2$ paarweise disjunkte nicht leere $T_1, \dots, T_r$) für jedes $j = 2, \dots, r$ die folgende Hilfsaussage gilt:

Es gibt eine positive ganze Zahl m, so dass (mindestens) eine der Mengen $T_1, \dots, T_{j-1}$ eine m-dichte Menge ist, oder die Menge $T_j \cup \dots \cup T_r$ ist 1-dicht.

Induktionsanfang. Beweis der Hilfsaussage für $j = 2$.

Wenn die Menge $T_2 \cup \dots \cup T_r$ nicht 1-dicht ist, so folgt: Es gibt eine natürliche Zahl $m \geq 2$ so, dass sich zu jeder natürlichen Zahl x unter den Zahlen $x+1, \dots, x+m$ eine Zahl $x' \notin T_2 \cup \dots \cup T_r$ befinden muss, d. h. eine Zahl $x' \in T_1$ mit $x' - x \leq m$. Dies gilt insbesondere zu jeder Zahl $x \in T_1$. Für jede natürliche Zahl $n \geq 2$ kann man daher nach Wahl eines beliebigen $x_1 \in T_1$ zu jeder schon gefundenen Zahl $x_{i-1} \in T_1$ $(2 \leq i \leq n)$ eine Zahl $x_i \in T_1$ mit $0 < x_i - x_{i-1} \leq m$ finden; d. h. T_1 ist m-dicht.

Induktionsschritt. Beweis, dass aus der Annahme (Induktionsvoraussetzung), die Hilfsaussage sei für ein j mit $2 \leq j < r$ wahr, stets auch die Hilfsaussage für $j + 1$ statt j folgt.

Wenn für jedes positive ganze m keine der Mengen $T_1, \dots, T_j$ eine m-dichte Menge ist, so folgt zunächst, indem man dies auf T_j anwendet, nach Definition der m-Dichtheit: Für jedes positive ganze m gibt es eine natürliche Zahl $n \geq 2$, so dass alle n-gliedrigen, streng monoton steigenden Zahlenfolgen aus T_j nicht m-schmal sind. (1)

Ferner folgt für jedes positive ganze m: Keine der Mengen $T_1, \dots, T_{j-1}$ ist m-dicht, also kann man die Induktionsvoraussetzung anwenden; die Menge $T_j \cup \dots \cup T_r$ ist 1-dicht. Somit gibt es auch zu der Zahl $n \cdot m$ (mit nach (1) zu m gehörendem n gebildet) eine Zahlenfolge der Form

$$a+1, a+2, \dots, a+n \cdot m \in T_j \cup \dots \cup T_r. \tag{2}$$

Nun kann man die Existenz von m aufeinanderfolgenden Zahlen in (2) nachweisen, die nicht in T_j liegen. Entweder liegen nämlich $a+1, \dots, a+m$ nicht in T_j, oder man kann, ausgehend von einer in T_j gelegenen Zahl x_1 unter diesen ersten m Zahlen $a+1, \dots, a+m$ folgendermaßen schließen:

Gäbe es in der gesamten Folge (2) unter je m aufeinanderfolgenden Zahlen eine in T_j gelegene Zahl, so erhielte man zu jeder schon gefundenen Zahl $x_{i-1} \in T_j$ eine Zahl $x_i \in T_j$ mit

$$x_{i-1} < x_i \leq x_{i-1} + m\,, \tag{3}$$

und zwar so oft, wie diese Zahlen in der Folge (2) bleiben. Wegen $a < x_1 \leq a + m$ und (3), woraus $a < x_i \leq a + i \cdot m$ für alle $i = 1, \dots, n$ folgt, wäre dies jedenfalls für $x_1, \dots, x_n$ der Fall. Damit aber gäbe es in T_j eine n-gliedrige, streng monoton steigende, m-schmale Folge, im Widerspruch zu (1).

Die somit nachgewiesenermaßen nicht in T_j liegenden m aufeinanderfolgenden Zahlen in (2) liegen folglich sogar in der Menge $T_{j+1} \cup \dots \cup T_r$; d. h., diese Menge ist 1-dicht. □

Nach dem Prinzip der vollständigen Induktion ist die Hilfsaussage für alle $j = 2, \dots, r$ bewiesen. Für $j = r$ besagt sie: Es gibt eine positive ganze Zahl m, so dass eine der Mengen $T_1, \dots, T_{r-1}$ eine m-dichte Menge ist, oder die Menge T_r ist 1-dicht. Damit ist der verlangte Beweis geführt. ◇

Algorithmenprobleme Auch die Analyse kombinatorischer Algorithmen beinhaltet die Bearbeitung von Existenzproblemen.

in der folgenden Aufgabe 331345 ist die zentrale Frage, ob der Algorithmus *terminiert*, also nach endlich vielen Schritten in einem vorgegebenen Zustand beendet ist. Hier ist dieser Endzustand sogar ein in dem Sinne *stabiler* Zustand, dass die weitere Anwendung des Algorithmus' keine Veränderungen mehr bewirkt. Zur Analyse untersucht man einen geeigneten Parameter und kontrolliert sein Verhalten bei Abarbeitung des Algorithmus'. Die geforderte Endlichkeit folgt dann daraus, dass der Parameter beschränkt ist und sich eben nicht unendlich oft verändern kann.

Aufgabe 331345

Im Zwergenland wohnen 12 Zwerge. Jeder von ihnen hat unter den 11 anderen eine ungerade Anzahl von Freunden; alle diese Freundschaften beruhen auf Gegenseitigkeit. In jedem Monat hat einer der 12 Zwerge Geburtstag. Jeder Zwerg bewohnt ein Haus für sich allein, jedes Haus ist entweder rot oder grün gestrichen. Jeder Zwerg streicht in jedem Jahr an seinem Geburtstag sein Haus in derjenigen Farbe, die unter den Farben der Häuser seiner Freunde in größerer Anzahl als die andere Farbe vorkommt.
Zeigen Sie, dass unter diesen Voraussetzungen stets ein Zeitpunkt existieren muss, von dem ab die Farbe aller Häuser unverändert bleibt!

Lösung

Für jedes $n = 0, 1, 2, \ldots$ sei $f(n)$ die Anzahl derjenigen befreundeten Zwerg-Paare, deren beide Häuser nach n Monaten voneinander verschiedene Farbe haben. Für jedes $n = 1, 2, 3, \ldots$ gilt: Es ist nur dann $f(n) \neq f(n-1)$, wenn der Zwerg, der im n-ten Monat sein Haus streicht, dabei dessen Farbe wechselt. Das geschieht dann deswegen, weil er zu diesem Zeitpunkt beim Vergleich mit der Farbe seines Hauses mehr Freunde mit andersfarbigem als mit gleichfarbigem Haus hat. Daher wird in jedem solchen Fall der Wert $f(n-1)$ verkleinert, nämlich um die Differenz der beiden Farb-Anzahlen. Daher und weil alle $f(n)$ ganze Zahlen mit $f(0) \geq f(n) \geq 0$ sind, kommt dieser Fall höchstens für endlich viele n vor; d. h., es existiert ein Zeitpunkt, von dem ab die Farbe aller Häuser unverändert bleibt. ◇

Unser abschließendes Existenzproblem 411346 hat selbst zunächst nichts mit Algorithmen zu tun. Die Idee des Beweises ist es dann aber einen Algorithmus anzugeben, mit dem die geforderte Lösung konstruiert wird. Für diesen Algorithmus verbleibt dann zu zeigen, dass er in jedem Schritt bis zum Ende ausgeführt werden kann und auch mit dem behaupteten Zustand beendet wird.

Aufgabe 411346

Ralf Reisegern erzählt seinem Freund Markus, einem Mathematiker, dass er in diesem Jahr schon acht Länder der Währungsunion bereist habe. Um seine fünf Kinder für die neuen Cent- und Euro-Münzen zu begeistern, hat er aus jedem der acht Länder fünf (nicht notwendig verschiedene) Münzen mitgebracht. Weil die Kinder auch in Deutschland mit den Münzen bezahlen können, hat Ralf darauf geachtet, dass unter den 40 Münzen auch jeder der acht Werte (1, 2, 5, 10, 20 und 50 Cent, 1 und 2 Euro) genau fünfmal vorkommt. Er hofft nun, jedem Kind acht Münzen schenken zu können, aus jedem Land eine und so, dass jedes Kind Münzen im Gesamtwert von 3,88 Euro erhält. Doch Ralf hat schon einige Zeit erfolglos probiert, die Münzen aufzuteilen. „Das muss aber gehen!“ behauptet Markus, ohne sich die Münzen genauer anzuschauen.

Beweisen oder widerlegen Sie diese Behauptung.

Lösung

Die Behauptung ist richtig. Allgemeiner können sogar $n \cdot k$ Münzen auf k Kinder so verteilt werden, dass jedes Kind aus jedem von n Ländern und von jedem der n Münzwerte eine Münze erhält. Wir nennen eine solche Verteilung *gerecht* und beweisen die Existenz einer gerechten Verteilung unter der Voraussetzung, dass unter den $n \cdot k$ Münzen jedes Herkunftsland und jeder Münzwert genau k-mal vertreten ist.

Die Länder seien durch die Buchstaben $A, B, C, \ldots$ bezeichnet. Wir nehmen ohne Einschränkung der Allgemeinheit an, dass die Münzwerte gleich $1, 2, \ldots, n$ sind. Eine Münze mit dem Wert w aus dem Land L wird mit wL bezeichnet.

Für $k = 1$ ist das Problem schnell lösbar: Ein einzelnes Kind erhält alle Münzen.

Bei zwei Kindern kann man aus allen Münzen geschlossene Ketten der Form xX–xY–yY–…–zX (–xX) bilden, wobei aufeinanderfolgende Münzen einer Kette abwechselnd in Land und Münzwert übereinstimmen. Dabei ist natürlich bei doppelt vorhandenen Münzen auch nX–nX eine solche Kette. Jede geschlossene Kette besteht aus einer geraden Anzahl von Münzen. Zur gerechten Verteilung aller Münzen erhält ein Kind die Münzen an den ungeraden Positionen in jeder Kette, das andere die Münzen an geraden Positionen.

Zum Beweis des allgemeinen Falls werden einige Münzen zunächst durch Aufkleber präpariert, die den Wert der Münzen ändern.

Wir wandeln zuerst alle Münzen des Landes A in Münzen mit dem Wert 1 um. Die Münzen $1A$, die bereits den Wert 1 besitzen, bleiben unverändert. Ist wA eine Münze des Landes A mit einem von 1 verschiedenen Wert w, so wird diese mit einem Aufkleber des Wertes 1 versehen; gleichzeitig erhält eine beliebige Münze $1X$ mit dem Wert 1 aus einem anderen Land X einen Aufkleber mit dem Wert w. Der (neue) Wert der beklebten Münzen soll durch ihre Aufkleber festgelegt werden. Auf diese Weise werden schrittweise Münzpaare beklebt, bis alle Münzen aus dem Land A den Wert 1 haben. Da in jedem Schritt zwei Münzen der Werte w und 1 mit Aufklebern der Werte 1 und w versehen werden, gibt es auch am Ende zu jedem Wert wieder genau k Münzen. Die Münzen mit dem Wert 1 sind genau die Münzen des Landes A.

Anschließend wird jede Münze des Landes B, deren Wert w von 2 verschieden ist, mit einem Aufkleber des Wertes 2 versehen; gleichzeitig wird je eine Münze des Wertes 2 aus einem anderen Land mit einem Aufkleber des Wertes w beklebt. Eventuell schon vorhandene Aufkleber werden überklebt. Dabei werden die Werte der Münzen aus dem Land A nicht mehr verändert.

Wendet man dieses Verfahren der Reihe nach entsprechend für alle Länder an, haben schließlich alle Münzen des j-ten Landes den Wert j ($j = 1, \ldots, n$). Eine gerechte Verteilung der so präparierten Münzen an k Kinder ist offenbar möglich.

Um auch eine gerechte Verteilung der unbeklebten Münzen zu erhalten, werden die Aufkleber nun Schritt für Schritt paarweise von den verteilten Münzen entfernt, wobei in jedem Schritt möglicherweise eine Umverteilung der Münzen erfolgt. Wir verfolgen dazu das obige Verfahren rückwärts und beginnen mit einer gerechten Verteilung der präparierten Münzen.

Im letzten Schritt wurden zwei Münzen so beklebt, dass sich deren Werte vertauscht haben. Gehören beide Münzen einem Kind, werden beide Aufkleber entfernt, wobei die Verteilung gerecht bleibt. Gehören die beiden Münzen jedoch verschiedenen Kindern, erfüllt die Gesamtheit der Münzen dieser beiden Kinder die Bedingungen der Aufgabenstellung für $k = 2$ (ohne Änderung von n). Das Entfernen beider Aufkleber ändert hieran nichts, und folglich können diese Münzen nach dem oben Bewiesenen an beide Kinder gerecht umverteilt werden.

Damit wurde aus einer gerechten Verteilung an k Kinder eine neue gerechte Verteilung an k Kinder erzeugt, die mit weniger Aufklebern auskommt.

Setzt man diesen Prozess solange fort, bis alle Aufkleber entfernt sind, erhält man eine gerechte Verteilung der unbeklebten Münzen.

Bemerkung. Die Aufgabenstellung lässt sich auf das folgende Problem zurückführen, das als „Heiratsproblem“ bekannt ist:

Eine Gruppe von m Männern und f Frauen soll verheiratet werden. Dabei ist von jedem denkbaren Paar bekannt, ob sie einer Heirat zustimmen oder nicht.

Der „Heiratssatz“ besagt, dass es genau dann möglich ist, alle Frauen unter die Haube zu bringen, wenn eine beliebige Teilmenge von k Frauen zusammen auch mindestens k Männer zu ihren Auserwählten zählt (siehe z. B. [4]). ◇

1.4 Extremalprobleme

Kombinatorische Extremalprobleme ranken sich um die Bestimmung minimaler oder maximaler Werte. Oft müssen auch die Situationen untersucht werden, in denen solche Extrema auftreten. Man kann dies auch als Analyse optimaler Werte und Strukturen interpretieren und befindet sich dann auf dem Wege zur sogenannten *Kombinatorischen Optimierung.*

Zur vollständigen Lösung eines Extremalproblems gehören immer zwei Teilaussagen, die wir für den Fall eines Minimumproblems etwas allgemeiner formulieren wollen:

Konstruktion. Es gibt eine Lösung für den behaupteten Minimalwert; man sagt auch: Das behauptete Minimum wird tatsächlich *angenommen.*

Abschätzung. Für alle kleineren Werte gibt es keine Lösung; oder auch: Kein kleinerer Wert kann angenommen werden.

In diesem Sinne bauen die kombinatorischen Extremalprobleme ganz wesentlich auf den zuvor in 1.3 behandelten Existenzproblemen auf und werden deshalb auch oft unter einer gemeinsamen Überschrift zusammengefasst.

Für das oben strukturierte Vorgehen ist die unterschiedliche Beweislogik entscheidend. Die Konstruktion ist eine Existenzaussage, die oft durch die Angabe einer konkreten Lösung oder eines konkreten Verfahrens nachgewiesen werden kann. Demgegenüber ist die Abschätzung eine Allaussage, mit der die Nicht-Existenz einer Lösung für (oft unendlich) viele Werte zu beweisen ist. In den Lösungen dieses Abschnitts werden die beiden Beweisteile oft in ähnlicher Weise hervorgehoben, wobei die Reihenfolge ihrer Bearbeitung natürlich keine Rolle spielt.

Die beiden folgenden Probleme lassen sich tatsächlich durch direkte Konstruktionen eines Extremums und direkte Untersuchungen zur Optimalität bearbeiten. Sie unterscheiden sich jedoch grundsätzlich in der Schwierigkeit der beiden Beweisteile: Während bei 391334 die Allaussage einfach zu erledigen ist, wird die Existenzaussage in 221236 durch eine übersichtliche Konstruktion für den Optimalfall kurz abgehandelt.

Aufgabe 391334

Eine Menge von Steinen mit einer Gesamtmasse von 9,75 Tonnen soll mit Lastkraftwagen transportiert werden. Keiner der Steine ist schwerer als 1 Tonne, jedes Fahrzeug hat eine Tragfähigkeit von 3 Tonnen. Bestimmen Sie die kleinste Anzahl von Lastkraftwagen, die mit Sicherheit zum gleichzeitigen Transport aller Steine ausreicht.

Lösung

Konstruktion. Drei (oder weniger) Lastkraftwagen (LKW) genügen nicht in jedem Fall zum Transport aller Steine. Beispielsweise können 10 Steine mit der gleichen Masse von $9/10$ Tonnen nicht auf drei LKWs verladen werden, weil wenigstens einer davon 4 Steine befördern müsste.

Abschätzung. Der Transport ist in jedem Falle mit 4 Fahrzeugen möglich. Im Folgenden wird nämlich bewiesen, dass 4 Fahrzeuge ausreichen, wenn man schrittweise nacheinander den jeweils schwersten, noch nicht verladenen Stein verlädt und dabei jeden LKW belädt, solange seine Tragfähigkeit nicht überschritten wird.

Wir betrachten einen beliebigen LKW. Der zuletzt aufgeladene Stein habe die Masse m. Befinden sich bereits k Steine auf dem Fahrzeug und ist r die verbleibende Ladekapazität, so gilt für die Beladung $3 - r \geq k \cdot m$. Wenn kein weiterer Stein verladen werden kann (aber noch nicht alle Steine aufgebraucht sind), ist außerdem $r < m$. Aus beiden Ungleichungen zusammen folgt $kr < km \leq 3 - r$ und daher $r < \frac{3}{k+1}$. Weil keiner der Steine schwerer als 1 Tonne ist, gilt $k \geq 3$; denn sonst wäre $k \leq 2$ (da k eine ganze Zahl ist) und es könnte noch ein Stein hinzugeladen werden. Aus $r < \frac{3}{k+1}$ und $k \geq 3$ folgt $r < \frac{3}{4}$.

Das beschriebene Verladeverfahren endet also erst, wenn alle Steine aufgebraucht sind, oder wenn jeder der vier LKWs mit mehr als $2\frac{1}{4}$ Tonnen beladen ist. Die ersten drei LKWs transportieren daher bereits mehr als 6,75 Tonnen, und die verbleibenden weniger als 3 Tonnen können auf den vierten LKW geladen werden.

Damit ist nachgewiesen, dass die gesuchte Minimalzahl von LKWs zum sicheren Transport aller Steine gleich vier ist.

Bemerkung. Es ist leicht zu sehen, dass fünf LKWs zum Transport in jedem Fall ausreichend sind. Ist nämlich ein Fahrzeug mit weniger als 2 Tonnen beladen, können weitere Steine hinzugefügt werden. Auf diese Weise könnten auf fünf LKWs insgesamt sogar 10 Tonnen der Steine verladen werden. ◇

Aufgabe 221236

Eine Tür soll mit einer genügend großen Anzahl von Schlössern versehen werden. Zu jedem Schloss soll eine Sorte passender Schlüssel in genügend großer Anzahl vorhanden sein, wobei jeder Schlüssel zu genau einem Schloss passen soll. Elf Personen sollen derartige Schlüssel erhalten, aber nicht jede Person für jedes Schloss. Ein Vorschlag lautet vielmehr, es solle folgendes erreicht werden:

Immer wenn mindestens sechs der elf Personen anwesend sind, befindet sich unter ihren Schlüsseln für jedes Schloss auch ein passender Schlüssel; immer wenn weniger als sechs Personen anwesend sind, haben sie für mindestens ein Schloss keinen passenden Schlüssel.

Ermitteln Sie die kleinste Anzahl von Schlössern sowie eine Schlüsselverteilung (an die elf Personen), mit der dieser Vorschlag realisierbar wäre!

Lösung

Abschätzung. Wenn der Vorschlag realisiert ist, so gilt: Zu jeder Menge M aus 5 Personen gibt es (mindestens) ein Schloss, zu dem keine der 5 Personen einen Schlüssel hat. Ein derartiges Schloss werde jeweils M zugeordnet.

Gäbe es bei einer solchen Zuordnung zwei verschiedene Mengen M, M' (aus je 5 der 11 Personen) mit gleichem zugeordnetem Schloss, so hätte keine der Personen in $M \cup M'$ einen Schlüssel hierzu. Wegen $M \neq M'$ bestünde aber $M \cup M'$ aus mindestens 6 Personen, womit ein Widerspruch erreicht ist. Verschiedenen Mengen M, M' sind somit stets verschiedene Schlösser zugeordnet.

Also gibt es mindestens so viele Schlösser wie Teilmengen aus je 5 der 11 Personen. Die Anzahl solcher Mengen ist $\binom{11}{5}$.

Daher kann der Vorschlag nur dann realisiert sein, wenn die Anzahl der Schlösser mindestens $\binom{11}{5}$ beträgt.

Konstruktion. Mit genau $\binom{11}{5}$ Schlössern ist der Vorschlag tatsächlich realisierbar, z. B. durch folgende Schlüsselverteilung: Jeder 5-elementigen Teilmenge der 11

Personen ordnen wir genau eines der $\binom{11}{5}$ Schlösser zu und verteilen den dazu passenden Schlüssel allen Personen *außer* denen in der zugeordneten Menge. Damit haben höchstens 5 Personen immer für mindestens ein Schloss keinen passenden Schlüssel.

Für ein beliebig gewähltes Schloss können 6 Personen nicht sämtlich zu der diesem Schloss zugeordneten 5-elementigen Teilmenge gehören. Daher gibt es unter beliebigen mindestens 6 Personen immer (mindestens) eine Person, die den zu dem betrachteten Schloss passenden Schlüssel hat.

Damit ist zusammen bewiesen, dass die gesuchte kleinste Anzahl von Schlössern

$$\binom{11}{5} = 462$$

beträgt. 

Obwohl die Strategien zu einer erfolgreichen Bearbeitung eines Extremalproblems viele Methoden umfassen, empfiehlt sich für die beiden Teile zumeist ein jeweils eigenständiges Herangehen! Insbesondere gelingt es erfahrungsgemäß nur in seltenen Fällen, zu einer explizit angegebenen Konstruktion auch ihre Optimalität in der für die Allaussage notwendigen Exaktheit zu beweisen. Stattdessen sind oft allgemeiner gültige Abschätzungen über geeignete Parameter ein aussichtsreicher Ansatz.

Das folgende Problem 261241 illustriert das in besonderer Weise. Hier wird zwar ein Algorithmus (das Verpacken) untersucht, aber die entscheidenden Beweisteile nennen dann eine optimale Parameterwahl (Existenzaussage über die a_i) und verwenden eine Abschätzung zur Optimalität (Allaussage für beliebige Wahl der a_i).

Aufgabe 261241

500 Bonbons sollen unter Verwendung von Umhüllungen passender Größen so zu einem Scherzpaket zusammengepackt werden, dass die folgenden Bedingungen (1), (2) erfüllt sind. Dabei soll sich (2) auf jede Möglichkeit beziehen, alle Bonbons auszupacken, indem man nach und nach jeweils eine zugängliche Umhüllung öffnet und entfernt (falls mehrere Umhüllungen zugänglich sind, in beliebiger Reihenfolge):

(1) Es gibt genau eine Umhüllung, die das gesamte Paket enthält.
(2) Beim Öffnen dieser und jeder weiteren Umhüllung zeigt sich, dass deren Inhalt entweder aus mindestens drei sämtlich mit Umhüllung versehenen Teilpaketen oder aus genau einem nicht umhüllten Bonbon besteht.

Ermitteln Sie die größtmögliche Anzahl von Umhüllungen, die ein solches Paket aufweisen kann!

Lösung

Für jede positive ganze Zahl $n \neq 2$ sei ein Paket, das genau n Bonbons enthält und (1), (2) erfüllt, ein *n-Paket* genannt. Zu jedem Bonbon eines n-Pakets gibt es eine Umhüllung, die genau dieses Bonbon enthält (denn anderenfalls gäbe es, im Widerspruch zu (2), eine Umhüllung, die dieses nicht nochmals umhüllte Bonbon und daneben weitere Teile enthielte). Die außer diesen n Umhüllungen der einzelnen Bonbons sonst noch in dem n-Paket vorkommenden Umhüllungen seien *Zusatzhüllen* genannt.

Jede Möglichkeit, ein 500-Paket zu bilden, lässt sich so beschreiben, dass man nach dem Einhüllen der einzelnen Bonbons in wiederholten Schritten, so oft dies noch möglich ist, etwa für $i = 1, \ldots, m$, jeweils genau eine Zusatzhülle um eine Anzahl, etwa a_i, von bereits vorliegenden Teilpaketen legt. Bei jedem dieser Schritte verringert sich die Anzahl der vorliegenden Teilpakete, beim i-ten Schritt um genau $a_i - 1$ $(i = 1, \ldots, m)$. Somit entsteht genau dann eine der Möglichkeiten gemäß (1), (2) ein 500-Paket zu bilden, wenn man a_i so wählt, dass

$$500 - (a_1 - 1) - \cdots - (a_m - 1) = 1$$

und $a_i \geq 3$ für alle $i = 1, \ldots, m$ gilt.

Abschätzung. Für jedes 500-Paket gilt folglich

$$500 > (a_1 - 1) + \cdots + (a_m - 1) \geq m \cdot 2,$$

also $m < 250$, d. h. $m \leq 249$.

Konstruktion. Die Anzahl $m = 249$ ist auch in der Tat durch eine Bildungsmöglichkeit eines 500-Pakets erreichbar, z. B. in dem man

$$a_1 = \cdots = a_{248} = 3, a_{249} = 4$$

wählt.

Also ist 249 die Maximalzahl von Zusatzhüllen und folglich 749 die Maximalzahl aller Hüllen. ◇

Um das unseren Abschnitt über Extremalprobleme abschließende Problem 281244 richtig bewerten zu können, empfehlen wir ausdrücklich eigenes Bemühen um eine Lösung. Erfahrungsgemäß kommen dann bei der Suche nach naheliegenden Konstruktionen eher deutlich zu große Werte heraus und die wirkliche Antwort mag doch überraschend sein.

Es ist also wohl eher aufwendig, eine vollständige Lösung für das Problem zu finden. Beide Beweisteile erscheinen weitgehend unabhängig voneinander; der Optimalitätsbeweis ist indirekt und damit so nicht-konstruktiv, dass auch daraus Hinweise für eine optimale Konstruktion nicht unmittelbar ablesbar sind.

Erst wenn man die Symmetrien und Regularitäten der optimalen Konstruktion einbeziehen kann, erschließen sich Idee und Hintergrund der Aufgabenstellung. Und trotzdem verbleibt hoffentlich auch ein wenig ein Eindruck überraschenden Zaubers, dass letztlich der konstruierte Minimalwert genau mit der abgeschätzten Schranke übereinstimmt ...

Aufgabe 281244

Um einen Tresor zu öffnen, ist eine unbekannte dreistellige Zahlenkombination (a_1, a_2, a_3) einzustellen, wobei die drei Zahlen unabhängig voneinander eingestellt werden können und für jede der drei Zahlen genau 8 Werte möglich sind. Infolge eines Defektes öffnet sich aber der Tresor bereits immer genau dann, wenn eine eingestellte Kombination (k_1, k_2, k_3) mindestens zwei der drei Bedingungen $k_i = a_i$ $(i = 1, 2, 3)$ erfüllt.

Man ermittle die kleinste Zahl N, für die es N Kombinationen gibt, bei deren Durchprobieren sich der Tresor in jedem Fall (d. h. für jede unbekannte Kombination (a_1, a_2, a_3)) öffnen muss.

Lösung

Für eine Kombination $\mathbf{k} = (k_1, k_2, k_3)$ werde genau dann gesagt, sie *überdecke* (a_1, a_2, a_3), wenn sie mindestens zwei der drei Bedingungen $k_i = a_i$ erfüllt. Die 8 möglichen Werte der a_i seien o. B. d. A. die Zahlen $0, 1, \ldots, 7$.

Konstruktion. Es seien S, T, U die Mengen

$$\begin{aligned} S &= \{(0,0,1), (0,1,0), (1,0,0), (1,1,1)\}, \\ T &= \{(0,0,2), (0,2,0), (2,0,0), (2,2,2)\}, \\ U &= \{(0,0,0), (4,4,4)\}. \end{aligned}$$

Die 32 Kombinationen

$$\mathbf{k} = \mathbf{s} + \mathbf{t} + \mathbf{u} \quad (\mathbf{s} \in S, \mathbf{t} \in T, \mathbf{u} \in U)$$

bilden ein Beispiel für Kombinationen, mit denen alle 8^3 Kombinationen (a_1, a_2, a_3) überdeckt werden. Um dies zu beweisen, sei eine beliebige dieser Kombinationen (a_1, a_2, a_3) betrachtet. Man setze zunächst

$$\mathbf{u} = (u_1, u_2, u_3) = \begin{cases} (0,0,0) & \text{falls mindestens zwei } a_m, a_n \leq 3 \text{ sind } (m \neq n), \\ (4,4,4) & \text{sonst.} \end{cases} \tag{1}$$

Hiernach gibt es stets zwei Indizes $m < n$ so, dass für $i = m$ und für $i = n$ gilt: Die Zahl

$$b_i = a_i - u_i \tag{2}$$

erfüllt $0 \leq b_i \leq 3$; also existieren

$$s_i \in \{0,1\}, \quad t_i \in \{0,2\}. \tag{3}$$

mit

$$b_i = s_i + t_i. \tag{4}$$

Für jede Möglichkeit des Indexpaares $(m,n) = (1,2),(1,3),(2,3)$ und für jede gemäß (3) bestehende Möglichkeit der s_i, t_i findet man nach Definition von S und T ein $\mathbf{s} = (s_1, s_2, s_3) \in S$ und ein $\mathbf{t} = (t_1, t_2, t_3) \in T$, in denen s_m, s_n bzw. t_m, t_n gerade die Zahlen aus (3) und (4) sind. Die hiermit sowie mit $\mathbf{u}$ aus (1) gebildete Kombination $\mathbf{k} = (k_1, k_2, k_3) = \mathbf{s} + \mathbf{t} + \mathbf{u}$ erfüllt nach (4) und (2) die beiden Bedingungen $k_i = s_i + t_i + u_i = b_i + u_i = a_i$ für $i = m, n$, w. z. b. w.

Abschätzung. Angenommen, es existiere eine Menge K von höchstens 31 Kombinationen, mit denen alle 8^3 Kombinationen (a_1, a_2, a_3) überdeckt werden. Aus dieser Annahme lässt sich z. B. folgendermaßen ein Widerspruch herleiten:

Zunächst folgt, dass für mindestens einen der 8 Werte $p = 0, \ldots, 7$ die Menge P aller (p, y, z) $(y, z \in \{0, \ldots, 7\})$ höchstens drei Kombinationen aus K enthält. Daher gibt es erst recht drei paarweise verschiedene Zahlen c, d, e so, dass aus $(k_1, k_2, k_3) \in$ K und $k_1 = p$ stets $k_2 \in \{c, d, e\}$ folgt, und es gibt Zahlen f, g, h (nicht notwendig verschieden), so dass aus $(k_1, k_2, k_3) \in K$ und $k_1 = p$ stets $k_3 \in \{f, g, h\}$ folgt. Die Menge

$$\{(p, y, z) : \; y \in \{0, \ldots, 7\} \setminus \{c, d, e\}, \; z \in \{0, \ldots, 7\} \setminus \{f, g, h\}\} \tag{5}$$

enthält mindestens $(8-3) \cdot (8-3) = 25$ Kombinationen. Jede von ihnen wird nach Annahme durch ein $(k_1, k_2, k_3) \in K$ überdeckt. Nach Wahl der $c, \ldots, f$ ist das nur mit $k_1 \neq p$ und folglich jeweils nur mit $k_2 = y, k_3 = z$ möglich; somit müssen zu je zwei voneinander verschiedenen Kombinationen aus (5) auch zwei voneinander verschiedene überdeckende Kombinationen aus K gehören. Damit ist gezeigt, dass es mindestens 25 Kombinationen $(k_1, k_2, k_3) \in K$ mit $k_2 \notin \{c, d, e\}$ geben muss und folglich höchstens $31 - 25 = 6$ mit $k_2 \in \{c, d, e\}$ geben kann.

Wegen der paarweisen Verschiedenheit der c, d, e folgt nun, dass für mindestens einen der drei Werte $q = c, d, e$ die Menge Q aller (x, q, z) $(x, z \in \{0, \ldots, 7\})$ höchstens zwei Kombinationen aus K enthält.

Analog wie bei P ergibt sich hieraus die Existenz von mindestens $(8-2)\cdot(8-2) = 36$ Kombinationen in K und damit ein Widerspruch.

Mit den beiden Lösungsteilen zusammen ist als gesuchte kleinste Zahl $N = 32$ nachgewiesen. ◇

1.5 Graphen

In den vorangegangenen Abschnitten spielten vor allem Anzahlen die zentrale Rolle. Hier beschäftigen uns Probleme mit Bezug zu einer der grundlegendsten Strukturen der Diskreten Mathematik, den Graphen. Mit ihnen werden Beziehungen zwischen Objekten formalisiert und können so klarer und oft eleganter untersucht werden. Während sich die Verwendung von Graphen manchmal auf diese Art der Beschreibung einer Situation beschränkt, treten auch bei den Mathematik-Olympiaden gelegentlich Aufgaben aus dem mathematischen Gebiet der *Graphentheorie* auf: Dabei sind dann Graphen selbst der Gegenstand der Untersuchung, wenn auch oft in eingekleideter Form.

Formal besteht ein *Graph* in seiner einfachsten Form aus einer Grundmenge von sogenannten *Knoten* zusammen mit einer Menge von 2-elementigen Teilmengen davon, den sogenannten *Kanten*. Die Knoten werden auch *Punkte* genannt und als geometrische Punkte visualisiert. Dabei ist jedoch zu beachten, dass geometrische Eigenschaften und Zusammenhänge (also Lage, Länge, Winkel, ...) bei den Graphen der Diskreten Mathematik überhaupt keine Rolle spielen!

Die Kanten beschreiben somit eine Beziehung zwischen zwei Punkten, eine sogenannte *Adjazenz*. Da sie in unserem einfachsten Falle symmetrisch ist, diese Art von Kanten also keine Richtung hat, nennt man die so definierten Graphen genauer auch *ungerichtet*. Man kann deren Kanten durch beliebige Linien zwischen den beteiligten Knoten visualisieren. Diese werden zwar zumeist geradlinig dargestellt, aber das ist nicht notwendig.

Das erste Problem 431312 kleidet genau diese Situation ein: Die Knoten sind die Ritter und zwischen zweien von ihnen gibt es im ungerichteten Graphen eine Kante genau dann, wenn sie Feinde sind. Die Überlegungen kann man sich nun mit geeigneten Zeichnungen in der Art von Abb. L431312 visualisieren.

Aufgabe 431312

In einem Königreich leben N Ritter. Je zwei von ihnen sind entweder ein Paar von Freunden oder ein Paar von Feinden. Jeder Ritter hat genau drei Feinde. Im Königreich gilt das Gesetz: „Ein Feind meines Freundes ist auch mein Feind.“

Man bestimme alle Zahlen N, für die dies möglich ist.

Lösung

Da jeder Ritter genau 3 Feinde hat, muss es mindestens 4 Ritter geben.

Wenn die Ritter A und B Feinde sind, so ist B einer der drei Feinde von A. Ebenso hat B drei Feinde, von denen A einer ist. Angenommen, B habe noch einen Freund F. Dieser Ritter F kann kein Freund von A sein, denn dann wäre B ein Feind des Freundes A von F. Nach dem Gesetz müsste auch B ein Feind von F sein. Wenn B also einen Freund hat, muss dieser unter den Feinden von A zu finden sein.

Weil entsprechende Überlegungen auch für A gelten, muss jeder Ritter ein Feind von A oder ein Feind von B sein. Im Königreich kann es deshalb höchstens 6 Ritter geben. Da die Anzahl der Paare von Feinden gleich $\frac{3N}{2}$ ist, muss N gerade sein, folglich kann N nur 4 oder 6 sein.

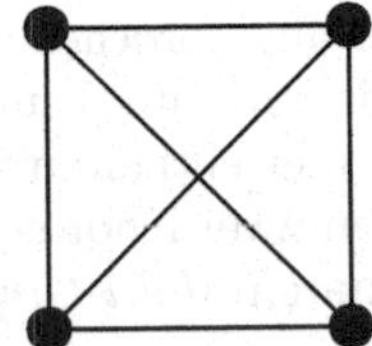
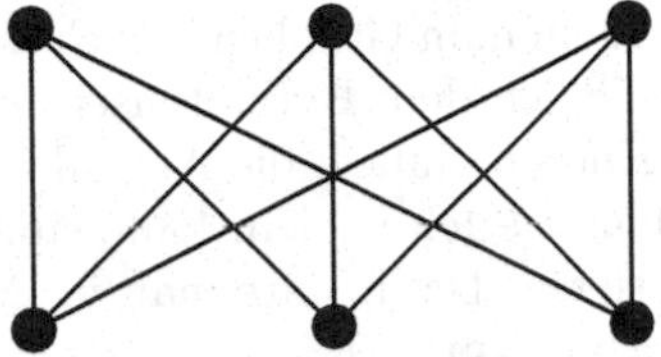

Abb. L431312: Lösungen für $N = 4$ und $N = 6$.

Die Abb. L431312 zeigt, dass für $N = 4$ und $N = 6$ die Bedingungen im Königreich erfüllt werden können. Die Punkte bezeichnen Ritter und alle Feindespaare sind durch Strecken verbunden. ◇

Die beiden Graphen in Abb. L431312 sind besondere Strukturen, die in der Graphentheorie auch durch spezielle Namen und Symbole bezeichnet werden. Links sind beliebige zwei Knoten durch eine Kante verbunden, es handelt sich daher um einen sogenannten *vollständigen* Graphen K_N (hier also K_4). Die Knotenmenge des rechten Graphen ist in zwei Teilmengen zerlegt, so dass Kanten nur zwischen Knoten aus verschiedenen Teilmengen auftreten. Dieser Typ von Graphen heißt *bipartit* oder *paar*. Treten sogar alle solche Kanten auf, dann nennt man ihn *vollständig bipartit* und sein Symbol ist $K_{m,n}$, wobei die Größen der beiden Teilmengen im Index angeführt werden (hier also $K_{3,3}$).

Als kleine Randbemerkung: Wegen einer berühmten Besonderheit tritt $K_{3,3}$ auch immer wieder in mathematischen Unterhaltungsaufgaben auf. Selbst wenn wir die in Abb. L431312 verwendeten Strecken durch beliebige Linien ersetzen dürfen, kann man ihn in der Ebene nämlich nicht derart zeichnen, dass sich zwei beliebige Linien nicht schneiden (außer in den Endpunkten natürlich). Für K_4 etwa ist das problemlos möglich, indem eine Diagonale als gekurvte Linie außen um das übliche Quadrat herum dargestellt wird. Man sagt auch, der Graph K_4 ist *planar*, während $K_{3,3}$ es nicht ist. Und von dieser Art gibt es nur zwei minimale Grundkonfigurationen, die andere ist K_5 – eines der berühmtesten Resultate der Graphentheorie:

Nach dem *Satz von* KURATOWSKI[4] ist ein Graph nämlich genau dann planar, wenn er keinen Teilgraphen besitzt, der durch wiederholte „Unterteilung" von Kanten aus dem vollständigen Graphen K_5 oder aus dem vollständige-bipartiten Graphen $K_{3,3}$ entsteht. Eine solche „Unterteilung" besteht dabei im Ersetzen einer Kante durch zwei neue Kanten mit einem gemeinsamen, neuen Knoten. Die genauen Details findet man in der Grundlagenliteratur zur Graphentheorie wie beispielsweise [23].

Auch die im Abschnitt 1.2 vorgestellte Methoden des doppelten Abzählens kann mit bipartiten Graphen sehr gut veranschaulicht werden. Jeweils über die beiden Teilmengen summiert man dabei die sogenannten *Grade* oder *Valenzen* der Knoten auf. In unserem einfachen Modell ist das die Anzahl der zu einem Knoten adjazenten (benachbarten) Knoten.

[4] KAZIMIERZ KURATOWSKI (1896–1980)

Allgemeiner kann man Graphen jedoch auch über die bereits angesprochene *Inzidenz* verstehen, nämlich dem Enthaltensein eines Knotens in einer Kante. Dann ist der Grad eines Knoten einfach die Anzahl der Kanten, in denen er enthalten ist. Diese Definition bleibt auch in dem Falle sinnvoll, dass zwischen zwei Knoten mehrere Kanten existieren. Dann wäre man im Modell der sogenannten *Multi-Graphen.*

Eine weitere Modifikation wird im folgenden Problem 491332 benötigt, weil die Förderbänder nämlich eine bestimmte Richtung haben. Anstelle von Teilmengen sind die Kanten im Graphenmodell dann also geordnete Paare von Knoten. Man bezeichnet sie in diesem Fall als *Bögen* und so einen Graphen als *gerichtet*

Aufgabe 491332

Eine Fabrik besteht aus n Produktionshallen. Zwischen je zwei Produktionshallen existiert genau ein Förderband. Alle Förderbänder sind so konstruiert, dass sie Güter immer nur in eine Richtung transportieren können. Eine Produktionshalle kann auch als Lagerhalle benutzt werden, wenn man Güter von dort in jede andere Produktionshalle über höchstens zwei Förderbänder schicken kann.

Für welche n mit $n > 1$ kann man Fabriken dieses Typs so bauen, dass man jede der n Produktionshallen auch als Lagerhalle benutzen kann?

Lösung

Mit AB bezeichnen wir in dieser Lösung ein Förderband, das von Produktionshalle A nach B transportiert.

Wir zeigen, dass es genau für $n = 3$ und für $n > 4$ möglich ist, Fabriken des geforderten Typs zu bauen. Äquivalent bedeutet dies, dass es unter allen ganzen Zahlen $n > 1$ genau für $n = 2$ und $n = 4$ keine solche Möglichkeit gibt.

Zunächst wird die Unmöglichkeit für die beiden Ausnahmefälle nachgewiesen.

Für $n = 2$ ist es nicht möglich, da zwischen den beiden Hallen nur ein Förderband existiert, das nur in eine Richtung transportieren kann.

Für $n = 4$ gibt es 6 Förderbänder. Angenommen, es existiert eine Fabrik dieses Typs. Dann müssen zu jeder Halle Förderbänder hin- und wegführen. Nach Schubfachprinzip muss es auch eine Halle geben, von der zwei Förderbänder wegführen. Ohne Einschränkung der Allgemeingültigkeit kann angenommen werden, dass dies die Halle A ist, dass es die Förderbänder AB, AC, DA sowie BC gibt.

Um von C nach B zu transportieren, muss es jetzt die Förderbänder CD und DB geben. Damit ergibt sich ein Widerspruch, da man nicht mehr mit zwei Förderbändern von B nach A kommt.

Die Möglichkeit der Konstruktion für alle anderen Fälle wird im Folgenden durch eine vollständige Induktion mit dem Induktionsschluss von n auf $n+2$ nachgewiesen. Dazu benötigt man je einen separaten Induktionsanfang für ungerade bzw. gerade n.

Induktionsanfang für ungerade n. Für $n = 3$ kann man zwischen den Hallen A, B, C die Förderbänder AB, BC und CA bauen. In dieser Fabrik ist es sofort einsichtig, dass man jede Halle als Lagerhalle benutzen kann.

Induktionsanfang für gerade n. Für $n = 6$ geben wir ebenfalls eine mögliche Konstruktion an: Man verbindet die sechs Hallen A bis F durch den Zyklus von Förderbändern AB, BC, CD, DE, EF, FA. Dazu kommen, jeweils eine Halle des Zyklus „überspringend", die Bänder AC, CE, EA (in der Umlaufrichtung des Zyklus) und DB, FD, BF (in entgegengesetzter Richtung).

Mit den bisher beschriebenen Bändern gelangt man von A zu B und C direkt, zu D und E jeweils über C und zu F über B. Von B gelangt man zu C und F direkt, zu A und D über F sowie zu E über C. Für C und E sind aufgrund der Symmetrie der beschriebenen Anordnung die Verhältnisse analog zu A, für D und F analog zu B. Damit gilt die geforderte Eigenschaft bereits für alle Hallen.

Für die drei noch einzufügenden Bänder wählt man beliebig die Richtungen AD oder DA, CF oder FC sowie EB oder BE. Wählt man beispielsweise jeweils die erstgenannte Richtung, so hat man insgesamt

$$AB, AC, AD, BC, BF, CD, CE, CF, DB, DE, EA, EB, EF, FA, FD\,.$$

Induktionsschritt. Die Existenz von solchen Fabriken mit einer ungeraden Anzahl von $n \geq 3$ oder einer geraden Anzahl von $n \geq 6$ Hallen zeigen wir jetzt, indem wir zeigen, dass man aus einer Fabrik mit n Hallen $C_1, \ldots, C_n$, die die geforderte Eigenschaft hat, eine solche mit $n + 2$ Hallen konstruieren kann:

Es mögen die beiden Hallen A und B hinzukommen. Wir bauen die Förderbänder AC_i und C_iB für alle $i = 1, \ldots, n$ sowie BA. Die Verbindung von C_i nach C_j ist nach Voraussetzung gesichert. Ebenso kommt man von C_i nach B direkt und nach A mit dem Umweg über B. Außerdem kommt man von A direkt zu allen C_i und nach B über C_1. Von B kommt man zu A direkt und mit dem Umweg über A zu allen C_i.

Hiermit ist alles gezeigt.

Bemerkung 1. Selbstverständlich ist im Induktionsanfang für $n = 6$ die Angabe einer Konstruktion wie oben beschrieben nicht zwingend notwendig. Stattdessen kann der Nachweis auch erfolgen, indem eine geeignete Wahl der 15 Förderbänder angegeben und dann schlüssig begründet wird, dass diese die Bedingungen erfüllt. Zwei weitere Beispiele, die sich von dem oben angegebenen durch eine andere Wahl der letzten drei Bänder unterscheiden, sind

$$AB, AC, AD, BC, BE, BF, CD, CE, DB, DE, EA, EF, FA, FC, FD$$

und

$$AB, AC, AD, BC, BE, BF, CD, CE, CF, DB, DE, EA, EF, FA, FD.$$

Bemerkung 2. Für $n = 3$ gibt es genau zwei *nichtisomorphe* Fabriken (also solche, die sich nicht durch eine Umbenennung der Hallen ineinander überführen lassen). Genau die oben angegebene hat die geforderte Eigenschaft.

Für $n = 4$ gibt es 4 nichtisomorphe Fabriken. Wie gezeigt, erfüllt keine davon die Bedingung der Aufgabe.

Für $n = 5$ gibt es 12 nichtisomorphe Fabriken. Genau zwei haben die geforderte Eigenschaft.

Für $n = 6$ gibt es 56 nichtisomorphe Fabriken. Genau die drei oben angegebenen haben die geforderte Eigenschaft. ◇

Auch für Graphen und andere kombinatorische Strukturen im allgemeinen gibt es naturgemäß Existenz- und Extremalprobleme. Deren Methodik und Beweislogik entspricht dem, was wir für Anzahlen in den Abschnitten 1.3 und 1.4 vorgestellt haben. Insbesondere findet man aussichtsreiche Kandidaten für Existenzbeweise auch hier oft unter den in geeigneter Weise extremalen Strukturen.

Wir beginnen mit fünf Existenzproblemen über Graphenstrukturen. In den Mathematik-Olympiaden können diese als Fragen zum Auftreten bestimmter Untergraphen formuliert werden.

Aufgabe 051242

An einem Tanzabend hat jeder der anwesenden Herren mit mindestens einer der anwesenden Damen getanzt und jede der anwesenden Damen mit mindestens einem der anwesenden Herren. Kein Herr hat mit jeder der anwesenden Damen und keine Dame hat mit jedem der anwesenden Herren getanzt.

Es ist zu beweisen, dass es unter den Anwesenden zwei solche Damen und zwei solche Herren gegeben hat, dass an dem Abend jede der beiden Damen mit genau einem der beiden Herren und jeder der beiden Herren mit genau einer der beiden Damen getanzt hat. (Es wird vorausgesetzt, dass der Tanzabend nicht ohne Damen und Herren stattgefunden hat, d. h., die Menge, die aus allen anwesenden Damen und Herren besteht, ist nicht leer.)

Lösung

Es sei H_1 einer derjenigen Herren, die mit einer maximalen Anzahl von Damen getanzt haben. Da H_1 nicht mit allen Damen getanzt hat, gibt es eine Dame D_2, die mit H_1, nicht getanzt hat. Es sei H_2 ein Herr, der mit D_2 getanzt hat.

Nun gibt es eine Dame D_1, die mit H_1, aber nicht mit H_2 getanzt hat. Gäbe es eine solche Dame nicht, müsste H_2 mit allen Damen getanzt haben, die schon mit H_1 getanzt haben. Da H_2 überdies noch mit D_2 getanzt hat, hätte H_2 mit mehr Damen getanzt als H_1, was aber unserer Annahme widerspricht.

H_1, H_2 und D_1, D_2 sind gesuchte Personen, denn nach Konstruktion hat H_1 genau mit D_1 und H_2 genau mit D_2 getanzt. ◇

Die Bearbeitung dieses Problems 051242 wird schlüssiger und kompakter in der Sprache der Graphentheorie: Die Herren H_1, ...,H_n und die Damen D_1, ...,D_m werden als Knotenpunkte eines bipartiten Graphen aufgefasst. Die Punkte H_i und D_j verbinden wir genau dann durch eine Kante, wenn H_i mit D_j getanzt hat.

Die eigentliche Lösung kann natürlich auch ganz elementar dargestellt werden – es kann aber doch klarer sein, sich die Argumente mittels Graphen zu visualisieren. Insbesondere kann man Problem 051242 als Existenzbeweis für einen speziellen Untergraphen interpretieren. Und auch hier gelingt der Beweis durch Untersuchung von Elementen mit extremalen Eigenschaften: H_1 hat mit einer maximalen Anzahl von Damen getanzt.

Graphentheoretisch lauten die Bedingungen der Aufgabe nun

$$1 \leq v(D_i) \leq n-1 \text{ und } 1 \leq v(H_j) \leq m-1 \quad (i=1,\ldots,m; j=1,\ldots,n),$$

wobei hier $v(P)$ die Anzahl der in P beginnenden Kanten (den Grad des Knotens v) angibt. Wir haben also bewiesen, dass jeder solche Graph den in Abb. 1.1 dargestellten Graphen als einen sogenannten *induzierten* Untergraphen enthält.

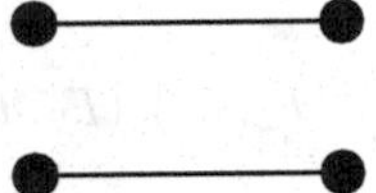

Abb. 1.1: Induzierter Untergraph in Problem 051242.

Im nächsten Problem 071235 geht es um die Existenz eines sogenannten *perfekten Matchings*: Das ist eine Menge paarweise disjunkter Kanten, die alle Knoten enthalten. In der Graphentheorie spricht man auch über einen Untergraphen aus paarweise *unabhängigen* Kanten, die die gesamte Knotenmenge *überdecken*.

Das für Graphenprobleme wichtige Konzept der sogenannten *Isomorphie* wird in der folgenden Lösung mehrfach ausgenutzt. Wenn es nämlich (wie oft) nicht auf die Bezeichnung der Knoten ankommt, sondern nur auf die zwischen ihnen vorkommenden Kanten, dann kann man die Namen der Knoten o. B. d. A. beliebig wählen und sich folglich Knotennamen geeignet aussuchen. Formal nennt man zwei Graphen *isomorph*, wenn sie sich nach geeigneter bijektiver Umbenennung der Knoten sogar als gleich herausstellen.

Aufgabe 071235

In einer Weberei wird Garn von genau sechs verschiedenen Farben zu Stoffen von je genau zwei verschiedenen Farben verarbeitet. Jede Farbe kommt in mindestens drei verschiedenen Stoffsorten vor. (Dabei gelten zwei Stoffsorten dann und nur dann als gleich, wenn in ihnen dieselben zwei Farben auftreten.)

Beweisen Sie, dass man drei verschiedene Stoffsorten derart finden kann, dass in ihnen alle sechs Farben auftreten!

Lösung

Man bezeichne die sechs Farben mit

$$F_1, F_2, F_3, F_4, F_5, F_6$$

und die Stoffe entsprechender Farbzusammenstellung mit

$$(F_1, F_2), (F_1, F_3), \ldots$$

Nach Voraussetzung ist jede der sechs Farben mit höchstens zwei der anderen nicht kombiniert. Daher kann man die Nummerierung der F_k so wählen, dass von folgenden Stoffarten jede vorkommt:

$$(F_1, F_2), (F_1, F_3), (F_1, F_4), (F_4, F_5)\,;$$

und von folgenden mindestens eine

$$(F_2, F_3), (F_2, F_4), (F_2, F_5)\,. \tag{1}$$

Fall 1. (F_6, F_2) oder (F_6, F_3) kommt vor, siehe dazu Abb. L071235a. Dann ist

$$(F_1, F_3), (F_2, F_6), (F_4, F_5)$$

bzw.

$$(F_1, F_2), (F_3, F_6), (F_4, F_5)$$

eine geeignete Zusammenstellung.

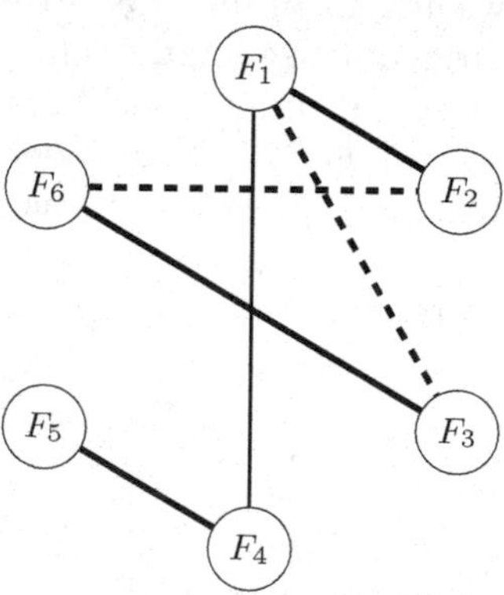

Abb. L071235a: Die beiden alternativen Lösungen im Fall 1.

Fall 2. Weder (F_6, F_2) noch (F_6, F_3) kommt vor, siehe dazu Abb. L071235b. Dann existieren die Stoffart (F_5, F_6) und mindestens zwei der Stoffarten (1).

Fall 2.1. (F_2, F_3) kommt vor. Dann ist geeignet:

$$(F_1, F_4), (F_2, F_3), (F_5, F_6).$$

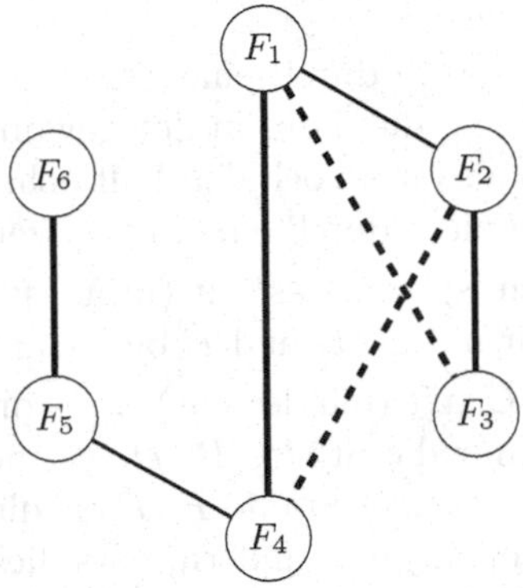

Abb. L071235b: Die beiden alternativen Lösungen im Fall 2.

Fall 2.2. (F_2, F_3) kommt nicht vor. Dann kommt (F_2, F_4) vor und

$$(F_1, F_3), (F_2, F_4), (F_5, F_6)$$

ist geeignet. 

In den drei folgenden Problemen ist die Existenz bekannter Graphen als Untergraphen unter verschiedenen Voraussetzungen nachzuweisen. In 491324 geht es zunächst um einen sogenannten *Kreis* oder auch *Zyklus*. Er wird allgemein als C_n bezeichnet, wobei der Index n die Anzahl der zyklisch verbundenen Knoten angibt. Hier handelt es sich also um einen C_4 auf den Knoten A, B, C, D und seine graphische Darstellung erschließt sich unmittelbar aus der Aufgabenstellung.

Ein recht typisches Graphentheorie-Problem begegnet uns dann in 321243 mit der Frage nach der Existenz sogenannter *Cliquen*, das sind Untergraphen, die selber vollständig sind. Ihr Auftreten soll hier durch eine untere Schranke an die Knotengrade gesichert werden.

Schließlich beschäftigt sich 301246B mit der Existenz von *Sternen*, in denen ein Knoten mit allen anderen verbunden ist. Hierbei tritt ein interessanter Typ graphentheoretischer Aussage auf: Die Existenz vieler kleiner Sterne in Untergraphen impliziert die Existenz eines großen Sterns.

Aufgabe 491324

Auf der Insel Zelophanien gibt es genau sechs Städte. Jede derselben ist mit mindestens drei anderen direkt durch in beide Richtungen befahrbare Schnellstraßen verbunden. Man beweise, dass es vier Städte A, B, C und D derart gibt, dass man direkt von A nach B, von B nach C, von C nach D und wieder von D nach A fahren kann.

Lösung

Sind je zwei zelophanische Städte durch eine Straße verbunden, so können vier Städte beliebig gewählt werden, die dann in der gewünschten Weise miteinander verbunden sind. Wir müssen also nur noch den Fall behandeln, dass es zwei Städte gibt, sagen wir A und C, die nicht durch eine Straße verbunden sind.

Da A nicht mit C verbunden ist, muss es mit (mindestens) drei anderen Städten direkt verbunden sein, die wir mit B, D und E bezeichnen. Die sechste Stadt sei F.

In gleicher Weise muss auch C mit (mindestens) drei von A verschiedenen Städten verbunden sein. Weil dafür nur die Städte B, D, E und F in Betracht kommen, muss C also mit (wenigstens) zwei der Städte B, D, E direkt verbunden sein. Wenn wir gegebenenfalls die Bezeichnungen so ändern, dass dies B und D sind, so sind B und D sowohl mit A als auch mit C verbunden, so dass die gewünschte Rundfahrt möglich ist. ◇

Aufgabe 321243

Von 1993 Punkten $P_1, \ldots, P_{1993}$ werde vorausgesetzt, dass keine drei P_i, P_j, P_k von ihnen ($i \neq j$, $i \neq k$, $j \neq k$) einer gemeinsamen Geraden angehören. Ferner sei für gewisse Paare (i, j) mit $1 \leq i < j \leq 1993$ jeweils die Strecke P_iP_j konstruiert; dabei werde vorausgesetzt, dass jeder der 1993 Punkte P_i mit mindestens 1661 anderen dieser 1993 Punkte durch eine der konstruierten Strecken verbunden ist.

Man beweise, dass aus diesen Voraussetzungen stets folgt: Unter den P_i gibt es 7 Punkte, von denen jeder mit jedem anderen dieser 7 Punkte durch eine der konstruierten Strecken verbunden ist.

Lösung

Die Existenz von 7 Punkten $Q_1, \ldots, Q_7$ der geforderten Art kann folgendermaßen nachgewiesen werden:

Als Q_1 werde ein beliebiger der Punkte $P_1, \ldots, P_{1993}$ gewählt. Wenn für ein k mit $1 \leq k \leq 6$ bereits Punkte $Q_1, \ldots, Q_k$ gewählt werden konnten, von denen (im Fall $k > 1$) jeder mit jedem anderen durch eine konstruierte Strecke verbunden ist, so wird nun die Existenz eines Punktes Q_{k+1} gezeigt, der mit allen Q_j ($j = 1, \ldots, k$) durch je eine konstruierte Strecke verbunden ist.

Es sei nämlich V_i $(i = 1, \ldots, k)$ jeweils die Menge aller derjenigen Punkte, die mit Q_i durch eine konstruierte Strecke verbunden sind, und es sei

$$\begin{aligned} D_0 &= \{P_1, \ldots, P_{1993}\}, \\ D_i &= D_{i-1} \cap V_i \qquad (i = 1, \ldots, k). \end{aligned} \tag{1}$$

Damit gilt:

$$\begin{aligned} |D_i| &= |D_{i-1}| + |V_i| - |D_{i-1} \cup V_i| \\ &\geq |D_{i-1}| + |V_i| - |\{P_1, \ldots, P_{1993}\}| \\ &\geq |D_{i-1}| + 1661 - 1993 \qquad (i = 1, \ldots, k), \end{aligned}$$

woraus der Reihe nach für $i = 0, \ldots, k$

$$|D_i| \geq 1993 - i \cdot 332$$

folgt. Wegen $k \leq 6$ ist insbesondere $|D_k| \geq 1993 - 6 \cdot 332 = 1$, also D_k nicht leer; daher existiert ein Punkt $Q_{k+1} \in D_k$. Für jedes j mit $1 \leq j \leq k$ folgt dann aus (1) auch

$$D_k \subseteq \cdots \subseteq D_j \subseteq V_j,$$

also ist Q_{k+1} mit jedem Q_j $(1 \leq j \leq k)$ durch eine konstruierte Strecke verbunden. ◇

Als kleine Randbemerkung wollen wir auf die interessante Verwendung der verallgemeinerten Summenregel aus Lemma 1.3 im Abschnitt 1.2 hinweisen. In der obigen Lösung zu 321243 wird sie nämlich zur Berechnung der Mächtigkeiten der Durchschnitte D_i aus (1) herangezogen.

Aufgabe 301246B

Für natürliche Zahlen n, k mit $2 \leq k \leq n$ werde eine Menge N von n Personen genau dann als *k-familiär* bezeichnet, wenn sich in jeder Menge K von k Personen aus N eine Person befindet, die mit allen anderen Personen aus K bekannt ist.

Ermitteln Sie zu jeder natürlichen Zahl $n \geq 2$ alle diejenigen natürlichen Zahlen k mit $2 \leq k \leq n$, für die die Aussage gilt, dass jede k-familiäre Menge von n Personen auch n-familiär sein muss.

Hinweis. Für Personen a, b gelte stets: Wenn a mit b bekannt ist, so ist b mit a bekannt. Ferner werde vorausgesetzt, dass jede in einer Menge theoretisch widerspruchsfreie Verteilung gegenseitiger Unbekanntheit oder Bekanntheit auch durch eine Menge von Personen realisiert werden kann.

Lösung

Behauptung I. Für jede natürliche Zahl $n \geq 2$ gilt: Jede 2-familiäre Menge N aus n Personen ist n-familiär.

Beweis. Es sei p eine Person in einer als 2-familiär vorausgesetzten Menge N. Für jede andere Person q in N gilt dann: In der Menge $X = \{p, q\}$ ist eine Person mit der anderen bekannt. Die Person p ist also mit allen anderen Personen aus N bekannt. □

Behauptung II. Für jede ungerade natürliche Zahl $n > 2$ gilt: Jede 3-familiäre Menge N aus n Personen ist n-familiär.

Beweis. Wird N als 3-familiär vorausgesetzt, so gilt für jede Person p in N: Es gibt höchstens eine andere Person in N, mit der p nicht bekannt ist; denn gäbe es mindestens zwei solche Personen q, r, so wäre in der Menge $X = \{p, q, r\}$ jede Person mit mindestens einer anderen Person aus X nicht bekannt, also wäre N nicht 3-familiär. Daher haben je zwei voneinander verschiedene Paare $\{p_i, q_i\}$ aus einander nicht bekannten Personen (sofern es in N solche Paare gibt) miteinander keine Person gemeinsam. Die Vereinigungsmenge aller derartigen Paare besteht folglich aus einer geraden Anzahl Personen, und wenn n als ungerade vorausgesetzt wird, gibt es in N mindestens eine Person, die keinem solchen Paar angehört, d. h., mit jeder anderen Person aus N bekannt ist. □

Behauptung III. Für jede natürliche Zahl n und jede natürliche Zahl k mit $2 \leq k \leq n - 2$ gilt: Wenn jede k-familiäre Menge aus n Personen n-familiär sein muss, dann muss auch jede $(k + 2)$-familiäre Menge aus n Personen n-familiär sein.

Beweis. Es sei vorausgesetzt (Induktionsvoraussetzung), dass jede k-familiäre Menge aus n Personen n-familiär sein muss. Angenommen nun, es gäbe eine $(k+2)$-familiäre Menge N aus n Personen, die nicht n-familiär wäre.

Diese Menge N wäre nach der Induktionsvoraussetzung auch nicht k-familiär. Also gäbe es in ihr eine Menge X von k Personen, wobei jede Person in X mit mindestens einer anderen Person in X nicht bekannt wäre.

Ferner müsste gelten: Von den $n - k$ Personen $p_1, p_2, \ldots, p_{n-k}$ aus N, die nicht zu X gehören (wegen $k \geq n - 2$ gäbe es mindestens zwei solche Personen), wäre entweder jede mit mindestens einer Person aus X nicht bekannt, oder eine von ihnen, etwa p_1, wäre mit allen Personen aus X bekannt. Sie wäre aber (da N nicht n-familiär wäre) mit mindestens einer anderen Person aus N nicht bekannt, diese könnte nicht in X sein, sie wäre etwa p_2.

In beiden Fällen wäre in der Menge $X' = X \cup \{p_1, p_2\}$ jede Person mit mindestens einer anderen Person aus X' nicht bekannt. Das widerspricht der Annahme, N wäre $(k + 2)$-familiär. □

Aus (I) und (III) folgt für jedes n: Unter den k mit $2 \leq k \leq n$ gehören alle geraden k zu den gesuchten, für die die Aussage gilt, dass jede k-familiäre Menge von n Personen auch n-familiär sein muss.

Aus (I), (II) und (III) folgt für jedes ungerade n: Die gesuchten k mit $2 \leq k \leq n$, für die die Aussage gilt, dass jede k-familiäre Menge auch n-familiär sein muss, sind alle k mit $2 \leq k \leq n$.

Behauptung IV. Nun wird noch gezeigt: Für jedes gerade n gehören unter den k mit $2 \leq k \leq n$ alle ungeraden k nicht zu den gesuchten; d. h.: Für jede gerade Zahl n und jede ungerade Zahl k mit $2 < k < n$ gibt es (als theoretisch widerspruchsfreie Möglichkeit) eine aus n Personen bestehende Menge N, die k-familiär, aber nicht n-familiär ist.

Beweis. Mit $n = 2m$ sei $N = \{p_1, q_1, \ldots, p_m, q_m\}$ und es gelte: Zwei Personen aus N seien genau dann einander nicht bekannt, wenn sie p_i und q_i mit (genau) einem $i \in \{1, \ldots, m\}$ sind.

Einerseits ist diese Menge N nicht n-familiär, da jede Person in N mit einer anderen nicht bekannt ist.

Andererseits gilt für jede Menge X von k Personen aus N: Da k ungerade ist, gibt es mindestens ein $i \in \{i, \ldots, m\}$, sodass von den beiden Personen p_i, q_i genau eine zu X gehört. Diese ist dann mit allen anderen Personen aus X bekannt; also ist N als k-familiär nachgewiesen. □

Ergebnis. Unter den natürlichen Zahlen k sind die gesuchten

$$\begin{cases} \text{alle } k \text{ mit } 2 \leq k \leq n & \text{falls } n \text{ ungerade ist} \\ \text{alle geraden } k \text{ mit } 2 \leq k \leq n & \text{falls } n \text{ gerade ist} \end{cases}$$

und jeweils nur diese.

Bemerkung. Das Ergebnis kann auch so zusammengefasst werden: Genau dann, wenn n gerade und k ungerade ist, gibt es eine Menge N von n Personen, die k-familiär, aber nicht n-familiär ist.

Diese Lösung bedarf noch einer besonderen Anmerkung: Im Teil (IV) könnte man nämlich die zum Beweis angegebene Menge N gar nicht konstruieren, wenn in der Gesamtheit der Personen sich alle einander kennen. Man muss also noch voraussetzen, dass die theoretisch ja widerspruchsfreie Möglichkeit der Auswahl einer solchen Menge N in der Grundgesamtheit aller Personen auch tatsächlich realisierbar ist. Genau darauf wird schon in der Aufgabenstellung mit dem zweiten Hinweis eingegangen. ◊

Das Kapitel zur Kombinatorik schließen wir nun mit drei Extremalproblemen über Graphen ab. Grundsätzlich kann es dabei um die Untersuchung von Parametern oder Eigenschaften extremaler Konfigurationen sowie auch um deren Konstruktion gehen.

Die erste Aufgabe 271224 illustriert mit ihren beiden Teilaufgaben noch einmal sehr deutlich die beweislogische Struktur eines Extremalproblems. Hier kommt allerdings die Besonderheit dazu, dass die erste Teilaussage nur eine Abschätzung beinhaltet, zu der das zu konstruierende Beispiel nicht genau passt.

Zudem erhellen weitere graphentheoretische Grundbegriffe den eigentlichen mathematischen Hintergrund: Eine Menge von Knoten, zwischen denen überhaupt keine Kanten existieren, nennt man eine *unabhängige* Menge. Die maximale Größe einer solchen Menge ist ein bekannter Graph-Parameter, die sogenannte *Unabhängigkeitszahl*. Das Problem untersucht also diese Unabhängigkeitszahl unter gewissen Gradbedingungen. Der in der zweiten Teilaufgabe zu konstruierende Graph ist *regulär*, das bedeutet, dass jeder Knoten genau denselben Grad hat. Hier geht es also um die Konstruktion eines regulären Graphen vom Grade 5 mit beschränkter Unabhängigkeitszahl.

Aufgabe 271224

(a) Über eine Menge M, die aus genau 1987 Personen besteht, wird vorausgesetzt, dass jede Person aus M mit höchstens 5 anderen Personen aus M bekannt ist. Man beweise, dass aus diesen Voraussetzungen stets folgt: Es gibt eine aus mindestens 332 Personen bestehende Untermenge U von M mit der Eigenschaft, dass keine Person aus U mit einer anderen Person aus U bekannt ist.

(b) Man gebe ein Beispiel für eine Menge M aus genau 1988 Personen, für die folgende Aussagen zutreffen: Jede Person aus M ist mit genau 5 Personen aus M bekannt; jede Untermenge U von M mit der Eigenschaft, dass keine Person aus U mit einer anderen Person aus U bekannt ist, besteht aus höchstens 333 Personen.

In diesen Aufgaben werde stets angenommen, dass eine Person X genau dann mit einer Person Y bekannt ist, wenn Y mit X bekannt ist.

Lösung

(a) Nach Voraussetzung lassen sich die Personen aus M folgendermaßen mit $P_0, P_1, P_2. \dots, P_{1986}$ bezeichnen:

P_0 sei eine beliebige Person aus M. Da sie mit höchstens 5 anderen bekannt ist, kann die Bezeichnung so gewählt werden, dass gilt:

$$P_0 \text{ ist mit einer der Personen } P_6, P_7, \dots, P_{1086} \text{ bekannt} \tag{0}$$

P_6 ist mit höchstens 5 anderen Personen aus M bekannt, also erst recht mit höchstens 5 der Personen $P_7, P_8, \dots, P_{1986}$. Man kann daher deren Bezeichnung, ohne dass (0) beeinträchtigt wird, so wählen, dass zusätzlich gilt:

$$P_6 \text{ ist mit einer der Personen } P_{12}, P_{13}, \dots, P_{1986} \text{ bekannt} \tag{1}$$

In dieser Weise kann man fortsetzen (und außer für $n = 0, n = 1$) für weitere $n = 2, 3, \dots$ erhalten:

$$P_{6n} \text{ ist mit einer der Personen } P_{6n+6}, P_{6n+7}, \dots, P_{1986} \text{ bekannt} \tag{n}$$

Als letzte dieser Aussagen erhält man für $n = 330$:

$$P_{1980} \text{ ist nicht mit } P_{1986} \text{ bekannt.} \tag{330}$$

Die Menge $U = \{P_0, P_6, \ldots, P_{1980}, P_{1986}\}$, die aus 332 Personen besteht, hat hiernach die besagte Eigenschaft, dass keine Person aus U mit einer anderen Person aus U bekannt ist.

(b) Ein Beispiel der geforderten Art kann folgendermaßen gegeben werden: Es sei $M = \{P_0, P_1, P_2, \ldots, P_{1987}\}$. Für jedes $n = 0, 1, 2, \ldots, 329$ sei definiert: In der Menge A_n der 6 Personen $P_{6n+i} (i = 0, \ldots, 5)$ ist jede mit jeder anderen bekannt, siehe Abb. L271224a. In der Menge B der 8 Personen $P_{1980+i} (i = 0, \ldots, 7)$ seien die Bekanntschaften wie in Abb. L271224b definiert. Darüber hinaus seien in M keine Bekanntschaften vorhanden.

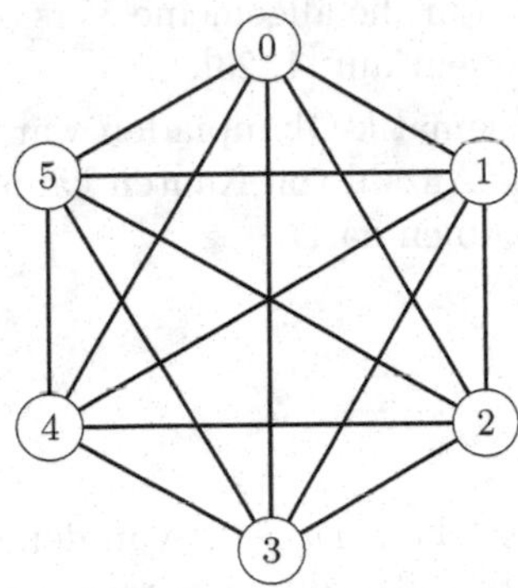

Abb. L271224a: Bekanntschaften in $A_n = \{P_{6n+i} : i = 0, \ldots, 5\}$.

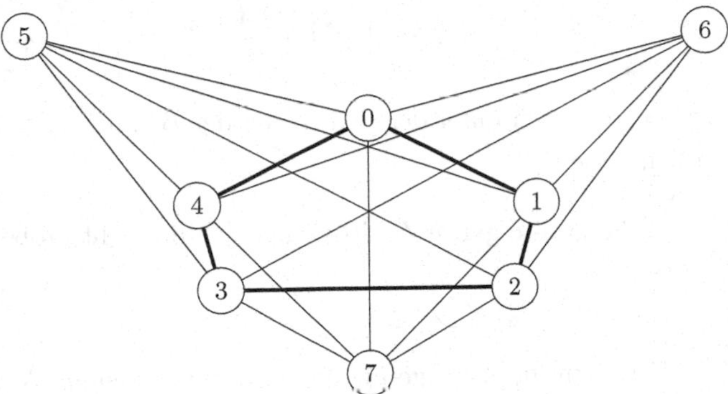

Abb. L271224b: Bekanntschaften in $B = \{P_{1980+i} : i = 0, \ldots, 7\}$.

Nach dieser Definition ist einerseits, wie gefordert, jede Person aus M mit genau 5 anderen Personen aus M bekannt. Wenn andererseits U irgendeine Untermenge von M ist, die mehr als 333 Personen enthält, so kann folgendermaßen bewiesen werden, dass mindestens eine Person aus U mit einer anderen Person aus U bekannt ist: Da U mindestens 334 Personen enthält, muss U entweder mit (mindestens) einer der 330 Mengen $A_0, \ldots, A_{328}$, or A_{329} mehr als eine Person gemeinsam haben oder anderenfalls mit der Menge B mindestens 4 Personen gemeinsam haben. Im ersten Fall sind die beiden Personen, die U (mindestens) mit der betreffenden Menge A_n gemeinsam hat, miteinander bekannt. Im zweiten Fall gilt: Gehören etwa (mindestens) die 4 Personen X_0, X_1, X_2, X_3 aus B zu U, so gibt es außer ihnen nur 4 weitere Personen in B, also muss X_0, da mit 5 anderen Personen aus B bekannt, mit einer der Personen X_1, X_2, X_3 bekannt sein. $\diamondsuit$

Das nun folgende Problem 151236A bezieht sich auf ein Resultat, das heute als Startpunkt der extremalen Graphentheorie im Jahr 1941 angesehen wird, dem bekannten Satz von TURÁN[5]. Für die allgemeine Version und verschiedene schöne Beweise dazu verweisen wir erneut auf [4, 23].

In der Aufgabe aus den Mathematik-Olympiaden war der kleinste Spezialfall zu untersuchen: Welche maximale Anzahl von Kanten kann ein Graph haben, wenn in ihm kein „Dreieck" K_3 vorkommen darf?

Aufgabe 151236A

Gegeben seien n Punkte einer Ebene ($n > 0$), von denen keine drei auf derselben Geraden liegen. Die n Punkte sollen durch Strecken so miteinander verbunden werden, dass es keine drei Punkte gibt, von denen jeder mit jedem der anderen beiden verbunden ist.

Man zeige, dass unter diesen Bedingungen für die Anzahl Z_v der Verbindungsstrecken

$$Z_v \leq \left\lfloor \frac{n^2}{4} \right\rfloor$$

gilt. Man zeige ferner, dass sich unter der Beachtung der Bedingungen $\left\lfloor \frac{n^2}{4} \right\rfloor$ Verbindungsstrecken finden lassen.

Hinweis. Mit $\lfloor x \rfloor$ sei die größte ganze Zahl bezeichnet, die nicht größer als x ist.

Lösung

Abschätzung. Wir beweisen die Aussage für die zu untersuchenden Anzahlen $Z_v = Z_v(n)$ mittels Induktion nach n, wobei wir allerdings den Induktionsschritt von n auf $n + 2$ durchführen.

[5] PÁL TURÁN (1910–1976)

Der Induktionsanfang muss hier für zwei aufeinanderfolgende Werte gezeigt werden: Für $n = 1$ und $n = 2$ ist die Behauptung wahr, denn man überzeugt sich schnell von $Z_v(1) = 0$ und $Z_v(2) = 1$.

Für den Induktionsschritt sei nun $n \geq 1$. Wir betrachten eine Anordnung der Verbindungsstrecken zwischen $n+2$ Punkten mit $Z_v(n+2)$ Strecken. Sicher ist $Z_v(n+2) \geq 1$. Wir wählen eine Strecke, o. B. d. A. $P_{n+1}P_{n+2}$ aus, siehe Abb. L151236Aa. Zwischen den Punkten $P_1, P_2, \ldots P_n$, gibt es natürlich auch keine drei Punkte,

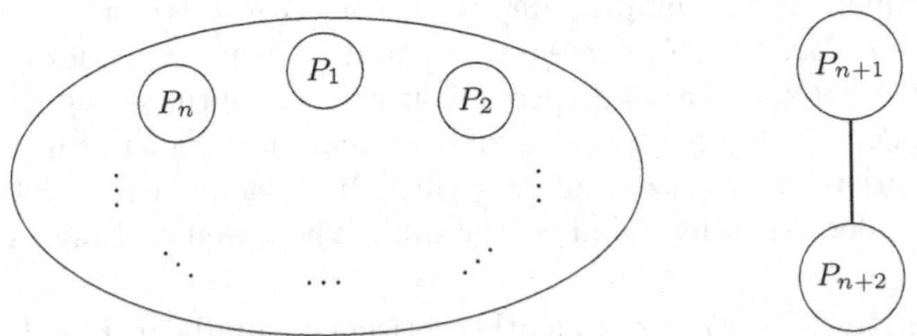

Abb. L151236Aa: Induktionsschritt.

die paarweise verbunden sind. Also gibt es zwischen ihnen nicht mehr als $Z_v(n)$ Strecken. Schließlich ist jeder Punkt $P_i (i = 1, 2 \ldots, n)$ offenbar höchstens mit einem der Punkte P_{n+1} und P_{n+2} verbunden. Also ist

$$Z_v(n+2) \leq Z_v(n) + n + 1 .$$

Mit der Induktionsvoraussetzung folgt nun

$$Z_v(n+2) \leq \left\lfloor \frac{n^2}{4} \right\rfloor + n + 1 = \left\lfloor \frac{n^2}{4} + n + 1 \right\rfloor = \left\lfloor \frac{n^2 + 4n + 4}{4} \right\rfloor = \left\lfloor \frac{(n+2)^2}{4} \right\rfloor .$$

Konstruktion. Wir zerlegen die Menge mit n Punkten in eine Klasse mit $\lfloor \frac{n}{2} \rfloor$ Punkten und eine mit den restlichen $n - \lfloor \frac{n}{2} \rfloor = \lceil \frac{n}{2} \rceil$ Punkten, siehe Abb. L151236Ab. Hierbei bezeichnet $\lceil x \rceil$ sei die kleinste ganze Zahl, die nicht kleiner als x ist.

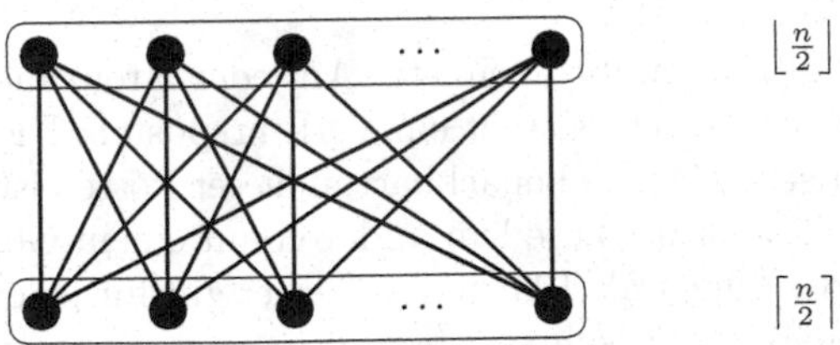

Abb. L151236Ab: Konstruktion als vollständiger paarer Graph.

Verbunden werden zwei Punkte nun genau dann, wenn sie verschiedenen Klassen angehören. Diese Anordnung enthält keine drei Punkte, die paarweise verbunden sind; wählt man nämlich drei Punkte aus, so sind mindestens zwei aus einer Klasse und diese sind nach Konstruktion nicht verbunden.

Die Anordnung hat offenbar $\lfloor \frac{n}{2} \rfloor \cdot \lceil \frac{n}{2} \rceil = \left\lfloor \frac{n^2}{4} \right\rfloor$ Kanten, was man leicht nachrechnet.

In unserem abschließenden kombinatorischen Problem kommt noch eine weitere wichtige Modifikation des ursprünglichen Graph-Begriffes vor, ein sogenannter *kantengewichteter* Graph. Solche Strukturen sind ein grundlegendes Objekt in den Gebieten der Diskreten und auch der Kombinatorischen Optimierung. Die Grundidee besteht darin, den Kanten noch Zahlen zuzuordnen, die genauere Eigenschaften der durch sie beschriebenen Adjazenzen darstellen. Im folgenden Beispiel 181242 sind das die Längen der Straßenabschnitte, die durch die jeweilige Kante repräsentiert werden.

Aber auch hier treten weitere graphentheoretische Grundbegriffe auf, die wir hier nur eher anschaulich im Zusammenhang mit der Aufgabe vorstellen wollen. Formal exakte Definitionen findet man wieder in der Grundlagenliteratur wie [2, 23].

Zunächst heißt ein Graph *zusammenhängend*, wenn man entlang eines *Weges* aus aufeinanderfolgenden Kanten von jedem Knoten zu jedem anderen Knoten gelangen kann. Zusammenhang ist eine der grundlegenden Eigenschaften von Graphen. Dann ist der *Abstand* zweier Knoten die kleinstmögliche *Länge* eines solchen Weges, der die beiden Knoten in dem Graphen verbindet. Diese Länge ist hier die Summe der einzelnen Teilabschnitte, also der zuvor eingeführten Kantengewichte. Schließlich wird der größtmögliche Abstand zweier beliebiger Knoten als der *Durchmesser* des Graphen bezeichnet.

Mit diesen Termini formuliert, untersucht die folgende Aufgabe 181242 für einen Graphen mit beschränkten Kantengewichten nun also die maximale Veränderung seines Durchmessers beim Streichen irgendeiner Kante, wobei dabei der Zusammenhang nicht verloren gehen soll.

Aufgabe 181242

Im Staat Wegedonien gibt es ein Straßennetz. An jeder Kreuzung und an jeder Einmündung von Straßen dieses Netzes steht ein Verkehrsposten. Die Länge eines jeden Straßenabschnittes zwischen je zwei benachbarten dieser Posten ist kleiner als 100 km. Jeder Verkehrsposten lässt sich von jedem anderen auf einem Gesamtweg innerhalb des Netzes erreichen, der kürzer als 100 km ist. Ferner gilt für jeden Straßenabschnitt zwischen zwei benachbarten Verkehrsposten: Wird genau dieser Straßenabschnitt gesperrt, so ist immer noch jeder Verkehrsposten von jedem anderen aus auf einem Gesamtweg erreichbar, der sich nur aus ungesperrten Straßenabschnitten des Netzes zusammensetzt.

Man beweise, dass dies auf einem Weg erfolgen kann, der kürzer als 300 km ist.

Lösung

Die Menge der Posten im Straßennetz S sei M. Seien $A, B \in M, A \neq B$, und AB der Straßenabschnitt zwischen A und B. Ferner sei $f(x,y)$ eine minimale Entfernung von x nach y auf dem Straßennetz S sowie $g(x,y)$ eine minimale Entfernung von x nach y auf dem Straßennetz $S' = S \setminus \{AB\}$. Damit gilt zunächst stets

$$f(x,y) \leq g(x,y)\,.$$

Schließlich sei für jeden Punkt $X \in M$ definiert

$$M_X = \{x \in M : f(x,X) = g(x,X)\}\,.$$

Behauptung I. Wir zeigen $M = M_A \cup M_B$.
Beweis. Angenommen, $M \supset M_A \cup M_B$. Sei $x \in M - (M_A \cup M_B)$. Dann ist $f(x,A) < g(x,A)$ und $f(x,B) < g(x,B)$. Also führt ein minimaler Weg von x nach A in S über B und ein minimaler Weg von x nach B in S über A, d. h.

$$f(x,A) = g(x,B) + f(B,A) > g(x,B)$$

und

$$f(x,B) = g(x,A) + f(A,B) > g(x,A)\,.$$

Damit folgt der Widerspruch

$$f(x,A) + f(x,B) > g(x,B) + g(x,A) > f(x,B) + f(x,A)\,. \qquad \square$$

Behauptung II. Für alle $x, y \in M_A$ ist $f(x,y) = g(x,y)$. (Analog gilt $f(x,y) = g(x,y)$ für alle $x, y \in M_B$.)
Beweis. Angenommen, $f(x,y) < g(x,y)$. Dann enthält ein minimaler Weg von x nach y in S den in S' gesperrten Streckenabschnitt AB. Es ist also

$$f(x,y) = g(x,A) + f(A,B) + g(B,y)$$

bzw. $f(x,y) = g(x,B) + f(B,A) + g(A,y)$; wir betrachten o. B. d. A. den zuerst genannten Fall. Sicher ist darin

$$f(A,B) + g(B,y) \geq f(A,B) + f(B,y) \geq f(A,y) = g(A,y)\,.$$

Offenbar ist $g(x,A) + g(A,y) \geq g(x,y)$.
Insgesamt erhalten wir also

$$f(x,y) \geq g(x,A) + g(A,y) \geq g(x,y)$$

im Widerspruch zur Annahme $f(x,y) < g(x,y)$. $\square$

Behauptung III. Es seien C und D beliebige Punkte aus M. Wir haben $g(C, D) \leq 300\,\text{km}$ zu zeigen.

Beweis. Ist $C, D \in M_A$ oder $C, D \in M_B$, so ist nach (II)

$$g(C, D) = f(C, D) < 100\,\text{km}.$$

Anderenfalls sei o. B. d. A. $C \in M_A$ und $D \in M_B$. Gibt es ein $x \in M_A \cap M_B$, so ist

$$g(C, D) \leq g(C, x) + g(x, D) = f(C, x) + f(x, D) < 200\,\text{km}.$$

Sei also schließlich $M_A \cap M_B = \emptyset$. Es gibt einen Weg von C nach D in S'. Wegen $M = M_A \cup M_B$ aus (I) gibt es auf diesem Wege zwei benachbarte Punkte x und y mit $x \in M_A$, $y \in M_B$. Dann ist nach Voraussetzung $f(x, y) = g(x, y) < 100\,\text{km}$ und $g(C, x) = f(C, x) < 100\,\text{km}$ und $g(y, D) = f(y, D) < 100\,\text{km}$. Also ist

$$g(C, D) \leq g(C, x) + g(x, y) + g(y, D) < 300\,\text{km}.$$

□

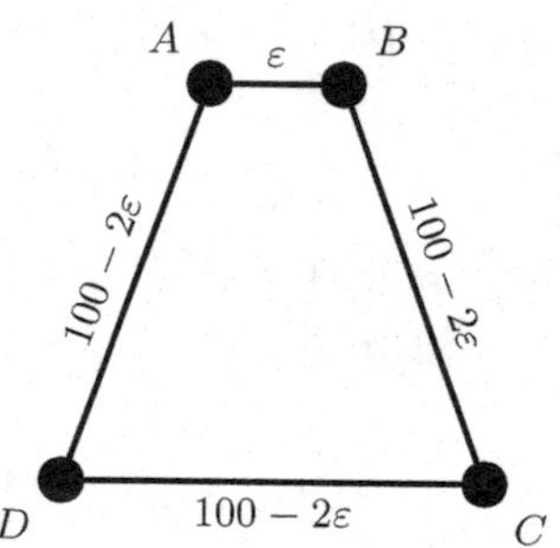

Abb. L181242

Bemerkung. Die Aussage ist in dem Sinne scharf, dass man die Schranke 300 km durch keine kleinere ersetzen kann, wie die Konstruktion aus Abb. L181242 zeigt: Es sei $f(A, B) = \varepsilon\,\text{km}$, wobei $\varepsilon > 0$ eine beliebige reelle Zahl sei. Ferner sei $f(B, C) = f(C, D) = f(D, A) = (100 - 2\varepsilon)\,\text{km}$. Nach Streichung von AB erhalten wir $g(A, B) = (300 - 6\varepsilon)\,\text{km}$; diese Entfernung kann also beliebig dicht an 300 km ausfallen.

◇

Abschließend sei ein kurzer Rückblick auf bereits früher in diesem Kapitel behandelte kombinatorische Probleme empfohlen. Bei einigen davon hilft die Sprache der Graphentheorie ebenfalls zur Illustration und andere sind im mathematischen Kern sogar eigentlich graphentheoretischer Natur. So soll in Aufgabe 311233B etwa die Regularität eines ungerichteten Graphen unter gewissen Adjazenz-Bedingungen nachgewiesen werden.

Kapitel 2
Kombinatorische Geometrie

Hans-Dietrich Gronau

In diesem Kapitel befassen wir uns mit *kombinatorischer Geometrie.* Es geht dabei um Kombinatorik mit geometrischen Objekten. In der ersten Sektion studieren wir Punktpackungen, d. h. Probleme von folgendem Typ: Gegeben sei ein ebenes oder räumliches Gebiet. Wie viele Punkte kann man in diesem Gebiet unterbringen, die jeweils einen gegebenen Mindestabstand haben? Wir präsentieren hier als wichtiges allgemeines Resultat den Satz von JUNG. Sodann folgt die interessante Sektion „Kuss-Zahlen". Es geht hier um eine Modifikation des Gegenstandes der ersten Sektion: Eine Kugel ist gegeben. Wie viele gleichgroße Kugeln kann man um diese erste Kugel so platzieren, so dass sie alle diese berühren (küssen) und sich paarweise nicht überlappen. Diese Fragestellung hat die Mathematiker über hunderte Jahre beschäftigt und erst Mitte des vergangenen Jahrhunderts wurde das Problem in drei Dimensionen gelöst. Wir werden zwei verwandte Aufgaben betrachten, die man mit Methoden der „Olympiade-Mathematik" lösen kann. Die nächsten drei Sektionen befassen sich mit Aufgaben zu Zerlegungen, zu Abschlüssen und zur Existenz von Unterstrukturen. Es geht hier um interessante ad-hoc-Probleme, für die wir keine Beziehung zu größeren mathematischen Sachverhalten aufzeigen. Im sechsten Abschnitt behandeln wir den bemerkenswerten Satz von SYLVESTER-GALLAI und diskutieren Aufgaben in diesem Umfeld. Mit der letzten Sektion stellen wir Aufgaben zur Konvexität vor, wobei wir bei endlichen Punktmengen deren konvexe Hülle betrachten werden. Hier werden Bezüge zu den wichtigen Bereichen RAMSEY-Theorie und dem Satz von HELLY hergestellt.

Von generellen Methoden zur Bearbeitung der Probleme seien vor allem zwei genannt, die wir schon im ersten Kapitel kennengelernt haben: das DIRICHLET'sche Schubfachprinzip und das Extremalprinzip.

A. Felgenhauer et al., *Die schönsten Aufgaben der Mathematik-Olympiade in Deutschland*, https://doi.org/10.1007/978-3-662-63183-6_2

2.1 Punktpackungen

In diesem Abschnitt betrachten wir Probleme, die mit *dichtesten Packungen* im Zusammenhang stehen.

Angenommen, wir haben eine Menge von Orangen (genauer: Kugeln gegebener Größe, sagen wir mit dem Radius 1) und wollen sie auf einem Tisch möglichst dicht packen. Jeder würde intuitiv dasselbe machen, nämlich die Orangen in Form eines hexagonalem Gitters anordnen, s. Abb 2.1. Die innere Orange ist von 6 anderen umrandet in einer perfekten Weise. Die Mittelpunkte von je zwei benachbarten Orangen haben einen Abstand 2.

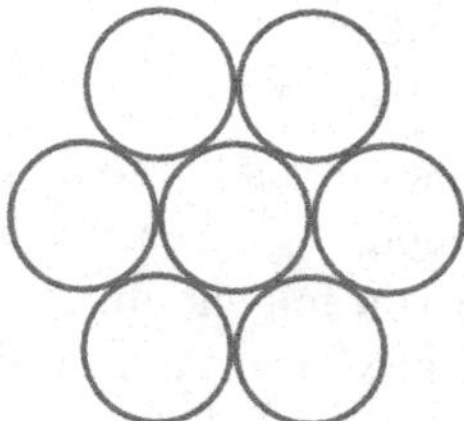

Abb. 2.1: Ein erstes Beispiel.

Abstrahieren wir, so können wir die folgende Frage stellen. Gegeben sei eine endliche Menge von Punkten in der Ebene mit dem paarweisen Abstand von mindestens 1. Wie dicht kann man diese Punkte packen? Ist das hexagonale System das beste? Man muss natürlich zunächst der Frage nachgehen, was hier „dichteste Packung" heißt? Diese Frage wurde in der mathematischen Literatur behandelt und hat interessante Ergebnisse geliefert, doch sind diese weit jenseits der Olympiade-Mathematik. Interessierten Lesern sei [40] empfohlen.

In den Mathematik-Olympiaden (und ähnlichen Wettbewerben) sind Aufgaben von diesem Typ mit zusätzlichen Bedingungen gestellt worden. Typische Fragestellungen wollen wir zunächst illustrieren.

Beispiel 2.1. *In einem Quadrat mit der Seitenlänge 10 sollen n Punkte platziert werden, so dass deren paarweiser Abstand mindestens* 1 *beträgt. Was kann über das maximal mögliche n gesagt werden?*

Es ist im Allgemeinen völlig hoffnungslos, das „beste" n zu finden. Diese Aussage gilt nicht nur im Rahmen von Mathematik-Olympiaden, sondern auch in der „eigentlichen Mathematik".

Aber auch gute Schranken für das beste n sind oft nicht offensichtlich.

Untere Schranken Reguläre Anordnungen sind sicher die erste Idee. Hier sind einige Beispiele.

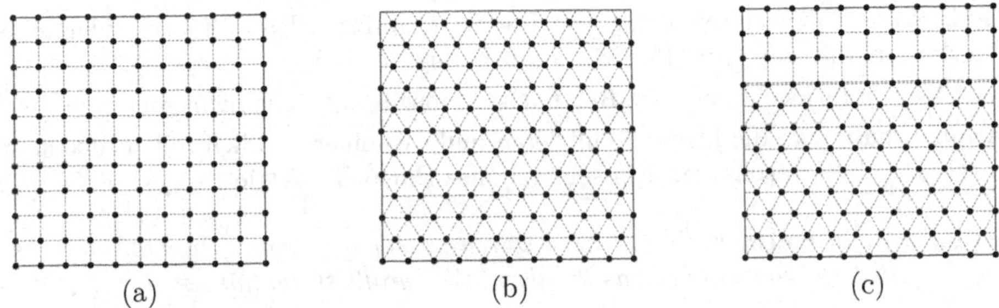

Abb. 2.2: Verschiedene Anordnungen von Punkten mit Mindestabstand 1 im 10×10-Quadrat.

(a) Wenn man die Punkte (x, y) mit ganzzahligen x und y, die $0 \leq x, y \leq 10$ erfüllen, wählt, so erhält man eine Anordnung mit $11^2 = 121$ Punkten. (Abb. 2.2 (a))

(b) Wenn man die Punkte $(\frac{1}{2}x, \frac{\sqrt{3}}{2}y)$ mit ganzzahligen x und y wählt, wobei $0 \leq x \leq 20$, $0 \leq y \leq 11$ und x und y dieselbe Parität haben, so erhält man eine Anordnung mit $6 \cdot 11 + 6 \cdot 10 = 126$ Punkten. Diese Anordnung ist der ursprünglichen Dreiecksanordnung nachempfunden. (Abb. 2.2 (b))

(c) Eine Kombination beider Ideen ergibt eine noch etwas bessere Anordnung: Man wähle zunächst die zweite Konstruktion mit $y \leq 8$ und dann die erste Konstruktion mit $y = 8, 9, 10$. Somit erhält man $4 \cdot 10 + 8 \cdot 11 = 128$ Punkte. Man rechnet leicht nach, dass die Abstandsbedingungen jeweils erfüllt sind (Abb. 2.2 (c)) .
Die letzte Anordnung ist die beste bisher bekannte, siehe [57]. Diese Webseite wird für Packungen empfohlen.

Obere Schranken Es gibt im Wesentlichen nur zwei bekannte Ideen, die für Olympiaden geeignet sind.

1) Über das Dirichlet'sche Schubfachprinzip Wir teilen das gesamte Quadrat in $15 \cdot 15 = 225$ kleine Quadrate mit der Seitenlänge von jeweils $\frac{2}{3}$. Der größte Abstand in einem kleinen Quadrat ist die Länge der Diagonalen, also $\frac{2}{3}\sqrt{2}$. Wegen $\frac{2}{3}\sqrt{2} = \sqrt{\frac{8}{9}} < 1$ kann jeweils höchstens ein Punkt in jedem der kleinen Quadrate liegen, d. h. $n \leq 225$.

2) Über Abschätzungen von Flächen oder Volumina Wir zeichnen um jeden der Punkte einen Kreis mit dem Radius $\frac{1}{2}$. Offenbar überlappen sich die Kreise nicht und alle Kreise liegen in einem etwas größeren Quadrat, nämlich einem mit der Seitenlänge 11. Also ist bezüglich der Flächen: $n\pi(\frac{1}{2})^2 \leq 11^2$ also $n \leq 154{,}06...$ und damit $n \leq 154$. Sicher sind an den Ecken kleine krummlienige Dreiecke nicht überdeckt, die jeweils eine Fläche von einem Quadrat mit der Seitenlänge $\frac{1}{2}$ minus der Fläche eines Viertelkreises mit dem Radius $\frac{1}{2}$ umfasst. Da es 4 solcher Dreiecke gibt, erhalten wir sogar $n \leq 153,84...$ und damit $n \leq 153$.

Beide Ideen berücksichtigen die „Restflächen“ insgesamt aber nicht gut.

Manchmal muss man die Ideen modifizieren und mit einer wirklich tollen Idee kann man das Ergebnis verbessern. Ein sehr schönes Beispiel folgt jetzt.

Beispiel 2.2. *In einem Kreis mit dem Durchmesser 5 liegen n Punkte, die einen paarweise Abstand von mindestens 2 haben. Wie groß ist das maximale n?*

Lösung: Wählt man auf dem Rand des Kreises ein regelmäßiges 7-Eck und den Kreismittelpunkt, so ist die Seitenlänge nach dem Kosinussatz $2,169... > 2$. Mithin haben wir $n \geq 8$. Eine Überlagerung mit Quadraten erweist sich als nicht sehr gut, doch eine andere Zerlegung in 9 Gebiete, s. Abb. 2.3, Zerlegung 1, liefert $n \leq 9$, denn man kann leicht zeigen, dass der größte Abstand in jedem Gebiet kleiner als 2 ist. Es sei A ein Eckpunkt eines Gebietes auf dem äußeren Rand und B der andere Eckpunkt dieses Gebietes auf dem äußeren Rand. Schließlich sei C der andere Eckpunkt dieses Gebietes, der mit B eine Kante bilden. Dann sind offenbar $\overline{AB}$ und $\overline{AC}$ die längsten Entfernungen von zwei Punkten in den 8 Zerlegungsgebieten des Kreisringes. Nach dem Kosinussatz erhält man $|AB| = 1,787... < 2$ und $|AC| = 1,913... < 2$. Vom inneren Kreis nimmt man nur das Innere.

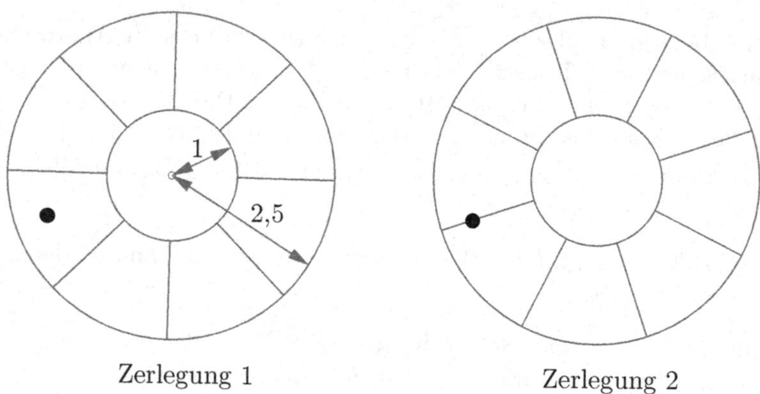

Abb. 2.3: Eine Zerlegung des Kreises und die Drehung.

Ist nun $n = 8$ oder $n = 9$? Die Antwort scheint zunächst fast hoffnungslos. Ein Schüler, der an unserem Training für die Internationale Mathematik-Olympiade teilnahm, hatte eine grandiose Idee. In der gegebenen Zerlegung kann man den „Rand“ problemlos „drehen“, s. Abb. 2.3, Zerlegung 2. Also kann man annehmen, dass einer der Punkte auf einer Begrenzungsstrecke zwischen zwei äußeren Gebieten liegt. Dieser verbietet dann einen weiteren Punkt in gleich zwei Gebieten. Also ist $n \leq 8$, d. h., $n = 8$.

Wenn wir eine endliche Menge von Punkten haben, deren paarweise Abstände jeweils mindestens d sind, was kann man über die größte „Dichte“ dieser Punktmenge sagen?

Der folgende Satz ist für Probleme, die wir in diesem Abschnitt studieren von fundamentaler Bedeutung.

Satz 2.3 (Jung[1]). *Es sei eine endliche Anzahl von Punkten in einer Ebene gegeben, deren paarweise Abstände maximal d betrage. Dann existiert ein Kreis, der alle Punkte im Innern oder auf dem Rand enthält und dessen Radius nicht größer als* $\frac{d}{\sqrt{3}}$ *ist.*

Beweis. Sicher gibt es einen Kreis, der alle Punkte im Innern oder auf dem Rand enthält (wähle z. B. einen Kreis um einen der Punkte mit $\frac{d}{2}$ als Radius). Verkleinere den Radius stetig, bis mindestens ein Punkt auf dem Rand liegt. Verkleinere den Radius stetig, allerdings mit diesem Randpunkt als Zentrum, bis mindestens ein zweiter Punkt auf dem Rand liegt. Falls diese beiden Punkte nicht die Endpunkte einer Diagonalen sind, d. h. der Kreismittelpunkt liegt nicht auf der Strecke durch diese beiden Punkte, so verkleinere den Kreis stetig weiter, wobei allerdings die beiden Punkte fest bleiben, d. h. wir verschieben den Mittelpunkt stetig in Richtung der Geraden durch die beiden Punkte. Diese Prozedur endet, wenn einer der beiden folgenden Fälle auftritt:

1) Auf dem Kreis liegen zwei diametrale Punkte. Dann gilt für den Radius r des Kreises, der alle Punkte enthält: $r \leq \frac{d}{2} < \frac{d}{\sqrt{3}}$.

2) Auf dem Kreis liegen drei Punkte, o. B. d. A. P_1, P_2, P_3, die ein spitzwinkliges Dreieck bilden. Sei M der Mittelpunkt des Kreises. Der größte Dreieckswinkel möge bei P_2 liegen, d. h. $60° \leq |\sphericalangle P_1P_2P_3| < 90°$. Im Dreieck P_1MP_3 gilt $120° \leq |\sphericalangle P_1MP_3| < 180°$. Nach dem Kosinussatz folgt

$$d^2 \geq |P_1P_3|^2 = |P_1M|^2 + |P_3M|^2 - 2\,|P_1M|\,|P_3M|\,\cos(|\sphericalangle P_1MP_3|).$$

Wegen $120° \leq |\sphericalangle P_1MP_3| < 180°$ erhalten wir $\cos(|\sphericalangle P_1MP_3|) \leq \cos 120° = -\frac{1}{2}$ und unter Berücksichtigung von $|P_1M| = |P_3M| = r$ schließlich

$$d^2 \geq 2r^2 - 2r^2\cos(|\sphericalangle P_1MP_3|) \geq 2r^2 - 2r^2\left(-\frac{1}{2}\right) = 3r^2$$

und $r \leq \frac{d}{\sqrt{3}}$. □

Aufgabe 161223

In einem Quadrat der Seitenlänge 1 mögen sich 51 Punkte befinden.

Man beweise, dass es zu jeder Anordnung solcher 51 Punkte einen Kreis mit dem Radius $\frac{1}{7}$ gibt, der wenigstens drei dieser Punkte in seinem Inneren enthält.

---

[1] Heinrich Wilhelm Ewald Jung (1876–1953)

Lösung

Durch Geraden parallel zu den Seiten im Abstand $\frac{1}{5}$ teilen wir das Quadrat in 25 kleine Quadrate (Abb. L161223). Da 51 Punkte gegeben sind, gibt es nach dem DIRICHLET'schen Schubfachprinzip ein kleines Quadrat, das (mindestens) drei Punkte im Innern oder auf dem Rand enthält.

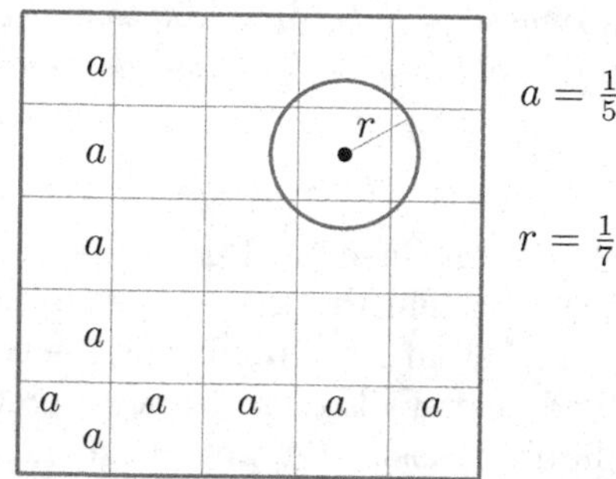

Abb. L161223: Kreise, die die Quadrate enthalten.

Der Umkreis eines kleinen Quadrates hat einen Radius

$$\frac{1}{2}\sqrt{2} \cdot \frac{1}{5} = \frac{\sqrt{2}}{10} = \sqrt{\frac{2}{100}} = \sqrt{\frac{1}{50}} < \sqrt{\frac{1}{49}} = \frac{1}{7}.$$

Damit leistet ein konzentrischer Kreis zum Umkreis dieses kleinen Quadrates mit dem Radius $\frac{1}{7}$ das Gewünschte. ◇

Aufgabe 401342

Man bestimme die maximale Anzahl von Punkten, die in einem Rechteck mit den Seitenlängen 14 und 28 so untergebracht werden können, dass der Abstand zweier beliebiger dieser Punkte größer als 10 ist.

Lösung

In der Abb. L401342 sind 8 Punkte im gegebenen Rechteck angegeben, deren paarweise Abstände alle größer als 10 sind. Die Abstände der Punkte P_1, P_2, P_3 sind:

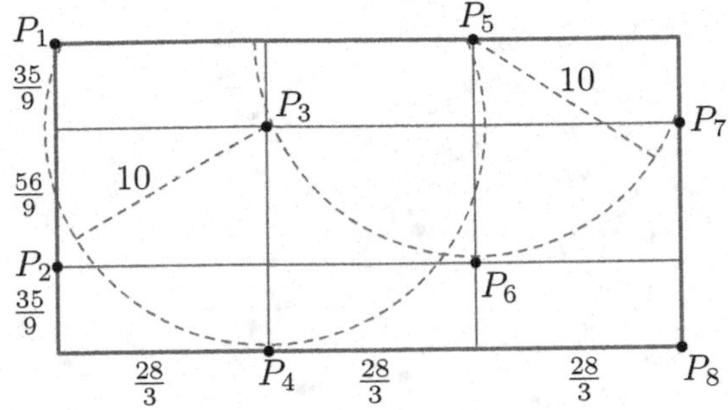

Abb. L401342: Eine Anordnung von 8 Punkten.

$$|P_1P_2| = \frac{91}{9} > 10$$

$$|P_1P_3| = \sqrt{\left(\frac{35}{9}\right)^2 + \left(\frac{28}{3}\right)^2} = \frac{7}{9}\sqrt{5^2 + 12^2} = \frac{7 \cdot 13}{9} = \frac{91}{9} > 10,$$

$$|P_2P_3| = \sqrt{\left(\frac{56}{9}\right)^2 + \left(\frac{28}{3}\right)^2} = \frac{7}{9}\sqrt{8^2 + 12^2} > \frac{7}{9}\sqrt{5^2 + 12^2} > 10.$$

Alle anderen Abstände stimmen wegen Symmetrie mit diesen überein oder sind offensichtlich größer. Also ist die gesuchte Anzahl mindestens 8.

Angenommen, wir haben 9 Punkte. Wir partitionieren das Rechteck in 8 Quadrate der Seitenlänge 7. Nach dem Schubfachprinzip muss es (mindestens) ein Quadrat geben, das (mindestens) zwei Punkte im Innern oder auf dem Rand enthält. Wegen $7\sqrt{2} < 10$, ist der Abstand dieser Punkte kleiner als 10. Somit ist die gesuchte maximale Zahl 8.

Bemerkung. Es gibt viele andere geeignete Anordnungen von 8 Punkten. 

Aufgabe 231244

Es seien $P_1, P_2, \ldots, P_n$ verschiedene Punkte in der Ebene, $n \geq 2$.

Man beweise

$$\max_{1 \leq i < j \leq n} |P_iP_j| > \frac{\sqrt{3}}{2}(\sqrt{n} - 1) \min_{1 \leq i < j \leq n} |P_iP_j|$$

Lösung

Es seien $D = \max\limits_{1 \leq i < j \leq n} |P_iP_j|$ und $d = \min\limits_{1 \leq i < j \leq n} |P_iP_j|$.

Sicherlich gibt es einen kleinsten Kreis, der alle n Punkte enthält. Sein Radius sei R. Um jeden der Punkte betrachte man einen Kreis mit dem Radius $\frac{d}{2}$ (Abb. L231244).

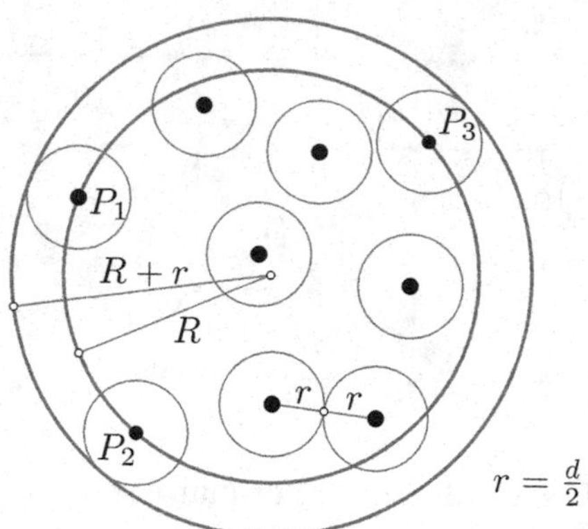

Abb. L231244: Die nichtüberlappenden Kreise.

Dann überlappen sich die n kleinen Kreise nicht und sie liegen offenbar alle in einem Kreis mit dem Radius $R + \frac{d}{2}$. Über die Flächen erhalten wir:

$$\pi \left(R + \frac{d}{2}\right)^2 > n\pi \left(\frac{d}{2}\right)^2$$

und

$$R > (\sqrt{n} - 1)\,\frac{d}{2}. \tag{1}$$

Auf der anderen Seite liegen nach dem Satz von JUNG alle Punkte in einem Kreis mit dem Radius $\frac{D}{\sqrt{3}}$, d. h. $D \geq \sqrt{3}R$. Zusammen mit (1) erhalten wir

$$D > \frac{\sqrt{3}}{2}(\sqrt{n} - 1)\,d\,. \qquad \diamond$$

Aufgabe 411342

Unter der Minimaldistanz einer endlichen Punktmenge versteht man die kürzeste unter allen Längen der Verbindungsstrecken zweier verschiedener Punkte dieser Menge.

(a) Man beweise, dass man auf der Oberfläche K einer Kugel vom Radius R acht Punkte finden kann, deren Minimaldistanz größer als $1{,}15\,R$ ist.

(b) Man untersuche, ob es auf K acht Punkte gibt, deren Minimaldistanz größer als $1{,}2\,R$ ist.

Lösung

(a) Es seien $A_1, A_2, \ldots, A_8$ die Eckpunkte eines der Kugelfläche K einbeschriebenen Würfels. Dessen Kantenlänge sei a. Offensichtlich beträgt der kleinste unter allen Abständen zweier der Punkte $A_1, A_2, \ldots, A_8$ genau a. Jede der Raumdiagonalen des Würfels hat die Länge $a\sqrt{3}$ und verläuft durch den Mittelpunkt von K, ist also Durchmesser der Kugel. Folglich ist $2R = a\sqrt{3}$, also $a = \frac{2}{\sqrt{3}}R$.

Wegen $3 \cdot 1{,}2^2 = 4{,}32 > 4 > 3{,}9675 = 3 \cdot 1{,}15^2$ gilt $1{,}15\,R < a = \dfrac{2}{\sqrt{3}}R < 1{,}2\,R$.

Die Punkte $A_1, A_2, \ldots, A_8$ besitzen daher die unter dieser Teilaufgabe geforderte Eigenschaft, sie erfüllen aber nicht die Bedingung der zweiten Teilaufgabe.

(b) Es gibt aber Punktanordnungen, die die gewünschte Eigenschaft besitzen. Wir legen die Kugel mit dem Radius R in ein Koordinatensystem, wobei der Mittelpunkt der Kugel der Koordinatenursprung ist. In einer Ebene parallel zur x, y-Ebene mit $z = h$ betrachten wir ein Quadrat auf der Kugeloberfläche. h sei zunächst beliebig aus dem Intervall $[0, R]$ gewählt. Der Schnittkreis der Kugel mit dieser Ebene hat nach dem Satz des PYTHAGORAS den Radius $r = \sqrt{R^2 - h^2}$. Wir können durch Drehung also annehmen, dass wir folgende vier Punkte haben: $A_1 = (r, 0, h)$, $A_2 = (0, r, h)$, $A_3 = (-r, 0, h)$ und $A_4 = (0, -r, h)$. Ein analoges Quadrat betrachten wir in der parallelen Ebene mit $z = -h$, allerdings um 45° gedreht. Also haben wir für $s = \frac{r}{\sqrt{2}}$ die Punkte $A_5 = (s, s, -h)$, $A_6 = (s, -s, -h)$, $A_7 = (-s, -s, -h)$ und $A_8 = (-s, s, -h)$.
Die kürzesten Abstände sind in den beiden Quadraten gleich

$$|A_1A_2| = \sqrt{2}r = \sqrt{2}\sqrt{R^2 - h^2}.$$

Zwischen den beiden Quadraten sind die kürzesten Abstände

$$|A_1A_5| = \sqrt{\left(\left(1 - \frac{1}{\sqrt{2}}\right)r\right)^2 + \left(\frac{1}{\sqrt{2}}r\right)^2 + (2h)^2} = \sqrt{(2 - \sqrt{2})r^2 + 4h^2}.$$

Die Formel für r eingesetzt ergibt

$$|A_1A_5| = \sqrt{(2 - \sqrt{2})R^2 + (2 + \sqrt{2})h^2}.$$

Wenn wir h von 0 bis R laufen lassen, so wird $|A_1A_2|$ stetig monoton kleiner, während $|A_1A_5|$ stetig monoton größer wird. Also wird der gesuchte minimale Abstand bei dieser Konfiguration am kleinsten, wenn $|A_1A_2| = |A_1A_5|$ ist. Einfaches Nachrechnen liefert

$$h = \sqrt{\frac{2\sqrt{2} - 1}{7}}R.$$

Damit ist die Minimaldistanz offenbar

$$|A_1A_2| = |A_1A_5| = \sqrt{\frac{16-4\sqrt{2}}{7}}R > \sqrt{\frac{16-4\cdot\frac{3}{2}}{7}}R = \sqrt{\frac{10}{7}}R > 1{,}2\,R$$

wegen $\sqrt{2} < \frac{3}{2}$ und $10 > 9{,}08 = 7\cdot(1{,}2)^2$. ◇

Aufgabe 451342

Fünf Punkte liegen auf der Oberfläche einer Kugel vom Radius 1. Mit $a_{\min}$ werde der kleinste Abstand (geradlinig im Raum gemessen) zweier dieser Punkte bezeichnet. Was ist bei allen möglichen Anordnungen der Punkte auf der Kugeloberfläche der größtmögliche Wert, den $a_{\min}$ annehmen kann?

Lösung

Das gesuchte Maximum von $a_{\min}$ besitzt den Wert $\sqrt{2}$. Um dies zu zeigen, wird zunächst ein Beispiel angegeben, für das $a_{\min} = \sqrt{2}$ ist.

Wir betrachten die Einheitskugel in einem Koordinatensystem, wobei der Kugelmittelpunkt gerade der Koordinatenursprung O ist. Nun nehmen wir einen dieser Kugel einbeschriebenen Würfel, z. B. die Punkte $A_1 = (1\,,0\,,0)$, $A_2 = (-1\,,0\,,0)$, $A_3 = (0\,,1\,,0)$, $A_4 = (0\,,-1\,,0)$, $A_5 = (0\,,0\,,1)$ und $A_6 = (0\,,0\,,-1)$. Offenbar erfüllt diese Anordnung $a_{\min} = \sqrt{2}$ und das sogar für sechs Punkte, also auch für fünf Punkte, indem wir einen Punkt weglassen.

Nun wird angenommen, dass es eine Anordnung von fünf Punkten A_1, A_2, A_3, A_4 und A_5 auf der Kugeloberfläche gibt, für die $a_{\min} > \sqrt{2}$ ist.

Durch Drehung der Kugel können wir annehmen, dass $A_5 = (0\,,0\,,-1)$ ist. Dann müssen die Punkte A_1, A_2, A_3 und A_4 positive z-Koordinaten haben, da sonst der Abstand zu A_5 nicht größer als $\sqrt{2}$ wäre. Jetzt betrachten wir die vier Oktanten mit positiver z-Koordinate, wobei wir die Punkte in der xy-Ebene ignorieren. Da in jedem Oktanten (mit Rand) der maximale Abstand $\sqrt{2}$ ist, kann in jedem Oktanten höchstens einer der vier Punkte A_1, A_2, A_3 und A_4 liegen. Jetzt wenden wir die einfache, aber sehr schöne Idee aus dem Einführungsbeispiel an und können durch Drehung um die z-Achse erreichen, dass A_4 in der xz-Ebene liegt. Damit können in den beiden Oktanten, auf deren Rand A_4 liegt, keine weiteren Punkte enthalten, also gibt es in den vier Oktanten maximal drei Punkte und insgesamt vier, was unserer Annahme widerspricht.

Bemerkung. Es gibt viele andere Anordnungen der fünf Punkte mit dem Abstand $\sqrt{2}$. Z. B. nehme man die Punkte $A_1 = (0\,,0\,,1)$ und $A_5 = (0\,,0\,,-1)$ sowie A_2, A_3 und A_4 auf dem Schnittkreis der Kugel mit der xy-Ebene, wobei die Winkel $\sphericalangle\, A_2OA_3$, $\sphericalangle\, A_3OA_4$ und $\sphericalangle\, A_4OA_2$ nicht spitz sind, d. h. $|\sphericalangle\, A_2A_3A_4| \geq 45°$, $|\sphericalangle\, A_3A_4A_2| \geq 45°$ und $|\sphericalangle\, A_4A_2A_3| \geq 45°$. ◇

2.2 Kuss-Zahlen

In diesem Abschnitt beschäftigen wir uns mit Berührungsproblemen des folgenden Typs: Die Kugeln Q, $S_1, S_2, \ldots, S_n$ seien $n+1$ Einheitskugeln im m-dimensionalen Raum, so dass alle Kugeln S_i die Kugel Q berühren (küssen) und keine zwei Kugeln S_i und S_j $(i \neq j)$ einen gemeinsamen inneren Punkt haben. Was kann man über das maximale n sagen?

Das maximale n ist 2 in der Dimension $m = 1$, eine Strecke der Länge 2 (was eine Einheitskugel in Dimension 1 ist) kann offenbar zwei andere solcher Strecken berühren. In Dimension $m = 2$ ist es wohlbekannt, dass man 6 Einheitskreise perfekt um den Einheitskreis Q platzieren kann, so dass diese den Einheitskreis Q berühren und sich je zwei benachbarte Einheitskreise berühren. Das erste Problem dieses Abschnittes, 061231, behandelt im Wesentlichen genau diesen Fall.

Die Situation in der Dimension $m = 3$ ist viel komplizierter und interessanter. Man kann 12 Einheitskugeln um Q folgendermaßen platzieren: Zunächst wählt man 6 Einheitskugeln um Q, wobei die Mittelpunkte von diesen 6 Kugeln und Q in einer Ebene liegen und eine Situation wie im ebenen Fall bilden. Sodann werden oben und unten je drei Kugeln in die Lücken gelegt, wie beim Packen von Orangen. Diese naheliegende Anordnung scheint im ersten Augenblick ein Optimum zu sein, denn alle 12 Enheitskugeln S_i berühren Q und benachbarte dieser Kugeln berühren sich auch. Diese Struktur hat auch eine große Ähnlichkeit zur Struktur in Dimension $m = 2$. Es geht aber interessanterweise besser! Wir betrachten eine Konfiguration, bei der die Mittelpunkte der S_i auf der Kugel um Q mit dem Radius 2 liegen und einen Ikosaeder (Abb. 9.3, S. 508) bilden. Dann sind die 12 Einheitskugeln wie die Flächen des Dodekaeders angeordnet und berühren die zentrale Kugel Q, doch der Abstand zwischen je zwei benachbarte Einheitskugeln S_i ist $2(2 - \frac{2}{\sqrt{5}}) = 2.21114\ldots$, d. h. keine zwei dieser Kugeln S_i berühren sich. Im Bild 2.4 finden wir die Ikosaeder-Anordnung von 12 Kugeln. Diese Struktur eröffnet nun die Möglichkeit die Kugeln S_i etwas zu verschieben!

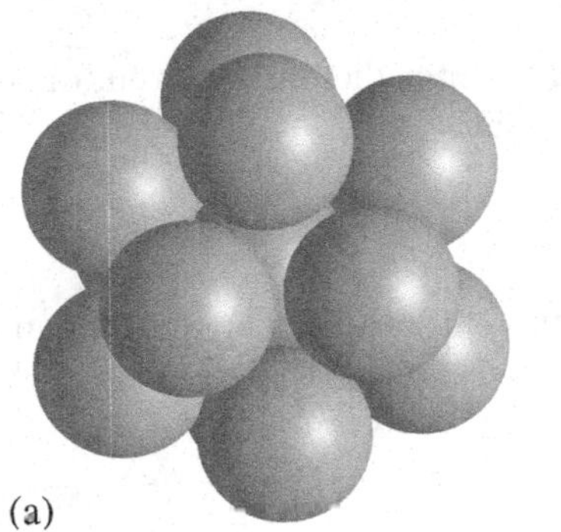

(a)

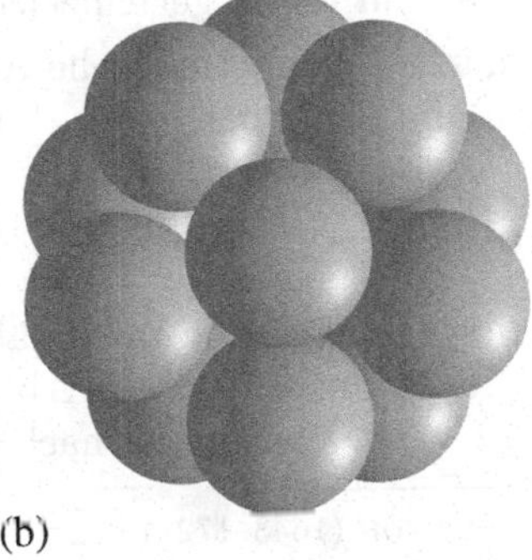

(b)

Abb. 2.4: Die Kugeln perspektivisch und von oben.

Könnte es gelingen, dieses so zu organisieren, dass Platz für eine 13. Einheitskugel entsteht?

Das Problem 061246 fragt nach einem Beweis für $n \leq 14$. Es ist auch möglich $n \leq 13$ zu beweisen. Die Frage ob $n = 12$ oder $n = 13$ ist, geht bis auf einen berühmten Disput zwischen NEWTON[2] und GREGORY[3] 1694 anlässlich einer Diskussion zur KEPLERschen Vermutung zurück. Dabei soll NEWTON 12 als die korrekte Anzahl angesehen haben. Die Frage, ob $n = 12$ oder $n = 13$ ist, blieb über 250 Jahre unbeantwortet. Erst [54] gaben den ersten kompletten Beweis nach heutigen Standards, dass 12 die korrekte Antwort ist.

In diesem Zusammenhang sei der interessierte Leser auf den Artikel [52] hingewiesen.

Es ist bemerkenswert, dass in der 1. Auflage des empfehlenswerten Buches [3] (englische Ausgabe, S. 67 ff.) ein mehr oder weniger elementarer Beweis für $n = 12$ enthalten ist. Es stellte sich aber heraus, dass dieser Beweis Lücken hatte und ein Schließen dieser hochgradig nicht-trivial wäre. Darum wurde dieses Kapitel in der zweiten Auflage weggelassen. Wir empfehlen dem interessierten Leser die deutschen Ausgaben dieses Buches [4].

Im Allgemeinen erhält man obere Schranken von n in der Dimension m aus Methoden der Codierungstheorie und untere durch Konstruktionen. Zwischen diesen Schranken sind gewöhnlich größere oder kleinere Lücken. Zur sehr großen Überraschung stimmen diese Schranken in den Dimensionen $m = 8$ und $m = 24$ überein, sodass man in diesen Fällen das maximale n genau kennt. Außerdem ist es [49] gelungen $n = 24$ für $m = 4$ zu beweisen. Also kennt man zur Zeit den exakten Wert für n nur falls $m \in \{1, 2, 3, 4, 8, 24\}$.

Aufgabe 061231

In ein und derselben Ebene seien n Punkte ($n \geq 2$) so verteilt, dass es zu jedem von ihnen unter den übrigen nur einen nächstgelegenen gibt. Zu jedem dieser n Punkte werde der von ihm ausgehende und in dem ihm nächstgelegenen Punkt endende Vektor und nur dieser gekennzeichnet.

Man ermittle die größtmögliche Anzahl derjenigen unter diesen Vektoren, die dann in einem und denselben der n Punkte enden können.

Lösung

Im Punkt P möge eine maximale Anzahl von Vektoren enden. Sie mögen von $P_1, P_2, \ldots, P_k$ ausgehen (vgl. Abb. L061231). Wir betrachten die Dreiecke PP_iP_j mit $1 \leq i < j \leq k$. Dann ist nach der Definition der Vektoren

---

[2] ISAAC NEWTON (1643–1727)

[3] DAVID GREGORY (1659–1708)

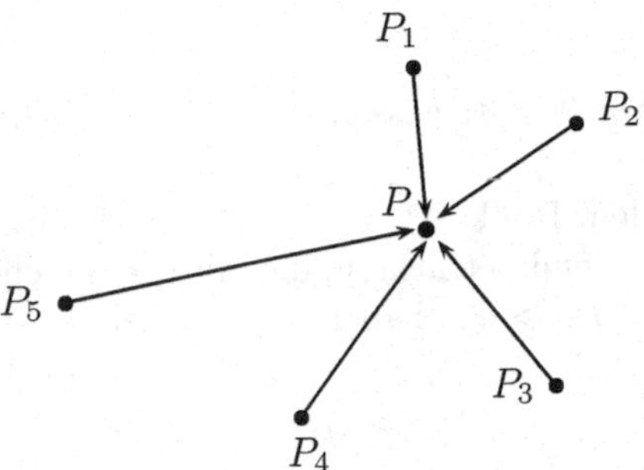

Abb. L061231: Der ebene Fall.

$$|P_iP| < |P_iP_j| \qquad \text{und}$$
$$|P_jP| < |P_iP_j| \; .$$

Also ist $\overline{P_iP_j}$ die längste Seite des Dreiecks PP_iP_j und $\sphericalangle P_iPP_j$ der größte Winkel, d. h. $|\sphericalangle P_iPP_j| > 60°$.

Lassen wir nun einen Strahl von P ausgehend in Uhrzeigerrichtung einmal umlaufen, so mögen wir die Punkte $P_1, P_2, \ldots, P_k$ in dieser Reihenfolge treffen. Also ist

$$\sum_{i=1}^{k-1} |\sphericalangle P_iPP_{i+1}| + |\sphericalangle P_kPP_1| = 360° \qquad \text{und weiter}$$

$$(k-1)60° + 60° < \sum_{i=1}^{k-1} |\sphericalangle P_iPP_{i+1}| + |\sphericalangle P_kPP_1| = 360° \; ,$$

d. h. $k \cdot 60° < 360°$ und $k < 6$ sowie schließlich

$$k \leq 5 \, .$$

Tatsächlich kann $k = 5$ angenommen werden; man betrachte ein regelmäßiges Fünfeck nebst Mittelpunkt! ◇

Aufgabe 061246

Man beweise folgenden Satz:

Liegen die n paarweise voneinander verschiedenen Punkte P_i, $i = 1, 2, \ldots, n$, $n \geq 2$, so im dreidimensionalen Raum, dass jeder von ihnen von ein und demselben Punkt Q einen kleineren Abstand hat als von jedem anderen der P_i, dann ist $n < 15$.

Lösung

Nach der vorigen Aufgabe 061231 wissen wir, dass $|\sphericalangle P_iQP_j| > 60°$ ist für $1 \leq i < j \leq n$.

Wir konstruieren zu jedem Punkt P_i, $i \in \{1, 2, \dots, n\}$, einen Kegel K_i in dem wir alle Strahlen von Q ausgehend betrachten, die mit QP_i einen Winkel nicht größer als 30° bilden. Wegen $|\sphericalangle P_iQP_j| > 60°$ haben diese Kegel nur den Punkt Q gemeinsam.

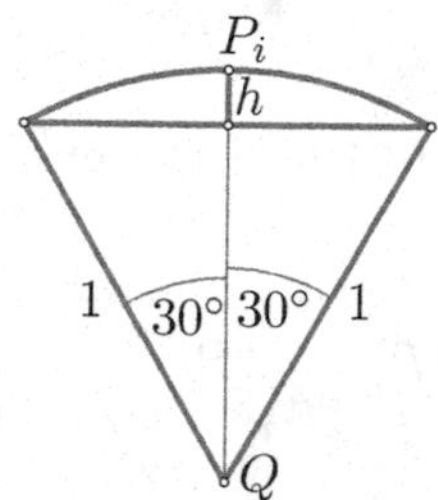

Abb. L061246: Der Winkel zwischen den Strahlen.

Wir betrachten nun eine Einheitskugel E um Q. Jeder Kegel K_i schneidet aus der Oberfläche von E eine Kugelkappe ab. Die Oberfläche der Kugelkappe beträgt bekanntlich $2\pi h$ (Man beachte: $r = 1$!), wobei h die Höhe der Kugelkappe ist. Offenbar (Abb. L061246) ist $h = 1 - \cos 30° = 1 - \frac{1}{2}\sqrt{3}$. Also ist die Oberfläche einer Kugelkappe

$$2\pi\left(1 - \frac{1}{2}\sqrt{3}\right) = \pi(2 - \sqrt{3}) \ .$$

Die Gesamtoberfläche der Kugel beträgt 4π.

Da die Kegel (bis auf Q) disjunkt sind, liegen die einzelnen Kugelkappen auch disjunkt. Also ist

$$n \cdot \pi(2 - \sqrt{3}) < 4\pi \ ,$$

$$n < \frac{4}{2 - \sqrt{3}} = \frac{4}{2 - \sqrt{3}} \frac{2 + \sqrt{3}}{2 + \sqrt{3}} = \frac{4(2 + \sqrt{3})}{2^2 - (\sqrt{3})^2} = 8 + 4\sqrt{3} \ .$$

Wegen $\sqrt{3} = 1.732\dots$ ist sicher $\sqrt{3} < 1.75$, d. h. $4\sqrt{3} < 7$ und $n < 15$. ◇

2.3 Zerlegungen von Gebieten

In diesem Abschnitt werden wir verschiedene kombinatorische Zerlegungsprobleme betrachten. Schon vorher benutzte Methoden, wie etwa das DIRICHLET'sche Schubfachprinzip oder das Extremalprinzip, kommen auch hier zum Einsatz.

Aufgabe 281246B

Man ermittle die größtmögliche Anzahl von Quadraten der Seitenlänge 1, die sich in ein gegebenes Quadrat der Seitenlänge 1,99 legen lassen, ohne über dessen Rand hinauszuragen und ohne sich gegenseitig zu überlappen.

Lösung

Die maximale Anzahl von Einheitsquadraten, die in ein Quadrat mit der Kantenlänge 1,99 ohne Überlappungen platziert werden können, ist 1.

Wir werden diese Aussage beweisen, in dem wir zeigen, dass jedes Einheitsquadrat, das in das gegebene Quadrat $ABCD$ platziert wird, den Mittelpunkt M von $ABCD$ als inneren Punkt hat. Dadurch wird klar, dass je zwei platzierte Einheitsquadrate einen gemeinsamen inneren Punkt haben, d. h. diese Einheitsquadrate würde sich überlappen, was ausgeschlossen ist.

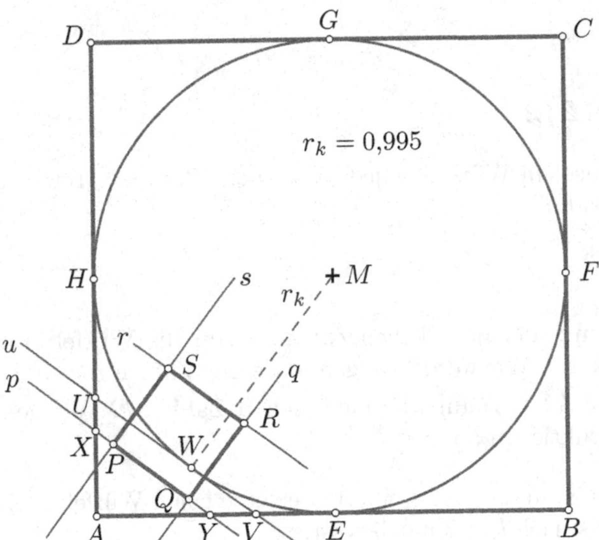

Abb. L281246B: Das Einheitsquadrat $PQRS$ innerhalb des Quadrates $ABCD$.

Wir nehmen an, es existiert ein Einheitsquadrat $PQRS$ innerhalb des Quadrates $ABCD$, das den Punkt M nicht im Inneren enthält. Die Geraden PQ, QR, RS und SP werden in dieser Reihenfolge mit p, q, r bzw. s bezeichnet (Abb. L281246B). Dann liegt M nicht in einem der beiden Streifen zwischen p und r bzw. q und s. Dann ist der Abstand von M zu einem der Geraden, sagen wir p, größer als 1. Die Gerade p hat keinen gemeinsamen Punkt mit dem Inkreis k des Quadrates $ABCD$, da dessen Radius $\frac{1}{2} \cdot 1,99 < 1$ ist. Der Durchschnitt der Geraden PQ mit dem Quadrat $ABCD$ sei die Strecke $\overline{XY}$, die die Strecke $\overline{PQ}$ vollständig enthält.

Das Gebiet des Quadrates $ABCD$ (inklusive des Randes) außerhalb des Inkreises (inklusive der Punkte auf dem Kreis) ist nicht zusammenhängend wegen der Punkte E, F, G und H, die die Berührungspunkte des Inkreises mit den Quadratseiten sind. Damit ist klar, dass $\overline{XY}$ nur zu einem der vier Teile gehört, sagen wir zu AEH. Es gibt eine eindeutig bestimmte Gerade u, die parallel zu p und tangential an k liegt sowie einen Schnittpunkt U mit der Strecke $\overline{XH}$ hat, da p selbst außerhalb von k verläuft. Diese Gerade u schneidet die Strecke $\overline{YE}$ in V. Der Berührungspunkt von u und k sei W. Es ist $|AX| < |AU|$ und analog $|XY| < |UV|$. Nach der Dreiecksungleichung und dem Satz über Tangentenabschnitte folgt

$$1 = |PQ| \leq |XY| < |UV| < \frac{1}{2}(|AU| + |AV| + |UW| + |VW|) =$$

$$= \frac{1}{2}(|AU| + |AV| + |UH| + |VE|) = \frac{1}{2} \cdot 1{,}99 < 1.$$

Mit diesem Widerspruch ist die Aussage bewiesen. ◇

Aufgabe 321242

Man beweise, dass ein Würfel für jede natürliche Zahl $n \geq 100$ in genau n Würfel zerlegt werden kann.

Lösung

Es sei B die Menge der natürlichen Zahlen n, für die Würfel in genau n Würfel zerlegt werden kann. Wir werden zeigen, dass alle Zahlen $n \geq 100$ zu B gehören. Offensichtlich ist $k^3 \in B$ für alle natürlichen Zahlen k. Wir geben jetzt einige rekursive Konstruktionen an:

1. Ist $n \in B$, so ist auch $n + 7 \in B$: Man ersetze einen Würfel der Zerlegung durch 8 Würfel, was nach $k = 2$ möglich ist.
2. Ist $n \in B$, so ist auch $n + 19 \in B$: Man ersetze einen Würfel der Zerlegung durch 27 Würfel, was nach $k = 3$ möglich ist. Sodann ersetzt man 8 gleich große Würfel, die soeben eingeführt wurden, durch einen Würfel der doppelten Kantenlänge.
3. Ist $n \in B$, so ist auch $n + 37 \in B$: Man ersetze einen Würfel der Zerlegung durch 64 Würfel, was nach $k = 4$ möglich ist. Sodann ersetzt man 27 gleich große Würfel, die soeben eingeführt wurden, durch einen Würfel der dreifachen Kantenlänge.

Wegen 1. sind mit $n \in B$ auch alle größeren Zahlen derselben Restklasse *mod* 7 in B. Also reicht es zu zeigen, dass es für jede der 7 Restklassen *mod* 7 ein $n \in B$ mit $n < 100$ existiert.

n *mod* 7	0	1	2	3	4	5	6
kleinstes n	77	1	58	38	39	75	20
Begründung	$1+4\cdot 19$	trivial	$1+3\cdot 19$	$1+1\cdot 37$	$1+2\cdot 19$	$1+2\cdot 37$	$1+1\cdot 19$

Durch diese Tabelle haben wir sogar bewiesen, dass $n \in B$ für alle $n \geq 71$ gilt.

Bemerkung. Es stellt sich sofort die Frage nach der analogen Situation in der Ebene. Für welche n kann ein Quadrat in n Quadrate zerlegt werden? Bezeichnet B wiederum die Menge der natürlichen Zahlen, für die ein Quadrat in n Quadrate zerlegt werden kann, so erkennt man sofort $n = k^2 \in B$ für alle natürlichen Zahlen $k \geq 1$. Außerdem liefert das Ersetzen eines Quadrates durch 4 gleichgroße Quadrate $n + 3 \in B$ für alle $n \in B$. Ist $k \geq 1$, so betrachten wir ein $(k+1)^2$-Quadrat, das aus lauter Einheitsquadraten besteht. Jetzt ersetzen wir k^2 Einheitsquadrate, die ein $k \cdot k$-Quadrat bilden, durch ein einziges Quadrat. Damit haben wir das große Quadrat in $(k+1)^2 - k^2 + 1 = 2k + 2$ Quadrate zerlegt, also ist $2k + 2 \in B$ für alle $k \geq 1$. Zusammenfassend erhalten wir hier eine komplette Antwort: $B = \mathbb{N} - \{2, 3, 5\}$. Der Leser kann sich leicht überlegen, dass man ein Quadrat nicht in 2, 3 oder 5 Quadrate zerlegen kann.

Eine vollständige Antwort für unser ursprüngliches Problem ist nicht bekannt. ◇

Aufgabe 301242

Zu einem würfelfömigen Kasten der Kantenlänge 10 cm seien alle diejenigen Geraden betrachtet und als *markiert* bezeichnet, die durch das Innere des Würfels gehen, parallel zu einer Würfelkante verlaufen und von den beiden Seitenflächen, die diese Kante enthalten, ganzzahlige (in cm gemessene) Abstände haben.

Man beweise: Wie man auch den Kasten mit 250 quaderförmigen Bausteinen der Abmessungen $2\,\text{cm} \times 2\,\text{cm} \times 1\,\text{cm}$ vollständig ausfüllt, stets gibt es wenigstens 100 markierte Geraden, die keinen der Bausteine durchstechen.

Dabei gilt ein Baustein genau dann als *durchstochen*, wenn die Gerade innere Punkte des Bausteins enthält.

Lösung

Es gibt insgesamt $3 \cdot 9 \cdot 9 = 243$ Geraden, die prinzipiell zur Verfügung stehen und evtl. Bausteine durchstechen, denn es gibt 3 Richtungen der Würfelkanten und jedes Mal $9 \cdot 9 = 81$ Geraden, die durch das Innere des Würfels laufen und ganzzahlige Abstände von den Seitenflächen haben. Da die Bausteine die Abmessungen $2\,\text{cm} \times 2\,\text{cm} \times 1\,\text{cm}$ haben, kann nur genau eine Gerade den Baustein durchstoßen, nämlich die die durch die Mittelpunkte der quadratischen Flächen laufen. Nunmehr betrachten wir eine beliebige der 243 Geraden und nennen sie g. Wir legen zwei Schnitte entlang g parallel zu den beiden Würfelflächen, die zu g parallel sind. Dadurch entstehen 4 Quader, die jeweils eine gerade Anzahl von Einheitswürfeln haben, da diese Quader eine Kantenlänge von $10cm$ haben. Was passiert mit den Bausteinen? Ein durchstoßener Baustein liefert je einen Einheitswürfel in jeden der vier Quader. Ansonsten werden je nach Lage 4, 2 oder 0 Einheitswürfel eines Bausteines in die Quader geliefert. Also muss wegen der Parität die Gerade g eine gerade Anzahl von Bausteinen durchstoßen. Da es genau 250 Bausteine sind, können höchstens 125 Geraden Bauteile durchstoßen, d. h. mindestens $243 - 125 = 118 > 100$ Geraden durchstoßen keinen einzigen Baustein. ◇

Aufgabe 361323

In der Ebene sei ein rechtwinkliges kartesisches Koordinatensystem gegeben. Weiterhin seien in der Ebene n Rechtecke gelegen, deren Seiten sämtlich zu den Koordinatenachsen parallel sind. Die Randlinien (bestehend aus den je vier Seiten) dieser Rechtecke zerlegen die Ebene in N Teilflächen.
Man bestimme für jede natürliche Zahl $n \geq 1$ den größten Wert, den N annehmen kann.

Lösung

Für eine gegebene Zahl n bezeichne $N(n)$ das größte derartige N. Wir werden $N(n) = 2(n^2 - n + 1)$ für alle positiven Zahlen n beweisen.

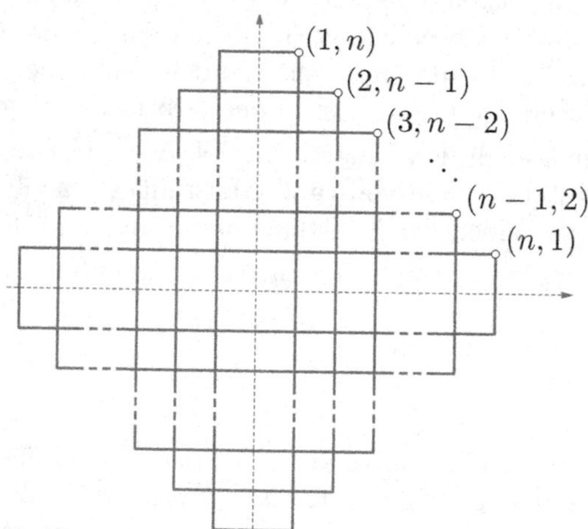

Abb. L361323: Ein Beispiel.

Wir beginnen mit einem Beispiel, das $N(n) \geq 2(n^2 - n + 1)$ zeigt, s. Abb. L361323. Wir betrachten Rechtecke, die symmetrisch im Koordinatensystem liegen und die angegeben Punkte als rechte obere Eckpunkte haben. Es sei $b_n = 1+3+5+\cdots+(2n-3)+(2n-1)$. Die Anzahl a_n der Gebiete im Beispiel erfüllt $a_n = b_n + b_{n-1} + 1$, wobei der Summand 1 das Gebiet außerhalb der Rechtecke zählt. Damit ist $b_n = \frac{2n \cdot n}{2} = n^2$ und $a_n = n^2 + (n-1)^2 + 1 = 2(n^2 - n + 1)$.

Wir vervollständigen den Beweis durch den Nachweis von $N(n) \leq 2(n^2 - n + 1)$. Offenbar ist $N(1) = 2$. Wir werden $N(n+1) \leq N(n) + 4n$ zeigen. Das impliziert durch vollständige Induktion

$$N(n+1) \leq 2(n^2 - n + 1) + 4n = 2((n+1)^2 - (n+1) + 1)$$

und damit das gewünschte Resultat.

Es seien n Rechtecke $R_1, R_2, \ldots, R_n$ mit parallelen Seiten zu den Koordinatenachsen gegeben. Deren Ränder $r_1, r_2, \ldots, r_n$ teilen die Ebene in $N = N(n)$ Gebiete $F_1, F_2, \ldots, F_N$. Nun betrachten wir das Rechteck R_{n+1} mit Seiten parallel zu den Achsen. Dessen Rand r_{n+1} passiert die Gebiete F_k, $k \in \{1, 2, \ldots, N\}$, durch q_k Segmente oder Segment-Folgen. Dadurch wird F_k in $1 + q_k$ Gebiete zerlegt. Mit $u = q_1 + q_2 + \cdots + q_N$ zerlegten Rechtecke $R_1, R_2, \ldots, R_n, R_{n+1}$ die Ebene in $N + u$ Gebiete.

Nun laufen wir entlang des Randes r_{n+1}, der auch in u Teile durch die Segmente und Segment-Folgen zerlegt wird. Die Zerlegungspunkte sind Schnittpunkte von Rechtecken. Es ist einfach zu sehen, dass zwei Rechtecke nicht mehr als 4 Schnittpunkte haben können. Deshalb ist $u \leq 4n$ und

$$N(n+1) = N(n) + u \leq N(n) + 4n. \qquad \diamond$$

Aufgabe 381346A

Ein gleichschenklig rechtwinkliges Dreieck soll in eine gewisse Anzahl von Dreiecken zerschnitten werden, die sämtlich spitzwinklig sind. Man bestimme die kleinstmögliche Anzahl m, für die dies möglich ist.

Lösung

Manchmal ist es einfacher, eine etwas allgemeinere Aussage zu beweisen. Es sei m die kleinste Zahl (Extremalprinzip), für die es ein rechtwinkliges oder ein stumpfwinkliges Dreieck ABC gibt, das sich vollständig in m spitzwinklige Dreiecke zerschneiden lässt. Wir nehmen an, dass $m \leq 6$ ist und führen diese Annahme zum Widerspruch. Außerdem nehmen wir an, dass der Winkel bei C nicht spitz ist.

Die Abb. L381346A zeigt eine Zerlegung in genau sieben spitzwinklige Teildreiecke.

Es bezeichne E die Menge der Eckpunkte der spitzwinkligen Teildreiecke der Zerlegung des Dreiecks ABC und S die Menge ihrer Seiten.

Falls E keinen inneren Punkt von $\triangle ABC$ enthält, verbinden Schnitte immer nur Punkte auf dem Rand von $\triangle ABC$. Sicher muss in C ein Schnitt beginnen, der im

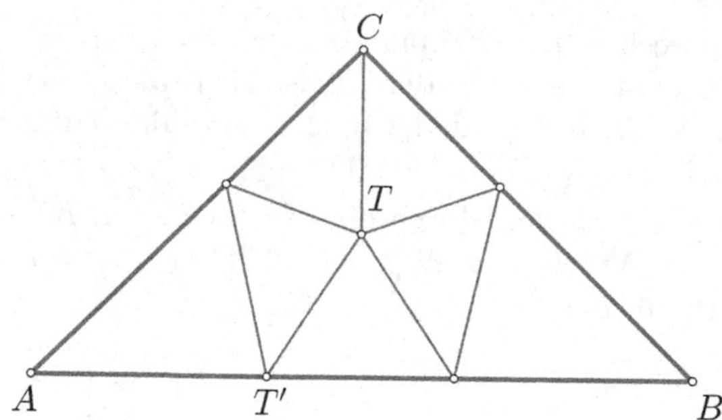

Abb. L381346A: Eine Zerlegung in 7 spitzwinklige Dreiecke.

Punkt T auf der Seite $\overline{AB}$ endet. Mindestens einer der Winkel $\sphericalangle ATC$ und $\sphericalangle BTC$ ist nicht spitz. Damit hätten wir ein anderes nicht-spitzwinkliges Dreieck, das sich in weniger als m spitzwinklige Dreiecke zerlegen lässt, was der Minimalität von m widerspricht.

Nunmehr nehmen wir an, dass im Innern von $\triangle ABC$ mindestens zwei Punkte von E liegen. Wir betrachten zwei davon und bezeichnen sie mit T_1 und T_2. Offenbar müssen in jedem dieser beiden Punkte mindestens 5 Kanten beginnen, denn sonst wäre mindestens ein Winkel nicht spitz. Somit sind beide Punkte Eckpunkte von mindestens fünf Dreiecken, also insgesamt mindestens 10 Dreiecken. Höchstens zwei dieser Dreiecke können wir doppelt gezählt haben, denn nur zwei Dreiecke können sowohl T_1 als auch T_2 enthalten. Damit hätte die Zerlegung mindestens 8 Dreiecke, was $m \leq 6$ widerspricht.

Also enthält E genau einen Punkt T im Innern des $\triangle ABC$, siehe Abb. L381346A. Wie schon gesehen, beginnen in T mindestens 5 Kanten, mindestens zwei von ihnen enden nicht in einem der 3 Eckpunkte von $\triangle ABC$. Sei T' ein solcher Punkt. Neben $\overline{TT'}$ muss wegen der Spitzwinkligkeit in T' mindestens eine weitere Kante im Innern von $\triangle ABC$ beginnen. Nun zählen wir die Kanten der Zerlegungsdreiecke und nennen die Anzahl z. Kanten von S, die im Innern von $\triangle ABC$ liegen, werden dabei doppelt gezählt, die auf dem Rand einfach. Wegen $m \leq 6$ haben wir insgesamt $z \leq 18$. Andererseits zählen wir mindestens 10 Kanten, die in T beginnen, jeweils eine Kante bei den beiden neuen Punkten, die nicht zu T verlaufen, und mindestens 5 Kanten auf dem Rand, denn: Die 3 Dreiecksseiten haben mindestens zwei Punkte aus S auf ihnen, die die Anzahl um 2 vergrößern. Mithin haben wir $z \geq 10+2\cdot 2+5 = 19$, d. h. $19 \leq z \leq 18$ und den angestrebten Widerspruch. $\diamondsuit$

2.4 Abschlüsse

In diesem Abschnitt werden wir drei Aufgaben behandeln, bei denen es um die Existenz einer größeren Struktur geht, die die gegebene Situation beinhaltet. Die ersten beiden Aufgaben behandeln den analogen Sachverhalt, einmal in der Ebene und einmal im Raum.

Aufgabe 161235

In einer Ebene sei eine Menge von endlich vielen Punkten, die nicht alle auf ein und derselben Geraden liegen, so gegeben, dass der Flächeninhalt jedes Dreiecks, das drei dieser Punkte als Eckpunkte hat, nicht größer als 1 ist.

Man beweise, dass für jede derartige Menge eine Dreiecksfläche (einschließlich ihres Randes verstanden) existiert, deren Flächeninhalt nicht größer als 4 ist und die die gegebene Menge enthält.

Lösung

Unter allen Dreiecken, deren Eckpunkte zu der gegebenen Menge gehören, werde ein solches Dreieck ABC ausgewählt, dessen Flächeninhalt F maximal ist (Extremalprinzip). Nach Voraussetzung gibt es unter diesen Dreiecken mindestens eines mit positivem Flächeninhalt, also gilt insbesondere $F > 0$, d. h., das Dreieck ABC kann nicht entartet sein.

Durch A, B und C werde jeweils die Parallele zur gegenüberliegenden Dreiecksseite gezogen (Abb. L161235). Der Flächeninhalt des so gebildeten Dreiecks $A'B'C'$ ist $4F$, wegen $F \leq 1$ also nicht größer als 4.

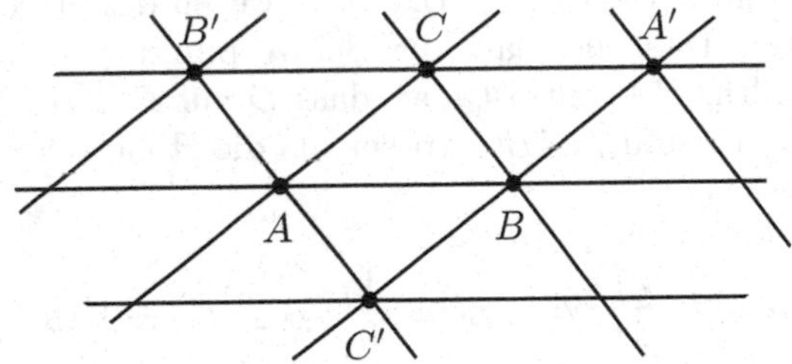

Abb. L161235: Die Dreiecke ABC und $A'B'C'$.

Im Innern dieses Dreiecks $A'B'C'$ oder auf seinem Rand liegen dann alle Punkte der gegebenen Menge: Gäbe es nämlich in ihr einen Punkt P außerhalb des Dreiecks $A'B'C'$, so befände sich dieser o. B. d. A. auf der C' nicht enthaltenen Halbebene, die durch die Geraden $A'B'$ begrenzt wird. Dann wäre aber der Flächeninhalt des Dreiecks $\triangle ABP$ größer als der Flächeninhalt F des Dreiecks ABC, was der vorausgesetzten Maximalität von F widerspricht. Damit ist die Behauptung bewiesen. $\diamondsuit$

Aufgabe 231246A

Über n Punkte des Raumes, von denen keine vier in einer gemeinsamen Ebene liegen, wird vorausgesetzt, dass jedes Tetraeder, das vier dieser n Punkte als Ecken hat, einen Rauminhalt nicht größer als 1 besitzt.

Man beweise aus der Voraussetzung, dass es dann im Raum ein Tetraeder mit einem Rauminhalt nicht größer als 27 gibt, das alle n Punkte in seinem Inneren oder auf seinem Rand enthält.

Lösung

Unter den Tetraedern habe das Tetraeder $ABCD$ einen maximalen Rauminhalt; auch hier benutzen wir wieder das Extremalprinzip. S sei der Schwerpunkt von $ABCD$. Auf den Geraden SA, SB, SC und SD definieren wir die Punkte A', B', C', und D' (in dieser Reihenfolge) mit $|SA'| = 3\,|SA|$, $|SB'| = 3\,|SB|$, $|SC'| = 3\,|SC|$, und $|SD'| = 3\,|SD|$ derart, dass S im Innern der Strecken $\overline{AA'}$, $\overline{BB'}$, $\overline{CC'}$ und $\overline{DD'}$ liegt. Also können wir uns den Übergang von A zu A' als zentrische Streckung mit dem Faktor 3 und als Punktspiegelung an S vorstellen. Offenbar ist $A'B'C'D'$ ein zu $ABCD$ ähnliches Tetraeder. Da es durch eine Streckung mit dem Faktor 3 entstanden ist verhalten sich die Volumina wie $1 : 3^3 = 1 : 27$. Nun ist das Volumen des Tetraeders $ABCD$ nicht größer als 1, d. h., das Volumen des Tetraeders $A'B'C'D'$ ist nicht größer als 27. Wir werden jetzt zeigen, dass alle Punkte im Tetraeder $A'B'C'D'$ liegen. Nehmen wir das Gegenteil an, d. h., wir nehmen an, es existiert ein Punkt P, der außerhalb des Tetraeders $A'B'C'D'$ liegt. Die Strecke $\overline{PS}$ schneidet eine Seitenfläche des Tetraeders, o. B. d. A. die Seitenfläche $\triangle\, A'B'C'$. Nach der Konstruktion ist sicher $\triangle\, A'B'C' \parallel \triangle\, ABC$ und wegen des Streckungsverhältnisses 3 und der bekannten Tatsache, dass der Schwerpunkt S eines Tetraeders jede Schwerlinie im Verhältnis 3:1 teilt, ist klar, dass D auf $\triangle\, A'B'C'$ liegt. Also ist die Länge des Lotes l von P auf $\triangle\, ABC$ größer als die Höhe h von D auf $\triangle\, A'B'C'$. Also ist

$$V_{ABCD} = \frac{1}{3}h \cdot A_{\triangle\, ABC} < \frac{1}{3}l \cdot A_{\triangle\, ABC} = V_{ABCP}.$$

Das widerspricht aber unserer Annahme, dass das Tetraeder $ABCD$ maximales Volumen hat. Folglich ist unsere Annahme falsch, d. h., alle Punkte liegen im Tetraeder $A'B'C'D'$. ◇

Aufgabe 301232

Im Raum seien n Punkte ($n \geq 3$) so gelegen, dass sich unter je drei dieser Punkte stets mindestens zwei befinden, die zueinander einen Abstand kleiner als 1 haben.

Man beweise, dass es unter dieser Voraussetzung stets zwei Kugelkörper K_1 und K_2 vom Radius 1 geben muss, so dass jeder der n Punkte (mindestens) einem der beiden Kugelkörper K_1, K_2 angehört.

Bemerkung. Jeder Kugelkörper werde hier ohne seinen Rand (die Kugelfläche) verstanden.

Lösung

Es bezeichne d den größten Abstand zwischen zwei der gegebenen n Punkte. Ferner seien P_1 und P_2 zwei Punkte mit $|P_1P_2| = d$.
Wir werden beweisen, dass die beiden Kugeln K_1 und K_2 mit dem Radius 1 und den Mittelpunkten P_1 bzw. P_2 die gewünschte Eigenschaft haben. Es sei P ein beliebiger der n Punkte. Wir unterscheiden die folgenden zwei Fälle.

Fall 1. $|P_1P_2| < 1$. Dann ist durch die Wahl von P_1 und P_2

$$|PP_1| \leq |P_1P_2| < 1\ ,$$

d. h., P ist ein innerer Punkt von K_1.

Fall 2. $|P_1P_2| \geq 1$. Dann ist durch die gegebene Bedingung

$$|PP_1| < 1 \text{ oder } |PP_2| < 1$$

d. h., P ist ein innerer Punkt von K_1 oder K_2. 

2.5 Existenz von Unterstrukturen

In diesem Abschnitt werden wir zwei analoge Probleme von folgendem Typ betrachten, einmal in der Ebene und einmal im Raum. Sind eine endliche Anzahl von Kugeln gegeben, die sich überlappen, berühren oder disjunkt liegen können, so betrachten wir eine Teilmenge dieser Kugeln, die paarweise disjunkt sind. Was kann man über die Vereinigung der Volumina dieser ausgewählten Kugeln zu der Vereinigung der Volumina aller Kugeln sagen? Wir werden untere Schranken angeben.

Aufgabe 361345

Von n in einer Ebene liegenden Kreisscheiben, unter denen sich auch solche befinden können, die einander überlappen, wird vorausgesetzt: Die Vereinigungsmenge dieser Kreisscheiben habe den Flächeninhalt 1. Man beweise, dass es unter dieser Voraussetzung stets möglich ist, aus den Kreisscheiben eine Teilmenge von paarweise disjunkten Scheiben so auszuwählen, dass die Summe der Flächeninhalte der ausgewählten Scheiben größer als $\frac{1}{9}$ ist.

Lösung

Der Satz wird hier in der folgenden allgemeineren Formulierung bewiesen, wobei wir aus technischen Gründen eine beliebige Fläche F und nicht nur $F = 1$ betrachten:

Satz 2.4. *In der Ebene sind n (sich eventuell teilweise überlappende) Kreisscheiben gegeben, die zusammen ein Flächenstück mit dem Inhalt F bedecken. Dann ist es stets möglich, eine Teilmenge von paarweise disjunkten Kreisscheiben so auszuwählen, dass der Gesamtflächeninhalt der ausgewählten Scheiben größer als $\frac{F}{9}$ ist.*

Zunächst beweisen wir das folgende

Lemma 2.5. *Es seien $K_1, K_2, \ldots, K_m$ Kreisscheiben, deren Radien die von K_1 nicht übersteigen und die einen nicht-leeren Durchschnitt mit K_1 haben. Dann ist der Flächeninhalt von K_1 größer als $\frac{1}{9}$ des Flächeninhaltes der Vereinigung von $K_1, K_2, \ldots, K_m$.*

Beweis des Lemmas. Wir betrachten den Kreis K, der konzentrisch zu K_1 liegt und den 3-fachen Radius von K_1 hat. Offenbar sind alle Kreisscheiben $K_1, K_2, \ldots, K_m$ in der Kreisscheibe K enthalten, aber sie wird nicht vollständig ausgefüllt, da wir nur eine endliche Anzahl von Kreisscheiben haben. Sicher ist der Flächeninhalt von K_1 genau ein $\frac{1}{9}$ des Flächeninhaltes von K. □

Beweis des Satzes. Für $n \leq 8$ ist die zu beweisende Aussage sicher wahr, man nehme einfach den größten der Kreise. Den Rest beweisen wir per Induktion. Es sei $n \geq 2$. Wir nehmen an, dass die Aussage für alle Mengen von weniger als n Kreisscheiben wahr ist. Wir zeigen, dass sie auch für n Kreisscheiben $K_1, K_2, \ldots, K_n$ gilt. Es sei K_1 die größte (bzw. eine der größten) dieser Kreisscheiben. $K_1, K_2, \ldots, K_m$ seien die Kreisscheiben, die nicht disjunkt zu K_1 sind. Folglich sind die Kreisscheiben $K_{m+1}, K_{m+2}, \ldots, K_n$ sämtlich disjunkt zu K_1. Nun seien $F = |K_1 \cup K_2 \cup \cdots \cup K_n|$, $F_1 = |K_1 \cup K_2 \cup \cdots \cup K_m|$ und $F_2 = |K_{m+1} \cup K_{m+2} \cup \cdots \cup K_n|$. Offenbar ist $F \leq F_1 + F_2$. Nach unserem Lemma ist $|K_1| > \frac{1}{9}F_1$. Wegen $n - m < n$ gibt es nach der Induktionsvoraussetzung paarweise disjunkte Kreisscheiben unter den Kreisscheiben $K_{m+1}, K_{m+2} \ldots K_n$, deren Vereinigung ihrer Flächeninhalte mindestens $\frac{1}{9}F_2$ ist. Diese ausgewählten Kreisscheiben und K_1 mögen zusammen den Flächeninhalt F' haben. Dann gilt

$$F' \geq \frac{1}{9}F_1 + \frac{1}{9}F_2 = \frac{1}{9}(F_1 + F_2) > \frac{1}{9}F. \qquad \diamond$$

Aufgabe 261243

Es seien $K_1, K_2, \ldots, K_n$ Kugeln, wobei jede einschließlich ihrer Randpunkte verstanden wird. Diese Kugeln seien beliebig im Raum gelegen; es sei auch zugelassen, dass sie einander durchdringen oder berühren. Die Vereinigungsmenge der K_i habe das Volumen V.

Man beweise, dass es unter diesen Voraussetzungen stets möglich ist, eine Auswahl aus den Kugeln K_i so zu treffen, dass je zwei der ausgewählten Kugeln keinen gemeinsamen Punkt haben und dass die Vereinigungsmenge der ausgewählten Kugeln ein Volumen $U \geq \frac{1}{27}V$ hat.

Lösung

Zunächst beweisen wir das folgende

Lemma 2.6. *Es seien $K_1, K_2, \ldots, K_m$ Kugeln, deren Radien die von K_1 nicht übersteigen und die einen nicht-leeren Durchschnitt mit K_1 haben. Dann ist das Volumen von K_1 größer als $\frac{1}{27}$ des Volumens der Vereinigung von $K_1, K_2, \ldots, K_m$.*

Beweis. Wir betrachten die Kugel K, die konzentrisch zu K_1 liegt und den 3-fachen Radius von K_1 hat. Offenbar sind alle Kugeln $K_1, K_2, \ldots, K_m$ in der Kugel K enthalten, aber sie wird nicht vollständig ausgefüllt, da wir nur eine endliche Anzahl von Kugeln haben. Sicher ist das Volumen von K_1 genau ein $\frac{1}{27}$ des Volumens von K. □

Für $n \leq 26$ ist die zu beweisende Aussage sicher wahr, man nehme einfach die größte der Kugeln. Den Rest beweisen wir per Induktion. Es sei $n \geq 2$. Wir nehmen an, dass die Aussage für alle Mengen von weniger als n Kugeln wahr ist. Wir zeigen, dass sie auch für n Kugeln $K_1, K_2, \ldots, K_n$ gilt. Es sei K_1 die größte (bzw. eine der größten) dieser Kugeln. $K_1, K_2, \ldots, K_m$ seien die Kugeln, die nicht disjunkt zu K_1 sind. Folglich sind die Kugeln $K_{m+1}, K_{m+2}, \ldots, K_n$ sämtlich disjunkt zu K_1. Nun seien $V = |K_1 \cup K_2 \cup \cdots \cup K_n|$, $V_1 = |K_1 \cup K_2 \cup \cdots \cup K_m|$ und $V_2 = |K_{m+1} \cup K_{m+2} \cup \cdots \cup K_n|$. Offenbar ist $V \leq V_1 + V_2$. Nach unserem Lemma ist $|K_1| > \frac{1}{27}V_1$. Wegen $n - m < n$ gibt es nach der Induktionsvoraussetzung paarweise disjunkte Kugeln unter den Kugeln $K_{m+1}, K_{m+2} \ldots K_n$, deren Vereinigung ihrer Volumina mindestens $\frac{1}{27}V_2$ ist. Diese ausgewählten Kugeln und K_1 mögen das Volumen V' haben. Dann gilt

$$V' \geq \frac{1}{27}V_1 + \frac{1}{27}V_2 = \frac{1}{27}(V_1 + V_2) > \frac{1}{27}V.$$

Bemerkung 1. Die Schranken sind bestmöglich, wenn die Anzahl der Kreise bzw. Kugeln endlich ist. Man könnte sich $\frac{1}{9}$ bzw. $\frac{1}{27}$ mit wachsender Anzahl von Kreisen bzw. Kugeln beliebig nähern.

Bemerkung 2. Wird die Anzahl der Kugeln bzw. Kreise vorgegeben, so könnte man die Schranken verbessern. Sind es z. B. genau 4 Kugeln, so ist die beste Schranke $\frac{1}{4}$, wie man durch 4 Kugeln sieht, die sich paarweise berühren. ◇

Aufgabe 251236

Für eine beliebige natürliche Zahl $n \geq 2$ seien $2n$ Punkte $P_1, P_2, \ldots, P_{2n}$ im Raum so gelegen, dass es keine Ebene gibt, auf der vier dieser Punkte liegen. Mit T sei die Menge aller derjenigen Tetraeder bezeichnet, deren vier Eckpunkte der Menge $M = \{P_1, P_2, \ldots, P_{2n}\}$ angehören. Für jede Ebene ε, die keinen Punkt von M enthält, sei t_ε die Anzahl aller derjenigen Tetraeder aus T, die mit ε ein Viereck als Schnittfläche gemeinsam haben.

Ermitteln Sie zu jeder natürlichen Zahl $n \geq 2$ den größtmöglichen Wert, den t_ε annehmen kann.

Lösung

Wenn wir vier Punkte betrachten und eine Ebene ε, die keinen dieser Punkte enthält, so gibt es eine nicht-leere Schnittfläche des Tetraeders mit ε, wenn auf beiden Seiten mindestens ein Punkt liegt. Liegen auf der einen Seite drei und auf der anderen damit ein Punkt, so ist die Schnittfläche ein Dreieck. Liegen auf beiden Seiten zwei Punkte, so ist die Schnittfläche ein Viereck.

Wir betrachten eine Ebene ε, die keinen der $2n$ Punkte enthält. Auf der einen Seite der Ebene mögen m Punkte liegen und auf der anderen Seite damit $2n - m$ Punkte. O. B. d. A. können wir $m \leq n$ annehmen. Je zwei Punkte auf der einen Seite und je zwei Punkte auf der anderen Seite bilden ein Tetraeder, das mit ε ein Viereck als Schnittfläche hat. Deren Anzahl ist damit

$$t_m = \binom{m}{2} \cdot \binom{2n-m}{2}.$$

Nun ist

$$t_{m+1} - t_m = \frac{m(2n-m-1)}{4} \cdot (4n - 4m - 2) > 0$$

für $m < n$ und damit ist $t_n = \max\limits_{m \leq n} t_m$. Also ist schließlich

$$\max_{\varepsilon} t_\varepsilon = t_n = \binom{n}{2}^2. \qquad \diamondsuit$$

2.6 Punkte und Geraden

In diesem Abschnitt behandeln wir Probleme von endlich vielen Geraden in der Ebene. Wir beginnen mit dem vielleicht bekanntesten Resultat dieses Bereiches der kombinatorischen Geometrie, dem Satz von Sylvester[4] und Gallai[5] . Die

[4] James Joseph Sylvester (1814–1897)

[5] Tibor Gallai (1912–1992)

erste Aufgabe in diesem Abschnitt, 111246A, ist genau die Aussage dieses Satzes, allerdings nur für $n \leq 8$ Punkte. Trotzdem ist die Lösung nicht trivial.

1893 publizierte [62] das folgende Problem, das in der Aussage doch überraschend ist. Sicher hatte SYLVESTER selbst keinen Beweis, sonst dürfte er ihn auch publiziert haben. So dauerte es etwa 50 Jahre, bis TIBOR GALLAI einen ersten korrekten Beweis gab, der in [25] enthalten ist. In der Folge gab es weitere Beweise. Der eleganteste stammt von KELLY[6] und ist in [19] enthalten. Wir geben hier den wunderbaren Beweis von KELLY wider, der letztlich auch auf dem Extremalprinzip beruht.

Satz 2.7 (Sylvester-Gallai). *Es sei eine endliche Anzahl von Punkten in einer Ebene gegeben, so dass jede Gerade durch zwei dieser Punkte mindestens einen dritten Punkt enthält. Dann liegen alle Punkte auf einer Geraden.*

Eine interessante äquivalente Formulierung wollen wir auch erwähnen.

Satz 2.8. *Es sei eine endliche Anzahl von Punkten in einer Ebene gegeben, so dass nicht alle Punkte auf einer Geraden liegen. Dann gibt es eine Gerade, auf der genau 2 dieser Punkte liegen.*

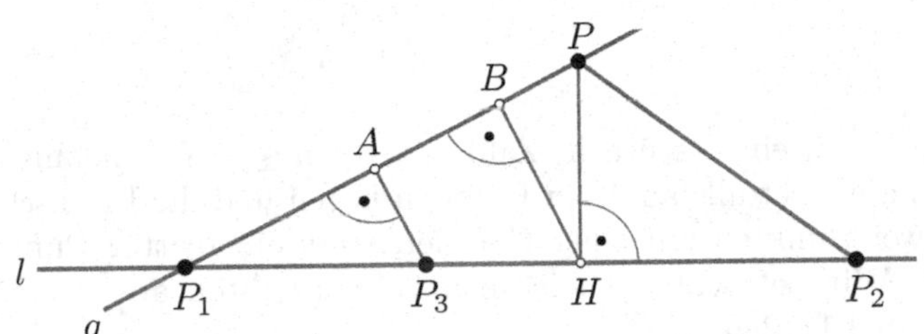

Abb. 2.5: Der Beweis des Satzes von SYLVESTER-GALLAI.

Beweis. Wir beweisen den Satz indirekt, d. h. wir nehmen an, dass nicht alle Punkte kollinear sind. Für jede Gerade l durch zwei Punkte der Menge und jeden Punkt P aus der Menge nicht auf l betrachten wir den Abstand von P zu l. Wir wählen das Paar (P, l) mit kleinstem Abstand. Es seien P_1, P_2 und P_3 drei Punkte auf l, siehe Abb. 2.5. Es sei H der Lotfußpunkt von P auf l. Mindestens zwei der drei Punkte P_1, P_2, P_3 sind auf einer der beiden durch H erzeugten Halbgeraden, sagen wir P_1 und P_3, dabei können wir außerdem $|HP_1| > |HP_3|$ annehmen. Wir untersuchen den Abstand $|P_3A|$ von P_3 zur Geraden g durch die Punkte beiden P und P_1. Schließlich sei B der Lotfußpunkt von H auf g.

Offenbar ist $|AP_3| \leq |BH|$. Im rechtwinkligen Dreieck HBP erhalten wir $|BH| < |PH|$, da die Hypotenuse $\overline{PH}$ die längste Seite im Dreieck PHB ist. Also ist $|P_3A| < |PH|$, d. h., $\overline{PH}$ ist nicht der kürzeste Abstand und unsere Annahme ist falsch. □

[6] LEROY MILTON KELLY (1914–2002)

Bemerkung. Es stellt sich die Frage, ob man die metrischen Axiome (kürzester Abstand) und die Ordnungsaxiome (ein Punkt liegt zwischen zwei anderen gegebenen Punkten) wirklich braucht. Wir können das Problem auch in *endlichen Geometrien* betrachten. Eine endliche Ebene (P, G) ist eine Inzidenzstruktur mit einer endlichen Punktemenge P und einer Familie $G = \{l_1, l_2, \ldots, l_k\}$ von paarweise verschiedenen Teilmengen von P, den Geraden. Dabei gehören je zwei Punkte A und B zu genau einer Geraden l_i. Ohne tiefer in diese Materie einzusteigen, wollen wir uns die Frage stellen, ob man ein solches System konstruieren kann, wobei jede Menge l_i mindestens 3 Punkte enthält. In der zweiten Lösung der nächsten Aufgabe 111246A werden wir sehen, dass es ein solches System mit 7 Punkten und 7 Geraden mit je 3 Punkten gibt.

Aufgabe 111246A

Es ist n eine natürliche Zahl, für die $4 \leq n \leq 8$ gilt. In der Ebene seien n Punkte so angeordnet, dass auf jeder Geraden durch je zwei dieser Punkte wenigstens noch ein weiterer dieser n Punkte liegt.

Man beweise, dass dann eine Gerade existiert, auf der alle diese n Punkte liegen.

Lösungen

1. Lösung. Es sei n eine natürliche Zahl mit $4 \leq n \leq 8$. Wir nehmen an, dass es n Punkte gibt, die nicht alle auf einer Geraden liegen und die Eigenschaft besitzen, dass mit je zwei Punkten auf einer Geraden stets ein dritter Punkt auf dieser Geraden liegt. Wir betrachten Dreiecke mit Eckpunkten aus der Menge der n Punkten (s. Abb. L111246A).

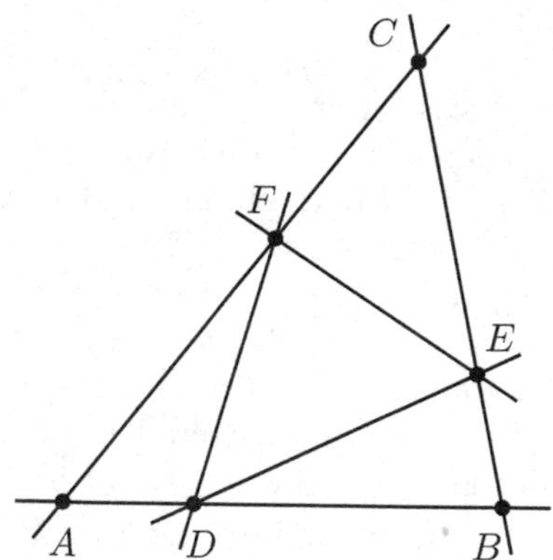

Abb. L111246A: Die Teilkonstruktion mit 6 Punkten.

Da nicht alle Punkte auf einer Geraden liegen, gibt es Dreiecke mit positivem Flächeninhalt. Von diesen wählen wir das Dreieck $\triangle ABC$ mit maximalen Flächeninhalt (Extremalprinzip) aus. Auf der Geraden AB liegt ein weiterer Punkt D. Wegen der Maximalität des Flächeninhaltes vom Dreieck $\triangle ABC$ muss der Punkt D ein innerer Punkt der Strecke $\overline{AB}$ sein. Analog gibt es unter den n Punkten einen inneren Punkt E auf der Strecke $\overline{BC}$ und einen inneren Punkt F auf der Strecke $\overline{CA}$. Auf jeder der drei Geraden DE, EF und FD liegt jeweils ein weiterer Punkt. Offenbar kann keiner von ihnen mit einem der anderen Punkte übereinstimmen. Also haben wir schon 9 Punkte, was aber wegen $n \leq 8$ unmöglich ist.

2. Lösung. Wir beginnen mit denselben Voraussetzungen wie zuvor. Wir bezeichnen die Punkte mit $P_1, P_2, \ldots, P_n$. Zu jeder Gerade mit mindestens 2 Punkten definieren wir eine Menge M, die genau die Punkte enthält, die auf der Geraden liegen. Auf diese Weise erhalten wir bei m Geraden die m Teilmengen $M_1, M_2, \ldots, M_m$ von $N = \{P_1, P_2, \ldots, P_n\}$ mit folgenden Eigenschaften:

1. Je zwei Elemente aus N kommen in genau einer Menge M_i vor.
2. Jede Menge M_i hat mindestens 3 Elemente.
3. $m \geq 2$.

Wir nehmen an, dass es unter den M_i eine Menge M mit $k \geq 4$ Elementen gibt. Es sei P ein Punkt außerhalb von $M = \{P_1, P_2, \ldots, P_k\}$. Die Paare $\{P, P_i\}$ bestimmen k verschiedene Mengen. Diese Mengen beinhalten mindestens $1 + k \cdot (3-1) = 2k + 1 \geq 9$ Punkte, was unmöglich ist. Also hat jede der Mengen M_i genau 3 Elemente. Betrachten wir alle Geraden durch P_1, so ist die Vereinigungsmenge genau N und die Anzahl ihrer Elemente offenbar ungerade. Mithin ist $n = 5$ oder $n = 7$. Die Anzahl der Punktepaare ist einerseits $\binom{n}{2} = \frac{n(n-1)}{2}$ und andererseits durch 3 teilbar, denn $|M_i| = 3$ für alle $i = 1, 2, \ldots, m$. Also muss n oder $n-1$ durch 3 teilbar sein. Somit haben wir $n = 7$ erhalten.

Zusammenfassend haben wir 7 Punkte und 7 Geraden, wobei jede Gerade genau 3 Punkte enthält und jeder Punkt auf genau 3 Geraden liegt. Tatsächlich kann man eine solche Struktur angeben. Es ist eine endliche projektive Ebene der Ordnung 2, auch FANO-Ebene genannt, die wir schon im ersten Kapitel kennengelernt haben (s. Abb. L121224c, S. 22). Man beachte, dass wir hier keine Euklidische Geometrie benutzt haben. Es bleibt die Frage, ob man diese Struktur auch in die Euklidische Ebene einbetten kann. Es ist nicht schwer nachzuweisen, dass das unmöglich ist.

Zum Beispiel betrachten wir eine Gerade l und einen Punkt P, deren Abstand der größte unter allen Paaren (P, l) ist. Es sei $l = \{P_1, P_2, P_3\}$, wobei P_2 zwischen P_1 und P_3 liegt. Außerdem sei $P = P_7$. Dann liegt der dritte Punkt auf der Geraden mit P_1 und P_7, nennen wir ihn P_4, auf $\overline{P_1P_7}$ zwischen P_1 und P_7, wie man sich leicht überlegt. Analog sei P_6 der Punkt zwischen P_3 und P_7. Nun betrachten wir die Gerade P_4P_6. Als dritter Punkt auf dieser Geraden kommen offenbar nur P_2 und P_5 in Frage. Der erste Fall kann nicht eintreten, da P_4 und P_6 in derselben Halbebene, die durch P_1P_3 erzeugt wird, liegen. Der zweite Fall kann ebenfalls nicht eintreten, da dann die Geraden P_1P_3 und P_4P_6 keinen gemeinsamen Punkt hätten, was nicht möglich ist. ◇

Aufgabe 371341

Man ermittle die kleinstmögliche Anzahl von Geraden in der Ebene, die sich in genau 37 Punkten schneiden.

Lösungen

1. Lösung. Zwischen n Geraden kann es höchstens $\binom{n}{2}$ Schnittpunkte geben. Dieser Wert wird genau dann erreicht, wenn keine zwei der Geraden parallel sind und keine drei einen gemeinsamen Schnittpunkt aufweisen. Wegen

$$\binom{2}{2} < \binom{3}{2} < \cdots < \binom{9}{2} = 36 < 37$$

kann mit neun oder weniger Geraden die geforderte Anzahl von Schnittpunkten nicht erreicht werden. Zehn Geraden können höchstens $\binom{10}{2} = 45$ Schnittpunkte aufweisen, es reicht also zu zeigen, dass eine Anordnung von zehn Geraden in der Ebene existiert, zwischen denen es genau 37 Schnittpunkte gibt. Dies geschieht durch Angabe eines Beispiels. Zunächst werden Geraden $g_1, g_2, \ldots, g_6$ so gewählt, dass keine zwei von ihnen parallel sind und keine drei von ihnen einen gemeinsamen Schnittpunkt besitzen. Die Geraden $g_1, g_2, \ldots, g_6$ besitzen damit insgesamt $\binom{6}{2} = 15$ Schnittpunkte. Von diesen Schnittpunkten können nun vier beliebige paarweise verschiedene gewählt werden, die mit $P_1, \ldots, P_4$ bezeichnet werden. Jetzt wird eine Gerade g_7 so gewählt, dass sie durch P_1 verläuft, jedoch durch keinen anderen Schnittpunkt zweier der Geraden $g_1, g_2, \ldots, g_6$. Außerdem soll g_7 zu keiner der vorher gewählten Geraden parallel sein. Entsprechend werden Geraden g_8, g_9 und g_{10} nacheinander so gewählt, dass sie durch P_2, P_3 bzw. P_4 verlaufen, jedoch jeweils durch keinen weiteren Schnittpunkt zweier schon vorher gewählter Geraden. Auch jede der Geraden g_8, g_9 und g_{10} soll zu keiner der jeweils vorher gewählten Geraden parallel sein.

Jeder dieser Schritte ist möglich, da es unendlich viele mögliche Richtungen für eine Gerade durch einen gegebenen Punkt gibt, von denen durch die schon vorhandenen Schnittpunkte sowie die Richtungen der zuvor gewählten Geraden jeweils nur endlich viele ausgeschlossen sind. Damit kommen durch die Hinzunahme von $g_7, \ldots, g_{10}$ zu den 15 Schnittpunkten der Geraden $g_1, g_2, \ldots, g_6$ nacheinander 4, 5, 6 bzw. 7 neue Schnittpunkte hinzu, sodass sich insgesamt 37 Schnittpunkte ergeben.

2. Lösung. Wir wählen 4 parallele Geraden g_1, g_2, g_3, g_4, sodann zwei parallele Geraden g_5, g_6, die aber nicht parallel zu den Geraden g_1, g_2, g_3, g_4 sind. Dann wählen wir zwei parallele Geraden g_7, g_8, die weder parallel zu g_1, g_2, g_3, g_4 noch zu g_5, g_6 sind. Sicher kann man das so einrichten, dass kein neuer Schnittpunkt mit einem schon vorher erzeugten zusammenfällt. Schließlich wählen wir zwei Geraden g_9 und dann g_{10}, die jeweils zu keiner vorher konstruierten Geraden parallel ist und auch keinen schon konstruierten Schnittpunkt erneut erzeugt. Von den 45 möglichen Schnittpunkten fehlen hier die 6 zwischen den Geraden g_1, g_2, g_3, g_4, dem Schnittpunkt zwischen den Geraden g_5, g_6 und schließlich dem Schnittpunkt zwischen den Geraden g_7, g_8. Also ist die Anzahl der Schnittpunkte $45-6-1-1=37$. ◇

Aufgabe 391345

(a) Auf einer Kreislinie liegen $2n$ paarweise verschiedene Punkte, von denen n rot und n blau gefärbt sind. Man beweise, dass man diese durch n Sehnen paarweise so verbinden kann, dass sich keine Sehnen schneiden und die Endpunkte jeder Sehne unterschiedliche Farbe haben.

(b) Man beweise, dass die Aussage von Teil (a) gültig bleibt, wenn die Punkte beliebige Lage in einer Ebene haben, vorausgesetzt, es liegen keine drei auf einer gemeinsamen Geraden.

Lösung

(a) Der Beweis wird mit vollständiger Induktion geführt. Für $n=1$ ist die Behauptung offenbar richtig. Wir nehmen an, die Aussage gelte für alle Konstellationen von $n=k$ roten und $n=k$ blauen Punkten und betrachten Fall $n=k+1$.

Wir nennen zwei der $2n$ Punkte *benachbart*, wenn sie die Endpunkte eines Kreisbogens bilden, auf dem kein weiterer der gegebenen Punkte liegt. Durchläuft man den Kreis (z. B. im Uhrzeigersinn), wird ersichtlich, dass es benachbarte Punkte gibt, von denen einer rot und der andere blau gefärbt ist. Nennen wir diese Punkte R bzw. B. Die Verbindungsstrecke dieser beiden Punkte schneidet keine der möglichen Verbindungslinien anderer Punkte. Jetzt löschen wir diese beiden Punkte. Da für die restlichen $2k$ Punkte nach Induktionsannahme eine Menge von k Sehnen der geforderten Art existiert, ist das Problem damit auch für $2k+2$ Punkte gelöst, denn nunmehr fügen wir $\overline{RB}$ wieder hinzu. Mit dem Prinzip der vollständigen Induktion ist folglich der Beweis erbracht.

(b) Man betrachte alle möglichen Mengen von n Strecken, bei denen jede Strecke verschiedenfarbige Endpunkte hat. Da die Anzahl solcher Mengen endlich ist, gibt es unter ihnen (wenigstens) eine Menge S mit der kleinsten Längensumme ihrer n Strecken. Wir bezeichnen diese als *Minimalmenge* und zeigen, dass sie die Forderungen der Aufgabenstellung erfüllt.

Der Beweis wird indirekt geführt. Wir nehmen dazu an, dass eine Minimalmenge zwei Strecken $\overline{RB}$ und $\overline{R'B'}$ enthält, deren Endpunkte die roten Punkte R, R' und die blauen Punkte B, B' sind und die sich im Punkt X schneiden (Abb. L391345).

Nach der Dreiecksungleichung gilt dann für die Längen der Strecken

$$\begin{aligned} |RB| + |R'B'| &= |RX| + |XB| + |R'X| + |XB'| \\ &= |RX| + |XB'| + |BX| + |XR'| \\ &\geq |RB'| + |BR'| \,. \end{aligned}$$

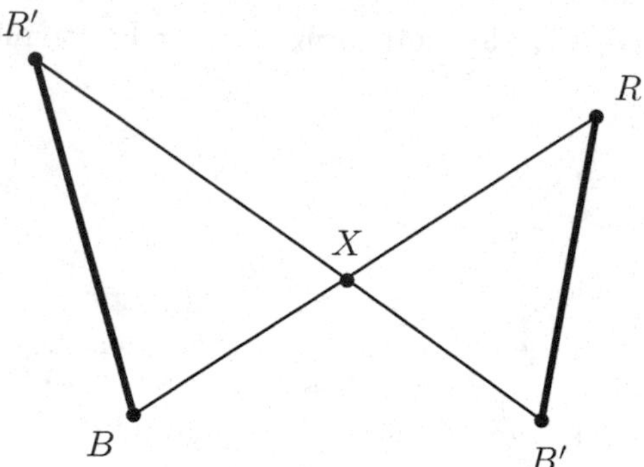

Abb. L391345: Die Punkte B, B', R und R'.

Nun ist $X \neq B$, denn sonst lägen B, B' und R' auf einer gemeinsamen Geraden. Ferner kann X nicht der Strecke $\overline{BR'}$ angehören, denn dann wäre die Gerade BR' mit der Geraden BR identisch und B, R, und R' lägen auf einer gemeinsamen Geraden. Daher gilt $|BX| + |XR'| > |BR'|$ und somit in der vorigen Formel das Kleinerzeichen. Die Gesamtlänge der Verbindungsstrecken kann also verkleinert werden, indem $\overline{RB}$ und $\overline{R'B'}$ durch $\overline{RB'}$ und $\overline{BR'}$ ersetzt werden. Dies steht jedoch im Widerspruch zur angenommenen Minimalität. ◇

Die nächste Aufgabe behandelt zwei Punktmengen in einer Ebene, die jeweils eine gerade Anzahl von Punkten enthalten, und es ist zu zeigen, dass es eine Gerade gibt, die diese beiden Punktmengen gleichzeitig „halbiert“. Hier geben wir gleich vier Beweise. Bei den ersten drei Beweisen betrachten wir von Anfang an die gesamte Punktmenge, im vierten werden die 2 Punktmengen zunächst separat behandelt. Der erste Beweis basiert auf dem Studium der Geraden durch je zwei dieser Punkte. Der zweite und dritte Beweis betrachtet eine Schar paralleler Geraden bzw. Geraden durch einen Punkt, die jeweils gewisse Folgen erzeugen. Eigenschaften dieser Folgen liefern die Existenz einer „balancierten“ Folge und dadurch einer gewünschten Geraden. Der vierte Beweis ist im Wesentlichen die Musterlösung des Aufgabenausschusses und sie studiert „halbierende“ Geraden zunächst einzeln. Der Beweis wird komplettiert indem gezeigt wird, dass es eine Gerade gibt, die für jede der beiden Mengen „halbierend“ ist.

Aufgabe 131243

Es seien n_1 und n_2 zwei positive Zahlen, in einer Ebene seien eine Menge M_1 aus $2n_1$ voneinander verschiedenen Punkten sowie eine Menge M_2 aus $2n_2$ voneinander und von jedem der Punkte aus M_1 verschiedenen Punkten so gelegen, dass es keine Gerade gibt, die durch drei dieser $2n_1 + 2n_2$ Punkte geht.

Man beweise, dass dann eine Gerade g mit folgender Eigenschaft existiert:

Zerlegt g die Ebene in die Halbebenen H und K (wobei g selbst weder zu H noch zu K gerechnet werde), so liegen sowohl in H als auch in K jeweils genau die Hälfte aller Punkte aus M_1 und genau die Hälfte aller Punkte aus M_2.

Lösungen

1. Lösung. Wir betrachten zunächst alle $2n = 2n_1 + 2n_2$ Punkte der Vereinigungsmenge $M = M_1 \cup M_2$. Deren konvexe Hülle ist ein konvexes Vieleck. Wir beginnen mit zwei Punkten aus M, die eine Kante $\overline{PP'}$ der Hülle bilden. Die Kante definiert auch eine Gerade g durch PP', die entsprechend $\overrightarrow{PP'}$ orientiert ist. Diese Orientierung benutzen wir um die linke und rechte Halbebene der Geraden zu unterscheiden. Bei Drehungen der Gerade drehen wir die Orientierung mit.

Da $\overline{PP'}$ Kante der konvexen Hülle von M ist, liegen alle anderen $2n - 2$ Punkte von M auf einer Seite von g. Indem wir gegebenenfalls die Benennung der Punkte P und P' tauschen, ist das die linke Seite. Drehen wir jetzt g um den Punkt P in mathematisch positiver Sicht, so vermindert sich die Anzahl der links liegenden Punkte schrittweise um 1, wenn wir mit der Geraden einen weiteren Punkt der Menge M treffen, bis alle Punkte der Menge auf der Geraden oder rechts davon liegen. Größere Schritte als eins sind nicht möglich, weil es sonst drei kollineare Punkte geben müsste. Sei für den Punkt $P_1' \in M - \{P\}$ die Anzahl links liegender Punkte $n-1$. Wir setzen dann $P_1 \equiv P$. In beiden Halbebenen der Gerade $g_1 = P_1P_1'$ befinden sich jetzt jeweils $n - 1$ Punkte.

Die Menge G aller orientierten Geraden durch zwei Punkte von M, für die links und rechts jeweils $n - 1$ Punkte zu liegen kommen, ist also nicht leer. Neben g_1 enthält sie auch die gegenläufige Gerade $g_{(-1)} = P_1'P_1$. Wir konstruieren, beginnend mit g_1 eine Folge von Geraden aus G. Wir drehen dazu die Gerade g_i um den

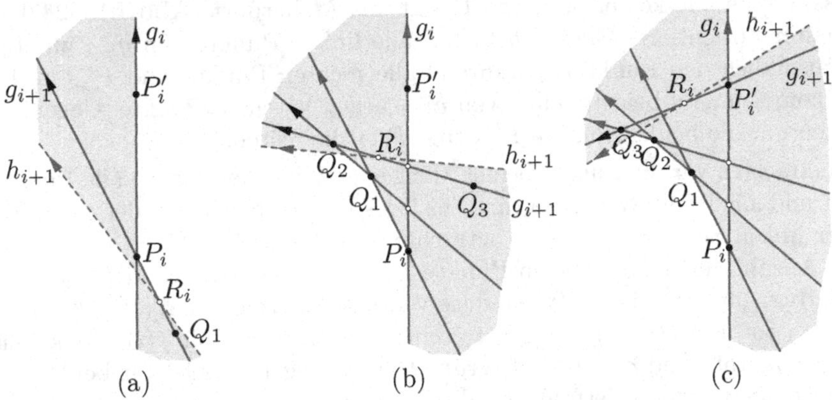

Abb. L131243a: Konstruktion von g_{i+1}. In den grauen Bereichen befinden sich keine Punkte. In den einzelnen Lagen gilt: (a) $P_{i+1} \equiv Q_1$, $P'_{i+1} \equiv P_i$, (b) $P_{i+1} \equiv Q_3$, $P'_{i+1} \equiv Q_2$, (c) $P_{i+1} \equiv P_i'$, $P'_{i+1} \equiv Q_3$

Punkt P_i in mathematisch positiver Richtung, bis wieder ein Punkt Q_1 der Menge M getroffen wird. Liegt Q_1 in der Orientierung der Geraden vor dem Drehpunkt (Abb. L131243a (a)), setzen wir $P_{i+1} \equiv Q_1$, $P'_{i+1} \equiv P_1$ und erhalten so die orientierte Gerade g_{i+1}. Im anderen Fall setzen wir $j = 1$, drehen die Gerade um den Punkt Q_j bis sie den Punkt Q_{j+1} trifft und wiederholen mit dem nächsten Index j diesen Schritt solange bis ein Punkt Q_k erhalten wird, der nicht links von g_i liegt. Dieser Punkt liegt entweder rechts von g_i (Abb. L131243a (b)) oder auf g_i, d. h. $Q_k \equiv P'_i$ (Abb. L131243a (c)). Dann setzen wir $P_{i+1} \equiv Q_k$ und $P'_{i+1} \equiv Q_{k-1}$.

Beim Übergang von g_i zu g_{i+1} verschwindet zunächst der Punkt P'_i nach rechts, zum Schluss geht auf der rechten Seite $Q_k \equiv P_{i+1}$ verloren. Wenn g_i zu G gehört, gehört auch g_{i+1} hinzu. Da alle Geraden aus G auf beiden Seiten genau so viele Punkt besitzen, muss jede andere Gerade aus G sowohl links, als aus rechts jeweils linke und rechte Punkte bezüglich jeder anderen Geraden besitzen. Wendet man das auf die Geraden g_i und g_{i+1} an, so folgt, dass g_{i+1} der unmittelbare Nachfolger von g_i ist, wenn man die Elemente von G nach ihrer Richtung mathematisch positiv und zyklisch ordnet. Die konstruierte Rekursion durchläuft also alle orientierten Geraden aus G in dieser Ordnung. Es gibt also einen positiven Index k mit $g_k = g_{(-1)}$.

Auf jeder Geraden g_i können wir auf der Strecke $\overline{P_{i+1}P'_{i+1}}$ einen inneren Punkt R_i wählen und die Gerade g_{i+1} in mathematisch positiver Richtung etwas drehen,

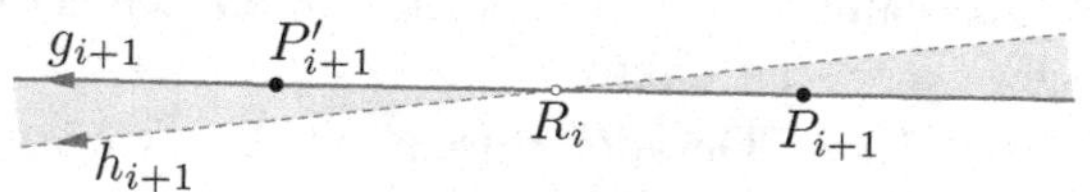

Abb. L131243b

so dass die Gerade keinen weiteren Punkt aus M berührt (Abb. L131243b). Die so erhaltene orientierte Gerade h_{i+1} hat alle linken Punkte von g_{i+1} zur Linken (und zusätzlich den Punkt P_1) während alle rechten Punkte und P'_{i+1} rechts zu liegen kommen. Auf beiden Seiten von h_{i+1} liegen jeweils n Punkte. Gegenüber h_i tauschen nur die beiden Punkte P'_{i+1} und P_{i+1} die Seiten.

Jetzt betrachten wir die Punkte beider Mengen getrennt und färben alle Punkte aus M_1 rot und alle Punkte aus M_2 grün. Für jedes i sei r_i die Anzahl der roten Punkte auf der linken Seite von h_i. Wir betrachten die Funktion $f(i) = r_i - n_1$. Dann ist die Anzahl der linken grünen Punkte $n - r_i = n_2 - f(i)$. Sind P'_{i+1} und P_{i+1} gleichfarbig, gilt $f(i+1) = f(i)$, sind sie verschiedenfarbig, gilt $f(i+1) = f(i) + 1$, wenn P_{i+1} rot und $f(i+1) = f(i) - 1$, wenn P_{i+1} grün ist. Gilt $f(i) = 0$, so müssen links $r_i = n_1$ rote und $n - n_1 = n_2$ grüne Punkte liegen, das ist für beide Mengen die Hälfte, die Gerade h_i erfüllt also die Bedingungen der Aufgabe.

Im Fall $f(1) = 0$ muss man nichts zusätzlich beweisen. Für den anderen Fall berechnet man $f(k)$ für die gegenläufige Gerade. Da sich dabei die Seiten vertauschen, hat h_k auf der linken Seite $r_k = n_1 - r_1$ rote Punkte liegen. Es folgt

$$f(k) = r_k - n_1 = -r_1,$$

die Funktion hat entgegengesetztes Vorzeichen. Die Folge $f(i)$, $i = 1, 2, \ldots, k$, muss also das Vorzeichen wechseln. Da die Folge ganzzahlig ist und sich aufeinanderfolgende Glieder höchstens um 1 unterscheiden, ist das nur möglich, wenn ein i mit $f(i) = 0$ existiert. Das war zu zeigen.

2. Lösung. Wir betrachten die Punktmenge $M_1 \cup M_2$ in einem Koordinatensystem. Sicher gibt es einen Kreis K, der alle Punkte im Inneren enthält. Wir betrachten eine Tangente g_1 an K. Der Winkel, den g_1 mit der x-Achse einschließt, bezeichnen wir mit φ. g_2 sei die zu g_1 parallele zweite Tangente an K (Abb. L131243c). W sei die Menge der Winkel φ, zu denen es eine parallele Geraden zu g_1 gibt, die zwei Punkte aus $M_1 \cup M_2$ enthält. W ist natürlich endlich. Man beachte, dass es zu $\varphi \in W$ eventuell mehrere parallele Geraden zu g_1 geben kann, die jeweils zwei Punkte aus $M_1 \cup M_2$ enthalten.

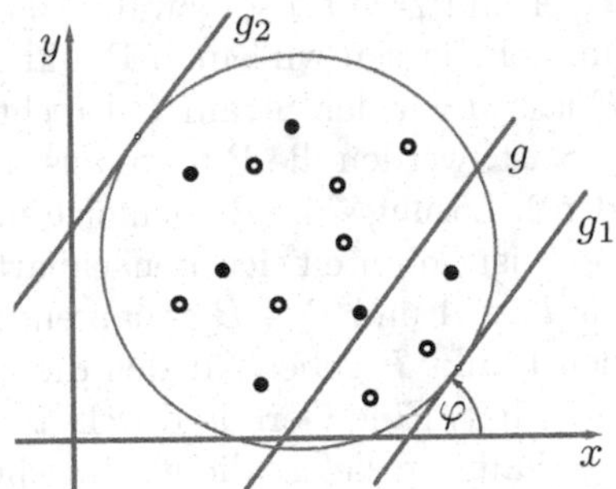

Abb. L131243c: Die Punkte und die Geraden g_1 und g_2.

Nach diesen Vorbereitungen können wir jetzt den Beweis führen. Wir lassen eine zu g_1 parallele Gerade g von g_1 nach g_2 laufen. Falls $\varphi \notin W$ ist, werden nacheinander die Punkte aus $M_1 \cup M_2$ jeweils einzeln passiert. Wir notieren uns die Folge f_φ der passierten Punkte: eine 1 für M_1 und eine 2 für M_2. Also erhalten wir eine Folge der Länge $2n_1 + 2n_2$ mit $2n_1$ Einträgen 1 und $2n_2$ Einträgen 2. Was passiert, wenn wir φ stetig vergrößern? Solange der neue Winkel noch keinen Winkel aus W erreicht, ändert sich die Folge nicht. Wenn wir aber einen Winkel aus W passieren, geschieht das Folgende: Gehören die beiden Punkte auf einer Geraden parallel zu g zur selben Menge M_i, so ändert sich an der Folge auch nichts. Gehört aber einer der Punkte zu M_1 und der andere zu M_2, so ändern eine 1 und eine 2, die benachbart sind, ihre Reihenfolge. Wir interessieren uns nun nur für die verschiedenen Folgen und zwar für die, die zu dem ursprünglichen φ bis zum Winkel $\varphi + 180°$ entstehen. Mithin erhalten wir eine (endliche) Folge $f_1, f_2, \ldots, f_m$ von jeweils 1-2-Folgen der Länge $2n_1 + 2n_2$. Nunmehr zählen wir die Anzahl e_i der Einträge 1 in der ersten Hälfte der Folge f_i, $i = 1, 2, \ldots, m$. Zusammenfassend haben wir $e_{i+1} = e_i - 1$, $e_{i+1} = e_i$ oder $e_{i+1} = e_i + 1$ für $i = 1, 2, \ldots, m-1$, d. h. die e's ändern sich höchstens um 1. Sicher ist $e_1 + e_m = 2n_1$, denn die Folgen f_1 und f_m sind genau umgedreht. Ist $e_1 = n_1$, so sind wir bereits fertig. Man nehme einfach eine Gerade zum ursprünglichen Winkel

φ, die im Bereich zwischen dem $(n_1 + n_2)$-ten Punkt und dem $(n_1 + n_2 + 1)$-ten Punkt aus $M_1 \cup M_2$ liegt. Sei nun $e_1 \neq n_1$. Wir nehmen o. B. d. A. $e_1 < n_1$ an. Wegen $e_m > n_1$ muss es eine Zahl k mit $1 < k < m$ und $e_k = n_1$ geben. Zu f_k gehören nach der Konstruktion verschiedene Winkel. Wir wählen von diesen einen aus und nennen ihn φ_k. Zu diesem Winkel betrachten wir eine Gerade, die die Menge $M_1 \cup M_2$halbiert. Nach unserer Konstruktion halbiert sie sogar jede der beiden Mengen.

3. Lösung. Zur Punktmenge $M_1 \cup M_2$ betrachten wir die Menge G aller Geraden, die durch je zwei dieser Punkte erzeugt werden. Außerdem sei g eine Gerade, die zu keiner Geraden aus G parallel ist und für die alle Punkte aus $M_1 \cup M_2$ auf einer durch g erzeugten Halbebene ohne g liegen, sagen wir, alle Punkte sind rechts von g. Dann schneiden alle Geraden aus G die Gerade g, aber nicht notwendigerweise in paarweise verschiedenen Punkten. Diese Schnittpunkte bilden die Menge S. Schließlich seien die Punkte A und B auf g so gewählt, dass alle Punkte aus S auf der Strecke $\overline{AB}$ liegen. Nunmehr lassen wir einen Punkt P von A nach B laufen. Für jeden dieser Punkte P lassen wir den Strahl $\overrightarrow{PA}$ rechts herum bis zum Strahl $\overrightarrow{PB}$ wandern. Solange $P \notin S$ ist, werden die Punkte aus $M_1 \cup M_2$ einzeln passiert. Wir notieren uns - wie in der 2. Lösung - die Reihenfolge mit i wenn der Punkt aus M_i $(i = 1, 2)$ ist. Wenn $P \in S$ ist, könnten sich benachbarte Einträge austauschen. Offenbar sind die Folgen für $P \equiv A$ und $P \equiv B$ genau entgegengesetzt. Analog zur 2. Lösung muss es also einen Punkt P geben für den die erste Hälfte der Folge n_1 Einträge 1 und n_2 Einträge 2 hat. Eine Gerade durch diesen Punkt P mit einem Winkel, der die Punktmenge halbiert, liefert die gewünschte Gerade.

4. Lösung. Wir legen einen Punkt $O \notin M_1 \cup M_2$ und eine Gerade h mit $O \in h$ fest. In dieser Lösung betrachten wir zunächst die beiden Mengen M_i $(i \in \{1, 2\})$ separat. Wir wollen alle Geraden beschreiben, die die Ebene so in zwei Halbebenen teilen, dass auf jeder Seite genau n_i Punkte aus M_i liegen. Sei g eine gerichtete Gerade durch O. Von jedem Punkt aus M_i fällen wir das Lot auf g. Die Abstände dieser Lotfußpunkte von O ordnen wir der Größe nach entsprechend der Richtung von g. Dabei könnten zwei, aber nie mehr als zwei Abstände gleich sein, nämlich dann, wenn die Gerade durch zwei Punkte von M_i orthogonal zu g ist. In der Folge der Abstände merken wir uns den n_i-ten Eintrag und den $(n_i{+}1)$-ten Eintrag. Die Längen der Strecken von O zum ersten Punkt bezeichnen wir mit u_i und zum zweiten Punkt mit o_i. Eine Gerade, die die Ebene in zwei Halbebenen teilt, so dass auf jeder Seite genau n_i Punkte aus M_i liegen und die orthogonal zu g ist, hat einen Schnittpunkt mit g, dessen Abstand von O im offenen Interval (u_i, o_i) liegt. Auch die Umkehrung gilt offenbar. Der Winkel zwischen h und g sei φ. Zu g betrachten wir jetzt den Mittelpunkt $m_i(g)$ auf dem Intervall $[o_i, u_i]$, also ist $m_i(\varphi) = m_i(g) = \frac{o_i+u_i}{2}$.

Wir lassen φ von $0°$ bis $180°$ stetig laufen. Dann verändert sich auch $m_i(\varphi)$ stetig. (Abb. L131243d) Ist $u_i < o_i$, so liegt der Mittelpunkt im offenen Intervall und die zu diesem Punkt gehörende Gerade halbiert die Ebene in der gewünschten Weise. Ist $u_i = o_i$, so hat dieses Intervall keinen inneren Punkt und jetzt gibt es keine gewünschte Gerade. Aber da dieser Fall nur genau dann eintritt, wenn g orthogonal

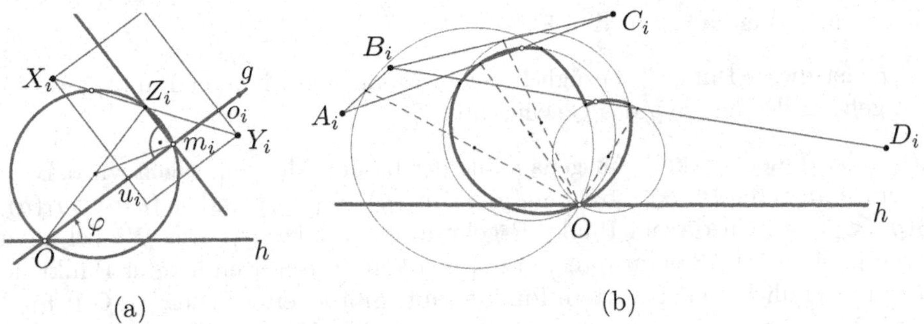

Abb. L131243d: Solange die Punkte X_i, Y_i, die die Werte u_i und o_i auf g erzeugen, dieselben bleiben, liegt der Punkt mit dem Abstand m_i auf einem Kreis (a). In (b) ist ein Beispiel (mit vier Punkten) für die Kurve der Punkte mit Abständen $m_i(g)$ auf den jeweiligen Geraden g durch O.

zu einer Geraden zwischen Punkten aus M_i ist, gibt es nur endlich viele solcher Situationen. Wir haben also eine stetige Funktion $m_i(\varphi)$ auf $[0°, 180°]$. Wir zeigen, dass es einen Winkel $\varphi^* \in [0°, 180°]$ mit $m_1(\varphi^*) = m_2(\varphi^*)$ gibt.
(Abb. L131243e) veranschaulicht ein Beispiel mit $n_1 = 4$ und $n_2 = 2$.
Dann haben die beiden Kurven denselben Punkt P.

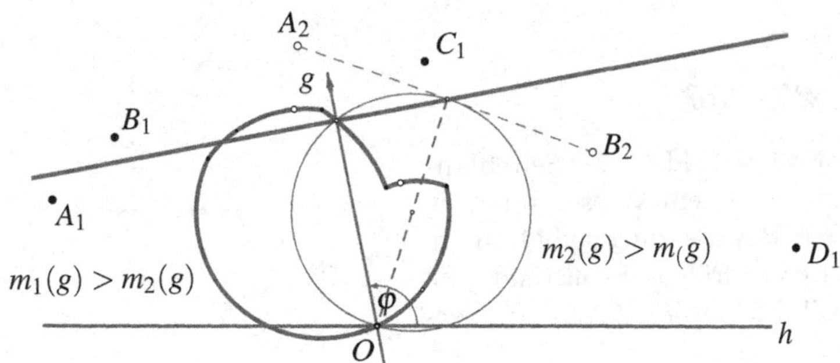

Abb. L131243e: Ein Beispiel mit $n_1 = 4$ und $n_2 = 2$.

Ist $m_1(0°) = m_2(0°)$, so sind wir bereits fertig. Falls $m_1(0°) \neq m_2(0°)$, so können wir o. B. d. A. $m_1(0°) < m_2(0°)$ annehmen. Da die Reihenfolge der Lotfußpunkte für 180° genau entgegengesetzt zur Reihenfolge für 0° ist, folgt $m_1(180°) > m_2(180°)$. Also muss es nach dem Zwischenwertsatz für stetige Funktionen ein gesuchtes φ^* geben.

Wir unterscheiden nunmehr drei Fälle:

Fall 1. Ist dieser Punkt P bezüglich beider Mengen ein innerer Punkt, leistet die dazu gehörende Gerade g das Gewünschte.

Fall 2. Ist dieser Punkt P für genau eine der beiden Mengen, sagen wir o. B. d. A. M_1 ein entarteter Punkt, so ist $u_1(g) = m_1(g) = o_1(g)$ und $u_2(g) < m_1(g) = m_2(g) < o_2(g)$. Zu diesem Punkt P gehöre der Winkel φ_1. Der Winkel φ_2 mit $\varphi_2 > \varphi_1$ sei derart, dass im Intervall (φ_1, φ_2) kein weiterer entarteter Punkt liegt. Da es nur endlich viele entartete Punkte gibt, gibt es ein solches φ_2. Gilt für die Gerade k, die zu einem solchen φ gehört, $u_2(k) < m_1(k) < o_2(k)$, so liegt der Punkt mit dem Abstand $m_1(k)$ in dem offenen Intervall bzgl. M_2 und wir haben einen gewünschten Punkt. Also muss für jeden Winkel φ entweder $m_1(k) < u_2(k) < m_2(k)$ oder $m_1(k) > o_2(k) > m_2(k)$ gelten. Sollten für verschiedene Winkel aus unserem Intervall beide Fälle eintreten, dann müsste es wegen der Stetigkeit der Kurven einen Schnittpunkt geben, d. h. wir hätten auch hier einen gewünschten Punkt. Schließlich bleibt der Fall, dass immer genau eine der beiden Ungleichungen gilt, o. B. d. A. $m_1(k) < u_2(k) < m_2(k)$. Dann wäre wegen der Stetigkeit auch $m_1(g) \leq u_2(g)$ im Widerspruch zu unserer obigen Ungleichung.

Fall 3. Ist dieser Punkt P ein entarteter Punkt für beide Mengen, so gibt es 4 Punkte in $M_1 \cup M_2$, die auf einer Geraden liegen müssten. Dieser Fall kann nicht eintreten. ◇

Aufgabe 271236

Ein quadratisches Feld Q der Seitenlänge 10 km ist von einem Wassergraben u umgeben. Zur Bewässerung soll Q durch Anlegen weiterer Gräben g vollständig in rechteckige Teilfelder $F_1, F_2, \ldots, F_n$ zerlegt werden.

(Die Breite der Gräben werde vernachlässigt; die Abb. A271236 zeigt ein Beispiel für eine solche Zerlegung.)

Ferner werde gefordert, dass jeder Punkt der Fläche Q nicht weiter als 100 m von einem Wassergraben (u oder g) entfernt ist.

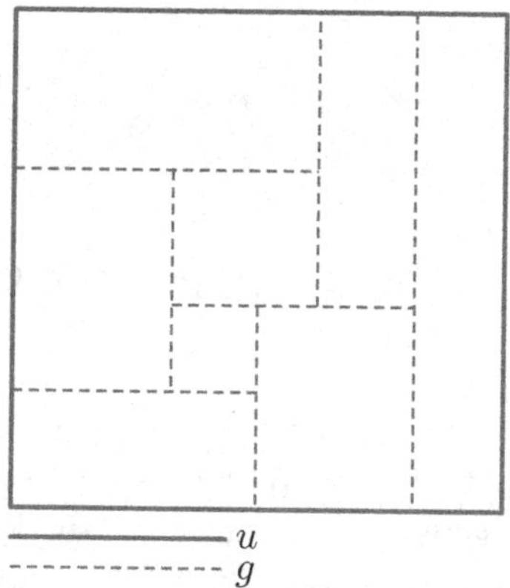

Abb. A271236: Ein Beispiel des Feldes.

(a) Man beweise: Wenn diese Forderung durch Gräben g einer Gesamtlänge von L Kilometern erfüllt wird, so folgt stets $L \geq 480$.

(b) Man beweise, dass es einen kleinsten Wert gibt, den L (bei Erfüllung der genannten Forderung) annehmen kann, und ermittle diesen Wert.

Lösung

Es sei Z eine beliebige Zerlegung von Q in $F_1, F_2, \ldots, F_n$. Es seien a_i und b_i die Längen der Seiten des Rechtecks F_i, $i = 1, 2, \ldots, n$. Wir können $a_i \le b_i$ für alle i annehmen. Nach der Bedingung wissen wir, dass $a_i \le 0,2$ für alle i ist. Über die Flächen erhalten wir $100 = \sum_{i=1}^n a_i b_i \le \sum_{i=1}^n 0,2 \cdot b_i$ und damit $\sum_{i=1}^n b_i \ge 500$. Die Summe der Umfänge der Rechtecke F_i ergibt die Länge von u und zweimal die Länge von g, d. h.

$$\sum_{i=1}^{n} 2(a_i + b_i) = 40 + 2L.$$

und

$$L = \frac{1}{2}\Big(\sum_{i=1}^{n} 2(a_i + b_i) - 40\Big) = \sum_{i=1}^{n} a_i + \sum_{i=1}^{n} b_i - 20 \ge \sum_{i=1}^{n} a_i + 480.$$

Damit sind wir bereit die Fragen zu beantworten.

(a) Wegen $a_i \ge 0$ für alle i erhalten wir $L \ge 480$.

(b) Wir nennen eine Richtung der Gräben horizontal und die andere vertikal. Ein Feld F_i heißt horizontal oder vertikal, falls b_i ein horizontaler bzw. vertikaler Graben ist. Nun tritt einer der folgenden Fälle ein:

(I) Es gibt eine horizontale Strecke durch Q, die nur vertikale Felder trifft. Dann summieren sich die a_i's von solchen Feldern zu 10 auf, d. h. $\sum_{i=1}^n a_i \ge 10$.

(II) Jede horizontale Strecke durch Q hat einen nicht-leeren Durchschnitt mit mindestens einem horizontalen Feld von Z. Nun projezieren wir alle diese vertikalen Felder auf eine vertikale Strecke. Diese Projektionen überdecken vollstänbdig eine Strecke der Länge 10, d. h. die a_i's dieser Felder summieren sich ebenfalls zu 10 auf, d. h. wiederum $\sum_{i=1}^n a_i \ge 10$.
Wegen $\sum_{i=1}^n a_i \ge 10$ erhalten wir $L =\ge 490$.
Schließlich konstruieren wir ein System von Gräben der Länge 490. Man wähle einfach 50 vertikale Felder mit $a_i = 0.2$ und $b_i = 10$. Dann haben wir 49 Gräben der Länge 10, also eine Gesamtlänge von 490. ◇

Aufgabe 431346

Gegeben sei ein ebenes kartesisches Koordinatensystem. Ein Punkt $(x\,, y)$ wird *Gitterpunkt* genannt, wenn seine Koordinaten x und y ganze Zahlen sind. Man untersuche, ob es eine Kreislinie gibt, auf der genau fünf Gitterpunkte liegen.

Lösung

Die Antwort lautet ja. Beispielsweise liegen auf der durch die Gleichung

$$x^2 + \left(y + \frac{7}{4}\right)^2 = \left(\frac{25}{4}\right)^2 \tag{1}$$

beschriebenen Kreislinie die fünf Gitterpunkte

$$(0\,,-8),\ (5\,,2),\ (-5\,,2),\ (6\,,0) \quad \text{und} \quad (-6\,,0), \tag{2}$$

jedoch keine weiteren Gitterpunkte.

Um dies nachzuweisen, formen wir die Kreisgleichung (1) zunächst um:

$$\begin{aligned} 16x^2 + 16y^2 + 56y + 49 &= 625 \\ 2x^2 + 2y^2 + 7y &= 72. \end{aligned}$$

Betrachtet man diese Gleichung als eine quadratische Gleichung in y (mit x als Parameter), so existieren reelle Lösungen für y dann und nur dann, wenn $|x| \leq \frac{25}{4}$ ist, und ergeben sich in diesem Falle zu

$$y_{1,2} = \frac{1}{4}\big(-7 \pm \sqrt{625 - 16x^2}\,\big).$$

Werden hierin die sieben möglichen ganzzahligen Werte $|x| = 0\,,1\,,\ldots\,,6$ eingesetzt, so nimmt der Radikand $625 - 16x^2$ die Werte $625\,,609\,,561\,,481\,,369\,,225\,,49$ an, von denen nur $625\,,225\,,49$ rationale Quadratwurzeln besitzen.

Für $x = 0$ ergibt sich daraus $y_1 = \frac{9}{2}$, $y_2 = -8$. Für $|x| = 5$ ergibt sich $y_1 = 2$, $y_2 = -\frac{11}{2}$, und für $|x| = 6$ erhält man $y_1 = 0$, $y_2 = -\frac{7}{2}$.

Damit liegen insgesamt genau die unter (2) aufgezählten fünf Punkte mit ganzzahligen Koordinaten als mögliche Lösungen vor. Einsetzen in die Kreisgleichung (1) zeigt, dass diese Gitterpunkte tatsächlich auf der Kreislinie liegen.

Bemerkung 1 (zum Finden einer Lösung). Im Folgenden soll ein möglicher Weg skizziert werden, wie ein Kreis mit der geforderten Eigenschaft gefunden werden kann. Es sei aber darauf hingewiesen, dass die Angabe eines solchen Weges nicht zwingend erforderlich ist zur Lösung der Aufgabe reicht es aus, eine Kreisgleichung anzugeben und nachzuweisen, dass genau fünf Gitterpunkte auf der so beschriebenen Kreislinie liegen.

Wir versuchen Kreise zu finden, deren Mittelpunkte mindestens eine ganzzahlige Koordinate haben. Ohne Beschränkung der Allgemeinheit kann angenommen werden, dass dies die x-Koordinate ist und dass diese den Wert 0 besitzt. Der Mittelpunkt liegt dann auf der y-Achse.

Da dann mit einem Gitterpunkt $(x\,,y)$ stets auch der Gitterpunkt $(-x\,,y)$ auf der Kreislinie liegt, muss, damit es eine ungerade Zahl von Gitterpunkten auf der Kreislinie gibt, genau einer der beiden Schnittpunkte des Kreises mit der y-Achse eine ganzzahlige y-Koordinate besitzen. Die vier verbleibenden Gitterpunkte müssen ein gleichschenkliges Trapez bilden, dessen Symmetrieachse die y-Achse ist.

Wir geben uns einen Anstieg für die Schenkel dieses Trapezes vor: Die vier Gitterpunkte seien $(a\,,b)$, $(a-1\,,b+2)$, $(-a\,,b)$ und $(-a+1\,,b+2)$ mit ganzen Zahlen $a>1$ und b. Der Mittelpunkt des Kreises muss dann der Schnittpunkt der Mittelsenkrechten der Punkte $(a\,,b)$ und $(a-1\,,b+2)$ mit der y-Achse sein. Man berechnet leicht, dass dessen Koordinaten $\left(0\,,b+\frac{5}{4}-\frac{a}{2}\right)$ lauten.

Ist r der Radius des Kreises, so sind $\left(0\,,b+\frac{5}{4}-\frac{a}{2}\pm r\right)$ die beiden Schnittpunkte mit der y-Achse, von denen, wie oben festgestellt, einer eine ganzzahlige y-Koordinate haben muss. Damit muss $r=\frac{1}{4}c$ mit einer ungeraden ganzen Zahl c sein. Der Radius des Kreises ergibt sich aber auch als Abstand des Punktes $(a\,,b)$ vom Kreismittelpunkt, also nach dem Satz des PYTHAGORAS

$$r=\sqrt{a^2+\left(\frac{5}{4}-\frac{a}{2}\right)^2}$$

und somit

$$c^2=16a^2+(5-2a)^2=25-20a+20a^2=5(5-4a+4a^2).$$

Damit die rechte Seite eine Quadratzahl ergibt, muss $5-4a+4a^2$ das Fünffache einer Quadratzahl sein. Durch Probieren findet man, dass dies z. B. für $a=6$ der Fall ist, in diesem Fall ergibt sich $c^2=625$ und damit $c=25$, $r=\frac{25}{4}$. Mit der Wahl $b=0$ erhält man dann den bereits oben angegebenen Kreis.

Bemerkung 2 (zum Finden einer Lösung). Eine andere Möglichkeit, sich einen Kreis mit der gewünschten Eigenschaft zu verschaffen, besteht darin, mithilfe pythagoräischer Tripel – also solcher Tripel $(a\,,b\,,c)$ positiver ganzer Zahlen, für die $a^2+b^2=c^2$ gilt – einen Kreis um $(0\,,0)$ zu konstruieren, der eine größere Zahl von Gitterpunkten auf seinem Rand hat, und diese Anzahl durch zentrische Stauchung und Verschiebung des Kreises zu reduzieren.

Beispielsweise sind $(3\,,4\,,5)$ und $(5\,,12\,,13)$ pythagoräische Zahlentripel, denn es gilt $3^2+4^2=5^2$ und $5^2+12^2=13^2$. Multipliziert man alle Zahlen des ersten Tripels mit 13 und alle des zweiten Tripels mit 5, so erhält man die zwei neuen pythagoräischen Tripel $(39\,,52\,,65)$ und $(25\,,60\,,65)$, die die dritte Zahl gemeinsam haben. Beachtet man, dass für beliebige ganze Zahlen a, b, d, e die Identität

$$(a^2+b^2)(d^2+e^2)=(ad+be)^2+(ae-bd)^2=(ad-be)^2+(ae+bd)^2$$

gilt, so erhält man mit $a=3$, $b=4$, $d=5$ und $e=12$ noch die beiden zusätzlichen pythagoräischen Tripel $(33\,,56\,,65)$ und $(16\,,63\,,65)$ mit 65 als dritter Zahl.

Daraus folgt, dass der Kreis um $(0\,,0)$ mit dem Radius 65 die folgenden 36 Gitterpunkte enthält:

$$\begin{array}{llll}
(0\,,65)\,, & (65\,,0)\,, & (-65\,,0)\,, & (0\,,-65)\,,\\
(39\,,52)\,, & (52\,,39)\,, & (-39\,,52)\,, & (-52\,,39)\,,\\
(39\,,-52)\,, & (52\,,-39)\,, & (-39\,,-52)\,, & (-52\,,-39)\,,\\
(25\,,60)\,, & (60\,,25)\,, & (-25\,,60)\,, & (-60\,,25)\,,\\
(25\,,-60)\,, & (60\,,-25)\,, & (-25\,,-60)\,, & (-60\,,-25)\,,\\
(16\,,63)\,, & (63\,,16)\,, & (-16\,,63)\,, & (-63\,,16)\,,\\
(16\,,-63)\,, & (63\,,-16)\,, & (-16\,,-63)\,, & (-63\,,-16)\,,\\
(33\,,56)\,, & (56\,,33)\,, & (-33\,,56)\,, & (-56\,,33)\,,\\
(33\,,-56)\,, & (56\,,-33)\,, & (-33\,,-56)\,, & (-56\,,-33).
\end{array} \tag{3}$$

Liegt ein Gitterpunkt $(a\,,b)$ auf dem Kreis mit der Gleichung $x^2+y^2=r^2$ und werden Kreis und Gitterpunkt gemeinsam einer Verschiebung um u in x-Richtung und um v in y-Richtung (u, v ganze Zahlen) und danach einer zentrischen Streckung mit dem Streckungsfaktor $\frac{1}{m}$ mit einer positiven ganzen Zahl m unterworfen, so erhält man den neuen Kreis $\left(x-\frac{u}{m}\right)^2+\left(y-\frac{v}{m}\right)^2=\left(\frac{r}{m}\right)^2$ und den Punkt $\left(\frac{a+u}{m}\,,\frac{b+v}{m}\right)$ auf der Kreislinie. Dieser Punkt ist dann und nur dann ein Gitterpunkt, wenn a und b bei Division durch m den gleichen Rest wie $-u$ bzw. $-v$ lassen. Umgekehrt muss jeder Gitterpunkt des verkleinerten und verschobenen Kreises auf diese Weise einem Gitterpunkt des ursprünglichen Kreises entsprechen.

Betrachtet man nun die 36 Gitterpunkte (3) bezüglich verschiedener Divisoren m, so stellt sich heraus, dass beispielsweise für $m=7$ genau fünfmal die Restekombination $(0\,,-2)$ auftritt, sodass man $x^2+\left(y-\frac{2}{7}\right)^2=\left(\frac{65}{7}\right)^2$ als einen möglichen Kreis mit genau fünf Gitterpunkten erhält. Diese fünf Gitterpunkte sind

$$(0\,,-9)\,,\quad (9\,,-2)\,,\quad (-9\,,-2)\,,\quad (8\,,5)\,,\quad (-8\,,5).$$

Dass es auf der Kreislinie keine weiteren Gitterpunkte gibt, kann auf ähnliche Weise gezeigt werden wie für (1). ◇

2.7 Konvexität

In diesem Abschnitt befassen wir uns mit der Kombinatorik endlicher Punktmengen, die mit konvexen Gebieten im Zusammenhang stehen. Eine *geometrische Figur* oder allgemeiner eine Teilmenge eines *euklidischen Raumes* heißt *konvex*, wenn für je zwei beliebige Punkte, die zur Menge gehören, auch stets alle Punkte der Verbindungsstrecke in der Menge liegen. Ein Vieleck, das nicht konvex ist, heißt *konkav*. (Vgl. Abb. 2.6)

Wir werden konvexe und konkave Vielecke betrachten. Die *konvexe Hülle* einer endlichen Punktmenge ist die kleinste konvexe Menge, die alle dieser Punkte im Innern oder auf dem Rand enthält. Ist ein n-Eck gegeben, so ist die konvexe Hülle offenbar ein m-Eck mit $m\le n$. Wird ein n-Eck durch eine Menge aus n Punkten

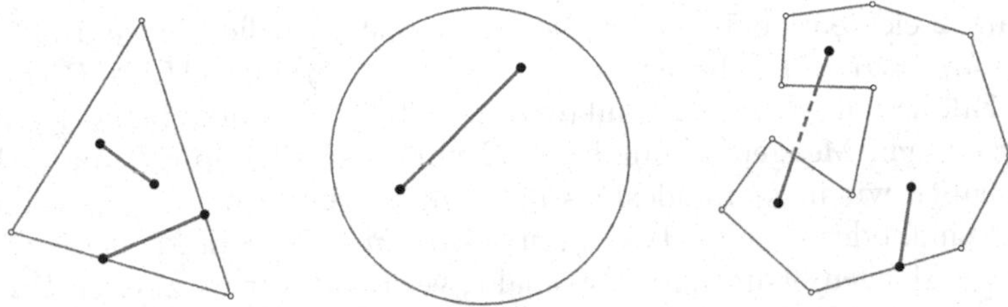

Abb. 2.6: Zwei konvexe Flächen und eine konkave.

erzeugt, so sind die Eckpunkte der konvexen Hülle auch Punkte der gegebenen Punktmenge.

Die ersten drei Aufgaben haben direkte Beziehungen zu allgemeineren Sätzen.

Die erste Aufgabe ist der einfachste Fall des sogenannten ESTHER-KLEIN-Problems[7]: Unter 5 Punkten in einer Ebene, von denen keine 3 auf einer Geraden liegen, findet man stets 4, die ein konvexes Viereck bilden. Diese Aussage ist, wie wir sehen werden, relativ einfach zu beweisen. Doch man fragt sich sofort, ob es auch Verallgemeinerungen gibt. Dazu stellen wir den folgenden Satz vor:

Satz 2.9 (Klein). *Zu jeder natürlichen Zahl $n \geq 3$ gibt es eine natürliche Zahl $N(n)$, so dass es unter N Punkten in einer Ebene, von denen keine drei auf einer Geraden liegen, stets n Punkte existieren, die ein konvexes n-Eck bilden.*

Ein Beweis dieses Satzes ist nicht-trivial. Wir müssen etwas ausholen und präsentieren zwei Versionen des berühmten Satzes von RAMSEY[8]. Dieser Satz spielt auch im 1. Kapitel eine Rolle, siehe dazu 1.3. .

Satz 2.10 (Ramsey). *Zu jede zwei natürlichen Zahlen $m, n \geq 2$ gibt es eine kleinste natürliche Zahl $R = R_2(m, n)$ mit folgender Eigenschaft: Wird jede der 2-elementigen Teilmengen einer R-elementigen Menge M entweder rot oder blau gefärbt, so gibt es eine m-elementige Teilmenge von M, deren 2-elementigen Teilmengen alle rot gefärbt sind, oder eine n-elementige Teilmenge von M, deren 2-elementigen Teilmengen alle blau gefärbt sind.*

Beweis. Man sieht leicht, dass $R_2(m, 2) = m$ und $R_2(2, n) = n$ ist. Den Beweis führen wir per Induktion nach $m + n$. Wir zeigen

$$R_2(m, n) \leq R' = R_2(m - 1, n) + R_2(m, n - 1)$$

für $m, n \geq 3$. Wir färben die 2-elementigen Teilmengen der R'-elementigen Menge M rot und blau. Nun fixieren wir einen Punkt $P \in M$. Die Punkte von M, die mit P eine rote 2-elementige Menge bilden, nennen wir die Menge M_r und die, die mit

[7] ESTHER KLEIN, verh. SZEKERES (1910-2005)

[8] FRANK PLUMPTON RAMSEY (1903–1930)

P eine blaue 2-elementige Teilmenge bilden, nennen wir die Menge M_b. Offenbar ist $|M_r| + |M_b| = R' - 1$. Also ist $|M_r| \geq R_2(m-1, n)$ oder $|M_b| \geq R_2(m, n-1)$. Im ersten Fall haben wir $m-1$ Punkte in $M - \{P\}$, die untereinander nur durch rote 2-elementigen Mengen verbunden sind und zusätzlich mit P rot verbunden sind, also haben wir in M mindestens m Punkte, deren sämtliche 2-elementigen Mengen rot sind, oder aber wir haben mindestens n Punkte in M, deren sämtliche 2-elementigen Mengen blau sind. Ganz analog verfahren wir im zweiten Fall. Wenn $R = R_2(m-1, n) + R_2(m, n-1)$ diese Eigenschaft hat, so gibt es eine kleinste natürliche Zahl mit dieser Eigenschaft, die wir $R_2(m, n)$ nennen. □

Durch den Beweis erhalten wir $R_2(3,3) \leq R_2(2,3) + R_2(3,2) = 6$. Tatsächlich ist $R_2(3,3) = 6$, denn die Kanten in einem Fünfeck kann man so färben, dass kein einfarbiges Dreieck auftritt: Betrachtet man das Fünfeck als konvexes Fünfeck und färbt den Rand rot und die inneren Kanten blau, so erhält man ein entsprechendes Beispiel. Analog ist $R_2(3,4) \leq R_2(2,4) + R_2(3,3) = 10$. Hier wollen wir den Leser anregen sich die Situation etwas genauer zu durchdenken und stellen folgende

Aufgabe Man beweise $R_2(3,4) = 9$.

Im Allgemeinen sind nur sehr wenige RAMSEY-Zahlen bekannt. Es gibt obere und untere Schranken, die aber oft sehr weit voneinander entfernt sind.

Für unsere angekündigte Anwendung brauchen wir eine Verallgemeinerung des soeben bewiesenen Satzes. Auf einen Beweis verzichten wir hier, denn einerseits ist er technisch aufwendiger, folgt aber der obigen Beweisidee und andererseits findet man den Beweis in jedem einschlägigen Buch, z. B. in [34].

Satz 2.11 (Ramsey). *Gegeben sei eine natürliche Zahl $k \geq 2$. Zu jede zwei natürlichen Zahlen $m, n \geq k$ gibt es eine kleinste natürliche Zahl $R = R_k(m, n)$ mit folgender Eigenschaft: Wird jede der k-elementigen Teilmengen einer R-elementigen Menge M entweder rot oder blau gefärbt, so gibt es eine m-elementige Teilmenge von M, deren k-elementigen Teilmengen alle rot gefärbt sind, oder eine n-elementige Teilmenge von M, deren k-elementigen Teilmengen alle blau gefärbt sind.*

Nunmehr sind wir in der Lage, den Satz von KLEIN zu beweisen. Dazu wählen wir $k = 4$ und $N = R_4(n, 5)$. Diese Zahl $R_4(n, 5)$ existiert nach dem Satz von RAMSEY. Je vier Punkte, die ein konvexes Viereck bilden, werden rot gefärbt. Alle anderen Vierecke, die dann konkav sind, werden blau gefärbt. Also gibt es n Punkte, deren sämtlichen Vierecke konvex sind, oder 5 Punkte, deren sämtliche Vierecke konkav sind. Im ersten Fall bilden sie nach Aufgabe 151235, die übernächste Aufgabe, ein konvexes n-Eck. Der zweite Fall kann nach Aufgabe 291235, die nächste Aufgabe, gar nicht eintreten.

Die genaue Zahl $N(n)$ ist bis auf sehr kleine n unbekannt. Es gibt die Vermutung $N(n) = 2^{n-2} + 1$.

Aufgabe 291235

Man beweise: In jeder Menge aus fünf Punkten, die in einer gemeinsamen Ebene liegen und von denen keine drei in einer gemeinsamen Geraden liegen, gibt es vier Punkte, die die Ecken einer konvexen Vierecksfläche sind.

Hinweis. Eine Vierecksfläche heißt genau dann konvex, wenn mit jedem beliebigen Paar von Punkten dieser Fläche jeder Punkt der Verbindungsstrecke dieser beiden Punkte zu der Fläche gehört.

Lösung

Wir betrachten die konvexe Hülle H der fünf Punkte. Ist H ein Fünf- oder ein Viereck, so bilden 4 Punkte dieser Punkte ein konvexes Viereck. Nun nehmen wir an,

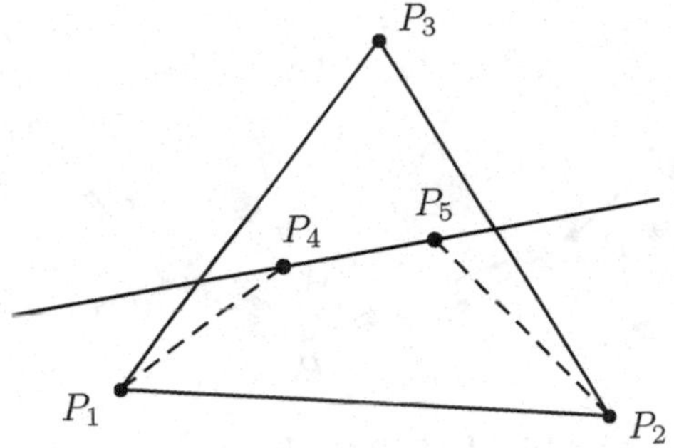

Abb. L291235: Der Beweis.

dass H ein Dreieck $P_1P_2P_3$ ist (Abb. L291235). Sei l die Gerade durch die beiden restlichen Punkte P_4 und P_5, die natürlich im Inneren des Dreiecks liegen. Kein anderer dieser Punkte liegt auf l. Nun betrachten wir die Halbebene, die durch l erzeugt wird und zwei Punkte enthält, nehmen wir an, es sind die Punkte P_1 und P_2.
Offenbar bilden die 4 Punkte P_1, P_2, P_5 und P_4 ein konvexes Viereck. 

Aufgabe 151235

In der Ebene mögen n Punkte ($n \geq 4$) so gelegen sein, dass je vier von ihnen Eckpunkte eines nichtentarteten konvexen Vierecks sind.
Man beweise, dass dann alle n Punkte Eckpunkte eines konvexen n-Ecks sind.

Lösung

Wir beweisen die Behauptung indirekt, d. h., wir nehmen an, es gibt n Punkte, von denen je vier Eckpunkte eines nichtentarteten konvexen Vierecks sind, während alle n Punkte nicht Eckpunkte eines konvexen n-Ecks sind.

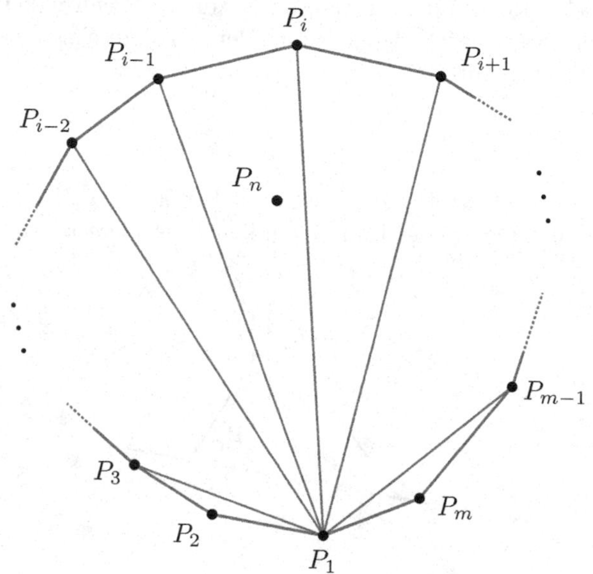

Abb. L151235: Der Beweis.

Wir betrachten die konvexe Hülle H dieser n Punkte $P_1, P_2, \ldots, P_n$. H ist ein konvexes m-Eck mit $m < n$. O. B. d. A. enthalte H die Eckpunkte $P_1, P_2, \ldots, P_m$. Der Punkt P_n liegt im Inneren von H. Er kann auf keiner der Sehnen $\overline{P_1P_i}$, $i = 1, 2, \ldots, m$, liegen, da dann $P_1P_nP_iP_{i+1}$ ein entartetes Viereck (nämlich ein Dreieck) wäre, siehe Abb. L151235. Also liegt P_n im Innern eines der Dreiecke, etwa im Dreieck $P_1P_{i-1}P_i$. Das Viereck $P_1P_{i-1}P_iP_n$ ist nicht konvex, im Widerspruch zur Voraussetzung. Also ist unsere Annahme falsch und damit bewiesen, dass $P_1, P_2, \ldots, P_n$ ein konvexes n-Eck bilden. ◇

Die dritte Aufgabe in dieser Sektion, Aufgabe 101243, ist ein einfacher Spezialfall eines allgemeinen und sehr wichtigen Satzes aus der Konvexgeometrie, dem Satz von Helly[9]. Wir betrachten hier nur den Fall von Vielecksflächen. Erwähnenswert ist, dass der Satz von Helly in der allgemeinen Form viele Anwendungen hat, z. B. auch zum Beweis einer allgemeineren Version des Satzes von Jung aus der vorigen Sektion.

---

[9] Eduard Helly (1884–1943)

Aufgabe 101243

Es ist der folgende Satz zu beweisen: Haben je drei von vier in der gleichen Ebene liegenden konvexen Vielecksflächen jeweils einen Punkt gemeinsam, so gibt es einen Punkt, der jeder der vier Vielecksflächen angehört.

Lösung

Es seien V_1, V_2, V_3 und V_4 die Vielecksflächen. Ferner seien P_1, P_2, P_3 und P_4 Punkte der Ebene mit $P_1 \in V_2 \cap V_3 \cap V_4$, $P_2 \in V_1 \cap V_3 \cap V_4$, $P_3 \in V_1 \cap V_2 \cap V_4$ und $P_4 \in V_1 \cap V_2 \cap V_3$. Nach der Voraussetzung existieren diese Punkte.

Wir betrachten die konvexe Hülle dieser vier Punkte.

Fall 1. Ist sie ein Dreieck (evtl. auch ein zur Strecke entartetes), so seien o. B. d. A. P_1, P_2 und P_3 die Eckpunkte und P_4 der innere Punkt. Wegen $P_1 \in V_4$, $P_2 \in V_4$ und $P_3 \in V_4$ liegt das gesamte Dreieck (Konvexität von V_4!) in V_4, also auch P_4. Folglich liegt P_4 in allen vier Vielecksflächen.

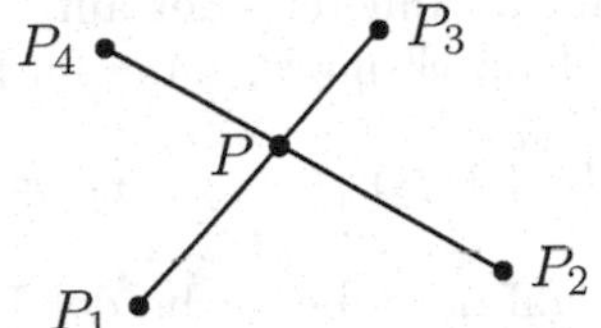

Abb. L101243: Der Beweis.

Fall 2. Ist sie ein Viereck, so mögen die Punkte o. B. d. A. in der Reihenfolge P_1, P_2, P_3 und P_4 (s. Abb. L101243) liegen. P sei der Schnittpunkt von $\overline{P_1P_3}$ und $\overline{P_2P_4}$.

Da die konvexe Hülle der vier Punkte ein Viereck ist, liegt P sowohl im Inneren von $\overline{P_1P_3}$ als auch von $\overline{P_2P_4}$.

Wegen der Konvexität der V_i und $P_1 \in V_2 \cap V_4$, $P_3 \in V_2 \cap V_4$ folgt $P \in V_2 \cap V_4$ und aus $P_2 \in V_1 \cap V_3$, $P_4 \in V_1 \cap V_3$ folgt $P \in V_1 \cap V_3$. Also ist $P \in V_1 \cap V_2 \cap V_3 \cap V_4$, d. h. P liegt in allen vier Vielecksflächen. ◇

Aufgabe 381332

Im Raum seien n Kugeln mit einem Radius $\varrho = 1$ so angeordnet, dass es einen Punkt P gibt, der ein innerer Punkt jeder dieser Kugeln ist. Unter dieser Voraussetzung ist bekannt, dass es eine Kugel mit größtmöglichem Radius r gibt, die in allen n Kugeln enthalten ist, und andererseits eine Kugel mit kleinstmöglichem Radius R existiert, die alle n Kugeln enthält.

Man beweise, dass für die genannten Radien $R + r = 2$ gilt.

Lösung

Zur Lösung der Aufgabe erweist sich folgender Hilfssatz als nützlich:

Lemma 2.12. *Eine Kugel K_1 mit einem Radius r_1 ist genau dann in einer Kugel K_2 mit dem Radius r_2 enthalten, wenn diese in der Kugel K_3 enthalten ist, die den gleichen Mittelpunkt wie K_1 und den Radius $r_3 = 2r_2 - r_1$ besitzt.*

Beweis. Im Folgenden seien M_1 der Mittelpunkt von K_1 und K_3 sowie M_2 der Mittelpunkt von K_2.

(I) Es sei K_1 in K_2 enthalten. Zu zeigen ist, dass K_2 in K_3 enthalten ist. Sei X derjenige Punkt, der auf der Verlängerung der Strecke $\overline{M_2M_1}$ über M_1 hinaus liegt und für den $|M_1X| = r_1$ gilt. Dieser liegt auf der Oberfläche der Kugel K_1 und muss deshalb auch im Inneren oder auf der Oberfläche von K_2 liegen. Letzteres gilt aber genau dann, wenn $|M_2X| \leq r_2$ ist, also gilt

$$|M_1M_2| = |M_2X| - |M_1X| \leq r_2 - r_1.$$

Ist nun Y ein beliebiger Punkt im Inneren oder auf der Oberfläche der Kugel K_2, so gilt $|M_2Y| \leq r_2$. Nach der Dreiecksungleichung im Dreieck M_1M_2Y gilt aber

$$|M_1Y| \leq |M_1M_2| + |M_2Y| \leq (r_2 - r_1) + r_2 = 2r_2 - r_1,$$

also liegt Y im Inneren oder auf der Oberfläche der Kugel K_3. Da dieser Schluss für jeden Punkt im Inneren oder auf der Oberfläche von K_2 möglich ist, ist K_2 in K_3 enthalten.

(II) Es sei nun K_2 in K_3 enthalten. Gezeigt wird, dass dann K_2 die Kugel K_1 enthält. Sei X derjenige Punkt, der auf der Verlängerung der Strecke $\overline{M_1M_2}$ über M_2 hinaus liegt und für den $|M_2X| = r_2$ gilt. Dieser liegt auf der Oberfläche der Kugel K_2 und muss daher auch im Inneren oder auf der Oberfläche von K_3 liegen. Infolgedessen gilt $|M_1X| \leq 2r_2 - r_1$ und man erhält

$$|M_1M_2| = |M_1X| - |M_2X| \leq (2r_2 - r_1) - r_2 = r_2 - r_1.$$

Ist nun Y ein beliebiger Punkt im Inneren oder auf der Oberfläche der Kugel K_1, so gilt $|M_1Y| \leq r_1$ und damit nach der Dreiecksungleichung im Dreieck M_1M_2Y

$$|M_2Y| \leq |M_1M_2| + |M_1Y| \leq (r_2 - r_1) + r_1 = r_2,$$

also liegt Y im Inneren oder auf der Oberfläche von K_2. Dieser Schluss ist wiederum für jeden Punkt von K_1 möglich, daher ist K_1 in K_2 enthalten.

Mit (I) und (II) ist das Lemma bewiesen.

Es sei nun K' eine Kugel vom Radius r, die in jeder der n gegebenen Kugeln enthalten ist. Ihr Mittelpunkt sei M'. Dann ist nach dem Hilfssatz jede der gegebenen Kugeln in der Kugel K' enthalten, welche den Mittelpunkt M' und den Radius $2 - r$ hat. Es gibt also eine Kugel vom Radius $2 - r$, die alle gegebenen Kugeln enthält; daher ist $R \leq 2 - r$, also

$$R + r \leq 2.$$

Sei andererseits K'' eine Kugel vom Radius R, die alle n gegebenen Kugeln enthält. Ihr Mittelpunkt sei M''. Die Kugel K'' mit dem Mittelpunkt M'' und dem Radius $2-R$ ist dann nach dem Hilfssatz in jeder der n gegebenen Kugeln enthalten; mithin ist $r \geq 2 - R$ und folglich

$$R + r \geq 2.$$

Aus den beiden gewonnenen Ungleichungen folgt die Behauptung. 

Aufgabe 381344

In einem Quadrat Q der Seitenlänge 1 liegt ein konvexes Polygon P.
Man zeige: Der Umfang von P ist nicht größer als 4.

Lösung

(I) Ist $\overline{AB}$ eine Seite von P, die nicht parallel zu einer der Seiten von Q ist, so existiert ein Punkt C außerhalb von P, so dass das Dreieck ACB rechtwinklig mit dem rechten Winkel bei C ist und seine Katheten parallel zu den Seiten von Q sind (Abb. L381344). Nach der Dreiecksungleichung ist der Kantenzug ACB, dessen Abschnitte parallel zu den Quadratseiten sind, länger als die Polygonseite $\overline{AB}$ mit denselben Endpunkten.

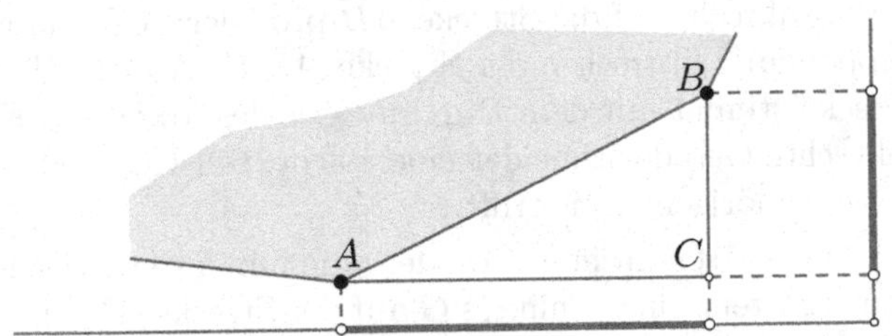

Abb. L381344: Die Lage der Strecke $\overline{AB}$.

(II) Ersetzt man jede Seite von P, die nicht zu einer der Seiten von Q parallel ist, durch einen solchen Kantenzug, so erhält man ein neues Polygon P' (das im Allgemeinen nicht mehr konvex ist), dessen Seiten sämtlich parallel zu Seiten von Q sind und dessen Umfang mindestens ebenso groß ist wie der von P. (Gleichheit tritt nur ein, wenn alle Seiten von P parallel zu Quadratseiten sind, P also ein Rechteck ist.)

(III) Aus der Konvexität des Polygons P sowie aus der Konstruktion von P' folgt: Werden auf eine feste Quadratseite von Q alle zu ihr parallelen Seiten von P' projiziert, so wird von diesen Projektionen (die offensichtlich gleiche Längen wie die entsprechenden Seiten von P' selbst haben) eine gewisse Teilstrecke der Quadratseite genau zweifach überdeckt, die Summe der Längen aller zu dieser Quadratseite parallelen Seiten von P' überschreitet also die doppelte Länge der Quadratseite nicht.

Führt man die beschriebene Projektion für zwei nicht parallele Seiten von Q aus, so sind damit alle Seiten von P' erfasst, so dass folgt: Der Umfang von P' ist nicht größer als die vierfache Seitenlänge des Quadrates, also 4.

Damit ist bewiesen, dass auch der Umfang von P nicht größer als 4 ist. 

Aufgabe 471345

Innerhalb eines Quadrates mit der Seitenlänge 1 befinden sich endlich viele Kreisscheiben, die sich auch überlappen dürfen. Die Summe aller Kreisumfänge sei gleich 10. Man beweise, dass es eine Gerade gibt, die mindestens vier dieser Kreise schneidet oder berührt.

Lösung

Es seien A und B zwei benachbarte Eckpunkte des Quadrates. In Verschärfung der Aufgabenstellung wird gezeigt, dass es eine zu AB senkrechte Gerade mit der geforderten Eigenschaft gibt.

Werden die Kreise senkrecht auf die Strecke $\overline{AB}$ projiziert, erhält man (sich möglicherweise überlappende) Teilstrecken der Strecke $\overline{AB}$ (s. Abb. L471345). Die Länge einer solchen Strecke stimmt mit dem Durchmesser des jeweiligen Kreises überein. Eine zu AB senkrechte Gerade schneidet eine solche Teilstrecke genau dann, wenn diese Gerade den zugehörigen Kreis trifft.

Die Existenz einer zu $\overline{AB}$ senkrechten Geraden, die mindestens vier Kreise trifft, ist also äquivalent zur Existenz eines Punktes C auf der Strecke $\overline{AB}$, der zu mindestens vier dieser Teilstrecken gehört.

Wir nehmen jetzt an, es gäbe keinen solchen Punkt C. Dann gehörte jeder Punkt von $\overline{AB}$ zu höchstens drei Teilstrecken. Die Summe der Längen aller Teilstrecken ist also höchstens $3 \cdot |AB| = 3$. Die Summe der Umfänge der Kreise ist folglich nicht größer als 3π und damit kleiner als 10. Da dies der Voraussetzung widerspricht, ist die Behauptung bewiesen.

Bemerkung 1. Die Behauptung der Aufgabe lässt sich wie folgt verallgemeinern: Die *Breite* einer konvexen Figur sei die Breite des schmalsten Streifens, der diese Figur aufnehmen kann. Wenn sich innerhalb einer Figur der Breite h endlich viele konvexe Figuren befinden und die Summe ihrer Breiten größer als $k \cdot h$ ist, so gibt es eine Gerade, die mindestens $k + 1$ dieser Figuren trifft.

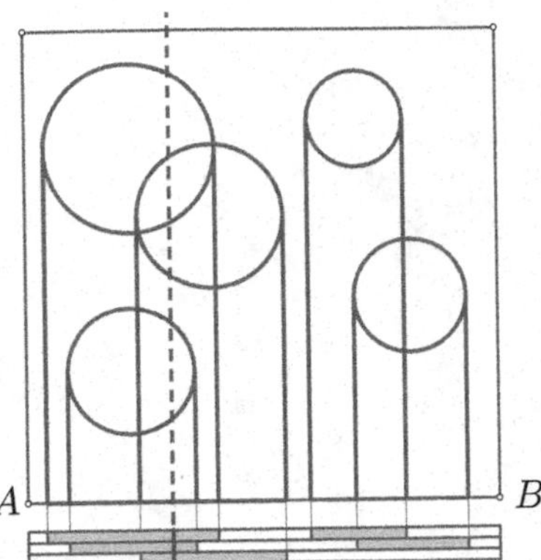

Abb. L471345: Die Projektionen der Kreise.

Bemerkung 2. Um zu zeigen, dass die Summe der Längen der oben erwähnten Teilstrecken höchstens $3 \cdot |AB|$ beträgt, könnte man wie folgt argumentieren:
Nur endlich viele Punkte von $\overline{AB}$ sind Endpunkte der gegebenen Teilstrecken. Diese Punkte zerlegen $\overline{AB}$ in endlich viele neue Teilstrecken, die jeweils keinen weiteren Endpunkt enthalten. Jede dieser neuen Teilstrecken ist in höchstens drei der ursprünglichen Teilstrecken enthalten, und ihre Gesamtlänge ist $|AB|$. Die Summe der Längen der ursprünglichen Teilstrecken ist damit nicht größer als die dreifache Summe der neuen Teilstrecken. ◇

Kapitel 3
Gleichungen

Elias Wegert

In diesem Kapitel beschäftigen wir uns mit dem Lösen von *Gleichungen* und *Gleichungssystemen*, die eine oder mehrere Unbekannte (Variable) enthalten. Aufgaben dieses Typs werden in Olympiaden gern als „Einstiegsaufgaben" gestellt. Dabei sind meist *alle* Werte der Variablen zu bestimmen, die sämtliche Gleichungen erfüllen. Typischerweise wird dies durch eine Folge von Transformationen erreicht, die das Problem schrittweise vereinfachen, bis die Lösungen ersichtlich sind.

In der Praxis ist es eher die Ausnahme als die Regel, dass Gleichungen durch äquivalente Transformationen umgeformt werden. Besonders bei nichtlinearen Gleichungssystemen ist es ziemlich schwierig oder sogar unmöglich, brauchbare äquivalente Umformungen zu finden. In diesen Fällen ist es hilfreich, mit einer Formulierung der Art „Angenommen, x ist eine Lösung der Gleichung ..., dann folgt ..." zu beginnen und zunächst *notwendige Bedingungen* für die Lösung x herzuleiten. Dabei wird das Problem so transformiert, dass keine Lösungen verloren gehen und die gegebenen Gleichungen vereinfacht werden, bis sie auf eine oder mehrere einfache Bedingungen reduziert sind. Unter der (hoffentlich kleinen) Anzahl von „vermeintlichen Lösungen", die diese Bedingungen erfüllen, können die „tatsächlichen Lösungen" der Ausgangsgleichung(en) durch eine *Probe* ermittelt werden.

Obwohl die Durchführung einer Probe oft sehr einfach ist, kann man auf sie nicht verzichten, sobald nicht äquivalente Transformationen durchgeführt wurden. Man beachte, dass nicht nur die Division sondern auch die Multiplikation mit einer Variablen oder einem Term, der Null sein kann, die Äquivalenz zerstört. Dies ist einer der häufigsten Fehler bei der Lösung von Olympiade-Aufgaben.

In Systemen von Gleichungen müssen die Variablen mehrere Gleichungen simultan erfüllen. In der Regel wird dabei die Anzahl der Gleichungen mit der Anzahl der Variablen übereinstimmen. Ist dies nicht der Fall, sollte man auf Besonderheiten der Aufgabenstellung achten. Dies können beispielsweise *versteckte Ungleichungen* sein. Ein leicht durchschaubares Beispiel dieser Art ist

$$(x-a)^2 + (y-b)^2 + (z-c)^2 = 0$$

mit der eindeutigen Lösung $x = a$, $y = b$, $z = c$; etwas weniger offensichtlich ist

A. Felgenhauer et al., *Die schönsten Aufgaben der Mathematik-Olympiade in Deutschland*, https://doi.org/10.1007/978-3-662-63183-6_3

$$\sin(x - y) + \cos(x + y) = 2.$$

Hier sind einige allgemeine Tipps zur Lösung von Gleichungen:

- Vor allem bewahre man die Übersicht über das was man tut.
- Man beachte die logische Struktur der Umformungen: Was wird angenommen? Was folgt? Welche Bedingungen werden gebraucht?
- Man beobachte das Zusammenspiel der Terme.
- Man vereinfache Terme durch Substitution.
- Man versuche Gleichungen zu Faktorisieren.
- Man beachte Symmetrien von Gleichungen mit mehreren Unbekannten.
- Man untersuche das Verhalten der vorkommenden Funktionen.
- Wenn möglich, vermeide man exzessive Berechnungen.

Man sollte niemals vergessen, dass ein Problem erst dann vollständig gelöst ist, wenn alle Lösungen bestimmt sind und bewiesen wurde, dass es keine weiteren Lösungen geben kann.

3.1 Lineare Gleichungen

Lineare Gleichungen und *lineare Gleichungssysteme* lassen sich algorithmisch lösen und kommen deshalb in Mathematik-Olympiaden nur selten vor. Eine Ausnahme bildet die Aufgabe 211242. Manchmal kann man *Determinanten* und die CRAMER'sche Regel nutzen, allerdings lassen sich Olympiade-Aufgaben auch ohne deren Kenntnis lösen. Weitergehende Informationen findet man in Büchern zur linearen Algebra, beispielsweise [6], [14], [26].

Aufgabe 211242

Zwei Personen A und B spielen das folgende Spiel: In dem Gleichungssystem

$$\begin{aligned} a_1x + b_1y + c_1z &= 1 \\ a_2x + b_2y + c_2z &= 1 \\ a_3x + b_3y + c_3z &= 1 \end{aligned} \tag{1}$$

belegt zunächst A einen der Koeffizienten a_i, b_i, c_i $(i = 1, 2, 3)$ mit einer von ihm gewählten ganzen Zahl. Dann belegt B einen der verbleibenden Koeffizienten mit einer von ihm gewählten ganzen Zahl, dann wieder A, dann B und so weiter, bis endlich A den letzten (neunten) Koeffizienten mit einer ganzen Zahl belegt. A hat gewonnen, wenn nach diesen Belegungen das Gleichungssystem (1) keine oder unendlich viele reelle Lösungen besitzt.

Man untersuche, ob B durch geeignete Belegungen in jedem Falle den Gewinn erzwingen kann.

Lösung

Schritt I. Es sei (x, y, z) eine Lösung des linearen Systems (1). Multipliziert man die erste Gleichung mit c_2, die zweite mit c_1 und bildet die Differenz der resultierenden Gleichungen erhält man

$$(a_2c_1 - a_1c_2)\,x + (b_2c_1 - b_1c_2)\,y = c_1 - c_2.$$

Analog folgt aus der zweiten und dritten Gleichung

$$(a_3c_2 - a_2c_3)\,x + (b_3c_2 - b_2c_3)\,y = c_2 - c_3,$$

und schließlich leitet man aus der ersten und dritten Gleichung

$$(a_1c_3 - a_3c_1)\,x + (b_1c_3 - b_3c_1)\,y = c_3 - c_1$$

her. Multiplikation dieser drei Gleichungen mit b_3, b_1 bzw. b_2 und anschließende Addition ergibt

$$Dx = (c_1 - c_2)\,b_3 + (c_2 - c_3)\,b_1 + (c_3 - c_1)\,b_2, \tag{2}$$

wobei

$$D = a_1b_2c_3 - a_1b_3c_2 + a_2b_3c_1 - a_2b_1c_3 + a_3b_1c_2 - a_3b_2c_1.$$

Analog folgt

$$Dy = (a_1 - a_2)\,c_3 + (a_2 - a_3)\,c_1 + (a_3 - a_1)\,c_2 \tag{3}$$
$$Dz = (b_1 - b_2)\,a_3 + (b_2 - b_3)\,a_1 + (b_3 - b_1)\,a_2. \tag{4}$$

Die Gleichungen (2) bis (4) zeigen, dass die Lösung des linearen Systems (1) dann und nur dann eindeutig ist, wenn $D \neq 0$ gilt (A gewinnt). Wenn $D = 0$ ist, gibt es keine oder unendlich viele Lösungen (B gewinnt). Im Folgenden wird eine Gewinnstrategie für Spieler B beschrieben.

Schritt II. Erster Zug. Durch Vertauschung der Variablen und/oder der Gleichungen, falls notwendig, können wir voraussetzen, dass A den ersten Koeffizienten a_1 festlegt. Wenn B dann $c_2 = 0$ wählt, ergibt sich $D = a_1b_2c_3 + a_2b_3c_1 - a_2b_1c_3 - a_3b_2c_1$ mit fixiertem a_1.

Zweiter Zug. Wenn A dann mit c_3 seinen zweiten Koeffizienten belegt, reagiert B mit $b_2 = 0$, und man erhält $D = a_2b_3c_1 - a_2b_1c_3$. Wenn jedoch A einen anderen Koeffizienten auswählt, so spielt B danach $c_3 = 0$, und es ergibt sich $D = a_2b_3c_1 - a_3b_2c_1$. In beiden Fällen ist genau ein Koeffizient in der Darstellung von D festgelegt.

Dritter Zug. Wenn A seinen dritten Koeffizienten gewählt hat, enthält höchstens eines der übigen Produkte in der Darstellung von D zwei festgelegte Koeffizienten. Nun wählt B ein solches Produkt aus, das eine maximale Anzahl von festgelegten Koeffizienten enthält, und belegt einen seiner restlichen Faktoren mit Null. Man erhält $D = a_2b_3c_1$ oder $D = -a_3b_2c_1$. In beiden Fällen sind mindestens zwei der drei Faktoren von D noch frei wählbar.

Vierter Zug. Nachdem A seinen vierten Koeffizienten gewählt hat, ist mindestens einer der drei Faktoren von D noch nicht belegt. Setzt B zum Abschluss diesen Koeffizienten auf Null, erreicht er, dass $D = 0$ ist und er gewinnt, egal, welchen Zug A zuletzt ausführt.

Bemerkung. Mit Kenntnissen über *Determinanten* kann B feststellen, dass

$$D = \begin{vmatrix} a_1 & b_1 & c_1 \\ a_2 & b_2 & c_2 \\ a_3 & b_3 & c_3 \end{vmatrix}$$

Null ist, wenn zwei Elemente einer Zeile oder zwei Elemente einer Spalte Null sind und das dritte Element (der Zeile oder der Spalte) oder die zu diesem Element zugehörige Unterdeterminante verschwindet. Dies kann immer durch B erreicht werden, indem die ensprechenden Einträge von D Null gesetzt werden. Die Wahl dieser Einträge hängt von den Zügen ab, die A ausführt. Das oben beschriebene Verfahren ist dafür eine geeignete Strategie. $\diamondsuit$

3.2 Quadratische Gleichungen

Quadratische Gleichungen $x^2+px+q = 0$ können mit der bekannten p-q-Formel gelöst werden. Bei Mathematik-Olympiaden werden sie mitunter mit Parametern versehen, um die Probleme interessanter zu gestalten. Die Betrachtung der Diskriminante $D = p^2 - 4q$ kann bei der Untersuchung ihrer Lösbarkeit nützlich sein.

Aufgabe 321244

Man beweise: Wenn reelle Zahlen a, b, c das Gleichungssystem

$$a + b + c = 2 \tag{1}$$
$$ab + bc + ca = 1. \tag{2}$$

erfüllen, so gilt

$$0 \le a \le \frac{4}{3}, \quad 0 \le b \le \frac{4}{3}, \quad 0 \le c \le \frac{4}{3}.$$

Lösungen

1. Lösung. Es wird angenommen, dass (a, b, c) eine Lösung des Systems (1), (2) ist. Die Elimination von c aus (1) und Einsetzen des Resultats in (2) ergibt eine quadratische Gleichung für b,

$$b^2 + (a-2)b + a^2 - 2a + 1 = 0.$$

Wenn diese Gleichung eine reelle Lösung b hat, müssen ihre Koeffizienten $p = a - 2$ und $q = a^2 - 2a + 1$ die Ungleichung $p^2 \geq 4q$ erfüllen, d. h.,

$$\begin{aligned}(a-2)^2 &\geq 4\,(a^2 - 2a + 1)\\ a^2 - 4a + 4 &\geq 4\,a^2 - 8a + 4\\ 4a &\geq 3\,a^2 \geq 0.\end{aligned}$$

Folglich ist entweder $a = 0$ oder $a > 0$ und dann $4 \geq 3\,a$. Weil das Gleichungssystem in a, b, c symmetrisch ist, gelten entsprechende Ungleichungen auch für b und c.

2. Lösung. Aus den Gleichungen (1), (2) erhält man

$$ab = 1 - (a+b)c = 1 - (2-c)c = (1-c)^2 \geq 0.$$

Analog zeigt man $ac \geq 0$. Da $a^2 \geq 0$ gilt, folgt weiter

$$a = \frac{1}{2}\,a \cdot 2 = \frac{1}{2}\,a\,(a+b+c) = \frac{1}{2}\,(a^2 + ab + ac) \geq 0.$$

Analog ist $b \geq 0$ und $c \geq 0$. Die Zahlen $u = 4/3 - a$, $v = 4/3 - b$, $w = 4/3 - c$ erfüllen die Gleichungen

$$u + v + w = 4 - (a+b+c) = 4 - 2 = 2 \tag{3}$$

und

$$\begin{aligned}9\,uv &= 16 - 12\,(a+b) + 9\,ab\\ 9\,vw &= 16 - 12\,(b+c) + 9\,bc\\ 9\,wu &= 16 - 12\,(c+a) + 9\,ca,\end{aligned}$$

also

$$\begin{aligned}uv + vw + uw &= \frac{1}{9}\big(48 - 24(a+b+c) + 9(ab+bc+ca)\big)\\ &= \frac{1}{9}\big(48 - 24 \cdot 2 + 9 \cdot 1\big) = 1.\end{aligned} \tag{4}$$

In gleicher Weise wie $a, b, c \geq 0$ aus (1) und (2) gewonnen wurde, folgt aus den Gleichungen (3) und (4), dass $u, v, w \geq 0$ ist, woraus sich $a, b, c \leq 4/3$ ergibt. ◇

3.3 Polynomgleichungen

Ein *Polynom* p ist eine Funktion

$$p(x) = a_n x^n + a_{n-1} x^{n-1} + \cdots + a_1 x + a_0 \tag{3.1}$$

einer (reellen oder komplexen) Variable x. Wenn $a_n \neq 0$ gilt, so heißt die nichtnegative ganze Zahl n *Grad* des Polynoms, $n = \deg p$. Das Nullpolynom $p(x) \equiv 0$ hat keinen Grad.

Zwei Polynome sind genau dann gleich, wenn sie im Grad und in ihren Koeffizienten übereinstimmen. Die Summe, die Differenz und das Produkt zweier Polynome sind wieder Polynome.

Division mit Rest. Sind f und g Polynome mit $g \not\equiv 0$, so gibt es Polynome q und r für die gilt

$$f(x) = g(x)\, q(x) + r(x).$$

Fordert man zusätzlich, dass entweder $\deg r < \deg g$ oder r das Nullpolynom ist, so sind q und r eindeutig bestimmt. Dies wird als *Division mit Rest* oder *Partialdivision* bezeichnet. Ist $r \equiv 0$, nennt man f durch g *teilbar*.

Faktorisierung. Eine der effektivsten Techniken zur Lösung von Gleichungen ist die *Faktorisierung*. Eine Produktzerlegung $f(x) = g(x) \cdot h(x)$ teilt die Gleichung $f(x) = 0$ in zwei (meist einfachere) Probleme $g(x) = 0$ und $h(x) = 0$ auf. Hierzu zählt auch die *dritte binomische Formel*

$$x^2 - y^2 = (x - y)(x + y).$$

Allgemeiner gilt für alle ganzen Zahlen $n \geq 2$,

$$x^n - y^n = (x - y)(x^{n-1} + x^{n-2}y + \cdots + xy^{n-2} + y^{n-1}),$$

und für ungerade n ist

$$x^n + y^n = (x + y)(x^{n-1} - x^{n-2}y \pm \cdots - xy^{n-2} + y^{n-1}) \tag{3.2}$$

Schwerer zu durchschauen sind die zwei folgenden Faktorisierungen. Die Identität

$$x^3 + a^3 + b^3 - 3abx = (x + a + b)(x^2 + a^2 + b^2 - ax - bx - ab)$$

wurde von TARTAGLIA und CARDANO zur Lösung kubischer Gleichungen benutzt. Ein Resultat von SOPHIE GERMAIN ist die Zerlegung

$$x^4 + 4y^4 = (x^2 - 2xy + 2y^2)(x^2 + 2xy + 2y^2).$$

Nullstellen. Ist p ein Polynom (oder allgemeiner eine Funktion) und $p(x_0) = 0$, dann nennt man x_0 eine *Nullstelle* (oder eine *Wurzel*) von p.

Nullstellen sind der Schlüssel zu allgemeinen Faktorisierungsmethoden für Polynome. Das folgende Resultat kann leicht durch Division mit Rest bewiesen werden:

Ist x_0 eine Nullstelle eines Polynoms p, dann ist p durch $x - x_0$ teilbar, d. h. es gibt ein Polynom q derart, dass gilt

$$p(x) = (x - x_0)\, q(x). \tag{3.3}$$

Das Polynom q kann durch Partialdivision von f durch $x - x_0$ ermittelt werden. Beispielsweise ist $x = -1$ eine Nullstelle von $f(x) = x^3 + 1$ und die entsprechende Faktorisierung lautet

$$x^3 + 1 = (x + 1)(x^2 - x + 1).$$

Ersetzt man x durch x/y, so ergibt sich nach Multiplikation mit y^3 die Identität (3.2) mit $n = 3$.

Ist x_0 ebenfalls eine Nullstelle von q, so kann der Faktor $x - x_0$ erneut abgetrennt werden. Wiederholt man dies so lange wie möglich, erhält man schließlich die Darstellung

$$p(x) = (x - x_0)^k\, p_0(x)$$

wobei $p_0(x_0) \neq 0$. Die positive ganze Zahl k heißt *Ordnung* oder *Vielfachheit* der Nullstelle x_0.

Komplexe Zahlen. Aus dem letzten Abschnitt ergibt sich, dass die Gesamtanzahl der Nullstellen den Grad des Polynoms nicht übersteigen kann. Dies lässt sich eleganter formulieren, wenn man *komplexe* Zahlen zulässt, da dann jedes Polynom vom Grad n genau n komplexe Nullstellen hat, wenn man diese mit ihren Vielfachheiten zählt. Hieraus ergibt sich die komplette Faktorisierung.

Fundamentalsatz der Algebra. Ein Polynom vom Grad $n \geq 1$ besitzt die Produktdarstellung

$$p(x) = a\,(x - x_1)(x - x_2)\ldots(x - x_n), \tag{3.4}$$

wobei $a \neq 0$ und $x_1, x_2, \ldots, x_n$ die *komplexen* Nullstellen von p sind. Hierbei werden die Nullstellen entsprechend ihrer Vielfachheit wiederholt.

Wurzelsatz von Vieta. Vergleicht man die Koeffizienten des Polynoms auf der linken und rechten Seite von (3.4), so erhält man den *Wurzelsatz von* VIETA. Hat beispielsweise $f(x) = x^2 + ax + b$ die Nullstellen x_1 und x_2, dann ist

$$x^2 + ax + b = (x - x_1)(x - x_2) = x^2 - (x_1 + x_2)\,x + x_1x_2$$

und dies impliziert

$$a = -(x_1 + x_2), \qquad b = x_1x_2.$$

Lösungsformeln. Für lineare und quadratische Gleichungen sind Lösungsformeln bekannt. Für Gleichungen der Ordnung drei und vier gibt es ebenfalls Formeln, sie sind aber zu verwickelt, um eine echte Hilfe bei Mathematik-Olympiaden zu sein. Einige Spezialfälle kann man jedoch leicht abhandeln.

Die *biquadratische Gleichung*

$$x^4 + ax^2 + b = 0$$

kann durch die Substitution $y = x^2$ auf eine quadratische Gleichung reduziert werden. Sobald die entstehende Gleichung nach y aufgelöst ist, ergibt sich x aus $x^2 = y$.

Die *symmetrische Gleichung der Ordnung drei*

$$x^3 + ax^2 + ax + 1 = 0$$

hat die Lösung $x = -1$, woraus sich die Faktorisierung der linken Seite mit

$$(x + 1)(x^2 + (a - 1)x + 1) = 0$$

ergibt. Das Problem wird so auf das Lösen einer quadratischen Gleichung reduziert. Um die *symmetrische Gleichung vierter Ordnung*

$$x^4 + ax^3 + bx^2 + ax + 1 = 0 \tag{3.5}$$

zu lösen, dividiert man die Gleichung zunächst durch x^2. Dabei ist zu beachten, dass $x = 0$ keine Lösung sein kann. Substituiert man nun $y = x + 1/x$, so folgt $y^2 = x^2 + 2 + 1/x^2$, und (3.5) wird in

$$y^2 + ay + b - 2 = 0$$

transformiert. Nach dem Lösen dieser quadratischen Gleichung bestimmt man x als Lösung von $x + 1/x = y$.

Die Symmetrie einer Gleichung kann etwas versteckt sein. Beispielsweise verlangte Aufgabe 351334 die Lösung der Gleichung

$$(x + 1)(x + 3)(x + 5)(x + 7)(x + 9)(x + 11) + 225 = 0,$$

die symmetrisch bezüglich $x = 6$ ist. Nach der Substitution $y = x + 6$ erhält man

$$(y-5)(y-3)(y-1)(y+1)(y+3)(y+5)+225 = (y^2-25)(y^2-9)(y^2-1)+225 = 0,$$

mit der ablesbaren (Doppel-)Lösung $y = 0$. Die anderen Lösungen y können nun aus einer biquadratischen Gleichung bestimmt werden.

Erraten von Lösungen. In Wettbewerben ist es durchaus legitim, Lösungen von Gleichungen zu erraten. Werden alle Lösungen angegeben, durch eine Probe verifiziert, und wird nachgewiesen, dass es keine weiteren Lösungen gibt, so ist dies ebenfalls als vollständige Lösung zu werten (s. Aufgabe 241233B).

Zwei nützliche Beobachtungen betreffen Polynome p mit *ganzzahligen Koeffizienten*: Jede ganzzahlige Nullstelle von p muss den konstanten Term a_0 teilen. Wenn außerdem der führende Koeffizient a_n den Wert 1 hat, dann ist jede rationale Nullstelle von p eine ganze Zahl.

Die folgenden Beispiele illustrieren die oben erwähnten Techniken. Als weiterführende Literatur empfehlen wir [15].

Aufgabe 241233B

Man ermittle zu jeder geraden natürlichen Zahl $n \geq 2$ alle reellen Lösungen x der Gleichung

$$x(x+1)(x+2)\ldots(x+n-1) = (x+n)(x+n+1)(x+n+2)\ldots(x+2n-1). \quad (1)$$

Lösung

Schritt I. Wenn $x = -n + 1/2$ ist, dann ist $-(x+k) = x + 2n - 1 - k$ für $k = 0, 1, \ldots, n-1$. Die Multiplikation dieser Gleichungen liefert

$$(-1)^n x(x+1)\ldots(x+n-1) = (x+n)\ldots(x+2n-2)(x+2n-1).$$

Da n gerade ist, gilt $(-1)^n = 1$ und daher erfüllt $x = -n + 1/2$ die Gleichung (1).

Schritt II. Als Nächstes wird gezeigt, dass die Gleichung (1) keine reellen Lösungen für $x \neq -n + 1/2$ hat. Wenn $x > -n + 1/2$ ist, dann gilt $-(x+k) < x + 2n - 1 - k$ und $x + k < x + 2n - 1 - k$ für $k = 0, 1, \ldots, n-1$, woraus $|x+k| < x + 2n - 1 - k$ folgt. Multiplikation dieser Ungleichungen für $k = 0, 1, \ldots, n-1$ ergibt

$$x(x+1)\ldots(x+n-1) \leq |x(x+1)\ldots(x+n-1)| < (x+n)\ldots(x+2n-2)(x+2n-1),$$

und dies widerspricht der Gleichung (1). Analog schließt man: Wenn $x < -n + 1/2$ gilt, dann ist für alle $k = 0, 1, \ldots, n-1$,

$$-(x+k) > x + 2n - 1 - k \quad \text{und} \quad -(x+k) > -(x + 2n - 1 - k),$$

also $-(x+k) > |x + 2n - 1 - k|$. Multiplikation dieser Ungleichungen ergibt schließlich

$$\begin{aligned} x(x+1)\ldots(x+n-1) &= (-1)^n x(x+1)\ldots(x+n-1) \\ &> |(x+n)\ldots(x+2n-2)(x+2n-1)| \\ &\geq (x+n)\ldots(x+2n-2)(x+2n-1), \end{aligned}$$

und dies widerspricht erneut der Gleichung (1).

Bemerkung. Es liegt nahe, die geforderte Gleichung zu symmetrisieren, indem man $t = x + n - \frac{1}{2}$ substituiert. Man erhält

$$\left(t - \frac{2n-1}{2}\right) \cdots \left(t - \frac{3}{2}\right)\left(t - \frac{1}{2}\right) = \left(t + \frac{1}{2}\right)\left(t + \frac{3}{2}\right) \cdots \left(t + \frac{2n-1}{2}\right) \quad (2)$$

und bestätigt leicht durch Einsetzen die folgenden Aussagen:

1. Die Gleichung (2) ist für $t = 0$ erfüllt.
2. Gibt es ein $t \neq 0$, das die Gleichung erfüllt, so genügt auch $-t \neq 0$ dieser Gleichung.

Damit genügt es nachzuweisen, dass kein $t > 0$ die Gleichung erfüllt. Statt der Gleichung (2) kann man auch die Funktion

$$f(t) = \left(t + \frac{1}{2}\right)\left(t + \frac{3}{2}\right) \cdots \left(t + \frac{2n-1}{2}\right) - \left(t + \frac{1}{2}\right)\left(t - \frac{3}{2}\right) \cdots \left(t - \frac{2n-1}{2}\right)$$

untersuchen. Man erkennt, dass $t = 0$ Nullstelle von f ist und f (ein Polynom $(n-1)$-ten Grades) ungerade ist, also $f(-t) = -f(t)$ gilt. Man hat nun noch die erforderliche Abschätzung zu erbringen. ◇

Aufgabe 361344

Man ermittle alle Tripel (x, y, z) reeller Zahlen x, y, z, die das Gleichungssystem

$$x^3 = 2y - 1 \quad (1)$$
$$y^3 = 2z - 1 \quad (2)$$
$$z^3 = 2x - 1 \quad (3)$$

erfüllen.

Lösung

Fall 1. Wir nehmen an, dass (mindestens) zwei der Zahlen x, y, z gleich sind, zum Beispiel $x = y$. Dann folgt aus (1), dass

$$0 = x^3 - 2x + 1 = x^3 - x^2 + x^2 - x - x + 1 = (x-1)(x^2 + x - 1)$$

gilt, und daher muss x einen der Werte

$$x_1 = 1, \qquad x_2 = \frac{-1 + \sqrt{5}}{2}, \qquad x_3 = \frac{-1 - \sqrt{5}}{2}.$$

haben. Aus der Annahme $x = y$ und den Gleichungen (1), (2) folgt nun $x = y = z$, so dass nur die folgenden Tripel Lösungen sein können:

$$x_1 = y_1 = z_1 = 1,$$
$$x_2 = y_2 = z_2 = \frac{-1+\sqrt{5}}{2},$$
$$x_3 = y_3 = z_3 = \frac{-1-\sqrt{5}}{2}.$$

Tatsächlich sind alle drei Tripel Lösungen, wie durch Einsetzen der Werte in die gegebenen Gleichungen gezeigt wird. Beispielsweise ist

$$x_2^3 = \frac{1}{8}(\sqrt{5}-1)^3 = \sqrt{5}-2 = (-1+\sqrt{5})-1 = 2\,y_2 - 1.$$

Fall 2. Angenommen, die Gleichungen (1) bis (3) werden erfüllt, wobei x, y, z paarweise verschieden sind.
Wenn (x, y, z) eine Lösung von (1) bis (3) ist, dann sind auch die zyklischen Permutationen (y, z, x) und (z, x, y) Lösungen. Daher ist es keine Einschränkung vorauszusetzen, dass y zwischen x and z liegt,

$$x > y > z \quad \text{oder} \quad x < y < z \tag{4}$$

Dann gilt mit (1) und (3)

$$x^3 - z^3 = 2\,(y - x).$$

Dies widerspricht (4), weil beide Seiten nicht Null sind und verschiedenes Vorzeichen haben. Damit ist nachgewiesen, dass es außer den drei oben angegebenen Lösungen keine weiteren gibt. ◇

Aufgabe 301241

Für jedes Tripel (a, b, c) positiver reeller Zahlen ermittle man alle Tripel (x, y, z) reeller Zahlen, die das folgende Gleichungssystem erfüllen:

$$x^2 - (y-z)^2 = a \tag{1}$$
$$y^2 - (z-x)^2 = b \tag{2}$$
$$z^2 - (x-y)^2 = c. \tag{3}$$

Lösung

Schritt I. Angenommen, (x, y, z) sei eine Lösung von (1) bis (3). Nach der dritten binomischen Formel ist dieses Sytem äquivalent zu

$$\begin{aligned}(x-y+z)(x+y-z)&=a\\(y-z+x)(y+z-x)&=b\\(z-x+y)(z+x-y)&=c.\end{aligned}$$

Mit der Substitution $s=x+y+z$ können diese Gleichungen umgeformt werden in

$$(s-2y)(s-2z)=a \tag{4}$$
$$(s-2z)(s-2x)=b \tag{5}$$
$$(s-2x)(s-2y)=c. \tag{6}$$

Setzt man $p=(s-2x)(s-2y)(s-2z)$ und multipliziert die Gleichungen (4) bis (6) miteinander, dann erhält man $p^2=abc$, d. h.

$$p=\sqrt{abc} \quad \text{oder} \quad p=-\sqrt{abc}.$$

Schritt II. Nunmehr sei $p=\sqrt{abc}$. Dann folgt aus (4), dass $p=a(s-2x)$ und weiter

$$s-2x=y+z-x=\frac{p}{a}=\sqrt{\frac{bc}{a}}. \tag{7}$$

Behandelt man die Gleichungen (5) und (6) analog, erhält man das lineare System

$$x+y-z=\sqrt{\frac{bc}{a}}, \quad y+z-x=\sqrt{\frac{ca}{b}}, \quad z+x-y=\sqrt{\frac{ab}{c}}.$$

Die Summe dieser Gleichungen ergibt

$$s=\sqrt{\frac{bc}{a}}+\sqrt{\frac{ca}{b}}+\sqrt{\frac{ab}{c}}$$

und mit (7) kann man

$$x=\frac{1}{2}\left(s-\frac{p}{a}\right)=\frac{1}{2}\left(\sqrt{\frac{bc}{a}}+\sqrt{\frac{ca}{b}}+\sqrt{\frac{ab}{c}}\right)-\frac{1}{2}\sqrt{\frac{bc}{a}}=\sqrt{\frac{ac}{4b}}+\sqrt{\frac{ab}{4c}} \tag{8}$$

herleiten. Analog ergibt sich

$$y=\sqrt{\frac{ba}{4c}}+\sqrt{\frac{bc}{4a}}, \qquad z=\sqrt{\frac{cb}{4a}}+\sqrt{\frac{ca}{4b}}. \tag{9}$$

Es ist noch zu überprüfen, ob das Tripel (x,y,z) mit (8), (9) das System (1) bis (3) erfüllt. Es ist

$$x^2 = \frac{ac}{4b} + \frac{ab}{4c} + \frac{1}{2}a,$$
$$(y-z)^2 = \frac{ba}{4c} + \frac{ca}{4b} - \frac{1}{2}a,$$

und dies führt auf (1). Die Gültigkeit der Gleichungen (2) und (3) wird analog nachgewiesen.

Schritt III. Wenn $p = -\sqrt{abc}$ gilt, ersetzt man x durch $-x$, y durch $-y$, und z durch $-z$. Dies ändert die Vorzeichen von s und p, lässt aber die Gleichungen (1) bis (3) unverändert. Man erhält als zweite Lösung

$$x = -\sqrt{\frac{ac}{4b}} - \sqrt{\frac{ab}{4c}}, \quad y = -\sqrt{\frac{ba}{4c}} - \sqrt{\frac{bc}{4a}}, \quad z = -\sqrt{\frac{cb}{4a}} - \sqrt{\frac{ca}{4b}}.$$

◇

Aufgabe 271242

Man ermittle alle Tripel (x, y, z) reeller Zahlen x, y, z, die das folgende Gleichungssystem erfüllen:

$$1 \cdot x^3 + 9 \cdot y^2 + 8 \cdot y + 8 = 1988 \tag{1}$$
$$1 \cdot y^3 + 9 \cdot z^2 + 8 \cdot z + 8 = 1988 \tag{2}$$
$$1 \cdot z^3 + 9 \cdot x^2 + 8 \cdot x + 8 = 1988. \tag{3}$$

Lösung

Schritt I. Es sei (x, y, z) eine Lösung des Systems (1), (2), (3). Wir werden nun nacheinander die folgenden Behauptungen (a) bis (d) beweisen:

(a) Die Zahlen x, y, z sind jeweils kleiner als 13.
(b) Die Zahlen x, y, z sind jeweils kleiner oder gleich 10.
(c) Mindestens eine der Zahlen x, y, z ist gleich 10.
(d) Alle Zahlen x, y, z sind gleich 10.

Beweis von (a). Aus (1) erhält man

$$x^3 = 1980 - 9y^2 - 8y = 1980 - \left(3y - \frac{4}{3}\right)^2 + \frac{16}{9} \le 1980 + \frac{16}{9} < 13^3,$$

also $x < 13$. Der Nachweis von $y < 13$ und $z < 13$ erfolgt analog. Damit ist (a) bewiesen.

Beweis von (b). Angenommen, es ist $x > 10$. Dann erhält man aus (a) zunächst $x^2 < 13^2$, und aus (3) folgt weiter

$$z^3 = 1980 - 9x^2 - 8x > 1980 - 9 \cdot 13^2 - 8 \cdot 13 = 355 > 0$$

und somit $z > 0$. Andererseits ist

$$z^3 = 1980 - 9x^2 - 8x < 1980 - 9 \cdot 10^2 - 8 \cdot 10 = 1000$$

und daher $z < 10$. Da $0 < z < 10$ ergibt sich $z^2 < 100$ und dann mit (2),

$$y^3 = 1980 - 9z^2 - 8z > 1980 - 9 \cdot 10^2 - 8 \cdot 10 = 1000,$$

d. h. $y > 10$. Mit $x > 10$ und $y > 10$ erhält man

$$x^3 + 9y^2 + 8y + 8 > 1988$$

im Widerspruch zu (1). Die Annahme $x > 10$ muss also fallen gelassen werden und somit gilt $x \leq 10$. Analog beweist man $y \leq 10$ und $z \leq 10$.

Beweis von (c). Wenn keine der Zahlen x, y, z gleich 10 wäre, dann sind sie nach (b) alle kleiner als 10. Damit folgt aus (3), dass

$$x^3 - z^3 = x^3 + 9x^2 + 8x - 1980 = (x - 10)(x^2 + 19x + 198)$$

gilt. Weiter ist

$$x^2 + 19x + 198 = \left(x + \frac{19}{2}\right)^2 - \frac{361}{4} + 198 \geq -\frac{361}{4} + 198 > 0$$

und da $x < 10$ erhält man $x^3 - z^3 < 0$, d. h. $x < z$. Analog zeigt man $z < y$ und $y < x$. Dies ergibt den Widerspruch $x < z < y < x$. Damit ist (c) bewiesen.

Beweis von (d). Nach Aussage (c) muss eine der Zahlen x, y, z gleich 10 sein. Ist $x = 10$, dann ist auch $z = 10$, weil mit (3) gilt

$$z^3 = 1980 - 9x^2 - 8x = 1000.$$

Analog schließt man: Wenn $z = 10$ ist, dann ist $y = 10$ wegen (2) und wenn $y = 10$ gilt, dann ist auch $x = 10$ wegen (1). Damit ist (d) bewiesen.

Schritt II. Damit kann nur das Tripel $(x, y, z) = (10, 10, 10)$ Lösung von (1), (2), (3) sein. Die Probe zeigt, dass dies tatsächlich der Fall ist. ♢

Aufgabe 371346A

Man ermittle alle reellen Lösungen (x, y) des Gleichungssystems

$$x^5 = 21x^3 + y^3 \tag{1}$$

$$y^5 = x^3 + 21y^3. \tag{2}$$

Lösung

Schritt I. Wenn das System (1), (2) eine Lösung (x, y) mit $x = 0$ hat, dann impliziert (1), dass $y = 0$ gilt. In der Tat ist das Paar $(0, 0)$ eine Lösung.

Schritt II. Daher genügt es, alle weiteren Lösungen mit $x \neq 0$ zu ermitteln. Setzt man $t = y/x$, so erhält man aus (1)

$$x^5 = 21x^3 + t^3x^3 \tag{3}$$

und mit $x \neq 0$

$$x^2 = 21 + t^3. \tag{4}$$

Analog ergibt sich aus (2)

$$t^5x^5 = x^3 + 21t^3x^3, \tag{5}$$

wegen $x \neq 0$ folgt

$$t^5x^2 = 1 + 21t^3, \tag{6}$$

und mit (4) schließlich

$$t^8 + 21t^5 - 21t^3 - 1 = 0. \tag{7}$$

Wenn (x, y) das System (1), (2) löst und $x \neq 0$ ist, dann erfüllen x und t das System (4), (7). Umgekehrt implizieren (4) und (7) zuerst (6). Multiplikation von (4) und (6) mit x^3 ergibt (3) und (5). Mit der Substitution $y = tx$ erhält man schließlich die Gleichungen (1) und (2). Mithin ist für $x \neq 0$ das System (1), (2) äquivalent zu (4), (7) mit $y = tx$.

Schritt III. Wir ermitteln nun alle Lösungen von (7) durch Faktorisierung der linken Seite. Durch Ausmultiplizieren überprüft man die Produktdarstellung

$$\begin{aligned} t^8 + 21t^5 - 21t^3 - 1 &= (t^2 - 1)(t^6 + t^4 + 21t^3 + t^2 + 1) \\ &= (t - 1)(t + 1)(t^2 + 3t + 1)(t^4 - 3t^3 + 9t^2 - 3t + 1). \end{aligned} \tag{8}$$

Zu ihrer Herleitung kann man den Fundamentalsatz der Algebra verwenden, Genaueres findet man in den unten stehenden Bemerkungen. Wegen

$$t^4 - 3t^3 + 9t^2 - 3t + 1 = t^2\left(t - \frac{3}{2}\right)^2 + \left(\frac{3\sqrt{3}}{2}t - \frac{1}{\sqrt{3}}\right)^2 + \frac{2}{3} > 0 \tag{9}$$

hat die Gleichung (7) genau vier reelle Lösungen, nämlich

$$t_1 = 1, \quad t_2 = -1, \quad t_3 = \frac{1}{2}(-3+\sqrt{5}), \quad t_4 = \frac{1}{2}(-3-\sqrt{5}).$$

Zu jedem dieser Werte gibt es zwei Werte $x = \pm\sqrt{21+t^3}$ und $y = tx$, welche (1) und (2) genügen. Daher hat das System (1), (2) genau die folgenden Lösungen: Für $t = 1$ ergeben sich $t^3 = 1$, $x = \pm\sqrt{21+t^3} = \pm\sqrt{22}$, $y = tx = \pm\sqrt{22}$ und damit die *erste* und die *zweite* Lösung

$$(x,y) = (\sqrt{22}, \sqrt{22}), \qquad (x,y) = (-\sqrt{22}, -\sqrt{22}).$$

Für $t = -1$ ist $t^3 = -1$, $x = \pm\sqrt{20} = \pm 2\sqrt{5}$, $y = tx = \mp\sqrt{20} = \mp 2\sqrt{5}$ und dies führt auf die *dritte* und die *vierte* Lösung

$$(x,y) = (2\sqrt{5}, -2\sqrt{5}), \qquad (x,y) = (-2\sqrt{5}, 2\sqrt{5}).$$

Für $t = \frac{1}{2}(-3+\sqrt{5})$ erhält man $t^3 = -9+4\sqrt{5}$,

$$\begin{aligned} x &= \pm\sqrt{21-9+4\sqrt{5}} &&= \pm 2\sqrt{3+\sqrt{5}}, \\ y &= \pm(-3+\sqrt{5})\sqrt{3+\sqrt{5}} &&= \mp 2\sqrt{3-\sqrt{5}} \end{aligned}$$

und daraus die *fünfte* und *sechste* Lösung

$$(x,y) = \left(2\sqrt{3+\sqrt{5}}, -2\sqrt{3-\sqrt{5}}\right), \qquad (x,y) = \left(-2\sqrt{3+\sqrt{5}}, 2\sqrt{3-\sqrt{5}}\right).$$

Für $t = \frac{1}{2}-3-\sqrt{5}$ bekommt man $t^3 = -9-4\sqrt{5}$,

$$\begin{aligned} x &= \mp\sqrt{12-4\sqrt{5}} &&= \mp 2\sqrt{3-\sqrt{5}}, \\ y &= \pm(3+\sqrt{5})\sqrt{3-\sqrt{5}} &&= \pm 2\sqrt{3+\sqrt{5}}, \end{aligned}$$

und damit die *siebente* und *achte* Lösung

$$(x,y) = \left(-2\sqrt{3-\sqrt{5}}, 2\sqrt{3+\sqrt{5}}\right), \qquad (x,y) = \left(2\sqrt{3-\sqrt{5}}, -2\sqrt{3+\sqrt{5}}\right).$$

Schließlich gibt es noch die *neunte* oben erwähnte Lösung mit $x = 0$

$$(x,y) = (0,0).$$

Bemerkung. Die Lösungen, in denen eine Doppelwurzel auftritt, können noch vereinfacht werden. Aus der Identität (3.6) folgt mit $a = 3$ und $b = 4$

$$\sqrt{3 \pm \sqrt{5}} = \frac{1}{2}(\sqrt{10} \pm \sqrt{2}).$$

Bemerkung. Für $t \neq 0$ ist die Gleichung $t^6 + t^4 + 21t^3 + t^2 + 1 = 0$ äquivalent zu

$$t^3 + t + 21 + \frac{1}{t} + \frac{1}{t^3} = 0. \tag{10}$$

Definiert man z durch $z = t + 1/t$, so ist

$$z^3 = t^3 + 3t + \frac{3}{t} + \frac{1}{t^3}.$$

Substituiert man dies in (10) erhält man

$$\begin{aligned} z^3 - 3z + z + 21 &= 0, \\ z^3 - 2z + 21 &= 0. \end{aligned}$$

Diese Gleichung hat die Lösung $z = -3$ und daher enthält (10) den Faktor $t + 1/t + 3$ und (8) den Faktor $t^2 + 3t + 1$.

Bemerkung. Das Polynom $t^4 - 3t^3 + 9t^2 - 3t + 1$ kann weiter in das Produkt

$$\begin{aligned} &\left(t^2 - \frac{6 + 2\sqrt{-13 + 2\sqrt{85}}}{4} t + \frac{7 + \sqrt{85} + \sqrt{118 + 14\sqrt{85}}}{4}\right) \\ &\quad \times \left(t^2 - \frac{6 - 2\sqrt{-13 + 2\sqrt{85}}}{4} t + \frac{7 + \sqrt{85} - \sqrt{118 + 14\sqrt{85}}}{4}\right) \end{aligned}$$

zweier quadratischer Faktoren (ohne reelle Nullstellen) zerlegt werden. ◇

3.4 Beträge und Wurzeln

Beträge. Gleichungen, die *Beträge* enthalten, können durch Fallunterscheidung behandelt werden. Wegen der Definition

$$|a| = \begin{cases} a \text{ für } a \geq 0 \\ -a \text{ für } a < 0 \end{cases},$$

bietet es sich an, den Definitionsbereich der Variablen dort zu zerlegen, wo die Terme innerhalb des Betrags das Vorzeichen wechseln. Dies ist unangenehm, wenn mehrere (geschachtelte) Beträge auftreten und es ist nicht immer der effektivste Weg. Man kann dies umgehen, wenn man eine bessere Idee hat, sonst wähle man diese sichere Herangehensweise.

Wurzeln. Nichtganzzahlige Potenzen von x sind nur definiert, wenn x nicht negativ ist. Da außerdem $x = \sqrt[n]{y}$ äquivalent zu $y = x^n$ ist, können Substitutionen hilfreich sein, um Gleichungen mit Wurzeln in Polynomgleichungen umzuformen.

Beim Umformen von Gleichungen, die Wurzeln enthalten, ist besondere Sorgfalt geboten. Wenn man durch Quadrieren Wurzeln eliminieren möchte, ist es wichtig, die Terme geeignet auf die Seiten der Gleichung zu verteilen. So ergibt zum Beispiel das

Quadrieren von $\sqrt{a+x}-\sqrt{a-x}=0$ ein anderes Ergebnis als das Quadrieren von $\sqrt{a+x}=\sqrt{a-x}$. Ferner sollte man beachten, dass Quadrieren (oder allgemeiner das Bilden einer geradzahligen Potenz) keine äquivalente Umformung ist und dabei „Scheinlösungen“ erzeugt werden können.

Bei dieser Gelegenheit soll ein anderer häufiger Fehler erwähnt werden: Die Gleichung $\sqrt{x^2}=x$ gilt nur für $x\geq 0$, während die Umformung $\sqrt{x^2}=|x|$ für alle reellen Zahlen korrekt ist. Zu Trainingszwecken ermittle man in Abhängigkeit von x die Anzahl der korrekten Gleichheitszeichen der „Umformungskette“

$$1-x=\sqrt{1-x}\sqrt{1-x}=\sqrt{(1-x)^2}=\sqrt{(x-1)^2}=\sqrt{x-1}\sqrt{x-1}=x-1.$$

Um Ausdrücke mit Wurzeln zu vereinfachen, gibt es einige Tricks, zum Beispiel

$$(a+b\sqrt{x})(a-b\sqrt{x})=a^2-b^2x$$

oder die für alle $b\geq 0$ und $a\geq\sqrt{b}$ gültige Identität

$$\sqrt{a+\sqrt{b}}+\sqrt{a-\sqrt{b}}=\sqrt{2\,(a+\sqrt{a^2-b})}. \tag{3.6}$$

Aufgabe 291241

Für jede reelle Zahl a ermittle man alle reellen Lösungen x der Gleichung

$$\sqrt{a+\sqrt{a+\sqrt{a+\sqrt{x}}}}=x. \tag{1}$$

Lösung

Schritt I. Definiert man die Funktion f für $x\geq 0$ durch $f(x)=a+\sqrt{x}$, kann die Gleichung (1) in der Form

$$f(f(f(x)))=x \tag{2}$$

geschrieben werden. Nun wird gezeigt, dass (2) zu

$$f(x)=x \tag{3}$$

äquivalent ist. Offensichtlich folgt aus (3) die Gleichung (2). Um die Umkehrung zu zeigen, setzt man voraus, dass x die Gleichung (2) löst, was die Existenz von $f(x)$, $f(f(x))$ und $f(f(f(x)))$ einschließt. Da f streng monoton wachsend ist, führt die Annahme $f(x)>x$ auf $f(f(x))>f(x)>x$ und $f(f(f(x)))>f(f(x))>f(x)>x$, also auf einen Widerspruch. Analog folgt aus $f(x)<x$ der Widerspruch $f(f(f(x)))<x$.

Schritt II. Die noch zu untersuchende Gleichung (3) ist zu $\sqrt{x}=x-a$ äquivalent. Wenn x eine Lösung dieser Gleichung ist, dann ist $x\geq 0$ und $x\geq a$. Sind diese beiden Bedingungen erfüllt, führt Quadrieren auf die äquivalente Gleichung

$$x = (x-a)^2 = x^2 - 2ax + a^2, \tag{4}$$

deren Lösungen mit Hilfe der p-q-Formel bestimmt werden können,

$$x_1 = a + \frac{1}{2} - \sqrt{a + \frac{1}{4}}, \quad x_2 = a + \frac{1}{2} + \sqrt{a + \frac{1}{4}}. \tag{5}$$

Reelle Lösungen existieren also genau dann, wenn $a \geq -1/4$ gilt.

Folglich hat auch (1) für $a < -1/4$ keine reellen Lösungen. Für $a \geq -1/4$ hat die Gleichung (4) die in (5) angegebenen Lösungen x_j mit $j = 1, 2$. Ein solches x_j löst (1) genau dann, wenn $x_j \geq 0$ und $x_j \geq a$ gilt. Da $x_1 \geq a + 1/2$ und $a \geq -1/4$ ist, gilt immer $x_1 > 0$ und $x_1 > a$. Weiter ist $(a + 1/2)^2 = a^2 + a + 1/4 \geq a + 1/4$, woraus

$$x_2 = a + \frac{1}{2} - \sqrt{a + \frac{1}{4}} \geq 0$$

folgt. Die zweite Lösung erfüllt $x_2 \geq a$ genau dann, wenn $1/2 \geq \sqrt{a + 1/4}$ gilt, und dies ist äquivalent zu $-1/4 \leq a \leq 0$.

Schließlich sei angemerkt, dass die Lösungen x_1 und x_2 genau dann übereinstimmen, wenn $a = -1/4$ ist.

Schritt III. Zusammenfassend ergibt sich folgendes Resultat:

Für $a < -1/4$ hat die Gleichung (1) *keine* reellen Lösungen.

Für $a = -1/4$ hat die Gleichung (1) *genau eine* reelle Lösung, nämlich $x_1 = 1/4$.

Für $-1/4 < a \leq 0$ hat die Gleichung (1) *genau zwei* reelle Lösungen x_1 und x_2, die in (5) angegeben wurden.

Für $a > 0$ hat die Gleichung (1) *genau eine* reelle Lösung, nämlich

$$x_1 = a + \frac{1}{2} + \sqrt{a + \frac{1}{4}}. \qquad \diamond$$

Aufgabe 351344

Es sind alle Paare (x, y) positiver reeller Zahlen zu ermitteln, die das Gleichungssystem

$$x - y = 7 \tag{1}$$

$$\sqrt[3]{x^2} + \sqrt[3]{xy} + \sqrt[3]{y^2} = 7 \tag{2}$$

erfüllen.

Lösung

Es sei (x, y) eine Lösung des Systems (1), (2). Dann erfüllen die positiven Zahlen $a = \sqrt[3]{x}$ und $b = \sqrt[3]{y}$ die Gleichungen

$$a^3 - b^3 = 7 \tag{3}$$

$$a^2 + ab + b^2 = 7 \tag{4}$$

Unter Verwendung der Identität $a^3 - b^3 = (a^2 + ab + b^2)(a - b)$ erhält man aus (3) und (4), dass $7 = 7\,(a - b)$ gilt, d. h.,

$$a = b + 1. \tag{5}$$

Einsetzen in (3) ergibt $(b + 1)^3 - b^3 = 7$ und dies ist äquivalent zu $b^2 + b - 2 = 0$. Diese Gleichung hat zwei Lösungen, nämlich $b = -2$ und $b = 1$. Da $b = \sqrt[3]{y}$ positiv sein muss, ist $b = 1$ und aus (5) folgt $a = 2$. Damit ist $x = a^3 = 8$ und $y = b^3 = 1$. Mithin kann das System (1), (2) höchstens eine Lösung haben , nämlich das Paar $(x, y) = (8, 1)$. Dieses Paar ist tatsächlich eine Lösung, denn es gilt

$$8 - 1 = 7, \quad \sqrt[3]{8^2} + \sqrt[3]{8 \cdot 1} + \sqrt[3]{1^2} = 4 + 2 + 1 = 7.$$

Aufgabe 241244

Es seien a, b und c positive reelle Zahlen mit $\sqrt{a} + \sqrt{b} + \sqrt{c} = \frac{1}{2}\sqrt{3}$. Man beweise, dass das Gleichungssystem

$$\sqrt{y - a} + \sqrt{z - a} = 1 \tag{1}$$

$$\sqrt{z - b} + \sqrt{x - b} = 1 \tag{2}$$

$$\sqrt{x - c} + \sqrt{y - c} = 1 \tag{3}$$

genau eine Lösung (x, y, z) hat, wobei x, y, z reelle Zahlen sind.

Lösung

Dies ist ein ziemlich hartes Problem und die einzige bekannte elementare Lösung benutzt eine geometrische Interpretation der Gleichungen (vgl. Abb. L241244).

Schritt I. Es seien P, K, L, M Punkte einer Ebene, die so angeordnet sind, dass je zwei der Strecken $\overline{PK}$, $\overline{PL}$, $\overline{PM}$ einen Winkel von 120° einschließen und für ihre Längen gilt $|PK| = \sqrt{a}$, $|PL| = \sqrt{b}$, $|PM| = \sqrt{c}$.

Die Geraden k, l, m durch K, L, M, die senkrecht zu $\overline{PK}$, $\overline{PL}$ bzw. $\overline{PM}$ sind, bilden ein gleichseitiges Dreieck ABC. Die Bezeichnungen seien dabei so gewählt, dass K,

L und M auf $\overline{BC}$, $\overline{AC}$ bzw. $\overline{AB}$ liegen. Der Flächeninhalt des Dreiecks ABC ergibt sich zu $F(ABC) = \frac{1}{4}\sqrt{3}\,|AB|^2$. Andererseits ist dieser Flächeninhalt gleich

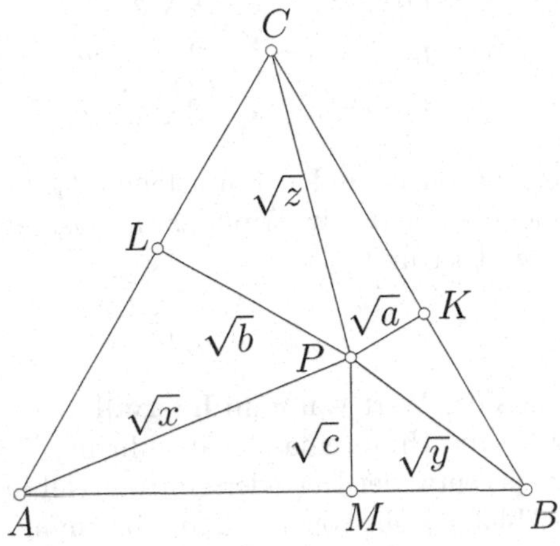

Abb. L241244

$$\begin{aligned} F(ABC) &= \frac{1}{2}\sqrt{a}\,|BC| + \frac{1}{2}\sqrt{b}\,|AC| + \frac{1}{2}\sqrt{c}\,|AB| \\ &= \frac{1}{2}\left(\sqrt{a}+\sqrt{b}+\sqrt{c}\right)|AB| = \frac{1}{4}\sqrt{3}\,|AB| \end{aligned}$$

und daher ist $|AB| = 1$. Nun folgt mit dem Satz des PYTHAGORAS, dass $x = |PA|^2$, $y = |PB|^2$ und $z = |PC|^2$ das System (1) bis (3) erfüllen.

Schritt II. Um nachzuweisen, dass dieses Tripel (x, y, z) die einzige Lösung ist, nimmt man an, dass eine weitere Lösung (x', y', z') existiert. Da das System invariant in Bezug auf die zyklischen Permutationen $x \to y \to z \to x$ seiner Variablen ist, kann man annehmen, dass $x' \neq x$ gilt. Wenn nun $x' > x$ ist, folgt aus (2), dass $z' < z$ gilt und aus (3) weiter $y' < y$. Mithin ist $\sqrt{y'-a} + \sqrt{z'-a} < \sqrt{y-a} + \sqrt{z-a}$ und dies widerspricht (1). Der Fall $x' < x$ wird analog behandelt.

Bemerkung. Es ist nicht gefordert, die Werte x, y, z der Lösung anzugeben, aber die obige geometrische Interpretation ergibt

$$x = \frac{4}{3}\left(b + \sqrt{bc} + c\right), \quad y = \frac{4}{3}\left(a + \sqrt{ac} + c\right), \quad z = \frac{4}{3}\left(a + \sqrt{ab} + b\right).$$

Bemerkung. Die Bedingung $\sqrt{a} + \sqrt{b} + \sqrt{c} = \frac{1}{2}\sqrt{3}$ ist hinreichend, aber nicht notwendig für die Existenz einer Lösung. Man kann daher fragen, was passiert, wenn sie entfällt. Es scheint ziemlich schwierig zu sein, das System explizit zu lösen. Die *Existenz von Lösungen* kann man wie folgt untersuchen. Stellt man die Gleichungen (1) bis (3) jeweils nach einer Variablen um, so erhält man

$$\begin{aligned} z &= f_a(y) = 1 + y - 2\sqrt{y-a}, \\ x &= f_b(z) = 1 + z - 2\sqrt{z-b}, \\ y &= f_c(x) = 1 + x - 2\sqrt{x-c}, \end{aligned}$$

wobei die drei streng monoton fallenden Funktionen f_a, f_b und f_c auf $[a, a+1]$, $[b, b+1]$ bzw. $[c, c+1]$ definiert sind. Ein Tripel (x, y, z) ist eine Lösung genau dann, wenn $f_c(f_b(f_a(y)))$ definiert ist und

$$y = f_c(f_b(f_a(y))).$$

gilt. Für jede Lösung muss der Wert von y im Intervall $[a, a+1]$ liegen. Die Menge aller $y \in [a, a+1]$, für die die Hintereinanderausführung $f = f_c \circ f_b \circ f_a$ der drei Funktionen definiert ist, ist entweder leer oder ein Intervall $[u, v]$. Die Endpunkte u und v können dabei in Abhängigkeit von a, b und c bestimmt werden. Die Funktion f ist auf $[u, v]$ streng monoton fallend. Nun wird behauptet, dass eine Lösung von (1) bis (3) dann und nur dann existiert, wenn das Intervall $[u, v]$ nicht leer ist und gilt

$$f(u) \geq u \quad \text{und} \quad f(v) \leq v. \tag{4}$$

Ist (x^*, y^*, z^*) eine Lösung, so ist in der Tat $u \leq y^* \leq v$. Da f monoton fallend ist, ergibt sich

$$f(u) \geq f(y^*) = y^* \geq u, \qquad f(v) \leq f(y^*) = y^* \leq v.$$

Umgekehrt gilt: Wenn (4) erfüllt ist, so ist die Funktion $g(y) = f(y) - y$ stetig und streng monoton fallend mit $g(u) \geq 0$ und $g(v) \leq 0$. Nach dem Zwischenwertsatz gibt es (genau) ein $y^* \in [u, v]$ mit $g(y^*) = 0$, d. h. $f(y^*) = y^*$. Das Tripel $(f_c(y^*), y^*, f_a(y^*))$ ist dann die (eindeutige) Lösung des Gleichungssystems. ◇

3.5 Trigonometrische Gleichungen

Es gibt eine große Anzahl von Formeln, mit denen *trigonometrische Gleichungen* vereinfacht werden können, aber nicht alle sind wichtig. Stets parat haben sollte man den *trigonometrischen Satz des* PYTHAGORAS,

$$\sin^2 x + \cos^2 x = 1, \tag{3.7}$$

und die *Doppelwinkel-Formeln*

$$\sin(2x) = 2\sin x \cos x, \qquad \cos(2x) = 1 - 2(\sin x)^2 = 2(\cos x)^2 - 1. \tag{3.8}$$

Diese und viele andere Identitäten können aus den *Additionstheoremen*

$$\sin(x \pm y) = \sin x \cos y \pm \cos x \sin y \tag{3.9}$$

$$\cos(x \pm y) = \cos x \cos y \mp \sin x \sin y \tag{3.10}$$

durch einfache Umformungen hergeleitet werden. Durch Umstellen von (3.8) erhält man

$$(\sin x)^2 = \frac{1}{2}\left(1 - \cos(2x)\right), \qquad (\cos x)^2 = \frac{1}{2}\left(1 + \cos(2x)\right). \tag{3.11}$$

Durch Addition und Subtraktion der Gleichungen (3.9) für $\sin(x+y)$ beziehungsweise $\sin(x-y)$ erhält man nach Substitution von $u = x + y$, $v = x - y$ die Formeln

$$\sin u + \sin v = 2 \sin \frac{u+v}{2} \cos \frac{u-v}{2} \tag{3.12}$$

$$\sin u - \sin v = 2 \cos \frac{u+v}{2} \sin \frac{u-v}{2}, \tag{3.13}$$

mit denen Summen und Differenzen von Sinusfunktionen in Produkte überführt werden können (oder umgekehrt). Analog folgen aus (3.10) die Formeln

$$\cos u + \cos v = 2 \cos \frac{u+v}{2} \cos \frac{u-v}{2} \tag{3.14}$$

$$\cos u - \cos v = -2 \sin \frac{u+v}{2} \sin \frac{u-v}{2}. \tag{3.15}$$

Auch hier sind die Spezialfälle $x = y$ und $x = -y$ wichtig. Um $\sin x \pm \cos y$ in ein Produkt zu überführen, kann man zuerst die Kosinusfunktion in einen Sinus (oder umgekehrt) transformieren, indem man $\cos x = \sin(x + \pi/2)$ benutzt, was ebenfalls aus (3.9) folgt.

Die Umformung trigonometrischer Terme sollte immer zielgerichtet erfolgen; eine unkoordinierte Anwendung von Additionstheoremen führt meist nicht zu den erhofften Vereinfachungen.

Komplexe Zahlen. Viele Manipulationen mit trigonometrischen Ausdrücken können mit Kenntnissen über *komplexe Zahlen* vereinfacht werden. Für eine Einführung verweisen wir stellvertretend auf [51]. Interessante Olympiade-Aufgaben zur Trigonometrie sind in [10] und [15] zusammengestellt. Fortgeschrittene finden reichhaltiges Material in [7], [15] oder [30].

Aufgabe 061236

Die Zahl $\sin 10°$ genügt einer Gleichung dritten Grades mit ganzzahligen Koeffizienten. Man stelle diese (bis auf einen gemeinsamen Teiler aller Koeffizienten eindeutig bestimmte) Gleichung auf und ermittle ihre beiden anderen Lösungen.

Lösung

Für jede reelle Zahl α gilt $\sin 3\alpha = 3\sin\alpha - 4\sin^3\alpha$. Setzt man $\alpha = 10°$ ein, erhält man $\sin 3\alpha = \sin 30° = 1/2$ und folglich erfüllt $x_1 = \sin 10°$ die Gleichung $1/2 = 3x - 4x^3$, d. h. für $x = x_1$ gilt

$$p(x) = 8x^3 - 6x + 1 = 0. \tag{1}$$

Da $\sin(30° + k \cdot 360°) = \sin 30° = 1/2$ für jede ganze Zahl k ist, sind die Zahlen $x_2 = \sin(10° + 1 \cdot 120°) = \sin 50°$ und $x_3 = \sin(10° + 2 \cdot 120°) = -\sin 70°$ auch Nullstellen des Polynoms p. Die drei Werte x_1, x_2 und x_3 sind voneinander verschieden und daher sind $x_2 = \sin 50°$ und $x_3 = -\sin 70°$ die beiden anderen Lösungen der Gleichung (1).

Bemerkung. Das Polynom p ist bis auf einen gemeinsamen Teiler seiner Koeffizienten eindeutig bestimmt. Dies kann man wie folgt einsehen.

Schritt I. Das Polynom p aus (1) hat keine rationalen Nullstellen. Wenn $p(x) = 0$ für $x = m/n$ mit teilerfremden ganzen Zahlen m und $n > 0$ gilt, dann ist

$$8m^3 - 6mn^2 + n^3 = 0$$

und folglich $n \mid 8m^3$ und $m \mid n^3$. Da der größte gemeinsame Teiler von m und n gleich eins und $n > 0$ ist, sind nur $n = 1, 2, 4, 8$ und $m = \pm 1$ möglich. Jedoch ist keiner der acht zugehörigen Werte m/n eine Lösung.

Schritt II. Die Zahl $x_1 = \sin 10°$ erfüllt keine Polynomgleichung vom Grad kleiner als drei mit ganzzahligen Koeffizienten. Nimmt man an, dass $P(x_1) = 0$ für

$$P(x) = Ax^2 + Bx + C$$

mit ganzzahligen A, B, C gilt, so ergibt eine Partialdivision von p durch P die Darstellung

$$A\,(8x^3 - 6x + 1) = 8\,P(x)(x - a) + bx + c, \tag{2}$$

wobei a, b, c rationale Zahlen sind. Mit $x = x_1$ ergibt sich $0 = bx_1 + c$. Wenn $b \neq 0$ ist, dann muss x_1 rational sein, was nach Schritt I unmöglich ist. Daher ist $b = 0$ und folglich $c = 0$. Setzt man dann $x = a$ in (2) ein, erhält man $A\,(8a^3 - 6a + 1) = 0$. Da a rational ist und $8a^3 - 6a + 1 \neq 0$ gilt, ist daher $A = 0$. Hieraus folgt $0 = P(x_1) = Bx_1 + C$. Weil x_1 irrational ist, erhält man $B = 0$ und schließlich $C = 0$.

Schritt III. Angenommen, es gilt $q(x_1) = 0$ für ein Polynom

$$q(x) = ax^3 + bx^2 + cx + d,$$

mit ganzzahligen Koeffizienten a, b, c, d. Dann ist $8\,q(x) - a\,p(x) = Ax^2 + Bx + C$ mit feststehenden ganzen Zahlen A, B, C. Für $x = x_1$ verschwindet das Polynom auf der linken Seite und damit ist nach Schritt II $A = B = C = 0$, d. h. $8\,q(x) = a\,p(x)$.

Setzt man $x = 0$, so erhält man $8\,q(0) = a$ und mit $k = q(0)$ schließlich $a = 8k$, wobei k eine ganze Zahl ist. Tatsächlich ist $q(x) = k\,p(x)$ mit $k \in \mathbb{Z} \setminus \{0\}$ die allgemeine Form eines Polynoms dritten Grades mit ganzzahligen Koeffizienten, das $q(x_1) = 0$ erfüllt. ◇

Aufgabe 071232

Das Produkt $\sin 5° \cdot \sin 15° \cdot \sin 25° \cdot \sin 35° \cdot \sin 45° \cdot \sin 55° \cdot \sin 65° \cdot \sin 75° \cdot \sin 85°$ ist in einen Ausdruck umzuformen, der aus natürlichen Zahlen lediglich durch Anwendung der Rechenoperationen des Addierens, Subtrahierens, Multiplizierens, Dividierens sowie des Radizierens mit natürlichen Wurzelexponenten gebildet werden kann.

Lösungen

1. Lösung. Aus den trigonometrischen Identitäten

$$\sin(90° - x) = \cos x, \qquad \sin x \cos x = (1/2)\,\sin 2x,$$

erhält man

$$\sin 5° \sin 85° = \sin 5° \cos 5° = \frac{1}{2} \sin 10°.$$

Analog ist

$$\sin 15° \sin 75° = \frac{1}{2} \sin 30°, \ \sin 25° \sin 65° = \frac{1}{2} \sin 50°, \ \sin 35° \sin 55° = \frac{1}{2} \sin 70°$$

und damit ist das zu bestimmende Produkt p gleich

$$p = \frac{1}{2^4} \sin 10° \sin 30° \sin 45° \sin 50° \sin 70° = \frac{\sqrt{2}}{2^6} \sin 10° \sin 50° \sin 70°. \qquad (1)$$

Unter Verwendung der Additionstheoreme

$$\sin x \sin y = \frac{1}{2}\big(\cos(x-y) - \cos(x+y)\big),$$
$$\cos x \cos y = \frac{1}{2}\big(\cos(x-y) + \cos(x+y)\big),$$

gelangt man zu

$$\sin 10° \sin 50° \sin 70° = \frac{1}{2}(\cos 40° - \cos 60°) \sin 70° = \frac{1}{2}(\cos 40° - \frac{1}{2}) \cos 20°$$
$$= \frac{1}{2} \cos 40° \cos 20° - \frac{1}{4} \cos 20° = \frac{1}{4}(\cos 20° + \cos 60°) - \frac{1}{4} \cos 20°$$
$$= \frac{1}{4} \cos 60° = \frac{1}{8}$$

und schließlich zu $p = 2^{-9}\sqrt{2}$.

2. Lösung. Neben p betrachtet man das Produkt $q = \prod_{k=1}^{17} \sin(k \cdot 5°)$. In Analogie zur ersten Lösung erhält man

$$\begin{aligned} q &= (\sin 5° \cos 5°)(\sin 10° \cos 10°) \dots (\sin 40° \cos 40°) \sin 45° \\ &= \frac{\sqrt{2}}{2^9} \sin 10° \sin 20° \dots \sin 80° \end{aligned}$$

und mithin $pq = 2^{-9}\sqrt{2} \sin 5° \sin 10° \sin 15° \dots \sin 85° = 2^{-9}\sqrt{2}\, q$. Da $q \neq 0$ gilt, folgt $p = 2^{-9}\sqrt{2}$.

3. Lösung. Das Produkt $\sin 10° \sin 50° \sin 70°$ kann durch Verwendung des Resultats von Aufgabe 061236 berechnet werden, das auf die Faktorisierung

$$x^3 - \frac{3}{4}x^2 + \frac{1}{8} = (x - \sin 10°)(x - \sin 50°)(x + \sin 70°),$$

führt. Mit dem Wurzelsatz von VIETA ergibt sich nun $\sin 10° \sin 50° \sin 70° = 1/8$ und das gewünschte Resultat folgt aus (1) ◇

Aufgabe 231234

Man ermittle alle Paare (x, y) reeller Zahlen mit $0 \leq x < 2\pi$ und $0 \leq y < 2\pi$, die das Gleichungssytem

$$3 \sin x \cos y = \cos x \sin y \tag{1}$$

$$\sin^2 x + \sin^2 y = 1. \tag{2}$$

erfüllen.

Lösung

Schritt I. Angenommen, das Paar (x, y) reeller Zahlen erfüllt die Bedingungen des Problems. Dann ist mit (1),

$$9 \sin^2 x \cos^2 y = \cos^2 x \sin^2 y. \tag{3}$$

Die Zahl $a = \sin^2 x$ ist nicht negativ und mit (2) erhält man $\sin^2 y = 1 - a = \cos^2 x$ und $\cos^2 y = a$. Substituiert man dies in (3), so ergibt sich $9a^2 = (1 - a)^2$. Diese quadratische Gleichung hat genau eine nicht negative Lösung, nämlich $a = 1/4$. Ferner ist

$$|\sin x| = |\cos y| = \frac{1}{2} \quad \text{und} \quad |\cos x| = |\sin y| = \frac{1}{2}\sqrt{3}.$$

Aufgrund von (1) müssen die Vorzeichen von $\sin x$, $\cos x$, $\sin y$, und $\cos y$ den nachfolgend aufgelisteten Fällen entsprechen. Die Tabelle Abb. L231234 enthält ferner alle möglichen Werte von x und y, die $0 \leq x, y < 2\pi$ erfüllen.

$\sin x$	$\cos x$	$\sin y$	$\cos y$	x	y
$\frac{1}{2}$	$\frac{1}{2}\sqrt{3}$	$\frac{1}{2}\sqrt{3}$	$\frac{1}{2}$	$\frac{\pi}{6}$	$\frac{\pi}{3}$
$\frac{1}{2}$	$\frac{1}{2}\sqrt{3}$	$-\frac{1}{2}\sqrt{3}$	$-\frac{1}{2}$	$\frac{\pi}{6}$	$\frac{4\pi}{3}$
$\frac{1}{2}$	$-\frac{1}{2}\sqrt{3}$	$\frac{1}{2}\sqrt{3}$	$-\frac{1}{2}$	$\frac{5\pi}{6}$	$\frac{2\pi}{3}$
$\frac{1}{2}$	$-\frac{1}{2}\sqrt{3}$	$-\frac{1}{2}\sqrt{3}$	$\frac{1}{2}$	$\frac{5\pi}{6}$	$\frac{5\pi}{3}$
$-\frac{1}{2}$	$-\frac{1}{2}\sqrt{3}$	$\frac{1}{2}\sqrt{3}$	$\frac{1}{2}$	$\frac{7\pi}{6}$	$\frac{\pi}{3}$
$-\frac{1}{2}$	$-\frac{1}{2}\sqrt{3}$	$-\frac{1}{2}\sqrt{3}$	$-\frac{1}{2}$	$\frac{7\pi}{6}$	$\frac{4\pi}{3}$
$-\frac{1}{2}$	$\frac{1}{2}\sqrt{3}$	$\frac{1}{2}\sqrt{3}$	$-\frac{1}{2}$	$\frac{11\pi}{6}$	$\frac{2\pi}{3}$
$-\frac{1}{2}$	$\frac{1}{2}\sqrt{3}$	$-\frac{1}{2}\sqrt{3}$	$\frac{1}{2}$	$\frac{11\pi}{6}$	$\frac{5\pi}{3}$

Abb. L231234

Schritt II. Die Probe zeigt, dass alle gelisteten Paare (x, y) tatsächlich die Gleichungen (1) und (2) erfüllen. ◇

Aufgabe 191243

Man ermittle alle diejenigen Tripel (x, y, z) reeller Zahlen, für die gilt

$$2x + x^2 y = y \tag{1}$$

$$2y + y^2 z = z \tag{2}$$

$$2z + z^2 x = x. \tag{3}$$

Dabei sind x, y und z durch Ausdrücke anzugeben, die aus gegebenen reellen Zahlen durch wiederholte Anwendung der vier Grundrechenoperationen $+$, $-$, $\cdot$, $:$, von reellwertigen Potenzfunktionen, Exponentialfunktionen, trigonometrischen Funktionen oder von deren reellwertigen Umkehrfunktionen gebildet sind.

Lösung

Dieses Problem ist schwieriger, als es erscheint. Man kennt nur eine elementare Lösung, die auf einer Substitution mit trigonometrischen Funktionen beruht (sozusagen eine „trig–reiche“ Substitution).

Schritt I. Angenommen, das Tripel (x, y, z) ist Lösung des Systems (1) bis (3). Dann ist $|x| \neq 1$, da $x = 1$ zu $2 + y = y$ und $x = -1$ zu $-2 + y = y$ führen würde. Analog schließt man auf $|y| \neq 1$ und $|z| \neq 1$. Wenn man x als $x = \tan t$ mit einer reellen Zahl t darstellt, erhält man

$$y = \frac{2x}{1-x^2} = \frac{2\tan t}{1-\tan^2 t} = \tan 2t \tag{4}$$

$$z = \frac{2y}{1-y^2} = \frac{2\tan 2t}{1-\tan^2 2t} = \tan 4t \tag{5}$$

$$x = \frac{2z}{1-z^2} = \frac{2\tan 4t}{1-\tan^2 4t} = \tan 8t. \tag{6}$$

Weil $\tan t = x = \tan 8t$ gilt, gibt es eine ganze Zahl n mit $t + n\pi = 8t$, was auf $t = n\pi/7$ führt. Wegen der Periodizität der Tangensfunktion muss x eine der sieben Zahlen $x_n = \tan(n\pi/7)$ with $n = 0, 1, \ldots, 6$ sein. Zusammen mit den entsprechenden Werten von y und z erhält man

$$x_n = \tan\frac{n\pi}{7}, \qquad y_n = \tan\frac{2n\pi}{7}, \qquad z_n = \tan\frac{4n\pi}{7}, \qquad n = 0, 1, \ldots, 6.$$

Schritt II. Tatsächlich sind alle Tripel (x_n, y_n, z_n) Lösungen. Es gilt nämlich $|x_n| \neq 1$, $|y_n| \neq 1$, $|z_n| \neq 1$ und

$$\frac{2x_n}{1-x_n^2} = \frac{2\tan(n\pi/7)}{1-\tan^2(n\pi/7)} = \tan\frac{2n\pi}{7} = y_n$$

sowie entsprechend

$$\frac{2y_n}{1-y_n^2} = \tan\frac{4n\pi}{7} = z_n, \qquad \frac{2z_n}{1-z_n^2} = \tan\frac{8n\pi}{7} = \tan\frac{n\pi}{7} = x_n.$$

Bemerkung. Obgleich eine explizite Lösung des Systems ohne die Substitution $x = \tan t$ schwer möglich erscheint, kann man zumindest die Anzahl der Lösungen finden. Mit Hilfe der für $x \neq \pm 1$ definierten Funktion

$$f(x) = \frac{2x}{1-x^2}$$

kann das System in eine Fixpunktform $f(f(f(x))) = x$ transformiert werden. Die Funktion f hat die einfachen Polstellen $x = \pm 1$ und ist über $(-\infty, -1)$, $(-1, 1)$ und $(1, +\infty)$ streng monoton wachsend. Die zweifache Anwendung $f \circ f$ von f und die dreifache Anwendung $f \circ f \circ f$ haben vier bzw. acht einfache Polstellen und diese Funktionen sind streng monoton wachsend in allen Intervallen, die keine Polstellen enthalten. Dann folgt aus der Stetigkeit mit Hilfe des Zwischenwertsatzes, dass die Gleichung $g(x) = f(f(f(x))) = x$ mindestens sieben Lösungen hat. Untersucht man das Vorzeichen von g in den zwei Außenintervallen und beobachtet ferner, dass die Ableitung von f zwischen zwei Polstellen nicht kleiner als zwei ist, erhält man schließlich, dass g genau sieben Fixpunkte hat. ◇

3.6 Diophantische Gleichungen

Bei *diophantischen Gleichungen* werden ganzzahlige Lösungen gesucht. Hierfür sind Methoden aus der *Zahlentheorie* hilfreich (siehe Kapitel 7, speziell Abschnitt 7.6). Insbesondere spielt die *Teilbarkeit* eine wichtige Rolle. Durch die Einschränkung auf die Menge der ganzen Zahlen ergeben sich mitunter neue Lösungsansätze. Gelingt es beispielsweise, die Größe möglicher Lösungen einzuschränken, kommt nur noch eine endliche Anzahl von Lösungen in Betracht, die (prinzipiell) einzeln überprüft werden können.

Lineare diophantische Gleichungen $ax + by = c$ und spezielle Klassen *quadratischer* Gleichungen sind algorithmisch lösbar. Zur Lösung von Olympiade-Aufgaben werden diese Hilfsmittel zwar nicht benötigt, ihre Kenntnis kann aber trotzdem von Vorteil sein. Für weitere Informationen verweisen wir auf die einschlägige Literatur, beispielsweise [6], [8] oder [9].

Aufgabe 341345

Man ermittle alle Paare (x, y) nicht negativer ganzer Zahlen x und y, die folgende Gleichung erfüllen:

$$x^3 + 8x^2 - 6x + 8 = y^3. \tag{1}$$

Lösung

Schritt I. Angenommen, es sei (x, y) ein Paar nicht negativer ganzer Zahlen, das (1) erfüllt. Unter Verwendung der Identitäten

$$(x+1)^3 = x^3 + 3x^2 + 3x + 1$$
$$(x+1)^2 = x^2 + 2x + 1$$

führt die Gleichung (1) auf

$$(x+1)^3 - y^3 = -5x^2 + 9x - 7 = -5\left(x - \frac{9}{10}\right)^2 - \frac{59}{20} < 0. \tag{2}$$

Weiter ist

$$(x+3)^3 - y^3 = x^2 + 33x + 19 > 0. \tag{3}$$

Aus (2) und (3) erhält man

$$(x+1)^3 < y^3 < (x+3)^3.$$

Da x und y nicht negativ sind, folgt $x + 1 < y < x + 3$ und daraus $y = x + 2$, da dies die einzige ganze Zahl zwischen $x + 1$ und $x + 3$ ist. Setzt man dies in (1) ein, erhält man

$$\begin{aligned}0 &= (x+2)^3 - y^3\\ &= x^3 + 6x^2 + 12x + 8 - x^3 - 8x^2 + 6x - 8\\ &= -2x^2 + 18x = 2x(x-9).\end{aligned}$$

Diese Gleichung hat die zwei Lösungen $x = 0$ und $x = 9$ und die zugehörigen Werte von $y = x + 2$ sind $y = 2$ bzw. $y = 11$.

Schritt II. Tatsächlich erfüllen die Paare $(0, 2)$ und $(9, 11)$ die Gleichung (1), denn es gilt

$$0^3 + 8 \cdot 0^2 - 6 \cdot 0 + 8 = 8 = 2^3, \quad 9^3 + 8 \cdot 9^2 - 6 \cdot 9 + 8 = 1331 = 11^3. \qquad \diamondsuit$$

Aufgabe 321233B

Für jede ganze Zahl $n \geq 2$ ermittle man alle n-Tupel positiver ganzer Zahlen $x_1, x_2, \ldots, x_n$, die das nachfolgende System erfüllen:

$$\begin{aligned}x_1\,x_2 &= 3\,(x_1 + x_2)\\ x_2\,x_3 &= 3\,(x_2 + x_3)\\ &\vdots\\ x_{n-1}\,x_n &= 3\,(x_{n-1} + x_n)\\ x_n\,x_1 &= 3\,(x_n + x_1).\end{aligned} \tag{1}$$

Lösung

Durch die Definition $x_{n+1} = x_1$ kann das System (1) in kompakter Form geschrieben werden:

$$x_k\,x_{k+1} = 3\,(x_k + x_{k+1}), \qquad k = 1, \ldots, n. \tag{2}$$

Schritt I. Angenommen, $(x_1, x_2, \ldots, x_n)$ sei ein n-Tupel positiver ganzer Zahlen, das (2) erfüllt. Wenn man für $k = 2, \ldots, n$ die $k$te Gleichung von der $(k-1)$ten Gleichung und zusätzlich die erste Gleichung von der $n$ten Gleichung subtrahiert, erhält man das System

$$x_k\,(x_{k-1} - x_{k+1}) = 3\,(x_{k-1} - x_{k+1}), \qquad k = 2, \ldots, n+1, \tag{3}$$

wobei die Bezeichnung $x_{n+2} = x_2$ eingeführt wurde. Weiter stellt man fest, dass $x_k \neq 3$ für alle k ist, da $x_k = 3$ und (2) zu dem Widerspruch $x_{k+1} = 3 + x_{k+1}$ führen. Dies zusammen mit (3) ergibt

$$x_{k-1} = x_{k+1}, \qquad k = 2, \ldots, n+1. \tag{4}$$

Mithin ist $x_1 = x_3 = \cdots = a$ und $x_2 = x_4 = \cdots = b$ mit positiven ganzen Zahlen a und b. Wegen (2) erfüllen diese Zahlen $ab = 3\,(a+b)$, und dies ist äquivalent zu

$$(a-3)(b-3) = 9.$$

Die einzigen ganzzahligen Faktorisierungen von 9 lauten

$$9 = (-9)\cdot(-1) = (-3)\cdot(-3) = (-1)\cdot(-9) = 1\cdot 9 = 3\cdot 3 = 9\cdot 1.$$

Hiervon führen nur die letzten drei Produkte auf positive ganzen Zahlen a und b, nämlich

$$(a,b) = (4,12), \quad (a,b) = (6,6), \quad (a,b) = (12,4). \tag{5}$$

Wenn n ungerade ist, folgt

$$b = x_2 = x_4 = \cdots = x_{n+1} = x_1 = a,$$

was das erste und dritte Paar in (5) als Lösung ausschließt. Folglich kann für ungerades n nur das n-Tupel

$$(x_1, x_2, \ldots, x_{n-1}, x_n) = (6,6,\ldots,6,6) \tag{6}$$

Lösung sein. Für gerades n sind zwei weitere Lösungen möglich, nämlich

$$(x_1, x_2, \ldots, x_{n-1}, x_n) = (4,12,\ldots,4,12), \tag{7}$$
$$(x_1, x_2, \ldots, x_{n-1}, x_n) = (12,4,\ldots,12,4). \tag{8}$$

Schritt II. Tatsächlich erfüllen die n-Tupel aus (6) für jedes n das System (1), da $6\cdot 6 = 3\cdot(6+6)$. Für gerades n wird (1) außerdem von (7), (8) erfüllt, denn $12\cdot 4 = 3\cdot(12+4)$ und $4\cdot 12 = 3\cdot(4+12)$. ◇

Aufgabe 421324

Ein Händler möchte Apfelsinen auf folgende Art und Weise aufstapeln: In der untersten Schicht liegen $a\cdot b$ Apfelsinen in einem Rechteck aus a Reihen mit je b Apfelsinen und $a \geq b > 1$. In der zweiten Schicht liegen in den Vertiefungen dann $(a-1)\cdot(b-1)$ Apfelsinen. So wird weiter gestapelt, bis in der obersten Schicht nur eine einzelne komplette Reihe Apfelsinen liegt (im Fall $a = b$ also nur eine einzige Apfelsine).

Kann der Händler einen derartigen Stapel aus genau 2002 Apfelsinen bauen? Wenn ja, mit welchen Anzahlen a und b in der untersten Schicht kann er beginnen?

Lösung

Da nach Voraussetzung $a \geq b$ ist, gibt es genau b Schichten mit Apfelsinen und die oberste Schicht enthält genau $(a-b+1)\cdot 1$ Früchte. Für die Gesamtanzahl der Apfelsinen ergibt sich der Reihe nach

$$\begin{aligned}
2002 &= \sum_{k=0}^{b-1}(a-k)(b-k) \\
&= \sum_{k=0}^{b-1}(ab-(a+b)k+k^2) \\
&= ab^2-(a+b)\frac{(b-1)b}{2}+\frac{(b-1)b(2b-1)}{6} \\
&= \frac{b}{6}(6ab-3ab+3a-3b^2+3b+2b^2-3b+1) \\
&= \frac{b}{6}(b+1)(3a-b+1),
\end{aligned}$$

also

$$12012 = 2\cdot 2\cdot 3\cdot 7\cdot 11\cdot 13 = b(b+1)(3a-b+1). \qquad (1)$$

Aus $a \geq b$ folgt $3a-b+1 \geq 2b+1$, also

$$2b^3 < b(b+1)(2b+1) \leq 12012.$$

Damit ist $b < 19$. Nun müssen aber b und $b+1$ Teiler von 12012 sein, die zudem kleiner oder gleich 19 sind. Diese Zahlen sind $t = 1, 2, 3, 4, 6, 7, 11, 12, 13$ und 14 und man braucht daher nur die folgenden Fälle zu überprüfen:

b	$b+1$	$3a-b+1$	$3a$
2	3	2002	2003
3	4	1001	1003
6	7	286	291
11	12	91	101
12	13	77	88
13	14	66	78

Da a ganzzahlig sein muss, ergeben sich nur zwei Möglichkeiten, nämlich $a = 26$, $b = 13$ und $a = 97$, $b = 6$. Die Probe anhand von (1) ergibt, dass in beiden Fällen tatsächlich Lösungen vorliegen:

$$\begin{aligned}
13\,(13+1)\,(3\cdot 26-13+1) &= 13\cdot 14\cdot 66 = 12012 \\
6\,(6+1)\,(3\cdot 97-6+1) &= 6\cdot 7\cdot 286 \;\;= 12012.
\end{aligned}$$

Aufgabe 421334

Man ermittle alle positiven ganzen Zahlen x, y, die folgende Gleichung erfüllen:

$$\frac{1}{x} + \frac{1}{y} = \frac{1}{2003}. \tag{1}$$

Lösungen

1. Lösung. Verallgemeinernd wird die Gleichung

$$\frac{1}{x} + \frac{1}{y} = \frac{1}{p} \tag{2}$$

für eine Primzahl p untersucht. Das geforderte Resultat folgt dann für $p = 2003$.
Angenommen, x und y sind positive ganze Zahlen, die (2) erfüllen. Dann ist

$$p(x + y) = xy$$

und da p Primzahl ist, muss p einen der Faktoren auf der rechten Seite teilen. Wenn p ein Teiler von x ist, so gilt $x = kp$ mit einer positiven ganzen Zahl k. Hieraus erhält man $p(pk + y) = kpy$ oder äquivalent

$$kp = y\,(k - 1).$$

Weil k und $k - 1$ teilerfremd sind, muss $k - 1$ ein Teiler von p sein, d. h. es gilt $k - 1 = p$ oder $k - 1 = 1$. Im ersten Fall ergibt sich $x = p^2 + p$ und $y = p + 1$, im zweiten Fall erhält man $x = 2p$ und $y = 2p$.
Ist p ein Teiler von y, folgt analog $(x, y) = (p + 1, p^2 + p)$ oder $(x, y) = (2p, 2p)$.
Direktes Einsetzen zeigt, dass die Paare $(x, y) = (2p, 2p)$, $(x, y) = (p + 1, p^2 + p)$, $(x, y) = (p^2 + p, p + 1)$ tatsächlich Lösungen sind. Im Spezialfall $p = 2003$ erhält man die drei verschiedenen Löungen

$$(4014012, 2004), \qquad (4006, 4006), \qquad (2004, 4014012).$$

2. Lösung. Da x und y größer als 2003 sein müssen, kann man $x = 2003 + k$ und $y = 2003 + n$ mit positiven ganzen Zahlen k und n setzen. Einsetzen in (2) liefert die äquivalente Bedingung $p\,(p+n) + p(p+k) = (p+n)(p+k)$ und nach Ausmultiplizieren folgt $p^2 = nk$. Da p eine Primzahl ist, gibt es nur drei Möglichkeiten für die Faktoren von p^2, nämlich $n = 1,\ k = p^2$ oder $n = p,\ k = p$ und schließlich $n = p^2,\ k = 1$. Dies führt wieder auf obiges Resultat. ◇

3.7 Analytische Methoden

Zum Nachweis der *Existenz* und der *Eindeutigkeit* von Lösungen einer Gleichung sind mitunter Methoden der Analysis hilfreich. Nachstehend werden einige grundlegende Fakten zusammengestellt.

Zwischenwertsatz. Wenn die Funktion f im Intervall $[a, b]$ stetig ist, nimmt sie jeden Wert zwischen $f(a)$ und $f(b)$ an.

Monotonie. Hat man eine Lösung einer Gleichung gefunden, kann ihre *Eindeutigkeit* manchmal durch Monotonie-Betrachtungen gezeigt werden. Um ein Gefühl für dieses Vorgehen zu bekommen, spiele man mit den Werten der Variablen (Variationsprinzip) und versuche herauszufinden, was passiert, wenn man sie verändert (Monotonieprinzip). Ähnliche Methoden können für Systeme von Gleichungen angewendet werden.

Fixpunkte. Gelegentlich kann es sinnvoll sein, Gleichungen (oder Systeme) in eine *Fixpunktform* $f(x) = x$ umzuwandeln. Fixpunktprinzipien gehören zu den kraftvollsten Hilfsmitteln der mathematischen Analysis.

Anwendungen von Prinzipien der Analysis beim Lösen von Gleichungen findet man in dieser Sammlung beispielsweise in den Aufgaben 191243, 241233B, 241244, 271242 und 291241. Für weitere Anwendungen analytischer Methoden auf Olympiade-Probleme verweisen wir auf [15].

Kapitel 4
Ungleichungen

Andreas Felgenhauer, Wolfgang Moldenhauer

Ungleichungen eignen sich hervorragend als mathematische Probleme für Wettbewerbe. Sie lassen ein breites Spektrum von Aufgabenstellungen zu und verbinden dabei unterschiedliche mathematische Disziplinen, manchmal auf verblüffende Weise. Wir illustrieren das an einem alternativen Beweis für die Ungleichung zwischen dem arithmetischem und dem geometrischen Mittel zweier positiver reeller Zahlen.

Für diesen Beweis stellen wir uns in der Ebene eine Gerade g vor, auf der wir von einem Punkt P nach verschiedenen Seiten zwei Strecken der Längen $|AP| = x$ bzw. $|PB| = y$ abtragen. Um den Mittelpunkt M der Strecke $\overline{AB}$ konstruieren wir den Umkreis der Strecke. Dieser hat den Durchmesser $2r = |AB|$. Der Punkt C sei einer der Schnittpunkte der Senkrechten zu g im Punkt P mit dem Kreis (vgl. Abb. 4.1).

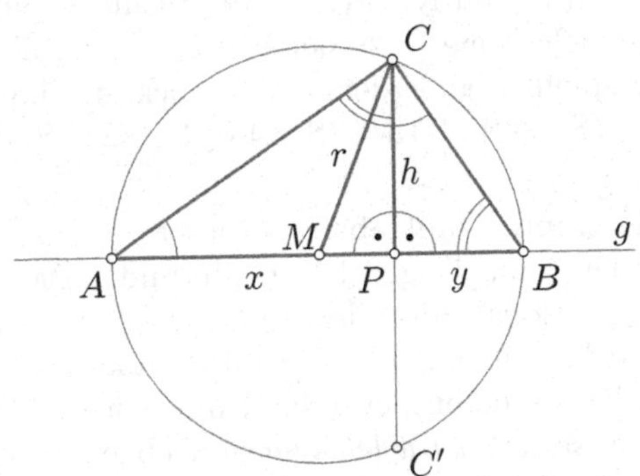

Abb. 4.1: Beweis: $r \geq h$.

Das Dreieck ABC ist dann rechtwinklig (Satz des THALES) und für die Länge von $h = |PC|$ gilt der Höhensatz $h^2 = xy$. Am rechtwinkligem Dreieck CMP können wir dann den Beweis für die Ungleichung ablesen: $(x + y)/2 = r \geq h = \sqrt{xy}$.

A. Felgenhauer et al., *Die schönsten Aufgaben der Mathematik-Olympiade in Deutschland*, https://doi.org/10.1007/978-3-662-63183-6_4

Gleichheit gilt genau dann, wenn die Punkte M und P zusammenfallen. Wir erhalten als erstes Beispiel die einfachste Form der Ungleichung, die uns durch dieses Kapitel in verschiedenen Varianten begleiten wird.

Beispiel 4.1 (AGM, Ungleichung zwischen arithmetischem und geometrischem Mittel). *Seien x und y zwei positive reelle Zahlen. Dann ist ihr arithmetisches Mittel nie kleiner als ihr geometrisches:*

$$\frac{x+y}{2} \geq \sqrt{xy}\,.$$

Gleichheit gilt dabei für $x = y$ und nur dann.

Unter den Schwerpunkt „Ungleichungen“ finden wir verschiedene Typen von Aufgabenstellungen. Als erstes gehören dazu Aufgaben, bei denen anstelle von Gleichungen Ungleichungen vorgegeben sind, für die man als Lösung die Werte für die Variablen in den Termen der Ungleichung bestimmen soll, für die die Ungleichung zu einer wahren Aussage wird. Wir können diesen Aufgabentyp „Bestimmungsungleichungen“ nennen.

Als nächstes kommen Aufgaben, bei denen es darum geht eine Ungleichung für eine gegebene Menge für die Werte der Parameter nachzuweisen. Die Methoden zur Lösung dieser eigentlichen Ungleichungsaufgaben differieren stark mit dem Charakter dieser Lösungsmengen. Deshalb finden sich einige dieser Aufgaben auch in anderen Kapitel dieses Buches, z. B. bei der Abschätzung bei Punktpackungen (ab Seite 82) oder von Kuss-Zahlen (S. 91) oder auch die Aufgabe 381344 auf Seite 129 im Kapitel 2. Abschätzungen von Streckenlängen, Winkeln am Dreieck oder anderen geometrischen Parametern in den Kapiteln 8 und 9 sind ebenfalls Ungleichungen. Dreiecksungleichungen spielen eine Rolle bei 291223 (S. 442), 321245 (S. 443) und 451344 (S. 463). Wir empfehlen außerdem einen Blick auf die Geometrieaufgaben 281243 (S. 485), 341335 (S. 532), 341344 (S. 448), 351324 (S. 448), und 501342 (S. 529).

Zum dritten gehören Extremwertaufgaben zu diesem Kapitel. Bei diesen geht es darum nachzuweisen, dass eine Ungleichung gilt und dabei zu bestimmen, für welche Parameterkonstellationen anstelle der Ungleichung sogar Gleichheit gilt. Finden sich für jede beliebig kleine positive Zahl Parameter, so dass die Differenz aus der größeren und der kleineren Seite der Ungleichung kleiner wird als diese Zahl, so sprechen wir von *scharfen Ungleichungen.* Neben den Extremwertaufgaben gibt es Ungleichungen, die ebenfalls scharf sind, für die jedoch nie Gleichheit gilt, wie z. B. die Ungleichung $1/n > C$, die für $C = 0$ für alle positiven natürlichen Zahlen gilt, für jedes $C > 0$, auf alle natürlichen Zahlen angewandt, aber falsch ist. Geometrisch eingekleidete Extremwertaufgaben findet man außerhalb dieses Kapitels unter 101245 (S. 541), 211246A (Teil b), S. 549), 241242 (S. 493), 261233B (S. 453), 281245 (S. 546), 311244 (S. 552), 321236 (S. 503) und 351343 (S. 555).

Die Ungleichung (AGM) gehört zu einer Reihe von Standardungleichungen, die eventuell schon im Mathematikunterricht, verbreitet in Arbeitsgemeinschften in der Freizeit, auf jeden Fall aber im Kurs der mathematischen Analysis eines Studiums behandelt werden. Bei Mathematik-Olympiaden ist es üblicherweise ausreichend, wenn man in der Lösung den Bezug auf eine solche Standardungleichung herstellt. Deshalb wollen wir in diesem Kapitel auch gängige Standardungleichungen angeben und begründen, können dabei allerdings keine Vollständigkeit anstreben. Wir verweisen auf die umfangreiche Fachliteratur [32], [11] und die Standardlehrbücher zur mathematischen Analysis. Die Ungleichung (AGM) werden wir dabei als Blaupause nutzen und in unterschiedlichen Formulierungen bei den einzelnen Beweisprinzipien auf sie zurückkommen.

4.1 Positive und monotone Funktionen

Manche mathematischen Größen sind von ihrer Natur her, also schon so, wie sie definiert sind, positiv oder nichtnegativ. Beispiele sind geometrische Längen, Flächeninhalte, Volumina, natürliche Zahlen oder manche Funktionen wie Quadrate, absolute Beträge, Exponentialfunktionen und Quadratwurzeln.
Hat man ein Ungleichungsproblem auf eine solche Größe zurückgeführt, ist eine Lösung gefunden.

Beispiel 4.2 (AGM). *Quadrate reeller Zahlen sind nicht negativ. Also gilt für zwei nichtnegative reelle Zahlen x und y stets $(\sqrt{x}-\sqrt{y})^2/2 \geq 0$ und es folgt*

$$\frac{x+y}{2} = \sqrt{xy} + \frac{(\sqrt{x}-\sqrt{y})^2}{2} \geq \sqrt{xy}, \tag{4.1}$$

die Ungleichung zwischen dem arithmetischem und dem geometrischen Mittel zweier nichtnegativer Zahlen.

Eine andere, für das Gebiet Ungleichungen wichtige Eigenschaft ist die Monotonie einer Funktion, wenn bekannt ist, dass ein Zuwachs in jedem Fall einen größeren Ertrag bringt. Wir stellen die wichtigsten Begriffe zusammen.

Definition 4.3 (Strenge Monotonie). Eine Funktion f heißt *streng monoton wachsend*, wenn ihr Zuwachs für die Stelle $y > x$ stets positiv ist: $f(y) - f(x) > 0$. Das ist genau dann der Fall, wenn im Definitionsintervall für alle $x \neq y$ die Steigung

$$s_f(x,y) = \frac{f(y)-f(x)}{y-x} = \frac{f(x)}{x-y} + \frac{f(y)}{y-x} > 0 \tag{4.2}$$

positiv ist. In der Literatur ist die äquivalente Formulierung

$$(f(y) - f(x)) \cdot (y - x) > 0, \qquad \text{falls} \quad y \neq x\,, \tag{4.3}$$

als Definition üblich, die eine Übertragung des Monotoniebegriffes auf vektorwertige Funktionen mehrerer Veränderlicher möglich macht.

Gilt anstelle von „>" die entgegengesetzte Relation „<", so heißt die Funktion *streng monoton fallend.* Gelten die Ungleichungen nur schwach, „≥" bzw. „≤", so heißt die Funktion nur *monoton wachsend* oder *monoton fallend*, ohne den Zusatz des Wortes *streng.*

Aus der Definition folgt direkt, dass eine monotone Funktion, die nicht streng monoton ist, in ihrem Definitionsbereich ein Intervall positiver Länge besitzen muss, auf dem ihr Funktionswert konstant ist.

Ist eine Funktion f auf einem Intervall differenzierbar, so ist f auf diesem Intervall genau dann monoton wachsend, wenn $f'(x) \geq 0$ gilt. Wenn dabei f' auf keinem Teilintervall identisch null ist, so ist $f(x)$ sogar streng monoton wachsend. Diskret liegende Nullstellen von $f'(x)$ stören also die Strenge der Monotonie nicht. Natürlich geht die Monotonie verloren, wenn $f'(x)$ in einem Punkt nicht nur null ist, sondern dort, im Definitionsbereich, zusätzlich das Vorzeichen wechselt.

Die Ungleichung (AGM) kann auch mittels Monotonie begründet werden:

Beispiel 4.4 (AGM). *Die Funktion $f(x) = x/2 - \sqrt{ax}$ sei mit einer positiven Zahl a für $x \geq a$ definiert. Bekannt ist die strenge Monotonie für $t > 0$ der Funktionen $f_1(t) = \sqrt{t}$ (wachsend) und $f_2(t) = 1/t$ (fallend).*

Dann gilt für zwei Zahlen $x \neq y$ aus dem Definitionsbereich von $f(x)$

$$\frac{f(x)}{x-y} + \frac{f(y)}{y-x} = \frac{1}{2} \cdot \frac{x-y}{x-y} - \frac{\sqrt{ax} - \sqrt{ay}}{x-y} = \frac{1}{2} - \frac{\sqrt{a}}{\sqrt{x} + \sqrt{y}} > \frac{1}{2} - \frac{\sqrt{a}}{\sqrt{a} + \sqrt{a}} = 0,$$

$f(x)$ ist deshalb streng monoton wachsend. Also folgt für $b > a > 0$

$$\frac{a+b}{2} = f(b) + \frac{a}{2} + \sqrt{ab} > f(a) + \frac{a}{2} + \sqrt{ab} = \sqrt{ab},$$

wieder die Ungleichung (AGM).

Manche Aufgaben sind so gestellt, dass sie äquivalent zu eigenen Spezialfällen sind. Dann reicht es aus, einen solchen Spezialfall zu lösen. Der Leser findet Verweise auf solche Aufgaben auch im Anhang unter dem Stichwort Invarianzprinzip (S. 608).

Das ist z. B. der Fall bei *Symmetrien* in den Variablen (vgl. auch Symmetrieprinzip auf S. 609). Bleibt die Aufgabe bei beliebiger Vertauschung der der Variablen gleich, so kann man im Spezialfall eine günstige Ordnung der Variablen annehmen. Ist die Gleichheit nur für zyklische Vertauschungen gegeben, kann zumindest für eine Variable ein Extremwert unter allen Variablen angenommen werden.

Eine besondere Rolle spielen homogene Aufgabenstellungen. Man nennt eine Ungleichung mit Variablen a, b, c, ... *homogen*, wenn eine Substitution aller Variablen $a \to ta$, $b \to tb$, $c \to tc$, ... mit einem reellen Parameter $t > 0$ auf eine Ungleichung führt, die mit der ursprünglichen äquivalent ist; insbesondere muss der Parameter t herausfallen. Man kann dann den Parameter so wählen, dass eine zusätzliche Bedingung für die Variablen erfüllt ist, um einen äquivalenten Spezialfall zu erhalten. Mit einem solchen Argument, kann man die Ungleichung zwischen arithmetischem und geometrischem Mittel auf n Zahlen erweitern.

Beispiel 4.5 (AGM für n Zahlen). *Für $n \geq 2$ nichtnegative reelle Zahlen vergleichen wir das arithmetische Mittel M_1 mit dem geometrischen Mittel M_0. Diese sind definiert durch*

$$M_0(a_1, a_2, \ldots, a_n) = \sqrt[n]{a_1 \cdot a_2 \cdot \cdots \cdot a_n}\,,$$
$$M_1(a_1, a_2, \ldots, a_n) = \frac{a_1 + a_2 + \cdots + a_n}{n}\,.$$

Dann gilt stets

$$M_1(a_1, a_2, \ldots, a_n) \geq M_0(a_1, a_2, \ldots, a_n) \tag{4.4}$$

mit Gleichheit für und nur für $a_1 = a_2 = \cdots = a_n$.

Beweis. Ist eine der Zahlen Null gilt $M_0 = 0$ und $M_1 \geq 0$. $M_1 = 0$ gilt nur dann, wenn alle Zahlen Null sind. Der weitere Beweis muss nur für positive Zahlen geführt werden. Für $t \geq 0$ gilt für beide Mittel $M_k(ta_1, ta_2, \ldots, ta_n) = tM_k(a_1, a_2, \ldots, a_n)$ deshalb kann die Ungleichung auf den Spezialfall

Aus $\quad a_i > 0,\ i = 1, 2, \ldots, n \quad$ und $\quad a_1 a_2 \ldots a_n = 1 \quad$ folgt $\quad a_1 + a_2 + \cdots + a_n \geq n.$

zurückgeführt werden, den man mittels vollständiger Induktion aus der noch weitergehenden Spezialisierung auf $n = 2$ herleitet. Dieser Spezialfall wurde bereits als Beispiel 4.1 bewiesenen.
Man schließt für gerade Werte $n = 2k$ mit

$$b_1^k = a_1 a_2 \ldots a_k > 0 \qquad \text{und} \qquad b_2^k = a_{k+1} a_{k+2} \ldots a_{2k} > 0\,,$$

von der Gültigkeit für $n = k \geq 2$

$$\frac{a_1}{b_1} + \frac{a_2}{b_1} + \cdots + \frac{a_k}{b_1} \geq k \quad \textit{und} \quad \frac{a_{k+1}}{b_2} + \frac{a_{k+2}}{b_2} + \cdots + \frac{a_{2k}}{b_2} \geq k$$

auf

$$a_1 + a_2 + \cdots + a_n \geq k\,(b_1 + b_2) \geq 2k\sqrt{b_1 b_2} = 2k = n\,.$$

Die letzte Umformung folgt dabei aus $b_1 b_2 = \sqrt[k]{a_1 a_2 \ldots a_n} = 1$. Um den Beweis für ungerades n zu führen, ergänzt man $a_{n+1} = 1$. Für die gerade Zahl $n + 1$, wurde die Ungleichung gerade eben bewiesen und es folgt äquivalent zur Behauptung

$$a_1 + a_2 + \cdots + a_n + 1 \geq n + 1.$$

Parallel zur Abschätzung schließt man, dass Gleichheit nur für $a_i = 1$ $(i = 1, 2, \ldots, n)$ gelten kann. □

Bemerkung. Die Beweisidee der *Vorwärts-Rückwärts-Induktion* wurde schon 1821 von Cauchy[1] in seinem „Cours D'Analyse" [16] veröffentlicht. Dabei verdoppelte

[1] Augustin-Louis Cauchy (1789–1857)

er zunächst $n = 2$ schrittweise auf alle Potenzen von 2, um danach, rückwärts, auf die übrigen Werte zu schließen.

Aufgabe 041246

Es ist folgender Satz zu beweisen:

Sind α, β und γ die Winkel eines Dreiecks ABC, dann gilt

$$\cos\,\alpha + \cos\,\beta + \cos\,\gamma \leq \frac{3}{2}\,.$$

Wann gilt das Gleichheitszeichen?

Lösungen

1. Lösung. Mithilfe von Skalarprodukten der Kantenvektoren des Dreiecks lässt sich die zu beweisende Ungleichung auf ein nichtnegatives Quadrat zurückführen. Es seien $|\overrightarrow{AB}| = c$, $|\overrightarrow{BC}| = a$ und $|\overrightarrow{CA}| = b$. die Längen der Kantenvektoren.
Wegen $\overrightarrow{AB} \cdot \overrightarrow{BC} = -ca\cos\beta$, $\overrightarrow{BC} \cdot \overrightarrow{CA} = -ab\cos\gamma$ und $\overrightarrow{CA} \cdot \overrightarrow{AB} = -bc\cos\alpha$, gilt

$$0 \leq \left(\frac{\overrightarrow{BC}}{a} + \frac{\overrightarrow{CA}}{b} + \frac{\overrightarrow{AB}}{c}\right)^2 = 3 - 2(\cos\alpha + \cos\beta + \cos\gamma),$$

also die Behauptung. Die dabei auftretenden Vektoren

$$\vec{e}_a = \frac{1}{a}\,\overrightarrow{BC}, \qquad \vec{e}_b = \frac{1}{b}\,\overrightarrow{CA}, \qquad \vec{e}_c = \frac{1}{c}\,\overrightarrow{AB}$$

sind die Einheitsvektoren der Kanten, orientiert im Umlaufsinn der Eckpunkte des Dreiecks ABC. Gleichheit tritt genau dann ein, wenn die Summe $\vec{e}_a + \vec{e}_b + \vec{e}_c = \vec{o}$ den Nullvektor ergibt, d. h. $\triangle\,ABC$ gleichseitig ist. [2]

2. Lösung. Man kann auch Funktionen direkt gegen ihre Extremwerte abschätzen. Weil

$$\frac{\alpha+\beta}{2} = 90° - \frac{\gamma}{2}, \quad \sin\frac{\gamma}{2} > 0 \quad \text{und} \quad \cos\frac{\alpha-\beta}{2} \leq 1$$

gilt, ergibt sich

$$\cos\alpha + \cos\beta = 2\cos\frac{\alpha+\beta}{2}\cos\frac{\alpha-\beta}{2} = 2\sin\frac{\gamma}{2}\cos\frac{\alpha-\beta}{2} \leq 2\sin\frac{\gamma}{2}\,.$$

Daraus folgt, unter Verwendung der Doppelwinkelformel $\cos 2x = 1 - 2\sin^2 x$, verbunden mit einer quadratischen Ergänzung,

[2] Lösung nach Mitrinovic, Barnes, Marsh und Radok [47]

$$\begin{aligned}\cos\alpha+\cos\beta+\cos\gamma &\le \cos\gamma+2\sin\frac{\gamma}{2} = 1-2\sin^2\frac{\gamma}{2}+2\sin\frac{\gamma}{2}-\frac{1}{2}+\frac{1}{2}\\ &\le \frac{3}{2}-\frac{1}{2}\left(1-2\sin\frac{\gamma}{2}\right)^2 \le \frac{3}{2}\,.\end{aligned}$$

Das Gleichheitszeichen ergibt sich genau dann, wenn $\cos\big((\alpha-\beta)/2\big) = 1$ und $2\sin(\gamma/2) = 1$ gilt. Da die halben Winkel alle im Intervall $(0°, 90°)$ liegen, ist das genau für $\alpha = \beta$ und $\gamma = 60°$, also für gleichseitige Dreiecke, der Fall.

3. Lösung. Diese Lösung lässt sich durch Konkavitätsbetrachtungen für die Funktion $\cos x$ abkürzen. Da wir dabei, noch ausgeprägter als in der zweiten Lösung, Sinus und Kosinus als periodische Funktion reeller Zahlen untersuchen, benutzen wir für die Winkel das Bogenmaß. Die Funktion $f(x) = \cos x$ ist im Intervall $0 \le x \le \frac{\pi}{2}$ streng konkav (vgl. Def. 4.18). Für Dreieckswinkel α und β gilt $0 < (\alpha+\beta)/2 < \pi/2$. Demnach gilt für $a = \sin(\gamma/2) = \cos\big((\alpha+\beta)/2\big)$ stets $0 < a < 1$, also

$$a = \sqrt{\frac{1+\cos(\alpha+\beta)}{2}} = \sqrt{\frac{1-\cos\gamma}{2}} \qquad \text{und} \qquad \cos\gamma = 1-2a^2\,.$$

Ist das Dreieck spitz- oder rechtwinklig, liegen alle drei Winkel im Konkavitätsbereich des Kosinus. Eine direkte Anwendung der JENSEN'schen Ungleichung (4.24) liefert in diesem Fall

$$\cos\alpha+\cos\beta+\cos\gamma \le 3\cdot\cos\frac{\alpha+\beta+\gamma}{3} = 3\cos\frac{\pi}{3} = \frac{3}{2}\,,$$

mit Gleichheit genau für $\alpha = \beta = \gamma$, also für gleichseitige Dreiecke.

Für stumpfwinklige Dreiecke wählen wir die Bezeichnung so, dass der stumpfe Winkel der Winkel γ ist. Es folgt $\cos\gamma = 1-2a^2 < 0$, also $a > \sqrt{1/2} > 0{,}7$. Dann sind α und β spitze Winkel, die damit im Konkavitätsintervall liegen:

$$\cos\alpha+\cos\beta+\cos\gamma \le 2\cos\frac{\alpha+\beta}{2}+\cos\gamma = 2a+1-2a^2 = 1+2a(1-a)\,.$$

Weil die Funktion $f(x) = x(1-x) = -x^2+x$ für $x \ge 0{,}5$ streng monoton fällt gilt $2a(1-a) < 2\cdot 0{,}7\cdot(1-0{,}7) = 0{,}42 < 1/2$ und daraus die Behauptung.

4. Lösung. Seien a, b und c der Reihe nach die Längen der Seiten des Dreiecks, die den Innenwinkeln α, β und γ gegenüber liegen. Nach dem Kosinussatz gilt

$$\begin{aligned}\cos\alpha+\cos\beta+\cos\gamma &= \frac{b^2+c^2-a^2}{2bc}+\frac{c^2+a^2-b^2}{2ac}+\frac{a^2+b^2-c^2}{2ab}\\ &= \frac{(a+b-c)(a-b+c)(-a+b+c)-abc}{2abc}+\frac{3}{2}\,.\end{aligned}$$

Die zu beweisende Ungleichung ist daher äquivalent zur Ungleichung

$$(a+b-c)(a-b+c)(-a+b+c) \le abc\,. \tag{1}$$

Nun ist

$$(a+b-c)(a-b+c) = a^2 - (b-c)^2 \le a^2\,,$$
$$(a-b+c)(-a+b+c) = c^2 - (a-b)^2 \le c^2\,,$$
$$(-a+b+c)(a+b-c) = b^2 - (c-a)^2 \le b^2\,.$$

Die Seitenlängen a, b und c auf den rechten Seiten und auch die Faktoren auf der linken Seite (wegen der Dreiecksungleichungen) sind alle positiv, also folgt nach Multiplikation der drei Ungleichungen und anschließendem Radizieren die Behauptung (1). Das Gleichheitszeichen steht genau dann, wenn es in allen drei Ungleichungen steht, also nur für $a = b = c$.

5. Lösung. Der Beweis wird durch Extremwertberechnung geführt.

Es ist $\cos\alpha + \cos\beta + \cos\gamma = \cos\alpha + \cos\beta - \cos(\alpha+\beta)$ und daher genügt es, das Maximum der Funktion $f(x,y) = \cos x + \cos y - \cos(x+y)$ im Gebiet $x \ge 0$, $y \ge 0$, $x + y \le \pi$ zu bestimmen. Da das ein (abgeschlossenes und beschränktes) Dreieck ist und die untersuchte Funktion stetig ist, existiert dieses Maximum. Auf dem Rand des Dreiecks gilt nach Einsetzen von $x = 0$, $y = 0$ bzw. $y = \pi - x$

$$f(0,y) = f(x,0) = \cos 0 = 1\,, \qquad f(x,\pi - x) = -\cos\pi = 1\,.$$

Das Maximum ist also 1 oder größer. Wenn es größer ist, befindet sich der Maximalpunkt im Innern des Dreiecks.

Notwendig für das Vorliegen eines lokalen Extremums im Innern des Dreiecks sind die Bedingungen, dass die partiellen Ableitungen verschwinden,

$$f_x = -\sin x + \sin(x+y) = 0\,, \tag{2}$$
$$f_y = -\sin y + \sin(x+y) = 0\,. \tag{3}$$

Im Innern des Gebiets hat das System (2), (3) nur die Lösung $x = y = \pi/3$. Es ist $f(\pi/3, \pi/3) = 3/2 > 1$. Dieser einzige Wert, der die notwendige Bedingung erfüllt, muss dann das globale Maximum sein, da sein Funktionswert größer ist als alle Funktionswerte auf dem Rand.

Damit gilt $\cos\alpha + \cos\beta + \cos\gamma = f(\alpha,\beta) \le 3/2$, mit Gleichheit nur im einzigen Maximalpunkt, für den $\alpha = \beta = \pi/3$ und damit auch $\gamma = \pi - \alpha - \beta = \pi/3$ ist. ◊

Aufgabe 071245

Es ist zu beweisen, dass für alle reellen x des Intervalls $0 < x < \pi$ die Ungleichung

$$\sin x + \frac{1}{2}\sin 2x + \frac{1}{3}\sin 3x > 0$$

erfüllt ist.

Lösungen

1. Lösung. Unter Verwendung der Formeln $\sin x + \sin 3x = 2\cos x \sin 2x$ und $\sin 2x = 2\sin x \cos x$ erhält man

$$\begin{aligned}\sin x + \frac{1}{2}\sin 2x + \frac{1}{3}\sin 3x &= \frac{2}{3}\sin x + \frac{1}{2}\sin 2x\left(1 + \frac{4}{3}\cos x\right)\\ &= \sin x\left(\frac{2}{3} + \cos x + \frac{4}{3}\cos^2 x\right) = \frac{1}{3}\sin x\left(4\cos^2 x + 3\cos x + 2\right)\\ &= \frac{1}{3}\sin x\left[\left(2\cos x + \frac{3}{4}\right)^2 + \frac{23}{16}\right] > 0\,,\end{aligned}$$

da im Intervall $(0, \pi)$ alle Faktoren positiv sind.

2. Lösung. Für ganzzahlige $n \geq 1$ gilt

$$|\sin(n+1)x| = |\sin nx \cos x + \cos nx \sin x| \leq |\sin nx| + |\sin x|\,,$$

also $|\sin nx| \leq n\,|\sin x|$. Für $0 < x < \pi$ ist $\sin x > 0$, das ergibt

$$\sin x \geq \frac{1}{n}\,|\sin nx| \geq -\frac{1}{n}\sin nx\,. \tag{1}$$

Fall 1. $0 < x < \pi/3$ oder $2\pi/3 < x < \pi$. Dann gilt $\sin 3x > 0$ und der Beweis folgt aus (1) für $n = 2$.

Fall 2. $\pi/3 \leq x < \pi/2$. In diesem Fall gilt $\sin 2x > 0$ und der Beweis ergibt sich aus (1) mit $n = 3$.

Fall 3. $\pi/2 \leq x \leq 2\pi/3$. In diesem Intervall ist $\sin x$ monoton fallend und es gilt

$$\sin x + \frac{1}{2}\sin 2x + \frac{1}{3}\sin 3x \geq \sin\frac{2\pi}{3} - \frac{1}{2} - \frac{1}{3} = \frac{\sqrt{3}}{2} - \frac{5}{6} = \frac{\sqrt{27} - 5}{6} > 0.$$

Die Fallunterscheidung ist vollständig, der Beweis ist geführt.

3. Lösung. Für die Funktion

$$f(x) = \sin x + \frac{1}{2}\sin 2x + \frac{1}{3}\sin 3x$$

wird eine Extremwertuntersuchung im Intervall $(0, \pi)$ durchgeführt. Es ist (wegen $\cos x + \cos 3x = 2\cos 2x \cos x$)

$$\begin{aligned}f'(x) &= \cos x + \cos 2x + \cos 3x = \cos 2x(1 + 2\cos x)\,,\\ f''(x) &= -2\sin 2x(1 + 2\cos x) - 2\cos 2x \sin x\,.\end{aligned}$$

Für die Nullstellen der 1. Ableitung muss einer der beiden Faktoren verschwinden,

Fall 1. $\cos 2x = 0$, dann ist $2\cos^2 x = 1$ und $\cos x > -1$. Wegen $\sin x > 0$ folgt

$$f''(x) = -2\sin 2x(1 + 2\cos x) = -4\sin x(\cos x + 2\cos^2 x) < -4\sin x(-1+1) = 0$$

Fall 2. $\cos x = -1/2$, d. h. $x = 2\pi/3$. Dann ist $\sin x > 0$ und $\cos 2x < 0$, also

$$f''(x) = -2\cos 2x \sin x > 0\,.$$

Damit liefert nur $x = 2\pi/3$ im Intervall $0 < x < \pi$ ein lokales Minimum. mit $f(2\pi/3) = \sqrt{3}/4 > 0$. Die Randwerte liefern $f(0) = f(\pi) = 0$.
Damit gilt $f(x) > 0$ für alle x mit $0 < x < \pi$.

Bemerkung. Die Ungleichung

$$\sum_{k=1}^{n} \frac{1}{k} \sin kx > 0 \tag{2}$$

gilt für alle reellen x mit $0 < x < \pi$ und alle natürlichen Zahlen n. Diese Ungleichung ist als FEJÉR-JACKSON-Ungleichung bekannt. Ein einfacher Beweis der allgemeinen Ungleichung (2) ergibt sich allerdings erst im Rahmen einer umfassenderen Theorie.

◇

Aufgabe 131232

Man beweise, dass die Ungleichung

$$\sqrt[n]{a^n + b^n} < \sqrt[m]{a^m + b^m}$$

für alle positiven reellen Zahlen a, b und alle natürlichen Zahlen m, n mit $n > m$ gilt.

Lösungen

1. Lösung. Äquivalent zur Aufgabe ist es, nachzuweisen, dass für $a, b > 0$

$$(a^m + b^m)^n > (a^n + b^n)^m$$

gilt, falls $n > m \geq 1$. Wir setzen $p = n - m > 0$. Nach der binomischen Formel gilt

$$(a^m + b^m)^n = (a^m + b^m)^m (a^m + b^m)^p = \sum_{k=0}^{m} \binom{m}{k} a^{mk} b^{m(m-k)} (a^m + b^m)^p\,.$$

Für $m \geq k \geq 0$ können wir $a^m + b^m > \max\{a^m, b^m\} \geq a^k b^{m-k}$ abschätzen,

$$(a^m + b^m)^n > \sum_{k=0}^{m} \binom{m}{k} a^{(m+p)k} b^{(m+p)(m-k)} = \left(a^{m+p} + b^{m+p}\right)^m = (a^n + b^n)^m .$$

2. Lösung. Wir vereinfachen die Aufgabe durch zusätzliche Annahmen auf einen repräsentativen Spezialfall. Wenn man a und b vertauscht, ändert sich die Aufgabenstellung nicht, also ist die Annahme $0 < a \leq b$ zusätzlich erlaubt. Wir nutzen die Homogenität der Ungleichung, um $b = 1$ anzunehmen. Verkürzt schreiben wir für die beiden Annahmen:
O. B. d. A. sei $0 < a \leq 1 = b$. Dann vereinfacht sich die Aufgabe äquivalent auf den Nachweis,

$$\text{für} \quad 0 < a \leq 1 \quad \text{und} \quad n \geq m \geq 1 \quad \text{gilt} \quad \sqrt[m]{a^m + 1} > \sqrt[n]{a^n + 1} . \tag{1}$$

Erster Beweis für (1). Wegen $a < 1$, ist $a^n < a^m$, also gilt $1 < 1 + a^n < 1 + a^m$ und erst recht $(1 + a^n)^m < (1 + a^m)^n$.

Zweiter Beweis für (1). Die reelle Funktion $f(x) = \sqrt[x]{a^x + 1}$ ist für $x \geq 1$, definiert und differenzierbar. Zum Beweis, dass $f(x)$ streng monoton fällt, genügt

$$f'(x) = f(x) \left[-\frac{1}{x^2} \ln(a^x + 1) + \frac{1}{x} \cdot \frac{a^x \ln a}{a^x + 1} \right] < 0 ,$$

da $f(x) > 0, \quad x^2 > 0, \quad a^x + 1 > 1, \quad \ln(a^x + 1) > 0, \quad x > 0, \quad a^x > 0$ gilt, aber für $0 < a \leq 1$ stets $\ln a \leq 0$ ist.

3. Lösung. Nutzt man die Homogenität alternativ für die zusätzliche Voraussetzung $a^m + b^m = 1$, so folgt aus $a > 0$, $b > 0$ und $m > 0$ zunächst $a < 1$ und $b < 1$, daraus (mit $n > m$) dann $a^n < a^m$ und $b^n < b^m$ und schließlich

$$\sqrt[n]{a^n + b^n} < \sqrt[n]{a^m + b^m} = \sqrt[n]{1} = 1 = \sqrt[m]{a^m + b^m} ,$$

die Behauptung. 

Eine Verallgemeinerung dieser Aufgabe auf reelle Exponenten und eine beliebige Anzahl von Zahlen gehört zum Standard der mathematischen Analysis. *Normen* werden benutzt um die Idee eines *absoluten Betrages* $|x|$ als Größe einer reellen Zahl auf reelle n-Tupel (oder *Vektoren*) zu übertragen.
Wir diskutieren das als

Beispiel 4.6 (Normen). *Für ein n-Tupel reeller Zahlen $(x_1, x_2, \ldots, x_n)$ definiert man die* Maximumnorm *sowie, in Abhängigkeit von einer natürlichen Zahl $\alpha \geq 1$,* α-Normen *durch*

$$\|(x_1, x_2, \ldots, x_n)\|_\infty = \max\{|x_1|, |x_2|, \ldots, |x_n|\} , \tag{4.5}$$

$$\|(x_1, x_2, \ldots, x_n)\|_\alpha = \sqrt[\alpha]{|x_1|^\alpha + |x_2|^\alpha + \cdots + |x_n|^\alpha} . \tag{4.6}$$

Dann gilt für $\beta > \alpha \geq 1$

$$\|(x_1, x_2, \ldots, x_n)\|_\alpha \geq \|(x_1, x_2, \ldots, x_n)\|_\beta \geq \|(x_1, x_2, \ldots, x_n)\|_\infty \tag{4.7}$$

mit Gleichheit nur im Fall, dass mindestens $n-1$ der Zahlen Nullen sind.

Beweis. Die rechte Ungleichung erhält man sofort, wenn man alle Komponenten, bis auf die eine mit maximalem Betrag, null setzt.

Für die linke verallgemeinern wir die dritte Lösung der Aufgabe 131232. Im Fall $x_1 = \cdots = x_n = 0$, der bei der Aufgabe ausgeschlossen war, gilt die Behauptung mit Gleichheit. Wir können diesen Fall als erledigt betrachten und $\|(x_1, x_2, \ldots, x_n)\|_\infty > 0$ annehmen.

Wegen der Homogenität der Ungleichung können wir dann

$$|x_1|^\beta + |x_2|^\beta + \cdots + |x_n|^\beta = 1 \tag{4.8}$$

annehmen. Für alle Komponenten folgt $0 \leq |x_i| \leq 1$ und der Beweis ergibt sich aus $\beta > \alpha$ und der Monotonie der Exponentialfunktion $f(x) = a^x$, die für $0 < a < 1$ streng monoton fallend und für $a = 0$ und $a = 1$ konstant ist. Aus

$$|x_1|^\alpha + |x_2|^\alpha + \cdots + |x_n|^\alpha \geq |x_2|^\beta + |x_2|^\beta + \cdots + |x_n|^\beta = 1 = \|(x_1, x_2, \ldots, x_n)\|_\beta^\alpha$$

folgt nach Ziehen der α-ten Wurzel die Behauptung. Da nicht alle Komponenten verschwinden sollen und wegen (4.8) höchstens eine Komponente eins sein kann, gilt Gleichheit in den restlichen Fällen genau dann, wenn genau $n-1$ Komponenten null sind. □

Aufgabe 381345

Für reelle Zahlen x, y und z betrachte man die Ungleichung

$$|x-y| + |y-z| + |z-x| \leq a\sqrt{x^2+y^2+z^2}. \tag{1}$$

(a) Man beweise die Gültigkeit der Ungleichung (1) für $a = 2\sqrt{2}$.

(b) Man zeige, dass unter den zusätzlichen Voraussetzungen $x \geq 0$, $y \geq 0$ und $z \geq 0$ die Ungleichung (1) sogar für $a = 2$ gilt.

Lösung

Die Ungleichung ändert sich bei Vertauschung von x, y und z nicht. Daher sei ohne Einschränkung der Allgemeinheit $x \leq y \leq z$. Man erhält die äquivalente Ungleichung

$$z - x \leq \frac{a}{2}\sqrt{x^2+y^2+z^2}.$$

(a) Hier gilt $a/2 = \sqrt{2}$, und es ist (mit der Ungleichung zwischen arithmetischem und quadratischem Mittel (4.10))

$$z - x \leq |z| + |x| \leq 2\sqrt{\frac{z^2 + x^2}{2}} \leq \sqrt{2}\sqrt{x^2 + y^2 + z^2}\,.$$

Damit ist (1) in diesem Falle bewiesen. (Und Gleichheit gilt genau dann, wenn eine Zahl und die Summe der beiden anderen Zahlen gleich Null sind.)

(b) Für $0 \leq x \leq y \leq z$ und $a/2 = 1$ gilt

$$z - x \leq z = \sqrt{z^2} \leq \sqrt{x^2 + y^2 + z^2}.$$

Damit gilt auch in diesem Falle (1). (Mit Gleichheit genau dann, wenn zwei der Zahlen Null sind.) ◊

Aufgabe 201233A

Es sind alle natürlichen Zahlen n zu ermitteln, die die folgende Eigenschaft haben: Für alle reellen Zahlen a und b mit $0 < a < b$ gilt

$$a + \frac{1}{1 + a^n} < b + \frac{1}{1 + b^n}\,.$$

Lösungen

1. Lösung. Für reelle Zahlen a, b mit $0 < a < b$ ist die Ungleichung äquivalent mit

$$\frac{b^n - a^n}{b - a} = a^{n-1} + a^{n-2}b + \cdots + ab^{n-2} + b^{n-1} < (1 + a^n)(1 + b^n)\,. \tag{1}$$

In dieser Form sind alle Terme auch für $a = b$ stetig, so dass notwendigerweise auch im Grenzwert $b \to a$ für alle $a > 0$

$$na^{n-1} \leq (1 + a^n)^2 \tag{2}$$

gelten muss. Insbesondere für $a = 1$ folgt als notwendige Bedingung $n \leq 4$.
Für $n = 4$ und $0 < a < 1$ folgt aus (2)

$$\begin{aligned} 0 &\leq (a^4 + 1)^2 - 4a^3 = (a^4 + 1)^2 - 4a^4 + 4a^3(a - 1) \\ &= (a^2 + 1)^2(a + 1)^2(a - 1)^2 + 4a^3(a - 1) < 16(a - 1)^2 + 4a^3(a - 1)\,, \end{aligned}$$

woraus nach Division durch $a - 1$ und Anwendung der Ungleichung (AGM, 4.4)[3] ein Widerspruch folgt,

[3] in der Form $a^3 = (a^3 + 1 + 1) - 2 > 3a - 2$

$$0 > 16(a-1) + 4a^3 \geq 4(4a-4) + 4(3a-2) = 4(7a-6) > 0\,,$$

wenn $6/7 < a < 1$ gewählt wird. Auch $n = 4$ gehört nicht zur Lösungsmenge.

Für $n = 0, 1, 2, 3$ ist dagegen (1) jeweils erfüllt, wie man aus der Positivität von a und b und verschiedenen Ungleichungen AGM, (4.1) oder (4.4), ableiten kann:

$$n = 0: \qquad 0 \leq 0 < 1 + 1 + 1 + 1\,.$$

$$n = 1: \qquad 1 \leq 1 < 1 + a + b + ab\,.$$

$$n = 2: \qquad a + b \leq \frac{1+a^2}{2} + \frac{1+b^2}{2} < 1 + a^2 + b^2 + a^2b^2\,.$$

$$n = 3: \qquad a^2 + ab + b^2 \leq \frac{1+a^3+a^3}{3} + \frac{1+a^3+b^3}{3} + \frac{1+b^3+b^3}{3} < 1 + a^3 + b^3 + a^3b^3\,.$$

2. Lösung. Für $n = 0$ lautet diese Ungleichung $0 < 4$ und für $n = 1$ ergibt sich $1 < 1 + a + b + ab$. In beiden Fällen ist sie für alle $0 < a < b$ erfüllt.

Für die Fälle $n = 2$ und $n = 3$ nehmen wir an, dass wir drei Zahlen A, B, C kennen, so dass für alle $x > 0$ stets

$$x^2 - x > A, \qquad x^3 - x^2 > B, \qquad x^3 - x > C \tag{3}$$

gilt. Setzt wir $x = 1/2$ ein, erkennen wir, dass diese Zahlen negativ sein müssen.

Im Fall $n = 2$ lautet (1) $a^2b^2 + a^2 + b^2 + 1 > a + b$. Wenden wir die erste Ungleichung von (3) auf $x = a$ und $x = b$ an, ergibt sich

$$a^2b^2 + a^2 + b^2 + 1 - a - b > 2A + 1 + a^2b^2 > 2A + 1\,.$$

Hinreichend für (1) im Fall $n = 2$ ist also $A \geq -1/2$.

Für $n = 3$ lautet (1) $a^3b^3 + a^3 + b^3 + 1 > a^2 + ab + b^2$. Wenn wir nun die zweite Ungleichung von (3) auf $x = a$ und $x = b$ und die dritte auf $x = ab$ anwenden, erhalten wir

$$a^3b^3 + a^3 + b^3 + 1 - a^2 - ab - b^2 > 2B + C + 1\,.$$

Die Gültigkeit von (1) im Falle $n = 3$ ist dann für $2B + C \geq -1$ abgesichert.

Um solche Zahlen A, B und C zu finden, gibt es viele Möglichkeiten. Als erstes könnte man für die linken Seiten der drei Ungleichungen die Minima der Funktionen bestimmen und damit $2A > -1$ und $2B+C > -1$ absichern. Diese erste Möglichkeit überlassen wir dem Leser.

Wenn wir Ungleichung (AGM, 4.4) für zwei oder drei Zahlen anwenden erhalten wir für alle $x > 0$

$$x^2 + \frac{1}{2} = \frac{1}{2}\left(2x^2+1\right) \geq \sqrt{2x^2 \cdot 1} = \sqrt{2}\,x > x\,,$$

$$x^3 + \frac{1}{6} = \frac{1}{3}\left(\frac{1}{2} + \frac{3x^3}{2} + \frac{3x^3}{2}\right) \geq \sqrt[3]{\frac{1}{2}\cdot\frac{3x^3}{2}\cdot\frac{3x^2}{2}} = \sqrt[3]{\frac{9}{8}}\,x^2 > x^2\,,$$

$$x^3 + \frac{2}{3} = \frac{1}{3}\left(1+1+3x^3\right) \geq \sqrt[3]{1\cdot 1\cdot 3x^3} = \sqrt[3]{3}x > x$$

und damit die Konstanten $A = -1/2$, $B = -1/6$ und $C = -2/3$, die gerade ausreichen, um die Fälle $n = 2, 3$ zu bearbeiten.

Als dritte Variante können wir auch feststellen, dass es zum Nachweis der Ungleichungen ausreicht, das Intervall $0 < x < 1$ zu berücksichtigen, da die linken Seiten für $x > 1$ nichtnegativ sind, die Konstanten aber kleiner als null sein müssen. Dann gilt $x^2 - x \geq A = -1/4$, da das quadratische Polynom Nullstellen bei $x = 0$ und $x = 1$ besitzt und deshalb bei $x = 1/2$ minimal sein muss. Wegen $x \leq 1$ (mit Gleichheit nur für $x = 1$) folgt daraus $x^3 - x^2 = x(x^2 - x) \geq -x/4 > B = -1/4$, woraus dann $x^3 - x = x^3 - x^2 + x^2 - x > A + B = C = -1/2$ folgt. Tatsächlich ist wieder $2A = -1/2 > -1$ und $2B + C = -1$.

Als viertes und letztes geben wir die Darstellungen der Musterlösung von 1981 an,

$$x^2 - x = \left(x - \frac{1}{2}\right)^2 - \frac{1}{4} \geq -\frac{1}{4} > A\,,$$

$$x^3 - x^2 = \left(x - \frac{2}{3}\right)^2\left(x + \frac{1}{3}\right) - \frac{4}{27} \geq -\frac{4}{27} > B\,,$$

$$x^3 - x = \left(x - \frac{1}{\sqrt{3}}\right)^2\left(x + \frac{2}{3}\sqrt{3}\right) - \frac{2}{3\sqrt{3}} \geq -\frac{2}{3\sqrt{3}} > C\,.$$

Wählen wir die Konstanten dicht an den angegebenen unteren Schranken, können wir die Ungleichungen $2A > -1$ und $2B + C > -1$ absichern.

Es bleibt bei allen Varianten der Fall $n \geq 4$. Hier lautet (1) für, z. B., $b = 1$

$$a^{n-1} + a^{n-2} + \cdots + a + 1 < 2\bigl(1 + a^n\bigr)\,.$$

Nun lässt sich zeigen, dass es zu jedem $n \geq 4$ ein reelles a mit $0 < a < 1$ gibt, für das nicht gilt.

Wählen wir $a = 0{,}9$, so gilt $a^2 = 0{,}81 > 0{,}8\,,\ a^3 > 0{,}72 > 0{,}7\,,\ a^4 = 0{,}6561 < 0{,}7$ und damit

$$\begin{aligned}1 + a + \cdots + a^{n-1} &\geq 1 + a + a^2 + a^3 > 1 + 0{,}9 + 0{,}8 + 0{,}7 = \\ &= 2(1 + 0{,}7) > 2(1 + a^4) \geq 2(1 + a^n)\,.\end{aligned}$$

Somit sind genau $n = 0, 1, 2, 3$ die gesuchten Zahlen.

Bemerkung. Anstatt ein Gegenbeispiel zu benutzen, können wir $n < 4$ auch direkt herleiten.

Wir setzen dazu $b = 1$ und $a = 2/3$. Dann ist $a < b$. Wenn wir annehmen, dass die Ungleichung

$$\frac{2}{3} + \frac{1}{1+a^n} = a + \frac{1}{1+a^n} < b + \frac{1}{1+b^n} = 1 + \frac{1}{1+1^n} = \frac{3}{2} = \frac{2}{3} + \frac{5}{6}$$

gilt, dann folgt $1/\bigl(1+a^n\bigr) < 5/6$, also $a^n > 1/5$ oder $(3/2)^n < 5$.

Weil $5 = 80/16 < 81/16 = (3/2)^4$ gilt, folgt $n < 4$. ◇

Aufgabe 281235

Man beweise den folgenden Satz!

Wenn (x_n) eine monoton fallende Folge positiver reeller Zahlen ist, die für jede natürliche Zahl $n \geq 1$ die Ungleichung

$$\frac{x_1}{1} + \frac{x_4}{2} + \frac{x_9}{3} + \cdots + \frac{x_{n^2}}{n} \leq 1$$

erfüllt, dann erfüllt sie auch für jede natürliche Zahl $n \geq 1$ die Ungleichung

$$\frac{x_1}{1} + \frac{x_2}{2} + \frac{x_3}{3} + \cdots + \frac{x_n}{n} \leq 3.$$

Lösungen

1. Lösung. Für jedes $n \geq 1$ gilt $n \leq n^2$. Da alle Glieder der Folge positiv sind, gilt

$$s_n = \frac{x_1}{1} + \frac{x_2}{2} + \frac{x_3}{3} + \cdots + \frac{x_n}{n} \leq \frac{x_1}{1} + \frac{x_2}{2} + \frac{x_3}{3} + \cdots + \frac{x_{n^2}}{n^2} = s_{n^2}\,.$$

Zwischen x_{k^2} und $x_{(k+1)^2}$ liegen $(k+1)^2 - k^2 - 1 = 2k$ Glieder x_i der Folge. Wegen der Monotonie der Folge gilt für diese, d. h. für alle Indizes i mit $k^2 < i < (k+1)^2$, die Abschätzung $x_i \leq x_{k^2}$. Daraus folgt, dass $x_i/i \leq x_{k^2}/i \leq x_{k^2}/k^2$ für die $2k+1$ Summanden mit $k^2 \leq i < (k+1)^2$ gilt. Dabei kann jeweils Gleichheit gelten. Die Abschätzung

$$s_{n^2} \leq 3\frac{x_1}{1} + 5\frac{x_4}{4} + 7\frac{x_9}{9} + \cdots + (2n+1)\frac{x_{n^2}}{n^2}$$

ist also scharf. Schätzen wir für $1 \leq k \leq n$ mittels $2k+1 \leq 2k+k = 3k$ weiter ab, erhalten wir als obere Schranke

$$s_{n^2} \leq 3 \cdot 1\frac{x_1}{1^2} + 3 \cdot 2\frac{x_4}{2^2} + 3 \cdot 3\frac{x_9}{3^2} + \cdots + 3 \cdot n\frac{x_{n^2}}{n^2}\,,$$

also

$$s_{n^2} \le 3\left(\frac{x_1}{1} + \frac{x_4}{2} + \frac{x_9}{3} + \cdots + \frac{x_{n^2}}{n}\right) \le 3 \cdot 1 = 3\,.$$

Das war zu beweisen.

2. Lösung. Wir wollen versuchen, die Abschätzung zu verbessern. Konkret beweisen wir, dass sogar

$$\frac{x_1}{1} + \frac{x_2}{2} + \frac{x_3}{3} + \cdots + \frac{x_n}{n} < 2$$

gilt. Der Kern der Abschätzung in der ersten Lösung ist das Herausschätzen der Glieder, die in der vorausgesetzten Ungleichung nicht vorkommen,

$$\frac{x_{k^2}}{k^2} + \frac{x_{k^2+1}}{k^2+1} + \frac{x_{k^2+2}}{k^2+2} + \cdots + \frac{x_{k^2+2k}}{k^2+2k} \le c_k \frac{x_{k^2}}{k}\,, \tag{1}$$

mit $$c_k = \frac{k}{k^2} + \frac{k}{k^2+1} + \frac{k}{k^2+2} + \cdots + \frac{k}{k^2+2k} = \sum_{j=0}^{2k} \frac{k}{k^2+j}\,.$$

Wenn wir etwas genauer abschätzen, als in der ersten Lösung,

$$\begin{aligned} c_k &= \sum_{j=0}^{k-1} \frac{k}{k^2+j} + \sum_{j=0}^{k-1} \frac{k}{k^2+k+j} + \frac{k}{k^2+2k} \\ &< \sum_{j=0}^{k-1} \frac{k}{k^2} + \sum_{j=0}^{k-1} \frac{k}{k^2+k} + \frac{k}{k^2+k} = \frac{k}{k} + \frac{k}{k+1} + \frac{1}{k+1} = 2\,, \end{aligned}$$

erhalten wir das verschärfte Ergebnis.

Mit der verschärften Lösung entsteht natürlich die Frage, ob die Konstante 2 noch weiter verbessert werden kann. Offensichtlich ist die Abschätzung (1) scharf, da in der Voraussetzung der Gleichheitsfall $x_{k^2} = x_{k^2+1} = x_{k^2+2} = \cdots = x_{k^2+2k}$ in keiner Form ausgeschlossen wird. Wenn der Wert 2 für die Abschätzung scharf ist, muss er das Maximum oder das Supremum aller c_k darstellen. Aus der Abschätzung

$$c_k \ge (2k+1) \cdot \frac{k}{k^2+2k} = \frac{2k+1}{k+2} = 2 - \frac{3}{k+2}$$

ist ersichtlich, dass das tatsächlich der Fall ist.

Um zu untersuchen, ob $\sup\{c_k\} = 2$ tatsächlich die kleinste Konstante für die Aufgabe ist (und nicht nur die kleinste im gewählten Lösungsweg), versuchen wir Beispiele zu konstruieren, die der Schranke 2 möglichst nahe kommen. Dazu wählen wir eine Folge, deren Anfangsglieder konstant sind und die anschließend monoton abfällt, so dass die vorausgesetzte Ungleichung erfüllt ist - am besten geschieht dies in einer Art, die einfaches Nachrechnen ermöglicht. Wir wählen (nach einigem Probieren) mit geeigneten positiven Konstanten c und ε

$$x_k = \begin{cases} c & \text{für} \quad 1 \le k < N^2 \\ \varepsilon\sqrt{k}\cdot 2^{N-1-\sqrt{k}} & \text{wenn} \quad k \ge N^2 \end{cases}$$

und verwenden die Abkürzung $s_n = 1 + \frac{1}{2} + \frac{1}{3} + \dots + \frac{1}{n}$ für die harmonische Summe. Dann ist für $n > N$ die vorausgesetzte Ungleichung

$$\sum_{k=1}^{n} \frac{x_{k^2}}{k} = c\,s_{N-1} + \varepsilon \cdot \sum_{k=N}^{n} 2^{N-1-k} = c\,s_{N-1} + \varepsilon\left(1 - 2^{N-1-n}\right) < c\,s_{N-1} + \varepsilon \le 1$$

für $c = (1-\varepsilon)/s_{N-1}$ erfüllt. Für $N \ge 2$ und $0 < \varepsilon \le 2/\big(2 + N s_{N-1}\big)$ ist die Folge positiv und monoton fallend[4]. Wir schätzen die linke Seite der Behauptung für $n = N^2 - N - 1$ nach unten ab

$$\begin{aligned}
\sum_{k=1}^{N^2-N-1} \frac{x_k}{k} &= c \cdot \sum_{k=1}^{N^2-N-1} \frac{1}{k} = c\left(\sum_{k=1}^{N-1}\frac{1}{k} + \sum_{k=2}^{N-1}\sum_{j=1}^{N}\frac{1}{kN-j}\right) \\
&> c\left(s_{N-1} + \sum_{k=2}^{N-1}\sum_{j=1}^{N}\frac{1}{kN}\right) = c\left(s_{N-1} + \sum_{k=2}^{N-1}\frac{N}{kN}\right) \\
&= c\,(2s_{N-1} - 1) = (1-\varepsilon)\left(2 - \frac{1}{s_{N-1}}\right) > 2 - 2\varepsilon - \frac{1}{s_{N-1}}\,.
\end{aligned}$$

Da $\varepsilon > 0$ beliebig klein gewählt werden kann und die harmonische Summe s_{N-1} für große N über alle Schranken wächst, liegt dieser Wert beliebig nahe am Wert 2, der sich damit tatsächlich als kleinste obere Schranke herausstellt. ◇

Aufgabe 331342

Für $n = 1, 2, 3, \dots$ sei

$$s_n = \sum_{k=1}^{n} \frac{1}{k} = 1 + \frac{1}{2} + \frac{1}{3} + \dots + \frac{1}{n},$$

$$t_n = \sum_{k=1}^{n} \frac{1}{k \cdot s_k^2} = \frac{1}{s_1^2} + \frac{1}{2\cdot s_2^2} + \frac{1}{3\cdot s_3^2} + \dots + \frac{1}{n\cdot s_n^2}.$$

Man beweise für alle $n = 1, 2, 3, \dots$ die Ungleichung $t_n < 2$.

---

[4] Die Monotonie von $f(x) = x \cdot 2^{-x}$ für $x \ge 2$ erhalten wir z. B. mit Hilfe der Ungleichung $2^t \ge 1 + t/2$, die sich für die konvexe Funktion $g(t) = 2^t$ und $t \ge 0$ aus (4.15) mit $x = -1$ und $y = 0$ ergibt.

Lösung

Für $n = 1$ gilt $t_1 = 1 < 2$. Für $n \geq 2$ nutzen wir die strenge Monotonie von s_n und die Rekursionsformel $s_n = s_{n-1} + 1/n$ und erhalten eine Teleskopsumme

$$t_n = \sum_{k=1}^{n} \frac{1}{ks_k^2} < 1 + \sum_{k=2}^{n} \frac{1}{ks_k s_{k-1}} = 1 + \sum_{k=2}^{n} \frac{s_k - s_{k-1}}{s_k s_{k-1}} = 1 + \sum_{k=2}^{n} \left(\frac{1}{s_{k-1}} - \frac{1}{s_k} \right)$$
$$= 1 + \frac{1}{s_1} - \frac{1}{s_n} = 2 - \frac{1}{s_n} < 2 .$$

◊

Aufgabe 361324

Es seien a, b und k beliebige reelle Zahlen mit $a \geq b \geq 0$.

(a) Man beweise die Ungleichung

$$\sqrt{a^2 + k^2} - \sqrt{b^2 + k^2} \leq a - b.$$

(b) Man zeige, dass sogar für alle positiven ganzen Zahlen n die Abschätzung

$$\sqrt[n]{a^n + k^2} - \sqrt[n]{b^n + k^2} \leq a - b$$

erfüllt ist!

Lösungen

1. Lösung. (a) Für $a = b$ sind beide Seiten der Ungleichung Null, sie gilt.
Wir betrachten den Fall $a > b \geq 0$. Dann können wir die linke Seite der Ungleichung mit $\sqrt{a^2 + k^2} + \sqrt{b^2 + k^2} > 0$ erweitern. Nach der dritten binomischen Formel beseitigen wir damit Differenzen von Quadratwurzeln. Summen anstelle von Differenzen monotoner Funktionen haben den Vorteil, monoton zu bleiben.
Tatsächlich können wir die Monotonie der Wurzel danach ausnutzen und erhalten

$$\sqrt{a^2 + k^2} - \sqrt{b^2 + k^2} = \frac{\sqrt{a^2 + k^2}^2 - \sqrt{b^2 + k^2}^2}{\sqrt{a^2 + k^2} + \sqrt{b^2 + k^2}} = \frac{(a^2 + k^2) - (b^2 + k^2)}{\sqrt{a^2 + k^2} + \sqrt{b^2 + k^2}}$$
$$\leq \frac{a^2 - b^2}{\sqrt{a^2 + 0} + \sqrt{b^2 + 0}} = \frac{a^2 - b^2}{a + b} = a - b ,$$

und der Teil (a) ist bewiesen.

(b) Um die Idee von Teil (a) auf höhere Potenzen zu übertragen, erinnern wir uns an die Verallgemeinerung der dritten binomischen Formel

$$A^n - B^n = (A - B)(A^{n-1} + A^{n-2}B + A^{n-3}B^2 + \cdots + AB^{n-2} + B^{n-1}) \qquad (1)$$

und führen geeignete Abkürzungen ein, um die Abschätzung mittels Monotonie herauszuarbeiten.

Weil für $a = b$ die Behauptung wieder offensichtlich erfüllt ist, kann im weiteren $a > b \geq 0$ vorausgesetzt werden. Mit den Abkürzungen

$$x = k^2 \geq 0, \qquad f(x) = \sqrt[n]{a^n + x}, \qquad g(x) = \sqrt[n]{b^n + x}$$

und

$$h(x) = (f(x))^{n-1} + (f(x))^{n-2}\, g(x) + (f(x))^{n-3}\, (g(x))^2 + \ldots + (g(x))^{n-1}$$

folgt, dass die Funktion

$$h(x)\,(f(x) - g(x)) = (f(x))^n - (g(x))^n = a^n - b^n > 0$$

konstant und positiv ist.

Die Funktionen $f(x)$ und $g(x)$ sind streng monoton wachsend und nichtnegativ. Damit ist auch $h(x)$ monoton wachsend. Aus

$$h(x)\,\big(f(x) - g(x)\big) = h(0)\,\big(f(0) - g(0)\big) > 0$$

und $h(x) \geq h(0)$ erhält man die Behauptung

$$f(x) - g(x) \leq f(0) - g(0) = b - a.$$

2. Lösung. Wenn einem eine solche gezielte Umfornung wie im Teil (a) der ersten Lösung nicht einfällt, kann man versuchen, eine Lösung durch eine äquivalente Umformung der Behauptung zu finden.

(a) In der Ungleichung

$$\sqrt{a^2 + k^2} - \sqrt{b^2 + k^2} \leq a - b$$

sind beide Seiten nichtnegativ, wir können sie deshalb äquivalent quadrieren,

$$\left(\sqrt{a^2 + k^2} - \sqrt{b^2 + k^2}\right)^2 \leq (a - b)^2,$$

$$a^2 + b^2 + 2k^2 - 2\sqrt{a^2 + k^2}\,\sqrt{b^2 + k^2} \leq a^2 + b^2 - 2ab.$$

Also ist die zu beweisende Ungleichung äquivalent zu

$$k^2 + ab \leq \sqrt{a^2 + k^2}\,\sqrt{b^2 + k^2}.$$

Hier erkennen wir entweder die Ungleichung von Cauchy (4.25) oder wir stellen fest, dass wieder beide Seiten positiv sind und dass Quadrieren weiter äquivalent umformt,

$$
\begin{aligned}
\left(k^2 + ab\right)^2 &\le \left(a^2 + k^2\right)\left(b^2 + k^2\right),\\
k^4 + a^2b^2 + 2abk^2 &\le a^2b^2 + \left(a^2 + b^2\right)k^2 + k^4,\\
0 &\le \left(a^2 + b^2 - 2ab\right)k^2 = (a - b)^2 k^2 .
\end{aligned}
$$

Diese Ungleichung ist offensichtlich wahr (Quadrate sind nichtnegativ) und äquivalent zur Behauptung, der Teil (a) ist damit bewiesen ist.

(b) Ein direkter Beweis durch äquivalente Umformungen der Behauptung, ohne dass weitere Ideen verarbeitet werden, ist zwar auch im Teil (b) möglich aber sehr aufwändig und keinesfalls schön. Wir verzichten hier auf eine solche Lösung und verweisen auf die beiden anderen Lösungen.

3. Lösung. Eine Zerlegung der Art (1) kann auch verwendet werden, wenn man die Konvexität der Funktion $f(x) = x^n$ für $x \ge 0$ und natürliche Zahlen n nachweisen will. Das führt zur Überlegung, ob diese Konvexität nicht die eigentliche Ursache der Ungleichung ist.

Tatsächlich lässt sich die Aufgabe damit recht elegant erledigen:

Für $a < b$ setzen wir $A = \sqrt[n]{a^n + k^2}$ und $B = \sqrt[n]{b^n + k^2}$. Dann gilt $0 \le a \le A < B$ und $a < b \le B$. Die Funktion $f(x) = x^n$ ist für $x \ge 0$ und $n \ge 1$ konvex. Für diese Funktion gilt die Ungleichung (4.12) in der Form

$$\frac{A^n - B^n}{A - B} \ge \frac{a^n - b^n}{a - b} .$$

Wegen $A^n - B^n = a^n - b^n > 0$ folgt daraus

$$A - B \le a - b ,$$

die Behauptung im Fall $a > b$. Für $a = b$ gilt die Ungleichung offensichtlich als Gleichheit.

Wir haben die Ungleichung sogar für alle reellen Zahlen $n \ge 1$ gezeigt, und damit den Teil (b), wie auch den Teil (a) gelöst.

Bemerkung. Teil (a) ist bei allen Beweisen der Spezialfall $n = 2$ aus Teil (b) und muss, genau genommen, nicht besonders aufgeschrieben werden. ◇

Aufgabe 451334

Man beweise, dass für alle positiven reellen Zahlen x die Ungleichungen

$$x + \frac{1}{2x} - \frac{1}{8x^3} < \sqrt{x^2 + 1} < x + \frac{1}{2x} \tag{1}$$

gelten.

Lösungen

1. Lösung. Leicht umgestellt ist die Ungleichungskette (1) äquivalent zu

$$\sqrt{x^2+1} < x + \frac{1}{2x} < \sqrt{x^2+1} + \frac{1}{8x^3}\,.$$

In dieser Form sind alle drei Terme für alle positiven Werte von x positiv und Quadrieren ist eine äquivalente Umformung:

$$x^2+1 < x^2+1+\frac{1}{4x^2} < x^2+1+\frac{1}{4x^3}\sqrt{x^2+1}+\frac{1}{64x^6}\,.$$

Subtraktion von x^2+1 und Multiplikation mit der positiven Zahl $4x^3$ formt die Aufgabe weiter äquivalent um zu

$$0 < x < \sqrt{x^2+1}+\frac{1}{16x^3}\,,$$

was für $x > 0$ offensichtlich wahr ist.

2. Lösung. Die erste Lösung missachtet die Faustregel, Gleichungen oder Ungleichungen mit Quadratwurzeln immer so zu quadrieren, dass die Wurzeln verschwinden. Beachtet man diese Regel auch bei dieser Aufgabe, wird die Lösung (ausnahmsweise) etwas komplizierter.

Für die rechte Ungleichung in (1) ändert sich nichts. Da x positiv sein soll, ist sie äquivalent zu ihrem Quadrat

$$x^2+1 < x^2+1+\frac{1}{4x^2}\,.$$

Diese Ungleichung gilt wegen $1/4x^2 > 0$.

Die linke Ungleichung in (1) ist genau dann erfüllt, wenn entweder

$$x+\frac{1}{2x}-\frac{1}{8x^3} < 0 \tag{2}$$

ist, oder wenn das Quadrat ihrer linken Seite kleiner ist als dasjenige der rechten Seite, d. h. wenn

$$x^2+\frac{1}{4x^2}+\frac{1}{64x^6}+1-\frac{1}{4x^2}-\frac{1}{8x^4} = x^2+1-\frac{1}{8x^4}\left(1-\frac{1}{8x^2}\right) < x^2+1$$

ist. Für $8x^2 > 1$ ist Letzteres erfüllt. Ist dagegen $8x^2 \le 1$, also auch $8x^4 \le x^2$, so gilt die Ungleichung (2), denn dann ist

$$x+\frac{1}{2x}-\frac{1}{8x^3} = \frac{8x^4+4x^2-1}{8x^3} \le \frac{x^2+4x^2-8x^2}{8x^3} = -\frac{3}{8x} < 0\,.$$

Auch die linke Ungleichung in (1) gilt also in jedem Fall. Damit ist der Beweis erbracht.

3. Lösung. Wir vergleichen die Terme der Aufgabe mit der Lösungsformel für quadratische Gleichungen und suchen uns ein passendes Polynom zweien Grades.
Sei $x > 0$. Weil $x^2 + 1 > 0$ gilt, besitzt das in t quadratische Polynom

$$p_x(t) = t^2 - \left(2x + \frac{1}{x}\right)t + \frac{1}{2x}$$

zwei reelle Nullstellen $t_{1,2}$ und ein Minimum bei t_0 mit

$$t_1 = x + \frac{1}{2x} - \sqrt{x^2+1} < t_0 = x + \frac{1}{2x} < t_2 = x + \frac{1}{2x} + \sqrt{x^2+1}\,.$$

Wir diskutieren die Lage dieser Nullstellen. Es gilt $p_x(0) = 1/2x > 0$. Aus $t_0 > 0$ und $p_x(t_0) < 0$ folgt dann $t_1 > 0$.
Für $0 < x \leq 1/2$ ist $2x < x + 1 \leq t_0 < t_2$. Für $x > 1/2$ gilt $p_x(2x) = -2 + 1/(2x) < -1 < 0$ also ebenfalls $2x < t_2$. Nach dem Wurzelsatz von VIETA folgt $t_1 = 1/(2xt_2) < 1/(4x^2)$.
Zusammengefasst haben wir bewiesen

$$0 < t_1 = x + \frac{1}{2x} - \sqrt{x^2+1} < \frac{1}{4x^2}\,,$$

äquivalent zur Behauptung.

4. Lösung. Analog zur letzten Lösung der Aufgabe 381342 (Seite 254) kann man das dort aufgeführte Lemma 4.29 verwenden.
Die Funktionen

$$f(x) = x + \frac{1}{2x} - \frac{1}{8x^3}, \quad g(x) = \sqrt{x^2+1} \quad \text{und} \quad h(x) = x + \frac{1}{2x}$$

sind für $x > 0$ stetig. Die Gleichung $f(x) = g(x)$ führt nach Rechnungen, die den Umformungen der Ungleichungen in den ersten beiden Lösungen entsprechen, notwendig auf $8x^2 = 1$, woraus

$$f(x) = x\left(1 + \frac{4}{8x^2} - \frac{8}{(8x^2)^2}\right) = -3x \leq 0 < g(x)$$

folgt. Sie hat also keine Lösung. Da $f(x) < g(x)$ soeben für $x = 1/\sqrt{8}$ gezeigt wurde, folgt nach Anwendung des Satzes $f(x) < g(x)$ für alle $x > 0$.
Die Gleichung $g(x) = h(x)$ hat ebenfalls keine Lösung. Wegen $g(3/4) = 5/4 = 15/12$ und $h(3/4) = 17/12$ gilt, analog geschlossen, $g(x) < h(x)$ für alle $x > 0$. ◇

Aufgabe 481334

Man beweise, dass für alle positiven reellen Zahlen a und b mit $ab \leq 1$ die Ungleichung

$$\frac{a}{b} + \frac{1}{a} \geq a + 1$$

gilt.

Lösungen

1. Lösung. Die Ungleichung AGM für drei positive Zahlen liefert in Verbindung mit $0 < ab \leq 1$

$$\frac{1}{3}\left(\frac{a}{b} + \frac{a}{b} + \frac{1}{a}\right) \geq \sqrt[3]{\frac{a}{b^2} \cdot 1} \geq \sqrt[3]{\frac{a}{b^2} \cdot (ab)^2} = a\,,$$
$$\frac{1}{3}\left(\frac{a}{b} + \frac{1}{a} + \frac{1}{a}\right) \geq \sqrt[3]{\frac{1}{ab} \cdot 1} \geq \sqrt[3]{\frac{1}{ab} \cdot ab} = 1\,.$$

Die Behauptung ergibt sich nach Addition beider Ungleichungen.

2. Lösung. Wegen $a, b > 0$ folgt aus der Voraussetzung $1 \geq ab$ nach Multiplikation mit a/b sofort $a/b \geq a^2$. Damit gilt

$$\frac{a}{b} + \frac{1}{a} \geq a^2 + \frac{1}{a}. \tag{1}$$

Nun ist

$$a^2 + \frac{1}{a} - a - 1 = \frac{a^3 - a^2 - a + 1}{a} = \frac{(a+1)(a-1)^2}{a} \geq 0$$

und damit

$$a^2 + \frac{1}{a} \geq a + 1. \tag{2}$$

Die Ungleichungen (1) und (2) ergeben zusammen die Behauptung.

Bemerkung. Beim Beweis von (2) kann auch mit der Gleichordnung von $(a^2, 1)$ und $(1, 1/a)$ für $a > 0$ argumentiert werden (Satz 4.9). ◇

4.2 Umordnungen von Skalarprodukten

Umordnungsungleichungen haben sich als mächtiges Mittel zur Gewinnung von Abschätzungen herausgestellt. Da sie aber bis vor wenigen Jahrzehnten in den Kanon der mathematischen Analysis nicht aufgenommen waren, wurden sie in den ersten Jahrzehnten (und länderübergreifend) bei den Mathematik-Olympiaden vernachlässigt. Schon länger genutzt waren sie als ein heuristischer Ansatz in der wirtschaftlichen Rechnungsführung: Wenn der Ertrag maximiert werden soll, muss der leistungsfähigsten Einheit der lukrativste Auftrag übertragen werden. Das ist intuitiv einleuchtend.

Inzwischen werden Umordnungsungleichungen allen interessierten Teilnehmern an Mathematik-Wettbewerben früher oder später bekannt. Interessanterweise sind sie auch auf die frühen Olympiade-Aufgaben anwendbar und ergeben manchmal eine elegante Alternative zur Standardlösung. Wir geben dazu Beispiele an.

Auf den folgenden Seiten formulieren wir die Grundaussagen zur Anwendung von Umordnungsungleichungen. Dem Leser wird empfohlen, einen eigenen Beweisweg zu versuchen, bevor er sich dem angegebenem zuwendet. Das gilt auch für alle Beispiele, die man als Zusatzaufgaben auffassen kann. Wir legen dabei Wert darauf, nicht nur Ungleichungen nachzuweisen, sondern immer auch die Frage zu beantworten, wann Gleichheit gilt.

In der verbreitetsten Formulierung werden zwei Folgen von $N \geq 2$ Zahlen beliebig oder geordnet miteinander in Form eines Skalarproduktes verknüpft. (Die Aussage gilt auch für $N = 1$ und ist dann trivial.)

Definition 4.7. Zwei endliche Folgen $\big(a_i\colon i = 1, \ldots, N\big)$ und $\big(b_i\colon i = 1, \ldots, N\big)$ mit gleicher Anzahl von Elementen $N \geq 1$ heißen *gleichgeordnet*, wenn für beliebige Indizes (i, j) mit $1 \leq i \leq N$, $1 \leq j \leq N$ aus $a_i < a_j$ stets $b_i \leq b_j$ folgt. Dann folgt aus $b_i < b_j$ auch stets $a_i \leq a_j$.

Ist für ein Indexpaar (i, j) die Bedingung für Gleichordnung erfüllt, schreiben wir zur Abkürzung symbolisch $a_i \cdot b_i \upuparrows a_j \cdot b_j$.

Für zwei Zahlenpaare (a, a'), (b, b') ist die Relation $a \cdot b \upuparrows a' \cdot b'$ gleichbedeutend mit der Gültigkeit der Ungleichung $(a - a')(b - b') \geq 0$.

Analog dazu schreiben wir $a \cdot b \updownarrows a' \cdot b'$, wenn $(a - b)(a' - b') \leq 0$ gilt (wir nennen das *entgegengesetzt geordnet*) und $a \cdot b \not\upuparrows a' \cdot b'$ im Fall $(a - b)(a' - b') < 0$ (*nicht gleichgeordnet*), sowie $a \cdot b \not\updownarrows a' \cdot b'$ im Fall $(a - b)(a' - b') > 0$ (*nicht entgegengesetzt geordnet*),

Satz 4.8 (Gleichordnungssatz). *Unter allen Permutationen* $p = (i_1, i_2, \ldots, i_N)$ *der Indizes* $(1, 2, \ldots, N)$ *nimmt der Ausdruck*

$$w(p) = \sum_{j=1}^{N} a_j b_{i_j} = a_1 b_{i_1} + a_2 b_{i_2} + \cdots + a_N b_{i_N}$$

genau dann sein Maximum an, wenn die beiden Folgen $\big(a_j\colon j = 1, \ldots, N\big)$ *und* $\big(b_{i_j}\colon j = 1, \ldots, N\big)$ *gleichgeordnet sind.*

Beweis: Da es nur endlich viele Permutationen p gibt, gibt es unter allen Werten $w(p)$ einen größten.

Wenn $\big(a_j\colon j = 1, \ldots, N\big)$ und $\big(b_{i_j}\colon j = 1, \ldots, N\big)$ nicht gleichgeordnet sind, gibt es ein Indexpaar (j, k) mit $a_j < a_k$ und $b_{i_j} > b_{i_k}$. Vertauschen wir diese Indizes, d. h. betrachten wir die Permutation

$$p' = (i'_1, i'_2, \dots, i'_N) \quad \text{mit} \quad i'_l = \begin{cases} i_k & \text{falls} \quad l = j \\ i_j & \text{falls} \quad l = k \\ i_l & \text{sonst} \end{cases}$$

so folgt

$$w(p') = w(p) - a_j b_{i_j} - a_k b_{i_k} + a_j b_{i_k} + a_k b_{i_j} = w(p) + (a_k - a_j)(b_{i_j} - b_{i_k}) > w(p),$$

$w(p)$ kann also nicht maximal sein, wenn die Folgen nicht gleichgeordnet sind. Jetzt muss noch gezeigt werden, dass alle gleichgeordneten Permutationen p den gleichen maximalen Funktionswert $w(p)$ besitzen. Dazu nehmen wir o. B. d. A. an, dass die Folgen (a_j) und (b_j) von Anfang an geordnet waren,

$$a_1 \leq a_2 \leq \cdots \leq a_N \qquad \text{und} \qquad b_1 \leq b_2 \leq \cdots \leq b_N .$$

Dann liefert die identische Permutationen $p_0 = (1, \dots, N)$ immer eine gleichgeordnete Folge. Wir zeigen mit vollständiger Induktion

$$w(p) = w(p_0) . \tag{4.9}$$

Für $N = 1$ gibt es nur eine Permutation und die Aussage ist trivial. Für $N > 1$ nehmen wir an, dass (4.9) für gleichgeordnete Folgen der Länge $N - 1$ bereits gezeigt wurde. Aus der Gleichordnung und der angenommenen Monotonie der Folgen folgt $a_N = \max\{a_j\}$ und $b_{i_N} = \max\{b_j\} = b_N$. Dann ist die Folge $(b_{i_1}, \dots, b_{i_{N-1}})$ eine Umordnung der Folge $(b_1, \dots, b_{N-1})$. Für das Maximum ergibt sich nach Induktionsvoraussetzung

$$w(p) = \sum_{j=1}^{N-1} a_j b_{i_j} + a_N b_N = \sum_{j=1}^{N-1} a_j b_j + a_N b_N = w(p_0) ,$$

Behauptung (4.9) gilt also auch für N Summanden und damit für alle $N \geq 1$. □

Zitiert wird dieses Ergebnis oftmals als

Satz 4.9 (Umordnungsungleichung). *Gegeben seien zwei Gruppen von N geordneten reellen Zahlen mit $a_1 \leq a_2 \leq \cdots \leq a_N$ und $b_1 \leq b_2 \leq \cdots \leq b_N$. Für jede Permutation der Zahlen b_i gilt dann*

$$a_1 b_{i_1} + a_2 b_{i_2} + \cdots + a_N b_{i_N} \leq a_1 b_1 + a_2 b_2 + \cdots + a_N b_N ,$$

wobei genau dann Gleichheit gilt, wenn aus $j < k$ und $b_{i_j} > b_{i_k}$ stets $a_j = a_k$ folgt.

Ändert man in einer der beiden Folgen alle Vorzeichen, ergibt sich daraus der

Satz 4.10 (Ungleichung für entgegengesetzte Ordnung). *Sind zwei Gruppen von Zahlen entgegengesetzt geordnet, $a_1 \leq a_2 \leq \cdots \leq a_N$ und $b_1 \geq b_2 \geq \cdots \geq b_N$, so gilt für jede Permutation der Zahlen b_i*

$$a_1 b_{i_1} + a_2 b_{i_2} + \cdots + a_N b_{i_N} \geq a_1 b_1 + a_2 b_2 + \cdots + a_N b_N ,$$

wobei genau dann Gleichheit gilt, wenn aus $j < k$ und $b_{i_j} < b_{i_k}$ stets $a_j = a_k$ folgt.

Es folgen noch zwei wichtige Ungleichungen, die bei Aufgaben der Mathematik-Olympiaden oft nützlich sind. Für beide Ungleichungen gibt es, änlich wie zu (AGM), viele alternative Beweise.

Beispiel 4.11 (QAM, Ungleichung zwischen quadratischem und arithmetischem Mittel). *Berechnet man das Quadrat einer Summe von n reellen Zahlen $s = a_1 + a_2 + \cdots + a_n$,*

$$s^2 = (a_1 + a_2 + \cdots + a_n)^2 = \left(\sum_{i=1}^{n} a_i\right)\left(\sum_{k=1}^{n} a_k\right) = \sum_{i=1}^{n}\sum_{k=1}^{n} a_i a_k\,,$$

erhält man ein Skalarprodukt von zwei Folgen von je n^2 Zahlen. Jede davon enthält jedes a_i genau n mal. Der Gleichordnungssatz liefert

$$s^2 \le \sum_{i=1}^{n}\sum_{k=1}^{n} a_i a_i = n \sum_{i=1}^{n} a_i^2$$

mit Gleichheit nur für den Fall, dass $a_i < a_k$ stets das Gegenteil, $a_k \le a_i$ nach sich zieht. Damit ist im Gleichheitsfall $a_i \ne a_k$ logisch verboten, genau für $a_1 = a_2 = \cdots = a_n$ gilt Gleichheit. Umgeformt erhalten wir die Ungleichung zwischen dem quadratischen und dem arithmetischem Mittel (QAM) von n reellen Zahlen:

$$\sqrt{\frac{a_1^2 + a_2^2 + \cdots + a_n^2}{n}} \ge \frac{a_1 + a_2 + \cdots + a_n}{n}\,. \tag{4.10}$$

Bei der Umformung muss beachtet werden, dass Quadrieren/Wurzelziehen nur für nichtnegative Zahlen eine äquivalente Umformung ist. Das quadratische Mittel ist immer positiv, für ein negatives arithmetisches Mittel gilt (4.10) *trivialerweise.*

Beispiel 4.12 (AHM, Ungleichung zwischen arithmetischem und harmonischem Mittel). *Die beiden Folgen für n positive Zahlen*

$$(a_1, a_2, \ldots, a_n) \quad \text{und} \quad \left(\frac{1}{a_1}, \frac{1}{a_2}, \ldots, \frac{1}{a_n}\right)$$

sind entgegengesetzt geordnet. Nimmt man jede der Folgen n-fach, ergibt sich aus Satz 4.10

$$\left(\sum_{i=1}^{n} a_i\right)\left(\sum_{k-1}^{n} \frac{1}{a_k}\right) = \sum_{i=1}^{n}\sum_{k=1}^{n} \frac{a_i}{a_k} \ge \sum_{i=1}^{n}\sum_{k=1}^{n} \frac{a_i}{a_i} = n^2$$

mit Gleichheit wieder nur für den Fall $a_i = a_k$. Nach Umstellung ergibt sich die Ungleichung (AHM),

$$\frac{a_1 + a_2 + \cdots + a_n}{n} \ge \frac{n}{\frac{1}{a_1} + \frac{1}{a_2} + \cdots + \frac{1}{a_n}}\,, \tag{4.11}$$

mit dem arithmetischem Mittel auf der linken Seite und dem harmonischem auf der rechten.

Aufgabe 441333

Man zeige, dass für alle positiven reellen Zahlen a, b, c mit $abc = 1$ die Ungleichung

$$\frac{a}{b} + \frac{b}{c} + \frac{c}{a} \geq a + b + c$$

gilt.

Lösungen

1. Lösung. Die beiden Tripel

$$\left(\sqrt[3]{a/b},\, \sqrt[3]{b/c},\, \sqrt[3]{c/a}\right) \qquad \text{und} \qquad \left(\sqrt[3]{a^2/b^2},\, \sqrt[3]{b^2/c^2},\, \sqrt[3]{c^2/a^2}\right)$$

sind offensichtlich gleichgeordnet.

Also folgt

$$\begin{aligned}\frac{a}{b} + \frac{b}{c} + \frac{c}{a} &= \sqrt[3]{\frac{a^2}{b^2}}\sqrt[3]{\frac{a}{b}} + \sqrt[3]{\frac{b^2}{c^2}}\sqrt[3]{\frac{b}{c}} + \sqrt[3]{\frac{c^2}{a^2}}\sqrt[3]{\frac{c}{a}} \\ &\geq \sqrt[3]{\frac{a^2}{b^2}}\sqrt[3]{\frac{b}{c}} + \sqrt[3]{\frac{b^2}{c^2}}\sqrt[3]{\frac{c}{a}} + \sqrt[3]{\frac{c^2}{a^2}}\sqrt[3]{\frac{a}{b}} \\ &= \sqrt[3]{\frac{a^2}{bc}} + \sqrt[3]{\frac{b^2}{ca}} + \sqrt[3]{\frac{c^2}{ab}} \\ &\geq a + b + c\,.\end{aligned}$$

Bei der letzten Umformung wurde die Voraussetzung $abc = 1$ benutzt.

2. Lösung. Die Ungleichung ändert sich nicht, wenn man a, b und c zyklisch vertauscht. Deshalb kann man annehmen, dass a, b und c der Größe nach geordnet sind: es gilt entweder $a \leq b \leq c$ oder $a \geq b \geq c$. Wegen $abc = 1$ gilt in beiden Fällen

$$(1-a)(1-c) \leq 0\,. \tag{1}$$

Es soll gezeigt werden, dass unter dieser Voraussetzung die Ungleichungskette

$$\frac{a}{b} + \frac{b}{c} + \frac{c}{a} \geq a + \frac{1}{c} + \frac{c}{a} \geq a + b + c$$

gilt. Wegen $abc = 1$ gilt die erste Ungleichung genau dann, wenn

$$\frac{a}{b} + ab^2 \geq a + ab$$

gilt. Da a und b positiv sein sollen, ist das äquivalent zu

$$1 + b^3 \geq b + b^2$$

oder zu

$$(1-b)^2(1+b) \geq 0.$$

Die letzte Ungleichung ist für positive Zahlen b immer erfüllt. Damit ist der linke Teil der Kette gezeigt.

Die zweite Ungleichung gilt genau dann, wenn

$$\frac{1}{c} + \frac{c}{a} \geq \frac{1}{ac} + c$$

erfüllt ist. Multiplikation mit dem positiven Hauptnenner ac formt diese Ungleichung äquivalent um zu

$$a + c^2 \geq 1 + ac^2$$

oder

$$(1-a)(1-c)(1+c) \leq 0\,.$$

Wegen (1) und $c > 0$ ist das eine wahre Aussage.

3. Lösung. Nach der Ungleichung zwischen arithmetischem und geometrischem Mittel (4.4) der Zahlen $a_1 = a_2 = a/b$ und $a_3 = b/c$ folgt, wegen $abc = 1$,

$$\frac{1}{3}\left(2\,\frac{a}{b} + \frac{b}{c}\right) \geq \sqrt[3]{\frac{a^2b}{b^2c}} = \sqrt[3]{\frac{a^3}{abc}} = a$$

und analog

$$\frac{1}{3}\left(2\,\frac{b}{c} + \frac{c}{a}\right) \geq b\,,$$

$$\frac{1}{3}\left(2\,\frac{c}{a} + \frac{a}{b}\right) \geq c\,.$$

Die Summation aller drei Ungleichungen liefert die Behauptung. ◇

Aufgabe 431345

Man beweise, dass für vier positive reelle Zahlen a, b, c und d stets die Ungleichung

$$a^3 + b^3 + c^3 + d^3 \geq a^2b + b^2c + c^2d + d^2a$$

gilt. Man ermittle, unter welchen Bedingungen Gleichheit eintritt.

Lösungen

1. Lösung. Es gibt verschiedene Wege, Symmetrie oder Homogenität der Ungleichung auszunutzen und dann die Differenz der linken und rechten Seite in eine Summe positiver Terme umzuformen. Einer der kürzeren ist dieser:
Die Produkte $p_a = (b-d)(a-c)$ und $p_b = (c-a)(b-d)$ gehen bei zyklischer Vertauschung ineinander über und es gilt $p_a p_b = -(a-c)^2(b-d)^2 \leq 0$. Im Fall $p_a < 0$ folgt also $p_b > 0$. Da sich die Aufgabe bei zyklischer Vertauschung nicht ändert, kann $p_a \geq 0$ vorausgesetzt werden, ohne die Allgemeingültigkeit der Lösung zu beschränken. Dann gilt

$$\begin{aligned} a^3 + b^3 - a^2 b - b^2 a &= (a^2 - b^2) \cdot (a-b) = (a+b) \cdot (a-b)^2 \geq 0\,, \\ c^3 + d^3 - c^2 d - d^2 c &= (c^2 - d^2) \cdot (c-d) = (c+d) \cdot (c-d)^2 \geq 0\,, \\ b^2 a + d^2 c - b^2 c - d^2 a &= (b^2 - d^2) \cdot (a-c) = (b+d) \cdot p_a \geq 0 \end{aligned}$$

und die Addition der drei Ungleichungen liefert die Behauptung. Gleichheit zwingt alle drei Ungleichungen zur Gleichheit. Da die Zahlen selbst positiv sind, muss $a = b$, $c = d$ und $p_a = 0$, also $b = d$ oder $a = c$, gelten. Das erzwingt $a = b = c = d$. Tatsächlich gilt in diesem Fall Gleichheit.

2. Lösung. Die Ungleichung folgt direkt aus der Umordnungsungleichung, da für positive reelle Zahlen die Folgen a, b, c, d und a^2, b^2, c^2, d^2 gleichgeordnet sind. Die Feststellung des Gleichheitsfalles ist jetzt der schwierigere Teil des Beweises.
Wir nehmen an, die Zahlenfolgen (a^2, b^2, c^2, d^2) und (b, c, d, a) seien gleichgeordnet, aber nicht konstant. Bei zyklischer Vertauschung der vier Zahlen ändert sich diese Konstellation nicht. Wir können also voraussetzen, dass a das Maximum der vier Zahlen ist und dass $a > b$ gilt, ohne die Allgemeinheit der Ergebnisse einzuschränken. Dann ist auch $a^2 > b^2$ und aus den Gleichordnungen $a^2 \cdot d^2 \upuparrows b \cdot a$ und $a^2 \cdot b^2 \upuparrows b \cdot c$ folgen $a^2 \leq d^2$ und $b \geq c$. Weil a das Maximum ist, ergibt sich $d = a > b \geq c$. Dann ist aber $a^2 \cdot c^2 \upuparrows b \cdot d$ verletzt, ein Widerspruch zur Annahme. Gleichheit liegt nur (und genau) dann vor, wenn alle vier Zahlen gleich sind.

3. Lösung. Wir verwenden die Ungleichung zwischen dem arithmetischen und geometrischen Mittel dreier positiver reeller Zahlen u, v, w (vgl. Beispiel 4.5),

$$\frac{u+v+w}{3} \geq \sqrt[3]{uvw}\,.$$

Wendet man diese Ungleichung auf den Fall $u = v = a^3$, $w = b^3$ an, so folgt

$$\frac{2}{3}a^3 + \frac{1}{3}b^3 \geq \sqrt[3]{a^6 b^3} = a^2 b\,,$$

mit Gleichheit genau für $a = b$. Analog gelten die Ungleichungen

$$\frac{2}{3}b^3 + \frac{1}{3}c^3 \geq b^2 c\,, \quad \frac{2}{3}c^3 + \frac{1}{3}d^3 \geq c^2 d\,, \quad \frac{2}{3}d^3 + \frac{1}{3}a^3 \geq d^2 a\,.$$

Eine Addition aller vier Ungleichungen, ergibt dann die Behauptung der Aufgabenstellung mit Gleichheit für für $a = b = c = d$ und nur für diesen Fall.

Bemerkung. In Verallgemeinerung der zu beweisenden Ungleichung gilt für $a_k \geq 0$, $a_{n+1} = a_1$ stets

$$\sum_{k=1}^{n} a_k^3 \geq \sum_{k=1}^{n} a_k^2 a_{k+1} \, . \qquad \diamondsuit$$

4.3 Umordnungen in Multiskalarprodukten

Abschätzungen lassen sich auch formulieren für Summen von Produkten mit mehr als zwei Faktoren, also für *Multiskalarprodukte* von $M \geq 2$ Folgen mit jeweils $N \geq 1$ Zahlen, $\mathbf{v}_k = \big(a_{k,1}, a_{k,2}, \ldots, a_{k,N}\big)$, $1 \leq k \leq M$,

$$S(\mathbf{v}_1, \mathbf{v}_2, \ldots, \mathbf{v}_M) = \sum_{j=1}^{N} a_{1,j} \cdot a_{2,j} \cdot a_{3,j} \cdot \ \ldots \ \cdot a_{M,j} \, .$$

Definition 4.13 (Gleichordnung mehrerer Folgen). Die Folgen $\mathbf{v}_k = \big(a_{k,i}\big)$, $1 \leq k \leq M$, mit gleicher Anzahl N von Elementen heißen gleichgeordnet, wenn für beliebige Indizes (i, j) mit $1 \leq i \leq N$, $1 \leq j \leq N$ aus $a_{k_0,i} < a_{k_0,j}$ für ein bestimmtes k_0 stets $a_{k,i} \leq a_{k,j}$ für alle $k = 1, 2, \ldots, M$ folgt.

Satz 4.14 (Gleichordnungssatz). *Wir betrachten M Folgen von je N positiven Zahlen $\big(a_{k,i}$: $i = 1, \ldots, N\big)$, $(1 \leq k \leq M,\ 1 \leq i \leq N,\ a_{k,i} > 0)$ und für jede Folge eine Permutation $p_k = (i_{k,1}, i_{k,2}, \ldots, i_{k,N})$ der Indizes $(1, 2, \ldots, N)$. Der Ausdruck (den man „Multiskalarprodukt" nennen kann)*

$$w(p_1, p_2, \ldots, p_M) = \sum_{j=1}^{N} a_{1,i_{1,j}} \cdot a_{2,i_{2,j}} \cdot a_{3,i_{3,j}} \cdot \ \ldots \ \cdot a_{M,i_{M,j}}$$

nimmt genau dann sein Maximum an, wenn die Folgen $\big(a_{k,i_{k,j}} : j = 1, \ldots, N\big)$ gleichgeordnet sind.

Bemerkung. Für $M \geq 3$ wird zusätzlich die Positivität der Folgenglieder vorausgesetzt. Dass eine weitere Voraussetzung notwendig ist, sieht man am Beispiel mit $M = 3$ und $a_{3,j} = -1$ für alle j. Aus dem Gleichordnungssatz für die zwei Folgen $\big(a_{1,j}\big)$, $\big(a_{2,j}\big)$ folgt, dass in diesem Fall eine Gleichordnung sogar immer auf das Minimum führt.

Beweis. Die Existenz des Maximums folgt wieder aus der Endlichkeit der Anzahl möglicher Funktionswerte. Genauso wie in Satz 4.8 argumentieren wir, dass,

o. B. d. A., Gleichordnung eine monoton wachsende Anordnung in allen Folgen bedeutet und damit $w(p_1, p_2, \dots, p_M)$ für alle gleichgeordneten Folgen einen eindeutigen Wert hat. Es verbleibt, zu zeigen, dass nichtgleichgeordnete Permutationen nicht maximal sein können. Nichtgleichgeordnet bedeutet, dass zwei Indizes k_0 und k_1 sowie zwei Indizes j und $\hat{\jmath}$ existieren, so dass $a_{k_0,j} < a_{k_0,\hat{\jmath}}$ und $a_{k_1,j} > a_{k_1,\hat{\jmath}}$ gilt. Vertauschen wir jetzt in allen Folgen, in denen $a_{k,j} > a_{k,\hat{\jmath}}$ die Position j und $\hat{\jmath}$ und lassen alle anderen Folgen unverändert, so ergibt sich

$$w(p_1', p_2', \dots, p_M') = w(p_1, p_2, \dots, p_M) + (A_{\hat{\jmath}} - A_j)(B_j - B_{\hat{\jmath}}) > w(p_1, p_2, \dots, p_M).$$

Für $i = j, \hat{\jmath}$ ist dabei A_i das Produkt aller $a_{k,i}$ mit $a_{k_j,j} > a_{k_{\hat{\jmath}},\hat{\jmath}}$ und B_i das Produkt der $a_{k,i}$ mit $a_{k_j,j} \leq a_{k_{\hat{\jmath}},\hat{\jmath}}$. Da alle Zahlen positiv sind und $a_{k_1,j} > a_{k_1,\hat{\jmath}}$ gilt, folgt $A_j < A_{\hat{\jmath}}$ und $B_j > B_{\hat{\jmath}}$. □

Anders formuliert, erhält man auch hier eine Umordnungsungleichung.

Satz 4.15 (Umordnungsungleichung). *Gibt es M Gruppen von je N aufsteigend geordneten reellen Zahlen $0 < a_{k,1} \leq a_{k,2} \leq \cdots \leq a_{k,N}$, so gilt für beliebige Permutationen der Gruppen die Ungleichungen*

$$\sum_{j=1}^{N} a_{1,i_{1,j}} \cdot a_{2,i_{2,j}} \cdot \ \dots \ \cdot a_{M,i_{M,j}} \leq \sum_{j=1}^{N} a_{1,j} \cdot a_{2,j} \cdot \ \dots \ \cdot a_{M,j},$$

wobei Gleichheit nur dann eintreten kann, wenn auch die umgeordneten Folgen gleichgeordnet sind.

Eine Anwendung von Satz 4.15 erlaubt es einandermal, die Ungleichung vom arithmetische und geometrischen Mittel auf mehr als zwei positive Zahlen a_1, a_2, $\dots a_n$ $(n \geq 2)$ auszudehnen (vgl. Beispiel 4.5).

Beispiel 4.16 (AGM, $n \geq 2$ Zahlen). *Für n positive Zahlen gilt stets*

$$\frac{a_1 + a_2 + \cdots + a_n}{n} \geq \sqrt[n]{a_1 \cdot a_2 \cdot \cdots \cdot a_n}.$$

Dabei gilt Gleichheit nur für $a_1 = a_2 = \cdots = a_n$.

Beweis. Im Gegensatz zu Beispiel 4.5 erhalten wir diesmal die Ungleichung allein dadurch, dass wir in die Umordnungsungleichung einsetzen. Wir wählen dazu die n zueinander zyklisch vertauschten Folgen $x_{ij} = y_{i+j-k}$, $i = 1, 2, \dots, n$, $j = 1, 2, \dots, n$, mit $y_i = \sqrt[n]{a_i/n}$ und $k = 0$ oder $k = n$, so dass $1 \leq i + j - k \leq n$ gilt. Dann liefert das Multiskalarprodukt $n \cdot y_1 y_2 \dots y_n = \sqrt[n]{a_1 a_2 \dots a_n}$, während nach Gleichordnung $\sqrt{y_1^n} + \sqrt{y_2^n} + \cdots + \sqrt{y_n^n} = (a_1 + a_2 + \dots a_n)/n$ entsteht. Bei Gleichheit folgt aus, o. B. d. A., $a_1 > a_2$ nacheinander $a_2 \geq a_3$, $a_3 \geq a_4$, $\dots$, $a_{n-1} \geq a_n$ und schließlich $a_n \geq a_1$, woraus der Widerspruch $a_1 > a_1$ entsteht. □

Aufgabe 071223

Beweisen Sie, dass für alle nicht negativen Zahlen a, b, c

$$a^3 + b^3 + c^3 \geq a^2\sqrt{bc} + b^2\sqrt{ac} + c^2\sqrt{ab}$$

gilt.

Lösungen

1. Lösung. Mit den drei gleichgeordneten Folgen, zweimal $\left(\sqrt{a}, \sqrt{b}, \sqrt{c}\right)$ und $\left(a^2, b^2, c^2\right)$, ist die Ungleichung eine direkte Anwendung des Umordnungssatzes 4.15.
Wie kaum eine andere Aufgabe lässt dies Aufgabe unterschiedliche weitere Lösungsansätze zu.

2. Lösung. Um die Sätze 4.10 und 4.9 für Produkte zweier Folgen anzuwenden, stellen wir fest, dass $\left(\sqrt{a}, \sqrt{b}, \sqrt{c}\right)$ und $\left(a^2\sqrt{a}, b^2\sqrt{b}, c^2\sqrt{c}\right)$ gleich und $\left(a^2, b^2, c^2\right)$ und $\left(\sqrt{bc}, \sqrt{ac}, \sqrt{ab}\right)$ wegen $a \cdot bc = b \cdot ac = c \cdot ab$ entgegengesetzt geordnet sind. Beides folgt aus dem strengen monotonen Wachstums der Funktionen $f(x) = x^p$ für $x \geq 0$ und $p > 0$.
Damit gilt

$$\begin{aligned} a^2 + b^3 + c^2 &= a^2\sqrt{a} \cdot \sqrt{a} + b^2\sqrt{b} \cdot \sqrt{b} + c^2\sqrt{c} \cdot \sqrt{c} \\ &\geq a^2\sqrt{ab} + b^2\sqrt{bc} + c^2\sqrt{ca} \geq a^2\sqrt{bc} + b^2\sqrt{ac} + c^2\sqrt{ab}\,. \end{aligned}$$

3. Lösung. Ist eine der Variablen null, so ist die rechte Seite null, die linke nichtnegativ, die Ungleichung gilt.
Für positive Zahlen nutzen wir die Homogenität der Ungleichung um $abc = 1$ zu setzen, dann gilt nach (AGM,4.4) $a^3 + b^3 + c^3 \geq 3$, und aus der Ungleichung von Cauchy (4.25) folgt das Ergebnis

$$\begin{aligned} a\sqrt{a} + b\sqrt{b} + c\sqrt{c} &\leq \sqrt{(1+1+1)(a^3+b^3+c^3)} = \sqrt{3(a^3+b^3+c^3)} \\ &\leq \sqrt{(a^3+b^3+c^3)^2} = a^3 + b^3 + c^3\,. \end{aligned}$$

4. Lösung. Wir setzen $x = \sqrt{a^3}$, $y = \sqrt{b^3}$ und $z = \sqrt{c^3}$ und erhalten nach der Anwendung von (4.10) und (4.4), der Ungleichungen zwischen dem quadratischen und dem arithmetischem, bzw dem geometrischen Mittel,

$$\sqrt{\frac{a^3+b^3+c^3}{3}} = \sqrt{\frac{x^2+y^2+z^2}{3}} \geq \frac{x+y+z}{3} = \frac{a\sqrt{a}+b\sqrt{b}+c\sqrt{c}}{3} > 0\,,$$

$$\sqrt{\frac{a^3+b^3+c^3}{3}} = \sqrt{\frac{x^2+y^2+z^2}{3}} \geq \sqrt[3]{xyz} = \sqrt[6]{a^3b^3c^3} = \sqrt{abc} \geq 0\,.$$

Das dreifache Produkt beider Ungleichungen ergibt das Ergebnis.

5. Lösung. Es wird für $n = 6$, $a_1 = a_2 = a_3 = a_4 = a^3$, $a_5 = b^3$, $a_6 = c^3$ die Ungleichung (AGM,4.4) angewendet. Es folgt

$$\frac{4a^3 + b^3 + c^3}{6} \geq \sqrt[6]{a^{12}b^3c^3} = a^2\sqrt{bc}\,.$$

Zyklische Vertauschung und anschließender Addition liefert das Ergebnis

$$\begin{aligned} a^3 + b^3 + c^3 &= \frac{4a^3 + b^3 + c^3}{6} + \frac{a^3 + 4b^3 + c^3}{6} + \frac{a^3 + b^3 + 4c^3}{6} \\ &\leq a^2\sqrt{bc} + b^2\sqrt{ac} + c^2\sqrt{ab}\,. \end{aligned}$$

6. Lösung. Auf derart elegante Lösungen wird man sicher nur bei sehr viel Erfahrung kommen. Aber auch ohne „Tricks“ war die Aufgabe lösbar. Naheliegend ist z. B., die „störenden“ Wurzeln abzubauen. Wegen der Ungleichung vom arithmetisch-geometrischem Mittel für jeweils zwei Zahlen gilt für $a, b, c \geq 0$, $n = 2$:

$$a^2\frac{b+c}{2} + b^2\frac{a+c}{2} + c^2\frac{a+b}{2} \geq a^2\sqrt{bc} + b^2\sqrt{ac} + c^2\sqrt{ab}\,.$$

Konzentriert man sich jetzt zunächst auf zwei der drei Variablen, so muss als nächstes $(a^2b + b^2a)/2$ abgeschätzt werden. Da das zyklisch für je zwei Variablen geschehen muss, steht dazu auf der linken Seite $(a^3 + b^3)/2$ zur Verfügung. Diese Abschätzung kann man z. B. mittels der Monotonie der Funktion $f(x) = x^2$ für $x \geq 0$ gewinnen: $(a - b)(a^2 - b^2) \geq 0$ ist äquivalent zu $a^3 + b^3 \geq ab(a + b)$.

$$\begin{aligned} a^3 + b^3 + c^3 &= \frac{a^3 + b^3}{2} + \frac{b^3 + c^3}{2} + \frac{c^3 + a^3}{2} \\ &\geq ab\frac{a+b}{2} + bc\frac{b+c}{2} + ca\frac{c+a}{2} = a^2\frac{b+c}{2} + b^2\frac{a+c}{2} + c^2\frac{a+b}{2}. \end{aligned}$$

Das vollendet den Beweis.

7. Lösung. Die beiden Abschätzungen in der vorangegangenen Lösung lassen sich alternativ wieder direkt durch Umordnungsungleichungen 4.9 begründen. Im ersten Schritt nehmen wir das Doppelte der Ungleichung und wählen die Folgen

$$\left(a\sqrt{b},\, a\sqrt{c},\, b\sqrt{a},\, b\sqrt{c},\, c\sqrt{a},\, c\sqrt{b}\right) \text{ und } \left(a\sqrt{c},\, a\sqrt{b},\, b\sqrt{c},\, b\sqrt{a},\, c\sqrt{b},\, c\sqrt{a}\right)$$

die in gleichgeordneter Form identisch sind. Im zweiten Schritt verdoppeln wir die Ungleichung ebenfalls und nutzen

$$(a,\, a,\, b,\, b,\, c,\, c) \quad \text{und} \quad \left(a^2,\, a^2,\, b^2,\, b^2,\, c^2,\, c^2\right).$$

Für nichtnegative Zahlen sind beide Folgen gleichgeordnet. Durch eine naheliegende Umordnung lässt sich die rechte Seite der Ungleichung erzeugen. ◇

4.4 Konvexe Funktionen

Definition 4.17 (strenge Konvexität). Eine Funktion f heißt *streng konvex*in einem Intervall, wenn ihre Steigung

$$s_f(x, y) = \frac{f(y) - f(x)}{y - x} = \frac{f(x)}{x - y} + \frac{f(y)}{y - x} \qquad (x \neq y)$$

als Funktion von x für alle y in diesem Intervall streng monoton wachsend ist. Da $s_f(x, y) = s_f(y, x)$ ist s_f dann auch für alle x als Funktion von y streng monoton wachsend. Das ist äquivalent dazu, dass

$$\frac{f(y_1) - f(x_1)}{y_1 - x_1} < \frac{f(y_2) - f(x_2)}{y_2 - x_2} \tag{4.12}$$

immer dann gilt, wenn $x_1 \leq x_2$, $y_1 \leq y_2$ und dabei $x_1 + y_1 \neq x_2 + y_2$ erfüllt ist. Setzt man die Formeln für die Steigung s_f in die Monotoniedefinition (4.2) ein, ergibt sich für beliebige drei Punkten $x \neq y \neq z \neq x$ aus dem Konvexitätsintervall

$$\frac{f(x)}{(x - y)(x - z)} + \frac{f(y)}{(y - x)(y - z)} + \frac{f(z)}{(z - x)(z - y)} > 0\,, \tag{4.13}$$

eine äquivalente Ungleichung, die in den drei Variablen symmetrisch ist.

Um die Definition zu illustrieren und um weitere nützliche Ungleichungen abzuleiten betrachten wir auf dem Graphen einer konvexen Funktion $s = f(t)$ drei Punkte $F_i\big(t_i \big| f(t_i)\big)$ mit $i = 0, 1, 2$. Für ihre Lage nehmen wir dabei $t_1 < t_0 < t_2$ an (vgl. Abb. 4.2). Durch die drei Punkte sind dann drei Sekanten definiert, nämlich die Gerade g_0 durch die Punkte F_1 und F_2 mit dem Anstieg $m_0 = s_f(t_1, t_2)$, g_1 durch F_0 und F_2 mit dem Anstieg $m_1 = s_f(t_0, t_2)$ und g_2 durch F_0 und F_1 mit dem Anstieg $m_2 = s_f(t_0, t_1)$. Strenge Konvexität bedeutet $m_0 > m_2$. Dann ist der Umlaufsinn der drei Eckpunkte von $\triangle\, F_1 F_0 F_2$ mathematisch positiv, wenn man die Punkte nach der Größe ihrer Abszisse ordnet. Das ist auch genau dann der Fall wenn $m_1 > m_0$ oder auch $m_1 > m_2$ gilt. Alle drei Ungleichungen sind Spezialfälle der Ungleichung (4.12) bei denen die Werte für $x_{1,2}$ und $y_{1,2}$ aus der Menge $\{t_0, t_1, t_2\}$ gewählt werden.

Die Lage kann alternativ und äquivalent auch durch die Lage eines der Punkte $S_i\big(t_i \big| g_i(t_i)\big)$, der Ordinate der Sekanten an den Schnittstellen der beiden anderen Sekanten mit der Funktion, beschrieben werden.

Die Bedingung, dass S_0 oberhalb des Funktionsgraphen liegt, lautet dann für $x = t_1$ und $y = t_2$ oder umgekehrt für $x = t_2$ und $y = t_1$

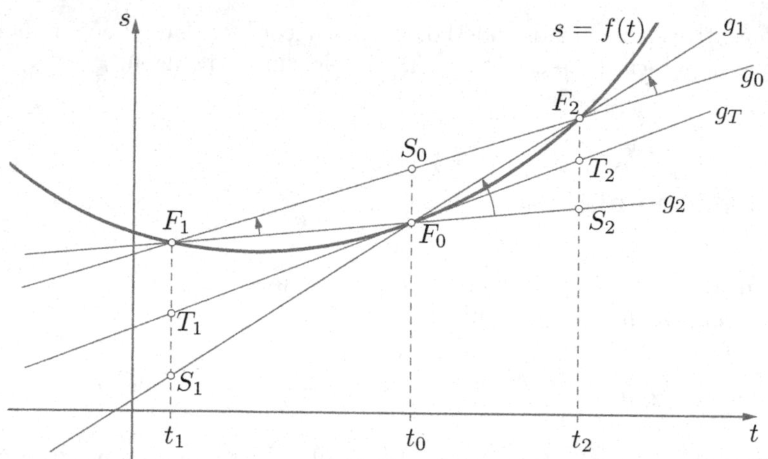

Abb. 4.2: Lage von $f(t_1)$, $f(t_0)$, $f(t_2)$ mit $t_1 < t_0 < t_2$.

$$f((1-\lambda)x+\lambda y) < (1-\lambda)f(x)+\lambda f(y) \quad \text{für } x \neq y \text{ und } 0 < \lambda < 1\,, \tag{4.14}$$

während die Lagebedingungen für S_1 bzw. S_1 unterhalb des Graphen (mit einer entsprechen den Wahl von Werten aus $\{t_0, t_1, t_2\}$ für x und y und geeignetem λ)

$$f((1-\lambda)x+\lambda y) > (1-\lambda)f(x)+\lambda f(y) \quad \text{für } x \neq y \text{ und } \lambda > 1\,, \tag{4.15}$$
$$f((1-\lambda)x+\lambda y) > (1-\lambda)f(x)+\lambda f(y) \quad \text{für } x \neq y \text{ und } \lambda < 0 \tag{4.16}$$

lauten. Die Formel (4.14) ist die in der Literatur am weitesten verbreitete Form der Definition strenger Konvexität Sie ermöglicht eine Übertragung des Konvexitätsbegriffes auf skalare Funktionen von mehreren Variablen (die man dabei als ein Vektor auffasst).

Der aufmerksame Leser stößt hier auf die Frage, warum an dieser Stelle die gleichen Worte *konvex* und *konkav* benutzt werden, wie im Abschnitt 2.7. Die Antwort für *konvex* ist leicht einzusehen: eine Funktion $y = f(x)$ ist in einem Definitionsbereich D_f genau dann konvex, wenn der Supergraph, das ist die Fläche aller Punkte (x, y) mit $x \in D_f$ und $y \geq f(x)$, konvex ist.

Dagegen ist sie genau dann *konkav*, wenn der Subgraph, die Fläche mit $x \in D_f$, $y \leq f(x)$ *konvex* ist. Notwendig für beide Eigenschaften ist, dass D_f selbst konvex, also ein Intervall ist. Dabei müssen wir beachten, dass es Funktionen gibt, die weder konvex noch konkav sind, auch wenn der Definitionsbereich konvex ist.

Wir betrachten nun für eine streng konvexe Funktionen die Situation von Abbildung 4.2 mit $t_0 = x$, $t_1 = y$ und $t_2 = z$. Wir halten x fest und betrachtet alle möglichen y und z mit $y < x < z$. Dann folgt aus $m_2 = s_f(x, y) < s_f(x, z) = m_1$ und aus der Definition reeller Zahlen, dass es (mindestens) eine Zahl $m_T(x)$ mit

$$m_2 < \sup_{y<x} \frac{f(y)-f(x)}{y-x} \leq m_T(x) \leq \inf_{z>x} \frac{f(z)-f(x)}{z-x} < m_1$$

gibt. Mit diesem Anstieg $m_T(x)$ ist eine weitere Gerade g_T durch den Punkt $F_0\big(x\big|f(x)\big)$ definiert, die zwischen g_1 und g_2 liegt. Nach der Konstruktion liegen sowohl F_1 als auch F_2 oberhalb von g_T (Abb. 4.2). Da $y < x$ und $z > x$ beliebig sind, folgt

$$f(t) > g_T(x) = f(x) + m_T(x)(t-x) \qquad \text{für alle } t \neq x\,. \tag{4.17}$$

Die Gerade $s = g_T(t)$ nennt man dann Subtangente[5] von $s = f(t)$ im Punkt $t = x$. Diese existieren für alle inneren Punkte des Definitionsbereiches, d. h. wenn $f(t)$ auf einem angeschlossenen Intervall $a \leq t \leq b$ konvex ist, so gibt es für jedes x mit $a < x < b$ eine Subtangente, die durch (4.17) definiert ist. Umgekehrt folgt aus der Gültigkeit von (4.17) für $a < x < b$ und $a \leq t \leq b$ die strenge Konvexität für alle diese t.

Ist eine Funktion in einem Intervall $a < x < b$ konvex, so folgt aus (4.17), sowie aus (4.15) und (4.16) die Einschließung für den Graphen von f

$$g_T(t) \leq f(t) \leq h(t) = \max\{g_1(t), g_2(t)\}\,.$$

$g_T(t)$ und $h(t)$ sind stetige Funktionen und es gilt $g_T(x) = f(x) = h(x)$. Damit ist bewiesen, dass eine streng konvexe Funktion für alle inneren Punkte des Definitionsintervalls stetig ist. Unstetig kann eine konvexe Funktion also höchstens an den Intervallenden, für $x = a$ oder $x = b$, werden. Interessierte Leser sollten sich an dieser Stelle Beispiele überlegen, dass das tatsächlich möglich ist.

Setzt man - umgekehrt - die Stetigkeit von f voraus, so ist eine Funktion genau dann streng konvex, wenn

$$f\left(\frac{x+y}{2}\right) < \frac{1}{2}\big(f(x)+f(y)\big), \quad \text{falls} \quad x \neq y\,, \tag{4.18}$$

gilt. Wenn man weiß, dass eine Funktion stetig ist, reicht es also aus, in (4.14) den Spezialfall $\lambda = 1/2$ zu überprüfen, um strenge Konvexität nachzuweisen.

Wir wollen den Beweis für diese Aussage jetzt skizzieren. Dazu nehmen wir zunächst $\lambda = k/2^n$ mit einer natürlichen Zahl n, einer ungeraden Zahl k und $0 < k < 2^n$ an. Wäre für diese λ die Bedingung (4.14) im Allgemeinen falsch, müsste es eine kleinste Zahl $n \geq 1$, eine ungerade Zahl k sowie Zahlen $x \neq y$ geben, für die

$$f(\lambda x + (1-\lambda)y) \geq \lambda f(x) + (1-\lambda)f(y) \tag{4.19}$$

[5] Eine *Subtangente* einer Funktion, ist eine berührende Gerade, die vollständig nicht oberhalb des Funktionsgraphen liegt. Im Gegensatz zur *Tangente* muss sie sich dabei nicht an die Funktion anschmiegen. Sie ist allerdings möglicherweise nicht eindeutig, wenn sie existiert.
Eine andere Bedeutung hat das Wort *Subtangente* in der analytischen Geometrie, wo es eine durch eine Tangente definierte Strecke auf der x-Achse ist (die weder selbst eine Tangenteneigenschaft hat, noch unterhalb der Funktion oder der Tangente liegen muss).

gilt. Dann sind $\lambda_1 = (k-1)\cdot 2^{-n}$ und $\lambda_2 = (k+1)\cdot 2^{-n}$ entweder 0 oder 1 oder mindestens einmal durch 2 kürzbar. In jedem dieser Fälle gilt die Ungleichung

$$f(\mu x + (1-\mu)y) \leq \mu f(x) + (1-\mu)f(y) \tag{4.20}$$

für $\mu = \lambda_1$ und für $\mu = \lambda_2$. Wir wenden nacheinander (4.18), (4.20) für $\mu = \lambda_{1,2}$ und zum Schluss (4.19) an, beachten dabei die Formeln $\lambda = (\lambda_1 + \lambda_2)/2$ und $\lambda_1 x + (1-\lambda_1)y \neq \lambda_2 x + (1-\lambda_2)y$ und erhalten einen Widerspruch:

$$\begin{aligned} f\big(\lambda x + (1-\lambda)y\big) &= f\left(\frac{1}{2}[\lambda_1 x + (1-\lambda_1)y + \lambda_2 x + (1-\lambda_2)y]\right) \\ f\big(\lambda x + (1-\lambda)y\big) &< \frac{1}{2}\left[f\left(\lambda_1 x + (1-\lambda_1)y\right) + f\left(\lambda_2 x + (1-\lambda_2)y\right)\right] \\ &\leq \frac{1}{2}\left[(\lambda_1+\lambda_2)f(x) + (2-\lambda_1-\lambda_2)f(y)\right] \\ &= \lambda f(x) + (1-\lambda)f(y) \leq f\big(\lambda x + (1-\lambda)y\big)\,. \end{aligned}$$

(4.14) muss damit für alle endlichen Dualbrüche $\lambda = k/2^n$ gelten.

In einem zweiten Schritt können wir jetzt die Stetigkeit der Funktion ausnutzen und in konvergenten Folgen solcher $\lambda_i = k_i 2^{-n_i}$, $i = 1, 2, \ldots$ zum Grenzwert übergehen. Da jede reelle Zahl Grenzwert einer solchen Folge ist (das folgt z. B. aus der Darstellung als unendlicher Dualbruch), erhalten wir aus (4.18) für beliebige reelle Zahlen $\mu = \lambda$ mit $0 < \lambda < 1$ die Gültigkeit von (4.20).

Leider lassen sich im Grenzübergang die Gleichheitszeichen nicht ausschließen. Deshalb ist für den Fall $0 < \lambda < 1$, $\lambda \neq k/2^n$, ein dritter Beweisschritt nötig. In diesem Fall betrachten wir die Zahlen $x \neq y$ und $z = \lambda x + (1-\lambda)y$. Wenn $1/2 < \lambda < 1$ ist, können wir x und y vertauschen und λ durch $1-\lambda$ ersetzen, so dass ersatzweise ein Fall mit $\lambda < 1/2$ betrachtet werden kann. Wir können also o. B. d. A. für das weitere $0 < \lambda < 1/2$ voraussetzen. Dann ist $0 < \mu = 2\lambda < 1$ und $2\lambda x + (1-2\lambda)y \neq 2\lambda y + (1-2\lambda)y = y$. Aus (4.18) und (4.20) ergibt sich danach das gewünschte Ergebnis:

$$\begin{aligned} f\big(\lambda x + (1-\lambda)y\big) &= f\left(\frac{1}{2}[2\lambda x + (1-2\lambda)y + y]\right) \\ &< \frac{1}{2}\left[f\big(2\lambda x + (1-2\lambda)y\big) + f(y)\right] \\ &\leq \frac{1}{2}\left[2\lambda f(x) + (1-2\lambda)f(y) + f(y)\right] = \lambda f(x) + (1-\lambda)f(y)\,. \end{aligned}$$

Zusammenfassend stellen wir fest, dass eine Funktion auf einem Intervall streng konvex ist, wenn eine der Bedingungen (4.12), (4.13), (4.14), (4.15), (4.16) oder (4.17) erfüllt ist. Dann gelten auch alle anderen. Außerdem ist die Funktion in allen inneren Punkten stetig. Für stetige Funktionen ist die Bedingung (4.18) hinreichend für strenge Konvexität.

Bemerkung. Ist $f(t)$ für $t = x$ differenzierbar, so lässt sich herleiten, dass Subtangente und Tangente übereinstimmen. In diesem Fall muss eindeutig $m_T(x) = f'(x)$ gelten. Ist eine Funktion in allen Punkten eines Intervalls f differenzierbar, so ist sie dort genau dann streng konvex, wenn ihre Ableitung f' streng monoton wachsend ist.

Definition 4.18 (konvex streng konkav, konkav). Ist in den Ungleichungen (4.12) bis (4.18) auch Gleichheit zugelassen, so lässt man den Zusatz *streng* weg und nennt die Funktionen nur *konvex*. Gelten die Ungleichungen in entgegengesetzter Richtung, spricht man von *streng konkav* bzw. von *konkav*. Eine Funktion $f(x)$ ist genau dann (streng) konkav, wenn $g(x) = -f(x)$ (streng) konvex ist. In diesem Sinn übertragen, gelten alle Aussagen über konvexe Funktionen auch für konkave.

Konvexe bzw. konkav Funktionen einer Veränderlichen $f(x)$ besitzen diese Eigenschaft dann und nur dann *nicht* im strengen Sinn, wenn es mindestens ein Teilintervall $a' < x < b'$ gibt, auf dem eine Formel $f(x) = m'x + n'$ mit Konstanten m' und n' gilt, die Funktion also auf einem Teilstück eine lineare Funktion ist.

Für konvexe (und damit auch für konkave) Funktionen wollen wir noch zwei wichtiges Hilfsmittel bereitstellen.

Satz 4.19 (Maximumprinzip). *Eine Funktion $f(x)$ sei auf einem abgeschlossenem Intervall $a \leq x \leq b$ definiert und konvex. Dann gilt*

$$f_{max} = \max_{a \leq x \leq b} f(x) = \max\{f(a), f(b)\}\,. \tag{4.21}$$

Gibt es einen weiteren Punkt $a < x_0 < b$ mit $f(x_0) = f_{max}$ so muss $f(x)$ eine konstante Funktion sein. Für konkave Funktionen gilt ein Minimumprizip.

Beweis. Wir wenden die Definition (4.14) auf die Stellen a, x und b an. Die Sekantengleichung auf der rechten Seite hat ihr Maximum in den Punkten a oder b, je nachdem, ob diese Strecke monoton steigend oder fallend ist. In diesen Punkten gilt aber Gleichheit. Liegt $f(x_0)$ auf der Sekante, so fallen Strecke und Funktionsgraph zusammen. Ist $f(x_0)$ ebenfalls maximal, muss die Sekante den Anstieg 0 haben. □

Satz 4.20 (Jensen'sche[6] Ungleichung). *Ist f auf einem Intervall streng konvex, so gilt für beliebige $x_1, x_2, \ldots, x_n$ aus diesem Intervall und beliebige positive Zahlen $\lambda_i > 0$ mit $\lambda_1 + \lambda_2 + \cdots + \lambda_n = 1$ die Ungleichung*

$$f\left(\sum_{i=1}^{n} \lambda_i x_i\right) \leq \sum_{i=1}^{n} \lambda_i f(x_i)\,. \tag{4.22}$$

Das Gleichheitszeichen gilt genau dann, wenn $x_1 = x_2 = \cdots = x_n$ gilt. Für streng konkave Funktionen gilt der Satz analog in der Form

[6] Johan Ludvig William Valdemar Jensen (1859–1925)

$$f\left(\sum_{i=1}^{n} \lambda_i x_i\right) \geq \sum_{i=1}^{n} \lambda_i f(x_i)\,. \tag{4.23}$$

Beweis. Wir beweisen den konvexen Fall. Für $n = 1$ ist die Aussage trivial; für $n = 2$ und $x_1 \neq x_2$ stimmt die Aussage mit der Definition (4.14) überein.

Sei nun $n \geq 3$ und (4.22) für $n-1$ beliebige Zahlen aus dem Konvexitätsintervall bewiesen. Weiterhin seien $x_1, x_2, \ldots, x_n$ beliebige reelle Zahlen aus diesem Intervall. Dann folgt aus $\lambda = \lambda_1 + \lambda_2$ die Beziehung $\mu_1 + \mu_2 = 1$, wenn wir $\mu_1 = \lambda_1/\lambda > 0$ und $\mu_2 = \lambda_2/\lambda > 0$ abkürzen. Durch Anwendung der JENSEN'schen Ungleichung zunächst für $n-1$ und dann für zwei Zahlen folgt die Gültigkeit auch für n Zahlen:

$$\begin{aligned} f(\lambda_1 x_1 + \lambda_2 x_2 &+ \lambda_3 x_3 + \cdots + \lambda_n x_n) = \\ &= f(\lambda(\mu_1 x_1 + \mu_2 x_2) + \lambda_3 x_3 + \cdots + \lambda_n x_n) \\ &\leq \lambda f(\mu_1 x_1 + \mu_2 x_2) + \lambda_3 f(x_3) + \cdots + \lambda_n f(x_n) \\ &\leq \lambda\big(\mu_1 f(x_1) + \mu_2 f(x_2)\big) + \lambda_3 f(x_3) + \cdots + \lambda_n f(x_n) \\ &= \lambda_1 f(x_1) + \lambda_2 f(x_2) + \lambda_3 f(x_3) + \cdots + \lambda_n f(x_n)\,. \end{aligned}$$

Gleichheit tritt nach Induktionsvoraussetzung genau dann ein, wenn $\mu_1 x_1 + \mu_2 x_2 = x_3 = \cdots = x_n$ und $x_1 = x_2$ gilt, also wenn alle Argumente gleich sind. □

Bei vielen Fragen benötigt man den Spezialfall $\lambda_1 = \lambda_2 = \cdots = \lambda_n$, also die JENSEN'sche Ungleichung in der Form

$$f\left(\frac{1}{n}\sum_{i=1}^{n} x_i\right) \leq (\geq) \frac{1}{n}\sum_{i=1}^{n} f(x_i)\,. \tag{4.24}$$

Aufgabe 061243

Man beweise folgenden Satz: Ist $n \geq 2$ eine natürliche Zahl, sind $a_1, \ldots, a_n$ positive reelle Zahlen und wird $\sum\limits_{i=1}^{n} a_i = s$ gesetzt, so gilt

$$\sum_{i=1}^{n} \frac{a_i}{s - a_i} \geq \frac{n}{n-1}\,.$$

Lösungen

1. Lösung. Für die Funktion $g(x) = 1/x$ mit dem Definitionsbereich $x > 0$ gilt für $x \neq z$

$$s_g(x, y) = \frac{g(y) - g(x)}{y - x} = \frac{\frac{1}{y} - \frac{1}{x}}{y - x} = -\frac{1}{xy} = -\frac{1}{y}g(x)\,.$$

Für $x, y > 0$ ist die rechte Seite negativ, also ist $g(x)$ streng monoton fallend. Damit ist die rechte Seite auch streng monoton wachsend in x, also ist $g(x)$ streng konvex.

Die Funktion $f(x) = x/(s-x) = s \cdot g(s-x) - 1$ ist im Intervall $0 < x < s$ dann ebenfalls streng konvex.
Da $n \geq 2$ und $a_i > 0$ gilt, ergibt sich $a_i < s$ und nach der JENSEN'schen Ungleichung (4.24) folgt

$$\frac{1}{n}\sum_{i=1}^{n} f(a_i) = \frac{1}{n}\sum_{i=1}^{n} \frac{a_i}{s-a_i} \geq f\left(\frac{1}{n}\sum_{i=1}^{n} a_i\right) = f\left(\frac{s}{n}\right) = \frac{\frac{s}{n}}{s-\frac{s}{n}} = \frac{1}{n-1}$$

und damit die Behauptung.

2. Lösung. Setzt man $b_i = 1 - a_i/s$, so folgt

$$a_i = s(1-b_i), \quad s - a_i = sb_i \quad \text{und} \quad \sum_{i=1}^{n} b_i = n - \sum_{i=1}^{n} \frac{a_i}{s} = n - 1\,.$$

Unter Anwendung der Ungleichung zwischen arithmetischem und harmonischem Mittel (4.11) für die Zahlen $1/b_i$

$$\begin{aligned}\sum_{i=1}^{n} \frac{a_i}{s-a_i} &= \sum_{i=1}^{n} \frac{s(1-b_i)}{sb_i} = \sum_{i=1}^{n} \frac{1-b_i}{b_i} = n\left(\frac{1}{n}\sum_{i=1}^{n}\frac{1}{b_i} - 1\right)\\ &\geq n\left(\frac{n}{\sum\limits_{i=1}^{n} b_i} - 1\right) = n\left(\frac{n}{n-1} - \frac{n-1}{n-1}\right) = \frac{n}{n-1}\end{aligned}$$

folgt die zu beweisende Ungleichung. 

Aufgabe 111235

Es ist zu beweisen, dass

$$\frac{1}{1-\sin 2x} + \frac{1}{1-\sin 2y} \geq \frac{2}{1-\sin(x+y)} \tag{1}$$

für alle reellen Zahlenpaare (x, y) mit

$$0 < x < \frac{\pi}{4} \quad \text{und} \quad 0 < y < \frac{\pi}{4} \tag{2}$$

erfüllt ist. Ferner ist eine notwendige und hinreichende Bedingung dafür anzugeben, dass in (1) unter der Nebenbedingung (2) Gleichheit eintritt.

Lösungen

1. Lösung. Wir erkennen in (1) die Konvexitätsungleichung (4.18), für die für $0 < x < \pi/4$ stetige Funktion $f(x) = 1/(1-\sin 2x)$. Wir sollen also diese Konvexität nachweisen und überprüfen, ob sie streng ist.

Die Funktion $f_1(x) = \sin x$ erfüllt für $0 < x < \pi/2$ die Abschätzung $0 < f_1(x) < 1$ und ist stetig. Aus $\cos(x-y) \leq 1$ mit Gleichheit nur für $x = y$ folgt dann

$$\frac{1}{2}\left(f_1(x) + f_1(y)\right) = \sin(x+y)\cos(x-y) \leq \sin(x+y) = f_1\left(\frac{x+y}{2}\right),$$

$f_1(x)$ ist eine streng konkave Funktion. Damit ist auch $f_1(2x)$ auf dem Intervall $0 < x < \pi/4$ streng konkav. Unsere Funktion lässt sich als $f(x) = g_1\big(f_1(2x)\big)$, mit $g_1(x) = 1/(1-x)$ schreiben. Für die auf $0 < x < 1$ definierte Funktion $g_1(x)$ lässt sich die Steigung als $s_{g_1}(x,y) = g_1(x)g_1(y)$ berechnen. Da $g_1(x) > 0$ ist folgt, dass g_1 streng monoton wachsend und konvex ist.

Leider lässt sich für eine konvex monoton wachsende Funktion einer konkaven Funktion keine Konvexitätsaussage treffen. Dagegen ist eine konvex monoton fallende Funktion einer konkaven Funktion insgesamt konvex. (Der Leser überdenke bitte die Richtigkeit dieser beiden Aussagen!)

Wir suchen eine andere Darstellung für die Funktion $f(x)$. Dazu nutzen wir die Formeln $\sin t = \cos(\pi/2-t)$ und $1-\cos 2t = 2\sin^2 t$ und erhalten $f(x) = g_2\big(f_1(\pi/4-x)\big)$ mit $g_2(x) = 1/(2x^2)$. Auf dem Definitionsbereich $0 < x < \pi/4$ überträgt sich die Konkavität von $f_1(x)$ auf $f_1(\pi/4-x)$. Die Steigung von $g_2(x)$ lässt sich als

$$s_{g_2}(x,y) = \frac{\frac{1}{2x^2} - \frac{1}{2y^2}}{x-y} = -\frac{x+y}{2x^2y^2} = -\frac{g_2(x)}{y} - \frac{g_2(y)}{x}$$

bestimmen. Für $0 < x < 1$ ist $g_2(x)$ positiv, die Steigung also negativ, also ist $g_2(x)$ streng monoton fallend, die Steigung damit monoton wachsend, woraus schließlich die strenge Konvexität von g_2 folgt. Die Ungleichung (1) gilt also – mit Gleichheit genau für $x = y$.

2. Lösung. In der Musterlösung im Jahr 1972 wurde die Konvexität mittels Differentialrechnung überprüft: Für $0 < x < \pi/4$ ist ist $0 < \sin 2x < 1$ und

$$\begin{aligned}
f(x) &= (1-\sin 2x)^{-1},\\
f'(x) &= 2\cos 2x(1-\sin 2x)^{-2},\\
f''(x) &= -4\sin 2x(1-\sin 2x)^{-2} + 8\cos^2 2x(1-\sin 2x)^{-3}\\
&= -4\sin 2x(1-\sin 2x)^{-2} + 8(1-\sin^2 2x)(1-\sin 2x)^{-3}\\
&= -4\sin 2x(1-\sin 2x)^{-2} + 8(1+\sin 2x)(1-\sin 2x)^{-2}\\
&= 4(2+\sin 2x)/(1-\sin 2x)^2 > 8/(1-\sin 2x)^2 > 0
\end{aligned}$$

und damit ist f im betrachteten Intervall streng konvex.

3. Lösung. Wegen $0 < x, y < \pi/4$, also $-\pi/4 < x - y < \pi/4$ und $0 < x + y < \pi/2$ ist $\cos(x - y) > 0$ und $0 < \sin(x + y) < 1$. Es folgt

$$\frac{2}{1 - \sin(x + y)\cos(x - y)} \geq \frac{2}{1 - \sin(x + y)}\,.$$

Das Gleichheitszeichen steht genau dann, wenn $\cos(x - y) = 1$ ist, also $x = y$ gilt. Nach der Ungleichung vom arithmetischen-harmonischen Mittel (4.11) gilt für positive Zahlen $(a + b)/2 \geq 2/(1/a + 1/b)$. Angewendet auf $a = 1/(1 - \sin 2x) > 0$ und $b = 1/(1 - \sin 2y) > 0$ folgt

$$\begin{aligned}\frac{1}{1 - \sin 2x} + \frac{1}{1 - \sin 2y} \geq \frac{4}{2 - \sin 2x - \sin 2y} &= \frac{2}{1 - \frac{1}{2}(\sin 2x + \sin 2y)}\\ &= \frac{2}{1 - \sin(x + y)\cos(x - y)}\,.\end{aligned}$$

Bei dieser Abschätzung gilt das Gleichheitszeichen genau dann, wenn $a = b$ ist, also wenn $\sin 2x = \sin 2y$ in $0 < x, y < \frac{\pi}{4}$ gilt und damit, wenn $x = y$ ist.
Schließt man die erste Abschätzung an, so folgt die Behauptung. Notwendig und hinreichend für das Bestehen der Gleichheit ist $x = y$.

4. Lösung. Im Intervall $0 < t < \pi/4$ ist $\cos t - \sin t > 0$, folglich gilt

$$\sqrt{1 - \sin 2t} = \sqrt{\sin^2 t + \cos^2 t - 2\sin t\cos t} = \cos t - \sin t\,.$$

Wir wenden diese Formel für $t = x$ und $t = y$ an und finden die Abschätzung

$$\begin{aligned}\sqrt{(1 - \sin 2x)(1 - \sin 2y)} &= (\cos x - \sin x)(\cos y - \sin y)\\ &= \cos x\cos y + \sin x\sin y - \sin x\cos y - \cos x\sin y\\ &= \cos(x - y) - \sin(x + y) \leq 1 - \sin(x + y)\,. \qquad (3)\end{aligned}$$

Mit der Ungleichung AGM (4.1) ergibt sich daraus

$$\frac{1}{2}\left(\frac{1}{1 - \sin 2x} + \frac{1}{1 - \sin 2y}\right) \geq \frac{1}{\sqrt{(1 - \sin 2x)(1 - \sin 2y)}} \geq \frac{1}{1 - \sin(x + y)}\,.$$

Nach Multiplikation mit 2 ist die Behauptung bewiesen.
Notwendig und hinreichend dafür, dass in in (1) Gleichheit gilt, ist, dass bei beiden Abschätzungen Gleichheit eintritt. Also muss in (3) $\cos(x - y) = 1$ gelten. Wegen (2) ist das nur für $x = y$ der Fall. Dann sind auch beide Terme in der Mittelabschätzung gleich und auch in der anderen Abschätzung gilt Gleichheit. ◇

Aufgabe 261246B

Es seien $x_1, \ldots, x_{1987}$ nichtnegative reelle Zahlen, für die die Summe der Quadrate gleich 10 und die Summe der dritten Potenzen größer als 1 ist.

Man untersuche, ob es unter diesen Voraussetzungen stets möglich ist, eine Auswahl von

(a) 9 dieser Zahlen,

(b) 10 dieser Zahlen

so zu treffen, dass die Summe der ausgewählten Zahlen größer als 1 ist!

Lösung

Offensichtlich gibt es eine solche Auswahl genau dann, wenn die Summe der $m = 9$ bzw. $m = 10$ größten Zahlen größer als 1 ist. Um die Darstellung zu vereinfachen ist es deshalb sinnvoll $a_1 \geq a_2 \geq \cdots \geq a_{m-1} \geq a_m = a \geq a_{m+1} \geq \cdots \geq a_{1987} \geq 0$ anzusetzen.

Ein wesentlicher Teil der Aufgabenstellung ist die Frage, wie groß eine Summe $s_k = \sum\limits_{i=k}^{N} a_i^3$ werden kann, wenn die Summe $q_k = \sum\limits_{i=k}^{N} a_i^2$ vorgegeben und zusätzlich eine Bedingung $0 \leq a_i \leq a$ gefordert ist. Setzen wir $x_i = a_i^2$, so ist $a_i^3 = x_i^{3/2}$. Wir können also die konvexe Funktion $y = f(x) = x^{3/2}$ auf dem Intervall $0 \leq x \leq a^2$ betrachten und eine Modifikation des Maximumprinzips (Formel (4.21) auf Seite 205) in der Form

$$f(u) + f(v) \leq \begin{cases} f(u+v) + f(0), & \text{wenn} \quad u + v \leq a \\ f(a) + f(u+v-a), & \text{wenn} \quad u + v \geq a \end{cases}$$

anwenden. Nimmt man jeweils zwei positive Zahlen a_i und a_j $(i \neq j)$, die kleiner als a sind, kann man diese nach dieser Formel entweder durch a und $\sqrt{a_i^2 + a_j^2}$ oder durch $\sqrt{a_1^2 + a_2^2 - a^2}$ und 0 ersetzen. Dabei bleibt q_k erhalten und s_k wird vergrößert. Das wird solange fortgesetzt, bis nur noch (höchstens) ein Folgenglied zwischen 0 und a liegt, bis wir also eine Folge

$$a'_k = a'_{k+1} = \cdots = a'_{k+r-1} = a > a'_{k+r} \geq 0 = a'_{k+r+1} = \cdots = a'_N = 0$$

erhalten. Dann gilt

$$q_k = \sum_{i=k}^{N} a_i'^2 = ra^2 + a_{k+r}'^2\,,$$

$$s_k \leq s'_k = \sum_{i=k}^{N} a_i'^3 = ra^3 + a_{k+r}'^3 \leq a(ra^2 + a_{k+r}'^2) = aq_k\,. \tag{1}$$

Nun zur eigentlichen Lösung: Für $m = 9$ setzen wir $a_1 = a_2 = \cdots = a_{990} = a$ und $a_{991} = a_{992} = \cdots = a_{1987} = 0$ an und erhalten $\sum a_i^2 = 990 \cdot a^2$ und $\sum a_i^3 = 990a^3$. Für $a = \sqrt{1/99}$ ist die Summe der Quadrate 10 und die Summe der dritten Potenzen $990a^2 \cdot a = 10a = \sqrt{100/99} > 1$, die Voraussetzungen der Aufgabe sind erfüllt. Jedoch ist in diesem Fall

$$\sum_{i=1}^{9} a_i = 9\sqrt{\frac{1}{99}} = \sqrt{\frac{9}{11}} < 1\,,$$

so dass die Antwort auf Aufgabe a) negativ ausfällt.

Für die Aufgabe b), also für $m = 10$, ist die Antwort positiv: Die Summe der größten 10 Zahlen ist immer größer als 1. Das zeigen wir jetzt.

Gilt $a_1 > 1$ ist diese Aussage selbstverständlich wahr. Zum Beweis auch für den Fall $a_1 \leq 1$, benutzen wir die Abschätzung (1) mit $N = 1987$ und $a = a_{10}$ und beachten dabei die für $1 \leq i \leq 10$ geltende Ordnung $1 \geq a_1 \geq a_i \geq a_{10}$. Wir erhalten

$$\begin{aligned}
1 &< \sum_{i=1}^{1987} a_i^3 = \sum_{i=1}^{9} a_i^3 + s_{10} \\
&\leq \sum_{i=1}^{9} a_i^3 + a_{10}q_{10} = \sum_{i=1}^{9} a_i^3 + a_{10} \sum_{i=10}^{1987} a_i^2 \\
&= \sum_{i=1}^{9} a_i^3 + a_{10}\left(10 - \sum_{i=1}^{9} a_i^2\right) = \sum_{i=1}^{9} (a_i - a_{10})a_i^2 + 10a_{10} \\
&\leq \sum_{i=1}^{9} (a_i - a_{10}) + 10a_{10} = \sum_{i=1}^{10} a_i\,.
\end{aligned}$$

◇

Aufgabe 301246A

Man beweise: In jedem Dreieck ABC erfüllen für jeden Punkt P im Innern des Dreiecks die Längen $x = \overline{PA}$, $y = \overline{PB}$, $z = \overline{PC}$ und die Längen u, v und w der von P auf die Seiten BC, CA bzw. AB oder deren Verlängerungen gefällten Lote die Ungleichung

$$xyz \geq (v + w)(w + u)(u + v)\,.$$

Lösung

Da alle beteiligten Streckenlängen positiv sind, ist die Aufgabe äqivalent zu

$$\sqrt[3]{\frac{(v + w)(w + u)(u + v)}{xyz}} \leq 1\,.$$

Nach der Ungleichung zwischen dem geometrischen und dem arithmetischem Mittel dreier positiver Zahlen (4.4) folgt diese Ungleichung, wenn stattdessen gezeigt wird

$$\frac{v+w}{x} + \frac{w+u}{y} + \frac{u+v}{z} \leq 3\,. \tag{1}$$

Das Verhältnis zwischen den Abständen h und d eines Punktes P von einer Geraden g

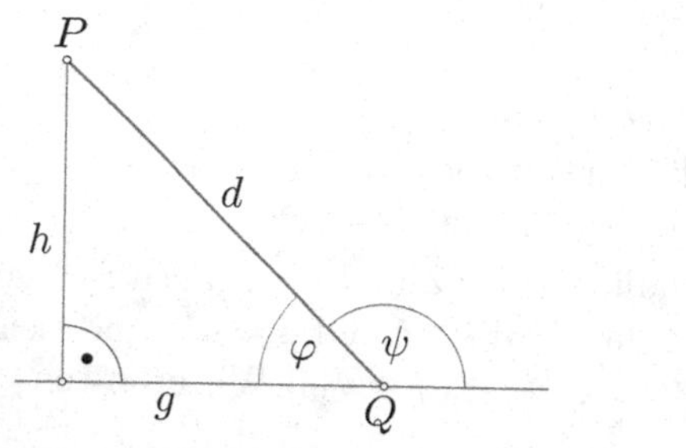

Abb. L301246Aa

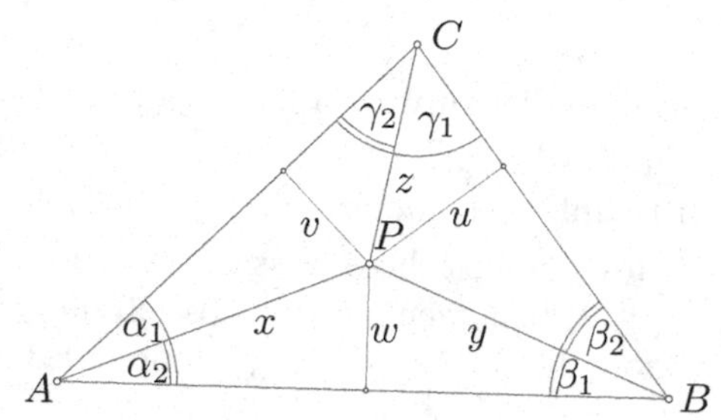

Abb. L301246Ab

bzw. von einem Punkt Q, der auf dieser Geraden liegt, ist der Sinus des zwischen g und der Strecke $\overline{PQ}$ eingeschlossenen Winkels (vgl. Abb. L301246Aa). Dabei liefert jeder der beiden Winkel den selben Wert,

$$\frac{h}{d} = \sin\varphi = \sin\psi\,.$$

Die Strecken $\overline{AP}$, $\overline{BP}$ und $\overline{CP}$ teilen die Innenwinkel des Dreiecks in jeweils zwei Winkel, deren Größe wir, wie in Abb. L301246Ab ersichtlich, mit α_1, α_2, β_1, β_2, γ_1 und γ_2 bezeichnen wollen.

Nach der Aufgabenstellung sind diese Winkel positiv und ihre Gesamtsumme beträgt 180°. Genau in dem Fall, in dem ein Fußpunkt eines Lotes von P außerhalb des Dreiecks liegt, ist einer der sechs Winkel stumpf.

Für jeden der sechs Winkel drückt jetzt der Sinus ein Verhältnis von Abständen aus, die in der Ungleichung (1) auftreten. Das gilt unabhängig davon, ob diese Winkel spitze, rechte oder stumpfe sind.

Als Nächstes stellen wir für Winkel $\varphi_{1,2}$ mit $0° < \varphi_{1,2} < 180°$ fest, dass deren Sinus positiv ist. Da der Kosinus höchstens 1 ist, gilt nach einem Additionstheorem

$$\sin\varphi_1 + \sin\varphi_2 = 2\sin\frac{\varphi_1+\varphi_2}{2}\cos\frac{\varphi_1-\varphi_2}{2} \leq 2\sin\frac{\varphi_1+\varphi_2}{2}\,,$$

die Sinusfunktion ist also für Dreiecksinnenwinkel konkav.

Mit diesen Feststellungen können wir mit

$$\begin{aligned}\frac{v+w}{x}+\frac{w+u}{y}+\frac{u+v}{z} &= \frac{v}{x}+\frac{w}{x}+\frac{w}{y}+\frac{u}{y}+\frac{u}{z}+\frac{v}{z}=\dots\\ &= \sin\alpha_1+\sin\alpha_2+\sin\beta_1+\sin\beta_2+\sin\gamma_1+\sin\gamma_2\\ &\leq 6\sin\left(\frac{\alpha_1+\alpha_2+\beta_1+\beta_2+\gamma_1+\gamma_2}{6}\right)=6\sin\frac{180^\circ}{6}=6\sin 30^\circ=6\cdot\frac{1}{2}=3\end{aligned}$$

den Beweis von (1) vollenden. ◇

Aufgabe 281246A

Man beweise: Für jede natürliche Zahl $n > 1$ und für je $n+2$ reelle Zahlen $p, q, a_1, \dots . a_n$, die

$$0 < p \leq a_i \leq q \qquad (i = 1, \dots, n) \tag{1}$$

erfüllen, gelten die beiden Ungleichungen

$$n^2 \leq \sum_{i=1}^{n} a_i \cdot \sum_{k=1}^{n} \frac{1}{a_k} \leq n^2 + \left\lfloor \frac{n^2}{4} \right\rfloor \cdot \left(\sqrt{\frac{p}{q}} - \sqrt{\frac{q}{p}}\right)^2. \tag{2}$$

Man ermittle ferner zu gegebenen n, p, q mit $0 < p \leq q$ alle diejenigen a_i mit (1), für die in (2)

(a) zwischen der ersten und zweiten Zahl,
(b) zwischen der zweiten und dritten Zahl

das Gleichheitszeichen gilt.

Hinweis. Zu reellen x bezeichnet $\lfloor x \rfloor$ die ganze Zahl $\lfloor x \rfloor = g$ mit $g \leq x < g+1$.

Lösung

Die linke Ungleichung ist eine Form der der Ungleichung zwischen dem harmonischen und dem arithmetischem Mittel (4.11) von n positiven Zahlen,

$$\frac{1}{n} \sum_{1 \leq i \leq n} a_i \geq \frac{n}{\sum_{1 \leq k \leq n} \frac{1}{a_k}}, \tag{3}$$

für die es eine Vielzahl von Beweisen gibt und die wir an anderen Stellen (Beispiel 4.12 auf S. 193, vgl. auch Satz 4.28, S. 233) behandeln. Sie spielt auch bei anderen Aufgaben eine Rolle, wie z. B. in Aufgabe 061243, Lösung 2.

Gleichheit gilt dann und nur dann, wenn alle Zahlen gleich sind.

Um die rechte Ungleichung zu zeigen untersuchen wir die Funktion, die der mittlere Term in einer einzelnen Variablen $x = a_\alpha$, $\alpha = 1, 2, \dots \dots, n$ darstellt, auf dem

Definitionsbereich $0 < q \le x \le p$.

$$f_\alpha(x) = \sum_{i=1}^n a_i \sum_{i=1}^n \frac{1}{a_i}\bigg|_{a_\alpha = x} = (x + B_\alpha)\left(\frac{1}{x} + A_\alpha\right) = A_\alpha x + B_\alpha \frac{1}{x} + C_\alpha\,,$$

$$\text{mit} \qquad A_\alpha = \sum_{i \ne \alpha} \frac{1}{a_i} > 0\,, \quad B_\alpha = \sum_{i \ne \alpha} a_i > 0\,, \quad C_\alpha = 1 + A_\alpha B_\alpha\,.$$

Wendet man die Ungleichung (3) auf nur zwei Zahlen $1/x_1$ und $1/x_2$ an,

$$\begin{aligned} f_\alpha\left(\frac{x_1 + x_2}{2}\right) &= A_\alpha \frac{x_1 + x_2}{2} + B_\alpha \frac{2}{x_1 + x_2} + C_\alpha \\ &\le A_\alpha \frac{x_1 + x_2}{2} + \frac{B_\alpha}{2}\left(\frac{1}{x_1} + \frac{1}{x_2}\right) + C_\alpha = \frac{1}{2}\big(f_\alpha(x_1) + f_\alpha(x_2)\big)\,, \end{aligned}$$

ergibt sich, dass die stetige Funktion $f_\alpha(x)$ konvex ist. Da sie nicht konstant ist, erhalten wir für ihren größten Wert aus dem Maximumprinzip 4.21 die notwendige Bedingung, dass entweder $x = q$ oder $x = p$ gelten muss. Das gilt für jede der Variablen $x = a_\alpha$.

Um das Maximum zu bestimmen, reicht es also aus, die Zahlenfolgen $a_1, a_2, \ldots, a_n$ zu betrachten, die nur aus Werten p oder q bestehen. Sei m die Anzahl der Zahlen mit $a_i = p$, dann haben $n - m$ Zahlen den Wert $a_i = q$ und es gilt

$$\begin{aligned} \sum_{i=1}^n a_i \sum_{i=1}^n \frac{1}{a_i} &= (mp + (n-m)q)\left(\frac{m}{p} + \frac{n-m}{q}\right) \\ &= m^2 + (n-m)^2 + m(n-m)\left(\frac{p}{q} + \frac{q}{p}\right) \\ &= n^2 + m(n-m)\left(\sqrt{\frac{p}{q}} - \sqrt{\frac{q}{p}}\right)^2\,. \end{aligned}$$

Für gerades $n = 2n'$ gilt

$$m(n-m) = 2mn' - m^2 = n'^2 - (n'-m)^2 \le n'^2\,,$$

mit Gleichheit genau für $m = n' = n/2$ und $n'^2 = n^2/4 = \lfloor n^2/4 \rfloor$. Für ungerades $n = 2n' + 1$ ist $a = n' - m$ ganz. Es folgt $-a^2 = a - a(a+1) \le a$ und

$$m(n-m) = n'^2 - (n'-m)^2 + m \le n'^2 + n' - m + m = (n'+1)n'\,,$$

mit Gleichheit genau für $a(a+1) = 0$, also in einen der beiden Fälle $m = n' = (n-1)/2$ oder $m = n' + 1 = (n+1)/2$. Dann gilt $(n'+1)n' = (n^2-1)/4 = \lfloor n^2/4 \rfloor$. Gleichheit in der rechten Ungleichung liegt also genau dann vor, wenn nur die Werte p und q angenommen werden, wobei sich die Anzahl der Zahlen p von der Anzahl der Zahlen q höchstens um 1 unterscheidet. $\diamondsuit$

Aufgabe 461341

Man ermittle alle reellen Zahlen x mit der Eigenschaft, dass für jede positive ganze Zahl n die Ungleichung

$$(1+x)^n \leq 1 + (2^n - 1)\, x \tag{1}$$

gilt.

Lösungen

1. Lösung. Wir betrachten zunächst den Fall $n = 2$. Dann ist die Ungleichung $(1+x)^2 \leq 1 + 3x$ äquivalent mit $x^2 \leq x$. Diese Ungleichung gilt dann und nur dann, wenn $0 \leq x \leq 1$ ist. Alle Zahlen mit der geforderten Eigenschaft erfüllen also notwendigerweise die Bedingung $0 \leq x \leq 1$.

Wir zeigen nun, dass die Bedingung $0 \leq x \leq 1$ auch hinreichend für die Gültigkeit von (1) mit beliebigem ganzzahligen $n \geq 1$ ist.

Für $n = 1$ ist (1) mit Gleichheit erfüllt. Es sei nun $0 \leq x \leq 1$ und für ein beliebiges festgehaltenes $n \geq 1$ gelte die Ungleichung $(1+x)^n \leq 1 + (2^n - 1)x$. Multiplikation mit $1 + x \geq 0$ ergibt

$$\begin{aligned}(1+x)^{n+1} &\leq (1 + (2^n - 1)x)\,(1+x) = 1 + 2^n x + (2^n - 1)x^2 \\ &\leq 1 + 2^n x + (2^n - 1)x \quad\;\; = 1 + (2^{n+1} - 1)x,\end{aligned}$$

wobei die Abschätzung wegen $2^n - 1 \geq 0$ und $x^2 \leq x$ gilt. Die Ungleichung (1) gilt also auch für die auf n folgende ganze Zahl $n + 1$ und, nach dem Prinzip der vollständigen Induktion, somit für alle natürlichen Zahlen n.

Damit ist nachgewiesen, dass genau die Zahlen x mit $0 \leq x \leq 1$ die gewünschte Eigenschaft besitzen.

2. Lösung. Die Funktionen $y = f(t) = t^n$ sind im Definitionsbereich $t \geq 0$ für alle positiven ganzen Zahlen n konvex. Es gilt also die Formel (4.14) (also die JENSEN'sche Ungleichung (4.22) mit zwei Abszissenwerten).

Für die Wahl $\lambda_1 = 1 - x$, $x_1 = 1$ und $\lambda_2 = x$, $x_2 = 2$ ergibt sich

$$(1+x)^n = \big((1-x)\cdot 1 + x \cdot 2\big)^n \leq (1-x)\cdot 1^n + x \cdot 2^n = 1 + (2^n - 1)\cdot x$$

für $0 \leq x \leq 1$.

$f(t)$ ist für gerade $n \geq 2$ streng konvex für alle t, daher folgt für diese Werte von n

$$(1+x)^n = \big((1-x)\cdot 1 + x \cdot 2\big)^n > (1-x)\cdot 1^n + x \cdot 2^n = 1 + (2^n - 1)\cdot x$$

für $x < 0$ nach (4.16) und für $x > 1$ nach (4.15). Daraus ergibt sich, dass genau die Zahlen x mit $0 \leq x \leq 1$ die Lösungsmenge bilden.

3. Lösung. Für $n = 1$ ist (1) mit Gleichheit erfüllt. Es sei also im weiteren $n \geq 2$. Für $x \leq -1$ ist die rechte Seite von (1) negativ. Die Ungleichung (1) ist deshalb für gerade Zahlen n offensichtlich falsch. Damit müssen alle x mit der gewünschten Eigenschaft notwendigerweise die Bedingung $x > -1$ erfüllen.

Für $x > -1$ und $k \geq 2$ gilt die Ungleichung $x^k \leq x$ genau dann, wenn $0 \leq x \leq 1$ ist. Weiterhin gilt für $n \geq 1$ nach dem binomischen Satz für die Summe der Binomialkoeffizienten $\sum\limits_{k=0}^{n} \binom{n}{k} = (1+1)^n = 2^n$. Kombiniert man für $x > -1$ beide Aussagen, so ergibt sich, dass für alle $n \geq 2$ die Ungleichung

$$(1+x)^n = \sum_{k=0}^{n} \binom{n}{k} x^k \leq 1 + \sum_{k=1}^{n} \binom{n}{k} x = 1 + (2^n - 1)x$$

genau für $0 \leq x \leq 1$ gilt.

4. Lösung. Für $n = 1$ ist (1) mit Gleichheit erfüllt. Für $n \geq 2$ soll die Ungleichung durch Diskussion der in ihr auftretenden Funktionen untersucht werden. Eine ähnliche Idee ist in der Aufgabe 381342, Seite 254 als Lemma 4.29 formuliert.

Aus der Identität

$$a^{m+1} - b^{m+1} = (a-b) \sum_{k=0}^{m} a^k b^{m-k}$$

ergibt sich mit $m = n - 2$ und $n \geq 2$ für die Differenz der rechten und linken Seite

$$\begin{aligned}
(1+x)^n + (1-2^n)\,x - 1 &= 2x\left((1+x)^{n-1} - 2^{n-1}\right) - (x-1)\left((1+x)^{n-1} - 1\right) \\
&= 2x\,(x-1) \sum_{k=0}^{n-2} (1+x)^k\, 2^{n-k-2} - (x-1)\,x \sum_{k=0}^{n-2} (1+x)^k \\
&= x\,(x-1) \sum_{k=0}^{n-2} (1+x)^k \left(2^{n-k-1} - 1\right).
\end{aligned}$$

Das Polynom besitzt also die einfachen Nullstellen $x_1 = 0$ und $x_2 = 1$. Eventuell vorhandene weitere reelle Nullstellen müssen negativ sein. Im Fall $n = 2$ gibt es keine weitere Nullstelle, die Ungleichung $x(x-1) \leq 0$ ist äquivalent mit $0 \leq x \leq 1$. Für $n > 2$ sind alle Summanden der Summe für $x > -1$ positiv, so dass (1) für $0 \leq x \leq 1$ ebenfalls gilt. ◇

4.5 Extremwerte

Die Untersuchung von Ungleichungen hängt sehr eng damit zusammen, für Mengen $M = \{x : x \in M\}$ von reellen Zahlen die größte x_{max} (das *Maximum*) oder die kleinste x_{min} (das *Minimum*) zu bestimmen. Diese heißen *Extremwerte* der Menge.

Sind es nur endlich viele Zahlen, gibt es immer ein Maximum und ein Minimum. Bei unendlichen Mengen muss das nicht mehr der Fall sein. Die Menge der natürlichen Zahlen hat ein Minimum, aber kein Maximum, Die Menge

$$M_{Beispiel} = \left\{-\frac{1}{2}, \frac{3}{4}, -\frac{5}{6}, \frac{7}{8}, -\frac{9}{10}, \dots, (-1)^n \frac{2n-1}{2n}, \dots\right\}$$

hat beides nicht.

Gibt es ein Maximum, dann gilt für jede Zahl $s \geq x_{max}$ und für jedes $x \in M$ stets $x \leq s$. Eine Zahl s für die eine Ungleichung $s \geq x$ für alle $x \in M$ gilt, heißt obere Schranke von M. Analog definiert man untere Schranken für die dann $s \leq x$ und ggf. $s \leq x_{min}$ gilt. Schranken können auch ohne Extremwerte existieren. Für die Menge $M_{Beispiel}$ sind z. B. 2,5 eine obere und -1000 eine untere Schranke Existieren obere Schranken, ergibt sich die Frage nach einer kleinsten solchen. Diese nennt man dann Supremum x_{sup} der Menge M. Analog nennt man das Infimum einer Menge x_{inf} die größte untere Schranke.

Die Frage nach der Existenz eines Supremums oder eines Infimums, wenn die Menge beschränkt ist, aber Maximum oder Minimum nicht existieren, ist sehr eng mit der Grundsatzfrage verbunden, was überhaupt reelle Zahlen sind. Reelle Zahlen werden in der Mathematik gerade so definiert, dass diese Existenz bewiesen werden kann. Wir können hier darauf nicht weiter eingeben und verweisen auf die Literatur, z. B. [22], oder ein beliebiges Lehrbuch zur Einführung in die mathematische Analysis.

Für die Menge $M_{Beispiel}$ gilt $x_{inf} = -1$ und $x_{sup} = 1$.

Besonders gut sind Fragen nach Extremwerten für Bildmengen reeller Funktionen untersucht. Ist eine Funktion $f(x)$ monoton, so befinden sich die extremen Funktionswerte an den Intervallenden. Je nachdem, ob die Monotonie streng ist und ob die Endpunkte des Intervalls zum Definitionsbereich gehören (abgeschlossene Intervalle) oder nicht (offene Intervalle), lässt sich für monotone Funktionen entscheiden ob Minimum oder Maximum existieren und wo sie sich befinden.

Bei konvexen Funktionen liefert das Maximumprinzip (Satz 4.21) eine Aussage über den größten Wert. Ein kleinster Wert muss nicht existieren, wie das Beispiel

$$f(x) = \begin{cases} 1 & \text{wenn } x = 0 \\ x^2 & \text{wenn } 0 < x \leq 1 \end{cases}$$

zeigt. $f(x)$ ist im Intervall $0 \leq x \leq 1$ definiert, streng konvex, positiv, jedoch nicht stetig und besitzt keinen kleinsten Funktionswert, das Infimum ist 0. Besitzt eine konvexe Funktion aber ein Minimum, so folgt aus der Konvexität, dass alle Minimalstellen ein Intervall bilden. Aus der strengen Konvexität folgt dann die Eindeutigkeit der Minimalstelle.

Wenn der Definitionsbereich eine *beschränkte* und *abgeschlossene* Menge ist und die reelle Funktion *stetig* ist, lässt sich beweisen, dass es Punkte gibt, in denen der Funktionswert maximal bzw. minimal ist. Bevor man eine solche Aussage in einer Lösung benutzt, sollte man sich aber soweit mit der mathematischen Analysis beschäftigt haben, dass man genau weiß, was in diesem Zusammenhang die Begriffe *beschränkt*, *abgeschlossen* und *stetig* bedeutet und wie dann der Existenzbeweis für die Extremwerte geführt werden kann. Hinweise dazu findet man auch im Satz 5.5.

Ist die Frage nach der Existenz eines Extremwertes positiv beantwortet, helfen zusätzliche Annahmen, um notwendige Bedingungen herzuleiten und damit Extremstelle und Extremwert zu bestimmen.

Als Beispiel wollen wir noch einmal die Ungleichung zwischen arithmetischem und geometrischem Mittel Mittel beweisen. Dazu halten wir die Summe von $n \geq 1$ nichtnegativen Zahlen $x_1 + x_2 + \cdots + x_n = s$ fest und suchen das Maximum der Funktion $f(x_1, x_2, \ldots, x_n) = \sqrt[n]{x_1 x_2 \ldots x_n}$. Der Definitionsbereich ist beschränkt und abgeschlossen, die Funktion stetig. Demnach existiert ein Maximum.

Ist eine der Variablen null, so ist der Funktionswert null und kann als Maximum ausgeschlossen werden, wir können also für das Maximum zusätzlich $x_i > 0$ voraussetzen. Um eine notwendige Bedingung herzuleiten, halten wir alle Variablen fest, bis auf zwei, x_i und x_k, für die dann die Summe $x_i + x_k = t$ ebenfalls konstant ist. Für das Produkt gilt dann

$$x_i x_k = x_i(t - x_i) = \frac{t^2}{4} - \left(x_i - \frac{t}{2}\right)^2 \leq \frac{t^2}{4}$$

und das Maximum dieser Teilaufgabe wird genau für $x_i = x_k = t/2$ angenommen. Da das Maximum der Funktion auch in jeder Teilaufgabe maximal sein muss, alle anderen Faktoren positiv sind, und die Wurzel eine streng monoton wachsende Funktion ist, ist $x_i = x_k$ eine notwendige Bedingung für die Maximalstelle. Wenn es also ein Maximum gibt, kann das nur für $x_1 = x_2 = \cdots = x_n = s/n$ eintreten. Es folgt wieder (zum letzten Mal nach den Beispielen 4.5 und 4.16)

Beispiel 4.21 (AGM für n Zahlen). *Sind x_1, x_2, $\ldots x_n$ nichtnegativ, so gilt*

$$\sqrt[n]{x_1 x_2 \ldots x_n} \leq \sqrt[n]{\left(\frac{s}{n}\right)^n} = \frac{s}{n} = \frac{x_1 + x_2 + \cdots + x_n}{n}$$

mit Gleichheit nur für $x_1 = x_2 = \cdots = x_n$.

Aufgabe 171235

Man beweise folgende Sätze:

(a) Sind u der Umfang, r der Radius des Inkreises und R der Radius des Umkreises des Dreiecks ABC, dann gilt

$$R > \frac{\sqrt{3}}{3}\sqrt{ur}\,.$$

(b) Ist das Dreieck insbesondere rechtwinklig, dann gilt sogar

$$R \geq \frac{\sqrt{2}}{2}\sqrt{ur}\,.$$

Lösungen

In einem ersten Schritt formulieren wir die Aufgabe um und erweitern sie dabei etwas. Wir unterteilen das Dreieck ABC mit dem Inkreismittelpunkt O in die drei Teildreiecke ABO, OBC und AOC, vgl. Abb. L171235a, und erhalten für den Flächeninhalt

$$F = \frac{ar}{2} + \frac{br}{2} + \frac{cr}{2} = \frac{1}{2}\,ur, \tag{1}$$

wobei $a = |BC|$, $b = |CA|$ und $c = |AB|$ ist. Damit können wir in den Ungleichungen das Produkt ur durch den Flächeninhalt F ersetzen, nach dem wir die Ungleichungen äquivalent umstellen.

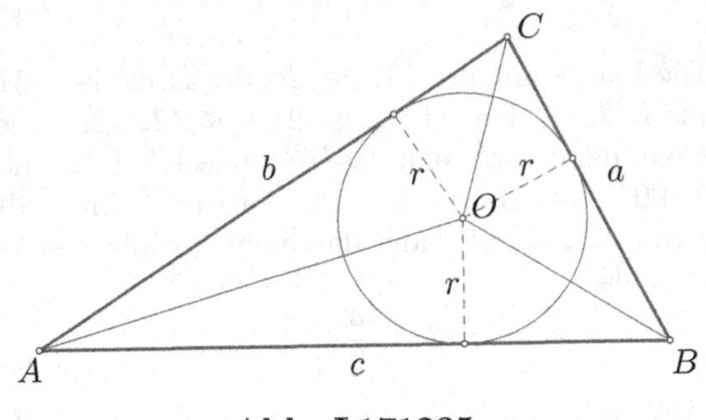

Abb. L171235a

Nachstehend beweisen wir:

(a') Für jedes Dreieck ABC gilt $F < \frac{3}{2}\,R^2$.

(b') Ist das Dreieck ABC nicht spitzwinklig, dann gilt sogar $F \leq R^2$ und das Gleichheitszeichen steht genau dann, wenn das Dreieck ABC gleichschenklig und rechtwinklig ist.

(c') Für alle Dreiecke ABC gilt sogar $F \leq \frac{3}{4}\,\sqrt{3}\,R^2$. Das Gleichheitszeichen steht genau dann, wenn das Dreieck gleichseitig ist.

1. Lösung. Wir beweisen (a') und (b'). Es sei M der Umkreismittelpunkt des Dreiecks ABC, mit F_1, F_2, F_3 seien die Flächeninhalte der Dreiecke ABM, MBC bzw. AMC bezeichnet. Wenn das $\triangle\,ABC$ spitzwinklig ist, dann liegt M im Inneren von ABC (Abb. L171235b) und für den Flächeninhalt F von ABC gilt

$$F = F_1 + F_2 + F_3. \tag{2}$$

Ist dagegen ABC nicht spitzwinklig (Abb. L171235c), dann muss der Flächeninhalt des Teildreiecks über der längsten Kante, z. B. von F_1, subtrahiert werden, so dass in diesem Fall gilt

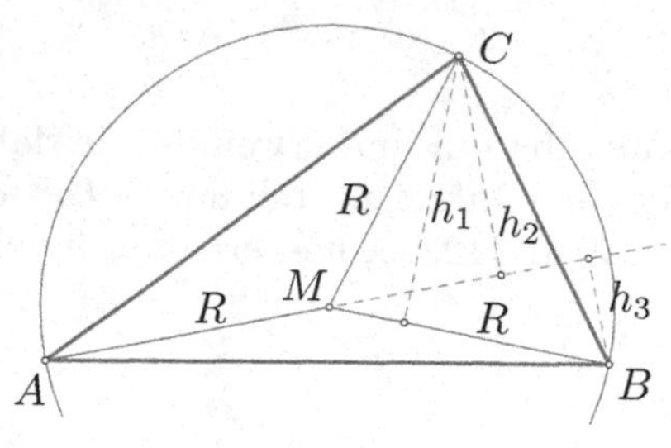

Abb. L171235b

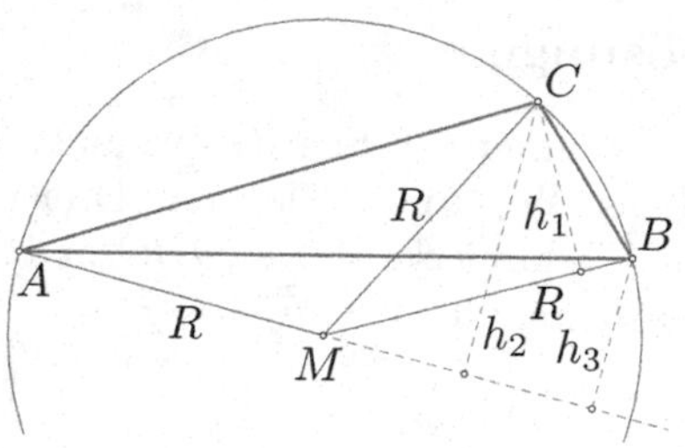

Abb. L171235c

$$F = -F_1 + F_2 + F_3 \leq F_2 + F_3 \leq F_1 + F_2 + F_3 \,. \tag{3}$$

Beweis von (a'). Die Flächeninhalte F_1, F_2, F_3 der Dreiecke CMB, BMC, AMB sind nicht größer als $R^2/2$. Daher folgt aus (2) $F \leq 3\,R^2/2$. Gleichheit, $F_i = R^2/2$ $(i = 1, 2, 3)$, liegt genau dann vor, wenn das Teildreieck bei M einen rechten Winkel, $90°$ oder $270° = 3 \cdot 90°$, hat. Da die Summe der drei Winkel aber $360°$, d. h. ein gerades Vielfaches von $90°$, ergibt, kann das nicht für alle drei Winkel gleichzeitig der Fall sein. Es folgt also

$$F < \frac{3}{2}\,R^2 \,.$$

Beweis von (b'). Aus der ersten Abschätzung von (3) folgt analog

$$F \leq F_2 + F_3 \leq \frac{2}{2}R^2 = R^2 \,.$$

Gleichheit gilt dabei genau dann, wenn $F_1 = 0$ und $F_2 = F_3 = R^2/2$ gilt. Zwei Dreiecke können bei M einen rechten Winkel haben. Dann ist Das Dreieck ABC rechtwinklig gleichschenklig. Tatsächlich liegt in diesem Fall das dritte Teildreieck entartet auf der Hypotenuse und hat den Flächeninhalt $F_1 = 0$. Gleichheit $ur = 2R^2$ gilt also genau für das gleichschenklige rechtwinklige Dreieck, wenn spitzwinklige Dreiecke ausgeschlossen sind.

2. Lösung. Wir verallgemeinern und beweisen (b') und (c'). Dazu nehmen wir an, dass die Eckpunkte so bezeichnet werden, dass $\overline{AB}$ eine längste Strecke ist, dann ist der Winkel γ bei C auch ein größter Winkel. Wir errichten die Mittelsenkrechte zu $\overline{AB}$, die $\overline{AB}$ im Punkt D und den Umkreis k von $\triangle\,ABC$ in den Punkten C' und D' schneidet, dabei seien die Bezeichnungen so gewählt, dass C' und C auf dem gleichen Kreisbogen über der Sehne $\overline{AB}$ liegen (Abb. L171235d). Das Dreieck ABC' ist dann gleichschenklig mit einer Höhe der Länge $x = |DC'| < 2R$. Durch die Wahl von R und x ist das Dreieck ABC' bis auf Kongruenz eindeutig bestimmt. Wählt man zusätzlich einen Punkt C auf dem Kreisbogen $BC'A$, gilt das gleiche auch für das Dreieck ABC.

Wir halten R fest und bestimmen das Maximum von $F(x, C)$, des Flächeninhaltes des Dreiecks ABC, für ein Intervall $x_0 \geq x > 0$ (mit $2R > x_0 > 0$).

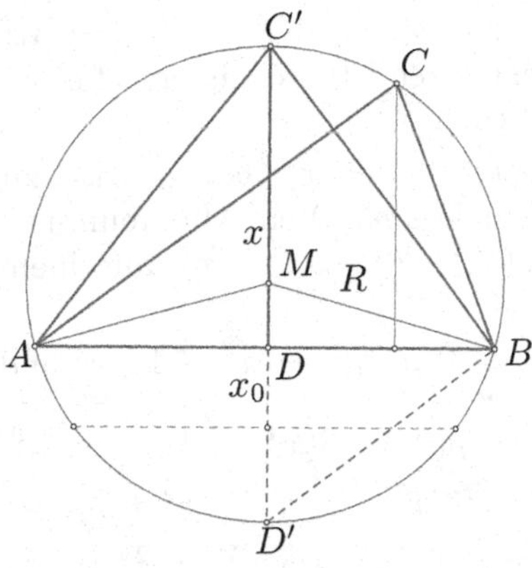

Abb. L171235d

Bemerkung. Die Annahme, dass $\overline{AB}$ eine längste Kante ist, begründet sogar stärker $3R \geq 2x_0 > 0$. Wir machen davon aber keinen Gebrauch.

1. Schritt. Wenn wir zusätzlich x festhalten, hat das Dreieck mit der Strecke $\overline{AB}$ eine konstante Grundseite. Das flächengrößte Dreieck ist dann das Dreieck mit der längsten Höhe, es folgt

$$F(x, C) \leq F(x, C')$$

mit Gleichheit genau für $C = C'$, also für das gleichschenklige Dreieck.

2. Schritt. Nach dem Satz des THALES hat das Dreieck $D'BC'$ bei B einen rechten Winkel. Folglich ist die Strecke $|DB| = c/2$ seine Höhe in B und genügt (mit $2R - x = |DD'|$) dem Höhensatz

$$\left(\frac{c}{2}\right)^2 = x\,(2R - x)\,.$$

Wendet man die Ungleichung vom arithmetischen-geometrischen Mittel (4.4) auf die vier Zahlen $x/3$, $x/3$, $x/3$ und $2R - x$ an, so kann das Quadrat der Fläche abgeschätzt werden durch

$$\left(F(x, C')\right)^2 = \frac{1}{4}x^2c^2 = 27\left(\frac{x}{3}\right)^3(2R - x) \leq 27\left(\frac{2R}{4}\right)^4 = \frac{3^3}{2^4}R^4,$$

$$F(x, C') \leq \frac{3}{4}\sqrt{3}\,R^2.$$

Gleichheit gilt im zweiten Schritt genau dann, wenn $x/3 = 2R - x$, also die Höhe $x = 3R/2$ ist. Mit $R = 2x/3$ ist dann ist $c = 2\sqrt{x(4x/3 - x)} = 2\sqrt{3}x/3$, das gleichschenklige Dreieck ist dann auch gleichseitig.

Wir untersuchen das Polynom $p(x) = 3\big(F(x, C')\big)^2 = 3x^3(2R - x)$. (Den Faktor 3 haben wir dabei nach einem ersten Überschlag eingeführt, um bei der nachfolgenden Rechnung Brüche zu vermeiden.)

Um das Verhalten von $p(x)$ für $0 < x \leq x_* = 3R/2$ zu diskutieren, nutzen wir aus, dass wir bereits wissen, dass $p(x_*)$ ein Maximum ist. Dann muss nämlich $p(x)$ eine Darstellung $p(x) = p(x_*) - (x - x_*)^2 q(x)$ mit einem positiven Polynom $q(x)$ besitzen.

Wir schreiben (mit $R = 2x_*/3$) $p(x) = -3x^4 + 4x_* x^3$ und erhalten tatsächlich

$$\begin{aligned}
p(x) &= -3x^4 + 4x_* x^3 = p(x_*) - 3(x^4 - x_*^4) + 4x_*(x^3 - x_*^3)\\
&= p(x_*) - (x - x_*)\big(3(x^3 + x^2 x_* + x x_*^2 + x_*^3) + 4x_*(x^2 + x x_* + x_*^2)\big)\\
&= p(x_*) - (x - x_*)\big(x^3 - x_*^3 + x(x^2 - x_*^2) + x^2(x - x_*)\big)\\
&= p(x_*) - (x - x_*)^2\big(x^2 + x x_* + x_*^2 + x(x + x_*) + x^2\big)\\
&= p(x_*) - (x - x_*)^2(3x^2 + 2x x_* + x_*^2) = p(x_*) - (x - x_*)^2 q(x)
\end{aligned}$$

und $q(x)$ ist nicht nur nichtnegativ, sondern für $x \geq 0$ wegen $x_* > 0$ auch streng monoton wachsend. Da $(x - x_*)^2$ für $0 < x \leq x_*$ streng monoton fallend und positiv ist, ist $p(x)$ auf diesem Intervall streng monoton wachsend.

Beweis von (b'). Aus der Monotonie folgt, dass für alle Intervalle $0 < x \leq x_0$ mit $x_0 \leq x_*$ stets $p(x) \leq p(x_0)$ und folglich

$$F(x, C') \leq F(x_0, C')$$

gilt, mit Gleichheit nur für $x = x_0$. Für rechtwinklige Dreiecke gilt $x_0 = R < 3R/2 = x_*$, $c = 2R$ und $F(x_0, C) = F(R, C') = R^2$. Für nichtspitzwinklige Dreiecke und beliebige Punkte C gilt $x \leq R$ und folglich

$$F(x, C) \leq F(x, C') \leq F(R, C') = R^2.$$

Beweis von (c'). Gibt es keine Einschränkung ist als größter Wert für die Fläche tatsächlich das Maximum möglich, es gilt

$$F(x, C) \leq F(x, C') \leq F(x_*, C') = \frac{3}{4}\sqrt{3}R^2.$$

und Gleichheit gilt genau für gleichseitige Dreiecke.

3. Lösung. Wir benutzen wieder die Bezeichnungen der ersten Lösung und benutzen α, β, γ für die Größe der *orientierten* Zentriwinkel $\sphericalangle BMC$, $\sphericalangle CMA$ bzw. $\sphericalangle AMB$. Dann ist $\alpha + \beta + \gamma = 360°$ und die *orientierten* Flächeninhalte der Dreiecke BMC, CMA, AMB sind

$$F_1 = \frac{1}{2}R^2 \sin\gamma, \quad F_2 = \frac{1}{2}R^2 \sin\alpha, \quad F_3 = \frac{1}{2}R^2 \sin\beta. \tag{4}$$

Unabhängig von der Lage von M gilt jetzt allgemein

$$F = F_1 + F_2 + F_3. \tag{5}$$

Beweis von (a'). Aus (5), (4) und $\sin x \leq 1$ erhält man

$$F = \frac{1}{2}R^2(\sin\alpha + \sin\beta + \sin\gamma) < \frac{3}{2}R^2,$$

Gleichheit käme nur für drei rechte Winkel infrage. Das ist nicht möglich.

Beweis von (b'). Wenn das Dreieck ABC nicht spitzwinklig ist, kann man annehmen, dass $\gamma \geq 180°$ gilt. Man erhält aus (4), (5) und $\alpha + \beta + \gamma = 360°$ die Gleichung

$$F = \frac{1}{2}R^2(\sin\alpha + \sin\beta - \sin(\alpha + \beta)),$$

wobei $\alpha, \beta > 0$ und $\alpha + \beta \leq 180°$ ist. Folglich ist $\sin(\alpha + \beta) \geq 0$. Im Intervall $0 \leq x \leq 180°$ ist die Funktion $f(x) = \sin x$ streng konkav. Also gilt mit der JENSEN'schen Ungleichung

$$F \leq \frac{1}{2}R^2(\sin\alpha + \sin\beta) \leq R^2 \sin\frac{\alpha+\beta}{2} \leq R^2 .$$

Gleichheit gilt genau dann, wenn $\alpha = \beta = 90°$ (und $\alpha + \beta = 180°$). Dies ist genau dann der Fall, wenn das Dreieck rechtwinklig und gleichschenklig ist.

Beweis von (c'). Ist das Dreieck nicht spitzwinklig, nutzen wir den Beweis von (b'). Anderenfalls sind alle Winkel α, β, γ nach dem Zentriwinkelsatz kleiner als 180° und wir können wieder die JENSEN'sche Ungleichung (4.24), diesmal für drei Winkel, nutzen

$$\frac{\sin\alpha + \sin\beta + \sin\gamma}{3} \leq \sin\frac{\alpha+\beta+\gamma}{3} = \sin 120° = \frac{1}{2}\sqrt{3}.$$

Damit ist

$$F \leq \frac{3}{4}\sqrt{3}R^2.$$

Gleichheit gilt genau dann, wenn $\alpha = \beta = \gamma = 120°$, also wenn das Dreieck ABC gleichseitig ist. ◇

Aufgabe 161234

(a) Man beweise, dass für alle reellen Zahlen x, y, z mit $x+y+z = \pi$ die Ungleichung

$$\cos 2x + \cos 2y - \cos 2z \leq \frac{3}{2} \tag{1}$$

gilt.

(b) Es sind diejenigen Werte von x, y, z zu ermitteln, für die in (1) das Gleichheitszeichen gilt.

Lösung

Man beachte die Ähnlichkeit zur Aufgabe 041246 (Seite 172). Dort werden Dreieckswinkel, also nur positive Variablen betrachtet, so dass sich nur die zweite und eventuell auch die letzte Lösung der Aufgabe 041246 übertragen lassen und die Frage nach dem Gleichheitsfall komplizierter wird.

Wir vereinfachen uns zunächst die Aufgabe. Es gilt $\cos 2z = \cos(2\pi - 2x - 2y) = \cos 2(x+y)$, damit ist die Aufgabe auf zwei Variable reduziert; im Gleichheitsfall ergibt sich die dritte Variable aus $z = \pi - x - y$. Die Funktion $\cos 2x$ ist periodisch mit einer Periodenlänge π so dass ein Wert mit $0 \leq x_0 < \pi$ für alle Werte $x = x_0 + k\pi$ mit beliebigen ganzzahligem k steht. Außerdem ändert sich die Aufgabenstellung nicht, wenn x mit y vertauscht wird.

Wir können also das Maximum von $f(x,y) = \cos 2x + \cos 2y - \cos 2(x+y)$, zunächst unter der zusätzlichen Voraussetzung, dass $0 \leq y \leq x < \pi$ gilt, suchen. Dann gilt auch $0 \leq x - y < \pi$.

(a) Für beliebige reelle Zahlen x und y gilt

$$\begin{aligned}\cos 2x + \cos 2y - \cos 2(x+y) &= 2\cos(x+y)\cos(x-y) + 1 - 2\cos^2(x+y)\\ &= -\frac{1}{2}\big(2\cos(x+y) - \cos(x-y)\big)^2 + \frac{1}{2}\cos(x-y)^2 + 1\end{aligned}$$

und

$$-\big[2\cos(x+y) - \cos(x-y)\big]^2 \leq 0, \qquad \cos(x-y)^2 \leq 1\,. \tag{2}$$

Hieraus ergibt sich

$$\cos 2x + \cos 2y - \cos 2z \leq 0 + \frac{1}{2} + 1 = \frac{3}{2}\,.$$

(b) Aus den Abschätzungen (2) ergibt sich, dass in (1) das Gleichheitszeichen genau dann steht, wenn $\cos^2(x-y) = 1$ und zusätzlich $2\cos(x+y) = \cos(x-y)$ gilt. Die erste Bedingung ist im betrachteten Intervall nur für $x = y$ erfüllt. Dann ergibt die zweite $2\cos 2x = 1$, mit (wegen $0 \leq 2x < 2\pi$) zwei Lösungen

$$x_1 = \frac{\pi}{6} \qquad \text{oder} \qquad x_2 = \frac{5\pi}{6} = \pi - \frac{\pi}{6}\,. \tag{3}$$

Macht man die anfangs getroffenen Vereinbarungen rückgängig, ergeben sich aus (3) zwei Mengen von Lösungen für den Gleichheitsfall. Gleichheit gibt es genau dann, wenn zwei ganze Zahlen k_1 und k_2 existieren, so dass entweder

$$x = \frac{\pi}{6} + k_1\pi, \qquad y = \frac{\pi}{6} + k_2\pi, \qquad z = \frac{2\pi}{3} - (k_1 + k_2)\pi$$

oder

$$x = -\frac{\pi}{6} + k_1\pi, \qquad y = -\frac{\pi}{6} + k_2\pi, \qquad z = \frac{4\pi}{3} - (k_1 + k_2)\pi$$

gilt. 

Aufgabe 471344

Man ermittle die kleinste Konstante C so, dass für alle reellen Zahlen x und y gilt

$$1 + (x+y)^2 \leq C\,(1+x^2)(1+y^2). \tag{1}$$

Lösungen

1. Lösung. Wir setzen in (1) die Werte $x = y = 1/\sqrt{2}$ ein und und erhalten

$$3 \leq C\left(1+\frac{1}{2}\right)\left(1+\frac{1}{2}\right) = \frac{9}{4}C$$

und somit zwingend $C \geq 4/3$.
Für alle reellen Zahlen x, y gilt die Ungleichung

$$0 \leq (x-y)^2 + (2xy-1)^2.$$

Durch äquivalente Umformungen erhält man $6xy \leq x^2 + y^2 + 4x^2y^2 + 1$. Hieraus folgt weiter

$$3 + 3x^2 + 6xy + 3y^2 \leq 4 + 4x^2 + 4y^2 + 4x^2y^2$$

und schließlich

$$1 + (x+y)^2 \leq \frac{4}{3}\,(1+x^2)(1+y^2). \tag{2}$$

Gilt $C \geq 4/3$, so folgt (1) unmittelbar aus (2).
Die gesuchte kleinste Zahl C, die (1) für alle reellen Zahlen x und y erfüllt, ist also $C = 4/3$.
Natürlich entsteht die Frage, wie man auf eine solche Lösung kommt, wie man die Werte $x = y = 1/\sqrt{2}$ oder $C = 4/3$ findet. Hierbei hilft heuristische Intuition, man kann z. B. den Spezialfall $x = y$ durchrechnen.

2. Lösung. Wir zeigen, dass man die Aufgabe auch direkt, systematisch und schrittweise als Extremwertaufgabe lösen kann. Wir verzichten dabei auf die Differentialrechnung und überlegen uns nur, wie man für $x \geq a$ das Minimum einer Funktion $y = x^2$ bestimmt. (Vgl. Abb. L471344.)

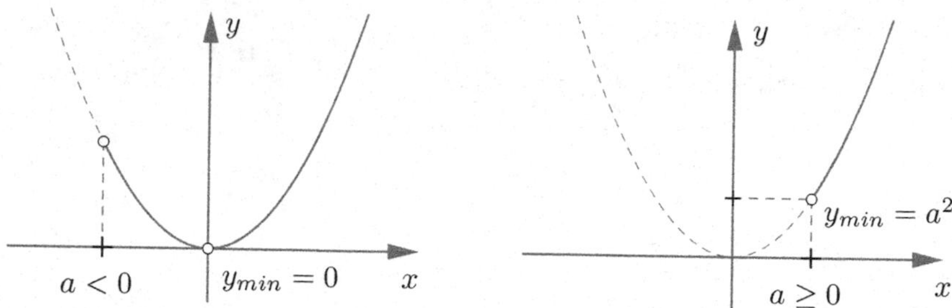

Abb. L471344: Minimum für $y = x^2$ unter der Bedingung $x \geq a$.

Wir erhalten die eindeutige Minimalstelle

$$x_{min} = \begin{cases} 0 & \text{falls } a < 0 \\ a & \text{falls } a \geq 0 \end{cases}, \quad \text{mit dem Minimum} \quad y_{min} = \begin{cases} 0 & \text{falls } a < 0 \\ a^2 & \text{falls } a \geq 0 \end{cases}. \quad (3)$$

Um die linke Seite in (1) wenigstens teilweise von der rechten abzukoppeln, transformieren wir so, dass sie nur noch von einer Variablen abhängt,

$$x = s + t, \qquad y = -s + t, \qquad \text{also} \qquad s = \frac{1}{2}(x - y), \qquad t = \frac{1}{2}(x + y).$$

Das überführt die linke Seite auf $1 + (x + y)^2 = 1 + 4t^2$ und die Ungleichung ist genau dann erfüllt, wenn sie für alle t und das minimale $s = s_{min}$ der rechten Seite richtig ist. Wir berechnen dieses Minimum (und ignorieren zunächst den Faktor C, der offensichtlich positiv sein muss).

$$\begin{aligned}(1 + x^2)(1 + y^2) &= (1 + s^2 + t^2 + 2st)(1 + s^2 + t^2 - 2st) \\ &= (1 + s^2 + t^2)^2 - 4s^2t^2 = (1 + s^2 + t^2)^2 - 4(1 + s^2)t^2 + 4t^2 \\ &= (1 + s^2 - t^2)^2 + 4t^2\end{aligned}$$

Wir können (3) mit $x = 1 + s^2 - t^2$ und $a = 1 - t^2$ anwenden und erhalten

$$(1 + x^2)(1 + y^2) = \begin{cases} 4t^2 & \text{für } s^2 = t^2 - 1 > 0, \\ (1 - t^2)^2 + 4t^2 = (1 + t^2)^2 & \text{mit } s^2 = 0, \text{ für } t^2 \leq 1. \end{cases}$$

Also unterscheiden wir die zwei Fälle $t^2 \leq 1$ und $t^2 > 1$.

Fall 1. Für $t^2 \leq 1$ ist (1) genau für $1 + 4t^2 \leq C(1 + t^2)^2$ erfüllt. Nach Division durch $C > 0$ ist das äquivalent zu

$$t^4 + 2(1 - 2/C)t^2 + 1 - 1/C \geq 0$$

$$\left(t^2 + 1 - 2/C\right)^2 + (3C - 4)/C^2 \geq 0\,. \tag{4}$$

Um den kleinsten Wert der linken Seite zu erhalten, können wir wieder (3) anwenden. Wir erhalten die beiden Fälle

$$\begin{array}{llll} 3C - 4 \geq 0, & \text{für den Fall} \quad t_{min}^2 = 2/C - 1 \geq 0, & \text{d. h., wenn} & C \leq 2\,, \\ 1 - 1/C \geq 0 & \text{oder} \quad C \geq 1 \quad \text{und} \quad t_{min} = 0\,, & \text{wenn} & C > 2\,. \end{array}$$

Zusammengefasst ist (4) genau dann für alle reellen t erfüllt, wenn $C \geq 4/3$. Da für $C \geq 4/3$ stets $t_{min}^2 \leq 2 \cdot 3/4 - 1 = 1/2 < 1$ erfüllt ist, ist diese Äquivalenz der Bedingungen auch unter der Einschränkung $t^2 \leq 1$ gültig.

Fall 2. Für den anderen Fall, $t^2 > 1$, muss $1 + 4t^2 \leq C \cdot 4t^2$ oder $4(C - 1)t^2 \geq 1$ nachgewiesen werden. Zunächst muss $C - 1 > 0$ gelten. Das Minimum von t^2 für $t^2 \geq 1$ ist $t^2 = 1$, also ist die Abschätzung genau dann für alle t des zweiten Falls erfüllt, wenn $4(C-1) \geq 1$ gilt, das ist aber immer erfüllt, wenn schon die Bedingung $4 \leq 3C$ des ersten Falls erfüllt ist.

Die Ungleichung (1) ist genau dann für alle x und y, bzw. für alle reellen Zahlen s und t erfüllt, wenn $C \geq 4/3$ gilt. Die gesuchte kleinste Konstante ist $C = 4/3$. $\diamondsuit$

4.6 Standardungleichungen

In den ersten Jahrzehnten sind regelmäßig Aufgaben gestellt worden, die sehr nahe von Aufgaben waren, die man in der gängigen mathematischen Fachliteratur über Ungleichungen findet. Diese haben meist originelle elementare Lösungsmöglichkeiten und sind für Landes- oder Bundesrunde von genau richtigem Schwierigkeitsgrad. Standardungleichungen sind durch den guten Kenntnisstand vieler Teilnehmer heute allerdings nicht mehr gut für die Mathematikwettbewerbe geeignet, weil sie trainierten Schülern zu bekannt sind; für alle anderen dann aber vergleichsweise schwierig werden. Sie gehören aber zum Kanon der Mathematik-Olympiaden, zum einen, weil man andere Aufgaben darauf zurückführen kann und zum anderen, weil ihre Beweise typische Ideen enthalten, die vielseitig nutzbar sind.

Die wichstigste ist die Ungleichung zwischen dem arithmetischem und dem geometrischen Mittel nichtnegativer Zahlen, die in den vorhergehenden Unterkapiteln schon breit diskutiert wurde. Außerdem haben wir schon das quadratische und das harmonische Mittel eingeordnet. Wir untersuchen jetzt weitere Mittel und beleuchten darüberhinaus weitere grundsätzliche Ungleichungen und ihr mathematisches Umfeld.

Weitere Standardungleichungen, wie z. B. die Dreiecksungleichungen, werden auch in den anderen Abschnitten dieses Buches behandelt.

Ein wichtiges Beispiel mit einer breiten Anwendung ist

Beispiel 4.22 (Ungleichung von Cauchy[7]-Bunjakowski[8]-Schwarz[9]). *Für je $2n$ Zahlen $x_1, x_2, \dots, x_n, y_1, y_2, \dots, y_n$ gilt*

$$|x_1y_1 + x_2y_2 + \cdots + x_ny_n| \le \sqrt{x_1^2 + x_2^2 + \cdots + x_n^2}\sqrt{y_1^2 + y_2^2 + \cdots + y_n^2} \qquad (4.25)$$

Gleichheit gilt genau dann, wenn es eine Zahl $t \ge 0$ gibt, so dass für alle i $y_i = tx_i$ gilt oder wenn alle $x_i = 0$ sind.

Beweis. Beide Seiten sind positiv, damit ist Quadrieren eine äquivalente Umformung. Danach multiplizieren wir aus und schreiben die Ungleichung als

$$\sum_{i=1}^{n}\sum_{k=1}^{n} x_iy_i \cdot x_ky_k = \sum_{i=1}^{n}\sum_{k=1}^{n} x_iy_k \cdot x_ky_i \le \sum_{i=1}^{n}\sum_{k=1}^{n} x_i^2 \cdot y_k^2 = \sum_{i=1}^{n}\sum_{k=1}^{n} x_iy_k \cdot x_iy_k \,.$$

Jetzt können wir eine direkte Anwendung von Satz 4.8 auf die Umordnung von zwei Folgen mit den n^2 Gliedern x_iy_k erkennen. Für den Gleichheitsfall müssen die vertauschten Glieder gleichgeordnet sein, $x_iy_k \cdot x_ky_i \upuparrows x_iy_k \cdot x_iy_k$, also muss $x_iy_k = x_ky_i$ gelten. Gibt es ein $i = i_0$ mit $x_{i_0} \ne 0$ können wir $t = y_{i_0}/x_{i_0}$ setzen und es folgt für $i = i_0$, dass $y_k = tx_k$ für alle k gelten muss. Dann ist auch $x_iy_k = tx_ix_k = y_ix_k$ für beliebige Paare (i,k) erfüllt. □

Aus der Ungleichung zwischen den arithmetischem und dem geometrischen Mittel von $n \ge 1$ Zahlen lässt sich die nützliche Ungleichung von Bernoulli ableiten.

Dafür betrachten wir eine beliebige reelle Zahl $t \ge 0$ und zwei positive ganze Zahlen $n \ge m$. Die m Zahlen t^n und weitere $(n-m)$ Zahlen 1 haben dann das geometrische Mittel t^m, es gilt nach (4.4)

$$\frac{1}{n}\big(mt^n + (n-m)\cdot 1\big) \ge t^m \,.$$

Setzt man als erstes $t = \sqrt[m]{1+x}$, so ergibt sich $t^m = 1 + x$ und es bleibt

$$\begin{aligned} \frac{m}{n}(1+x)^{n/m} + 1 - \frac{m}{n} &\ge 1 + x \,, \\ (1+x)^{n/m} &\ge 1 + \frac{n}{m}\cdot x \,. \end{aligned}$$

Mit $t = \sqrt[n]{1+x}$ gilt dagegen $t^n = 1 + x$ und man erhält

---

[7] Augustin-Louis Cauchy (1789–1857)

[8] Wiktor Jakowlewitsch Bunjakowski (1804–1889)

[9] Hermann Amandus Schwarz (1843–1921)

$$\frac{m}{n}(1+x)+1-\frac{m}{n} \geq (1+x)^{m/n}\,,$$
$$(1+x)^{m/n} \leq 1+\frac{m}{n}\cdot x\,.$$

Nimmt man als letztes $m \geq 0$ Zahlen t^n und $n \geq 1$ Zahlen t^{-m}, so haben diese Zahlen für $t > 0$ das geometrische Mittel 1 und die Ungleichung (AGM, 4.4) liefert

$$\frac{1}{n+m}(mt^n + nt^{-m}) \geq 1\,.$$

Setzt man hier wieder $t = \sqrt[n]{1+x}$, so entsteht nach Umstellen

$$(1+x)^{-m/n} \leq 1-\frac{m}{n}\cdot x\,.$$

Zusammen gefasst erhalten wir das

Beispiel 4.23 (Bernoulli'sche Ungleichung[10]). *Für $x > -1$ gilt*

$$(1+x)^\alpha \geq 1+\alpha x\,, \quad \textit{falls} \quad \alpha \geq 1 \quad \textit{oder} \quad \alpha \leq 0\,, \tag{4.26}$$
$$(1+x)^\alpha \leq 1+\alpha x\,, \quad \textit{falls} \quad 0 \leq \alpha \leq 1\,. \tag{4.27}$$

Gleichheit gilt genau dann, wenn einer der drei Fälle $x = 0$, $\alpha = 0$ oder $\alpha = 1$ vorliegt. Für $\alpha > 0$ gelten die Aussagen auch für $x = -1$.

Beweis. Den Beweis für rationale Werte von α haben wir geführt. Auf irrationale α überträgt sich die Aussage aufgrund von Stetigkeitsargumenten. □

Mit der Ungleichung von Bernoulli sind wir in der Lage die Frage nach der Konvexität für die wichtigsten Funktionen zu entscheiden. Wir formulieren dazu zwei Hilfssätze.

Lemma 4.24. *Auf dem Definitionsbereich $x > 0$ sind die Funktionen $f_\alpha(x) = x^\alpha$*

(a) *linear und damit sowohl konvex als auch konkav, wenn $\alpha = 0$ oder $\alpha = 1$,*

(b) *streng konvex, falls $\alpha < 0$ oder $\alpha > 1$ gilt,*

(c) *streng konkav, im Fall $0 < \alpha < 1$.*

Bemerkung. Für $\alpha > 0$ kann die Aussage auf den Definitionsbereich $x \geq 0$ ausgedehnt werden. Für $\alpha \geq 1$ ist die Fortsetzung $f_\alpha(x) = |x|^\alpha$ auf alle reellen Zahlen x konvex, für $\alpha > 1$ sogar streng.

Beweis. Für $x > 0$ und $t \geq 0$ setzen wir $t = x + (t-x) = x(1+s)$. Dabei ist $s = (t-x)/x = t/x - 1 \geq -1$. Dann ergibt sich aus einem Potenzgesetz und der Ungleichung von Bernoulli

$$f(t) = f(x)f(1+s) = f(x)(1+s)^\alpha \gtreqless f(x)(1+\alpha s) = f(x) + \alpha\frac{f(x)}{x}(t-x)$$

---

10 Jakob Bernoulli (1655–1705)

die Existenz einer Sub- bzw. Supertangente nach (4.17) (mit der Berechnung der Ableitung $f'(x) = m_T(x) = \alpha x^{\alpha-1}$ als Abfallprodukt!) und damit die Konvexität bzw. Konkavität. Gleichheit gilt dabei für $s = 0$, d. h. $t = x$, oder im Fall (a). Im Fall (b) mit $s \neq 0$ steht das „$>$"-Zeichen, für (c) mit $t \neq x$ steht dagegen „$<$". □

Lemma 4.25. *Die für $x > 0$ definierte Funktion $f(x) = \ln x$ ist streng konkav.*

Beweis. Wir nutzen die Ungleichung (AGM, 4.1) und die Logarithmengesetze. Für $x > 1$ ist $\ln x > 0$. Also ist für $y > x > 0$ stets $\ln y - \ln x = \ln(y/x) > 0$, die Funktion ist streng monoton wachsend. Es folgt für $x \neq y$

$$\ln \frac{x+y}{2} > \ln \sqrt{xy} = \frac{1}{2}(\ln x + \ln y).$$

Da $f(x) = \ln x$ eine stetige Funktion ist, folgt daraus die Konkavität. □

Lemma 4.26. *Für alle reellen Zahlen $a > 0$ ist die Funktion $f(x) = a^x$ konvex, für $a \neq 1$ sogar streng.*

Beweis. Für $a = 1$ ist $f(x)$ konstant und die Aussage selbstverständlich wahr. Für $a \neq 1$ gilt stets $f(x) > 0$ und für $x \neq y$ folgt zunächst $f(x) \neq f(y)$ und danach mit Hilfe von Potenzgesetzen und der Ungleichung (AGM, 4.1)

$$f\left(\frac{x+y}{2}\right) = \sqrt{f(x+y)} = \sqrt{f(x)f(y)} > \frac{1}{2}\left(f(x) + f(y)\right).$$

Mit der Steigkeit der Exponentialfunktion folgt die strenge Konvexität. □

Wir wollen jetzt unser Repertoire an Ungleichungen von Mitteln von zwei, oder allgemeiner von $n \geq 2$ Zahlen, wesentlich verallgemeinern. Wir schauen uns das zunächst allgemein an. Für eine beliebige, streng monotone, stetige Funktion $s = f(t)$ ist die Umkehrfunktion $t = f^{-1}(s)$ eindeutig definiert, ebenfalls stetig und im gleichen Sinn streng monoton. Damit können wir für den Ausdruck

$$m_f(x, y) = f^{-1}\left(\frac{f(x) + f(y)}{2}\right)$$

sowohl $m_f(x, y) = m_f(y, x)$, als auch $\min\{x, y\} \leq m_f(x, y) \leq \max\{x, y\}$ nachweisen, $m_f(x, y)$ ist ein Mittel beider Zahlen. Diese Mittel lassen sich auf einfache Weise auf mehrere Zahlen aus dem Definitionsbereich von $f(t)$ erweitern, zu

$$m_f(x_1, x_2, \ldots, x_n) = f^{-1}\left(\frac{f(x_1) + f(x_2) + \cdots + f(x_n)}{n}\right)$$

als symmetrisches Mittel und, mit einem festen Satz von Gewichten $w_i > 0$, wobei $w_1 + w_2 + \cdots + w_n = 1$ gilt, auch zu gewichtete Mittel,

$$\widetilde{m}_f(x_1, x_2, \ldots, x_n) = f^{-1}\left(w_1 f(x_1) + w_2 f(x_2) + \cdots + w_n f(x_n)\right).$$

Satz 4.27 (Allgemeine Mittelungleichung). *Auf einem gemeinsamen Intervall seien zwei streng monotone Funktionen f und g definiert. Für beide Funktionen vergleichen wir die Mittel. Wenn f dabei streng monoton wachsend ist, dann sind die folgenden vier Aussagen äquivalent*

(1) *Die Funktion $s = h(t)$ mit $s = f\big(g^{-1}(t)\big)$ ist streng konvex.*

(2) *Für je zwei Zahlen $x \neq y$ aus dem Definitionsbereich gilt $m_g(x,y) < m_f(x,y)$.*

(3) *Für n Zahlen aus dem Definitionsbereich, die nicht alle gleich sind gilt*

$$m_g(x_1, x_2, \ldots, x_n) < m_f(x_1, x_2, \ldots, x_n)\,.$$

(4) *Für Gewichte $w_i > 0$ mit $w_1 + w_2 + \cdots + w_n = 1$ und für jede Auswahl von n Zahlen aus dem Definitionsbereich, die nicht alle gleich sind, gilt*

$$\widetilde{m}_g(x_1, x_2, \ldots, x_n) < \widetilde{m}_f(x_1, x_2, \ldots, x_n)\,.$$

Beweis. Den wesentlichen Teil des Beweises haben wir zu Beginn des Kapitels 4.4 zu konvexen Funktionen ausgeführt. Alle Funktionen, die wir betrachten, sind stetig. Wir setzen $u = g(x)$, $v = g(y)$ und $u_i = g(x_i)$ und wenden die Funktion f auf die Ungleichungen in (2), (3) und (4) an. Da f streng monoton wachsend ist ist das jeweis eine äquivalente Umformung. Wir nutzen die Formeln $f(f^{-1}(X)) = X$ und $f(g^{-1}(X)) = h(X)$ und erhalten dann für die Ungleichung in (2) äquivalent

$$h\left(\frac{u+v}{2}\right) = f\big(m_g(g^{-1}(u), g^{-1}(v))\big) < f\big(m_f(g^{-1}(u), g^{-1}(v))\big) = \frac{h(u)+h(v)}{2}\,,$$

sowie analog zu (3) und (4)

$$h\left(\frac{u_1 + u_2 + \cdots + u_n}{n}\right) < \frac{h(u_1) + h(u_2) + \cdots + h(u_n)}{n}\,,$$

$$h\left(w_1 u_1 + w_2 u_2 + \cdots + w_n u_n\right) < w_1 h(u_1) + w_2 h(u_2) + \cdots + w_n h(u_n)\,.$$

Das sind die Formeln (4.18), (4.24) und (4.22) für die Funktion h, die bei Stetigkeit mit der strengen Konvexität äquivalent sind. □

Bemerkung. Für streng monoton fallende Funktionen f, oder für Funktionen h, die nur konvex oder aber (streng) konkav sind, lassen sich analoge Ergebnisse beweisen. Die genaue Formulierung überlassen wir wieder dem Leser.

Wir definieren jetzt die üblichen Mittel für positive reelle Zahlen $x_1, x_2, \ldots, x_n$ als Spezialfälle. Für die gewichtetes Mittel benötigen wir zusätzlich n nichtnegative Zahlen w_i mit

$$w_1 + w_2 + \cdots + w_n = 1\,,$$

die wir *Gewichte* nennen.

Arithmetische Mittel. Wir wählen $f(x) = x$ und definieren

$$M_1 = M_1(x_1, x_2, \ldots, x_n) = m_f(x_1, x_2, \ldots, x_n) = \frac{x_1 + x_2 + \cdots + x_n}{n}\,,$$

$$\widetilde{M}_1 = \widetilde{M}_1(x_1, x_2, \ldots, x_n) = w_1 x_1 + w_2 x_2 + \cdots + w_n x_n\,.$$

Geometrische Mittel. Wir wählen $f(x) = \ln x$ und definieren

$$M_0 = M_0(x_1, x_2, \ldots, x_n) = m_f(x_1, x_2, \ldots, x_n) = \sqrt[n]{x_1 x_2 \ldots x_n}\,,$$

$$\widetilde{M}_0 = \widetilde{M}_0(x_1, x_2, \ldots, x_n) = x_1^{w_1} x_2^{w_2} \ldots x_n^{w_n}\,.$$

Quadratische Mittel. Wir wählen $f(x) = x^2$ und definieren

$$M_2 = M_2(x_1, x_2, \ldots, x_n) = m_f(x_1, x_2, \ldots, x_n) = \sqrt{\frac{x_1^2 + x_2^2 + \cdots + x_n^2}{n}}\,,$$

$$\widetilde{M}_2 = \widetilde{M}_2(x_1, x_2, \ldots, x_n) = \sqrt{w_1 x_1^2 + w_2 x_2^2 + \cdots + w_n x_n^2}\,.$$

Harmonische Mittel. Wir wählen $f(x) = 1/x$ und definieren

$$M_{-1} = M_{-1}(x_1, x_2, \ldots, x_n) = m_f(x_1, x_2, \ldots, x_n) = \frac{n}{\frac{1}{x_1} + \frac{1}{x_2} + \cdots + \frac{1}{x_n}}\,,$$

$$\widetilde{M}_{-1} = \widetilde{M}_{-1}(x_1, x_2, \ldots, x_n) = \frac{1}{\frac{w_1}{x_1} + \frac{w_2}{x_2} + \cdots + \frac{w_n}{x_n}}\,.$$

Mittel zu einem Grad $p \neq 0$. Wir wählen $f(x) = x^p$ und definieren

$$M_p = M_p(x_1, x_2, \ldots, x_n) = m_f(x_1, x_2, \ldots, x_n) = \sqrt[p]{\frac{x_1^p + x_2^p + \cdots + x_n^p}{n}}\,,$$

$$\widetilde{M}_p = \widetilde{M}_p(x_1, x_2, \ldots, x_n) = \sqrt{w_1 x_1^p + w_2 x_2^p + \cdots + w_n x_n^p}\,.$$

Die Definitionen von M_p bzw. von $\widetilde{M}_p$ gehen für $p = 1$, $p = 2$ und $p = -1$ in die Definitionen vom arithmetischem, quadratischen und harmonischem Mittel über. Die Bezeichnungsweise ist also nicht widersprüchlich.

Der Leser überzeuge sich bitte, dass die folgenden vier Formeln gelten.

Alle Mittel sind homogen, d. h. für $\lambda > 0$ gilt stets

$$M_p(\lambda x_1, \lambda x_2, \ldots, \lambda x_n) = \lambda M_p(x_1, x_2, \ldots, x_n)\,, \tag{4.28}$$

$$\widetilde{M}_p(\lambda x_1, \lambda x_2, \ldots, \lambda x_n) = \lambda \widetilde{M}_p(x_1, x_2, \ldots, x_n)\,. \tag{4.29}$$

Weiter gilt für alle p

$$M_{-p}(x_1, x_2, \ldots, x_n) = \frac{1}{M_p\left(\frac{1}{x_1}, \frac{1}{x_2}, \ldots, \frac{1}{x_n}\right)}, \tag{4.30}$$

$$\widetilde{M}_{-p}(x_1, x_2, \ldots, x_n) = \frac{1}{\widetilde{M}_p\left(\frac{1}{x_1}, \frac{1}{x_2}, \ldots, \frac{1}{x_n}\right)}. \tag{4.31}$$

Diese letzten beiden Formeln können auch alternativ genutzt werden, um Mittel mit negativem Grad zu definieren.

Mittel zum „Grad“ $\pm\infty$. In manchem Zusammenhang ist es zweckmäßig, auch

$$M_{\infty}(x_1, x_2, \ldots, x_n) = \max\{x_1, x_2, \ldots, x_n\},$$
$$M_{-\infty}(x_1, x_2, \ldots, x_n) = \min\{x_1, x_2, \ldots, x_n\}$$

als Mittel einzuführen. Wie bereits bei der Definition von m_f angemerkt, gilt dann für beliebige streng monotone Funktionen f

$$M_{-\infty}(x_1, x_2, \ldots, x_n) \leq m_f(x_1, x_2, \ldots, x_n) \leq M_{\infty}(x_1, x_2, \ldots, x_n), \tag{4.32}$$

mit Gleichheit nur für $x_1 = x_2 = \cdots = x_n$ und die Formeln (4.28) bis (4.31) bleiben sinngemäß auch für $p = \pm\infty$ gültig.

Satz 4.28 (Monotonie der Mittel). *Seien für $n \geq 2$ die positiven Zahlen $x_1, x_2, \ldots, x_n$ nicht alle gleich und $p > q$ zwei positive reelle Zahlen. Dann gilt*

$$M_{-\infty} < M_{-p} < M_{-q} < M_0 < M_q < M_p < M_{\infty}.$$

Sind außerdem n nichtnegative Gewichte w_i mit $w_1 + w_2 + \cdots + w_n = 1$ gegeben und sind nicht alle x_i, für die $w_i > 0$ ist, gleich, so folgt außerdem

$$M_{-\infty} < \widetilde{M}_{-p} < \widetilde{M}_{-q} < \widetilde{M}_0 < \widetilde{M}_q < \widetilde{M}_p < M_{\infty}.$$

Beweis. Wir betrachten die streng monotonen Funktionen $f_1(x) = x^p$, $f_2(x) = x^q$ und $f_3(x) = \ln x$, die die Mittel M_p, M_q und M_0 erzeugen. Dann sind die Funktionen $f_1\big(f_2^{-1}(x)\big) = x^{p/q}$ und $f_2\big(f_3^{-1}(x)\big) = e^{nx} = a^x$ mit $a = e^n$ nach Lemma 4.24 und Lemma 4.26 konvex, so dass wir den Satz 4.27 anwenden koennen und $M_0 < M_q < M_p$ erhalten. Mittels (4.30) ergibt sich daraus $M_{-p} < M_{-q} < M_0$. Der Rest folgt aus (4.32). Die Abschätzungen für die gewichteten Mittel erfolgen analog. Sind dabei Gewichte $w_i = 0$, können die zugehörigen Werte x_i weggelassen werden und der Fall auf eine kleinere Anzahl n' von Zahlen mit $1 \leq n' < n$ und nur positiven Gewichten zurückgeführt werden. □

Aufgabe 091246

Es ist zu beweisen, dass für jedes Quadrupel positiver reeller Zahlen a, b, c, d die Beziehung

$$\sqrt[3]{\frac{abc + abd + acd + bcd}{4}} \leq \sqrt{\frac{ab + ac + ad + bc + bd + cd}{6}}$$

gilt und es ist zu untersuchen, in welchen Fällen Gleichheit eintritt.

Lösungen

Diese Aufgabe von U. PIRL ist als „Pirlscher Hammer" in die Geschichte der Mathematik-Olympiade-Bewegung eingegangen. Die Lösung gelang W. BURMEISTER, ein weiterer Schüler erzielte 4 von 8 Punkten und alle anderen erhielten 0 oder (bei Angabe, wann Gleichheit gilt) 1 Punkt. Wir wollen für diese Aufgabe ausführlicher als bei anderen diskutieren, welche Zugänge es für eine Lösung gibt. Es sind erstaunlich viele. Aber auch mehr als 50 Jahre später ist unter diesen kein offensichtlicher (wenn man nicht die mathematische Fachliteratur zu totalsymmetrischen Polynomen kennt, auf die wir unten im Zusammenhang mit der Verallgemeinerung hinweisen).

1. Lösung. Es werden die Abkürzungen

$$s_1 = a + b + c + d, \qquad s_2 = ab + ac + ad + bc + bd + cd,$$
$$s_3 = abc + abd + acd + bcd, \qquad s_4 = abcd \tag{1}$$

eingeführt. Wegen $a, b, c, d > 0$ ist $s_1 > 0$ $(i = 1, 2, 3, 4)$ und die zu beweisende Ungleichung hat die Form $(s_3/4)^{1/3} \leq (s_2/6)^{1/2}$. Dies ist gleichbedeutend mit

$$27s_3^2 \leq 2s_2^3. \tag{2}$$

Nun sind die Koeffizienten eines beliebigen Polynoms die elementarsymmetrischen Funktionen der Nullstellen des Polynoms. Aus $P(x) = (x - a)(x - b)(x - c)(x - d)$ ergibt sich mit (1) durch Ausmultiplizieren

$$P(x) = x^4 - s_1x^3 + s_2x^2 - s_3x + s_4\,.$$

Aus der Bedingung, dass die Nullstellen a, b, c, d von $P(x)$ positiv sind werden nun Bedingungen für die Koeffizienten s_1, s_2, s_3, s_4 hergeleitet, aus denen dann (2) gefolgert wird. Das Polynom $P(x)$ hat entweder

(A) vier einfache Nullstellen (z. B. für $0 < a < b < c < d$) oder
(B) zwei einfache und eine doppelte Nullstelle (z. B. für $0 < a < b < c = d$) oder
(C) zwei doppelte Nullstellen (z. B. für $0 < a = b < c = d$) oder
(D) eine einfache und eine dreifache Nullstelle (z. B. für $0 < a < b = c = d$) oder
(E) eine vierfache Nullstelle (für $0 < a = b = c = d$).

Für jedes Quadrupel positiver Zahlen a, b, c, d tritt genau einer dieser Fälle auf. Nach dem Satz von ROLLE[11] (Ist die Funktion f in $[a,b]$ stetig, in (a,b) differenzierbar und gilt $f(a) = f(b) = 0$, so gibt es (mindestens) ein $x_0 \in (a,b)$ mit $f'(x_0) = 0$.) liegt zwischen je zwei aufeinanderfolgenden, voneinander verschiedenen Nullstellen von $P(x)$ mindestens eine Nullstelle des Polynoms $P'(x)$. Hat $P(x)$ eine k-fache Nullstelle ($k = 2, 3, 4$), so hat $P'(x)$ an dieser Stelle eine $(k-1)$-fache Nullstelle. Also hat $P'(x)$ in den Fällen (A), (B), (C) drei einfache Nullstellen, im Fall (D) eine einfache und eine doppelte Nullstelle und im Fall (E) eine dreifache Nullstelle. Damit hat $P'(x) = 4x^3 - 3s_1x^2 + 2s_2x - s_3$ drei reelle und positive Nullstellen a', b' und c'. Nach dem Wurzelsatz des VIETA[12] gilt $s_2/2 = a'b' + a'c' + b'c'$ und $s_3/4 = a'b'c'$. Die Ungleichung zwischen arithmetischem und geometrischen Mittel (4.4) zwischen den drei Zahlen $a'b'$, $a'c'$ und $b'c'$ liefert dann unsere gewünschte Abschätzung:

$$\frac{s_2}{6} = \frac{a'b' + a'c' + b'c'}{3} \geq \sqrt[3]{a'^2b'^2c'^2} = \sqrt[3]{\left(\frac{s_3}{4}\right)^2},$$

$$\sqrt{\frac{s_2}{6}} \geq \sqrt[3]{\frac{s_3}{4}}.$$

Gleichheit steht dabei genau für $a'b' = a'c' = b'c'$. Im Bereich positiver Zahlen ist das äquivalent mit $a' = b' = c'$ oder mit dem Fall (D). Genau dann, wenn $a = b = c = d$ gilt, liegt Gleichheit vor.

2. Lösung. Kommt man auf die Idee, s_1 als dritte Größe mit in die Suche nach Abschätzungen einzubeziehen, gelingt es zunächst noch direkt, einen Zusammenhang zwischen s_1 und s_2 herzustellen

$$\begin{aligned} 3s_1^2 &= 3a^2 + 3b^2 + 3c^2 + 3d^2 + 6s_2 \\ &= (a-b)^2 + (a-c)^2 + (a-d)^2 + (b-c)^2 + (b-d)^2 + (c-d)^2 + 8s_2 \\ &\geq 8s_2 . \end{aligned} \tag{3}$$

Berechnet man analog s_2^2, so findet man zunächst

$$s_2^2 = Q + 6s_4 + 2R . \tag{4}$$

Dabei sind Q und R Abkürzungen:

$$Q = a^2b^2 + a^2c^2 + a^2d^2 + b^2c^2 + b^2d^2 + c^2d^2 ,$$

$$R = abcd \cdot \left(\frac{a}{b} + \frac{a}{c} + \frac{a}{d} + \frac{b}{a} + \frac{b}{c} + \frac{b}{d} + \frac{c}{a} + \frac{c}{b} + \frac{c}{d} + \frac{d}{a} + \frac{d}{b} + \frac{d}{c}\right) .$$

Die Summe R tritt auch bei der Multiplikation von s_1 mit s_3 auf,

[11] MICHEL ROLLE (1652–1719)

[12] FRANCOIS VIÉTE (1540–1603)

$$s_1 s_3 = 4s_4 + R\,. \tag{5}$$

Die Summe Q lässt sich mit quadratischen Ergänzungen nach unten abschätzen,

$$Q = (ab-cd)^2 + (ac-bd)^2 + (ad-bc)^2 + 6abcd \geq 6abcd = 6s_4\,. \tag{6}$$

Eine andere Abschätzung unter Verwendung von $x^2+y^2+z^2 \geq xy+yz+yz$ ergibt

$$\begin{aligned} 2Q &= a^2(b^2+c^2+d^2) + b^2(a^2+c^2+d^2) + c^2(a^2+b^2+d^2) + d^2(a^2+b^2+c^2) \\ &\geq R\,. \end{aligned} \tag{7}$$

Kombiniert man jetzt die Gleichungen (4), (5) mit Faktoren α und β und die Ungleichungen (6) und (7) mit Faktoren $\gamma \geq 0$ bzw. $\delta \geq 0$ miteinander, so erhält man die Abschätzung

$$\alpha s_2^2 + \beta s_1 s_3 \geq (\alpha - \gamma - 2\delta)Q + (6\alpha + 4\beta + 6\gamma)s_4 + (2\alpha + \beta + \delta)R\,.$$

Wählt man $\delta = 1$ und löst das verbleibende lineare Gleichungssystem, so gelingt es tatsächlich, die Koeffizienten auf der rechten Seite zum Verschwinden zu bringen. Man erhält $\alpha = 4$, $\beta = -9$ und $\gamma = 2$. Da tatsächlich $\gamma > 0$ ist, ist damit

$$4s_2^2 \geq 9s_1 s_3 \tag{8}$$

gezeigt. Aus den Abschätzungen (8) und (3) ergibt sich das gewünschte Ergebnis,

$$\sqrt[3]{\frac{s_3}{4}} = \sqrt[3]{\frac{9s_3 s_1}{9\cdot 4s_1}} \leq \sqrt[3]{\frac{4s_2^2}{3^2\cdot 4s_1}} = \sqrt[3]{\frac{s_2^2}{3^2 s_1}} = \sqrt[6]{\frac{s_2^4}{3^4 s_1^2}} \leq \sqrt[6]{\frac{s_2^4}{3^3\cdot 8s_2}} = \sqrt{\frac{s_2}{6}}\,.$$

Bemerkung. Wendet man die Ungleichung (AGM, 4.4) direkt auf die Summanden von s_3 an und erinnert sich noch einmal an die Formel (3) hat man die Ungleichungskette $s_4^{\frac{1}{4}} \leq \left(\frac{1}{4}s_3\right)^{\frac{1}{3}} \leq \left(\frac{1}{6}s_2\right)^{\frac{1}{2}} \leq \frac{1}{4}s_1$ bewiesen. Es zeigt sich nun, dass sich die Ungleichung zwischen arithmetischem und geometrischem Mittel auf die beiden äußeren Glieder bezieht, während doch gerade die Beziehung zwischen den beiden inneren Gliedern nachgewiesen werden soll. Die Ungleichung AGM ist also eine gröbere Abschätzung als die zu beweisende Ungleichung.

3. Lösung. In anderer Weise benutzt, kann man jedoch mit den, dem Anschein nach gröberen, elementaren Ungleichungen einen Beweis finden. Für den (soweit bisher bekannt) kürzesten direkten Beweis benutzen wir neben der Ungleichung zwischen arithmetischen und geometrischen Mitteln zusätzlich quadratische Mittel (4.10).

Wir verfolgen dabei das Ziel, die dritte Wurzel als geometrisches Mittel nach oben abzuschätzen. Der Radikand muss dazu gegen ein Produkt von drei Faktoren abgeschätzt werden.

Das gelingt uns, indem wir dafür zunächst die Ungleichung (AGM) in der Form $\sqrt{xy} \leq (x+y)/2$ zweimal so anwenden, dass wir ausklammern können. Der so entstehende dritte Faktor wird über die Ungleichung zwischen arithmetischem und quadratischem Mittel, $(x+y)/2 \leq \sqrt{(x^2+y^2)/2}$ abgeschätzt, die beiden ersten fassen wir zusammen. Danach führt tatsächlich eine Anwendung der Ungleichung zwischen arithmetischem und geometrischem Mittel in der Form $\sqrt[3]{x^2y} \leq (2x+y)/3$ zum Ziel.

Mit diesem Plan lässt sich die Lösung kompakt aufschreiben:

$$\begin{aligned}
\sqrt[3]{\frac{abc+abd+acd+bcd}{4}} &= \sqrt[3]{\frac{a+d}{4}\sqrt{bc}^2 + \frac{b+c}{4}\sqrt{ad}^2} \\
&\leq \sqrt[3]{\frac{a+d}{4}\frac{b+c}{2}\sqrt{bc} + \frac{b+c}{4}\frac{a+d}{2}\sqrt{ad}} = \sqrt[3]{\frac{(a+d)(b+c)}{4}\frac{\sqrt{bc}+\sqrt{ad}}{2}} \\
&\leq \sqrt[3]{\frac{(a+d)(b+c)}{4}\sqrt{\frac{bc+ad}{2}}} = \sqrt{\sqrt[3]{\left[\frac{(a+d)(b+c)}{4}\right]^2 \frac{bc+ad}{2}}} \\
&\leq \sqrt{\frac{1}{3}\left[2\cdot\frac{(a+d)(b+c)}{4} + \frac{bc+ad}{2}\right]} = \sqrt{\frac{ab+ac+ad+bc+bd+cd}{6}} .
\end{aligned}$$

Gleichheit tritt dabei im ersten Abschätzungsschritt genau für $a=d$ und $b=c$ ein, im zweiten Schritt für $ad=bc$. Da alle Zahlen positiv sind, kann insgesamt Gleichheit nur für $a=b=c=d$ gelten, was dann auch tatsächlich der Fall ist.

4. Lösung. Nicht viel länger ist die Originallösung, die WOLFGANG BURMEISTER in der Wettbewerbsklausur gefunden hat. Wir geben sie hier in einer leichten Überarbeitung wieder.

Wegen der Symmetrie und der Homogenität der Ungleichung kann man annehmen, dass $a+b \geq c+d=1$ gilt. Dann lautet die zu beweisende Ungleichung

$$\sqrt[3]{\frac{ab+(a+b)cd}{4}} \leq \sqrt{\frac{s}{6}} \qquad \text{mit} \qquad s = ab+cd+a+b .$$

Nun gilt $cd \leq (c+d)^2/4 = 1/4$ und damit

$$\begin{aligned}
ab+(a+b)cd &= ab+cd+(a+b-1)cd = s-1+(cd-1)(a+b-1) \\
&\leq s-1-\frac{3}{4}(a+b+2)+\frac{9}{4} = s+\frac{5}{4}-\frac{3}{4}\sqrt{(a+b)^2+4(a+b)+4} \\
&\leq s+\frac{5}{4}-\frac{3}{4}\sqrt{4ab+4(a+b)+4cd+3} = s+\frac{5}{4}-\frac{3}{4}\sqrt{4s+3} .
\end{aligned}$$

Skalierung und Rollentausch haben also auf eine hinreichende Ungleichung in nur noch einer Variablen,

$$s+\frac{5}{4}-\frac{3}{4}\sqrt{4s+3} \leq \sqrt{2\left(\frac{s}{3}\right)^3} ,$$

geführt. Diese wird jetzt bewiesen. Mit der Substitution $t = \sqrt{4s+3}$ ist, wegen $s > a+b \geq 1$, zunächst $t > 2$ und die Ungleichung nacheinander äquivalent zu

$$\frac{t^2-3}{4} + \frac{5}{4} - \frac{3}{4}t = \frac{t^2-3t+2}{4} \leq \sqrt{2\left(\frac{t^2-3}{12}\right)^3}$$

und

$$54(t-1)^2(t-2)^2 \leq (t^2-3)^3\,.$$

Schließlich ist (um das nachzurechnen, können wir $u = t-2 > 0$ substituieren)

$$\begin{aligned}(t^2-3)^3 - &54(t-1)^2(t-2)^2 = \\ &= (t-3)^2\left[(t-2)^4 + 14(t-2)^3 + 24(t-2)^2 + 14(t-2) + 1\right] \geq 0\,.\end{aligned}$$

Für die Gleichheit muss in allen Abschätzungen Gleichheit gelten. Das führt nacheinander auf $c = d = 1/2$, $a = b$ und $t = 3$. Aus $t = 3$ ergibt sich $s = 3/2$. Danach gilt $a^2+2a+1/4 = 3/2$ genau für $(a+1)^2 = 9/4$ woraus, wegen $a > 0$, eindeutig $a = 1/2$, also $a = b = c = d = 1/2$ folgt. Ohne die Skalierung bedeutet das $a = b = c = d$ mit einem beliebigen positiven Wert.

5. Lösung. Man kann auf den Gedanken kommen, analoge Ungleichungen mit weniger Variablen zu untersuchen. Z. B. kann man eine Ungleichung

$$B = \sqrt{\frac{ab+bc+ca}{3}} \leq \frac{a+b+c}{3} = A$$

vermuten. Dazu kann man zerlegen und mittels (AGM, 4.4) abschätzen

$$B = \sqrt{\frac{ab}{3} + c\frac{a+b}{3}} \leq \sqrt{\frac{(a+b)^2}{12} + c\frac{a+b}{3}} = \frac{a+b}{2}\sqrt{\frac{1}{3} + \frac{4c}{3(a+b)}}$$

und mit der BERNOULLI'schen Ungleichung (4.27) vollenden

$$= \frac{a+b}{2}\left(1 + \frac{2}{3}\left(\frac{2c}{a+b} - 1\right)\right)^{\frac{1}{2}} \leq \frac{a+b}{2}\left(1 + \frac{1}{3}\left(\frac{2c}{a+b} - 1\right)\right) = A\,.$$

Die Ungleichung gilt also. Wendet man zusätzlich die Ungleichung (AGM) auf die drei Summanden unter der Wurzel von B an, gilt sogar

$$\sqrt[3]{abc} \leq B \leq A\,. \tag{9}$$

Wir wenden jetzt diese Vorgehensweise an und benutzen dabei sogar (9) zweimal,

$$\left(\frac{abc+abd+acd+bcd}{4}\right)^{\frac{2}{3}} = \left(\frac{abc}{4}+\frac{3}{4}dB^2\right)^{\frac{2}{3}} \le \left(\frac{1}{4}B^3+\frac{3}{4}dB^2\right)^{\frac{2}{3}}$$
$$= B^2\left(\frac{1}{4}+\frac{3}{4}\frac{d}{B}\right)^{\frac{2}{3}} = B^2\left(1+\frac{3}{4}\left(\frac{d}{B}-1\right)\right)^{\frac{2}{3}}$$
$$\le B^2\left(1+\frac{1}{2}\left(\frac{d}{B}-1\right)\right) = \frac{1}{2}B^2+\frac{1}{2}dB$$
$$\le \frac{1}{2}B^2+\frac{1}{2}dA = \frac{ab+ac+bc+ad+bd+cd}{6}.$$

Damit ist die Ungleichung bewiesen. Für den Gleichheitsfall folgt nacheinander $a=b$ und $2c=a+b$, also $a=b=c$ für die Gleichheit in (9). Schließlich muss noch $d=B$ gelten, für $a=b=c$ ist aber $B=a$.

Bemerkung. Wenn man den Zusammenhang mit der BERNOULLI'schen Ungleichung nicht bemerkt, kann man jede einzelne der Abschätzungen auch durch eine Diskussion der auftretenden Funktionen, wie das in der 4. Lösung erfolgt ist, erledigen.

6. Lösung. (Verallgemeinerung) Die fünfte Lösung kann sowohl von der Anzahl $n=3,4$ der beteiligten Zahlen als auch der Anzahl $k=1,2,3$ der Faktoren in den Summanden verallgemeinert werden. Gegeben seien n positive reelle Zahlen $a_1, a_2, \ldots, a_n$. Wir wollen für die elementarsymmetrischen Mittel

$$m_{n,k} = \sqrt[k]{\frac{1}{\binom{n}{k}} \sum_{1\le j_1<j_2<\cdots<j_k\le n} a_{j_1}, a_{j_2}\ldots a_{j_k}} \qquad k=1,2,\ldots,n$$

die Ungleichungskette

$$m_{n,1} \ge m_{n,2} \ge \cdots \ge m_{n,n}$$

beweisen. Speziell gilt

$$m_{n,1} = \frac{1}{n}(a_1+a_2+\cdots+a_n),$$
$$m_{n,2} = \sqrt{\frac{2}{n(n-1)}(a_1a_2+a_1a_3+\cdots+a_1a_n+\cdots+a_{n-1}a_n)},$$
$$m_{n,3} = \sqrt[3]{\frac{6}{n(n-1)(n-2)}(a_1a_2a_3+a_1a_2a_4+\cdots+a_{n-2}a_{n-1}a_n)},$$
$$\ldots$$
$$m_{n,n} = \sqrt[n]{a_1a_2\ldots a_n}.$$

Wir erkennen dabei in $m_{n,1}$ das arithmetische und in $m_{n,n}$ das geometrische Mittel. Die Olympiade-Aufgabe im Jahr 1970 war es, $m_{4,2} \ge m_{4,3}$ zu zeigen.

Beseitigt man die Wurzel durch potenzieren und multipliziert mit dem Nenner $\binom{n}{k}$, der der Anzahl der Summanden entspricht, erhält man die bekannten elementarsymmetrischen Polynome $s_{n,k}$, für die es eine einfache Rekursionsformel gibt, wenn man zu $n-1$ Zahlen $a_1, a_2, \ldots a_{n-1}$ eine weitere Zahl a_n hinzufügt,

$$s_{n,k} = \binom{n}{k} m_{n,k}^k = s_{n-1,k} + a_n s_{n-1,k-1} \,.$$

Setzt man der Einfachheit halber zusätzlich

$$s_{n-1,n} = m_{n-1,n} = 0 \quad \text{und} \quad s_{n-1,0} = m_{n-1,0} = 1 \,,$$

gilt diese Rekursion auch für $n = 1$ oder $k = 1$, demnach folgt für $k = 1, 2, \ldots, n$

$$\begin{aligned} m_{n,k}^k &= \frac{1}{\binom{n}{k}} \left(\binom{n-1}{k} m_{n-1,k}^k + a_n \binom{n-1}{k-1} m_{n-1,k-1}^{k-1} \right) \\ &= \frac{n-k}{n} m_{n-1,k}^k + a_n \frac{k}{n} m_{n-1,k-1}^{k-1} \,. \end{aligned} \tag{10}$$

Für $n = 2$ ist die Behauptung $m_{2,1} \geq m_{2,2}$ die Ungleichung zwischen arithmetischem und geometrischem Mittel aus dem Einführungsbeispiel 4.1 und dort bewiesen. Wir nehmen an, für ein $n > 2$ ist

$$m_{n-1,1} \geq m_{n-1,2} \geq \cdots \geq m_{n-1,n-1} > 0 = m_{n-1,n} \tag{11}$$

bereits gezeigt. Wir wollen die analoge Ungleichungskette für n zeigen. Für jedes k mit $n \geq k \geq 2$ folgt dann aus (10) mit (11)

$$\begin{aligned} m_{n,k}^{k-1} &\leq \left(\frac{n-k}{n} m_{n-1,k-1}^k + a_n \frac{k}{n} m_{n-1,k-1}^{k-1} \right)^{\frac{k-1}{k}} \\ &= m_{n-1,k-1}^{k-1} \left(1 + \frac{k}{n} \left[\frac{a_n}{m_{n-1,k-1}} - 1 \right] \right)^{\frac{k-1}{k}} \,. \end{aligned}$$

Und nach der BERNOULLI'schen Ungleichung (4.27) folgt

$$\begin{aligned} m_{n,k}^{k-1} &\leq m_{n-1,k-1}^{k-1} \left(1 + \frac{k-1}{n} \left[\frac{a_n}{m_{n-1,k-1}} - 1 \right] \right) \\ &= \frac{n-k+1}{n} m_{n-1,k-1}^{k-1} + \frac{k-1}{n} a_n m_{n-1,k-1}^{k-2} \,. \end{aligned}$$

Eine nochmalige Anwendung der Induktionsvoraussetzung (11) führt wieder auf die Formel (10) und schließt den Induktionsschritt ab

$$m_{n,k}^{k-1} \leq \frac{n-k+1}{n} m_{n-1,k-1}^{k-1} + \frac{k-1}{n} a_n m_{n-1,k-2}^{k-2} = m_{n,k-1}^{k-1} \,.$$

Da $m_{n,n}$ trivialerweise positiv ist, ist damit

$$m_{n,1} \geq m_{n,2} \geq \cdots \geq m_{n,n} > 0$$

für alle ganzzahligen $n \geq 2$ bewiesen. Für den Gleichheitsfall muss in jedem Schritt $a_n = m_{n-1,k-1}$ gelten, woraus sukzessive $a_n = a_{n-1} = \cdots = a_1$ folgt.

Bemerkung. Neben der 5. Lösung lässt sich auch die 1. Lösung auf den allgemeinen Fall übertragen. Es sei noch bemerkt, dass in [32] zu finden ist, dass diese allgemeine Ungleichung bereits von TAYLOR[13] bewiesen wurde.

7. Lösung. Natürlich gibt es auch die Idee, die Behauptung mit 6 zu potenzieren und auszumultiplizieren. Die dabei entstehenden $4^2 + 6^3 = 16 + 216 = 232$ Summanden müssen dann geeignet zusammengefasst und in positive Terme umgeformt werden. Es ist nicht leicht, dafür eine Form zu finden, die ein (dann sicher genialer!) Schüler im Rahmen einer Klausur zu Papier bringen könnte, so dass die Lösung ohne Computerunterstützung nachvollziehbar ist.

Wir wollen uns hier ein Kalkül ansehen, das eine solche Darstellung ermöglicht und insbesondere die Totalsymmetrie der Aufgabenstellung ausnutzt. Dazu benutzen wir für n-Tupel (oder Zeilenvektoren) eine Multiexponentenschreibweise, die einen reellen Wert

$$(a_1, a_2, \ldots, a_n)^{(k_1, k_2, \ldots, k_n)} := a_1^{k_1} \cdot a_2^{k_2} \cdot \ \ldots \ \cdot a_n^{k_n}$$

definiert. Die Menge $\mathcal{P} = \mathcal{P}(a_1, a_2, \ldots, a_n)$ bestehe aus allen $n!$ Permutationen des n-Tupels $(a_1, a_2, \ldots, a_n)$. Analog sei $\mathcal{K}(k_1, k_2, \ldots, k_n)$ die Menge der Permutationen von $(k_1, k_2, \ldots, k_n)$. Für einen solchen Indexsatz und gegebene Variablen $(a_1, a_2, \ldots, a_n)$ können wir dann die speziellen totalsymmetrischen Polynome in den n Variablen

$$[k_1, k_2, \ldots, k_n]_{a_1, a_2, \ldots, a_n} := \frac{1}{n!} \sum_{p \in \mathcal{P}} p^{(k_1, k_2, \ldots, k_n)} \tag{12}$$

definieren. Alternativ und äquivalent lässt sich

$$[k_1, k_2, \ldots, k_n]_{a_1, a_2, \ldots, a_n} = \frac{1}{n!} \sum_{\kappa \in \mathcal{K}} (a_1, a_2, \ldots, a_n)^{\kappa} \tag{13}$$

schreiben. Beispielsweise ergibt sich

$$[2, 1]_{x,y} = \frac{1}{2}(x^2 y + xy^2)\,,$$

$$[3, 3, 1]_{a,b,c} = \frac{1}{6}(2a^3b^3c + 2a^3bc^3 + 2ab^3c^3) = \frac{1}{3}abc(a^2b^2 + a^2c^2 + b^2c^2)\,.$$

[13] BROOK TAYLOR (1685–1731)

Die Totalsymmetrie von (12) drückt sich darin aus, dass für vorgegebene feste Werte $(a_1, a_2, \ldots, a_n)$ und $(k_1, k_2, \ldots, k_n)$ und dafür beliebige Permutationen $p_{1,2} \in \mathcal{P}$ und $\kappa_{1,2} \in \mathcal{K}$ stets $[\kappa_1]_{p_1} = [\kappa_2]_{p_2}$ gilt.
Wir halten nun die Variablen (a, b, c, d) fest und schreiben verkürzt

$$[k_1, k_2, k_3, k_4] := [k_1, k_2, k_3, k_4]_{a,b,c,d} .$$

Speziell ist

$$[1,1,1,0] = \frac{1}{4}(abc + abd + acd + bcd) ,$$
$$[1,1,0,0] = \frac{1}{6}(ab + ac + ad + bc + bd + cd)$$

und unsere Aufgabe (in der sechsten Potenz) besteht darin, zu zeigen, dass

$$[1,1,1,0]^2 \leq [1,1,0,0]^3 . \tag{14}$$

Wir wollen jetzt totalsymmetrischen Polynome miteinander multiplizieren. Aus der Definition (13) ergibt sich

$$\begin{aligned}[j_1, j_2, j_3, j_4] \cdot [k_1, k_2, k_3, k_4] &= \frac{1}{4!} \sum_{\kappa \in \mathcal{K}} [j_1, j_2, j_3, j_4] \cdot (a, b, c, d)^\kappa \\ &= \frac{1}{4!} \sum_{\kappa \in \mathcal{K}} [j_1 + \kappa_1, j_2 + \kappa_2, j_3 + \kappa_3, j_4 + \kappa_4] .\end{aligned}$$

Dabei durchlaufen die Exponenten $(\kappa_1, \kappa_2, \kappa_3, \kappa_4)$ alle $4! = 24$ Permutationen von (k_1, k_2, k_3, k_4). Für $m_2 = [1,1,0,0]$ sind das je 4 mal die sechs Indexfolgen $(1,1,0,0)$, $(1,0,1,0)$, $(1,0,0,1)$, $(0,1,1,0)$, $(0,1,0,1)$ und $(0,0,1,1)$. Daraus erhalten wir

$$\begin{aligned}m_2^2 &= [1,1,0,0] \cdot [1,1,0,0] \\ &= \frac{4}{24}\big([2,2,0,0] + [2,1,1,0] + [2,1,0,1] + [1,2,1,0] + [1,2,0,1] + [1,1,1,1]\big) \\ &= \frac{1}{6}\big([2,2,0,0] + 4[2,1,1,0] + [1,1,1,1]\big) , \\ m_2 \cdot [2,2,0,0] &= [1,1,0,0] \cdot [2,2,0,0] \\ &= \frac{4}{24}\big([3,3,0,0] + [3,2,1,0] + [3,2,0,1] + [2,3,1,0] + [2,3,0,1] + [2,2,1,1]\big) \\ &= \frac{1}{6}\big([3,3,0,0] + 4[3,2,1,0] + [2,2,1,1]\big) , \\ m_2 \cdot [2,1,1,0] &= [1,1,0,0] \cdot [2,1,1,0] \\ &= \frac{4}{24}\big([3,2,1,0] + [3,1,2,0] + [3,1,1,1] + [2,2,2,0] + [2,2,1,1] + [2,1,2,1]\big) \\ &= \frac{1}{6}\big(2[3,2,1,0] + [3,1,1,1] + [2,2,2,0] + 2[2,2,1,1]\big) ,\end{aligned}$$

$$m_2 \cdot [1,1,1,1] = [1,1,0,0] \cdot [1,1,1,1] = [2,2,1,1].$$

Daraus ergibt sich

$$m_2^3 = \frac{1}{36}\big([3,3,0,0] + 12[3,2,1,0] + 4[3,1,1,1] + 4[2,2,2,0] + 15[2,2,1,1]\big).$$

Wir berechnen noch $[1,1,1,0]^2$. Für $m_3 = (1,1,1,0)$ sind die 24 Permutationen 6 mal die vier Folgen $(1,1,1,0)$, $(1,1,0,1)$, $(1,0,1,1)$ und $(0,1,1,1)$.

$$\begin{aligned} m_3^2 = [1,1,1,0] \cdot [1,1,1,0] &= \frac{6}{24}\big([2,2,2,0] + [2,2,1,1] + [2,1,2,1] + [1,2,2,1]\big) \\ &= \frac{1}{4}\big([2,2,2,0] + 3[2,2,1,1]\big). \end{aligned}$$

Wir erhalten schließlich

$$36(m_2^3 - m_3^2) = [3,3,0,0] + 12[3,2,1,0] + 4[3,1,1,1] - 5[2,2,2,0] - 12[2,2,1,1].$$

Jetzt können wir die benötigten Abschätzungen für die auftretenden totalsymmetrischen Polynome begründen. Nach Umordnungsungleichung (Satz 4.15) folgt

$$\begin{aligned} [3,3,0,0] &= [1+1+1, 1+1+1, 0+0+0, 0+0+0] \\ &\geq [1+1+1, 1+0+0, 0+1+0, 0+0+1] = [3,1,1,1]. \end{aligned} \tag{15}$$

Fehlt in jedem Summanden eine Variable, so kann man das Polynom in Summen mit jeweils drei Variablen zerlegen. Dann sind die Summanden mit den Exponenten $(2,2,1)$ und $(0,0,1)$ entgegengesetzt geordnet (ihr Produkt ist konstant!). Es folgt nach Umordnungsungleichung aus Satz 4.10 die Abschätzung

$$\begin{aligned} [3,2,1,0] = \sum [3,2,1] &= \sum [2+1, 2+0, 1+0], \\ &\geq \sum [2+0, 2+0, 1+1] = \sum [2,2,2] = [2,2,2,0]. \end{aligned} \tag{16}$$

Die letzten beiden Abschätzungen folgen aus der Umordnungsungleichung (Satz 4.9),

$$[2,2,2,0] = [1+1, 1+1, 1+1, 0] \tag{17}$$
$$\geq [1+1, 1+1, 1+0, 0+1] = [2,2,1,1], \tag{18}$$
$$[3,1,1,1] = abcd \cdot [1+1, 0, 0, 0] \tag{19}$$
$$\geq abcd \cdot [1+0, 0+1, 0, 0] = [2,2,1,1]. \tag{20}$$

Damit ist es möglich, die Differenz der rechten und der linken Seite von (14), $m_2^3 - m_3^2$, abzuschätzen und den Beweis zu vollenden:

$$\begin{aligned} 36(m_2^3 - m_3^2) &\geq 12[3,2,1,0] + 5[3,1,1,1] - 12[2,2,1,1] - 5[2,2,2,0] &&| \text{ nach } (15)\\ &\geq 7[2,2,2,0] + 5([3,1,1,1] - 12[2,2,1,1] &&| \text{ nach } (16)\\ &\geq 5[3,1,1,1] - 5[2,2,1,1] &&| \text{ nach } (18)\\ &\geq 0\,. &&| \text{ nach } (20)\end{aligned}$$

Es bleibt noch die Frage nach dem Gleichheitsfall. Dann gilt notwendigerweise Gleichheit in allen zur Abschätzung benutzten Ungleichungen.
Mit der Gleichheit in (20), also mit $[2,0,0,0] = [1,1,0,0]$, folgt, dass

$$\begin{aligned} &\big(a,\ a,\ a,\ b,\ b,\ b,\ c,\ c,\ c,\ d,\ d,\ d\big)\\ \text{und}\qquad &\big(b,\ c,\ d,\ a,\ c,\ d,\ a,\ b,\ d,\ a,\ b,\ c\big)\end{aligned}$$

gleichgeordnet sind. Dabei kommen in der Folge alle zwölf möglichen Paarungen der vier Variablen vor. Sind davon x und y beliebige zwei von einander verschiedene, so impliziert die Gleichordnung $x \cdot y \upuparrows y \cdot x$, also muss $x = y$ gelten. Dass für $a = b = c = d$ tatsächlich Gleichheit gilt, ist offensichtlich. ◇

Aufgabe 191233B

Man untersuche, ob es natürliche Zahlen n gibt, für die

$$\frac{1}{n} + \frac{1}{n+1} + \cdots + \frac{1}{n^2} > 1000 \tag{1}$$

gilt.
Wenn dies der Fall ist, so untersuche man, ob es eine natürliche Zahl p derart gibt, dass jede (im Dezimalsystem) p-stellige Zahl n die Eigenschaft (1) hat.
Trifft auch das zu, so ermittle man eine derartige Zahl p.

Lösungen

1. Lösung. Wir setzen

$$g(n) = \frac{1}{n} + \frac{1}{n+1} + \frac{1}{n+2} + \cdots + \frac{1}{n^2}\,, \qquad h(n) = \frac{1}{1} + \frac{1}{2} + \frac{1}{3} + \cdots + \frac{1}{n}\,.$$

Wenn $b > a > 0$ ganz sind, bilden die Zahlen $1/a$, $1/(a+1)$, ..., $1/b$ eine harmonische Folge und besitzen deshalb das harmonische Mittel $2/(a+b)$. Nehmen wir für positive ganze Zahlen $\ell > k$ die Werte $a = k+1$ und $b = \ell$, hat diese Folge $\ell - k$ Glieder und nach der Ungleichung zwischen arithmetischem und harmonischem Mittel (4.11) gilt

$$\frac{1}{k+1} + \frac{1}{k+2} + \cdots + \frac{1}{\ell} \geq \frac{2(\ell-k)}{k+\ell+1}\,. \tag{2}$$

Wenden wir diese Ungleichung auf die Teilsummen von $g(n)$ mit $k = (\lambda - 1)n$ und $\ell = \lambda n$ für alle Werte $\lambda = 2, 3, \ldots, n$ an, so berechnen wir für die rechte Seite

$$\frac{2(\ell - k)}{k + \ell + 1} = \frac{2n}{(2\lambda - 1)n + 1} \geq \frac{2n}{(2\lambda - 1)n + n} = \frac{1}{\lambda}$$

und erhalten damit aus (2) die Abschätzung

$$g(n) \geq \frac{1}{n} + \frac{1}{2} + \frac{1}{3} + \cdots + \frac{1}{n} = h(n) + \frac{1}{n} - 1 > h(n) - 1\,.$$

Jetzt zeigen wir, dass $h(n)$ ausreichend groß wird. Wir benutzen dazu wieder (2).

Für $k \geq 1$ und $\ell = 10k$ gilt

$$\frac{2(\ell - k)}{k + \ell + 1} = \frac{18k}{11k + 1} \geq \frac{18k}{11k + k} = \frac{3}{2}\,.$$

Wir wenden die Ungleichung (2) auf die Teilsummen von $h(n)$ mit $k = 10^{\mu}$ und $\ell = 10k = 10^{\mu+1}$ mit $\mu = 0, 1, \ldots, q - 1$ an. Das sind q Teilsummen, beginnend mit dem zweiten Summanden $1/2$. Es folgt $h(10^q) - 1 \geq 3q/2$ und für $n \geq 10^q$ die Abschätzung

$$g(n) > h(n) - 1 \geq h(10^q) - 1 \geq \frac{3q}{2}\,.$$

Also gilt für 668-stellige Zahlen n, wegen $n \geq 10^{667}$ und $3 \cdot 667 = 2001$, stets $g(n) > 1000$.

Bemerkung. Anstelle von (2) lässt sich der Beweis auch auf der (etwas) schwächeren Abschätzung durch das Minimum

$$\frac{1}{k+1} + \frac{1}{k+2} + \cdots + \frac{1}{\ell} \geq \frac{\ell - k}{\ell}$$

aufbauen.

Anstelle des Faktors 10 im Ansatz $\ell = 10k$ des zweiten Schritts des Beweises funktioniert auch jede andere ganze Zahl, die mindestens 2 ist.

2. Lösung. Die Summe $g(n)$, die ein endlicher Ausschnitt der harmonischen Reihe ist, können wir uns vorstellen als Summe der Flächen von Rechtecken, die sich in einem Koordinatensystem zwischen den Abszissen k und $k + 1$ und den Ordinaten 0 und $1/k$ befinden (Abb. L191233B). Die Summe vom Index $k = n$ bis zu $k = n^2$ verläuft dann zwischen den Abszissen $x = n$ bis $x = n^2 + 1$.

Um untere Schranken dafür zu gewinnen, wollen wir eine Integralabschätzung vornehmen. Dazu betrachten wir die Funktion $y = f(x) = 1/x$. Da diese Funktion streng monoton fallend ist, gilt auf jedem Teilintervall $1 \leq k < x \leq k + 1$ die Abschätzung $1/k = f(k) > f(x)$. Im Intervall $n \leq x \leq n^2 + 1$ umfasst also die Summe der Rechteckflächen die Fläche unterhalb der Funktion $f(x)$. Dabei hat die

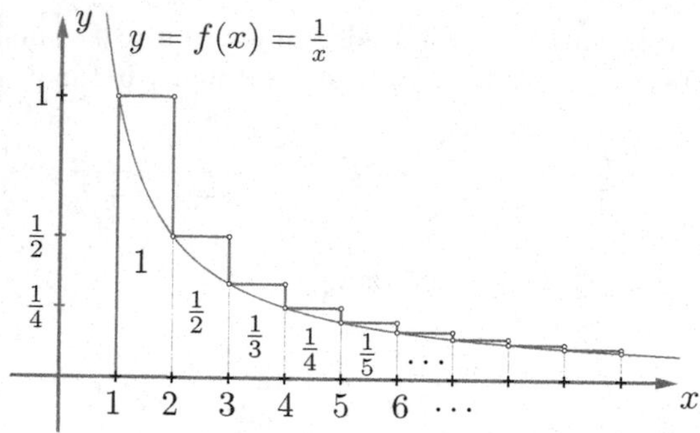

Abb. L191233B

Differenzfläche einen positiven Inhalt. Also gilt für $n \geq 1$ die Ungleichung

$$g(n) > \int_n^{n^2+1} \frac{1}{x}\,\mathrm{d}x = \ln\frac{n^2+1}{n} = \ln\left(n + \frac{1}{n}\right) > \ln n\,.$$

Wählt man nun eine natürliche Zahl p mit $10^{p-1} > e^{1000}$, so ist für alle p-stelligen Zahlen n stets $n \geq 10^{p-1} > e^{1000}$, also folgt $g(n) > \ln n > 1000$ und die Ungleichung ist erfüllt. Ein Beispiel dafür ist $p = 501$, denn

$$10^{p-1} = 10^{500} > 9^{500} = 3^{1000} > e^{1000}.$$

Bemerkung. Die Abschätzung von Abschnitten der harmonischen Reihe gegen den natürlichen Logarithmus wird auch in der vierten Lösung der Aufgabe 501333 genutzt. Zur der dort benötigten Abschätzung nach oben vergleiche man die Abbildung L501333 auf Seite 358.

3. Lösung. Für alle $n \geq 2$ gilt

$$\begin{aligned}
g(2n) &= \frac{1}{2n} + \left(\frac{1}{2n+1} + \frac{1}{2n+2}\right) + \cdots + \left(\frac{1}{4n^2-1} + \frac{1}{4n^2}\right) \\
&> \frac{1}{2n} + \frac{2}{2n+2} + \cdots + \frac{2}{4n^2} = -\frac{1}{2n} + \frac{1}{n} + \frac{1}{n+1} + \cdots + \frac{1}{2n^2} \\
&= -\frac{1}{2n} + g(n) + \frac{1}{n^2+1} + \frac{1}{n^2+2} + \cdots + \frac{1}{2n^2} \\
&\geq -\frac{1}{2n} + g(n) + \frac{n^2}{2n^2} \geq -\frac{1}{4} + g(n) + \frac{1}{2} = g(n) + \frac{1}{4}\,.
\end{aligned}$$

Da $g(2) > 1/4$ ist, folgt für alle $k > 1$ stets $g(2^k) > k/4$ und somit $g(2^{4000}) > 1000$. Weiter gilt für $n \geq 2$ stets $(n+1)^2 = n^2 + 2n + 1 < n^2 + 3n = n(n+3) \leq n(2n+1)$. Wir machen davon Gebrauch und erhalten

$$\begin{aligned} g(n+1) &= \frac{1}{n+1} + \frac{1}{n+2} + \cdots + \frac{1}{n^2} + \frac{1}{n^2+1} + \cdots + \frac{1}{(n+1)^2} \\ &= g(n) - \frac{1}{n} + \frac{1}{n^2+1} + \cdots + \frac{1}{(n+1)^2} \\ &\geq g(n) - \frac{1}{n} + \frac{2n+1}{(n+1)^2} > g(n) - \frac{1}{n} + \frac{2n+1}{n(2n+1)} = g(n)\,. \end{aligned}$$

Die Funktion $g(n)$ ist also für $n \geq 2$ streng monoton wachsend und aus

$$2^{4000} < 2^{4002} = 8^{1334} < 10^{1334}$$

folgt $g(n) > 1000$ für alle 1335-stelligen Zahlen. 

Aufgabe 211223

Es sei $ABCD$ ein beliebiges nichtüberschlagenes Viereck. Seine Seitenlängen seien a, b, c, d; sein Flächeninhalt sei F.
Man beweise, dass dann stets die folgende Ungleichung (1) gilt:

$$F \leq \frac{1}{4}(a^2 + b^2 + c^2 + d^2). \tag{1}$$

Ferner ermittle man alle diejenigen Vierecke, für die in (1) das Gleichheitszeichen gilt.

Lösung

In jedem Viereck $ABCD$ gibt es (mindestens) eine Diagonale, z. B. sei dies $\overline{BD}$, die die Fläche des Vierecks in zwei Dreiecksflächen zerlegt (Abb. L211223).

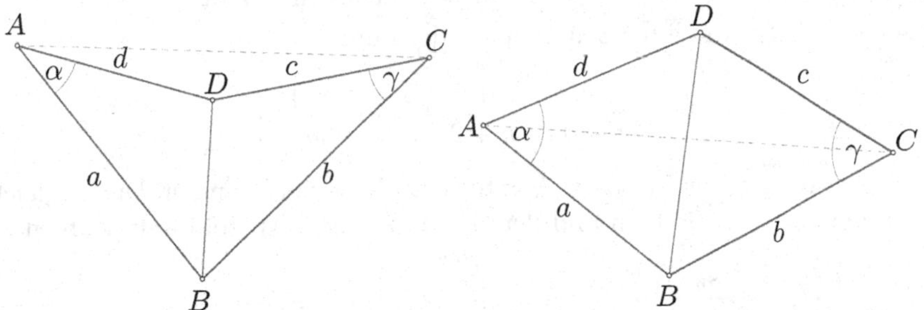

Abb. L211223: Zerlegung in Dreiecke im nichtkonvexen oder konvexen Fall.

Es sei α die Größe des Winkels $\sphericalangle BAD$, $a = |AB|$ und $d = |AD|$. Dann gilt für den Flächeninhalt F_1 des Dreiecks ABD die Formel $2F_1 = ad \sin\alpha$.

Unter Benutzung von $0 \leq \sin\alpha \leq 1$ und der Ungleichung (AGM, 4.1) der Zahlen a^2 und d^2 erhält man

$$F_1 \leq \frac{1}{2}\,ad \leq \frac{1}{4}\,(a^2 + d^2). \tag{2}$$

Analog kann man den Flächeninhalt F_2 des Dreiecks BCD abschätzen durch

$$F_2 = \frac{1}{2}bc\,\sin\gamma \leq \frac{1}{2}bc \leq \frac{1}{4}(b^2 + c^2). \tag{3}$$

Addiert man (2) und (3), so erhält man mit (1) die Behauptung.
In (1) gilt genau dann Gleichheit, wenn dies in (2) und (3) ebenfalls der Fall ist. In (2) gilt die Gleichheit genau dann, wenn $a = d$ und $\sin\alpha = 1$ sind, d. h. $|\sphericalangle BAD| = 90°$. Analog gilt in (3) Gleichheit dann und nur dann, wenn $b = c$ und $|\sphericalangle DCB| = 90°$ sind. Die Dreicke ABD und BCD sind beide rechtwinklig gleichschenklig mit einer gemeinsamen Diagonale $\overline{BD}$ und damit kongruent. Diese Bedingungen werden dann und nur dann gleichzeitig erfüllt, wenn $ABCD$ ein Quadrat ist. ◊

Aufgabe 311234

Für jede natürliche Zahl a ermittle man alle diejenigen natürlichen Zahlen $n > 0$, die die Ungleichung

$$\frac{1}{n+1} + \frac{1}{n+2} + \cdots + \frac{1}{3n+1} > a \tag{1}$$

erfüllen.

Lösungen

1. Lösung. Wir beweisen: Für $a \leq 1$ ist die Ungleichung (1) für alle natürlichen Zahlen $n > 0$ erfüllt, für $a \geq 2$ ist (1) für alle natürlichen Zahlen n falsch.
Dazu setzen wir für die linke Seite der Ungleichung

$$s_n = \frac{1}{n+1} + \frac{1}{n+2} + \cdots + \frac{1}{3n+1}\,. \tag{2}$$

Diese Summe enthält $2n+1$ positive, unterschiedliche Summanden. Die Ungleichung zwischen dem arithmetischem und dem harmonischem Mittel dieser Zahlen (4.11) liefert

$$\frac{s_n}{2n+1} > \frac{2n+1}{(n+1) + \cdots + (3n+1)} = \frac{1}{2n+1}$$

also $s_n > 1$. Für $a = 1$ erfüllen alle $n \geq 1$ die Beziehung.

Bemerkung. Das harmonische Mittel einer harmonischen Folge von einer ungeraden Anzahl von Elementen ist der Median, d. h. das mittlere Glied.

Schätzen wir dann alle Summanden gegen das Maximum ab, ergibt sich

$$s_n \leq \frac{2n+1}{n+1} < \frac{2n+2}{n+1} = 2\,.$$

Also erfüllen für $a \geq 2$ alle $n \geq 1$ die Beziehung die Beziehung nicht.

2. Lösung. Auch wenn man den Zusammenhang mit Mittelungleichungen nicht erkennt, hat man Chancen, die Aufgabe zu lösen. Nach der Berechnung von einigen Werten

$$s_1 = \frac{13}{12} = 1 + \frac{1}{12}, \quad s_2 = \frac{459}{420} = 1 + \frac{39}{420}, \quad s_3 = \frac{2761}{2520} = 1 + \frac{241}{2520}, \quad \ldots$$

liegt die Vermutung nah, dass die Folge monoton wächst, woraus $s_n \geq s_1 > 1$ folgt, dabei aber so langsam wächst, dass sie die nächste ganze Zahl 2 nicht erreicht.

Wir versuchen, das zu beweisen, nutzen dafür wieder die Bezeichnung (2) und ergänzen $s_0 = 1/1 = 1$. Rekursiv ergibt sich für $n \geq 1$

$$\begin{aligned} s_n &= s_{n-1} - \frac{1}{n} + \frac{1}{3n-1} + \frac{1}{3n} + \frac{1}{3n+1} = s_{n-1} - \frac{2}{3n} + \frac{6n}{9n^2-1} \\ &= s_{n-1} + \frac{2}{3n \cdot (9n^2-1)}\,. \end{aligned}$$

Daraus folgt zunächst das monotone Wachstum $s_n > s_{n-1}$. Danach ist es möglich, eine obere Abschätzung durch Summanden einer „Teleskopsumme" zu erzeugen:

$$\begin{aligned} s_n &= s_{n-1} - \frac{2}{3n} + \frac{1}{3n-1} + \frac{1}{3n+1} < s_{n-1} - \frac{2}{3n} + \frac{1}{3n-1} + \frac{1}{3n} \\ &= s_{n-1} + \frac{1}{3n-1} - \frac{1}{3n} < s_{n-1} + \frac{1}{3n-1} - \frac{1}{3n+2} \end{aligned}$$

Rekursiv angewandt, schiebt sich das „Teleskop" zusammen,

$$s_n < s_0 + \frac{1}{2} - \frac{1}{5} + \frac{1}{5} - \frac{1}{8} \pm \cdots + \frac{1}{3n-1} - \frac{1}{3n+2} = 1 + \frac{1}{2} - \frac{1}{3n+2} < \frac{3}{2} < 2$$

und der Beweis ist geglückt. ◇

Aufgabe 311246A

Man untersuche, ob es eine ganze Zahl $n \geq 2$ sowie eine positive reelle Zahl c und n positive reelle Zahlen a_i $(i = 1, \ldots, n)$ derart gibt, dass die Summe der a_i gleich $n \cdot c$, die Summe der Quadrate der a_i gleich $2n \cdot c^2$ und mindestens eine der Zahlen a_i größer als $\left(1 + \sqrt{n-1}\right) \cdot c$ ist.

Lösung

Wir nutzen die Homogenität der Ungleichung. Wenn es solche Zahlen gibt, können wir (wegen $c > 0$) auch Zahlen $a_i' = a_i/c$ betrachten. Diese erfüllen alle Bedingungen mit dem gleichen n, aber mit $c' = c/c = 1$.

Es reicht also aus, die Fragestellung für $c = 1$ zu untersuchen. Außerdem können wir uns die Zahlen absteigend der Größe nach geordnet vorstellen, ohne die Allgemeingültigkeit der Aussage einzuschränken.

Sei $c = 1$ und $a_1 > 1 + \sqrt{n-1}$. Dann folgt

$$\sum_{i=1}^{n}(1-a_i)^2 = n - 2\sum_{i=1}^{n} a_i + \sum_{i=1}^{n} a_i^2 = n - 2n + 2n = n\,,$$
$$\sum_{i=1}^{n}(1-a_i) = n - \sum_{i=1}^{n} a_i = n - n = 0\,.$$

Daraus ergibt sich

$$\sum_{i=2}^{n}(1-a_i)^2 = \sum_{i=1}^{n}(1-a_i)^2 - (a_1-1)^2 < n - (n-1) = 1\,,$$
$$\begin{aligned}\sum_{i=2}^{n}|1-a_i| \geq \sum_{i=2}^{n}(1-a_i) &= \sum_{i=1}^{n}(1-a_i) - (1-a_1) = a_1 - 1\\ &> 1 + \sqrt{n-1} - 1 = \sqrt{n-1}\,,\end{aligned}$$

und mit Hilfe der Ungleichung zwischen dem arithmetischem und dem quadratischen Mittel (4.10) der $n-1$ Zahlen $|1-a_i|$

$$\frac{1}{\sqrt{n-1}} = \frac{\sqrt{n-1}}{n-1} < \frac{1}{n-1}\sum_{i=2}^{n}|1-a_i| \leq \sqrt{\frac{1}{n-1}\sum_{i=2}^{n}(1-a_i)^2} < \frac{1}{\sqrt{n-1}}\,,$$

ein Widerspruch.

Es ist also nicht möglich, Zahlen mit den geforderten Eigenschaften zu finden. ◇

Aufgabe 501332

In einem Quadrat mit der Seitenlänge 1 befinden sich Kreisscheiben, die sich gegenseitig nicht überlappen. Die Summe ihrer Umfänge sei gleich 10. Man zeige, dass die Anzahl der Kreisscheiben nicht kleiner als 8 sein kann.

Lösung

Es sei n die Anzahl der Kreisscheiben, und ihre Radien seien mit r_k für $k = 1, 2, \ldots, n$ bezeichnet. Dann gilt für ihren Gesamtumfang

$$2\,\pi \cdot (r_1 + r_2 + \cdots + r_n) = 10.$$

Weil sich die Kreisscheiben nicht überlappen, ist ihre Gesamtfläche nicht größer als die Fläche des Quadrats, also

$$\pi \cdot \left(r_1^2 + r_2^2 + \cdots + r_n^2\right) \leq 1.$$

Unter Verwendung der Ungleichung zwischen arithmetischem und quadratischem Mittel (4.10) folgt deshalb

$$\frac{5}{\pi n} = \frac{1}{n} \cdot \frac{10}{2\pi} = \frac{r_1 + r_2 + \cdots + r_n}{n} \leq \sqrt{\frac{r_1^2 + r_2^2 + \cdots + r_n^2}{n}} \leq \frac{1}{\sqrt{\pi n}}.$$

Also gilt für die Anzahl n der Kreisscheiben $\sqrt{\pi n} \geq 5$ und damit $n\pi \geq 25$. Diese Ungleichung ist wegen $7\pi < 7 \cdot 3{,}5 = 24{,}5$ für $n \leq 7$ nicht erfüllt. Daher muss $n \geq 8$ gelten. ◇

4.7 Bestimmungsungleichungen

Grundsätzlich können Bestimmungsungleichungen wie Gleichungen oder auch wie Gleichungssysteme gelöst werden. Entweder man formuliert die Aufgabenstellung äquivalent um, also in eine andere Aufgabenstellung mit der mit Sicherheit gleichen Lösungsmenge. Oder man leitet notwendige Bedingungen ab und schränkt dabei den zulässigen Lösungsbereich möglichst weit ein, um am Ende in einer *Probe* für alle der gebliebenen Elemente zu entscheiden, ob sie Lösungen sind oder nicht. Wie bei Gleichungen kann man auch beide Wege kombinieren.

Aufgabe 101241

Es sind alle reellen Zahlen a anzugeben, zu denen es reelle Zahlen x gibt, so dass $\sqrt{a+x}$ und $\sqrt{a-x}$ reell sind und die Ungleichung

$$\sqrt{a+x} + \sqrt{a-x} > a$$

erfüllt ist. Wie lauten die Werte von x in Abhängigkeit von a?

Lösungen

1. Lösung. Damit $\sqrt{a+x}$ und $\sqrt{a-x}$ reell sind, muss im Falle der Existenz einer Lösung x notwendigerweise gelten, dass $a+x \geq 0$ und $a-x \geq 0$, d. h. $-a \leq x \leq a$ und, äquivalent dazu, schließlich $|x| \leq a$ ist.

Fall 1. Wenn $a < 0$ gilt kann es keine Lösung x geben, denn anderenfalls wäre $0 \leq |x| \leq a < 0$, und das ist ein Widerspruch.

Fall 2. Für $a = 0$ folgt wegen $|x| \leq a$, dass $x = 0$ ist. Für dieses x ist aber die gegebene Ungleichung nicht erfüllt, denn $\sqrt{0} + \sqrt{0} \not> 0$.

Fall 3. Sei $a > 0$. Aus der gegebenen Ungleichung erhalten wir durch Quadrieren die in diesem Fall äquivalente Ungleichung

$$a + x + a - x + 2\sqrt{(a+x)(a-x)} > a^2$$

und weiter

$$2\sqrt{a^2 - x^2} > a(a-2). \tag{1}$$

Fall 3.1. Wenn $0 < a < 2$ gilt, dann ist (1) für alle x mit $a^2 - x^2 \geq 0$, d. h. $-a \leq x \leq a$ erfüllt. Wegen der Äquivalenz sind alle diese x auch Lösung der gegebenen Ungleichung.

Fall 3.2. Für $a = 2$ ist $a(a-2) = 0$, so dass (1) (und damit die gegebene Ungleichung) für $\sqrt{4 - x^2} > 0$, also für $-2 < x < 2$ und nur für diese x erfüllt ist.

Fall 3.3. In jedem anderen Fall ist $a > 2$ und damit $a(a-2) > 0$. Durch Quadrieren erhalten wir die zu (1) äquivalenten Ungleichungen

$$\begin{aligned} 4(a^2 - x^2) &> a^2(a-2)^2 \\ 4x^2 &< a^3(4-a). \end{aligned} \tag{2}$$

Da die rechte Seite von (2) wegen $x^2 \geq 0$ positiv sein muss, kann es nur Lösungen für $2 < a < 4$ geben. Offenbar ist dann (wegen $4(a^2 - x^2) > a^2(a-2)^2 \geq 0$) auch immer die notwendige Ungleichung $|x| \leq a$ erfüllt. Für $a > 2$ ist die Aufgabenstellung äquivalent zu (2) und weiter zu $a < 4$ und $2|x| < a\sqrt{a(4-a)}$.

Insgesamt haben wir erhalten:

Parameterwerte	zugehörige Lösungen
$a \leq 0$	keine
$0 < a < 2$	$-a \leq x \leq a$
$a = 2$	$-2 < x < 2$
$2 < a < 4$	$-\frac{a}{2}\sqrt{a(4-a)} < x < \frac{a}{2}\sqrt{a(4-a)}$
$a \geq 4$	keine

2. Lösung. Wir formulieren die Aufgabe um in ein System, das wir graphisch interpretieren können. Seien a und x Lösungen im Sinne der Aufgabenstellung. Dann sind $u = \sqrt{a+x}$ und $v = \sqrt{a-x}$ zwei nichtnegative reelle Zahlen, die die Bedingung

$$u^2 + v^2 = 2a \tag{3}$$

erfüllen, daraus folgt notwendig $a \geq 0$, und für die außerdem

$$u + v > a \tag{4}$$

verlangt wird. Für $u \geq 0$, $v \geq 0$ stellt (3) eine Viertelkreislinie mit dem Radius $\sqrt{2a}$ dar, während (4) der Teil des 1. Quadranten der (u, v)-Ebene ist, der oberhalb der Geraden $u + v = a$ liegt (vgl. Abb. L101241).

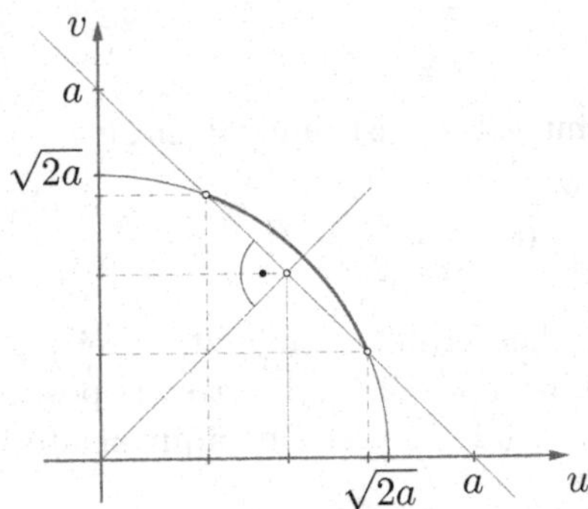

Abb. L101241

Damit Lösungen existieren muss die Gerade unterhalb des Kreisbogens liegen oder den Kreisbogen in zwei Punkten schneiden. Je nach Lage unterscheiden wir demnach drei Fälle.

Fall 1. Die Gerade liegt unterhalb. Das ist der Fall für $a < \sqrt{2a}$, also für $a < 2$. Dann ist der gesamte Kreisbogen Lösung, also $0 \leq u \leq \sqrt{2a}$ oder $-a \leq x \leq a$

Fall 2. Die Gerade schneidet. Das gilt für $a/\sqrt{2} < \sqrt{2a} \leq a$ oder $2 \leq a < 4$. Für die Schnittpunkte gilt dann

$$u^2v^2 = \frac{1}{4}\left((u+v)^2 - u^2 - v^2\right)^2 = \frac{a^2}{4}(a-2)^2\,,$$

u^2 und v^2 sind demnach die Wurzeln der quadratischen Gleichung

$$t^2 - 2at + \frac{a^2}{4}(a-2)^2 = 0,\ \text{also}\ t_{1,2} = a \pm \frac{a}{2}\sqrt{4a - a^2}\,.$$

Dann ist die Lösungsmenge $t_1 < u^2 < t_2$ oder, mit $x = a - u^2$,

$$-\frac{a}{2}\sqrt{4a-a^2} < x < \frac{a}{2}\sqrt{4a-a^2}\,.$$

Fall 3. Die Gerade ist Tangente oder liegt oberhalb. Das gilt für $a/\sqrt{2} \geq \sqrt{2a}$, also $a \geq 4$. Dann gibt es keine Lösung. ◇

Aufgabe 381342

Man ermittle alle reellen Zahlen x, für die gilt

$$1+\frac{x}{2}-\frac{x^2}{8} \leq \sqrt{1+x} \leq 1+\frac{x}{2}. \tag{1}$$

Lösungen

1. Lösung. Die Ungleichungskette ist äquivalent zu

$$0 \leq 1+\frac{x}{2}-\sqrt{1+x} \leq \frac{x^2}{8}. \tag{2}$$

Für $x=0$ ist sie mit Gleichheit erfüllt. Von jetzt ab sei $x \neq 0$. Die Wurzel ist genau für $x \geq -1$ definiert, dann ist $1+x/2+\sqrt{1+x}$ stets positiv und die Multiplikation von (2) mit $8x^{-2}\left(1+x/2+\sqrt{1+x}\right)$ ist eine äquivalente Umformung. Diese führt auf

$$0 \leq 2 \leq 1+\frac{x}{2}+\sqrt{1+x}\,.$$

Die Funktion $f(x)=(1+x/2)+\sqrt{1+x}$ ist als Summe zweier streng monoton wachsender Funktionen streng monoton wachsend. Es gilt $f(0)=2$ und folglich $f(x)<2$ für $x<0$ und $f(x)>2$ für $x>0$.
Also sind die Ungleichungen der Aufgabe genau für $x \geq 0$ erfüllt.

Bemerkung. Bei der Umformung wurde die folgende Beziehung benutzt.

$$\left(1+\frac{x}{2}-\sqrt{1+x}\right)\left(1+\frac{x}{2}+\sqrt{1+x}\right)=\left(1+\frac{x}{2}\right)^2-(1+x)=\frac{x^2}{4}\,.$$

Die Zahlen $u_{1,2}=1+x/2 \pm \sqrt{1+x}$ sind also die Nullstellen des quadratischen Polynoms

$$p(u)=u^2-(2+x)u+\frac{1}{4}x^2\,.$$

Mit diesem Ansatz lässt sich diese erste Lösung auch wie die dritte Lösung der Aufgabe 451334 (S. 187) aufschreiben.

2. Lösung. Sei $t=\sqrt{1+x}$ dann ist $t \geq 0$, $x=t^2-1$, $x^2=t^4-2t^2+1$ und die Ungleichungskette lautet

$$\frac{3+6t^2-t^4}{8} \le t \le \frac{1+t^2}{2}\,.$$

Die rechte Ungleichung ist die Ungleichung zwischen dem geometrischen und dem arithmetischen Mittel der beiden Zahlen 1 und t^2, also immer erfüllt. Die linke ist äquivalent zu

$$t^4-6t^2+8t-3=(t-1)^3(t+3)\ge 0\,,$$

also im Bereich $t \ge 0$ genau für $t \ge 1$ erfüllt. $t=\sqrt{x+1}\ge 1$ ist dann äquivalent zu $t^2 = x+1 \ge 1$, d. h. $x \ge 0$.

3. Lösung. Benutzt wird der folgende Hilfssatz:

Lemma 4.29. *Der Definitionsbereich D zweier stetigen Funktionen f und g sei ein Intervall. Gilt für irgend ein $x_0 \in D$ die Ungleichung $f(x_0) < g(x_0)$ und haben f und g keinen Schnittpunkt gemeinsam, so folgt für alle $x \in D$ die Ungleichung $f(x) < g(x)$.*

Beweis. Die Behauptung ist plausibel. Wenn man sie dennoch beweisen muss, so nimmt man an, dass die letzte Ungleichung verletzt ist. Dann ergibt sich mit dem Zwischenwertsatz für stetige Funktionen ein Widerspruch. □

Die Funktionen

$$f(x)=1+\frac{x}{2}-\frac{x^2}{8},\qquad g(x)=\sqrt{1+x}\qquad \text{und}\qquad h(x)=1+\frac{x}{2}$$

sind für $x \ge -1$ stetig. Die Gleichung $f(x) = g(x)$ führt nach Rechnung auf $x^3(x-8)=0$, die Gleichung $g(x)=h(x)$ auf $x=0$.

Es ist

$$f(0)=g(0)=h(0)=1$$

und

$$f(8)=-3<g(8)=3<h(8)=5\,.$$

Gleichheiten gibt es also nur für $x=0$. Wegen

$$h(-1)=\frac{1}{2}>f(-1)=\frac{3}{8}>g(-1)=0$$

liefert die Anwendung des Lemmas:

Die Ungleichung (1) gilt genau für $x \ge 0$. Für $-1 \le x < 0$ würde gelten

$$1+\frac{x}{2}>1+\frac{x}{2}-\frac{x^2}{8}>\sqrt{1+x}\,,$$

wobei die linke Ungleichung trivial ist.

Für $x < -1$ ist $g(x)$ nicht definiert. 

4.8 Zahlen

Ungleichungen für (in der Regel große) Zahlen, sind bei Mathematik-Olympiaden von ihren Ursprüngen an beliebt. Oft stammen diese aus der Kombinatorik. Deshalb finden sich solche Aufgaben auch in den Kapiteln 1 oder 2 wo es dann um kleinst- oder größtmögliche Anzahlen für bestimmte Anordnungen geht

So könnten die Aufgaben 151236A (auf Seite 76), 191246B (S. 12), 221236 (S. 57), 261241 (S. 58), 281244 (S. 60), 391334 (S. 56) oder die Aufgaben 061231 (S. 92), 061246 (S. 93), 251236 (S. 106), 371341 (S. 110), 381346A (S. 99) und 401342 (S. 86) auch als Ungleichungsprobleme formuliert werden.

Andere Abschätzungen sind in den Kapiteln Funktionen oder Folgen zu finden z. B. im Kapitel 6 die Aufgaben 091234 (auf Seite 368), 371345 (S. 369), 411344 (S. 371), 491323 (S. 353) und 501333 (S. 354).

Der Schlüssel zur Lösung solcher Aufgaben lässt sich oft finden, wenn man die konkreten Zahlen im Zusammenhang mit mathematischen Aussagen sieht, in dem diese Zahlen besondere Bedeutung benutzen. Erkennt man z. B. in der nächsten Aufgabe den Binomialkoeffizienten, kann man ein kombinatorisches Modell benutzen. Vielleicht ist das sogar ein möglicher Weg für die Aufgabe 341343 eine direktere Lösung zu finden.

In der Aufgabe 411336 helfen Rekursionsformeln, nachdem man erkannt hat, dass die Zahl 2002 (die damalige Jahreszahl) als ganze Zahl n variiert werden kann.

Die letzte Aufgabe 241236 ist ein Beispiel dafür, dass es noch Aufgaben gibt, bei denen Fertigkeiten im effektiven schriftlichen Rechnen zur Lösung beitragen können.

Aufgabe 301223

Man beweise, dass für alle natürlichen Zahlen $n \geq 2$ die folgende Ungleichung gilt,

$$\frac{(2n)!}{(n!)^2} > \frac{4^n}{n+1}\,.$$

Lösungen

1. Lösung. Wir erinnern daran, dass

$$\binom{m}{k} = \frac{m!}{k!(m-k)!}$$

die Anzahl der Möglichkeiten ist, unter m nebeneinanderliegenden Kugeln k schwarz und $m-k$ weiß anzustreichen. Für $m = 2n$ und $k = n$ kann man dafür auch zunächst unter den ersten n Kugeln eine Anzahl $k \leq n$ auswählen und diese schwarz und die restlichen weiß streichen. Dafür gibt es $\binom{n}{k}$ Möglichkeiten. Kombiniert man das mit allen Fällen, unter den letzten n Kugeln genau die k Kugeln zu wählen, die weiß gestrichen werden (die Anzahl ist ebenfalls $\binom{n}{k}$) und betrachtet alle $k = 0, 1, \ldots, n$, so dass alle möglichen Fälle genau einmal erfasst werden, so erhält man

$$\frac{(2n)!}{(n!)^2} = \binom{2n}{n} = \sum_{k=0}^{n} \binom{n}{k}^2 = (n+1)\left(\sqrt{\frac{1}{n+1}\sum_{k=0}^{n}\binom{n}{k}^2}\right)^2 .$$

Das quadratische Mittel kann nach (4.10) gegen das arithmetische abgeschätzt werden. Der binomische Satz für $(1+1)^n$ vollendet dann den Beweis:

$$\frac{(2n)!}{(n!)^2} \geq (n+1)\left(\frac{1}{n+1}\sum_{k=0}^{n}\binom{n}{k}\right)^2 = (n+1)\left(\frac{2^n}{n+1}\right)^2 = \frac{4^n}{n+1} .$$

Gleichheit steht dabei nur, wenn alle Binomialkoeffizienten in der Mittelabschätzung gleich sind. Das PASCAL'sche Dreieck zeigt, dass das nur für $n = 0$ oder $n = 1$ der Fall ist. Für diese Aufgabe ist das aber ausgeschlossen.

2. Lösung. Wir können den Beweis auch induktiv mit Hilfe der Rekursionsformel

$$\begin{aligned} A_n = \frac{(2n)!}{(n!)^2} &= \frac{(2n)(2n-1)}{n^2} \cdot \frac{(2n-2)!}{((n-1)!)^2} \\ &= 4\left(1 - \frac{1}{2n}\right) A_{n-1} \end{aligned}$$

führen. Wir schätzen $2n > n+1$ ab und erhalten für $n \geq 2$

$$A_n > 4\left(1 - \frac{1}{n+1}\right) A_{n-1} = 4 \cdot \frac{n}{n+1} \cdot A_{n-1} .$$

Setzen wir für $n = 2$ auf der rechten Seite $A_1 = 2!/(1!)^2 = 2 = 4 \cdot 1/2$ ein, so erhalten wir für beliebige ganze Zahlen $n > 1$

$$A_n > 4^n \cdot \frac{n}{n+1} \cdot \frac{n-1}{n} \cdot \ldots \cdot \frac{3}{4} \cdot \frac{2}{3} \cdot \frac{1}{2} = \frac{4^n}{n+1} ,$$

die behauptete Ungleichung.

3. Lösung. Es ist $\sqrt{2k(2k+2)} = \sqrt{(2k+1)^2 - 1} < 2k+1$. Alternativ können wir auch (4.1) zitieren: $\sqrt{2k(2k+2)} < (2k + (2k+2))/2 = 2k+1$. Für $n \geq 2$ wenden wir diese Ungleichung mindestens einmal an und erhalten

$$\begin{aligned}\frac{(2n)!}{4^n(n!)^2} &= \frac{(2n-1)(2n-3)(2n-5)\dots 5\cdot 3\cdot 1}{(2n)(2n-2)(2n-4)\dots 6\cdot 4\cdot 2}\,,\\ &= \frac{(2n-1)(2n-3)(2n-5)\dots 5\cdot 3\cdot 1}{\sqrt{2n}\sqrt{2n(2n-2)}\sqrt{(2n-2)(2n-4)}\dots\sqrt{6\cdot 4}\sqrt{4\cdot 2}\sqrt{2}}\,,\\ &> \frac{(2n-1)(2n-3)\dots 5\cdot 3\cdot 1}{\sqrt{2n}(2n-1)(2n-3)\dots 5\cdot 3\cdot\sqrt{2}} = \frac{1}{2\sqrt{n}}\,.\end{aligned}$$

Das ist wegen[14] $\sqrt{n} < (n+1)/2$ eine schärfere Ungleichung und der Beweis ist geführt. ◇

Aufgabe 321222

Man beweise, dass für jede positive ganze Zahl n die Ungleichung

$$\frac{1\cdot 3\cdot 5\cdot\dots\cdot(2n-1)}{2\cdot 4\cdot 6\cdot\dots\cdot 2n} < \frac{1}{\sqrt{2n+1}}$$

gilt.

Lösungen

Diese Aufgabe ist in der Mathematik-Olympiade eine Wiederholung. Reichlich 22 Jahre zuvor tauchte sie in der dritten Runde als 091234 (s. S. 368) schon einmal auf, dort war allerdings $n = 1250$ gesetzt und auf der rechten Seite wurde die Formel nicht verraten, statt $1/\sqrt{2501} \approx 0{,}019996$ stand dort 0,02. Die Aufgabe ist außerdem eng verwandt mit der vorherigen Aufgabe 301223, denn mit

$$B_n = \frac{1\cdot 3\cdot 5\cdot\dots\cdot(2n-1)}{2\cdot 4\cdot 6\cdot\dots\cdot 2n} = \frac{1\cdot 2\cdot 3\cdot\dots\cdot(2n)}{(2\cdot 4\cdot 6\cdot\dots\cdot 2n)^2} = \frac{(2n)!}{2^{2n}(n!)^2} = 4^{-n}\binom{2n}{n}\,,$$

war in Aufgabe 301223 die Zahl $A_n = 4^n B_n$ abzuschätzen. Allerdings ist diesmal eine Abschätzung nach oben nachzuweisen.

1. Lösung. Nutzen wir analog zur dritten Lösung von Aufgabe 301223 die Ungleichung $\sqrt{(2k-1)(2k+1)} < \big((2k-1)+(2k+1)\big)/2 = 2k$, diesmal im Zähler,

$$\prod_{k=1}^{n}(2k-1) = \prod_{k=1}^{n}\sqrt{(2k-1)(2k+1)}\cdot\frac{1}{\sqrt{2n+1}} < \frac{1}{\sqrt{2n+1}}\prod_{k=1}^{n}(2k)\,,$$

so folgt der Beweis für alle Fälle, in denen mindestens ein Faktor abgeschätzt wird, also für $n \geq 1$.

[14] Diese Ungleichung ist für $n > 1$ offensichtlich. Außerdem folgt sie mit $n = n\cdot 1$ aus (4.1).

2. Lösung. Mit vollständiger Induktion lässt sich der Beweis ebenfalls führen. Für $n = 1$ ist $\sqrt{3} \cdot B_1 < \sqrt{4}/2 = 1$. Wir wollen allgemein $\sqrt{2n+1} \cdot B_n < 1$ nachweisen. Die Ungleichung des dafür hinreichenden Induktionsschritts

$$\frac{\sqrt{2n+3} \cdot B_{n+1}}{\sqrt{2n+1} \cdot B_n} = \frac{\sqrt{2n+3} \cdot (2n+1)}{\sqrt{2n+1} \cdot (2n+2)} = \frac{\sqrt{2n+3} \cdot \sqrt{2n+1}}{2n+2} < 1$$

ist äquivalent zur Ungleichung zwischen dem geometrischem und dem arithmetischem Mittel zweier verschiedener Zahlen

$$\sqrt{(2n+3)(2n+1)} < \frac{(2n+3) + (2n+1)}{2} = 2n+2$$

und damit bewiesen. 

Aufgabe 341343

Man beweise, dass für alle ganzen Zahlen k und n mit $1 \leq k \leq 2n$ die Ungleichung

$$\binom{2n+1}{k-1} + \binom{2n+1}{k+1} \geq 2 \cdot \frac{n+1}{n+2} \cdot \binom{2n+1}{k}$$

gilt.

Lösung

Da $n - k$ und $n - k + 1$ aufeinanderfolgende ganze Zahlen sind, gilt

$$\big((n+2) - (k+1)\big)(n-k) = (n-k+1)(n-k) \geq 0\,,$$

das heißt $(n+2)(n-k) \geq (k+1)(n-k)$. Für $k + 1 > 0$ und $n + 2 > 0$ folgt

$$\frac{n+1}{k+1} = \frac{(n+2)(n-k)}{(n+2)(k+1)} + 1 \geq \frac{(k+1)(n-k)}{(k+1)(n+2)} + 1 = \frac{2n+2-k}{n+2}\,.$$

Daraus folgt weiter

$$\begin{aligned}\binom{2n+3}{k+1} &= \frac{2n+3}{k+1} \cdot \frac{2n+2}{k} \cdot \binom{2n+1}{k-1} \\ &\geq 2 \cdot \frac{2n+3}{n+2} \cdot \frac{2n+2-k}{k} \cdot \binom{2n+1}{k-1} = 2 \cdot \frac{2n+3}{n+2} \cdot \binom{2n+1}{k}\,. \qquad (1)\end{aligned}$$

Wendet man auf der linken Seite zweimal das Additionstheorem des PASCAL'schen Dreiecks für Binomialkoeffizienten an,

$$\binom{2n+1}{k+1} + 2\cdot\binom{2n+1}{k} + \binom{2n+1}{k-1} \geq 2\cdot\frac{2n+3}{n+2}\cdot\binom{2n+1}{k}, \qquad (2)$$

erhält man schließlich die Behauptung

$$\binom{2n+1}{k+1} + \binom{2n+1}{k-1} \geq 2\cdot\frac{n+1}{n+2}\cdot\binom{2n+1}{k}.$$

Bemerkung. Bei den Umrechnungen in den Formeln (1) und (2) haben wir verschiedene Rekursionsformeln für Binomialkoeffizienten, nämlich $\binom{N+1}{M+1} = \frac{N+1}{M+1}\binom{N}{M}$ und $\binom{N}{M+1} = \frac{N-M}{M+1}\binom{N}{M}$, angewandt.

Das Additionstheorem im PASCAL'schen Dreieck lautet $\binom{N+1}{M+1} = \binom{N}{M+1} + \binom{N}{M}$. ◇

Aufgabe 411336

Man bestimme in der Dezimaldarstellung der Zahl

$$x = (\sqrt{2} + \sqrt{3})^{2002}$$

(a) die unmittelbar vor dem Komma stehende Ziffer,

(b) die unmittelbar nach dem Komma stehende Ziffer.

Lösungen

Hier muss daran erinnert werden, dass zu den Wettbewerben der Mathematik-Olympiade keine Computer oder auch nur Taschenrechner zugelassen sind. Deshalb sind Möglichkeiten, die Approximationen für Quadratwurzeln ausnutzen nur eingeschränkt für Lösungen einsetzbar. Sicher kann man noch $1{,}14 \leq \sqrt{2} \leq 1{,}15$ und $1{,}73 \leq \sqrt{3} \leq 1{,}74$ wissen und notfalls durch Quadrieren belegen. Um diese Aufgabe zu lösen, sind diese Näherungen aber zu grob.

1. Lösung. In der ersten Lösung zeigen wir einen Weg, wie man Abschätzungen systematisch findet, x so zu berechnen, dass man die Frage der Aufgabe beantworten kann. Naheliegend, ist es, zu versuchen, die Wurzeln zu beseitigen. Setzen wir $t = \sqrt{2} + \sqrt{3}$, so folgt $t^2 = 5 + 2\sqrt{6}$ und $(t^2-5)^2 = 4\cdot 6 = 24$ die Zahl $y_1 = t^2$ ist also eine Wurzel der quadratischen Gleichung

$$y^2 - 10y + 1 = 0$$

mit ganzzahligen Koeffizienten. Gesucht ist dann die Zahl $t^{2002} = y_1^{1001}$. Die quadratische Gleichung hat noch eine zweite Lösung y_2. Nach dem VIETA'schen Wurzelsatz gilt

$$y_1 + y_2 = 10\,, \qquad y_1 y_2 = 1\,.$$

Aus $y_1 > 5 > 1$ folgt dann $0 < y_2 < 1$. Die Potenzen y_1^n und y_2^n genügen dann ebenfalls einer quadratischen Gleichung $y^2 - p_n y + q_n = 0$. Dabei ist $q_n = y_1^n y_2^n = (y_1 y_2)^n = 1$ und

$$\begin{aligned} p_n = y_1^n + y_2^n &= (y_1 + y_2)\left(y_1^{n-1} + y_2^{n-1}\right) - y_1 y_2 \left(y_1^{n-2} + y_2^{n-2}\right) \\ &= 10 p_{n-1} - p_{n-2}. \end{aligned} \tag{1}$$

Diese Formel gilt für $n \geq 2$, wenn $p_0 = 2$ und $p_1 = 10$ gesetzt wird. Die Potenz y_1^n ist dann die größere Wurzel der quadratischen Gleichung

$$y^2 - p_n y + 1 = 0\,.$$

Aus $y_1^n = \left(p_n + \sqrt{p_n^2 - 4}\right)/2$ unter Verwendung von VIETA folgt für $p_n \geq 2$

$$y_1^n = p_n - y_2^n = p_n - \frac{1}{y_1^n} = p_n - \frac{2}{p_n + \sqrt{p_n^2 - 4}}\,, \tag{2}$$

$$\geq p_n - \frac{2}{p_n + \sqrt{p_n^2 - 4(p_n - 1)}} = p_n - \frac{1}{p_n - 1}\,. \tag{3}$$

Dabei ist p_n eine ganze Zahl, von der y_2^n, eine Zahl zwischen 0 und 1, abgezogen wird. Die Aufgabe besteht also darin, die letzte Stelle von p_n und die ersten Nachkommastellen von y_2^n zu bestimmen. Da p_n groß wird, erwarten wir dort eine Null. Beide Fragen beantworten wir mit Hilfe der Rekursion (1)

Die Berechnung der ersten Glieder

$$p_0 = 2, \quad p_1 = 10, \quad p_2 = 98, \quad p_3 = 970, \quad p_4 = 9602, \quad p_5 = 95050, \quad \ldots$$

führt auf die Vermutung, dass jede zweite Zahl, nämlich die mit ungeradem n, auf 0 endet. Da das für $n = 1$ stimmt und in (1) für ungerades n auch $n - 2$ ungerade ist und p_{n-1} mit 10 multipliziert wird, ist das sofort bewiesen. Für ungerade n ist also die letzte Ziffer der ganzen Zahl p_n stets eine 0, also auch für $n = 1001$.

Um $y_2^n = 1/y_1^n$ abzuschätzen, schließen wir zunächst aus $p_1 = 10 > 2 = p_0$ und (1) auf $p_n > p_{n-1}$, es reicht also nach (3) $1/(p_n - 1)$ abzuschätzen. Nach nochmaliger Anwendung von (1) folgt $p_n > 9 p_{n-1}$. Mit $p_1 = 10$ ergibt sich für $n = 1001$

$$\begin{aligned} p_{1001} &> 9^{1000} \cdot 10 = 81^{500} \cdot 10 > 80^{500} \cdot 10 = 2^{1500} \cdot 10^{501} = 1024^{150} \cdot 10^{501} \\ &> (1000 + 1)^{150} \cdot 10^{501} > (10^{450} + 1) \cdot 10^{501} > 10^{951} + 1\,. \end{aligned}$$

Das ergibt nach (2) und (3) die Abschätzung

$$p_{1001} > x = y_1^{1001} \geq p_{1001} - \frac{1}{p_{1001} - 1} > p_{1001} - 10^{-951}\,.$$

Da die letzte Ziffer von p_n eine Null ist sind die Ziffer vor dem Komma und mindestens 951 Ziffern nach dem Komma alles Neunen.

Bemerkung. Mit einem Computeralgebrasystem erhält man sogar

$$(\sqrt{3}+\sqrt{2})^{2002} = \underbrace{385491365534343\ldots 691576009}_{997 \text{ Ziffern vor dem Komma}},\underbrace{9999999999999\ldots 999999999999}_{996 \text{ Ziffern 9 nach dem Komma}}7405908\ldots$$

2. Lösung. Wenn man sich auf das Notwendige beschränkt (oder möglicherweise verschleiern will, wie man die Lösung gefunden hat), kann man die Lösung auch viel kürzer aufschreiben.

1. Wir zeigen, dass die Zahlen

$$p_n = \left(\sqrt{3}+\sqrt{2}\right)^{2n} + \left(\sqrt{3}-\sqrt{2}\right)^{2n}$$

für $n = 1, 2, \ldots$ ganzzahlig sind und die Rekursionsformel $p_{n+2} = 10p_{n+1} - p_n$ erfüllen. Dazu rechnen wir

$$\begin{aligned}
\left(\sqrt{3}\pm\sqrt{2}\right)^2 &= 5 \pm 2\sqrt{6}\,, \\
\left(\sqrt{3}\pm\sqrt{2}\right)^4 &= \left(5 \pm 2\sqrt{6}\right)^2 = 49 \pm 20\sqrt{6}\,.
\end{aligned}$$

Damit sind $p_1 = 10$ und $p_2 = 98$ bereits ganzzahlig und aus

$$\begin{aligned}
p_{n+2} &= \left(49+20\sqrt{6}\right)\left(\sqrt{3}+\sqrt{2}\right)^{2n} + \left(49-20\sqrt{6}\right)\left(\sqrt{3}-\sqrt{2}\right)^{2n}, \\
p_{n+1} &= \left(5+2\sqrt{6}\right)\left(\sqrt{3}+\sqrt{2}\right)^{2n} + \left(5-2\sqrt{6}\right)\left(\sqrt{3}-\sqrt{2}\right)^{2n}, \\
p_n &= 1\cdot\left(\sqrt{3}+\sqrt{2}\right)^{2n} + 1\cdot\left(\sqrt{3}-\sqrt{2}\right)^{2n}
\end{aligned}$$

folgt $0 = p_{n+2} - 10p_{n+1} + p_n$. Das ist die Rekursionsformel, aus der dann auch die Ganzzahligkeit von p_n für $n \geq 3$ folgt.

2. Aus $p_1 = 10$ und $p_{2k+1} = 10p_{2k} - p_{2k-1}$ folgt schrittweise, dass alle p_{2k+1} mit $k = 1, 2, \ldots$ durch 10 teilbar sind, die letzte Ziffer von p_{1001} ist eine Null.

3. Es ist $15^2 = 225$, $21^2 = 441 < 450$, $26^2 = 676 > 675$, also gilt für $n \geq 2$

$$0 < \left(\sqrt{3}-\sqrt{2}\right)^{2n} = \left(\frac{\sqrt{675}-\sqrt{450}}{15}\right)^{2n} < \left(\frac{26-21}{15}\right)^{2n} \leq \left(\frac{1}{3}\right)^4 < \frac{1}{10}\,.$$

Daraus folgt

$$p_{1001} > x = p_{1001} - \left(\sqrt{3}-\sqrt{2}\right)^{2002} > p_{1001} - 0{,}1\,.$$

4. Da die letzte Ziffer von p_{1001} eine Null ist, folgt aus dieser Abschätzung, dass die Ziffern vor und nach dem Komma in x beides Neunen sind.

3. Lösung. Unter Verwendung der binomischen Formel erhält man

$$\begin{aligned} x &= (\sqrt{3}+\sqrt{2})^{2002} + (\sqrt{3}-\sqrt{2})^{2002} - (\sqrt{3}-\sqrt{2})^{2002} \\ &= (5+2\sqrt{6})^{1001} + (5-2\sqrt{6})^{1001} - (\sqrt{3}-\sqrt{2})^{2002} \\ &= \sum_{k=0}^{1001} \binom{1001}{k} 2^k\, 5^{1001-k}\, 6^{\frac{k}{2}} \left(1+(-1)^k\right) \quad - \ (\sqrt{3}-\sqrt{2})^{2002} \\ &= 2\sum_{k=0}^{500} \binom{1001}{2k} 2^{2k}\, 5^{1001-2k}\, 6^k \quad - \ (\sqrt{3}-\sqrt{2})^{2002}. \end{aligned}$$

Die erste Summe ist eine (sehr große) ganze Zahl, deren sämtliche 501 Summanden durch 10 teilbar sind. Von dieser auf Null endenden Zahl wird eine positive reelle Zahl subtrahiert, für die gilt

$$0 < (\sqrt{3}-\sqrt{2})^{2002} < \left(\frac{1}{2}\right)^{2002} < \left(\frac{1}{2}\right)^{10} = \frac{1}{1024} < 0{,}001.$$

Folglich ist in der Differenz x die letzte Ziffer vor dem Komma eine 9 und die erste Ziffer nach dem Komma auch eine 9. ◊

Aufgabe 241236

Man ermittle alle diejenigen natürlichen Zahlen n, für die

$$99^n + 101^n > \frac{51}{25} \cdot 100^n \tag{1}$$

gilt.

Lösungen

1. Lösung. Die Ungleichung (1) ist genau dann erfüllt, wenn

$$F(n) = \left(\frac{99}{100}\right)^n + \left(\frac{101}{100}\right)^n = \left(1-\frac{1}{100}\right)^n + \left(1+\frac{1}{100}\right)^n > \frac{51}{25} = 2{,}04 \tag{2}$$

ist. Nun gilt nach dem binomischen Satz

$$\begin{aligned} \left(1-\frac{1}{100}\right)^n &= 1 - \binom{n}{1}0{,}01 + \binom{n}{2}0{,}01^2 - \binom{n}{3}0{,}01^3 + \cdots + (-1)^n\binom{n}{n}0{,}01^n\,, \\ \left(1+\frac{1}{100}\right)^n &= 1 + \binom{n}{1}0{,}01 + \binom{n}{2}0{,}01^2 + \binom{n}{3}0{,}01^3 + \cdots + \binom{n}{n}0{,}01^n \end{aligned}$$

und damit

$$F(n) = 2\left[1 + \binom{n}{2}0{,}01^2 + \binom{n}{4}0{,}01^4 + \cdots + \frac{1+(-1)^n}{2}\binom{n}{n}0{,}01^n\right] . \qquad (3)$$

Also ist für alle $n = 0, 1, 2, \ldots$

$$F(n) \geq 2\left[1 + \binom{n}{2}0{,}01^2\right] .$$

Daher ist $F(n) > 2{,}04$, wenn $n(n-1)0{,}01^2 > 0{,}04$, also $n(n-1) > 400$ ist. Dies trifft für $n \geq 21$ zu.

Für alle natürlichen Zahlen n mit $n \geq 21$ ist also die Ungleichung (1) erfüllt.

Für $n = 20$ gilt wegen (3)

$$F(20) = 2 + 20 \cdot 19 \cdot 0{,}01^2\left(1 + \frac{18 \cdot 17}{3 \cdot 4} \cdot 0{,}01^2 \cdot s\right) ,$$

wobei

$$s = 1 + \frac{16 \cdot 15}{5 \cdot 6} \cdot 0{,}01^2 + \frac{16 \cdot 15 \cdot 14 \cdot 13}{5 \cdot 6 \cdot 7 \cdot 8} \cdot 0{,}01^4 + \cdots + \frac{16 \cdot 15 \cdot \cdots \cdot 2 \cdot 1}{5 \cdot 6 \cdot \cdots \cdot 19 \cdot 20} \cdot 0{,}01^{16} .$$

Nun gilt

$$\begin{aligned} s &< 1 + 4^2 \cdot 0{,}01^2 + 4^4 \cdot 0{,}01^4 + \cdots + 4^{16} \cdot 0{,}01^{16} \\ &= 1 + 0{,}0016^2 + 0{,}0016^4 + \cdots + 0{,}0016^{16} < \frac{1}{1 - 0{,}0016} < \frac{100}{99} \end{aligned}$$

und damit

$$\begin{aligned} F(20) &< 2 + 0{,}038\left(1 + 0{,}00255 \cdot \frac{100}{99}\right) < 2{,}038 + \frac{0{,}04 \cdot 0{,}3}{99} \\ &< 2{,}038 + 0{,}0002 < 2{,}04 . \end{aligned}$$

Für $n = 20$ ist die Ungleichung (1) also nicht erfüllt.

Wegen (3) ist $F(n)$ monoton wachsend, d. h., es gilt für $n = 0, 1, 2, 3, \ldots, 19$

$$F(n) < F(20) < 2{,}04 .$$

Daher ist die zu untersuchende Ungleichung (1) für alle natürlichen Zahlen n mit $n \geq 21$ und nur für diese erfüllt.

2. Lösung. Der Nachweis, dass $n = 20$ die Aufgabe noch nicht erfüllt, lässt sich auch mit sorgfältig ausgeführter numerischer Rechnung führen. Unter den Bedingungen der Mathematik-Olympiaden muss das dann schriftlich dargelegt werden. Es zeigt sich, dass (mindestens) mit vier Nachkommastellen gerechnet werden muss. Für die Gültigkeit der Ungleichungen muss dabei konsequent nach der richtigen Seite gerundet werden.

	$0{,}99 * 0{,}99$			$1{,}01 * 1{,}01$	
	891	$*9$		1,01	$*1$
	891	$*9$		101	$*1$
	0,9801			1,0201	
$0{,}99^2 =$	0,9801		$1{,}01^2 =$	1,0201	
	88209	$*9$		1,0201	$*1$
	78408	$*8$		20402	$*2$
	9801	$*1$		10201	$*1$
	0,96059601			1,04060401	
$0{,}99^4 <$	0,9606		$1{,}01^4 <$	1,0407	
	86454	$*9$		1,0407	$*1$
	57636	$*6$		41628	$*4$
	57636	$*6$		72849	$*7$
	0,92275236			1,08305649	
$0{,}99^8 <$	0,9228		$1{,}01^8 <$	1,0831	
	83052	$*9$		1,0831	$*1$
	18456	$*2$		86648	$*8$
	18456	$*2$		32493	$*3$
	73824	$*8$		10831	$*1$
	0,85155984			1,17310561	
$0{,}99^{16} <$	0,8516		$1{,}01^{16} <$	1,1732	
	76644	$*9$		1,1732	$*1$
	51096	$*6$		46928	$*4$
	51096	$*6$		82124	$*7$
	0,81804696			1,22094924	
$0{,}99^{20} <$	0,8181		$1{,}01^{20} <$	1,2210	

Abb. L241236a

Eine mögliche Rechnung ist in Abb. L241236a angegeben. Im Endergebnis ergibt sich die Abschätzung

$$0{,}99^{20} + 1{,}01^{20} < 0{,}8181 + 1{,}2210 = 2{,}0391 < 2{,}04\,.$$

3. Lösung. Wir können die Aufgabe (2) auch vollständig numerisch lösen. Erste Rechnungen führen zu den Näherungen $1{,}01^n \approx 1 + 0{,}01 \cdot n$ und $0{,}99^n \approx 1 - 0{,}01 \cdot n$ und damit zu den Ansätzen (mit $\varepsilon = 0{,}01$)

$$1 + n\varepsilon + a_n\varepsilon^2 \le (1+\varepsilon)^n \le 1 + n\varepsilon + b_n\varepsilon^2 \tag{4}$$

$$1 - n\varepsilon + c_n\varepsilon^2 \le (1-\varepsilon)^n \le 1 - n\varepsilon + d_n\varepsilon^2 \tag{5}$$

mit ganzen Zahlen a_n, b_n, c_n und d_n. Wegen

$$\begin{aligned}
(1+\varepsilon)(1+n\varepsilon+a_n\varepsilon^2) &\ge 1 + (n+1)\varepsilon + (n + a_n + \lfloor a_n\varepsilon \rfloor)\varepsilon^2\\
(1+\varepsilon)(1+n\varepsilon+b_n\varepsilon^2) &\le 1 + (n+1)\varepsilon + (n + b_n + \lceil b_n\varepsilon \rceil)\varepsilon^2\\
(1-\varepsilon)(1-n\varepsilon+c_n\varepsilon^2) &\ge 1 - (n+1)\varepsilon + (n + c_n - \lceil c_n\varepsilon \rceil)\varepsilon^2\\
(1-\varepsilon)(1-n\varepsilon+d_n\varepsilon^2) &\le 1 - (n+1)\varepsilon + (n + d_n - \lfloor d_n\varepsilon \rfloor)\varepsilon^2
\end{aligned}$$

folgt bei einer Wahl

$$a_{n+1} = a_n + n + \lfloor a_n \varepsilon \rfloor, \qquad b_{n+1} = b_n + n + \lceil b_n \varepsilon \rceil,$$
$$c_{n+1} = c_n + n - \lceil c_n \varepsilon \rceil, \qquad d_{n+1} = d_n + n - \lfloor d_n \varepsilon \rfloor$$

die allgemeine Gültigkeit von (4) und (5) induktiv aus der Gültigkeit für $n = 1$, also aus $a_1 = b_1 = c_1 = d_1 = 0$. Dann gilt

$$2 + (a_n + c_n)\varepsilon^2 \le F(n) \le 2 + (b_n + d_n)\varepsilon^2$$

Die Rechnungen sind jetzt sehr einfach. Die aufretenden Differenzen sind einfache arithmetische Folgen, die nur gelegentlich durch Sprünge beim Runden gestört werden, wenn die nächsten Vielfachen von $1/\varepsilon = 100$ erreicht werden.

In der Tabelle in Abb. L241236b sind neben a_n, b_n, c_n und d_n noch jeweils Δa_n, Δb_n, Δc_n und Δd_n, die Differenzen zur nächsten Zahl, eingetragen.

n	1	2	3	4	5	6	7	8	9	10	11	12	13	14	15	16	17	18	19	20	21	22	23
a_n	0	1	3	6	10	15	21	28	36	45	55	66	78	91	105	121	138	156	175	195	216	239	263
Δa_n	1	2	3	4	5	6	7	8	9	10	11	12	13	14	16	17	18	19	20	21	23	24	25
b_n	0	1	4	8	13	19	26	34	43	53	64	76	89	103	119	136	154	173	193	214	237	261	286
Δb_n	1	3	4	5	6	7	8	9	10	11	12	13	14	16	17	18	19	20	21	23	24	25	26
c_n	0	1	2	4	7	11	16	22	29	37	46	56	67	79	92	106	120	135	151	168	186	205	224
Δc_n	1	1	2	3	4	5	6	7	8	9	10	11	12	13	14	14	15	16	17	18	19	19	20
d_n	0	1	3	6	10	15	21	28	36	45	55	66	78	91	105	119	134	150	167	185	204	223	243
Δd_n	1	2	3	4	5	6	7	8	9	10	11	12	13	14	14	15	16	17	18	19	19	20	21
$a_n + c_n$	0	2	5	10	17	26	37	50	65	82	101	122	145	170	197	227	258	291	326	363	<u>402</u>	444	487
$b_n + d_n$	0	2	7	14	23	34	47	62	79	98	119	142	167	194	224	255	288	323	360	<u>399</u>	441	484	529

Abb. L241236b

Wir erhalten

$$F(20) \le 2 + (b_{20} + d_{20})\varepsilon^2 = 2 + 0{,}0399 < 2{,}04\,,$$
$$F(21) \ge 2 + (a_{21} + c_{21})\varepsilon^2 = 2 + 0{,}0402 > 2{,}04\,.$$

Und weil die Folge wegen

$$F(n+1) = F(n) + \varepsilon\left((1+\varepsilon)^n - (1-\varepsilon)^n\right) > F(n)$$

monoton wachsend ist, ist (1) im Bereich der natürlichen Zahlen für $n \le 20$ verletzt und für $n \ge 21$ erfüllt.

◇

Kapitel 5
Funktionen

Jürgen Prestin

Der Begriff der Funktion ist für die gesamte Mathematik von zentraler Bedeutung. Abstrakt gesprochen, ist eine Funktion f eine Menge von geordneten Paaren (x, y) mit $x \in X$ und $y \in Y$, für die außerdem gilt, dass aus $(x, y) \in f$ und $(x, z) \in f$ die Gleichheit $y = z$ folgt. Zur Bezeichnung benutzen wir hier die Schreibweise $f : X \to Y$. Wir sagen, dass die Funktion f die Menge X in die Menge Y abbildet. Die Menge X bezeichnet man als Definitionsbereich. Die Menge $W(f) \subseteq Y$ aller $y \in Y$, für die ein $x \in X$ mit $f(x) = y$ existiert, heißt Wertebereich von f. Gilt $W(f) = Y$, heißt f surjektiv. Gibt es zu jedem $y \in W(f)$ genau ein $x \in X$ mit $f(x) = y$, spricht man von einer injektiven Funktion. Ist $f : X \to Y$ injektiv und surjektiv, heißt f bijektiv. Diese Begrifflichkeiten spielen besonders bei der Betrachtung von Funktionalgleichungen in Abschnitt 5.2 eine wichtige Rolle. Eine solche abstrakte Sichtweise auf Funktionen schälte sich erst im 20. Jahrhundert heraus. Wir gehen hier zurück auf den Beginn des 18. Jahrhunderts, als z. B. die sich gerade entwickelnde Differentialrechnung bei der Untersuchung von Gleichungen dazu führte, Funktionen zu betrachten. In dieser Tradition haben in der Schulmathematik und in diesem Kapitel die betrachteten Funktionen die reellen Zahlen oder Teilmengen davon als Definitions- und Wertebereich. Die Standardsituation ist also eine Funktion $f : D \to \mathbb{R}$ mit $D \subseteq \mathbb{R}$, die wir im Allgemeinen als Abbildung in die reellen Zahlen ohne Surjektivität betrachten. An dieser Stelle sei darauf verwiesen, dass wir der schultypischen Schreibweise und Vereinfachung folgen, die Funktion f mit $f(x)$ zu bezeichnen, natürlich nur dort, wo eine Vermischung von Funktion f und Zahl $f(x) \in W(f)$ nicht zu Missverständnissen Anlass gibt. Weiterhin benutzen wir $f(x) \equiv c$ als Abkürzung für die Aussage, dass für alle x aus dem Definitionsbereich von f die Gleichheit $f(x) = c$ gilt.

Das Repertoire an hier auftretenden Funktionen richtet sich am Kanon der Schulmathematik aus. Etwas salopp gesagt, können alle Funktionen auftreten, die man vom Taschenrechner kennt. Dies sind neben Polynomen und Potenzfunktionen die Winkelfunktionen und Exponentialfunktionen nebst ihren Umkehrfunktionen. Dazu kommen dann die Hintereinanderausführung oder Verkettung sowie die stückweise Definition.

A. Felgenhauer et al., *Die schönsten Aufgaben der Mathematik-Olympiade in Deutschland*, https://doi.org/10.1007/978-3-662-63183-6_5

Die Aufgabenstellungen umfassen die Untersuchung von klassischen Eigenschaften wie Periodizität, Symmetrie, Monotonie, Konvexität oder Beschränktheit. In älteren Aufgaben fanden Begriffe wie Stetigkeit und Differenzierbarkeit noch stärker Eingang in einzelne Problemstellungen. Dagegen wurden Integrale von Funktionen nur in einigen wenigen Aufgaben früherer Jahre behandelt. Zum beständigen Kanon gehören aber auch Extremwertaufgaben oder die Untersuchung von Nullstellen.

Das Kapitel ist in drei Abschnitte unterteilt. Es beginnt mit der Untersuchung von Eigenschaften reeller Funktionen und geht im Abschnitt *Funktionalgleichungen* über zur Bestimmung von gesuchten Funktionen, die gewisse Gleichungen erfüllen. Der abschließende Abschnitt widmet sich der wichtigsten Funktionenklasse, den Polynomen.

Die Grenzen zu den beiden vorigen und dem nachfolgenden Kapitel sind fließend. Die *Ungleichungen* aus Kapitel 4 können als Eigenschaften von Funktionen gedeutet werden, die *Gleichungen* aus Kapitel 3 sind oft Bedingungen an Polynome und die im Kapitel *Folgen* benutzten Methoden lassen sich erfolgreich für Funktionen anwenden.

5.1 Eigenschaften von Funktionen

In diesem Abschnitt stehen Eigenschaften von Funktionen, die für alle reellen Zahlen oder für Teilmengen von reellen Zahlen definiert sind, im Mittelpunkt. Dazu gehören insbesondere auch die Monotonie und Konvexität, die aus Olympiadesicht so grundlegend sind, dass sie in diesem Buch schon in den Kapiteln über Gleichungen und Ungleichungen im Fokus standen.

Wir beginnen hier mit der Periodizität, die in der Schulmathematik vor allem von den Winkelfunktionen Sinus und Kosinus bekannt ist und das Motiv in den Aufgaben 311231, 191224 und 181234 bildet. Man sagt, eine Funktion $f : \mathbb{R} \to \mathbb{R}$ heißt für ein $p > 0$ periodisch mit der Periode p, falls $f(x) = f(x + p)$ für alle x aus dem Definitionsbereich $\mathbb{R}$. Diese Erklärung ist zwar sehr prägnant, schließt aber Funktionen wie den Tangens oder den Kotangens, die nicht auf ganz $\mathbb{R}$ definiert sind, aus. Wir definieren daher etwas allgemeiner.

Definition 5.1 (Periodizität). Eine Funktion $f : D \to \mathbb{R}$ mit $D \subseteq \mathbb{R}$ heißt periodisch mit der Periode $p > 0$, kurz p-periodisch, falls

(1) für alle $x \in D$ gilt $x - p \in D$ und $x + p \in D$,
(2) für alle $x \in D$ gilt $f(x + p) = f(x)$.

Da p-periodische Funktionen $f(x) = f(x + p) = f(x + 2p) = \cdots = f(x + mp)$ erfüllen, sind sie demnach auch mp-periodisch für beliebige positive ganze Zahlen m. Hat so ein f eine kleinste positive Periode, nennen wir dies die primitive Periode. Das einfachste Beispiel einer auf $\mathbb{R}$ periodischen Funktion ohne primitive Periode ist die konstante Funktion, für die jedes $p > 0$ Periode ist. Es gibt aber weitere solche Funktionen, wie etwa die charakteristische Funktion der Menge der rationalen Zahlen, die dort 1, für irrationale x aber 0 ist:

$$\chi_{\mathbb{Q}}(x) = \begin{cases} 1, & \text{falls } x \in \mathbb{Q}, \\ 0, & \text{falls } x \notin \mathbb{Q}. \end{cases}$$

Man erkennt sofort, dass genau die positiven rationalen Zahlen Perioden dieser Funktion sind.

Aufgabe 311231

Es sei f eine Funktion, die für alle reellen Zahlen x definiert ist; ferner sei folgende Voraussetzung erfüllt: Mit zwei voneinander verschiedenen reellen Zahlen a, b gelten für jedes reelle x die Gleichungen $f(a-x) = f(a+x)$ und $f(b-x) = f(b+x)$. Man beweise, dass aus diesen Voraussetzungen stets folgt: Die Funktion f ist periodisch.

Hinweis. Eine Funktion f heißt genau dann periodisch, wenn eine positive reelle Zahl p existiert, mit der für jedes reelle x die Gleichung $f(x+p) = f(x)$ gilt.

Lösung

Ohne Beschränkung der Allgemeinheit kann $a > b$ vorausgesetzt werden; dann ist $2a - 2b$ eine positive reelle Zahl. Wendet man die erste vorausgesetzte Gleichung mit $x + a - 2b$ statt x und dann die zweite vorausgesetzte Gleichung mit $b - x$ statt x an, so folgt: Für jedes reelle x gilt

$$\begin{aligned} f(x+2a-2b) &= f(a+(x+a-2b)) \\ &= f(a-(x+a-2b)) \\ &= f(b+(b-x)) \\ &= f(b-(b-x)) \\ &= f(x)\,. \end{aligned}$$

Mit der positiven reellen Zahl $p = 2a - 2b$ gilt also $f(x+p) = f(x)$ für jedes reelle x. Somit ist f periodisch.

Bemerkung. Die Lösung dieser Aufgabe lässt sich auch grafisch herleiten. Wenn man in den Punkten $x = a$ und $x = b$ die Senkrechten zur x-Achse errichtet, ergibt sich für einen beliebigen Wert x und für die beiden ähnlichen gleichschenkligen Dreiecke ABS und CBT der Abb. L311231 aus den Voraussetzungen die Gleichheit $f(s) = f(t) = f(x)$. Geometrisch folgt daraus $s - x = |T'T| = 2\,|MT| = 2(a-b)$, eine konstante Periodenlänge. ◇

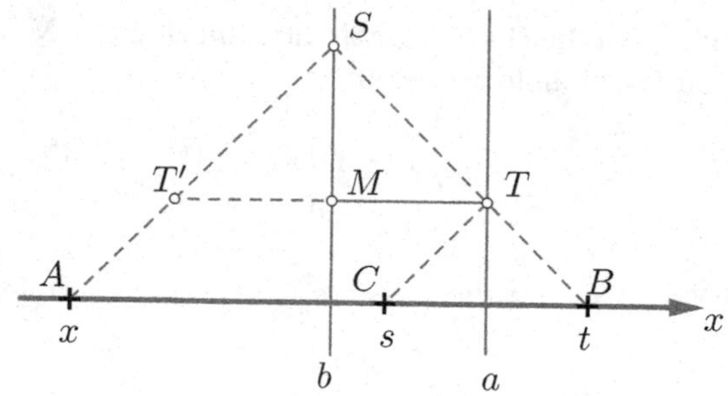

Abb. L311231: Veranschaulichung der Periodizität.

Aufgabe 191224

(a) Man untersuche, ob die für alle reellen Zahlen x durch

$$f_1(x) = \frac{\sin(x\sqrt{2})}{1+\sin^2(x\sqrt{2})}$$

definierte Funktion f_1 periodisch ist.
(b) Man untersuche, ob die für alle reellen Zahlen x durch

$$f_2(x) = \frac{\sin x}{1+\sin^2(x\sqrt{2})}$$

definierte Funktion f_2 periodisch ist.

Lösung

(a) Für jedes reelle x gilt

$$f_1(x+\pi\sqrt{2}) = \frac{\sin(x\sqrt{2}+2\pi)}{1+\sin^2(x\sqrt{2}+2\pi)} = \frac{\sin(x\sqrt{2})}{1+\sin^2(x\sqrt{2})} = f_1(x).$$

Daher ist f_1 periodisch.

(b) Angenommen, f_2 wäre periodisch. Dann gäbe es eine reelle Zahl $p \neq 0$ derart, dass für alle reellen x die Gleichung $f_2(x+p) = f_2(x)$ gälte. Daraus folgte zunächst $f_2(p) = f_2(0) = 0$, also $\sin p = 0$. Daher gäbe es eine ganze Zahl m mit $p = m\pi$ und $m \neq 0$. Außerdem folgte für $x = \pi\sqrt{2}$ aus der Periodizität

$$f_2(\pi\sqrt{2}+2m\pi) = f_2(\pi\sqrt{2}+m\pi) = f_2(\pi\sqrt{2}),$$

d. h.

$$\frac{\sin(\pi\sqrt{2}+2m\pi)}{1+\sin^2(2m\pi\sqrt{2}+2\pi)} = \frac{\sin(\pi\sqrt{2})}{1+\sin^2(2\pi)},$$

also

$$\frac{\sin(\pi\sqrt{2})}{1+\sin^2(2m\pi\sqrt{2})} = \sin(\pi\sqrt{2}).$$

Wegen $\sin(\pi\sqrt{2}) \neq 0$ würde dies bedeuten $1 = 1 + \sin^2(2m\pi\sqrt{2})$ und daher $\sin(2m\pi\sqrt{2}) = 0$. Folglich gäbe es eine ganze Zahl n mit $2m\pi\sqrt{2} = n\pi$ und es gälte $2\sqrt{2} = n/m$ im Widerspruch zur Irrationalität von $\sqrt{2}$. Also ist die Annahme falsch und ist daher f_2 nichtperiodisch. ◇

Aufgabe 181234

Man beweise: Ist $n \geq 2$ eine ganze Zahl, so ist die für alle reellen x durch

$$f(x) = \sum_{k=1}^{n} \cos(x\sqrt{k})$$

definierte Funktion f nichtperiodisch.

Lösung

Angenommen, es gäbe ein $p > 0$ mit

$$f(x+p) = f(x) \text{ für alle } x.$$

Dann gälte insbesondere $f(p) = f(0)$, also

$$\sum_{k=1}^{n} \cos(p\sqrt{k}) = \sum_{k=1}^{n} \cos 0 = n.$$

Wegen $\cos y \leq 1$ würde für alle y daraus folgen, dass

$$\cos(p\sqrt{k}) = 1, \quad k = 1, \ldots, n.$$

Da $n \geq 2$, gälte insbesondere für $k = 1, 2$

$$\cos p = 1, \tag{1}$$

$$\cos p\sqrt{2} = 1. \tag{2}$$

Die Gleichung (1) ergäbe die Existenz einer ganzen Zahl m_1 mit

$$p = 2m_1\pi \tag{3}$$

und aus (2) folgte die Existenz einer ganzen Zahl m_2 mit

$$p\sqrt{2} = 2m_2\pi. \tag{4}$$

Wegen $p \neq 0$ wären auch $m_1, m_2 \neq 0$. Aus (3) und (4) ergäbe sich

$$\sqrt{2} = \frac{m_2}{m_1}$$

im Widerspruch zur Irrationalität von $\sqrt{2}$. Also ist die Annahme falsch und damit f nichtperiodisch. ◊

Stetigkeit. Viele weitere Aufgaben in diesem Kapitel benötigen das Konzept der Stetigkeit (vgl. Königsberger [36], Kap. 7). Wir skizzieren hier eine Definition über die Konvergenz von Folgen. Gegeben sei dazu ein Intervall $I \subseteq \mathbb{R}, c \in I$ und die Funktion $f : I \to \mathbb{R}$ oder $f : I \backslash \{c\} \to \mathbb{R}$. Wir sagen, f hat für x gegen c den Grenzwert d, falls für alle Zahlenfolgen $(x_n)_{n \in \mathbb{N}}$ mit $x_n \in I, x_n \neq c$ und

$$\lim_{n \to \infty} x_n = c \text{ gilt } \lim_{n \to \infty} f(x_n) = d,$$

und schreiben

$$\lim_{x \to c} f(x) = d.$$

Ohne hier noch auf sogenannte einseitige Grenzwerte oder Randpunkte des Intervalls I einzugehen, kommen wir zur Definition der Stetigkeit.

Definition 5.2 (Stetigkeit).

(a) Eine Funktion $f : I \to \mathbb{R}$ mit $I \subseteq \mathbb{R}$ heißt in $x_0 \in I$ stetig, falls

$$\lim_{x \to x_0} f(x) = f(x_0).$$

(b) Die Funktion f heißt auf I stetig, falls sie für alle $x \in I$ stetig ist.

Eine äquivalente Beschreibung der Stetigkeit von f in einem Punkt x_0 liefert das folgende Resultat.

Satz 5.3 (ε-δ-Kriterium). *Eine Funktion $f : I \to \mathbb{R}$ ist genau dann stetig in $x_0 \in I$, wenn für jedes $\varepsilon > 0$ ein nur von ε, x_0 und f abhängiges $\delta = \delta_f(\varepsilon, x_0) > 0$ existiert, so dass*

$$\textit{für alle } x \textit{ mit } |x - x_0| < \delta \textit{ gilt } |f(x) - f(x_0)| < \varepsilon.$$

Die Definition der Stetigkeit und dieses Kriterium lassen sich sehr gut an folgender Funktion erläutern (siehe Abb. 5.1).

Beispiel 5.4 (Stetigkeit). *Gegeben sei $f : \mathbb{R} \to \mathbb{R}$ durch*

$$f(x) = \begin{cases} 0, & \textit{falls } x \notin \mathbb{Q}, \\ 1, & \textit{falls } x = 0, \\ \frac{1}{q}, & \textit{falls } x = \frac{p}{q} \textit{ mit } q \in \mathbb{Z}^+, \ p \in \mathbb{Z} \setminus \{0\} \textit{ und } \frac{p}{q} \textit{ gekürzt.} \end{cases}$$

Diese Funktion ist unstetig für alle rationalen x und stetig für alle irrationalen x.

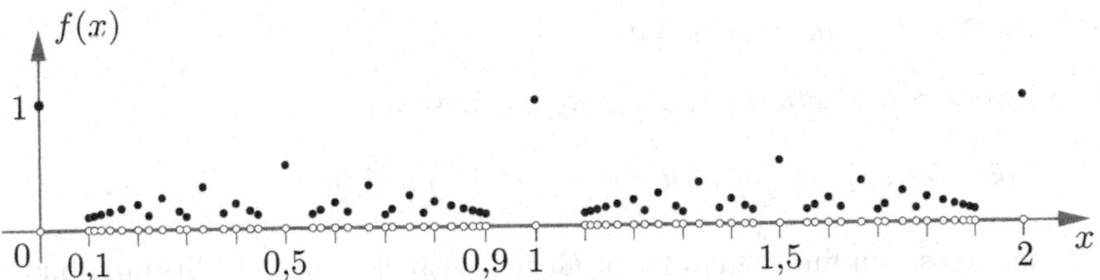

Abb. 5.1: Die Funktion aus Beispiel 5.4 im Intervall $[0,2]$ mit Funktionswerten an Stellen $\frac{p}{q}$ mit $q \leq 10$.

Beweis. 1. Es sei $(x_n)_{n\in\mathbb{N}}$ eine Folge irrationaler Zahlen, die gegen das rationale $x_0 = p/q$ konvergiert. Die Unstetigkeit in x_0 folgt aus

$$\lim_{n\to\infty} x_n = x_0, \quad \text{aber} \quad \lim_{n\to\infty} f(x_n) = \lim_{n\to\infty} 0 \neq \frac{1}{q} = f(x_0).$$

Allgemeiner gilt sogar, dass der Grenzwert $\lim\limits_{x\to x_0} f(x)$ nicht existiert.

2. Wir zeigen jetzt die Stetigkeit für ein $x_0 \notin \mathbb{Q}$ mit dem ε-δ-Kriterium. Dazu wählen wir ein $\varepsilon > 0$ und betrachten das Intervall $[x_0 - 1, x_0 + 1]$, in dem höchstens endlich viele Zahlen der Gestalt $\frac{p}{q}$ mit $q \leq \frac{1}{\varepsilon}$ liegen. Also existiert ein Intervall $(x_0 - \delta, x_0 + \delta)$, in dem keine dieser Zahlen und auch nicht die Null liegt. Für alle $x \in (x_0 - \delta, x_0 + \delta)$ gilt daher

$$f(x) = \begin{cases} 0, & \text{falls } x \notin \mathbb{Q}, \\ \dfrac{1}{q} < \varepsilon, & \text{falls } x \in \mathbb{Q}, \end{cases}$$

und damit $|f(x) - f(x_0)| < \varepsilon$, was zu beweisen war. □

Fundamentale Eigenschaften stetiger Funktionen auf einem abgeschlossenen Intervall, die auch für Olympiadeaufgaben bedeutsam sind, fassen wir in einem Satz zusammen.

Satz 5.5 (Eigenschaften stetiger Funktionen auf abgeschlossenen Intervallen). *Es sei f stetig auf dem abgeschlosssenen Intervall $[a,b]$. Dann gilt:*

(a) *Es existiert eine Schranke C mit $|f(x)| \leq C$ für alle $x \in [a,b]$.*

(b) *Es existieren $x_0, x_1 \in [a,b]$ mit $f(x_0) \leq f(x) \leq f(x_1)$ für alle $x \in [a,b]$, d. h., die Funktion f nimmt ihr Minimum und ihr Maximum an:*

$$f(x_0) = \min_{x\in[a,b]} f(x) \leq f(x) \leq \max_{x\in[a,b]} f(x) = f(x_1).$$

(c) *Für jedes c mit*

$$\min_{x \in [a,b]} f(x) \le c \le \max_{x \in [a,b]} f(x)$$

existiert ein $x^* \in [a,b]$ mit $f(x^*) = c$.

(d) *Für jedes $\varepsilon > 0$ existiert ein $\delta = \delta_f(\varepsilon) > 0$, so dass*

$$\textit{für alle } x, y \in [a,b] \quad \textit{mit} \quad |x-y| < \delta \quad \textit{gilt} \quad |f(x) - f(y)| < \varepsilon.$$

Zu allen vier Aussagen findet man leicht Gegenbeispiele, wie z. B. Sprungfunktionen oder Funktionen mit Polstellen, falls man in den Voraussetzungen auf die Stetigkeit oder die Abgeschlossenheit des Intervalls verzichtet. In der Aussage (b) kann es durchaus mehrere Minimal- oder Maximalstellen geben. Die Aussage (c) ist als *Zwischenwertsatz* bekannt und als solcher auch schon in den vorigen Kapiteln erwähnt. In (d) spricht man auch von *gleichmäßiger Stetigkeit*, d. h. δ hängt nur von ε und nicht von der Lage von x, y in $[a,b]$ ab. Die Aussagen aus diesem Satz werden z. B. in diesem Kapitel in den Aufgaben 111246B, 321246B, 081246 und 461346 benötigt.

Differenzierbarkeit. Die Differenzierbarkeit von Funktionen ist seit vielen Jahren auf Grund der Heterogenität der Lehrpläne nicht mehr Bestandteil von Aufgaben der Mathematik-Olympiade. Trotzdem haben wir hier drei besonders hervorstechende Aufgaben 081246, 131246B und 491345 aus den Jahren 1969, 1974 beziehungsweise 2010 ausgewählt, in denen Ableitungen schon im Aufgabentext vorkommen. Dazu kommen Aufgaben wie 121246A oder 091243, zu denen keine naheliegenden Lösungen ohne Verwendung der Differentialrechnung bekannt sind, und viele weitere, bei denen mit dem Ableitungsbegriff vereinfachend argumentiert werden kann.
Für die Benutzung der Ableitungen in diesem Buch reichen einige wenige Fakten. Genau wie die Stetigkeit definieren wir Differenzierbarkeit punktweise für eine auf einem Intervall $I \subseteq \mathbb{R}$ gegebene Funktion.

Definition 5.6 (Differenzierbarkeit).

(a) Gegeben seien die Funktion $f : I \to \mathbb{R}$ und x_0, ein innerer Punkt von I. Existiert der Grenzwert

$$\lim_{x \to x_0} \frac{f(x) - f(x_0)}{x - x_0} = \lim_{h \to 0} \frac{f(x_0 + h) - f(x_0)}{h},$$

sagen wir, f ist differenzierbar in x_0, und schreiben für diesen Grenzwert $f'(x_0)$.

(b) Ist f für alle $x \in I$, ggf. mit Modifikation für die Randpunkte, differenzierbar, dann definieren wir die 1. Ableitung von f als

$$f' : I \to \mathbb{R} \quad \text{mit} \quad f'(x) = \lim_{h \to 0} \frac{f(x+h) - f(x)}{h}.$$

Als Beispiel seien hier Monome $f(x) = x^n$ für $x \in \mathbb{R}$ und positive ganze n betrachtet:[1]

$$f'(x) = \lim_{h\to 0} \frac{(x+h)^n - x^n}{h} = \lim_{h\to 0} \frac{nx^{n-1}h + \binom{n}{2}x^{n-2}h^2 + \cdots + h^n}{h} = nx^{n-1}.$$

Von herausragender Bedeutung ist der Mittelwertsatz der Differentialrechnung.

Satz 5.7 (Mittelwertsatz). *Die Funktion $f : [a,b] \to \mathbb{R}$ sei stetig in $[a,b]$ und differenzierbar in (a,b). Dann existiert ein $\xi \in (a,b)$ mit*

$$f'(\xi) = \frac{f(b) - f(a)}{b-a} \quad \textit{beziehungsweise} \quad f(b) = f(a) + f'(\xi)(b-a).$$

Der Spezialfall $f(a) = f(b)$ ist als Satz von ROLLE bekannt und wird mehrfach in diesem Buch benutzt (vgl. die Aufgaben 091246, 091243, 081246 und 461346).

Der Zusammenhang zwischen Monotonie und Konvexität einer Funktion mit der Positivität bzw. Monotonie der 1. Ableitung ist schon ausführlich in Kap. 4.1 und 4.4 diskutiert worden. Die Vorzeichen der 1. und der 2. Ableitung bestimmen also die Monotonie bzw. Konvexität wesentlich. Wir vermerken hier nur noch, dass dafür der Mittelwertsatz die entscheidenden Beweisschritte liefert.

Aufgabe 191246A

Eine Folge (x_k) reeller Zahlen heiße genau dann C-konvergent gegen eine reelle Zahl z, wenn $\lim\limits_{n\to\infty} \left(\frac{1}{n}\sum\limits_{k=1}^{n} x_k\right) = z$ gilt. Eine Funktion f heiße genau dann C-stetig an einer Stelle a ihres Definitionsbereiches, wenn für jede Folge (x_k), die C-konvergent gegen a ist und deren sämtliche Glieder x_k im Definitionsbereich von f liegen, die Folge $(f(x_k))$ stets C-konvergent gegen $f(a)$ ist.

Man zeige:

(a) Sind A, B und a beliebige reelle Zahlen, so gilt: Die durch $f(x) = Ax + B$ für alle reellen Zahlen x definierte Funktion f ist C-stetig an der Stelle a.

(b) Wenn eine für alle reellen Zahlen x definierte Funktion f an der Stelle $a = 0$ den Funktionswert $f(0) = 0$ hat und an dieser Stelle C-stetig ist, so gilt für beliebige reelle p, q die Gleichung $f(p+q) = f(p) + f(q)$.

Lösung

(a) Es sei (x_k) eine gegen a C konvergente Folge reeller Zahlen. Nach den bekannten Rechenregeln für Summen und Grenzwerte gilt dann

[1] Eine alternative Herleitung findet man im Beweis des Lemmas 4.24, S. 229.

$$\begin{aligned}\lim_{n\to\infty}\left(\frac{1}{n}\sum_{k=1}^{n} f(x_k)\right) &= \lim_{n\to\infty}\left(\frac{1}{n}\sum_{k=1}^{n}(Ax_k+B)\right)\\ &= \lim_{n\to\infty}\left(A\cdot\frac{1}{n}\sum_{k=1}^{n}x_k+B\right)\\ &= A\cdot\lim_{n\to\infty}\left(\frac{1}{n}\sum_{k=1}^{n}x_k\right)+B = A\cdot a+B = f(a),\end{aligned}$$

da nach Voraussetzung $\lim\limits_{n\to\infty}\left(\frac{1}{n}\sum\limits_{k=1}^{n}x_k\right) = a$ gilt. Also ist $(f(x_k))$ für solche Folgen (x_k) C-konvergent gegen $f(a)$, d. h., f ist C-stetig an der Stelle a.

(b) Für beliebige (aber feste) reelle Zahlen p, q wird die Folge $(x_k) = (p, q, -(p+q), p, q, -(p+q), \dots)$ betrachtet. Für sie ist offenbar

$$\frac{1}{n}\sum_{k=1}^{n}x_k = \begin{cases}\frac{p}{n} & \text{falls } n = 3m+1,\\ \frac{p+q}{n} & \text{falls } n = 3m+2,\\ 0 & \text{falls } n = 3m+3.\end{cases} \qquad (m \text{ ganz})$$

Da die Folgen $\left(\frac{p}{n}\right)$ und $\left(\frac{p+q}{n}\right)$ mit $n\to\infty$ gegen Null konvergieren, ist auch $\lim\limits_{n\to\infty}\left(\frac{1}{n}\sum\limits_{k=1}^{n}x_k\right) = 0$. Folglich ist (x_k) C-konvergent gegen 0.

Es sei nun f eine den Voraussetzungen von (b) genügende Funktion. Dann ist nach der Definition der C-Stetigkeit die Folge $(f(x_k))$ C-konvergent gegen $f(0) = 0$, d. h., die Folge $\left(\frac{1}{n}\sum\limits_{k=1}^{n}f(x_k)\right)$ konvergiert gegen Null. Das gilt mithin auch für ihre Teilfolgen, speziell ist $\lim\limits_{n\to\infty}\left(\frac{1}{3m}\sum\limits_{k=1}^{3m}f(x_k)\right) = 0$. Für beliebiges m ist aber $\frac{1}{3m}\sum\limits_{k=1}^{3m}f(x_k) = \frac{1}{3}\big(f(p)+f(q)+f(-(p+q))\big)$, d. h., die betrachtete Teilfolge ist konstant. Also gilt für beliebige p, q

$$f(p)+f(q)+f(-(p+q)) = 0. \tag{1}$$

Mit $p=0$ ergibt sich wegen $f(0)=0$ für beliebiges q' die Gleichheit $f(q') = -f(-q')$ und mit $q' = p+q$ erhalten wir daher in (1) die in (b) zu zeigende Behauptung $f(p)+f(q) = -f(-(p+q)) = f(p+q)$.

Bemerkung. Die C-Konvergenz ist ein verallgemeinerter Konvergenzbegriff, der mit dem Namen von Ernesto Cesàro verbunden ist und in der Analysis eine gewisse Rolle spielt. Jede (im üblichen Sinn) konvergente Folge ist auch C-konvergent. Der Versuch, in der üblichen Definition der Folgenstetigkeit einer Funktion die gewöhnliche Konvergenz durch die C-Konvergenz zu ersetzen, führt also zu einem trivialen Resultat. ◇

Aufgabe 141243

In einem Mathematikzirkel, in dem die Eigenschaften von Funktionen f bei Kehrwertbildung untersucht werden, vermutet ein Zirkelteilnehmer, allgemein gelte für Funktionen f, die in einem Intervall J definiert sind und nur positive Funktionswerte haben, der folgende Satz:

(a) Ist f in J streng konkav, so ist $\frac{1}{f}$ in J streng konvex.

Ein anderer Zirkelteilnehmer meint, es gelte auch der folgende Satz:

(b) Ist f in J streng konvex, so ist $\frac{1}{f}$ in J streng konkav.

Man untersuche jeden dieser Sätze auf seine Richtigkeit.

Hinweis 1. Genau dann heißt $f(x)$ in J streng $\left\{\begin{matrix}\text{konvex}\\ \text{konkav}\end{matrix}\right\}$, wenn für je drei Zahlen x_1, x^*, x_2 aus J mit $x_1 < x^* < x_2$ der auf der von den Punkten $(x_1, f(x_1)), x_2, f(x_2))$ begrenzten Sehne gelegene Punkt, dessen Abszisse x^* ist, eine Ordinate hat, die $\left\{\begin{matrix}\text{größer}\\ \text{kleiner}\end{matrix}\right\}$ als $f(x^*)$ ist.

Hinweis 2. Mit $\frac{1}{f}$ ist die durch die Festsetzung $g(x) = \frac{1}{f(x)}$ für alle Zahlen x des Intervalls J definierte Funktion g bezeichnet.

Lösung

(a) Diese Aussage ist wahr. Zum Beweis nehmen wir an, dass f in J streng konvex ist und dass x_1, x^*, x_2 beliebige Abszissen aus J mit $x_1 < x^* < x_2$ sind. Wir setzen $y_1 = f(x_1)$, $y^* = f(x^*)$, $y_2 = f(x_2)$ und bezeichnen mit p bzw. q die Ordinate des auf der Sehne mit den Endpunkten (x_1, y_1), (x_2, y_2) bzw. $\left(x_1, \frac{1}{y_1}\right)$, $\left(x_2, \frac{1}{y_2}\right)$ gelegenen Punktes mit der Abszisse x^*. Ferner sei $d_1 = x^* - x_1$, $d_2 = x_2 - x^*$. Dann gilt nach der Geradengleichung für die Sehnen

$$p - y_1 = \frac{y_2 - y_1}{x_2 - x_1}(x^* - x_1) \tag{1}$$

und

$$q - \frac{1}{y_1} = \frac{\frac{1}{y_2} - \frac{1}{y_1}}{x_2 - x_1}(x^* - x_1), \tag{2}$$

also

$$p = \frac{y_2 - y_1}{d_1 + d_2} d_1 + y_1 = \frac{d_1 y_2 + d_2 y_1}{d_1 + d_2} \tag{3}$$

und

$$q = \frac{d_1 \frac{1}{y_2} + d_2 \frac{1}{y_1}}{d_1 + d_2} = \frac{d_1 y_1 + d_2 y_2}{(d_1 + d_2) y_1 y_2}. \tag{4}$$

Nun gilt nach Voraussetzung $d_1 > 0$, $d_2 > 0$, $y_1 > 0$, $y_2 > 0$ und demzufolge $d_1 d_2 (y_1 - y_2)^2 \geq 0$.

Daraus folgt $(d_1 y_2 + d_2 y_1)(d_1 y_1 + d_2 y_2) \geq (d_1 + d_2)^2 y_1 y_2$ und weiter wegen (3) und (4):

$$q = \frac{d_1 y_1 + d_2 y_2}{(d_1 + d_2) y_1 y_2} \geq \frac{d_1 + d_2}{d_1 y_2 + d_2 y_1} = \frac{1}{p}.$$

Die strenge Konkavität von f bedeutet $p < y^*$, d. h. $q \geq \frac{1}{p} > \frac{1}{y^*}$ und mithin ist $\frac{1}{f}$ in J streng konvex.

(b) Diese Aussage ist falsch, was durch die Angabe eines Gegenbeispiels bewiesen werden soll. Wir wählen $f(x) = \frac{1}{x}$ und $J = (0, \infty)$. Diese Funktion nimmt in J nur positive Funktionswerte an.

Mit denselben Bezeichnungen wie in (a) gilt nach (1) für die positiven x_1, x^*, x_2 unter Benutzung von $(x^* - x_1)(x_2 - x^*) > 0$

$$\begin{aligned} p &= \frac{\frac{1}{x_2} - \frac{1}{x_1}}{x_2 - x_1}(x^* - x_1) + \frac{1}{x_1} = \frac{-x^* + x_1}{x_1 x_2} + \frac{1}{x_1} = \frac{-x^* + x_1 + x_2}{x_1 x_2} \\ &= \frac{(x^* - x_1)(x_2 - x^*) + x_1 x_2}{x_1 x_2 x^*} > \frac{1}{x^*}. \end{aligned}$$

Daher ist f in J streng konvex. Für $\frac{1}{f(x)} = x$ folgt aber aus (2)

$$p = \frac{x_2 - x_1}{x_2 - x_1}(x^* - x_1) + x_1 = x^*,$$

so dass $\frac{1}{f}$ also nicht streng konkav ist.

Bemerkung 1. Mittels Differentialrechnung ergibt sich im Teil (b) der Nachweis der strengen Konvexität von f sofort aus $f''(x) = \frac{2}{x^3} > 0$ für alle $x > 0$.

Bemerkung 2. Mit Differentialrechnung kann man bei dieser Aufgabenstellung nur sehr bedingt argumentieren. Zum einen muss man sich dann auf glatte Funktionen reduzieren. Dazu sei f eine auf J zweimal differenzierbare Funktion. Zum anderen lässt sich Konvexität von f auf J zwar äquivalent durch $f''(x) \geq 0$ für alle $x \in J$ ausdrücken. Für strenge Konvexität gilt aber nur die Implikation, dass $f''(x) > 0$ für alle $x \in J$ die strenge Konvexität sichert.

Um (a) zu verstehen, sei f jetzt streng konkav auf J, d. h. $f''(x) \leq 0$ für alle $x \in J$. Mit der Positivität von $f(x)$ gilt dann

$$\left(\frac{1}{f(x)}\right)'' = \left(\frac{-f'(x)}{(f(x))^2}\right)' = \frac{-f''(x)(f(x))^2 + 2(f'(x))^2 f(x)}{(f(x))^4} \geq 0.$$

Statt der strengen Konvexität erhält man zumindest Konvexität.

Dass (b) im Allgemeinen nicht gilt, sieht man jetzt sehr einfach, da aus $f''(x) > 0$ nicht folgt, dass $-f''(x)(f(x))^2 + 2(f'(x))^2 f(x) \leq 0$ gelten muss. Beispiele hierfür sind die für alle $x > 0$ streng konvexen Funktionen $f(x) = x^\alpha$ mit $\alpha > 1$ oder $\alpha < -1$, deren Reziproke wieder streng konvex sind. ◇

Aufgabe 111246B

Als „Abstand" zweier Funktionen f und g, die im gleichen Intervall definiert sind, bezeichne man den größten aller in diesem Intervall auftretenden Werte $|f(x)-g(x)|$, falls ein solcher größter Wert existiert. Es seien die im Intervall $-2 \leq x \leq 2$ durch $f(x) = 2 - |x|$ und die im gleichen Intervall durch $g(x) = -ax^2 + 2$ (a eine positive reelle Zahl) definierten Funktionen f und g gegeben.

Man untersuche, ob es einen Wert a gibt, für den der „Abstand" von f und g möglichst klein ist. Gibt es ein solches a, so gebe man alle derartigen Werte a an.

Lösung

Da beide auftretenden Funktionen gerade sind, kann man sich auf das Intervall $[0, 2]$ beschränken. Dort betrachten wir die Funktion

$$H(x) = |h(x)| \text{ mit } h(x) = f(x) - g(x) = ax^2 - x = a\left(x - \frac{1}{2a}\right)^2 - \frac{1}{4a}$$

und bestimmen zunächst ihr Maximum $m = m(a)$ für $0 \leq x \leq 2$. Die Funktion h ist eine nach oben geöffnete Parabel, die die x-Achse bei 0 und $\frac{1}{a}$ schneidet und den Scheitelpunkt $\left(\frac{1}{2a}, -\frac{1}{4a}\right)$ besitzt (sofern diese Punkte zum betrachteten Intervall gehören). Der Betrag $H(x) = H(x, a)$ ist demnach graphisch die Spiegelung des zu $[0, \frac{1}{a}]$ gehörigen Abschnitts von $h(x, a)$ an der x-Achse (vgl. Abb. L111246Ba).

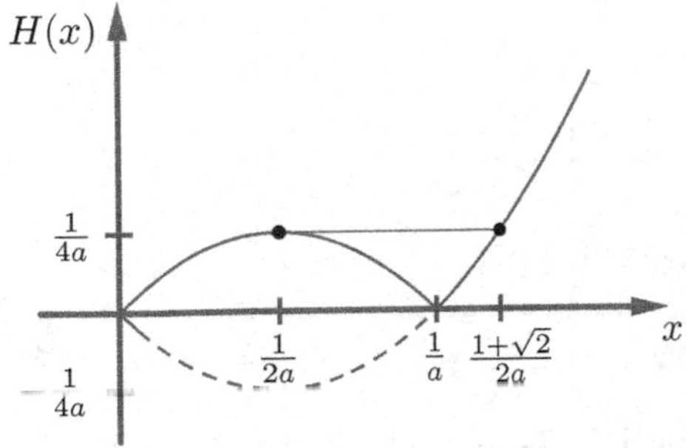

Abb. L111246Ba: Die Bestimmung des Maximums von H in $[0, 2]$.

Diese Funktion H ist - sofern die genannten Intervalle zu $[0,2]$ gehören - für $0 \le x \le \frac{1}{2a}$ und $\frac{1}{a} \le x$ streng monoton wachsend und für $\frac{1}{2a} \le x \le \frac{1}{a}$ streng monoton fallend. Daraus erhält man unmittelbar für $0 < a \le \frac{1}{4}$, dass

$$m(a) = H(2,a) = |4a-2| = -4a+2,$$

und für $\frac{1}{4} \le a \le \frac{1}{2}$, also $\frac{1}{2a} \le 2 \le \frac{1}{a}$, dass

$$m(a) = H\left(\frac{1}{2a}, a\right) = \left|\frac{-1}{4a}\right| = \frac{1}{4a}.$$

Für $a \ge \frac{1}{2}$, d. h. $\frac{1}{a} \le 2$, ist zu untersuchen, ob das Maximum für $x = \frac{1}{2a}$ oder für $x = 2$ angenommen wird. Nun ist

$$H\left(\frac{1}{2a}, a\right) = \frac{1}{4a} \ge 4a - 2 = H(2,a)$$

genau dann, wenn $0 \ge 16a^2 - 8a - 1$ oder äquivalent dazu

$$\frac{1}{4}\left(1-\sqrt{2}\right) \le a \le \frac{1}{4}\left(1+\sqrt{2}\right).$$

Wegen $\frac{1}{4}\left(1-\sqrt{2}\right) < \frac{1}{2} < \frac{1}{4}\left(1+\sqrt{2}\right)$ für $\frac{1}{2} \le a \le \frac{1}{4}(1+\sqrt{2})$ wird $m(a) = H\left(\frac{1}{2a}, a\right)$ und für $\frac{1}{4}\left(1+\sqrt{2}\right) \le a$ wird $m(a) = H(2,a) = 4a-2$.
Auch aus der Abb. L111246Bb liest man direkt ab, wo H sein Maximum annimmt:

$$\begin{array}{lll}
\text{Falls} & 2a < \frac{1}{2}, & m(a) = 2 - 4a, \\
\text{Falls} & \frac{1}{2} \le 2a \le \frac{1}{2}\left(1+\sqrt{2}\right), & m(a) = \frac{1}{4a}, \\
\text{Falls} & 2a > \frac{1}{2}\left(1+\sqrt{2}\right), & m(a) = 4a - 2.
\end{array}$$

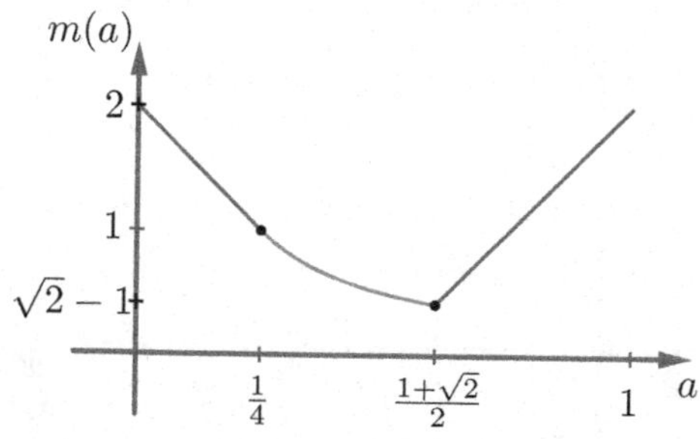

Abb. L111246Bb: Graphische Darstellung der Funktion $m(a)$.

Zusammengefasst ist die Funktion m in $\left[0, \frac{1}{4}\left(1+\sqrt{2}\right)\right]$ streng monoton fallend und in $\left[\frac{1}{4}\left(1+\sqrt{2}\right), \infty\right)$ streng monoton wachsend.
Folglich besitzt diese Funktion und damit der Abstand von f und g genau ein Minimum, und zwar für $a = \frac{1}{4}\left(1+\sqrt{2}\right)$.

Bemerkung 1. Zur besseren Veranschaulichung kann man auch $y = ax$ substituieren. Um für festes a dann jeweils das Maximum $m(a)$ zu bestimmen, ersetzt man

$$m(a) = \max_{0 \le x \le 2} H(x, a) = \max_{0 \le y \le 2a} H(\frac{y}{a}, a) = \max_{0 \le y \le 2a} \frac{|y(y-1)|}{a}.$$

Bemerkung 2. Mengen E, auf denen man einen Abstand ϱ, auch Metrik genannt, zwischen zwei beliebigen Elementen dieser Menge definieren kann, spielen in der Analysis eine wichtige Rolle. In dieser Aufgabe ist E die Menge der auf $[0,2]$ stetigen Funktionen und der Abstand ϱ ist definiert als

$$\varrho(f,g) = \max_{x \in [a,b]} |f(x) - g(x)| \quad \text{für alle} \quad f, g \in E.$$

Das Paar (E, ϱ) ist ein metrischer Raum, weil für alle $f, g, h \in E$ die drei Axiome

$$\begin{array}{ll} \text{(a)} & \varrho(f,g) = 0 \quad \text{genau dann, wenn} \quad f = g, \\ \text{(b)} & \varrho(f,g) = \varrho(g,f), \\ \text{(c)} & \varrho(f,g) \le \varrho(f,h) + \varrho(h,g) \end{array}$$

in diesem Beispiel erfüllt sind. Für die ersten beiden Axiome ist dies sofort einsichtig. Für den Beweis der Dreiecksungleichung c) benutzen wir Satz 5.5 (b) und erhalten

$$\begin{aligned} \max_{x \in [a,b]} |f(x) - g(x)| &= |f(x_1) - g(x_1)| \le |f(x_1) - h(x_1)| + |h(x_1) - g(x_1)| \\ &\le \max_{x \in [a,b]} |f(x) - h(x)| + \max_{x \in [a,b]} |h(x) - g(x)|. \end{aligned}$$ ◊

Aufgabe 121246A

Man zeige, dass der Term

$$\frac{(14 + \cos x)\sin x}{9 + 6\cos x}$$

im Intervall $0 \le x \le \frac{\pi}{4}$ eine gute Näherung für den Term x darstellt, indem bewiesen wird, dass für alle x in dem angegebenen Intervall der Betrag der Differenz beider Terme kleiner als 10^{-4} ist.

Anmerkung. Es gilt $\pi = 3{,}14159 + \delta$ mit $0 < \delta < 10^{-5}$
und $\sqrt{2} = 1{,}41421 + \varepsilon$ mit $0 < \varepsilon < 10^{-5}$.

Lösung

Man betrachtet die Differenzfunktion

$$f(x) = x - \frac{(14 + \cos x)\sin x}{9 + 6\cos x}.$$

Für deren 1. Ableitung gilt

$$\begin{aligned} f'(x) &= 1 - \frac{(14\cos x + \cos^2 x - \sin^2 x)(9 + 6\cos x)}{(9 + 6\cos x)^2} \\ &\quad - \frac{(14\sin x + \sin x\cos x)(-6\sin x)}{(9 + 6\cos x)^2} \\ &= \frac{81 + 108\cos x + 36\cos^2 x - 126\cos x - 84\cos^2 x - 9\cos^2 x - 6\cos^3 x}{9(3 + 2\cos x)^2} \\ &\quad + \frac{9\sin^2 x + 6\sin^2 x\cos x - 84\sin^2 x - 6\sin^2 x\cos x}{9(3 + 2\cos x)^2} \\ &= \frac{6 - 18\cos x + 18\cos^2 x - 6\cos^3 x}{9(3 + 2\cos x)^2} = \frac{2(1 - \cos x)^3}{9(3 + 2\cos x)^2}. \end{aligned}$$

Wegen $\cos x \leq 1$ gilt für $0 \leq x \leq \frac{\pi}{4}$ stets $f'(x) \geq 0$. Folglich ist $f(x)$ im Intervall $[0, \frac{\pi}{4}]$ monoton wachsend und für x aus diesem Intervall ist also $0 = f(0) \leq f(x) \leq f\left(\frac{\pi}{4}\right)$. Zum Nachweis der Behauptung ist noch $f\left(\frac{\pi}{4}\right) < 10^{-4}$ zu zeigen.
Man erhält

$$f\left(\frac{\pi}{4}\right) = \frac{\pi}{4} - \frac{(14 + \frac{1}{2}\sqrt{2})\,\frac{1}{2}\sqrt{2}}{9 + 3\sqrt{2}} = \frac{1}{84}(21\pi - 82\sqrt{2} + 50)$$

und wegen

$$21\pi = 21(3{,}14159 + \delta) = 65{,}97339 + 21\delta \qquad (1)$$

und

$$82\sqrt{2} = 82(1{,}41421 + \varepsilon) = 115{,}96522 + 82\varepsilon \qquad (2)$$

folgt

$$\begin{aligned} f\left(\frac{\pi}{4}\right) &= \frac{1}{84}(0{,}00817 + 21\delta - 82\varepsilon) \\ &< \frac{1}{84}(81{,}7 + 2{,}1)\cdot 10^{-4} < \frac{83{,}8}{84}\cdot 10^{-4} < 10^{-4}. \end{aligned} \qquad (3)$$

Bemerkung 1. Die Abb. L121246A zeigt den sehr kleinen Fehler insbesondere in der Nähe von $x = 0$. Die Autoren der Aufgabe haben dafür den Winkelfunktionenterm so gewählt, dass $f^{(k)}(0) = 0$ für $k = 0, 1, \ldots, 6$. Auch wenn es über den Rahmen

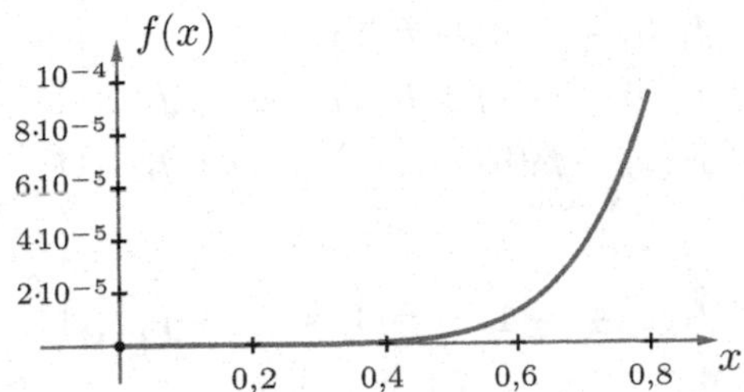

Abb. L121246A: Darstellung des Fehlers $f(x)$ im Intervall $0 \leq x \leq \frac{\pi}{4}$.

dieses Buches hinausgeht, sei vermerkt, dass für die TAYLOR-Reihe, entwickelt um den Nullpunkt, gilt

$$\frac{(14+\cos x)\sin x}{9+6\cos x} = x - \frac{x^7}{2\,100} - \frac{x^9}{18\,000} - \frac{19x^{11}}{3\,960\,000} - \frac{47x^{13}}{184\,275\,000} + \dots .$$

Bemerkung 2. Diese Aufgabe aus dem Jahr 1973 spiegelt die Zeit vor der Einführung des Taschenrechners wider. Sicher würde heute niemand die Herleitung von (3) aus (1) und (2) für eine Olympiadeaufgabe besonders geeignet halten. Allerdings sind genau solche Fragen in der Angewandten Mathematik von grundlegender Bedeutung bei der Untersuchung der Genauigkeit numerischer Verfahren. ◇

Aufgabe 271246B

Man beweise:
Für jede natürliche Zahl $n \geq 2$ und für je n im Intervall $0 \leq x \leq 1$ definierte Funktionen $f_1, f_2, \dots, f_n$ gibt es reelle Zahlen $a_1, a_2, \dots, a_n$ mit

$$0 \leq a_i \leq 1 \qquad (i = 1, 2, \dots, n)\,,$$

für die

$$\left| a_1 \cdot a_2 \cdot \dots \cdot a_n - \sum_{i=1}^{n} f_i(a_i) \right| \geq \frac{1}{2} - \frac{1}{2n}$$

gilt.

Lösung

Zur Abkürzung sei gesetzt

$$A_1 = A_2 = \dots = A_{n-1} = 1 - f_1(1) - f_2(1) - f_3(1) - \dots - f_{n-1}(1) - f_n(1)\,,$$

$$\begin{aligned}
A_n &= -f_1(0) - f_2(0) - f_3(0) - \cdots - f_{n-1}(0) - f_n(0)\,,\\
A_{n+1} &= \quad f_1(0) + f_2(1) + f_3(1) + \cdots + f_{n-1}(1) + f_n(1)\,,\\
A_{n+2} &= \quad f_1(1) + f_2(0) + f_3(1) + \cdots + f_{n-1}(1) + f_n(1)\,,\\
&\vdots\\
A_{2n} &= \quad f_1(1) + f_2(1) + f_3(1) + \cdots + f_{n-1}(1) + f_n(0)\,.
\end{aligned}$$

Damit gilt

$$A_1 + A_2 + \cdots + A_{2n} = n - 1\,,$$

also mit der Dreiecksungleichung

$$|A_1| + |A_2| + \cdots + |A_{2n}| \geq n - 1\,.$$

Daher muss für mindestens einen der $2n$ Summanden

$$|A_i| \geq \frac{n-1}{2n} = \frac{1}{2} - \frac{1}{2n}$$

gelten, d. h., es gibt unter den n-Tupeln

$$(a_1, a_2, a_3, \ldots, a_{n-1}, a_n) = \begin{cases} (1,1,1,\ldots,1,1),\\ (0,0,0,\ldots,0,0),\\ (0,1,1,\ldots,1,1),\\ (1,0,1,\ldots,1,1),\\ \quad\vdots\\ (1,1,1,\ldots,1,0) \end{cases}$$

mindestens eines, für das

$$\left| a_1 \cdot a_2 \cdot \cdots \cdot a_n - \sum_{i=1}^{n} f_i(a_i) \right| \geq \frac{1}{2} - \frac{1}{2n}$$

gilt. Die Existenz solcher a_i war zu beweisen. ◇

Aufgabe 201233B

Ist f eine im Intervall $0 \leq x \leq 1$ definierte Funktion, so seien für sie die folgenden Bedingungen (1), (2), (3) betrachtet:

(1) Für jedes reelle x mit $0 \leq x \leq 1$ gilt

$$f(x) \geq 0.$$

(2) Es gilt $f(1) = 1$.

(3) Für jedes reelle x_1 mit $0 \leq x_1 \leq 1$ und jedes reelle x_2 mit $0 \leq x_2 \leq 1$ und $x_1 + x_2 \leq 1$ gilt
$$f(x_1 + x_2) \geq f(x_1) + f(x_2)\,.$$

(a) Man beweise: Wenn f eine Funktion ist, die den Bedingungen (1), (2), (3) genügt, so gilt $f(x) < 2x$ für jedes reelle x mit $0 < x \leq 1$.
(b) Man überprüfe, ob auch die folgende Aussage wahr ist: Wenn f eine Funktion ist, die den Bedingungen (1), (2), (3) genügt, so gilt $f(x) \leq 1{,}99 \cdot x$ für jedes reelle x mit $0 < x \leq 1$.

Lösung

(a) Es sei f eine den Bedingungen (1), (2), (3) genügende Funktion. Dann gilt für jedes reelle x und jede natürliche Zahl $k \geq 1$: Ist $0 \leq kx \leq 1$, so ist
$$f(kx) \geq k \cdot f(x). \tag{4}$$

Wir beweisen dies mittels vollständiger Induktion nach k: Als Induktionsanfang erhält man die wahre Aussage $f(x) \geq 1 \cdot f(x)$ und aus $0 \leq (k+1)x \leq 1$ folgt $0 \leq kx \leq 1$, und daher ist
$$(f(k+1)x) = f(kx + x) \geq f(kx) + f(x) \geq kf(x) + f(x) = (k+1) \cdot f(x),$$
wobei die erste Ungleichung aus (3) und die zweite Ungleichung aus der Induktionsvoraussetzung folgt.
Weiter ergibt sich für $0 \leq x_1 \leq x_2 \leq 1$ wegen $0 \leq x_2 - x_1 \leq 1$ aus (3) und (1) stets
$$f(x_2) = f(x_1 + (x_2 - x_1)) \geq f(x_1) + f(x_2 - x_1) \geq f(x_1), \tag{5}$$
d. h., f ist monoton wachsend. Es sei nun x mit $0 < x \leq 1$ beliebig gewählt. Dann gibt es genau eine nichtnegative ganze Zahl n mit $2^{-(n+1)} < x \leq 2^{-n}$.
Es gilt nach (4), (5) und (2) wegen $0 < 2^n x \leq 1$ der Reihe nach
$$2^n f(x) \leq f(2^n x) \leq f(1) = 1 < 2^{n+1}x\ , \text{ also } f(x) < 2x.$$

(b) Diese Aussage ist falsch. Die durch
$$f_0(x) = \begin{cases} 0, & \text{falls } 0 \leq x \leq \frac{1}{2}, \\ 1, & \text{falls } \frac{1}{2} < x \leq 1, \end{cases}$$
definierte Funktion f_0 erfüllt offenbar (1) und (2). Außerdem gilt (3), denn sind x_1, x_2 reelle Zahlen mit $0 \leq x_1 \leq 1$, $0 \leq x_2 \leq 1$ und $x_1 + x_2 < 1$, so ist entweder $x_1 + x_2 \leq \frac{1}{2}$ und dann $x_1 \leq \frac{1}{2}$, $x_2 \leq \frac{1}{2}$, also $f_0(x_1 + x_2) = 0 = f_0(x_1) + f_0(x_2)$, oder $\frac{1}{2} < x_1 + x_2 \leq 1$ und dann höchstens eine der Zahlen x_1, x_2 größer als $\frac{1}{2}$, also $f_0(x_1 + x_2) = 1 \geq f_0(x_1) + f_0(x_2)$.
Für $x_0 = \frac{1}{2} + \frac{1}{400}$ erhält man aber

$$1{,}99x_0 = \left(2 - \frac{1}{100}\right) \cdot \left(\frac{1}{2} + \frac{1}{400}\right) = 1 - \frac{1}{40000} < 1 = f_0(x_0),$$

d. h., es gilt nicht $f(x_0) \leq 1{,}99x_0$.

Bemerkung. Mit Hilfe von f_0 und dem Lösungsweg unter (b) kann man auch allgemeiner zeigen, dass $c = 2$ die kleinstmögliche Konstante ist, für die folgende Aussage wahr ist:

Wenn f eine Funktion ist, die den Bedingungen (1), (2), (3) genügt, so gilt $f(x) < cx$ für jedes reelle x mit $0 < x \leq 1$. ◇

Aufgabe 271233B

Es sei f diejenige für alle geordneten Paare (x, y) natürlicher Zahlen x, y definierte Funktion, die für alle natürlichen Zahlen x, y die folgenden Gleichungen 1, 2, 3 erfüllt:

$$f(0, y) = y + 1\,, \tag{1}$$
$$f(x + 1, 0) = f(x, 1)\,, \tag{2}$$
$$f(x + 1, y + 1) = f(x, f(x + 1, y))\,. \tag{3}$$

Man ermittle

(a) den Funktionswert $f(3, 3)$,
(b) den Funktionswert $f(4, 2)$.

Lösung

1. Wir zeigen mit vollständiger Induktion, dass für alle $y = 0, 1, 2, \ldots$ gilt

$$f(1, y) = y + 2. \tag{4}$$

Nach (2) und (1) erhält man für den Induktionsanfang $f(1, 0) = f(0, 1) = 2$. Wegen (3) folgt aus der Induktionsvoraussetzung, für ein y gelte (4), sowie aus (1):

$$f(1, y + 1) = f(0, f(1, y)) = f(0, y + 2) = y + 3 = (y + 1) + 2,$$

also gilt (4) mit $y + 1$ anstelle von y.

2. Weiter zeigen wir, ebenfalls mit vollständiger Induktion, dass für alle $y = 0, 1, 2, \ldots$ gilt

$$f(2, y) = 2y + 3. \tag{5}$$

Mit (2) und (4) ergibt sich $f(2, 0) = f(1, 1) = 3$. Nach (3) folgt aus der Induktionsvoraussetzung, für ein y gelte (5), sowie aus (4):

$$f(2, y+1) = f(1, f(2, y)) = f(1, 2y+3) = 2y+5 = 2(y+1)+3.$$

3. Abschließend zeigen wir wieder mit vollständiger Induktion, dass für alle $y = 0, 1, 2, \ldots$ gilt

$$f(3, y) = 2^{y+3} - 3. \tag{6}$$

Nach (2) und (5) gilt $f(3,0) = f(2,1) = 5 = 2^3 - 3$. Nach (3) folgt aus der Induktionsvoraussetzung, für ein y gelte (6), sowie aus (5):

$$f(3, y+1) = f(2, f(3, y)) = f(2, 2^{y+3} - 3) = 2(2^{y+3} - 3) + 3 = 2^{(y+1)+3} - 3.$$

(a) Aus (6) ergibt sich $f(3,3) = 2^6 - 3 = 61$.

(b) Aus (2) , (3) und (6) ergibt sich der Reihe nach

$$\begin{aligned} f(4,0) &= f(3,1) = 2^4 - 3 = 13, \\ f(4,1) &= f(3, f(4,0)) = f(3,13) = 2^{16} - 3 = 65533, \\ f(4,2) &= f(3, f(4,1)) = f(3,65533) = 2^{65533+3} - 3 = 2^{2^{16}} - 3. \end{aligned}$$

Bemerkung. Die in (b) gesuchte Zahl hat 19729 Stellen. Damit niemand versuchen sollte, diese Darstellung anzugeben, war der Aufgabentext mit folgendem Hinweis versehen: *Gegebenenfalls kann die Angabe eines gesuchten Funktionswertes durch einen rechnerischen Ausdruck mit konkret angegebenen Rechenoperationen erfolgen, wenn deren zahlenmäßige Ausführung ohne Rechenhilfsmittel eine zu lange Rechenzeit erfordern würde.* ◊

5.2 Funktionalgleichungen

In diesem Abschnitt befassen wir uns mit Funktionalgleichungen zur Bestimmung von Funktionen. Das Besondere an diesen Gleichungen ist, dass die gesuchte Funktion f nicht nur in der Form $f(x)$ vorkommt, sondern auch mit einem transformierten Argument, also beispielsweise $f(2x)$ oder $f(x+y)$. In der Regel werden nur solche Gleichungen betrachtet, die nicht unmittelbar durch einfache Umformungen auf eine explizite geschlossene Form für die gesuchte Funktion gebracht werden können. Wie wir weiter unten sehen werden, können viele bekannte Funktionen auch über solche Funktionalgleichungen definiert werden.

Typischerweise suchen wir alle Lösungsfunktionen, die bestimmte zusätzliche Forderungen erfüllen. Das können Eigenschaften wie Stetigkeit sein oder auch zusätzliche Gleichungen.

Funktionalgleichungen werden bei Mathematik-Olympiaden gerne gestellt und immerhin haben es vierzehn dieser Aufgaben in unsere Sammlung der 300 schönsten Aufgaben geschafft.

Eine Grundidee zur Lösung ist das Ersetzen von Variablen durch verschiedene spezielle Werte und Ausdrücke, um ein Gleichungssystem zu erhalten, das gelöst werden kann. Wir beginnen diese Sektion mit sechs Aufgaben, die mit dieser Strategie lösbar sind. Sodann folgt ein Ausflug in die „echte Mathematik“. Wir studieren die wohl bekannteste Funktionalgleichung, die auf CAUCHY zurückgeht. Wir lösen diese Gleichung zunächst für auf $\mathbb{R}$ stetige Funktionen, gehen dann auf allgemeinere Lösungen ein und stellen Verbindungen zu anderen Kapiteln her. Es folgen Aufgaben, die mit der CAUCHY-Funktionalgleichung verwandt sind.

In der dritten Gruppe von Aufgaben betrachten wir Probleme, bei denen die Stetigkeit in einem einzigen Punkt gefordert wird.

Abgeschlossen wird dieser Abschnitt mit Aufgaben, in denen Mehrfachschachtelungen von Funktionen auftreten.

Aufgabe 051233

(a) Man ermittle sämtliche Funktionen $y = f(x)$, die für alle reellen Zahlen x definiert sind und der Gleichung

$$a \cdot f(x-1) + b \cdot f(1-x) = cx$$

(a, b, c reelle Zahlen) genügen, falls $|a| \neq |b|$ gilt!

(b) Man diskutiere ferner den Fall $|a| = |b|$!

Lösung

Wir substituieren $x = 1 + t$ bzw. $x = 1 - t$ und erhalten das Gleichungssystem

$$\begin{aligned} a\,f(t) + b\,f(-t) &= c(1+t) \\ b\,f(t) + a\,f(-t) &= c(1-t) \end{aligned}$$

für beliebiges festes t.

Multiplikation mit a bzw. b und Subtraktion der entstandenen Gleichungen liefert

$$\begin{aligned} (a^2 - b^2)f(t) &= (a+b)ct + (a-b)c \\ &= c[(a+b)t + (a-b)] \,. \end{aligned} \tag{1}$$

(a) Im Falle $|a| \neq |b|$ erhält man daraus wegen $0 \neq a^2 - b^2 = (a-b)(a+b)$ als einzig mögliche Lösungsfunktion

$$f(x) = \frac{c}{a-b}x + \frac{c}{a+b} \,.$$

Tatsächlich ist diese Funktion f eine Lösung, denn

$$\begin{aligned} a \cdot f(x-1) + b \cdot f(1-x) &= \frac{ac}{a-b}(x-1) + \frac{ac}{a+b} + \frac{bc}{a-b}(x-1) + \frac{bc}{a+b} \\ &= \frac{(a-b)c}{a-b}(x-1) + \frac{(a+b)c}{a+b} \\ &= c(x-1) + c = cx. \end{aligned}$$

(b) Im Falle $a = b = 0$ folgt für den Wert $t = 1$ aus der Ausgangsgleichung unmittelbar $c = 0$ und die Gleichung wird trivial.
Im Falle $|a| = |b| \neq 0$ folgt für $t = 1$ aus (1) $2ac = 0$, d. h. ebenfalls $c = 0$. Weiter gilt dann $b/a = \pm 1$ und wir erhalten nach Division durch a

$$f(t) \pm f(-t) = 0 .$$

Es genügt also für

$\lvert a\rvert = \lvert b\rvert,\ c \neq 0$	keine Funktion,
$a = b = c = 0$	jede beliebige für alle reellen Zahlen definierte Funktion,
$a = b \neq 0,\ c = 0$	jede für alle reellen Zahlen definierte ungerade Funktion,
$a = -b \neq 0,\ c = 0$	jede für alle reellen Zahlen definierte gerade Funktion

den Bedingungen der Aufgabe. 

Aufgabe 071243

Geben Sie alle Funktionen $y = f(x)$ mit möglichst großem Definitionsbereich (innerhalb des Bereichs der reellen Zahlen) an, die dort der Gleichung

$$a \cdot f(x^n) + f(-x^n) = bx \tag{1}$$

genügen, wobei b eine beliebige reelle Zahl, n eine beliebige ungerade natürliche Zahl und a eine reelle Zahl mit $|a| \neq 1$ ist!

Lösung

1. Die Funktion

$$f(x) = \begin{cases} \frac{b}{a-1}\sqrt[n]{x}\,, & \text{falls} \quad x > 0, \\ 0\,, & \text{falls} \quad x = 0, \\ -\frac{b}{a-1}\sqrt[n]{-x}\,, & \text{falls} \quad x < 0, \end{cases} \tag{2}$$

ist für alle rellen Zahlen definiert. Wir zeigen, dass sie den Bedingungen der Aufgabe genügt. Es gilt

$$f(x^n) = \frac{b}{a-1}x \qquad \text{und} \qquad f(-x^n) = f((-x)^n) = -\frac{b}{a-1}x,$$

also

$$a \cdot f(x^n) + f(-x^n) = \frac{ab}{a-1}x - \frac{b}{a-1}x = \frac{(a-1)b}{a-1}x = bx$$

für alle reellen x. Es gibt also mindestens eine Funktion, die für alle rellen Zahlen definiert ist und die Bedingungen der Aufgabe erfüllt. Für einen größtmöglichen Definitionsbereich muss also $D = \mathbb{R}$ gelten.

2. Angenommen, $y = f(x)$ sei eine beliebige, für alle reellen Zahlen definierte Funktion mit den geforderten Eigenschaften. Es sei z eine reelle Zahl. Da n ungerade ist existiert genau ein $t \in \mathbb{R}$ mit $t^n = z$ und es gilt $(-t)^n = -z$. Aus (1) folgt

$$a \cdot f(t^n) + f(-t^n) = bt \qquad \text{und} \qquad a \cdot f(-t^n) + f(t^n) = -bt.$$

Wegen $|a| \neq 1$ ist dieses Gleichungssystem eindeutig lösbar und man erhält daraus notwendig

$$f(t^n) = \frac{a+1}{a^2-1}bt = \frac{b}{a-1}t\,, \tag{3}$$

und nach der Substitution $x = t^n$ oder

$$t = \begin{cases} \sqrt[n]{x}\,, & \text{falls} \quad x \geq 0\,, \\ -\sqrt[n]{-x}\,, & \text{falls} \quad x < 0\,, \end{cases}$$

die Funktion aus Teil 1. Es gibt also keine weitere Funktion, die die alle Bedingungen der Aufgabe erfüllt, die gesuchte Lösung ist eindeutig.

Bemerkung 1. Für ungerade natürliche Zahlen n ist die Funktion $f : \mathbb{R} \to \mathbb{R}$ mit $f(x) = x^n$ bijektiv und besitzt somit eine Umkehrfunktion. Führt man für diese Umkehrfunktion die Bezeichnung $\sqrt[n]{x}$ auch für negative x ein, könnte man die Lösung (2) dieser Aufgabe einfacher ohne Fallunterscheidung aufschreiben. Dies verbietet sich aber, da die n-te Wurzel $\sqrt[n]{x}$ immer sofort mit $x^{\frac{1}{n}}$ in Verbindung gebracht wird und dann der hier am Beispiel $n = 3$ illustrierte Widerspruch auftritt:

$$-1 = \sqrt[3]{-1} = (-1)^{\frac{1}{3}} = (-1)^{\frac{2}{6}} = 1^{\frac{1}{6}} = 1.$$

Bemerkung 2. Die hier gewählte Formulierung der Aufgabe weicht von der aus heutiger Sicht missverständlichen Aufgabenstellung „*Geben Sie alle Funktionen $y = f(x)$ an, die jeweils in größtmöglichem Definitionsbereich (innerhalb des Bereichs der reellen Zahlen) der Gleichung …* “ etwas ab.

Bemerkung 3. Man findet die Lösung natürlich auch, indem man die notwendigen Bedingungen in 2. durchrechnet. Die Angabe einer Lösung mit maximalem Definitionsbereich $\mathbb{R}$ zu Beginn in 1. erspart aber die Diskussion, ob auftretende Argumente im Definitionsbereich liegen. ◇

Aufgabe 121236A

Es sei f eine Funktion, die für alle reellen Zahlen x definiert ist und die folgende Eigenschaften hat:

(1) Für alle x gilt $f(x) = x\,f(x+1)$;
(2) Es gilt $f(1) = 1$.

(a) Man ermittle alle ganzen Zahlen n, für die $f(n) = 0$ gilt.

(b) Es seien m und n beliebige ganze Zahlen und es sei $f(x+m)$ gegeben. Man berechne $f(x+n)$.

(c) Man gebe eine spezielle Funktion f_0 an, die die obigen Eigenschaften besitzt, und zeichne den Graph dieser Funktion im Intervall $-3 \leq x \leq 4$.

Lösung

(a) Wegen (1) ist $f(0) = 0 \cdot f(1) = 0$. Ist für ein ganzes k andererseits $f(k) = 0$, so ist auch $f(k-1) = (k-1) \cdot f(k) = (k-1) \cdot 0 = 0$. Nach dem Prinzip der vollständigen Induktion ist also $f(-n) = 0$ für $n = 0, 1, 2, 3, \ldots$. Nach (2) gilt $f(1) > 0$. Ist nun für ein ganzes $k > 0$ auch $f(k) > 0$, so folgt $f(k+1) = \frac{f(k)}{k} > 0$. Hier liefert vollständige Induktion also $f(n) > 0$ für $n = 1, 2, 3, \ldots$. Also sind genau die nichtpositiven ganzen Zahlen $0, -1, -2\ldots$ die unter (a) gesuchten.

(b) Für beliebiges reelles t und natürliches $k > 0$ beweisen wir mittels vollständiger Induktion nach k

$$f(t) = t(t+1)(t+2) \cdot \cdots \cdot (t+k-1) \cdot f(t+k). \tag{3}$$

Der Induktionsanfang $k = 1$ ist genau die Voraussetzung (1) und aus (3) folgt wegen $f(t+k) = (t+k)\,f(t+k+1)$ nach (1) auch

$$f(t) = t(t+1) \cdot \cdots \cdot (t+(k+1)-1) \cdot f(t+(k+1)).$$

Fall 1. Es sei $m > n$. Dann ersetzen wir in (3) die Variable t durch $x+n$ und k durch $m-n > 0$. Damit gilt

$$\begin{aligned} f(x+n) &= (x+n)(x+n+1) \cdot \cdots \cdot (x+m-1) \cdot f(x+m) \\ &= f(x+m) \prod_{r=n}^{m-1} (x+r). \end{aligned} \tag{4}$$

Fall 2. Es sei $m = n$, also $f(x+n) = f(x+m)$.

Fall 3. Es sei $m < n$. Ist x eine der ganzen Zahlen $-n+2, -n+3, \ldots, -m$, so setzen wir in (3) $t = 1$ und $k = x+n-1 > 0$. Wegen (2) ergibt sich

$$f(x+n) = \frac{1}{(x+n-1)!}.$$

Ist $x = -n+1$, so folgt aus (2) sofort $f(x+n) = 1$. Für jedes andere reelle x setzen wir in (3) $t = x+m$, $k = n-m > 0$ und erhalten

$$\begin{aligned} f(x+n) &= \frac{f(x+m)}{(x+m)(x+m+1)\cdot\dots\cdot(x+n-1)} \\ &= f(x+m)\prod_{r=m}^{n-1}\frac{1}{x+r}, \end{aligned} \tag{5}$$

da keine der Zahlen $(x+m), \dots, (x+n-1)$ in diesem Fall Null wird.

(c) Es sei die Funktion f_0 für alle reellen x durch

$$f_0(x) = \begin{cases} \frac{1}{(x-1)!} & \text{für } x = 1, 2, 3, \dots, \\ 0 & \text{sonst, d. h. } x \in \mathbb{R} \setminus \{1, 2, 3, \dots\}, \end{cases}$$

definiert. Tatsächlich ist diese Funktion eine der geforderten Art, denn es gilt $f_0(1) = \frac{1}{0!} = 1$ und für $x \in \{1, 2, \dots\}$ auch $x+1 \in \{1, 2, \dots\}$, d. h.

$$f_0(x) = \frac{1}{(x-1)!} = x \cdot \frac{1}{x!} = x \cdot f_0(x+1).$$

Für $x = 0$ ist $f_0(0) = 0 = 0 \cdot 1 = 0 \cdot f_0(1)$ sowie für $x \notin \{0, 1, 2, \dots\}$ auch $x+1 \notin \{1, 2, \dots\}$, d. h. $f_0(x) = 0 = x \cdot 0 = x \cdot f_0(x+1)$. Abb. L121236Aa zeigt den Graph dieser Funktion.

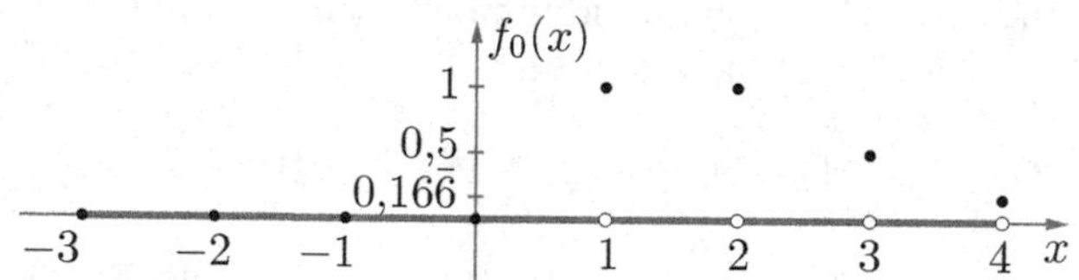

Abb. L121236Aa: Die unstetige Lösung f_0.

Bemerkung. Die Betrachtung der reziproken Fakultäten regt sicher die Frage an, wie man diese Werte geeignet durch eine stetige Funktion interpolieren kann. Ein erster Ansatz könnte sein, die Funktion f mit $f(1) = f(2) = 1$ so zu wählen, dass für alle x mit $1 \leq x \leq 2$ auch $f(x) = 1$ gilt (vgl. Abb. L121236Ab). Aus der gegebenen Funktionalgleichung, d. h. aus (4) und (5), ergibt sich eine Lösung

$$f_1(x) = \begin{cases} \dfrac{x}{x(x-1)(x-2)\dots(x-k)}, & \text{für } k+1 \le x < k+2\,,\ k = 0,1,2,\dots\,, \\[2ex] x(x+1)(x+2)\dots(x+k)\,, & \text{für } -k \le x \le -k+1\,,\ k = 0,1,2,\dots\,. \end{cases}$$

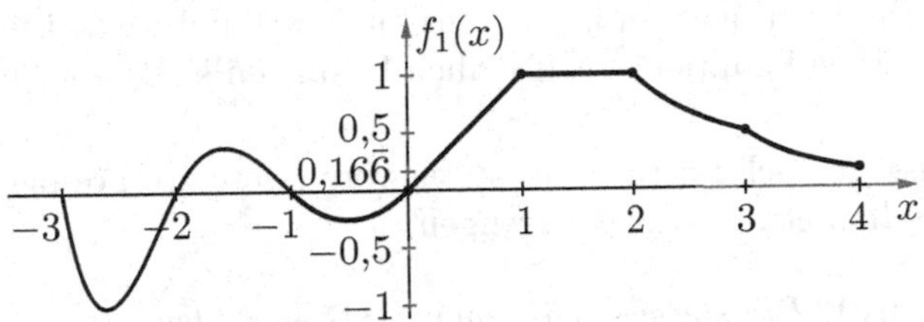

Abb. L121236Ab: Die stetige Lösung f_1.

Die Funktion f_1 ist jetzt zwar stetig auf $\mathbb{R}$, aber die erste Ableitung $f_1'(x)$ existiert nicht für ganzzahlige Argumente x. Übrig bleibt die Frage nach einer glatten Lösung. Eine mögliche Antwort ist durch die reziproke Gammafunktion gegeben, die die Bedingungen (1), (2) erfüllt, siehe Abb. L121236Ac.

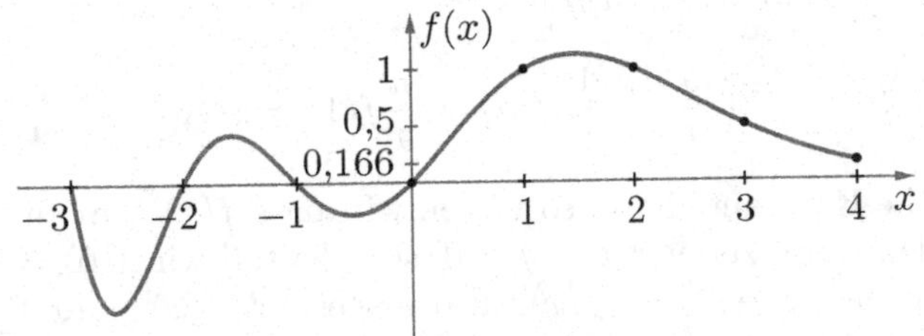

Abb. L121236Ac: Die reziproke Gammafunktion $1/\Gamma(x)$.

Hier wird auch verständlich, warum die Autoren der Aufgabe die reziproke Gammafunktion der Gammafunktion mit deren Polstellen in den nichtpositiven ganzen Zahlen vorgezogen haben. $\diamondsuit$

Die wohl wichtigste und auch den Olympiade-Teilnehmerinnen und -Teilnehmern oft bekannte Funktionalgleichung ist die von Cauchy[2] ,die er 1821 in [16] (Kapitel 5) behandelt. Wir folgen hier der Monographie [1] von J. Aczél, siehe auch H.-J. Sprengel und O. Wilhelm [58]. Gesucht sind alle Funktionen

$$f : \mathbb{R} \to \mathbb{R} \text{ mit } f(x+y) = f(x) + f(y). \tag{5.1}$$

[2] Augustin Louis Cauchy (1789–1857)

Bei dieser Gleichung stellt sich die Frage nach zusätzlichen Eigenschaften der gesuchten Funktion als extrem wichtig heraus. Das beeinflusst nicht nur das Ergebnis, sondern auch evtl. den Lösungsweg. Nehmen wir beispielsweise an, dass f differenzierbar wäre. Betrachten wir y als beliebig, aber fest gewählt und fassen f als Funktion in x auf, so folgt $f'(x+y) = f'(x)$ und speziell für $x = 0$ schließlich $f'(y) = f'(0)$. Damit ist f' eine Konstante. Folglich gilt $f(x) = ax + b$ mit gewissen reellen Zahlen a und b. Einsetzen in (5.1) ergibt $b = 0$ und somit ist $f(x) = ax$ mit $x \in \mathbb{R}$. Dass alle diese Funktionen tatsächlich Lösungen sind, sieht man sehr leicht durch eine Probe.

Um dieselbe Aussage auch für (nur) als stetig vorausgesetzte Lösungen zu erhalten, muss man sich schon etwas mehr anstrengen.

Satz 5.8 (Cauchy). *Die stetigen Lösungen $f : \mathbb{R} \to \mathbb{R}$ der*

$$f(x+y) = f(x) + f(y)$$

sind die linearen Funktionen $f(x) = cx$, wobei c eine beliebige reelle Konstante ist.

Beweis. Es sei f eine stetige Lösung der Gleichung (5.1). Setzt man $y = x$, folgt bereits, ohne die Stetigkeit als Voraussetzung zu nutzen, dass $f(2x) = 2f(x)$. Mit $y = 2x$ erhält man $f(3x) = f(2x) + f(x) = 3f(x)$ und per vollständiger Induktion schließt man auf $f(mx) = mf(x)$ für alle $x \in \mathbb{R}$ und alle positiven ganzen Zahlen m. Damit gilt auch $f(x) = \frac{1}{m} f(mx)$ und

$$f\left(\frac{m}{n}\right) = \frac{1}{n} f(m) = \frac{m}{n} f(1) = c\frac{m}{n},$$

wobei c eine reelle Konstante ist. Also wissen wir, dass $f(x) = cx$ für alle positiven rationalen Zahlen x. Setzen wir $x = y = 0$, so erhalten wir $f(0) = 0$, und setzen wir $y = -x$, so folgt $f(-x) = -f(x)$, also insgesamt $f(x) = cx$ für alle $x \in \mathbb{Q}$. Betrachten wir jetzt ein irrationales x_0. Wegen der Stetigkeit von f gilt

$$\lim_{x \to x_0} f(x) = f(x_0).$$

Da die Existenz des Grenzwertes auf der linken Seite einschließt, dass für eine beliebige Folge (x_n) rationaler Zahlen

$$f(x_0) = \lim_{n \to \infty} f(x_n) = \lim_{n \to \infty} cx_n = cx$$

gilt, erhalten wir insgesamt $f(x) = cx$ für alle $x \in \mathbb{R}$. □

Es gibt drei weitere Versionen der CAUCHY-Funktionalgleichung, die sich aber letztlich alle direkt aus dem obigen Satz ableiten lassen.

Satz 5.9 (Cauchy). **(a)** *Die stetigen Lösungen $f : \mathbb{R}^+ \to \mathbb{R}$ mit*

$$f(x \cdot y) = f(x) \cdot f(y)$$

sind die Potenzfunktionen $f(x) = x^a$, *wobei* a *eine reelle Konstante ist, einschließlich* $f \equiv 1$ *sowie die Nullfunktion* $f \equiv 0$.

(b) *Die stetigen Lösungen* $f : \mathbb{R} \to \mathbb{R}$ *mit*

$$f(x + y) = f(x) \cdot f(y)$$

sind die Exponentialfunktionen $f(x) = a^x$, *wobei* a *eine positive reelle Konstante ist, einschließlich* $f \equiv 1$ *sowie* $f \equiv 0$.

(c) *Die stetigen Lösungen* $f : \mathbb{R}^+ \to \mathbb{R}$ *mit*

$$f(x \cdot y) = f(x) + f(y)$$

sind die Logarithmusfunktionen $f(x) = \log_a x$, *wobei* a *eine positive reelle Konstante mit* $a \neq 1$ *ist, sowie* $f \equiv 0$.

Beweis. Durch geeignete Substitutionen können wir diese Funktionalgleichungen auf die ursprüngliche CAUCHY-Funktionalgleichung zurückführen.

(a) Wir setzen $x = y$ und stellen fest, dass f nur nichtnegative Werte annimmt. Angenommen, für ein $y > 0$ ist $f(y) = 0$. Dann liefert die Funktionalgleichung sofort $f \equiv 0$. Im Folgenden setzen wir also voraus, dass f nur positive Werte annimmt. Wir definieren $g(z) = \ln(f(\mathrm{e}^z))$ und erhalten für beliebige reelle x, y

$$\begin{aligned} g(x + y) &= \ln(f(\mathrm{e}^{x+y})) = \ln(f(\mathrm{e}^x \cdot \mathrm{e}^y)) = \ln(f(\mathrm{e}^x) \cdot f(\mathrm{e}^y)) \\ &= \ln(f(\mathrm{e}^x)) + \ln(f(\mathrm{e}^y)) = g(x) + g(y). \end{aligned}$$

Also ist $\ln(f(\mathrm{e}^z)) = az$, $f(\mathrm{e}^z) = \mathrm{e}^{az} = (\mathrm{e}^z)^a$ und $f(x) = x^a$.

(b) Wir argumentieren wie im Beweis von (a), substituieren dann $g(z) = \ln(f(z))$ und erhalten

$$g(x + y) = \ln(f(x + y)) = \ln(f(x) \cdot f(y)) = \ln(f(x)) + \ln(f(y)) = g(x) + g(y).$$

Also ist $\ln(f(z)) = cz$, $f(z) = \mathrm{e}^{cz} = (\mathrm{e}^c)^z$ und $f(x) = a^x$.

(c) Wir setzen $g(z) = f(\mathrm{e}^z)$ und erhalten

$$g(x + y) = f(\mathrm{e}^{x+y}) = f(\mathrm{e}^x \cdot \mathrm{e}^y) = f(\mathrm{e}^x) + f(\mathrm{e}^y) = g(x) + g(y).$$

Also ist $f(\mathrm{e}^z) = cz$, $f(x) = c \ln x$ oder mit $c = \dfrac{1}{\ln a}$ geschrieben als $f(x) = \log_a x$. □

Nun stellt sich natürlich die Frage nach der Lösung von (5.1), wenn die Forderung nach der Stetigkeit auf der gesamten reellen Achse fallen gelassen wird. Es ist bemerkenswert, dass die Stetigkeit in nur einem einzelnen Punkt x_0 schon ausreicht, um wieder auf die einzigen Lösungen $f(x) = cx$ zu schließen. Man argumentiert dann für ein beliebiges x unter Benutzung der Ausgangsfunktionalgleichung mit

$$\begin{aligned}\lim_{t\to x} f(t) &= \lim_{t-x+x_0\to x_0} f((t-x+x_0)+(x-x_0))\\ &= \lim_{t\to x_0} f(t+(x-x_0))\\ &= \lim_{t\to x_0} f(t)+f(x-x_0)\\ &= f(x_0)+f(x-x_0)f(x),\end{aligned}$$

dass f stetig ist für alle reellen Zahlen und damit wieder Satz 5.8 anwendbar ist. Mehr noch, allein die Beschränktheit der Funktion f auf einem beliebig kleinen Intervall genügt bereits! Nehmen wir an, f erfülle (5.1) und sei auf einem Intervall (a,b) beschränkt. Wir betrachten die Funktion $g(x) = f(x) - xf(1)$, für die dann auch eine Schranke $C > 0$ mit $|g(x)| \le C$ für alle $x \in (a,b)$ existiert. Im Beweis von Satz 5.8 wurde gezeigt, dass $g(r) = 0$ für alle rationalen Zahlen. Es sei jetzt $x \in \mathbb{R}$ beliebig gegeben. Dann gibt es ein $r \in \mathbb{Q}$, so dass $x - r \in (a,b)$ und damit

$$|g(x| = |g(x-r)+g(r)| = |g(x-r)| \le C,$$

so dass $|g|$ auf $\mathbb{R}$ beschränkt ist. Dies liefert aber das zu zeigende $g \equiv 0$, da die Existenz eines x_0 mit $g(x_0) = \alpha \neq 0$ für $n \in \mathbb{N}$ wegen der Linearität $g(nx_0) = ng(x_0) = n\alpha$ für hinreichend großes n den Widerspruch $n|\alpha| = |g(nx_0)| \le C$ erzeugt.

Wenn aber auch diese Beschränktheit nicht gefordert wird, gibt es tatsächlich andere Lösungen. Georg Hamel[3] hat 1905 [31] unter der Voraussetzung des Auswahlaxioms bewiesen, dass die Funktionalgleichung von Cauchy auch unstetige Lösungen besitzt. Ihre Konstruktion verwendet die sogenannte Hamel-Basis der reellen Zahlen, wobei man diese als Vektorraum über den rationalen Zahlen betrachtet. Diese exotischen Funktionen spielen zwar in der „Olympiade-Mathematik" keine Rolle, sie sind aber von großer theoretischer Bedeutung und ihre Existenz rührt an den Grundlagen der Mathematik. Interessierte seien auch hier auf das Standardwerk von Aczél [1] verwiesen.

Trotzdem ist diese Existenz sehr wichtig, denn oft haben Olympioniken, wenn sie auf die Gleichung (5.1) gekommen sind, sofort gesagt, dass die Cauchy-Funktionalgleichung die Lösung $f(x) = cx$ hat, ohne dass in der Aufgabenstellung die Stetigkeit gefordert war. Damit ist ein solcher Schnell-Schluss falsch. In der Aufgabenstellung war dann allerdings immer eine andere Forderung enthalten, die dann letztlich doch auf $f(x) = cx$ führte, aber eben erst nach weiteren Überlegungen. Beispiele hierfür sind in diesem Buch die Aufgaben 191233A, 241243 und 361333B. Eine andere Möglichkeit ist in der folgenden Aufgabe 241233A gewählt, wo die gesuchte Funktion von Beginn an nur für rationale Argumente definiert ist.

Abschließend sei noch eine andere häufige Fehlerquelle erwähnt, die man mit der Funktionalgleichung von Cauchy in Verbindung bringen kann: Für alle Funktionen, die keine Lösung dieser Gleichung sind, wie in der Schulmathematik z. B. $f(x) = x^2$ oder $f(x) = \sqrt{x}$, gilt im Allgemeinen $(x+y)^2 \neq x^2 + y^2$ oder $\sqrt{x+y} \neq \sqrt{x} + \sqrt{y}$.

[3] Georg Hamel (1877–1954)

Aufgabe 241233A

Man ermittle alle Funktionen f mit den folgenden Eigenschaften:

(1) f ist für alle rationalen Zahlen definiert.
(2) Es gilt $f(1) = 1$.
(3) Für alle rationalen Zahlen x und y gilt

$$f(x+y) = f(x) + f(y) + xy(x+y).$$

Lösung

Aus (3) folgt nach Multiplikation mit 3 und Addition von $x^3 + y^3$ sofort

$$\begin{aligned} 3f(x+y) + x^3 + y^3 &= 3f(x) + 3f(y) + x^3 + 3x^2y + 3xy^2 + y^3 \\ &= 3f(x) + 3f(y) + (x+y)^3 \end{aligned}$$

und weiter

$$3f(x+y) - (x+y)^3 = 3f(x) - x^3 + f(y) - y^3.$$

Für die Funktion $g(x) = 3f(x) - x^3$ und alle rationalen x und y gilt also

$$g(x+y) = g(x) + g(y). \tag{4}$$

Wir bestimmen nun alle für sämtliche rationalen Zahlen definierten Funktionen g, die (4) erfüllen.
Nach dem Prinzip der vollständigen Induktion gilt für beliebige rationale x und positive ganze k

$$g(kx) = k\,g(x), \tag{5}$$

denn für den Induktionsanfang ist $g(x) = g(x)$ und mit der Funktionalgleichung (4) und der Induktionsvoraussetzung (5) erhält man

$$\begin{aligned} g((k+1)x) &= g(kx + x) = g(kx) + g(x) \\ &= k\,g(x) + g(x) = (k+1)g(x). \end{aligned}$$

Für $x = y = 0$ folgt $g(0) = g(0) + g(0)$, d. h. $g(0) = 0$. Für $y = -x$ folgt $0 = g(0) = g(x) + g(-x)$, d. h. $g(-x) = -g(x)$. Also gilt (5) auch für $k = 0$ und für negative ganze k, denn

$$g(kx) = -g(-kx) = -k\ g(-x) = k\ g(x).$$

Ist nun x eine beliebige rationale Zahl, so gibt es eine ganze Zahl m und eine positive ganze Zahl n mit $x = m/n$ und es folgt mit zweimaliger Anwendung von (5)

$$g(x) = g\left(\frac{m}{n}\right) = g\left(m \cdot \frac{1}{n}\right) = m \cdot g\left(\frac{1}{n}\right) = \frac{m}{n} \cdot n \cdot g\left(\frac{1}{n}\right) = \frac{m}{n}\, g\left(\frac{n}{n}\right) = x \cdot g(1).$$

Also gilt für alle rationalen Zahlen $g(x) = c \cdot x$, wobei c die Konstante $g(1)$ ist, und tatsächlich sind alle Funktionen dieser Gestalt Lösungen von (4), denn

$$\begin{aligned} g(x+y) &= c(x+y) = cx + cy \\ &= g(x) + g(y). \end{aligned}$$

Aus der Definition von g erhält man daraus für alle rationalen x das Ergebnis

$$\begin{aligned} f(x) &= \frac{1}{3}(x^3 + g(x)) \\ &= \frac{1}{3}x^3 + \frac{c}{3}x. \end{aligned}$$

Insbesondere ist $f(1) = \frac{1}{3} + \frac{c^3}{3} = 1$ wegen (2), d. h. $c = 2$. Somit erhalten wir als einzig mögliche Lösungsfunktion die durch

$$f(x) = \frac{1}{3}x(x^2 + 2)$$

für alle rationalen Zahlen x definierte Funktion. Sie erfüllt alle Bedingungen der Aufgabe, denn $f(1) = \frac{1}{3} \cdot 1 \cdot 3 = 1$ und

$$\begin{aligned} f(x+y) &= \frac{1}{3}(x+y)((x+y)^2 + 2) \\ &= \frac{1}{3}(x^3 + 3x^2y + 3xy^2 + y^3) + \frac{2}{3}(x+y) \\ &= \frac{1}{3}(x^3 + 2x) + \frac{1}{3}(y^3 + 2y) + x^2y + xy^2 \\ &= f(x) + f(y) + xy(x+y). \end{aligned}$$

◇

Aufgabe 361333B

Man ermittle alle diejenigen reellwertigen Funktionen f, die den folgenden Bedingungen (1), (2), (3) genügen:

(1) Die Funktion f ist für alle von 0 verschiedenen reellen Zahlen x definiert.
(2) Für alle von 0 verschiedenen reellen Zahlen x gilt $f(-x) = f(x)$.
(3) Für alle von 0 verschiedenen reellen Zahlen x und y mit $x + y \neq 0$ gilt

$$f\left(\frac{1}{x+y}\right) = f\left(\frac{1}{x}\right) + f\left(\frac{1}{y}\right) + 2xy - 1.$$

Lösungen

1. Lösung. Wenn eine Funktion f den Bedingungen (1), (2), (3) genügt, so folgt: Für $y = -\frac{x}{2}$, $x \neq 0$, ist $x + y = \frac{x}{2} \neq 0$. Einsetzen in (3) liefert

$$f\left(\frac{2}{x}\right) = f\left(\frac{1}{x}\right) + f\left(-\frac{2}{x}\right) - x^2 - 1.$$

Berücksichtigt man $f(-\frac{2}{x}) = f(\frac{2}{x})$ aus (2), so erhält man

$$f\left(\frac{1}{x}\right) = x^2 + 1.$$

Daher kann nur die für alle $x \neq 0$ durch

$$f(x) = \frac{1}{x^2} + 1 \tag{4}$$

definierte Funktion f den Bedingungen (1), (2), (3) genügen. Die durch (4) gegebene Funktion genügt offensichtlich den Bedingungen (1) und (2). Ferner erfüllt sie für alle $x \neq 0$ und $y \neq 0$ mit $x + y \neq 0$ die Gleichung

$$f\left(\frac{1}{x+y}\right) = (x+y)^2+1 = (x^2+1)+(y^2+1)+2xy-1 = f\left(\frac{1}{x}\right)+f\left(\frac{1}{y}\right)+2xy-1,$$

also ist auch (3) erfüllt. Daher genügt genau die durch (4) gegebene Funktion den geforderten Bedingungen.

2. Lösung. Wir substituieren für alle $x \neq 0$

$$g(x) = f\left(\frac{1}{x}\right) - x^2 - 1$$

und schreiben (2) und (3) äquivalent als $g(-x) = g(x)$ sowie für alle $x, y \neq 0$ mit $x + y \neq 0$

$$g(x + y) + (x + y)^2 + 1 = g(x) + x^2 + 1 + g(y) + y^2 + 1 + 2xy - 1,$$

d. h. $g(x + y) = g(x) + g(y)$. Mit $x = y \neq 0$ folgt $g(2x) = 2g(x)$. Außerdem liefert $y = -2x \neq 0$ sofort

$$g(x) = g(-x) = g(x) + g(-2x) = g(x) + g(2x) = 3g(x),$$

also $g(x) = 0$ für alle $x \neq 0$, und damit die Lösung (4). Das Erfülltsein der Ausgangsbedingungen überprüft man wie in der 1. Lösung. ♢

Aufgabe 241243

Man ermittle alle diejenigen Funktionen f, die für alle reellen Zahlen x mit $x \neq 0$ definiert sind und den folgenden Bedingungen (1), (2), (3) genügen:

(1) Für alle reellen Zahlen x mit $x \neq 0$ gilt

$$f\left(\frac{1}{x}\right) = x \cdot f(x).$$

(2) Für alle reellen Zahlen x und y mit $x \neq 0$, $y \neq 0$ und $x + y \neq 0$ gilt:

$$f\left(\frac{1}{x}\right) + f\left(\frac{1}{y}\right) = 1 + f\left(\frac{1}{x+y}\right).$$

(3) Es gilt $f(1) = 2$.

Lösungen

1. Lösung. Es sei f eine für alle reellen $x \neq 0$ definierte Funktion, die den Bedingungen (1), (2), (3) genügt. Wegen (2) gilt dann für alle $x = y \neq 0$ die Gleichung

$$2f\left(\frac{1}{x}\right) = 1 + f\left(\frac{1}{2x}\right) \tag{4}$$

und mit $u = \frac{1}{2x}$ folgt daraus für beliebige $u \neq 0$ die Beziehung

$$2f(2u) = 1 + f(u). \tag{5}$$

Weiter ist für beliebige $x \neq 0$

$$\begin{aligned} x(1 + f(x)) &= 2x\, f(2x) && \text{wegen (5)} \\ &= f\left(\frac{1}{2x}\right) && \text{wegen (1)} \\ &= 2 \cdot f\left(\frac{1}{x}\right) - 1 && \text{wegen (4)} \\ &= 2x\, f(x) - 1 && \text{wegen (1),} \end{aligned}$$

also $1+f(x) = 2f(x) - \frac{1}{x}$. Daher kann nur die für $x \neq 0$ durch $f(x) = 1 + \frac{1}{x}$ definierte Funktion die verlangten Eigenschaften haben. In der Tat gelten für beliebige $x \neq 0$, $y \neq 0$ mit $x + y \neq 0$ die Bedingungen

(1) wegen $f\left(\frac{1}{x}\right) = 1 + x = x\left(1 + \frac{1}{x}\right) = x \cdot f(x)$,

(2) wegen $f\left(\frac{1}{x}\right) + f\left(\frac{1}{y}\right) = 1 + x + 1 + y = 1 + (1 + x + y) = 1 + f\left(\frac{1}{x+y}\right)$ und

(3) wegen $f(1) = 1 + \frac{1}{1} = 2$.

Also ist genau die Funktion $f(x) = 1 + \dfrac{1}{x}$ Lösung.

2. Lösung. Wir substituieren für alle $x \neq 0$

$$g(x) = f\left(\frac{1}{x}\right) - 1 - x$$

und erhalten aus (2) die CAUCHY-Funktionalgleichung für g und aus (1) wird $g(x) = xg(\frac{1}{x})$. Aus diesen beiden Gleichungen zusammen schließt man

$$4xg\left(\frac{1}{2x}\right) = 2xg\left(\frac{1}{x}\right) = 2g(x) = g(2x) = 2xg\left(\frac{1}{2x}\right),$$

woraus sofort folgt, dass $g(x) = 0$ für alle $x \neq 0$ gilt. Die Probe bestätigt wieder die Richtigkeit der Lösung $f(x) = 1 + \frac{1}{x}$. ◇

Aufgabe 191233A

Man ermittle alle diejenigen Funktionen f, die für alle reellen Zahlen x definiert sind und den folgenden Bedingungen genügen:

(1) Für alle Paare (x_1, x_2) reeller Zahlen gilt

$$f(x_1 + x_2) = f(x_1) + f(x_2).$$

(2) Es gilt $f(1) = 1$.
(3) Für alle reellen Zahlen $x \neq 0$ gilt

$$f\left(\frac{1}{x}\right) = \frac{1}{x^2} \cdot f(x).$$

Lösung

Es sei f eine für alle reellen x definierte Funktion mit (1), (2), (3). Wegen (1) gilt dann

$$f(0) = f(0) + f(0), \quad \text{also } f(0) = 0. \tag{4}$$

Weiter ist wegen (1)

$$f(x) + f(-x) = f(0) = 0, \quad \text{also } f(-x) = -f(x). \tag{5}$$

Aus (1) und (5) erhalten wir $f(x_1 - x_2) = f(x_1 + (-x_2)) = f(x_1) + f(-x_2)$,

$$\text{also} \qquad f(x_1 - x_2) = f(x_1) - f(x_2) \qquad \text{für beliebige reelle } x_1, x_2. \qquad (6)$$

Für alle von 0 und 1 verschiedenen x gilt nach (3) und dann der Reihe nach

$$\begin{aligned}
f(x) = x^2 f\left(\frac{1}{x}\right) &= x^2 f\left(1 + \frac{1-x}{x}\right) \\
&= x^2\left(f(1) + f\left(\frac{1-x}{x}\right)\right) && \text{nach (1)} \\
&= x^2 + x^2 f\left(\frac{1-x}{x}\right) && \text{nach (2)} \\
&= x^2 + (1-x)^2 f\left(\frac{x}{1-x}\right) && \text{nach (3)} \\
&= x^2 + (1-x)^2 \left(f\left(\frac{1}{1-x}\right) - 1\right) \\
&= x^2 + (1-x)^2 f\left(\frac{1}{1-x}\right) - (1-x)^2 && \text{nach (6) und (2)} \\
&= x^2 + f(1-x) - (1-x)^2 && \text{nach (3)} \\
&= x^2 + 1 - f(x) - (1-x)^2 && \text{nach (6) und (2)} \\
&= 2x - f(x).
\end{aligned}$$

Daher ist $2f(x) = 2x$ und unter Berücksichtigung von (2) und (4) folglich $f(x) = x$ die einzig mögliche Lösung. Tatsächlich genügt diese Funktion (1), (2) und (3) und ist somit genau die gesuchte Funktion.

Bemerkung. Substituieren wir hier $g(x) = f(x) - x$ für alle $x \neq 0$ und schreiben (1), (2) und (3) äquivalent als $g(x_1 + x_2) = g(x_1) + g(x_2)$ mit $g(1) = 0$ sowie

$$g\left(\frac{1}{x}\right) + \frac{1}{x} = \frac{1}{x^2}(g(x) + x),$$

erhalten wir wieder

$$g\left(\frac{1}{x}\right) = \frac{1}{x^2} g(x).$$

Argumentiert man genau wie in der Lösung, aber mit der Vereinfachung $g(1) = 0$, ergibt sich für alle $x \neq 0$ in etwas kompakterer Schreibweise

$$\begin{aligned}
g(x) = x^2 g\left(\frac{1-x}{x}\right) = (1-x)^2 g\left(\frac{x}{1-x}\right) &= (1-x)^2 g\left(\frac{1}{1-x}\right) \\
&= g(1-x) = g(-x) = -g(x),
\end{aligned}$$

also $g(x) = 0$ für alle $x \neq 0$, und damit die Lösung $f(x) = x$, für die man die Ausgangsbedingungen wieder einfach überprüft. ♢

Aufgabe 311245

Es sei a eine beliebige reelle Zahl mit $a \geq 2$. Man ermittle zu a alle Funktionen, die den nachstehenden Bedingungen (1), (2), (3) genügen:

(1) Die Funktion f ist für alle nichtnegativen ganzen Zahlen x definiert; alle Funktionswerte $f(x)$ sind reelle Zahlen.
(2) Für alle nichtnegativen ganzen Zahlen x, y mit $x \geq y$ gilt:

$$f(x) \cdot f(y) = f(x+y) + f(x-y).$$

(3) Es gilt $f(1) = a$.

Bemerkung. f soll als *elementare Funktion in geschlossenem Ausdruck* angegeben werden, d. h.: Die formelmäßige Angabe der Funktionswerte $f(x)$ soll dadurch erfolgen, dass auf x sowie auf Konstanten, Potenz-, Exponentialfunktionen, trigonometrische Funktionen von x oder auf Umkehrfunktionen solcher Funktionen Rechenoperationen (Addition, Subtraktion, Multiplikation, Division) angewandt werden, und zwar in einer von x unabhängigen Anzahl der Anwendungsschritte.

Lösung

1. Wenn eine Funktion f den Bedingungen der Aufgabe genügt, so folgt: Nach (2) für $x = 1, y = 0$ sowie nach (3) ist $a \cdot f(0) = 2a$, wegen $a \neq 0$ also

$$f(0) = 2. \tag{4}$$

Nach (2) für alle ganzzahligen $x \geq 1$ und für $y = 1$ sowie nach (3) ist ferner $f(x) \cdot a = f(x+1) + f(x-1)$, also

$$f(x+1) = a \cdot f(x) - f(x-1) \quad \text{für } x = 1, 2, 3, \ldots. \tag{5}$$

Ein geschlossener Ausdruck für $f(x)$ kann folgendermaßen erhalten werden: Führt man in (5) eine Konstante b ein, die

$$a = b + \frac{1}{b} \tag{6}$$

erfüllt, so ergibt sich durch vollständige Induktion, dass

$$f(x) = b^x + \frac{1}{b^x} \tag{7}$$

für alle $x = 0, 1, 2, \ldots$ gilt: Wegen (4), (3), (6) gilt (7) für $x = 0$ und $x = 1$. Aus der Annahme, mit einer ganzen Zahl $n \geq 1$ gälte (7) für alle ganzzahligen $x \leq n$, folgt

$$\begin{aligned} f(n+1) &= \left(b+\frac{1}{b}\right)\cdot f(n) - f(n-1) \\ &= \left(b+\frac{1}{b}\right)\cdot\left(b^n+\frac{1}{b^n}\right) - \left(b^{n-1}+\frac{1}{b^{n-1}}\right) \\ &= b^{n+1}+\frac{1}{b^{n+1}}, \end{aligned}$$

also (7) für $x = n+1$. Die Gleichung (6) ist äquivalent dazu, dass $b \neq 0$ und $b^2 - ab + 1 = 0$ gilt, was wegen $a \geq 2$ genau dann zutrifft, wenn b eine der Zahlen

$$b_{1,2} = \frac{1}{2}\cdot\left(a \pm \sqrt{a^2-4}\right) \tag{8}$$

ist. Da für diese Zahlen $b_1 \cdot b_2 = 1$ gilt, hat die Wahl unter ihnen keinen Einfluss auf (7) und man kann (7) z. B. in der Gestalt

$$f(x) = \left(\frac{1}{2}\cdot\left(a+\sqrt{a^2-4}\right)\right)^x + \left(\frac{1}{2}\cdot\left(a-\sqrt{a^2-4}\right)\right)^x \tag{9}$$

schreiben. Also kann eine Funktion f nur dann den Bedingungen der Aufgabe genügen, wenn sie durch (7) mit einem b aus (8) oder äquivalent hierzu durch (9) gegeben ist.

2. Diese Funktion f erfüllt (1) und wegen (6) auch (3). Ferner erfüllt sie wegen

$$\left(b^x+\frac{1}{b^x}\right)\cdot\left(b^y+\frac{1}{b^y}\right) = b^{x+y}+\frac{1}{b^{x+y}}+b^{x-y}+\frac{1}{b^{x-y}}$$

auch (2).

Somit erfüllt genau die genannte Funktion die Bedingungen der Aufgabe.

Bemerkung 1. Für die hier angegebene Lösung erscheint die Einschränkung auf nichtnegative ganze Argumente vereinfachend. Falls (2) für alle ganzen x, y gegeben ist, erhält man mit $f(0) = 2$ und $2f(y) = f(y) + f(-y)$ sofort, dass f eine gerade Funktion sein muss.

Bemerkung 2. Eine Substitution $2g(x) = f(x)$ führt auf die Funktionalgleichung

$$2g(x)g(y) = g(x+y) + g(x-y), \tag{10}$$

die schon 1750 von D'ALEMBERT[4] zur Lösung eines Problems aus der Mechanik betrachtet wurde.Falls (10) für alle reellen x, y gilt, hat CAUCHY 1821 alle reellen Lösungen ermittelt (vgl. [1], Kap. 2.4). Wenn neben $g \equiv 0$ und $g \equiv 1$ noch weitere Lösungen existieren, gibt es wegen $g(0) = 1$ und der Stetigkeit von g ein Intervall $[-a, a]$, in dem g positiv ist und $g(a) \neq 1$. Für $a > 1$ gibt es ein $b > 0$, so dass

[4] JEAN-BAPTISTE LE ROND D'ALEMBERT (1717–1783)

$$g(a) = \cosh b = \frac{e^b + e^{-b}}{2} \tag{11}$$

gilt. Aus (10) und (11) folgt

$$\left(g\left(\frac{a}{2}\right)\right)^2 = \frac{1+g(a)}{2} = \frac{1+\cosh b}{2} = \cosh^2 \frac{b}{2}.$$

Mit vollständiger Induktion wird hieraus

$$g\left(\frac{a}{2^m}\right) = \cosh \frac{b}{2^m} \quad \text{für } m = 1, 2, \ldots$$

und dann nach weiterer Rechnung

$$g\left(\frac{na}{2^m}\right) = \cosh \frac{nb}{2^m} \quad \text{für } n, m = 1, 2, \ldots. \tag{12}$$

Für $a < 1$ setzt man $g(a) = \cos b$ und erhält (12) mit Kosinus statt Kosinus hyperbolicus. Genau wie bei der CAUCHYschen Funktionalgleichung in Satz 5.8 argumentiert man jetzt mit der Stetigkeit und erhält für (10) neben $g(x) \equiv 0$ genau die Lösungen $g(x) = \cosh ax$ und $g(x) = \cos ax$ für beliebige $a \geq 0$, wobei mit $a = 0$ die Lösung $g(x) \equiv 1$ einbezogen ist. Spätestens jetzt erkennt man, dass die D'ALEMBERTsche Funktionalgleichung (10) auch als Additionstheorem dieser Funktionen bekannt ist. ◇

Aufgabe 301243

Man ermittle alle diejenigen Funktionen f, die den folgenden Bedingungen (1) und (2) genügen:

(1) Die Funktion f ist für alle reellen Zahlen x definiert und stetig.
(2) Für jede reelle Zahl x gilt

$$f(x) - 4f\left(x^2\right) = x - 16x^4 .$$

Lösung

Wir zeigen zunächst: Wenn f eine Funktion ist, für die die Bedingungen (1) und (2) gelten, so folgt: Mit der durch $g(x) = f(x) - x - 4x^2$ definierten Funktion g ergibt sich $g(x) = 0$ für alle reellen x.
Offenbar ist g für alle reellen Zahlen x definiert und stetig, und für alle reellen x ist

$$f(x) = g(x) + x + 4x^2 \tag{3}$$

nach (2) also

$$x - 16x^4 = f(x) - 4f(x^2) = g(x) + x + 4x^2 - 4g(x^2) - 4x^2 - 16x^4.$$

Demnach erfüllt g für alle reellen x die Bedingung

$$4g(x^2) = g(x). \tag{4}$$

Um $g(z) = 0$ zunächst für jedes positive reelle z zu zeigen, kann man aus (4) mit $x = \sqrt{z}$

$$g(z) = \frac{1}{4} g(\sqrt{z}) \tag{5}$$

erhalten. Daraus ergibt sich durch vollständige Induktion: Für alle $n = 0, 1, 2, \ldots$ gilt

$$g(z) = \frac{1}{4^n} g\left(\sqrt[2^n]{z}\right), \tag{6}$$

denn für $n = 0$ ist dies die Identität $g(z) = g(z)$, und wenn (6) für ein $n = k \geq 0$ gilt, so folgt hieraus sowie aus (4), angewandt auf $\sqrt[2^k]{z}$ statt z,

$$g(z) = \frac{1}{4^k} g\left(\sqrt[2^k]{z}\right) = \frac{1}{4^k} \cdot \frac{1}{4} g\left(\sqrt[2^{k+1}]{z}\right),$$

also (6) für $n = k + 1$.

Wegen $\lim\limits_{n \to \infty} \sqrt[2^n]{z} = 1$ und der Stetigkeit von g ist

$$\lim_{n \to \infty} g\left(\sqrt[2^n]{z}\right) = g(1).$$

Hiermit sowie mit

$$\lim_{n \to \infty} \frac{1}{4^n} = 0,$$

d. h.

$$\lim_{n \to \infty} \frac{1}{4^n} g\left(\sqrt[2^n]{z}\right) = 0 \cdot g(1) = 0,$$

folgt aus (6) die Behauptung

$$g(z) = 0. \tag{7}$$

Nun zeigen wir (7) auch noch für alle nichtpositiven reellen z. Nach (4) gilt für jedes reelle x

$$g(-x) = 4g((-x)^2) = 4g(x^2) = g(x),$$

also gilt (7) auch für alle negativen reellen z. Schließlich ist auch $g(0) = 0$, denn wegen (4) ist $4g(0) = g(0)$. Also gilt (7) tatsächlich für alle reellen z und aus (3) folgt, dass f die für alle reellen x durch

$$f(x) = x + 4x^2 \tag{8}$$

definierte Funktion sein muss.

Diese Funktion erfüllt auch wirklich (1). Außerdem gilt (2) wegen

$$x + 4x^2 - 4(x^2 + 4x^4) = x - 16x^4.$$

Somit genügt genau die in (8) genannte Funktion den Bedingungen (1) und (2). ◇

Aufgabe 171236A

Es sei n eine natürliche Zahl mit $n > 1$.

(a) Man ermittle alle diejenigen in der Menge $\mathbb{R}$ der reellen Zahlen definierten Funktionen f, die in $\mathbb{R}$ stetig sind und die Eigenschaft haben, dass für jede reelle Zahl x die Gleichung

$$f(x^n) = f(x) \tag{1}$$

gilt.

(b) Man gebe eine in $\mathbb{R}$ definierte und unstetige Funktion f an, die die Eigenschaft (1) hat.

Lösung

(a) Angenommen, f wäre eine in $\mathbb{R}$ stetige Funktion mit der Eigenschaft (1). Es sei $f(0) = c$ gesetzt.

1. Wir beweisen mittels vollständiger Induktion nach k, dass für jede natürliche Zahl k und jede reelle Zahl x $f\left(x^{n^k}\right) = f(x)$ gilt. Der Induktionsanfang für $k = 0$ ist trivial; gilt es für ein k, so folgt

$$f\left(x^{n^{k+1}}\right) = f\left(\left(x^{n^k}\right)^n\right) = f\left(x^{n^k}\right) = f(x).$$

2. Für jedes x mit $-1 < x < 1$ gilt bekanntlich $\lim\limits_{k\to\infty} x^{n^k} = 0$. Da f an der Stelle 0 stetig ist, folgt hieraus

$$\lim_{k\to\infty} f\left(x^{n^k}\right) = f(0) = c.$$

Wegen 1. sind aber alle $f\left(x^{n^k}\right) = f(x)$, d. h. $f(x) = c$ für $-1 < x < 1$.

3. Für die Folge (x_m) $m = 1, 2, 3, \ldots$ mit $x_m = 1 - \frac{1}{m}$ gilt: $-1 < x_m < 1$ und $\lim\limits_{m\to\infty} x_m = 1$. Da f an der Stelle 1 stetig ist, folgt weiter $\lim\limits_{m\to\infty} f(x_m) = f(1)$ und aus 2. wegen $f(x_m) = c$ auch $f(1) = c$. Analog erhält man $f(-1) = c$.

4. Für jedes $x > 1$ werde $a_k = \sqrt[n^k]{x}$ gesetzt. Dann gilt $f(a_k) = f\left(a_k^{n^k}\right) = f(x)$ für alle k nach 1. Es ist aber $\lim\limits_{k\to\infty} a_k = 1$ und aufgrund der Stetigkeit von f an der Stelle 1 auch $\lim\limits_{k\to\infty} f(a_k) = f(1) = c$ nach 3. Somit ist auch für alle $x > 1$ $f(x) = c$.

5. Ist n gerade, so gilt für jedes $x < -1$ zunächst $x^n > 1$ und daher nach (1) und 4. wieder $f(x) = f(x^n) = c$.

6. Ist n ungerade, so wird für jedes $x < -1$ zunächst $a_k = -\sqrt[n^k]{-x}$ gesetzt. Dann gilt nach 1. für alle k die Gleichheit

$$f(a_k) = f\left(a_k^{n^k}\right) = f(-(-x)) = f(x).$$

Es ist aber $\lim\limits_{k\to\infty} a_k = -1$ und aufgrund der Stetigkeit von f an der Stelle -1 ergibt sich $\lim\limits_{k\to\infty} f(a_k) = f(-1) = c$ nach 3. Somit ist auch für alle $x < -1$ bei ungeradem n die Gleichung $f(x) = c$ erfüllt.

Es können also nur konstante Funktionen f die geforderten Eigenschaften haben. Tatsächlich ist jede konstante Funktion stetig und erfüllt (1), d. h., genau die konstanten Funktionen sind die gesuchten.

(b) Die Funktion

$$f(x) = \begin{cases} 1, & \text{für } x = 0, \\ 0, & \text{für } x \neq 0, \end{cases}$$

ist für alle reellen x definiert. Sie ist unstetig, weil für die Folge (x_k) mit $x_k = 1/k$ $(k = 1, 2, \dots)$ $\lim\limits_{k\to\infty} x_k = 0$, aber $\lim\limits_{k\to\infty} f(x_k) = 0 \neq f(0)$ ist. Außerdem erfüllt sie (1), denn für $x = 0$ ist auch $x^n = 0$, also $f(x^n) = f(x)$, und für $x \neq 0$ ist $x^n \neq 0$, also $f(x^n) = f(x) = 0$. Daher ist f eine unter (b) gesuchte unstetige Funktion. ◇

Aufgabe 291246B

Man ermittle für jede natürliche Zahl n mit $n > 1$ alle diejenigen Funktionen f, die mit dieser Zahl n den folgenden Bedingungen (1), (2), (3) genügen:

(1) Die Funktion f ist für alle reellen Zahlen x definiert.
(2) Die Funktion f ist an der Stelle $x = 0$ stetig.
(3) Für jede reelle Zahl x gilt $n \cdot f(nx) = f(x) + nx$.

Lösungen

1. Lösung.

1. Angenommen, f sei eine Funktion, die den Bedingungen (1), (2), (3) genügt. Dann folgt aus (3), angewandt mit $x = 0$,

$$f(0) = 0.$$

Wendet man (3) mit x/n statt x an, so ergibt sich für jede reelle Zahl x die Gleichung

$$f(x) = \frac{1}{n} \cdot f\left(\frac{x}{n}\right) + \frac{x}{n}. \tag{4}$$

Wir zeigen jetzt durch vollständige Induktion, dass für alle natürlichen Zahlen $m \geq 1$ und jede reelle Zahl x die Gleichung

$$f(x) = \frac{1}{n^m} \cdot f\left(\frac{x}{n^m}\right) + \frac{x}{n^{2m-1}} + \frac{x}{n^{2m-3}} + \cdots + \frac{x}{n} \tag{5}$$

gilt. Für $m = 1$ gilt (5), da f die Gleichung (4) erfüllt. Es sei jetzt (5) für ein $m \geq 1$ gegeben. Ersetzen wir x in (4) durch x/n^m, so erhalten wir

$$f\left(\frac{x}{n^m}\right) = \frac{1}{n} \cdot f\left(\frac{x}{n^{m+1}}\right) + \frac{x}{n^{m+1}}. \tag{6}$$

Aus (5) und (6) folgt dann

$$f(x) = \frac{1}{n^{m+1}} f\left(\frac{x}{n^{m+1}}\right) + \frac{x}{n^{2m+1}} + \frac{x}{n^{2m-1}} + \frac{x}{n^{2m-3}} + \cdots + \frac{x}{n},$$

also (5) für $m+1$.
Für jede reelle Zahl x gilt daher auch

$$f(x) = \lim_{m\to\infty} \frac{1}{n^m} \cdot f\left(\frac{x}{n^m}\right) + \lim_{m\to\infty} \left(\frac{x}{n^{2m-3}} + \frac{x}{n^{2m-3}} + \cdots + \frac{x}{n}\right),$$

falls diese beiden Grenzwerte existieren. Nun ist in der Tat

$$\lim_{m\to\infty} \left(\frac{x}{n^{2m-1}} + \frac{x}{n^{2m-3}} + \cdots + \frac{x}{n}\right) = \frac{x}{n} \sum_{k=0}^{\infty} \frac{1}{n^{2k}} = \frac{x}{n} \cdot \frac{1}{1 - \frac{1}{n^2}} = \frac{nx}{n^2 - 1}.$$

Ferner gilt wegen $n > 1$ und der Stetigkeitsbedingung (2)

$$\lim_{m\to\infty} f\left(\frac{x}{n^m}\right) = f\left(\lim_{m\to\infty} \frac{x}{n^m}\right) = f(0) = 0$$

und daher auch

$$\lim_{m\to\infty} \frac{1}{n^m} \cdot f\left(\frac{x}{n^m}\right) = 0.$$

Somit kann nur die durch

$$f(x) = \frac{nx}{n^2 - 1} \tag{7}$$

definierte Funktion f den Bedingungen (1), (2), (3) genügen.

2. Diese Funktion f erfüllt (1) und (2) sowie wegen

$$f(x) + nx = \frac{nx + n^3x - nx}{n^2 - 1} = n \cdot \frac{n \cdot nx}{n^2 - 1} = n \cdot f(nx)$$

auch (3).

Für jede natürliche Zahl $n > 1$ gilt also: Genau die in (7) definierte Funktion f genügt den Bedingungen der Aufgabe.

2. Lösung. Angenommen, f und g seien zwei Funktionen, die beide den (für g entsprechend umzuformulierenden) Bedingungen (1), (2), (3) genügen. Es sei x_0 eine beliebige reelle Zahl und hierzu $c = f(x_0) - g(x_0)$. Dann folgt aus (3), mit $x = x_0/n$ auf f und g angewandt,

$$c = f(x_0) - g(x_0) = \frac{1}{n} \cdot \left(f\left(\frac{x_0}{n}\right) - g\left(\frac{x_0}{n}\right)\right).$$

Mit vollständiger Induktion erhält man für alle ganzen $k \geq 1$

$$n^k \cdot c = f\left(\frac{x_0}{n^k}\right) - g\left(\frac{x_0}{n^k}\right).$$

Wegen (2) existieren mit $\lim\limits_{k\to\infty} 1/n^k = 0$ auch die Grenzwerte

$$\lim_{k\to\infty} \frac{1}{n^k} = f\left(\lim_{k\to\infty} \frac{1}{n^k}\right) = f(0) \quad \text{und} \quad \lim_{k\to\infty} g\left(\frac{x_0}{n^k}\right) = g(0),$$

also existiert auch der Grenzwert $\lim\limits_{k\to\infty} (n^k \cdot c)$.

Dies ist aber nur für $c = 0$ möglich. Da diese Schlüsse mit jeder beliebigen reellen Zahl x_0 ausgeführt werden können, gilt folglich $f(x) = g(x)$ für alle reellen Zahlen x. Es kann also höchstens eine Funktion f geben, die den Bedingungen (1), (2), (3) genügt.

Wie in der ersten Lösung zeigt man jetzt noch, dass die Funktion (7) die Bedingungen der Aufgabe erfüllt.

3. Lösung. Wir wenden den Ansatz $f(x) = ax + b$ auf (3) an und erhalten sogleich $b = 0, a = n/(n^2 - 1)$. Für die Differenz $f_1(x) = f(x) - nx/(n^2 - 1)$ gelten wieder die Bedingungen (1), (2) und

$$f_1(x) = \frac{1}{n} \cdot f_1\left(\frac{x}{n}\right).$$

Wie in den beiden anderen Lösungen liefert die iterierte Anwendung dieser Gleichung und die Stetigkeit $f_1(x) = 0$ für alle x. ◇

Aufgabe 501145

Man bestimme alle Funktionen f, für die gilt: $f(x)$ ist für alle reellen Zahlen x definiert, die Funktionswerte von f sind reelle Zahlen und für alle reellen Zahlen x, y ist die Gleichung

$$f\left(f\left(\frac{x+y}{2}\right)\right) = f(x+y)\cdot f(x-y)$$

erfüllt.

Lösung

Angenommen, f ist eine Funktion, die für alle $x, y \in \mathbb{R}$ die gegebene Gleichung

$$f\left(f\left(\frac{x+y}{2}\right)\right) = f(x+y)\cdot f(x-y) \tag{1}$$

erfüllt. Wählt man beliebige reelle Zahlen a und b und setzt $x = \dfrac{a+b}{2}$, $y = \dfrac{a-b}{2}$, so folgt aus (1)

$$f\left(f\left(\frac{a}{2}\right)\right) = f(a)\cdot f(b).$$

Die Funktion f ist nun entweder konstant null oder es gibt ein $a \in \mathbb{R}$ mit $f(a) \neq 0$. Im ersten Fall erfüllt f die Gleichung (1) und ist damit eine Lösung des Problems. Im zweiten Fall fixieren wir a mit $f(a) \neq 0$ und erhalten für alle $b \in \mathbb{R}$ die Gleichheit

$$f(b) = \frac{f(f(\frac{a}{2}))}{f(a)}.$$

Folglich muss f konstant sein, $f(x) = c$ für alle $x \in \mathbb{R}$. Setzt man dies in (1) ein, ist diese Gleichung genau dann erfüllt, wenn $c = c^2$ gilt. Weil $c = 0$ oben ausgeschlossen wurde, bleibt nur $c = 1$.
Es gibt folglich genau zwei Funktionen, die die Bedingungen der Aufgabenstellung erfüllen, nämlich die konstanten Funktionen $f \equiv 0$ und $f \equiv 1$. ◇

Aufgabe 321246B

Eine Funktion f erfülle folgende Voraussetzungen: f ist für alle reellen Zahlen x definiert und stetig, alle Funktionswerte $f(x)$ sind reelle Zahlen und für jedes reelle x gilt

$$f(f(f(x))) = x\,.$$

Man beweise: Diese Voraussetzungen werden nur von derjenigen Funktion f erfüllt, die für alle reellen x durch $f(x) = x$ definiert ist.

Lösung

Wenn eine Funktion f die genannten Voraussetzungen erfüllt, so kann man für sie die folgenden Aussagen herleiten:

1. Die Funktion f ist injektiv.

Beweis. Aus $f(r) = f(s)$ folgt stets $r = f(f(f(r))) = f(f(f(s))) = s$.

2. Die Funktion f ist monoton.

Beweis. Angenommen, f wäre nicht monoton. Dann gäbe es drei reelle Zahlen r, s, t, für die $r < s < t$ und entweder

$$f(r) < f(s), \qquad f(s) > f(t) \tag{1}$$

oder

$$f(r) > f(s), \qquad f(s) < f(t) \tag{2}$$

erfüllt wäre. Man beachte hier, dass Gleichheit zweier Funktionswerte wegen der Injektivität aus 1. nicht eintreten kann. Die Beziehungen (1) bzw. (2) zusammen mit dem Zwischenwertsatz für stetige Funktionen würden damit die Existenz zweier reeller Zahlen x und x' liefern, für die

$$r < x < s < x' < t \quad \text{und} \quad f(x) = f(x') = y$$

gälten. Dies steht im Widerspruch zu der in 1. gezeigten Eineindeutigkeit.

3. Die Funktion f ist streng monoton wachsend.

Beweis. Nach 1. und 2. ist f streng monoton. Angenommen, f wäre streng monoton fallend. Dann könnte nicht $f(x) = x$ für alle x gelten, da dies eine nicht fallende Funktion definieren würde. Also gäbe es entweder ein x mit $x < f(x)$ oder es gäbe ein x mit $x > f(x)$. Wegen des streng monotonen Fallens folgte aus $x < f(x)$ der Reihe nach

$$\begin{aligned} f(x) &> f(f(x)), \\ f(f(x)) &< f(f(f(x))) = x, \\ x = f(f(f(x))) &> f(x) \end{aligned}$$

und damit ein Widerspruch. Mit vertauschten Relationszeichen widerlegt man ebenso $x > f(x)$.

4. Für alle reellen x gilt $f(x) = x$.

Beweis. Angenommen, es gäbe ein x mit $x < f(x)$ oder $x > f(x)$. Wegen des in 3. gezeigten streng monotonen Wachsens folgte aus $x < f(x)$ der Reihe nach

$$\begin{aligned} f(x) &< f(f(x)), \\ f(f(x)) &< f(f(f(x))) = x, \end{aligned}$$

also $f(x) < x$, und damit ein Widerspruch. Ebenso widerlegt man $x > f(x)$.

Somit ist der verlangte Beweis geführt.

Bemerkung. Die im Schritt 2 für die Anwendung des Zwischenwertsatzes benötigte Stetigkeit der Funktion f ist wesentlich. Unstetige Lösungen erhält man, wenn man Tripel (a, b, c) paarweise verschiedener reeller Zahlen a, b, c betrachtet, so dass $f(x) = x$ für alle $x \in \mathbb{R} \setminus \{a, b, c\}$, $f(a) = b, f(b) = c$ und $f(c) = a$ gilt, was sich leicht auf beliebig viele solcher Tripel verallgemeinern lässt.
Die Hintereinaderschachtelung $f(f(f(x)))$ spielt in vielen Problemstellungen eine Rolle; in diesem Buch z. B. in den Aufgaben 291241 und 191243. ◇

Aufgabe 471343

Man ermittle alle auf der Menge der nichtnegativen reellen Zahlen definierten Funktionen f, die folgende Eigenschaften (1)–(3) besitzen:

(1) Für alle nichtnegativen Zahlen x gilt $f(x) \geq 0$.
(2) Es gilt $f(1) = \frac{1}{2}$.
(3) Für alle nichtnegativen Zahlen x und y gilt

$$f\big(y \cdot f(x)\big) \cdot f(x) = f(x + y)\,.$$

Lösung

Es sei f eine Funktion mit den geforderten Eigenschaften.

1. Wir zeigen $f(x) \neq 0$ für alle $x \geq 0$.
Setzt man in (3) einerseits $x = 1$ und $y = t$ und andererseits $x = t$ und $y = 1$, so ergibt sich

$$f(t/2) = 2f\big(t \cdot f(1)\big) \cdot f(1) = 2f(1 + t) = 2f(t + 1) = 2f\big(f(t)\big) \cdot f(t).$$

Aus der Annahme, für ein gewisses t gälte $f(t) = 0$, würde also $f(t/2) = 0$ und damit weiter $f(t/4) = f\big((t/2)/2\big) = 0$ und schließlich $f\big(t/2^n\big) = 0$ für alle natürlichen Zahlen n folgen.
Man wähle nun ein natürliches n so groß, dass $s = t/2^n \leq 1$. Aus (3) ergibt sich dann

$$f(1) = f\big(s + (1 - s)\big) = f\big((1 - s) \cdot f(s)\big) \cdot f(s) = f(0) \cdot 0 = 0$$

im Widerspruch zu (2).

2. Wir zeigen $f(x) \neq 1$ für alle $x > 0$.
Angenommen, es gäbe ein $t > 0$ mit $f(t) = 1$. Setzt man $x = t$ und $y = s$ in (3) ein, ergibt sich $f(t + s) = f(s)$ für alle $s \geq 0$. Hieraus folgt weiter

$$f(t+2s) = f\big((t+s)+s\big) = f(t+s) = f(s)$$

und schließlich $f(s+n\cdot t) = f(s)$ für beliebige nichtnegative Zahlen s und natürliche Zahlen n. Für $t>0$ kann $n \geq \frac{1}{t}$ gewählt werden. Dann kann in (3) $x=1$ und $y=2s$ gesetzt werden und man erhält für den speziellen Wert $s = nt-1 \geq 0$, dass

$$f(s) = f\big(s+nt\big) = f\big(2s+1\big) = f\big(2s\cdot f(1)\big)\cdot f(1) = \frac{1}{2}\,f(s).$$

Das ergibt $f(s)=0$, also einen Widerspruch zu Schritt 1.

3. Wir zeigen: Aus $f(x)=f(y)$ folgt $x=y$.
Es sei $x \leq y$. Unter Verwendung von Bedingung (3) erhält man

$$f(y) = f\big(x+(y-x)\big) = f\big((y-x)\cdot f(x)\big)\cdot f(x).$$

Gilt $f(x)=f(y)$, so kann wegen Schritt 1 durch diese Zahl dividiert werden, und man erhält $f\big((y-x)\cdot f(x)\big)=1$. Nach Schritt 2 kann dies nur für $(y-x)\cdot f(x)=0$ gelten, und da $f(x)$ ungleich null ist, folgt $x=y$.

4. Wir zeigen $f(x)=1/(1+x)$ für alle $x\geq 0$.
Setzt man einerseits $x=t$ und $y=t+1$ und andererseits $x=1$ und $y=2t$, so folgt aus (3) und (2)

$$\begin{aligned} f\big((t+1)\cdot f(t)\big)\cdot f(t) &= f(t+1+t) \\ &= f(2t+1) = f\big(2t\cdot f(1)\big)\cdot f(1) = f(t)\cdot f(1). \end{aligned}$$

Wegen $f(t)\neq 0$ (nach Schritt 1) ergibt das $f\big((t+1)\cdot f(t)\big) = f(1)$ und mit Schritt 3 folgt schließlich $(1+t)\cdot f(t) = 1$.

Die einzige Funktion, die als Lösung in Frage kommt, ist also $f(x)=1/(1+x)$. Diese Funktion erfüllt tatsächlich alle Bedingungen: Für $x\geq 0$ ist $f(x)\geq 0$, es gilt $f(1)=\frac{1}{2}$, und für alle $x,y\geq 0$ ist

$$f\big(y\cdot f(x)\big) = \frac{1}{1+\dfrac{y}{1+x}} = \frac{1+x}{1+x+y}$$

und

$$f\big(y\cdot f(x)\big)\cdot f(x) = \frac{1+x}{1+x+y}\cdot\frac{1}{1+x} = \frac{1}{1+x+y} = f(x+y).$$

Es gibt also genau eine Funktion für $x\geq 0$ mit den geforderten Eigenschaften, nämlich

$$f(x) = \frac{1}{1+x}.$$

◇

Aufgabe 281242

Man untersuche, ob es zu jeder natürlichen Zahl $n \geq 1$ jeweils eine Funktion f gibt, die die folgenden Bedingungen erfüllt:

(1) Die Funktion f ist für alle reellen Zahlen x definiert.
(2) Es gibt eine reelle Zahl x mit $f(x) \neq 0$.
(3) Wenn man Funktionen f_1, f_2, ..., f_{n+1} durch die Festsetzungen definiert, für alle reellen x gelte

$$f_1(x) = f(x) \quad \text{sowie} \quad f_{k+1}(x) = f(f_k(x)) \quad \text{für} \quad k = 1, \ldots, n,$$

dann gilt für alle reellen x die Gleichung

$$\sum_{k=1}^{n} f_k(x) = f_{n+1}(x).$$

Lösungen

Es gibt zu jeder natürlichen Zahl $n \geq 1$ jeweils eine derartige Funktion f. Um dies nachzuweisen, genügt es, jeweils zu n eine Funktion f zu definieren und für diese die Bedingungen als erfüllt nachzuweisen.

1. Lösung. Man beweist zunächst, dass jeweils zu n eine reelle Zahl $a \neq 0$ existiert mit

$$1 + a + \cdots + a^{n-1} = a^n. \tag{4}$$

Diese Aussage ergibt sich daraus, dass die für alle reellen x durch

$$g(x) = x^n - x^{n-1} - \cdots - x - 1$$

definierte Funktion g einerseits $g(0) < 0$, andererseits $\lim\limits_{x\to\infty} g(x) = \infty$ erfüllt und stetig ist, also eine positive Nullstelle a haben muss.
Dann definiert man f für alle x durch

$$f(x) = a \cdot x$$

und erhält hierfür sofort (1) and (2) sowie wegen

$$f_1(x) = ax, \quad f_2(x) = a^2x, \quad \ldots, \quad f_n(x) = a^nx, \quad f_{n+1}(x) = a^{n+1}x$$

und (4) auch

$$\sum_{k=1}^{n} f_k(x) = a \cdot (1 + a + \cdots + a^{n-1}) \cdot x = a \cdot a^n \cdot x = f_{n+1}(x),$$

also (3).

2. Lösung. Man wählt Zahlen $a_1, a_2, \dots, a_n$ mit $0 < a_1 < a_2 < \dots < a_n$ und definiert eine mit diesen Zahlen beginnende Folge $(a_i)_{i=1,2,3\dots}$ durch

$$a_{i+n+1} = a_{i+1} + a_{i+2} + \dots + a_{i+n} \quad \text{für } i = 0, 1, 2, \dots . \tag{5}$$

Durch vollständige Induktion erweist sich diese Folge im Fall $n = 1$ als konstant und im Fall $n > 1$ als streng monoton wachsend. Also wird durch

$$f(x) = \begin{cases} a_{i+1}, & \text{falls ein } i \in \{1, 2, \dots\} \text{ mit } x = a_i \text{ existiert,} \\ 0, & \text{sonst,} \end{cases}$$

eine Funktion f für alle reellen x definiert, d. h. (1) erfüllt. Aus der Definition von f folgt auch sofort (2). Um (3) zu zeigen, vermerkt man einerseits für jedes $x = a_i$

$$f_1(a_i) = a_{i+1}, \quad f_2(a_i) = a_{i+2}, \quad \dots, \quad f_n(a_i) = a_{i+n}, \\ f_{n+1}(a_i) = a_{i+n+1}. \tag{6}$$

Andererseits ist für jedes x, zu dem kein $i \in \{1, 2, \dots\}$ mit $x = a_i$ existiert,

$$f_1(x) = f_2(x) = \dots = f_n(x) = f_{n+1}(x) = 0. \tag{7}$$

Mit (6), (5) sowie mit (7) ergibt sich (3) für alle x. ◇

5.3 Polynome

In diesem Abschnitt behandeln wir Polynome (man vgl. dazu auch Abschnitt 3.3),

$$p(x) = a_n x^n + a_{n-1} x^{n-1} + \dots + a_1 x + a_0, \tag{5.2}$$

die grundlegende Funktionenklasse in der Analysis. Zum einen benötigt man zum Berechnen von Funktionswerten $p(x)$ nur Addition und Multiplikation von Zahlen, zum anderen lassen sich alle auf einem endlichen abgeschlossenen Intervall $[a, b]$ stetigen Funktionen beliebig gut durch Polynome approximieren. Ohne darauf genauer eingehen zu können, sei auf die Aufgabe 091243 verwiesen, in der diese Approximation durch Polynome anklingt und auch graphisch in Abb. L091243 veranschaulicht wird. Die Faktorisierung von Polynomen wurde schon in Kapitel 3.3. thematisiert. Da im Folgenden Nullstellen mit und ohne Vorzeichenwechsel unterschieden werden sollen, betrachten wir neben der Gleichung (3.4) auch eine Faktorisierung unter Betrachtung der Vielfachheiten. Dabei zeigt sich, dass für ein Polynom p mit reellen Koeffizienten zu einer nichtreellen Nullstelle $u + \mathrm{i}v$ die komplex konjugierte Nullstelle $u - \mathrm{i}v$ in gleicher Vielfachheit ℓ auftritt. Fassen wir diese Faktoren

$$(x - u - \mathrm{i}v)^\ell (x - u + \mathrm{i}v)^\ell = (x^2 - 2ux + u^2 + v^2)^\ell$$

aus der Linearfaktorzerlegung zusammen, erhalten wir eine Zerlegung

$$p(x) = c(x - a_1)^{k_1}(x - a_2)^{k_2} \cdot \dots \cdot (x - a_\alpha)^{k_\alpha} \cdot p_1(x)^{\ell_1} \cdot \dots \cdot p_\beta(x)^{\ell_\beta} \qquad (5.3)$$

mit paarweise verschiedenen reellen Nullstellen a_j und Vielfachheit $k_r, r = 1, \dots, \alpha$ und paarweise verschiedenen positiven quadratischen Polynomen

$$p_s(x) = x^2 - 2u_s x + u_s^2 + v_s^2, \quad v_s \neq 0, \quad s = 1, \dots, \beta,$$

mit Vielfachheit $\ell_s \geq 1$. Für Polynome $p \not\equiv 0$ vom Grad n ergibt sich sofort

$$n = \deg p_n = \sum_{r=1}^{\alpha} k_r + 2 \sum_{s=1}^{\beta} \ell_s,$$

wobei die Fälle $\alpha = 0$ oder $\beta = 0$ explizit eingeschlossen sind. An den reellen Nullstellen a_j von p tritt ein Vorzeichenwechsel genau dann ein, wenn die Vielfachheit k_r ungerade ist. Für gerade k_r berührt $p(x)$ die x-Achse in a_j ohne Vorzeichenwechsel. Von Interesse sind oft rationale Ausdrücke, wo Zähler $q(x)$ und Nenner $p(x)$ Polynome sind. Aus den folgenden Betrachtungen schließen wir die Nullstellen von p aus. Für alle anderen Werte von x sei

$$R(x) = \frac{q^\star(x)}{p(x)} = \frac{q^\star(x)}{c \prod_{r=1}^{\alpha} (x - a_r)^{k_r} \prod_{s=1}^{\beta} (x^2 - 2u_s x + u_s^2 + v_s^2)^{\ell_s}}.$$

Ist der Grad vom Zählerpolynom nicht kleiner als der Grad vom Nennerpolynom, also $m = \deg q^\star \geq \deg p = n$, spaltet man den ganzen Teil ab (vgl. Division mit Rest, S. 138) und erhält

$$R(x) = Q(x) + \frac{q(x)}{p(x)}, \quad \text{wobei} \quad \deg Q = m - n \quad \text{und} \quad \deg q < n.$$

Für den verbleibenden Bruch erhält man jetzt eine sehr nützliche Darstellung.

Satz 5.10 (Partialbruchzerlegung). *Das Polynom p sei faktorisiert wie in* (5.3) *und es gelte* $\deg q < \deg p$. *Dann kann der Quotient als Summe von Partialbrüchen*

$$\begin{aligned} \frac{q(x)}{p(x)} &= \sum_{r=1}^{\alpha} \left(\frac{A_{r1}}{x - a_r} + \frac{A_{r2}}{(x - a_r)^2} + \dots + \frac{A_{r,k_r}}{(x - a_r)^{k_r}} \right) \\ &+ \sum_{s=1}^{\beta} \left(\frac{B_{s1}x + C_{s1}}{p_s(x)} + \frac{B_{s2}x + C_{s2}}{(p_s(x))^2} + \dots + \frac{B_{s\ell_s}x + C_{s\ell_s}}{(p_s(x))^{\ell_s}} \right) \\ &= \sum_{r=1}^{\alpha} \sum_{\mu=1}^{k_r} \frac{A_{r\mu}}{(x - a_r)^\mu} + \sum_{s=1}^{\beta} \sum_{\nu=1}^{\ell_s} \frac{B_{s\nu}x + C_{s\nu}}{(p_s(x))^\nu} \end{aligned}$$

mit reellen Koeffizienten $A_{r\mu}, B_{s\nu}, C_{s\nu}$ geschrieben werden.

Zur Illustration des Verfahrens sei folgende Zerlegung angegeben:

$$\frac{x^4 - x^2 - 1}{x^2 + x} = x^2 - x - \frac{1}{x(x+1)} = x^2 - x - \frac{1}{x} + \frac{1}{x+1}.$$

Die Kenntnis solcher unterschiedlichen Darstellungen kann auch für Polynome selber schon von großem Nutzen sein (vgl. z. B. (1) in Aufgabe 491345). Äquivalent dazu ist die Fragestellung, welche Bedingungen an p in (5.2) gestellt werden können, um die $n+1$ Koeffizienten $a_0, a_1, \ldots, a_n$ eindeutig zu bestimmen. Zwei typische Situationen sollen hier beschrieben werden.

1. Gegeben seien $n+1$ paarweise verschiedene reelle Zahlen x_j, $j = 0, 1, \ldots, n$, an denen die Werte des Polynoms $p(x_j) = y_j$ bekannt seien. Gibt es jetzt für beliebige $y_j, j = 0, 1, \ldots, n$ immer genau ein Polynom p, das die sogenannten Interpolationsbedingungen $p(x_j) = y_j, j = 0, 1, \ldots, n$ erfüllt? Besonders für $n = 0$ und $n = 1$ sieht man geometrisch sehr schnell, dass es genau ein konstantes Polynom p_0 mit $p_0(x) = y_0$ gibt und dass es genau ein Polynom p_1 mit $\deg p_1 \leq 1$ gibt, dessen Graph demnach eine Gerade ist, die genau durch die beiden Punkte (x_0, y_0) und (x_1, y_1) verläuft. Für allgemeine $n = 0, 1, 2, \ldots$ verfahren wir folgendermaßen: Wir konstruieren für $j = 0, 1, \ldots, n$ die LAGRANGE'schen[5] Fundamentalpolynome ℓ_j vom Grad n

$$\ell_j(x) = \prod_{\substack{k=0\\k\neq j}}^{n} \frac{x - x_k}{x_j - x_k}, \quad \text{für die dann gilt} \quad \ell_j(x_m) = \begin{cases} 1, & \text{falls } j = m, \\ 0, & \text{falls } j \neq m. \end{cases}$$

Man erkennt sofort, dass das Polynom

$$p_n(x) = \sum_{j=0}^{n} y_j \ell_j(x) \quad \text{die Bedingungen} \quad p_n(x_j) = y_j, \quad j = 0, 1, 2, \ldots, n$$

und $\deg p_n \leq n$ erfüllt. Um die Eindeutigkeit der Lösung unseres Problems zu beweisen, nehmen wir indirekt an, dass eine weitere Lösung q_n mit $\deg q_n \leq n$ und $q_n(x_j) = y_j$ existiert. Die Differenz $p_n - q_n$ ist wiederum ein Polynom höchstens vom Grad n, aber mit $n+1$ Nullstellen x_j, womit $p_n - q_n$ das Nullpolynom sein muss, unsere indirekte Annahme also widerlegt ist. Dieses Erfüllen von Interpolationsbedingungen durch Polynome möglichst kleinen Grades heißt LAGRANGE-Interpolation. Eine simple Anwendung auf die Polynome $p(x) \equiv 1$ und $p(x) = x$ führt auf die für sich interessanten Gleichungen

$$1 = \sum_{j=0}^{n} \prod_{\substack{k=0\\k\neq j}}^{n} \frac{x - x_k}{x_j - x_k} \quad \text{für } n \geq 0 \quad \text{und} \quad x = \sum_{j=0}^{n} x_j \prod_{\substack{k=0\\k\neq j}}^{n} \frac{x - x_k}{x_j - x_k} \quad \text{für } n \geq 1.$$

[5] JOSEPH-LOUIS LAGRANGE (1736–1813)

2. Nachdem wir gesehen haben, dass es zu beliebigen $n+1$ Punkten x_j und Werten y_j genau ein Polynom vom Grad n mit $p(x_j) = y_j$ gibt, fragen wir jetzt, ob es für jedes reelle a genau ein Polynom p vom Grad n gibt mit $p_n^{(j)}(a) = b_j$ für alle $j = 0, 1, \ldots, n$. Analog zu 1. berechnen wir hier für $\varphi_m(x) = (x-a)^m$ und $k \leq m$ die Ableitungen $\varphi_m^{(k)}(x) = m^{\underline{k}}(x-a)^{m-k}$ (vgl. Definition 1.1 auf S. 10) und erhalten

$$\varphi_m^{(k)}(a) = \begin{cases} k!, & \text{falls } k = m, \\ 0, & \text{falls } k \neq m. \end{cases}$$

Wir setzen

$$p_n(x) = \sum_{k=0}^{n} \frac{b_k}{k!}(x-a)^k \quad \text{und es ergibt sich} \quad p_n^{(j)}(a) = b_j. \tag{5.4}$$

Angenommen, es würde ein zweites Polynom q_n existieren mit gleichen Bedingungen an die Ableitungen, aber $(p_n - q_n)(x) = d_m x^m + \ldots$ würde nicht verschwinden und hätte einen Grad $0 \leq m \leq n$. Der Widerspruch ergibt sich aus der Betrachtung von $0 = (p_n - q_n)^{(m)}(a) = d_m m! \neq 0$.
Polynome in der Darstellung (5.4) heißen auch TAYLOR-Polynome.

Aufgabe 151236B

Es seien $P(x)$ ein Polynom mit reellen Koeffizienten und p, q, r, s reelle Zahlen, für die $p \neq q$ gelte. Bei der Division dieses Polynoms duch $(x-p)$ ergebe sich als Rest die Zahl r, bei der Division des gleichen Polynoms durch $(x-q)$ als Rest die Zahl s. Welcher Rest ergibt sich unter diesen Voraussetzungen bei der Division des Polynoms $P(x)$ durch $(x-p)(x-q)$?

Lösungen

1. Lösung. Nach den Voraussetzungen existieren Polynome $p(x)$ und $q(x)$ mit reellen Koeffizienten und

$$P(x) = p(x) \cdot (x-p) + r,$$
$$P(x) = q(x) \cdot (x-q) + s.$$

Multiplikation mit $(x-q)$ bzw. $(x-p)$ liefert

$$P(x) \cdot (x-q) = p(x) \cdot (x-p)(x-q) + r(x-q),$$
$$P(x) \cdot (x-p) = q(x) \cdot (x-p)(x-q) + s(x-p)$$

und durch Subtraktion beider Gleichungen erhält man

$$P(x) \cdot (p-q) = \big(p(x) - q(x)\big)(x-p)(x-q) + (r-s)x + (ps-qr).$$

Da nach Voraussetzung $p - q \neq 0$, folgt weiter

$$P(x) = \frac{p(x)-q(x)}{p-q}(x-p)(x-q) + \frac{r-s}{p-q}x + \frac{ps-qr}{p-q}.$$

Weil $\frac{p(x)-q(x)}{p-q}$ offensichtlich ein Polynom mit reellen Koeffizienten ist, lässt $P(x)$ also bei Division durch $(x-p)(x-q)$ den Rest $\frac{r-s}{p-q}x + \frac{ps-qr}{p-q}$.

2. Lösung. In der Darstellung

$$P(x) = P_1(x)(x-p)(x-q) + ax + b \tag{1}$$

sind die Koeffizienten a und b gesucht, wobei $P(p) = r$ und $P(q) = s$ gegeben sind. Setzt man $x = p$ und $x = q$ in (1) ein, ergibt sich

$$P(p) = r = ap + b,$$
$$P(q) = s = aq + b.$$

Dieses lineare Gleichungssystem kann leicht gelöst werden. Subtraktion der Gleichungen führt zu $a = (r-s)/(p-q)$ und Subtraktion des p-fachen der zweiten Gleichung vom q-fachen der ersten Gleichung führt zu $b = (ps-qr)/(p-q)$. ◇

Aufgabe 161246A

Es sind alle Polynome $f(x) = a_0 + a_1x + \cdots + a_nx^n$ mit reellen Koeffizienten $a_0, a_1, \ldots, a_n$ anzugeben, die die folgende Eigenschaft haben:
Für alle reellen Zahlen x gilt

$$x\,f(x-1) = (x-2)\,f(x).$$

Lösung

Für $x = 2$ folgt $2 \cdot f(1) = 0$, d. h., $x = 1$ ist Nullstelle von $f(x)$. Für $x = 1$ folgt daraus $1 \cdot f(0) = 0$, d. h., $x = 0$ ist Nullstelle von $f(x)$. Somit kann $f(x)$ dargestellt werden als $f(x) = x \cdot (x-1)\,g(x)$, wobei $g(x)$ ebenfalls Polynom ist. Setzt man diesen Ansatz in die Funktionalgleichung ein, so ergibt sich

$$x \cdot (x-1)(x-2)\,g(x-1) = (x-2) \cdot x(x-1)\,g(x).$$

Für alle $x \neq 0, 1, 2$ ist also $g(x-1) = g(x)$. Da jedes Polynom stetig ist, gilt diese Aussage auch für $x = 0, 1, 2$. Dies bedeutet, dass g eine periodische Funktion mit der Periode 1 ist. Für das Polynom $h(x) = g(x) - g(0)$ erhalten wir daher für jedes ganze x_0 die Gleichheit

$$h(x_0) = g(x_0) - g(0) = 0.$$

Da nach dem Fundamentalsatz der Algebra ein Polynom nur dann unendlich viele Nullstellen haben kann, wenn es selbst 0 ist, gilt $h(x) \equiv 0$ und folglich $g(x) = c$ mit einer beliebigen reellen Konstante c.

Damit erhalten wir $f(x) = cx(x-1)$ als notwendige Lösungsdarstellung. Tatsächlich genügen wegen $x \cdot c(x-1)(x-2) = (x-2) \cdot cx(x-1)$ alle derartigen Polynome den Bedingungen der Aufgabe. ◇

Aufgabe 491345

Auf einer Tafel steht das Polynom $x^8 + x^7$. Peter hat es durch eine Folge von Differenziationen nach x und Multiplikationen mit $x+1$ (in unbekannter Reihenfolge) in ein lineares Polynom $ax + b$ mit $a \neq 0$ transformiert. Man beweise, dass dann $a - b$ stets ein Vielfaches von 49 ist.

Lösungen

1. Lösung. Jedes Polynom in der Variablen x kann als Polynom in $y = x + 1$ geschrieben werden. Die Koeffizienten dieses Polynoms erhält man aus der Darstellung

$$\begin{aligned} P(x) &= c_n x^n + c_{n-1}x^{n-1} + \ldots + c_1 x + c_0 \\ &= c_n((x+1)-1)^n + c_{n-1}((x+1)-1)^{n-1} + \ldots + c_1((x+1)-1) + c_0 \\ &= d_n(x+1)^n + d_{n-1}(x+1)^{n-1} + \ldots + d_1(x+1) + d_0 \end{aligned} \qquad (1)$$

mithilfe der binomischen Formeln. Speziell ergibt sich für das gegebene Polynom

$$\begin{aligned} x^8 + x^7 &= (x+1)x^7 = (x+1)\left((x+1)-1\right)^7 \\ &= (x+1)\left((x+1)^7 - 7\,(x+1)^6 + 21\,(x+1)^5 - \ldots + 7\,(x-1) - 1\right) \\ &= (x+1)^8 - 7\,(x+1)^7 + 21\,(x+1)^6 - 35\,(x+1)^5 \\ &\quad + 35\,(x+1)^4 - 21\,(x+1)^3 + 7\,(x+1)^2 - (x+1)^1. \end{aligned}$$

Diese Darstellung erhält man auch sofort aus (5.4). Für ein lineares Polynom Q gilt

$$Q(x) = ax + b = a(x+1) + (b-a).$$

Die Differentiation von $P(x) = d_n(x+1)^n + d_{n-1}(x+1)^{n-1} + \ldots + d_1(x+1) + d_0$ mit $n \geq 1$ ergibt das Polynom

$$P'(x) = n\,d_n\,(x+1)^{n-1} + (n-1)\,d_{n-1}\,(x+1)^{n-2} + \ldots + 2\,d_2\,(x+1) + d_1$$

und die Multiplikation von $P(x)$ mit $(x+1)$ führt zu

$$(x+1)\,P(x) = d_n(x+1)^{n+1} + d_{n-1}(x+1)^n + \ldots + d_1(x+1)^2 + d_0(x+1).$$

Solange der Grad aller transformierten Polynome nicht kleiner als eins ist, muss also das konstante Glied $b-a$ des linearen Polynoms $Q(x)$ aus dem Koeffizienten $d_7 = 7$ des Ausgangspolynoms durch Multiplikation mit ganzen Zahlen hervorgegangen sein. Wenigstens einer dieser Faktoren muss dabei gleich sieben sein, weil während der Transformationen wenigstens einmal ein Polynom vom Grad 8 differenziert werden muss. Folglich ist $b-a$ unter dieser Voraussetzung durch 49 teilbar.

Ist eines der transformierten Polynome konstant, so sind alle folgenden Polynome von der Form $d(x+1)^m$. Weil dies insbesondere für das letzte Polynom $Q(x) = ax+b$ mit $a \neq 0$ gelten muss, folgt für dieses $m = 1$ und weiter $d = a = b$, also $b - a = 0$. Folglich ist auch in diesem Fall $b-a$ durch 49 teilbar.

2. Lösung. Man ordnet jedem Polynom P eine Zahl $d(P)$ zu, indem man für ein Polynom

$$P(x) = c_n x^n + c_{n-1}x^{n-1} + \ldots + c_1 x + c_0$$

mit $c_n \neq 0$ und $n \geq 1$ den Wert $d(P) = nc_n - c_{n-1}$ setzt und für ein konstantes Polynom einschließlich des Nullpolynoms $d(P) = 0$ definiert.

Ist $Q(x) = (x+1)P(x)$, so gilt

$$Q(x) = c_n x^{n+1} + (c_n + c_{n-1})\,x^n + \ldots + (c_1 + c_0)x + c_0,$$

also ist $d(Q) = (n+1)c_n - (c_n + c_{n-1}) = nc_n - c_{n-1} = d(P)$. Für $R(x) = P'(x)$ ist für $n \geq 1$

$$R(x) = nc_n x^{n-1} + (n-1)c_{n-1}\,x^{n-2} + \ldots + 2\,c_2 x + c_1,$$

also $d(R) = (n-1)nc_n - (n-1)c_{n-1} = (n-1)(nc_n - c_{n-1}) = (n-1)\,d(P)$. Für konstante Polynome $P(x) = c_0$ gelten diese Beziehungen ebenfalls, denn dann ist $Q(x) = c_0 x + c_0$ und $d(Q) = c_0 - c_0 = 0 = d(P) = -d(R)$.

Für das Ausgangspolynom $P_0(x) = x^8 + x^7$ ist $d_0 = d(P_0) = 8 \cdot 1 - 1 = 7$. Bezeichnet P_k das Polynom, das durch Anwendung der k-ten Transformation entstanden ist, so gilt $d(P_k) = d(P_{k-1})$, wenn die k-te Transformation eine Multiplikation mit $x+1$ ist. Ist die k-te Transformation eine Differentiation, so ist $d(P_k) = (g-1) \cdot d(P_{k-1})$, wobei g der Grad des Polynoms P_{k-1} ist.

Für das letzte Polynom $P_n(x) = ax + b$ mit $a \neq 0$ ist also

$$d_n = d(P_n) = d_0\,(g_1 - 1)\,(g_2 - 1) \cdot \ldots \cdot (g_m - 1),$$

wobei g_j den Grad des Polynoms bezeichnet, das vor Anwendung der j-ten Differentiation an der Tafel stand. Weil wenigstens einmal ein Polynom vom Grad 8 differenziert werden musste, ist mindestens eine der Zahlen $g_j - 1$ gleich 7. Wegen $d_0 = 7$ ist dann $d_n = a - b$ sogar durch 49 teilbar.

Bemerkung. Lässt man in der Aufgabenstellung $a = 0$ zu, so ist die Aussage im Allgemeinen falsch. Beispielsweise ergibt achtmalige Differentiation des Ausgangspolynoms $x^8 + x^7$ das Polynom $ax + b$ mit $a = 0$ und $b = 8!$, für das $b - a$ nicht durch 49 teilbar ist. Eine vollständige Lösung muss also direkt oder indirekt diesen Fall ausschließen. ◇

Aufgabe 451345

Eine von Null verschiedene reelle Zahl x erfülle die Gleichung $ax^2 + bx + c = 0$, wobei a, b und c ganze Zahlen mit $|a| + |b| + |c| > 1$ seien. Man zeige, dass dann

$$|x| \geq \frac{1}{|a| + |b| + |c| - 1}$$

gilt.

Lösung

Wir führen eine Fallunterscheidung für a und c durch:

Fall 1. Es sei $a = 0$, dann ist laut Voraussetzung $bx + c = 0$ mit $|x| > 0$ und $|b| + |c| > 1$. Dies ergibt $|b| \geq 1$ und $|c| \geq 1$. Es folgt

$$|x| = \frac{|c|}{|b|} \geq \frac{1}{|b|} \geq \frac{1}{|b| + |c| - 1} = \frac{1}{|a| + |b| + |c| - 1}.$$

Fall 2. Es seien $a \neq 0$ und $c = 0$. Aus $x \neq 0$ folgt $ax + b = 0$ und damit $b \neq 0$, also ist $|b| \geq 1$. Daraus erhält man analog

$$|x| = \frac{|b|}{|a|} \geq \frac{1}{|a|} \geq \frac{1}{|a| + |b| - 1} = \frac{1}{|a| + |b| + |c| - 1}.$$

Fall 3. Es sei $ac \neq 0$. Für die Lösungen x_1 und x_2 der vorgelegten quadratischen Gleichung folgt dann

$$|2ax_{1,2}| = \left| -b \pm \sqrt{b^2 - 4ac}\right| \leq |b| + \sqrt{b^2 - 4ac} \leq |b| + \sqrt{b^2 + 4|ac|}. \qquad (1)$$

Nach dem VIETA'schen Wurzelsatz gilt $ax_1x_2 = c$, also folgt wegen $|c| \geq 1$ aus (1) die Abschätzung

$$\begin{aligned} |x_{1,2}| &= \frac{|c|}{|ax_{2,1}|} \\ &\geq \frac{2|c|}{|b| + \sqrt{b^2 + 4|ac|}} = \frac{2}{|b|/|c| + \sqrt{b^2/c^2 + 4|a|/|c|}} \geq \frac{2}{|b| + \sqrt{b^2 + 4|a|}}. \end{aligned}$$

Nun ist $|a| + |b| \geq 1$, also $4\,|a| \leq 4\,|ab| + 4\,a^2$, und somit kann die obige Ungleichungskette fortgesetzt werden mit

$$|x_{1,2}| \geq \frac{2}{|b| + \sqrt{b^2 + 4|a|}} \geq \frac{2}{|b| + \sqrt{(|b| + 2|a|)^2}} = \frac{1}{|a| + |b|} \geq \frac{1}{|a| + |b| + |c| - 1}.$$

Damit ist die Behauptung bewiesen. 

Aufgabe 211244

Es sei

$$f(x) = a_0 + a_1 x + a_2 x^2 + \cdots + a_n x^n$$

ein Polynom mit reellen Koeffizienten $a_0, a_1, \ldots, a_n$, wobei $n \geq 1$ und $a_n \neq 0$ gelte. Man setze

$$r = \frac{|a_0| + |a_1| + \cdots + |a_{n-1}|}{|a_n|}$$

und beweise:

(a) Ist $r \geq 1$, so liegt jede reelle Nullstelle von $f(x)$ (falls eine solche existiert) im Intervall $-r \leq x \leq r$.

(b) Ist $r \leq 1$, so liegt jede reelle Nullstelle von $f(x)$ (falls eine solche existiert) im Intervall $-1 \leq x \leq 1$.

Lösung

Es sei x_0 eine reelle Nullstelle von $f(x)$ mit $|x_0| > 1$. Dann gilt

$$|a_n|\,|x_0|^n = \left|-\left(a_0 + a_1 x_0 + \cdots + a_{n-1} x_0^{n-1}\right)\right|$$

und mit der Dreiecksungleichung folgt wegen $|x_0| > 1$ weiter

$$\begin{aligned} |a_n|\,|x_0|^n &\leq |a_0| + |a_1|\,|x_0| + \cdots + |a_{n-1}|\,|x_0|^{n-1} \\ &\leq \left(|a_0| + |a_1| + \cdots + |a_{n-1}|\right)|x_0|^{n-1}. \end{aligned}$$

Also gilt wegen $|a_n| \neq 0$ und wiederum wegen $|x_0| > 1$, dass

$$|x_0| \leq \frac{1}{|a_n|}\left(|a_0| + |a_1| + \cdots + |a_{n-1}|\right) = r. \tag{1}$$

Wir verwenden (1) nun zum Beweis beider Behauptungen: **(a)** Ist x_0 eine reelle Nullstelle mit $|x_0| \leq 1$, so ist wegen $r \geq 1$ auch $|x_0| \leq r$; ist dagegen $|x_0| > 1$, so folgt aus (1) ebenfalls $|x_0| \leq r$. Also liegt jede vorhandene Nullstelle im Intervall $-r \leq x_0 \leq r$.

(b) Angenommen, es gäbe eine reelle Nullstelle x_0 mit $|x_0| > 1$. Dann folgt mit (1) $r \geq |x_0| > 1$ im Widerspruch zur Voraussetzung $r \leq 1$. Also liegt jede Nullstelle im Intervall $-1 \leq x_0 \leq 1$.

Bemerkung. Die Überlegungen in der Lösung gelten uneingeschränkt auch für die nichtreellen Nullstellen. Die Restriktion der Aufgabenstellung auf reelle Nullstellen lässt allerdings die Bearbeitung mit Schulwissen zu. Eine äquivalente Formulierung für beliebige komplexe Nullstellen x_0 lautet

$$|x_0| \leq \max\left\{1, \sum_{k=0}^{n-1}\left|\frac{a_k}{a_n}\right|\right\}$$

und geht auf LAGRANGE zurück. Im Vergleich dazu ist eine auf CAUCHY zurückgehende Schranke

$$|x_0| \leq 1 + \max\left\{\left|\frac{a_0}{a_n}\right|, \left|\frac{a_1}{a_n}\right|, \ldots, \left|\frac{a_{n-1}}{a_n}\right|\right\}$$

in vielen Fällen schärfer. 

Aufgabe 091243

Es ist zu beweisen, dass für jedes ganzzahlige $n \geq 1$ die Funktion

$$f(x) = 1 + x + \frac{x^2}{2!} + \cdots + \frac{x^n}{n!}$$

höchstens eine reelle Nullstelle haben kann.

Lösung

Wir betrachten die stetige Funktion $g(x) = \mathrm{e}^{-x} f(x)$, die genau dieselben Nullstellen wie $f(x)$ hat (vgl. Abb. L091243). Es gilt

$$g'(x) = -\mathrm{e}^{-x}(f(x) - f'(x)) = -\mathrm{e}^{-x}\,\frac{x^n}{n!}. \tag{1}$$

Offensichtlich besitzt $f(x)$ keine Nullstellen für $x \geq 0$, da hier sogar $f(x) \geq 1$ gilt. Angenommen, $x_1 \leq x_2 < 0$ wären Nullstellen von $f(x)$ und damit auch von $g(x)$. Nach dem Satz von ROLLE existiert ein x_0 mit $x_1 \leq x_0 \leq x_2 < 0$ und $g'(x_0) = 0$, d. h. $x_0 = 0$ nach (1). Das widerspricht unmittelbar $x_0 < 0$, also ist die Annahme falsch und $f(x)$ kann höchstens eine reelle Nullstelle haben.

Bemerkung 1. Ist n ungerade, so besitzt $f(x)$ – wie jedes Polynom ungeraden Grades – eine, und damit auch nur genau eine reelle Nullstelle. Ist n gerade, so besitzt $f(x)$ überhaupt keine reelle Nullstelle, denn hätte $f(x)$ die Nullstelle x_1, so wäre $f(x)/(x-x_1)$ ein Polynom ungeraden Grades und hätte nach obiger Bemerkung mindestens eine reelle Nullstelle, d. h., $f(x)$ hätte mindestens zwei reelle Nullstellen. Diese Überlegungen führen zu einer eigenständigen Lösung für negative x, wenn man das Monotonieverhalten der Funktion g anhand der Ableitung g' in (1) untersucht: Wegen $g'(x) < 0$ für n gerade ist g streng monoton fallend und demnach kann g gar keine Nullstellen haben. Für ungerades n und $x < 0$ ist $g'(x) > 0$ und demnach g streng monoton wachsend mit genau einer Nullstelle.

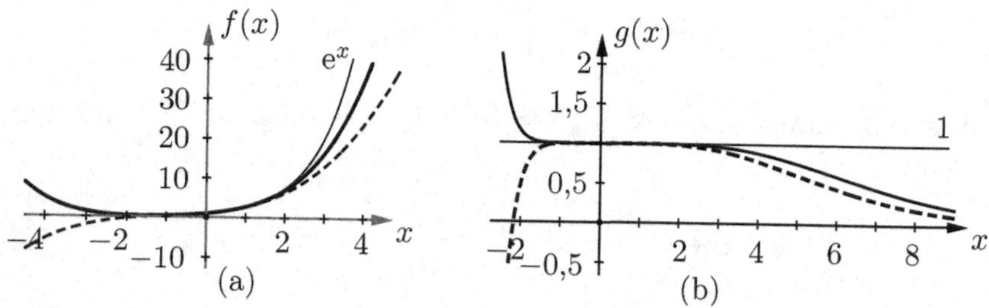

Abb. L091243: Vergleich des Verhaltens von f und g für gerades und ungerades n: In (a) für $n = 3, 4$ und in (b) für $n = 5, 6$.

Bemerkung 2. Das hier betrachtete Polynom $f = f_n$ ist die n-te Partialsumme, oder anders ausgedrückt, das n-te TAYLOR-Polynom der Potenzreihe der Exponentialfunktion

$$\mathrm{e}^x = \sum_{k=0}^{\infty} \frac{x^k}{k!}.$$

Dies motiviert die Einführung der Folge von Funktionen $g(x) = g_n(x)$, die für $n \to \infty$ punktweise für jedes x gegen 1 konvergiert. Dies steht nicht im Widerspruch dazu, dass jedes g_{2n+1} eine reelle Nullstelle hat, führt dann aber in der Theorie der Funktionenfolgen zur Einführung des Begriffs der *gleichmäßigen Konvergenz.* ◇

Aufgabe 081246

Es seien n eine positive ganze Zahl, h eine reelle Zahl und $f(x)$ ein Polynom mit reellen Koeffizienten vom Grade n, das keine reellen Nullstellen besitzt.
Man beweise, dass dann auch das Polynom

$$F(x) = f(x) + h \cdot f'(x) + h^2 \cdot f''(x) + \cdots + h^n f^{(n)}(x)$$

keine reellen Nullstellen hat!

Lösungen

1. Lösung. Jedes Polynom ungeraden Grades hat nach dem Zwischenwertsatz mindestens eine reelle Nullstelle, da es für $x \to \infty$ und $x \to -\infty$ verschiedene Vorzeichen besitzt. Also ist n gerade.

Das Polynom $F(x)$ ist ebenfalls vom Grad n. Angenommen, es besäße eine reelle Nullstelle x_0. Dann wäre $F(x)/(x-x_0)$ ein Polynom vom Grad $n-1$, das nach obiger Bemerkung wenigstens eine reelle Nullstelle x_1 hätte. Wäre $x_0 = x_1$ mindestens doppelte Nullstelle, so verschwände dort auch die Ableitung von F, also gälte $F(x_0) = F'(x_0) = 0$. Es ist aber

$$F'(x) = f'(x) + hf''(x) + \cdots + h^{n-1}f^{(n)}(x) + h^n f^{(n+1)}(x)$$

mit $f^{(n+1)}(x) \equiv 0$, d. h. $f(x) = F(x) - h \cdot F'(x)$ und somit $f(x_0) = 0$ im Widerspruch zur Voraussetzung.

Besitzt $F(x)$ keine mehrfachen Nullstellen, so wählen wir o. B. d. A. $x_0 < x_1$ als benachbarte einfache Nullstellen von $F(x)$.

Dann ist $F(x) = (x - x_0)(x - x_1)k(x)$, wobei $k(x)$ für $x_0 \le x \le x_1$ sein Vorzeichen nicht wechselt und nicht Null ist. Weiter erhält man

$$F'(x) = (x - x_0 + x - x_1)\,k(x) + (x - x_0)(x - x_1)\,k'(x),$$

also

$$F'(x_0) = (x_0 - x_1)\,k(x_0) \quad \text{und} \quad F'(x_1) = (x_1 - x_0)\,k(x_1).$$

Daher besitzen $F'(x_0)$ und $F'(x_1)$ unterschiedliche Vorzeichen und dasselbe gilt für

$$\begin{aligned} f(x_0) &= F(x_0) - h \cdot F'(x_0) = -h\,F'(x_0) \\ \text{und} \qquad f(x_1) &= F(x_1) - h \cdot F'(x_1) = -h\,F'(x_1). \end{aligned}$$

Aus der Stetigkeit von $f(x)$ folgt nach dem Zwischenwertsatz die Existenz einer reellen Zahl x_2 mit $x_0 < x_2 < x_1$ und $f(x_2) = 0$. Dies widerspricht der Voraussetzung und die Annahme, $F(x)$ hätte eine reelle Nullstelle, ist widerlegt.

2. Lösung. Der Fall $h = 0$ ist trivial. Für $h \neq 0$ betrachten wir die stetige Funktion

$$g(x) = \mathrm{e}^{-\frac{1}{h}x} \cdot F(x) \tag{1}$$

und ihre Ableitung

$$g'(x) = -\frac{1}{h}\mathrm{e}^{-\frac{1}{h}x}\,(F(x) - h\,F'(x)) = -\frac{1}{h}\mathrm{e}^{-\frac{1}{h}x} f(x), \tag{2}$$

die offenbar dieselben Nullstellen wie $f(x)$ hat. Wie in der 1. Lösung nehmen wir an, dass F eine reelle Nullstelle x_0 besäße und damit eine weitere Nullstelle x_1, ggf. als doppelte Nullstelle $x_0 = x_1$, existieren würde. Wegen (1) gilt $g(x_0) = g(x_1) = 0$. Im Fall der doppelten Nullstelle folgt direkt $g'(x_0) = 0$. Für $x_0 \neq x_1$ gibt es nach dem Satz von ROLLE ein x_2 zwischen x_0 und x_1 mit $g'(x_2) = 0$. In beiden Fällen erhält man aus (2) eine reelle Nullstelle von f und damit einen Widerspruch zur Annahme.

Bemerkung. Wenn f keine reellen Nullstellen besitzt, wechselt g' wegen (2) nicht das Vorzeichen und damit ist g streng monoton. Mit (1) gibt es also höchstens eine reelle Zahl x_0 mit $F(x_0) = 0$. Angenommen, x_0 wäre mehrfache Nullstelle von F, dann wäre auch $g'(x_0) = 0$ im Widerspruch zu (2). ◇

Aufgabe 131246B

(a) Man beweise folgende Behauptung: Es gibt kein Polynom[6] f, bei dem für jedes x die beiden Ungleichungen

$$f(x) > f''(x), \tag{1}$$
$$f'(x) > f''(x) \tag{2}$$

gelten.

(b) Entsteht eine richtige Behauptung, wenn man in der bei (a) gemachten Behauptung die Ungleichung (2) durch

$$f(x) > f'(x) \tag{3}$$

ersetzt?

Lösung

Es sei $f(x)$ ein beliebiges Polynom vom Grad $n \geq 2$. Dann sind nach den bekannten Differentiationsregeln$f'(x)$ bzw. $f''(x)$ Polynome vom Grad $n-1$ bzw. $n-2$. Ist n ungerade, so ist folglich $f(x) - f''(x)$ ein Polynom ungeraden Grades, andernfalls trifft das für $f'(x) - f''(x)$ zu. Bekanntlich hat aber jedes Polynom ungeraden Grades mindestens eine reelle Nullstelle, d. h., für ungerades n findet man ein x mit $f(x) = f''(x)$, für gerades n eines mit $f'(x) = f''(x)$. In jedem Falle widerspricht dies (1) oder (2).

Bei $n = 1$ ist $f''(x) \equiv 0$. Da jede nichtkonstante lineare Funktion eine reelle Nullstelle hat, widerspricht auch das (1). Für $n = 0$ bzw. $f(x) \equiv 0$ schließlich gilt (2) für kein reelles x. Damit ist (a) bewiesen.

Im Spezialfall $f(x) \equiv C > 0$ ist $f'(x) \equiv f''(x) \equiv 0$ und somit gelten (1) und (3) stets. In (b) entsteht also keine wahre Aussage. ◇

[6] Im Original stand 1974, dem damaligen Lehrplan entsprechend, statt Polynom *ganzrationale Funktion.*

Aufgabe 341346B

Zwei Personen P und Q spielen das folgende Spiel:
In der Gleichung $x^3 + ax^2 + bx + c = 0$ belegt zunächst P, danach Q und schließlich wieder P je einen noch nicht belegten der drei Koeffizienten a, b, c mit einer reellen Zahl. Das Spiel ist genau dann für P gewonnen, wenn die so entstandene Gleichung drei paarweise verschiedene reelle Lösungen hat.
Man untersuche, ob P bei jeder Spielweise von Q den Gewinn erzwingen kann.

Lösung

Der Spieler P kann den Gewinn erzwingen. Zum Beweis genügt es, ein Beispiel einer Strategie anzugeben, die P in jedem Fall befolgen kann, und nachzuweisen, dass P durch Befolgen dieser Strategie bei jeder Spielweise von Q gewinnt. Ein solches Beispiel ist:
Regel A. Spieler P wählt im ersten Zug $c = 1$.

Regel B 1. Wählt Q dann einen Wert für a, so wählt P in seinem zweiten Zug die Zahl $b = -a - 3$.

Regel B 2. Wählt Q aber einen Wert für b, so wählt P in seinem zweiten Zug die Zahl $a = -b - 3$.

Wir beweisen jetzt, dass die Gleichung $x^3 + ax^2 + bx + c = 0$ hierbei drei paarweise verschiedene reelle Lösungen hat: Für die durch

$$f(x) = x^3 + ax^2 + bx + c$$

definierte Funktion f gilt: Wegen

$$\lim_{x\to\infty} f(x) = \infty \qquad \text{und} \qquad \lim_{x\to-\infty} f(x) = -\infty$$

gibt es eine reelle Zahl $k > 1$ mit

$$f(k) > 0, \qquad f(-k) < 0. \tag{1}$$

Nach der Wahl von c ist ferner

$$f(0) = 1 \tag{2}$$

und $f(1) = a + b + 2$, so dass nach der abschließend erfolgten Wahl von a und b wegen $a + b = -3$ auch stets

$$f(1) = -1 \tag{3}$$

gilt. Aus (1), (2), (3) folgt nach dem Zwischenwertsatz, dass die Funktion f je eine Nullstelle zwischen $-k$ und 0, zwischen 0 und 1 sowie zwischen 1 und k hat. ◇

Aufgabe 351346A

Man beweise folgende Aussage:
Wenn ein Polynom $p(x) = x^3 + Ax^2 + Bx + C$ drei reelle positive Nullstellen hat, von denen mindestens zwei voneinander verschieden sind, so gilt:

$$A^2 + B^2 + 18C > 0.$$

Lösung

Die drei Nullstellen seien mit u, v und w bezeichnet. Dann gilt

$$\begin{aligned} x^3 + Ax^2 + Bx + C &= (x-u)(x-v)(x-w) \\ &= x^3 - (u+v+w)x^2 + (uv+uw+vw)x - uvw. \end{aligned}$$

Der Wurzelsatz von VIETA liefert hier

$$A = -(u+v+w), \qquad B = uv + uw + vw \quad \text{und} \quad C = -uvw. \tag{1}$$

Damit ergibt sich

$$\begin{aligned} A^2 + B^2 + 18\,C &= (u+v+w)^2 + (uv+uw+vw)^2 - 18\,uvw \\ &\geq 2\,(u+v+w)\,(uv+uw+vw) - 18\,uvw \\ &= 2\left(u(v^2+w^2) + v(u^2+w^2) + w(u^2+v^2) - 6\,uvw\right) \\ &= 2\left(u(v-w)^2 + v(u-w)^2 + w(u-v)^2\right) > 0, \end{aligned}$$

da u, v und w positiv und wenigstens zwei der drei Zahlen voneinander verschieden sind. Die erste Abschätzung in dieser Ungleichungskette folgt aus $(r-s)^2 \geq 0$, also

$$r^2 + s^2 \geq 2rs,$$

mit $r = u+v+w$ und $s = uv+uw+vw$.

Bemerkung. Mit $z = \sqrt[3]{uvw}$ folgt aus der Ungleichung zwischen dem arithmetischen und geometrischen Mittel (4.4) für drei bzw. (4.1) für zwei positive Zahlen aus (1) zunächst $-A \geq 3z$ sowie $B \geq 3z^2$ und dann

$$A^2 + B^2 \geq 2(-A)B \geq 18z^3 = -18C.$$

Gleichheit kann dabei nur im Falle $u = v = w$ und $-A = B$ gelten. Das ist genau dann der Fall, wenn $u = v = w = 1$ gilt. Dieser Fall ist in der Aufgabenstellung ausgeschlossen. Daher ist die Behauptung gezeigt. ◊

Aufgabe 461346

Für zwei gegebene reelle Zahlen a und b habe die Gleichung

$$x^4 - ax^3 + 6x^2 - bx + 1 = 0 \tag{1}$$

vier (nicht notwendig voneinander verschiedene) reelle Lösungen. Man beweise, dass dann

$$a^2 + b^2 \geq 32 \tag{2}$$

gilt.

Lösungen

1. Lösung. Es seien x_1, x_2, x_3, x_4 die reellen Lösungen von (1). Dann gilt nach dem Wurzelsatz des VIETA

$$a = x_1 + x_2 + x_3 + x_4, \tag{3}$$
$$6 = x_1x_2 + x_1x_3 + x_1x_4 + x_2x_3 + x_2x_4 + x_3x_4, \tag{4}$$
$$b = x_1x_2x_3 + x_1x_2x_4 + x_1x_3x_4 + x_2x_3x_4, \tag{5}$$
$$1 = x_1x_2x_3x_4. \tag{6}$$

Aus (6) folgt $x_i \neq 0$ für $i = 1, 2, 3, 4$. Dividiert man (5) durch (6), so entsteht

$$b = \frac{1}{x_1} + \frac{1}{x_2} + \frac{1}{x_3} + \frac{1}{x_4}.$$

Damit ist

$$\begin{aligned} a^2 + b^2 &= (x_1 + x_2 + x_3 + x_4)^2 + \left(\frac{1}{x_1} + \frac{1}{x_2} + \frac{1}{x_3} + \frac{1}{x_4}\right)^2 \\ &= \sum_{i=1}^{4} x_i^2 + 2 \cdot \sum_{1 \leq i < j \leq 4} x_ix_j + \sum_{i=1}^{4} \frac{1}{x_i^2} + 2 \cdot \sum_{1 \leq i < j \leq 4} \frac{1}{x_ix_j} \\ &= \sum_{i=1}^{4} \left(x_i^2 + \frac{1}{x_i^2}\right) + 2 \cdot 6 + 2 \cdot \sum_{1 \leq i < j \leq 4} \frac{x_1x_2x_3x_4}{x_ix_j}. \end{aligned}$$

Aus (6) und (4) folgt

$$2 \cdot \sum_{1 \leq i < j \leq 4} \frac{x_1x_2x_3x_4}{x_ix_j} = 2 \cdot \sum_{1 \leq i < j \leq 4} x_ix_j = 12$$

und mit $(x_i^2 - 1)^2 \geq 0$ (oder der Ungleichung (AGM, 4.1) ergibt sich außerdem

$$\sum_{i=1}^{4} \left(x_i^2 + \frac{1}{x_i^2}\right) \geq \sum_{i=1}^{4} 2 = 8.$$

Zusammengefasst erhält man die Behauptung

$$a^2 + b^2 \geq 32\,.$$

Dabei gilt Gleichheit genau dann, wenn $x_1 = x_2 = x_3 = x_4 = 1$ oder $x_1 = x_2 = x_3 = x_4 = -1$, also $a = b = 4$ ist. Dies folgt aus

$$\left(x_i - \frac{1}{x_i}\right)^2 = 0$$

und dem Ausschluss der Fälle mit verschiedenen Vorzeichen durch Anwendung von (4).

2. Lösung. Wir nummerieren die vier Nullstellen in (3)-(6) so, dass $x_1 \geq x_2 \geq x_3 \geq x_4$ und unterscheiden zwei Fälle:

Fall 1. Es sei $0 < x_1$ *oder* $x_4 > 0$. Dann haben alle Nullstellen das gleiche Vorzeichen. Die sechs Zahlen x_1x_2, x_1x_3, x_1x_4, x_2x_3, x_2x_4 und x_3x_4 sind dann positiv, haben nach (4) das arithmetische Mittel 1 und nach (6) das geometrische Mittel 1. Aus der Gleichheit der Mittel (vgl. Lemma 4.16) folgt $x_ix_k = 1$, woraus wir über $x_1 = x_2 = x_3 = x_4 = \pm 1$ auf $a = b = \pm 4$ und damit $a^2 + b^2 = 32$ schließen.

Fall 2. Es sei $x_1x_4 \leq 0$. Wegen (4) gilt $x_1x_2x_3x_4 > 0$ und es folgt $x_1 \geq x_2 > 0 > x_3 \geq x_4$. Die quadratischen Polynome

$$\begin{aligned} x^2 - p_1x + q_1 &= (x - x_1)(x - x_2), \\ x^2 + p_2x + q_2 &= (x - x_3)(x - x_4) \end{aligned}$$

haben dann je zwei reelle Nullstellen und es folgt

$$p_1 > 0, \qquad p_1^2 \geq 4q_1 > 0, \tag{7}$$

$$p_2 > 0, \qquad p_2^2 \geq 4q_2 > 0. \tag{8}$$

Für unser Gesamtpolynom

$$\begin{aligned} x^4 - ax^3 + 6x^2 - bx + 1 &= (x - x_1)(x - x_2)(x - x_3)(x - x_4) \\ &= (x^2 - p_1x + q_1)(x^2 + p_2x + q_2) \end{aligned}$$

ergibt der Koeffizientenvergleich

$$\begin{aligned} a &= p_1 - p_2, & 6 &= q_1 + q_2 - p_1p_2, \\ b &= p_1q_2 - p_2q_1 \qquad \text{und} & 1 &= q_1q_2. \end{aligned}$$

Wenden wir diese Beziehungen und die Abschätzungen (7) und (8) an, erhalten wir das gewünschte Ergebnis

$$\begin{aligned}a^2 &= p_1^2 + p_2^2 - 2p_1p_2 \geq 4q_1 + 4q_2 - 2p_1p_2 = 2(q_1+q_2)+12,\\ b^2 &= p_1^2q_2^2 + p_2^2q_1^2 - 2p_1p_2q_1q_2\\ &\geq q_1q_2\big(4q_2+4q_1-2p_1p_2\big) = 2(q_1+q_2)+12,\\ a^2+b^2 &\geq 24+4(q_1+q_2) = 24+8\frac{q_1+q_2}{2} \geq 24+8\sqrt{q_1q_2} = 32.\end{aligned} \tag{9}$$

3. Lösung. Nachdem das Polynom $P(x) = x^4 - ax^3 + 6x^2 - bx + 1$ an der Stelle $x = 0$ einen positiven Wert annimmt, muss die Anzahl seiner positiven Nullstellen nach dem Zwischenwertsatz gerade sein: Je nach dieser Anzahl unterscheiden wir drei Fälle.

Fall 1. Alle vier Nullstellen des Polynoms sind positiv.
Da das Produkt aller Nullstellen nach dem Wurzelsatz des VIETA 1 beträgt, muss es sowohl Lösungen geben, die 1 nicht unterschreiten, als auch solche, die 1 nicht übersteigen. Wir können eine Nullstelle z also so wählen, dass $(a-b)(z-z^3) \geq 0$. Durch Ausmultiplizieren überprüft man leicht die Beziehung

$$\begin{aligned}\frac{a^2+b^2-32}{4}z^2 &= \Big(z^2 - \frac{az}{2} + 1\Big)^2 + \Big(z^2 - \frac{bz}{2} + 1\Big)^2\\ &\quad + (a-b)(z-z^3) - 2(z^4 - az^3 + 6z^2 - bz + 1),\end{aligned}$$

aus der unmittelbar $a^2 + b^2 \geq 32$ folgt.

Fall 2. Zwei der vier Nullstellen des Polynoms sind positiv, die beiden anderen negativ.
Da es insbesondere eine positive und eine negative Lösung unserer Gleichung gibt, können wir eine Lösung z so wählen, dass $(a+b)z \leq 0$. Sodann zeigt

$$0 \leq \Big(z^2 - \frac{az}{2} - 1\Big)^2 - (a+b)z = \frac{a^2-32}{4}z^2 + (z^4 - az^3 + 6z^2 - bz + 1)$$

sofort, dass $a^2 + b^2 \geq a^2 \geq 32$ ist.

Fall 3. Alle vier Nullstellen des Polynoms sind negativ.
Mittels der Substitution $y = -x$ geht das Polynom über in $y^4 + ay^3 + 6y^2 + by + 1$, das also in den bereits diskutierten ersten Fall gehört. Also gilt $a^2 + b^2 = (-a)^2 + (-b)^2 \geq 32$.

4. Lösung. In einfacher Weise folgt aus dem Satz von ROLLE:
Die Ableitung einer (stetig differenzierbaren) Funktion $f : \mathbb{R} \to \mathbb{R}$ mit n paarweise verschiedenen reellen Nullstellen besitzt selbst mindestens $n-1$ reelle Nullstellen. Der interessierte Leser vergleiche dazu auch die Diskussion in der ersten Lösung zur Aufgabe 091246
Hieraus wiederum schließt man: *Besitzt ein Polynom n-ten Grades ($n \geq 1$) genau n reelle Nullstellen, so gibt es $n-1$ reelle Nullstellen seiner Ableitung (jeweils entsprechend ihrer Vielfachheiten gezählt).*

Es habe nunmehr die Gleichung

$$x^4 - ax^3 + 6x^2 - bx + 1 = 0$$

vier reelle Lösungen. Indem wir den angeführten Satz zweimal zur Anwendung bringen, sehen wir, dass es zwei reelle Lösungen der quadratischen Gleichung

$$6(2x^2 - ax + 2) = 0$$

geben muss; auf übliche Weise wird hieraus $a^2 \geq 16$ gefolgert. Wieder durch die Substitution $x = \frac{1}{y}$ geht die Ausgangsgleichung über in

$$y^4 - by^3 + 6y^2 - ay + 1 = 0;$$

eine Gleichung, die also ebenfalls vier reelle Nullstellen besitzt. Da sie außerdem die gleiche Struktur wie die gegebene Gleichung aufweist, können wir das gerade vorgeführte Argument erneut anwenden und erhalten diesmal $b^2 \geq 16$. Insgesamt ist also $a^2 + b^2 \geq 16 + 16 = 32$.

Bemerkung 1. Unter der schwächeren Voraussetzung der Existenz nur einer reellen Nullstelle gilt die Behauptung der Aufgabe nicht mehr. Dies zeigt etwa das Beispiel

$$P(x) = x^4 - 5x^3 + 6x^2 - 2x + 1.$$

Da nämlich $P(0) = 1 > 0 > -5 = P(3)$ ist, besitzt P nach dem Zwischenwertsatz eine reelle Nullstelle, aber dennoch gilt $5^2 + 2^2 = 29 < 32$. Da P reelle Koeffizienten hat, besitzt P demnach genau zwei reelle Nullstellen.

Bemerkung 2. Eine genauere Analyse dieser Sachverhalte führt zu folgender Aussage: *Wenn es mindestens eine reelle Lösung der Gleichung $x^4 - ax^3 + 6x^2 - bx + 1 = 0$ gibt, so wird $a^2 + b^2 \geq 24$ sein.* Man sieht dies leicht ein, wenn man für diese Nullstelle x die Ausgangsgleichung mit einer nichtnegativen linken Seite schreibt als

$$\left(x^2 - \frac{ax}{2}\right)^2 + \left(\frac{bx}{2} - 1\right)^2 = \frac{a^2 + b^2 - 24}{4}x^2.$$

Umgekehrt ist die untere Schranke 24 scharf, wie das Beispiel

$$x^4 - (\sqrt{8} + 2)x^3 + 6x^2 - (\sqrt{8} - 2)x + 1 = (x - 1 - \sqrt{2})^2(x^2 + 3 - \sqrt{8})$$

zeigt; hier ist $x = 1 + \sqrt{2}$ eine doppelte reelle Nullstelle und

$$(\sqrt{8} + 2)^2 + (\sqrt{8} - 2)^2 = 24.$$

Neben der hier vorgestellten Aufgabe 461346 wurde auf der Bundesrunde 2007 in Karlsruhe mit der Aufgabe 461146 genau so ein Problem gestellt:

Falls $x^4 - ax^3 + 2x^2 - bx + 1 = 0$ mindestens eine reelle Nullstelle hat, beweise man $a^2 + b^2 \geq 8$.

Bemerkung 3. Arbeitet man im zweiten Fall der dritten Lösung mit der Umformung

$$0 \leq \left(z^2 + \frac{bz}{2} - 1\right)^2 - (a+b)z^3 = \frac{b^2 - 32}{4} z^2 + (z^4 - az^3 + 6z^2 - bz + 1),$$

so folgt $b^2 \geq 32$. In diesem speziellen Fall gilt also insbesondere die schärfere Ungleichung $a^2 + b^2 \geq 32 + 32 = 64$. Diese lässt keine weitere Verbesserung zu, wie etwa das Beispiel $x^4 - 4\sqrt{2}x^3 + 6x^2 + 4\sqrt{2}x + 1 = 0$ mit den jeweils doppelten Nullstellen $x = \sqrt{2} \pm \sqrt{3}$ zeigt.

Bemerkung 4. Eine weitere Betrachtung der drei Fälle der dritten Lösung führt also auf folgende Aussage: Sind genau zwei der Nullstellen positiv, gilt sogar $a^2 + b^2 \geq 64$. Haben dagegen alle vier reellen Nullstellen das gleiche Vorzeichen, folgt aus (4) und (6), dass

$$6 = \left(x_1x_2 + \frac{1}{x_1x_2}\right) + \left(x_1x_3 + \frac{1}{x_1x_3}\right) + \left(x_1x_4 + \frac{1}{x_1x_4}\right)$$

ist. Da für positive y immer $y + 1/y \geq 2$ ist und Gleichheit genau dann gilt, wenn $y = 1$ ist, folgt, dass $x_1x_2 = x_1x_3 = x_1x_4 = x_2x_3 = x_2x_4 = x_3x_4 = 1$ ist, und daraus erhält man, dass $x = 1$ oder $x = -1$ eine vierfache Nullstelle der gegebenen Gleichung sein muss. Dann gilt also $|a| = |b| = 4$ und deshalb $a^2 + b^2 = 32$. Damit wurde in Verschärfung der Behauptung sogar

$$a^2 + b^2 = 32 \text{ oder } a^2 + b^2 \geq 64$$

nachgewiesen.

Bemerkung 5. Schätzen wir in der zweiten Lösung in (9) mittels

$$q_1 + q_2 = 6 + p_1p_2 \geq 6 + \sqrt{16q_1q_2} = 10$$

strenger ab, erhalten wir im zweiten Fall hier auch die Abschätzung $a^2 + b^2 \geq 64$. Diese ist dann scharf. Das könnten wir leicht feststellen, indem wir die vier Nullstellen für den Gleichheitsfall ($x_1 = x_2 = x$, $x_3 = x_4 = -1/x$ und $x + 1/x = 10$) bestimmen und dafür $a = -b = \pm 4\sqrt{2}$ erhalten. ◇

Kapitel 6
Folgen

Elias Wegert

Eine *Folge* ist eine Funktion, die jeder nichtnegativen ganzen Zahl n einen (reellen) Wert x_n zuweist. Die Zahlen x_n nennt man *Glieder* (oder auch *Elemente*) der Folge. Häufig schreibt man Folgen als geordnete Liste

$$x_0,\ x_1,\ x_2,\ x_3,\ \ldots,$$

oder abgekürzt (x_n). Im Gegensatz zu Mengen ist für Folgen die Reihenfolge der Glieder wesentlich.

Eine Folge ist definiert, wenn ihre Glieder für alle n festgelegt sind. Meist geschieht dies entweder *explizit* durch eine nur von n abhängige Formel oder *rekursiv* durch Rückgriff auf Werte vorangehender Glieder.

Beschränktheit. Eine Folge (x_n) heißt *beschränkt von oben*, wenn es eine Zahl C mit

$$x_n \le C, \qquad n = 0, 1, 2, \ldots. \tag{6.1}$$

gibt. Jede solche Zahl C nennt man *obere Schranke* der Folge. Eine entsprechende Definition wird für die Beschränktheit von unten und *untere Schranken* gegeben. Eine Folge heißt *beschränkt*, wenn sie von oben und von unten beschränkt ist.

Monotonie. Man nennt eine Folge (x_n) reeller Zahlen *monoton wachsend*, wenn

$$x_{n+1} \ge x_n, \quad n = 0, 1, 2, \ldots. \tag{6.2}$$

Gilt in (6.2) sogar die strenge Ungleichung, so spricht man von einer *streng monoton wachsenden* Folge. Gilt dagegen die umgekehrte Ungleichung, nennt man die Folge (streng) *monoton fallend.*

Um die Monotonie einer Folge nachzuweisen, ist es häufig zweckmäßig, das Vorzeichen der Differenz $x_{n+1} - x_n$ zu untersuchen.

Vollständige Induktion. Da die Glieder x_n einer Folge nummeriert sind, ist *vollständige Induktion* oftmals hilfreich, um bestimmte Eigenschaften nachzuweisen. In diesem Kapitel betrifft dies die Aufgaben 051234, 171245, 261242, 321232, 351333B,

A. Felgenhauer et al., *Die schönsten Aufgaben der Mathematik-Olympiade in Deutschland*, https://doi.org/10.1007/978-3-662-63183-6_6

371345, 391346, 441334, 501324 und 501333. Eine kurze Erläuterung dieser Methode und Verweise auf weitere Aufgaben findet man auf Seite 607.

Rückwärtsarbeiten. Besonders im Zusammenhang mit rekursiv definierten Folgen ist es mitunter günstig, *rückwärts zu arbeiten.* Um beispielsweise die Teilerfremdheit aufeinanderfolgender Glieder der durch $F_0 = 0$, $F_1 = 1$ und die Rekursionsvorschrift $F_n = F_{n-1} + F_{n-2}$ für $n = 2, 3, \ldots$ definierten FIBONACCI-Folge zu beweisen, nehme man im Sinne eines indirekten Beweises an, dass $d > 0$ ein gemeinsamer Teiler zweier solcher Glieder sei. Durch schrittweisen Rückschluss auf die vorangehenden Glieder folgt letztlich, dass d auch F_0 und F_1 teilt, was nur für $d = 1$ möglich ist. Gegebenenfalls können dabei auch fiktive Elemente $x_{-1}, x_{-2}, \ldots$ der Folge einbezogen werden.

Analytische Methoden. Die mathematische Analysis entwickelt ein umfangreiches Handwerkszeug zur Untersuchung von Folgen. In diesem Kapitel werden analytische Methoden zur Lösung der Aufgaben 171245, 441346, 481346 und 501333 eingesetzt.

6.1 Rekursion

Häufig sind Folgen nicht in expliziter Form $x_n = f(n)$, sondern *rekursiv* gegeben,

$$x_n = g(x_{n-1}, x_{n-2}, \ldots, x_{n-m}), \qquad n = m, m+1, \ldots. \tag{6.3}$$

Dabei wird x_n als Funktion von einem oder mehreren vorangehenden Gliedern ausgedrückt. Wenn die Funktion g von x_{n-m}, aber nicht von x_k mit $k < n - m$ abhängt, nennt man die Zahl m die *Ordnung* oder *Tiefe* der Rekursion. Die Folge ist durch (6.3) erst dann eindeutig bestimmt, wenn auch ihre *Anfangswerte* $x_0, x_1, \ldots, x_{m-1}$ bekannt sind.

Ein typisches Problem besteht darin, die zugehörige explizite Darstellung einer Folge zu finden. Wird (x_n) durch eine Rekursion (6.3) mit einer linearen Funktion g beschrieben, gibt es eine Standardmethode, die nachfolgend skizziert und anschließend durch ein Beispiel illustriert wird. Für ausführliche Darstellungen verweisen wir auf [41]. Anwendungen von Rekursionen auf Abzählprobleme findet man im Abschnitt 1.2 des Kapitels zur Kombinatorik.

Lineare Rekursionen. In den folgenden Ausführungen beschränken wir uns auf (lineare homogene) Rekursionen der Ordnung zwei,

$$x_n = a\,x_{n-1} + b\,x_{n-2} \qquad (b \neq 0). \tag{6.4}$$

Zunächst sucht man nach speziellen Lösungen der Form $x_n = \lambda^n$. Nach Einsetzen dieses Ansatzes in (6.3) und Herauskürzen von λ^{n-2} erhält man die *charakteristische Gleichung*

$$\lambda^2 = a\,\lambda + b. \tag{6.5}$$

Wenn diese Gleichung zwei *verschiedene* Lösungen λ_1 und λ_2 hat, dann erfüllen $x_n = \lambda_1^n$ und $x_n = \lambda_2^n$ die Rekursionvorschrift und

$$x_n = C_1\,\lambda_1^n + C_2\,\lambda_2^n \tag{6.6}$$

ist mit beliebigen Konstanten C_1 und C_2 die *allgemeine Lösung* von (6.4). Stimmen beide Lösungen überein, $\lambda_1 = \lambda_2 = \lambda$, so lautet die allgemeine Lösung

$$x_n = (C_1 + n\,C_2)\,\lambda^n. \tag{6.7}$$

In beiden Fällen können die Konstanten C_1 and C_2 aus den Anfangswerten x_0 und x_1 ermittelt werden, indem man diese in (6.6) bzw. (6.7) einsetzt. Das entstehende lineare Gleichungssystem ist stets eindeutig lösbar.
Diese Methode ist auch anwendbar, wenn die Lösungen der charakteristischen Gleichung komplex sind. Rekursionen höherer Ordnung können ähnlich behandelt werden.

Fibonacci-Zahlen. Die Folge der FIBONACCI-Zahlen F_n spielt in erstaunlich vielen Bereichen der Mathematik eine wichtige Rolle; eine Anwendung auf ein kombinatorisches Problem findet man in Aufgabe 221224. Die Folge ist durch ihre Anfangswerte $F_0 = 0$ und $F_1 = 1$ und die Rekursionsformel

$$F_n = F_{n-1} + F_{n-2}, \quad n = 2, 3, \ldots.$$

bestimmt (s. Definition 1.4); ihre ersten Glieder sind 0, 1, 1, 2, 3, 5, 8, 13, 21, 34, ….
Die charakteristische Gleichung

$$\lambda^2 = \lambda + 1$$

hat die Lösungen

$$\lambda_1 = \frac{1}{2}(1 + \sqrt{5}), \quad \lambda_2 = \frac{1}{2}(1 - \sqrt{5}),$$

und folglich gilt

$$F_n = C_1 \left(\frac{1+\sqrt{5}}{2}\right)^n + C_2 \left(\frac{1-\sqrt{5}}{2}\right)^n \tag{6.8}$$

mit geeigneten Konstanten C_1 und C_2. Aus den Anfangswerten $F_0 = 0$ und $F_1 = 1$ erhält man das lineare System

$$C_1 + C_2 = 0, \qquad C_1\,\frac{1+\sqrt{5}}{2} + C_2\,\frac{1-\sqrt{5}}{2} = 1$$

mit den Lösungen $C_1 = 1/\sqrt{5}$ und $C_2 = -1/\sqrt{5}$. Setzt man dies in (6.8) ein, ergibt sich die explizite Darstellung

$$F_n = \frac{1}{\sqrt{5}}\left[\left(\frac{1+\sqrt{5}}{2}\right)^n - \left(\frac{1-\sqrt{5}}{2}\right)^n\right]. \tag{6.9}$$

Ist es nicht erstaunlich, dass diese Formel eine Folge ganzer Zahlen beschreibt?

Hinweis. Sogar dann, wenn es möglich ist, die explizite Darstellung einer rekursiven Folge anzugeben, ist es manchmal zweckmäßig, diese Darstellung nicht zu verwenden. Tatsächlich können viele Olympiade-Aufgaben vorteilhafter gelöst werden, indem man die Rekursion direkt benutzt.

Aufgabe 051234

Die Paare (x_n, y_n) reeller Zahlen x_n, y_n seien für $n = 0, 1, 2, \ldots$ wie folgt definiert:

$$x_0 = 1,\ y_0 = 0,\ x_{n+1} = x_n + 2y_n,\ y_{n+1} = x_n + y_n \quad \text{für} \quad n \geq 0\,.$$

Man beweise, dass für alle natürlichen Zahlen n die Gleichung $x_n^2 - 2y_n^2 = (-1)^n$ gilt.

Lösung

Die Behauptung gilt für $n = 0$, da dann $x_0^2 - 2y_0^2 = 1 = (-1)^0$ ist. Es sei vorausgesetzt, dass die Aussage für eine bestimmte nichtnegative ganze Zahl $n = k$ wahr ist. Dann ergibt die Rekursion

$$\begin{aligned} x_{k+1}^2 - 2y_{k+1}^2 &= (x_k + 2y_k)^2 - 2(x_k + y_k)^2 \\ &= 2y_k^2 - x_k^2 \\ &= (-1)(x_k^2 - 2y_k^2) = (-1)^{k+1}. \end{aligned}$$

Damit ist die Behauptung für $n = k+1$ bewiesen. Nach dem Prinzip der vollständigen Induktion gilt das Resultat für alle nichtnegativen ganzen Zahlen n.

Bemerkung. Aus der gegebenen Rekursion folgt, dass (x_n) und (y_n) den entkoppelten Rekursionen $x_{n+2} = 2x_{n+1} + x_n$ und $y_{n+2} = 2y_{n+1} + y_n$ für $n = 0, 1, 2, \ldots$ genügen. Unter Berücksichtigung von $x_0 = 1$, $x_1 = 1$, $y_0 = 0$ und $y_1 = 1$ erhält man mit der Standardmethode die expliziten Darstellungen

$$x_n = \frac{1}{2}\left((\sqrt{2}+1)^n + (1-\sqrt{2})^n\right), \qquad y_n = \frac{\sqrt{2}}{4}\left((\sqrt{2}+1)^n - (1-\sqrt{2})^n\right).$$

Es ist dann nicht schwer, auf $x_n^2 - 2y_n^2 = (-1)^n$ zu schließen. ◇

Aufgabe 201244

Es sei $a_1, a_2, \ldots, a_n, \ldots$ diejenige Folge reeller Zahlen, für die $a_1 = 1$ und

$$a_{n+1} = 2a_n + \sqrt{3a_n^2 + 1}, \qquad n = 1, 2, 3, \ldots \tag{1}$$

gilt. Man ermittle, welche Glieder dieser Folge ganzzahlig sind

Lösung

Für alle $n \geq 0$ folgt aus (1)

$$(x_{n+1} - 2x_n)^2 = 3x_n^2 + 1$$

und somit

$$x_{n+1}^2 - 4x_{n+1}x_n + x_n^2 = 1\,.$$

Ersetzt man n durch $n-1$, so erhält man $x_n^2 - 4x_n x_{n-1} + x_{n-1}^2 = 1$ für alle $n \geq 1$ und damit

$$x_{n+1}^2 - x_{n-1}^2 - 4x_n(x_{n+1} - x_{n-1}) = 0\,.$$

Faktorisieren der linken Seite ergibt

$$(x_{n+1} - x_{n-1})(x_{n+1} + x_{n-1} - 4x_n) = 0. \tag{2}$$

Da $x_n > 0$ und $x_{n+1} > x_n > x_{n-1}$ für alle $n \geq 1$ gilt, führt die Beziehung (2) zu

$$x_{n+1} = 4x_n - x_{n-1} \quad \text{für } n = 1, 2, 3, \ldots\,.$$

Die Anfangswerte $x_0 = 1$ und $x_1 = 3$ sind ganze Zahlen, und daher sind dann alle Elemente der Folge (x_n) ganzzahlig.

Bemerkung. Die Folge (x_n) hat die explizite Darstellung

$$x_n = \frac{3+\sqrt{3}}{6}\left(2+\sqrt{3}\right)^n + \frac{3-\sqrt{3}}{6}\left(2-\sqrt{3}\right)^n, \quad n = 0, 1, 2, \ldots\,.$$

Mit der Notation $\lfloor x \rfloor$ für den ganzahligen Anteil von x ergibt der binomische Lehrsatz

$$x_n = \sum_{k=0}^{\lfloor n/2 \rfloor} \binom{n}{2k} \cdot 3^k \cdot 2^{n-2k} + \sum_{k=0}^{\lfloor (n-1)/2 \rfloor} \binom{n}{2k+1} \cdot 3^k \cdot 2^{n-2k-1},$$

und damit wieder die Ganzzahligkeit aller x_n. ◇

Aufgabe 351333B

Der *Nachkomma-Anteil* frac (x) einer positiven Zahl x ist die Zahl y mit $0 \leq y < 1$, für die $x - y$ ganzzahlig ist. Für jede positive Zahl x_0 sei die Folge (x_n) durch

$$x_{n+1} = \operatorname{frac}(2\,x_n), \qquad n = 0, 1, 2, \ldots$$

definiert. Die positive Zahl x_0 wird *schön* genannt, wenn die Folge (x_n) zwei Elemente x_p und x_q mit $0 \leq p < q$ und $x_p = x_q$ enthält. Man beweise, dass unter allen positiven Zahlen genau die rationalen Zahlen schön sind.

Lösung

Nach Definition des Nachkomma-Anteils gilt für alle Glieder der Folge x_k mit $k \geq 1$ die Ungleichung $0 \leq x_k < 1$.

Schritt I. Wir beweisen, dass jede positive rationale Zahl x_0 schön ist. Dazu sei $x_0 = a/b$ mit positiven ganzen Zahlen a und b. Wir zeigen nun mittels vollständiger Induktion, dass sich dann alle x_k mit $k \geq 0$ als Bruch mit dem Nenner b schreiben lassen. Dies ist für $k = 0$ nach Voraussetzung richtig. Nehmen wir an, dass für ein gewisses k gilt $x_k = c/b$ (mit einer ganzen Zahl c), so ist

$$x_{k+1} = 2c/b \quad \text{falls } 2c < b, \quad \text{und} \quad x_{k+1} = (2c - b)/b \quad \text{falls } 2c \geq b\,.$$

Damit ist die obige Induktionsbehauptung bewiesen.
Für Brüche $x_k = a/b$ mit $0 \leq x_k < 1$ und $b > 0$ gibt es nun aber nur b verschiedene Zähler. Also sind nach dem DIRICHLET'schen Schubfachprinzipunter den Zahlen $x_1, x_2, ..., x_{b+1}$ mindestens zwei gleich, also $x_p = x_q$ mit $p < q$.

Schritt II. Wir beweisen, dass jede schöne Zahl x_0 rational ist. Ohne Beschränkung der Allgemeinheit sei $x_p = x_q$ mit $0 \leq p < q$.
Mittels vollständiger Induktion beweisen wir nun, dass für alle $k \geq 0$ gilt

$$x_k = 2^k \cdot x_0 - m_k,$$

wobei die m_k ganze Zahlen mit $0 \leq m_k \leq m_{k+1}$ sind.
Für $k = 0$ ergibt sich $m_0 = 0$. Nun sei $0 \leq x_k = 2^k \cdot x_0 - m_k < 1$. Nach Definition der Folgeglieder gilt dann $x_{k+1} = 2(2^k \cdot x_0 - m_k) - j$, wobei $j = 0$ oder $j = 1$ ist. In beiden Fällen erhält man $x_{k+1} = 2^{k+1} \cdot x_0 - m_{k+1}$ mit $m_{k+1} = 2m_k + i \geq m_k$. Damit ist die Induktionsbehauptung bewiesen.
Subtraktion der für x_p und x_q geltenden Gleichungen

$$x_p = 2^p \cdot x_0 - m_p, \qquad x_q = 2^q \cdot x_0 - m_q$$

führt wegen $x_p = x_q$ auf

$$0 = x_q - x_p = 2^{q-p} \cdot x_0 + m_p - m_q,$$

und Auflösen nach x_0 liefert $x_0 = 2^{p-q} \cdot (m_q - m_p)$. Damit ist x_0 eine positive rationale Zahl.

Bemerkung. Stellt man die reellen Zahlen im Binärsystem dar, so wird deutlich, dass die Abbildung $x \mapsto \text{frac}(2x)$ der „Linksverschiebungs-Operator" des Nachkomma-Anteils von x ist. Diese Beobachtung reduziert das Problem auf den Nachweis, dass die rationalen Zahlen genau die Zahlen sind, die eine periodische oder vorperiodische binäre Darstellung haben (siehe Abschnitt 6.2). ◇

Aufgabe 431336

Die reellen Zahlen $x_1, x_2, x_3, \ldots$ seien durch $x_1 = 1$ und die Bildungsvorschrift

$$x_{k+1} = \frac{1}{1 + x_k} \quad \text{für } k = 1, 2, 3, \ldots$$

gegeben. Man untersuche, ob $x_{2004}^2 + x_{2004} - 1$ positiv, negativ oder gleich null ist.

Lösung

Es sei a_k durch $a_k = x_k^2 + x_k - 1$ definiert. Direkte Berechnung der ersten Folgeglieder

$$a_1 = 1, \quad a_2 = -\frac{1}{4}, \quad a_3 = \frac{1}{9}, \quad a_4 = -\frac{1}{25},$$

lässt vermuten, dass das Vorzeichen von a_k alterniert. Dies wird im folgenden bewiesen. Die Rekursion für x_k ergibt für alle $k = 1, 2, 3, \ldots$

$$\begin{aligned} a_{k+1} = x_{k+1}^2 + x_{k+1} - 1 &= \left(\frac{1}{1+x_k}\right)^2 + \frac{1}{1+x_k} - 1 \\ &= \frac{1 + (1+x_k) - (1+x_k)^2}{(1+x_k)^2} = -\frac{x_k^2 + x_k - 1}{(1+x_k)^2} = -\frac{a_k}{(1+x_k)^2}. \end{aligned} \tag{1}$$

Unter Verwendung von (1) und $(1+x_k)^2 > 0$ erhält man aus $a_1 = 1 > 0$ nacheinander $a_2 < 0$, $a_3 > 0$, ... und schließlich $a_{2004} = x_{2004}^2 + x_{2004} - 1 < 0$.

Bemerkung. Um die Zahlen x_k explizit zu bestimmen, stellt man die rationalen Zahlen x_k als $x_k = z_k / n_k$ mit teilerfremden ganzen Zahlen z_k und n_k dar, wobei $n_k > 0$ sei. Setzt man dies in die rekursive Bildungsvorschrift für die x_k ein, erhält man die Rekursionen

$$z_{k+1} = n_k, \quad n_{k+1} = n_k + z_k$$

und weiter $n_{k+2} = n_{k+1} + z_{k+1} = n_{k+1} + n_k$. Aus $x_1 = 1 = \frac{1}{1}$ und $x_2 = \frac{1}{2}$ folgt $n_1 = 1$ und $n_2 = 2$. Folglich sind (bis auf das Vorzeichen) Zähler und Nenner von x_k aufeinanderfolgende FIBONACCI-Zahlen. Unter Verwendung der expliziten Darstellung (6.9) erhält man

$$x_k = 2\frac{(1+\sqrt{5})^k - (1-\sqrt{5})^k}{(1+\sqrt{5})^{k+1} - (1-\sqrt{5})^{k+1}}$$

und schließlich

$$a_k = x_k^2 + x_k - 1 = \frac{5(-1)^{k+1}4^{k+1}}{\left((1+\sqrt{5})^{k+1} - (1-\sqrt{5})^{k+1}\right)^2}.$$

Der Nenner von $a_{2004} = -1/2\,195\,166\,154\,689\,392\,295\,311\,507\,916\,821\,497\ldots895\,025$ hat 838 Ziffern. Allgemein lässt sich zeigen, dass die Beträge der a_k Kehrwerte der Quadrate von FIBONACCI-Zahlen sind, $a_k = (-1)^{k+1}/F_{k+1}^2$. ◇

Aufgabe 171245

Es sei $f_1, f_2, \ldots$ eine Folge von Funktionen, die für alle reellen Zahlen x definiert sind, und zwar durch

$$f_1(x) = \sqrt{x^2+48},$$
$$f_{k+1}(x) = \sqrt{x^2 + 6\,f_k(x)} \qquad \text{für } k = 1,2,3,\ldots$$

Man ermittle für jede positive ganze Zahl n alle reellen Zahlen x, die Lösungen der Gleichung $f_n(x) = 2x$ sind.

Lösungen

1. Lösung. Durch vollständige Induktion wird

$$f_n(x) < 2x \quad \text{für } x > 4 \tag{1}$$

gezeigt. Für $x > 4$ gilt $x^2 > 16$ und $4x^2 > x^2 + 48$. Wegen $x > 4$ erhält man die Abschätzung $f_1(x) = \sqrt{x^2+48} < 2x$, d. h. (1) gilt für $n = 1$. Nun gelte (1) für irgendein festes $n = k$. Dann ist $f_k(x) < 2x$, $6f_k(x) < 12x < 3x^2$ und folglich $\left(f_{k+1}(x)\right)^2 = x^2 + 6f_k(x) < 4x^2$, sodass (1) für $n = k+1$ erfüllt ist. Nach dem Prinzip der vollständigen Induktion gilt (1) somit für alle $n \geq 1$.
Analog kann gezeigt werden, dass

$$f_n(x) > 2x \quad \text{für } 0 \leq x < 4 \tag{2}$$

gilt. Da $f_n(x) \geq 0$ ist, müssen alle Lösungen x der Gleichung $f_n(x) = 2x$ nichtnegativ sein, und wegen (1) und (2) kann nur $x = 4$ eine Lösung sein.

Nun gilt für $n = 1$ tatsächlich $f_1(4) = 8 = 2 \cdot 4$. Setzt man voraus, dass $f_n(4) = 8$ für irgendein $n = k$ gilt, führt die Rekursion auf $f_{k+1}(4) = \sqrt{16 + 6 \cdot 8} = 8 = 2 \cdot 4$ für $n = k + 1$. Damit ist bewiesen, dass es für alle $n \geq 1$ genau eine Lösung von $f_n(x) = 2x$ gibt, nämlich $x = 4$.

Bemerkung. Dass $x = 4$ tatsächlich eine Lösung ist, kann auch aus (1) und (2) mit Hilfe des *Zwischenwertsatzes* abgeleitet werden. Die Stetigkeit aller Funktionen f_n folgt aus der Stetigkeit von f_1 und der in der Aufgabenstellung gegebenen rekursiven Bildungsvorschrift.

2. Lösung. Wie oben zeigt man, dass $x = 4$ für alle n eine Lösung ist. Zum Beweis der Eindeutigkeit dieser Lösung schließt man induktiv, dass $f_n(x) > 0$ für alle x und n gilt. Folglich müssen alle Lösungen x positiv sein. Auf der positiven reellen Achse $\mathbb{R}_+$ ist die Funktion

$$\frac{f_1(x)}{x} = \sqrt{1 + \frac{48}{x^2}}$$

streng monoton fallend.Die Rekursion

$$\frac{f_{k+1}(x)}{x} = \sqrt{1 + 6\,\frac{f_k(x)}{x}}$$

ergibt dann, dass $f_n(x)/x$ ebenfalls für alle n auf $\mathbb{R}_+$ streng monoton fallend ist, sodass die Gleichung $f_n(x)/x = 2$ höchstens eine Lösung haben kann. ◇

Aufgabe 261242

Man ermittle alle Folgen (x_n) reeller Zahlen, für die $x_1 = 1$, $x_2 = 5/2$ und

$$x_{n+m}x_{n-m} = x_n^2 - x_m^2 \tag{1}$$

gilt, sobald m und n beliebige ganze Zahlen mit $1 \leq m < n$ sind.

Lösung

Schritt I. Angenommen, (x_n) ist eine Folge, die die gegebenen Bedingungen erfüllt. Wir zeigen nun induktiv, dass für $n = 1, 2, 3, \ldots$

$$x_n = \frac{2}{3}\left(2^n - 2^{-n}\right) \tag{2}$$

gilt. Dies ist für $n = 1$ und $n = 2$ sicher richtig, denn

$$x_1 = 1 = \frac{2}{3}\left(2 - \frac{1}{2}\right), \qquad x_2 = \frac{5}{2} = \frac{2}{3}\left(2^2 - \frac{1}{2^2}\right). \tag{3}$$

Es sei nun $k \geq 2$. Wir setzen voraus, dass (2) für $n = k-1$ und $n = k$ gültig ist. Da $k \geq 2$ ist, ergibt sich $x_{k-1} \neq 0$ und mit (1)

$$\begin{aligned} x_{k+1} &= \frac{x_k^2 - x_1^2}{x_{k-1}} = \frac{\frac{4}{9}\left((2^k - 2^{-k})^2 - \frac{9}{4}\right)}{\frac{2}{3}\left(2^{k-1} - 2^{-k+1}\right)} \\ &= \frac{2}{3} \cdot \frac{2^{2k} - 4 - \left(\frac{1}{4} - 2^{-2k}\right)}{2^{k-1} - 2^{-k+1}} = \frac{2}{3} \cdot \left(2^{k+1} - 2^{-k+1}\right). \end{aligned}$$

Damit ist die Behauptung auch für $n = k+1$ wahr. Nach dem Prinzip der vollständigen Induktion gilt die Darstellung (2) für alle n.

Schritt II. Tatsächlich erfüllt die durch (2) definierte Folge (x_n) die geforderten Bedingungen. Aus (3) ergibt sich $x_1 = 1$ und $x_2 = 5/2$, und für alle ganzen Zahlen n, m mit $n > m \geq 1$ ist

$$\begin{aligned} x_{n+m}x_{n-m} &= \frac{2}{3}\left(2^{n+m} - 2^{-n-m}\right) \cdot \frac{2}{3}\left(2^{n-m} - 2^{-n+m}\right) \\ &= \frac{4}{9}\left(2^{2n} + 2^{-2n} - 2 + 2 - 2^{2m} - 2^{-2m}\right) \\ &= \left(\frac{2}{3}\left(2^n + 2^{-n}\right)\right)^2 - \left(\frac{2}{3}\left(2^m + 2^{-m}\right)\right)^2 \\ &= x_n^2 - x_m^2. \end{aligned}$$

◊

Aufgabe 391346

Eine Folge $(a_n)_{n=2,3,\ldots}$ positiver ganzer Zahlen erfülle die folgenden drei Bedingungen:

(1) Für jede natürliche Zahl $m \geq 1$ gilt $a_{2^m} = 1/m$.
(2) Für jede natürliche Zahl $n \geq 2$ gilt $a_{2n-1}a_{2n} = a_n$.
(3) Für alle natürlichen Zahlen m und n mit $2^m > n \geq 1$ gilt $a_{2n}a_{2n+1} = a_{2^m+n}$.

Man bestimme a_{2000}.

Hinweis. Es darf ohne Beweis vorausgesetzt werden, dass durch (1), (2), (3) genau eine Folge $(a_n)_{n=2,3,\ldots}$ positiver reeller Zahlen bestimmt ist.

Lösungen

1. Lösung.

Schritt I. Man ermittelt die ersten Elemente der Folge (x_n) zweckmäßig in der Reihenfolge

$$a_2,\ a_4,\ a_3,\ a_5,\ a_8,\ a_7,\ a_6,\ a_9,\ a_{10},\ a_{11},\ a_{16},\ a_{15},\ a_{14},\ a_{13},\ a_{12}.$$

Das Auftreten der Zweierpotenz in der Definition der Folge und die Struktur des Anfangs der Folge lassen vermuten, dass die binäre Darstellung $[n]_2$ von n hilfreich sein kann. Diese Darstellung wird in der zweiten Spalte der folgenden Tabelle angegeben. Die dritte Spalte enthält eine Gleichung, aus der x_n bestimmt werden kann.

n	$[n]_2$	x_n	Bestimmungsgleichung
2	10	1	(1)
3	11	2	$x_3x_4 = x_2$
4	100	1/2	(1)
5	101	2	$x_5 = x_2x_3$
6	110	1	$x_6x_7 = x_7$
7	111	3/2	$x_7x_8 = x_4$
8	1000	1/3	(1)
9	1001	2	$x_9 = x_2x_3$
10	1010	1	$x_{10} = x_4x_5$
11	1011	3/2	$x_{11} = x_6x_7$
12	1100	2/3	$x_{12}x_{13} = x_{14}$
13	1101	3/2	$x_{13}x_{14} = x_7$
14	1110	1	$x_{14}x_{15} = x_{15}$
15	1111	4/3	$x_{15}x_{16} = x_8$
16	10000	1/4	(1)

Mit e_n werde die Anzahl der Ziffern 1 in der binären Darstellung von n bezeichnet. Eine nähere Betrachtung der Tabelle führt zur Vermutung, dass x_n der Quotient e_n/e_{n-1} ist.

Schritt II. Nun wird gezeigt, dass die durch $x_n = e_n/e_{n-1}$ definierte Folge (x_n) die geforderten Eigenschaften (1), (2) und (3) hat.

Beweis von (1). Da die Binärdarstellung von 2^n eine Ziffer 1 und die Binärdarstellung von $2^n - 1$ genau n Ziffern 1 enthält, ist der Quotient gleich

$$x_{2^n} = \frac{e_{2^n}}{e_{2^n-1}} = \frac{1}{n}.$$

Beweis von (2). Es ist

$$\frac{e_{2n-1}}{e_{2n-2}} \cdot \frac{e_{2n}}{e_{2n-1}} = \frac{e_{2n}}{e_{2n-2}}.$$

Da die Binärdarstellung von $2n$ und $2n - 2$ aus der Binärdarstellung von n bzw. $n - 1$ durch Anhängen einer Null hervorgeht, erhält man $e_{2n} = e_n$, $e_{2n-2} = e_{n-1}$ und damit

$$x_{2n-1}\, x_{2n} = \frac{e_{2n-1}}{e_{2n-2}} \cdot \frac{e_{2n}}{e_{2n-1}} = \frac{e_n}{e_{n-1}} = x_n.$$

Beweis von (3). Offensichtlich ist

$$\frac{e_{2n}}{e_{2n-1}} \cdot \frac{e_{2n+1}}{e_{2n}} = \frac{e_{2n+1}}{e_{2n-1}}.$$

Die Binärdarstellungen von $2n+1$ und $2n-1$ erhält man aus der Binärdarstellung von n beziehungsweise $n-1$ durch Anhängen einer Ziffer 1 am Ende. Wegen $2^m > n$ ergeben sich die Darstellungen von 2^m+n und 2^m+n-1 aus der Binärdarstellung von n beziehungsweise $n-1$ durch Voranstellen der Ziffer 1 und einer darauf folgenden (nichtnegativen) Zahl von Nullen. Somit ist $e_{2n+1} = e_{2^m+n}$, $e_{2n-1} = e_{2^m+n-1}$ und weiter

$$x_{2n}\, x_{2n+1} = \frac{e_{2n}}{e_{2n-1}} \cdot \frac{e_{2n+1}}{e_{2n}} = \frac{e_{2^m+n}}{e_{2^m+n-1}} = x_{2^m+n}.$$

Schritt III. Um x_{2000} anzugeben, errechnet man die Binärdarstellung von 1999 und 2000 zu 11111001111 bzw. 11111010000. Damit ergibt sich $e_{1999} = 9$ und $e_{2000} = 6$ sowie schließlich

$$a_{2000} = \frac{2}{3}.$$

2. Lösung. Prinzipiell ist es möglich, das Resultat durch direkte Berechnung zu erhalten. Dafür ist es wichtig, eine geeignete Teilmenge der Elemente (x_n) zu finden, die günstig berechenbar ist und x_{2000} enthält. Die Indizes einer solchen Folge sind $64, 128, 127, 126, 256, 255, \ldots, 251, 512, 511, \ldots, 501, 1024, 1023 \ldots, 1000, 2048, \ldots, 2000$.

Die Berechnungen können wesentlich vereinfacht werden, wenn die folgende Verallgemeinerung von (2) benutzt wird:

$$a_2 = a_3 a_4 = a_5 a_6 a_7 a_8 = \ldots = a_{2^m+1} \cdot \ldots \cdot a_{2^{m+1}} = 1. \tag{4}$$

Durch schrittweise Anwendung von (4) erhält man zunächst

$$\begin{aligned} a_{2000} &= a_{1024+976} = a_{1952} a_{1953} \\ &= a_{1024+928} a_{1024+929} = a_{1856} \cdot \ldots \cdot a_{1859} \\ &= a_{1024+832} \cdot \ldots \cdot a_{1024+835} = a_{1664} \cdot \ldots \cdot a_{1671} \\ &= a_{1024+640} \cdot \ldots \cdot a_{1024+647} = a_{1280} \cdot \ldots \cdot a_{1295} \\ &= a_{1024+256} \cdot \ldots \cdot a_{1024+271} = a_{512} \cdot \ldots \cdot a_{543} \\ &= a_{512} a_{512+1} \cdot \ldots \cdot a_{512+31} = a_{512} a_{32+1} \cdot \ldots \cdot a_{32+31}, \end{aligned}$$

und dann liefert (4) sofort

$$a_{2000} = \frac{a_{512}}{a_{64}} = \frac{a_{2^9}}{a_{2^{16}}} = \frac{1/9}{1/6} = \frac{2}{3}. \qquad \diamondsuit$$

Aufgabe 501324

An eine anfangs kreisförmige Schneeflocke lagert sich in jeder Minute eine neue Schicht an. Jede derartige Schicht besteht aus einer Kette von Kreisen, die sich von außen um die Schneeflocke herumlegt. Dabei sollen nach n Minuten, also nach Anlagerung der n-ten Schicht, jeweils folgende Bedingungen gelten:

(1) Jeder Kreis der neuen n-ten Schicht berührt genau einen oder genau zwei Kreise der vorangehenden $(n-1)$-ten Schicht. (Hierbei gilt die anfängliche kreisförmige Flocke als 0-te Schicht.)
(2) Jeder Kreis der n-ten Schicht berührt genau zwei Kreise der n-ten Schicht.
(3) Für $n \geq 2$ werden je zwei benachbarte Kreise der vorangehenden $(n-1)$-ten Schicht gemeinsam von genau einem Kreis der neuen n-ten Schicht berührt.
(4) Jeder Kreis, der nicht der n-ten Schicht angehört, wird von genau sieben Kreisen berührt.

Abbildung A501324 zeigt eine Schneeflocke nach Anlagerung der ersten Schicht und eine Schneeflocke nach Anlagerung der ersten und der zweiten Schicht.

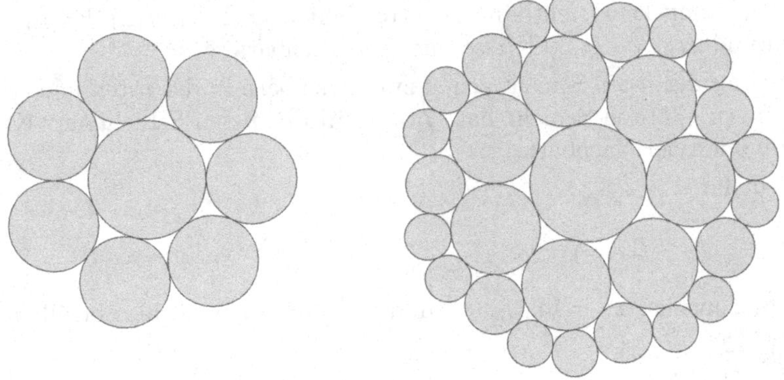

Abb. A501324: Schneeflocken mit einer Schicht und zwei Schichten

Nach der Anlagerung von n Schichten bezeichne x_n die Anzahl aller Kreise mit genau 3 und y_n die Anzahl aller Kreise mit genau 4 Nachbarn. Man bestimme alle Zahlen n, für die das Verhältnis $\frac{x_n}{y_n}$ den Wert $\frac{5}{3}$ hat.

Bemerkung. Es darf vorausgesetzt werden, dass die Anlagerung jeder neuen Schicht möglich ist.

Lösungen

1. Lösung. Damit der anfangs vorhandene Kreis nach Anlagerung der ersten Schicht genau sieben Nachbarn hat, muss sich an diesen eine Kette von genau sieben Kreisen anlagern. Jeder dieser neuen Kreise hat dann genau drei Nachbarn, also gilt $x_1 = 7$ und $y_1 = 0$.

Nach Anlagerung der zweiten Schicht haben genau diejenigen neuen Kreise vier Nachbarn, die zwei Kreise der ersten Schicht berühren, alle anderen neuen Kreise haben drei Nachbarn. Die Anzahl y_2 stimmt also mit der Gesamtzahl $x_1 + y_1$ der sich berührenden Kreispaare in der ersten Schicht überein, $y_2 = x_1 + y_1 = 7$.

Nach Anlagerung der zweiten Schicht bestehen die sieben Nachbarn eines Kreises der ersten Schicht aus seinen drei bisherigen Nachbarn, den zwei neuen Nachbarn der zweiten Schicht, die er mit seinen Nachbarn der ersten Schicht gemeinsam hat, und zwei weiteren Kreisen der zweiten Schicht, die keine anderen Kreise der ersten Schicht berühren. Die letzteren Kreise haben deshalb genau drei Nachbarn. Folglich gilt $x_2 = 14$, $y_2 = 7$.

Bei Anlagerung der n-ten Schicht, $n \geq 2$, besteht die $(n-1)$-te Schicht aus x_{n-1} Kreisen, die bisher drei, und y_{n-1} Kreisen, die bisher vier Nachbarn hatten. Da ein Kreis mit bisher vier Nachbarn genau drei weitere Nachbarn der n-ten Schicht braucht und umgekehrt, enthält die n-te Schicht $x_{n-1} + y_{n-1}$ Kreise mit vier Nachbarn und $2x_{n-1} + y_{n-1}$ Kreise mit drei Nachbarn.

Da jeder Kreis der n-ten Schicht genau zwei Nachbarn in der n-ten und einen oder zwei in der $(n-1)$-ten Schicht hat, gibt es in der n-ten Schicht nur Kreise mit genau drei oder vier Nachbarn.

Folglich gilt für $n = 2, 3, \ldots$

$$x_n = 2\,x_{n-1} + y_{n-1}, \qquad\qquad y_n = x_{n-1} + y_{n-1}. \tag{5}$$

Dies ergibt zunächst $x_2 = 14$, $y_2 = 7$ und $x_3 = 35$, $y_3 = 21$, also erfüllt $n = 3$ die Forderung $\dfrac{x_n}{y_n} = \dfrac{5}{3}$.

Wir beweisen nun, dass $n = 3$ tatsächlich die einzige Zahl ist, für die $\dfrac{x_n}{y_n} = \dfrac{5}{3}$ ist. Dazu wird gezeigt, dass für $n > 3$

$$\frac{x_n}{y_n} < \frac{5}{3} \tag{6}$$

gilt. Wir stellen dazu zunächst fest, dass für $n = 4$ gilt $x_4 = 91$, $y_4 = 56$ und damit $\dfrac{x_4}{y_4} = \dfrac{91}{56} < \dfrac{5}{3}$, das heißt, (6) gilt für $n = 4$.

Wir nehmen nun an, dass die Ungleichung (6) für ein bestimmtes $n = k$ erfüllt ist und zeigen, dass sie dann für die nachfolgende Zahl $n = k + 1$ ebenfalls gilt. Aus (5) erhält man mit $n = k$

$$\frac{x_{k+1}}{y_{k+1}} = \frac{2x_k + y_k}{x_k + y_k} = 1 + \frac{x_k}{x_k + y_k} = 1 + \frac{1}{1 + \frac{y_k}{x_k}},$$

und wegen der Annahme $\frac{x_k}{y_k} < \frac{5}{3}$ folgt

$$\frac{x_{k+1}}{y_{k+1}} = 1 + \frac{1}{1 + \frac{y_k}{x_k}} < 1 + \frac{1}{1 + \frac{3}{5}} = \frac{13}{8} < \frac{5}{3}.$$

Da die Ungleichung (6) für $n = 4$ erfüllt ist, gilt sie nach dem Prinzip der vollständigen Induktion für alle natürlichen Zahlen $n \geq 4$.

Damit ist bewiesen, dass $\frac{x_n}{y_n} = \frac{5}{3}$ genau für $n = 3$ gilt.

2. Lösung. Wie oben zeigen wir (5), außerdem $x_1 = 7$ und $y_1 = 0$, womit sich insbesondere $x_2 = 14$, $y_2 = 7$ ergibt. Damit gilt für $n \leq 2$ immer $\frac{x_n}{y_n} \neq \frac{5}{3}$. Wegen $x_3 = 35$ und $y_3 = 21$ ist $\frac{x_3}{y_3} = \frac{35}{21} = \frac{5}{3}$.

Um zu zeigen, dass auch für $n \geq 4$ immer $\frac{x_n}{y_n} \neq \frac{5}{3}$ gilt, wenden wir das Prinzip des *Rückwärtsarbeitens* an. Aus (5) ergibt sich durch Umformen für $k \geq 2$

$$x_{k-1} = x_k - y_k, \qquad y_{k-1} = 2\,y_k - x_k. \tag{7}$$

Es folgt

$$\frac{x_{k-1}}{y_{k-1}} = \frac{x_k - y_k}{2\,y_k - x_k},$$

sofern kein Nenner verschwindet. Aus der Annahme $\frac{x_n}{y_n} = \frac{5}{3}$ mit $n \geq 2$ ergibt sich somit

$$\frac{x_{n-1}}{y_{n-1}} = \frac{\frac{5}{3}\,y_n - y_n}{2y_n - \frac{5}{3}\,y_n} = 2.$$

Falls $n \geq 3$, folgt aus (7) schließlich

$$y_{n-2} = 2\,y_{n-1} - x_{n-1} = 0.$$

Da für $n \geq 4$ die Zahl y_{n-2} genauso groß wie die Anzahl der Kreise in der $(n-3)$-ten Schicht ist und diese offensichtlich nicht null ist, kann n nicht größer als 3 sein.

Somit gilt $\frac{x_n}{y_n} = \frac{5}{3}$ genau für $n = 3$.

Bemerkung. In der Aufgabenstellung wurde nicht gefordert nachzuweisen, dass die Anlagerung der Kreise für beliebig großes n immer möglich ist. Eine solche Untersuchung würde den Rahmen einer Olympiade-Aufgabe sprengen, weil die Radien der Kreise dazu sehr speziell gewählt werden müssen. Eine positive Antwort ergibt sich aber aus der allgemeinen Theorie von Kreispackungen (Stephenson [61]): Die ersten n Generationen einer *unendlichen* „maximalen" Kreispackung, in der jeder Kreis genau sieben Nachbarn hat, erfüllen die Bedingungen der Aufgabenstellung. Für großes n nähert sich der äußere Rand einer solchen Schneeflocke mit n Schichten einer Kreislinie. ◇

Aufgabe 481346

Eine Zahlenfolge $x_0, x_1, x_2, \ldots$ sei durch ihren Startwert x_0 mit $0 \leq x_0 \leq 1$ und die rekursive Vorschrift

$$x_{n+1} = \frac{5}{6} - \frac{4}{3}\left|x_n - \frac{1}{2}\right|, \quad n = 0, 1, \ldots$$

gegeben. Man ermittle das kleinste abgeschlossene Intervall $[a, b]$ mit der Eigenschaft, dass für jeden Startwert x_0 das Folgenglied x_{2009} in $[a, b]$ liegt.

Lösungen

1. Lösung. Wir zeigen, dass $I = \left[\frac{7}{18}, \frac{5}{6}\right]$ das gesuchte Intervall ist.

Schritt I. Durch die rechte Seite der Rekursionsvorschrift wird für $0 \leq x \leq 1$ eine Funktion f definiert,

$$f(x) = \frac{5}{6} - \frac{4}{3}\left|x - \frac{1}{2}\right|, \quad x \in [0, 1].$$

Im Intervall $\left[0, \frac{1}{2}\right]$ gilt $f(x) = \frac{4}{3}x + \frac{1}{6}$, im Intervall $\left[\frac{1}{2}, 1\right]$ ist $f(x) = -\frac{4}{3}x + \frac{3}{2}$. Das Maximum der Funktion f ist $\frac{5}{6}$ und wird bei $x = \frac{1}{2}$ angenommen, ihr Minimum ist $\frac{1}{6}$ und wird bei $x = 0$ und $x = 1$ angenommen. Somit bildet f das Intervall $[0, 1]$ in $\left[\frac{1}{6}, \frac{5}{6}\right]$ ab, und für alle Folgenglieder x_n mit $n \geq 1$ gilt $\frac{1}{6} \leq x_n \leq \frac{5}{6}$.

Schritt II. Es gilt $f\left(\frac{5}{6}\right) = \frac{7}{18}$. Dieser Wert ist zugleich das Minimum von f auf dem Intervall $I = \left[\frac{7}{18}, \frac{5}{6}\right]$, denn nach Schritt I ist f in $\left[\frac{7}{18}, \frac{1}{2}\right]$ monoton wachsend, in $\left[\frac{1}{2}, \frac{5}{6}\right]$ monoton fallend, und es gilt $f\left(\frac{7}{18}\right) = \frac{37}{54} > \frac{7}{18}$. Aus dem ersten Schritt folgt nun, dass das Intervall I von f in sich abgebildet wird.

Schritt III. Wir zeigen, dass x_2 in I liegt. Es gilt nämlich $f\left(\frac{1}{6}\right) = f\left(\frac{5}{6}\right) = \frac{7}{18}$, womit nach dem Argument aus dem zweiten Beweisschritt folgt, dass $\frac{7}{18}$ auch das Minimum von f auf dem Intervall $\left[\frac{1}{6}, \frac{5}{6}\right]$ ist, das daher in I abgebildet wird. Wegen Schritt I gilt daher $x_2 \in I$. Damit ist nach Schritt II insbesondere auch $x_{2009} \in I$.

Schritt IV. Um zu zeigen, dass es für jedes echte Teilintervall J von I einen Startwert x_0 gibt, für den x_{2009} nicht in J liegt, kann man beispielsweise x_0 so bestimmen, dass $x_{2009} = \frac{5}{6}$ beziehungsweise $x_{2009} = \frac{7}{18}$ gilt.
Dazu stellen wir zunächst fest, dass für $x^* = \frac{9}{14} > \frac{1}{2}$ gilt $f(x^*) = x^*$.

Ist $x_n \geq \frac{1}{2}$, so ist $x_{n+1} = \frac{3}{2} - \frac{4}{3}\,x_n$. Für die durch $y_n = x_n - \frac{9}{14}$ definierte Folge gilt in diesem Fall

$$y_{n+1} = -\frac{4}{3}\,y_n. \tag{1}$$

Wählt man nun $x_0 = \frac{9}{14} - \frac{4}{21} \cdot \left(\frac{3}{4}\right)^{2009}$, so ist $y_0 = -\frac{4}{21} \cdot \left(\frac{3}{4}\right)^{2009}$, und aus (1) folgt

$$y_{2009} = y_0 \cdot \left(-\frac{4}{3}\right)^{2009} = \frac{4}{21} = \frac{5}{6} - \frac{9}{14},$$

also $x_{2009} = \frac{5}{6}$ und $x_{2010} = \frac{7}{18}$. Dabei liegen für $n = 0, 1, \ldots, 2009$ wegen $\frac{9}{14} - \frac{1}{2} = \frac{1}{7}$ und $\left|y_0 \cdot \left(-\frac{4}{3}\right)^j\right| \leq \frac{1}{7}$ für $j \leq 2008$ alle Werte x_n im Intervall $\left[\frac{1}{2}, \frac{5}{6}\right]$, sodass die Anwendung von (1) gerechtfertigt ist.
Ersetzt man schließlich den Startwert x_0 durch den Wert x_1 der obigen Folge, so erhält man $x_{2009} = \frac{7}{18}$.
Mit den Schritten I bis IV ist nachgewiesen, dass $I = \left[\frac{7}{18}, \frac{5}{6}\right]$ das gesuchte Intervall ist.

2. Lösung. Die Funktion $f(x) = \frac{5}{6} - \frac{4}{3}\left|x - \frac{1}{2}\right|$ ist eine stetige Abbildung des Intervalls $[0, 1]$ in sich selbst. Unter Verwendung des Zwischenwertsatzes kann man wie folgt argumentieren: Wir bezeichnen mit $f^k[a, b]$ die Menge aller Werte, die sich durch k-malige Anwendung von f auf Werte aus $[a, b]$ ergeben. Dann ist $f^1[0, 1] = \left[\frac{1}{6}, \frac{5}{6}\right]$, da $f\left(\frac{1}{2}\right) = \frac{5}{6}$ und $f(0) = \frac{1}{6}$ gelten und da wegen $0 \leq \left|x - \frac{1}{2}\right| \leq \frac{1}{2}$ Werte außerhalb $\left[\frac{1}{6}, \frac{5}{6}\right]$ nicht erreicht werden können. Analog zeigt man $f^2[0, 1] = f^1\left[\frac{1}{6}, \frac{5}{6}\right] = \left[\frac{7}{18}, \frac{5}{6}\right] = I$. Wegen $\frac{1}{2}, \frac{5}{6} \in I$, $f\left(\frac{1}{2}\right) = \frac{5}{6}$ und $f\left(\frac{5}{6}\right) = \frac{7}{18}$ gilt nach dem Zwischenwertsatz $I \subset f^1(I)$. Wegen $I \subset \left[\frac{1}{6}, \frac{5}{6}\right]$ gilt aber auch $f^1(I) \subset I$ und damit $f^1(I) = I$. Somit ist $f^{2009}[0, 1] = f^{2007}(I) = I$. ◊

Aufgabe 491323

Für jede positive ganze Zahl n sei

$$x_n = \sqrt{n} + \sqrt{n+1}, \qquad y_n = \sqrt{4n+2}.$$

(a) Man beweise, dass stets $x_n < y_n$ gilt.

(b) Man beweise, dass x_n und y_n nicht ganzzahlig sind und dass auch zwischen x_n und y_n keine ganze Zahl liegt.

Lösung

(a) Für die Quadrate der positiven Zahlen x_n und y_n gilt

$$x_n^2 = 2n + 1 + 2\sqrt{n(n+1)}\,, \qquad y_n^2 = 4n + 2.$$

Aus der für alle positiven Zahlen n gültigen Abschätzung

$$0 < 4n(n+1) = 4n^2 + 4n < 4n^2 + 4n + 1 = (2n+1)^2$$

erhält man durch Wurzelziehen die Ungleichung

$$2\sqrt{n(n+1)} < 2n + 1.$$

Folglich ist

$$4n + 1 = 2n + 1 + 2n < 2n + 1 + 2\sqrt{n(n+1)} = x_n^2 < 2n + 1 + 2n + 1 = y_n^2. \quad (1)$$

Weil x_n und y_n positiv sind, folgt hieraus auch $x_n < y_n$.

(b) Wir nehmen nun an, dass zwischen x_n und y_n eine ganze Zahl m liegt, also $x_n < m < y_n$. Mit (1) folgt dann $4n + 1 < m^2 < 4n + 2$. Dies ist unmöglich, da m^2 ebenfalls eine ganze Zahl sein muss.
Weiterhin liegt x_n^2 nach (1) ebenfalls zwischen $4n + 1$ und $4n + 2$. Damit kann x_n^2 und somit auch x_n nicht ganzzahlig sein.
Schließlich ist $y_n^2 = 4n + 2$ keine Quadratzahl, denn jede Quadratzahl lässt bei Division durch 4 den Rest 0 oder 1. Damit kann auch y_n keine ganze Zahl sein, woraus die Behauptung folgt. ◇

Aufgabe 501333

Die Zahlenfolge $x_1, x_2, x_3, \ldots$ ist durch $x_1 = 1$ und die rekursive Vorschrift

$$x_{k+1} = x_k + \frac{1}{x_k} \quad \text{für} \quad k = 1, 2, \ldots$$

definiert.

(a) Man beweise, dass $x_{501333} > 1000$ gilt.

(b) Man berechne den ganzzahligen Anteil von x_{501333}.

Hinweis. Der *ganzzahlige Anteil* $\lfloor x \rfloor$ einer reellen Zahl x ist die eindeutig bestimmte ganze Zahl y mit $x - 1 < y \leq x$.

Lösungen

1. Lösung.

(a) Wir beweisen, dass für $k \geq 2$ die Ungleichung $x_k^2 \geq 2k$ gilt. Für $k = 2$ ist dies wegen $x_2 = 2$ sicher richtig.
Unter der Annahme, dass $x_k^2 \geq 2k$ für ein gewisses k gilt, folgt durch Quadrieren der Rekursionsgleichung

$$x_{k+1}^2 = \left(x_k + \frac{1}{x_k}\right)^2 = x_k^2 + 2 + \frac{1}{x_k^2} \geq x_k^2 + 2 \geq 2k + 2 = 2(k+1).$$

Nach dem Prinzip der vollständigen Induktion gilt die obige Behauptung somit für alle $k \geq 2$. Für $k = 501333$ erhält man speziell

$$x_{501333}^2 \geq 1002666 > 1002001 = 1001^2,$$

und weil alle x_k offensichtlich positiv sind ist $x_{501333} > 1001 > 1000$.

(b) Wir beweisen nun, dass die Zahlen x_k für alle $k \geq 2$ die Abschätzung

$$x_k \leq \sqrt{2k} + 2 - \sqrt{2} \tag{1}$$

erfüllen. Wiederholte Anwendung der rekursiven Vorschrift ergibt schrittweise

$$\begin{aligned} x_k &= x_{k-1} + \frac{1}{x_{k-1}} \\ &= x_{k-2} + \frac{1}{x_{k-2}} + \frac{1}{x_{k-1}} \\ &\vdots \\ &= x_2 + \frac{1}{x_2} + \frac{1}{x_3} + \cdots + \frac{1}{x_{k-1}}. \end{aligned}$$

Aus der Abschätzung im ersten Beweisschritt folgt nun

$$\begin{aligned} x_k &\leq 2 + \frac{1}{\sqrt{4}} + \frac{1}{\sqrt{6}} + \cdots + \frac{1}{\sqrt{2(k-1)}} \\ &\leq 2 + \frac{1}{\sqrt{2}}\left(\frac{1}{\sqrt{2}} + \frac{1}{\sqrt{3}} + \cdots + \frac{1}{\sqrt{k-1}}\right). \end{aligned} \tag{2}$$

Nun gilt für alle ganzen Zahlen n mit $n \geq 2$ die Ungleichung

$$\frac{1}{\sqrt{n}} \leq \frac{2}{\sqrt{n} + \sqrt{n-1}} = 2\left(\sqrt{n} - \sqrt{n-1}\right).$$

Setzt man dies in (2) ein, heben sich bis auf zwei alle Summanden in der Klammer auf, und es folgt

$$x_k \leq 2 + \sqrt{2}\left(\sqrt{k-1} - \sqrt{1}\right) < \sqrt{2k} + 2 - \sqrt{2}.$$

Für $k = 501333$ erhält man speziell

$$x_{501333} < \sqrt{1002666} + 2 - \sqrt{2}.$$

Mit $1002^2 = 1004004 > 1002666$ und $2 - \sqrt{2} < 0{,}6$ folgt weiter

$$\left(\sqrt{1002666}+2-\sqrt{2}\right)^2 < 1002666 + 2\cdot 1002\cdot 0{,}6 + 0{,}36 < 1003869 < 1002^2.$$

Mit der bereits oben gezeigten Abschätzung $x_{501333} > 1001$ erhalten wir schließlich

$$1001 < x_{501333} < 1002.$$

Der ganzzahlige Anteil von x_{501333} ist also gleich 1001.

2. Lösung.

(b) Wir zeigen mit vollständiger Induktion nach k, dass gilt

$$x_k \le \sqrt{2k} + \frac{1}{2} \quad \text{für alle} \quad k \ge 1. \tag{3}$$

Induktionsanfang. Für $k = 1$ gilt $x_1 = 1 \le \sqrt{2} + \frac{1}{2}$.

Induktionsschritt. Es sei k eine ganze Zahl mit $k \ge 1$, und es gelte $x_k \le \sqrt{2k} + \frac{1}{2}$. Wie oben gezeigt ist $x_k \ge 1$. Wegen

$$\left(a + \frac{1}{a}\right) - \left(b + \frac{1}{b}\right) = (a-b)\left(1 - \frac{1}{ab}\right)$$

ist die Funktion $t \mapsto t + \frac{1}{t}$ auf $[1, \infty)$ monoton steigend, woraus

$$x_{k+1} = x_k + \frac{1}{x_k} \le \left(\sqrt{2k} + \frac{1}{2}\right) + \frac{1}{\sqrt{2k} + \frac{1}{2}}$$

folgt. Unter Verwendung der dritten binomischen Formel erhalten wir

$$2 \le \sqrt{2k} + \sqrt{2k+2} = \frac{2}{\sqrt{2k+2} - \sqrt{2k}}$$

und Bilden des Kehrwerts ergibt

$$\frac{1}{2}\left(\sqrt{2k+2} - \sqrt{2k}\right) \le \frac{1}{2},$$

woraus sich weiter

$$\frac{1}{2}\left(\sqrt{2k+2} + \sqrt{2k}\right) \le \sqrt{2k} + \frac{1}{2}$$

ergibt. Erneute Kehrwertbildung führt auf

$$\frac{1}{\sqrt{2k} + \frac{1}{2}} \le \sqrt{2k+2} - \sqrt{2k}$$

und damit auf

$$\left(\sqrt{2k} + \frac{1}{2}\right) + \frac{1}{\sqrt{2k} + \frac{1}{2}} \le \sqrt{2k+2} + \frac{1}{2}.$$

Folglich haben wir insgesamt

$$x_{k+1} \leq \sqrt{2k+2} + \frac{1}{2},$$

was den Induktionsbeweis abschließt.

Einsetzen von $k = 501333$ in die gerade bewiesene Ungleichung ergibt unter Verwendung von

$$1002666 < 1003002 = 1001 \cdot 1002 = \left(1001 + \frac{1}{2}\right)^2 - \frac{1}{4}$$

die Abschätzung

$$x_{501333} \leq \sqrt{1002666} + \frac{1}{2} < 1001 + \frac{1}{2} + \frac{1}{2} = 1002.$$

Zusammen mit der bereits bewiesenen Abschätzung des Aufgabenteils (a) ergibt dies, dass der ganzzahlige Anteil von x_{501333} genau 1001 betragen muss.

3. Lösung.

(b) Für die Abschätzung nach oben soll nun wie in der zweiten Lösung die Ungleichung (3) gezeigt werden. Dazu betrachten wir die Folge $w_k = x_k - \frac{1}{2}$ und zeigen mittels vollständiger Induktion

$$w_k^2 \leq 2k \quad \text{für alle} \quad k \geq 1.$$

Induktionsanfang. Für $k = 1$ gilt $w_1^2 = \frac{1}{4} \leq 2$.

Induktionsschritt. Es sei k eine ganze Zahl mit $k \geq 1$, und es gelte $w_k^2 \leq 2k$. Weil offenbar die Folge der x_k streng monoton wachsend ist, gilt $w_k \geq \frac{1}{2}$ für alle $k \geq 1$. Nun ist

$$w_{k+1} = x_{k+1} - \frac{1}{2} = x_k + \frac{1}{x_k} - \frac{1}{2} = w_k + \frac{1}{w_k + \frac{1}{2}}.$$

Damit ergibt sich

$$\begin{aligned} w_{k+1}^2 &= w_k^2 + \frac{2w_k}{w_k + \frac{1}{2}} + \frac{1}{(w_k + \frac{1}{2})^2} \\ &= w_k^2 + 2 + \frac{1 - w_k - \frac{1}{2}}{(w_k + \frac{1}{2})^2} \\ &\leq w_k^2 + 2 \\ &\leq 2(k+1). \end{aligned}$$

Dies schließt den Induktionsbeweis ab.

Wie in der 2. Lösung kann nun durch Einsetzen von $k = 501333$ in die bewiesene Ungleichung auf $x_{501333} < 1002$ geschlossen werden.

4. Lösung.

(b) Wir betrachten die Folge $y_k = x_k^2$. Für diese gilt

$$y_{k+1} = y_k + 2 + \frac{1}{y_k} = y_{k-1} + 2 \cdot 2 + \frac{1}{y_k} + \frac{1}{y_{k-1}} = \cdots = y_2 + (k-1) \cdot 2 + \sum_{n=2}^{k} \frac{1}{y_n}.$$

Mit $y_2 = 4$ und der Abschätzung $y_n \geq 2n$ erhalten wir für y_k die obere Schranke

$$\begin{aligned} y_k &\leq 2k + \sum_{n=2}^{k-1} \frac{1}{2n} \\ &\leq 2k + \frac{1}{2} \cdot \sum_{n=2}^{k} \frac{1}{n} \\ &\leq 2k + \frac{1}{2} \int_1^k \frac{\mathrm{d}x}{x} = 2k + \frac{1}{2} \ln k = 2k + \ln \sqrt{k} \\ &\leq \left(\sqrt{2k} + \frac{\ln \sqrt{k}}{2\sqrt{2k}} \right)^2 . \end{aligned}$$

Die Abschätzung der Summen durch Integrale ist in Abb. L501333 veranschaulicht.

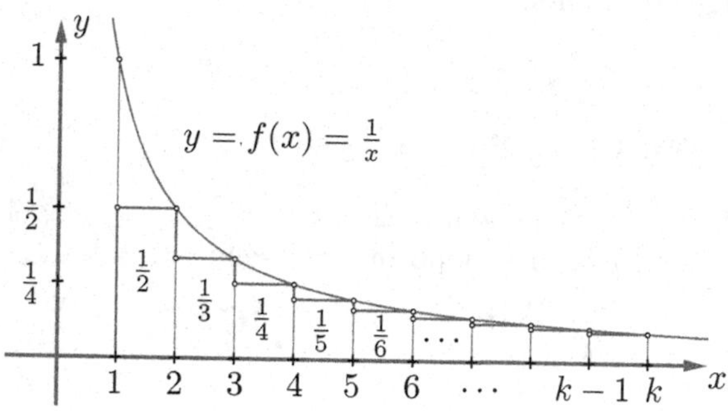

Abb. L501333: Zur Abschätzung der Summen durch Integrale

Damit gilt dann wegen $2\sqrt{2 \cdot 501333} > 2 \cdot 1000$ und $\ln \sqrt{501333} < \ln(1000) < 10$ die Abschätzung

$$x_{501333} = \sqrt{y_{501333}} \leq \sqrt{1002666} + \frac{10}{2000} < 1002.$$

Folglich ist der ganzzahlige Teil von x_{501333} gleich 1001. ◇

6.2 Periodizität

Eine Folge (x_n) heißt *periodisch*, wenn es eine positive ganze Zahl p derart gibt, dass

$$x_{n+p} = x_n, \tag{6.10}$$

für alle ganzen Zahlen $n = 0, 1, 2, \ldots$ gilt. Wenn (6.10) nur für hinreichend große ganze Zahlen n erfüllt ist, so heißt die Folge (x_n) *vorperiodisch* oder *prä-periodisch*. Jede positive Zahl p, die (6.10) erfüllt, wird als *Periode* der Folge bezeichnet. Wenn p eine Periode ist, dann ist für jede positive ganze Zahl k auch kp eine Periode. Jede periodische Folge hat eine kleinste Periode, die man auch als *primitive Periode* bezeichnet.

Um nachzuweisen, dass jede Periode q einer Folge (x_n) ein ganzzahliges Vielfaches ihrer primitiven Periode p ist, stellen wir zuerst fest, dass es eine positive ganze Zahl k derart gibt, dass $kp \le q < (k+1)p$ gilt. Da p und q Perioden von (x_n) sind, ist für alle positiven ganzen Zahlen m

$$x_{m+(q-kp)} = x_{m+(q-kp)+p} = x_{m+(q-kp)+2p} = \cdots = x_{m+(q-kp)+kp} = x_{m+q} = x_m.$$

Falls kp kleiner als q sein würde, wäre die Folge (x_n) periodisch mit der (positiven) Periode $q - kp$, die kleiner als p ist. Da dies unmöglich ist, folgt $q = kp$.

Rekursive periodische Folgen. Es ist leicht einzusehen, dass eine rekursive Folge (x_n) der Ordnung m genau dann mit der Periode p periodisch ist, wenn

$$x_{n+p} = x_n, \quad n = 1, 2, \ldots, m$$

gilt. Manchmal kann diese Tatsache in Verbindung mit dem DIRICHLET'schen Schubfachprinzip genutzt werden.

Ganzzahlige periodische Folgen. Es sei (x_n) eine Folge ganzer Zahlen, die durch eine Rekursion der Ordnung m definiert ist. Ferner sei y_n die Folge der Reste, die x_n bei Division durch eine positive ganze Zahl k lässt. Dann ist (y_n) vorperiodisch.

Dieses Resultat ergibt sich aus dem Schubfachprinzip: Die Anzahl der m-Tupel $(a_1, a_2, \ldots, a_m)$ ganzer Zahlen mit $0 \le a_j < k$ ist endlich. Daher müssen für gewisse n und $p \ge 1$ die beiden m-Tupel

$$(y_{n+1}, y_{n+2}, \ldots, y_{n+m}), \qquad (y_{n+1+p}, y_{n+2+p}, \ldots, y_{n+m+p})$$

der Reste übereinstimmen. Da sich diese Übereinstimmung durch die Rekursion für wachsendes n fortsetzt, hat die verkürzte Folge (y_k) mit $k = n, n+1, \ldots$ die Periode p.

Aufgabe 441334

Gegeben seien reelle Zahlen a, x_0 und y_0. Durch die rekursive Vorschrift

$$x_{n+1} = a(x_n - y_n)$$
$$y_{n+1} = a(x_n + y_n)$$

mit $n = 0, 1, 2, \ldots$ werden zwei Folgen (x_k) und (y_k) definiert. Man bestimme in Abhängigkeit von x_0 und y_0 alle Zahlen a, für die die Folge (x_k) periodisch ist.

Lösungen

1. Lösung. Durch zweimalige Anwendung der rekursiven Vorschrift folgt für alle nichtnegativen ganzen Zahlen k

$$x_{k+2} = a\,(x_{k+1} - y_{k+1}) = a^2\,(x_k - y_k - x_k - y_k) = -2a^2\,y_k$$

und

$$y_{k+2} = a\,(x_{k+1} + y_{k+1}) = a^2\,(x_k - y_k + x_k + y_k) = 2a^2\,x_k.$$

Daraus erhält man

$$x_{k+4} = -2a^2\,y_{k+2} = -4a^4\,x_k$$

und schließlich

$$x_{k+8} = -4a^4\,x_{k+4} = 16a^8\,x_k. \tag{1}$$

Falls $16a^8 = 1$ gilt, ist die Folge (x_k) also periodisch und besitzt die Periode $p = 8$. Um alle Möglichkeiten der Periodizität von (x_k) zu erfassen, unterscheiden wir nun die folgenden Fälle.

Fall 1. Ist $a = 0$, so folgt aus der Rekursionsvorschrift $x_k = y_k = 0$ für alle positiven ganzen k und die Folge (x_k) ist genau dann periodisch, wenn $x_0 = 0$ ist.

Fall 2a. Ist $0 < 16a^8 < 1$ und $x_0 \neq 0$, so folgt aus (1), indem man der Reihe nach $k = 0, 8, 16, \ldots$ einsetzt,

$$|x_0| > |x_8| > |x_{16}| > \ldots. \tag{2}$$

Die Folge (x_k) kann somit nicht periodisch sein, weil dann $|x_k|$ nur endlich viele verschiedene Werte annehmen würde.

Fall 2b. Ist $0 < 16a^8 < 1$, $x_0 = 0$ und $y_0 \neq 0$, so folgt zunächst aus der ersten rekursiven Beziehung $x_1 = -ay_0 \neq 0$ und weiter aus (1), der Reihe nach mit $k = 1, 9, 17, \ldots$,

$$|x_1| > |x_9| > |x_{17}| > \ldots, \tag{3}$$

was erneut der Periodizität widerspricht.

Fall 2c. Ist $0 < 16a^8 < 1$ und $x_0 = y_0 = 0$, so folgt $x_k = 0$ für alle k. Die Folge (x_k) besitzt also die Periode 1.

Fall 3. Für $16a^8 = 1$, also $a = \pm\sqrt{2}/2$, wurde oben bereits gezeigt, dass (x_k) die Periode 8 besitzt.

Fall 4. Für $16a^8 > 1$ argumentiert man analog zu den oben betrachteten Fällen mit $0 < 16a^8 < 1$, wobei lediglich in (2) und (3) die Relationszeichen umzukehren sind.

Weil die obige Fallunterscheidung vollständig ist, ist die Folge (x_k) genau dann periodisch, wenn einer der folgenden Fälle eintritt:

a) Ist $x_0 = y_0 = 0$, so kann a eine beliebige reelle Zahl sein.
b) Ist $x_0 = 0$ und $y_0 \neq 0$, so muss $a = \sqrt{2}/2$, $a = -\sqrt{2}/2$ oder $a = 0$ sein.
c) Ist $x_0 \neq 0$, so muss $a = \sqrt{2}/2$ oder $a = -\sqrt{2}/2$ sein.

2. Lösung. *Schritt I.* Quadrieren beider Gleichungen der rekursiven Bildungsvorschrift und ihre Addition liefert für alle nichtnegativen ganzen n die Gleichung

$$x_{n+1}^2 + y_{n+1}^2 = 2a^2(x_n^2 + y_n^2). \tag{4}$$

Mit vollständiger Induktion über n beweisen wir hieraus

$$x_n^2 + y_n^2 = (2a^2)^n(x_0^2 + y_0^2). \tag{5}$$

Dabei ist als Induktionsanfang die Gleichung für $n = 0$ eine wahre Aussage und die Induktionsbehauptung ergibt sich direkt aus (4) und der Induktionsvoraussetzung.

Schritt II. Es sei $a = 0$. Dann gilt $x_k = y_k = 0$ für alle positiven ganzen k und die Folge (x_k) ist genau dann periodisch, wenn $x_0 = 0$ ist.

Schritt III. Es sei $a \neq 0$. Wir zeigen, dass sich aus der Periodizität der Folge (x_n) auch die Periodizität von (y_n) ergibt. Es folgt sogar aus $x_{k+p} = x_k$ für alle k, dass $y_{k+p} = y_k$ für alle k gilt, denn aus der ersten Gleichung der Rekursionsvorschrift erhalten wir

$$ay_{k+p} = ax_{k+p} - x_{k+1+p} = ax_k - x_{k+1} = ay_k.$$

Wir wählen jetzt $n = p$ in (5), so dass

$$x_0^2 + y_0^2 = x_p^2 + y_p^2 = (2a^2)^p(x_0^2 + y_0^2).$$

Für $x_0^2 + y_0^2 > 0$ ergibt sich also zwingend $a = \sqrt{2}/2$ oder $a = -\sqrt{2}/2$.

Schritt IV. Mit den Schritten I bis III lassen sich jetzt die möglichen Werte von a angeben, für die (x_k) periodisch sein kann:

(a) Falls $x_0 = y_0 = 0$ ist, kann die Folge (x_k) für alle reellen a periodisch sein.
(b) Falls $x_0 = 0$ und $y_0 \neq 0$ ist, so kann die Folge (x_k) nur für $a = \sqrt{2}/2$, $a = -\sqrt{2}/2$ und $a = 0$ periodisch sein.
(c) Falls $x_0 \neq 0$ ist, so kann die Folge (x_k) nur für $a = \sqrt{2}/2$ und $a = -\sqrt{2}/2$ periodisch sein.

Schritt V. Es ist noch zu beweisen, dass für die in Schritt IV angegebenen Werte von a wirklich periodische Folgen (x_k) vorliegen:

(a) Aus $x_0 = y_0 = 0$ folgt $x_k = y_k = 0$ für alle k, also sind die Folgen auch periodisch.

(b) Für $a = 0$ und $x_0 = 0$ ergibt sich sofort die Folge (x_k) mit $x_k = 0$ für alle nichtnegativen k.

(c) Es sei jetzt $a = \pm\sqrt{2}/2$ und x_0, y_0 beliebig. Wir zeigen, dass für die Folge (x_k) stets $x_{k+8} = x_k$ für alle k gilt.

Dazu schreiben wir mit der rekursiven Bildungsvorschrift

$$\begin{aligned} x_{k+4} &= a(x_{k+3} - y_{k+3}) = a^2(x_{k+2} - y_{k+2} - x_{k+2} - y_{k+2}) = -2a^2 y_{k+2} \\ &= -2a^3(x_{k+1} + y_{k+1}) = -2a^4(x_k - y_k + x_k + y_k) = -4a^4 x_k \end{aligned}$$

und erhalten schließlich

$$x_{k+8} = -4a^4 x_{k+4} = 16a^8 x_k = x_k.$$

Bemerkung. Die obige Lösung erschließt sich auch aus folgender geometrischer Deutung: Hat im kartesischen x-y-Koordinatensystem der Punkt P_k die Koordinaten (x_k, y_k), so entsteht P_{k+1} aus P_k durch eine Drehung um $\pi/4$ und eine Streckung um $\sqrt{2}a$. Aus dieser Interpretation ist auch eine explizite Form der Folgen ersichtlich. Es gilt nämlich

$$\begin{aligned} x_k &= (\sqrt{2}a)^k \Big(x_0 \cos\frac{k\pi}{4} - y_0 \sin\frac{k\pi}{4}\Big), \\ y_k &= (\sqrt{2}a)^k \Big(x_0 \sin\frac{k\pi}{4} + y_0 \cos\frac{k\pi}{4}\Big), \end{aligned}$$

wie man durch vollständige Induktion ebenfalls beweisen kann. 

Aufgabe 441346

Eine Folge reeller Zahlen $x_0, x_1, x_2, \ldots$ heißt periodisch mit der (positiven ganzzahligen) Periode p, falls für alle nichtnegativen ganzen Zahlen n gilt $x_{n+p} = x_n$.

(a) Man beweise, dass eine Folge mit der Periode 2 existiert, die der rekursiven Vorschrift

$$x_{n+1} = x_n - \frac{1}{x_n}, \quad n = 0, 1, 2, \ldots \tag{1}$$

genügt.

(b) Man zeige, dass es auch zu jeder ganzen Zahl $p > 2$ eine periodische Folge mit der kleinsten Periode p gibt, die der Vorschrift (1) genügt.

Lösung

Die Funktion f sei für alle reellen Zahlen $x \neq 0$ durch

$$f(x) = x - \frac{1}{x}$$

definiert. Wir bezeichnen mit f^n die n-te Iterierte von f, also sei

$$f^1(x) = f(x), \quad f^{n+1}(x) = f\big(f^n(x)\big) \quad \text{für } n = 1, 2, \ldots$$

Mit dieser Definition lässt sich die in der Aufgabenstellung gegebene Bildungsvorschrift in der Form $x_n = f^n(x_0)$ schreiben. Ist die Folge (x_n) periodisch mit der Periode p, so gilt insbesondere $x_p = f^p(x_0) = x_0$. Umgekehrt erhält man aus

$$f^p(x_0) = x_0 \tag{2}$$

die Periodizität von (x_n) mit der Periode p, denn aus (2) folgt durch n-maliges Anwenden der Funktion f

$$x_{n+p} = f^{n+p}(x_0) = f^n\big(f^p(x_0)\big) = f^n(x_0) = x_n, \quad n = 0, 1, 2, \ldots$$

Die Folge (x_n) ist also genau dann periodisch mit der Periode p, wenn (2) gilt.

(a) Zum Beweis der Aussage (a) bestimmen wir eine Lösung der Gleichung

$$f^2(x) = x\,.$$

Die Funktion f^2 ist für $x \neq -1, 0, 1$ definiert und es gilt

$$f^2(x) = f\big(f(x)\big) = f\left(x - \frac{1}{x}\right) = x - \frac{1}{x} - \frac{1}{x - 1/x} = x - \frac{2\,x^2 - 1}{x\,(x^2 - 1)}.$$

Die Gleichung $f^2(x) = x$ ist deshalb äquivalent zu $2\,x^2 - 1 = 0$ und diese quadratische Gleichung besitzt die Nullstellen $\pm\frac{1}{2}\sqrt{2}$. Tatsächlich sind beide Nullstellen die Anfangsglieder je einer periodischen Folge (x_n) mit der Periode 2.

(b) Es sei nun $p = n + 2$ mit einer positiven ganzen Zahl n. Wir betrachten die Einschränkung von f auf die positive reelle Achse $\mathbb{R}^+$. Diese Funktion ist streng monoton wachsend, denn für $0 < x < y$ gilt

$$f(y) - f(x) = y - \frac{1}{y} - x + \frac{1}{x} = (y - x)\left(1 + \frac{1}{xy}\right) > 0.$$

Die Gleichung $f(x) = y$ besitzt für jede reelle Zahl y genau zwei verschiedene reelle Lösungen, nämlich

$$x = \frac{1}{2}\left(y \pm \sqrt{y^2 + 4}\right),$$

wovon genau die größere positiv ist. Die Umkehrfunktion der Einschränkung von f auf $\mathbb{R}^+$ ist deshalb durch

$$f^{-1}\colon \mathbb{R} \to \mathbb{R}^+,\ f^{-1}(y) = \frac{1}{2}\left(y + \sqrt{y^2+4}\right)$$

gegeben. Diese Funktion ist ebenfalls stetig und streng monoton wachsend. Wir bezeichnen mit f^{-n} die n-te Iterierte dieser Funktion.

Wir untersuchen jetzt die Bildmengen verschiedener Intervalle unter den Abbildungen $f\colon \mathbb{R}\setminus\{0\} \to \mathbb{R}$ und $f^{-1}\colon \mathbb{R} \to \mathbb{R}^+$. Für das Intervall $I = [1/\sqrt{2}, 1)$ gilt $f(I) = [-1/\sqrt{2}, 0)$ und

$$f^2(I) = f\big([-1/\sqrt{2}, 0)\big) = [1/\sqrt{2}, +\infty).$$

Bezeichnet $I_n = [a_n, b_n)$ das Bildintervall von I unter der Abbildung f^{-n}, also $I_n = f^{-n}(I)$, so gilt

$$f^{n+2}(I_n) = f^2\big(f^n(I_n)\big) = f^2(I) = [1/\sqrt{2}, +\infty). \tag{3}$$

Weil $f^{-1}(y) > y$ für $y > 0$, ist I_n im Intervall $[1/\sqrt{2}, +\infty)$ enthalten. Es gilt also

$$f^{n+2}(a_n) = f^2\big(f^n(a_n)\big) = f^2\left(\frac{1}{2}\sqrt{2}\right) = \frac{1}{2}\sqrt{2} \le a_n.$$

Weil die Funktion f^{n+2} nach (3) auf I_n beliebig große Werte annimmt, gibt es ein $c_n \in I_n = [a_n, b_n)$ mit

$$f^{n+2}(c_n) > b_n > c_n.$$

Für die auf I_n durch

$$g(x) = f^{n+2}(x) - x$$

definierte stetige Funktion g gilt folglich

$$g(a_n) \le 0, \qquad g(c_n) > 0.$$

Nach dem Zwischenwertsatz muss somit ein $x_0 \in I_n$ existieren, für das $g(x_0) = 0$ ist. Die mit dem Startwert x_0 und der gegebenen Rekursionsvorschrift gebildete Folge (x_n) ist dann periodisch mit der Periode p, denn es gilt

$$f^p(x_0) = f^{n+2}(x_0) = g(x_0) + x_0 = x_0.$$

Um nachzuweisen, dass p die kleinste Periode von (x_n) ist, bemerken wir, dass gilt

$$x_0 > x_1 > x_2 > \cdots > x_{n-1} > 1 > x_n > \frac{1}{2}\sqrt{2} > 0 > x_{n+1} > -\frac{1}{2}\sqrt{2},$$

also sind alle Folgeglieder $x_0, x_1, \ldots, x_{p-1}$ paarweise voneinander verschieden. ◇

Aufgabe 321232

Es sei p eine Primzahl. Man beweise, dass es eine reelle Zahl c derart gibt, dass die Folge (x_n), die durch $x_1 = c$ und

$$x_{n+1} = x_n^2 + c \qquad (n = 1, 2, 3, \dots) \tag{1}$$

definiert ist, mit der Periode p periodisch ist.

Lösung

Schritt I. Wenn die durch $x_1 = c$ und (1) definierte Folge periodisch mit der Periode $p > 0$ ist, dann gilt

$$c = x_1 = x_{p+1} = x_p^2 + c,$$

d. h. $x_p = 0$. Umgekehrt gilt: Wenn $x_p = 0$ für irgendein p ist, dann ist (x_n) periodisch mit der Periode p. Und zwar folgt aus

$$x_{p+1} = x_p^2 + c = c = x_1$$

und $x_{p+k} = x_k$ für irgendein k, dass

$$x_{p+k+1} = x_{p+k}^2 + c = x_k^2 + c = x_{k+1}$$

gilt. Mittels Induktion ergibt dies $x_{p+n} = x_n$ für alle $n = 1, 2, \dots$.

Schritt II. Nun wird gezeigt, dass es für jede ganze Zahl $n = 2, 3, \dots$ ein Polynom f_n ungeraden Grades mit $f_n(0) = 1$ derart gibt, dass für alle c die Folge (x_n), die durch $x_1 = c$ und die Rekursion (1) definiert ist, die Darstellung $x_n = c\, f_n(c)$ hat. Für $n = 2$ ist $x_2 = c(c+1)$. Daher hat $f_2(x) = x + 1$ die verlangten Eigenschaften. Angenommen es existiert ein geeignetes f_k mit ungeradem Grad d für irgendein $n = k$. Dann hat das Polynoml f_{k+1}, das durch

$$f_{k+1}(x) = x\,(f_k(x))^2 + 1$$

definiert ist, den (ungeraden) Grad $2d + 1$ und es erfüllt $f_{k+1}(0) = 1$ sowie

$$c\, f_{k+1}(c) = c\,\left(c\,(f_k(c))^2 + 1\right) = (c\, f_k(c))^2 + c = x_k^2 + c = x_{k+1}.$$

Die Existenz von f_k für alle $k = 2, 3, \dots$ ergibt sich nun durch Induktion.

Schritt III. Es sei p eine Primzahl. Das im zweiten Schritt konstruierte Polynom f_p hat ungeraden Grad und daher kann man c als eine reelle Nullstelle von f_p wählen. Dann ist $x_p = c\, f_p(c) = 0$. Dies zeigt, dass die entsprechende Folge (x_n) die Periode p hat.

Schritt IV. Es bleibt zu zeigen, dass (x_n) keine Periode q mit $0 < q < p$ hat. Dazu sei q die kleinste (positive) Periode von (x_n). Dann gibt es eine positive ganze Zahl

m derart, dass $mq \leq p < (m+1)q$ gilt. Da q und p Perioden von (x_n) sind, ist

$$x_{k+(p-mq)} = x_{k+(p-mq)+q} = x_{k+(p-mq)+2q} = \cdots = x_{k+(p-mq)+mq} = x_{k+p} = x_k$$

für alle positiven ganzen Zahlen k. Wenn mq kleiner als p wäre, so würde die Folge (x_k) mit der positiven Periode $p - mq < q$ periodisch sein. Dieser Widerspruch zeigt, dass $p = mq$ sein muss. Da p Primzahl ist, ist entweder $m = 1$ oder $q = 1$. Im ersten Fall ist $p = q$ die kleinste Periode. Der zweite Fall kann ausgeschlossen werden, da dann (nach Schritt I und Schritt II) $c = x_1 = 0$ eine Nullstelle von f_p wäre; es ist aber $f_p(0) = 1$. ◇

6.3 Summen und Produkte

Die *Summe* s_n und das *Produkt* p_n der (endlichen) Folge $a_1, a_2, \ldots, a_n$,

$$s_n = \sum_{k=1}^{n} a_k = a_1 + a_2 + \cdots + a_n, \quad p_n = \prod_{k=1}^{n} a_k = a_1 \cdot a_2 \cdot \cdots \cdot a_n,$$

können rekursiv durch $s_1 = p_1 = a_1$ und

$$s_{k+1} = s_k + a_k, \quad p_{k+1} = p_k \cdot a_k, \qquad k = 1, \ldots, n-1$$

definiert werden. Viele Summen lassen sich explizit berechnen. So gilt für die Summe der ersten n natürlichen Zahlen

$$1 + 2 + \cdots + n = \frac{1}{2}\, n(n+1),$$

womit sich die Summe

$$a + (a+d) + (a+2d) + \cdots + \big(a + (n-1)d\big) = an + \frac{d}{2}\,(n-1)n$$

der allgemeinen *arithmetischen Folge* $a, a+d, a+2d, \ldots, a+(n-1)d$ leicht bestimmen lässt. Auch die Kenntnis der Formel für Summen *geometrischer Folgen*,

$$a + aq + aq^2 + \cdots + aq^n = a\,\frac{q^{n+1}-1}{q-1}, \quad q \neq 1,$$

und der Summe der Quadratzahlen

$$1^2 + 2^2 + \cdots + n^2 = \frac{1}{6}\, n(n+1)(2n+1)$$

kann hilfreich sein. *Teleskopsummen* können so umgeformt werden, dass sich benachbarte Glieder aufheben, so dass ihr Wert nur von den Anfangs- und Endgliedern der Folge abhängt. Ein einfaches Beispiel dieser Art ist

$$\frac{1}{1\cdot 2}+\frac{1}{2\cdot 3}+\cdots+\frac{1}{(n-1)\cdot n}=\left(\frac{1}{1}-\frac{1}{2}\right)+\left(\frac{1}{2}-\frac{1}{3}\right)+\cdots+\left(\frac{1}{n-1}-\frac{1}{n}\right)=1-\frac{1}{n},$$

ein anspruchsvolleres nutzt die Identität $(\sqrt{k}+\sqrt{k-1})(\sqrt{k}-\sqrt{k-1})=1$,

$$\begin{aligned}&\frac{1}{\sqrt{1}+\sqrt{2}}+\frac{1}{\sqrt{2}+\sqrt{3}}+\cdots+\frac{1}{\sqrt{n-1}+\sqrt{n}}\\&\quad=(\sqrt{2}-\sqrt{1})+(\sqrt{3}-\sqrt{2})+\cdots+(\sqrt{n}-\sqrt{n-1})=\sqrt{n}-1.\end{aligned}$$

Genügen die Folgeglieder a_k einer rekursiven Vorschrift (6.3) der Ordnung m, so kann man durch Einsetzen der Darstellung $a_k = s_k - s_{k-1}$ eine Rekursion der Ordnung $m+1$ für die Summen s_k ableiten. Für lineare Rekursionen lassen sich damit weitere explizite Summenformeln gewinnen.

Produkte kommen in Olympiade-Aufgaben eher selten vor. Diese können dann meist mit ähnlichen Methoden behandelt werden (Teleskopprodukt, vollständige Induktion).

Aufgabe 201245

Für jede natürliche Zahl $n \geq 1$ sei

$$f(n)=\sum_{k=1}^{n^2}\frac{n-\lfloor\sqrt{k-1}\rfloor}{\sqrt{k}+\sqrt{k-1}} \tag{1}$$

Man ermittle einen geschlossenen Ausdruck für $f(n)$ (d. h. einen Ausdruck, der $f(n)$ in Abhängigkeit von n so darstellt, dass zu seiner Bildung nicht wie in (1) eine von n abhängende Anzahl von Rechenoperationen benötigt wird.)

Hinweis. Der *ganzzahlige Anteil* $\lfloor x\rfloor$ einer reellen Zahl x ist die eindeutig bestimmte ganze Zahl y mit $x-1<y\leq x$.

Lösungen

1. Lösung. Für alle nicht negativen Zahlen n gilt

$$\begin{aligned}f(n)-f(n-1)&=\sum_{k=1}^{n^2}\frac{n-\lfloor\sqrt{k-1}\rfloor}{\sqrt{k}+\sqrt{k-1}}-\sum_{k=1}^{(n-1)^2}\frac{n-1-\lfloor\sqrt{k-1}\rfloor}{\sqrt{k}+\sqrt{k-1}}\\&=\sum_{k=(n-1)^2+1}^{n^2}\frac{n-\lfloor\sqrt{k-1}\rfloor}{\sqrt{k}+\sqrt{k-1}}+\sum_{k=1}^{(n-1)^2}\frac{1}{\sqrt{k}+\sqrt{k-1}}.\end{aligned}$$

Wenn $(n-1)^2 \leq k-1 < n^2$ ist, dann gilt $\lfloor\sqrt{k-1}\rfloor = n-1$ und unter Verwendung der dritten binomischen Formel erhält man die Teleskopsumme

$$f(n) - f(n-1) = \sum_{k=1}^{n^2} \frac{1}{\sqrt{k}+\sqrt{k-1}} = \sum_{k=1}^{n^2} \frac{\sqrt{k}-\sqrt{k-1}}{k-(k-1)} = \sum_{k=1}^{n^2} \sqrt{k}-\sqrt{k-1} = n.$$

Folglich ist $f(n) = f(n-1) + n$ für alle $n \geq 2$ und mit $f(1) = 1$ erhält man

$$\begin{aligned} f(n) &= n + f(n-1) = n + (n-1) + f(n-2) = \ldots \\ &= n + (n-1) + (n-2) + \cdots + 2 + 1 = \frac{n\,(n+1)}{2}. \end{aligned}$$

2. Lösung. Wenn man die Summe in n Teilsummen zerlegt, die sich jeweils von einer Quadratzahl bis zur nächsten erstrecken, erhält man direkt

$$\begin{aligned} f(n) &= \sum_{m=1}^{n} \sum_{k=(m-1)^2+1}^{m^2} \frac{n-\lfloor\sqrt{k-1}\rfloor}{\sqrt{k}+\sqrt{k-1}} = \sum_{m=1}^{n} \sum_{k=(m-1)^2+1}^{m^2} \frac{n-(m-1)}{\sqrt{k}+\sqrt{k-1}} \\ &= \sum_{m=1}^{n} (n-m+1) \cdot \sum_{k=(m-1)^2+1}^{m^2} \left(\sqrt{k}-\sqrt{k-1}\right) \\ &= \sum_{m=1}^{n} (n-m+1)(m-(m-1)) = \sum_{m=1}^{n} (n+1-m) \\ &= n\,(n+1) - \sum_{m=1}^{n} m = n\,(n+1) - \frac{n\,(n+1)}{2} = \frac{n\,(n+1)}{2}. \end{aligned}$$

◇

Aufgabe 091234

Man beweise, dass der Wert des Produkts

$$p = \frac{1}{2} \cdot \frac{3}{4} \cdot \frac{5}{6} \cdot \ldots \cdot \frac{2n-1}{2n} \cdot \ldots \cdot \frac{2499}{2500}$$

kleiner als $1/50$ ist.

Lösung

Mit den Definitionen

$$p_m = \prod_{n=1}^{m} \frac{2n-1}{2n} \quad \text{und} \quad q_m = \prod_{n=1}^{m} \frac{2n}{2n+1}$$

erhält man $p = p_{1250}$ und $p_m\, q_m = 1/(2m+1)$. Die Abschätzung

$$\frac{2n-1}{2n} < \frac{2n}{2n+1} \quad \text{für alle } n = 1, 2, \ldots$$

impliziert $p_m < q_m$, und dies führt zu

$$p_m^2 < p_m\, q_m = 1/(2m+1).$$

Wegen $p_m > 0$ folgt $p_m < 1/\sqrt{2m+1}$ und speziell ist $p < 1/\sqrt{2501} < 1/\sqrt{2500} = 1/50$.

Bemerkung. Mit dem oben definierten Produkt p_m erhält man

$$p_m = \Big(\prod_{n=1}^{m}(2n-1)(2n)\Big)\Big/\prod_{n=1}^{m}(2n)^2 = (2m)!/2^{2m}\,(m!)^2 = 4^{-m}\binom{2m}{m}.$$

Unter Benutzung der Ungleichung von STIRLING (siehe beispielsweise [36], S. 357ff.)

$$\sqrt{2\pi k}\left(\frac{k}{\mathrm{e}}\right)^k < k! < \sqrt{2\pi k}\left(\frac{k}{\mathrm{e}}\right)^k \mathrm{e}^{1/12k}, \qquad k = 1, 2, \ldots$$

kann die Abschätzung aus der ersten Lösung verbessert werden. Konkret ist

$$\frac{\sqrt{4\pi m}\,(2m/\mathrm{e})^{2m}}{2\pi m\,(m/\mathrm{e})^{2m}\,\mathrm{e}^{1/6m}} < \binom{2m}{m} < \frac{\sqrt{4\pi m}\,(2m/\mathrm{e})^{2m}\,\mathrm{e}^{1/24m}}{2\pi m\,(m/\mathrm{e})^{2m}}.$$

Kürzen und Division durch 4^m führt auf

$$\frac{1}{\sqrt{\pi m}\,\mathrm{e}^{1/6m}} < p_m < \frac{\mathrm{e}^{1/24m}}{\sqrt{\pi m}}.$$

Setzt man $m = 1250$ erhält man

$$\frac{1}{50}\,\frac{1}{\mathrm{e}^{1/7500}}\sqrt{\frac{2}{\pi}} < p < \frac{1}{50}\,\mathrm{e}^{1/3000}\sqrt{\frac{2}{\pi}} < \frac{1}{50}.$$

Mit Hilfe eines Rechners findet man die Abschätzung $0{,}01595 < p < 0{,}01596$. ◇

Aufgabe 371345

Die Zahlenfolge (a_n) ist gegeben durch $a_0 = 0$, $a_1 = 1$ sowie durch $a_{k+2} = a_{k+1} + a_k$ für jede ganze Zahl $k \geq 0$. Man beweise, dass für jede ganze Zahl $n \geq 0$ die Ungleichung

$$\sum_{k=0}^{n} \frac{a_k}{2^k} < 2$$

gilt.

Lösungen

1. Lösung. Wir zeigen durch Induktion, dass

$$s_n = \sum_{k=0}^{n} \frac{a_k}{2^k} = 2 - \frac{a_{n+3}}{2^n} \tag{1}$$

gilt. Wegen $a_2 = 1$, $a_3 = 2$ und $s_0 = 0$ ist diese Aussage für $n = 0$ wahr, denn es gilt $s_0 = 0 = 2 - a_3$. Wenn (1) für irgendeine natürliche Zahl n gilt, dann folgt

$$\begin{aligned} s_{n+1} &= \sum_{k=0}^{n+1} \frac{a_k}{2^k} = \sum_{k=0}^{n} \frac{a_k}{2^k} + \frac{a_{n+1}}{2^{n+1}} = 2 - \frac{a_{n+3}}{2^n} + \frac{a_{n+1}}{2^{n+1}} \\ &= 2 - \frac{2a_{n+3} - a_{n+1}}{2^{n+1}} \\ &= 2 - \frac{a_{n+4}}{2^{n+1}}, \end{aligned}$$

wobei $a_{n+4} = a_{n+3} + a_{n+2} = 2a_{n+3} - a_{n+3} + a_{n+2} = 2a_{n+3} - (a_{n+2} + a_{n+1}) + a_{n+2} = 2a_{n+3} - a_{n+1}$ benutzt wurde. Damit ist gezeigt, dass (1) für $n + 1$ und mittels Induktion auch für alle natürlichen Zahlen gilt. Da, wieder durch Induktion, alle Zahlen a_k nicht negativ sind, folgt die Gültigkeit der Behauptung.

Bemerkung. Eine Vermutung für die Darstellung (1) kann man auch aus den berechneten Werten der ersten Elemente der Folge (s_n) gewinnen. Diese sind

$$s_0 = 0,\ s_1 = \frac{1}{2},\ s_2 = \frac{3}{4},\ s_3 = \frac{8}{8},\ s_4 = \frac{19}{16},\ s_5 = \frac{43}{32},\ s_6 = \frac{94}{64},\ s_7 = \frac{201}{128},\ \ldots$$

2. Lösung. Die Zahlen (a_k) sind die FIBONACCI-Zahlen. Benutzt man ihre explizite Darstellung

$$a_k = \frac{1}{\sqrt{5}} \left(\left(\frac{1+\sqrt{5}}{2} \right)^k - \left(\frac{1-\sqrt{5}}{2} \right)^k \right),$$

und die Summenformel für geometrische Reihen, erhält man

$$\begin{aligned} s_n &= \sum_{k=0}^{n} \frac{a_k}{2^k} = \frac{1}{\sqrt{5}} \sum_{k=0}^{n} \left(\left(\frac{1+\sqrt{5}}{4} \right)^k - \left(\frac{1-\sqrt{5}}{4} \right)^k \right) \\ &= \frac{1}{\sqrt{5}} \left(\frac{1 - \left(\frac{1+\sqrt{5}}{4}\right)^{n+1}}{1 - \frac{1+\sqrt{5}}{4}} - \frac{1 - \left(\frac{1-\sqrt{5}}{4}\right)^{n+1}}{1 - \frac{1-\sqrt{5}}{4}} \right) \\ &= \frac{4}{\sqrt{5}} \left(\frac{1 - \left(\frac{1+\sqrt{5}}{4}\right)^{n+1}}{3 - \sqrt{5}} - \frac{1 - \left(\frac{1-\sqrt{5}}{4}\right)^{n+1}}{3 + \sqrt{5}} \right) \end{aligned}$$

$$s_n = 2 - \frac{3+\sqrt{5}}{\sqrt{5}}\left(\frac{1+\sqrt{5}}{4}\right)^{n+1} + \frac{3-\sqrt{5}}{\sqrt{5}}\left(\frac{1-\sqrt{5}}{4}\right)^{n+1}.$$

Die Behauptung folgt dann aus den offensichtlichen Ungleichungen $3-\sqrt{5} < 3+\sqrt{5}$ und $|1-\sqrt{5}| = \sqrt{5}-1 < \sqrt{5}+1$. ◇

Aufgabe 411344

Gegeben sei eine positive reelle Zahl a_1. Die Zahlen a_{n+1} seien für positive ganzzahlige n rekursiv definiert durch

$$a_{n+1} = 1 + a_1 \cdot a_2 \cdot \dots \cdot a_n.$$

Ferner sei

$$b_n = \frac{1}{a_1} + \frac{1}{a_2} + \dots + \frac{1}{a_n}.$$

Man zeige:

(a) Für alle positiven ganzen Zahlen n gilt die Ungleichung $b_n < \dfrac{2}{a_1}$.

(b) Es gibt kein reelles x, so dass $b_n < x < \dfrac{2}{a_1}$ für alle positiven ganzen n gilt.

Lösung

Schritt I. Zunächst wird durch Induktion bewiesen, dass für jede positive ganze Zahl n gilt

$$\frac{2}{a_1} - b_n = \frac{1}{a_1\, a_2 \dots a_n}. \tag{1}$$

Für $n = 1$ ist (1) erfüllt, da $\dfrac{2}{a_1} - \dfrac{1}{a_1} = \dfrac{1}{a_1}$ ist. Wenn für irgendeine positive ganze Zahl $n = k$

$$\frac{2}{a_1} - b_k = \frac{1}{a_1\, a_2 \dots a_k} \tag{2}$$

gilt, dann ist

$$\frac{2}{a_1} - b_{k+1} = \frac{2}{a_1} - b_k - \frac{1}{a_{k+1}}.$$

Unter Verwendung der Indutionsannahme (2) erhält man mit

$$\begin{aligned}\frac{2}{a_1} - b_{k+1} &= \frac{2}{a_1} - b_k - \frac{1}{a_{k+1}} = \frac{1}{a_1\, a_2 \dots a_k} - \frac{1}{a_{k+1}}\\ &= \frac{a_{k+1} - a_1\, a_2 \dots a_k}{a_1\, a_2 \dots a_{k+1}} = \frac{1}{a_1\, a_2 \dots a_{k+1}}\end{aligned}$$

die Behauptung für $n = k + 1$. Durch Induktion folgt damit (1) für alle natürlichen Zahlen n.

Schritt II. Nachweis der Behauptung (a). Aus der Rekursion folgt sofort, dass alle a_n positiv sind. Die geforderte Ungleichung ergibt sich nun aus (1), denn es gilt

$$0 < \frac{1}{a_1 \cdot a_2 \cdot \ldots \cdot a_n} = \frac{2}{a_1} - b_n = \frac{2}{a} - b_n.$$

Schritt III. Der Beweis der Behauptung (b) wird indirekt geführt. Angenommen, es gibt eine reelle Zahl x derart, dass für alle positiven ganzen Zahlen n gilt

$$b_n < x < \frac{2}{a}.$$

Dies ist äquivalent mit

$$0 < \frac{2}{a_1} - x < \frac{2}{a_1} - b_n = \frac{1}{a_1\, a_2\, \ldots\, a_n},$$

so dass für alle $n \geq 1$

$$a_1\, a_2\, \ldots\, a_n < \frac{1}{2/a_1 - x}. \tag{3}$$

ist. Andererseits folgert man aus der Rekursion, dass $a_n > 1$ für alle $n > 1$ gilt. Mithin ist

$$a_{n+1} = 1 + a_1\, a_2\, \ldots\, a_n > 1 + a_1\, a_2\, \ldots\, a_{n-1} = a_n > a_2$$

und daher

$$a_1\, a_2\, \ldots\, a_n > a_1 a_2^{n-1}.$$

Da $a_2 > 1$ ist, werden die Werte von a_2^{n-1} für wachsendes n beliebig groß, was aber (3) widerspricht. Damit ist die Behauptung (b) bewiesen. ◊

Aufgabe 431344

Für jede positive ganze Zahl n bezeichne a_n diejenige ganze Zahl, die $\sqrt{n}$ am nächsten liegt. Man berechne die Summe

$$\frac{1}{a_1} + \frac{1}{a_2} + \frac{1}{a_3} + \cdots + \frac{1}{a_{2004}}.$$

Lösung

Die Berechnung der ersten Werte a_n ergibt die Zahlen

$$1, 1, 2, 2, 2, 2, 3, 3, 3, 3, 3, 3, 4, \ldots.$$

Es wird nun bewiesen, dass die wachsende Folge (a_n) jede positive ganze Zahl k genau $2k$ mal enthält.

Da $\sqrt{n}$ niemals gleich $k+1/2$ für eine ganze Zahl k ist, ist der Wert von a_n gleich k genau dann, wenn

$$k - \frac{1}{2} < \sqrt{n} < k + \frac{1}{2}.$$

gilt. Da alle drei Terme in dieser Ungleichung positiv sind, führt Quadrieren zur äquivalenten Ungleichung

$$k^2 - k + \frac{1}{4} < n < k^2 + k + \frac{1}{4},$$

die genau von den $2k$ ganzen Zahlen

$$n = k^2 - k + 1,\ k^2 - k + 2,\ \ldots, k^2 - k + 2k$$

erfüllt wird. Aus $44^2 + 44 = 1980$ ergibt sich $a_{1980} = 44$ und $a_{1981} = 45$. Unter den Zahlen $a_1, a_2, \ldots, a_{1980}$ tritt die 1 genau 2 mal, die 2 genau 4 mal, ... und die Zahl 44 genau 88 mal auf. Die 24 Zahlen $a_{1981}, \ldots, a_{2004}$ sind alle gleich 45. Daher ergibt sich der gesuchte Wert der Summe zu

$$2 \cdot \frac{1}{1} + 4 \cdot \frac{1}{2} + 6 \cdot \frac{1}{3} + \cdots + 88 \cdot \frac{1}{44} + 24 \cdot \frac{1}{45} = 44 \cdot 2 + \frac{24}{45} = \frac{1328}{15} = 88\,\frac{8}{15}. \quad \diamondsuit$$

Kapitel 7
Zahlentheorie

Martin Welk

Die elementare Zahlentheorie hat das Studium der ganzen Zahlen und ihrer arithmetischen Beziehungen zum Gegenstand. Die herausragende Rolle dieses Gebiets in der Elementarmathematik drückt treffend der Ausspruch Leopold KRONECKERS[1] aus: „Die ganzen Zahlen hat der liebe Gott gemacht, alles andere ist Menschenwerk.“ [37] Neben den ganzen Zahlen spielen naturgemäß der engere Zahlenbereich der natürlichen Zahlen $1, 2, 3, \ldots$ und der weitere Bereich der rationalen Zahlen eine Rolle in zahlentheoretischen Aufgaben.

Aspekte der elementaren Zahlentheorie, die in Aufgaben der Mathematik-Olympiaden regelmäßig benutzt werden, sind Teilbarkeit, Primfaktorenzerlegung, Darstellung in Positionssystemen und einfache diophantische Gleichungen. Eine schöne Einführung in die im Rahmen der Mathematik-Olympiaden wichtigsten zahlentheoretischen Themen gibt z. B. [39].

Beweise von Aussagen über natürliche Zahlen lassen sich oft mittels des Prinzips der *vollständigen Induktion* (siehe Seite 607 im Anhang) führen, das unmittelbar in der Axiomatik der natürlichen Zahlen verankert ist. Dieses Beweisprinzip kommt auch in einigen der in diesem Kapitel dargestellten Aufgaben zum Tragen.

Wir vermerken noch zwei häufig verwendete Notationen: Ist z eine reelle Zahl, so bezeichnet man mit $\lfloor z \rfloor$ (andere Schreibweise: $[z]$) die eindeutig bestimmte ganze Zahl g mit $g \leq z < g + 1$.

Mit $n!$ wird die *Fakultät* der nichtnegativen ganzen Zahl n bezeichnet, die bereits in Abschnitt 1.2 definiert wurde.

7.1 Teilbarkeit

Sind a und b zwei ganze Zahlen mit $b \neq 0$, so heißt a durch b teilbar, wenn es eine ganze Zahl q mit $bq = a$ gibt. Man sagt dann auch, b teilt a, symbolisch

[1] LEOPOLD KRONECKER (1823–1891)

A. Felgenhauer et al., *Die schönsten Aufgaben der Mathematik-Olympiade in Deutschland*, https://doi.org/10.1007/978-3-662-63183-6_7

$b \mid a$. Andernfalls schreibt man $b \nmid a$. Da Vorzeichenwechsel von a oder b an der Teilbarkeitsbeziehung nichts ändert, genügt es, die Teilbarkeit nichtnegativer ganzer Zahlen zu untersuchen.

Division mit Rest

Es sei $b > 0$. Für jede ganze Zahl a gibt es eindeutig bestimmte ganze Zahlen q und r mit $a = qb + r$ und $0 \leq r \leq b - 1$. Die Bestimmung dieser Zahlen heißt *Division mit Rest* von a durch b, man nennt q Quotient und r Rest. Dabei gilt $r = 0$ offenkundig genau dann, wenn $b \mid a$.

Größter gemeinsamer Teiler, kleinstes gemeinsames Vielfaches

Für zwei ganze Zahlen $a \neq 0$, $b \neq 0$ existiert eine kleinste positive ganze Zahl m mit $a|m$ und $b|m$, die als *kleinstes gemeinsames Vielfaches* von a und b, $\mathrm{kgV}(a,b)$ bezeichnet wird. Ebenso gibt es eine größte (positive) ganze Zahl d mit $d|a$ und $d|b$, der *größte gemeinsame Teiler* von a und b, abgekürzt $\mathrm{ggT}(a,b)$ oder auch einfach (a,b). Beide Begriffe lassen sich in natürlicher Weise auf mehr als zwei ganze Zahlen erweitern. Nur für das kleinste gemeinsame Vielfache und den größten gemeinsamen Teiler zweier positiver ganzer Zahlen gilt allerdings die Relation

$$\mathrm{ggT}(a,b) \cdot \mathrm{kgV}(a,b) = a \cdot b\,. \tag{7.1}$$

Der Grund dafür wird in Abschnitt 7.2 klar.

Ganze Zahlen, deren größter gemeinsamer Teiler 1 ist, nennt man *teilerfremd*.

Seit der Antike ist bekannt, dass sich der größte gemeinsame Teiler zweier positiver ganzer Zahlen a, b durch rekursive Anwendung der Division mit Rest folgendermaßen bestimmen lässt (EUKLIDischer Algorithmus):

1. Führe eine Division mit Rest von a durch b aus, der Rest sei r.
2. Ist $r = 0$, so ist b der größte gemeinsame Teiler von a und b, und das Verfahren wird beendet.
3. Andernfalls gilt $\mathrm{ggT}(a,b) = \mathrm{ggT}(b,r)$ und $b > r$. Man bestimmt nun $\mathrm{ggT}(b,r)$ seinerseits mithilfe des EUKLIDischen Algorithmus.

Bei einem rekursiven Verfahren wie diesem ist es wichtig, sicher zu stellen, dass es auch terminiert, das heißt nach endlich vielen Schritten abbricht. Dies ergibt sich aber daraus, dass in jedem Rekursionsschritt der Divisor b durch den kleineren positiven Wert r ersetzt wird. Damit muss irgendwann der Divisionsrest gleich null sein (spätestens wenn der Divisor 1 ist), womit das Abbruchkriterium von Schritt 2 erfüllt wird.

Die Korrektheit des EUKLIDischen Algorithmus ergibt sich daraus, dass

$$\mathrm{ggT}(a, b) = \mathrm{ggT}(a - kb, b)$$

für jedes ganzzahlige k gilt. Dies zu zeigen sei als leichte Übung der Leserin oder dem Leser überlassen.

Aufgabe 211224

Man beweise: Für jede ungerade ganze Zahl $n \geq 3$ ist

$$\left(1 + \frac{1}{2} + \frac{1}{3} + \cdots + \frac{1}{n-1}\right) \cdot 2 \cdot 3 \cdot 4 \cdot \cdots \cdot (n-1)$$

eine durch n teilbare ganze Zahl.

Lösung

Nach Voraussetzung ist $n = 2k + 1$, wobei k eine von Null verschiedene natürliche Zahl ist.
Da die Anzahl der Summanden der Summe

$$s = 1 + \frac{1}{2} + \cdots + \frac{1}{n-1}$$

gerade ist (nämlich gleich $2k$), und da wegen $k + 1 = n - k$ in dieser Summe auf den Summanden $1/k$ der Summand $1/(n - k)$ folgt, lässt sich die Summe so umformen, dass gilt

$$s = \left(1 + \frac{1}{n-1}\right) + \left(\frac{1}{2} + \frac{1}{n-2}\right) + \cdots + \left(\frac{1}{k} + \frac{1}{n-k}\right),$$

also

$$s = \frac{n}{n-1} + \frac{n}{2(n-2)} + \cdots + \frac{n}{k(n-k)}, \tag{1}$$

$$s = n\left(\frac{1}{n-1} + \frac{1}{2(n-2)} + \cdots + \frac{1}{k(n-k)}\right). \tag{2}$$

Da das Produkt $p = 2 \cdot 3 \cdot \cdots \cdot (n-1)$ durch jeden Nenner in (2) teilbar ist, ist das Produkt

$$\left(\frac{1}{n-1} + \frac{1}{2(n-2)} + \cdots + \frac{1}{k(n-k)}\right)p$$

eine ganze Zahl und folglich das Produkt $s \cdot p$ eine durch n teilbare ganze Zahl. $\diamondsuit$

Aufgabe 341346A

Zu gegebenen positiven ganzen Zahlen a und b sei $(x_n)_{n=0,1,2,\ldots}$ die durch

$$x_0 = 1,$$
$$x_{n+1} = ax_n + b \quad (n = 0, 1, 2, \ldots)$$

definierte Zahlenfolge.

Man beweise: Für jede Wahl von a und b enthält die so gebildete Folge unendlich viele Zahlen, die keine Primzahlen sind.

Lösung

Wegen $a, b > 0$ ist die Folge (x_n) streng monoton wachsend. Daher genügt es zu beweisen, dass eine natürliche Zahl $d > 1$ existiert, für die Folgendes gilt: Es gibt unendlich viele Indexwerte, für die x_n durch d teilbar ist.

Fall 1. a und b haben einen gemeinsamen Teiler $d > 1$. Durch (auch formal als vollständige Induktion beschreibbares) sukzessives Anwenden von $x_{n+1} = ax_n + b$ folgt, dass alle $x_1, x_2, x_3, \ldots$ durch d teilbar sind.

Fall 2. a und b sind zueinander teilerfremd. Sei $d = x_1(= ax_0 + b = a + b > 1)$. Sei r_n der Rest, den x_n bei Division durch d lässt $(0 \leq r_n < d)$. Da es nur d Werte gibt, die ein solcher Rest annehmen kann, müssen zwei der $r_1, r_2, \ldots, r_{d+1}$ einander gleich sein; es gibt also positive Zahlen e, m mit $r_e = r_{e+m}$. Ist dabei $e > 1$, so folgt aus der Teilbarkeit von $x_{e+m} - x_e = a(x_{e+m-1} - x_{e-1})$ durch d und aus der Teilerfremdheit von a, b, also auch von a, d, dass auch $x_{e+m-1} - x_{e-1}$ durch d teilbar ist, also $r_{e-1} = r_{e+m-1}$ gilt. Setzt man diese Schlussweise fort, so erhält man $r_1 = r_{1+m}$. Da nun stets, wenn zwei Folgenglieder x_i, x_j bei Division durch d einander gleichen Rest lassen, dies auch für $x_{i+1} = ax_i + b$ und $x_{j+1} = ax_j + b$ zutrifft, ergibt sich sukzessive $r_2 = r_{2+m}, \ldots, r_1 = r_{1+2m}, \ldots$, und so weiterschließend erhält man $r_1 = r_{1+k\cdot m}$ für alle $k = 1, 2, 3, \ldots$. Nach Definition von d ist aber $r_1 = 0$. Also besagt dieses Ergebnis: Für alle $k = 1, 2, 3, \ldots$ ist $x_{1+k\cdot m}$ durch d teilbar. ◇

Aufgabe 371324

Man beweise: Wenn p und q natürliche Zahlen sind, für die

$$1 - \frac{1}{2} + \frac{1}{3} - \frac{1}{4} + \frac{1}{5} \mp \cdots - \frac{1}{1330} + \frac{1}{1331} = \frac{p}{q}$$

gilt, dann ist p durch 1997 teilbar.

Lösung

Aus der Voraussetzung folgt

$$\begin{aligned}
\frac{p}{q} &= 1 - \frac{1}{2} + \frac{1}{3} - \frac{1}{4} + \frac{1}{5} \mp \cdots - \frac{1}{1330} + \frac{1}{1331} \\
&= 1 + \frac{1}{2} + \frac{1}{3} + \frac{1}{4} + \frac{1}{5} + \cdots + \frac{1}{1330} + \frac{1}{1331} - 2 \cdot \left(\frac{1}{2} + \frac{1}{4} + \cdots + \frac{1}{1330}\right) \\
&= 1 + \frac{1}{2} + \frac{1}{3} + \frac{1}{4} + \frac{1}{5} + \cdots + \frac{1}{1330} + \frac{1}{1331} - \left(1 + \frac{1}{2} + \cdots + \frac{1}{665}\right) \\
&= \frac{1}{666} + \frac{1}{667} + \cdots + \frac{1}{1330} + \frac{1}{1331} \\
&= \left(\frac{1}{666} + \frac{1}{1331}\right) + \left(\frac{1}{667} + \frac{1}{1330}\right) + \cdots + \left(\frac{1}{998} + \frac{1}{999}\right) \\
&= \frac{1997}{666 \cdot 1331} + \frac{1997}{667 \cdot 1330} + \cdots + \frac{1997}{998 \cdot 999} . \qquad (1)
\end{aligned}$$

Setzt man zur Abkürzung

$$P = 666 \cdot 667 \cdot \cdots \cdot 1330 \cdot 1331 , \qquad (2)$$

$$Q_1 = \frac{P}{666 \cdot 1331}, \quad Q_2 = \frac{P}{667 \cdot 1330}, \quad \ldots, \quad Q_{333} = \frac{P}{998 \cdot 999} ,$$

so ist klar, dass $Q_1, Q_2, \ldots, Q_{333}$ ganze Zahlen sind. Multipliziert man (1) mit $q \cdot P$, so ergibt sich

$$p \cdot P = 1997 \cdot (Q_1 + Q_2 + \cdots + Q_{333}) .$$

Also ist $p \cdot P$ durch 1997 teilbar. Da ferner 1997 eine Primzahl ist und, wie aus (2) ersichtlich, alle Faktoren in dem Produkt P kleiner als 1997, also teilerfremd zu 1997 sind, folgt schließlich, dass p durch 1997 teilbar ist, was zu zeigen war. ◇

Aufgabe 411343

Für reelles x wird mit $\lfloor x \rfloor$ die größte ganze Zahl n mit $n \leq x$ bezeichnet. Beispielsweise ist $\lfloor 2 \rfloor = 2$, $\lfloor 3{,}5 \rfloor = 3$ und $\lfloor -\pi \rfloor = -4$.
Man beweise, dass für jede Primzahl p die Gleichung

$$\sum_{k=1}^{p-1} \left\lfloor \frac{k^3}{p} \right\rfloor = \frac{(p-2)(p-1)(p+1)}{4}$$

gilt.

Lösung

Eine Vertauschung der Reihenfolge der Summanden liefert

$$\sum_{k=1}^{p-1} \left\lfloor \frac{k^3}{p} \right\rfloor = \sum_{k=1}^{p-1} \left\lfloor \frac{(p-k)^3}{p} \right\rfloor . \tag{1}$$

In den folgenden Umformungen beachtet man, dass für ganzes n die Identität $\lfloor n+x \rfloor = n + \lfloor x \rfloor$ und für nicht ganzes y die Identität $\lfloor -y \rfloor = -\lfloor y \rfloor - 1$ gilt. Letzteres ist also insbesondere richtig für alle $y = -k^3/p$ mit $k = 1, \dots, p-1$. Man erhält

$$\begin{aligned}
\sum_{k=1}^{p-1} \left\lfloor \frac{(p-k)^3}{p} \right\rfloor &= \sum_{k=1}^{p-1} \left\lfloor \frac{p^3 - 3p^2k + 3pk^2 - k^3}{p} \right\rfloor \\
&= \sum_{k=1}^{p-1} \left\lfloor p^2 - 3pk + 3k^2 - \frac{k^3}{p} \right\rfloor \\
&= \sum_{k=1}^{p-1} (p^2 - 3pk + 3k^2) + \sum_{k=1}^{p-1} \left\lfloor -\frac{k^3}{p} \right\rfloor \\
&= p^2 \sum_{k=1}^{p-1} 1 - 3p \sum_{k=1}^{p-1} k + 3 \sum_{k=1}^{p-1} k^2 - \sum_{k=1}^{p-1} \left\lfloor \frac{k^3}{p} \right\rfloor - \sum_{k=1}^{p-1} 1 .
\end{aligned}$$

Mit den bekannten Summenformeln für die ersten $p-1$ natürlichen Zahlen bzw. für die Summe ihrer Quadrate erhält man

$$\begin{aligned}
&\sum_{k=1}^{p-1} \left\lfloor \frac{(p-k)^3}{p} \right\rfloor + \sum_{k=1}^{p-1} \left\lfloor \frac{k^3}{p} \right\rfloor = \dots \\
&= p^2 \sum_{k=1}^{p-1} 1 - 3p \sum_{k=1}^{p-1} k + 3 \sum_{k=1}^{p-1} k^2 - \sum_{k=1}^{p-1} 1 \\
&= (p-1)p^2 - 3p \cdot \frac{(p-1)p}{2} + 3 \cdot \frac{(p-1)p(2p-1)}{6} - (p-1) \\
&= \frac{p-1}{2} \cdot \left(2p^2 - 3p^2 + p(2p-1) - 2\right) \\
&= \frac{p-1}{2} \cdot (p^2 - p - 2) \\
&= \frac{(p-2)(p-1)(p+1)}{2} .
\end{aligned}$$

Zusammen mit (1) ist der Beweis erbracht. ◊

Aufgabe 421346

Man beweise, dass es unendlich viele Paare positiver ganzer Zahlen (a, b) mit $a > b$ gibt, die folgende Eigenschaften besitzen:

(1) Der größte gemeinsame Teiler von a und b ist 1.
(2) Die Zahl a ist ein Teiler von $b^2 - 5$.
(3) Die Zahl b ist ein Teiler von $a^2 - 5$.

Variante: In der Klassenstufe 11 wurde die folgende **Aufgabe 421146** gestellt: Man beweise, dass es unendlich viele Paare natürlicher Zahlen (a, b) mit $a, b > 2$ und folgenden Eigenschaften gibt:

(1) Der größte gemeinsame Teiler von a und b ist 1.
(2) Die Zahl a ist Teiler von $b^2 - 4$.
(3) Die Zahl b ist Teiler von $a^2 - 4$.

Lösungen

Lösung der Aufgabe. Durch Probieren findet man das erste Lösungspaar $(a, b) = (4, 1)$.

Eine mögliche Strategie zur Bestimmung weiterer Lösungspaare ist die Konstruktion einer monoton wachsenden Folge $x_1, x_2, x_3, \ldots$, in der benachbarte Glieder (x_{n+1}, x_n) jeweils ein Lösungspaar bilden. Man sucht deshalb zunächst ein Paar der Form $(a, 4)$. Weil a ein Teiler von $4^2 - 5 = 11$ sein muss, bleibt nur $a = 11$, und das Paar $(11, 4)$ erfüllt die Bedingungen tatsächlich. Die Suche nach einem Paar $(a, 11)$ ergibt auf ähnliche Weise die Lösung $(29, 11)$.

Nach einigen Rechnungen erhält man so die folgende Tabelle von Lösungspaaren:

a	4	11	29	76	199	521	1364	3571	9349
b	1	4	11	29	76	199	521	1364	3571

Man stellt nun fest, dass der Quotient aufeinander folgender Zahlen einer Zeile etwa gleich drei ist. Eine genauere Analyse zeigt, dass drei in einer Zeile aufeinander folgende Zahlen x_n, x_{n+1}, x_{n+2} der Rekursionsvorschrift

$$x_{n+2} = 3x_{n+1} - x_n$$

genügen. Im Weiteren wird bewiesen, dass mit dieser Vorschrift aus den Startwerten $x_1 = 1$ und $x_2 = 4$ beliebig viele Lösungspaare konstruiert werden können.

Zuerst wird nachgewiesen, dass die Folge (x_n) streng monoton wachsend ist. Erstens ist $0 < x_1 < x_2$. Wenn für ein gewisses k gilt $0 < x_k < x_{k+1}$, so folgt

$$x_{k+2} = 3x_{k+1} - x_k > 2x_{k+1} > x_{k+1} > 0\,,$$

also auch $0 < x_{k+1} < x_{k+2}$. Aus dem Prinzip der vollständigen Induktion folgt somit die strenge Monotonie der gesamten Folge.

Weiter wird gezeigt, dass aufeinander folgende Glieder der Folge (x_n) stets teilerfremd sind. Dies ist für x_1 und x_2 richtig. Wenn x_k und x_{k+1} teilerfremd sind, so sind auch x_{k+1} und $x_{k+2} = 3x_{k+1} - x_k$ teilerfremd, denn jeder gemeinsame Teiler von $3x_{k+1} - x_k$ und x_{k+1} ist auch gemeinsamer Teiler von $-(3x_{k+1} - x_k) + 3x_{k+1} = x_k$ und x_{k+1}.

Schließlich wird nachgewiesen, dass für jede ganze Zahl $n \geq 1$ die Beziehung

$$x_n x_{n+2} = x_{n+1}^2 - 5$$

gilt. Für $n = 1$ ist diese Aussage richtig,

$$x_1 x_3 = 1 \cdot 11 = 11 = 4^2 - 5 = x_2^2 - 5\,.$$

Gilt $x_k x_{k+2} = x_{k+1}^2 - 5$, so ist

$$\begin{aligned}
x_{k+1}x_{k+3} - x_{k+2}^2 + 5 &= 3x_{k+1}x_{k+2} - x_{k+1}^2 - x_{k+2}^2 + 5 \\
&= 9x_{k+1}^2 - 3x_k x_{k+1} - x_{k+1}^2 - (3x_{k+1} - x_k)^2 + 5 \\
&= x_k(3x_{k+1} - x_k) - x_{k+1}^2 + 5 \\
&= x_k x_{k+2} - x_{k+1}^2 + 5 = 0\,,
\end{aligned}$$

also gilt auch $x_{k+1}x_{k+3} = x_{k+2}^2 - 5$. Nach dem Prinzip der vollständigen Induktion gilt die Behauptung für alle n.

Nun ist leicht zu sehen, dass das Paar $(a, b) = (x_{n+1}, x_n)$ für jede ganze Zahl $n \geq 2$ ein Lösungspaar ist, denn a und b sind teilerfremd, und $(a^2 - 5)/b = x_{n+2}$ und $(b^2 - 5)/a = x_{n-1}$ sind natürliche Zahlen. Damit ist bewiesen, dass es unendlich viele Paare positiver ganzer Zahlen mit den Eigenschaften (1), (2) und (3) gibt.

Lösung der Variante 421146. Aufgabe 421146 kann wie folgt gelöst werden. Für natürliche Zahlen $k \geq 2$ setzen wir

$$b = 2k + 1 \qquad \text{und} \qquad a = 2k - 1\,.$$

Der geforderte Beweis ist erbracht, wenn wir für diese unendlich vielen Zahlenpaare $(a, b) = (2k - 1, 2k + 1)$ die Eigenschaften (1), (2) und (3) gezeigt haben. Da b und a zwei aufeinanderfolgende ungerade Zahlen sind, also $b - a = 2$ gilt, sind sie teilerfremd. Weiterhin gilt

$$b^2 - 4 = (2k + 1)^2 - 4 = (2k - 1)(2k + 3) = a(2k + 3)$$

und

$$a^2 - 4 = (2k - 1)^2 - 4 = (2k - 3)(2k + 1) = (2k - 3)b\,.$$

Damit sind auch die Eigenschaften (2) und (3) erfüllt. ◇

Aufgabe 391322

Drei Maschinen bedrucken Kärtchen mit Paaren ganzer Zahlen. Zu Beginn ist nur ein Kärtchen mit dem Paar $(0, 1)$ vorhanden. Wird in eine Maschine ein Kärtchen eingelegt, erhält man ein Kärtchen mit einem neuen Zahlenpaar. Steht auf dem eingegebenen Kärtchen das Paar (m, n), so gibt die Maschine A ein Kärtchen mit dem Paar (n, m), die Maschine B ein Kärtchen mit dem Paar $(m + n, n)$ und die Maschine C ein Kärtchen mit dem Paar $(m - n, n)$ aus.

(a) Untersuchen Sie, ob man durch mehrfache Verwendung der drei Maschinen Kärtchen mit dem Paar $(19, 99)$ drucken kann.

(b) Lassen sich Kärtchen mit dem Paar $(39, 13)$ drucken?

(c) Bestimmen Sie alle Zahlenpaare, die gedruckt werden können.

Lösung

(a) Das Paar $(19, 99)$ erhält man beispielsweise wie folgt:

$$\begin{aligned}(0,1) &\overset{B}{\to} (1,1) \overset{B}{\to} (2,1) \overset{B}{\to} (3,1) \overset{A}{\to} (1,3) \overset{B}{\to} (4,3) \overset{A}{\to} (3,4) \overset{B}{\to} (7,4)\\ &\overset{B}{\to} (11,4) \overset{B}{\to} (15,4) \overset{B}{\to} (19,4) \overset{A}{\to} (4,19) \overset{B}{\to} (23,19) \overset{B}{\to} (42,19)\\ &\overset{B}{\to} (61,19) \overset{B}{\to} (80,19) \overset{B}{\to} (99,19) \overset{A}{\to} (19,99)\,.\end{aligned}$$

(b) Kärtchen mit dem Paar $(39, 13)$ können nicht gedruckt werden.

Sind beide Zahlen m und n eines Kärtchens bei der Eingabe in eine der Maschinen durch eine Zahl k teilbar, so gilt dies auch für die Zahlen des gedruckten Kärtchens und umgekehrt.

Weil die Zahlen 39 und 13 beide durch 13 teilbar sind, müssen auf allen zum Druck von $(39, 13)$ verwendeten Kärtchen Paare durch 13 teilbarer Zahlen stehen. Insbesondere muss dies auch für das erste Kärtchen gelten. Das Paar $(0, 1)$ besitzt diese Eigenschaft nicht.

(c) Es können alle Paare teilerfremder ganzer Zahlen gedruckt werden.

Aus den obigen Überlegungen folgt zunächst, dass der Druck von Paaren nicht teilerfremder Zahlen unmöglich ist.

Lässt sich ausgehend vom Kärtchen (m, n) das Kärtchen (p, q) drucken, so gilt auch das Umgekehrte. Dazu kehre man die Reihenfolge der Anwendung der Maschinen um und vertausche B mit C.

Es genügt folglich zu zeigen, dass für beliebige teilerfremde ganze Zahlen m und n ausgehend von (m, n) das Kärtchen $(0, 1)$ gedruckt werden kann.

Ist $n = 0$, so folgt $m = 1$ oder $m = -1$. Im ersten Fall ist die Aussage offenbar richtig. Ist $m = -1$, wende man in dieser Reihenfolge die Maschinen A, C, A und B an, um $(0, 1)$ zu drucken.

Im weiteren wird $n \neq 0$ vorausgesetzt. Durch mehrfache Anwendung der Maschine B bzw. C erhält man zunächst ein Paar (m_1, n) mit $0 \leq m_1 < |n|$.

Ist $m_1 = 0$, so muß $n = \pm 1$ sein, denn m_1 und n sind teilerfremd. Für $n = 1$ ist der Beweis beendet. Ist $n = -1$, wende man in dieser Reihenfolge die Maschinen C, A und B an, um $(0, 1)$ zu drucken.

Falls $m_1 > 0$ ist, drucke man zunächst mit Maschine A das Paar (n, m_1) und benutze dann für $n > 0$ (wiederholt) Maschine C, um ein Paar (m_2, m_1) mit $0 \leq m_2 < m_1$ zu drucken. Ist $n < 0$, benutzt man (wiederholt) Maschine B, um ein Paar (m_2, m_1) mit $0 \leq m_2 < m_1$ zu drucken.

Ist $m_2 = 0$, beende man den Prozess wie oben im Fall $m_1 = 0$. Anderenfalls wird das eben beschriebene Verfahren wiederholt. Dies ergibt Kärtchen (m_2, m_1), (m_3, m_2), $(m_4, m_3), \ldots$ mit einer fallenden Folge nichtnegativer ganzer Zahlen $m > m_1 > m_2 > m_3 > \cdots \geq 0$. Dieser Prozess muss nach endlich vielen Schritten mit $m_k = 0$ abbrechen. Weil m_{k-1} und m_k teilerfremd sind, ist das letzte Paar gleich $(0, 1)$. ◇

Aufgabe 441343

In einem zweidimensionalen kartesischen Koordinatensystem befindet sich in jedem Gitterpunkt (x, y) mit ganzzahligen Koordinaten x und y eine Lampe. Zum Zeitpunkt $t = 0$ wird genau die Lampe im Koordinatenursprung eingeschaltet.

Zu jedem positiven ganzzahligen Zeitpunkt $t = 1, 2, 3, \ldots$ werden zusätzlich alle Lampen eingeschaltet, die von mindestens einer der bereits leuchtenden Lampen genau den Abstand 2005 haben.

Man zeige, dass jede Lampe irgendwann eingeschaltet wird.

Lösung

Wir bezeichnen mit L die Menge aller Gitterpunkte, deren Lampe irgendwann eingeschaltet wird. Zunächst werden einige Aussagen über die Struktur der Menge L zusammengestellt, die sich unmittelbar aus den Regeln ergeben.

(1) Wenn $(a, b) \in L$, so ist auch $(b, a) \in L$.
(2) Wenn $(a, b) \in L$, so ist auch $(-a, -b) \in L$.
(3) Wenn $(a, b) \in L$ und $(c, d) \in L$, so ist auch $(a + c, b + d) \in L$.

Aus diesen drei Eigenschaften folgt, dass die Behauptung genau dann richtig ist, wenn der Gitterpunkt $(1, 0)$ zu L gehört. Nach (1) ist nämlich auch $(0, 1)$ Element von L, nach (2) gilt auch $(-1, 0) \in L$ und $(0, -1) \in L$, und ein beliebiger Gitterpunkt lässt sich dann aus diesen vier Punkten mit (3) erreichen.

Aus (2) und (3) folgt nun weiter:

(4) Wenn $(a, 0) \in L$ und $(b, 0) \in L$ sind, so ist für alle ganzen Zahlen k und m auch $(ka + mb, 0) \in L$.

Weil sich der größte gemeinsame Teiler d zweier Zahlen a und b stets in der Form $d = ka + mb$ mit ganzen Zahlen k und m darstellen lässt, ist die Behauptung der Aufgabenstellung bewiesen, wenn es teilerfremde Zahlen a und b mit $(a, 0) \in L$ und $(b, 0) \in L$ gibt. Im Folgenden wird die Existenz derartiger Zahlen a und b gezeigt.

Offenbar ist

$$(2005, 0) \in L\,.$$

Um eine zu 2005 teilerfremde ganze Zahl z mit $(z, 0) \in L$ zu finden, bestimmen wir zunächst Gitterpunkte (x, y), die vom Ursprung den Abstand 2005 haben. Wegen

$$2005^2 = 1357^2 + 1476^2$$

gehören die Punkte $(1357, 1476)$ und $(1357, -1476)$ zu L. Damit gilt auch

$$(2714, 0) \in L\,.$$

Aus den Primfaktorzerlegungen $2714 = 2 \cdot 23 \cdot 59$ und $2005 = 5 \cdot 401$ ist ersichtlich, dass die Zahlen 2714 und 2005 teilerfremd sind. Damit ist die Behauptung bewiesen.

Bemerkung 1. Anstelle des Zitats des Satzes über die Darstellung des größten gemeinsamen Teilers kann natürlich auch eine konkrete Darstellung angegeben werden. Für die oben verwendeten Zahlen $a = 2714$ und $b = 2005$ ist beispielsweise

$$1 = 1179 \cdot 2005 - 871 \cdot 2714\,.$$

Bemerkung 2. Zur Bestimmung von Gitterpunkten (x, y) mit

$$2005^2 = x^2 + y^2$$

kann die Identität

$$(a^2 + b^2)^2 = (b^2 - a^2)^2 + (2ab)^2$$

verwendet werden. Man sucht deshalb zunächst ganzzahlige Lösungen von

$$2005 = a^2 + b^2\,.$$

Diese Gleichung hat genau zwei Lösungspaare mit $a \leq b$, nämlich $(18, 41)$ und $(22, 39)$. Diese Lösungen können notfalls durch Probieren gefunden werden. In Bemerkung 4 wird gezeigt, wie sie unter Verwendung von Teilbarkeitsaussagen bestimmt werden können.

Einsetzen in die obige Identität ergibt die gewünschte Darstellung

$$2005^2 = (41^2 - 18^2)^2 + (2 \cdot 41 \cdot 18)^2 = 1357^2 + 1476^2$$

beziehungsweise

$$2005^2 = (39^2 - 22^2)^2 + (2 \cdot 39 \cdot 22)^2 = 1037^2 + 1716^2\,.$$

Beide Zerlegungen können im obigen Beweis verwendet werden.

Bemerkung 3. Die Zahl 2005^2 besitzt genau die folgenden Darstellungen als Summe der Quadrate zweier positiver ganzer Zahlen x und y mit $x \leq y$:

$$2005^2 = 200^2 + 1995^2 = 1037^2 + 1716^2 = 1203^2 + 1604^2 = 1357^2 + 1476^2 .$$

Für die zweite und die vierte Darstellung sind $2x$ und $2y$ zu 2005 teilerfremd, die erste und die dritte sind zum Beweis der Behauptung auf dem beschriebenen Wege ungeeignet.

Bemerkung 4. Die Darstellungen von 2005 als Summe der Quadrate zweier positiver ganzer Zahlen kann man beispielsweise wie folgt bestimmen. Gilt $2005 = a^2 + b^2$, so muss eine der Zahlen a und b gerade und die andere ungerade sein. Ohne Einschränkung der Allgemeingültigkeit kann daher angenommen werden, dass $a = 2k$ und $b = 2m + 1$ mit ganzen Zahlen k und m gilt. Einsetzen ergibt

$$501 = k^2 + m(m+1) .$$

Weil $m(m+1)$ gerade ist, muss k ungerade sein, also $k = 2n + 1$. Einsetzen ergibt

$$500 = 4n(n+1) + m(m+1) .$$

Damit muss entweder m oder $m + 1$ durch 4 teilbar sein.
Im ersten Fall ergibt die Substitution $m = 4p$ die Gleichung

$$125 = n(n+1) + 4p^2 + p ,$$

woraus folgt, dass p ungerade sein muss, also $p = 2q + 1$. Damit erhält man

$$120 = n(n+1) + 16q^2 + 18q .$$

Für q kommen nun nur noch die Zahlen 0, 1, 2 in Betracht. Für $q = 2$ erhält man die Lösung $n = 4$ und schließlich $a = 18$, $b = 41$. Die anderen Werte von q ergeben keine ganzzahligen Lösungen.
Im zweiten Fall ergibt die Substitution $m = 4p - 1$ die Gleichung

$$125 = n(n+1) + 4p^2 - p ,$$

woraus folgt, dass p ungerade sein muss, daher $p = 2q + 1$. Damit erhält man

$$122 = n(n+1) + 16q^2 + 14q .$$

Für $q = 2$ erhält man die Lösung $n = 5$ und schließlich $a = 22$, $b = 39$. Die Werte $q = 0$ und $q = 1$ ergeben keine ganzzahligen Lösungen. ◇

7.2 Primzahlen

Eine *Primzahl* ist eine positive ganze Zahl p mit genau zwei positiven Teilern (1 und p). Insbesondere ist 1 keine Primzahl. Die aufsteigend geordnete Folge der Primzahlen beginnt dann mit

$$2, 3, 5, 7, 11, 13, 17, 19, 23, 29, \ldots$$

Positive ganze Zahlen größer als 1, die keine Primzahlen sind, heißen *zusammengesetzt.*

Primfaktorzerlegung

Es ist leicht zu zeigen, dass jede zusammengesetzte Zahl n durch eine Primzahl teilbar ist; in der Folge kann sie vollständig in ein Produkt von endlich vielen Primzahlen, ihre *Primfaktoren,* zerlegt werden. Diese *Primfaktorzerlegung* ist bis auf die Reihenfolge der Primfaktoren eindeutig. Ordnet man die Primfaktoren in wachsender Reihenfolge und fasst gleiche Faktoren in Potenzschreibweise zusammen, so hat man als allgemeine Form der Primfaktorzerlegung

$$n = p_1^{\alpha_1} \cdot p_2^{\alpha_2} \cdot \cdots \cdot p_k^{\alpha_k} \tag{7.2}$$

mit Primzahlen $p_1 < p_2 < \cdots < p_k$ und positiven ganzen Exponenten $\alpha_1, \ldots, \alpha_k$.
Die Primfaktorzerlegung einer Primzahl wird durch genau dieser Primzahl selbst gebildet, und zur Zahl 1 gehört formal eine Primfaktorzerlegung, die keinen einzigen Primfaktor enthält.
Die Eindeutigkeit der Primfaktorzerlegung gestattet es, die Teilbarkeit positiver ganzer Zahlen direkt anhand der Primfaktorzerlegungen sichtbar zu machen: Gilt

$$a = p_1^{\alpha_1} \cdot p_2^{\alpha_2} \cdot \cdots \cdot p_k^{\alpha_k} ,$$
$$b = p_1^{\beta_1} \cdot p_2^{\beta_2} \cdot \cdots \cdot p_k^{\beta_k} ,$$

wobei $p_1 < p_2 < \cdots < p_k$ alle Primzahlen sind, die Primfaktoren mindestens einer der Zahlen a, b sind, und $\alpha_1, \ldots, \alpha_k, \beta_1, \ldots, \beta_k \geq 0$, so ist a durch b genau dann teilbar, wenn für alle i gilt $\alpha_i \geq \beta_i$. Ferner lassen sich größter gemeinsamer Teiler und kleinstes gemeinsames Vielfaches ausdrücken als

$$\mathrm{ggT}(a, b) = p_1^{\gamma_1} \cdot p_2^{\gamma_2} \cdot \cdots \cdot p_k^{\gamma_k} , \tag{7.3}$$
$$\mathrm{kgV}(a, b) = p_1^{\delta_1} \cdot p_2^{\delta_2} \cdot \cdots \cdot p_k^{\delta_k} , \tag{7.4}$$

wobei $\gamma_i := \min\{\alpha_i, \beta_i\}$ und $\delta_i := \max\{\alpha_i, \beta_i\}$ gesetzt wird.
Wegen $\min\{\alpha_i, \beta_i\} + \max\{\alpha_i, \beta_i\} = \alpha_i + \beta_i$ ist hieraus die Gültigkeit der Identität (7.1) unmittelbar evident.

Eine weitere wichtige Konsequenz aus der Eindeutigkeit der Primfaktorzerlegung ist der folgende Satz:

Satz 7.1. *Ist a Produkt zweier ganzer Zahlen m und n, und eine Primzahl p teilt a, so teilt p mindestens einen der Faktoren m und n.*

Satz von Fermat

Zum Abschluss dieses Abschnitts erwähnen wir einen berühmten Satz, der auf den französischen Mathematiker Pierre FERMAT[2] zurückgeht. [3]

Satz 7.2 (Satz von Fermat). *Ist p eine Primzahl und a eine ganze Zahl mit $p \nmid a$, so gilt $p \mid (a^{p-1} - 1)$.*

Aufgabe 071244

Sechzehn im Dezimalsystem geschriebene natürliche Zahlen mögen eine geometrische Folge bilden, von der die ersten fünf Glieder neunstellig, fünf weitere Glieder zehnstellig, vier Glieder elfstellig und zwei Glieder zwölfstellig sind.
Man beweise, dass es genau eine Folge mit diesen Eigenschaften gibt.

Lösung

Es sei $a_1, a_2, a_1q, \ldots, a_{16} = a_1 \cdot q^{15}$ eine Folge mit den geforderten Eigenschaften. Dann ist q eine positive rationale Zahl $q = m/n$ (m, n natürlich und teilerfremd), für die sich folgende Abschätzungen angeben lassen: Da a_1 und a_5 neunstellig sind, gilt $a_1q^4 < 10^9$ und $a_1 \geq 10^8$, woraus $q^4 < 10$ folgt. Andererseits ist $a_{10} = a_1q^9 < 10^{10}$, $a_{15} = a_1q^{14} \geq 10^{11}$ und daher $q^5 > 10$. Zusammen erhält man

$$\tfrac{3}{2} < \sqrt[5]{10} < q < \sqrt[4]{10} < 2\,. \tag{1}$$

Weiterhin ist wegen $a_{16} = a_1 \cdot m^{15}/n^{15}$ das Anfangsglied a_1 durch n^{15} teilbar, also $a_1 \geq n^{15}$. Die Bedingung $a_1 < 10^9$ ergibt dann $n < 10^{3/5}$ und damit $n < 4$. Das Einsetzen der Fälle $n = 1$, 2 und 3 in (1) liefert die einzige Möglichkeit $n = 3$, $m = 5$, also $q = 5/3$.

Wir bestimmen jetzt a_1. Da a_{16} ganzzahlig ist, muss eine natürliche Zahl c existieren mit $a_1 = c \cdot 3^{15}$. Wegen $a_1 \geq 10^8$ ist $c \geq 10^8 \cdot 3^{-15} > 6$. Andererseits muss $a_{10} = c \cdot 3^{15} \cdot (5/3)^9 < 10^{10}$ erfüllt sein, also $c < 5 \cdot 2^{10} \cdot 3^{-6} < 8$. Wenn also eine Folge

[2] PIERRE FERMAT (ca. 1608–1665)

[3] Dieser Satz wird auch *Kleiner* FERMAT*'scher Satz* genannt zur Unterscheidung vom Satz von FERMAT-WILES, der auch als *Großer* FERMAT*'scher Satz* bezeichnet wird und besagt, dass für ganze $k \geq 3$ die Gleichung $a^k + b^k = c^k$ keine ganzzahligen Lösungen mit $a, b, c \neq 0$ hat.

die Aufgabenstellung erfüllt, dann ist $a_1 = 7 \cdot 3^{15}$ und $q = 5/3$. Durch Ausrechnen sieht man, dass die dann eindeutig bestimmte Folge allen Voraussetzungen genügt:

$$\begin{aligned}
a_1 &= 7 \cdot 3^{15} \cdot 5^0 = 100\,442\,349 \\
a_2 &= 7 \cdot 3^{14} \cdot 5^1 = 167\,403\,915 \\
a_3 &= 7 \cdot 3^{13} \cdot 5^2 = 279\,006\,525 \\
a_4 &= 7 \cdot 3^{12} \cdot 5^3 = 465\,010\,875 \\
a_5 &= 7 \cdot 3^{11} \cdot 5^4 = 775\,018\,125 \\
a_6 &= 7 \cdot 3^{10} \cdot 5^5 = 1\,291\,696\,875 \\
a_7 &= 7 \cdot 3^{9} \cdot 5^6 = 2\,152\,828\,125 \\
a_8 &= 7 \cdot 3^{8} \cdot 5^7 = 3\,588\,046\,875 \\
a_9 &= 7 \cdot 3^{7} \cdot 5^8 = 5\,980\,078\,125 \\
a_{10} &= 7 \cdot 3^{6} \cdot 5^9 = 9\,966\,796\,875 \\
a_{11} &= 7 \cdot 3^{5} \cdot 5^{10} = 16\,611\,328\,125 \\
a_{12} &= 7 \cdot 3^{4} \cdot 5^{11} = 27\,685\,546\,875 \\
a_{13} &= 7 \cdot 3^{3} \cdot 5^{12} = 46\,142\,578\,125 \\
a_{14} &= 7 \cdot 3^{2} \cdot 5^{13} = 76\,904\,296\,875 \\
a_{15} &= 7 \cdot 3^{1} \cdot 5^{14} = 128\,173\,828\,125 \\
a_{16} &= 7 \cdot 3^{0} \cdot 5^{15} = 213\,623\,046\,875\,.
\end{aligned}$$

◇

Aufgabe 251233A

Man untersuche, ob es keine, endlich viele oder unendlich viele 5-Tupel $(x_1, x_2, x_3, x_4, x_5)$ von positiven ganzen Zahlen gibt, für die die folgende Gleichung (1) erfüllt ist:

$$x_1^3 + x_2^5 + x_3^7 + x_4^{11} = x_5^{13}\,. \tag{1}$$

Lösung

Schritt 1. Man überlegt sich, dass mindestens eine Lösung existiert, z. B.

$$x_{1,1} = 2^{5\cdot7\cdot11}\,, \quad x_{2,1} = 2^{3\cdot7\cdot11}\,, \quad x_{3,1} = 2^{3\cdot5\cdot11}\,, \quad x_{4,1} = 2^{3\cdot5\cdot7}\,, \quad x_{5,1} = 2^{89}\,,$$

denn es gilt

$$4 \cdot 2^{3\cdot5\cdot7\cdot11} = 2^{1155+2} = 2^{89\cdot13}\,.$$

Schritt 2. Wir zeigen jetzt, dass man von Schritt 1 abgeleitet unendlich viele Lösungs-5-Tupel finden kann, z. B. für alle natürlichen $n \geq 1$

$$x_{1,n} = n^{5\cdot7\cdot11\cdot13}x_{1,1}\ ,\quad x_{2,n} = n^{3\cdot7\cdot11\cdot13}x_{2,1}\ ,\quad x_{3,n} = n^{3\cdot5\cdot11\cdot13}x_{3,1}\ ,$$
$$x_{4,n} = n^{3\cdot5\cdot7\cdot13}x_{4,1}\ ,\quad x_{5,n} = n^{3\cdot5\cdot7\cdot11}x_{5,1}\ .$$

Denn einerseits gilt

$$x_{1,n}^3 + x_{2,n}^5 + x_{3,n}^n + x_{5,n}^{11} = n^{3\cdot5\cdot7\cdot11\cdot13}(x_{1,1}^3 + x_{2,1}^5 + x_{3,1}^7 + x_{4,1}^{11}) = (n^{3\cdot5\cdot7\cdot11}x_{5,1})^{13}$$

und damit (1).

Andererseits ist $x_{i,n+1} > x_{i,n}$ für alle $n \geq 1$ und $i = 1,\ldots,5$, sodass alle angegebenen unendlich vielen 5-Tupel voneinander verschieden sind. ♢

Aufgabe 241246A

Man untersuche, ob es 40 aufeinanderfolgende natürliche Zahlen gibt, die sämtlich kleiner als 10^9 und nicht Primzahlen sind.

Lösung

Sogar die 45 aufeinanderfolgenden Zahlen

$$n_j = 2\cdot3\cdot5\cdot7\cdot11\cdot13\cdot17\cdot19\cdot43 + j \quad (j = -22,\ldots,+22)$$

erfüllen die Bedingungen der Aufgabe.

Beweis. 1. Es ist

$$n_j = 86\cdot57\cdot85\cdot91\cdot11 + j < 100\cdot60\cdot100\cdot100\cdot15 + j = 9\cdot10^8 + j < 10^9\ .$$

2. Für $j = \pm2,\ldots,\pm22$ ist n_j durch einen der in j auftretenden Primfaktoren teilbar. Weiterhin gilt

$$\begin{aligned} n_{-1} &\equiv 2\cdot3\cdot5\cdot11\cdot(-10)\cdot(-6)\cdot(-4)\cdot43 - 1 \\ &\equiv 22\cdot21\cdot(-50)\cdot24\cdot43 - 1 \\ &\equiv (-1)\cdot(-2)\cdot(-4)\cdot1\cdot43 - 1 \\ &\equiv -8\cdot43 - 1 \equiv 0 \bmod 23 \end{aligned}$$

und

$$\begin{aligned} n_1 &\equiv 2\cdot3\cdot5\cdot11\cdot(-12)\cdot(-10)\cdot43 - 1 \\ &\equiv 26\cdot(-30)\cdot55\cdot(-84)\cdot43 - 1 \\ &\equiv (-3)\cdot(-1)\cdot(-3)\cdot3\cdot43 + 1 \equiv 27\cdot43 + 1 \\ &\equiv 2\cdot43 + 1 \equiv 0 \bmod 29\ . \end{aligned}$$

Da n_0 auch eine zusammengesetzte Zahl ist, sind somit alle n_j ($j = -22, \ldots, +22$) keine Primzahlen. □

Motivation der Lösung. Aus der bekannten Tatsache, dass $(n+1)!+2, \ldots, (n+1)!+n+1$ mindestens n aufeinanderfolgende zusammengesetzte Zahlen liefert, kann man einen ähnlichen Ansatz ableiten, der mit kleineren Zahlen auskommt ($41! > 3 \cdot 10^{49}$). Man wählt $m = 2 \cdot 3 \cdot 5 \cdot 7 \cdot 11 \cdot 13 \cdot 19 \cdot k$ und versucht k so zu bestimmen, dass auch $m-1$ und $m+1$ keine Primzahlen sind. Dazu kommt Teilbarkeit durch die nächstgrößeren Primzahlen 23 und 29 in Betracht. Wie in 2. demonstriert gilt $m - 1 \equiv -8k - 1 \bmod 23$ und $m + 1 \equiv 2k + 1 \bmod 29$. Wir müssen also nur ganze Zahlen s und t mit $8k + 1 = 23s$ und $2k + 1 = 29t$ finden. Nach Elimination von k erhält man $116t - 23s = 3$. Hieraus kann man durch Probieren oder Anwenden des EUKLIDischen Algorithmus eine mögliche Lösung $t = 3$, $s = 5$ und damit $k = 43$ ermitteln.

Bemerkung. Die kleinste Primzahl, auf die mindestens 40 (nämlich genau 43) zusammengesetzte Zahlen folgen, ist 15 683. Dies sieht man wie folgt: Unter den nicht durch 2, 3 oder 5 teilbaren Zahlen zwischen den Primzahlen 15 683 und 15 727 ist $15\,689 = 29 \cdot 541$, $15\,691 = 13 \cdot 17 \cdot 71$, $15\,697 = 11 \cdot 1\,427$, $15\,701 = 7 \cdot 2\,243$, $15\,703 = 41 \cdot 383$, $15\,707 = 113 \cdot 139$, $15\,709 = 23 \cdot 683$, $15\,713 = 19 \cdot 827$, $15\,719 = 11 \cdot 1\,429$, $15\,721 = 79 \cdot 199$. Die Auffindung und der Minimalitätsnachweis dürften aber wohl nur mithilfe eines Rechners möglich sein. ◊

Aufgabe 181245

Es sei n eine natürliche Zahl größer als 1.
Man zeige, dass es zu jeder der n Zahlen $a_1, \ldots, a_n$ mit $a_j = n! + j$ ($j = 1, 2, \ldots, n$) eine Primzahl p_j gibt, die die Zahl a_j, aber keine weitere Zahl a_k ($k \neq j$) dieser n Zahlen teilt.

Lösung

Es sei j eine der Zahlen $1, 2, \ldots, n$.

Fall 1. Es existiert ein Primteiler p_j von a_j mit $p_j \geq n$. Wir beweisen, dass dieser Primteiler kein weiteres a_k ($k \neq j$) teilt.
Angenommen, es existiert ein $k \neq j$, $0 < k \leq n$ derart, dass p_j auch a_k teilt. Dann würde p_j aber auch $a_k - a_j = k - j$ teilen, was wegen $|k - j| < n$ im Widerspruch zur Voraussetzung $p_j \geq n$ steht.

Fall 2. Sämtliche Primteiler von a_j sind kleiner als n. Dann beweisen wir, dass j eine Primzahl ist, die den Bedingungen der Aufgabe genügt. Dazu sei

$$q = \frac{a_j}{j} = \frac{n!}{j} + 1$$

eine ganze Zahl, für die Folgendes gilt: q ist größer als 1 und besitzt daher Primteiler, die, da q ein Teiler von a_j ist, sämtlich kleiner als n sind. Diese Primteiler Können keine der Zahlen m mit $1 < m < n$ und $m \neq j$ sein, da m ein Teiler von $n!/j$, also keiner von $n!/j + 1$ wäre. Dann muss aber j Primteiler von q und damit von a_j sein. Demnach kann nur $a_j = j^r$ mit $r \geq 2$ gelten. Es bleibt zu zeigen, dass für kein k mit $0 < k \leq n$ und $k \neq j$ die Primzahl j Teiler von a_k ist. Angenommen also, ein solches k existierte. Wie im ersten Fall müsste dann j auch Teiler von $k - j$ und damit von k sein, d. h., es existiert eine ganze Zahl g mit $k = g \cdot j$. Es ist $j < g \cdot j \leq n$, also $g \cdot j$ Teiler von $n!/j$. Dies steht im Widerspruch dazu, dass j die Zahl $q = n!/j + 1 = j^{r-1}$ teilt. $\diamondsuit$

Aufgabe 331336

Man ermittle für jede natürliche Zahl n die größte Zweierpotenz, die ein Teiler der Zahl $\lfloor (4 + \sqrt{18})^n \rfloor$ ist.

Lösung

Ergänzend zu dem Ausdruck $a_n = (4 + \sqrt{18})^n$ aus der Aufgabe betrachtet man den Term $b_n = (4 - \sqrt{18})^n$. Da $-1 < 4 - \sqrt{18} < 0$ gilt, ist b_n für ungerade n negativ, für gerade n positiv und hat für alle n einen Betrag kleiner oder gleich 1.

Es gilt nach dem binomischen Satz

$$a_n + b_n = \sum_{k=0}^{\lfloor \frac{n-1}{2} \rfloor} 2 \cdot \binom{n}{2k} 4^{n-2k} \cdot 18^k . \tag{1}$$

Dies ist eine gerade ganze Zahl.

Für gerades n ist $0 < b_n \leq 1$ und daher $\lfloor a_n \rfloor = a_n + b_n - 1$, was nach dem eben Gesagten ungerade ist; die höchste Zweierpotenz, durch die $\lfloor a_n \rfloor$ teilbar ist, ist also 1.

Für ungerades n ist $-1 \leq b_n < 0$ und daher $\lfloor a_n \rfloor = a_n + b_n$. Der letzte Summand der Summe (1) ergibt sich in diesem Fall aus $k = \frac{n-1}{2}$ zu

$$2 \cdot \binom{n}{n-1} 4^{n-(n-1)} \cdot 18^{\frac{n-1}{2}} = 2^{\frac{n+5}{2}} \cdot n \cdot 9^{\frac{n-1}{2}} ,$$

ist also durch $2^{(n+5)/2}$ und keine höhere Zweierpotenz teilbar.

Jeder der übrigen Summanden in der Summe (1) ist von der Form

$$2 \cdot \binom{n}{2k} 4^{n-2k} \cdot 2^k \cdot 9^k = 2^{1+2n-3k} \cdot \binom{n}{2k} \cdot 9^k$$

mit $k \leq \frac{n-3}{2}$. Damit gilt $1 + 2n - 3k \geq 1 + 2n - \frac{3}{2}(n-3) = \frac{n+11}{2} > \frac{n+5}{2}$. Alle Summanden in (1) mit Ausnahme des letzten sind also durch höhere Zweierpotenzen als $2^{(n+5)/2}$ teilbar. Somit ist die gesamte Summe und daher auch $\lfloor a_n \rfloor$ durch $2^{(n+5)/2}$ und keine höhere Zweierpotenz teilbar.

Insgesamt ergibt sich also: Die höchste Zweierpotenz unter den Teilern der Zahl $\lfloor (4+\sqrt{18})^n \rfloor$ ist 1, falls n gerade ist, und $2^{(n+5)/2}$, falls n ungerade ist. ◇

Aufgabe 331346A

Für alle positiven ganzen Zahlen n werde definiert:

$$f(n) = \lfloor 2\sqrt{n} \rfloor - \lfloor \sqrt{n-1} + \sqrt{n+1} \rfloor .$$

Man ermittle alle diejenigen positiven ganzen Zahlen n, für die

(a) $f(n) = 1$,

(b) $f(n) = 0$

gilt.

Lösung

Es gilt $f(1) = \lfloor 2 \rfloor - \lfloor 0 + \sqrt{2} \rfloor = 2 - 1 = 1$. Für jede ganze Zahl $n \geq 2$ gilt

$$\begin{aligned} 5 &< 4n , \\ 4n^2 - 4n + 1 &< 4n^2 - 4 < 4n^2 , \\ 2n - 1 &< 2\sqrt{n^2-1} < 2n , \\ 4n - 1 &< \left(\sqrt{n-1} + \sqrt{n+1}\right)^2 < 4n . \end{aligned} \tag{1}$$

Gäbe es nun eine ganze Zahl g mit $\sqrt{4n-1} < g \leq \sqrt{n-1} + \sqrt{n+1}$, so folgte $4n - 1 < g^2 \leq \left(\sqrt{n-1} + \sqrt{n+1}\right)^2$; dies widerspricht (1), da zwischen $4n - 1$ und $4n$ nicht die ganze Zahl g^2 liegen kann. Damit ist gezeigt:

$$\lfloor \sqrt{n-1} + \sqrt{n+1} \rfloor = \lfloor \sqrt{4n-1} \rfloor , \tag{2}$$

$$f(n) = \lfloor \sqrt{4n} \rfloor - \lfloor \sqrt{4n-1} \rfloor . \tag{3}$$

Weiter gilt:

Fall 1. Ist n eine Quadratzahl, so ist $\sqrt{4n}$ eine ganze Zahl. Für sie gilt

$$\begin{aligned} 2 &\leq 2\sqrt{4n} , \\ 4n - 2\sqrt{4n} + 1 &\leq 4n - 1 , \\ \sqrt{4n} - 1 &\leq \sqrt{4n-1} < \sqrt{4n} , \end{aligned}$$

d. h.

$$\lfloor\sqrt{4n-1}\rfloor = \sqrt{4n} - 1 = \lfloor\sqrt{4n}\rfloor - 1\,,$$

nach (3) also $f(n) = 1$.

Fall 2. Ist n keine Quadratzahl, so kann es keine ganze Zahl g mit $4n-1 < g^2 \le 4n$, also $\sqrt{4n-1} < g \le \sqrt{4n}$, geben, folglich gilt dann $\lfloor\sqrt{4n}\rfloor = \lfloor\sqrt{4n-1}\rfloor$, nach (3) also $f(n) = 0$.

Damit ist bewiesen: Unter allen positiven ganzen Zahlen n erfüllen genau alle positiven Quadratzahlen n die Bedingung $f(n) = 1$; für alle anderen positiven ganzen n gilt $f(n) = 0$.

Bemerkung. Es gibt auch andere Lösungsmöglichkeiten, bei denen man mit etwas mehr Aufwand ohne den Übergang zu (2) auskommt. So kann man, unmittelbar an den Möglichkeiten für $\lfloor 2\sqrt{n}\rfloor$ orientiert, eine Fallunterscheidung einführen und dann jeweils $\lfloor\sqrt{n-1}+\sqrt{n+1}\rfloor$ ermitteln:

Für jede ganze Zahl $n \ge 2$ liegt einer der folgenden Fälle vor:

Fall A. Mit ganzzahligem $m \ge 2$ gilt $n = m^2$.

Fall B. Mit ganzzahligem $m \ge 1$ gilt $m^2 < n < \left(m+\frac{1}{2}\right)^2$.

Fall C. Mit ganzzahligem $m \ge 1$ gilt $\left(m+\frac{1}{2}\right)^2 < n < (m+1)^2$.

Im Fall A gilt $\lfloor 2\sqrt{n}\rfloor = 2m$. Man beweist $2m-1 \le \sqrt{n-1}+\sqrt{n+1} < 2m$ (woraus dann $\lfloor\sqrt{n-1}+\sqrt{n+1}\rfloor = 2m-1$, also $f(n) = 1$ folgt): Wegen der – auch in den weiteren Fällen verwendeten – Gleichung

$$\left(\sqrt{n-1}+\sqrt{n+1}\right)^2 = 2n + 2\sqrt{n^2-1} \tag{4}$$

ist zu zeigen:

$$4m^2 - 4m + 1 \le 2m^2 + 2\sqrt{m^4-1} < 4m^2\,,$$

also

$$m^2 - 2m + \frac{1}{2} \le \sqrt{m^4-1} < m^2\,.$$

Die rechte Ungleichung ist klar, die linke folgt, wenn $m^4 - 4m^3 + 5m^2 - 2m + 1/4 \le m^4 - 1$, also $5m^2 + 5/4 \le 4m^3 + 2m$ gezeigt ist, und dies gilt, da wegen $2 \le m$ sogar $3m^2 + 4 \le 4m^3 + 2m$ ist.

Im Fall B gilt $2m < 2\sqrt{n} < 2m+1$, also $\lfloor 2\sqrt{n}\rfloor = 2m$. Ferner ist $n = m^2 + k$ mit einer ganzen Zahl k, für die $0 < k < m + 1/4$, also $1 \le k \le m$ gilt. Damit beweist man $2m \le \sqrt{n-1}+\sqrt{n+1} < 2m+1$ (und folglich $f(n) = 0$): Zu zeigen sind wegen (4) die Ungleichungen

$$4m^2 \le 2m^2 + 2k + 2\sqrt{(m^2+k)^k - 1} < 2m^2 + 4m + 1\,.$$

Die linke folgt wegen $1 \leq k$, wenn $2m^2 \leq 2 + 2\sqrt{(m^2+1)^2 - 1}$ gezeigt ist; dies erhält man aus $(m^2-1)^2 \leq (m^2+1)^2 - 1$, also $1 \leq 4m^2$; die rechte Ungleichung folgt wegen $k \leq m$ aus $2\sqrt{(m^2+m)^2-1} < 2(m^2+m)+1$.

Im Fall C gilt $\lfloor 2\sqrt{n} \rfloor = 2m+1$. Ferner ist $n = m^2 + k$ (k ganzzahlig mit $m+1 \leq k \leq 2m$). Man beweist $2m+1 \leq \sqrt{n-1} + \sqrt{n+1} < 2m+2$ (also $f(n) = 0$). Zu zeigen ist wegen (4)

$$4m^2 + 4m + 1 \leq 2m^2 + 2k + 2\sqrt{(m^2+k)^2 - 1} < 4m^2 + 8m + 4.$$

Wegen $m+1 \leq k$ folgt die linke Ungleichung aus der Abschätzung $2m^2 + 2m \leq 1 + 2\sqrt{(m^2+m+1)^2 - 1}$ (die mit $m^2 + m < \sqrt{(m^2+m+1)^2-1}$ gezeigt werden kann); die rechte Ungleichung folgt wegen $k \leq 2m$ aus $\sqrt{(m^2+2m)^2-1} < m^2 + 2m + 2$. ◇

Aufgabe 361342

Als ungeraden Teil einer natürlichen Zahl k bezeichnen wir den größten ungeraden Teiler von k und schreiben dafür $u(k)$. Man beweise, dass für alle natürlichen Zahlen n die Ungleichung

$$\sum_{k=1}^{2^n} \frac{u(k)}{k} > \frac{2^{n+1}}{3}$$

gilt.

Lösung

Die Zahl k besitze die Darstellung $k = 2^m(2s-1)$, $m = 0, 1, 2, \ldots, n$, $s = 1, 2, \ldots$ Dann ist $u(k) = 2s - 1$ und

$$\frac{u(k)}{k} = \frac{1}{2^m}\,. \tag{1}$$

Im Intervall $1 \leq k \leq 2^n$ gibt es für jedes $m < n$ genau 2^{n-m-1} Zahlen k, für die (1) gilt, nämlich $k = 2^m(2s-1)$ mit $s = 1, \ldots, 2^{n-m-1}$. (Für $s = 2^{n-m-1} + 1$ ist schon $k = 2^n + 2^m > 2^n$.) Für $k = 2^n$ gilt $u(k) = 1$. Wir berechnen mit der Summenformel für die geometrische Reihe

$$\begin{aligned}
\sum_{k=1}^{2^n} \frac{u(k)}{k} &= \sum_{m=0}^{n-1} 2^{n-m-1}\frac{1}{2^m} + \frac{1}{2^n} = 2^{n-1}\sum_{m=0}^{n-1}\frac{1}{4^m} + \frac{1}{2^n} \\
&= 2^{n-1}\frac{1-\frac{1}{4^n}}{1-\frac{1}{4}} + \frac{1}{2^n} = \frac{2^{n+1}}{3} + \frac{1}{3\cdot 2^n} > \frac{2^{n+1}}{3}\,,
\end{aligned}$$

was zu zeigen war. ◇

Aufgabe 411143

(a) Man beweise, dass für jede positive ganze Zahl n eine positive ganze Zahl z existiert, die genau n (positive) Teiler besitzt und durch n teilbar ist.

(b) Für jede Primzahl n bestimme man alle Zahlen z mit den unter (a) genannten Eigenschaften.

Lösung

(a) Für $n = 1$ ist der Beweis mit $z = 1$ erbracht. Für $n > 1$ bemerken wir zunächst, dass die ganze Zahl n eine eindeutige Primfaktorzerlegung

$$n = p_1^{k_1} \cdot p_2^{k_2} \cdot \ldots \cdot p_j^{k_j}$$

mit Exponenten $k_r \geq 1$ und paarweise verschiedenen Primzahlen p_r $(r = 1, \ldots, j)$ besitzt.

Im folgenden wird bewiesen, dass die Zahl

$$z = p_1^{p_1^{k_1}-1} \cdot p_2^{p_2^{k_2}-1} \cdot \ldots \cdot p_j^{p_j^{k_j}-1}$$

die geforderten Eigenschaften hat.

Schritt 1. Wir bestimmen die Anzahl der Teiler von z. Alle Teiler sind genau die Zahlen mit der Darstellung

$$p_1^{t_1} \cdot p_2^{t_2} \cdot \ldots \cdot p_j^{t_j}$$

und

$$0 \leq t_1 \leq p_1^{k_1} - 1\,, \qquad 0 \leq t_2 \leq p_2^{k_2} - 1\,, \quad \ldots, \quad 0 \leq t_j \leq p_j^{k_j} - 1\,.$$

Damit hat z genau

$$n = p_1^{k_1} \cdot p_2^{k_2} \cdot \ldots \cdot p_j^{k_j}$$

verschiedene Teiler.

Schritt 2. Weiterhin ist zu zeigen, dass z durch n teilbar ist. Dies ist genau dann der Fall, wenn für alle $r = 1, 2, \ldots, j$ gilt

$$p_r^{k_r} - 1 \geq k_r\,.$$

Letzteres folgt aber sofort aus einer Abschätzung mit der binomischen Formel

$$p^k \geq 2^k = (1+1)^k \geq \binom{k}{0} 1^0 1^k + \binom{k}{1} 1^1 1^{k-1} = 1 + k\,.$$

Damit ist die Behauptung (a) gezeigt.

(b) Gegeben sei die Primzahl n. Eine positive ganze Zahl z mit n Teilern habe die Primfaktorzerlegung
$$z = q_1^{s_1} \cdot q_2^{s_2} \cdot \dots \cdot q_i^{s_i} .$$

Da z durch n teilbar ist, können wir $q_1 = n$ setzen.
Mit der gleichen Überlegung wie in (a) erhalten wir als Anzahl der Teiler von z das Produkt
$$n = (s_1 + 1) \cdot (s_2 + 1) \cdot \dots \cdot (s_i + 1) .$$

Da n Primzahl ist, muss $i = 1$ sein und schließlich $s_1 = n - 1$.
Tatsächlich ist $z = n^{n-1}$ durch n teilbar und hat genau n positive Teiler und ist damit die einzige Zahl mit der verlangten Eigenschaft. ◇

Aufgabe 421345

Ist n eine positive ganze Zahl, so bezeichne $a(n)$ die kleinste positive ganze Zahl, deren Fakultät $(a(n))!$ durch n teilbar ist. Man ermittle alle positiven ganzen Zahlen n, für die
$$\frac{a(n)}{n} = \frac{2}{3}$$
gilt.

Lösung

Die Lösung wird durch eine vollständige Fallunterscheidung erbracht.

Fall 1. Ist $n = 1$ oder $n = 4$, so gilt $a(1) = 1$ und $a(4) = 4$. Diese Zahlen erfüllen also die geforderten Bedingungen nicht.

Fall 2. Ist $n = p$ eine Primzahl, so gilt ebenfalls $a(p) = p$, weil unter den Zahlen $1!, 2!, 3!, \dots, k!$ die Zahl $p!$ erstmalig den Faktor p enthält. Auch in diesem Fall gibt es also keine Zahlen mit den verlangten Eigenschaften.

Fall 3. Es bleibt die Untersuchung zusammengesetzter Zahlen $n > 4$. Wir unterscheiden wiederum zwei Fälle.

Fall 3.1. Ist n das Produkt zweier voneinander verschiedener Faktoren (größer als eins), so gilt $n = rs$ mit $n = rs > s > r > 1$. Da $s!$ durch n teilbar ist, gilt $a(n) \leq s$ und folglich
$$\frac{a(n)}{n} < \frac{s}{rs} = \frac{1}{r} \leq \frac{1}{2} .$$

Damit gibt es in diesem Fall kein n, das die Forderungen erfüllt.

Fall 3.2. Es sei $n = p^2$ mit einer Primzahl $p > 2$. Für jede natürliche Zahl k gilt: Die Zahl $k!$ ist genau dann durch p^2 teilbar, wenn (mindestens) zwei der Faktoren

$1, 2, \ldots, k$ durch p teilbar sind. Die kleinste Zahl k mit dieser Eigenschaft ist $k = 2p$. Es gilt also $a(n) = 2p$ und damit

$$\frac{a(n)}{n} = \frac{2p}{p^2} = \frac{2}{p} \leq \frac{2}{3},$$

wobei das Gleichheitszeichen nur für $p = 3$, also $n = 9$ steht.

Die Zusammenfassung aller möglichen Fälle zeigt, dass nur $n = 9$ die Aufgabenstellung erfüllt. ◇

7.3 Kongruenzen

Anhand ihrer Reste bei Division durch einen festen Teiler m können die ganzen Zahlen jeweils in m disjunkte Klassen eingeteilt werden, die *Restklassen* oder *Kongruenzklassen modulo m*. Sie werden durch die Reste $0, 1, \ldots, m-1$ eindeutig identifiziert. Zwei ganze Zahlen a, b gehören zur selben Restklasse modulo m genau dann, wenn $m \mid b - a$. Anstelle von $m \mid b - a$ schreibt man

$$a \equiv b \bmod m\,, \tag{7.5}$$

gesprochen „a ist kongruent b modulo m".

Addition, Subtraktion und Multiplikation modulo m

Für Zahlen a_1, a_2, b_1, b_2 mit $a_1 \equiv a_2 \bmod m$ und $b_1 \equiv b_2 \bmod m$ kann man leicht überprüfen, dass auch $a_1 + b_1 \equiv a_2 + b_2 \bmod m$, $a_1 - b_1 \equiv a_2 - b_2 \bmod m$ und $a_1 b_1 \equiv a_2 b_2 \bmod m$ gelten. Damit ist es möglich, Addition, Subtraktion und Multiplikation *für Restklassen* zu definieren; zur Ausführung wählt man einfach beliebige ganze Zahlen aus den jeweiligen Restklassen *(Repräsentanten)* und vollzieht die entsprechende Operation an diesen ganzen Zahlen. Die Restklasse des Resultats ist von der Wahl der Repräsentanten unabhängig.

Dies setzt sich unmittelbar auf beliebige Zusammensetzungen der drei genannten arithmetischen Operationen fort. Mit diesem *Kongruenzenkalkül* hat man ein leistungsstarkes Werkzeug an der Hand, das die Lösung zahlentheoretischer Aufgaben im Zusammenhang mit Teilbarkeit deutlich vereinfacht.

In den meisten Fällen wählt man als Repräsentanten die ganzen Zahlen $0, 1, \ldots, m-1$. Gelegentlich ist es auch sinnvoll, eine um 0 zentrierte Folge von m ganzen Zahlen als Repräsentanten zu benutzen, etwa $\lfloor(-m+1)/2\rfloor, \ldots, \lfloor m/2 \rfloor$.

Quadratische Reste

Mithilfe des Kongruenzenkalküls kann man leicht die *quadratischen Reste* modulo m bestimmen. Wählt man die Repräsentantenfolge $\lfloor(-m+1)/2\rfloor, \ldots, \lfloor m/2\rfloor$ für die Reste modulo m, so ist sofort klar, dass Quadratzahlen modulo m nur die Reste $0^2, 1^2, \ldots, \lfloor m/2\rfloor^2$ lassen können.

Für eine ungerade Primzahl p als Modul gibt es stets genau $(p-1)/2$ von 0 verschiedene quadratische Reste. Für zusammengesetzte Zahlen m kann die Anzahl $(m-1)/2$ nicht überschreiten, jedoch auch geringer sein.

So rechnet man leicht nach, dass es

- modulo 3 die quadratischen Reste 0 und 1,
- modulo 4 die quadratischen Reste 0 und 1,
- modulo 5 die quadratischen Reste 0, 1 und 4,
- modulo 8 die quadratischen Reste 0, 1 und 4

gibt. Die Kenntnis der quadratischen Reste zu diesen vier Moduln ist für die Lösung einiger Olympiadeaufgaben von eigenständigem Nutzen. Mehr Information zu quadratischen Resten findet sich beispielsweise in [50].

Division modulo m

Während Addition, Subtraktion und Multiplikation für Restklassen uneingeschränkt möglich sind und an beliebigen Repräsentanten ausgeführt werden können, gilt beides nicht im Falle der Division. Die Division im Bereich der ganzen Zahlen (ohne Rest) ist nur dann möglich, wenn eine einschränkende Voraussetzung – Teilbarkeit – zutrifft; zudem ist die Division durch 0 niemals zulässig. Auch im Bereich der Kongruenzklassen modulo m ist die Division nur eingeschränkt möglich, die Einschränkungen sind aber sogar etwas geringer als im Bereich der ganzen Zahlen.

Um die Division von Restklassen zu definieren, übertragen wir die entsprechende Division aus dem Bereich der ganzen Zahlen: Für ganze Zahlen a, b setzt man $c = a/b$ und nennt c *Quotient,* wenn $cb = a$ ist und c durch diese Bedingung eindeutig bestimmt ist (diese Forderung schließt die „unterbestimmte" Division $\frac{0}{0}$ aus). Ganz analog definieren wir, dass $a/b \equiv c \bmod m$ bedeuten soll, dass c die Bedingung $cb \equiv a \bmod m$ erfüllt und dass c die einzige Restklasse modulo m mit dieser Eigenschaft ist. Nur in diesem Fall soll die Division a/b in Restklassen modulo m definiert sein.

Es stellt sich heraus, dass die so definierte Division genau dann möglich ist, wenn der Divisor b und der Modul m teilerfremd sind. Im Falle einer Primzahl als Modul bedeutet dies, dass durch jede Restklasse außer 0 dividiert werden kann. Für zusammengesetzte Moduln m und $g := \mathrm{ggT}(b, m) > 1$ ist dagegen $cb \equiv a \bmod m$ unerfüllbar, wenn g kein Teiler von a ist; ist a durch g teilbar, so gibt es g verschiedene Restklassen c mit dieser Bedingung.

Wenn man die oben eingeführte Divisionsschreibweise verwendet, so gilt beispielsweise

$$\frac{2}{3} \equiv 4 \bmod 5\,, \qquad \frac{2}{4} \equiv 3 \bmod 5\,, \qquad \frac{2}{3} \equiv 3 \bmod 7\,, \qquad \frac{2}{4} \equiv 4 \bmod 7\,,$$

$$\frac{2}{3} \text{ nicht definiert mod } 6\,, \qquad \frac{2}{4} \text{ nicht definiert mod } 6\,.$$

Es gilt jedoch: Wenn $\mathrm{ggT}(b, m) = 1$ ist und die Repräsentanten a und b so gewählt sind, dass der Quotient $c = a/b$ eine ganze Zahl ist, dann ist auch $c \equiv a/b \bmod m$. Auf diese Weise kann auch die Division von Restklassen mittels Repräsentanten ausgeführt werden, in obigem Beispiel etwa

$$\frac{2}{3} \equiv \frac{12}{3} \equiv 4 \bmod 5\,, \qquad \frac{2}{4} \equiv \frac{2}{-1} \equiv -2 \equiv 3 \bmod 5\,.$$

Aufgabe 331346B

Man ermittle alle diejenigen Paare (m, n) ganzer, nicht negativer Zahlen m, n, für die $2^m - 5^n = 7$ gilt.

Lösung

Unter den Zahlen 2^m für ganzzahlige $m \leq 5$ sind genau die beiden Zahlen 2^3 und 2^5 von der Form $5^7 + 7$ mit ganzzahligem $n \geq 0$ nämlich $2^3 = 5^0 + 7$ und $2^5 = 5^2 + 7$. Gäbe es ganzzahlige m, n mit $n \geq 0$ und $m \geq 6$, für die $5^n + 7 = 2^m$ ist, so wäre $5^n + 7$ durch 64 teilbar. Also müsste 5^n bei Division durch 64 den Rest 57 lassen. Man hat aber folgende sich periodisch wiederholende Reste:

n	0	1	2	3	4	5	6	7	8	9	10	11	12	13	14	15	16	...
5^n mod 64	1	5	26	61	49	53	9	45	33	37	**57**	29	17	21	41	13	1	...

Daher müsste $n = 16a + 10$ mit ganzzahligem a sein. Betrachtet man nun die Reste, die sich bei Division durch 17 ergeben, so findet man, ebenfalls jeweils in periodischer Wiederholung:

n	0	1	2	3	4	5	6	7	8	9	**10**	11	12	13	14	15	16	...
5^n mod 17	1	5	8	6	13	14	2	10	16	12	9	11	4	3	15	7	1	...
$5^n + 7$ mod 17	8	12	15	13	3	4	9	0	6	2	**16**	1	11	10	5	14	8	...

Für $n = 16a + 10$ wäre hiernach $5^n + 7 = 2^m$ nur möglich, wenn $m = 8b + 4$ mit ganzzahligem b wäre. Mit den geraden $n = 16a + 10$ und $m = 8b + 4$ kann aber $2^m - 5^n = 7$ nicht gelten, denn für alle $m = 2h$, $n = 2k$ ($h, k > 0$ ganzzahlig) gilt: Bei Division durch 3 lassen $2^m = 4^h$ und $5^n = 25^k$ ebenso wie 4 bzw. 25 den Rest 1, also ist $2^m - 5^n$ durch 3 teilbar und folglich von 7 verschieden.

Damit ist gezeigt, dass genau die Paare $(3, 0)$ und $(5, 2)$ die Bedingungen der Aufgabe erfüllen. ◇

Aufgabe 391146

Man beweise, dass es unendlich viele natürliche Zahlen z gibt, die sich nicht in der Form

$$z = 2^k + 3^m + 5^n \tag{1}$$

mit nichtnegativen ganzen Zahlen k, m, n darstellen lassen.

Lösung

Es wird gezeigt, dass keine Darstellung der verlangten Art existiert, wenn die Zahl z bei Division durch 60 den Rest 19 lässt, wenn also $z \equiv 19 \bmod 60$ gilt.

Im Weiteren nehmen wir an, dass z eine Zahl mit dieser Eigenschaft sei. Dann gelten

$$z \equiv 1 \bmod 3, \quad z \equiv 3 \bmod 4 \quad \text{und} \quad z \equiv 4 \bmod 5.$$

Schritt 1. Wir untersuchen die Reste bei Division durch 4. Es gilt

$$2^k \equiv \begin{cases} 1 \bmod 4\,, & \text{falls } k = 0, \\ 2 \bmod 4\,, & \text{falls } k = 1, \\ 0 \bmod 4\,, & \text{falls } k \geq 2, \end{cases}$$

$$3^m \equiv \begin{cases} 1 \bmod 4\,, & \text{falls } m \text{ gerade}, \\ -1 \bmod 4\,, & \text{falls } m \text{ ungerade}, \end{cases}$$

$$5^n \equiv 1 \bmod 4\,.$$

Wenn eine Zahl z mit Rest 3 in der Form (1) darstellbar ist, muss demzufolge $k = 0$ gelten, und m muss gerade sein.

Schritt 2. Wir untersuchen die Reste bei Division durch 3. Es gilt

$$3^m \equiv \begin{cases} 1 \bmod 3\,, & \text{falls } m = 0, \\ 0 \bmod 3\,, & \text{falls } m \geq 1, \end{cases}$$

$$5^n \equiv \begin{cases} 1 \bmod 3\,, & \text{falls } n \text{ gerade}, \\ -1 \bmod 3\,, & \text{falls } n \text{ ungerade}. \end{cases}$$

Besitzt eine Zahl z mit Rest 1 die Form (1) mit $k = 0$, muss also $m = 0$ gelten, und n muss ungerade sein.

Schritt 3. Dann aber ist $n \geq 1$, also $5^n \equiv 0 \bmod 5$ und $z = 2^0 + 3^0 + 5^n \equiv 2 \bmod 5$. Im Widerspruch zur unter 1. getroffenen Annahme tritt also niemals der Rest 4 bei Division durch 5 auf.

Es gibt daher unendlich viele Zahlen, die nicht in der Form (1) darstellbar sind. Zu diesen gehören alle Zahlen, die bei Division durch 60 den Rest 19 lassen. ◇

Aufgabe 431332

Die ganzen Zahlen a, b und c seien Maßzahlen der Kantenlängen eines Quaders, dessen Raumdiagonale die Länge 2004 hat. Man beweise:

(a) Die Zahlen a, b und c sind gerade.

(b) Die Zahlen a, b und c sind durch 4 teilbar.

Lösung

Für die Länge d der Raumdiagonale gilt

$$d^2 = a^2 + b^2 + c^2 \ .$$

Da 2004^2 eine gerade Zahl ist, müssen von den drei Zahlen a, b, c keine oder genau zwei ungerade sein. Das Quadrat einer ungeraden Zahl lässt bei Division durch 4 den Rest 1, das Quadrat einer geraden Zahl ist durch 4 teilbar. Wären nun genau zwei der Zahlen ungerade, so wäre der Rest von 2004^2 bei Division durch 4 gleich 2. Weil dies unmöglich ist, folgt Aussage (a).

Zum Beweis der Aussage (b) schreiben wir unter Verwendung der ersten Aussage $a = 2p$, $b = 2q$, $c = 2r$ mit ganzen Zahlen p, q, r und erhalten

$$1002^2 = p^2 + q^2 + r^2 \ .$$

Wie oben schließt man, dass p, q, r gerade sind, also sind a, b und c durch 4 teilbar.

Bemerkung. Die Gleichung $a^2 + b^2 + c^2 = 2004^2$ besitzt genau 106 verschiedene Lösungstripel (a, b, c) in nichtnegativen ganzen Zahlen mit $a \geq b \geq c$. Für 105 dieser Tripel gilt $a > b > c$, das verbleibende ist $(1336, 1336, 668)$. ◇

7.4 Positionssysteme

Dezimalsystem

Eine nichtnegative ganze Zahl lässt sich durch die Ziffernfolge $a_{n-1}a_{n-2}\ldots a_1a_0$ zur Basis 10 darstellen; dabei gilt für die einzelnen *Ziffern* $0 \leq a_i \leq 9$ für $i =$

$0, 1, \ldots, n-1$. Die hierdurch dargestellte Zahl ist

$$a = \sum_{i=0}^{n-1} a_i \cdot 10^i \,. \tag{7.6}$$

Das Dezimalsystem ist in Europa seit der Renaissance in Gebrauch gekommen; es wurde aus dem arabischen Kulturraum übernommen, in den es wiederum aus Indien gelangt ist.

Besonders dann, wenn die Ziffern selbst Variablen sind, kann eine waagerechte Linie benutzt werden, $\overline{a_{n-1}a_{n-2}\ldots a_1a_0}$, um eine Verwechslung mit dem Produkt $a_{n-1}\cdot a_{n-2}\cdot\cdots\cdot a_1\cdot a_0$ auszuschließen. Um die Basis deutlich zu kennzeichnen, schreibt man die Zifferndarstellung auch als $(a_{n-1}a_{n-2}\ldots a_1a_0)_{10}$ oder $\overline{a_{n-1}a_{n-2}\ldots a_1a_0}_{10}$.

Allgemeine Positionssysteme

Als Verallgemeinerung der Darstellung im Dezimalsystem lässt sich eine nichtnegative ganze Zahl als Ziffernfolge $a_{n-1}a_{n-2}\ldots a_1a_0$ zu einer beliebigen ganzzahligen Basis $B > 1$ schreiben; dabei gilt für die einzelnen *Ziffern* $0 \le a_i \le B-1$ für $i = 0, 1, \ldots, n-1$. Um die Basis deutlich zu kennzeichnen, schreibt man die Zifferndarstellung auch als $(a_{n-1}a_{n-2}\ldots a_1a_0)_B$ oder $\overline{a_{n-1}a_{n-2}\ldots a_1a_0}_B$. Die hierdurch dargestellte Zahl ist

$$a = \sum_{i=0}^{n-1} a_i \cdot B^i \,.$$

Das Binärsystem mit der Basis 2 ist seit Leibniz bekannt und hat durch die Computertechnik erheblich an Bedeutung gewonnen; außerdem haben sich in diesem Zusammenhang auch die Basen $8 = 2^3$ (Oktalsystem) und $16 = 2^4$ (Hexadezimalsystem) eingebürgert. Zur praktischen Handhabung von Ziffernnotationen im Hexadezimalsystem (wie allgemein für $B > 10$) werden natürlich zusätzliche Ziffernsymbole mit den Werten 10 bis $B-1$ benötigt. Im Hexadezimalsystem sind die Zeichen A–F oder a–f für die Ziffernwerte 10–15 gebräuchlich.

Zahlendarstellungen in nichtdezimalen Basen sind jedoch viel älter: In babylonischen Schriftzeugnissen wird für astronomische Zahlentafeln und Berechnungen ein Sexagesimalsystem (Basis 60) verwendet. Um nicht sechzig verschiedene Ziffernsymbole zu benötigen, werden die Ziffern ihrerseits quasi-dezimal aus Symbolen für die Einer von 1 bis 9 und Symbolen für Zehner von 10 bis 50 zusammengesetzt. Eine große Schwäche des babylonischen Systems ist allerdings das Fehlen eines Symbols für den Ziffernwert 0. Erst die Einführung eines solchen Zeichens im indisch-arabischen Dezimalsystem hat der modernen Anwendung von Positionssystemen den Weg geebnet. Mehr zur Geschichte der Zahlensysteme findet sich z. B. in [33].

Aufgabe 371333A

Einige natürliche Zahlen, wie zum Beispiel **5**, **25** und **125**, stimmen mit der Endziffernfolge ihrer dritten Potenzen 12**5**, 156**25** und 1953**125** überein.

Um diese Besonderheit genauer zu untersuchen, sollen Zahlen mit dieser Eigenschaft *reproduzierende* Zahlen genannt werden.

(a) Bestimmen Sie alle geraden vierstelligen reproduzierenden Zahlen.

(b) Zeigen Sie, dass es für jede positive ganze Zahl m mindestens eine, aber höchstens zwei gerade m-stellige reproduzierende Zahlen gibt.

Lösungen

1. Lösung. Vorüberlegung: Eine m-stellige natürliche Zahl z ist genau dann reproduzierend, wenn

$$z^3 - z = (z-1)z(z+1)$$

durch $10^m = 2^m \cdot 5^m$ teilbar ist.

Ist z gerade, so sind $z-1$ und $z+1$ ungerade, und $z^3 - z$ ist genau dann durch 2^m teilbar, wenn dies für z gilt. Ist $z^3 - z$ durch 5^m teilbar, so muss eine der Zahlen $z-1$, z, $z+1$ durch 5 teilbar sein. Da die beiden anderen Zahlen dann zu 5 teilerfremd sind, muss die betreffende Zahl sogar durch 5^m teilbar sein. Wäre z durch 5^m teilbar, würde $z \geq 10^m$ folgen, und z wäre nicht m-stellig.

Eine gerade m-stellige Zahl z ist also genau dann reproduzierend, wenn sie durch 2^m teilbar ist und bei Division durch 5^m den Rest 1 oder -1 lässt.

(a) Für $m = 4$ besitzt jede gerade reproduzierende Zahl z die Gestalt $z = 625 \cdot k + 1$ oder $z = 625 \cdot k - 1$ mit einer ganzen Zahl k. Aus $1\,000 \leq z \leq 9\,998$ folgt $k \in \{2, 3, 4, \ldots, 15\}$. Weil z durch $2^4 = 16$ teilbar sein muss und 625 bei Division durch 16 den Rest 1 lässt, bleibt nur $k = 15$ und damit $z = 9\,376$.

Für diese Wahl von k ist $z^3 - z$ sowohl durch 2^4 als auch durch 5^4 teilbar, also ist z reproduzierend.

(b) Jetzt soll gezeigt werden, dass es zu jeder natürlichen Zahl m mindestens eine, aber höchstens zwei m-stellige gerade reproduzierende Zahlen z gibt.

Weil 5^m und 2^m teilerfremd sind, gibt es eine eindeutig bestimmte Zahl $k_1 \in \{1, 2, 3, 4, \ldots, 2^m - 1\}$, für die $5^m \cdot k_1$ bei Division durch 2^m den Rest 1 lässt. Mit $k_2 = 2^m - k_1$ lässt dann $5^m \cdot k_2$ bei Division durch 2^m den Rest -1.

Die Zahlen $z_1 = 5^m k_1 - 1$ und $z_2 = 5^m k_2 + 1$ sind nach der Vorüberlegung reproduzierend, wenn sie tatsächlich m-stellig sind.

Wegen $k_1 + k_2 = 2^m$ liegt wenigstens eine der Zahlen k_1 oder k_2 in der Menge $\{2^{m-1}, 2^{m-1} + 1, \ldots, 2^m - 2, 2^m - 1\}$. Die entsprechende Zahl z_1 bzw. z_2 ist dann wegen

$$10^{m-1} \leq 2^{m-1} \cdot 5^m - 1 \leq z \leq (2^m - 1) \cdot 5^m + 1 < 10^m$$

m-stellig.

Die Darstellung $z = 5^m \cdot k \pm 1$ ist nach der Vorüberlegung notwendig für gerade reproduzierende Zahlen. Wegen der Eindeutigkeit der Zahlen k_1 und k_2 kann es folglich keine weiteren reproduzierenden geraden Zahlen mit m Stellen geben.

2. Lösung. *Schritt 1.* Eine l-stellige reproduzierende Zahl $z \neq 0$ heiße *m-reproduzierend* ($m \geq l$), wenn die letzten m Ziffern von $z^3 - z$ Nullen sind. $z = 1$ ist dann beispielsweise m-reproduzierend für beliebiges m. Eine m-reproduzierende Zahl ist auch reproduzierend, kann aber weniger als m Stellen haben. Jede m-stellige reproduzierende Zahl ist m-reproduzierend.

Schritt 2. Eine Zahl z', die aus den letzten l Stellen einer m-reproduzierenden Zahl z besteht ($l < m$), ist l-reproduzierend. Diese Behauptung folgt aus der Darstellung $z = r10^l + z'$ und

$$z'^3 = z^3 - (z - z')(z^2 + zz' + z'^2) = z^3 - r(z^2 + zz' + z'^2)10^l .$$

Schritt 3. Ist z eine m-reproduzierende Zahl, so ist $z' = 10^m - z$ ebenfalls m-reproduzierend, wie sich aus $z^3 = 10^m s + z$ und

$$(10^m - z)^3 = (10^{2m} - 3 \cdot 10^m z + 3z^2 - s - 1)10^m + (10^m - z)$$

ergibt.

Schritt 4. Die einzigen 1-reproduzierenden geraden Zahlen sind 4 und 6. Aus Schritt 2 folgt, dass jede m-reproduzierende gerade Zahl z auf 4 oder 6 endet. Damit endet z^2 immer auf 6.

Schritt 5. Ist z' eine m-reproduzierende gerade Zahl, so existiert genau eine $(m+1)$-reproduzierende Zahl z, die in den letzten m Ziffern mit z' übereinstimmt.

Beweis. s sei die eindeutig bestimmte Zahl mit $z'^3 = 10^m s + z'$ und $z = k \cdot 10^m + z'$ mit $0 \leq k \leq 9$. Wegen $m \geq 1$, also $3m > 2m \geq m + 1$, gilt

$$\begin{aligned} z^3 &= (k \cdot 10^m + z')^3 = k^3 \cdot 10^{3m} + 3z'k^2 \cdot 10^{2m} + 3z'^2 k \cdot 10^m + z'^3 \\ &= A \cdot 10^{m+1} + 3 \cdot 6k \cdot 10^m + z'^3 \\ &= (A + k) \cdot 10^{m+1} + (8k + s) \cdot 10^m + z' \end{aligned}$$

mit einer natürlichen Zahl A. Aus dieser Darstellung folgt, dass z genau dann $(m+1)$-reproduzierend ist, wenn k mit der letzten Ziffer von $s + 8k$ übereinstimmt. Das ist genau dann der Fall, wenn $10 \mid 21s + 7k$ oder $10 \mid 3s + k$ gilt. Also ist z genau dann $(m+1)$-reproduzierend, wenn $10 - k$ und $3s$ in der letzten Ziffer übereinstimmen. Das liefert genau eine Ziffer k und damit genau eine Lösung z für ein gegebenes z'. ⊓

Schritt 6. Aus Schritt 4 und 5 folgt, dass es für jedes m genau zwei m-reproduzierende gerade Zahlen gibt. Wegen Schritt 3 ist deren Summe gleich 10^m, also muss mindestens eine dieser Zahlen auch m-stellig sein. Damit ist die Behauptung aus Teil (b) der Aufgabe gezeigt.

Schritt 7. Für Aufgabenteil (a) kann man die m-reproduzierenden geraden Zahlen für $m = 1, \ldots, 4$ ausgehend von $z = 4$ nach Schritt 5 schrittweise konstruieren:

m	1	2	3	4
z	4	24	624	0624
z^2	16	576	$\ldots 9376$	$\ldots$
z^3	64	$\ldots 824$	$\ldots 0624$	$\ldots$
s	6	$\ldots 8$	$\ldots 0$	$\ldots$
$3s$	18	$\ldots 4$	$\ldots 0$	$\ldots$
k	2	6	0	$\ldots$

Unter Beachtung von 3. erhält man genau zwei 4-reproduzierende Zahlen, nämlich $z_1 = 624$ und $z_2 = 10\,000 - z_1 = 9\,376$. Es gibt demnach genau eine vierstellige gerade reproduzierende Zahl, und zwar 9 376. ◇

Aufgabe 401345

Die Zahlenfolge (x_k) der Fibonacci-Zahlen ist durch $x_1 = 1$, $x_2 = 1$ und die Bildungsvorschrift

$$x_{k+2} = x_{k+1} + x_k, \qquad k = 1, 2, 3, \ldots$$

gegeben.

(a) Man beweise, dass es eine Fibonacci-Zahl gibt, die im dekadischen Positionssystem auf die Ziffer Neun endet.

(b) Man untersuche, für welche n es Fibonacci-Zahlen gibt, deren letzte n Ziffern im dekadischen Positionssystem sämtlich Neunen sind.

Lösung

Es wird gezeigt, dass es für alle natürlichen Zahlen n Fibonacci-Zahlen gibt, deren letzte n Ziffern im dekadischen Positionssystem sämtlich Neunen sind.

Mit Hilfe der Formel $x_k = x_{k+2} - x_{k+1}$ kann man die Folge (x_k) auch für $k = 0, -1, -2, \ldots$ definieren. Speziell erhält man $x_0 = 0$, $x_{-1} = 1$ und $x_{-2} = -1$.

Die letzten n Ziffern einer natürlichen Zahl sind genau dann sämtlich Neunen, wenn diese Zahl bei Division durch $N = 10^n$ den Rest $N - 1$ lässt.

Wir betrachten deshalb die Reste r_k der Fibonacci-Zahlen x_k bei Division durch N. Zum Beispiel gilt $r_{-2} = N - 1$, $r_{-1} = 1$, $r_0 = 0$, $r_1 = 1$ und $r_2 = 1$. Für gegebenes k bestimmen die Reste r_k und r_{k+1} sowohl den Rest r_{k+2} als auch den Rest r_{k-1} und damit sämtliche Reste eindeutig.

Da es bei Division durch N nur endlich viele verschiedene Paare aufeinanderfolgender Reste (maximal N^2) geben kann, muss sich nach dem DIRICHLET'schen Schubfachprinzip ein Restepaar nach endlich vielen Schritten wiederholen. Wiederholt sich ein Restepaar nach K Schritten, so gilt wegen der Bildungsvorschrift sofort auch

$$r_{k+K} = r_k$$

für alle ganzzahligen k. Insbesondere stimmen für $N = 10^n$ die Reste von x_{K-2} und x_{-2} überein und sind gleich $N - 1$; die Fibonacci-Zahl x_{K-2} endet also auf (mindestens) n Neunen.

Bemerkung. In der Lösung wurden als Reste bei Division durch n genau die Zahlen $0, 1, \ldots, n-1$ zugelassen, um ihre Eindeutigkeit zu gewährleisten. Bei Verwendung von Zahlenkongruenzen vereinfacht sich die Darstellung.

Bemerkung. Die kleinste auf 9 endende Fibonacci-Zahl ist

$$x_{11} = 89 \,,$$

die kleinste auf 99 endende Fibonacci-Zahl ist

$$x_{52} = 32\,951\,280\,099 \,.$$

Aufgabe 201236

Man zeige, dass zu jeder natürlichen Zahl $n \geq 1$ und jeder natürlichen Zahl $B > 1$ eine natürliche Zahl $C \geq 1$ existiert, die im Positionssystem mit der Basis B nur aus Ziffern *Null* und *Eins* besteht und durch n teilbar ist.

Lösung

Zu beliebig gegebenen natürlichen Zahlen $n > 1$ und $B > 1$ bilde man die $n+1$ Zahlen

$$\begin{aligned} (1)_B &= 1 \\ (11)_B &= B + 1 \\ (111)_B &= B^2 + B + 1 \\ &\vdots \\ (11\ldots1)_B &= B^n + B^{n-1} + \cdots + B + 1 \,. \end{aligned}$$

Bei Division dieser Zahlen durch n muss nach dem DIRICHLET'schen Schubfachprinzip mindestens einer der n Reste $0, 1, \ldots, n-1$ mehrfach auftreten, d. h., es muss unter den Zahlen zwei geben, die bei Division durch n denselben Rest lassen.

Subtrahiert man die kleinere dieser beiden Zahlen von der größeren, so erhält man eine Zahl C mit den behaupteten Eigenschaften. ◇

Aufgabe 451341

Man ermittle alle positiven ganzen Zahlen n, für die

$$z_n = \underbrace{1\,0\,1\ldots1\,0\,1}_{2n+1 \text{ Ziffern}}$$

Primzahl ist.

Lösung

Die Zahl $99 \cdot z_n$ besteht aus $2n + 2$ Neunen. Aus $99z_n = 10^{2n+2} - 1$ und der dritten binomischen Formel folgt

$$z_n = \frac{10^{2n+2} - 1}{99} = \frac{(10^{n+1} + 1)(10^{n+1} - 1)}{11 \cdot 3^2} .$$

Da z_n ganzzahlig ist, lässt sich jeder der Primfaktoren von 99 jeweils gegen einen der beiden Faktoren im Zähler kürzen.
Für $n \geq 2$ ist $10^{n+1} + 1 > 10^{n+1} - 1 > 10^2 - 1 = 99$. Nach dem Kürzen verbleibt also in jedem Faktor jeweils eine ganze Zahl größer als 1, folglich ist z_n zusammengesetzt. Also kann z_n nur für $n = 1$ eine Primzahl sein. Da 101 tatsächlich Primzahl ist, ist $n = 1$ die einzige Lösung. ◇

Aufgabe 481336

Christian denkt sich eine gewisse positive ganze Zahl n, berechnet die Potenzen 4^n und 5^n und stellt fest, dass sie im Dezimalsystem geschrieben mit derselben Ziffer beginnen. Man beweise, dass diese gemeinsame Ziffer entweder eine 2 oder eine 4 sein muss.

Lösung

Ist z die führende Ziffer der Zahlen 4^n und 5^n, so gelten die Ungleichungen

$$z \cdot 10^r < 4^n < (z + 1) \cdot 10^r$$
$$z \cdot 10^s < 5^n < (z + 1) \cdot 10^s$$

mit gewissen nichtnegativen ganzen Zahlen r und s. Dabei stehen die echten Ungleichungsrelationen, weil 4^n und 5^n nicht durch 10 teilbar sind. Wir quadrieren die zweite dieser Ungleichungen und multiplizieren das Ergebnis mit der ersten. Dies liefert

$$z^3 \cdot 10^{r+2s} \leq 10^{2n} < (z+1)^3 \cdot 10^{r+2s} .$$

Da z eine Ziffer ist, erhält man hieraus

$$1 \leq z^3 \leq 10^{2n-r-2s} < (z+1)^3 \leq (9+1)^3 = 1000 .$$

Der Ausdruck $2n - r - 2s$ liegt somit zwischen 0 und 2. Für $2n - r - 2s = 0$ würde $z = 1$ folgen. Weiterhin müsste auch $10^r = 4^n$ gelten, da wir sonst eine strenge Ungleichung hätten. Dies ist für $n > 0$ offenbar nicht möglich, da dann auch $r > 0$ sein müsste, andererseits aber 4^n nicht durch 5 teilbar ist. Es bleiben $2n-r-2s = 1$ oder $2n - r - 2s = 2$.

Im ersten Fall haben wir $z^3 \leq 10 < (z+1)^3$ und mithin $z = 2$; im zweiten Fall hingegen ist $z^3 \leq 100 < (z+1)^3$, woraus $z = 4$ folgt. Insgesamt ist also stets $z = 2$ oder $z = 4$.

Bemerkung. Die Zahlen 4^{52} und 5^{52} beginnen beide mit der Ziffer 2. Ebenso beginnen 4^{11} und 5^{11} beide mit einer 4. In diesem Sinn ist also das in der Aufgabenstellung genannte Ergebnis optimal. ◊

7.5 Teilbarkeitsregeln

Oft ist es erforderlich, für eine gegebene (meist große) ganze Zahl a zu entscheiden, ob sie durch eine andere ganze Zahl b teilbar ist. Zwar könnte man dies immer durch Division mit Rest herausfinden, doch bereitet dies erheblichen Rechenaufwand. *Teilbarkeitsregeln* ermöglichen es für viele Divisoren b, die Teilbarkeitsfrage anhand der Zifferndarstellung von a wesentlich effizienter zu beantworten.

Wir beschränken uns auf Teilbarkeitsregeln für Zahlen in dezimaler Darstellung; hinsichtlich der Teiler konzentrieren wir uns mit wenigen Ausnahmen auf Primzahlen und Primzahlpotenzen. Für andere zusammengesetzte Teiler lässt sich das Teilbarkeitsproblem in Teilbarkeitsprobleme bezüglich der Primteiler aufspalten, z. B. ist a durch 12 genau dann teilbar, wenn $3 \mid a$ und $4 \mid a$.

Teiler 2, 5, 10

Die einfachsten Teilbarkeitsregeln ergeben sich für die Teiler $b = 2$, $b = 5$, $b = 10$ der Basis 10 unseres Positionssystems.

Satz 7.3. *Die positive ganze Zahl* $a = \overline{a_n a_{n-1} \cdots a_0}$ *ist genau dann*

- *durch* 2 *teilbar, wenn* $a_0 \in \{0, 2, 4, 6, 8\}$,

- *durch* 5 *teilbar, wenn* $a_0 \in \{0, 5\}$,
- *durch* 10 *teilbar, wenn* $a_0 = 0$ *ist.*

Dies lässt sich leicht aus (7.6) mittels des Kongruenzenkalküls herleiten, da $10^i \equiv 0 \bmod 2, \bmod 5, \bmod 10$ für $i \geq 1$ gilt und damit

$$a \equiv a_0 \bmod 2, \bmod 5, \bmod 10 \,. \tag{7.7}$$

Hieraus wird ersichtlich, dass man die Teilbarkeitsregel leicht zu einer *Restklassenregel* erweitern kann, da man auch die Restklasse von a modulo 2, 5 oder 10 aus der Endziffer a_0 ablesen kann.

Teiler 4, 8, 16, 20, 25, 50, 100, 125

Die Idee dieser einfachsten Teilbarkeits- und Restklassenregeln kann leicht auf beliebige Teiler ausgeweitet werden, die nur die Primteiler 2 und 5 besitzen, so wie $b = 4, 8, 16, 20, 25, 50, 100, 125$:

Satz 7.4. • *Für* $b \in \{4, 20, 25, 50, 100\}$ *ist* $b \mid 10^i$ *für* $i \geq 2$ *und damit*

$$a = \overline{a_n a_{n-1} \ldots a_0} \equiv \overline{a_1 a_0} \bmod b \,. \tag{7.8}$$

- *Für* $b \in \{8, 125\}$ *ist* $b \mid 10^i$ *für* $i \geq 3$ *und damit*

$$a = \overline{a_n a_{n-1} \ldots a_0} \equiv \overline{a_2 a_1 a_0} \bmod b \,. \tag{7.9}$$

- *Wegen* $16 \mid 10^i$ *für* $i \geq 4$ *ist*

$$a = \overline{a_n a_{n-1} \ldots a_0} \equiv \overline{a_3 a_2 a_1 a_0} \bmod 16 \,. \tag{7.10}$$

Zur Entscheidung der Teilbarkeit für die verbleibenden drei- oder vierstelligen Endziffernfolgen wird man zwar noch immer Divisionen benötigen, diese fallen aber wesentlich unaufwändiger aus als für die möglicherweise große Zahl a selbst.

Teiler 3, 9

Teilbarkeits- und Restklassenregeln für die Teiler 3 und 9 ergeben sich aus der Feststellung $10^i \equiv 1 \bmod 3, \bmod 9$ für alle $i \geq 0$ und damit

$$a = \overline{a_n a_{n-1} \ldots a_0} \equiv a_n + a_{n-1} + \cdots + a_0 \bmod 3, \bmod 9 \,. \tag{7.11}$$

Danach gilt:

Satz 7.5. *Der Rest von* a *bei Division durch* 3 *oder* 9 *ist gleich dem Rest seiner Quersumme* $Q(a) := a_n + a_{n-1} + \cdots + a_0$ *bezüglich desselben Divisors.*

Ist die Quersumme selbst mindestens zweistellig, so kann die Regel erneut angewendet werden, bis nur noch eine einstellige Zahl verbleibt.

Teiler 11, 99, 27, 37, 111, 999

Auf ähnliche Weise führen die Beziehungen $100^i \equiv 1 \bmod 99$ und $1000^i \equiv 1 \bmod 999$ auf Teilbarkeits- und Restklassenregeln für 99 und dessen Teiler 11 bzw. für 999 und dessen Teiler 27, 37, 111, die auf *Gruppenquersummen* beruhen. Hierbei werden Zweier- bzw. Dreiergruppen in der Zifferndarstellung von a von rechts nach links gebildet:

$$a = \overline{a_{2n-1}a_{2n-2}\cdots a_0} \equiv \overline{a_{2n-1}a_{2n-2}} + \cdots + \overline{a_1a_0} \bmod b\,, \qquad b \mid 99\,, \tag{7.12}$$

$$a = \overline{a_{3n-1}a_{3n-2}\cdots a_0} \equiv \overline{a_{3n-1}a_{3n-2}a_{3n-3}} + \cdots + \overline{a_2a_1a_0} \bmod b\,, \qquad b \mid 999\,. \tag{7.13}$$

Zur Vereinfachung der Notation haben wir hier vorausgesetzt, dass die Anzahl der Ziffern in der Dezimaldarstellung von a ein Vielfaches von 2 bzw. 3 ist, was nötigenfalls durch Voranstellen von Nullen erreicht werden kann.

Durch wiederholte Anwendung von (7.12) oder (7.13) kann man a stets zu einer maximal zwei- bzw. dreistelligen Zahl reduzieren, deren Rest modulo b mit demjenigen von a übereinstimmt.

Es ist offensichtlich, wie sich diese Idee auf 9999, 99999 usw. und deren jeweilige Primteiler ausdehnen lässt, indem man Vierer-, Fünfergruppen usw. aus den Ziffern von a summiert. Interessanterweise kann man auf diese Weise Restklassenregeln für alle Primdivisoren außer 2 und 5 bilden. Dies folgt unmittelbar aus dem Satz von FERMAT in Abschnitt 7.2: Setzt man hier $a = 10$ ein, so sieht man, dass jedes solche p Teiler der aus p Ziffern 9 gebildeten Zahl ist.

Teiler 7, 11, 13, 101

Einige Teiler ermöglichen eine weitere Vereinfachung, wenn man statt der Moduln $99\ldots9 = 10^k - 1$ aus (7.12), (7.13) solche der Form $10^k + 1$ benutzt. Beispielsweise folgt aus $10 \equiv -1 \bmod 11$ die folgende Regel. , dass die so genannte *alternierende Quersumme* von a den gleichen Rest bei Division durch 11 lässt wie a:

Satz 7.6. *Bei Division durch* 11 *ist der Rest von a gleich dem Rest der* alternierenden Quersumme *von a:*

$$a = \overline{a_n a_{n-1}\cdots a_0} \equiv a_0 - a_1 \pm \cdots + (-1)^{n-1}a_{n-1} + (-1)^n a_n \bmod 11\,. \tag{7.14}$$

Allgemein gewinnt man aus $10^k \equiv -1 \bmod (10^k + 1)$ Restklassenregeln für $10^k + 1$ oder dessen Teiler. Hierfür sind Gruppen von jeweils k Ziffern der Dezimaldarstellung von a alternierend zu addieren und subtrahieren. Für $k = 2$ und $k = 3$ erhält man so

$$a = \overline{a_{2n-1}\dots a_0} \equiv \overline{a_1a_0} - \overline{a_3a_2} \pm \dots + (-1)^{n-1}\overline{a_{2n-1}a_{2n-2}} \bmod 101\,, \qquad (7.15)$$

$$a = \overline{a_{3n-1}\dots a_0} \equiv \overline{a_2a_1a_0} - \overline{a_5a_4a_3} \pm \dots + (-1)^{n-1}\overline{a_{3n-1}a_{3n-2}a_{3n-3}} \bmod b\,, \quad b \mid 1001 \qquad (7.16)$$

Die letztere Regel ist insbesondere nützlich für $b = 7$ und $b = 13$, für die man so eine Reduktion auf höchstens dreistellige Zahlen erreicht. Eine vergleichbare Regel mit nicht alternierenden Gruppensummen für diese Teiler erfordert Sechsergruppen und führt damit auf bis zu sechsstellige Restzahlen, die mittels Division zu prüfen wären.

Weitere Ausführungen zu Teilbarkeits- und Restklassenregeln finden sich in [39].

Aufgabe 291236

Man beweise: Schreibt man all natürlichen Zahlen n mit $111 \leq n \leq 999$ in beliebiger Reihenfolge hintereinander auf, so erhält man stets die Ziffernfolge einer durch 37 teilbaren Zahl.

Lösung

Wir bezeichnen die 889 Zahlen $111, 112, \dots, 999$ in der Reihenfolge, in der sie von links nach rechts aufgeschrieben werden, als $a_1, a_2, \dots, a_{889}$. Dann ist die durch Hintereinanderschreiben entstehende Zahl

$$N = \sum_{k=1}^{889} 1000^{889-k} a_k\,.$$

Setzt man für $k = 1, 2, \dots, 889$ jeweils $r_k = 1000^{889-k} - 1$, so ist $r_{889} = 0$, und für $k = 1, 2, \dots, 888$ besteht r_k jeweils aus $889 - k$ hintereinandergeschriebenen Zifferngruppen 999. Wegen $999 = 37 \cdot 27$ ist $r_k = 37 \cdot s_k$, wobei s_k für $k = 1, 2, \dots, 888$ die aus $889 - k$ hintereinandergeschriebenen Zifferngruppen 027 bestehende ganze Zahl und $s_{889} = 0$ ist.
Somit lässt

$$N = \sum_{k=1}^{889} (r_k + 1) a_k = 37 \sum_{k=1}^{889} s_k a_k + \sum_{k=1}^{8} 89 a_k$$

bei Division durch 37 denselben Rest wie

$$S = \sum_{k=1}^{8} 89 a_k\,.$$

Dies ist aber nur eine Umordnung der Summe der Zahlen $111, 112, \dots, 999$, also ist

$$\begin{aligned} S &= \sum_{j=111}^{999} j \\ &= \sum_{j=1}^{554} j + 555 + \sum_{j=556}^{999} j \\ &= 555 + \sum_{j=111}^{554} \big(j + (1110 - j)\big) = 889 \cdot 555 = 889 \cdot 15 \cdot 37\,. \end{aligned}$$

Damit ist S und folglich auch N durch 37 teilbar, was zu zeigen war. 

Aufgabe 351313

Bildet man von einer natürlichen Zahl n die Quersumme, vom Ergebnis wieder die Quersumme usw., so gelangt man nach endlich vielen Schritten zu einer einstelligen Zahl, die als $Q(n)$ bezeichnet sei. Man beweise, dass für jede natürliche Zahl n die Gleichung

$$Q(n^2) = Q\Big(\big(Q(n)\big)^2\Big)$$

gilt.

Beispiel. Für $n = 17$ gilt einerseits $n^2 = 289$, also $Q(n^2) = 1$; andererseits $Q(n) = 8, (Q(n))^2 = 64$, also auch $Q((Q(n))^2) = 1$.

Lösung

Bekanntlich lässt jede natürliche Zahl bei Division durch 9 denselben Rest wie ihre Quersumme. Daraus folgt für jede natürliche Zahl n, dass n bei Division durch 9 denselben Rest lässt wie $Q(n)$, d. h., es gilt $n = 9k + Q(n)$ mit einer ganzen Zahl k. Daraus folgt

$$\begin{aligned} n^2 &= 81k^2 + 18k \cdot Q(n) + \big(Q(n)\big)^2 \\ &= 9 \cdot \big(9k^2 + 2k \cdot Q(n)\big) + \big(Q(n)\big)^2\,, \end{aligned} \tag{1}$$

also lassen n^2 und $\big(Q(n)\big)^2$ bei Division durch 9 denselben Rest. Daher lassen auch $Q(n^2)$ und $Q\big((Q(n))^2\big)$ bei Division durch 9 denselben Rest. Daraus ergibt sich, dass sie einander gleich sein müssen. Ist nämlich $n = 0$, so sind beide gleich 0. Ist aber $n > 0$, so sind beide positiv und einstellig, liegen also in der Menge $\{1, 2, \ldots, 9\}$, und damit folgt aus der Übereinstimmung ihrer Reste ihre Gleichheit. ◇

Aufgabe 371335

(a) Man zeige, dass die im Dezimalsystem mit 1998 Ziffern „1“ geschriebene Zahl $z = 111\ldots111$ keine Quadratzahl ist.

(b) Man untersuche, ob man aus z eine Quadratzahl erhalten kann, indem man genau eine der 1998 Ziffern „1“ in ihrer Darstellung im Dezimalsystem durch eine andere Ziffer ersetzt.

Lösungen

1. Lösung. Zur Lösung der Aufgabe sind die Teilbarkeits- und Restklassenregeln für die Divisoren 3, 4, 5, 8 und 11 nützlich. In anderen Varianten von Lösungen können auch Reste bei Division durch 7, 9, 13 oder 37 herangezogen werden.

Zunächst wird festgestellt, welche Reste Quadratzahlen bei der Division durch 3, 4, 5, 8 und 11 annehmen können:

Rest r r^2	0 0	1 1	2 4	3 9	4 16	5 25	6 36	7 49	8 64	9 81	10 100
Div. durch 3	0	1	1	.	.	.	.	.	.	.	.
Div. durch 4	0	1	0	1	.	.	.	.	.	.	.
Div. durch 5	0	1	4	4	1	.	.	.	.	.	.
Div. durch 8	0	1	4	1	0	1	4	1	.	.	.
Div. durch 11	0	1	4	9	5	3	3	5	9	4	1

Dann kann beispielsweise wie folgt geschlossen werden: *Schritt 1.* Die Zifferndarstellung von z endet auf 11. Somit lässt z bei Division durch 4 den Rest 3 und kann damit keine Quadratzahl sein.

Schritt 2. Wegen der Feststellung unter 1. kann die Abänderung genau einer Ziffer in der Darstellung von z höchstens dann zu einer Quadratzahl führen, wenn eine der letzten beiden Ziffern durch eine Ziffer $k = 0, 2, 3, \ldots, 9$ ersetzt wird. Da z durch 3 teilbar ist (Quersumme 1998), entfallen Änderungen, die auf einen Rest 2 nach Division durch 3 führen: $k \neq 0, 3, 6, 9$. Wegen der Divisionsreste bezüglich 5 entfallen auf der letzten Stelle Änderungen mit $k = 2, 7, 8$.

Schritt 3. Von den verbleibenden sieben Möglichkeiten entfallen 14, 15, 51 und 71, da sie bei Division durch 4 den Rest 2 bzw. 3 erzeugen. Die dreistelligen Endzahlen 141 bzw. 181 lassen bei Division durch 8 den Rest 5, gehören also auch nicht zu Quadratzahlen.

Schritt 4. Als letzte Möglichkeit für eine Quadratzahl bleibt die Zahl $z + 10$, die auf 121 endet. Da die Anzahl der Ziffern von z gerade ist, ist z offensichtlich durch 11 teilbar, $z + 10$ lässt dann den Rest 10 bei Division durch 11 und kann deshalb ebenfalls keine Quadratzahl sein. Somit ist es auch nicht möglich, durch Ersetzen genau einer Ziffer in der Zifferndarstellung von z eine Quadratzahl zu erhalten.

2. Lösung. Wie in der ersten Lösung schließt man, dass keine Quadratzahl auf 11 enden kann. Für die gesuchte, zur Quadratzahl q^2 abgeänderte Zahl z muss also

$$z - 11 < q^2 < z + 89$$

gelten. Es sei w die Zahl, die als Dezimalzahl aus 999 Ziffern 1 besteht. Durch Ausmultiplizieren erhält man die Beziehung

$$z = w(9w + 2) = 3w\left(3w + \frac{2}{3}\right) ,$$

also

$$(3w)^2 < z < (3w + 1)^2 .$$

Aus

$$(3w)^2 = z - 2w < z - 11$$
$$(3w + 1)^2 = z + 4w + 1 > z + 89$$

folgt, dass im geforderten Intervall $[z - 11, z + 89]$ keine Quadratzahl liegt. Weder z selbst noch eine nur in einer Ziffer abgeänderte Zahl ist eine Quadratzahl. ◇

Aufgabe 381346B

Man ermittle alle Paare (m, n) natürlicher Zahlen, für die $4^m + 5^n$ Quadratzahl ist.

Lösungen

1. Lösung. Angenommen, es gibt nichtnegative ganze Zahlen m und n, für die $4^m + 5^n$ Quadratzahl ist. Dann gibt es eine natürliche Zahl q mit $4^m + 5^n = q^2$, also

$$(q - 2^m) \cdot (q + 2^m) = 5^n .$$

Wegen der Eindeutigkeit der Primfaktorzerlegung gibt es natürliche Zahlen a, b mit $a < b$, $a + b = n$ und

$$q - 2^m = 5^a, \quad q + 2^m = 5^b .$$

Die Subtraktion dieser Gleichungen liefert

$$2^{m+1} = 5^b - 5^a = 5^a \cdot (5^{b-a} - 1) .$$

Weil 2 und 5 teilerfremd sind, folgt $a = 0$. Also ist die Gleichung

$$q = 2^m + 1 = 5^b - 2^m ,$$

also

$$5^b = 2^{m+1} + 1 \tag{1}$$

zu erfüllen. Aus (1) folgt

$$2^{m+1} = 5^b - 1 = (5-1)\big(5^{b-1} + 5^{b-2} + \cdots + 5 + 1\big)\,,$$
$$2^{m-1} = 5^{b-1} + 5^{b-2} + \cdots + 5 + 1\,. \tag{2}$$

Die Zahl 5^k lässt bei Division durch 3 für gerades k den Rest 1 und für ungerades k den Rest -1. Für geradzahliges b wäre also die rechte Seite durch 3 teilbar, die linke jedoch nicht.

Folglich muss b ungerade sein. In diesem Fall ist die rechte Seite von (2) eine ungerade Zahl. Dies ist nur für $m = 1$ möglich. Hieraus folgt weiter $b = 1$ und schließlich $n = 1$. Die Probe zeigt, dass das Paar $(m, n) = (1, 1)$ tatsächlich Lösung der Aufgabe ist.

2. Lösung. Ausgehend von Formel (1) kann der Beweis auch wie folgt zu Ende geführt werden:

Durchläuft m die Menge der nichtnegativen ganzen Zahlen, so durchlaufen die Endziffern von $2^{m+1} + 1$ zyklisch die Werte 3, 5, 9, 7. Damit kann (1) nur gelten, wenn $m = 4t + 1$ mit einer nichtnegativen ganzen Zahl t ist. In diesem Fall gilt

$$5^b = 2^{4t+2} + 1 = 4^{2t+1} + 1\,. \tag{3}$$

Fall 1. Es sei $b \geq 2$. Dann folgt aus (3), dass $4^{2t+1} + 1$ durch 25 teilbar ist. Dies ist genau dann der Fall, wenn $t = 2 + 5s$ mit einer nichtnegativen ganzen Zahl s gilt, denn $4^{2t+1} + 1$ durchläuft bei Division durch 25 zyklisch die Reste 5, 15, 0, 10, 20. Folglich muss

$$5^b = 4^{5+10s} + 1 = 1024^{2s+1} + 1$$

gelten. Nun durchläuft aber 5^b bei Division durch 11 zyklisch die Reste 1, 5, 3, 4, 9, während der Rest von $1024^{2s+1} + 1$ gleich 2 ist. Damit gibt es in diesem Fall keine Lösungen des Problems.

Fall 2. Ist $b = 1$, erhält man nacheinander die Werte $t = 0$, $m = 1$, $q = 3$ und $n = 1$.

Zusammengefasst ergibt sich wiederum genau das Paar $(m, n) = (1, 1)$ als Lösung der Aufgabe. ◇

Aufgabe 441344

Mit $Q(n)$ sei die Quersumme der natürlichen Zahl n bezeichnet. Man beweise, dass

$$Q(Q(Q(2005^{2005}))) = 7$$

ist.

Lösung

Für die Zahl $a = 2005^{2005}$ gelten die Abschätzungen

$$\begin{aligned} a = 2005^{2005} &< 2100^{2005} = 21^{2005} \cdot 100^{2005} \\ &= (21^3)^{668} \cdot 21 \cdot 10^{4010} < (10^4)^{668} \cdot 10^2 \cdot 10^{4010} = 10^{6684} . \end{aligned}$$

Also hat a höchstens 6684 Ziffern, und folglich ist

$$Q(a) \leq 9 \cdot 6684 = 60\,156 < 10^5 .$$

Die Zahl $Q(a)$ hat also höchstens 5 Ziffern, und damit ist

$$Q(Q(a)) \leq 9 \cdot 5 = 45 .$$

Für eine Zahl $Q(Q(a))$ mit $Q(Q(a)) \leq 45$ übersteigt die Ziffernsumme nicht $3 + 9 = 12$. Also gilt

$$Q(Q(Q(a))) \leq 12 . \qquad (1)$$

Ferner gilt

$$n \equiv Q(n) \equiv Q(Q(n)) \equiv Q(Q(Q(n))) \bmod 9$$

für jede natürliche Zahl n. Wegen

$$2005^{2005} \equiv (-2)^{2005} \equiv ((-2)^3)^{668} \cdot (-2) \equiv (-1)^{668} \cdot (-2) \equiv -2 \bmod 9$$

folgt zusammen mit (1), dass

$$Q(Q(Q(a))) = 7$$

gilt. Damit ist die Behauptung bewiesen. 

Aufgabe 471336

Aus den sieben Ziffern 1, 2, 3, 4, 5, 6, 7 werden im Dezimalsystem sieben siebenstellige Zahlen so gebildet, dass jede Zahl sämtliche dieser Ziffern enthält.

Man beweise, dass es unmöglich ist, aus diesen Zahlen einige so auszuwählen, dass die Summe ihrer siebten Potenzen mit der Summe der siebten Potenzen der verbleibenden Zahlen übereinstimmt.

Lösung

Jede natürliche Zahl lässt bei Division durch 9 denselben Rest wie ihre Quersumme. Weil jede der betrachteten Zahlen die Ziffern von 1 bis 7 genau einmal enthält, haben sämtliche Zahlen die Quersumme $1 + 2 + 3 + 4 + 5 + 6 + 7 = 28$ und lassen folglich bei Division durch 9 den Rest 1.

Wenn eine Zahl z bei Division durch 9 den Rest 1 lässt, dann gilt dies auch für jede positive ganzzahlige Potenz z^k.

Werden nun aus den sieben Zahlen n Zahlen $(0 < n < 7)$ ausgewählt, so lässt die Summe ihrer siebten Potenzen bei Division durch 9 den Rest n. Entsprechend lässt die Summe der siebten Potenzen der übrigen $7 - n$ Zahlen bei Division durch 9 den Rest $7 - n$. Wären beide Summen gleich, so müssten auch ihre Reste übereinstimmen. Dies ist wegen $0 \leq n \leq 7$ nur für $n = 7 - n$ möglich. Weil diese Gleichung keine ganzzahlige Lösung besitzt, müssen die Summen der siebten Potenzen der n ausgewählten und der $7 - n$ übrigen Zahlen stets verschieden sein.

Aufgabe 431343

Man beweise, dass es für jede positive ganze Zahl n eine positive ganze Zahl z mit folgenden drei Eigenschaften (1), (2) und (3) gibt:

(1) Die Zahl z hat genau n Ziffern.
(2) Keine der Ziffern von z ist Null.
(3) Die Zahl z ist durch ihre Quersumme teilbar.

Lösungen

1. Lösung. Es werden drei Fälle unterschieden.

Fall 1. Es sei $n = 3^k$ mit einer positiven ganzen Zahl k. Dann hat zum Beispiel die aus genau 3^k Einsen gebildete Zahl $z_k = 111\ldots1$ die geforderten Eigenschaften. Der Beweis der Eigenschaft (3) wird mit vollständiger Induktion über k geführt. Für $k = 0$ ist $z_0 = 1$ durch 1 teilbar. Ist die Behauptung nun für eine gewisse positive ganze Zahl k richtig, so gilt für die aus 3^{k+1} Einsen gebildete Zahl z_{k+1}

$$\begin{aligned} z_{k+1} &= \frac{1}{9}\left(10^{3^{k+1}} - 1\right) \\ &= \frac{1}{9}\left(10^{3^k} - 1\right)\left(10^{2\cdot 3^k} + 10^{3^k} + 1\right) \\ &= z_k \cdot \left(10^{2\cdot 3^k} + 10^{3^k} + 1\right). \end{aligned}$$

Die Zahl z_{k+1} enthält also den Faktor z_k, der nach Voraussetzung durch 3^k teilbar ist. Ferner hat $10^{2\cdot 3^k} + 10^{3^k} + 1$ die Quersumme 3, ist also durch 3 teilbar. Damit ist z_{k+1} durch 3^{k+1} teilbar.

Fall 2. Es sei $3^k < n \leq 2 \cdot 3^k$. Mit $m = 3^k$ und $j = n - 3^k$ ist $1 \leq j \leq m$ und $j + m = n$. Es sei x die aus $j - 1$ Einsen und einer Zwei gebildete Zahl $x = 11\ldots12$ und y die aus m Neunen gebildete Zahl $y = 99\ldots9$. Das Produkt $z = x \cdot y$ hat die Form

$$z = \underbrace{11\ldots1}_{j}\,\underbrace{99\ldots9}_{m-j}\,\underbrace{88\ldots8}_{j}$$

mit jeweils j Einsen und Achten und $m - j$ Neunen, besteht also aus genau n von Null verschiedenen Ziffern. Die Quersumme von z ist $9 \cdot m = 9 \cdot 3^k$. Weil y nach dem ersten Beweisschritt ein Vielfaches von $9 \cdot 3^k$ ist, ist z durch seine Quersumme teilbar.

Fall 3. Es sei $2 \cdot 3^k < n < 3^{k+1}$. Mit $m = 2 \cdot 3^k$ und $j = n - 2 \cdot 3^k$ ist $1 \leq j \leq m$ und $j + m = n$. Es sei x die aus j Zweien gebildete Zahl $x = 22\ldots2$ und y die aus m Neunen gebildete Zahl $y = 99\ldots9$. Das Produkt $z = x \cdot y$ hat die Form

$$z = \underbrace{22\ldots2}_{j-1}\,1\,\underbrace{99\ldots9}_{m-j}\,\underbrace{77\ldots7}_{j-1}\,8$$

mit je $j - 1$ Ziffern Zwei und Sieben, einer Eins, einer Acht und $m - j$ Neunen, besteht also aus genau n von Null verschiedenen Ziffern. Die Quersumme von z ist $9 \cdot m = 2 \cdot 9 \cdot 3^k$. Weil x gerade und y nach dem ersten Beweisschritt ein Vielfaches von $9 \cdot 3^k$ ist, ist z wiederum durch seine Quersumme teilbar.
Die drei Fälle erfassen zusammen alle positiven ganzen Zahlen n. Damit ist die Behauptung bewiesen.

2. Lösung. Eine positive ganze Zahl, deren Ziffern nur aus Einsen und Zweien bestehen, nennen wir *Einserzweierzahl.*
Schritt 1. Für jede positive ganze Zahl n gibt es eine Einserzweierzahl mit n Ziffern, die durch 2^n teilbar ist. Wir führen den Beweis induktiv. Für $n = 1$ ist die Einserzweierzahl 2 durch 2 teilbar. Angenommen, e_k sei eine Einserzweierzahl mit k Ziffern, die durch 2^k teilbar ist. Dann sind sowohl $a = e_k + 10^k$ als auch $b = e_k + 2 \cdot 10^k$ Einserzweierzahlen mit $k + 1$ Ziffern. Die Zahl $10^k = 2^k \cdot 5^k$ ist durch 2^k, nicht aber durch 2^{k+1} teilbar. Demnach sind a und b durch 2^k und wegen $b - a = 2^k \cdot 5^k$ eine der beiden Zahlen auch durch 2^{k+1} teilbar. Man kann also $e_{k+1} = a$ oder $e_{k+1} = b$ wählen. Beispielhaft seien hier die ersten zehn Zahlen $e_1, \ldots, e_{10}$ angegeben:

$$e_1 = 2\,,\quad e_2 = 12\,,\quad e_3 = 112\,,\quad e_4 = 2\,112\,,\quad e_5 = 22\,112\,,\quad e_6 = 122\,112\,,$$
$$e_7 = 2\,122\,112\,,\quad e_8 = 12\,122\,112\,,\quad e_9 = 212\,122\,112\,,\quad e_{10} = 1\,212\,122\,112\,.$$

Da die Quersummen der Zahlen e_n kleiner 2^n (oder gleich für $n = 1$) sind, können wir sie benutzen, um Zahlen mit den Eigenschaften (1)–(3) aus der Aufgabenstellung zu konstruieren. Dazu müssen wir einer Zahl e_n nur genügend viele von Null verschiedene Ziffern so voranstellen, dass die Quersumme gerade 2^n wird. Zum Beispiel ergibt 55 vor e_4 die Zahl 552 112 mit Quersumme 16.

Schritt 2. Die Frage ist nun, ob auf diese Art die gewünschten Zahlen auch in beliebiger Länge konstruiert werden können. Dazu bezeichnen wir mit $r(n)$ bzw. $s(n)$ die Länge der kürzesten bzw. längsten aus e_n konstruierbaren Zahl mit den

Eigenschaften (1)–(3). In Abhängigkeit von n geben wir Abschätzungen für $r(n)$ und $s(n)$ an.

Schritt 3. Indem wir 2^{n-3} Achten der Zahl e_n voranstellen, erhalten wir eine Zahl mit einer Quersumme, die größer als 2^n ist. Also gilt $r(n) \leq 2^{n-3} + n$. Stellen wir e_n andererseits $2^{n-1} - n$ Zweien voran, so ergibt sich eine Zahl mit einer Quersumme kleiner oder gleich 2^n. Also gilt weiter $s(n) \geq 2^{n-1}$.

Schritt 4. Falls nun $s(n-1) \geq r(n)$ für $n > n_0$ gilt, so lassen sich in der beschriebenen Art und Weise Zahlen mit den Eigenschaften (1)–(3) ab der Länge $r(n_0)$ finden. Es gilt $s(n-1) \geq 2^{n-2} = 2^{n-3} + 2^{n-3} \geq n + 2^{n-3} \geq r(n)$ für $n > 5$. Wegen $r(5) \leq 4 + 5 = 9$ fehlen also nur noch Zahlen der Längen 1 bis 8. Die Zahlen 9, 81, 711, 6 111, 51 111, 411 111, 3 111 111, 21 111 111 haben die Quersumme 9 und sind daher auch durch 9 teilbar. Damit ist die Existenz von Zahlen beliebiger Länge mit den Eigenschaften (1)–(3) bewiesen. ◇

Aufgabe 451332

Man untersuche jeweils, ob es keine, endlich viele oder unendlich viele Quadratzahlen gibt, für die die Summe der Ziffern in ihrer Dezimaldarstellung

(a) gleich 2006,

(b) gleich 451332 ist.

(c) Man löse Teilaufgabe (b) unter der zusätzlichen Voraussetzung, dass die letzte Ziffer der Zahl keine Null sein darf.

Lösung

(a) Jede natürliche Zahl n lässt bei Division durch 3 den gleichen Rest wie die Quersumme $Q(n)$ (Summe der Ziffern) ihrer Dezimaldarstellung.

Eine Zahl mit der Quersumme 2006 lässt bei der Division durch 3 also den Rest 2. Wenn n bei Division durch 3 die Reste 0, 1 oder 2 lässt, so hat n^2 in dieser Reihenfolge die Reste 0, 1 bzw. 1. Also kann es keine Quadratzahl mit der Quersumme 2006 geben.

(b) Es ist $451\,332 = 9 \cdot 50\,148$. Nun gilt für $m = 10^{50\,148} - 1$

$$\begin{aligned} m^2 &= \left(10^{50\,148} - 1\right)^2 = 10^{2 \cdot 50\,148} - 2 \cdot 10^{50\,148} + 1 \\ &= \left(10^{50\,147} - 1\right) \cdot 10^{50\,149} + 8 \cdot 10^{50\,148} + 1 \\ &= \underbrace{999\ldots999}_{50\,147 \text{ Neunen}}\,8\underbrace{000\ldots000}_{50\,147 \text{ Nullen}}\,1, \end{aligned}$$

also ist m^2 eine Quadratzahl mit der Quersumme $9 \cdot 50\,148 = 451\,332$. Für jede nichtnegative ganze Zahl n ist dann $m^2 \cdot 10^{2n}$ eine Quadratzahl mit der Quersumme 451 332. Es gibt also unendlich viele Quadratzahlen mit dieser Quersumme.

(c) Es sei k eine positive ganze Zahl, $k \geq 2$. Wir zeigen allgemein, dass für jede natürliche Zahl $n \geq k+2$ die Quadratzahl $m^2 = \left((10^k - 1) \cdot 10^n + 24\right)^2$ die Quersumme $(2k+2) \cdot 9$ hat.
Es gilt

$$\begin{aligned} m^2 &= \left((10^k - 1) \cdot 10^n + 24\right)^2 \\ &= \left(10^k - 1\right)^2 \cdot 10^{2n} + 48\left(10^k - 1\right) \cdot 10^n + 576 \\ &= 10^{2k+2n} - 2 \cdot 10^{k+2n} + 10^{2n} + 48 \cdot 10^{k+n} - 48 \cdot 10^n + 576 \\ &= \left(10^k - 2\right) \cdot 10^{k+2n} + 10^{2n} + \left(48 \cdot 10^k - 48\right) \cdot 10^n + 576\,. \end{aligned}$$

Damit ist m^2 die Summe der vier Zahlen $z_1 = \left(10^k - 2\right) \cdot 10^{k+2n}$, $z_2 = 10^{2n}$, $z_3 = \left(48 \cdot 10^k - 48\right) \cdot 10^n$ und $z_4 = 576$. Diese Zahlen haben die Dezimaldarstellungen

$$\begin{aligned} z_1 &= \underbrace{9\ldots9}_{k-1 \text{ Neunen}}\ 8\ \underbrace{0\ldots0}_{k+2n \text{ Nullen}} \\ z_2 &= 1\ \underbrace{0\ldots0}_{2n \text{ Nullen}} \\ z_3 &= 47\ \underbrace{9\ldots9}_{k-2 \text{ Neunen}}\ 52\ \underbrace{0\ldots0}_{n \text{ Nullen}} \\ z_4 &= 576\,. \end{aligned}$$

Weil wegen $n \geq k+2 \geq 3$ für $j = 1, 2, 3$ die Anzahl von Nullen am Schluss der Zahl z_j mindestens so groß ist wie die Stellenzahl von z_{j+1}, ist die Quersumme von m^2 gleich der Summe der Quersummen von z_1, z_2, z_3 und z_4, also gleich

$$\left((k-1) \cdot 9 + 8\right) + 1 + \left(4 + 7 + (k-2) \cdot 9 + 5 + 2\right) + \left(5 + 7 + 6\right) = (2k+2) \cdot 9\,.$$

Für $k = 25\,073$ ist $(2k+2) \cdot 9 = 451\,332$. Damit ist nachgewiesen, dass es unendlich viele Zahlen gibt, die die Bedingungen der Teilaufgabe (c) erfüllen.

Bemerkung. Ähnlich wie in der Lösung von Teilaufgabe (c) kann man zeigen, dass für jede positive ganze Zahl k und jede natürliche Zahl $n \geq k+1$ die Quadratzahl $((10^k - 1) \cdot 10^n + 3)^2$ die Quersumme $(2k+1) \cdot 9$ hat. ◇

7.6 Diophantische Gleichungen

Unter diophantischen Gleichungen versteht man algebraische Gleichungen, die ausschließlich im Bereich der ganzen Zahlen gelöst werden sollen.

Für einige Klassen diophantischer Gleichungen gibt es systematische Lösungstheorien [27, 55]. Diese spielen bei der Lösung von Olympiadeproblemen jedoch kaum eine Rolle, weshalb wir an dieser Stelle nicht näher darauf eingehen.

In der Lösung der hier vorgestellten Olympiadeprobleme kommt es vielmehr darauf an, die in den vorangegangenen Abschnitten besprochenen zahlentheoretischen Techniken treffsicher zu kombinieren.

Für Unlösbarkeitsnachweise bieten sich indirekte Beweistechniken an; hier kann manchmal mittels Teilbarkeitsüberlegungen ein Abstiegsargument erzeugt werden.

Aufgabe 121242

Es sind alle Paare (x, y) ganzer Zahlen anzugeben, für die die Gleichung

$$x(x+1)(x+7)(x+8) = y^2$$

erfüllt ist.

Lösungen

1. Lösung. Angenommen, es existieren Lösungspaare (x, y). Dann substituieren wir $z = x^2 + 8x + 7/2$, wobei z die Form $z = n/2$ mit ganzem n hat. Einfaches Ausrechnen zeigt

$$\begin{aligned}\left(z - \tfrac{7}{2}\right) \cdot \left(z + \tfrac{7}{2}\right) &= (x^2 + 8x)(x^2 + 8x + 7) \\ &= x \cdot (x+1) \cdot (x+7) \cdot (x+8) = y^2 \,,\end{aligned}$$

woraus $z^2 - y^2 = 49/4$ und demnach $n^2 - 4y^2 = 49$ folgt. Da n und y ganze Zahlen sind, existieren für die Produktzerlegung $(n-2y)(n+2y)$ die 6 Möglichkeiten $1 \cdot 49$, $7 \cdot 7$, $49 \cdot 1$, $(-1)(-49)$, $(-7)(-7)$ und $(-49)(-1)$. Elementare Rechnung liefert für (z, y) die Paare $(25/2, 12)$, $(7/2, 0)$, $(25/2, -12)$, $(-25/2, -12)$, $(-7/2, 0)$ und $(-25/2, 12)$. Das Lösen der vier quadratischen Gleichungen $z = x^2 + 8x + 7/2$ mit $z = \pm 25/2$ und $z = \pm 7/2$ ergibt die möglichen Lösungspaare

$$\begin{aligned}&(1,12),\ (-9,12),\ (0,0),\ (-8,0),\ (1,-12),\ (-9,-12),\ (-4,-12), \\ &\qquad\qquad (-1,0),\ (-7,0) \text{ und } (-4,12)\,.\end{aligned}$$

Die Probe bestätigt die Richtigkeit aller 10 Lösungspaare.

2. Lösung. Ein Durchmustern der 11 Fälle $x = -9, -8, \ldots, 0, 1$ liefert die 10 Lösungen (siehe oben). Wir beweisen, dass es für $x < -9$ und $x > 1$ keine weiteren Lösungen geben kann. Angenommen also, es existieren weitere Lösungspaare. Da $x \cdot (x+1)(x+7)(x+8) = (-x-8)(-x-7)(-x-1)(-x)$ gilt und für $x < -9$ alle Faktoren der rechten Seite größer als 1 sind, reicht es aus, den Fall $x > 1$ zu betrachten.

Es gilt

$$y^2 = x^4 + 16x^3 + 71x^2 + 56x$$

und speziell für $x > 1$

$$(x^2 + 8x + 3)^2 = x^4 + 16x^3 + 70x^2 + 48x + 9 < y^2 ,$$
$$(x^2 + 8x + 4)^2 = x^4 + 16x^3 + 72x^2 + 64x + 16 > y^2 ,$$

d. h., y^2 liegt echt zwischen aufeinanderfolgenden Quadratzahlen, was für ganzes y zum Widerspruch führt. ◇

Aufgabe 161245

Man ermittle die Anzahl aller Paare (p, q) natürlicher Zahlen mit $1 \le p \le 100$ und $1 \le q \le 100$ und der Eigenschaft, dass die Gleichung

$$x^5 + px + q = 0$$

mindestens eine rationale Lösung hat.

Lösung

Angenommen, für ein Paar (p, q) natürlicher Zahlen mit $1 \le p \le 100$ und $1 \le q \le 100$ sei x eine rationale Lösung der Gleichung $x^5 + px + q = 0$. Wegen $p \ge 1, q \ge 1$ gilt dann $x = -m/n < 0$ mit teilerfremden natürlichen m und n. Damit ergibt sich $-m^5/n^5 - p\,m/n + q = 0$, also $qn^5 = pmn^4 + m^5$.

Daraus folgt, dass n ein Teiler von m^5 ist, also $n = 1$, da m und n teilerfremd sind. Man erhält $q = pm + m^5$, woraus sich wegen $p, q, m \ge 1$ und $q \le 100$ die beiden einzigen Möglichkeiten $m = 1$ und $m = 2$ ergeben.

Fall 1. Im Fall $m = 1$ ergibt sich $q = p + 1$. Wegen $q \le 100$ gilt $p \le 99$, d. h., es gibt in diesem Fall nur 99 Paare $(p, p + 1)$, $p = 1, \ldots , 99$, die die geforderten Eigenschaften haben.

Fall 2. Im Fall $m = 2$ erhält man $q = 2p + 32$. Wegen $q \le 100$ gilt $p \le 34$, d. h., es gibt in diesem Fall nur 34 Paare $(p, 2p + 32)$, $p = 1, \ldots , 34$, die die geforderte Eigenschaft haben können.

Die angegebenen $99+34 = 133$ Paare sind wegen $p+1 < 2p+32$ sämtlich voneinander verschieden. Ferner haben sie die verlangten Eigenschaften, denn es gilt im ersten Fall

$$x = -\frac{m}{n} = -1, \qquad \text{also} \qquad x^5 + px + p + 1 = 0$$

und im zweiten Fall

$$x = -\frac{m}{n} = -2, \qquad \text{also} \qquad x^5 + px + 2p + 32 = -32 - 2p + 2p + 32 = 0\,.$$

Daher gibt es genau 133 Paare (p, q) mit den verlangten Eigenschaften. ◇

Aufgabe 191235

Man beweise: Es gibt keine positiven Zahlen p und q mit der Eigenschaft

$$\frac{p}{q} - \frac{1}{9q^2} < \frac{1}{\sqrt{3}} < \frac{p}{q} + \frac{1}{9q^2}\,.$$

Lösung

Angenommen, es gäbe positive ganze Zahlen p, q mit der in der Aufgabe genannten Eigenschaft. Wegen der Irrationalität von $1/\sqrt{3}$ wäre dann $1/\sqrt{3} \neq p/q$, also

$$\frac{p}{q} - \frac{1}{9q^2} < \frac{1}{\sqrt{3}} < \frac{p}{q} \qquad \text{oder} \qquad \frac{p}{q} < \frac{1}{\sqrt{3}} < \frac{p}{q} + \frac{1}{9q^2}\,. \tag{1}$$

Aus (1) folgt

$$p \cdot \sqrt{3} < q \qquad \text{oder} \qquad q < p \cdot \sqrt{3} \tag{2}$$

und

$$3q^2 \cdot \sqrt{<} 9pq + 1 \qquad \text{oder} \qquad 9pq - 1 < 3q^2 \cdot \sqrt{3}\,. \tag{3}$$

Aus (2) erhält man $3p^2 < q^2$ oder $q^2 < 3p^2$. Wegen der Ganzzahligkeit gilt deshalb $3p^2 + 1 \leq q^2$ bzw. $q^2 + 1 \leq 3p^2$, also

$$81p^2q^2 + 27q^2 \leq 27q^4\,. \qquad \text{oder} \qquad 27q^4 + 27q^2 \leq 81p^2q^2\,. \tag{4}$$

Aus (3) ergibt sich

$$27q^4 < 81p^2q^2 + 18pq + 1 \qquad \text{oder} \qquad 81p^2q^2 - 18pq + 1 < 27q^4 \tag{5}$$

und aus (2) für den linken Fall und (3) für den rechten folgt

$$18pq < 6q^2 \cdot \sqrt{3} \qquad \text{oder} \qquad 18pq - 2 < 6q^2 \cdot \sqrt{3}\,. \tag{6}$$

In beiden Fällen ergeben (4), (5) und (6) zusammen mit $q \geq 1$

$$27q^2 < 6q^2 \cdot \sqrt{3} + 1 \leq (6 \cdot \sqrt{3} + 1)q^2 ,$$

also $27 < 6 \cdot \sqrt{3} + 1$, womit ein Widerspruch erreicht ist (es folgte $13 < 3 \cdot \sqrt{3}$, $169 < 27$).
Damit ist der verlangte Beweis geführt. 

Aufgabe 191244

Man beweise, dass es keine natürlichen Zahlen n, m, b mit $n \geq 1$, $m \geq 2$ und $(2n)^{2n} - 1 = b^m$ gibt.

Lösung

Angenommen, es gäbe natürliche Zahlen n, m, b mit den geforderten Bedingungen. Dann folgte $((2n)^n - 1)((2n)^n + 1) = b^m$. Hierin wären $(2n)^n - 1$ und $(2n)^n + 1$ zwei aufeinanderfolgende ungerade Zahlen und daher zueinander teilerfremd. Jeder Primfaktor in ihren Primzerlegungen müsste folglich in einer Anzahl vorkommen, die ein Vielfaches von m wäre, d. h., es gäbe zwei natürliche Zahlen h und K mit

$$(2n)^n - 1 = h^m , \qquad (2n)^n + 1 = K^m .$$

Daraus ergibt sich $K^m > h^m \geq 1$, also $K > h \geq 1$ und außerdem $K^m - h^m = 2$. Eine binomische Formel liefert hierfür

$$\begin{aligned} K^m - h^m &= (K - h) \cdot \sum_{i=0}^{m-1} K^{m-1-i} h^i \\ &\geq (K - h) \cdot (K^{m-1} + h^{m-1}) \geq (K - h)(K + h) . \end{aligned}$$

Wegen $K > h \geq 1$ gilt $K - h \geq 1$ und $K + h \geq 3$. Setzt man dies in obige Beziehung ein, ergibt sich der Widerspruch aus

$$2 = K^m - h^m \geq (K - h)(K + h) \geq 1 \cdot 3 .$$

Demnach ist der verlangte Beweis erbracht. 

Aufgabe 241235

Man ermittle alle diejenigen Tripel (a, b, c) positiver natürlicher Zahlen, für die

$$a^b + b^c = abc$$

gilt.

Lösung

Wir führen eine Fallunterscheidung durch.

Fall 1. $b = 1$. Dies liefert $a + 1 = ac$, und wegen der Teilbarkeit durch a muss $a = 1$ und dann $c = 2$ gelten.

Fall 2. $b = 2$. Dies liefert

$$a^2 + 2^c = 2ac \,. \tag{1}$$

Fall 2.1. Ein Durchmustern der vier Fälle $c = 1, 2, 3, 4$ ergibt quadratische Gleichungen für a und als mögliche Lösungen ergeben sich nur $(2,2,2)$, $(2,2,3)$, $(4,2,3)$ und $(4,2,4)$.

Fall 2.2. Für $c \geq 5$ gilt $2^c > c^2$. Dies lässt sich sofort durch vollständige Induktion beweisen oder auch daraus herleiten, dass $\sqrt[c]{c}$ für $c > e$ monoton fallend ist und damit $\sqrt[2]{2} = \sqrt[4]{4} > \sqrt[c]{c}$ für $c > 4$.
Wir erhalten also $a^2 + 2^c > a^2 + c^2 \geq 2ac$ im Widerspruch zu (1).

Fall 3. $b \geq 3$.

Fall 3.1. $a = 1$. Man erhält $1 + b^c = bc$ und damit wegen der Teilbarkeit durch $b \geq 3$ einen Widerspruch.

Fall 3.2. $a \geq 2$. Man beweist leicht durch vollständige Induktion für $b \geq 3$ und $c \geq 1$ die Gültigkeit von

$$2^{b-2} \geq \frac{2}{3}b \quad \text{und} \quad 3^{c-1} \geq \frac{2}{3}c^2 \,.$$

Damit gilt auch

$$a^{b-2} \geq \frac{2}{3}b \quad \text{und} \quad b^{c-1} \geq \frac{2}{3}c^2 \,,$$

also

$$a^b \geq \frac{2}{3}a^2 b \quad \text{und} \quad b^c \geq \frac{2}{3}bc^2 \,.$$

Zusammengefasst ergibt sich durch die Beziehung zwischen dem arithmetischen und geometrischen Mittel

$$a^b + b^c \geq 2\sqrt{a^b b^c} \geq 2\sqrt{\frac{2}{3}a^2 b \cdot \frac{2}{3}bc^2} = \frac{4}{3}abc > abc$$

und damit ein Widerspruch zur Aufgabenstellung.
Abschließend bestätigt die Probe die Richtigkeit der einzig möglichen Lösungstripel

$$(1,1,2)\,, \quad (2,2,2)\,, \quad (2,2,3)\,, \quad (4,2,3) \quad \text{und} \quad (4,2,4)\,.$$

◇

Aufgabe 241223

Man prüfe, ob es eine natürliche Zahl n und ganze Zahlen $a_0, a_1, \ldots, a_n$ gibt, sodass für

$$p(x) = a_n x^n + a_{n-1} x^{n-1} + \cdots + a_1 a_x + a_0$$

sowohl $p(7) = 1985$ als auch $p(3) = 1984$ gilt.

Lösung

Angenommen, es gäbe solche Zahlen $n, a_0, \ldots, a_n$.
Dann gilt

$$p(7) - p(3) = \sum_{K=1}^{n} a_n(7^K - 3^K) = 1985 - 1984 = 1 \,. \tag{1}$$

Bekanntlich ist aber für alle natürlichen K der Term $7^K - 3^K$ durch 4 teilbar. (Dies gilt, da $7 \equiv 3 \bmod 4$ und damit $7^K \equiv 3^K \bmod 4$ ist, oder auch da $7^K - 3^K = (7-3)(7^{K-1} + 7^{K-2} \cdot 3 + \cdots + 3^{k-1})$ ist.) Somit gilt $\sum\limits_{K=1}^{n} a_K(7^K - 3^K) \equiv 0 \bmod 4$.
Dies steht aber im Widerspruch zu (1), da 1 nicht durch 4 teilbar ist. Demnach gibt es also keine natürliche Zahl n und keine ganzen Zahlen $a_0, \ldots, a_n$ mit der verlangten Eigenschaft. ◇

Aufgabe 371343

Zu jeder nichtnegativen ganzen Zahl k ermittle man alle nichtnegativen Zahlen x, y, z, für die

$$x^2 + y^2 + z^2 = 8^k$$

gilt.

Lösung

Wir führen eine Fallunterscheidung durch.

Fall 1. $k = 0$. Hier sind genau die Tripel $(0,0,1)$, $(0,1,0)$ und $(1,0,0)$ Lösung.

Fall 2. k ist gerade und positiv, also $k = 2n \geq 2$.
Dann geht

$$x^2 + y^2 + z^2 = 8^k \tag{1}$$

über in

$$x^2 + y^2 + z^2 = 4^{3n} \,. \tag{2}$$

Quadratzahlen lassen bei der Division durch 4 die Reste 0 oder 1. Wenn also (x, y, z) Lösung von (2) sein soll, so müssen x, y und z gerade sein. Es ist also $x = 2x'$,

$y = 2y'$, $z = 2z'$ mit ganzen Zahlen x', y', z' und damit

$$x'^2 + y'^2 + z'^2 = 4^{3n-1}\,. \tag{3}$$

Wenn (x', y', z') Lösung von (3) sein soll, so müssen x', y' und z' ebenfalls gerade sein. Eine wiederholte Anwendung dieses Schlusses führt auf

$$x^{*2} + y^{*2} + z^{*2} = 4$$

mit den Lösungen $(2, 0, 0)$, $(0, 2, 0)$, $(0, 0, 2)$.
Die Rückrechnung ergibt: Genau die Tripel $(2^{3n}, 0, 0)$, $(0, 2^{3n}, 0)$ und $(0, 0, 2^{3n})$ sind Lösung von (1).

Fall 3. k ist ungerade, $k = 2n + 1 \geq 1$.
Dann geht (1) über in

$$x^2 + y^2 + z^2 = 8 \cdot 4^{3n}\,.$$

Die Anwendung des Teilbarkeitsschlusses aus Fall 2 ergibt

$$x^{*2} + y^{*2} + z^{*2} = 8$$

mit den Lösungstripeln $(2, 2, 0)$, $(2, 0, 2)$, $(0, 2, 2)$.
Die Rückrechnung ergibt: Genau die Tripel $(2^{3n+1}, 2^{3n+1}, 0)$, $(2^{3n+1}, 0, 2^{3n+1})$ und $(0, 2^{3n+1}, 2^{3n+1})$ sind Lösungen von (1).
Zusammengefasst ergeben sich als Lösung für gerades k genau die Tripel

$$\left(2^{3k/2}, 0, 0\right), \quad \left(0, 2^{3k/2}, 0\right) \quad \text{und} \quad \left(0, 0, 2^{3k/2}\right)$$

und für ungerades k genau die Tripel

$$\left(2^{(3k-1)/2}, 2^{(3k-1)/2}, 0\right), \left(2^{(3k-1)/2}, 0, 2^{(3k-1)/2}\right) \text{ und } \left(0, 2^{(3k-1)/2}, 2^{(3k-1)/2}\right). \diamond$$

Aufgabe 461336

Man untersuche, ob die Gleichung

$$x^2 + y^3 + z^5 = w^8$$

keine, endlich viele oder unendlich viele Lösungsquadrupel (x, y, z, w) mit positiven ganzen Zahlen x, y, z und w besitzt.

Lösungen

1. Lösung. Im Folgenden wird bewiesen, dass die gegebene Gleichung unendlich viele Lösungsquadrupel (x, y, z, w) besitzt.

Schritt 1. Zunächst wird gezeigt, dass aus der Existenz einer Lösung die Existenz beliebig vieler Lösungen folgt. Dazu sei a eine beliebige positive ganze Zahl. Multiplikation der Gleichung mit a^{120} (120 ist das kleinste gemeinsame Vielfache von 2, 3, 5 und 8) ergibt

$$\left(a^{60}x\right)^2 + \left(a^{40}y\right)^3 + \left(a^{24}z\right)^5 = \left(a^{15}w\right)^8 .$$

Ist also (x, y, z, w) eine Lösung, so sind auch alle Quadrupel $(a^{60}x, a^{40}y, a^{24}z, a^{15}w)$ mit einer beliebigen positiven ganzen Zahl a Lösungen.

Schritt 2. Um nachzuweisen, dass eine Lösung existiert, beginnen wir mit einer Lösung der einfacheren Gleichung

$$x_1^2 + y_1^3 + z_1 = w_1^8 .$$

Wählen wir x_1 und y_1 beliebig und w_1 ausreichend groß, so kann z_1 eindeutig berechnet werden. Beispielsweise folgt aus $x_1 = 11$, $y_1 = 5$ und $w_1 = 2$ dann $z_1 = 10$. Mit z_1^{24} multipliziert gibt das

$$\left(x_1 z_1^{12}\right)^2 + \left(y_1 z_1^8\right)^3 + \left(z_1^5\right)^5 = \left(w_1 z_1^3\right)^8 .$$

Die Zahlen $x = x_1 z_1^{12}$, $y = y_1 z_1^8$, $z = z_1^5$ und $w = w_1 z_1^3$ bilden dann eine Lösung (x, y, z, w) der geforderten Gleichung.

2. Lösung. Alternativ zur ersten Lösung lassen sich Lösungen auch mit anderen Hilfsproblemen finden. Hier und im Folgenden befassen wir uns jeweils nur mit dem zweiten Lösungsschritt.

Probiert man $w = 2$ und $z = 3$, so erkennt man, dass das Quadrupel $(3, 2, 3, 2)$ die abgewandelte Gleichung

$$x_2^2 + y_2^2 + z_2^5 = w_2^8$$

erfüllt. Hier multipliziert man mit y_2^{40} und erhält die Lösung $x = x_2 y_2^{20}$, $y = y_2^{14}$, $z = z_2 y_2^8$ und $w = w_2 y_2^5$.

3. Lösung. Analog zur ersten Lösung kann man zur Lösung der Gleichung

$$x_3^2 + y_3 + z_3^5 = w_3^8$$

nach geeigneter Vorgabe von x_3, z_3 und w_3 den Wert für y_3 berechnen. Ein möglicher Erweiterungsfaktor ist dann y_3^{80} und ergibt die Lösungen $x = x_3 y_3^{40}$, $y = y_3^{27}$, $z = z_3 y_3^{16}$ und $w = w_3 y_3^{10}$.

4. Lösung. Entsprechend lassen sich für die Gleichung

$$x_4^2 + y_4^3 + z_4^5 = w_4^2$$

mit dem Ansatz $w_4 - x_4 = 1$ aus der umgestellten Formel

$$(w_4 - x_4)(w_4 + x_4) = y_4^3 + z_4^5$$

Lösungen in der Form $x_4 = (y_4^3 + z_4^5 - 1)/2$ und $w_4 = (y_4^3 + z_4^5 + 1)/2$ konstruieren, wobei von den beiden positiven ganzen Zahlen y_4 und z_4 genau eine gerade sein muss. Multiplikation mit w_4^{30} liefert dann die Lösungen $x = x_4 w_4^{15}$, $y = y_4 w_4^{10}$, $z = z_4 w_4^6$ und $w = w_4^4$.

5. Lösung. Ganz allgemein lässt sich aus vielen Gleichungen mit (einfachen) Potenzen ganzer Zahlen eine Lösung konstruieren. Dabei muss nur sichergestellt sein, dass jeder Primfaktor im ersten Summanden mit gleicher Parität der Potenz auftritt wie in der Summe auf der rechten Seite. So erhält man zum Beispiel aus

$$x_5 + y_5 + z_5 = w_5^3 = x_5^3$$

durch Erweitern mit $x_5^{45} y_5^{80} z_5^{24}$ die Lösung $x = x_5^{23} y_5^{40} z_5^{12}$, $y = x_5^{15} y_5^{27} z_5^8$, $z = x_5^9 y_5^{16} z_5^5$ und $w = x_5^6 y_5^{10} z_5^3$.

6. Lösung. Für beide Teilprobleme führt auch folgender Ansatz zum Ziel: Wegen $2^a + 2^a = 2^{a+1}$ gilt die Gleichung

$$2^a + 2^a + 2^{a+1} = 2^{a+2}$$

insbesondere für beliebige nichtnegative ganze Zahlen a. Für die Lösung der Aufgabe ist es also hinreichend, a so zu bestimmen, dass gilt

$$3 \mid a, \qquad 5 \mid a+1, \qquad 8 \mid a+2\,.$$

Dies ist (beispielsweise) für $a = 54 + 120\,k$ mit einer beliebigen nichtnegativen ganzen Zahl k erfüllt. Hieraus erhält man unendlich viele Lösungen $x = 2^{27+60\,k}$, $y = 2^{18+40\,k}$, $z = 2^{11+24\,k}$ und $w = 2^{7+15\,k}$. ◇

Aufgabe 471346

Man bestimme alle reellen Zahlen x, für die die beiden Zahlen

$$4x^5 - 7 \quad \text{und} \quad 4x^{13} - 7$$

gleichzeitig Quadratzahlen sind.

Lösung

Es sei x eine reelle Zahl mit den genannten Eigenschaften. Dann existieren ganze Zahlen $m, n \geq 0$ mit

$$4x^5 - 7 = m^2 \tag{1}$$

und

$$4x^{13} - 7 = n^2 \,. \tag{2}$$

Schritt 1. Wir zeigen, dass x eine rationale Zahl ist. Offensichtlich ist $x = 0$ keine Lösung des Problems. Aus obigen Gleichungen erhält man nun

$$x = 64 \cdot \frac{(4x^{13})^2}{(4x^5)^5} = 64 \cdot \frac{(n^2+7)^2}{(m^2+7)^5} \,,$$

womit sich x als Bruch schreiben lässt.

Schritt 2. Wir zeigen, dass x eine ganze Zahl ist. Angenommen, x wäre nicht ganzzahlig. Dann ließe sich x als gekürzter Bruch $x = \frac{p}{q}$ mit ganzen Zahlen p, q und $q \geq 2$ darstellen. Insbesondere gälte $q^5 \geq 32$ für die gekürzte Darstellung $x^5 = \frac{p^5}{q^5}$. Andererseits aber lässt sich mit (1)

$$x^5 = \frac{m^2+7}{4}$$

als Bruch mit positivem Nenner kleiner als 32 schreiben. Weil das ein Widerspruch ist, muss x ganzzahlig sein.

Schritt 3. Wir zeigen, dass x positiv ist. Wäre nämlich $x \leq 0$, so wäre nach (1) $m^2 = 4x^5 - 7 \leq -7 < 0$, also m^2 negativ. Dies ist ein Widerspruch.

Schritt 4. Wir zeigen, dass die positive ganze Zahl x gerade ist. Da m offensichtlich ungerade ist, lässt m^2 bei Division durch 8 den Rest 1. Damit ist $4x^5 = m^2 + 7$ durch 8 teilbar; insbesondere ist x^5 und folglich auch x gerade.

Schritt 5. Wir zeigen, dass $x < 4$ ist. Angenommen, eine gerade Zahl $x \geq 4$ wäre Lösung der Aufgabe. Dann wäre

$$(mn)^2 = (4x^5 - 7)(4x^{13} - 7) = 16x^{18} - 28x^{13} - 28x^5 + 49 \,.$$

Somit gälte die Abschätzung

$$\left(4x^9 - \frac{7}{2}x^4\right)^2 - (mn)^2 = \frac{49}{4}x^8 + 28x^5 - 49 > 0 \,,$$

da mit $x \geq 4$ bereits $x^5 \geq 1024 > 49$ ist. Andererseits wäre aber auch

$$(mn)^2 - \left(4x^9 - \frac{7}{2}x^4 - 1\right)^2 = 8x^9 - \frac{49}{4}x^8 - 28x^5 - 7x^4 + 48 > 0 \,,$$

da

$$8x^9 \geq 32x^8 > \frac{49}{4}x^8 + x^8 + x^8 \geq \frac{49}{4}x^8 + 64x^5 + 256x^4 > \frac{49}{4}x^8 + 28x^5 + 7x^4 \,.$$

Damit hätte man

$$\left(4x^9 - \frac{7}{2}x^4 - 1\right)^2 < (mn)^2 < \left(4x^9 - \frac{7}{2}x^4\right)^2 \,.$$

Die Quadratzahl $(mn)^2$ müsste also zwischen den Quadraten zweier aufeinanderfolgender ganzer Zahlen liegen, was unmöglich ist.
Somit verbleibt $x = 2$ als einzige mögliche Lösung der Aufgabenstellung.
Wegen $4 \cdot 2^5 - 7 = 11^2$ und $4 \cdot 2^{13} - 7 = 181^2$ ist $x = 2$ tatsächlich eine Lösung der Gleichungen (1) und (2).

Bemerkung. Lässt man nur ganze Zahlen x zu, so reicht bereits die Bedingung, dass $4x^5 - 7$ Quadratzahl ist, aus, um $x = 2$ als einzige Lösung zu erhalten. Der Beweis ist allerdings wesentlich schwieriger. ◇

Kapitel 8
Ebene Geometrie

Wolfgang Ludwicki, Michael Rüsing

Die mathematischen Wissenschaften galten seit der griechischen Antike als Kern- und Hauptfach bei der Erziehung junger Menschen. Mithin war die Geometrie grundlegender und selbstverständlicher Bestandteil des klassischen Bildungskanons der Schulen.

Doch scheint man sich jetzt von derlei Grundsätzen verabschieden zu wollen. Denn die Geometrie spielt längst nicht mehr die Rolle von einst – geometrische Beweise kommen im heutigen Mathematikunterricht kaum noch vor. Bei den Mathematik-Olympiaden gibt es auf jeder Stufe und für jede Klassenstufe stets Geometrieaufgaben. Diese werden von den Teilnehmenden jedoch als schwierig empfunden, mitunter sogar abgelehnt. Kein Wunder: Die zur Lösung erforderlichen elementaren Geometriekenntnisse wurden ihnen nicht vermittelt.

Damit aber schmälert man jungen Leuten, die sich für Mathematik begeistern, die Freude an der Aufgabenlösung. Und das Erlebnis der Schönheit, die der Mathematik eigen ist.

Zusammenstellung geometrischer Begriffe und Sätze

Die aufgeführten Begriffe und Sätze werden in den Lösungen der Aufgaben dieses Kapitels verwendet. Manche davon sind schulüblich, so dass davon ausgegangen werden kann, dass sie bekannt sind. Diese werden nachfolgend nur genannt. Andere werden nicht in allen Bundesländern in den Lehrplänen und damit auch nicht im Regelunterricht vorkommen. Diese Begriffe und Sätze werden zusätzlich erläutert. Auf Beweise wird hier verzichtet. Man kann sie in der Literatur oder im Internet leicht finden. Insbesondere in der Landes- und Bundesrunde der Mathematik-Olympiade sollten diese Begriffe und Sätze aus Arbeitsgemeinschaften oder Selbststudium bekannt sein. Die Aufstellung ist nicht vollständig. Sie beschränkt sich auf das, was in den Lösungen dieses Kapitels benutzt wird.

A. Felgenhauer et al., *Die schönsten Aufgaben der Mathematik-Olympiade in Deutschland*, https://doi.org/10.1007/978-3-662-63183-6_8

Schulübliche Begriffe und Sätze

Von den folgenden, üblicherweise im Mathematikunterricht der Schulen behandelten Fakten uns Aussagen, machen wir Gebrach, ohne dass wir hier darauf noch einmal ausführlicher eingehen.

- Aussagen zu Winkeln an geschnittenen Parallelen: Nebenwinkel, Scheitelwinkel, Stufenwinkel, Wechselwinkel;
- Kongruenzsätze für Dreiecke;
- Summe der Innenwinkel in Vielecken;
- Basiswinkelsatz für gleichschenklige Dreiecke;
- Linien im Dreieck: Höhe, Seitenhalbierende, Mittelsenkrechte, Winkelhalbierende;
- Umkreis und Inkreis eines Dreiecks;
- Satz des THALES;
- Flächeninhalt von Dreiecken und Vierecken;
- Satz des PYTHAGORAS;
- Trigonometrische Funktionen: Sinus, Kosinus, Tangens;
- Sinussatz.

Verwendete geometrische Sätze

Peripheriewinkelsatz. Seien $\overline{AB}$ eine Sehne des Kreises k mit Mittelpunkt M und C ein weiterer Punkt auf k. Der Winkel $\sphericalangle ACB$ heißt Peripheriewinkel (Umfangswinkel) zur Sehne $\overline{AB}$. Seine Größe ist für alle Lagen von C gleich, sofern der Punkt C auf demselben Kreisbogen über $\overline{AB}$ bleibt.
(vgl. Abb. 8.1 (a)).

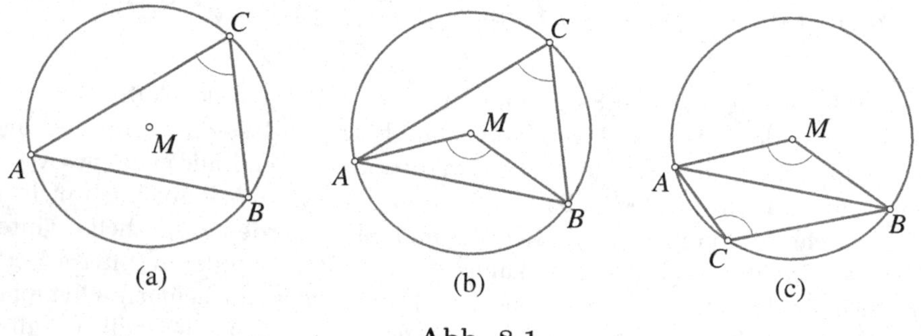

Abb. 8.1

Peripherie-Zentriwinkel-Satz. Seien $\overline{AB}$ eine Sehne des Kreises k mit Mittelpunkt M und C ein weiterer Punkt auf k. Der Winkel $\sphericalangle AMB$ heißt Zentriwinkel oder Mittelpunktswinkel zur Sehne $\overline{AB}$.
Falls C und M auf derselben Seite des Sehne $\overline{AB}$ liegen, gilt $|\sphericalangle AMB| = 2 \cdot |\sphericalangle ACB|$ (vgl. Abb. 8.1 (b)).
Falls sie auf verschiedenen Seiten der Sehne liegen, gilt dagegen $|\sphericalangle AMB| = 2 \cdot (180° - |\sphericalangle BCA|)$ (vgl. Abb. 8.1 (c)).

Tangentenabschnittssatz. Werden von einem Punkt außerhalb eines Kreises die Tangenten an den Kreis gezeichnet, so sind die entstehenden Tangentenabschnitte gleich lang (vgl. Abb. 8.2 (a)).

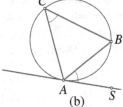

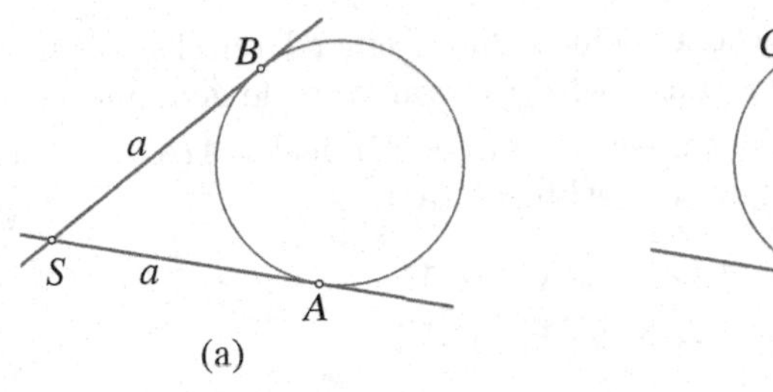

Abb. 8.2

Sehnen-Tangentenwinkel-Satz. Seien $\overline{AB}$ eine Sehne des Kreises k und t die Tangente an k im Punkt A. Dann ist der Winkel zwischen der Sehne $\overline{AB}$ und der Tangente t genau so groß wie der Peripheriewinkel zur Sehne $\overline{AB}$ (vgl. Abb. 8.2 (b)).

Sehnensatz. Seien $\overline{AB}$ und $\overline{CD}$ Sehnen des Kreises k, die sich im Punkt S im Inneren von k schneiden, so gilt (vgl. Abb. 8.3 (a))

$$|AS| \cdot |BS| = |CS| \cdot |DS| .$$

Sekantensatz. Seien s_1 und s_2 Sekanten für den Kreis k, die sich außerhalb von k im Punkt S schneiden, und A und B die Schnittpunkte von s_1 und k bzw. C und D die Schnittpunkte von s_2 und k. Dann gilt (vgl. Abb. 8.3 (b))

$$|AS| \cdot |BS| = |CS| \cdot |DS| .$$

Sekanten-Tangenten-Satz. Seien S ein Punkt außerhalb des Kreises k, t eine Tangente durch S an k mit dem Berührpunkt C und s eine Sekante von k durch P mit den Schnittpunkten A und B. Dann gilt (vgl. Abb. 8.3 (c))

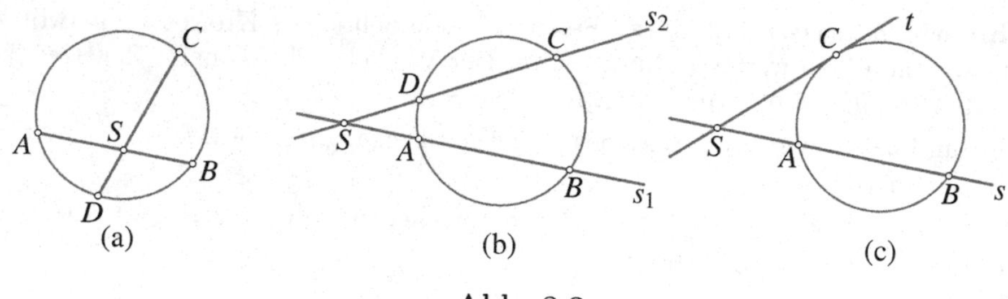

Abb. 8.3

$$|AS| \cdot |BS| = |CS|^2 .$$

Satz von Ceva. Eine Stecke, die einen Punkt einer Dreiecksseite mit dem gegenüberliegenden Eckpunkt verbindet, wird Ecktransversale genannt.

Seien $\overline{AX}$, $\overline{AY}$ und $\overline{CZ}$ Ecktransversalen des Dreiecks ABC, die sich in einem Punkt S schneiden. Dann gilt (vgl. Abb. 8.4 (a))

$$\frac{|AZ|}{|BZ|} \cdot \frac{|BX|}{|CX|} \cdot \frac{|CY|}{|AY|} = 1.$$

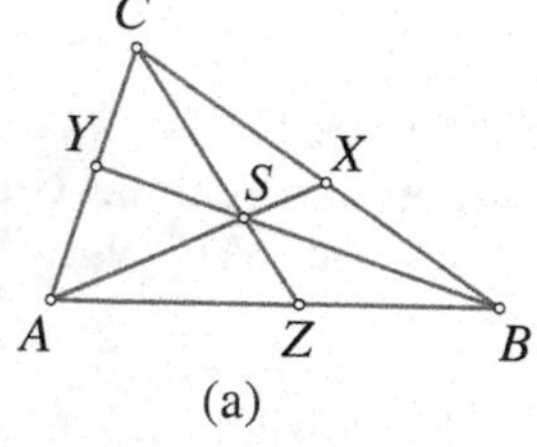

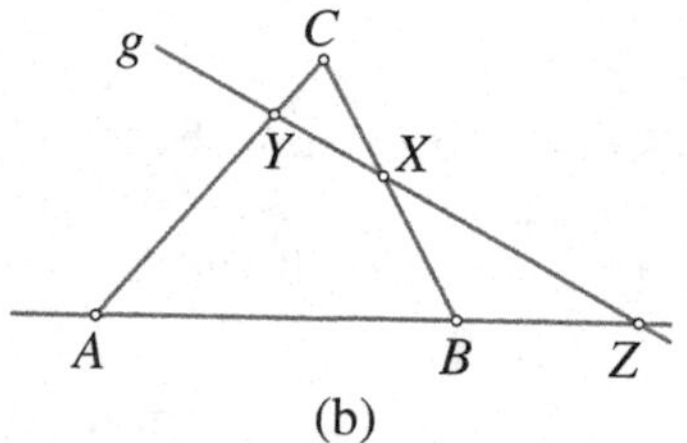

Abb. 8.4

Satz von Menelaos. Liegen drei verschiedene Punkte A, B und T auf derselben Geraden, so nennt man die Zahl λ, die die Eigenschaft $\overrightarrow{AT} = \lambda \cdot \overrightarrow{TB}$ hat, das Teilverhältnis, in dem der Punkt T das Punktepaar A und B teilt. Das Teilverhältnis wird mit $TV(A, B; T)$ bezeichnet. Wenn T auf der Strecke $\overline{AB}$ liegt, ist $\lambda \geq 0$, sonst ist λ negativ.

Seien ABC ein Dreieck und g eine Gerade, die die Geraden AB, BC und CA in den Punkten Z, X bzw. Y schneidet. Dann gilt (vgl. Abb. 8.4 (b))

$$TV(A, B; Z) \cdot TV(B, C; X) \cdot TV(C, A; Y) = -1. \tag{8.1}$$

Umkehrung des Satzes von Menelaos. Wenn die Bedingung (8.1) in einem Dreieck ABC erfüllt ist, liegen die Punkte X, Y und Z auf einer Geraden.

Schwerpunkt eines Dreiecks. Der Schwerpunkt eines Dreiecks ist der Schnittpunkt der Seitenhalbierenden. Er teilt die Seitenhalbierenden im Verhältnis 1 : 2.

Winkelgröße und Seitenlänge im Dreieck. Der längsten Seite eines Dreiecks liegt der größte Winkel gegenüber.

Winkelhalbierendensatz. In einem Dreieck teilt jede Winkelhalbierende die gegenüberliegende Dreiecksseite im Verhältnis der anliegenden Seiten.

Sehnenviereck. Ein Viereck heißt genau dann Sehnenviereck, wenn seine vier Eckpunkte auf demselben Kreis liegen. Aus der Definition ergibt sich, dass ein Sehnenviereck ein Viereck ist, das einen Umkreis hat.

Ein Viereck ist genau dann ein Sehnenviereck, wenn die gegenüberliegenden Winkel des Vierecks sich zu 180° ergänzen.

Tangentenviereck. Ein Viereck heißt genau dann Tangentenviereck, wenn seine vier Seiten Tangenten desselben Kreises sind. Aus der Definition ergibt sich, dass ein Tangentenviereck ein Viereck ist, das einen Inkreis hat.

In einem Tangentenviereck sind die Summen der Seitenlängen gegenüberliegender Seiten gleich groß.

Strahlensätze. Eine Strahlensatzfigur besteht aus zwei sich schneidenden Geraden und zwei zueinander parallelen Geraden, die insgesamt fünf Schnittpunkte besitzen. Der Schnittpunkt Z kann dabei auch zwischen den parallelen Geraden liegen. (vgl. Abb. 8.5)

Dann gilt

$$\frac{|ZA|}{|ZB|} = \frac{|ZC|}{|ZD|} \qquad \text{(1. Strahlensatz)},$$

$$\frac{|ZA|}{|AB|} = \frac{|ZC|}{|CD|} \qquad \text{(1. Strahlensatz)},$$

$$\frac{|ZA|}{|ZB|} = \frac{|AC|}{|BD|} \qquad \text{(2. Strahlensatz)}.$$

Ähnlichkeit von Dreiecken. Zwei Dreiecke heißen genau dann ähnlich zueinander, wenn sie in zwei Winkeln übereinstimmen.

Zwei Dreiecke sind genau dann ähnlich zueinander, wenn die Verhältnisse einander entsprechender Seiten gleich sind.

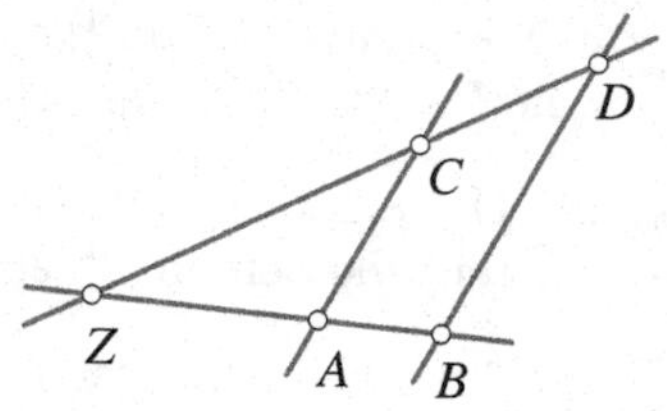

Abb. 8.5

Zentrische Streckung. Eine zentrische Streckung mit Zentrum Z und Streckfaktor k ist eine Abbildung, die jedem Punkt A einen Punkt A' zuordnet, so dass

$$\overrightarrow{ZA'} = k \cdot \overrightarrow{ZA}\,.$$

Eine Figur wird bei einer zentrischen Streckung in eine ähnliche Bildfigur abgebildet.

Verwendete trigonometrische Formeln

Erweiterter Sinussatz. Im Dreieck ABC seien die Winkel in der üblichen Weise benannt und R sei der Radius des Umkreises. Dann gilt

$$\frac{|BC|}{\sin\alpha} = \frac{|CA|}{\sin\beta} = \frac{|AB|}{\sin\gamma} = 2R\,.$$

Kosinussatz. Im Dreieck ABC seien die Winkel in der üblichen Weise benannt. Dann gelten

$$\begin{aligned} a^2 &= b^2 + c^2 - 2bc\cos\alpha,\\ b^2 &= a^2 + c^2 - 2ac\cos\beta,\\ c^2 &= a^2 + b^2 - 2ab\cos\gamma. \end{aligned}$$

Für die Winkelfunktionen sind außerdem die Additionstheoreme (3.9), (3.10) nützlich, die im Abschnitt 3.5 Trigonometrische Gleichungen nachzulesen sind. Besonders häufig werden sie als trigonometrischer Satz des PYTHAGORAS (3.7), als Doppelwinkelformeln (3.8) oder zur Berechnung von Quadraten von Sinus oder Kosinus (3.11) genutzt.

Verwendete Begriffe

Konvexe und konkave Vielecke. Ein Vieleck heißt konvex genau dann, wenn zu je zwei Punkten A und B auf dem Rand oder im Inneren des Vielecks alle Punkte der Strecke $\overline{AB}$ im Inneren oder auf den Rand des Vielecks liegen.

Gibt es hingegen zwei Punkte A und B auf dem Rand oder im Inneren des Vielecks, so dass es Punkte der Strecke $\overline{AB}$ gibt, die außerhalb des Vielecks liegen, so heißt das Vieleck genau dann konkav (vgl. Abb. 8.6 (a,b)).

Überschlagene Vielecke. Ein Vieleck heißt überschlagen genau dann, wenn Kanten sich in einem Punkt schneiden, der kein Eckpunkt des Vielecks ist (vgl. Abb. 8.6 (c)).

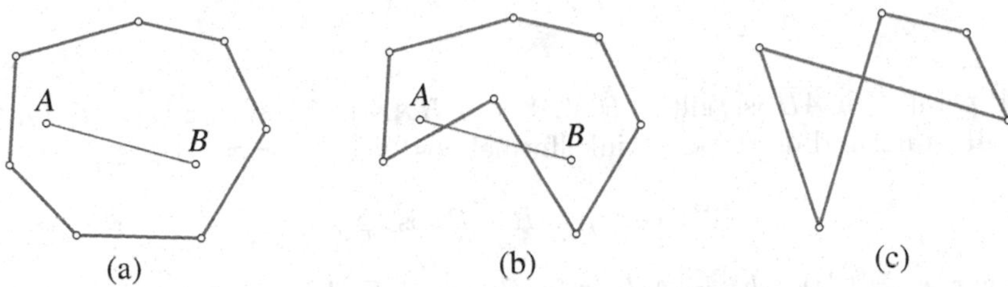

Abb. 8.6: Konvex, konkav und überschlagen.

8.1 Dreiecke

Aufgabe 071246

Es ist der folgende Satz zu beweisen:

Ein Dreieck ist genau dann gleichschenklig, wenn mindestens zwei seiner Winkelhalbierenden gleich lang sind.

Lösung

Im Dreieck ABC schneide die Winkelhalbierende bei A die Seite $\overline{BC}$ im Punkt W und den Umkreis des Dreiecks ABC im Punkt A'. Weiter sei H der Höhenfußpunkt von A auf $\overline{BC}$, S sei der Mittelpunkt der Seite $\overline{BC}$, U sei der Umkreismittelpunkt, V sei der Höhenfußpunkt von U auf $\overline{AH}$ und R sei der Umkreisradius (siehe Abb. L071246).

Da das Dreieck AUA' gleichschenklig ist, gilt

$$|\sphericalangle A'AU| = |\sphericalangle UA'A| \,.$$

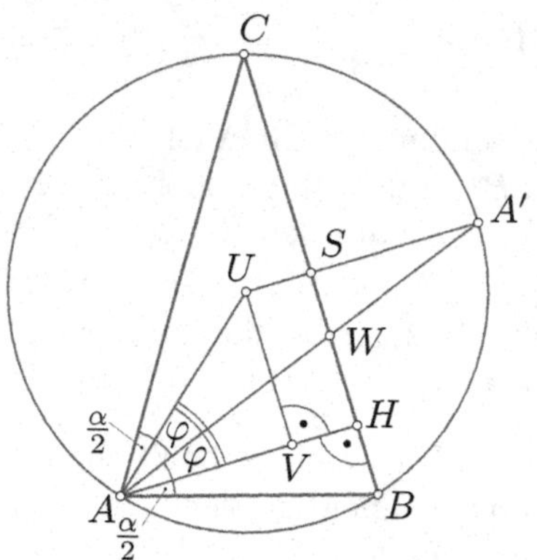

Abb. L071246

Da $\overline{UA'}$ parallel zu $\overline{AH}$ ist, gilt $|\sphericalangle UA'A| = |\sphericalangle HAA'|$. Wir setzen $\varphi = |\sphericalangle HAA'| = |\sphericalangle UA'A|$. Aufgrund der Doppelwinkelformel $\cos 2x = 2\cos^2 x - 1$ gilt

$$2R\cos^2\varphi = R + R\cos 2\varphi\ . \tag{1}$$

Setzen wir $w_\alpha = |AW|$, $h_a = |AH|$, $a = |BC|$ und F gleich dem Flächeninhalt des Dreiecks ABC, so ist $w_\alpha \cos\varphi = h_a = \frac{2F}{a}$ und daher

$$2R\cos^2\varphi = 2R\frac{4F^2}{w_\alpha^2 a^2}\ . \tag{2}$$

Weil $UVHS$ ein Rechteck ist, gilt

$$|UA'| + |AV| = |AH| + |SA'|\,,$$

also

$$R + R\cos 2\varphi = h_a + |SA'| = \frac{2F}{a} + R - \sqrt{R^2 - \left(\frac{a}{2}\right)^2} = \frac{1}{a^2}f(a)\ ,$$

wenn wir die Formel mit Hilfe der Funktion

$$f(x) = 2xF + x^2\left(R - \sqrt{R^2 - \left(\frac{x}{2}\right)^2}\right)$$

abkürzen. Mit (1) und (2) erhalten wir daraus

$$\frac{8F^2}{w_\alpha^2} = f(a) \qquad \text{und analog} \qquad \frac{8F^2}{w_\beta^2} = f(b)$$

Da die Funktion $f(x)$ streng monoton wachsend ist, folgt hieraus: Ist $a < b$, dann ist $f(a) < f(b)$ und $w_\alpha > w_\beta$.

Ist also $w_\alpha = w_\beta$, dann ist $a = b$ und umgekehrt. Damit ist der Satz bewiesen.

Bemerkung. Der Satz, dass ein Dreieck mit zwei gleich langen Winkelhalbierenden gleichschenklig ist, wurde 1840 von C. L. LEHMUS[1] in einem Brief an C. STURM[2] mit der Bitte eingereicht, ihn rein geometrisch zu beweisen. Einer der ersten, dem das gelang, war der berühmte Schweitzer Geometer JAKOB STEINER[3].

Der Satz wurde daher bekannt als Satz von STEINER und LEHMUS. In der Folgezeit sind viele Abhandlungen über diesen Satz erschienen (vgl. COXETER, H. S. M., [21], S. 19 ff. oder COXETER, H. S. M., [20], S. 503 oder ALSINA, C., NELSEN, R. B., [5], S. 99f.)

In [56] (E. SPECHT, R. STRICH) wird der Satz von STEINER und LEHMUS direkt bewiesen.

Aus dem Satz von STEWART, der besagt, dass in einem Dreieck ABC, bei dem Z ein innerer Punkt der Strecke $\overline{AB}$ ist, die Ecktransversale $\overline{CZ}$ die Länge

$$|CZ| = \sqrt{\frac{|AZ|\,a^2 + |ZB|\,b^2}{c} - |AZ| \cdot |ZB|}$$

hat, wird mithilfe des Satzes über die Winkelhalbierenden gefolgert

$$w_c = \sqrt{ab\left[1 - \frac{c^2}{(a+b)^2}\right]}\,.$$

Aus der Voraussetzung $w_\alpha = w_\beta$ folgt dann

$$\begin{aligned} 0 &= w_\beta^2 - w_\alpha^2 \\ &= ca\left[1 - \frac{b^2}{(c+a)^2}\right] - bc\left[1 - \frac{a^2}{(b+c)^2}\right], \end{aligned}$$

also

$$\begin{aligned} 0 &= (a-b) + \left[\frac{a^2b}{(b+c)^2} - \frac{ab^2}{(c+a)^2}\right] \\ &= (a-b) + \frac{a^2b(c+a)^2 - ab^2(b+c)^2}{(b+c)^2(c+a)^2} \\ &= (a-b)\left[1 + ab\frac{c^2 + 2c(a+b) + a^2 + ab + b^2}{(b+c)^2(c+a)2}\right]. \end{aligned}$$

Da der zweite (stets positive) Faktor nicht verschwinden kann, folgt $a = b$. ◇

---

[1] DANIEL CHRISTIAN LUDOLPH LEHMUS (1780–1863)

[2] CHARLES-FRANÇOIS STURM (1803–1855)

[3] JAKOB STEINER (1796–1863)

Aufgabe 291223

Über fünf Streckenlängen a, b, c, d, e werde vorausgesetzt, dass je drei von ihnen die Seitenlängen eines Dreiecks sind. Man beweise, dass unter dieser Voraussetzung stets eines dieser Dreiecke spitzwinklig sein muss.

Lösungen

1. Lösung. Es sei ohne Einschränkung der Allgemeinheit $a \leq b \leq c \leq d \leq e$. Für jedes nicht spitzwinklige Dreieck mit Seitenlängen p, q, r und dem rechten oder stumpfen Winkel gegenüber der Seite der Länge r gilt nach dem Kosinussatz $r^2 \geq p^2 + q^2$.

Angenommen, alle in der Aufgabe genannten Dreiecke wären rechtwinklig oder stumpfwinklig. Dann gilt (beachte, dass der größte, d. h. nichtspitze, Winkel der größten Seite gegenüber liegt):

$$e^2 \geq c^2 + d^2\,, \tag{1}$$

$$d^2 \geq b^2 + c^2\,, \tag{2}$$

$$c^2 \geq a^2 + b^2\,. \tag{3}$$

Offenbar gilt $(b-c)^2 \geq 0$, also $b^2 + c^2 \geq 2bc$, und wegen $a \leq b \leq c$

$$b^2 + c^2 \geq 2ab\,. \tag{4}$$

Aus (2) und (4) folgt

$$d^2 \geq 2ab\,,$$

und mit (1) und (3) erhalten wir

$$\begin{aligned} e^2 &\geq c^2 + d^2 \geq (a^2 + b^2) + 2ab = (a+b)^2\,, \\ e &\geq a + b\,. \end{aligned}$$

Also ist die Dreiecksungleichung für a, b, e im Widerspruch zur Voraussetzung nicht erfüllt. Damit war die Annahme falsch, und es gibt wenigstens ein spitzwinkliges Dreieck der geforderten Art.

2. Lösung. In jedem nichtspitzwinkligen Dreieck mit Seitenlängen x, y und z gilt in Verallgemeinerung des Satzes des PYTHAGORAS (bzw. des Kosinussatzes) eine Ungleichung $x^2 + y^2 \leq z^2$, wenn mit z die größte der Kantenlängen bezeichnet wird. Mit der Ungleichung zwischen arithmetischem und quadratischem Mittel (4.10) ergibt sich daraus

$$x + y = 2 \cdot \frac{x+y}{2} \leq 2\sqrt{\frac{x^2+y^2}{2}} \leq 2\sqrt{\frac{z^2}{2}} = \sqrt{2} \cdot z\,, \tag{5}$$

Ohne Einschränkung der Allgemeingültigkeit, seien e die größte und a und b die beiden kleinsten der fünf Seitenlängen.

Wenn wir für einen indirekten Beweis annehmen, dass alle Dreiecke nichtspitzwinklig sind, folgt aus den Annahmen und der Dreiecksungleichung $e < a + b$

$$2 \cdot e < 2(a+b) = (a+b) + (a+b) \leq \sqrt{2} \cdot c + \sqrt{2} \cdot d = \sqrt{2}(c+d) \leq 2 \cdot e\,,$$

ein Widerspruch. Bei der Abschätzung haben wir (5) dreimal angewendet, zunächst auf die Tripel (a, b, c) und (a, b, d), danach auf (c, d, e). ◇

Aufgabe 321245

Man ermittle die größtmögliche Anzahl von Dreiecken mit ganzzahligen Seitenlängen und mit dem Umfang 1993, unter denen sich keine zwei untereinander kongruenten Dreiecke befinden.

Lösungen

1. Lösung. I. Positive ganze Zahlen x, y, z sind genau dann Seitenlängen eines Dreiecks mit dem Umfang 1993, wenn sie die Bedingungen

$$\begin{aligned} x + y + z &= 1993\,, \\ x + y &> z\,, \\ x + z &> y\,, \\ y + z &> x \end{aligned} \tag{1}$$

erfüllen. Diese Bedingungen sind äquivalent mit den Bedingungen

$$\begin{aligned} z &= 1993 - x - y\,, \\ x + y &> 1993 - x - y\,, \\ 1993 - y &> y\,, \\ 1993 - x &> x\,. \end{aligned} \tag{2}$$

Wegen der Ganzzahligkeit von x, y, z gilt damit

$$x + y > 996\,, \quad x \leq 996\,, \quad y \leq 996\,.$$

Zu jedem Paar (x, y) positiver ganzer Zahlen, die die letzten drei Bedingungen erfüllen, ist auch das zugehörige

$$z = 1993 - x - y$$

eine positive ganze Zahl. Daher kann man die positive-ganzzahligen Tripel (x, y, z), die die Bedingungen (1) erfüllen, der folgenden Aufzählung der Paare (x, y) entnehmen:

x	y
1	996
2	996, 995
.	. . . . .
.	. . . . . .
.	. . . . . .
995	996, 995, . . . , 2
996	996, 995, . . . , 2, 1

Die Anzahl der Paare und Tripel, die die geforderten Bedingungen erfüllen, ist demnach

$$1 + 2 + \cdots + 996 = \frac{997 \cdot 996}{2} = 997 \cdot 498\,.$$

II. Unter diesen Tripeln ist jeweils von solchen, die zu kongruenten Dreiecken führen, genau eines beizubehalten. Kongruente Dreiecke ergeben sich genau dann, wenn sich Tripel nur in der Reihenfolge unterscheiden. Die Anzahl solcher Tripel hängt davon ab, wie viele der Zahlen x, y, z eines Tripels einander gleich sind.
Die Bedingung $x = y$ ist zusammen mit

$$x + y > 996, \quad x \leq 996, \quad y \leq 996\,.$$

äquivalent zu

$$498 < x = y \leq 996\,;$$

somit gilt dies für genau 498 Tripel. Die Bedingungen (1) gehen bei jeder Änderung der Reihenfolge von x, y, z in sich über; also gibt es ebenfalls je genau 498 Tripel mit $x = z$ oder mit $y = z$. In keinem der ermittelten Tripel gilt $x = y = z$, da dies auf die Gleichung $3x = 1993$ führen würde, die nicht ganzzahlig lösbar ist. Also sind insgesamt in genau $3 \cdot 498$ Tripeln jeweils genau zwei Zahlen einander gleich.
Aus diesen Tripeln ist von je drei der Form (a, a, b), (a, b, a), (b, a, a), mit $a \neq b$ genau eines beizubehalten; aus den übrigen

$$997 \cdot 498 - 3 \cdot 498 = 994 \cdot 498$$

Tripeln ist von je sechs der Form (a, b, c), (a, c, b), (b, a, c), (b, c, a), (c, a, b), (c, b, a) mit $a \neq b$, $a \neq c$, $b \neq c$ genau eines beizubehalten.
Damit ist die gesuchte Anzahl ermittelt, sie beträgt

$$\frac{1}{3} \cdot 3 \cdot 498 + \frac{1}{6} \cdot 994 \cdot 498 = 498 + 994 \cdot 83 = 83000\,.$$

2. Lösung. Die drei Seitenlängen seien a, b und c mit $0 < a \leq b \leq c$. Die längste Seite sei c. Aufgrund der Dreiecksungleichung $a + b < c$ gilt $c_{max} = \lfloor \frac{1993}{2} \rfloor = 996$. Aufgrund der Sortierung nach der Größe gilt aber auch $c_{min} = \lceil \frac{1993}{3} \rceil = 665$, denn dann ist $a = b = 664$. Daher gilt:

$$665 \leq c \leq 996\,.$$

Es gilt weiter:

$$a + b = 1993 - c\,.$$

Um die Anzahl der Dreiecke für ein gegebenes c zu bestimmen, müssen wir jeweils das minimale und maximale a herausfinden. Minimal ist a, wenn b maximal ist, und das maximale b ist gleich c. Daher ist

$$a_{min} = 1993 - 2c\,.$$

Maximal ist a, wenn es gleich b ist, oder um 1 kleiner als b, wenn $a + b$ ungerade ist. Also gilt:

$$a_{max} = \left\lfloor \frac{1993 - c}{2} \right\rfloor.$$

Wir unterscheiden daher die 2 Fälle, ob c gerade oder ungerade ist. Die Anzahl der jeweiligen Dreiecke sei A_c.

1. $c = 2m$ mit $m = 333, 334, \ldots, 498$. Dann ist

$$\begin{aligned} a_{min} &= 1993 - 4m\,, \\ a_{max} &= 996 - m\,, \\ A_{2m} &= 996 - m - (1993 - 4m) + 1 = 3m - 996. \end{aligned}$$

2. $c = 2m + 1$ mit $m = 332, 333, \ldots, 497$.

$$\begin{aligned} a_{min} &= 1991 - 4m, \\ a_{max} &= 996 - m, \\ A_{2m+1} &= 996 - m - (1991 - 4m) + 1 = 3m - 994. \end{aligned}$$

Die Gesamtanzahl an nicht kongruenten Dreiecken ist dann

$$\begin{aligned} A &= \sum_{m=333}^{498} (3m - 996) + \sum_{m=332}^{497} (3m - 994)\,, \\ A &= \sum_{m=1}^{166} (3m) + \sum_{m=1}^{166} (3m - 1)\,, \\ A &= 2 \cdot 3 \sum_{m=1}^{166} m - 166\,, \\ A &= 3 \cdot 166 \cdot 167 - 166 = 166 \cdot (3 \cdot 167 - 1) = 166 \cdot 500\,, \\ A &= 83000\,. \end{aligned}$$

Es gibt daher exakt 83000 nicht kongruente Dreiecke. ◇

Aufgabe 341342

Im Innern eines gleichseitiges Dreieck ABC werde ein Punkt P beliebig gewählt. Die Fußpunkte der Lote von P auf die Seiten $\overline{BC}$, $\overline{CA}$, $\overline{AB}$ seien in dieser Reihenfolge mit X, Y, Z bezeichnet.

Man beweise, dass die Summe der Flächeninhalte der Dreiecke BXP, CYP, AZP nicht von der Wahl des Punktes P abhängt.

Lösungen

1. Lösung. Die Parallele durch P zu $\overline{BC}$ schneide $\overline{AB}$ in U. Die Parallele durch P zu $\overline{CA}$ schneide $\overline{BC}$ in V. Die Parallele durch P zu $\overline{AB}$ schneide $\overline{CA}$ in W. (siehe Abb. L341342a)

Durch die Strecken $\overline{PU}$, $\overline{PV}$, $\overline{PW}$ wird das Dreieck ABC in drei Trapeze $AUPW$, $BVPU$, $CWPV$ zerlegt.

Weiter sei Q derjenige Punkt, für den $AZPQ$ ein Rechteck ist. Nach dem Kongruenzsatz *sww* sind die Dreiecke UPZ und WAQ kongruent zueinander. Daher hat das Viereck $AUPW$ denselben Flächeninhalt wie das Viereck $AZPQ$, also doppelt so großen Flächeninhalt wie das Dreieck AZP.

Ebenso folgt, dass $BVPU$ und $CWPV$ doppelt so großen Flächeninhalt wie die Dreiecke BXP beziehungsweises CYP haben.

Also ist die Summe der Flächeninhalte der Dreiecke BXP, CYP und AZP gleich dem halben Flächeninhalt des Dreiecks ABC und damit unabhängig von der Wahl des Punktes P.

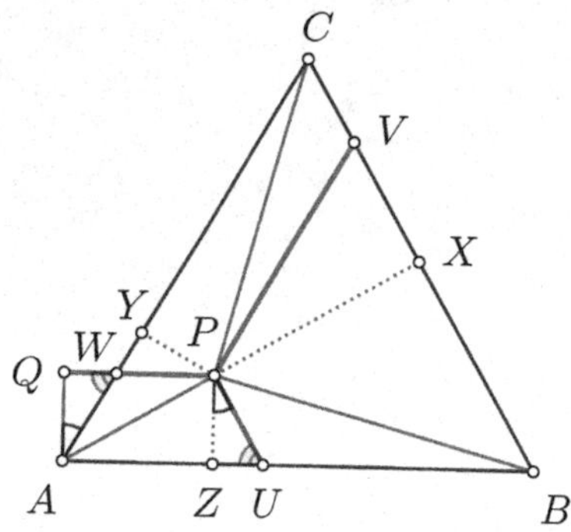

Abb. L341342a: 1. Lösung.

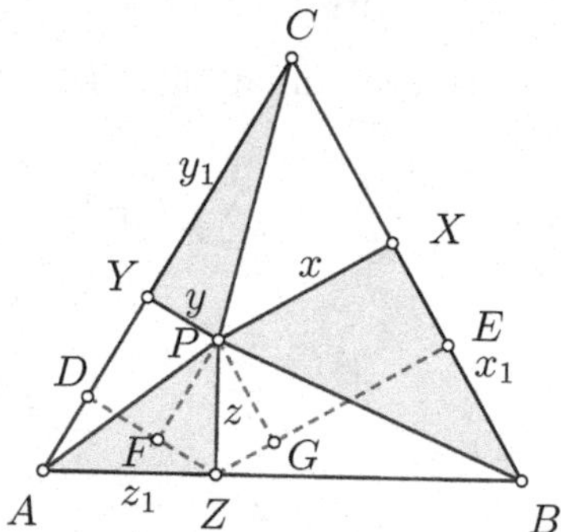

Abb. L341342b: 2. Lösung.

2. Lösung. Die Punkte X, Y und Z sind die Fußpunkte der Lote vom Punkt P auf die Dreiecksseiten $\overline{BC}$, $\overline{CA}$ beziehungsweise $\overline{AB}$.

Die Punkte D und E sind die Fußpunkte der Lote vom Punkt Z auf die Dreiecksseiten $\overline{AC}$ beziehungsweise $\overline{BC}$.

Die Punkte F und G sind die Fußpunkte der Lote vom Punkt P auf die Strecken $\overline{DZ}$ beziehungsweise $\overline{EZ}$ (siehe Abb. L341342b).
Für Streckenlängen werden Abkürzungen eingefügt:
$|AB| = a$, $|PX| = x$, $|PY| = y$, $|PZ| = z$, $|BX| = x_1$, $|CY| = y_1$, $|AZ| = z_1$.
Die Summe F der Flächeninhalte der Dreiecke BXP, CYP, AZP ist

$$F = \tfrac{1}{2}x_1 x + \tfrac{1}{2}y_1 y + \tfrac{1}{2}z_1 z\,.$$

Die Dreiecke AZD, ZPF, ZBE und PZG sind halbe gleichseitige Dreiecke, deshalb gilt:
$|AD| = \frac{z_1}{2}$, $|FP| = |DY| = \frac{\sqrt{3}}{2}z$, $|DZ| = \frac{\sqrt{3}}{2}z_1$, $|ZF| = \frac{z}{2}$, $|ZE| = \frac{\sqrt{3}}{2}(a - z_1)$,
$|PG| = |XE| = \frac{\sqrt{3}}{2}z$, $|BE| = \frac{1}{2}(a - z_1)$, $|ZG| = \frac{z}{2}$.
Damit gilt für die Größen, die in der Summenformel F vorkommen,

$$\begin{aligned}
y_1 &= |CY| = a - |DY| - |AD| = a - \tfrac{\sqrt{3}}{2}z - \tfrac{z_1}{2},\\
y &= |PY| = |DZ| - |ZF| = \tfrac{\sqrt{3}}{2}z_1 - \tfrac{z}{2},\\
x_1 &= |BX| = |BE| + |XE| = \tfrac{1}{2}(a - z_1) + \tfrac{\sqrt{3}}{2}z,\\
x &= |PX| = |ZE| - |ZG| = \tfrac{\sqrt{3}}{2}(a - z_1) - \tfrac{z}{2}.
\end{aligned}$$

Wird das in die Formel für F eingesetzt und mit 2 multipliziert, so ergibt sich

$$2F = \left(\tfrac{1}{2}(a - z_1) + \tfrac{\sqrt{3}}{2}z\right)\left(\tfrac{\sqrt{3}}{2}(a - z_1) - \tfrac{z}{2}\right) + \left(a - \tfrac{\sqrt{3}}{2}z - \tfrac{z_1}{2}\right)\left(\tfrac{\sqrt{3}}{2}z_1 - \tfrac{z}{2}\right) + z_1 z.$$

Mittels ausmultiplizieren und zusammenfassen folgt

$$2F = \tfrac{\sqrt{3}}{4}(a-z_1)^2 + \tfrac{1}{2}(a-z_1)z_2 - \tfrac{\sqrt{3}}{4}z_2^2 + \tfrac{\sqrt{3}}{2}az_1 - \tfrac{1}{2}az_2 - \tfrac{\sqrt{3}}{4}z_1^2 - \tfrac{1}{2}z_1z_2 + \tfrac{\sqrt{3}}{4}z_2^2 + z_1z_2,$$

$$\begin{aligned}
2F =& \tfrac{\sqrt{3}}{4}a^2 + \left(-\tfrac{\sqrt{3}}{2}a + \tfrac{\sqrt{3}}{2}a\right)z_1 + \left(\tfrac{1}{2}a - \tfrac{1}{2}a\right)z_2 + \left(-\tfrac{1}{2} - \tfrac{1}{2} + 1\right)z_1z_2\\
&+ \left(\tfrac{\sqrt{3}}{4} - \tfrac{\sqrt{3}}{4}\right)z_1^2 + \left(-\tfrac{\sqrt{3}}{4} + \tfrac{\sqrt{3}}{4}\right)z_2^2,
\end{aligned}$$

$$\begin{aligned}
2F &= \tfrac{\sqrt{3}}{4}a^2,\\
F &= \tfrac{1}{2}F_{ABC}.
\end{aligned}$$

Die Summe der drei Teildreiecke ist also immer die Hälfte des Flächeninhalts des Gesamtdreiecks ABC. ◇

Aufgabe 341344

Es sei M der Inkreismittelpunkt des Dreiecks ABC. Eine Gerade durch M schneide die Geraden BC und AC in den voneinander verschiedenen Punkten D bzw. E. Mit r sei der Inkreisradius des Dreiecks ABC und mit F der Flächeninhalt des Dreiecks CDE bezeichnet.

Man beweise, dass $F \geq 2\,r^2$ gilt.

Lösung

Es seien x und y die Längen der Strecken $\overline{CD}$ bzw. $\overline{CE}$. Der Flächeninhalt des Dreiecks CED ist die Summe der Flächeninhalte der Dreiecke CMD und CEM. Daher ist

$$xr + yr = 2\,F = xy \sin\gamma \leq xy, \tag{1}$$

wobei γ der Winkel bei C ist. Unter Benutzung der Ungleichung vom arithmetischen-geometrischen Mittel, (4.1) und (1) erhält man

$$F = r\,\frac{x+y}{2} \geq r\,\sqrt{xy} \geq r\,\sqrt{2F}.$$

Da r und F positiv sind, folgt $F^2 \geq r^2\,2F$, und eine Division durch F ergibt das geforderte Resultat. ◇

Aufgabe 351324

Man beweise: Für jedes Dreieck ABC mit dem Flächeninhalt F und jede Gerade g durch den Schwerpunkt von $\triangle\,ABC$ erfüllen die Flächeninhalte F_1, F_2 der Flächenstücke, in die $\triangle\,ABC$ durch g zerlegt wird, die Ungleichung $|F_2 - F_1| \leq \frac{1}{9}F$.

Hinweis: Der Schwerpunkt ist der Schnittpunkt der drei Seitenhalbierenden von $\triangle\,ABC$.

Lösung

Der Schwerpunkt des Dreiecks ABC sei S, die Gerade g durch S schneide den Rand des Dreiecks in P und Q. Hierbei lassen sich die Bezeichnungen so wählen, dass P auf $\overline{BC}$ und Q auf $\overline{AC}$ liegen (Abb. L351324).

Die Parallele durch S zu $\overline{AB}$ schneide $\overline{BC}$ in U und $\overline{AC}$ in V. Die Bezeichnungen lassen sich genauer sogar so wählen, dass P auf $\overline{UC}$ und folglich Q auf $\overline{AV}$ liegen, ferner dass F_1 der Flächeninhalt des Dreiecks PCQ und F_2 der Flächeninhalt des Vierecks $ABPQ$ ist (das im Fall $Q = A$ zum Dreieck ABP entartet).

Die Seitenmitten von $\overline{BC}$ bzw. $\overline{AB}$ seien D bzw. E.

Für den Schwerpunkt S auf der Seitenhalbierenden $\overline{CE}$ gilt $|CS| = \frac{2}{3}\,|CE|$.

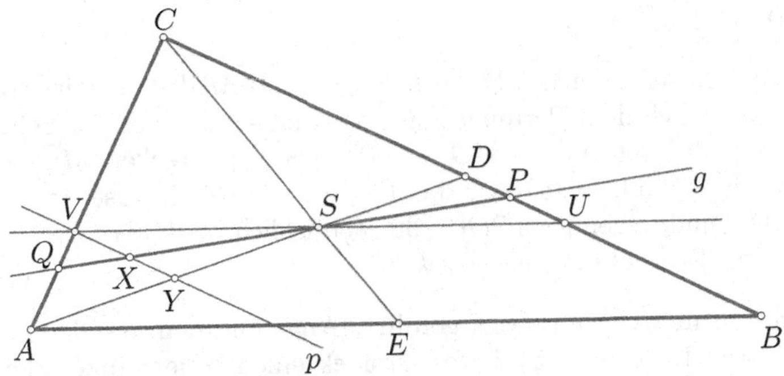

Abb. L351324

Das zu $\triangle ABC$ ähnliche Dreieck VUC hat folglich den Flächeninhalt $\frac{4}{9}F$, d. h. im Fall $P = U, Q = V$ gilt $F_1 = \frac{4}{9}F, F_2 = \frac{5}{9}F$ und somit $|F_2 - F_1| = \frac{1}{9}F$.

Die Seitenhalbierende $\overline{AD}$ halbiert den Flächeninhalt von $\triangle ABC$, d. h. im bereits erwähnten anderen Fall $P = D, Q = A$ gilt $F_1 = F_2 = \frac{1}{2}F$ und somit $|F_2 - F_1| = 0 \leq \frac{1}{9}F$.

Wir zeigen nun, dass die eben genannten Werte $\frac{4}{9}F$ und $\frac{1}{2}F$ bzw. $\frac{5}{9}F$ und $\frac{1}{2}F$ Schranken für F_1 bzw. F_2 sind:

Es sei $P \neq U, Q \neq V$. Die Parallele p durch V zu $\overline{BC}$ schneidet wegen der Lage von Q auf $\overline{AV}$ die Strecke $\overline{QS}$ in einem Punkt X zwischen Q und S.

Nach dem Strahlensatz gilt $|US| = |VS|$. Hieraus und aus $|\sphericalangle USP| = |\sphericalangle VSX|$ (Scheitelwinkel), $|\sphericalangle PUS| = |\sphericalangle XVS|$ (Wechselwinkel an geschnittenen Parallelen) folgt $\triangle PSU \cong \triangle XVS$ (Kongruenzsatz *sww*).

Also hat das Dreieck QSV einen größeren Flächeninhalt als das Dreieck PSU, somit gilt $F_1 > \frac{4}{9}F$ und $F_2 < \frac{5}{9}F$.

Entsprechend erhält man im Fall $P \neq D, Q \neq A$ für den Schnittpunkt Y von p mit $\overline{AS}$, dass $\triangle DSP \cong \triangle YSX$ gilt, also $\triangle DSP$ kleineren Flächeninhalt als $\triangle ASQ$ hat und folglich $F_1 < \frac{1}{2}F, F_2 > \frac{1}{2}F$ gilt.

Somit hat man stets die Ungleichungen $\frac{1}{2}F \leq F_2 \leq \frac{5}{9}F$ und $\frac{1}{2}F \geq F_1 \geq \frac{4}{9}F$. Aus ihnen folgt durch Subtraktion $0 \leq F_2 - F_1 \leq \frac{1}{9}F$. Damit ist der verlangte Beweis geführt. ◇

Aufgabe 391343

Über ein Dreieck ABC werde vorausgesetzt, dass in seinem Innern ein Punkt O liegt, für den alle drei Winkel $\sphericalangle BAO$, $\sphericalangle CBO$, $\sphericalangle ACO$ die Größe 30° haben.

Man zeige, dass das Dreieck ABC gleichseitig ist.

Lösungen

1. Lösung. 1. Es sei k der des Dreiecks OBC und M dessen Mittelpunkt (siehe Abb. L391343a). Nach dem Peripherie-Zentriwinkel-Satz über der Sehne $\overline{OC}$ folgt aus $|\sphericalangle CBO| = 30°$ sofort $|\sphericalangle CMO| = 60°$. Da die Strecken $\overline{MO}$ und $\overline{MC}$ als Radien gleich lang sind, folgt, dass das Dreieck OMC gleichseitig ist. Damit ist $|\sphericalangle OCM| = 60°$ und wegen $|\sphericalangle ACO| = 30°$ schließlich $|\sphericalangle ACM| = 90°$. Also ist die Gerade AC eine Tangente des Kreises k.

2. Nun wird ein indirekter Beweis geführt. Angenommen, das Dreieck ABC ist nicht gleichseitig. Dann besitzt dieses Dreieck einen Innenwinkel, der größer als 60° ist. Da die Voraussetzungen der Aufgabe sich bei zyklischer Vertauschung der Punkte A, B und C nicht ändern, kann ohne Beschränkung der Allgemeinheit angenommen werden, dass dies der Winkel $\sphericalangle BAC$ ist (Abb. L391343b).

Es ist nun $|\sphericalangle OAC| = |\sphericalangle BAC| - 30° > 30°$, also gilt für das Dreieck ACO über den Außenwinkel, den $\overline{CO}$ mit der Verlängerung von $\overline{AO}$ über O hinaus bildet: Dieser Außenwinkel beträgt $|\sphericalangle OAC| + |\sphericalangle ACO| > 60°$, das heißt, er ist größer als $\sphericalangle MOC$; daher liegt O auf der anderen Seite der Geraden AM als C. Ferner folgt $|\sphericalangle OAC| > |\sphericalangle ACO|$. Da im Dreieck AOC dem größeren zweier Innenwinkel die größere Seite gegenüberliegen muss, folgt $|OA| < |OC| = |MO|$. Im Dreieck AOM gilt demnach $|\sphericalangle MAO| > |\sphericalangle AMO|$.

Die Punkte A, O und M können nicht auf derselben Geraden liegen, da dann wegen $|\sphericalangle CMO| = 60°$ und $|\sphericalangle ACM| = 90°$ sofort $|\sphericalangle OAC| = 30°$ im Widerspruch zur Annahme folgen würde. Also bilden diese drei Punkte ein Dreieck, und wegen $|OA| < |MO|$ muss gelten $|\sphericalangle OAM| > |\sphericalangle AMO|$.

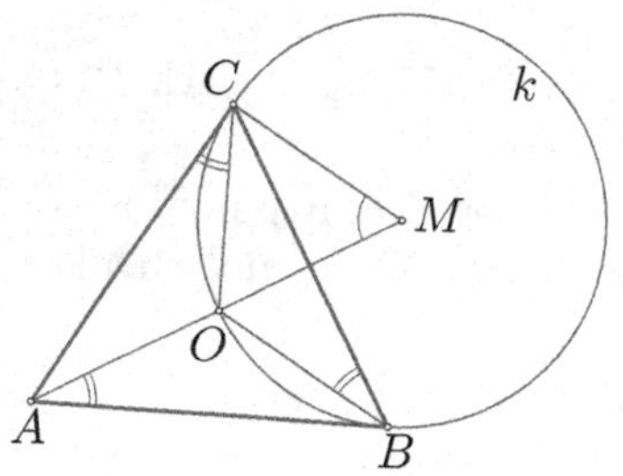

Abb. L391343a

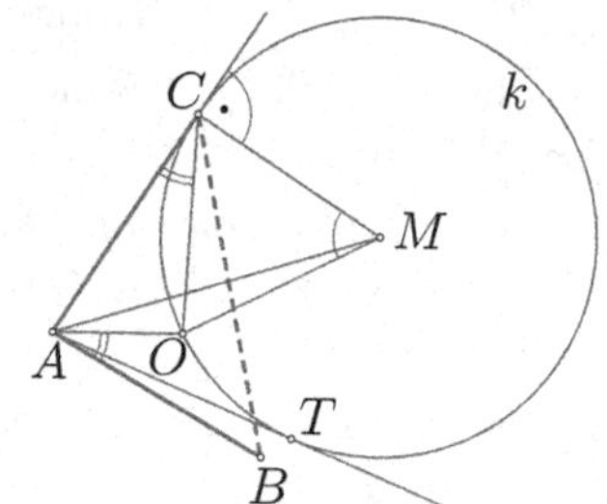

Abb. L391343b

Ferner sei T der Berührungspunkt der von AC verschiedenen Tangente von A an den Kreis k. Dann gilt

$$|\sphericalangle TAO| = |\sphericalangle TAM| - |\sphericalangle MAO| = |\sphericalangle CAM| - |\sphericalangle MAO| < |\sphericalangle CAM| - |\sphericalangle AMO|$$
$$= 90° - |\sphericalangle CMA| - |\sphericalangle AMO| = 90° - |\sphericalangle CMO| = 30°\,.$$

Mit anderen Worten: Die von A an k gelegte Tangente $\overline{AT}$ schließt mit $\overline{AO}$ einen Winkel kleiner als 30° ein. Damit kann die Gerade AB, die mit AO nach Voraussetzung einen Winkel von 30° einschließt, den Kreis k nicht treffen. Da B sowohl auf dieser Geraden als auch auf k liegen muss, ist dies ein Widerspruch. Die Annahme, dass ABC nicht gleichseitig ist, ist also falsch.

2. Lösung. Wir setzen $\alpha_1 = |\sphericalangle BAO|$, $\alpha_2 = |\sphericalangle CAO|$, $\beta_1 = |\sphericalangle CBO|$, $\beta_2 = |\sphericalangle ABO|$, $\gamma_1 = |\sphericalangle ACO|$, $\gamma_2 = |\sphericalangle BCO|$. Bezeichnet man ferner die Längen der Lote von O auf $\overline{AB}$, $\overline{BC}$, $\overline{CA}$ mit x, y beziehungsweise z und die Längen der Strecken $\overline{OA}$, $\overline{OB}$, $\overline{OC}$ mit u, v beziehungsweise w, so gilt

$$\sin\alpha_1 = \frac{x}{u}, \qquad \sin\beta_1 = \frac{y}{v}, \qquad \sin\gamma_1 = \frac{z}{w},$$
$$\sin\alpha_2 = \frac{z}{u}, \qquad \sin\beta_2 = \frac{x}{v}, \qquad \sin\gamma_2 = \frac{y}{w}.$$

Multiplikation dieser Gleichungen ergibt unter den Voraussetzungen der Aufgabenstellung wegen $\alpha_1 = \beta_1 = \gamma_1 = 30°$

$$\sin\alpha_1 \cdot \sin\beta_1 \cdot \sin\gamma_1 = \sin\alpha_2 \cdot \sin\beta_2 \cdot \sin\gamma_2 = \frac{1}{8}\,.$$

Weil die Sinusfunktion im Intervall $[0, \pi]$ streng konkav ist, folgt mit Hilfe der JENSEN'schen Ungleichung (4.24) und der Ungleichung vom arithmetischen und geometrischen Mittel (4.1)

$$\begin{aligned}\frac{1}{2} &= \sin\frac{\alpha_2 + \beta_2 + \gamma_2}{3}\\ &\geq \frac{1}{3}\left(\sin\alpha_2 + \sin\beta_2 + \sin\gamma_2\right)\\ &\geq \sqrt[3]{\sin\alpha_2 \cdot \sin\beta_2 \cdot \sin\gamma_2} = \frac{1}{2}\,.\end{aligned}$$

Dies ist nur möglich, wenn in allen Ungleichungen die Gleichheit gilt. Hieraus erhält man $\alpha_2 = \beta_2 = \gamma_2$, woraus die Behauptung folgt. ◇

Aufgabe 401346

Es sei ABC ein rechtwinkliges Dreieck. Der rechte Winkel liege bei A und der Innenwinkel bei B sei kleiner als der bei C. Die Tangente in A an den Umkreis k des Dreiecks schneide die Gerade BC in D. Der Spiegelpunkt von A an BC sei E. Außerdem sei X der Fußpunkt des Lotes von A auf BE und Y der Mittelpunkt von $\overline{AX}$. Außer in B schneide die Gerade BY den Umkreis k in Z.

Beweisen Sie, dass die Gerade BD eine Tangente an den Umkreis des Dreiecks ADZ ist.

Lösungen

1. Lösung. Es seien G der A gegenüberliegende Punkt auf einem Durchmesser von k und H der Schnittpunkt von AE mit BD (siehe Abb. L401346 (a)). Wegen $|\sphericalangle CBA| < |\sphericalangle ACB|$ liegen B und G auf derselben Seite von AE.

1. Wir beweisen zunächst, dass G, H und Z auf derselben Geraden liegen. Angenommen, GH schneidet k in Z' und $Z \neq Z'$. Da $|\sphericalangle AEG| = 90° = |\sphericalangle AXB|$ und $|\sphericalangle EGA| = |\sphericalangle EBA| = |\sphericalangle XBA|$ gilt, sind die Dreiecke AGE und ABX ähnlich zueinander. Es folgt $|\sphericalangle GAE| = |\sphericalangle BAX|$ und

$$\frac{|GA|}{|BA|} = \frac{|AE|}{|AX|}.$$

Weil H und Y die Mittelpunkte von $\overline{AE}$ beziehungsweise $\overline{AX}$ sind, gilt außerdem

$$\frac{|AE|}{|AX|} = \frac{|AH|}{|AY|}.$$

Also sind auch die Dreiecke AGH und ABY ähnlich zueinander und demnach ist $|\sphericalangle HGA| = |\sphericalangle YBA|$. Mit dem Peripheriewinkelsatz ergibt sich $|\sphericalangle ZBA| = |\sphericalangle ZGA| = |\sphericalangle YBA| = |\sphericalangle HGA|$. Dies beweist aber $Z = Z'$, da beide auf der gleichen Seite von AE liegen. Damit ist die Annahme widerlegt und 1. bewiesen.

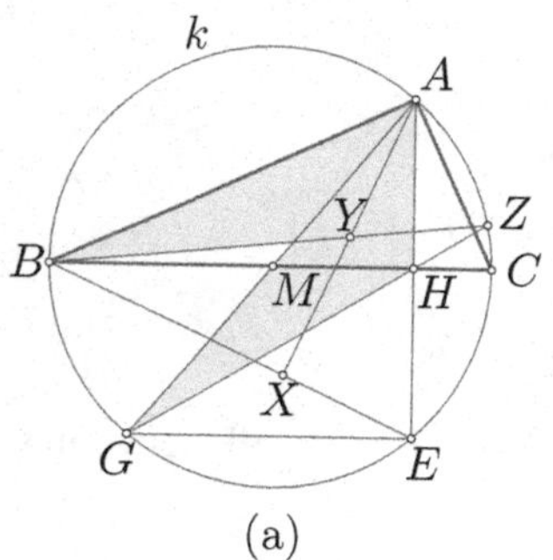

(a)

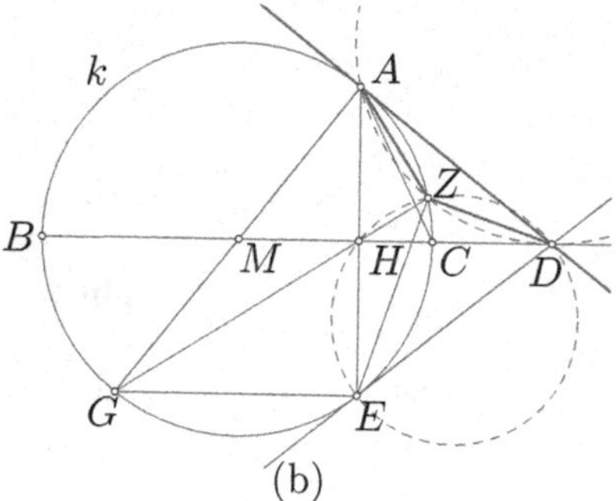

(b)

Abb. L401346

2. Nach dem ersten Beweisschritt gilt $|\sphericalangle AZH| = |\sphericalangle AZG| = 90°$. Da DA und DE Tangenten an k sind (siehe Abb. L401346 (b)), ist nach dem Sehnen-Tangentenwinkel-Satz $|\sphericalangle ZAD| = |\sphericalangle ZEA|$ und $|\sphericalangle DEZ| = |\sphericalangle EAZ|$. Daraus ergibt sich weiter

$$|\sphericalangle DHZ| = 90° - |\sphericalangle ZHA| = |\sphericalangle HAZ| = |\sphericalangle EAZ| = |\sphericalangle DEZ|.$$

Aus der Umkehrung des Peripheriewinkelsatzes folgt, dass $ZHED$ ein Sehnenviereck ist. Damit erhält man $|\sphericalangle ZDH| = |\sphericalangle ZEA| = |\sphericalangle ZAD|$. Die Umkehrung des Sehnen-Tangentenwinkel-Satzes liefert hieraus die Behauptung.

2. Lösung. Wir legen A, B und C in ein rechtwinkliges Koordinatensystem mit den Koordinaten $A(a_1, a_2)$, $B(0,0)$ und $C(c,0)$. Dann erfüllt k die Gleichung $x^2+y^2 = cx$. Da A auf k liegt, gilt $a_1^2 + a_2^2 = ca_1$. Die Gleichung der Tangente in A an k ist $2a_1x + 2a_2y = c(x + a_1)$. Also hat D die Koordinaten

$$D\left(\frac{ca_1}{2a_1 - c}, 0\right) = D\left(\frac{a_1(a_1^2 + a_2^2)}{a_1^2 - a_2^2}, 0\right).$$

Da E bezüglich der x-Achse symmetrisch zu A liegt, ist $E(a_1, -a_2)$ und damit hat die Gerade BE die Gleichung $a_2x + a_1y = 0$ und die zu ihr senkrechte Gerade AX hat die Gleichung $a_1x - a_2y = a_1^2 - a_2^2$. Als Schnittpunkt von AX und BE erhält man die Koordinaten von X durch Lösen des Gleichungssystems:

$$X\left(\frac{a_1(a_1^2 - a_2^2)}{a_1^2 + a_2^2}, \frac{-a_2(a_1^2 - a_2^2)}{a_1^2 + a_2^2}\right).$$

Entsprechend hat der Mittelpunkt Y von AX die Koordinaten

$$Y\left(\frac{a_1^3}{a_1^2 + a_2^2}, \frac{a_2^3}{a_1^2 + a_2^2}\right).$$

Damit hat BY die Gleichung $a_2^3x - a_1^3y = 0$, und der Schnittpunkt von BY mit k ist

$$Z\left(\frac{a_1^5(a_1^2 + a_2^2)}{a_1^6 + a_2^6}, \frac{a_1^2a_2^3(a_1^2 + a_2^2)}{a_1^6 + a_2^6}\right).$$

Hieraus ergibt sich die Gleichung des Umkreises von ADZ zu

$$x^2 + y^2 - \frac{2a_1(a_1^2 + a_2^2)}{a_1^2 - a_2^2}x - \frac{a_2(a_1^2 + a_2^2)^2}{(a_1^2 - a_2^2)^2}y + \frac{a_1^2(a_1^2 + a_2^2)^2}{(a_1^2 - a_2^2)^2} = 0.$$

Für $y = 0$ hat diese Gleichung genau eine Lösung, deshalb ist die Gerade BD (die x-Achse) eine Tangente an diesen Kreis. ◊

Aufgabe 261233B

Man beweise, dass in jedem Dreieck ABC für die Seitenlängen $a = |BC|$, $b = |CA|$, $c = |AB|$, die Größen α, β, γ der Innenwinkel $\sphericalangle BAC$, $\sphericalangle CBA$, $\sphericalangle ACB$ sowie für den Inkreisradius ϱ und den Flächeninhalt F die Ungleichung

$$\frac{1}{a}\cos^2\left(\frac{\alpha}{2}\right) + \frac{1}{b}\cos^2\left(\frac{\beta}{2}\right) + \frac{1}{c}\cos^2\left(\frac{\gamma}{2}\right) \geq \frac{27\varrho}{8F} \qquad (1)$$

gilt.
Man gebe alle diejenigen Dreiecke an, für die in 1 das Gleichheitszeichen gilt.

Lösung

Nach der Formel $\cos^2\left(\frac{x}{2}\right) = \frac{1}{2}(1+\cos x)$ und dem Kosinussatz gilt

$$\frac{1}{a}\cos^2\frac{\alpha}{2} = \frac{1}{2a}(1+\cos\alpha) = \frac{1}{2a}\left(1+\frac{b^2+c^2-a^2}{2bc}\right) = \frac{b^2+c^2-a^2+2bc}{4abc} .$$

Entsprechend ist

$$\frac{1}{b}\cos^2\frac{\beta}{2} = \frac{c^2+a^2-b^2+2ac}{4abc}, \quad \frac{1}{c}\cos^2\frac{\gamma}{2} = \frac{a^2+b^2-c^2+2ab}{4abc} .$$

Bezeichnet T die linke Seite der zu beweisenden Ungleichung, so gilt folglich

$$T = \frac{a^2+b^2+c^2+2ab+2ac+2bc}{4abc},$$

mit der Abkürzung $s = \frac{1}{2}(a+b+c)$ also

$$T = \frac{s^2}{abc} . \tag{2}$$

Sei M der Inkreismittelpunkt. Durch Zerlegung von $\triangle ABC$ in die Teildreiecke ABM, BCM, CAM erhält man

$$F = \frac{1}{2}a\cdot\varrho + \frac{1}{2}b\cdot\varrho + \frac{1}{2}c\cdot\varrho = s\cdot\varrho .$$

Aus (2) folgt dann

$$T = \frac{s^3}{abc}\cdot\frac{\varrho}{F} . \tag{3}$$

Die Ungleichung zwischen arithmetischem und geometrischem Mittel((4.4)) ist äquivalent zu

$$\frac{2}{3}s \geq \sqrt[3]{abc} ,$$

$$s^3 \geq \frac{27}{8}abc , \tag{4}$$

und in (4) gilt Gleichheit genau dann, wenn $a = b = c$ ist. Aus (3) und (4) folgt

$$T \geq \frac{27}{8}\cdot\frac{\varrho}{F} , \tag{5}$$

d. h. die zu beweisende Ungleichung. Außerdem gilt Gleichheit in (5) genau dann, wenn sie in (4) gilt, wenn also $a = b = c$, d. h. das Dreieck ABC gleichseitig ist. ♢

Aufgabe 501335

Gegeben seien eine Strecke $\overline{AB}$ und ein Punkt T auf $\overline{AB}$, der von den Punkten A und B verschieden ist. Zwei Punkte P und Q liegen so auf der gleichen Seite der Geraden AB, dass die Dreiecke ATP und TBQ gleichseitig sind. Die Mittelpunkte der Strecken $\overline{PB}$ und $\overline{AQ}$ seien mit M bzw. N bezeichnet.

Man beweise, dass das Dreieck TMN gleichseitig ist.

Lösungen

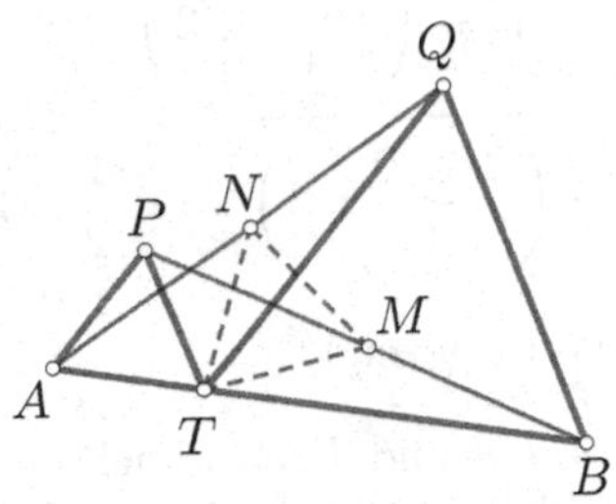

Abb. L501335

1. Lösung. Da die Dreiecke ATP und TBQ gleichseitig sind, gilt

$$|AT| = |TP|$$
$$|TQ| = |TB| \quad \text{und}$$
$$|\sphericalangle QTA| = |\sphericalangle BTP| = 120^\circ .$$

Also sind nach dem Kongruenzsatz *sws* die Dreiecke ATQ und PTB kongruent. Folglich sind die Strecken $\overline{TN}$ und $\overline{TM}$ als gleichliegende Seitenhalbierende in diesen Dreiecken gleich lang und die Winkel QTN und BTM gleich groß (Abb. L501335). Weiterhin gilt:

$$\begin{aligned} |\sphericalangle MTN| &= |\sphericalangle BTN| - |\sphericalangle BTM| \\ &= (60^\circ + |\sphericalangle QTN|) - |\sphericalangle BTM| = 60^\circ . \end{aligned}$$

Somit ist das Dreieck TMN gleichseitig.

2. Lösung. Wir legen die Punkte so in ein kartesisches Koordinatensystem, dass $A(0,0)$, $B(1,0)$ und $T(\lambda, 0)$ mit $0 < \lambda < 1$ ist. Die beiden verbleibenden Punkte der gleichseitigen Dreiecke mögen ohne Einschränkung der Allgemeingültigkeit oberhalb der x-Achse liegen und haben dann die Koordinaten

$$P\left(\frac{\lambda}{2}, \frac{\lambda}{2}\sqrt{3}\right) \quad \text{und} \quad Q\left(\frac{1+\lambda}{2}, \frac{1-\lambda}{2}\sqrt{3}\right) .$$

Für die Streckenmittelpunkte ergibt sich

$$M\left(\frac{\lambda}{4}+\frac{1}{2}, \frac{\lambda}{4}\sqrt{3}\right) \quad \text{und} \quad N\left(\frac{1+\lambda}{4}, \frac{1-\lambda}{4}\sqrt{3}\right).$$

Jetzt ergeben sich die Streckenlängen des Dreiecks TMN aus dem Satz des PYTHAGORAS zu

$$|TM| = \sqrt{\left(\frac{3\lambda}{4}-\frac{1}{2}\right)^2 + \left(\frac{\lambda}{4}\sqrt{3}\right)^2} = \frac{1}{2}\sqrt{3\lambda^2-3\lambda+1},$$

$$|TN| = \sqrt{\left(\frac{3\lambda}{4}-\frac{1}{4}\right)^2 + \left(\frac{1-\lambda}{4}\sqrt{3}\right)^2} = \frac{1}{2}\sqrt{3\lambda^2-3\lambda+1},$$

$$|MN| = \sqrt{\left(\frac{1}{4}\right)^2 + \left(\frac{2\lambda-1}{4}\sqrt{3}\right)^2} = \frac{1}{2}\sqrt{3\lambda^2-3\lambda+1},$$

und die Gleichseitigkeit ist damit gezeigt.

3. Lösung. Da die Dreiecke ATP und TBQ gleichseitig sind, gibt es eine Drehung φ um den Punkt T mit einem Winkel von 60°, die A auf P und gleichzeitig Q auf B abbildet. Damit wird die Strecke $\overline{AQ}$ auf die Strecke $\overline{PB}$ abgebildet. Da eine Drehung bekanntermaßen den Mittelpunkt einer Strecke in den Mittelpunkt ihres Bildes überführt, gilt $\varphi(N) = M$. Deshalb besitzt der Winkel MTN eine Größe von 60°, und die Strecken $\overline{NT}$ und $\overline{MT}$ sind gleich lang. Folglich ist das Dreieck TMN gleichseitig.

4. Lösung. Wir führen den Beweis mittels komplexer Zahlen. Dazu interpretieren wir A, B, P, Q, T, M und N als Punkte der Gaußschen Zahlenebene und ordnen ihnen die komplexen Zahlen a, b, p, q, t, m bzw. n zu. Dabei kann man die Punkte so legen, dass $a = 0$ und $b = 1$ ist.

Da die Dreiecke ATP und TBQ gleichseitig sind und wegen der Bedingung an P und Q gleichen Umlaufsinn haben, ist $p = \varepsilon t$ und $q - t = \varepsilon(b - t)$, wobei ε eine primitive sechste Einheitswurzel ist, also eine komplexe Zahl mit $\varepsilon^6 = 1$, aber $\varepsilon^k \neq 1$ für $k = 1, 2, 3, 4, 5$.

Folglich ist $q = t + \varepsilon(1 - t)$. Für die Mittelpunkte erhalten wir $m = \frac{1}{2}(1 + \varepsilon t)$, $n = \frac{1}{2}(t + \varepsilon(1 - t))$ und daher schließlich $\varepsilon(m - t) - (n - t) = \frac{1}{2}t(\varepsilon^2 - \varepsilon + 1)$. Wegen $\varepsilon^6 - 1 = (\varepsilon^3 - 1)(\varepsilon + 1)(\varepsilon^2 - \varepsilon + 1)$ und $\varepsilon^3 \neq 1$ sowie $\varepsilon \neq -1$ erfüllt ε die Gleichung $\varepsilon^2 - \varepsilon + 1 = 0$. Somit gilt $\varepsilon(m - t) - (n - t) = \frac{1}{2}t \cdot 0$, also $\varepsilon(m - t) = n - t$, das Dreieck TMN ist daher gleichseitig.

Bemerkung. Die Behauptung bleibt auch dann richtig, wenn die Dreiecke ATP und TBQ beliebige gleichseitige Dreiecke mit dem gemeinsamen Eckpunkt T und gleichem Umlaufsinn sind, ohne dass $\overline{AT}$ und $\overline{BT}$ als auf einer gemeinsamen Geraden liegend vorausgesetzt werden. Die 3. und 4. Lösung beweisen allgemein auch diesen Fall.

◇

Aufgabe 421344

Von den Mittelpunkten A_1, B_1, C_1 jeder Seite eines spitzwinkligen Dreiecks ABC werden die Lote auf die jeweils anderen beiden Seiten gefällt. A_2, B_2, C_2 seien die im Inneren des Dreiecks liegenden Schnittpunkte von jeweils zwei Loten (siehe Abbildung A421344).

Man beweise, dass der Flächeninhalt des Sechsecks $A_1C_2B_1A_2C_1B_2$ gleich der Hälfte des Flächeninhalts des Dreiecks ABC ist.

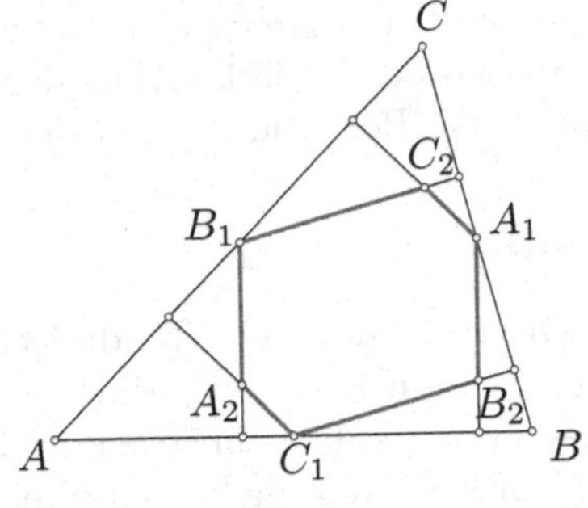

Abb. A421344

Lösung

Der Punkt O sei der Mittelpunkt des Umkreises des Dreiecks ABC (Abb. L421344).

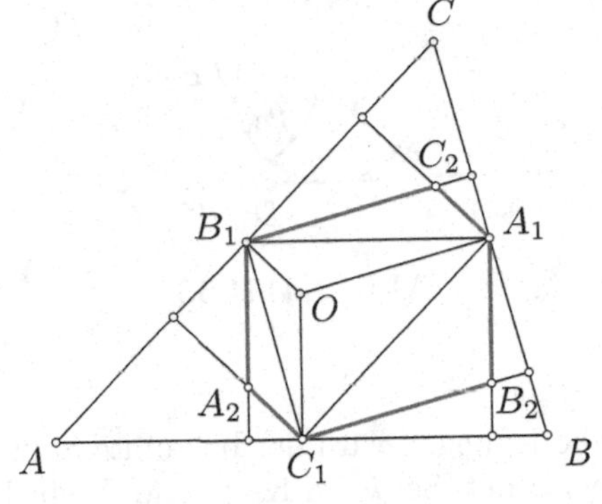

Abb. L421344

Die Strecken $\overline{OA_1}$, $\overline{OB_1}$ und $\overline{OC_1}$ zerlegen das Sechseck $A_1C_2B_1A_2C_1B_2$ in drei Parallelogramme $OA_1C_2B_1$, $OB_1A_2C_1$ und $OC_1B_2A_1$, da O der Schnittpunkt der Mittelsenkrechten der Dreiecksseiten ist.

Da die Fläche eines Parallelogramms durch jede seiner Diagonalen halbiert wird, sind die Dreiecke $A_1B_1C_2$, $B_1C_1A_2$ und $C_1A_1B_2$ flächengleich zu den Dreiecken A_1B_1O, B_1C_1O und C_1A_1O. Folglich ist die Fläche des Sechsecks $A_1C_2B_1A_2C_1B_2$ doppelt so groß wie die Fläche des Dreiecks $A_1B_1C_1$. Da die Dreiecke AC_1B_1, C_1BA_1, A_1CB_1 und $B_1C_1A_1$ zueinander kongruent sind, ist die Fläche des Dreiecks $A_1B_1C_1$ ein Viertel der Fläche des Ausgangsdreiecks ABC. Somit ist der geforderte Nachweis erbracht. ◇

Aufgabe 411333

Es sei ABC ein Dreieck und D ein Punkt auf der Seite $\overline{AB}$. Man beweise, dass der Inkreis des Dreiecks ADC den Inkreis des Dreiecks DBC genau dann berührt, wenn D der Berührungspunkt des Inkreises von Dreieck ABC mit der Seite $\overline{AB}$ ist.

Lösung

1. Die Inkreise beider Teildreiecke berühren die Gerade CD von verschiedenen Seiten. Damit liegen die beiden Kreise in getrennten Halbebenen, mit Ausnahme genau eines Punktes für jeden der Kreise, der auf der Geraden liegt (Abb. L411333). Folglich berühren die beiden Kreise einander dann und nur dann, wenn beide die Gerade CD im selben Punkt E berühren.

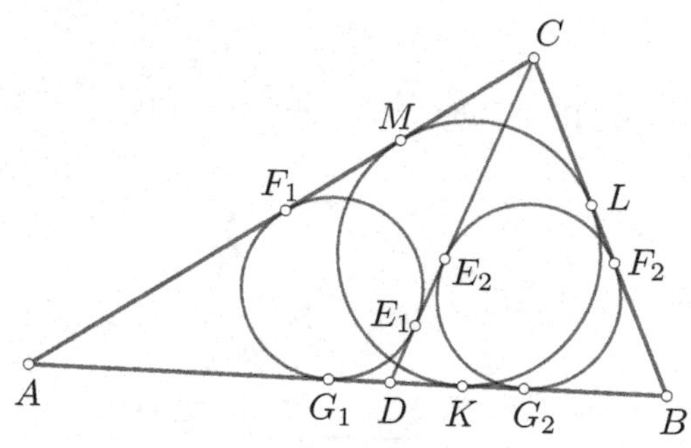

Abb. L411333

2. Für die folgenden Überlegungen wird der bekannte Satz von der Gleichheit der Tangentenabschnitte verwendet: Sei k ein Kreis und X ein Punkt außerhalb dieses Kreises. Sind t_1 und t_2 die von X an k gelegten Tangenten und sind Y_1 und Y_2 die Berührungspunkte von t_1 mit k bzw. von t_2 mit k, so gilt $|XY_1| = |XY_2|$.

3. Es seien E_1, F_1 und G_1 die Berührungspunkte des Inkreises von ADC mit den Strecken $\overline{CD}$, $\overline{CA}$ bzw. $\overline{AD}$. Dann gelten nach 2. die Beziehungen $|AG_1| = |AF_1|$, $|DG_1| = |DE_1|$ und $|CE_1| = |CF_1|$. Daraus folgt $|AD| = |AG_1| + |DG_1| = |AF_1| + |DE_1| = |AC| - |CF_1| + |CD| - |CE_1|$ und schließlich

$$|AD| = |AC| + |CD| - 2\,|CE_1|\,. \tag{1}$$

Aus analogen Betrachtungen bezüglich des Inkreises von Dreieck DBC erhält man die Gleichheit

$$|BD| = |BC| + |CD| - 2\,|CE_2|\,. \tag{2}$$

Dabei bezeichne E_2 den Berührungspunkt des Inkreises von $\triangle\, DBC$ mit der Strecke $\overline{CD}$. Subtraktion von (1) und (2) ergibt

$$|AD| - |BD| = |AC| - |BC| + 2\,(|CE_2| - |CE_1|)\,. \tag{3}$$

4. Es seien nun K, L und M die Berührungspunkte des Inkreises von $\triangle ABC$ mit den Strecken $\overline{AB}$, $\overline{BC}$ bzw. $\overline{CA}$. Nach 2. kommt man dann auf $|AK| = |AM|$, $|BK| = |BL|$ sowie $|CL| = |CM|$ und damit auf $|AK| - |BK| = |AM| - |BL| = |AC| - |CM| - |BC| + |CL|$ und daher gilt

$$|AK| - |BK| = |AC| - |BC|\,. \tag{4}$$

5. Da D und K innere Punkte der Strecke $\overline{AB}$ sind, fallen sie genau dann zusammen, wenn $|AK| - |BK| = |AD| - |BD|$ gilt. Ein Vergleich von Gleichung (4) mit (3) lässt erkennen, dass diese Bedingung genau dann eintritt, wenn $|CE_1| - |CE_2| = 0$ ist, also wenn die Berührungspunkte der Inkreise beider Teildreiecke mit $\overline{CD}$ zusammenfallen. Nach 1. ist dies wiederum äquivalent dazu, dass diese beiden Inkreise einander berühren. Damit ist der Beweis erbracht. ◇

Aufgabe 411345

Man beweise, dass ein Dreieck ABC genau dann rechtwinklig ist, wenn für seine Innenwinkel α, β, γ gilt

$$\frac{\sin^2\alpha + \sin^2\beta + \sin^2\gamma}{\cos^2\alpha + \cos^2\beta + \cos^2\gamma} = 2\,. \tag{1}$$

Lösungen

1. Lösung. Wir vereinfachen die Bedingung (1) mit dem Ziel, dahinter einen geometrischen Sachverhalt zu finden. Wir multiplizieren mit dem Nenner, der immer positiv ist, addieren $\cos^2\alpha + \cos^2\beta + 2\sin^2\gamma$, wenden dabei den trigonometrischen Satz des PYTHAGORAS an, und vereinfachen

$$\begin{aligned} \sin^2\alpha + \sin^2\beta + \sin^2\gamma &= 2\big(\cos^2\alpha + \cos^2\beta + \cos^2\gamma\big)\,, \\ 1 + 1 + 3\sin^2\gamma &= 3\big(\cos^2\alpha + \cos^2\beta\big) + 2\,, \\ \sin^2\gamma &= \cos^2\alpha + \cos^2\beta\,. \end{aligned} \tag{2}$$

Formel (2) deutet auf eine weitere Anwendung des Satzes des PYTHAGORAS hin. Wir nehmen an, dass γ ein größter Innenwinkel ist und zeichnen im Dreieck den Umkreis mit einem Mittelpunkt M und einem Radius r und die Mittelpunkte M_b, M_a der Seiten $\overline{AC}$ bzw. $\overline{BC}$ ein (Abb. L411345). Dann können wir die Seitenlängen des Dreiecks MM_aM_b aus den Zentriwinkeln (und einer Anwendung des Strahlensatzes) berechnen,

$$|MM_a| = r\cos\alpha, \qquad |MM_b| = r\cos\beta, \qquad |M_aM_b| = \frac{|AB|}{2} = r\sin\gamma\,,$$

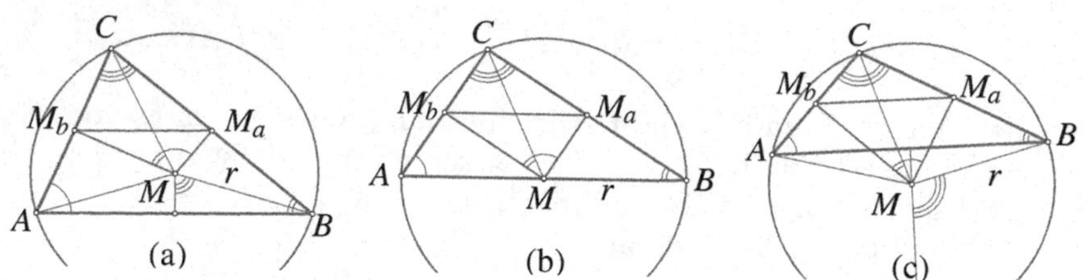

Abb. L411345: $\triangle MM_aM_b$ für (a) spitze, (b) rechte oder (c) stumpfe Winkel γ.

so dass (2) tatsächlich bedeutet, dass

$$\sphericalangle M_aMM_b = \sphericalangle M_aMC + \sphericalangle CMM_b = \alpha + \beta = 180^\circ - \gamma$$

ein rechter Winkel ist. Dass ist genau dann der Fall, wenn der größte Winkel $\sphericalangle ACB = \gamma$ ein rechter ist. Das war zu zeigen.

2. Lösung. Die trigonometrischen Gleichungen (3.11) werden benutzt, um die Gleichung (1) äquivalent umzuformen:

$$\frac{3 - \cos 2\alpha - \cos 2\beta - \cos 2\gamma}{3 + \cos 2\alpha + \cos 2\beta + \cos 2\gamma} = 2\,,$$
$$\cos 2\alpha + \cos 2\beta + \cos 2\gamma = -1\,.$$

Weil die Summe der Innenwinkel im Dreieck gleich 180° ist, gilt

$$\cos 2\alpha + \cos 2\beta + \cos(2\alpha + 2\beta) = -1\,.$$

Mit dem Additionstheorem (3.10) formt man weiter um

$$\cos 2\alpha \cos 2\beta + \cos 2\alpha + \cos 2\beta + 1 = \sin 2\alpha \sin 2\beta\,,$$
$$(\cos 2\alpha + 1) \cdot (\cos 2\beta + 1) = \sin 2\alpha \sin 2\beta\,.$$

Mit (3.8) erhält man

$$4\cos^2\alpha \cdot \cos^2\beta = 4\sin\alpha\,\cos\alpha\,\sin\beta\,\cos\beta\,,$$
$$\cos\alpha \cdot \cos\beta \cdot (\cos\alpha\cos\beta - \sin\alpha\sin\beta) = 0\,.$$

Erneute Anwendung des Additionstheorems (3.10) ergibt

$$\cos\alpha \cdot \cos\beta \cdot \cos(\alpha + \beta) = 0\,.$$

Schließlich ist $\cos(\alpha+\beta) = -\cos\gamma$, also gilt die gegebene Gleichung (1) genau dann, wenn

$$\cos\alpha \cdot \cos\beta \cdot \cos\gamma = 0\,.$$

Dieses Produkt wird genau dann null, wenn einer der drei Faktoren null ist. Weil alle drei Winkel zwischen 0 und 180° liegen, ist dies dann und nur dann der Fall, wenn das Dreieck rechtwinklig ist.

Bemerkung. Der Nachweis von (1) für rechtwinklige Dreiecke ist wesentlich einfacher und kann beispielsweise wie folgt geführt werden.
Ohne Einschränkung der Allgemeinheit sei $\gamma = 90°$. Wegen $\sin\beta = \cos\alpha$ und $\cos\beta = \sin\alpha$ und $\sin^2\alpha + \cos^2\alpha = 1$ ist die linke Seite von (1) gleich

$$\frac{\sin^2\alpha + \cos^2\alpha + 1}{\cos^2\alpha + \sin^2\alpha + 0} = \frac{2}{1} = 2\,.$$

Aus dem Beweis ergibt sich ferner, dass das Dreieck genau dann rechtwinklig ist, wenn der Zähler von (1) gleich 2 ist. Dies ist tritt genau dann ein, wenn der Nenner von (1) gleich 1 ist. ◇

Aufgabe 421342

Im Inneren des Dreiecks ABC liegen vier Kreise k_1, k_2, k_3 und k_4, die denselben Radius haben. Der Kreis k_1 berührt die Seiten $\overline{AB}$ und $\overline{CA}$ und den Kreis k_4, der Kreis k_2 berührt die Seiten $\overline{AB}$ und $\overline{BC}$ und den Kreis k_4, der Kreis k_3 berührt die Seiten $\overline{BC}$ und $\overline{CA}$ und den Kreis k_4 (Abb. A421342).
Man beweise, dass der Mittelpunkt des Kreises k_4 auf der Verbindungsstrecke der Mittelpunkte des Inkreises und des Umkreises des Dreiecks ABC liegt.

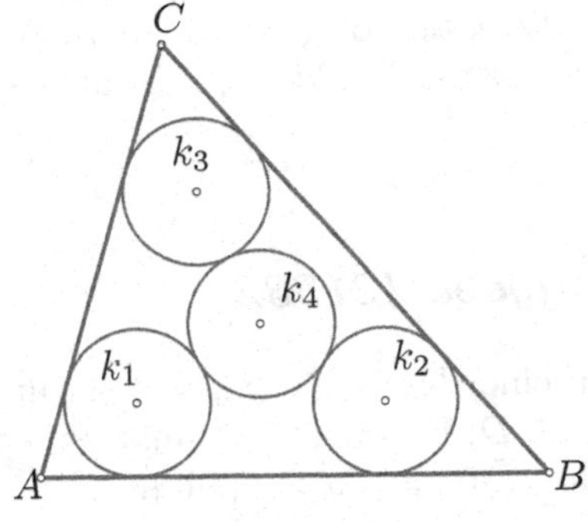

Abb. A421342

Lösung

Die Mittelpunkte der Kreise k_1, k_2, k_3 und k_4 seien mit M_1, M_2, M_3 bzw. M_4 bezeichnet (Abb. L421342). Der Radius der vier kongruenten Kreise sei r. Da die Seiten des Dreiecks ABC parallel zu den Seiten des Dreiecks $M_1M_2M_3$ sind, sind diese beiden Dreiecke ähnlich zueinander.

Die Geraden AM_1, BM_2, CM_3 sind die Winkelhalbierenden der Innenwinkel des Dreiecks ABC und des Dreiecks $M_1M_2M_3$, sie mögen sich im Punkte N schneiden.

Der Punkt M_4 ist der Mittelpunkt des Umkreises des Dreiecks $M_1M_2M_3$, weil sein Abstand zu den Eckpunkten des Dreiecks $M_1M_2M_3$ jeweils $2r$ beträgt.

Es gibt nun eine zentrische Streckung vom Punkt N aus, die das Dreieck $M_1M_2M_3$ auf das Dreieck ABC abbildet. Bei dieser Abbildung wird der Punkt M_4 auf

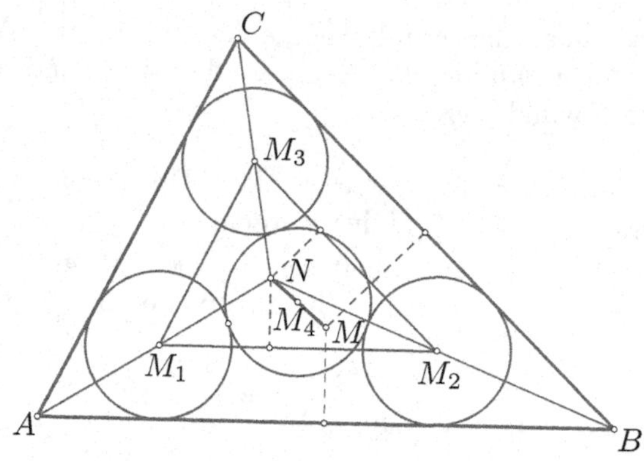

Abb. L421342

einen Punkt M abgebildet, der auf der Geraden NM_4 liegt. Da der Punkt M_4 der Mittelpunkt des Umkreises des Dreiecks $M_1M_2M_3$ ist, wird folglich sein Bild, der Punkt M, der Mittelpunkt des Umkreises des Dreiecks ABC sein. Somit liegt das Zentrum M des Umkreises des Dreiecks ABC auf der Geraden, die durch den Punkt M_4 und den Mittelpunkt N des Inkreises des Dreiecks $M_1M_2M_3$ geht. Da der Streckfaktor größer als 1 ist, ist der Punkt M weiter vom Zentrum N entfernt als M_4. Der Punkt M_4 liegt also auf der Strecke $\overline{NM}$. ◊

Aufgabe 421332

Auf einer Kreislinie k liegen (nicht notwendig in dieser Reihenfolge) die Punkte A, B, C, D. Ein weiterer Punkt P liege auf der Strecke $\overline{AD}$ im Inneren von k, und es gelte $|\overline{DB}| = |\overline{DP}| = |\overline{DC}|$.

Man beweise, dass der Punkt P der Mittelpunkt des Inkreises des Dreiecks ABC ist.

Lösung

Da der Mittelpunkt des Inkreises der Schnittpunkt der Winkelhalbierenden ist, genügt es zu zeigen, dass der Winkel $\sphericalangle BAC$ von der Geraden AD und der Winkel $\sphericalangle CBA$ von der Geraden BP halbiert wird.

Wegen

$$|DB| = |DC| = |DP| < |DA|$$

muss der Punkt A auf dem von B und C begrenzten Bogen von k liegen, der D nicht enthält (Abb. L421332).

Die Peripheriewinkel $\sphericalangle BAD$ und $\sphericalangle DAC$ des Kreises k sind gleich groß, da $|BD| = |DC|$. Somit liegt P auf der Halbierenden des Winkels $\sphericalangle BAC$.

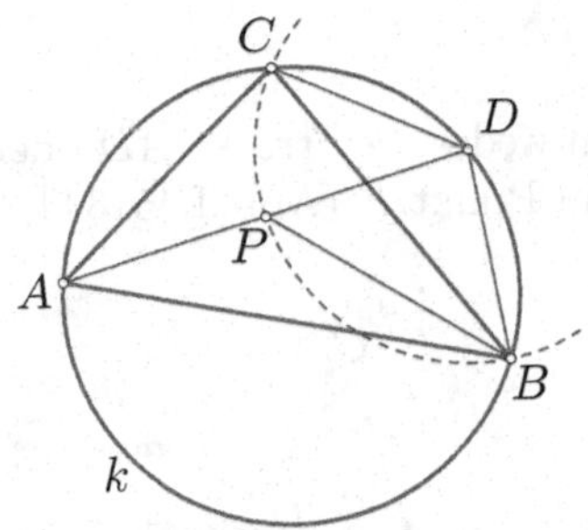

Abb. L421332

Weil $|BD| = |DP|$, ist $|\sphericalangle DBP| = |\sphericalangle BPD|$. Es gilt weiterhin $|\sphericalangle ADB| = |\sphericalangle ACB|$ und $|\sphericalangle DBC| = |\sphericalangle DAC|$, weil es sich jeweils um Peripheriewinkel über derselben Sehne handelt.

Im Dreieck BDP gilt

$$2(|\sphericalangle DBC| + |\sphericalangle CBP|) + |\sphericalangle ADB| = 180^\circ ,$$

also

$$2(|\sphericalangle DAC| + |\sphericalangle CBP|) + |\sphericalangle ACB| = 180^\circ ,$$

$$2\left(\frac{1}{2}|\sphericalangle BAC| + |\sphericalangle CBP|\right) + |\sphericalangle ACB| = 180^\circ ,$$

$$|\sphericalangle CBP| = \frac{1}{2}(180^\circ - |\sphericalangle BAC| - |\sphericalangle ACB|) ,$$

$$|\sphericalangle CBP| = \frac{1}{2}|\sphericalangle CBA| .$$

Das bedeutet, dass der Winkel $\sphericalangle CBA$ von der Geraden BP halbiert wird. Damit ist die Behauptung der Aufgabenstellung bewiesen. ◇

Aufgabe 451344

Im Inneren eines Dreiecks ABC liege ein Punkt D derart, dass sowohl $|AC| - |AD| \geq 1$ als auch $|BC| - |BD| \geq 1$ gilt.

Man beweise, dass dann für jeden Punkt E der Strecke $\overline{AB}$ gilt

$$|EC| - |ED| \geq 1 .$$

Lösung

Die Strecke $\overline{EC}$ schneidet entweder die Strecke $\overline{AD}$ oder die Strecke $\overline{BD}$. Schneidet $\overline{EC}$ die Strecke $\overline{AD}$ in einem Punkt F (Abb. L451344), wobei F mit D zusammen-

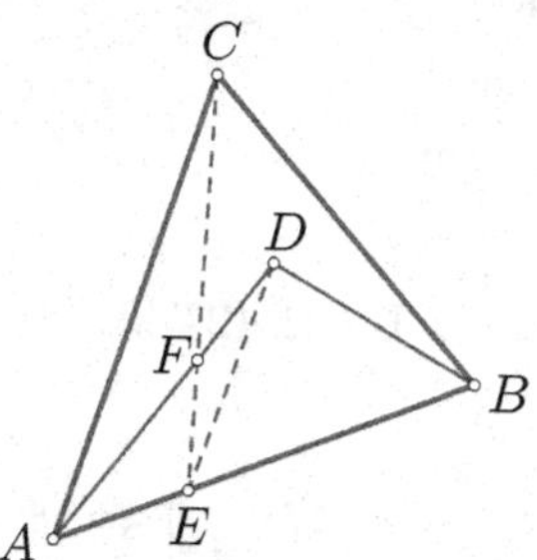

Abb. L451344

fallen kann, dann gilt

$$|EF| + |DF| \geq |ED| \,, \tag{1}$$
$$|AF| + |CF| \geq |AC| \,. \tag{2}$$

Mit $|CE| = |CF| + |FE|$ und $|AD| = |AF| + |FD|$ folgt durch Addition von (1) und (2) der Reihe nach

$$|EF| + |DF| + |AF| + |CF| \geq |ED| + |AC| \,,$$
$$|CE| + |AD| \geq |ED| + |AC| \,,$$
$$|EC| - |ED| \geq |AC| - |AD| \geq 1 \,.$$

Schneidet die Strecke $\overline{EC}$ die Strecke $\overline{BD}$ in einem Punkt F, so gilt entsprechend

$$|EF| + |DF| \geq |ED| \,,$$
$$|BF| + |FC| \geq |BC| \,,$$

woraus

$$|CE| + |BD| \geq |ED| + |BC|$$

und schließlich

$$|EC| - |ED| \geq |BC| - |BD| \geq 1$$

folgt. 

8.2 Vierecke

Aufgabe 361335

In einem Quadrat $ABCD$ seien k_1 und k_2 die von A nach C verlaufenden Viertelkreisbögen mit den Mittelpunkten B bzw. D. Für jeden Punkt P auf k_1 sei t_1 die in P an k_1 gelegte Tangente; ferner sei t_2 die zu t_1 parallele Tangente an k_2. Die zu t_1 und t_2 senkrechten Geraden durch A bzw. C seien s_1 bzw. s_2. Die Geraden t_1, s_1, t_2, s_2 begrenzen ein Rechteck R.
Man beweise, dass der Umfang des Rechtecks R nicht von der Wahl des Punktes P abhängt.

Lösung

Wir bezeichnen (siehe Abb. L361335) mit Q den Berührungspunkt von t_2 mit k_2 und mit

S den Schnittpunkt zwischen s_1 und t_1,
T den Schnittpunkt zwischen t_1 und s_2,
U den Schnittpunkt zwischen s_2 und t_2,
V den Schnittpunkt zwischen t_2 und s_1,
K den Schnittpunkt zwischen t_1 und $\overline{AD}$,
L den Schnittpunkt zwischen t_1 und $\overline{DC}$,
M den Schnittpunkt zwischen t_2 und $\overline{CB}$,
N den Schnittpunkt zwischen t_2 und $\overline{BA}$.

Die Drehung um 180° um den Mittelpunkt des Quadrates $ABCD$ überführt A in

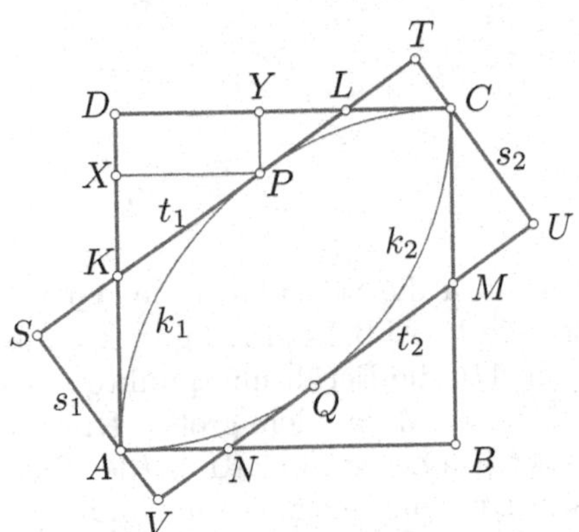

Abb. L361335

C, B in D, k_1 in k_2 und t_1 in die zu t_1 parallele Tangente an k_2, also in t_2. Ebenso geht s_1 in s_2 über, also S in U, T in V, K in M und L in N.

Weiterhin sind $\overline{AK}$ und $\overline{KP}$ Tangentenabschnitte von K an k_1, und daher gilt $|AK| = |KP|$. Ebenso ist $|LC| = |PL|$.

Sind X und Y die Lotfußpunkte von P auf $\overline{AD}$ bzw. $\overline{CD}$, so ist folglich $\triangle KAS \cong \triangle KPX$ und $\triangle LCT \cong \triangle LPY$, also $|SK| = |KX|$, $|AS| = |XP| = |DY|$, $|LT| = |YL|$, $|TC| = |PY| = |XD|$. Damit erhält man als Umfang des Rechtecks R, der mit dem Umfang des Vierecks $STUV$ übereinstimmt, die Länge

$$\begin{aligned}
&|AS| + |SK| + |KP| + |PL| + |LT| + |TC| + |CU| + |UM| \\
&\qquad + |MQ| + |QN| + |NV| + |VA| \,, \\
&= 2\left(|DY| + |KX| + |AK| + |LC| + |YL| + |XD|\right), \\
&= 2\left(|AD| + |DC|\right).
\end{aligned}$$

Damit ist gezeigt, dass der Umfang des Rechtecks R nicht von der Wahl des Punktes P abhängt. ◇

Aufgabe 411313

In ein Quadrat werden, wie in Abb. A411313 gezeigt, die Buchstaben M (bestehend aus Strecken) und O (ein Kreis) sowie ein weiterer Kreis einbeschrieben, der zwei Strecken des Buchstaben M und den Kreis des O von innen berührt. Es seien A_1 und r_1 Flächeninhalt und Radius des größeren, A_2 und r_2 Flächeninhalt und Radius des kleineren Kreises. Man beweise, dass

$$\frac{A_2}{A_1} + \frac{r_2}{r_1} = 1$$

gilt.

Abb. A411313

Lösung

Es werden im Folgenden mit a die Seitenlänge des Quadrates und mit A, B, C, D, E, F, G, H und M, wie in Abb. L411313 gezeigt, die Ecken des Quadrates, der Seitenmittelpunkt von AB, die Berührungspunkte des kleinen Kreises mit den beiden Strecken des Buchstaben M und dem großen Kreis und der Mittelpunkt des kleineren Kreises bezeichnet. Da der größere Kreis (der Buchstabe O) dem Quadrat einbeschrieben ist, ist sein Durchmesser gleich a; somit gilt

$$r_1 = \frac{a}{2} \quad \text{und} \quad A_1 = \frac{\pi}{4}a^2 \,.$$

Aus Symmetriegründen ist der Berührungspunkt H der beiden Kreise zugleich Mittelpunkt der Quadratseite $\overline{CD}$, sodass $AEHD$ ein Rechteck ist, und M liegt auf der Strecke $\overline{EH}$. Außerdem sind die Strecken $\overline{CG}$ und $\overline{CH}$ als Abschnitte der

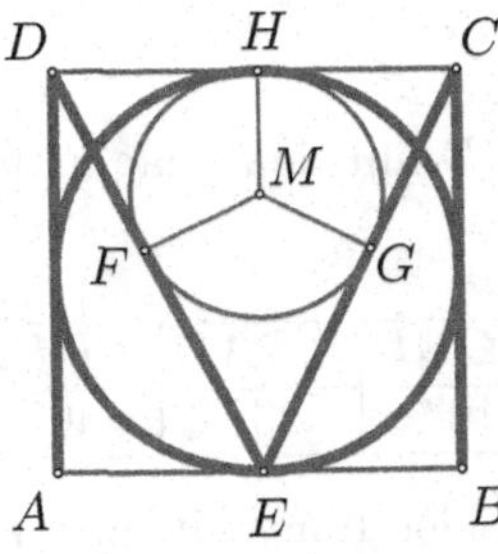

Abb. L411313

von C an den Kreis gelegten Tangenten gleich lang. Wir haben damit die folgenden Gleichheiten:

$$|CH| = |CG| = \frac{a}{2}, \qquad |EM| = a - r_2, \qquad |MH| = |GM| = r_2.$$

Nach dem Satz des PYTHAGORAS im rechtwinkligen Dreieck ECH gilt:

$$|EC| = \frac{\sqrt{5}}{2}a \quad \text{und damit} \quad |EG| = \frac{\sqrt{5}-1}{2}a.$$

Wieder nach dem Satz des PYTHAGORAS, diesmal im Dreieck EGM, gilt:

$$\begin{aligned} |EM|^2 &= |EG|^2 + |GM|^2, \\ (a - r_2)^2 &= \left(\frac{\sqrt{5}-1}{2}a\right)^2 + r_2^2, \\ a^2 - 2ar_2 + r_2^2 &= \frac{5}{4}a^2 - \frac{\sqrt{5}}{2}a^2 + \frac{1}{4}a^2 + r_2^2, \\ 2ar_2 &= \frac{\sqrt{5}-1}{2}a^2; \end{aligned}$$

und da a als Streckenlänge positiv ist, schließlich

$$r_2 = \frac{\sqrt{5}-1}{4}a, \qquad A_2 = \frac{\pi(3-\sqrt{5})}{8}a^2,$$

$$\frac{A_2}{A_1} + \frac{r_2}{r_1} = \frac{3-\sqrt{5}}{2} + \frac{\sqrt{5}-1}{2} = 1.$$

Damit ist der Beweis erbracht. ◇

Aufgabe 361343

Für ein konvexes Viereck $ABCD$ mit den Diagonalen AC und BD seien folgende Winkelgrößen vorausgesetzt:

Winkel	$\sphericalangle CBD$	$\sphericalangle CAD$	$\sphericalangle DBA$	$\sphericalangle BAC$
Größe	$10°$	$20°$	$40°$	$50°$

Man berechne die Größen der beiden Innenwinkel $\sphericalangle DCB$ und $\sphericalangle ADC$ des Vierecks $ABCD$.

Lösungen

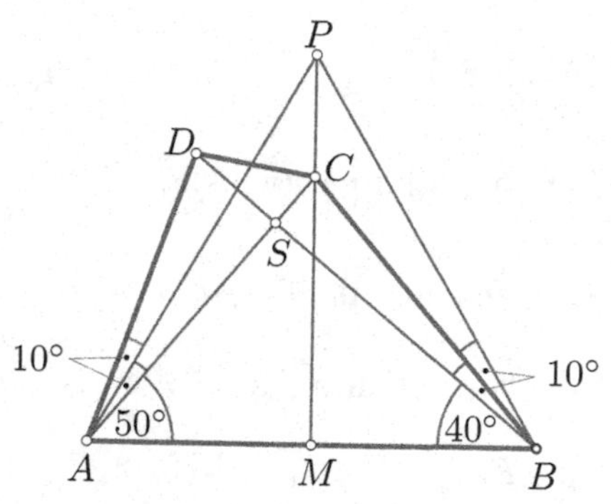

Abb. L361343

1. Lösung. Wegen der vorausgesetzten Winkelgrößen $|\sphericalangle CBD| = 10°$, $|\sphericalangle CAD| = 20°$, $|\sphericalangle ABD| = 40°$, $|\sphericalangle BAC| = 50°$ (siehe Abb. L361343) ergibt sich aus der Innenwinkelsumme der Dreiecke ABC und ABD, dass $|\sphericalangle ACB| = 80°$ und $|\sphericalangle ADB| = 70°$. Die Dreiecke ABC und ABD sind gleichschenklig mit $|CA| = |CB|$ und $|BD| = |BA|$. Es sei nun P derjenige Punkt, der auf derselben Seite der Geraden durch A und B liegt wie C und für den ABP ein gleichseitiges Dreieck ist. Die Punkte P, C sowie der Mittelpunkt M von $\overline{AB}$ liegen auf der Mittelsenkrechten von $\overline{AB}$, und es gilt $|\sphericalangle APM| = |\sphericalangle MPB| = 30°$ sowie $|\sphericalangle ACM| = |\sphericalangle MCB| = 40°$.
Wegen $|BC| = |BC|$, $|BD| = |BA| = |BP|$ und $|\sphericalangle CBD| = |\sphericalangle PBC| = 10°$ ist Dreieck BCD kongruent zu BCP und daher $|\sphericalangle BDC| = |\sphericalangle CPB| = 30°$.
Damit und nach dem Satz über die Winkelsumme im Viereck ergeben sich die beiden gesuchten Innenwinkelgrößen:

$$|\sphericalangle ADC| = 70° + 30° = 100°\,,$$
$$|\sphericalangle DCB| = 360° - 50° - 70° - 100° = 140°\,.$$

2. Lösung. Wegen $|\sphericalangle DBA| + |\sphericalangle BAC| = 90°$ schneiden sich die Diagonalen unter rechtem Winkel. Deshalb gilt:

$$\frac{|DS|}{|AS|} = \tan 20°, \quad \frac{|AS|}{|BS|} = \tan 40°, \quad \frac{|BS|}{|CS|} = \tan 80°, \text{ also}$$

$$\begin{aligned}
\frac{|DS|}{|CS|} &= \tan 20° \cdot \tan(60° - 20°) \cdot \tan(60° + 20°) \\
&= \tan 20° \cdot \frac{\sin(60° - 20°)}{\cos(60° - 20°)} \cdot \frac{\sin(60° + 20°)}{\cos(60° + 20°)} \\
&= \tan 20° \cdot \frac{(\sin 60° \cos 20° - \cos 60° \sin 20°)(\sin 60° \cos 20° + \cos 60° \sin 20°)}{(\cos 60° \cos 20° + \sin 60° \sin 20°)(\cos 60° \cos 20° - \sin 60° \sin 20°)} \\
&= \tan 20° \cdot \frac{\sin^2 60° \cos^2 20° - \cos^2 60° \sin^2 20°}{\cos^2 60° \cos^2 20° - \sin^2 60° \sin^2 20°} \\
&= \tan 20° \cdot \frac{\left(\frac{\sqrt{3}}{2}\right)^2 \cdot \cos^2 20° - \left(\frac{1}{2}\right)^2 \cdot \sin^2 20°}{\left(\frac{1}{2}\right)^2 \cdot \cos^2 20° - \left(\frac{\sqrt{3}}{2}\right)^2 \cdot \sin^2 20°} \\
&= \tan 20° \cdot \frac{3 \cdot \cos^2 20° - \sin^2 20°}{\cos^2 20° - 3 \cdot \sin^2 20°} \\
&= \frac{3 \cdot \sin 20° - 4 \cdot \sin^3 20°}{4 \cdot \cos^3 20° - 3 \cdot \cos 20°} = \frac{\sin(3 \cdot 20°)}{\cos(3 \cdot 20°)} = \tan 60° .
\end{aligned}$$

Da die Tangensfunktion für spitze Winkel eindeutig umkehrbar ist, hat man damit $|\sphericalangle DCA| = 60°$ bewiesen und erhält

$$|\sphericalangle DCB| = 80° + 60° = 140° ,$$
$$|\sphericalangle DAC| = 360° - 50° - 70° - 140° = 100° .$$

Bemerkung 1. Werden vom Viereck $ABCD$ die Größen der Winkel $\sphericalangle BAC$, $\sphericalangle CAD$, $\sphericalangle DBA$ und $\sphericalangle CBD$ gegeben, so ist das Viereck $ABCD$ bis auf Ähnlichkeit eindeutig bestimmt. Das wird deutlich, wenn zusätzlich noch die Länge der Seite AB als gegeben angesehen wird, dann lassen sich mithilfe des Sinussatzes und des Kosinussatzes alle Innenwinkel des Vierecks eindeutig berechnen. Allerdings führen diese Rechnungen ohne Verwendung eines Taschenrechners nicht unmittelbar zu den gesuchten Winkelgrößen. Selbst mit Verwendung eines Taschenrechners wären die erhaltenen Ergebnisse nur als Näherungswerte der gesuchten Winkelgrößen anzusehen.

Bemerkung 2. Werden vom Viereck $ABCD$ die Größen der Winkel $\sphericalangle BAC$, $\sphericalangle CAD$, $\sphericalangle DBA$, $\sphericalangle CBD$ und die Länge der Viereckseite BC gegeben, so handelt es sich um die berühmte HANSEN'sche Aufgabe. Der Astronom und Geodät HANSEN[4] hat diese Aufgabe 1841 mit allgemeinen Formeln gelöst und auf ihre Wichtigkeit hingewiesen, aber bereits SNELLIUS[5] hatte 1617 diese Aufgabe gelöst.

Der Zusammenhang von POTHENOT'scher Aufgabe[6] und HANSEN'scher Aufgabe sowie historische Betrachtungen zu diesen Aufgaben werden ausführlich von EUGEN WILLERDING in dem e-Book „Die Pothenotsche Aufgabe und ihre Erweiterungen"[64] dargestellt. ◇

Aufgabe 371346B

Beweisen Sie, dass für alle ungeraden Zahlen $n \geq 3$ gilt: Wenn sich eine konvexe Vierecksfläche $ABCD$ durch Geraden in n Sehnenvierecke zerlegen lässt, dann ist das Viereck $ABCD$ ein Sehnenviereck.

Hinweis. „Zerlegen" bedeutet: Alle Punkte, die zu einer der n Sehnenvierecksflächen gehören, sind Punkte der Vierecksfläche $ABCD$, jeder Punkt der Fläche von $ABCD$ gehört mindestens einer der n Sehnenvierecksflächen an. Zwei verschiedene dieser Sehnenvierecksflächen haben keine inneren Punkte gemeinsam.

Lösungen

1. Lösung. 1. Ein Dreieck lässt sich durch Geraden nicht ausschließlich in Vierecke zerlegen.

Beweis Jede Gerade, die durch einen inneren Punkt des Dreiecks verläuft, zerlegt es entweder in zwei Dreiecke oder in ein Dreieck und ein Viereck. Daher muss auch bei jeder Zerlegung durch eine weitere Gerade mindestens ein Dreieck entstehen, sodass sich ein Dreieck durch Geraden nicht ausschließlich in Vierecke zerlegen lässt. □

2. Aus Punkt 1 folgt: Sind $g_1, \ldots, g_p$ paarweise verschiedene Geraden, die zur Menge der das Viereck $ABCD$ in Sehnenvierecke zerlegenden Geraden gehören und die durch die Seite AB des Vierecks $ABCD$ verlaufen, dann verläuft jede Gerade g_i $(i = 1, \ldots, p)$ durch einen Punkt der AB gegenüberliegenden Vierecksseite CD, jedoch nicht durch einen der Punkte A, B, C, D Außerdem schneiden je zwei Geraden g_i und g_j (für $i \neq j$) einander nicht in einem Punkt der Vierecksfläche $ABCD$ einschließlich des Randes. Entsprechend folgt für die q paarweise verschiedenen Geraden $h_1, \ldots, h_q$, die zur Menge der das Viereck $ABCD$ in Sehnenvierecke zerlegenden Geraden gehören und die durch die Vierecksseite BC verlaufen, dass jede Gerade h_j $(j = 1, \ldots, q)$ durch einen Punkt der BC gegenüberliegenden Vierecksseite AD, jedoch nicht durch einen der Punkte A, B, C, D verläuft. Außerdem schneiden je zwei Geraden h_i und h_j (für $i \neq j$) einander nicht in einem Punkt der Vierecksfläche $ABCD$ einschließlich des Randes. (s. Abb. L371346Ba). Durch

[4] PETER ANDREAS HANSEN (1795–1874)

[5] WILLEBRORD VAN ROIJEN SNELLIUS (1580–1626)

[6] LAURENT POTHENOT (1650–1732)

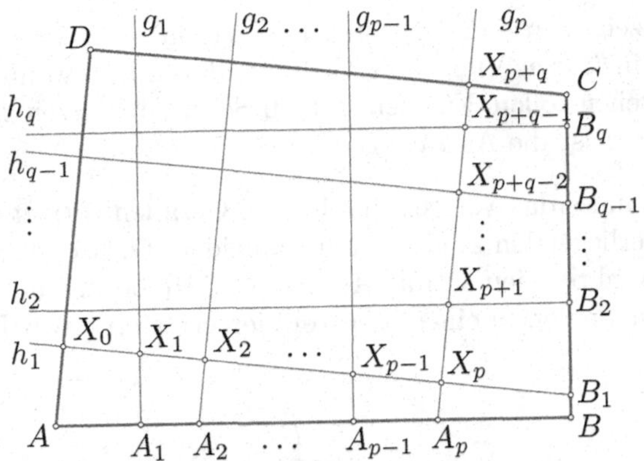

Abb. L371346Ba

die Geraden g_i und h_j $(i = 1, \ldots, p,\ j = 1, \ldots, q)$ wird die Vierecksfläche $ABCD$ in $n = (p+1)(q+1)$ Vierecksflächen zerlegt, die nach Voraussetzung sämtlich Sehnenvierecke sind. Hierbei kann auch $p = 0$ oder $q = 0$ sein. Da n ungerade ist, müssen p und q aber gerade sein.

3. Unter den n Sehnenvierecken, in die das Viereck $ABCD$ durch die Geraden g_i $(i = 1, \ldots, p)$ und h_j $(j = 1, \ldots, q)$ zerlegt wird, gibt es genau $p + q + 1$ Sehnenvierecke, die eine auf AB bzw. BC liegende Seite haben. Diese Sehnenvierecke seien mit $AA_1X_1X_0$, $A_1A_2X_2X_1, \ldots$, $A_{p-1}A_pX_pX_{p-1}$, $A_pBB_1X_p$, $B_1B_2X_{p+1}X_p, \ldots$, $B_{q-1}B_qX_{p+q-1}X_{p+q-2}$, $B_qCX_{p+q}X_{p+q-1}$ bezeichnet. (Mit entsprechender Modifikation falls $p = 0$ oder $q = 0$.) In jedem dieser Sehnenvierecke ist die Summe gegenüberliegender Winkel gleich 180°. Da die Summe von Nebenwinkeln ebenfalls 180° beträgt und p und q gerade sind, gilt

$$\begin{aligned} |\sphericalangle X_0AA_1| &= |\sphericalangle A_1X_1X_2| = |\sphericalangle X_2A_2A_3| = \cdots = |\sphericalangle X_pA_pB| \\ &= |\sphericalangle X_pB_1B_2| \\ &= |\sphericalangle B_2X_{p+1}X_{p+2}| = \cdots = |\sphericalangle X_{p+q-2}B_{q-1}B_q| \\ &= |\sphericalangle X_{p+q}X_{p+q-1}B_q| \,. \end{aligned}$$

Aufgrund des Sehnenviereckssatzes erhält man

$$|\sphericalangle B_qCX_{p+q}| = 180^\circ - |\sphericalangle X_{p+q}X_{p+q-1}B_q| \,,$$

also gilt

$$|\sphericalangle BCD| = |\sphericalangle B_qCX_{p+q}| = 180^\circ - |\sphericalangle X_0AA_1| = 180^\circ - |\sphericalangle DAB| \,.$$

Hieraus folgt mit der Umkehrung des Satzes über die Winkelsumme im Sehnenviereck, dass $ABCD$ ein Sehnenviereck ist.

2. Lösung. Wir zeigen, wie in der ersten Lösung, dass das Viereck durch $(k-1)+(m-1)$ Geraden in $k \times m$ Vierecke zerlegt werden muss, wenn in der Zerlegung nur Vierecke entstehen sollen. Für den dritten Schritt benutzen wie ein Induktionsargument. Für $n = 1$ ist die Aussage trivial.

Fall 1. Für $n = 3$ muss das Viereck durch zwei Geraden zerlegt werden, die beide dieselben gegenüberliegenden zwei Kanten schneiden. O. B. d. A. seien das $\overline{AB}$ und $\overline{CD}$. Die Schnittpunkte seien so mit A_1, B_1, C_1, D_1 bezeichnet, dass $\overline{AA_1}$, $\overline{BB_1}$, $\overline{CC_1}$ und $\overline{DD_1}$ Diagonalen in einem der Teilvierecke sind (Abb. L371346Bb).

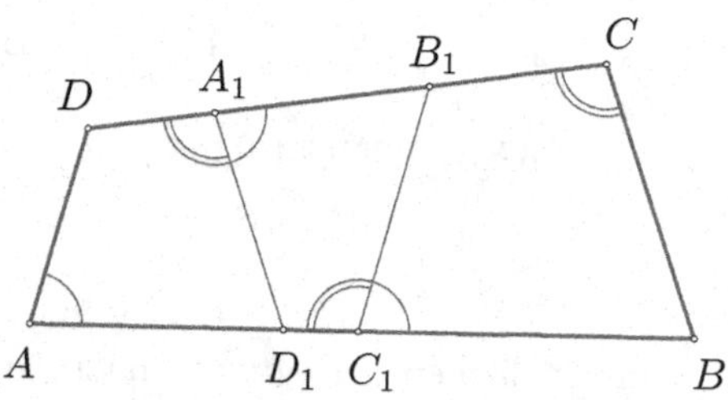

Abb. L371346Bb

Diagonal gegenüberliegende Winkel in Sehnenvierecken ergänzen sich zu 180°, genauso, wie Nebenwinkel. Es folgt

$$\begin{aligned}|\sphericalangle BAD| = |\sphericalangle D_1AD| &= 180^\circ - |\sphericalangle DA_1D_1| = |\sphericalangle D_1A_1B_1| \\ &= 180^\circ - |\sphericalangle B_1C_1D_1| = |\sphericalangle BC_1D_1| \\ &= 180^\circ - |\sphericalangle B_1CB| = 180^\circ - |\sphericalangle DCB| \,,\end{aligned}$$

das Viereck ist ein Sehnenviereck.

Fall 2. Jetzt sei $n > 3$ die kleinste ungerade Zahl, für die ein Viereck existiert, das sich in n Sehnenvierecke zerlegen lässt, ohne selbst Sehnenviereck zu sein. Dann gilt $n = k \cdot m$. O. B. d. A. sei $k \geq m$. Die Anzahl der Reihen ist dabei jeweils ungerade und es gilt $k \geq 3$.

Die erste und die zweite Reihe bilden je ein Viereck aus $1 \times m$ Sehnenvierecken, sind also, wegen $m < k \cdot m = n$, selbst Sehnenvierecke. Der Rest bildet ebenfalls ein Viereck, das sich aus einer ungeraden Anzahl $(k-2) \cdot m = n - 2 \cdot m < n$ von Sehnenvierecken zusammensetzt.

Insgesamt besteht das Viereck aus drei Sehnenvierecken. Der Fall 1 ist anwendbar und ergibt einen Widerspruch zur Annahme, dass das Viereck kein Sehnenviereck sein sollte.

◇

Aufgabe 381343

Mathematiker früherer Zeiten, die nach Möglichkeiten zur Berechnung der Flächeninhalte konvexer ebener Vierecke suchten, gelangten unter anderem zu folgenden Formeln für den Flächeninhalt A eines konvexen ebenen Vierecks mit den aufeinanderfolgenden Seiten a, b, c, d:

$$A = \frac{a+c}{2} \cdot \frac{b+d}{2}\,, \tag{1}$$

$$A = \sqrt{(p-a)(p-b)(p-c)(p-d)} \text{ mit } p = \frac{1}{2}(a+b+c+d)\,. \tag{2}$$

Tatsächlich aber gelten diese Formeln nicht für alle konvexen ebenen Vierecke. Beweisen Sie, dass (1) genau für alle Rechtecke und (2) genau für alle Sehnenvierecke richtig ist.

Lösung

Wir benutzen die Bezeichnungen gemäß Abb. L381343.

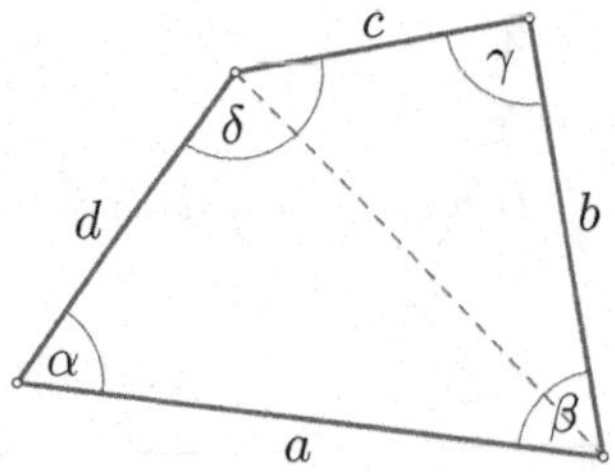

Abb. L381343

Das Viereck wird durch jede seiner Diagonalen in zwei Teildreiecke zerlegt. Im folgenden machen wir von der Flächenformel und dem Kosinussatz für diese Teildreiecke Gebrauch. **1.** Es gilt

$$2A = ad \sin\alpha + bc \sin\gamma$$

sowie

$$2A = ab \sin\beta + cd \sin\delta\,,$$

also

$$4A = ab \sin\beta + ad \sin\alpha + bc \sin\gamma + cd \sin\delta \leq ab + ad + bc + cd\,,$$

wobei Gleichheit genau für

$$\sin\alpha = \sin\beta = \sin\gamma = \sin\delta = 1$$

eintritt.

Wegen $(a+c)(b+d) = ab+ad+bc+bd$ gilt somit (1) genau dann, wenn das Viereck ein Rechteck ist.

2. Aus $2A = ad\sin\alpha + bc\sin\gamma$ und $a^2+d^2-2ad\cos\alpha = b^2+c^2-2bc\cos\gamma$ folgt unter Verwendung der Additionstheoreme (3.10) und (3.8) die Beziehung

$$\begin{aligned}(4A)^2 + (a^2+d^2-b^2-c^2)^2 &= 4(ad\sin\alpha + bc\sin\gamma)^2 + 4(ad\cos\alpha - bc\cos\gamma)^2\\ &= 4\left(a^2d^2 + b^2c^2 - 2abcd\cos(\alpha+\gamma)\right)\\ &= 4(a^2d^2 + b^2c^2 + 2abcd - 4abcd\cos^2\frac{\alpha+\gamma}{2})\\ &= 4(ad+bc)^2 - 16abcd\cos^2\frac{\alpha+\gamma}{2}\,.\end{aligned}$$

Damit ist

$$\begin{aligned}&16A^2 + 16abcd\cos^2\frac{\alpha+\gamma}{2} = (2ad+2bc)^2 - (a^2+d^2-b^2-c^2)^2\\ &= (2ad+2bc-a^2-d^2+b^2+c^2)(2ad+2bc+a^2+d^2-b^2-c^2)\\ &= \left((b+c)^2-(a-d)^2\right)\left((a+d)^2-(b-c)^2\right)\,,\end{aligned}$$

$$\begin{aligned}&A^2 + abcd\cos^2\frac{\alpha+\gamma}{2} =\\ &\quad\frac{1}{16}(b+c-a+d)(b+c+a-d)(a+d-b+c)(a+d+b-c)\end{aligned}$$

und

$$A = \sqrt{(p-a)(p-b)(p-c)(p-d) - abcd\cos^2\frac{\alpha+\gamma}{2}}\,.$$

Daher ist Formel (2) genau dann richtig, wenn $\alpha+\gamma = 180°$, das heißt, wenn das Viereck ein Sehnenviereck ist.

Bemerkung. Die Formel (2) wird Formel von BRAMAGUPTA[7] genannt, da der indische Mathematiker DEVANAGARI BRAHMAGUPTA sie im siebten Jahrhundert n. Chr. entdeckte.

Entartet das Sehnenviereck zu einem Dreieck ($d = 0$), so geht die Formel von BRAHMAGUPTA in die Dreiecksflächenformel $A = \sqrt{p(p-a)(p-b)(p-c)}$ von HERON[8] über. ◇

---

[7] DEVANGARI BRAHMAGUPTA (598–nach 665)

[8] HERON VON ALEXANDIA (etwa zweite Hälfte 1. Jahrhundert)

Aufgabe 131233

Es sei $V = ABCD$ ein beliebiges (konvexes oder nichtkonvexes) nichtüberschlagenes ebenes Viereck. Ferner seien A', B', C', D' diejenigen Punkte, für die die Vierecke $ABA'D$, $ABCB'$, $C'BCD$, $AD'CD$ Parallelogramme sind.

Man beweise, dass unter diesen Voraussetzungen folgende Aussage gilt:

Dann und nur dann, wenn V nichtkonvex ist, liegen alle vier Punkte A', B', C', D' außerhalb von V.

Lösung

1. Zunächst sei V nichtkonvex und ohne Beschränkung der Allgemeinheit an der Ecke C einspringend; g sei die Gerade durch B und D; mit H sei diejenige durch g begrenzte Halbebene bezeichnet, in der A und C liegen (siehe Abb. L131233). Dann liegt V ganz in H, nicht aber A' und C', da die Parallelogramme $ABA'D$, $C'BCD$ die Strecke $\overline{BD}$ als Diagonale haben. Somit liegen A' und C' außerhalb von V. Da ferner der Innenwinkel von V beim Punkt C größer als 180° ist, gilt

$$|\sphericalangle BAD| + |\sphericalangle CBA| < 180°,$$

also

$$|\sphericalangle BAB'| = 180° - |\sphericalangle CBA| > |\sphericalangle BAD| .$$

Somit liegt B' außerhalb vom Dreieck ABD und daher erst recht außerhalb des Vierecks V.

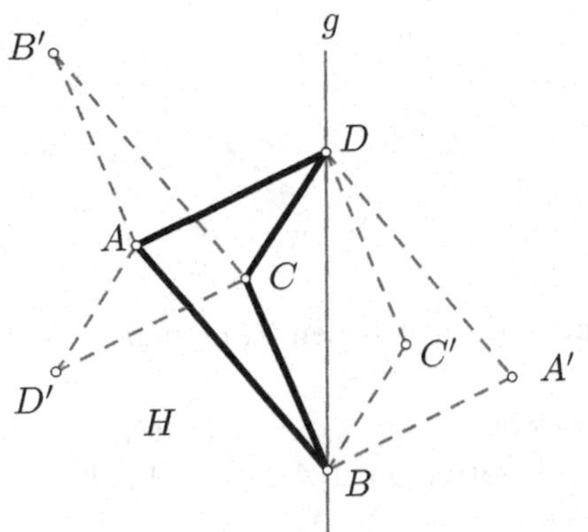

Abb. L131233

2. Nun sei V konvex. Die Größe der Innenwinkel von V bei A, B, C und D seien α, β, γ bzw. δ. Indem man nötigenfalls A, B, C, D der Reihe nach in B, C, D, A umbenennt , kann man

$$\alpha + \delta \geq \beta + \gamma \tag{1}$$

erreichen. Indem man die Bezeichnungen der Punkte B und D nötigenfalls vertauscht, (wobei (1) erhalten bleibt), kann man zusätzlich

$$\alpha + \beta \geq \gamma + \delta \tag{2}$$

erreichen.

Aus (1) folgt

$$\alpha + \delta \geq 180^\circ = \alpha + |\sphericalangle ADA'| ,$$

d. h.

$$|\sphericalangle ADC| \geq |\sphericalangle ADA'| .$$

Ebenso folgt aus (2) unter Vertauschung von B, B' mit D, D'

$$|\sphericalangle CBA| \geq |\sphericalangle A'BA| .$$

Die Strahlen aus D und B durch A' verlaufen daher in das Innere oder längs eines Schenkels von $\sphericalangle ADC$ beziehungsweise von $\sphericalangle CBA$. Ihr Schnittpunkt A' liegt somit im Innern oder auf dem Rand von V.

Unter **1.** wurde nachgewiesen, dass im Fall eines nichtkonvexen V alle Punkte A', B', C', D' außerhalb von V liegen.

Unter **2.** wurde nachgewiesen, dass im Fall eines konvexen V mindestens einer der Punkte A', B', C', D' im Innern oder auf dem Rand von V liegt.

Daraus folgt, dass genau dann alle vier Punkte A', B', C', D' außerhalb von V liegen, wenn V nicht konvex ist. ◇

8.3 Polygone

Aufgabe 261245

Man ermittle alle diejenigen natürlichen Zahlen $n \geq 3$, mit denen die folgende Aussage gilt:

Jede ebene konvexe n-Ecksfläche $A_1A_2...A_n$ wird vollständig überdeckt von den Flächen der n Kreise, die die Strecken A_iA_{i+1} als Durchmesser haben ($i = 1, 2, ..., n$; es sei $A_{n+1} = A_1$ gesetzt).

Dabei sei jede n-Ecksfläche und jede Kreisfläche einschließlich ihrer Randpunkte verstanden.

Lösung

1. Für jede Dreiecksfläche $F = A_1A_2A_3$ und jede konvexe Vierecksfläche $F = A_1A_2A_3A_4$ gilt die genannte Überdeckungsaussage; dies kann folgendermaßen bewiesen werden:

Wäre die Aussage falsch, so gäbe es einen Punkt P in F, der außerhalb jeder der drei beziehungsweise vier genannten Kreise läge. Da diese Kreise den Rand von F überdecken, läge P im Inneren von F. Da F konvex ist, ergäben sich Winkel $\sphericalangle A_iPA_{i+1}$ ($i = 1, 2, ..., n$; $A_{n+1} = A_1$; mit $n = 3$ bzw. $n = 4$) für die

$$\sum_{i=1}^{n} |\sphericalangle A_iPA_{i+1}| = 360° \tag{1}$$

gelten müsste. Andererseits wäre, da P außerhalb des Kreises über den Durchmessern $\overline{A_iA_{i+1}}$ läge, $|\sphericalangle A_iPA_{i+1}| < 90°$ ($i = 1, 2, \ldots, n$), also

$$\sum_{i=1}^{n} |\sphericalangle A_iPA_{i+1}| < n \cdot 90° ,$$

was (1) wegen $n \leq 4$ widerspricht.

2. Für jedes $n > 4$ gibt es eine konvexe n–Ecksfläche $A_1A_2 \ldots A_n$, die von den genannten Kreisen nicht überdeckt wird; dies zeigt folgendes Beispiel:
Ist $A_1A_2 \ldots A_n$ ein regelmäßiges n-Eck und P sein Mittelpunkt, so gilt (1) (jetzt mit $n > 4$) und daher

$$|\sphericalangle A_iPA_{i+1}| = \frac{1}{n} \cdot 360° < 90° \text{ für alle } i = 1, 2, \ldots n;\ A_{n+1} = A_1.$$

Also liegt P außerhalb aller Kreise über den Durchmessern $\overline{A_iA_{i+1}}$.
Mit I. und II. ist bewiesen, dass die in der Aufgabe genannte Aussage genau für $n = 3$ und $n = 4$ gilt. ◇

Aufgabe 161246B

Man gebe für jede natürliche Zahl $n \geq 5$ eine Zerlegung eines regelmäßigen, konvexen n-Ecks in eine minimale Anzahl von

(a) sämtlich spitzwinkligen Dreiecken,
(b) sämtlich stumpfwinkligen Dreiecken an.

Hinweis. Unter einer Zerlegung in Dreiecke wird eine Zerlegung des n-Ecks verstanden, bei der jede Seite eines Zerlegungsdreiecks entweder gleichzeitig Seite eines anderen Zerlegungsdreiecks oder eine der Seiten des n-Ecks ist.

Lösung

(a) Die Strecken, die den Mittelpunkt des n-Ecks mit dessen Eckpunkten verbinden, zerlegen das n-Eck in n spitzwinklige Dreiecke. In eine kleinere Anzahl von sämtlich spitzwinkligen Dreiecken lässt sich das n-Eck nicht zerlegen. Andernfalls müssen zwei nebeneinander liegende Seiten des n-Ecks zu ein und demselben Zerlegungsdreieck gehören, das dann aber, da der Winkel zwischen diesen beiden Seiten für $n \geq 5$ stumpf ist, kein spitzwinkliges Dreieck mehr ist.

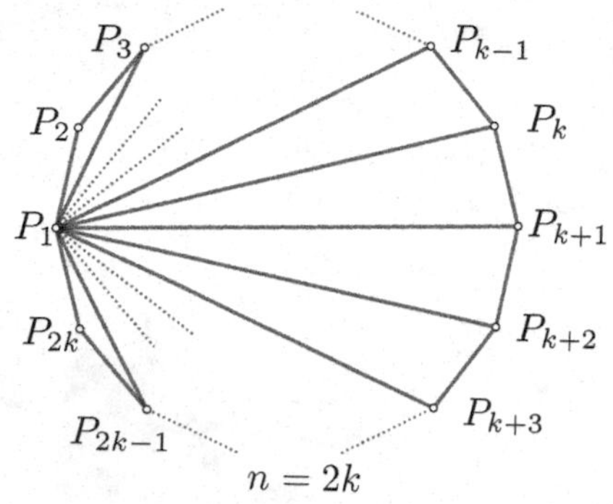

Abb. L161246Ba

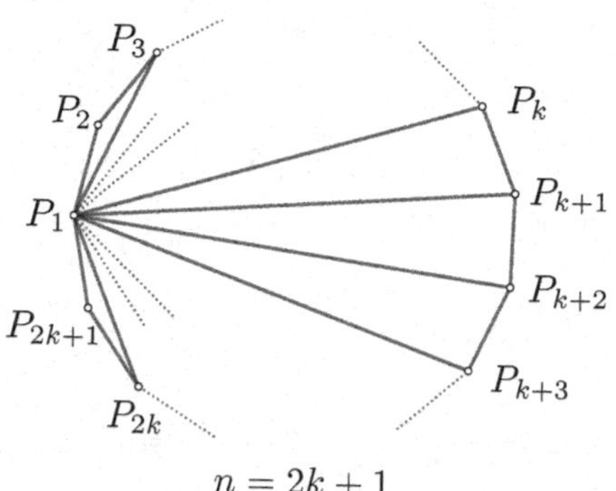

Abb. L161246Bb

(b) Jedes Dreieck ABC lässt sich in drei stumpfwinklige Dreiecke zerlegen. Man verbinde hierzu den Schnittpunkt S der Winkelhalbierenden mit den drei Eckpunkten. Dann gilt

$$|\sphericalangle ASB| = \pi - \frac{1}{2} \cdot (|\sphericalangle CBA| + |\sphericalangle BAC|) = \pi - \left(\frac{1}{2} \cdot |\sphericalangle ACB|\right) > \frac{\pi}{2}.$$

Analog gilt $|\sphericalangle BSC| > \pi/2$ und $|\sphericalangle CSA| > \pi/2$.

Wir zeigen nun, dass sich jedes regelmäßige n-Eck $P_1 \ldots P_n (n \geq 5)$ in n stumpfwinklige Dreiecke zerlegen lässt.

Fall 1. Es sei $n = 2k + 1$ (k natürliche Zahl):

Das n-Eck wird durch $(n-3)$ Diagonalen von P_1 zu den Eckpunkten $P_3, P_4, \ldots, P_{n-1}$ in $(n-2)$ Dreiecke zerlegt (siehe Abb. L161246Bb).

Die Winkel $\sphericalangle P_1P_2P_3, \sphericalangle P_1P_3P_4, \ldots, \sphericalangle P_1P_kP_{k+1}$, $\sphericalangle P_{k+2}P_{k+3}P_1, \ldots, \sphericalangle P_{n-1}P_nP_1$ sind als Peripheriewinkel im unbeschriebenen Kreis über den angegebenen Diagonalen, von denen keine Durchmesser ist, größer als 90°, da der entsprechende Eckpunkt auf dem kleineren der beiden Teilbögen liegt. Das Dreieck $P_1P_{k+1}P_{k+2}$ kann, wie angegeben, in drei stumpfwinklige Dreiecke zerlegt werden, womit eine Zerlegung in n stumpfwinklige Dreiecke gefunden ist.

Fall 2. Es sei $n = 2k$:

Das n-Eck wird durch $(n-3)$ Diagonalen von P_1 zu den Eckpunkten $P_3, P_4, \ldots, P_{n-1}$ in $(n-2)$ Dreiecke zerlegt (siehe Abb. L161246Ba). Die Diagonale P_1P_{k+1} ist Durchmesser im unbeschriebenen Kreis von $P_1P_2 \ldots P_n$, also sind die Dreiecke $P_1P_kP_{k+1}$ und $P_1P_{k+1}P_{k+2}$ nicht stumpfwinklig. Das Viereck $P_1P_kP_{k+1}P_{k+2}$ wird in die Dreiecke $P_kP_{k+1}P_{k+2}$ (stumpfwinklig, da zwei der Dreiecksseiten benachbarte n-Eckseiten sind) und $P_1P_kP_{k+2}$ zerlegt. Das Dreieck $P_1P_kP_{k+2}$ kann nun wie angegeben in drei stumpfwinklige Dreiecke zerlegt werden, womit auch für gerade n eine Zerlegung in n stumpfwinklige Dreiecke gefunden ist.

Wir zeigen noch, dass eine Zerlegung in weniger als n stumpfwinklige Dreiecke nicht möglich ist. Dazu zeigen wir zunächst, dass keine Zerlegung in stumpfwinklige Dreiecke existiert, die ausschließlich durch Diagonalen entsteht, d. h., bei der die Eckpunkte sämtlicher Zerlegungsdreiecke zugleich Eckpunkte des n-Ecks sind.

Angenommen, es existiert eine solche Zerlegung. Es sei ohne Einschränkung der Allgemeinheit P_1P_m eine Diagonale dieser Zerlegung mit maximaler Länge.

Nach Voraussetzung ist sie Seite zweier Zerlegungsdreiecke

$P_1P_rP_m$ und $P_1P_mP_s$ mit $1 < r < m < s$. Da P_1, P_r, P_m, P_s Eckpunkte des n-Ecks sind, ist das Viereck $P_1P_rP_mP_s$ ein Sehnenviereck und es gilt:

$$\sphericalangle\overline{P_1P_rP_m} + \sphericalangle\overline{P_mP_sP_1} = \pi\,.$$

Dann ist jedoch einer der beiden Winkel, o. B. d. A. $\sphericalangle P_1P_rP_m$, nicht größer als $\pi/2$. Wegen der Maximalität von P_1P_m muss aber $\sphericalangle P_1P_rP_m$ als Winkel, der der größten Seite gegenüberliegt, der größte Winkel im Dreieck $P_1P_rP_m$ sein. Folglich kann das Dreieck $P_1P_rP_m$ im Widerspruch zur Annahme nicht stumpfwinklig sein.

Da nach Voraussetzung kein Eckpunkt eines Zerlegungsdreiecks innerer Punkt einer n-Eckseite sein kann, muss folglich ein innerer Punkt P des n-Ecks existieren, der Eckpunkt eines Zerlegungsdreiecks ist. Er kann dann nicht innerer Punkt einer Seite eines anderen Zerlegungsdreiecks sein, ist also in allen Zerlegungsdreiecken, die ihn überhaupt enthalten, Eckpunkt. Die Winkel, deren Scheitelpunkt P ist, haben die Winkelsumme 2π. Die Winkel für die die Punkte $P_1, P_2, \ldots, P_n$ Scheitelpunkte sind, haben die Winkelsumme $(n-2)\pi$.

Folglich kann die Anzahl der Zerlegungsdreiecke nicht kleiner sein als

$$\frac{1}{\pi}[2\pi + (n-2)\pi] = n\,. \qquad \diamondsuit$$

Aufgabe 201235

Man beweise, dass für jede natürliche Zahl n die folgende Aussage gilt:

Wenn die Anzahl der Ecken eines regelmäßigen Vielecks gleich $3n$ ist, dann gibt es kein rechtwinkliges Koordinatensystem, in dem beide Koordinaten jedes Eckpunktes dieses Vielecks rationale Zahlen sind

Lösung

Angenommen, es gäbe eine natürliche Zahl n und ein regelmäßiges $3n$-Eck $A_1A_2\ldots A_{3n}$, dessen Eckpunkte A_i nur rationale Koordinaten haben. Das Dreieck

$A_nA_{2n}A_{3n}$ ist gleichseitig. Indem wir dieses Dreieck in $x-$ und in $y-$ Richtung um die rationalen Koordinaten von A_n verschieben, erhalten wir ein kongruentes gleichseitiges Dreieck ABC, wobei A gleich dem Koordinatenursprung ist und die Koordinaten von B und C rational sind. Die Höhe des gleichseitigen Dreiecks ABC hat die Länge $|AB|\sqrt{3}/2$. Hat B die Koordinaten (x, y) und C die Koordinaten (x', y'), dann gelten folgende Vektorgleichungen

$$\overrightarrow{AC} = \frac{1}{2}\overrightarrow{AB} \pm \frac{\sqrt{3}}{2}\begin{pmatrix}-y\\x\end{pmatrix} = \frac{1}{2}\begin{pmatrix}x\\y\end{pmatrix} + \frac{\sqrt{3}}{2}\begin{pmatrix}\mp y\\ \pm x\end{pmatrix},$$

$$\begin{pmatrix}x'\\y'\end{pmatrix} = \frac{1}{2}\begin{pmatrix}x \mp \sqrt{3}y\\ y \pm \sqrt{3}x\end{pmatrix}.$$

Da $\sqrt{3}$ irrational ist, ist für rationale r und s die Zahl $r + s\sqrt{3}$ nur rational, wenn $s = 0$ gilt. Demnach folgt $x = y = 0$, und das widerspricht unserer Annahme.

Damit ist gezeigt, dass es kein rechtwinkliges Koordinatensystem gibt, in dem beide Koordinaten jedes Eckpunktes der betrachteten Vielecke rationale Zahlen sind. $\diamondsuit$

Aufgabe 181243

(a) In einer Ebene sei $P_1P_2 \ldots P_n$ ein beliebiges konvexes n–Eck E.

Man beweise folgende Aussage:

Sind im Inneren oder auf dem Rande von E Punkte $Q_1, \ldots, Q_n$ so gelegen, dass $Q_1Q_2 \ldots Q_n$ ein zu E kongruentes $n-$Eck ist, so ist jeder Punkt Q_i $(i = 1, \ldots, n)$ eine Ecke von E. (1)

(b) Gibt es nichtkonvexe n–Ecke E, für welche Aussage (1) falsch ist?

(c) Ist für jedes nichtkonvexe n–Eck E die Aussage (1) falsch?

Lösungen

1. Lösung.

Zu (a). Wegen der Konvexität von E liegt jede Seite von F und damit die ganze n-Ecksfläche von F in der n-Ecksfläche von E. Als zu E kongruente Figur hat F den gleichen Flächeninhalt wie E. Daher fällt F mit E zusammen. Mithin ist jede Ecke von F auch Ecke von E, was zu beweisen war.

Zu (b). Wir geben ein Beispiel für ein nichtkonvexes n-Eck, für welches die Aussage (1) falsch ist. Es sei $P_1P_2P_3P_4$ ein Quadrat, M der Schnittpunkt der Diagonalen und P_5 ein innerer Punkt des Dreiecks P_1MP_4 (Abb. L181243a). Drehen wir das Fünfeck $P_1P_2P_3P_4P_5$ um M um 90°, so erhalten wir ein kongruentes Fünfeck $Q_1Q_2Q_3Q_4Q_5$. Offensichtlich trifft die Aussage (1) nicht zu.

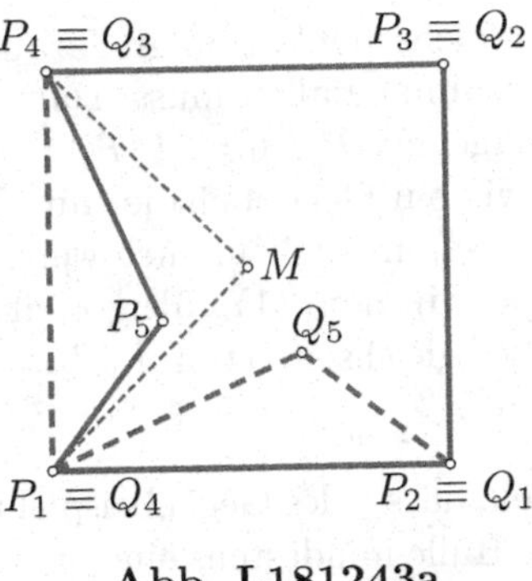

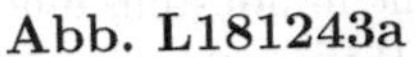

Abb. L181243a

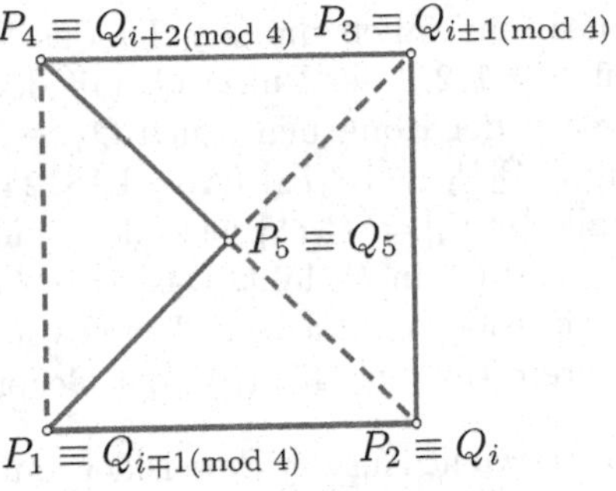

Abb. L181243b

Zu (c). Wir geben ein Beispiel für ein nichtkonvexes n-Eck, für welches die Aussage (1) wahr ist. Es sei $P_1P_2P_3P_4$ ein Quadrat und P_5 der Schnittpunkt der Diagonalen (Abb. L181243b). Ist $Q_1 \ldots Q_5$ zu $P_1 \ldots P_5$ kongruent, so ist $Q_1 \ldots Q_4$ zu $P_1 \ldots P_4$ kongruent, und wegen der Konvexität des Quadrates $P_1 \ldots P_4$ sind auch $Q_1, \ldots, Q_4$ Eckpunkte dieses Quadrates. Damit fällt aber der Schnittpunkt Q_5 der Diagonalen von $Q_1 \ldots Q_4$ stets mit P_5 zusammen. Die Aussage (1) ist also für dieses nichtkonvexe Fünfeck $P_1 \ldots P_5$ wahr.

2. Lösung. Zu (a). Wir schließen wieder, wie in der ersten Lösung, dass eine konvexe Fläche, die die Eckpunkte eines konvexen Polygons enthält, alle Punkte dieses Polygons enthalten muss und bei Flächengleichheit mit dem Polygon übereinstimmen muss.

Zu (b) oder (c). Wir diskutieren die Voraussetzungen für nichtkonvexe Vierecke $P_1P_2P_3P_4$, die man aus einem (konvexen) Dreieck $P_1P_2P_3$ mit einem Punkt P_4 im Innern konstruieren kann (Abb. L181243c). Wenn die Voraussetzungen der Aufgabe

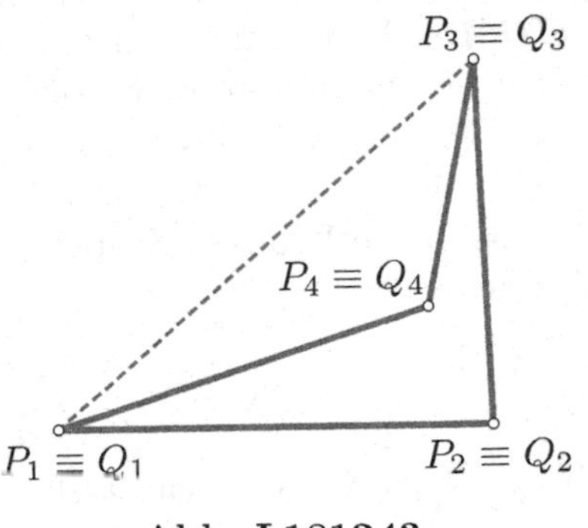

Abb. L181243c

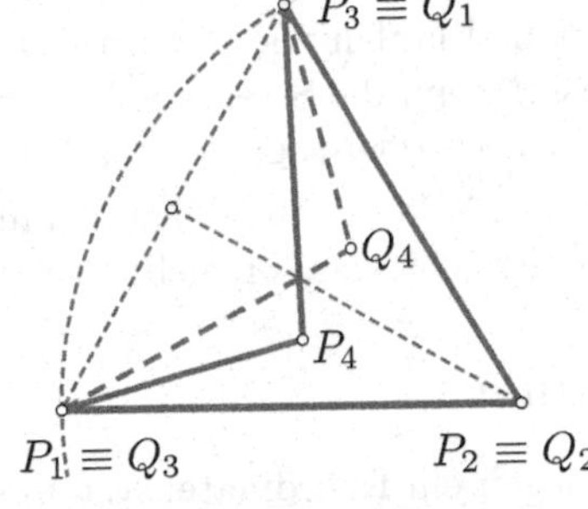

Abb. L181243d

erfüllt sind, liegen die Punkte Q_1, Q_2 und Q_3 in E und damit im Dreieck $P_1P_2P_3$. Wenden wir (a) auf diese Dreiecke an, folgt notwendigerweise, dass die Eckpunkte zusammenfallen müssen. Ist das Dreieck nicht gleichschenklig folgt daraus dass für $i = 1, 2, 3$ der Punkt Q_i mit dem Punkt P_i zusammenfallen muss. Dann muss, wegen der Kongruenz auch $Q_4 \equiv P_4$ sein. Gilt dagegen $|P_1P_2| = |P_2P_3| \neq |P_1P_3|$ und $|P_2P_4| \neq |P_3P_4|$ (Abb. L181243d) erhalten wir ein Gegenbeispiel für (1). Im Falle $|P_2P_4| = |P_3P_4|$ muss der Punkt Q_4 mit P_4 zusammenfallen, auch wenn Q_3 in P_2 und Q_2 in P_3 fällt. Das ist ein weiteres Beispiel, in dem (1) gültig bleibt. Die Diskussion verschiedener Lagen von P_4 im Fall eines gleichseitigen $\triangle P_1P_2P_3$ liefert weitere Beispiele für (b) oder Gegenbeispiele für (c).

Bemerkung. Aus der Beweisidee kann man schließen, dass jedes Gegenbeispiel für (a) ein nichtkonvexes n−Eck sein muss dessen konvexe Hülle mindestens eine Symmetrie besitzt, die durch die Eckpunkte, die keine Ecken der Hülle sind, verletzt sein muss.

◇

Aufgabe 291242

Ein Waldstück werde durch eine Strecke $\overline{CD}$ begrenzt (siehe Abb. A291242). In derjenigen Halbebene, die von der Geraden durch C und D begrenzt wird und in der das Waldstück nicht liegt, befindet sich auf der durch C senkrecht zu $\overline{CD}$ gehenden Geraden ein Hase in einem Punkt A und ein Wolf in einem Punkt B zwischen A und C. Dabei sei $|AB| = |BC| = a$ und $|CD| = 5a$ mit einer gegebenen Länge a.

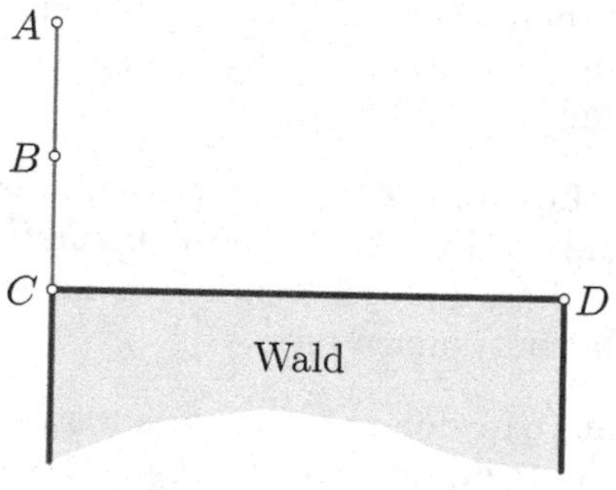

Abb. A291242

Der Hase laufe geradlinig mit konstanter Geschwindigkeit vom Punkt A zu einem von ihm gewählten Zielpunkt X der Strecke $\overline{CD}$. Der Wolf kann höchstens halb so schnell laufen wie der Hase. Der Hase werde genau dann unterwegs vom Wolf gefasst, wenn die Strecke $\overline{AX}$ einen Punkt H enthält, den der Wolf gleichzeitig mit dem Hasen oder sogar eher als der Hase erreichen kann.

Man ermittle alle diejenigen Punkte X auf $\overline{CD}$, bei deren Wahl als Zielpunkt der Hase erreicht, dass er nicht unterwegs vom Wolf gefasst wird.

Lösung

Wir legen ein Koordinatensystem so, dass C, B, A, D die Koordinaten $(0, 0)$, $(0, a)$, $(0, 2a)$ bzw. $(5a, 0)$ haben (siehe Abb. L291242a).

Hat ein beliebiger Punkt H der Ebene die Koordinaten (x, y) und bezeichnet v die größtmögliche Geschwindigkeit des Wolfs, also $2v$ die des Hasen, so erreicht der Hase den Punkt H geradlinig in der Zeit $t_1 = |AH|/(2v)$ und der Wolf frühestens in der Zeit $t_2 = |BH|/v$.

Der Wolf kann somit genau dann den Punkt H weder gleichzeitig mit dem Hasen noch sogar eher als dieser erreichen, wenn für diese Zeiten $t_1 < t_2$ gilt. Das ist der Reihe nach äquivalent mit $|AH| < 2 \cdot |BH|$:

$$\sqrt{x^2 + (y-2a)^2} < 2 \cdot \sqrt{x^2 + (y-a)^2} \quad , \quad 3x^2 + 3y^2 + 4ay > 0 \, ,$$

$$x^2 + \left(y - \frac{2}{3}a\right)^2 > \left(\frac{2}{3}a\right)^2 . \tag{1}$$

Damit ist gezeigt, dass der Hase durch Wahl seines Zielpunktes x genau dann erreicht, nicht unterwegs vom Wolf gefasst zu werden, wenn die Koordinaten aller Punkte der Strecke $\overline{AX}$ die Ungleichung (1) erfüllen. Das trifft genau dann zu, wenn die

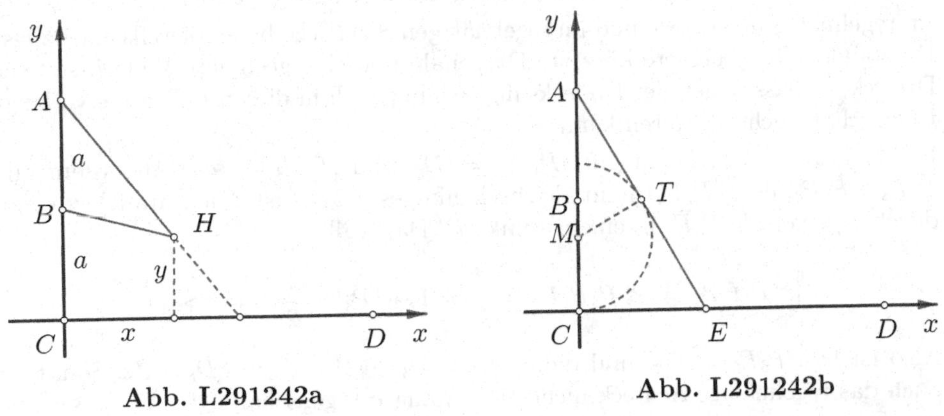

Abb. L291242a **Abb. L291242b**

Strecke $\overline{AX}$ vollständig außerhalb desjenigen Kreises k liegt, dessen Mittelpunkt M die Koordinaten$(0, \frac{2}{3}a)$ hat und dessen Radius $\frac{2}{3}a$ beträgt (siehe Abb. L291242b). Es sei nun E der Schnittpunkt der positiven x-Achse mit derjenigen von A an k gelegten Tangente, die die positive x-Achse schneidet. Für diesen Punkt E und für den Berührungspunkt T der Tangente gilt $|TM| = \frac{2}{3}a$, $|MA| = \frac{4}{3}a$ und $|\sphericalangle ATM| = 90°$, also $\triangle CEA \sim \triangle TMA$,

$$|CE| : |EA| = |TM| : |MA| = 1 : 2 \, , \; |EA| = 2 \cdot |CE| \; , \; |CA| = |CE|\sqrt{3} \, ,$$

$$|CE| = \frac{2a}{\sqrt{3}} = \frac{2}{3}a\sqrt{3} \, .$$

Insbesondere liegt daher wegen $\frac{2}{3}\sqrt{3} < 5$ der Punkt auf der Strecke $\overline{CD}$ und es ist bewiesen:

Die gesuchten Zielpunkte X sind genau die Punkte X auf der Strecke $\overline{CD}$ mit $|CX| > \frac{2}{3}a\sqrt{3}$. ◇

Aufgabe 121235

Man untersuche, ob es regelmäßige n–Ecke gibt, bei denen die Differenz der Längen einer größten und einer kleinsten Diagonale gleich der Seitenlänge des n–Ecks ist. Wenn ja, so gebe man alle natürlichen Zahlen n ($n \geq 4$) an, für die das gilt.

Lösung

Der Umkreis je eines regelmäßigen n-Ecks, das hier untersucht werden soll, habe o. B. d. A. den Radius 1; es seien s_n die Seitenlänge, d_n die Länge einer kleinsten und D_n die Länge einer größten Diagonale dieses n-Ecks $P_1P_2 \ldots P_n$.

Da im regelmäßigen Viereck und im regelmäßigen Fünfeck sämtliche Diagonalen gleich lang sind, haben diese n-Ecke nicht die verlangte Eigenschaft.

Im regelmäßigen Sechseck und im regelmäßigen Siebeneck bilden jeweils eine längste Diagonale, eine geeignete kürzeste Diagonale und eine geeignete Vielecksseite ein Dreieck, so dass wegen der Dreiecksungleichung auch in diesen Fällen die verlangte Eigenschaft nicht auftreten kann.

Es sei nun $n = 8$. Dann gilt $|P_4P_8| = D_8$ und $|P_1P_3| = d_8$. Außerdem gilt $\overline{P_4P_8} \parallel \overline{P_1P_3}$, da $P_8P_1P_3P_4$ ein gleichschenkliges Trapez ist. Die Parallele zu $\overline{P_8P_1}$ durch P_3 schneide $\overline{P_8P_4}$ in einem Punkt P. Dann gilt

$$|\sphericalangle P_4PP_3| = |\sphericalangle P_8P_4P_3| = \frac{1}{2}\, |\sphericalangle P_8MP_3| = \frac{1}{2} \cdot 145° > 60° .$$

Also ist $|\sphericalangle PP_3P_4| < 60°$ und daher $s_8 = |P_3P_4| > |PP_4| = D_8 - d_8$. Somit hat auch das regelmäßige Achteck nicht die verlangte Eigenschaft.

Es sei nun $n = 9$. Dann ist $P_9P_1P_3P_4$ ein gleichschenkliges Trapez, für das $\overline{P_9P_4} \parallel \overline{P_1P_3}$ und $|P_9P_4| = D_9$ sowie $|P_1P_3| = d_9$ gilt. Die Parallele zu $\overline{P_9P_1}$ durch P_3 schneide $\overline{P_9P_4}$ in einem Punkt P (Abb. L121235).

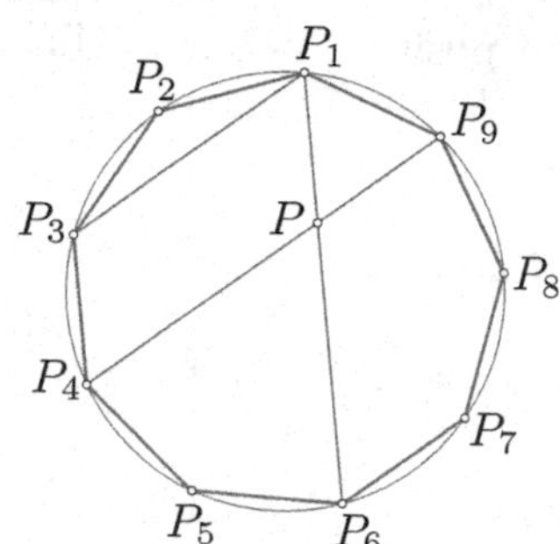

Abb. L121235

Dann gilt

$$|\sphericalangle P_4PP_3| = |\sphericalangle P_9P_4P_3| = \frac{1}{2}|\sphericalangle P_9MP_3| = \frac{1}{2}\cdot 120^\circ = 60^\circ$$

und daher $s_9 = |P_4P_3| = |PP_4| = D_9 - d_9$. Somit hat das regelmäßige Neuneck die verlangte Eigenschaft.

Schließlich sei $n \geq 10$. Nun gilt $s_n = 2\sin\left(\frac{\pi}{n}\right), d_n = 2\sin\left(\frac{2\pi}{n}\right)$ sowie $D_n = 2$ für gerade n und $D_n = 2\sin\left(\frac{\pi}{2} - \frac{\pi}{2n}\right)$ für ungerade n.

Somit ist wegen der Monotonie der Sinusfunktion zwischen 0 und $\pi/2$ für alle $n \geq 10$ stets

$$s_n + d_n < s_9 + d_9 = D_9 < D_n\ ,$$

d. h. die verlangte Eigenschaft ist nicht vorhanden.

Daher hat genau das regelmäßige die verlangte Eigenschaft. 

Aufgabe 281243

Man ermittle alle diejenigen konvexen Vielecke $P_1P_2\ldots P_n$, in deren Inneren ein Punkt X existiert, für den $|P_1X|^2 + |P_2X|^2 + \cdots + |P_nX|^2$ gleich dem doppelten Flächeninhalt von $P_1P_2\ldots P_n$ ist.

Lösung

Es sei X ein innerer Punkt des konvexen n-Ecks $P_1P_2\ldots P_n$. Dann gilt für den Flächeninhalt F_i des Teildreiecks P_iXP_{i+1} $(i = 1, 2, \ldots, n)$; $P_{n+1} = P_1)$

$$2F_i = |P_iX|\cdot|P_{i+1}X|\cdot\sin(|\sphericalangle P_iXP_{i+1}|) \leq |P_iX|\cdot|P_{i+1}X|\ . \qquad (1)$$

Für beliebige reelle Zahlen a, b gilt nach der Ungleichung AGM (4.1)auch stets $ab \leq \frac{1}{2}\left(a^2 + b^2\right)$. Damit folgt aus (1)

$$2F_i \leq |P_iX|\cdot|P_{i+1}X| \leq \frac{1}{2}\left(|P_iX|^2 + |P_{i+1}X|^2\right)\ . \qquad (2)$$

Das Gleichheitszeichen in (1) gilt genau dann, wenn $\sin\left(|\sphericalangle P_iXP_{i+1}|\right) = 1$ ist, wegen der Lage von X also genau dann, wenn $|\sphericalangle P_iXP_{i+1}| = 90^\circ$ gilt. Das Gleichheitszeichen in (2) gilt genau dann, wenn $|P_iX| = |P_{i+1}X|$ gilt. Aus (1) und (2) folgt für den Flächeninhalt F von $P_1P_2\ldots P_n$

$$2F = \sum_{i=1}^{n} 2F_i \leq |P_1X|^2 + |P_2X|^2 + \cdots + |P_nX|^2\ . \qquad (3)$$

Das Gleichheitszeichen in (3) gilt genau dann, wenn für jedes i $(i = 1, 2, \ldots n)$ das Gleichheitszeichen in (1) und (2) gilt, d. h. genau dann, wenn jedes Teildreieck P_iXP_{i+1} rechtwinklig und gleichschenklig ist. Gibt es in $P_1P_2\ldots P_n$ einen inneren Punkt X, für den in (3) das Gleichheitszeichen steht, so folgt wegen

$$\sum_{i=1}^{n} |\sphericalangle P_i X P_{i+1}| = 360^\circ \quad \text{und} \quad |\sphericalangle P_i X P_{i+1}| = 90^\circ$$

für $i = 1, 2, \ldots, n$ notwendig $n = 4$. Es sind alle Teildreiecke $P_i X P_{i+1}$ kongruent (sws), und es folgt

$$|P_1P_2| = |P_2P_3| = |P_3P_4| = |P_4P_1|$$

und die Gleichheit der Innenwinkel im Viereck $P_1P_2P_3P_4$. Das Viereck muss also ein Quadrat sein. Jedes Quadrat erfüllt auch die gestellten Bedingungen, denn für den Mittelpunkt X eines Quadrates mit der Kantenlänge a gilt

$$|P_i X| = \frac{a}{2}\sqrt{2}$$

und folglich

$$|P_1X|^2 + |P_2X|^2 + |P_3X|^2 + |P_4X|^2 = 4 \cdot \frac{a^2}{4} \cdot 2 = 2a^2 = 2F\,. \qquad \diamondsuit$$

Aufgabe 271244

Durch ein konvexes n-Eck $P_1P_2 \ldots P_n$, das einen Inkreis c besitzt, sei eine Gerade g gelegt, die die Seite $\overline{P_nP_1}$ in einem Punkt M und eine Seite $\overline{P_kP_{k+1}}$ $(1 \leq k < n)$ in einem Punkt N schneidet.

Die Gerade g sei so gelegt, dass sie sowohl den Umfang als auch den Flächeninhalt des n-Ecks halbiert, d. h., dass die folgenden Bedingungen (1) und (2) gelten:

(1) Die Längen der Streckenzüge $MP_1P_2 \ldots P_kN$ und $NP_{k+1}P_{k+2} \ldots P_nM$ sind einander gleich.

(2) Die Flächeninhalte der Vielecke $MP_1P_2 \ldots P_kN$ und $NP_{k+1}P_{k+2} \ldots P_nM$ sind einander gleich.

Man beweise, dass aus diesen Voraussetzungen stets folgt: Die Gerade g geht durch den Mittelpunkt des Kreises c.

Lösung

Mit O sei der Mittelpunkt und mit r der Radius des Inkreises bezeichnet (s. Abb. L271244). Da alle Seiten des n-Ecks Tangenten an den Inkreis sind und folglich in jedem Dreieck $P_iP_{i+1}O$ $(1 \leqq i < n)$ der Berührungsradius Höhe auf $\overline{P_iP_{i+1}}$ ist, ergibt sich der Flächeninhalt jedes dieser Dreiecke mit $\frac{r}{2} \cdot |P_iP_{i+1}|$. Ebenso ergibt sich der Flächeninhalt der Dreiecke MP_1O, P_kNO, $NP_{k+1}O$ bzw. P_nMO mit $\frac{r}{2}\,|MP_1|$, $\frac{r}{2}\,|P_kN|$, $\frac{r}{2}\,|NP_{k+1}|$ bzw. $\frac{r}{2}\,|P_nM|$. Aus Voraussetzung (1) der Aufgabe folgt

$$\frac{r}{2}(|MP_1| + |P_1P_2| + \cdots + |P_kN|) = \frac{r}{2}(|NP_{k+1}| + |P_{k+1}P_{k+2}| + \cdots + |P_nM|)\,,$$

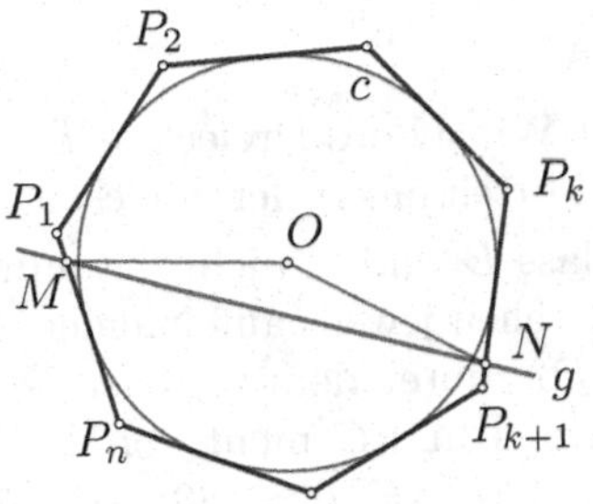

Abb. L271244

also

$$\frac{r}{2}|MP_1| + \frac{r}{2}|P_1P_2| + \cdots + \frac{r}{2}|P_kN| = \frac{r}{2}|NP_{k+1}| + \frac{r}{2}|P_{k+1}P_{k+2}| + \cdots + \frac{r}{2}|P_nM|,$$

d. h., die Flächeninhalte der Vielecke $MP_1P_2 \dots P_kNO$ und $NP_{k+1}P_{k+2} \dots P_nMO$ sind einander gleich. Ginge nun die Gerade g nicht durch O, so läge O im Innern von einem der beiden in (2) genannten Vielecke, ohne Einschränkung der Allgemeinheit etwa von $MP_1P_2 \dots P_kN$ (s. Abb. L271244). Dessen Flächeninhalt wäre somit die Summe der Flächeninhalte des Vielcks $MP_1P_2 \dots P_kNO$ und des Dreiecks MNO, das nicht zur Strecke MN entartet wäre. Zugleich wäre der Flächeninhalt von $NP_{k+1}P_{k+2} \dots P_nM$ die Differenz der Flächeninhalte des Vielecks $NP_{k+1}P_{k+2} \dots P_nMO$ und des Dreiecks MNO. Damit ergäbe sich zwischen den in (2) genannten Flächeninhalten eine Differenz, die gleich dem doppelten Flächeninhalt von $\triangle MNO$, also nicht null wäre. Wegen dieses Widerspruchs ist die Annahme, g ginge nicht durch O, widerlegt, d. h. der verlangte Beweis geführt. ◇

8.4 Kreise

Aufgabe 441342

Auf einer Kreislinie k liegen drei paarweise verschiedene Punkte A, B und C. Die Geraden h und g stehen im Punkt B bzw. C auf der Sehne $\overline{BC}$ senkrecht. Die Mittelsenkrechte der Sehne $\overline{AB}$ schneide die Gerade h im Punkt F, die Mittelsenkrechte von $\overline{AC}$ schneide g in G.

Man beweise, dass das Produkt $|BF| \cdot |CG|$ von der Lage des Punktes A unabhängig ist, wenn die Punkte B und C festgehalten werden.

Lösungen

1. Lösung. Die Größen der Winkel des Dreiecks ABC seien in der üblichen Weise mit α, β, γ bezeichnet. Die Mittelpunkte der Strecken $\overline{AB}$ und $\overline{AC}$ seien D und E. Wir nehmen zunächst an, dass D und F nicht zusammenfallen. Die Geraden BC und BF sowie BD und DF stehen jeweils aufeinander senkrecht. Folglich schneiden sich die Geraden BF und DF unter dem gleichen Winkel wie die Geraden BC und BD. Werden die Punkte A und C nicht von der Geraden h getrennt, so ist $|\sphericalangle BFD| = \beta$, anderenfalls gilt $|\sphericalangle BFD| = 180° - \beta$ (Abb. L441342a).
In beiden Fällen gilt wegen $\sin(180° - \beta) = \sin\beta$ im rechtwinkligen Dreieck BDF stets

$$|BF| = \frac{|BD|}{\sin\beta} = \frac{|AB|}{2\sin\beta}\,.$$

Diese Gleichheit gilt auch, falls F mit D zusammenfällt, denn dann ist $|BF| = |BD|$ und $\beta = 90°$ (Abb. L441342b).
Analog zeigt man die Gültigkeit von

$$|CG| = \frac{|CE|}{\sin\gamma} = \frac{|AC|}{2\sin\gamma}\,.$$

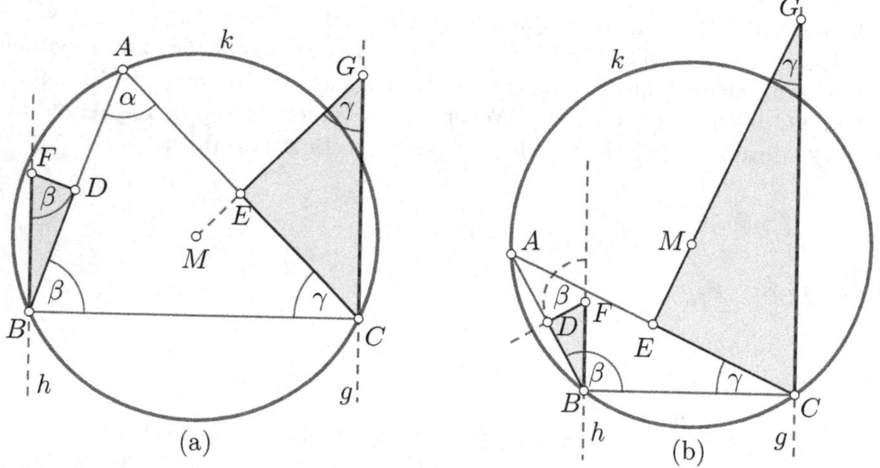

Abb. L441342a: Die Fälle (a) $\beta < 90°$ und (b) $\beta > 90°$, h schneidet $\overline{AC}$.

Nach dem Sinussatz ist

$$\frac{|AB|}{\sin\gamma} = \frac{|AC|}{\sin\beta} = \frac{|BC|}{\sin\alpha} = 2r\,.$$

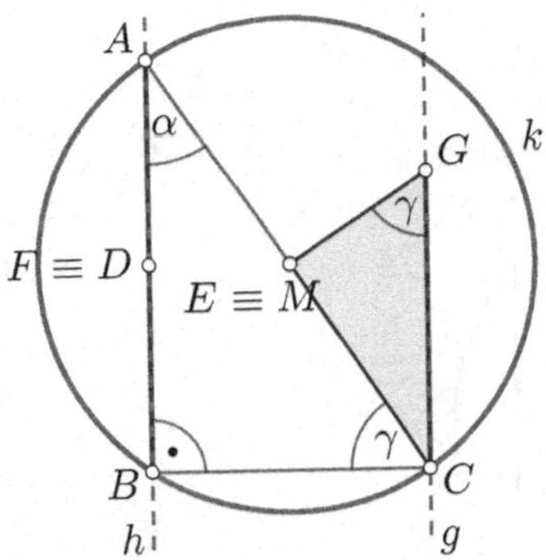

Abb. L441342b: Fall (c) $\beta = 90°$, A liegt auf h.

Also folgt

$$|BF| \cdot |CG| = \frac{1}{4} \cdot \frac{|AB|}{\sin\gamma} \cdot \frac{|AC|}{\sin\beta} = \frac{1}{4}\left(\frac{|BC|}{\sin\alpha}\right)^2 .$$

Dieses Produkt ist unabhängig von der Lage des Punktes A, da der Winkel α nach dem Umfangswinkelsatz für jede mögliche Lage von A nur zwei Werte annehmen kann und deren Sinuswerte übereinstimmen.

2. Lösung. Die gewünschte Beziehung lässt sich auch ohne Verwendung trigonometrischer Funktionen herleiten. Wir bezeichnen dazu mit X und Y die beiden Punkte, die C bzw. B auf dem Kreis diametral gegenüber liegen. Nach der Umkehrung des Satzes von Thales liegt dann Y auf g, und X liegt auf h.

Zunächst beweisen wir, dass für $A \neq X$ die Dreiecke CAX und BDF ähnlich sind. Beide Dreiecke haben rechte Winkel bei A bzw. D.

Liegen die Punkte A und X auf dem gleichen Kreisbogen von k über der Sehne $\overline{BC}$ und ist $B \neq X$, so gilt $|\sphericalangle DBF| = |\sphericalangle ABX|$ (Abb. L441342c (a)). Außerdem sind die Winkel $\sphericalangle ABX$ und $\sphericalangle ACX$ als Umfangswinkel über der Sehne $\overline{AX}$ gleich groß, also ist

$$|\sphericalangle DBF| = |\sphericalangle ACX| .$$

Liegen die Punkte A und X aber auf verschiedenen Kreisbögen von k über der Sehne $\overline{BC}$ (Abb. L441342c (b)), so folgt wie in der ersten Lösung $|\sphericalangle BFD| = |\sphericalangle CBA|$ und nach dem Umfangswinkelsatz gilt $|\sphericalangle CBA| = |\sphericalangle CXA|$, also

$$|\sphericalangle BFD| = |\sphericalangle CXA| .$$

Alternativ kann $|\sphericalangle DBF| = |\sphericalangle ACX|$ gezeigt werden, indem man von $|\sphericalangle DBF| = 180° - |\sphericalangle XBA|$ ausgeht und darauf verweist, dass $|\sphericalangle XBA| = 180° - |\sphericalangle ACX|$ gilt, weil $ABXC$ ein Sehnenviereck ist.

In beiden Fällen stimmen die Dreiecke CAX und BDF in zwei Winkeln überein, sind also ähnlich. Folglich gilt

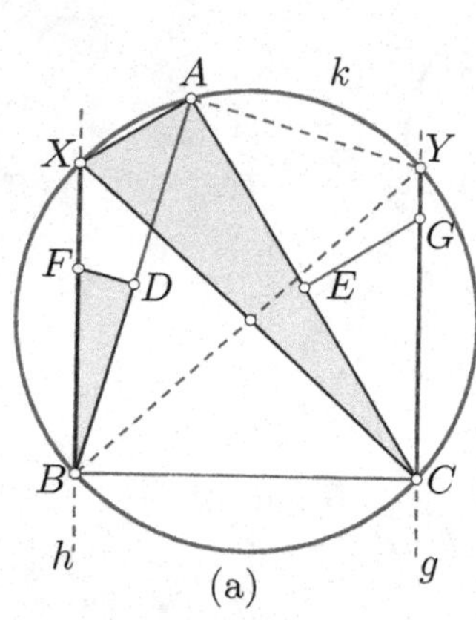

(a)

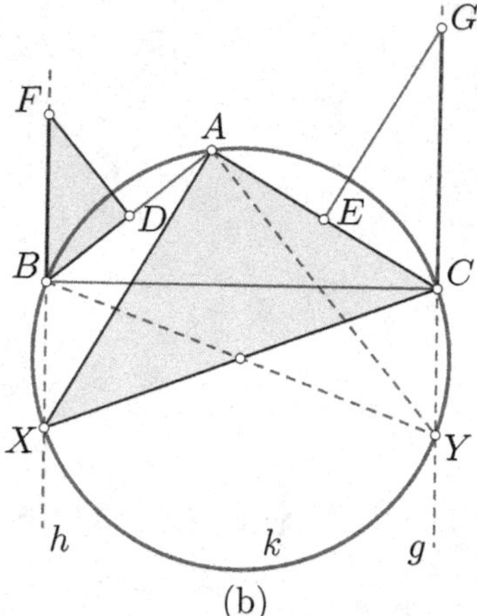

(b)

Abb. L441342c

$$\frac{|BF|}{\frac{1}{2}\,|AB|} = \frac{|CX|}{|AC|}\,.$$

Diese Beziehung ist offenbar auch dann erfüllt, wenn A mit X zusammenfällt. Analog beweist man, dass für alle möglichen Lagen von A gilt

$$\frac{|CG|}{\frac{1}{2}\,|AC|} = \frac{|BY|}{|AB|}\,.$$

Die Längen der Strecken $\overline{BY}$ und $\overline{CX}$ sind gleich dem Kreisdurchmesser d, so dass durch Multiplikation beider Gleichungen folgt

$$|BF| \cdot |CG| = \frac{d^2}{4}\,.$$

Damit ist gezeigt, dass das Produkt der Längen der Strecken $\overline{BF}$ und $\overline{CG}$ nicht von der Lage des Punktes A abhängt. ◇

Aufgabe 451346

Ein Kreis durch die Ecken B, C eines Dreiecks ABC schneide die Seiten $\overline{AB}$, $\overline{AC}$ in den Punkten Y, Z. Es sei P der Schnittpunkt von BZ mit CY und X der Schnittpunkt von AP mit BC.

Sei M der von X verschiedene Schnittpunkt des Umkreises von $\triangle XYZ$ mit BC. Man beweise, dass M Mittelpunkt der Strecke $\overline{BC}$ ist.

Lösungen

1. Lösung. Der Kreis durch X, Y und Z schneide AB und AC in H bzw. J. (Abb. L451346).

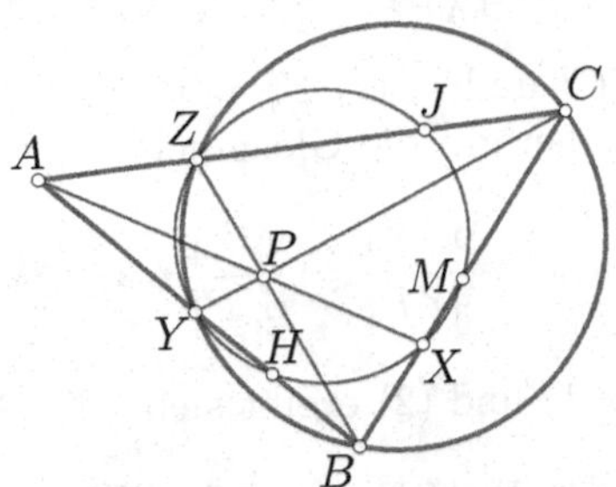

Abb. L451346

Zweimalige Anwendung des Sekantensatzes ergibt

$$|AZ| \cdot |AJ| = |AY| \cdot |AH| \,,$$
$$|AZ| \cdot |AC| = |AY| \cdot |AB| \,,$$

damit

$$\frac{|AJ|}{|AC|} = \frac{|AH|}{|AB|}$$

und wegen $|AJ| = |AC| - |CJ|$ und $|AH| = |AB| - |BH|$ schließlich

$$\frac{|BH|}{|AB|} = \frac{|CJ|}{|AC|} \,. \tag{1}$$

Wir bemerken weiterhin, dass

$$\frac{F(BXA)}{F(XCA)} = \frac{F(BXP)}{F(XCP)} = \frac{|BX|}{|CX|}$$

und damit nach Subtraktion von Dreiecksflächen

$$\frac{F(ABP)}{F(CAP)} = \frac{|BX|}{|CX|} \,.$$

Andererseits gilt nach dem Umfangswinkelsatz $|\sphericalangle\, BYC| = |\sphericalangle\, BZC|$ und daher auch

$$\frac{F(ABP)}{F(CAP)} = \frac{|AB| \cdot |YP|}{|AC| \cdot |ZP|} \,,$$

woraus sich insgesamt die Gleichheit

$$\frac{|BX|}{|CX|} = \frac{|AB| \cdot |YP|}{|AC| \cdot |ZP|}$$

ergibt, also

$$\frac{|AB| \cdot |YP|}{|BX|} = \frac{|AC| \cdot |ZP|}{|CX|} . \tag{2}$$

Wegen $|\sphericalangle BYC| = |\sphericalangle BZC|$ und $|\sphericalangle CPZ| = |\sphericalangle YPB|$ sind zudem die Dreiecke YBP und ZPC ähnlich; daher gilt die Gleichheit

$$\frac{|BY|}{|YP|} = \frac{|CZ|}{|ZP|} .$$

Multipliziert man dies mit (1) und (2) ergibt sich

$$\frac{|BH| \cdot |BY|}{|BX|} = \frac{|CJ| \cdot |CZ|}{|CX|} .$$

Weil nach dem Sekantensatz

$$|BH| \cdot |BY| = |BX| \cdot |BM| \quad \text{und} \quad |CJ| \cdot |CZ| = |CM| \cdot |CX|$$

gilt, folgt schließlich $|BM| = |MC|$, was zu beweisen war.

Bemerkung. Die im Beweis des Sekantensatzes versteckten Argumente mit Hilfe von Sehnenvierecken und ähnlichen Dreiecken können auch direkt in den Beweis eingebettet werden. Bei dieser und ähnlichen Vorgehensweisen können jedoch zusätzliche Fallunterscheidungen erforderlich werden, z. B. je nachdem, ob H zwischen B und Y, zwischen Y und A liegt oder mit Y zusammenfällt.

2. Lösung. Abhängig von der Lage der Geraden YZ, BC unterscheiden wir zwei Fälle.

Fall 1. Es sei $YZ \parallel BC$. Da das Trapez $BCZY$ einen Umkreis besitzt, muss es symmetrisch sein. Insbesondere ist das Dreieck ABC bei A gleichschenklig. Wegen der Symmetrie ist X Mittelpunkt der Strecke $\overline{BC}$ und der Kreis durch X, Y und Z berührt $\overline{BC}$ in X. Damit folgt $M = X$. Obwohl dies in der Aufgabenstellung ausgeschlossen wurde, gilt die zu beweisende Aussage also auch in diesem Grenzfall.

Fall 2. Die Geraden YZ und BC schneiden sich in einem Punkt S. Ohne Einschränkung der Allgemeinheit liege dieser auf der Verlängerung von $\overline{BC}$ über B hinaus.

Wir wenden nacheinander die Sätze von Ceva auf $\triangle ABC$ und Menelaos auf $\triangle ABC$ und die Gerade durch Z und Y an und erhalten somit die Kette von Gleichheiten

$$\frac{|BX|}{|XC|} = \frac{|BY|}{|YA|} \cdot \frac{|AZ|}{|ZC|} = \frac{|BS|}{|CS|} .$$

Die Strecke $\overline{BC}$ wird also von den Punkten X innen und S außen im gleichen Verhältnis geteilt.
Nach dem Sekantensatz gelten zudem die Gleichheiten

$$|MS| \cdot |XS| = |YS| \cdot |ZS| = |BS| \cdot |CS| \,.$$

Damit gilt

$$\begin{aligned}
&(|BS| + |CS| - 2 \cdot |MS|) \cdot |XS| \\
&\quad = |BS| \cdot |XS| + |CS| \cdot |XS| - 2 \cdot |BS| \cdot |CS| \\
&\quad = |BS| \cdot |CS| - |BS| \cdot |CX| + |CS| \cdot |BS| + |CS| \cdot |BX| - 2 \cdot |BS| \cdot |CS| \\
&\quad = |CS| \cdot |BX| - |BS| \cdot |CX| \\
&\quad = 0 \,,
\end{aligned}$$

wobei wir zur Umformung die Identitäten

$$|XS| = |BS| + |BX| = |CS| - |CX|$$

benutzt haben. Da $|XS| \neq 0$, folgt

$$|BS| + |CS| - 2 \cdot |MS| = 0 \,,$$

der Punkt M ist also Mittelpunkt von $\overline{BC}$, was zu beweisen war. ◇

Aufgabe 241242

Über vier Kreise k, k_1, k_2, k' wird folgendes vorausgesetzt:
Die Kreise k_1 und k_2 berühren einander von außen; die Mittelpunkte von k_1, k_2 und k liegen auf einer gemeinsamen Geraden; Die Kreise k_1 und k_2 berühren den Kreis k von innen; der Kreis k' berührt die Kreise k_1 und k_2 von außen und den Kreis k von innen (Abb. A241242).
Man beweise: Unter diesen Voraussetzungen gilt für die Radien r, r' von k bzw. k' stets

$$r' \leq \frac{r}{3} \,.$$

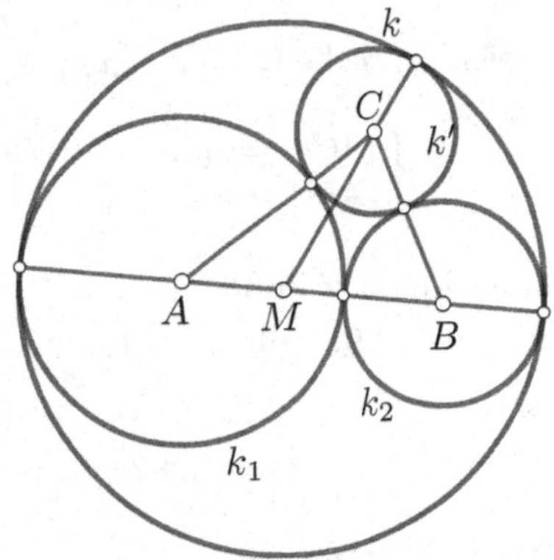

Abb. A241242

Lösung

1. In einem beliebigen Dreieck mit den Seiten a, b, c berechnen wir den Abstand x vom Mittelpunkt der Seite c bis zum Höhenfußpunkt. Ohne Einschränkung sei $b \geq a$ (Abb. L241242a).

Es ist

$$b^2 - \left(\frac{c}{2} + x\right)^2 = a^2 - \left(\frac{c}{2} - x\right)^2 .$$

Wir erhalten

$$x = \frac{b^2 - a^2}{2c} .$$

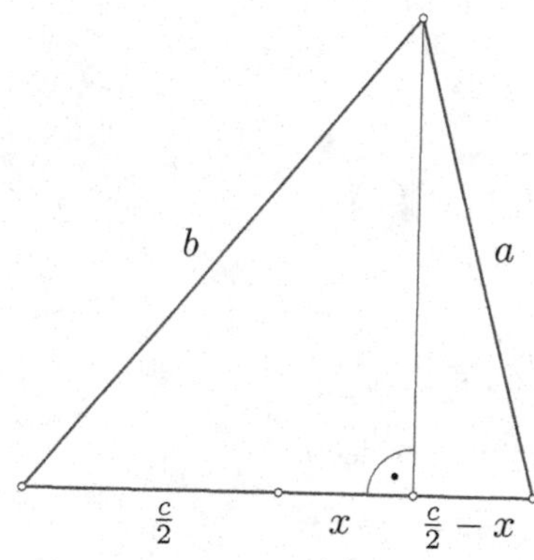

Abb. L241242a

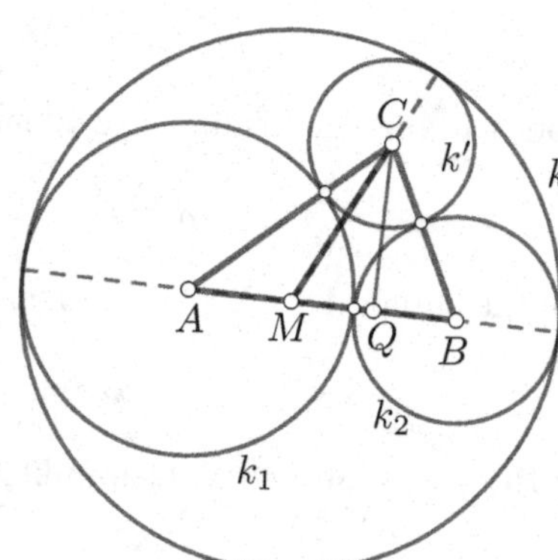

Abb. L241242b

2. Seien r_1, r_2 die Radien von k_1, k_2. Dann gilt nach Voraussetzung (Abb. L241242b)

$$\begin{cases} |AC| = r_1 + r', & |BC| = r_2 + r', & |AB| = r_1 + r_2 = r \\ |AM| = r_2 , & |BM| = r_1 , & |CM| = r - r' \end{cases} \tag{1}$$

Q bezeichne den Fußpunkt von C auf $\overline{AB}$.

Im Dreieck ABC gilt nach **1.**

$$|AQ| = \frac{1}{2}\,|AB| + \frac{|AC|^2 - |BC|^2}{2\,|AB|} .$$

Im Dreieck MBC gilt, ebenfalls nach **1.**,

$$|AQ| = |AM| + \frac{1}{2}\,|MB| + \frac{|MC|^2 - |BC|^2}{2\,|MB|} .$$

Wir erhalten unter Berücksichtigung von (1)

$$\frac{r_1+r_2}{2}+\frac{(r_1+r')^2-(r_2+r')^2}{2(r_1+r_2)}=r_2+\frac{r_1}{2}+\frac{(r-r')^2-(r_2+r')^2}{2r_1}\,.$$

Setzen wir noch $r = r_1 + r_2$ und fassen zusammen, dann ergibt sich

$$r'(r_1^2+r_1r_2+r_2^2)=r_1^2r_2+r_1r_2^2\,,$$
$$r'(r_1+r_2)^2-r'r_1r_2=r_1r_2(r_1+r_2)$$

bzw.

$$r'(r_1+r_2)(r_1+r_2)=r_1r_2(r+r')$$

oder

$$\frac{1}{r_1}+\frac{1}{r_2}=\frac{1}{r}+\frac{1}{r'}\,.$$

Nach dem Satz vom arithmetischen und geometrischen Mittel (4.1) erhalten wir

$$\frac{1}{r}+\frac{1}{r'}=\frac{1}{r_1}+\frac{1}{r_2}\geq 2\sqrt{\frac{1}{r_1r_2}}=\frac{2}{\sqrt{r_1r_2}}\geq\frac{4}{r_1+r_2}=\frac{4}{r}\,,$$

also

$$\frac{1}{r'}\geq\frac{3}{r}\,,\quad \text{d.h. } r'\leq\frac{1}{3}r\,.$$

Das Gleichheitszeichen gilt genau dann, wenn $r_1 = r_2 = r/2$ ist. ◇

Aufgabe 501322

Zwei Quadrate mit den Seitenlängen a und b sind so angeordnet, dass sich jeweils zwei benachbarte Eckpunkte auf einem Kreis k befinden und die beiden anderen auf einer Sehne s von k liegen (Abb. A501322).

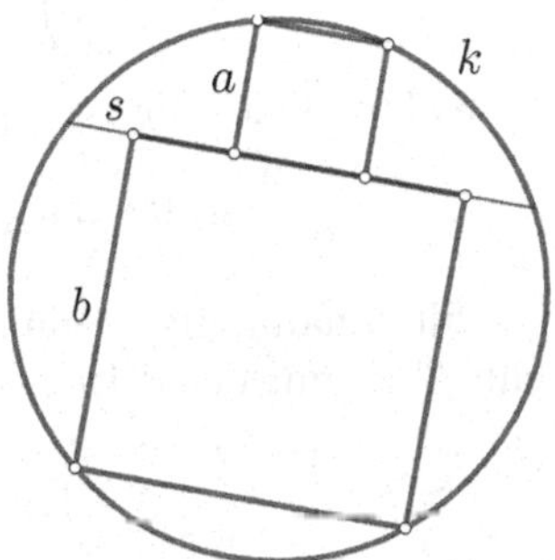

Abb. A501322

(a) Man bestimme den Abstand des Mittelpunkts M des Kreises k von der Sehne s in Abhängigkeit von a und b.

(b) Man untersuche, welche Werte das Verhältnis der Seitenlängen a und b der Quadrate annehmen kann.

Lösung

Im Weiteren wird ohne Einschränkung der Allgemeinheit $a \leq b$ vorausgesetzt. Die Eckpunkte der Quadrate seien mit A_1, A_2, A_3, A_4 bzw. B_1, B_2, B_3, B_4 bezeichnet, wobei A_1, A_2 und B_1, B_2 auf der Kreislinie k liegen.

Wenn die Quadrate entsprechend der Aufgabenstellung angeordnet sind, so liegt der Mittelpunkt M des Kreises k sowohl auf der Mittelsenkrechten von $\overline{A_1A_2}$ als auch auf der Mittelsenkrechten von $\overline{B_1B_2}$. Da diese mit den Mittelsenkrechten von $\overline{A_3A_4}$ bzw. von $\overline{B_3B_4}$ übereinstimmen und die Punkte A_3, A_4, B_3, B_4 auf einer Geraden liegen, müssen die Mittelpunkte der Strecken $\overline{A_3A_4}$ und $\overline{B_3B_4}$ zusammenfallen. Die beiden Quadrate liegen deshalb symmetrisch bezüglich der gemeinsamen Mittelsenkrechten von $\overline{A_3A_4}$ und $\overline{B_3B_4}$ (Abb. L501322).

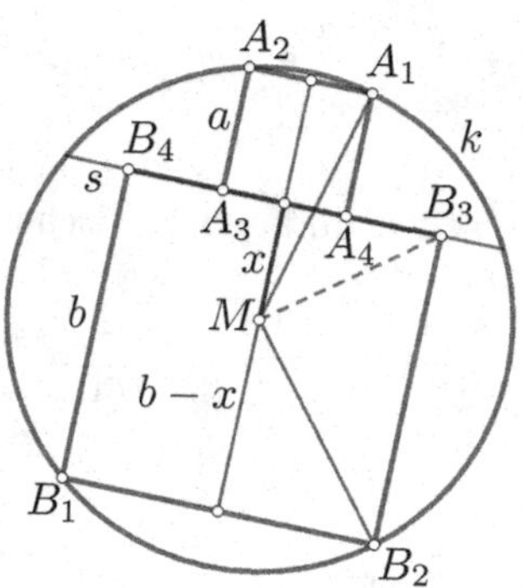

Abb. L501322

(a) Bezeichnet x den Abstand des Kreismittelpunktes M von der Sehne s, so liegen A_1, A_2, B_1, B_2 nach dem Satz des PYTHAGORAS genau dann auf dem Kreis k mit Radius r, wenn

$$r^2 = \left(\frac{b}{2}\right)^2 + (b-x)^2 = \left(\frac{a}{2}\right)^2 + (a+x)^2$$

gilt. Die rechte Gleichung ist äquivalent zu

$$b^2 + 4b^2 - 8bx + 4x^2 = a^2 + 4a^2 + 8ax + 4x^2\,,$$

und dies gilt genau dann, wenn $8x\,(a+b) = 5\,(b^2 - a^2)$ ist. Wegen $a + b \neq 0$ erhält man schließlich mit der dritten binomischen Formel die eindeutige Lösung

$$x = \frac{5}{8}\,(b-a)\,. \tag{1}$$

(b) Die Lösung (1) ist immer positiv und kleiner als b. Allerdings liegen B_3 und B_4 nur genau dann auf einer Sehne des Kreises, also im Inneren oder auf dem Rand von k, wenn der Abstand von M und B_3 nicht größer ist als der Abstand von M

und B_2. Aus der Abbildung ist ersichtlich, dass dies genau dann gilt, wenn $x \leq b - x$ ist. Wegen (1) ist dies äquivalent zu $b \leq 5a$.

Die vorgegebene Anordnung der Quadrate existiert also genau dann, wenn die Seitenlänge des größeren Quadrates nicht größer als das Fünffache der Seitenlänge des kleineren Quadrates ist. Lässt man schließlich auch $a \geq b$ zu, so ergibt sich, dass das Verhältnis der Seitenlängen genau die Werte annehmen kann, die die Bedingung

$$\frac{1}{5} \leq \frac{a}{b} \leq 5$$

erfüllen. 

Aufgabe 481343

Es sei $ABCD$ ein Tangentenviereck, dessen Diagonalen $\overline{AC}$ und $\overline{BD}$ sich im Punkt N schneiden. Weiter seien a, b, c und d die Längen der aus N auf AB, BC, CD bzw. DA gefällten Lote.

Man beweise, dass

$$\frac{1}{a} + \frac{1}{c} = \frac{1}{b} + \frac{1}{d}$$

gilt.

Lösungen

1. Lösung. Da $ABCD$ einen Inkreis besitzt, ist $|AD| + |BC| = |AB| + |CD|$, also $|AD| - |CD| = |AB| - |BC|$ und folglich

$$\frac{1}{2}\left(|AB| + |AC| - |BC|\right) = \frac{1}{2}\left(|AD| + |AC| - |CD|\right).$$

Die linke Seite gibt gerade den Tangentenabschnitt von A bis zum Berührungspunkt des Inkreises im Dreieck ABC mit der Seite $\overline{AC}$ an, die rechte Seite den entsprechenden Abschnitt für den Inkreis des Dreiecks ACD. Somit berühren die Inkreise der Dreiecke ABC und ACD die Strecke $\overline{AC}$ in einem gemeinsamen Punkt. Dieser sei J. Die Mittelpunkte der beiden Inkreise seien in dieser Reihenfolge U bzw. V. Die Parallele zu AC durch B schneide die Geraden DA, DC in X bzw. Y. Die Mittelpunkte der Inkreise von $\triangle AXB$ und $\triangle BYC$ werden mit R bzw. S bezeichnet. Die Berührungspunkte dieser Inkreise mit XY seien G bzw. H (Abb. L481343).

Aufgrund von Stufen- und Wechselwinkelbeziehungen, der Tatsache, dass der Inkreismittelpunkt eines Dreiecks Schnittpunkt seiner Innenwinkelhalbierenden ist, sowie der Orthogonalität von Kreistangenten und zugehörigen Berührungsradien erhält man die folgenden Ähnlichkeitsbeziehungen von Dreiecken:

$$\triangle XGR \sim \triangle AJV, \quad \triangle BRG \sim \triangle AUJ, \quad \triangle BHS \sim \triangle CJU, \quad \triangle YSH \sim \triangle CVJ.$$

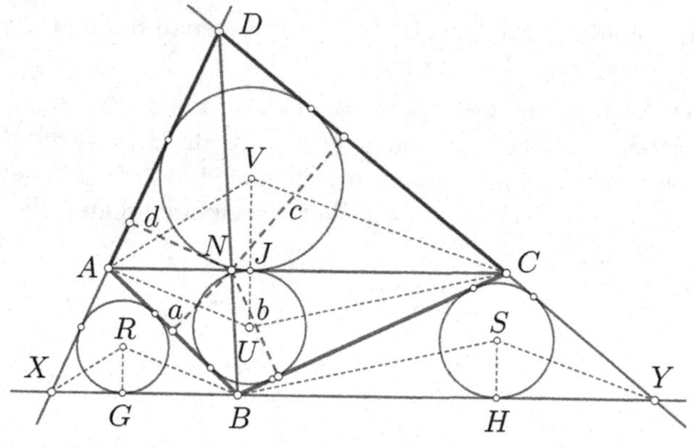

Abb. L481343

Folglich gilt

$$\frac{|BG|}{|GX|}=\frac{|BG|:|GR|}{|GX|:|GR|}=\frac{|AJ|:|JU|}{|AJ|:|JV|}=\frac{|JC|:|JU|}{|JC|:|JV|}=\frac{|BH|:|HS|}{|HY|:|HS|}=\frac{|BH|}{|HY|}\,.$$

Hieraus folgt

$$\begin{aligned}\frac{|AX|-|AB|}{|BX|}&=\frac{|GX|-|BG|}{|BX|}=\frac{|BX|-2\,|BG|}{|BX|}=1-2\,\frac{|BG|}{|BX|}=1-\frac{2}{\frac{|BG|+|GX|}{|BG|}}\\&=1-\frac{2}{1+\frac{|GX|}{|BG|}}=1-\frac{2}{1+\frac{|HY|}{|BH|}}=1-2\,\frac{|BH|}{|BY|}=\frac{|CY|-|BC|}{|BY|}\,,\end{aligned}$$

d. h.

$$\frac{|AB|}{|BX|}+\frac{|CY|}{|BY|}=\frac{|AX|}{|BX|}+\frac{|BC|}{|BY|}\,. \tag{1}$$

Ferner gilt

$$\frac{|AB|}{|BX|}=\frac{|AB|}{|BD|}\cdot\frac{|BD|}{|BX|}=\frac{|AB|}{|BD|}\cdot\frac{|DN|}{|AN|}=\frac{|AB|}{|AN|\cdot|BN|}\cdot\frac{|BN|\cdot|DN|}{|BD|}$$

und

$$\begin{aligned}\frac{|AX|}{|BX|}&=\frac{|AX|}{|BN|}\cdot\frac{|BN|}{|BD|}\cdot\frac{|BD|}{|BX|}=\frac{|AD|}{|DN|}\cdot\frac{|BN|}{|BD|}\cdot\frac{|DN|}{|AN|}\\&=\frac{|AD|}{|AN|\cdot|DN|}\cdot\frac{|BN|\cdot|DN|}{|BD|}\,.\end{aligned}$$

Analog zeigt man

$$\frac{|BC|}{|BY|} = \frac{|BC|}{|BN| \cdot |CN|} \cdot \frac{|BN| \cdot |DN|}{|BD|}$$

und

$$\frac{|CY|}{|BY|} = \frac{|CD|}{|CN| \cdot |DN|} \cdot \frac{|BN| \cdot |DN|}{|BD|} .$$

Substitution dieser Gleichungen in (1) und Multiplikation mit $\frac{|BD|}{|BN| \cdot |DN|}$ liefert

$$\frac{|AB|}{|AN| \cdot |BN|} + \frac{|CD|}{|CN| \cdot |DN|} = \frac{|BC|}{|BN| \cdot |CN|} + \frac{|DA|}{|DN| \cdot |AN|} . \tag{2}$$

Nun kann man den Flächeninhalt des Dreiecks ABN auf zwei Arten darstellen:

$$F(ABN) = \frac{1}{2}\,|AB| \cdot a = \frac{1}{2}\,|AN| \cdot |BN| \cdot \sin|\sphericalangle ANB|,$$

woraus folgt

$$\frac{|AB|}{|AN| \cdot |BN|} = \frac{\sin|\sphericalangle ANB|}{a} .$$

Entsprechend zeigt man

$$\frac{|CD|}{|CN| \cdot |DN|} = \frac{\sin|\sphericalangle CND|}{c}, \qquad \frac{|BC|}{|BN| \cdot |CN|} = \frac{\sin|\sphericalangle BNC|}{b} \quad \text{und}$$

$$\frac{|DA|}{|DN| \cdot |AN|} = \frac{\sin|\sphericalangle DNA|}{d} .$$

Da die auftretenden Winkel ANB, BNC, CND und DNA paarweise gleich oder Supplementwinkel sind, sind ihre Sinus gleich. Einsetzen in (2) und Division durch $\sin|\sphericalangle ANB|$ ergibt daher die Behauptung.

2. Lösung. Es wird das folgende Lemma verwendet:

Lemma 8.1. *In einem Tangentenviereck schneiden sich die Diagonalen und die Verbindungslinien gegenüberliegender Inkreisberührungspunkte in einem gemeinsamen Punkt.*

Mit Hilfe des Lemmas ergibt sich die Behauptung folgendermaßen:

Der Inkreis des Vierecks $ABCD$ berühre die Seiten $\overline{AB}$ und $\overline{CD}$ in den Punkten U bzw. V. Nach dem Lemma liegt N auf der Strecke $\overline{UV}$. Der Fußpunkt des Lotes von N auf $\overline{AB}$ heiße U'. Der dem Punkt U auf dem Inkreis diametral gegenüberliegende Punkt heiße U^*, und der Radius des Inkreises werde mit r bezeichnet.

Die Strecke $\overline{UV}$ ist genau dann ein Durchmesser des Inkreises (und damit $V = U^*$), wenn $U = U'$ ist. Es ist dann $|UN| = a$, also sofort $1 : a = 2r : (|UN| \cdot |UV|)$. Im Fall, dass die genannten Punkte nicht zusammenfallen, ist festzuhalten, dass

U' und U^* auf verschiedenen Seiten von UV liegen. Dann gilt nach dem Sehnen-Tangentenwinkel-Satz $|\sphericalangle NUU'| = |\sphericalangle VU^*U|$.

Da außerdem $|\sphericalangle UU'N| = |\sphericalangle UVU^*|$ $(= 90°)$ gilt, sind die Dreiecke UNU' und U^*UV ähnlich. Damit folgt auch hieraus $|UN| : a = 2r : |UV|$, also $1 : a = 2r : (|UN| \cdot |UV|)$. Ebenso zeigt man $1 : c = 2r : (|VN| \cdot |UV|)$; beides zusammen liefert

$$\frac{1}{a} + \frac{1}{c} = \frac{2r \cdot (|UN| + |VN|)}{|UV| \cdot |UN| \cdot |VN|} = \frac{2r}{|UN| \cdot |VN|}.$$

Werden des Weiteren die Berührungspunkte des Inkreises mit den Seiten $\overline{BC}$ und $\overline{DA}$ mit X bzw. Y bezeichnet, so ergibt sich in gleicher Weise

$$\frac{1}{b} + \frac{1}{d} = \frac{2r}{|XN| \cdot |YN|}.$$

Da aber N nach dem Lemma auch auf $\overline{XY}$ liegt, gilt nach dem Sehnensatz $|UN| \cdot |NV| = |XN| \cdot |NY|$. Hieraus folgt die Behauptung.

Nun wird das Lemma bewiesen.

Beweis. Das Tangentenviereck sei $ABCD$. Der Inkreis berühre die Seiten $\overline{AB}$, $\overline{BC}$, $\overline{CD}$ und $\overline{DA}$ in den Punkten U, X, V bzw. Y, und T sei der Schnittpunkt von $\overline{UV}$ mit $\overline{XY}$. Nachfolgend werden zwei Beweisvarianten angegeben.

1. Beweis: Aus Symmetriegründen genügt es, zu zeigen, dass T auf $\overline{AC}$ liegt. Es sei U' der zweite Punkt auf UV mit $|AU| = |AU'|$ und ebenso Y' der zweite Punkt auf $\overline{XY}$ mit $|AY| = |AY'|$. Der Fall $Y' = Y$ ist hier mit zugelassen.

Die Punkte Y' und U' liegen auf dem Kreis um A mit Radius $|AU| = |AY|$. Angenommen, T läge auch auf oder im Inneren dieses Kreises. Dann folgt, wenn I den Mittelpunkt des Inkreises des Tangentenvierecks bezeichnet, nach dem Sehnentangentenwinkelsatz $|\sphericalangle YTU| \geq 180° - |\sphericalangle UYI|$. Gleichzeitig ist $\sphericalangle YTU$ als Außenwinkel des Dreiecks YTV gleich groß wie die Summe der nicht anliegenden Innenwinkel, also mit dem Zentriwinkel-Peripheriewinkelsatz

$$\begin{aligned}|\sphericalangle YTU| &= |\sphericalangle YVU| + |\sphericalangle TYV| = \frac{1}{2}(|\sphericalangle YIU| + |\sphericalangle XIV|)\\ &= \frac{1}{2}(360° - |\sphericalangle VIY| - |\sphericalangle UIX|)\end{aligned}$$

und damit

$$180° - |\sphericalangle YTU| = \frac{1}{2}(|\sphericalangle VIY| + |\sphericalangle UIX|).$$

Es folgt

$$\begin{aligned}|\sphericalangle VIX| &= |\sphericalangle VIY| + |\sphericalangle YIU| + |\sphericalangle UIX| = 360° - 2\,|\sphericalangle YTU| + |\sphericalangle YIU|\\ &\leq 2\,|\sphericalangle UYI| + |\sphericalangle YIU| = 180°,\end{aligned}$$

und das steht im Widerspruch dazu, dass V, Y, U und X in dieser Reihenfolge die Berührungspunkte eines Tangentenvierecks mit dem Kreis sind. Daher liegt T außerhalb des genannten Kreises, so dass nicht T zwischen Y' und Y bzw. zwischen U' und U liegen kann.

Damit gilt zunächst

$$|\sphericalangle AY'T| = 180^\circ - |\sphericalangle AYT| = |\sphericalangle TYD| \,.$$

Weiter sind als Sehnentangentenwinkel zur selben Sehne die Winkel $\sphericalangle TYD$ und $\sphericalangle CXT$ gleich groß, also ist $|\sphericalangle AY'T| = |\sphericalangle CXT|$. Analog zeigt man $|\sphericalangle TU'A| = |\sphericalangle TVC|$. Die Vierecke $TY'AU'$ und $TXCV$ haben also die gleichen Innenwinkel. Außerdem sind $\overline{AU}$ und $\overline{AY}$ als Tangentenabschnitte von A an den Inkreis des Vierecks gleich lang, also gilt $|AU'| = |AU| = |AY| = |AY'|$ und ebenso $|CX| = |CV|$. Mithin sind die beiden genannten Vierecke sogar ähnlich, und es folgt $|\sphericalangle ATU| = |\sphericalangle CTV|$. Demnach liegt T in der Tat auf $\overline{AC}$.

2. Beweis: Es sei I der Mittelpunkt des Inkreises. Der Radius $\overline{IY}$ steht im Berührungspunkt Y der Tangente AD mit dem Inkreis auf dieser senkrecht, ebenso ist $IU \perp AB$. Nach der Umkehrung des Thalessatzes besitzt das Viereck $IYAU$ also einen Umkreis. Das Gleiche schließt man für $IXCV$. Es sei Q der zweite Schnittpunkt dieser beiden Umkreise, falls dieser existiert. Dann ist je nach Lage von Q entweder auf den Bögen $\widehat{UI}$ und $\widehat{IX}$ oder $\widehat{IY}$ und $\widehat{VI}$ unter Verwendung des Sehnenwinkelsatzes

$$|\sphericalangle UQX| = (180^\circ - |\sphericalangle XQI|) + (180^\circ - |\sphericalangle IQU|) = |\sphericalangle ICX| + |\sphericalangle UAI|$$

beziehungsweise

$$|\sphericalangle UQX| = |\sphericalangle IQX| + |\sphericalangle UQI| = |\sphericalangle ICX| + |\sphericalangle UAI| \,.$$

Wegen der Symmetrie $|CV| = |CX|$ gilt $|\sphericalangle ICX| = |\sphericalangle VCI|$ und daher

$$|\sphericalangle ICX| = 90^\circ - |\sphericalangle XIC| = 90^\circ - \frac{1}{2}|\sphericalangle XIV| \,,$$

was wegen des Zentriwinkel-Peripheriewinkelsatzes gleich $90^\circ - |\sphericalangle XUV|$ ist. Mit einem analogen Schluss für $|\sphericalangle UAI|$ entsteht schließlich

$$|\sphericalangle UQX| = (90^\circ - |\sphericalangle XUV|) + (90^\circ - |\sphericalangle YXU|) = |\sphericalangle UTX| \,.$$

Mithin liegen die vier Punkte X, U, T und Q auf einem gemeinsamen Kreis.

Je nachdem, ob X innerhalb oder außerhalb des Winkels $\sphericalangle IQT$ liegt, gilt nun $|\sphericalangle IQT| = |\sphericalangle XQT| - |\sphericalangle XQI|$ oder $|\sphericalangle IQT| = |\sphericalangle XQT| - |\sphericalangle XQI| + 360^\circ$. Abhängig von der Reihenfolge der Punkte U, X, T und Q auf ihrem gemeinsamen Kreis gilt $|\sphericalangle XQT| = |\sphericalangle XUT|$ oder $|\sphericalangle XQT| = |\sphericalangle XUT| + 180^\circ$, und abhängig von der Reihenfolge der Punkte X, C, I und Q auf ihrem gemeinsamen Kreis gilt

$$|\sphericalangle XQI| = 180^\circ - |\sphericalangle ICX|$$

oder

$$|\sphericalangle XQI| = 360° - |\sphericalangle ICX| .$$

Insgesamt gilt damit in jedem Falle

$$\begin{aligned}|\sphericalangle IQT| &= |\sphericalangle XUT| + |\sphericalangle ICX| + k \cdot 180° \\ &= |\sphericalangle XUV| + (90° - |\sphericalangle CXV|) + k \cdot 180° = 90° + k \cdot 180°\end{aligned}$$

(mit einer ganzen Zahl k), Letzteres nach dem Sehnentangentenwinkelsatz.

Da Q der Fußpunkt des Lotes von I auf $\overline{AC}$ ist (nach dem Satz des Thales), folgt hieraus, dass T in der Tat auf $\overline{AC}$ liegt.

Es bleibt der Fall zu untersuchen, dass sich die beiden Umkreise in I berühren. Ist dies der Fall, so liegen A, I und C auf einer Geraden, und unter Ausnutzung der Symmetrie $|CX| = |CV|$, $|AU| = |AY|$ folgert man, dass $\overline{XY}$ gespiegelt an AC in $\overline{VU}$ übergeht, womit T auf der Spiegelungsachse liegen muss. ◇

Aufgabe 441332

Gegeben seien ein Kreis k_1 und ein Punkt C außerhalb des Kreises. Die Berührungspunkte der Tangenten von C an k_1 seien A und B.

Ein weiterer Kreis k_2 gehe durch den Punkt C und berühre die Gerade AB im Punkt B. Der zweite Schnittpunkt von k_1 und k_2 sei Q (Abb. A441332).

Man beweise, dass die Gerade AQ die Strecke $\overline{BC}$ halbiert.

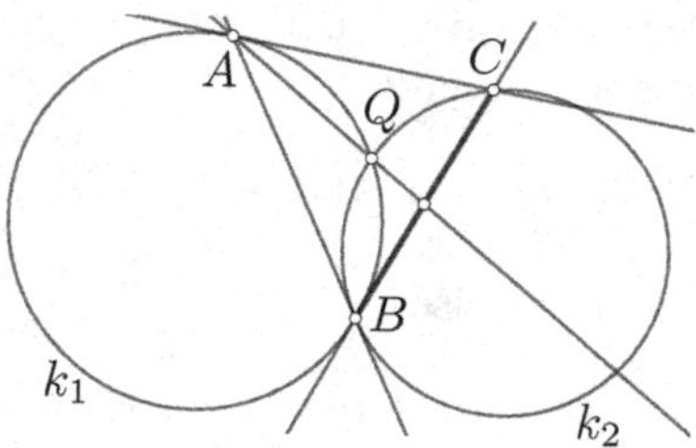

Abb. A441332

Lösung

Es sei D der von Q verschiedene Schnittpunkt der Geraden AQ mit dem Kreis k_2 und T der Schnittpunkt der Geraden AQ mit der Sehne $\overline{BC}$ (Abb. L441332). Aufgrund des Sehnentangentenwinkelsatzes am Kreis k_2 gilt $|\sphericalangle ADB| = |\sphericalangle QBA|$, und am Kreis k_1 gilt $|\sphericalangle QBA| = |\sphericalangle DAC|$. Folglich ist $|\sphericalangle ADB| = |\sphericalangle DAC|$, und die Geraden AC und DB sind parallel (Wechselwinkel).

Aufgrund des Sehnen-Tangentenwinkel-Satzes gilt am Kreis k_1 auch $|\sphericalangle CBQ| = |\sphericalangle BAQ|$. Wegen des Peripheriewinkelsatzes gilt im Kreis k_2 $|\sphericalangle CDA| = |\sphericalangle CBQ|$. Daraus folgt $|\sphericalangle BAQ| = |\sphericalangle CDA|$, also sind auch die Geraden AB und CD parallel. Somit ergibt sich, dass das Viereck $ABDC$ ein Parallelogramm ist. Als Schnittpunkt der Diagonalen im Parallelogramm $ABDC$ ist der Punkt T Mittelpunkt der Sehne $\overline{BC}$. ◇

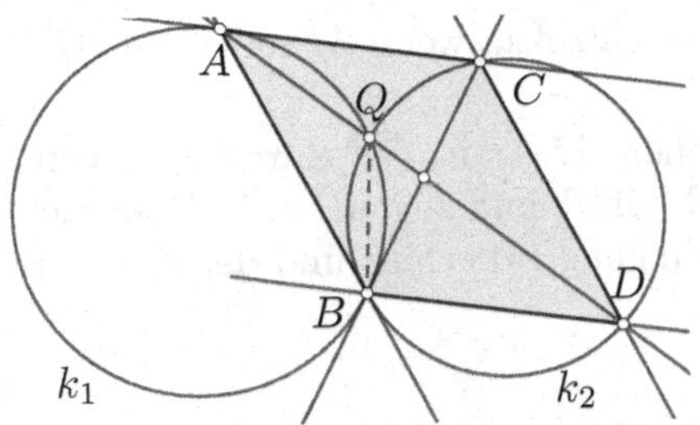

Abb. L441332

Aufgabe 321236

Es seien k_1, k_2 und k_3 drei konzentrische Kreise mit den Radien $r_1 = 5$, $r_2 = 3\sqrt{2}$ bzw. $r_3 = 1$. Man ermittle den größtmöglichen Wert für den Flächeninhalt eines Dreiecks ABC mit der Eigenschaft, dass A auf k_1, B auf k_2 und C auf k_3 liegt.

Hinweis. Als bekannter Sachverhalt kann die Aussage verwendet werden, dass unter allen Dreiecken mit der genannten Eigenschaft ein Dreieck mit größtmöglichem Flächeninhalt *existiert.*

Lösung

Der gemeinsame Mittelpunkt der Kreise k_1, k_2, k_3 sei M. Für jedes Dreieck ABC mit A auf k_1, B auf k_2, C auf k_3 seien $\overline{AD}$, $\overline{BE}$, $\overline{CF}$ die auf BC, CA beziehungsweise AB, senkrechten Höhen. Wir wollen sagen, dass Dreiecke, die die Bedingungen der Aufgabe erfüllen, die Bedingung $(*)$ erfüllen.

1. Liegt M nicht auf der Strecke $\overline{CF}$, so gibt es auf k_3 einen Punkt C', für den $\triangle ABC'$ einen größeren Flächeninhalt als $\triangle ABC$ hat.

Um das zu zeigen, stellen wir fest:

Die Parallele durch M zur Geraden g durch A, B schneide die Gerade h durch C, F in Q; die Parallele m durch M zu h schneide g in P. Unter den Schnittpunkten von m mit k_3 kann man C' so wählen, dass M der Strecke $\overline{C'P}$ angehört; damit wird

$$|C'P| = |C'M| + |MP| = r_3 + |MP| = |CM| + |QF| .$$

Falls nun M nicht auf h liegt, ist $\triangle CQM$ ein (eventuell mit $C = Q$ entartetes) rechtwinkliges Dreieck, und es folgt $|CM| > |CQ|$, also

$$|C'P| > |CQ| + |QF| \geq |CF| .$$

Liegt aber M auf h, d. h., ist $M = Q$, so folgt wegen der Lage von M außerhalb von $\overline{CF}$, dass $|CM| + |MF| > |CF|$ und damit ebenfalls $|C'P| > |CF|$ gilt. Also hat $\triangle ABC'$ eine größere auf $\overline{AB}$ senkrechte Höhe und folglich größeren Flächeninhalt als $\triangle ABC$.

Entsprechend kann man schließen, wenn M nicht auf $\overline{AD}$ oder nicht auf $\overline{BE}$ liegt. Also gilt:

Wenn nicht alle drei Höhen $\overline{AD}$, $\overline{BE}$, $\overline{CF}$ durch M gehen, d. h., wenn M nicht im Innern des Dreiecks ABC liegt und zugleich sein Höhenschnittpunkt ist, so gibt es ein Dreieck, das die Bedingung $(*)$ erfüllt und das einen größeren Flächeninhalt als $\triangle ABC$ hat.

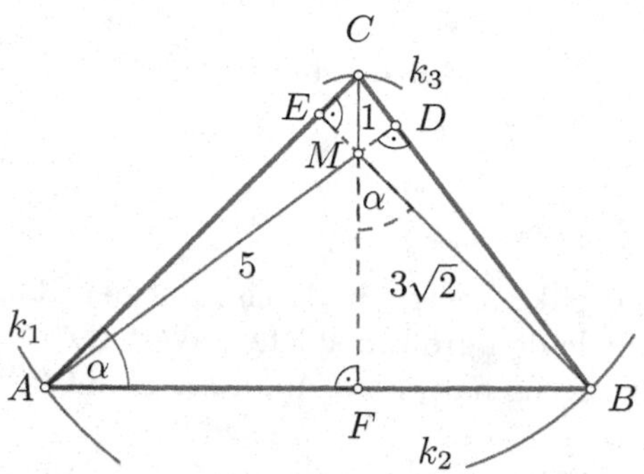

Abb. L321236

2. Nach dem im Hinweis genannten Sachverhalt existiert unter allen Dreiecken mit $(*)$ eines mit größtmöglichen Flächeninhalt. Wegen I. folgt daher:

Wenn der Flächeninhalt eines Dreiecks mit $(*)$, in dessen Innerem der Punkt M zugleich der Höhenschnittpunkt des Dreiecks ist, durch diese Voraussetzungen eindeutig bestimmt ist, so ist er der gesuchte größtmögliche Flächeninhalt.

Wenn nun ein Dreieck ABC diese Voraussetzungen erfüllt (siehe Abb. L321236), so folgt:

Die auf $\overline{BC}$, $\overline{CA}$ und $\overline{AB}$ senkrechten Höhen $\overline{AD}$, $\overline{BE}$ bzw. $\overline{CF}$ schneiden sich in M, und es gilt $|MA| = 5$, $|MB| = 3\sqrt{2}$, $|MC| = 1$. Mit $|MF| = x$ gilt nach dem Satz des Pythagoras $|AF| = \sqrt{25 - x^2}$ und $|AF| = \sqrt{18 - x^2}$.

Mit $|\sphericalangle BAC| = \alpha$ gilt ferner $|\sphericalangle FMB| = |\sphericalangle CME| = 90° - |\sphericalangle ACF| = \alpha$; damit ergibt sich $\triangle AFC \sim \triangle MFB$, also

$$\begin{aligned}(1+x) : \sqrt{25-x^2} &= \sqrt{18-x^2} : x\,,\\ x^2(1+x)^2 &= \left(25-x^2\right)\left(18-x^2\right)\,,\\ x^4+2x^3+x^2 &= 450-43x^2+x^4\,,\\ x^3+22x^2-225 &= (x-3)\left(x^2+25x+75\right)=0\,.\end{aligned}$$

Wegen $x > 0$, also $x^2 + 25x + 75 > 0$ folgt $x = 3$ und damit weiter $|AB| = \sqrt{25 - x^2} + \sqrt{18 - x^2} = 7$, $|CF| = 1 + x = 4$.

Also ist durch die genannten Voraussetzungen eindeutig der Flächeninhalt des Dreiecks ABC bestimmt und somit der gesuchte größtmögliche Flächeninhalt; er beträgt

$$\frac{1}{2}\,|AB| \cdot |CF| = 14\,. \qquad \diamond$$

Aufgabe 491341

Man betrachte zwei Kreise k und l, die zwei Schnittpunkte haben mögen. Eine gemeinsame Tangente beider Kreise berühre k in K; ihre andere gemeinsame Tangente berühre l in L (Abb. A491341).

Man beweise, dass die Gerade KL aus den Kreisen Sehnen derselben Länge herausschneidet.

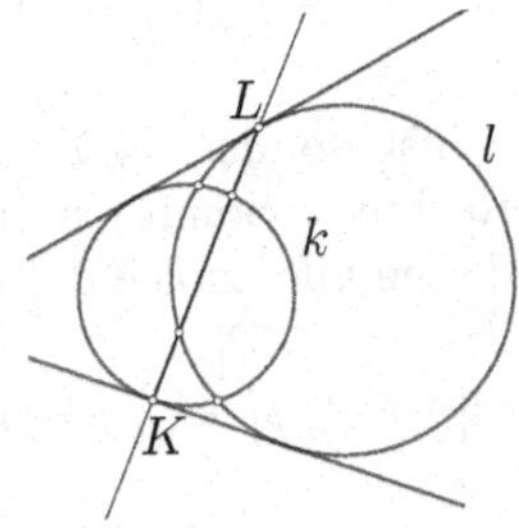

Abb. A491341

Lösungen

1. Lösung. Die Strecke $\overline{KL}$ schneide den Kreis k im Punkt P und den Kreis l im Punkt Q. Außerdem seien X und Y die weiteren Berührpunkte der gemeinsamen Tangenten von k und l (Abb. L491341a). Aufgrund des Tangenten-Sekanten-Satzes gilt

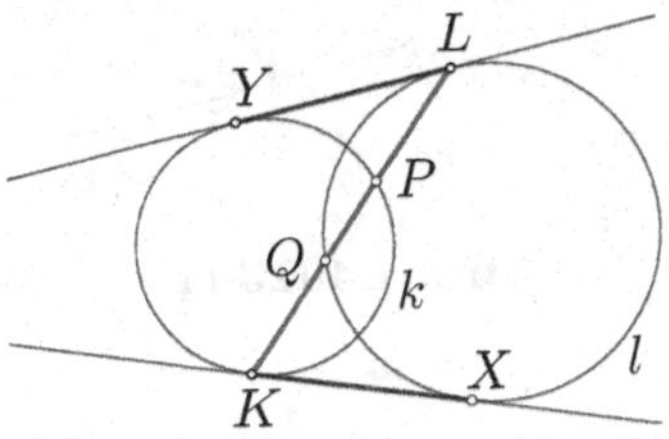

Abb. L491341a

$$|KX|^2 = |KQ| \cdot |KL| \quad \text{und} \quad |LY|^2 = |LP| \cdot |LK|\,.$$

Da aus Symmetriegründen $|KX| = |LY|$ gilt, erhalten wir hieraus zunächst $|KQ| \cdot |KL| = |LP| \cdot |LK|$ und damit $|KQ| = |LP|$. Subtrahiert man beide Seiten von $|KL|$, so ergibt sich die geforderte Gleichung $|KP| = |LQ|$.

2. Lösung. Wir übernehmen die Bezeichnungen P, Q, X und Y aus der vorangegangenen Lösung. Falls die Geraden KX und LY parallel sind, ergibt sich die

Behauptung aus einem einfachen Symmetrieargument. Andernfalls schneiden sich KX und LY in einem gewissen Punkt A. Dabei reicht es, sich auf den Fall zu beschränken, dass A und X auf verschiedenen Seiten von K liegen (Abb. L491341b). Die durch Y gezogene Parallele zu KL schneide k in W. Nun bildet die zentrische Streckung an A, die Y in L überführt, k auf l und mithin W auf Q ab. Insbesondere liegt W demnach auf der Geraden AQ. Nun bezeichne M den Mittelpunkt von k. Betrachtung des symmetrischen Vierecks $MYAK$ ergibt in Verbindung mit dem Zentriwinkelsatz

$$|\sphericalangle KAM| = 90° - \frac{1}{2}\,|\sphericalangle YMK| = 90° - |\sphericalangle YPK|\,.$$

Damit ist insbesondere $|\sphericalangle YPK| \neq 90°$, d. h. das gleichschenklige Trapez $PYWK$ ist kein Rechteck. Somit existiert der Schnittpunkt S der Geraden PY und WK, und für diesen gilt infolge der obigen Gleichung

$$|\sphericalangle KAM| = |\sphericalangle MAY| = 90° - \frac{1}{2}\,|\sphericalangle YMK| = 90° - |\sphericalangle YPK|$$

und

$$|\sphericalangle KSM| = |\sphericalangle MSP| = 90° - |\sphericalangle YPK| = |\sphericalangle KAM|\,.$$

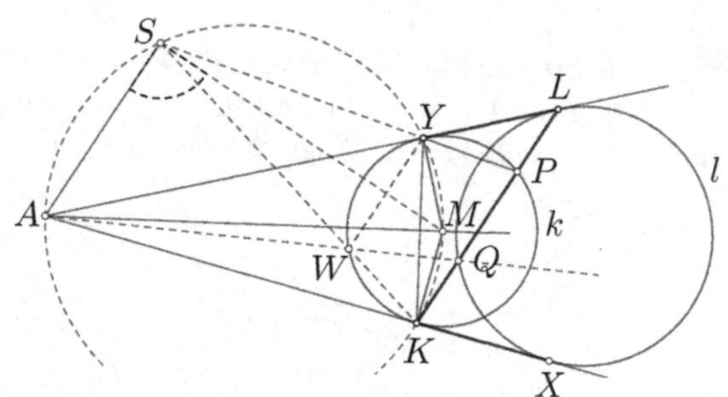

Abb. L491341b

Folglich ist $MSAK$ ein Sehnenviereck, woraus wegen $|\sphericalangle MKA| = 90°$ sofort $|\sphericalangle ASM| = 90°$ folgt. Daraus ergibt sich die Parallelität der Geraden AS und KL, und dreifache Anwendung des Strahlensatzes liefert

$$\frac{|KP|}{|WY|} = \frac{|SP|}{|SY|} = \frac{|AL|}{|AY|} = \frac{|LQ|}{|WY|}\,.$$

Damit ist die Gleichheit $|KP| = |LQ|$ gezeigt. 

Kapitel 9
Räumliche Geometrie

Andreas Felgenhauer

Neben der Planimetrie ist die räumliche Geometrie, die Stereometrie, klassischer Bestandteil der Mathematik. Lange war sie auch ein Kriterium für Allgemeinbildung. Leider spielt sie heute in der Schulmathematik nur eine unbedeutende Nebenrolle. Nichtsdestotrotz – und vielleicht gerade deshalb – sind Aufgaben in diesem Gebiet bei Mathematik-Olympiaden sehr beliebt (und manchmal gefürchtet).

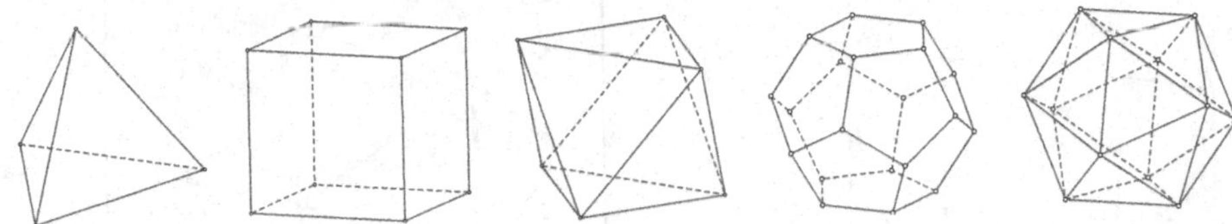

Abb. 9.1: Die fünf PLATONischen Körper: Tetraeder, Hexaeder (Würfel), Oktaeder, Dodekaeder und Ikosaeder.

Bei einer der ältesten stereometrischen Fragestellungen findet man schon charakteristische Aspekte einer modernen Mathematik-Olympiade-Aufgabe: Nachdem man weiß, dass es in der Ebene für jedes $n \geq 3$ genau ein regelmäßiges Vieleck gibt (bis auf Ähnlichkeit), stellt man die Frage, welche regulären Polyeder es gibt. Kongruent sollen dabei nicht nur die Flächen der Oberfläche sein, sondern auch alle Kanten, Ecken, Winkel in den Flächen und die Winkel zwischen den Flächen, die an einer Kante zusammenstoßen. Erstaunlicherweise gibt es davon nur fünf, die PLATONischen Körper. Neben dem Würfel oder Hexaeder sind das Tetraeder, Oktaeder, Dodekaeder und das Ikosaeder (s. Abb. 9.1, 9.2 und 9.3).

Konstruiert man diese Körper, wie in den Skizzen angegeben, aus Würfeln der Kantenlänge $a = 1$, so haben sie vom regelmäßigen Tetraeder bis zum Ikosaeder die Kantenlängen

$$a_4 = \sqrt{2}, \quad a_6 = 1, \quad a_8 = \frac{1}{2}\sqrt{2} \quad \text{und} \quad a_{12} = a_{20} = \sqrt{10} - \sqrt{2}\,.$$

A. Felgenhauer et al., *Die schönsten Aufgaben der Mathematik-Olympiade in Deutschland*, https://doi.org/10.1007/978-3-662-63183-6_9

Jedes der sechs beim Dodekaeder dem Würfel aufgesetzten „Dächer“ hat eine Höhe halber Kantenlänge, $h = a_{12}/2$.

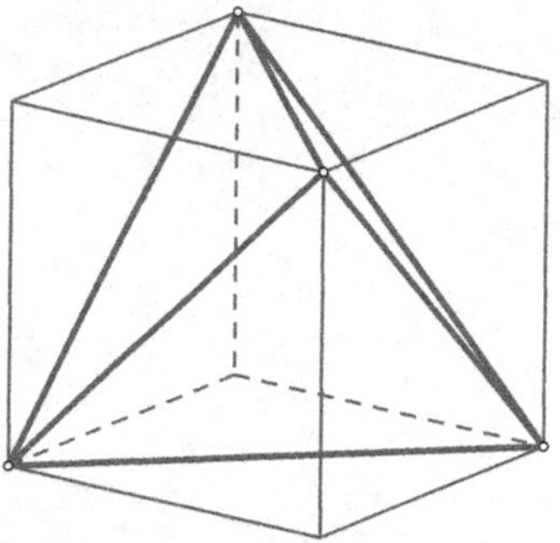
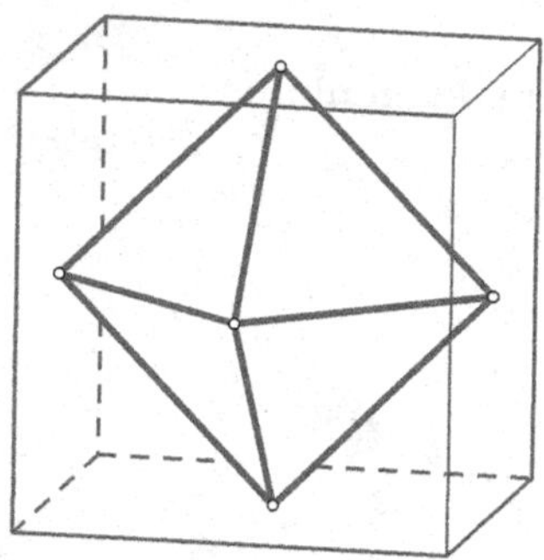

Abb. 9.2: Tetraeder und Oktaeder lassen sich aus einem Würfel herausschneiden.

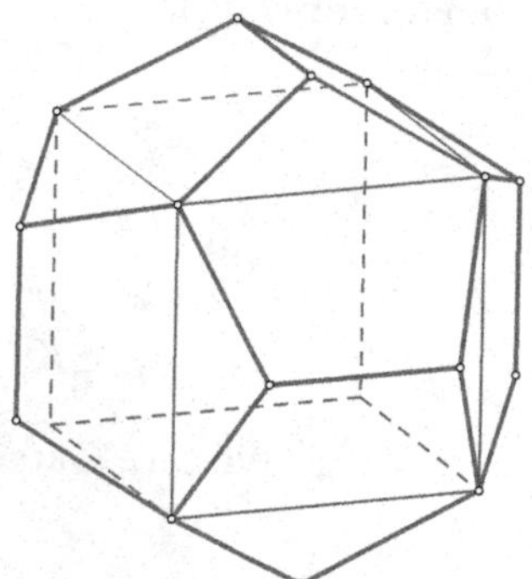
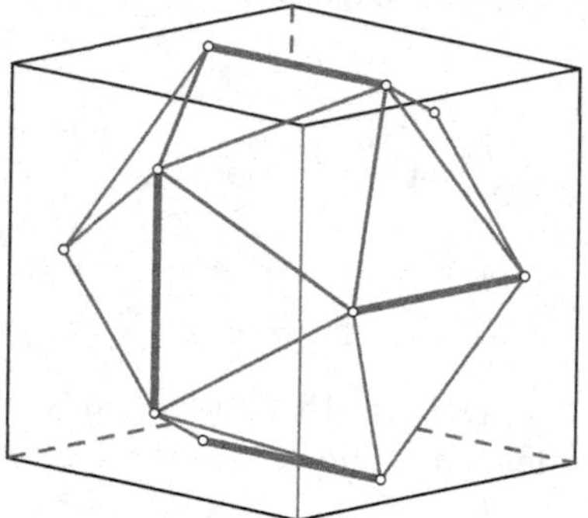

Abb. 9.3: Auch Dodekaeder und Ikosaeder lassen sich mit einem Würfel konstruieren. Hervorgehobenen Kanten des Ikosaeders liegen auf der Würfeloberfläche.

Nachzuweisen, dass es keine weiteren regulären Polyeder gibt und die angegebenen Kantenlängen und vielleicht Um- und Inkugelradius auszurechnen, sind empfohlene Übungsaufgaben zur räumlichen Geometrie. Die frühe Aufgabe 031243 ist möglicherweise beim Nachdenken über die PLATONischen Körper entstanden.

Im ersten Teil schauen wir uns Aufgaben an, bei denen die Lösungssituation im Raum kontruiert werden kann, das bedeutet, dass man die Lage, ausgehend von einfachen geometrischen Figuren wie Punkt, Gerade, Ebene oder Kugel, eindeutig beschreibt. Im zweiten Teil diskutieren wir Ansätze, die Aufgaben auf ebene Hilfsprobleme zu reduzieren, während wir den dritten Teil der analytischen Geometrie widmen, der Idee, durch Einführung von Koordinaten ein äquivalentes algebraisches oder analytisches Ersatzproblem zu lösen.

9.1 Räumliche Konstruktionen

Für die ebene Geometrie hat man handhabbare Dinge als Modell: das Blatt Papier für die Ebene, das Lineal für Geraden oder den Zirkel für Kreise. Mathematisch gesehen ist jedoch die Konstruktionsbeschreibung das wesentliche. Zu einer vollständigen Lösung gehört die Diskussion der Durchführbarkeit der Konstruktion, d. h. die Beantwortung der Fragen, unter welchen Voraussetzungen die erstellten Objekte existieren und ob dann die Konstruktion eindeutig ist. Ohne diese ist die Lösung nicht vollständig.

Für räumliche Probleme ist der praktikable Hintergrund noch stärker eingeschränkt, neben dem Bau von Modellen sind computergestützte Visualisierungen moderne Mittel. Entscheidend bleiben auch hier Beschreibung und Diskussion von Existenz und Eindeutigkeit der Konstruktion. Wir können jedoch für alle Elemente im Raum, die in einer gemeinsamen Ebene liegen, in dieser Ebene zweidimensional konstruieren. Da drei Punkte immer in einer gemeinsamen Ebene liegen, lässt sich

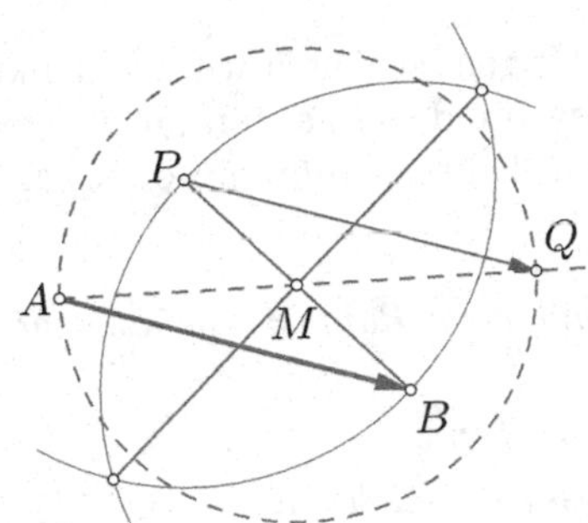

Abb. 9.4: Parallelverschiebung.

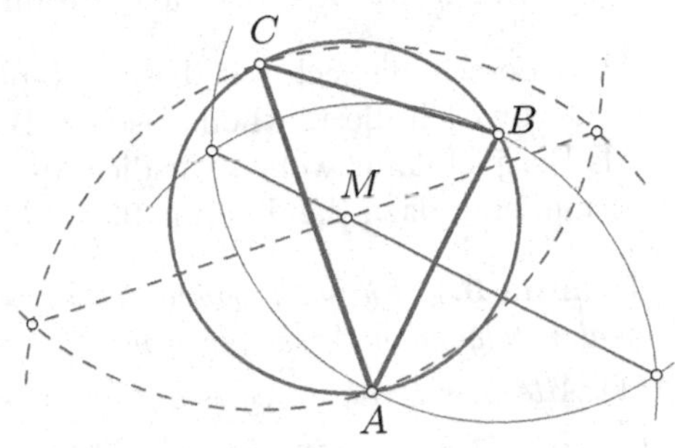

Abb. 9.5: Umkreis eines Dreiecks.

die Verschiebung eines Punktes P parallel zu einer Strecke $\overline{AB}$ (Abb. 9.4) in den Raum übertragen. Drei Punkte, die nicht auf einer Geraden liegen, definieren auch im Raum eindeutig einen Umkreis (Abb. 9.5).

Zusätzliche Werkzeuge für die Konstruktion im Raum ergeben sich aus Axiomen oder elementaren Sätzen der Stereometrie. Ohne Vollständigkeit anzustreben, nennen wir

(a) Zwei Punkte, die nicht zusammenfallen, bestimmen eindeutig eine Gerade.

(b) Drei Punkte, die nicht auf einer Gerade liegen (nicht kollinear sind), bestimmen eindeutig eine Ebene.

(c) Vier Punkte, die nicht auf einer Ebene liegen (nicht komplanar sind), bestimmen eindeutig eine Kugel(fläche). Ist der Kugelmittelpunkt festgelegt, reicht die Angabe des Radius oder eines einzigen Punktes aus.

(d) Eine Ebene und eine Gerade sind entweder parallel oder haben genau einen Punkt gemeinsam. Im Parallelitätsfall gibt es entweder keinen gemeinsamen Punkt oder die Gerade ist vollständig Teil der Ebene.
(e) Ein Punkt P und eine Gerade g legen genau eine Ebene $\varepsilon = g^{\perp}(P)$ fest, die durch den Punkt verläuft und auf der Geraden senkrecht steht. Der Schnittpunkt zwischen Ebene und Gerade ist der Fußpunkt des Lotes von P auf g (oder die senkrechte (orthogonale) Projektion von P auf g).
(f) Ein Punkt P und eine Ebene ε legen genau eine Gerade $g = \varepsilon^{\perp}(P)$ fest, die durch den Punkt verläuft und auf der Ebene senkrecht steht. Der Schnittpunkt zwischen Ebene und Gerade definiert den Fußpunkt des Lotes von P auf ε (oder die senkrechte (orthogonale) Projektion von P auf ε).
(g) Zwei Geraden sind entweder komplanar oder heißen windschief. Komplanare Geraden fallen entweder zusammen, schneiden sich genau in einem Punkt oder sind parallel und haben dann keinen gemeinsamen Punkt. Windschiefe Geraden schneiden sich ebenfalls nicht.
(h) Zwei Ebenen sind entweder parallel oder haben genau eine Gerade gemeinsam. Parallele Ebenen, die nicht zusammenfallen, sind punktfremd.

Allen Lesern, die sich mit diesem Kapitel 9 beschäftigen, schlagen wir als Denktraining vor, sich die mathematischen Begründungen für diese Fakten zu überlegen. Als Beispiel dafür wollen wir die Aussagen, die zum Fakt (c) führen, beweisen. Wir formulieren dazu das Lemma 9.1.

Lemma 9.1. *Für vier paarweise verschiedene Punkte im Raum ist genau eine der beiden folgenden Aussagen wahr*

(1) *Alle vier Punkte liegen auf einer gemeinsamen Ebene.*
(2) *Es gibt genau einen Punkt M, zu dem der Abstand gleich ist.*

Beweis. Da eine Gerade und ein weiterer Punkt immer komplanar sind, können drei Punkte A, B und C nicht kollinear sein, wenn sie mit dem vierten Punkt D nicht auf einer gemeinsamen Ebene liegen. Dann liegen sie auf einer eindeutig bestimmten Ebene ε und haben einen Umkreis k mit dem eindeutig bestimmten Mittelpunkt M' (Abb. 9.6 (a)). Wir betrachten einen beliebigen Punkt M_0 im Raum mit $|M_0A| = |M_0B| = |M_0C|$ und dem Fußpunkt M_0' seines Lotes auf ε. Die rechtwinkligen Dreiecke $M_0M_0'A$, $M_0M_0'B$ und $M_0M_0'C$ mit einer gemeinsamen Kathete $\overline{M_0M_0'}$ besitzen dann gleichlange Hypotenusen, die anderen Katheten müssen deshalb ebenfalls gleichlang sein, also fällt M_0' mit M' zusammen. Der Punkt M_0 befindet sich notwendigerweise auf der im Punkt M' zu ε senkrechten Geraden $g = \varepsilon^{\perp}(M')$. Umgekehrt hat jeder Punkt der Geraden g zu allen Punkten der Kreislinie k den gleichen Abstand.

Wir betrachten eine Ebene ε_D, die den Punkt D und die Gerade g enthält. Eine solche Ebene existiert immer und steht senkrecht auf ε. Die Schnittgerade g_D der beiden Ebenen geht durch den Mittelpunkt M' und schneidet auf ε den Kreis k in zwei Punkten $D_{1,2}$ (s. Abb. 9.6 (a)). Dabei ist $\overline{D_1D_2}$ ein Durchmesser von k und M' der Mittelpunkt dieser Strecke. Weil D nicht in der Ebene ε liegt, besitzt das Dreieck

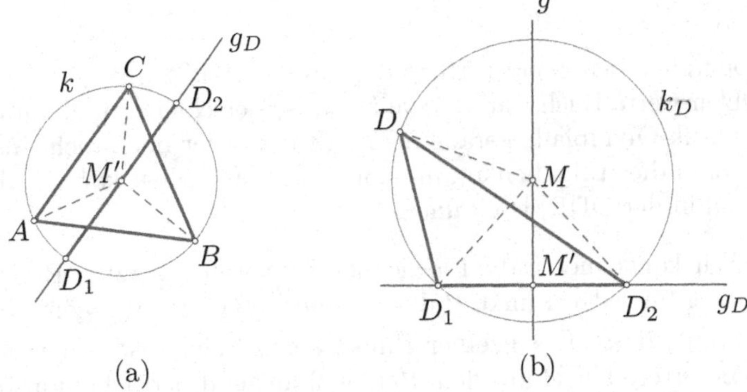

Abb. 9.6: Zum Beweis des Lemmas: (a) Schnitt mit ε; (b) Schnitt mit ε_D.

DD_1D_2 in ε_D einen Umkreis k_D mit einem eindeutig bestimmten Mittelpunkt M, der Schnittpunkt der Mittelsenkrechten ist, also ebenfalls auf g liegt (s. Abb. 9.6 (b)). Dieser und nur dieser Punkt auf g erfüllt die Bedingung $|MD| = |MD_1|$, ist also einziger Punkt mit $|MA| = |MB| = |MC| = |MD|$.

Sind dagegen die vier Punkte komplanar und haben von einem Punkt M den gleichen Abstand, so muss k (s. Abb. 9.6 (a)) gemeinsamer Umkreis aller vier Punkte sein und jeder Punkt der im Umkreismittelpunkt senkrechten Geraden g hat von allen vier Punkten den gleichen Abstand. Es gibt für komplanare vier Punkte also entweder keinen oder unendlich viele solche Punkte M. □

Weitere Konstruktionsmethoden sind Spiegelungen oder Drehungen. Spiegelungen eines Punktes an einem Punkt finden auf einer gemeinsamen Gerade statt. Spiegelungen an einer Geraden oder einer Ebene sind jeweils Punktspiegelungen an den Fußpunkten der Lote auf die Gerade oder Ebene. Drehungen im Raum sind immer Drehungen um eine Gerade a, der Achse der Drehung. Auf der zu a senkrechten Ebene $a^{\perp}(P)$ bewegt sich ein Punkt P dabei auf einem Kreis.

Neben den vier folgenden Aufgaben enthalten auch die Aufgaben 101245 (S. 541), 241245 (S. 534) und 501342 (S. 529. Lösung 2) in Ihren Lösungen Ideen von geometrischen Konstruktionen im Raum.

Die Aussage der ersten Aufgabe scheint so selbstverständlich, dass erst nach einigem Nachdenken klar wird, warum das die schwierigste Aufgabe im Schuljahr 1965/66 sein sollte. Hier ist zu beweisen, dass die anschauliche Vorstellung mathematisch exakt ist.

Aufgabe 051246

Wenn der Schnitt jeder Ebene, die mit der Fläche F mehr als einen Punkt gemeinsam hat, ein Kreis ist, dann ist F eine Kugel(fläche).

Lösungen

Diese Aufgabe findet sich auch in Hugo Steinhaus' „100 Aufgaben" [60] oder [59]. Dieses empfehlenswerte Buch war 1958 auf polnisch erschienen und zum Zeitpunkt der 5. Mathematik-Olympiade gerade ins Englische, aber noch nicht ins Deutsche übersetzt, so dass die Aufgabenkommission davon ausgehen konnte, dass es den Schülern, zumal in der DDR, noch unbekannt war.

1. Lösung. Wir konstruieren die Fläche aus der vorausgesetzten Bedingung und entscheiden dabei für jeden Punkt P des Raumes, ob er zu F gehört, oder nicht.

Wir setzen voraus, dass ein einzelner Punkt keine Fläche ist (oder nehmen ihn alternativ als entartete Kugel mit dem Radius 0 an) und betrachten als erstes zwei Punkte A und B, die zu F gehören. Sei ε eine Ebene, die diese beiden Punkte enthält. Dann ist nach Aufgabenstellung die Schnittmenge von ε mit F ein Kreis k_0 mit einem Mittelpunkt M_0 (Abb. L051246a (a)). Die zu ε senkrechte Gerade durch M_0 bezeichnen wir mit $g = \varepsilon^{\perp}(M_0)$.

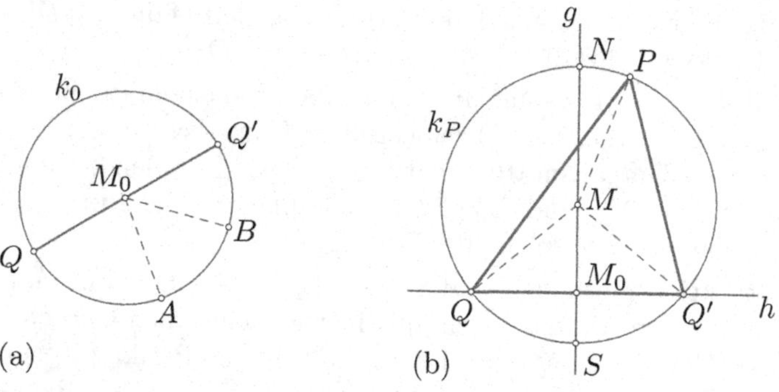

Abb. L051246a: Schnitt mit den Ebenen (a) ε und (b) ε_P.

Wir betrachten einen beliebigen Punkt P des Raumes, der nicht zu g gehört und die dann eindeutige gemeinsame Ebene ε_P von P und g. Da ε_P den Mittelpunkt M_0 enthält und senkrecht auf ε steht, schneidet ε_P die Kreislinie k_0 in genau zwei diametral gegenüberliegenden Punkten Q und Q', die zu F gehören. Mit diesen zwei Punkten muss der Schnitt von ε_P und F aus einem Kreis k_P bestehen, der die Sehne $\overline{QQ'}$ besitzt. Sein Mittelpunkt M liegt auf der Mittelsenkrechten von $\overline{QQ'}$, also auf g und ist auch Mittelpunkt der beiden Schnittpunkte S und N von g mit dem Kreis k_P, s. Abb. L051246a (b). Zu F gehören also genau die Punkte von ε_P, die zu M den Abstand $|MQ| = |SN|/2 = |MN|$ haben. Auf g sind das die zwei Punkte S und N und keine weiteren.

Nach Konstruktion gehören die Punkte S, N und M zu allen Ebenen ε_P. Die Länge $|MN|$ ist unabhängig von der Wahl von P. Daraus folgt, dass ein Punkt P genau dann zu F gehört, wenn er zu M den Abstand $|PM| = |MN|$ hat. Das ist die Definition einer Kugel.

2. Lösung. Wenn wir die Lösung „durchrechnen“, können wir Standardvereinbarungen der analytischen Geometrie übernehmen und brauchen viele der benutzten Bezeichnungen und Begriffe nicht selbst zu definieren oder zu deuten. Dafür wird erfahrungsgemäß die Lösung länger und es entstehen komplizierte Formeln. Dem wollen wir entgegenwirken, indem wir das verwendete Koordinatensystem der Aufgabenstellung anpassen, um die Formeln möglichst einfach zu halten.

Wir beginnen, wie in der ersten Lösung, mit zwei Punkten und einem Schnittkreis dazu. Den Kreismittelpunkt nehmen wir als Koordinatenursprung, den Radius als Koordinateneinheit und die Ebene des Kreises als x, y-Ebene. Der erste Schnittkreis hat dann die Gleichungen $z = 0$ mit $x^2 + y^2 = 1$. Die z-Achse liegt dann fest, die x-Achse können wir uns in der x, y-Ebene noch zurecht drehen. Auf der x-Achse gehören in jedem Fall die Punkte mit den Koordinaten $x = \pm 1$ zu F und nur diese beiden.

Als nächstes suchen wir alle Schnittpunkte P von F mit der z-Achse. Dazu betrachten wir mit einer beliebigen x-Achse die x, z-Ebene (Abb. L051246b (a)). Mit den beiden

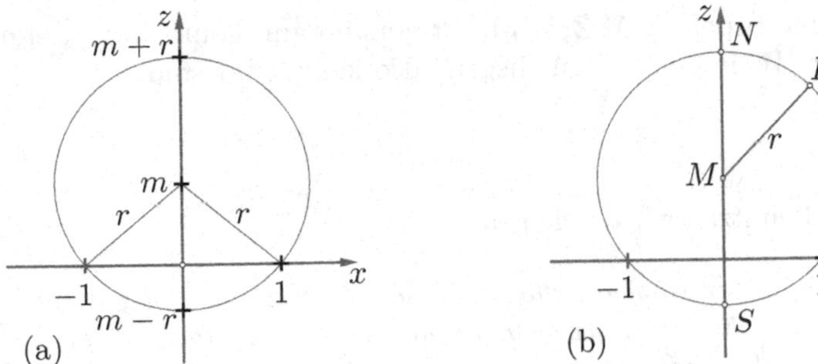

Abb. L051246b

Punkten $(1, 0, 0)$ und $(-1, 0, 0)$ gehört ein ganzer Kreis mit einem Radius $r > 0$ und einer Gleichung $(x - n)^2 + (z - m)^2 = r^2$ zu F. Also muss

$$(1 - n)^2 + m^2 = (-1 - n)^2 + m^2 = r^2$$

gelten, was nur für $n = 0$ erfüllt ist. Der Kreis hat also die Gleichung

$$x^2 + (z - m)^2 = r^2 = 1 + m^2 . \qquad (1)$$

Für $x = y = 0$ folgt daraus $z = m \pm r$, es gibt also genau zwei Punkte $N = (0, 0, m+r)$ und $S = (0, 0, m - r)$ auf der z-Achse, die zu F gehören und beide vom Punkt $M = (0, 0, m)$ den Abstand $r = \sqrt{1 + m^2}$ haben.

Zum Abschluss betrachten wir einen Punkt P, der nicht auf der z-Achse liegt. Dann können wir die x-Achse so wählen, dass P in der x, z-Ebene liegt: $P = (x, 0, z)$ (Abb. L051246b (b)). In dieser Ebene kennen wir bereits vier Punkte des Schnittkreises, S, N und $(\pm 1, 0, 0)$. Damit existiert höchstens ein Kreis in der Ebene, der der Schnitt sein könnte. Der Vergleich mit der kongruenten Abbildung (a) zeigt, dass es den Kreis mit diesen Schnittpunkte mit den Achsen tatsächlich gibt. Mit gleicher z-Achse, gleichem r, aber der neuen x-Achse, erfüllen die Punkte dieses Kreises ebenfalls die Gleichung (1).

Der Punkt P gehört in jedem Fall genau dann zu F, wenn sein Abstand zu M konstant r ist. Das war zu zeigen. ◇

Aufgabe 491346

Man betrachte acht paarweise voneinander verschiedene Punkte A, B, C, D, E, F, G und H, die auf einer gemeinsamen Kugeloberfläche liegen. Von diesen sei bekannt, dass die fünf Quadrupel (A, B, C, D), (A, B, F, E), (B, C, G, F), (C, D, H, G) und (D, A, E, H) komplanar sind. Man zeige, dass auch das Quadrupel (E, F, G, H) komplanar ist.

Hinweis. Ein Quadrupel (X, Y, Z, W) heißt genau dann komplanar, wenn die vier Punkte X, Y, Z, W in einer Ebene liegen, also komplanar sind.

Lösung

Für die Lösung benutzen wir das folgende

Lemma 9.2. *Auf einer Kugeloberfläche K sei ein Kreis k und ein Punkt P, der kein Punkt der Kreislinie ist, gegeben. Ferner sei ε diejenige Ebene, die K im P diametral gegenüberliegenden Punkt tangiert. Dann liegen alle Schnittpunkte von ε mit den Geraden PQ mit Punkten Q der Kreislinie auf einem gemeinsamen Kreis.*

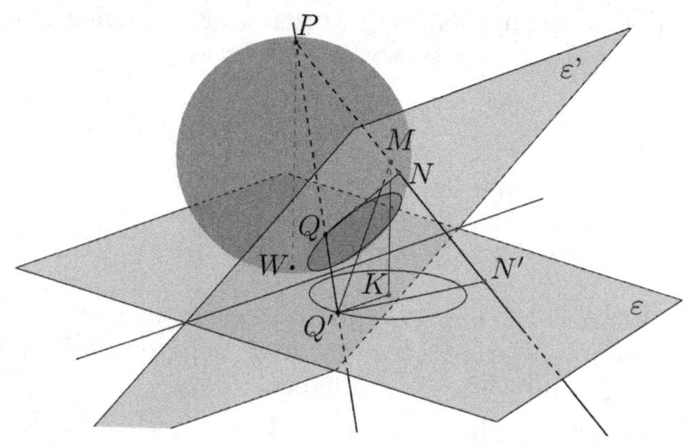

Abb. L491346a

Beweis. Es sei W der Berührungspunkt von ε mit K. Die Ebene der Kreislinie sei ε'. Für einen Punkt Q des Kreises sei Q' der Schnittpunkt der Gerade PQ mit ε , s. Abb. L491346a.

Da die Dreiecke PWQ' (nach Konstruktion) und WQP (Satz des THALES, $\overline{PW}$ ist Kugeldurchmesser) rechtwinklig sind, ist $\overline{WQ}$ eine Höhe in $\triangle PWQ'$. Wir erhalten aus dem Höhensatz

$$|PW|^2 = |PQ| \cdot |PQ'|. \tag{1}$$

Nun bezeichne N den Fußpunkt des von P auf ε' gefällten Lotes und N' denjenigen auf dem Strahl PN gelegenen Punkt, für welchen $|PN| \cdot |PN'| = |PW|^2$ gilt. In Verbindung mit (1) haben wir

$$|PQ| \cdot |PQ'| = |PN| \cdot |PN'|,$$

nach der Umkehrung des Sekantensatzes handelt es sich bei $QQ'N'N$ um ein Sehnenviereck. Da weiterhin der Winkel PNQ nach Wahl von N ein rechter ist, muss demnach auch $|\sphericalangle PQ'N'| = 90°$ sein.

Der Mittelpunkt M der Strecke $\overline{PN'}$ ist nach dem Satz des THALES dann Mittelpunkt der Umkreises von $\triangle PQ'N'$, es folgt $|MQ'| = |MP|$. Die Strecke $\overline{MP}$ ist aber für alle Punkte Q dieselbe. Alle Punkte Q' haben dann vom Fußpunkt des Lotes K von M auf ε den gleichen Abstand, liegen also auf einem Kreis. □

Jetzt lösen wir die Aufgabe mit Hilfe des Lemmas. Wir bezeichnen mit ε diejenige Ebene, die die gegebene Kugel im H diametral gegenüberliegenden Punkt berührt. Weiterhin seien A', B', C', D', E', F' und G' die Schnittpunkte der Geraden HA, HB, HC, HD, HE, HF bzw. HG mit ε. Da die Quadrupel (A,B,C,D), (A,B,F,E) und (B,C,G,F) als komplanar vorausgesetzt sind und Schnitte zwischen der Kugel und Ebenen Kreise sind, handelt es sich bei $A'B'C'D'$, $A'B'F'E'$ und $B'C'G'F'$ nach dem Lemma um Sehnenvierecke. Ferner gehören C', D' und G' allesamt zum Durchschnitt der beiden verschiedenen Ebenen $CDHG$ und ε, d. h. sie liegen auf einer gemeinsamen Geraden. Aufgrund desselben Argumentes sind auch die drei Punkte D', A' und E' kollinear.

Umgekehrt können wir die Behauptung der Aufgabe in gleicher Weise aus der Kollinearität von E', F' und G' folgern, die wir deshalb im Folgenden nachweisen wollen (vgl. Abb. L491346b). Der Beweis hierfür wird mittels ebener Betrachtungen in der Ebene ε geführt. Zur Vermeidung von Lagebetrachtungen benutzen wir dabei den Satz über Nebenwinkel und auch den Peripheriewinkelsatz mit orientierten Winkeln modulo 180° (vgl. Abb. L491346c).

Es ergibt sich

$$\begin{aligned}
|\sphericalangle B'F'G'| &\equiv |\sphericalangle B'C'G'| && \text{(da } B'C'G'F' \text{ ein Sehnenviereck ist)}\\
&\equiv |\sphericalangle B'C'D'| && \text{(da } G', C', D' \text{ kollinear sind)}\\
&\equiv |\sphericalangle B'A'D'| && \text{(da } A'B'C'D' \text{ ein Sehnenviereck ist)}\\
&\equiv |\sphericalangle B'A'E'| && \text{(da } D', A', E' \text{ kollinear sind)}\\
&\equiv |\sphericalangle B'F'E'| && \text{(da } A'B'E'F' \text{ ein Sehnenviereck ist),}
\end{aligned}$$

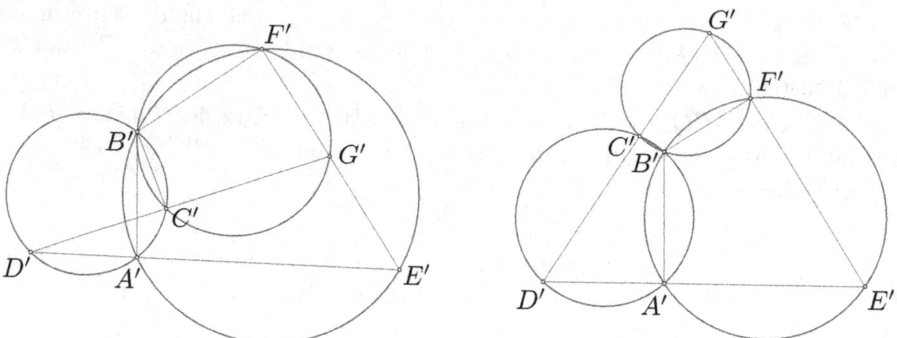

Abb. L491346b: Zwei mögliche Lagen.

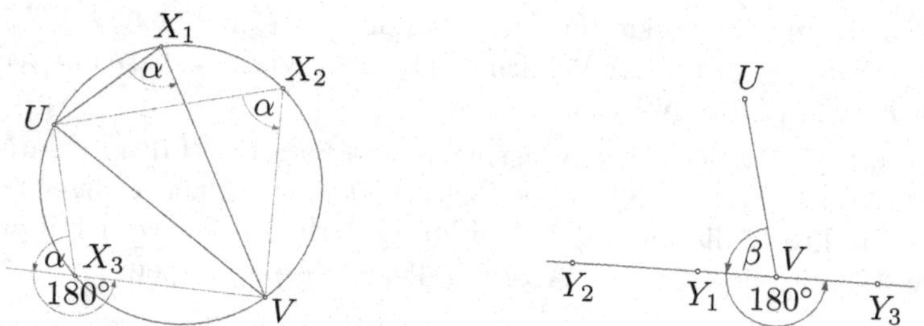

Abb. L491346c: Die orientierten Peripheriewinkel $\sphericalangle UX_kV$ über der Sehne $\overline{UV}$ haben die Größe $\alpha = |\sphericalangle UX_1V|$ oder $\alpha \pm 180°$. Sind $V \not\equiv Y_1$ und Y_k kollinear, so hat der orientierte Winkel $\sphericalangle UVY_k$ die Größe $\beta = |\sphericalangle UVY_1|$ oder $\beta \pm 180°$.

woraus die zu zeigende Kollinearität von E', F' und G' folgt. Damit liegen diese Punkte auf einer gemeinsamen Ebene mit dem Punkt H, auf der, nach unserer Konstruktion, auch die Punkte E, F und G liegen müssen. Dass eine solche Ebene existiert, war zu zeigen. ◇

Aufgabe 411335

Man beweise, dass man von jeder konvexen vierseitigen Pyramide $SABCD$ die Spitze S mit einem ebenen Schnitt so abschneiden kann, dass die Schnittfläche ein Parallelogramm ist. (Abb. A411335)

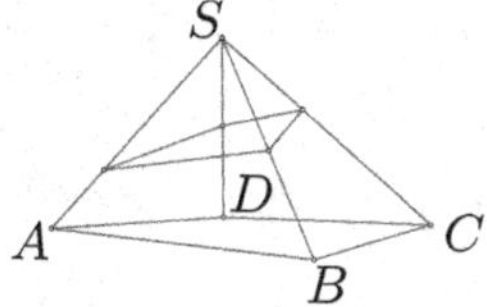

Abb. A411335

Lösung

Wir bezeichnen mit ε_1, ε_2, ε_3, ε_4 die Ebenen der vier Seitenflächen $\triangle ABS$, $\triangle BCS$, $\triangle CDS$ und $\triangle DAS$ der Pyramide.

Sei ε_0 eine Ebene, die die Bedingungen der Aufgabe erfüllt also die Spitze so abschneidet, dass ein Viereck als Schnittfläche entsteht und dass für deren Kanten a_i auf ε_i $(i = 1, 2, 3, 4)$ dann $a_1 \parallel a_3$ und $a_2 \parallel a_4$ gilt. Aus dem Strahlensatz folgt, dass dann auch jede zu ε_0 parallele Ebene ein Parallelogramm als Schnitt erzeugt, wenn sie alle vier Seitenkanten schneidet. Die zu ε_0 parallele Ebene durch die Spitze S bezeichnen wir mit ε.

Verschieben wir eine Kante a_i des Parallelogramms parallel bis zum Punkt S, so muss das Bild a_i' in ε liegen. Bei dieser Verschiebung verlassen wir aber die Ebene der zugehörigen Seitenfläche ε_i der Pyramide nicht, das Bild liegt also auf der Schnittgeraden $g_i = \varepsilon \cap \varepsilon_i$. Da alle vier Schnittgeraden durch den Punkt S verlaufen, folgt aus der Parallelität der Viereckskanten die notwendige Bedingung $g_1 \equiv g_3 = \varepsilon_1 \cap \varepsilon_3$ und $g_2 \equiv g_4 = \varepsilon_2 \cap \varepsilon_4$. Da aus der Aufgabenstellung folgt, dass die vier Seitenebenen paarweise nichtparallel sind, folgt die Eindeutigkeit von ε.

Alles, was wir uns bisher überlegt haben sind Vorbemerkungen (notwendige Bedingungen). Wir wissen jetzt, was wir konstruieren müssen. So wie die Aufgabe 411335 formuliert ist, reicht es für eine vollständige Lösung aus, nach der Definition der Ebenen ε_i, $i = 1, 2, 3, 4$, allein die folgenden Aussagen über die Existenz des Schnittes und den Nachweis der Erfüllung der Bedingungen der Aufgabe aufzuschreiben.

Wenn die Schnittgerade g_1 der Ebenen ε_1 und ε_3 außer der Spitze S noch weitere Punkte der Pyramide enthalten würde, müsste entweder ε_1 das Dreieck CDS oder ε_3 das Dreieck ABS schneiden. In beiden Fällen wäre die Pyramide nicht konvex, S ist also der einzige Punkt der Pyramide auf g_1. Entsprechend schneiden sich ε_2 und ε_4 in einer Geraden g_2 durch S. Da sich die Geraden g_1 und g_2 in S schneiden, liegen sie in einer gemeinsamen Ebene ε.

Wir zeigen, dass die vier Eckpunkte A, B, C und D auf einer Seite der Ebene ε liegen. Wäre dies nicht der Fall, würde es zwei benachbarte Eckpunkte geben, die von der Ebene ε getrennt werden. Ohne Beschränkung der Allgemeinheit seien dies die Punkte A und B. Die Verbindungsstrecke beider Punkte schneidet ε in einem Punkt P. Mit den Punkten P und S enthält ε auch deren Verbindungsgerade g_{SP}. Weil die Gerade g_1 den Punkt P nicht enthalten kann, hat sie mit g_{SP} genau den Punkt S gemeinsam. Beide Geraden liegen auf den Ebenen ε und ε_1, die damit zusammenfallen müssten, was unmöglich ist.

Die von S ausgehenden Kanten der Pyramide liegen also gemeinsam in einem der von der Ebene ε gebildeten Halbräume. S liegt auf ε. Folglich kann ε so parallel verschoben werden, dass alle vier Kanten von der verschobenen Ebene geschnitten werden. Von den entstehenden Schnittgeraden mit den vier Seitenflächen der Pyramide sind dann zwei parallel zu g_1 und die beiden anderen parallel zu g_2. Die Schnittfigur ist also ein Parallelogramm. $\diamond$

Aufgabe 461324

Man untersuche, für welche nichtnegativen ganzen Zahlen n ein Tetraeder existiert, dessen Seitenflächen insgesamt genau n rechte Winkel haben.

Lösung

Da die Innenwinkelsumme eines Dreiecks die Summe zweier rechten Winkel nicht übersteigt, hat jedes Dreieck höchstens einen rechten Winkel. Ein Tetraeder mit n rechten Winkeln besitzt also genau n rechtwinklige Dreiecke als Seitenflächen und $4 - n$ Seitenflächen, die keine rechtwinkligen Dreiecke sind. Daraus folgt, dass für $n \geq 5$ kein derartiges Tetraeder existieren kann.

Wir werden nun für jeden Wert $n = 0, 1, 2, 3, 4$ Tetraeder konstruieren, die genau n rechtwinklige Seitenflächen besitzen. Dabei nutzen wir aus, dass bei gleichschenkligen Dreiecken nur die Schenkel zu Katheten werden können, sie also genau dann rechtwinklig sind, wenn das Quadrat der Basis doppelt so groß ist wie das Quadrat eines Schenkels (Satz des PYTHAGORAS).

Für $n = 0$ oder $n = 3$ nehmen wir ein gleichseitiges Dreieck ABC mit dem Schwerpunkt S. Wählen wir z. B. als Kantenlänge $\sqrt{3}$, so haben die drei Ecken vom Schwerpunkt den gleichen Abstand 1. Wir verschieben S senkrecht zur Dreiecksfläche um eine Streckenlänge h und erhalten den vierten Punkt D. Dann sind die drei weiteren Tetraederflächen wegen

$$|AD| = |BD| = |CD| = a = \sqrt{1 + h^2}$$

gleichschenklige kongruente Dreiecke und genau für $2a^2 = 2(1 + h^2) = 3$, also für $h = \sqrt{1/2}$ rechtwinklig. Wir haben also $n = 0$ oder $n = 3$ rechte Winkel.

Für $n = 1$ oder $n = 2$ halbieren wir ein Quadrat diagonal, z. B. das mit der Kantenlänge $\sqrt{2}$. Die Eckpunkte haben dann vom Mittelpunkt M des Quadrates den Abstand 1 und wir erhalten das rechtwinklige gleichschenklige Dreieck mit

$$|AB| = |BC| = \sqrt{2} \quad \text{und} \quad |AC| = 2\,.$$

Den Punkt D wählen wir auf der Senkrechten zur Dreiecksfläche über M in einer Höhe h. Da M von allen Eckpunkten des Dreiecks den gleichen Abstand hat, gilt

$$|AD| = |BD| = |CD| = a = \sqrt{1 + h^2}\,,$$

die drei anderen Dreiecke des Tetraeders sind wieder gleichschenklig. Für $\triangle ABD$ und $\triangle BCD$ gilt stets $2a^2 = 2(h^2 + 1) > 2$, sie sind spitzwinklig. Für das Dreieck ACD ist $2a^2 = 2h^2 + 2 = 2^2$ genau für $h = 1$ erfüllt. Dann gibt es zwei rechte Winkel, für alle anderen Werte von $h > 0$ nur einen.

Für $n = 4$ nehmen wir ein rechtwinkliges Dreieck ABC mit dem rechten Winkel bei C und errichten im Punkt A die Senkrechte zur Dreiecksfläche, auf der wir, verschieden von A den Punkt D wählen. Dann sind die Winkel $\sphericalangle BAD$ und $\sphericalangle CAD$

rechte. Weil $\sphericalangle\, ACB$ ein rechter Winkel ist und in der Ebene von $\triangle\, ABC$ liegt ist $\overline{BC}$ senkrecht auf der Ebene von $\triangle\, ACD$, also ist $\sphericalangle\, BCD$ der vierte rechte Winkel.

Bemerkung. Natürlich ist die Lösung schon vollständig, wenn für jedes $n \leq 4$ ein konkretes Tetraeder angegeben ist, z. B. Für $n = 0$ das reguläre Tetraeder oder für $n = 4$ das Tetraeder aus den Ecken $ABCE$ eines Würfels $ABCDEFGH$ in üblicher Bezeichnung. ◇

9.2 Reduktion auf ebene Probleme

Viele geometrische Probleme im Raum lassen sich mit einigem Geschick auf ein zweidimensionales Problem zurückführen. Auf Papier (oder auf dem Bildschirm) lassen sich ebene Probleme besser darstellen als räumliche. Außerdem stehen dann alle Hilfsmittel der ebenen Geometrie zur Verfügung.

Wir sortieren dieses Kapitel grob nach vier Grundideen. Als erstes projizieren wir das Problem auf eine oder mehrere geeignete Ebenen. Das kann, muss aber nicht, die klassische Dreitafelprojektion sein. In einem zweiten Teil, ab Seite 531, betrachten wir markante ebene Schnitte durch die räumliche Figur der Aufgabe. Die dritte Idee ist es, sich auf die Oberfläche des Körpers zu begeben und die ganze oder einen Teil der Abwicklung in eine Ebene zu betrachten. Das passiert ab Seite 539. Als letztes, ab Seite 544, ist es oft hilfreich, sich die Aufgabe in ein ebenes Problem zu „übersetzen". Man betrachtet statt Würfel, Kugeln oder Tetraeder Quadrate, Kreise oder Dreiecke und überlegt sich, ob es eine analoge Fragestellung gibt und ob sich dann die Ideen der Lösung des ebenen Problems in den Raum übertragen lassen. Wir beginnen mit

Projektionen

Prinzipiell ist es immer möglich, mit höchstens drei geeigneten Projektionen eine räumliche Lage vollständig darzustellen. Wir versuchen jetzt für eine Aufgabe eine geeignete Projektionsrichtung zu finden, so dass alle für die Aufgabe wesentlichen Aspekte in einer einzigen Projektion erhalten bleiben und so die Aufgabe in dieser Ebene zu lösen. Als Variante kann man für Teilaspekte der Lösung verschiedene Projektionen verwenden.

Bei der orthogonalen Parallelprojektion werden Strecken und Flächen, die parallel zur Projektionsebene liegen, in wahrer Größe abgebildet. Stehen sie senkrecht dazu, geht eine Dimension verloren. Alle anderen Längen und Flächen werden um einen Faktor $k = \sin\varphi = \cos\psi$ verkleinert. Dabei ist φ der Winkel zur Projektionsrichtung und ψ der Winkel zur Projektionsebene (Bei Winkeln zwischen Strahl und Ebene ist das jeweils der kleinstmögliche Winkel, vgl. Abb. 9.7(a), S. 520). Längenverhältnisse entlang einer Richtung bleiben erhalten, insbesondere sind die Projektionen von Mittelpunkten stets Mittelpunkte der Projektionen.

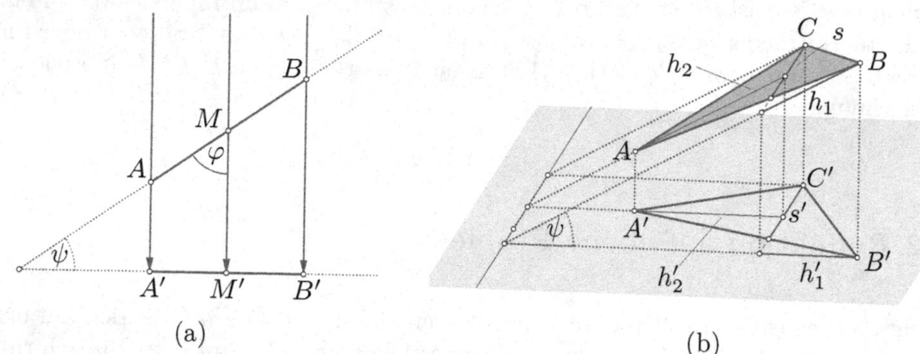

Abb. 9.7: Orthogonale Projektion einer Strecke (a) und eines Dreiecks (b).

Die Frage nach dem Abstand einer Geraden g von einem geometrischem Objekt K, d. h. nach der Länge der kürzesten Verbindung $\overline{PQ}$ eines Punktes P von K mit einem Punkt Q auf der Geraden, vereinfacht sich auf die Frage des Abstandes des in einen Punkt fallenden Bildes $g' \equiv Q'$ von g vom Bild K', wenn das Objekt K konvex ist und wir parallel zu g projizieren (vgl. Abb. 9.8, obere Skizzen). Wenn

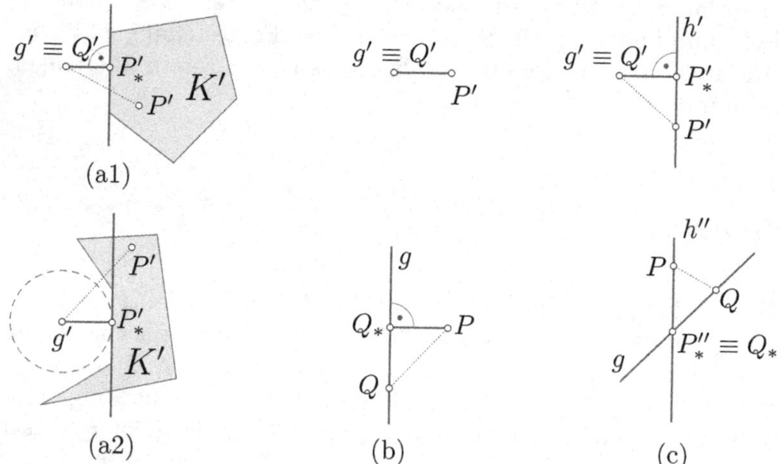

Abb. 9.8: Abstände von einer Geraden g (a) eines Körpers K, (b) eines Punktes P oder (c) einer Geraden h in Projektionen.

$\overline{P'Q'}$ die kürzeste Verbindung in der Projektion ist, dann muss die Strecke $\overline{PQ}$, die parallel zur Strecke $\overline{P'Q'}$ (und damit nicht länger als diese) ist, die gesucht kürzeste

Verbindung sein. Will man die Lage der optimalen Punkte $Q = Q_*$ lokalisieren, so helfen die Projektionen senkrecht zu g (untere Skizzen von Abb. 9.8 (b), (c)).

Komplizierter ist die Lage, wenn das Objekt K nicht konvex ist (Abb. 9.8(a2)), dann kann das Bild des optimalen Punktes $P' = P'_*$ sogar ein innerer Punkt von K' sein.

Aufgabe 271233A

Man ermittle den größten Wert, den der Flächeninhalt des Bildes eines beliebig im Raum liegenden Quaders Q mit gegebenen Kantenlängen a, b, c bei senkrechter Parallelprojektion auf eine Ebene annehmen kann.

Lösung

Wir bezeichnen, wie üblich, das Bild eines Punktes X in der senkrechten Parallelprojektion mit X'. Dabei steht X für einen der Eckpunkte A, B, C, D, E, F, G, H oder auch den Mittelpunkt M des Quaders. Die Beweisidee kann sehr kurz notiert werden: Wir entnehmen den Skizzen Abb. L271233Aa, dass die Fläche der Projektion in jedem Fall doppelt so groß ist, wie das Bild des durch drei Flächendiagonalen gebildeten Dreiecks $A'C'H'$, also maximal wird, wenn ein solches Dreieck parallel zur Projektionsebene liegt.

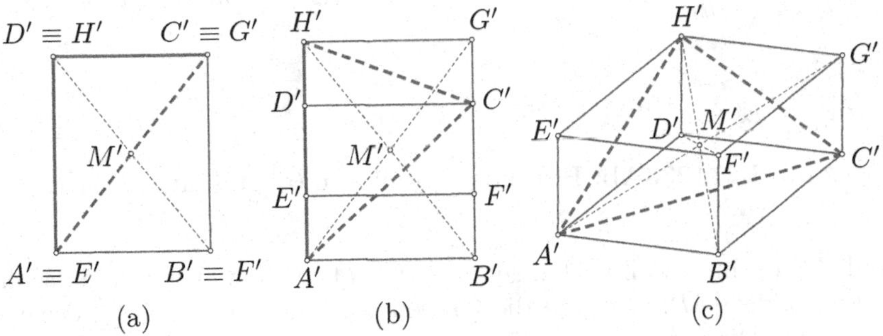

Abb. L271233Aa: Projektion (a) parallel zu einer Kante, (b) parallel zu einer Fläche oder (c) windschief.

Schwieriger ist es, den Beweis so aufzuschreiben, dass jeder um Verständnis bemühte Leser sicher ist, dass diese Lösung für alle denkbaren Quader und alle möglichen Lagen zutrifft (und dass dabei der Beweis auch verständlich, vollständig und außerdem noch übersichtlich und kurz ist).

Wir nehmen an, dass der Quader auf einer Seite der Projektionsebene ε liegt und diese berührt (anderenfalls verschieben wir die Projektionsebene parallel) und nennen den Eckpunkt auf ε (oder einen der Eckpunkte) D. Die Diagonale $\overline{BD}$

gehöre dann zur Seitenfläche $ABCD$. Die vier Raumdiagonalen des Quaders seien $\overline{AG}$, $\overline{BH}$, $\overline{CE}$ und $\overline{DF}$. Sie schneiden sich im Mittelpunkt M zu dem der Quader zentralsymmetrisch ist. Diese Symmetrie überträgt sich auf die Projektion.

D bildet mit den Punkten A, C und H eine rechtwinklige räumliche Ecke, die auf einer Seite von ε liegt. Die Senkrechte in D zu dieser Ebene verläuft dann nicht außerhalb der Ecke, hat also mit $\triangle\, ACH$ einen inneren Punkt oder einen Randpunkt D'' gemeinsam, dessen Projektion der Punkt $D \equiv D'$ ist. D' liegt also im Inneren oder auf dem Rand der Projektion $\triangle\, A'C'H'$.

Das Bild jeder Rechteckfläche ist ein Parallelogramm, das zu einer Strecke entartet, wenn die Projektionsrichtung parallel zu dieser Fläche ist (Abb. L271233Aa). Da D' zum Dreieck der Diagonalen der Parallelogramme $A'B'C'D'$, $C'G'H'D'$ und $H'E'A'D'$ gehört und Eckpunkt in jedem dieser Parallelogramme ist, setzt sich das Bild des Quaders aus diesen drei Parallelogrammen additiv zusammen und hat die doppelte Fläche des Dreiecks $A'C'H'$.

Maximal wird sie, wenn $\triangle\, ACH$ parallel zur Projektionsfläche liegt.

Um den Flächeninhalt zu berechnen betrachten wir die senkrechten Projektionen parallel zu $\overline{AB}$ und $\overline{AH}$ (Abb. L271233Ab). In der ersten werden die Strecken

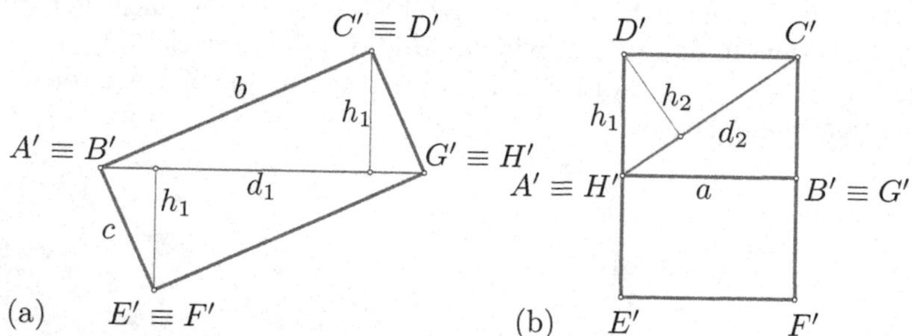

Abb. L271233Ab: Projektion parallel zu (a) $\overline{AB}$ und (b) $\overline{AH}$.

$\overline{AD}$ und $\overline{AF}$ in ihren wahren Längen b bzw. c abgebildet. Die zweite, senkrecht zur ersten, bildet $|AB| = a$ und die Größen senkrecht zur Dreiecksfläche ACH unverkürzt ab. Die Senkrechte zur Diagonalen $\overline{AH}$ im Rechteck $ADHE$ habe die Länge h_1. Sie wird in beiden Projektionen in wahrer Länge abgebildet. Die Höhe des Tetraeders mit der Grundfläche ACH, der Spitze D und der Länge h_2 wird in (b) in wahrer Länge dargestellt. Aus der Flächenformel für rechtwinklige Dreiecke wissen wir, dass das Produkt aus Hypotenuse und Höhe gleich dem Produkt der Katheten ist. Verbunden mit dem Satz des PYTHAGORAS nutzen wir das zweimal und erhalten

$$\frac{1}{h_1} = \frac{d_1}{bc} = \frac{\sqrt{b^2 + c^2}}{bc} = \sqrt{\frac{1}{b^2} + \frac{1}{c^2}}\,,$$

$$\frac{1}{h_2} = \frac{d_2}{ah_1} = \frac{\sqrt{a^2+h_1^2}}{ah_1} = \sqrt{\frac{1}{a^2}+\frac{1}{h_1^2}} = \sqrt{\frac{1}{a^2}+\frac{1}{b^2}+\frac{1}{c^2}}\,.$$

Der gesuchte Flächeninhalt I ergibt sich dann aus $I/2$, dem Inhalt des Dreiecks ACH, der wiederum mit der Kenntnis von h_2 aus dem Volumens $V = abc/6$ des Tetraeders $ACHD$ ermittelt werden kann:

$$I = \frac{6V}{h_2} = abc\sqrt{\frac{1}{a^2}+\frac{1}{b^2}+\frac{1}{c^2}} = \sqrt{b^2c^2+a^2c^2+a^2b^2}\,.$$

Das ist also die gesuchte maximale Fläche der Projektion. 

Aufgabe 031243

Gegeben sei ein (nicht notwendig regelmäßiges) Tetraeder, dessen Seitenflächen sämtlich untereinander flächengleich sind:
Beweisen Sie, dass dann folgende Punkte zusammenfallen:

(1) der Mittelpunkt der einbeschriebenen Kugel, d. h. der alle vier Seitenflächen innerhalb berührenden Kugel,
(2) der Mittelpunkt der Umkugel, d. h. der durch die vier Eckpunkte gehenden Kugel!

Lösung

Wir nehmen an, dass die Seitenflächen des Tetraeders $ABCD$ sämtlich untereinander flächengleich sind. Für diesen Fall zeigen wir zunächst, dass die gegenüberliegenden Kanten gleich lang sind. Dazu verallgemeinern wir die Konstruktion des regelmäßigen Tetraeders (Abb. 9.2 S. 508) und nutzen die Einbettung eines beliebigen Tetraeders in ein Parallelepiped (Abb. L031243a).

Dafür konstruieren wir den Schwerpunkt S des Tetraeders $ABCD$ (z. B. als Mittelpunkt der Mittelpunkte von $\overline{AB}$ und $\overline{CD}$) und spiegeln alle Eckpunkte an S. Mit den gegenüberliegenden Punkten A_1, B_1, C_1, D_1 erhalten wir das angekündigte Parallelepiped oder, mit einem anderen Wort, einen Spat. Jede Kante des Tetraeders $ABCD$ wird dabei zu einer Diagonalen einer Seitenfläche des Spates.

Wir wollen zeigen, dass unter den Voraussetzungen der Aufgabe dieser Spat ein Quader sein muss. Dazu nehmen wir das Gegenteil an. Dann muss es eine Kante geben, die auf den beiden nichtparallelen Seitenflächen nicht senkrecht steht, o. B. d. A. sei das die Kante $\overline{AB_1}$. Diese ist im Parallelepiped parallel zu den diagonalen Parallelogrammen CDC_1D_1 und ABA_1B_1. Da diese zueinander nicht parallel sind (sonst wären die vier Eckpunkte des Tetraeders komplanar), darf mindestens eines dieser beiden Parallelogramme nicht senkrecht auf AC_1BD_1 stehen. O. B. d. A. sei das das Viereck CDC_1D_1.

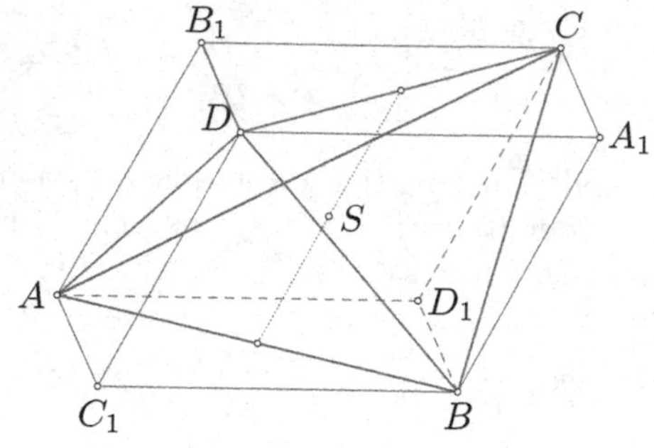

Abb. L031243a

Wir projizieren den Spat auf eine Ebene, die senkrecht zur Strecke $\overline{CD}$ steht. Den Bildpunkt eines Punktes X markieren wir als X'. Da ein Parallelogramm immer auf ein (evtl. zur Strecke entartetes) Parallelogramm abgebildet wird, erhalten wir eine Figur wie in Abb. L031243b.

In einem Parallelogramm halbieren sich die Diagonalen, deshalb ist $C' = D'$ der Mittelpunkt der Strecke $\overline{B_1'A_1'}$ und $C_1' = D_1'$ der Mittelpunkt der Strecke $\overline{A'B'}$.

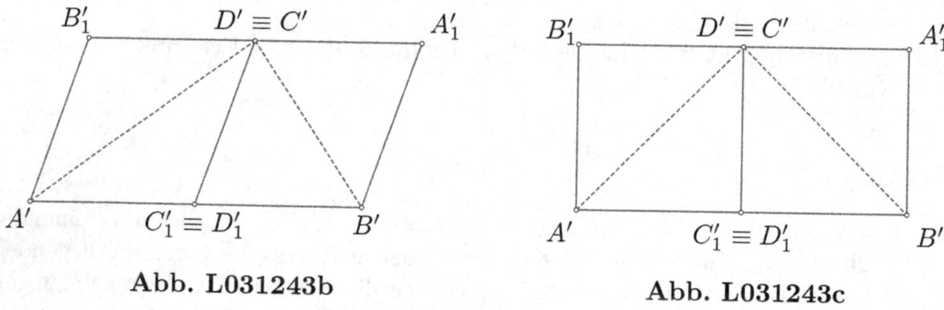

Abb. L031243b **Abb. L031243c**

Weil $\overline{CD}$ auf der Projektionsebene senkrecht steht, ist die Länge der Strecke $\overline{B'C'}$ gleich dem Abstand des Punktes B zur Geraden CD, also gleich der Höhe h_B im Dreieck BCD zur Seite $\overline{CD}$. Analog ist, die Länge der Strecke $\overline{A'C'}$ gleich der Höhe h_A im Dreieck ACD zur Seite $\overline{CD}$. Nach Voraussetzung haben die Dreiecke ACD und BCD gleichen Inhalt, also ist $h_A = h_B$. Es folgt $|A'C'| = |B'C'|$.

Da C' und C_1' die Mittelpunkte der Strecken $\overline{A_1'B_1'}$ bzw. $\overline{A'B'}$ sind, ist $|A'C'| = |C_1'A_1'|$. Im Parallelogramm $C_1'B'A_1'C'$ sind also die Diagonalen gleich lang, d. h. es handelt sich um ein Rechteck, genauer ist also die AbbildungL031243c. Die Diagonalfläche CDC_1D_1 steht also doch senkrecht auf der Seitenfläche AC_1BD_1 des Spates, die Annahme, dass kein Quader vorliegt, ist also falsch.

Für einen Quader sind die Diagonalen zueinander paralleler Flächen gleich lang. Daraus folgt, dass alle vier Seitendreiecke des Tetraeders $ABCD$ kongruent sind.

Mit dieser Aussage fällt es uns jetzt leicht, zu zeigen, dass der Um- und der Inkugelmittelpunkt beim Tetraeder $ABCD$ zusammenfallen:

Dazu folgern wir aus der Kongruenz der Seitendreiecke des Tetraeders $ABCD$, dass ihre vier Umkreise gleich groß sind. Da die Umkreise dieser Seitendreiecke von den Ebenen des Tetraeders aus der Umkugel ausgeschnitten werden und die Umkugel eines Tetraeders eindeutig ist, schließen wir, dass alle Seitenflächen vom Umkugelmittelpunkt den selben Abstand haben. D. h. der Umkugelmittelpunkt ist auch der Inkugelmittelpunkt (und stimmt mit dem Schwerpunkt S überein). ◇

Aufgabe 291245

Die Ecken eines Würfels mit gegebener Kantenlänge a seien wie in Abbildung A291245 mit A, B, C, D, E, F, G, H bezeichnet.

Die Ebene, in der A, B, C, D liegen, sei ε_1; die Ebene, in der B, C, G, F liegen, sei ε_2; die Gerade durch H und den Mittelpunkt M des Quadrates $BCGF$ sei g genannt.

Man beweise, dass es unter allen Strecken, die einen Punkt von ε_1 mit einem Punkt auf ε_2 verbinden und deren Mittelpunkt auf g liegt, eine Strecke von kleinster Länge gibt.

Man ermittle diese kleinste Länge.

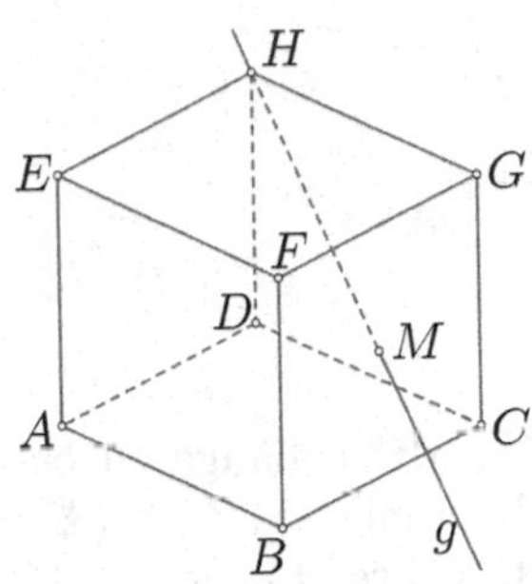

Abb. A291245

Lösungen

1. Lösung. Die Schnittgerade von ε_1 und ε_2, d. h. die Gerade durch BC sei h. Wir spiegeln die Strecke $\overline{AD}$ an der Ebene ε_2 und erhalten $\overline{A_1D_1}$. Aus Symmetriegründen liegt A_1 auf g. Die Kantenlänge des Würfels nennen wir $a = |AB|$.

Es sei nun $\overline{PQ}$ eine Strecke mit P auf ε_1, Q auf ε_2 und einem Mittelpunkt S auf g (Abb. L291245a). Da ε_1 und ε_2 senkrecht aufeinander stehen, liegt der Fußpunkt R des Lotes von Q auf ε_1 auf h. Das Dreieck PQR ist damit rechtwinklig und S der Umkreismittelpunkt des Dreiecks.

Für beliebige Punkte S und R der Geraden g bzw. h kann man umgekehrt und eindeutig Punkte P auf ε_1 und Q auf ε_2 konstruieren, indem man den Punkt R am Fußpunkt S_0 des Lotes von S auf ε_1 spiegelt, das ergibt in ε_1 den Punkt P. Das Dreieck SPR steht dann senkrecht auf ε_1, so dass die Gerade SP die Senkrechte zu ε_1 im Punkt R in genau einem Punkt Q schneidet. Aus $\overline{SS_0} \parallel \overline{QR}$ und $|RS_0| = |S_0P|$ folgt $|QS| = |SP|$.

In dieser Figur gilt $|PQ| = 2\,|SR| \geq 2d$, wenn d die Länge des Abstandes zwischen den Geraden g und h ist. Wählen wir $R = R_*$, $S = S_*$, die Endpunkte des Abstandes, so gilt Gleichheit. Genau in diesem Fall hat $\overline{PQ}$ eine kleinste Länge $2d$.

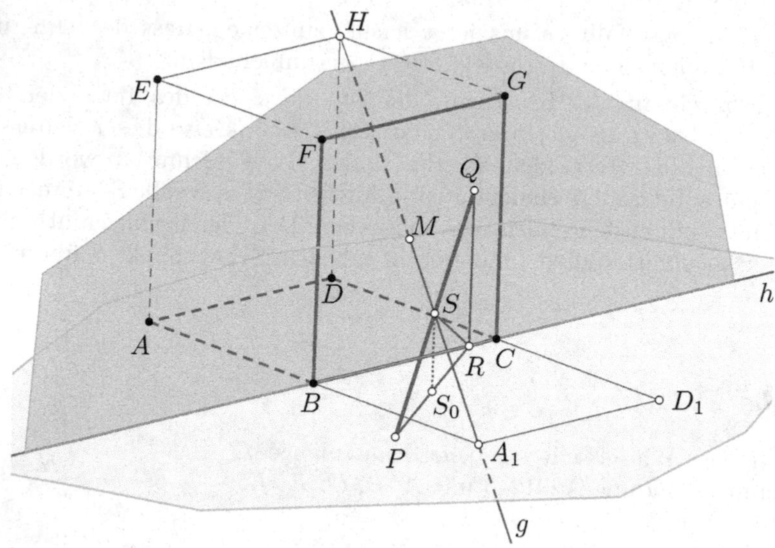

Abb. L291245a

Um diese Länge zu berechnen, betrachten wir die Projektion auf die Ebene ε_3 der Fläche $ABFE$ (Abb. L291245b), die senkrecht auf h steht und den Abstand in wahrer Länge $d = |R_*S_*| = |BS'_*|$ abbildet. Nach dem Satz des PYTHAGORAS berechnen wir im Dreieck AA_1E die Länge $|A_1E| = \sqrt{5}\,a$ und über die Berechnung des Flächeninhalts von Dreieck BA_1E schließlich

$$|P_*Q_*| = 2d = 2\,|BS'_*| = 4\frac{|BA_1| \cdot |AE|\,/2}{|A_1E|} = 2\frac{a^2}{\sqrt{5}\,a} = \frac{2}{5}\sqrt{5}\,a\,.$$

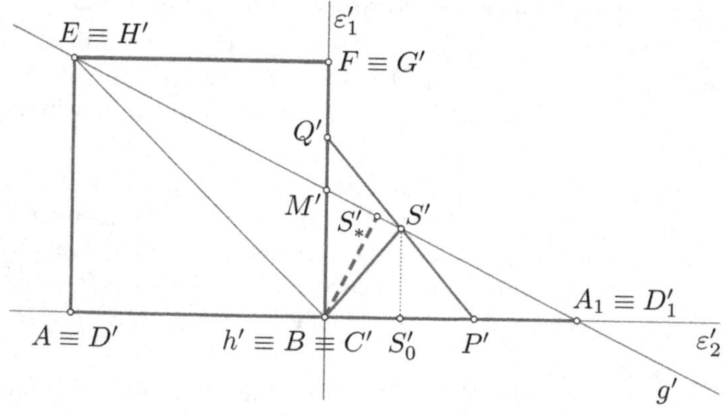

Abb. L291245b

2. Lösung. Wir versuchen eine analytische Lösung. Ausgehend von der Lageskizze Abb. L291245c legen wir den Koordinatenursprung in den Punkt C und wählen

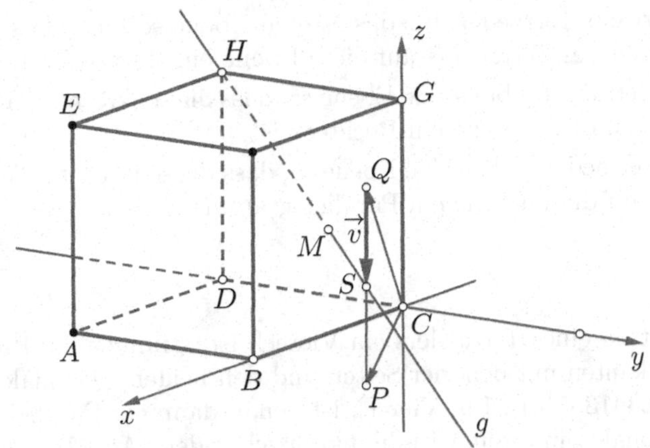

Abb. L291245c

die Einheit und die Achsen so, dass die Eckpunkte die Koordinaten $A\,(1,-1,0)$, $B\,(1,0,0)$, $C\,(0,0,0)$, $D\,(0,-1,0)$, $E\,(1,-1,1)$, $F\,(1,0,1)$, $G\,(0,0,1)$ und $H\,(0,-1,1)$ besitzen. Da die Länge $|QP|$ berechnet werden soll (und wir, vorausschauend auf die späteren Rechnung, Brüche möglichst vermeiden wollen) setzen wir die variablen Größen der Aufgabe als

$$\vec{P} = \begin{bmatrix} p_x \\ p_y \\ 0 \end{bmatrix}, \quad \vec{Q} = \begin{bmatrix} q_x \\ 0 \\ q_z \end{bmatrix}, \quad \overrightarrow{QP} = \vec{P} - \vec{Q} = 2\vec{v} = 2\overrightarrow{QS} = 2\begin{bmatrix} r \\ s \\ t \end{bmatrix}$$

an, woraus sofort $p_x - q_x = 2r$, $p_y = 2s$, $q_z = -2t$ und die Koordinaten $S\,(q_x + r, s, -t)$ folgen. Die Gerade g ist die Schnittgerade der beiden Ebenen

$$\text{(a)} \qquad x + z = 1\,, \qquad\qquad \text{(b)} \qquad y + 2z = 1\,. \tag{1}$$

Da S auf g liegen soll, folgt aus (1b) $s = 2t + 1$, also gilt für die betrachtete Länge

$$|\overrightarrow{QP}| = 2|\vec{v}| = 2\sqrt{r^2 + (2t+1)^2 + t^2} = 2\sqrt{r^2 + 5\left(t + \frac{2}{5}\right)^2 + \frac{1}{5}} \geq \frac{2}{\sqrt{5}} = \frac{2}{5}\sqrt{5}$$

mit Gleichheit für und nur für $r = 0$ und $t = -2/5$. Dann ist $s = 2t + 1 = 1/5$. Wegen $r = 0$ muss dann $p_x = q_x$ sein und aus (1b) für den Punkt S folgt $p_x - q_x = 1 - r + t = 3/5$. Es gibt also genau die Punkte $P\,(3/5, 2/5, 0)$ und $Q\,(3/5, 0, 4/5)$, für die die Länge minimal wird. Tatsächlich erfüllt der Mittelpunkt $S\,(3/5, 1/5, 2/5)$ beide Gleichungen (1), und liegt damit auf der Geraden g.

Die kleinste Länge beträgt das $\frac{2}{5}\sqrt{5}$-fache der Kantenlänge des Würfels. ◇

Aufgabe 441335

Man entscheide, welche der folgenden Aussagen wahr sind:

(a) Es existiert ein Tetraeder, für das es eine Ebene so gibt, dass die senkrechte Parallelprojektion des Tetraeders auf diese Ebene ein Rechteck ist.

(b) Für jedes Tetraeder gibt es eine Ebene so, dass die senkrechte Parallelprojektion des Tetraeders auf diese Ebene ein Rechteck ist.

(c) Für jedes Tetraeder gibt es eine Ebene so, dass die senkrechte Parallelprojektion des Tetraeders auf diese Ebene ein Parallelogramm ist.

Lösung

Wenn der Schatten eines Tetraeders ein Viereck ist, stimmen die Projektionen der sechs Tetraederkanten mit den vier Seiten und den beiden Diagonalen des Vierecks überein (Abb. L441335(a)). Ein Viereck ist genau dann ein Parallelogramm, wenn sich seine Diagonalen in ihren Mittelpunkten schneiden (Abb. L441335(b)). Da bei

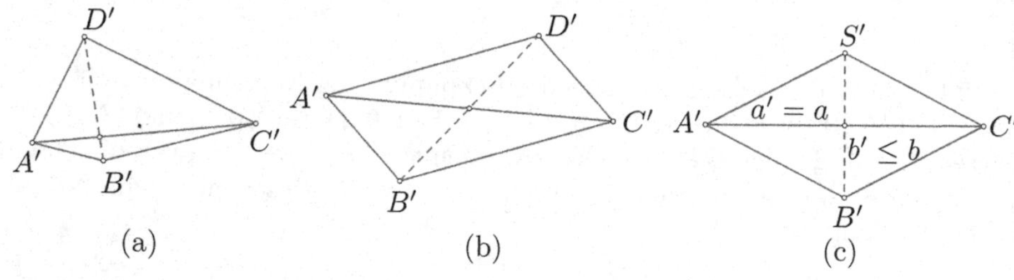

Abb. L441335

Parallelprojektion Projektionen von Mittelpunkten Mittelpunkte der Projektionen sind (vgl. Abb. 9.7(a), S. 520), liegt genau dann ein Parallelogramm vor, wenn die Projektionen der Mittelpunkte zweier windschiefer Kanten des Tetraeders in denselben Punkt fallen. Die Verbindungsstrecke dieser Mittelpunkte definiert dann die Projektionsrichtung. Im Tetraeder gibt es drei Paare windschiefer Kanten, für die dann die Mittelpunkte und deren Verbindungsstrecke eindeutig definiert sind. Somit gibt es für jedes Tetraeder genau drei Projektionsrichtungen, für die der Schatten ein Parallelogramm ist.

Ein Parallelogramm ist genau dann ein Rechteck, wenn beide Diagonalen die gleiche Länge besitzen. Wir zeigen, dass das eintreten kann, aber nicht für jedes Tetraeder möglich ist. Dazu betrachten wir eine gleichseitige gerade Pyramide $ABCS$ mit $|AB| = |BC| = |CA| = a$ und $|AS| = |BS| = |CS| = b \leq a$. Solch eine Pyramide existiert für $a < \sqrt{3} \cdot b$. In diesem Fall liegt jeweils eine Strecke der Länge a einer Strecke der Länge b gegenüber. Alle drei Schatten, die Parallelogramme sind, sind also kongruent (s. Abb. L441335 (c)). Aus Symmetriegründen steht die Verbindungslinie der Mittelpunkte senkrecht auf der Grundkante der Länge a, die damit in voller Länge auf ihren Schatten abgebildet wird. Die andere Diagonale hat eine Länge $b' \leq b$. Gilt $b < a$ folgt $b' < a$, das Parallelogramm ist kein Rechteck.

Sind allerdings alle Kanten der Pyramide gleich lang, $b = a$, so steht die Verbindungslinie der Mittelpunkte senkrecht auf beiden Kanten, es gilt $b' = b = a$. die Längen der Projektionen dieser Kanten sind also unverkürzt gleich, das Parallelogramm also ein Rechteck (in diesem Fall sogar ein Quadrat).

Damit ist nachgewiesen, dass die erste und die dritte Aussage wahr sind, die zweite jedoch falsch ist. ◇

Aufgabe 501342

Ein Logistikunternehmen bemisst den Preis für das Versenden eines quaderförmigen Päckchens proportional zur Summe seiner drei Maße (Länge, Breite und Höhe). Gibt es Fälle, in denen man das Porto verringern kann, indem man ein teureres Päckchen in ein billigeres verpackt?

Lösungen

1. Lösung. Nein, solche Fälle gibt es nicht.

Um dies zu beweisen, nehmen wir an, dass ein Quader $\widehat{Q}$ mit den Kantenlängen x, y und z einen Quader Q mit den Kantenlängen a, b und c enthält. Wir wählen einen Eckpunkt O von $\widehat{Q}$ aus und projizieren Q orthogonal auf jede der drei Kanten von $\widehat{Q}$, die von O ausgehen. Weil Q innerhalb von $\widehat{Q}$ liegt ist jede Projektion höchstens so lang, wie die entsprechende Kante.

Sei $\ell(K, g)$ die Länge der Orthogonalprojektion auf eine Gerade g für ein geometrisches Objektes K. Ist $K = \overline{XY}$ eine Strecke der Länge $s = |XY|$ kürzen wir die Bezeichnung mit $s_g = \ell(\overline{XY}, g)$ ab.

Wir überlegen uns die Länge $\ell(Q, g)$ für einen Quader Q mit den Kantenlängen a, b und c (Abb. L501342a). Dazu nehmen wir die Gerade als orientiert an und wählen den Eckpunkt (oder einen der Eckpunkte, wenn mehrere in der Projektion zusammenfallen) dessen Projektion zuerst kommt zum Punkt A. Die weiteren Punkte werden so bezeichnet, dass das Rechteck $ABCD$ zur Oberfläche gehört und darin $\overline{AC}$ eine Diagonale mit dem Mittelpunkt M ist. S sei der Schwerpunkt des Quaders. Die an S gespiegelten Punkte A, B, C und D sind dann die restlichen Eckpunkte A_1, B_1, C_1 bzw. D_1 des Quaders.

Spiegeln wir im Rechteck $ABCD$ an M, so sind A und C der Bildpunkte voneinander, ebenso wie B und D. Das überträgt sich auf die Spiegelung am Punkt M' in der Projektion auf g. Da A' in der Orientierung von g ein erster Punkt sein sollte folgt daraus $A' \leq B' \leq C'$.

Die Gesamtprojektion ist symmetrisch zur Projektion des Schwerpunktes S' und fällt damit in die Strecke $\overline{A'A_1'}$. Aus $A' \leq B' \leq C' \leq A_1'$ ergibt sich für ihrer Länge

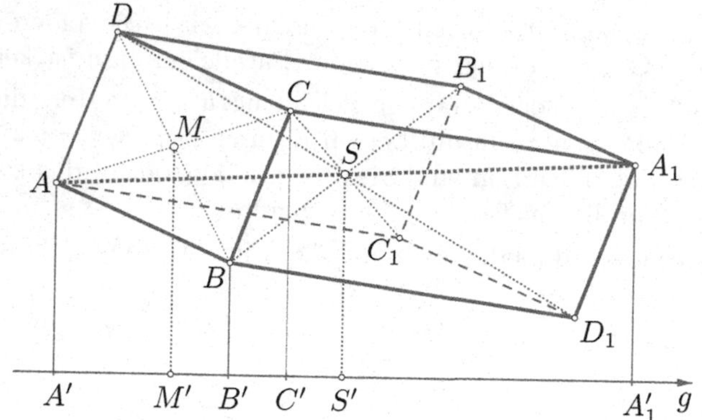

Abb. L501342a

$$\begin{aligned}\ell(Q,g) &= |A'A_1'| = |A'B'| + |B'C'| + |C'A_1'| \\ &= \ell(\overline{AB},g) + \ell(\overline{BC},g) + \ell(\overline{CA_1},g) \\ &= a_g + b_g + c_g\,.\end{aligned}$$

Jetzt schauen wir uns eine Kante der Länge s des Quaders Q an und projizieren diese auf die drei Kanten des Quaders $\widehat{Q}$ (Abb. L501342b). Für den Projektionslängen

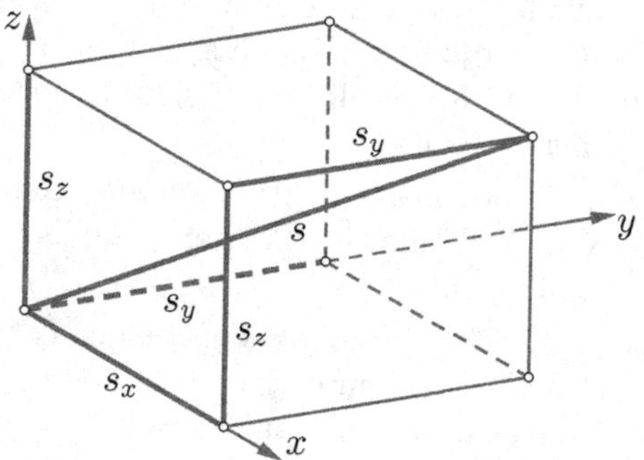

Abb. L501342b

ergibt sich aus der Dreiecksungleichung

$$s_x + s_y + s_z \geq s\,.$$

Kombinieren wir beide gezeigten Arten der Abschätzung,

$$\begin{aligned} x+y+z &\geq \ell(Q,x)+\ell(Q,y)+\ell(Q,z) \\ &= (a_x+b_x+c_x)+(a_y+b_y+c_y)+(a_z+b_z+c_z) \\ &= (a_x+a_y+a_z)+(b_x+b_y+b_z)+(c_x+c_y+c_z) \\ &\geq a+b+c\,, \end{aligned}$$

erhalten wir das vermutete Ergebnis, es kann nicht billiger werden.

2. Lösung. Ein erstaunlich direkter Beweis ergibt sich durch einen Trick. Wir „blasen“ beide Kartons gleichmäßig auf.

Dazu bezeichnen wir für einen Körper K und eine beliebige positive Zahl d mit K_d die Menge aller Punkte, deren Abstand von K nicht größer als d ist.

Wenn wir dieselben Bezeichnungen wie in der ersten Lösung verwenden, ist das Volumen $|Q_d|$ von Q_d, dem aufgeblasenen Quader Q,

$$|Q_d| = abc + 2(ab+ac+bc)d + \pi(a+b+c)d^2 + \frac{4}{3}\pi d^3\,,$$

denn Q_d ist zusammengesetzt aus dem Quader Q selbst, 6 Quadern der „Höhe“ d über der Oberfläche von Q, 12 Viertelzylindern vom Radius d längs jeder Kante von Q sowie 8 Achtelkugeln vom Radius d an jeder Ecke von Q. Analog hat $\widehat{Q}_d$ das Volumen

$$\left|\widehat{Q}_d\right| = xyz + 2(xy+xz+yz)d + \pi(x+y+z)d^2 + \frac{4}{3}\pi d^3\,.$$

Da Q in $\widehat{Q}$ enthalten sein soll, ist für jedes d auch $\widehat{Q}_d$ in $\widehat{Q}_d$ enthalten. Insbesondere gilt $|Q_d| \leq \left|\widehat{Q}_d\right|$, also

$$abc + 2(ab+ac+bc)d + \pi(a+b+c)d^2 \leq xyz + 2(xy+xz+yz)d + \pi(x+y+z)d^2\,.$$

Division durch die positive Zahl d^2 ergibt

$$\frac{abc}{d^2} + \frac{2(ab+ac+bc)}{d} + \pi(a+b+c) \leq \frac{xyz}{d^2} + \frac{2(xy+xz+yz)}{d} + \pi(x+y+z)\,.$$

Für hinreichend großes d werden die beiden ersten Summanden auf beiden Seiten beliebig klein, so dass die Ungleichung nur gelten kann, wenn $a+b+c \leq x+y+z$ erfüllt ist. Das wollten wir zeigen. ◇

Schnitte

Welche Lage Ebenen oder Geraden zueinander haben können, haben wir bei der Diskussion räumlicher Konstruktionen auf Seite 509 bereits erwähnt. Schon für einfache Körper kann die Diskussion der möglichen Schnittbilder mit einer Ebene recht komplex werden. Kegelschnitte bilden sogar eine eigenständige mathematische Disziplin, deren stereometrische Betrachtungsweise leider weitgehend aus der Schule, und damit auch aus der Mathematik-Olympiade, verschwunden ist. Ein Schnitt einer Ebene mit einem regelmäßigen oder allgemeinem Tetraeder ist leer, ein Punkt, eine Strecke ein Dreieck oder ein Viereck. Bei einem Quader können n-Ecke mit $3 \leq n \leq 6$ auftreten.

Eine Gerade schneidet eine Kugel(fläche) gar nicht oder in einem oder zwei Punkten, abhängig davon, ob der Abstand vom Mittelpunkt größer, gleich oder kleiner als der Radius ist. Eine Kugel(fläche) hat mit einer Ebene oder einer anderen Kugel keinen Punkt, genau einen oder eine ganze Kreislinie gemeinsam. Entscheidend ist wieder der Abstand zum Mittelpunkt.

Schnitte spielten bereits eine Rolle bei einzelnen Lösungen der Aufgaben 051246 (S.511), 271233A (S. 521), 441335 (S. 528) und 491346 (S. 514).

Aufgabe 341335

Man beweise: Wenn in einem Tetraeder $OABC$ die Seitenflächen OAB, OBC, OCA rechtwinklige Dreiecke mit den rechten Winkeln bei O sind, so gilt für die Längen $|OA| = a$, $|OB| = b$, $|OC| = c$ und für die Länge h der auf ABC senkrechten Höhe des Tetraeders die Ungleichung

$$h \leq \frac{1}{3}\sqrt{a^2 + b^2 + c^2}.$$

Lösungen

1. Lösung. Es seien A', B', C', O' diejenigen Punkte, für die $OBA'C$, $OCB'A$, $OBC'A$ Rechtecke sind und $OBA'CAC'O'B'$ ein Quader wird (s. Abb. L341335a). Die Strecken $\overline{OB'}$ und $\overline{BO'}$ sind dann parallele Flächendiagonalen und liegen auf

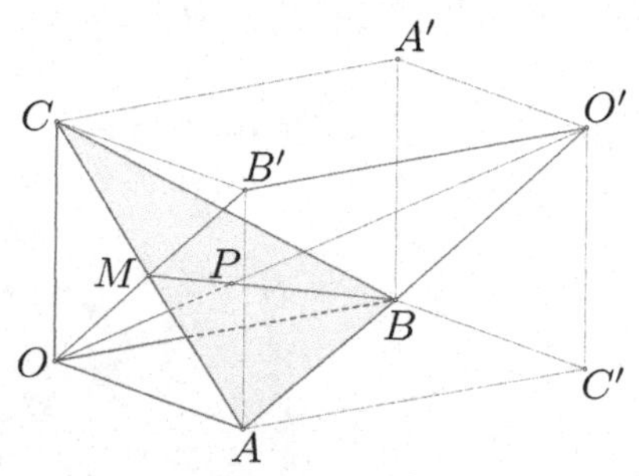

Abb. L341335a

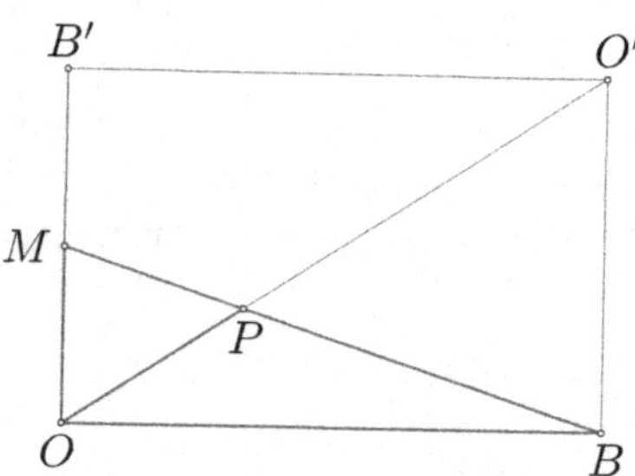

Abb. L341335b

einer Ebene. Der Schnitt dieser Ebene mit dem Quader ist das Rechteck $OBO'B'$,

das auch die Raumdiagonale $\overline{OO'}$ des Quaders enthält. Nach Konstruktion des Schnittes liegt der Mittelpunkt M des Rechtecks $OAB'C$ sowohl auf dem Schnitt als auch auf der Tetraederkante $\overline{AC}$. Die Menge der gemeinsamen Punkte zwischen der Tetraederfläche ABC und der Schnittebene enthält also die Strecke $\overline{MB}$. [1] Wir betrachten diese Strecke und die Diagonale $\overline{OO'}$ (Abb. L341335b). Da M der Mittelpunkt von $\overline{OB'}$ ist, schneiden sich beide Strecken in genau einem Punkt P, der im Innern des Rechtecks $OBO'B'$ liegt.
Da $\overline{OM} \parallel \overline{BO'}$ ist, sind die Dreiecke OPM und $O'PB$ ähnlich. Aus $|BO'| = 2\,|OM|$ folgt $|O'P| = 2\,|OP|$ und damit $|OO'| = 3\,|OP|$.
Da die Höhe des Tetraeders auch der Abstand des Punktes O von der Grundfläche $\triangle\, ABC$ ist, folgt für deren Länge daraus das geforderte Ergebnis,

$$h \leq |OP| = \frac{1}{3}\,|OO'| = \frac{1}{3}\sqrt{a^2+b^2+c^2}\,.$$

2. Lösung. Für das Volumen V des Tetraeders $ABCO$ gilt $V = abc/6$.
Der Flächeninhalt F des Dreiecks ABC berechnet sich mithilfe der HERON'schen Dreiecksformel unter Beachtung von

$$|AB| = \sqrt{a^2+b^2}, \quad |AC| = \sqrt{a^2+c^2}, \quad |BC| = \sqrt{b^2+c^2}$$

zu

$$F = \frac{1}{2}\cdot\sqrt{a^2b^2+a^2c^2+b^2c^2}\,.$$

Wegen $V = 1/3 \cdot F \cdot h$ erhält man so

$$h = \frac{abc}{\sqrt{a^2b^2+a^2c^2+b^2c^2}}.$$

Die zu beweisende Ungleichung lautet demnach

$$\frac{abc}{\sqrt{a^2b^2+a^2c^2+b^2c^2}} \leq \frac{1}{3}\sqrt{a^2+b^2+c^2}\,, \tag{1}$$

für deren Nachweis es eine Vielzahl von Methoden gibt, wie sie an verschiedenen Stellen des Kapitels 4 diskutiert wurden. Zum Beispiel folgt aus der Ungleichung zwischen arithmetischem und geometrischen Mittel (AGM, 4.4)

$$a^2+b^2+c^2 \geq 3\sqrt[3]{a^2b^2c^2} \quad \text{und} \quad a^2b^2+a^2c^2+b^2c^2 \geq 3\sqrt[3]{a^4b^4c^4}\,.$$

Setzt man die Ausdrücke in die Wurzeln ein, folgt die Gültigkeit von (1).

[1] Da der Punkt A nicht auf dem Schnitt liegt, folgt sogar, dass die Schnittmenge mit dieser Strecke übereinstimmt - das benötigen wir für unseren Beweis jedoch nicht.

3. Lösung. In einem angepassten dreidimensionalen Koordinatensystem mit O als Ursprung und den Punkte A, B, C jeweils auf den Koordinatenachsen führen wir für diese Punkte Ortsvektoren ein,

$$\vec{a} = \begin{pmatrix} a \\ 0 \\ 0 \end{pmatrix}, \quad \vec{b} = \begin{pmatrix} 0 \\ b \\ 0 \end{pmatrix}, \quad \vec{c} = \begin{pmatrix} 0 \\ 0 \\ c \end{pmatrix}.$$

In diesem Koordinatensystem vergleichen wir jetzt für die Ebene des Dreiecks ABC die Achsenabschnittsgleichung und die HESSE'sche Normalform. Für letztere führen wir den Abstand $d \geq 0$ der Ebene vom Koordinatenursprung und den Normaleneinheitsvektor $\vec{n}$ ein, der senkrecht zur Ebene steht und die Länge $|\vec{n}| = 1$ hat. Wir erhalten

$$\frac{1}{a} \cdot x + \frac{1}{b} \cdot y + \frac{1}{c} \cdot z = 1, \quad \text{bzw.} \quad n_x \cdot x + n_y \cdot y + n_z \cdot z = \vec{n} \circ \vec{x} = d.$$

Für $d > 0$ ist $\vec{n}$ eindeutig, der Vergleich beider Gleichungen liefert

$$\vec{n} = \frac{1}{\sqrt{\frac{1}{a^2} + \frac{1}{b^2} + \frac{1}{c^2}}} \begin{pmatrix} 1/a \\ 1/b \\ 1/c \end{pmatrix} \quad \text{und} \quad d = \frac{1}{\sqrt{\frac{1}{a^2} + \frac{1}{b^2} + \frac{1}{c^2}}}.$$

Für unsere Aufgabe haben wir damit $h = d$ berechnet und es bleibt zu beweisen

$$\frac{1}{\sqrt{\frac{1}{a^2} + \frac{1}{b^2} + \frac{1}{c^2}}} \leq \frac{1}{3}\sqrt{a^2 + b^2 + c^2}.$$

Diese Ungleichung ist äquivalent zu

$$\frac{3}{\frac{1}{a^2} + \frac{1}{b^2} + \frac{1}{c^2}} \leq \frac{1}{3}\left(a^2 + b^2 + c^2\right),$$

der Ungleichung zwischen harmonischem und arithmetischem Mittel der drei Zahlen a^2, b^2, c^2, die als (4.11), S. 193, für positive Zahlen bewiesen wurde. ◇

Aufgabe 241245

Es ist zu beweisen:

Wenn die Längen der Kanten eines Tetraeders nicht kleiner als $\sqrt{3}$ und nicht größer als 2 sind, dann sind die Innenwinkel zwischen je zwei Seitenflächen des Tetraeders $ABCD$ nicht größer als 90°.

Lösung

Wir verwenden eine Verallgemeinerung des Satzes des PYTHAGORAS, die man leicht, z. B. aus dem Kosinussatz, herleiten kann.

Lemma 9.3. *In einem Dreieck liege ein Winkel einer Seite der Länge c gegenüber. Mit den Längen a und b der beiden anderen Seiten berechnen wir*

$$k = a^2 + b^2 - c^2.$$

Dann ist der Winkel genau dann stumpf, wenn $k < 0$, ein rechter Winkel, wenn $k = 0$ und spitz, wenn $k > 0$ gilt.

Zunächst untersuchen wir, welche Winkel in der Abwicklung auftreten können. In zwei weiteren Schritten schätzen wir dann die Größen in den Projektionen parallel zu Tetraederkanten ab und bestimmen die Winkel zwischen Ebenen als Dreieckswinkel in diesen Projektionen.

1. Jede Seitenfläche des Tetraeders ist ein spitzwinkliges Dreieck, denn es gilt im Dreieck ABC mit einer (o. B. d. A.) längsten Seite $\overline{AC}$

$$\overline{AB}^2 + \overline{BC}^2 - \overline{AC}^2 \geq 3 + 3 - 4 > 0\,.$$

Dies gilt auch für alle anderen Dreiecke.

2. Jede Höhe in einem Seitendreieck ist nicht kleiner als $\sqrt{2}$. Nach 1. liegen alle Höhen im Innern der Dreiecke. Der Fußpunkt F der Höhe von C auf $\overline{AB}$ teilt

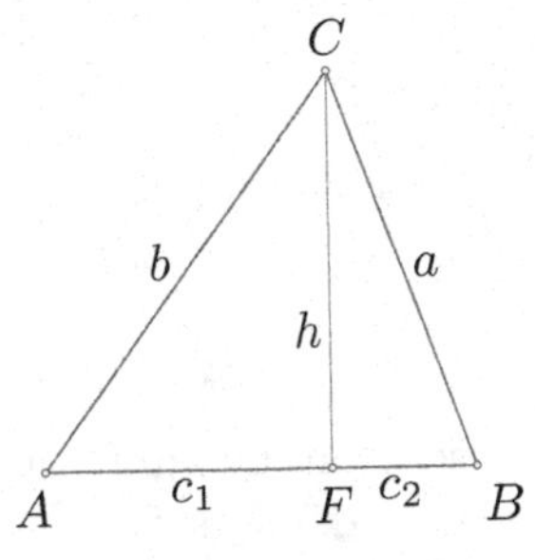

Abb. L241245a

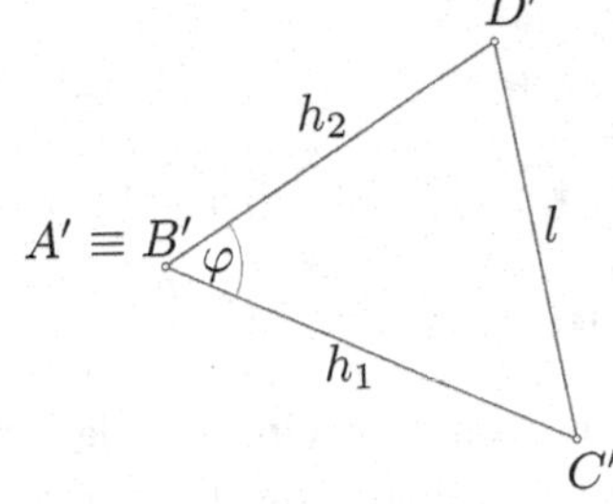

Abb. L241245b

damit $\overline{AB}$ in zwei Teile mit den Längen $c_1 > 0$, $c_2 > 0$ (Abb. L241245a). Aus $c_1 + c_2 = |AB|$ folgt $\min\{c_1, c_2\} \leq |AB|/2 \leq 1$. Es ist also

$$\begin{aligned} h^2 &= \overline{CF}^2 = \overline{AC}^2 - c_1^2 = \overline{BC}^2 - c_2^2 \\ &= \max\{\overline{AC}^2 - c_1^2,\ \overline{BC}^2 - c_2^2\} \geq 3 - \left(\min\{c_1, c_2\}\right)^2 \geq 3 - 1 = 2\,. \end{aligned}$$

Dies gilt analog für alle Höhen aller Seitendreiecke.

3. In der Projektion des Tetraeders parallel zu einer Tetraederkante, z. B. der Kante $\overline{AB}$ (vgl. Abb. L241245b), werden die Seitenhöhen von C und D auf die Kante $\overline{AB}$ mit den Längen h_1 bzw. h_2 in wahrer Größe dargestellt, ebenso wie der Winkel φ zwischen den Dreiecksflächen ABC und ABD. Die Länge der dritten Seite, der Projektion der Kante $\overline{CD}$, ist dann nicht länger als die Strecke $\overline{CD}$ selbst, woraus unter Verwendung von 2.

$$\overline{A'C'}^2 + \overline{A'D'}^2 - \overline{C'D'}^2 \geq h_1^2 + h_2^2 - \overline{CD}^2 \geq 2 + 2 - 4 \geq 0\,.$$

folgt. Aus Lemma 9.3 folgt $\varphi \leq 90°$. Dies gilt ebenso für alle anderen Winkel zwischen Tetraederflächen.

Bemerkung. Die Abschätzung ist scharf, d. h. rechte Winkel zwischen Tetraederflächen sind möglich. Der Leser möge sich durch ein Beispiel davon überzeugen oder sich sogar der Zusatzaufgabe stellen, alle möglichen Beispiele dafür zu finden! ◇

Aufgabe 331343

Es sei $ABCDS$ eine gerade vierseitige Pyramide mit der Spitze S und der quadratischen Grundfläche $ABCD$. Ferner seien A', B', C', D' vier Punkte, die jeweils auf den Seitenkanten $\overline{AS}$, $\overline{BS}$, $\overline{CS}$ bzw. $\overline{DS}$ liegen und von S beliebig gegebene (von Null verschiedene) Abstände a, b, c bzw. d haben.

Man zeige, dass unter diesen Voraussetzungen stets gilt: Die Punkte A', B', C', D' liegen genau dann in einer gemeinsamen Ebene, wenn

$$\frac{1}{a} + \frac{1}{c} = \frac{1}{b} + \frac{1}{d}$$

gilt.

Lösungen

1. Lösung. Für eine gerade Pyramide, deren Grundseite ein Quadrat ist, sind die beiden Schnitte, die die Spitze S und je eine Diagonale des Quadrats enthalten, kongruent. Die Größe der Winkel an der Spitze $\sphericalangle ASC = \sphericalangle BSD$ sei 2φ. Dabei ist $0° < \varphi < 90°$. Die Pyramidenhöhe $\overline{HS}$ mit dem Diagonalenschnittpunkt H als Fußpunkt, ist in beiden Schnitten Höhe und Winkelhalbierende des Dreiecks (Abb. L331343a). Der Schnitt ACS enthält dann auch die Punkte A' und C', deren Verbindungsstrecke die Strecke $\overline{HS}$ in einem Punkt P_1 schneidet. Entsprechend liegen die Punkte B', D' und der Schnittpunkt P_2 von $\overline{B'D'}$ mit $\overline{HS}$ im Schnitt BDS.

Wenn A', B', C' und D' auf einer gemeinsamen Ebene ε liegen, enthält diese Ebene auch die Strecken $\overline{A'C'}$ und $\overline{B'D'}$, die Punkte P_1 und P_2 müssen also mit dem

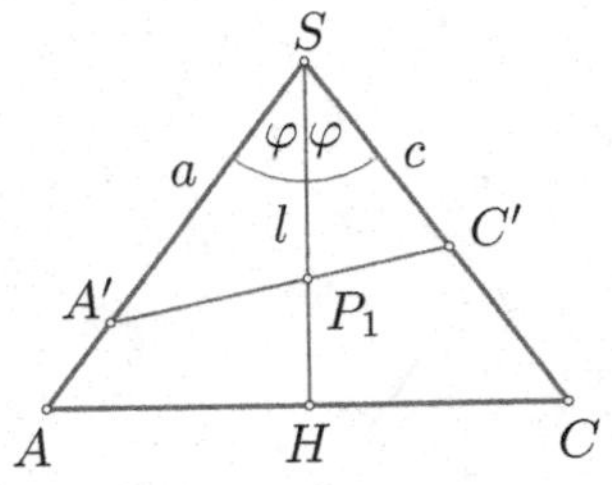

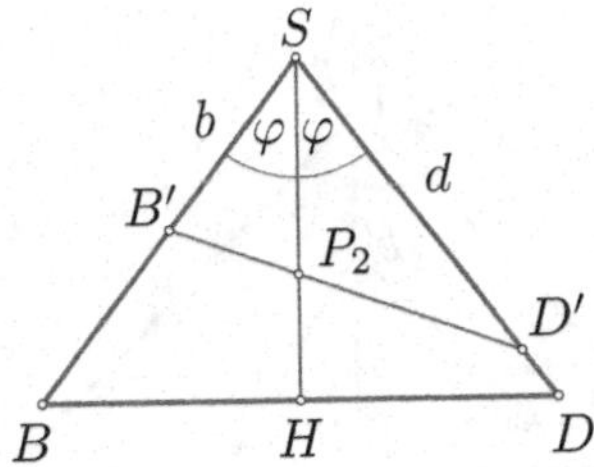

Abb. L331343a

eindeutigen Schnittpunkt P der Ebene mit der Geraden HS übereinstimmen[2]. Stimmen umgekehrt die Punkte P_1 und P_2 überein, so schneiden sich die Geraden $A'C'$ und $B'D'$, liegen also in einer Ebene. Hinreichend und notwendig dafür, dass A', B', C', D' komplanar sind, ist demnach $P_1 \equiv P_2$, d. h. $|SP_1| = |SP_2|$.

Wir führen die Länge der Winkelhalbierenden $l = |SP_1|$ im Dreieck $A'C'S$ ein und zerlegen das Dreieck in die Teile $\triangle A'P_1S$ und $\triangle P_1C'S$. Wir vergleichen den doppelten Flächeninhalt und dividieren durch $acl \cdot \sin\varphi > 0$

$$lc\sin\varphi + al\sin\varphi = ac\sin 2\varphi = 2ac\sin\varphi\cos\varphi$$

$$\frac{1}{a} + \frac{1}{c} = w\frac{2\cos\varphi}{l}$$

Die analoge Formel gilt im Dreieck $B'D'S$. Wegen $\cos\varphi > 0$ sind die Winkelhalbierenden genau dann gleich lang, wenn die rechten Seiten gleich sind. Also genau dann, wenn

$$\frac{1}{a} + \frac{1}{c} = \frac{1}{b} + \frac{1}{d},$$

das war zu beweisen.

2. Lösung. Wir führen ein kartesisches Koordinatensystem ein, so dass A und C auf der x-Achse mit den Koordinaten $x = \pm 1$, B und D auf der y-Achse mit $y = \pm 1$ (vgl. Abb. L331343b) und S auf der z-Achse mit $z = h > 0$ liegt (Abb. L331343c). Der Koordinatenursprung ist dann der Fußpunkt H der Höhe der Pyramide.

Für die Koordinaten des Punktes $A'(a', 0, h'_a)$ gelten die Verhältnisse

$$(h - h'_a) : h = a' : 1 = a : \sqrt{1 + h^2}\,.$$

Setzen wir $u = 1/\sqrt{1 + h^2}$, so folgt $a' = ua$ und $h'_a = (1 - ua)h$. Mit den analogen Formeln für die anderen drei Punkte erhalten wir die Koordinaten

$$A'(ua,0,(1-ua)h),\ B'(0,ub,(1-ub)h),\ C'(-uc,0,(1-uc)h),\ D'(0,-ua,(1-ud)h)$$

[2] Da S zur Gerade, aber nicht zur Ebene gehört, können diese nicht parallel sein.

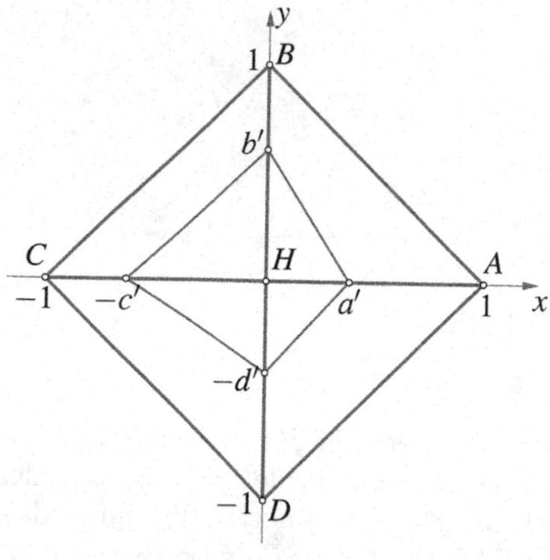

Abb. L331343b

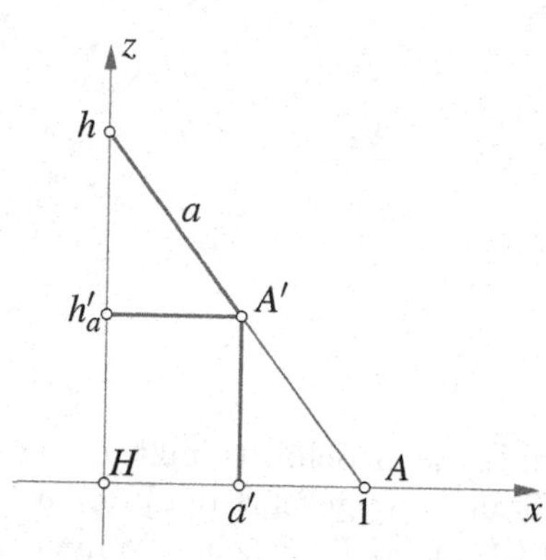

Abb. L331343c

Wir berechnen das orientierte (d. h. vorzeichenbehaftete) Volumen V des Tetraeders. Mit der zugehörigen Determinante gilt

$$6V = \begin{vmatrix} ua & 0 & h(1-ua) & 1 \\ 0 & ub & h(1-ub) & 1 \\ -uc & 0 & h(1-uc) & 1 \\ 0 & -ud & h(1-ud) & 1 \end{vmatrix} = hu^2 \begin{vmatrix} a & 0 & -ua & 1 \\ 0 & b & -ub & 1 \\ -c & 0 & -uc & 1 \\ 0 & -d & -ud & 1 \end{vmatrix} = -hu^3 \begin{vmatrix} a & 0 & a & 1 \\ 0 & b & b & 1 \\ -c & 0 & c & 1 \\ 0 & -d & d & 1 \end{vmatrix}.$$

Dabei haben wir in den ersten drei Spalten die Faktoren u, u bzw. h ausgeklammert, danach die letzte Spalte von der vorletzten abgezogen. Dann konnten wir in der dritten Spalte $-u$ ausklammern. Wenn wir in der ersten Zeile a, in der zweiten b in der dritten c und in der vierten d ausklammern und durch $-abcdhu^3 \neq 0$ dividieren, ergibt sich

$$-\frac{6V}{abcdhu^3} = \begin{vmatrix} 1 & 0 & 1 & 1/a \\ 0 & 1 & 1 & 1/b \\ -1 & 0 & 1 & 1/c \\ 0 & -1 & 1 & 1/d \end{vmatrix} = \begin{vmatrix} 1 & 0 & 1 & 1/a \\ 0 & 1 & 1 & 1/b \\ 0 & 0 & 2 & 1/a+1/c \\ 0 & 0 & 2 & 1/b+1/d \end{vmatrix} = \begin{vmatrix} 1 & 0 \\ 0 & 1 \end{vmatrix} \cdot \begin{vmatrix} 2 & 1/a+1/c \\ 2 & 1/b+1/d \end{vmatrix}.$$

Jetzt haben wir die erste Zeile zur dritten, die zweite zur vierten addiert und die Determinante blockweise entwickelt. Wir können einen weiteren Faktor, 2, ausklammern.

Die vier Punkte liegen genau dann auf einer Ebene, wenn $V = 0$ gilt, das bedeutet

$$0 = \begin{vmatrix} 1 & 1/a+1/c \\ 1 & 1/b+1/d \end{vmatrix} = \left(\frac{1}{b}+\frac{1}{d}\right) - \left(\frac{1}{a}+\frac{1}{c}\right),$$

äquivalent zur Behauptung. 

Abwicklungen

Um zweidimensional zu denken, kann man bei dreidimensionalen Objekten auch die Flächen benutzen, die diese nach ihrer Definition haben, z. B. Teile der Oberfläche wie die Seiten eines Polyeders oder der Mantel eines Zylinders oder eines Kegels. Stellt man diese Flächen in einer Ebene dar, spricht man von Abwicklungen.

Aufgabe 111243

Es seien P_1, P_2, P_3, Q die Eckpunkte eines nicht notwendig regelmäßigen Tetraeders. Die Strahlen aus Q durch je zwei Punkte P_i, P_j $(i, j = 1, 2, 3)$ bilden einen Winkel dessen Größe α_{ij} zwischen 0° und 180° liegt.
Man beweise, dass für diese Größen die Ungleichung

$$\alpha_{23} + \alpha_{31} > \alpha_{12}$$

gilt.

Lösungen

Bei dieser Aufgabe wird das Tetraeder als bereits konstruiert vorausgesetzt. Es geht also um eine notwendige Bedingung für die Konstruierbarkeit. Wir bemerken die Verwandtschaft mit der Dreiecksungleichung, dass ein Dreieck nicht konstruiert werden kann, wenn nicht für die drei Kantenlängen $a + b > c$ gilt. Damit ist die Vorstellung verbunden, dass die beiden anliegenden Kanten sich überlappen müssen, wenn man sie auf die Gerade der dritten Seite „nach innen klappt". Wir übernehmen diese Idee und klappen zwei der Winkel in die Ebene des dritten. In der ersten Lösung klappen wir sie nach innen, in der zweiten nach außen.

1. Lösung. Nach Aufgabenstellung sind alle drei Winkel positiv und kleiner als 180°. Ist α_{12} nicht größer als jeder der beiden anderen Winkel, so ist die Aussage selbstverständlich. Wir können also $\alpha_{12} > \alpha_{23}$ und $\alpha_{12} > \alpha_{31}$ annehmen.

Wir betrachten die Ebene ε_{12} des Dreiecks QP_1P_2. Senkrecht dazu sei ε_3 die Ebene durch die Punkte Q und P_3. Diese existiert eindeutig, da P_3 und Q voneinander verschiedene Punkte sind. Beide Ebenen schneiden sich in einer Geraden g. Die senkrechte Projektion P_3' von P_3 auf ε_{12} fällt dann auf g.

Für $i = 1, 2$ sei K_i der Kegel mit dem Scheitelpunkt Q und der Achse $\overline{QP_i}$, für den $\overline{QP_3}$ auf dem Mantel liegt. Wenn wir die beiden Seitenflächen QP_iP_3 nach innen in die Ebene ε_{12} klappen, erhalten wir die Punkte R_i (siehe Abb. L111243a). Dabei befinden sich die beiden Strecken $\overline{QR_i}$ auf den Schnitten der Ebene ε_{12} mit den Mänteln der Kegel K_i. Da α_{12} der größte Winkel sein soll, liegen sie beide innerhalb des Winkels $\sphericalangle P_1QP_2$.

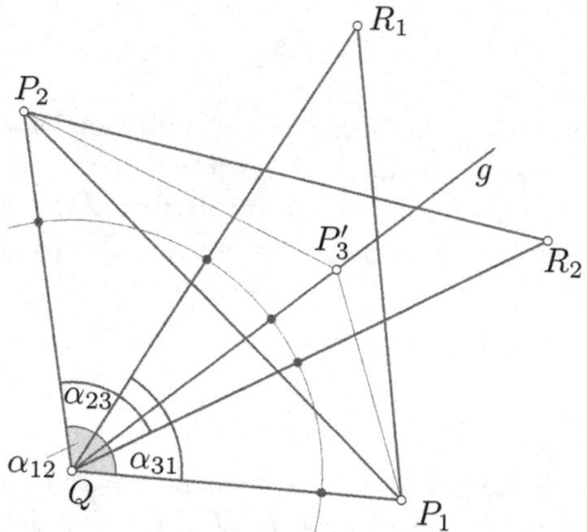

Abb. L111243a

Beide Kegel sind spiegelsymmetrisch zu ε_{12} und haben mit ε_3 den Punkt P_3 gemeinsam. Da dieser kein Punkt von ε_{12} ist, liegt sein Lotpunkt P_3' innerhalb beider Kegel und damit innerhalb der Winkel $\sphericalangle P_1QR_1$ und $\sphericalangle R_2QP_2$. Diese Winkel überlappen sich also. Wir erhalten (und dabei sind alle Winkel positiv)

$$\begin{aligned}\alpha_{23} &= \sphericalangle R_2QR_1 + \sphericalangle R_1QP_2\,,\\ \alpha_{31} &= \sphericalangle P_1QR_2 + \sphericalangle R_2QR_1\,,\\ \alpha_{12} &= \sphericalangle P_1QR_2 + \sphericalangle R_2QR_1 + \sphericalangle R_1QP_2\\ &= \alpha_{23} + \alpha_{31} - \sphericalangle R_2QR_1\\ &> \alpha_{23} + \alpha_{31}\,.\end{aligned}$$

Das war zu zeigen.

2. Lösung. Nach Voraussetzung ist

$$0 < \alpha_{ij} < 180°. \tag{1}$$

Ist $\alpha_{23} + \alpha_{31} \geq 180°$, so ist die Behauptung allein durch (1) erfüllt. Für die weitere Betrachtung können wir uns auf den Fall

$$\alpha_{23} + \alpha_{31} < 180° \tag{2}$$

beschränken. Wir tragen die Kantenlänge $a = |QP_1|$ auf dem Strahl QP_2 ab und erhalten einen Punkt R_2. Danach suchen wir den Punkt R_3 auf dem Strahl QP_3, für den der Streckenzug $R_2R_3P_1$ minimale Länge hat. Dazu klappen wir die Seitenfläche QP_3P_1 nach außen um die Achse QP_3 in die Ebene QP_2P_3 und erhalten als Bild von P_1 den Punkt S_1 (siehe Abb. L111243b). Die Verbindungsstrecke $\overline{R_3S_1}$ ist die kürzeste Verbindung dieser Punkte. Wegen (2) schneidet sie den Strahl QP_3 in genau einem Punkt, der der gesuchte Punkt R_3 ist. Die Länge des Streckenzuges

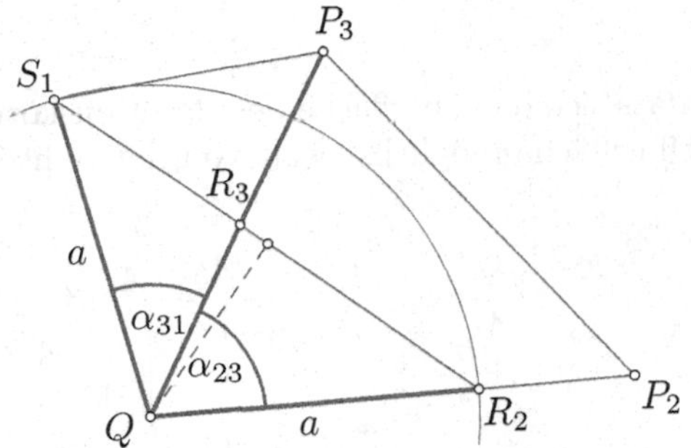

Abb. L111243b

$$|R_2R_3| + |R_3P_1| = |R_2S_1| = 2\,a \cdot \sin\frac{\alpha_{23} + \alpha_{31}}{2}$$

muss dann nach der Dreiecksungleichung länger sein, als die direkte Strecke $\overline{R_2P_1}$. Für die Basis im gleichschenkligen Dreieck QR_2P_1 mit der Schenkellänge a heißt das

$$|R_2P_1| = 2\,a \cdot \sin\frac{\alpha_{12}}{2} < 2\,a \cdot \sin\frac{\alpha_{23} + \alpha_{31}}{2}\,.$$

Wegen (1), (2) und $a > 0$ können wir die Monotonie der Funktion $f(x) = \sin x$ im Intervall $0 < x < 90°$ benutzen und folgern

$$\frac{\alpha_{23} + \alpha_{31}}{2} > \frac{\alpha_{12}}{2}$$

äquivalent zur Behauptung. 

Aufgabe 101245

Es sei $A_0A_1 \dots A_n$ $(n \geq 2)$ ein ebener konvexer Polygonzug der Länge s mit $A_0 \neq A_n$. Die Punkte $A_1, \dots, A_{n-1}$ mögen auf ein und derselben Seite der Geraden g durch A_0 und A_n liegen.

Es ist zu beweisen, dass der Flächeninhalt F der bei Rotation des Polygonzuges um g entstehenden Fläche nicht größer als $\pi s^2/2$ ist, dass also

$$F \leq \frac{\pi}{2}\,s^2\,.$$

Hinweis. Ein ebener Polygonzug $A_0A_1 \dots A_n$ soll konvex heißen, wenn der durch die Strecke A_0A_n geschlossene Polygonzug eine konvexe Fläche begrenzt.

Lösung

Anschaulich ist klar, dass sich die Oberfläche des Rotationskörpers vergrößert, wenn die Punkte auf der Oberfläche möglichst weit von der Achse g entfernt sind. Ein

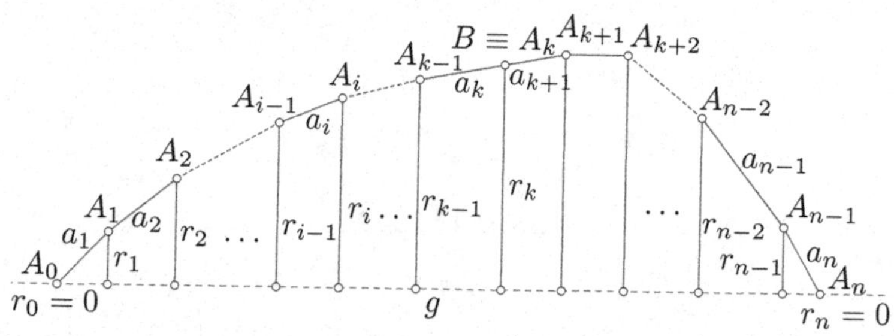

Abb. L101245a

Punkt P einer Strecke $\overline{A_{k-1}A_k}$, der den Streckenzug in zwei Teile der Längen s_P und $s - s_P$ zerlegt, ist höchstens $\min\{s_P, s - s_P\}$ von g entfernt, weil sich die Punkte A_0 und A_n auf der Achse befinden. Dieses Maximum wird auch nur erreicht, wenn einer der beiden Teilstreckenzüge $A_0A_1 \ldots A_{k-1}P$ und $PA_k \ldots A_{n-1}A_n$ zu einer Strecke entartet, die auf g senkrecht steht. Die größte Oberfläche sollte so als doppelseitige Kreisscheibe mit einem Radius $s/2$ entstehen. Deren Flächeninhalt ist gerade die doppelte Kreisfläche $\pi s^2/2$. Da in diesem Fall aber A_0 und A_n zusammenfallen, sollten wir in der Lage sein, sogar $F < \pi s^2/2$ zu beweisen.

Ausgehend von dieser Vorstellung teilen wir den Polygonzug $A_0, A_1, \ldots, A_n$ durch einen Punkt B in zwei Stücke gleicher Länge $s/2$. Wenn wir, falls notwendig, die Punkte umnummerieren und dabei den neuen Teilungspunkt zu der Menge der gegebenen Punkte hinzufügen, können wir $B = A_k$ für irgendein k annehmen (Abb. L101245a).

Die Abstände der Punkte A_i, $i = 0, 1, \ldots n$, von g seien r_i, mit $r_0 = r_n = 0$. Jede Strecke $\overline{A_{i-1}A_i}$ der Länge $a_i = |A_{i-1}A_i|$ erzeugt bei bei Rotation den Mantel eines Kegelstumpfes als Teil der Oberfläche. Die Radien der Grund- bzw. Deckfläche des Kegelstumpfes sind dabei r_{i-1} bzw. r_i. Ist einer dieser Radien 0 oder sind beide Radien gleich, tritt anstelle des Kegelstumpfes ein Kreiskegel bzw. ein Kreiszylinder. Diese Mantelflächen können wir abwickeln und in der Ebene berechnen (vgl. Abb. L101245b (a)). Für $0 \leq r_1 < r_2$ ergibt sich bei einer Mantellänge t für den Sektorwinkel der Abwicklung das Verhältnis $v = \varphi/360° = 2\pi r_1/(2\pi t) = r_1/t = r_2/(s+t)$. Damit erhalten wir für die Mantelfläche des Kegelstumpfes aus den Formeln für die Kreisflächen

$$F = \frac{\varphi}{360°}\left(\pi(s+t)^2 - \pi t^2\right) = \pi v\left(s^2 + 2st\right) = \pi s v\big((s+t) + t\big)$$
$$= \pi s(r_2 + r_1)\,. \tag{1}$$

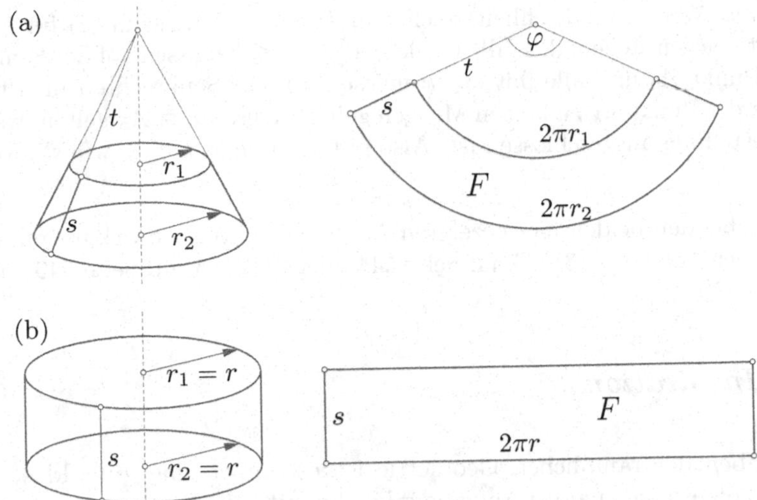

Abb. L101245b

Die Formel (1) liefert auch für $r_1 > r_2$ (wegen ihrer Symmetrie in r_1 und r_2) und für $r_1 = r_2$ (vgl. Abb. L101245b-(b)) den richtigen Oberflächenanteil.

Der Beitrag der Strecke $\overline{A_{i-1}A_i}$ ist also $F_i = \pi a_i(r_{i-1}+r_i)$. Unsere Vorüberlegungen führen jetzt dazu, für $i \leq k$ die Partialsummen $s_0 = 0$ und $s_i = s_{i-1} + a_i$ für $i = 1, \ldots, n$ einzuführen. Da die Hypotenuse eines rechtwinkligen Dreiecks nicht kürzer ist, als die Kathete[3], gilt

$$r_i - r_{i-1} \leq |r_i - r_{i-1}| \leq a_i = s_i - s_{i-1}\,.$$

Wegen $r_0 = s_0 = 0$ folgt daraus induktiv $r_i \leq s_i$ und

$$F_i = \pi a_i(r_{i-1} + r_i) \leq \pi(s_i - s_{i-1})(s_{i-1} + s_i) = \pi\left(s_i^2 - s_{i-1}^2\right)\,. \tag{2}$$

Addieren wir diese Ungleichung und beachten $s_0 = 0$ und $s_k = s/2$ erhalten wir

$$\sum_{i=1}^{k} F_i \leq \pi(s_k^2 - s_0^2) = \pi\left(\frac{s}{2}\right)^2\,.$$

Wenden wir die analoge Abschätzung[4] für den zweiten Teil der Rotationsfläche an, ergibt sich das gewünschte Ergebnis

$$F = \sum_{i=1}^{k} F_i + \sum_{i=k+1}^{n} F_i \leq 2\pi\left(\frac{s}{2}\right)^2 = \pi\,\frac{s^2}{2}.$$

[3] Dabei gilt nur dann Gleichheit, wenn die andere Kathete verschwindet.

[4] z. B. durch Umnummerierung $i \to n - i$

Bemerkung. Wenn das Gleichheitszeichen eintreten soll, muss in (2) für alle i das Gleichheitszeichen stehen, d. h. alle Punkte A_i mit $i \leq k$ müssen auf der Senkrechten zu g im Punkt A_0 und alle mit $i \geq k$ müssen auf der Senkrechten im Punkt A_n liegen. Da der Punkt A_k zu beiden Mengen gehört, muss $A_0 \equiv A_n$ gelten, was in der Aufgabenstellung ausgeschlossen ist. Also gilt sogar $F < \pi s^2/2$, wie wir vermutet haben. ◇

Außer den bei den beiden hier gezeigten Aufgaben spielen Abwicklungen auch bei Lösungen der Aufgaben 131234 auf Seite 544 oder 211246A auf Seite 549 eine Rolle.

Ebene Inspiration

Bei Aufgaben der räumlichen Geometrie ist es immer eine gute Idee, sich zu überlegen, ob es eine analoge Aufgabe gibt, die mit zwei Dimensionen auskommt. Kann man diese Aufgaben lösen, lassen sich die Überlegungen vielleicht in den Raum übertragen. Als ein Beispiel können wir uns die Figur 4.1 (S. 167) anschauen. Bezeichnen wir die Längen der Katheten des Dreiecks mit a und b, so können wir die Aussage des Beispiels 4.1 umformulieren zu:

In einem rechtwinkligem Dreieck mit Katheten der Länge a und b gilt für die Länge h der zur Hypotenuse senkrechten Höhe die Ungleichung

$$h \leq \frac{1}{2}\sqrt{a^2 + b^2}\,,$$

ein ebenes Pendant zur Aufgabe 341335 auf S. 532. Damit kann man an den Zusammenhang mit elementaren Ungleichungen erinnert werden und Ideen finden, die z. B. auf die zweite Lösung führen.

Neben der Möglichkeit, die Beweisidee zu übertragen, stellt sich bei manchen Aufgaben das zweidimensionale Problem auch als direkter Teil der Lösung heraus, wie in den beiden folgenden Aufgaben aus dem Frühjahren 1974 und 1982.

Aufgabe 131234

Gegeben sei ein nicht notwendig regelmäßiges Tetraeder mit den Eckpunkten P_1, P_2, P_3, P_4. Wir betrachten vier Kugeln K_i $(i = 1, \ldots, 4)$ mit P_i als Mittelpunkt von K_i.

Man beweise, dass die Forderung, derartige Kugeln sollen sich paarweise von außen berühren, genau dann erfüllbar ist, wenn

$$|P_1P_2| + |P_3P_4| = |P_1P_3| + |P_2P_4| = |P_1P_4| + |P_2P_3|$$

gilt.

Lösung

Bei dieser Aufgabe ist das ebene Problem nicht mit Einschränkungen verbunden. Für *jedes* Dreieck ABC existieren Kreise mit den Eckpunkten als Mittelpunkte, die sich paarweise berühren (man vergleiche dazu Abbildung L131234). Die Be-

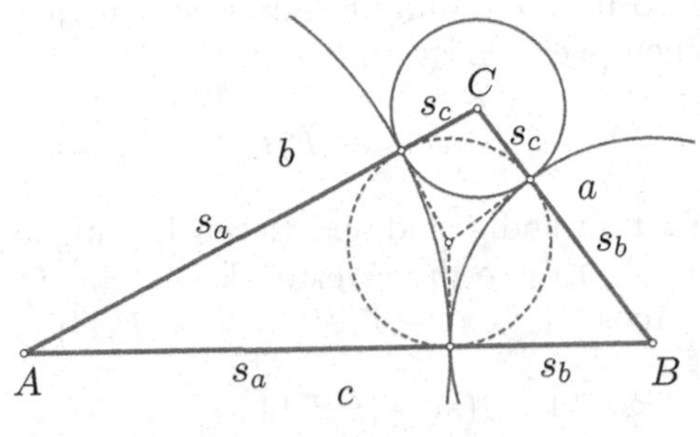

Abb. L131234

rührungspunkte der Kreise liegen dabei auf dem Inkreis und die Radien sind die Größen $s_a = s - a$, $s_b = s - b$ und $s_c = s - c$, die eindeutig aus den Kantenlängen bestimmt werden können,

$$s_b + s_c = a\,, \qquad s_a + s_c = b\,, \qquad s_a + s_b = c\,. \tag{1}$$

Dabei ist $s = s_a + s_b + s_c = (a + b + c)/2$ der halbe Umfang des Dreiecks. Wegen der Dreiecksungleichung ist $s > \max\{a, b, c\}$. Die Lösungen s_a, s_b und s_c sind also stets positiv und damit als Längen der Radien Lösung der geometrischen Aufgabe. Jetzt kommen wir zum Beweis für das räumliche Problem.

I. Wenn vier derartige Kugeln existieren, die sich paarweise berühren, so liegt der Berührungspunkt Q_{ij} der Kugeln K_i und K_j $(i \neq j)$ auf der Verbindungsstrecke der Mittelpunkte von K_i und K_j, also auf $\overline{P_iP_j}$.
Daher muss gelten

$$r_i + r_j = |P_iP_j|\;, \tag{2}$$

mit den Radien r_i von K_i und r_j von K_j.
Aus den sechs Gleichungen (2) erhält man mit $t = r_1 + r_2 + r_3 + r_4$

$$|P_1P_2| + |P_3P_4| = |P_1P_3| + |P_2P_4| = |P_1P_4| + |P_2P_3| = t\,. \tag{3}$$

Die Gleichheit der Summen gegenüberliegender Kantenlängen ist also notwendig.

II. Um zu zeigen, dass diese Bedingung auch hinreicht, müssen wir zeigen, dass dann das Gleichungssystem (2) positive Lösungen r_1, r_2, r_3, r_4 besitzt. Nach unserer Vorbemerkung können wir je drei der Radien auf einer der vier Seitenflächen eindeutig bestimmen. Wir betrachten das Dreieck $P_jP_kP_l$, die Seitenfläche des Tetraeders, die dem Punkt P_i gegenüberliegt. (i, j, k, l) ist dabei eine der 24 Permutationen der

Indizes $(1, 2, 3, 4)$. Den halben Umfang des Dreiecks bezeichnen wir mit s_i. Dann gilt auf diesem Dreieck für r_j, r_k und r_l ein zu (1) analoges Gleichungssystem mit der eindeutigen Lösung

$$r_j = s_i - |P_kP_l|, \qquad r_k = s_i - |P_jP_l|, \qquad r_l = s_i - |P_jP_k|.$$

Diese Lösungen sind positiv, allerdings erhalten wir für jeden der vier Radien r_i auf drei der vier Flächen je eine Lösung, nämlich

$$r_i = s_j - |P_kP_l|, \qquad r_i = s_k - |P_jP_l|, \qquad r_i = s_l - |P_jP_k|.$$

Da diese Bedingungen notwendig sind, existieren Lösungen dann und nur dann, wenn für jedes $i = 1, \ldots, 4$ diese drei Werte gleich sein. D. h. für eine beliebige Permutation (i, j, k, l) muss stets $s_j - |P_kP_l| = s_k - |P_jP_l|$ gelten, also

$$\begin{aligned} 0 &= 2\big(s_j - |P_kP_l|\big) - 2\big(s_k - |P_jP_l|\big), \\ &= \big(|P_iP_k| + |P_iP_l| - |P_kP_l|\big) - \big(|P_iP_j| + |P_iP_l| - |P_jP_l|\big), \\ &= \big(|P_iP_k| + |P_jP_l|\big) - \big(|P_kP_l| + |P_iP_j|\big). \end{aligned}$$

Ist (3) erfüllt, so ist diese Aussage immer wahr. Es gibt dann also eine eindeutige Lösung des Gleichungssystems (2) in positiven Werten r_1, r_2, r_3, r_4. Damit können wir auf jeder der sechs Kanten $\overline{P_iP_j}$ der Länge $r_i + r_j$ Punkt Q_{ij} mit den Abständen $|Q_{ij}P_i| = r_i$ und $|Q_{ij}P_j| = r_j$ finden. Da die Strecke $\overline{P_iP_j}$ die Mittelpunkte der Kugeln mit den Radien r_i und r_j verbindet, berühren sich K_i und K_j in diesem Punkt von außen. Das war verlangt.

Bemerkung. Im ebenen Problem spielte der Inkreis eine Rolle. Dem interessierten Leser wird empfohlen, auch für das räumliche Problem eine Kugel zu suchen, die diese Rolle übernehmen kann. ◇

Aufgabe 281245

Für ein Tetraeder $ABCD$ werde vorausgesetzt, dass der Mittelpunkt M der Umkugel des Tetraeders im Innern des Tetraeders liegt. Die Verbindungsgerade von M mit jeweils einer Tetraederecke A, B, C bzw. D schneide die Seitenfläche des Tetraeders, die der betreffenden Ecke gegenüber liegt, in A', B', C' bzw. D'. Der Radius der Umkugel sei r.

Man beweise, dass aus diesen Voraussetzungen stets

$$|AA'| + |BB'| + |CC'| + |DD'| \geq \frac{16}{3}r$$

folgt!

Lösung

Im Spezialfall des regulären Tetraeders fallen alle vier Strecken mit den Höhen zusammen, die sich im Verhältnis 1 : 3 teilen. Dann ist die Höhe $h = 4r/3$, in der Behauptung gilt dann Gleichheit. Das ebene Gegenstück ist das regelmäßige Dreieck, in dem sich die Höhen im Verhältnis 1 : 2 teilen, mit dem Umkreisradiuns also $h = 3r/2$ gilt. Davon ausgehend vermuten wir, dass die folgende Aussage gilt.

Beispiel 9.4. *Bei einem spitzwinkligem Dreieck ABC liegt der Mittelpunkt des Umkreises M im Innern des Dreiecks. Die Verbindungsgerade der Eckpunkte A, B und C mit M über M hinaus schneiden die Dreieckskanten in den Punkten A', B' und C' (vgl. Abb. L281245a). Dann gilt*

$$|AA'| + |BB'| + |CC'| \geq \frac{9}{2}r.$$

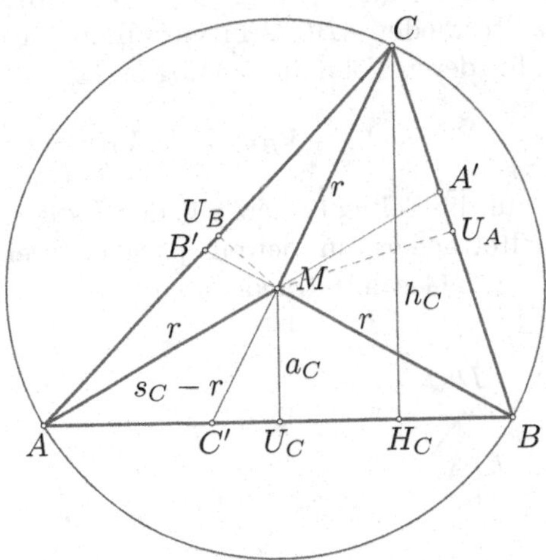

Abb. L281245a

Beweis. Die betrachteten Längen seien $s_A = |AA'|$, $s_B = |BB'|$ und $s_C = |CC'|$. Der Flächeninhalt F des Dreiecks ABC zerfällt in die Inhalte

$$F = F_A + F_B + F_C \tag{1}$$

der Dreiecke MBC, AMC bzw. ABM. Die Fußpunkte der Lote von M auf die Kanten seien U_A, U_B und U_C, die der Höhen H_A, H_B und H_C. Die beiden Dreiecke ABM und ABC haben dann die gleiche Grundseite $\overline{AB}$ und Höhen der Längen $a_C = |MU_C|$ und $h_C = |CH_C|$. Nach dem Strahlensatz mit dem Scheitel C' und den parallelen Höhen folgt.

$$\frac{F_C}{F} = \frac{a_C}{h_C} = \frac{s_C - r}{s_C} = 1 - \frac{r}{s_C} \quad \text{und analog} \quad \frac{F_B}{F} = 1 - \frac{r}{s_B}, \quad \frac{F_A}{F} = 1 - \frac{r}{s_A}.$$

Nach Addition der drei Gleichungen, einer leichten Umstellung und der Beachtung von (1), erhalten wir

$$\frac{1}{s_A} + \frac{1}{s_B} + \frac{1}{s_C} = \frac{2}{r}.$$

Die Behauptung des Beispiels folgt dann aus der Ungleichung zwischen dem arithmetischen und dem harmonischen Mittel dreier Zahlen (4.11)

$$s_A + s_B + s_C \geq \frac{9}{\frac{1}{s_A} + \frac{1}{s_B} + \frac{1}{s_C}} = \frac{9}{2} r \, .$$

□

Wir sehen nun, dass wir den Beweis des ebenen Beispiels 9.4 direkt auf unsere Aufgabe übertragen können. Wir bezeichnen analog die Streckenlängen mit $s_A = |AA'|$, $s_B = |BB'|$, $s_C = |CC'|$ und $s_D = |DD'|$. Da M im Innern des Tetraeders liegt, zerlegen wir das Tetraeder $ABCD$ in vier Teiltetraeder $MBCD$, $AMCD$, $ABMD$ und $ABCM$, für deren Volumina analog zu (1)

$$V = V_A + V_B + V_C + V_D \tag{2}$$

gilt. Die Lote von M auf die Seitenflächen mit den Längen a_C, a_B, a_C, a_D sind dann Höhen in den Teiltetraedern und jeweils parallel zu einer der Höhe mit den Längen h_A, h_B, h_C, h_D des Gesamttetraeders.

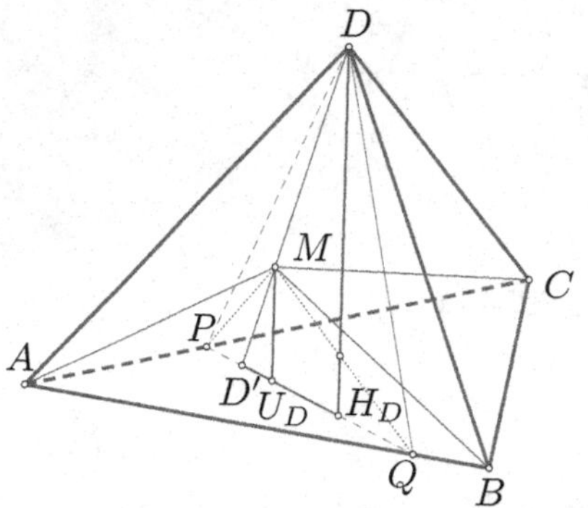

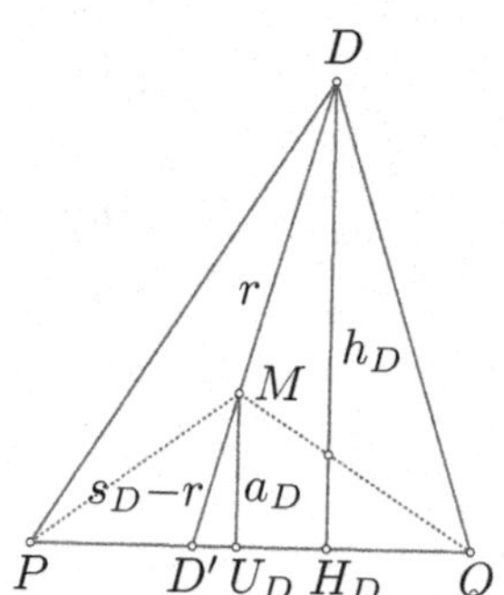

Abb. L281245b

Wir schneiden dann das Tetraeder mit einer Ebene, die dem Mittelpunkt M, einen Eckpunkt des Tetraeders enthält und auf der dem Eckpunkt gegenüberliegenden Seitenfläche senkrecht steht. Diese Ebene enthält eine der vier in der Aufgabe betrachteten Strecken, z. B. $\overline{DD'}$, und die beiden zugehörigen parallelen Höhen $\overline{MU_D}$ und $\overline{DH_D}$ (vgl. Abb. L281245b).

In diesen Schnittfiguren finden wir alle Größen, um, analog zum ebenen Beispiel,

$$\frac{V_A}{V} = 1 - \frac{r}{s_A}. \quad \frac{V_B}{V} = 1 - \frac{r}{s_B}, \quad \frac{V_C}{V} = 1 - \frac{r}{s_c}, \quad \frac{V_D}{V} = 1 - \frac{r}{s_D},$$

zu begründen. Eine Addition mit Anwendung von (2) liefert diesmal

$$\frac{1}{s_a} + \frac{1}{s_a} + \frac{1}{s_a} + \frac{1}{s_d} = \frac{3}{r},$$

woraus, wieder mit der Ungleichung zwischen dem arithmetischen und dem harmonischen Mittel (4.11), jetzt für vier Zahlen,

$$s_A + s_B + s_C + s_D \geq \frac{16}{\frac{1}{s_A} + \frac{1}{s_B} + \frac{1}{s_C} + \frac{1}{s_D}} = \frac{16}{3}r,$$

der Beweis der Behauptung der Aufgabe folgt. 

Aufgabe 211246A

(a) Man beweise: Wenn

$$a = |BC|\,,\; b = |AC|\,,\; c = |AB|\,,\; d = |AD|\,,\; e = |BD|\,,\; f = |CD|$$

die Kantenlängen eines Tetraeders $ABCD$ sind, dann gilt für den Oberflächeninhalt A_0 des Tetraeders die Ungleichung

$$A_0 < \frac{1}{3}(a^2 + b^2 + c^2 + d^2 + e^2 + f^2)\,. \tag{1}$$

(b) Man untersuche, ob sich die Aussage (a) noch zu folgender Aussage verschärfen lässt: Es gibt eine kleinste reelle Zahl λ mit $\lambda < 1/3$, so dass für den Oberflächeninhalt A_0 jedes Tetraeders $ABCD$, wenn man dessen Kantenlänge wie in (a) bezeichnet, die Ungleichung

$$A_0 \leq \lambda(a^2 + b^2 + c^2 + d^2 + e^2 + f^2) \tag{2}$$

gilt.
Wenn das der Fall ist, so ermittle man diese Zahl λ.

Lösungen

1. Lösung. Um nur den ersten Teil zu lösen, kann man ziemlich grob abschätzen. Wenn wir z. B. nur drei Kantenlängen x, y und z betrachten, die von einer Ecke P ausgehen und die drei davon begrenzten Dreiecksflächen A_{xy}, A_{yz} und A_{xz} (s. Abb. L211246Aa.), dann kann deren Flächensumme abgeschätzt werden durch

$$A_{xy} + A_{yz} + A_{xz} \leq \frac{1}{2}(xy + yz + xz) \leq \frac{1}{2}(x^2 + y^2 + z^2)\,.$$

Die erste Ungleichung gilt, da die Dreieckshöhe nie größer ist als jede der beiden anliegenden Kanten, mit Gleichheit nur bei rechtwinkligen Dreiecken. Die zweite folgt aus der Abschätzung geometrischer zu arithmetischen Mitteln (drei Anwendungen von (4.1)). Addiert man diese Ungleichungen für alle vier Ecken, so erhält man jedes Dreieck dreimal und benutzt dabei jede Kante zweimal, das ergibt

$$3A_0 \leq a^2 + b^2 + c^2 + d^2 + e^2 + f^2\,,$$

in der das Gleichheitszeichen ausgeschlossen werden kann, da nicht alle 12 Winkel des Tetraeders rechte sein können. Es gilt also (1).

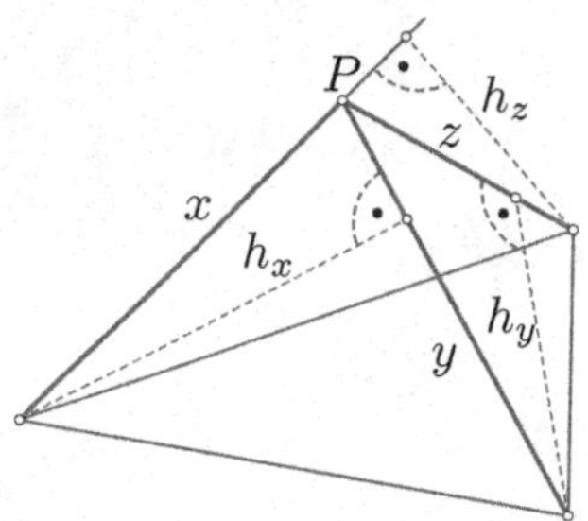

Abb. L211246Aa

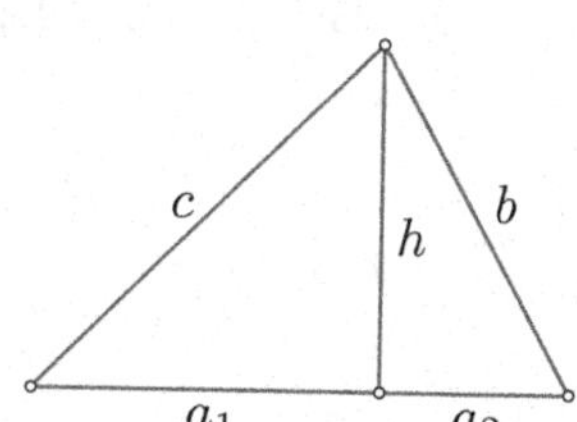

Abb. L211246Ab

2. Lösung. Jetzt lösen wir die Aufgabe vollständig. Dazu denken wir die Ungleichung (2) von rechts nach links. Dann geht es darum, die kleinste Summe der Quadrate der Kantenlängen zu finden, wenn von einem Tetraeder nur der Inhalt der Oberfläche bekannt ist. Auf der Oberfläche gehört jede Kante zu zwei Dreiecken. Wenn man die Dreiecke einzeln behandelt, kann man möglicherweise Bedingungen finden, die sich dann auf die zusammengesetzte Oberfläche übertragen lassen.

Damit haben wir die Aufgabe auf ein Problem der ebenen Geometrie reduziert: Man finde die kleinste Konstante μ, so dass für den Flächeninhalt A eines Dreiecks mit den Kantenlängen a, b und c stets gilt

$$A \leq \mu(a^2 + b^2 + c^2)\,. \tag{3}$$

Für die Ableitung können wir annehmen, dass a dabei eine längste Kantenlänge ist. Dann liegt der Fußpunkt der zugehörigen Höhe im Innern dieser Kante und teilt diese in zwei Strecken der Längen

$$a_1 + a_2 = a$$

(vgl. Abb. L211246Ab). Die Länge der Höhe sei h. Unter Anwendung des Satzes des Pythagoras sowie der Ungleichungen (QAM, 4.10) und (AGM, 4.1) ergibt sich die Abschätzung.

$$\begin{aligned} a^2 + b^2 + c^2 &= a^2 + a_1^2 + a_2^2 + 2h^2 = a^2 + 2 \cdot \frac{a_1^2 + a_2^2}{2} + 2h^2 \\ &\geq a^2 + \left(\frac{a_1 + a_2}{2}\right)^2 + 2h^2 = \frac{3a^2 + 4h^2}{2} \\ &\geq \sqrt{3}a \cdot 2h = 4\sqrt{3}A\,, \end{aligned}$$

mit Gleichheit genau für $a_1 = a_2$ und $3a^2 = 4h^2$. Es gibt Dreiecke, für die beide Gleichheitsbedingungen erfüllt sind, nämlich die gleichseitigen. Für $\mu = \sqrt{3}/12$ ist die Ungleichung (3) scharf.

Wir müssen noch zeigen, dass wir damit tatsächlich die eigentlichen Aufgabe lösen können. Dazu addieren wir die Abschätzungen (3) für jedes der vier Dreiecke der Oberfläche, dabei kommt jede Kante auf je zwei rechten Seiten vor, wir erhalten

$$A_0 \leq 2\mu(a^2 + b^2 + c^2 + c^2 + d^2 + e^2 + f^2)\,.$$

Da für ein regelmäßiges Tetraeder für alle vier Dreiecke Gleichheit gilt, gilt sie dann auch in der Summe, der Wert $\lambda = 2\mu$ ist kleinstmöglich.

Die Antwort für Teil (b) ist also $\lambda = 2\mu = \sqrt{3}/6$. Tatsächlich ist $\lambda < \sqrt{4}/6 = 1/3$, so dass auch Teil (a) bewiesen ist.

3. Lösung. Die Fläche A für ein Dreieck mit den Kantenlängen a, b und c ist nach der HERON'schen Formel (mit $s = (a + b + c)/2$)

$$A = \sqrt{s(s-a)(s-b)(s-c)} = \frac{1}{4}\sqrt{2(a^2b^2 + b^2c^2 + c^2a^2) - a^4 - b^4 - c^4}\,.$$

Nach dem Gleichordnungssatz 4.8 auf S. 191 gilt die Abschätzung

$$a^2b^2 + b^2c^2 + c^2a^2 \leq a^4 + b^4 + c^4\,.$$

Wir können damit einen positiven Anteil $t \leq 2$ der gemischten Produkte in der Klammer abschätzen,

$$A \leq \frac{1}{4}\sqrt{(2-t)\,(a^2b^2 + a^2c^2 + b^2c^2) + (t-1)\,(a^4 + b^4 + c^4)}\,.$$

Für $2 - t = 2(t - 1)$, also für $t = 4/3$ steht unter der Wurzel das Quadrat eines symmetrischen Trinoms. Für diesen Wert können wir die Wurzel ziehen,

$$A \leq \frac{1}{4}\sqrt{\frac{2}{3}(a^2b^2 + a^2c^2 + b^2c^2) + \frac{1}{3}(a^4 + b^4 + c^4)} = \frac{\sqrt{3}}{12}\,(a^2 + b^2 + c^2)\,.$$

Gleichheit gilt dabei für $a = b = c$, also für gleichseitige Dreiecke. Von hier aus können wir die Herleitung wie in Lösung 2 vervollständigen. ◇

Aufgabe 311244

Es sei $\triangle P_1P_2P_3$ ein gegebenes beliebiges Dreieck; sein Flächeninhalt sei F, sein Inkreis habe den Mittelpunkt M und den Radius r.

(a) Man beweise, dass eine Pyramide $P_1P_2P_3S$ genau dann unter allen Pyramiden $P_1P_2P_3S$ mit dieser Grundfläche $\triangle P_1P_2P_3$ und mit gegebenem Volumen V einen kleinstmöglichen Oberflächeninhalt hat, wenn das Lot von S auf die durch P_1, P_2, P_3 gelegte Ebene den Fußpunkt M hat.

(b) Man beweise, dass dieser kleinstmögliche Oberflächeninhalt

$$F + \sqrt{F^2 + \left(\frac{3V}{r}\right)^2}$$

beträgt.

Lösung

Wir stellen uns die Aufgabe um eine Dimension vermindert vor. Der Inkreismittelpunkt eines Dreiecks ist der Punkt, der von allen Kanten den gleichen Abstand hat. Eine Dimension tiefer wird aus dem Dreieck eine Strecke, ihr Rand besteht aus den zwei Endpunkten, den gleichen Abstand hat dann genau der Mittelpunkt der Strecke. Die Teilaufgabe (a) lautet dann, zu beweisen, dass die Aussage im folgenden Beispiel richtig ist. Mit dem Beweis dieser Aussage sollte sich auch eine zu (b) analoge Formel für den kleinstmöglichen Dreiecksumfang ergeben.

Beispiel 9.5. *Die Strecke $\overline{P_1P_2}$ mit einer Länge l sei die Grundseite eines Dreiecks P_1P_2S. Sein Flächeninhalt F sei fest vorgegeben. Zeigen Sie, dass das Dreieck genau dann einen kleinstmöglichen Umfang hat, wenn der Fußpunkt des Lotes von S auf $\overline{P_1P_2}$ mit dem Mittelpunkt M der Strecke übereinstimmt, d. h. wenn das Dreieck gleichschenklig ist.*

Beweis. Sei H der Höhenfußpunkt. Da die Grundseite fest und der Flächeninhalt konstant ist, muss die Länge der Höhe $h = |HS|$ konstant sein, alle möglichen Punkte für die Lage von S befinden sich also auf einer Geraden g, die, parallel zu $\overline{P_1P_2}$, von dieser den Abstand h hat[5].

Wir können einen Beweis für die Behauptung schnell erkennen, nachdem wir die Idee gefunden haben, die Strecke $\overline{SP_2}$ an g zu spiegeln (Abb. L311244a). Dann gilt nach der Dreiecksungleichung für den Umfang

$$u = |P_1P_2| + |P_1S| + |SP_2| = l + |P_1S| + |SP_2'| \geq l + |P_1P_2'| = l + \sqrt{l^2 + \left(\frac{2F}{r}\right)^2}$$

[5] Da nur nach dem Fußpunkt des Lotes auf die Gerade P_1P_2 gefragt ist, kann man sich in der Betrachtung auf eine der beiden möglichen Parallelen mit Abstand h beschränken.

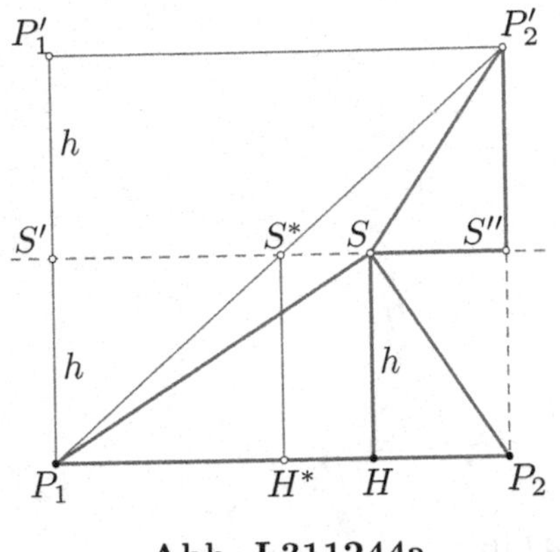

Abb. L311244a

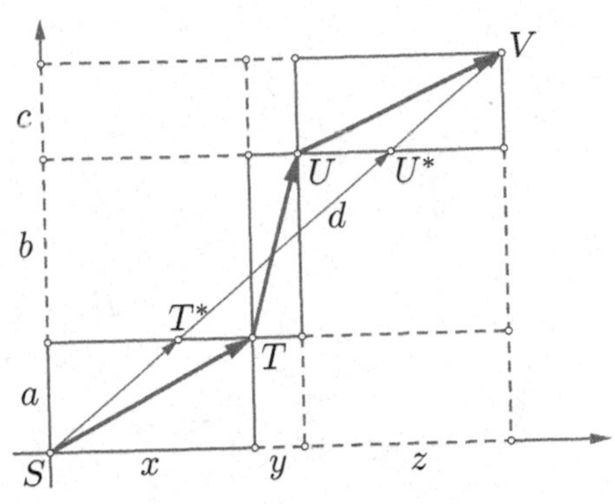

Abb. L311244b

mit $r = l/2$. Gleichheit gilt genau dann, wenn S mit dem Schnittpunkt von g und der Strecke $\overline{P_1P_2'}$ zusammenfällt. Genau dann ist der Fußpunkt der Höhe der Mittelpunkt H^* der Strecke $\overline{P_1P_2}$. □

In einem ersten Schritt verallgemeinern wir die Beweisidee auf eine Ungleichung, in der wir den Streckenzug P_1SP_2' durch einen längeren Streckenzug ersetzen. Wir benötigen später in diesem Beweis drei Summanden, also beschränken wir uns in der Darstellung auf einen dreigliedrigen Streckenzug $STUV$.

Dann folgt aus der Dreiecksungleichung die Abschätzung $|ST|+|TU|+|UV| \geq |SV|$. Wenn wir den Streckenzug durch eine Folge von Vektoren (Abb. L311244b)

$$\overrightarrow{ST} = \begin{pmatrix} x \\ a \end{pmatrix}, \quad \overrightarrow{TU} = \begin{pmatrix} y \\ b \end{pmatrix}, \quad \overrightarrow{UV} = \begin{pmatrix} z \\ c \end{pmatrix}.$$

beschreiben, ergibt sich für beliebige reelle Zahlen a, b, c, x, y und z die Ungleichung

$$\sqrt{x^2+a^2} + \sqrt{y^2+b^2} + \sqrt{z^2+c^2} \geq \sqrt{(x+y+z)^2 + (a+b+c)^2}. \qquad (1)$$

Für feste Zahlen $a \neq 0$, $b \neq 0$ und $c \neq 0$ liegt Gleichheit genau für den Fall gleichgerichteter Vektoren parallel zur Diagonalen $\overline{SV}$, also für

$$\frac{x}{a} = \frac{y}{b} = \frac{z}{c} = \frac{x+y+z}{a+b+c}$$

vor.

Jetzt kommen wir zum eigentlichen Beweis. Den Umfang der Grundfläche $\triangle P_1P_2P_3$ bezeichnen wir mit u. Wie im ebenen Beispiel stellen wir fest, dass die Höhe h der Pyramide konstant ist. Wir zerlegen mit Hilfe des Höhenfußpunktes H die Grundfläche $\triangle P_1P_2P_3$ in die Dreiecke HP_2P_3, P_1HP_3 und P_1P_2H mit den Flächeninhalten F_1, F_2 und F_3 mit $F_1 + F_2 + F_3 = F$ (Abb. L311244c). Die Lote von H auf die drei Kanten der Grundfläche sind Höhen in den Teildreiecken mit Fußpunkten H_i und Längen x_i, $i = 1, 2, 3$. Bezeichnen wir die Kantenlängen

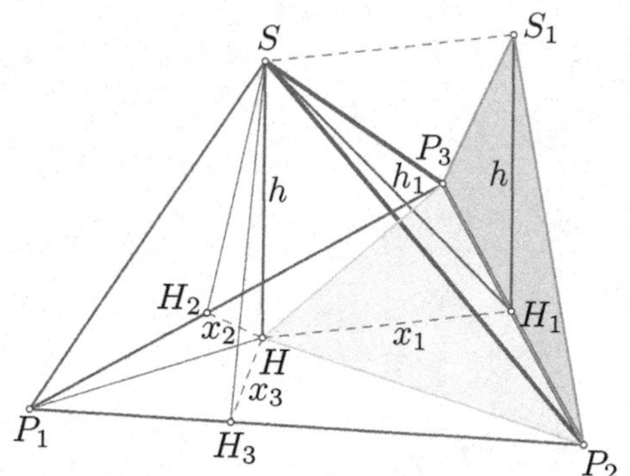

Abb. L311244c

entsprechend mit a_i, so gilt $F_i = x_i a_i/2$. Der Fußpunkt H fällt genau dann mit dem Inkreismittelpunkt zusammen, wenn $x_1 = x_2 = x_3 = r$ gilt. Daraus folgt die Formel $F = ur/2$.

In den Punkten H_i errichten wir Senkrechten $\overline{H_i S_i}$ der Länge h, so dass HH_iS_iS Rechtecke bilden. Gleichzeitig entsteht dabei ein Dreieck mit einer Grundkante der Länge a_i, einer Spitze S_i und einer Fläche $G_i = a_i h/2$. Es folgt $G_1 + G_2 + G_3 = uh/2$.

Da die Rechteckfläche im Punkt H_i senkrecht auf der entsprechenden Kante steht, ist die Diagonale $\overline{H_i S}$ die Höhe einer Seitenfläche des Tetraeders, die damit den Flächeninhalt $I_i = \sqrt{F_i^2 + G_i^2}$ hat. Für die Gesamtoberfläche ergibt sich nun (unter Anwendung von (1))

$$\begin{aligned} F+I_1 + I_2 + I_3 &= F + \sqrt{F_1^2 + G_1^2} + \sqrt{F_2^2 + G_2^2} + \sqrt{F_3^2 + G_3^2} \\ &\geq F + \sqrt{(F_1 + F_2 + F_3)^2 + (G_1 + G_2 + G_3)^2} \\ &= F + \sqrt{F^2 + \left(\frac{hu}{2}\right)^2} = F + \sqrt{F^2 + \left(\frac{3Vu}{2F}\right)^2} \\ &= F + \sqrt{F^2 + \left(\frac{3V}{r}\right)^2}, \end{aligned}$$

mit Gleichheit genau für

$$\frac{F_1}{G_1} = \frac{x_1}{h} = \frac{F_2}{G_2} = \frac{x_2}{h} = \frac{F_3}{G_3} = \frac{x_3}{h},$$

also für $x_1 = x_2 = x_3$, was H zum Inkreismittelpunkt definiert.

Das war zu zeigen. 

Aufgabe 351343

Gegeben sei ein (nicht notwendig regelmäßiges) Tetraeder $ABCD$ mit dem Volumen V. Betrachtet werden Ebenen, die durch den Schwerpunkt S verlaufen und die Kanten $\overline{AB}$ im Punkt B', $\overline{AC}$ im Punkt C' und $\overline{AD}$ im Punkt D' schneiden. Es ist bekannt, dass es unter allen durch solche Ebenen entstehenden Teiltetraedern $AB'C'D'$ eines mit kleinstem Volumen gibt. Man bestimme dieses kleinste Volumen in Abhängigkeit von V.

Lösung

Als ebenes Analogon betrachten wir einen Winkel mit einem Punkt zwischen den Schenkeln (Abb. L351343a) und zeigen

Beispiel 9.6. *Gegeben seien ein Winkel mit einem Scheitelpunkt Q und einem Punkt P in seinem Inneren. Unter allen Dreiecken MNQ, bei denen M und N so auf den Schenkeln liegen, dass P ein innerer Punkt der Strecke $\overline{MN}$ ist, hat dasjenige Dreieck minimale Fläche, bei dem $|MP| = |NP|$ gilt.*

Sei Q' das Bild des Punktes Q bei Punktspiegelung an P. Wir bemerken zunächst, dass genau dann $|MP| = |NP|$ gilt, wenn das Viereck $QMQ'N$ ein Parallelogramm ist. P ist dann Schwerpunkt des Parallelogramms. Wir fixieren nun M und N in

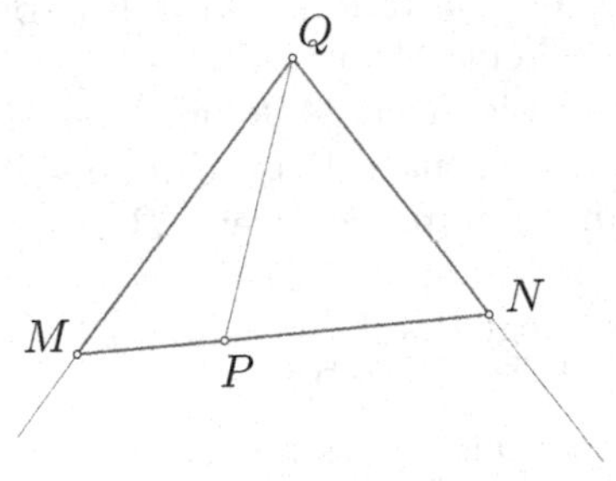

Abb. L351343a

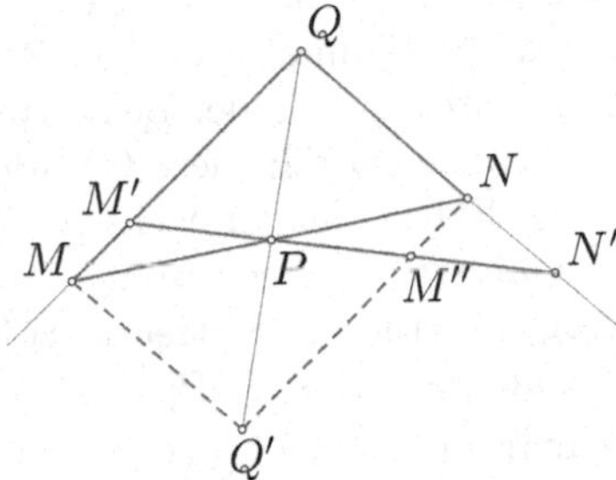

Abb. L351343b

dieser Lage und betrachten zwei weitere Punkte M' und N' die entsprechend der Voraussetzung auf den Schenkeln des Winkels liegen (Abb. L351343b).

Ohne Beschränkung der Allgemeingültigkeit kann angenommen werden, dass M' innerhalb der Strecke $\overline{MQ}$ liegt. Dann liegt N innerhalb von $\overline{QN'}$. Mit M'' bezeichnen wir das Spiegelbild von M' bei Spiegelung an P. Aus Symmetriegründen hat dann das Viereck $NQM'M''$ den gleichen Flächeninhalt wie das Dreieck MNQ, nämlich die halbe Parallelogrammfläche. Daraus folgt

$$\begin{aligned} F(M'N'Q) &= F(NQM'M'') + F(M''N'N) \\ &= F(MNQ) + F(M''N'N) \geq F(MNQ)\,, \end{aligned}$$

wobei Gleichheit nur für $N' = N$ gilt. Damit ist das Beispiel begründet. □

Um das minimale Volumen des abgeschnittenen Tetraeders zu charakterisieren, halten wir einen der Punkte B', C' oder D' auf den Strahlen AB, AC, bzw. AD

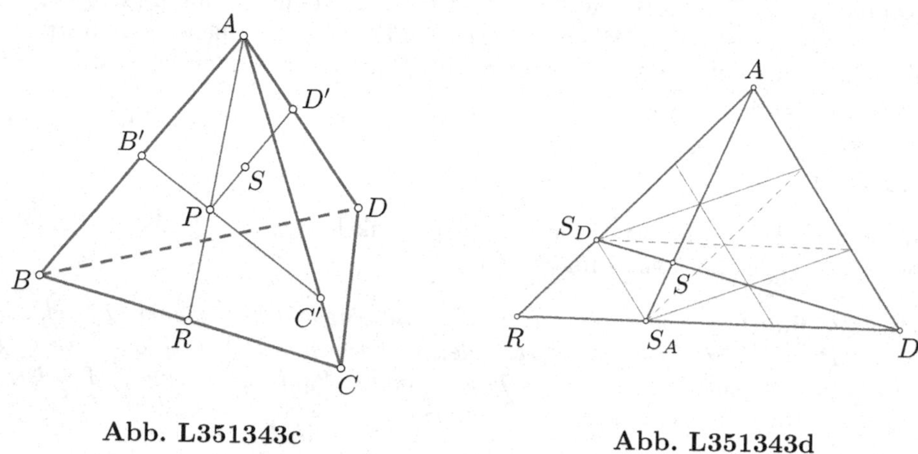

Abb. L351343c **Abb. L351343d**

fest, ohne Beschränkung der Allgemeingültigkeit nehmen wir D', und variieren die beiden anderen (vgl. Abb. L351343c).

Da nun der Abstand von D' von der Ebene $AB'C'$ konstant ist, wird das Volumen genau dann minimal, wenn das Dreieck $\triangle AB'C'$ eine kleinste Fläche besitzt. Die Gerade durch D' und den Schwerpunkt S schneide die Fläche ABC im Punkt P. Die Schnittebene enthält diese Gerade, damit können wir nach Beispiel 9.6 feststellen, dass die Fläche des Dreiecks $AB'C'$ genau dann minimal ist, wenn P die Strecke $\overline{B'C'}$ halbiert. Der Schwerpunkt S des Tetraeders liegt auf der Ebene durch $\overline{AD}$, die die gegenüberliegende Strecke $\overline{BC}$ halbiert, also liegt P auf der Seitenhalbierenden von A auf $\overline{BC}$. Aus $|B'P| = |PC'|$ folgt demnach $\overline{B'C'} \parallel \overline{BC}$.

Hält man nunmehr C' bzw B' fest, schließt man analog, dass für das Teiltetraeder mit minimalem Volumen auch $\overline{C'D'} \parallel \overline{CD}$ und $\overline{D'B'} \parallel \overline{DB}$ gelten müssen, d. h. das Volumen des Tetraeders $AB'C'D'$ ist genau dann minimal, wenn die schneidende Ebene parallel zum Dreieck BCD liegt. Da der Schwerpunkt S ein innerer Punkt des Tetraeders ist, liegen die drei Punkte B', C', D', die wir bei der Anwendung von Beispiel 9.6 zunächst nur auf den von A ausgehenden Kantenstrahlen annehmen konnten, tatsächlich innerhalb der Tetraederkanten, wie es in der Aufgabe gefordert ist.

Das abgeschnittene Tetraeder ist im optimalen Fall dem ursprünglichen ähnlich. Da sich die Verbindungslinien der Eckpunkte mit dem Flächenschwerpunkt des gegenüberliegenden Dreiecks im Schwerpunkt im Verhältnis 1 : 3 schneiden, beträgt der Ähnlichkeitsfaktor 3/4, das Volumen also $27/64 \cdot V$.

Bemerkung. Die letzte Aussage über das Teilverhältnis der Verbindungslinien der Eckpunkte des Tetraeders mit dem Flächenschwerpunkt des gegenüberliegenden

Dreiecks kann anhand des Schnittes L351343d durch (mehrfacher) Anwendung des Strahlensatzes (oder unter Heranziehung des Satzes von MENELAOS) hergeleitet werden. Alle auf den Dreiecksseiten liegenden Punkte teilen die Seiten im Verhältnis $1 : 2$, S_A und S_D sind die Schwerpunkte der Seitenflächen, R bezeichnet den Mittelpunkt der Strecke $\overline{BC}$, S ist der Schnittpunkt der Geraden durch A und S_A bzw. durch D und S_D. ◇

Aufgabe 441345

Es seien r der Radius der Inkugel und r_1, r_2, r_3, r_4 die Radien der vier Ankugeln eines (nicht notwendig regelmäßigen) Tetraeders $ABCD$.

Man beweise, dass stets gilt

$$\frac{2}{r} = \frac{1}{r_1} + \frac{1}{r_2} + \frac{1}{r_3} + \frac{1}{r_4}.$$

Die nebenstehende Abbildung A441345 zeigt ein Tetraeder $ABCD$ mit Inkugel und einer der vier Ankugeln.

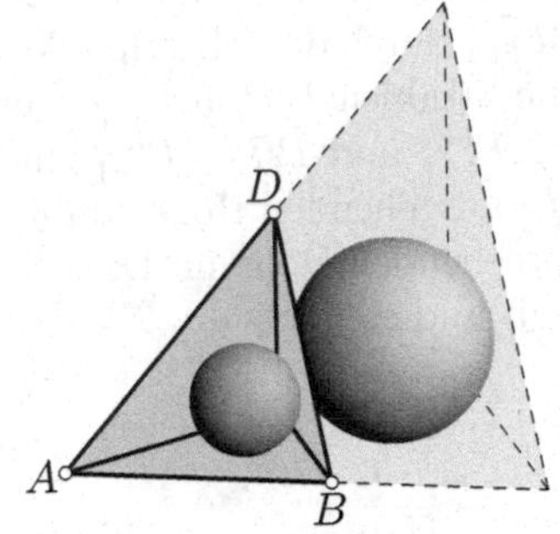

Abb. A441345

Lösungen

Das zweidimensionale Gegenstück ergibt sich aus den bekannten Berechnungsformeln für die In- und Ankreisradien die man erhält indem man den Flächeninhalt $A > 0$

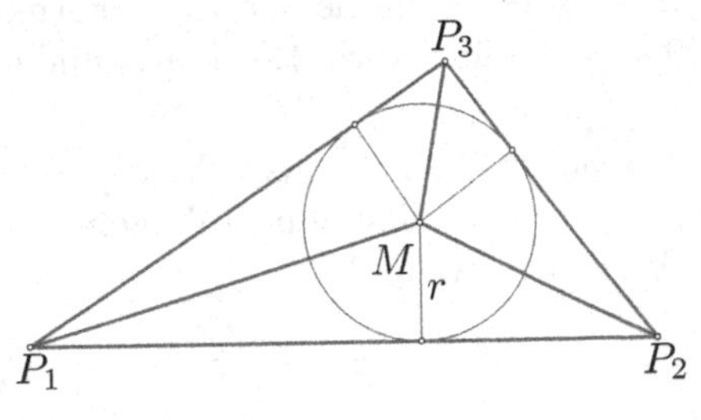

Abb. L441345a

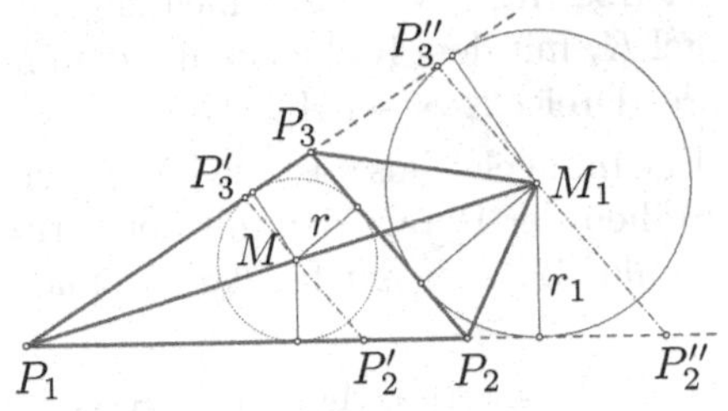

Abb. L441345b

mit Hilfe des Kreismittelpunktes aus drei Dreiecken zusammensetzt. Für den Inkreis addieren sich drei Teilflächen (Abb. L441345a), für jeden Ankreis (Abb. L441345b) ergibt sich eine Differenz. Setzen wir in einem Dreieck $P_1P_2P_3$ die Kantenlängen $a_i = |P_{i-1}P_{i+1}|$ (mit Indizes modulo 3), ergibt sich

$$2A = (a_1 + a_2 + a_3)r, \qquad \text{d. h.} \qquad \frac{1}{r} = \frac{a_1 + a_2 + a_3}{2A}, \tag{1}$$

$$2A = (a_{i-1} - a_i + a_{i+1})r_i, \qquad \text{d. h.} \qquad \frac{1}{r_i} = \frac{a_{i-1} - a_i + a_{i+1}}{2A} \qquad (i = 1, 2, 3).$$

Addition der drei letzten Gleichungen und Vergleich mit der ersten beweist

Beispiel 9.7. *Für den Inkreisradius r und die drei Ankreisradien r_1, r_2, r_3 eines Dreiecks gilt*

$$\frac{1}{r} = \frac{1}{r_1} + \frac{1}{r_2} + \frac{1}{r_3}.$$

Einen alternativen Beweis für Beispiel 9.7 erhalten wir, indem wir die Parallelen zu $\overline{P_{i-1}P_{i+1}}$ durch den Mittelpunkt des Inkreises M bzw. des Ankreises M_i einzeichnen, die die Strahlen P_iP_j für $j \neq i$ in den Punkten P_j' bzw. P_j'' schneiden. Die Dreiecke $P_iP_{i+1}'P_{i-1}'$ und $P_iP_{i+1}''P_{i-1}''$ sind dann ähnlich zum Dreieck $P_iP_{i+1}P_{i-1}$ mit einer von P_i ausgehenden Höhe von $h_i' = h_i - r$ bzw. $h_i'' = h_i + r_i$, wenn h_i die Länge der entsprechenden Höhe im Dreieck $P_iP_{i+1}P_{i-1}$ ist. Dann sind sie auch untereinander ähnlich und es folgt

$$\frac{r_i}{r} = \frac{h_i + r_i}{h_i - r}, \qquad \text{d. h.} \qquad \frac{1}{r_i} = \frac{1}{r} - \frac{2}{h_i}. \tag{2}$$

Wenn wir diese Gleichungen addieren und dabei beachten, dass (wegen (1))

$$\frac{1}{h_1} + \frac{1}{h_2} + \frac{1}{h_3} = \frac{a_1}{2A} + \frac{a_2}{2A} + \frac{a_3}{2A} = \frac{a_1 + a_2 + a_3}{a_1 + a_2 + a_3} \cdot \frac{1}{r} = \frac{1}{r}$$

gilt, erhalten wir wieder Beispiel 9.7.

Beide Beweisansätze können wir auf das räumliche Problem übertragen.

1. Lösung. Wir bezeichnen mit S_i, $i = 1, 2, 3, 4$, die Seitenfläche, die von der Ankugel K_i mit dem Radius r_i und dem Mittelpunkt M_i berührt wird. Der Flächeninhalt des Dreiecks S_i sei A_i.

Der Inkugelradius r ist die Länge der auf den Tetraederseiten S_i senkrecht stehenden Höhen der Pyramiden mit den Grundflächen S_i, und der Spitze im Inkugelmittelpunkt M. Also gilt für das Volumen V des Tetraeders $ABCD$

$$3V = (A_1 + A_2 + A_3 + A_4)\,r, \qquad \text{d. h.} \qquad \frac{1}{r} = \frac{A_1 + A_2 + A_3 + A_4}{3V}. \tag{3}$$

Wir betrachten nun das mit der Spitze M_i über der Seitenfläche S_i gebildete Tetraeder. Für sein Volumen V_i gilt $3\,V_i = A_i\,r_i$. Jede Doppelpyramide $ABCDM_i$ lässt sich in drei Tetraeder mit der Spitze M_i zerlegen. Diese haben die Dreiecke S_j mit $j \neq i$ zur Grundfläche. Berechnen wir damit das Volumen erhalten wir

$$3\,(V + V_i) = 3V + A_ir_i = r_i \sum_{j \neq i} A_j = (A_1 + A_2 + A_3 + A_4 - A_i)\,r_i\,,$$

$$\frac{1}{r_i} = \frac{A_1 + A_2 + A_3 + A_4 - 2\,A_i}{3\,V} = \frac{1}{r} - \frac{2\,A_i}{3\,V}\,.$$

Wir addieren diese Gleichungen für $i = 1, 2, 3, 4$, beachten nochmals (3) und erhalten analog zum ebenen Problem den Beweis für die Behauptung

$$\frac{1}{r_1} + \frac{1}{r_2} + \frac{1}{r_3} + \frac{1}{r_4} = \frac{4}{r} - 2\,\frac{A_1 + A_2 + A_3 + A_4}{3V} = \frac{2}{r}\,.$$

2. Lösung. Wir nutzen die Bezeichnungen der ersten Lösung weiter. Ausgehend von einem Dreieck S_i, $i = 1, 2, 3, 4$, nutzen wir die gegenüberliegende Ecke als Zentrum und stauchen bzw. strecken das Tetraeder so, dass dis Bilder S_i' bzw. S_i'' des Dreiecks S_i einmal durch den Mittelpunkte M der Inkugel und zum anderen durch den MittelpunktM_i der Ankugel verlaufen. Die drei Pyramiden mit der gemeinsamen Spitze über S_i, mit der Höhe h_i, S_i', mit der Höhe h_i' und S_i'', mit der Höhe h_i'' sind dann paarweise ähnlich, so dass wir auch hier die Gültigkeit der Formeln (2) erhalten. Wir addieren Formeln für $i = 1, 2, 3, 4$, beachten $3V = h_i A_i$ und benutzen wieder (3). Analog zum ebenen Fall, erhalten wir damit

$$\frac{1}{r_1} + \frac{1}{r_2} + \frac{1}{r_3} + \frac{1}{r_4} = \frac{4}{r} - 2\left(\frac{1}{h_1} + \frac{1}{h_2} + \frac{1}{h_3} + \frac{1}{h_4}\right) = \frac{4}{r} - 2\,\frac{A_1 + A_2 + A_3 + A_4}{3V} = \frac{2}{r}\,,$$

das gewünschte Ergebnis. ◇

9.3 Analytische Geometrie

Viele Aufgaben der räumlichen Geometrie lassen sich auch lösen, indem man sie zielgerichtet „durchrechnet“. Allerdings sind analytische Lösungen in der Regel aufwändig und unübersichtlich und dadurch anfällig für Fehler. Nicht immer sind die entstehenden Gleichungen leicht aufzulösen.

Wenn man die Gleichungssysteme korrekt umformt, dabei nicht durch Null dividiert und nur positive Terme quadriert, hat man keine Probleme mit Lageabhängigkeiten. Das ist ein Vorteil analytischer Vorgehensweise. Ist eine Lageabhängigkeit für die Aufgabe wesentlich, erhält man auf generische Weise eine Fallunterscheidung der Art *„Entweder der Faktor ist null, dann habe ich einen Fall, oder ich dividiere durch den Faktor und betrachte den anderen Fall.“*

Analytische Lösungsansätze bilden auch einen Notanker, wenn andere Lösungsideen fehlen.

Wenn in der Aufgabenstellung kein Koordinatensystem vorgegeben ist, sondern nur geometrische Sachverhalte angegeben sind, ist der richtige Ansatz für das Koordinatensystem der Schlüssel zu einer übersichtlichen Lösung. Für ein kartesisches

Koordinatensystem können wir über die Wahl des Koordinatenursprungs, über die Ausrichtung der Achsen und die Längeneinheit frei verfügen.

Spielt ein Würfel eine Rolle, kann z. B. das Koordinatensystem so gewählt werden, dass die Eckpunkte die Koordinaten

$$(0,0,0),\ (1,0,0),\ (1,1,0),\ (0,1,0),\ (0,0,1),\ (1,0,1),\ (1,1,1),\ (0,1,1)$$

besitzen oder in die acht Punkte $(\pm1,\pm1,\pm1)$ fallen. Als Drittes erwähnen wir

$$(0,1,0),\ (0,0,1),\ (0,-1,0),\ (0,0,-1),\ (\sqrt{2},1,0),\ (\sqrt{2},0,1),\ (\sqrt{2},-1,0),\ (\sqrt{2},0,-1).$$

Die Kantenlänge ist dabei 1, 2 oder $\sqrt{2}$. Welches Koordinatensystem gewählt werden sollte, hängt von den Symmetrien an, die ind der Aufgabenstellung vorhanden sind, bzw. die von der Lösung erwartet werden.

Mit dem zweiten Koordinatensystem erhält man die Eckpunkte eines regulären Tetraeders der Kantenlänge $\sqrt{2}$ und dem Schwerpunkt in $(0,0,0)$ mit den Koordinatentripeln

$$(1,1,1),\ (-1,-1,1),\ (1,-1,-1),\ (-1,1,-1)\,.$$

Bei Kugeln empfiehlt sich der Mittelpunkt als Ursprung und der Radius als Einheit. Ein weiterer, für die Aufgabe markanter Punkt, kann dann die Richtung der x-Achse festlegen. Außerdem ist zu überlegen, ob es sich bei der betrachteten Aufgabe in Kugel- oder Zylinderkoordinaten besser rechnen lässt.

Die Wahl des Koordinatensystems hat einen großen Einfluss auf die Komplexität des entstehenden Gleichungssystems. Wir erinnern nur daran, dass ein Faktor $x-a$, der aus einem Term ausgeklammert werden kann, am leichtesten zu erkennen ist, wenn das Koordinatensystem so gewählt worden ist, dass $a=0$ gilt.

Nutzt man bei einem analytischen Ansatz die Vereinbarungen der Vektorrechnung, lässt sich auch die Ableitung der Gleichungen weitgehend formalisieren. Die Lösungen lassen sich dann einfacher nachvollziehen. Eine Vereinfachung für die Auflösung der Gleichungssysteme ergibt sich dabei aber meist nicht.

Beispiele für analytische Lösungen wurden bereits in den beiden vorherigen Kapiteln angegeben.

Die zweite (mit Zylinderkoordinaten) und die dritte Lösung der Aufgabe 051246 auf Seite 511, die zweite Lösung (mit einem Vektoransatz) der Aufgabe 291245 auf Seite 525, die Alternativlösung für die Aufgabe 331343 auf Seite 536, sowie, wieder mit Vektoren, die dritte Lösung der Aufgabe 341335 auf Seite 532. Für fast alle weiteren Aufgaben gibt es die Möglichkeit, Koordinatensysteme einzuführen. Da die Autoren dieses Buches der Meinung sind, dass geometrische Lösungen für geometrische Aufgaben schöner sind, haben sie meist auf eine analytische Alternativlösung verzichtet. Der interessierte Leser sei aber ausdrücklich aufgefordert, durch weitere kurze und einsichtige analytische Lösungen nachzuweisen, dass sich die Autoren irren.

Eine Aufgabe ist geblieben, bei der es den Anschein hat, dass sie analytisch angegangen werden muss.

Aufgabe 381336

Gegeben seien n Punkte $P_1, P_2, \ldots, P_n$ im Raum und eine positive Zahl a. Man bestimme die Menge aller Punkte P des Raumes, für die die Summe der Quadrate aller Abstände zwischen P und den Punkten P_k gleich a ist,

$$|PP_1|^2 + |PP_2|^2 + \cdots + |PP_n|^2 = a. \tag{1}$$

Lösung

Es bezeichne (x, y, z) und (x_k, y_k, z_k) die Koordinaten der Punkte P bzw. P_k in einem kartesischem Koordinatensystem.
Dann gilt für $k = 1, 2, \ldots, n$

$$\begin{aligned} |PP_k|^2 &= (x - x_k)^2 + (y - y_k)^2 + (z - z_k)^2 \,, \\ &= x^2 + y^2 + z^2 - 2x_k x - 2y_k y - 2z_k z + x_k^2 + y_k^2 + z_k^2 \,. \end{aligned}$$

Addieren wir über alle k, erhalten wir Bedingung (1) in der Form

$$a = n(x^2 + y^2 + z^2 - 2m_x x - 2m_y y - 2m_z z + q_x^2 + q_y^2 + q_z^2) \,. \tag{2}$$

Dabei haben wir abgekürzt[6]

$$\begin{aligned} m_x &= \frac{1}{n}(x_1 + x_2 + \cdots + x_n) \,, & q_x^2 &= \frac{1}{n}(x_1^2 + x_2^2 + \cdots + x_n^2) \,, \\ m_y &= \frac{1}{n}(y_1 + y_2 + \cdots + y_n) \,, & q_y^2 &= \frac{1}{n}(y_1^2 + y_2^2 + \cdots + y_n^2) \,, \\ m_z &= \frac{1}{n}(z_1 + z_2 + \cdots + z_n) \,, & q_z^2 &= \frac{1}{n}(z_1^2 + z_2^2 + \cdots + z_n^2) \,. \end{aligned}$$

Dividieren wir (2) durch n und ergänzen zu Quadraten, erhalten wir mit einer zusammengefassten Konstanten

$$b = \frac{a}{n} - q_x^2 - q_y^2 - q_z^2 + m_x^2 + m_y^2 + m_z^2$$

die äquivalente Gleichung

$$(x - m_x)^2 + (y - m_y)^2 + (z - m_z)^2 = b \,. \tag{3}$$

[6] Wir stellen fest, dass m_x, m_y, m_z die arithmetischen und q_x, q_y, q_z die quadratischen Mittel der Koordinaten sind. Nur können wir hier mit dieser Erkenntnis nicht viel anfangen. Bei der statistischen Analyse dreidimensionaler Daten spielt das allerdings eine wichtige Rolle.

Ein Punkt P gehört also genau dann zur gesuchten Menge, wenn seine Koordinaten (x, y, z) die Gleichung (3) erfüllen.

Fall 1. Gilt $b < 0$, d. h. $a < n\big(q_x^2 + q_y^2 + q_z^2 - (m_x^2 + m_y^2 + m_z^2)\big)$, so ist die rechte Seite von (3) negativ, die linke aber stets nichtnegativ. In diesem Fall gibt es keine Punkte mit der verlangten Eigenschaft; die gesuchte Menge ist leer.

Fall 2. Gilt $b = 0$, d. h. $a = n\big(q_x^2 + q_y^2 + q_z^2 - (m_x^2 + m_y^2 + m_z^2)\big)$, so ist die rechte Seite von (3) gleich Null. Dies gilt für die linke Seite genau dann, wenn alle drei Summanden Null werden,

$$x = m_x, \; y = m_y, \; z = m_z.$$

Die gesuchte Menge besteht dann aus genau einem Punkt, nämlich dem Schwerpunkt S der vorgegebenen Punkte $P_1, P_2, \ldots, P_n$.

Fall 3. Gilt $b > 0$, d. h. $a > n\big(q_x^2 + q_y^2 + q_z^2 - (m_x^2 + m_y^2 + m_z^2)\big)$, so besteht die gesuchte Menge M aus allen Punkten, die von S den Abstand $\sqrt{b}$ haben; M ist also die Kugelfläche mit dem Schwerpunkt S als Mittelpunkt und dem Radius $\sqrt{b}$. $\diamondsuit$

Kapitel 10
Besonderes

Martin Welk

Die in diesem Kapitel zusammengestellten Aufgaben haben gemeinsam, dass sie nicht vorrangig einem Gebiet der Schulmathematik zugeordnet werden können, aber in besonderem Maße die Fähigkeit teilnehmender Schülerinnen und Schüler herausfordern, selbstständig Ideen und Ansätze zu finden. Das vorausgesetzte mathematische Wissen ist dabei untergeordnet, Kombinationsgabe und Überblick sind gefragt.

Entsprechend der Tradition, Aufgabenserien von Olympiaden nach steigendem Schwierigkeitsgrad anzulegen, werden diese Aufgaben oft als letzte Aufgaben der jeweiligen Olympiadestufe oder eines Klausurtages gestellt.

Naturgemäß kann für diese Aufgaben keine abschließende Aufzählung von Lösungsansätzen und -verfahren gegeben werden. Dennoch lassen sich in den hier gezeigten Aufgaben Schwerpunkte ausmachen, die im Folgenden der Ordnung des Materials dienen: Zum einen gehört hierher die Klasse der Aufgaben, in denen es um Spiele und Gewinnstrategien geht. Eine zweite Kategorie bilden Aufgaben, in denen es um ungewöhnliche Probleme aus der Mengenlehre, fortgeschrittene Anwendungen logischer und kombinatorischer Prinzipien, teilweise auch einfache wahrscheinlichkeitstheoretische Fragestellungen geht, die jedoch das Gebiet der elementaren Kombinatorik überschreiten. Der dritte Aufgabentyp bewegt sich im Bereich der Analysis und am Übergang zur numerischen Mathematik.

10.1 Spiele

Aufgaben zu Spielen sind ein wiederkehrendes und abwechslungsreiches Thema in allen Stufen der MathematikÖlympiaden.

Ein Spiel wird typischerweise durch eine Abfolge von Konfigurationen beschrieben, die durch abwechselnde Züge zweier Spielerinnen oder Spieler auseinander hervorgehen und mit einer *Endstellung* enden, in der ein Spielergebnis (meist einfach der Gewinn eines der Spielenden) eindeutig feststeht.

A. Felgenhauer et al., *Die schönsten Aufgaben der Mathematik-Olympiade in Deutschland*, https://doi.org/10.1007/978-3-662-63183-6_10

Im Sinne der Spieltheorie handelt es sich bei den hier besprochenen Spielen immer um *Spiele mit vollständiger Information,* bei denen der gesamte Spielstand stets allen Beteiligten bekannt ist.

Von einer Ausgangsstellung aus sind die möglichen Spielverläufe durch eine Abfolge von Verzweigungen gegeben, die die Entscheidungen der Spieler unter den jeweils möglichen Spielzügen wiedergeben. Dies kann im Rahmen der Graphentheorie als Entscheidungsbaum beschrieben werden; diesen formalen Zugang verfolgen wir aber hier nicht weiter.

Minimax-Strategie

Wir nehmen an, dass die Spielausgänge für A mit *Bewertungen* versehen können, die sich anordnen lassen, beispielsweise Punktzahlen oder im einfachsten Fall Gewinn (1) und Verlust (0).

Dann kann A von den Endstellungen ausgehend im Prinzip alle vorangehenden Spielstellungen mit Bewertungen versehen, indem eine Stellung, in der B am Zug ist, die schlechteste Bewertung aller ihrer Folgestellungen erhält, weil B ja den für A ungünstigsten Zug wählen wird. Eine Stellung, in der A am Zug ist, erhält die beste Bewertung aller ihrer Folgestellungen, da A den günstigsten Zug wählt. Dies bedeutet gerade, dass der beste Zug, den A in einer gegebenen Situation machen kann, stets derjenige ist, bei dem der für A ungünstigste Zug des Gegenspielers B so vorteilhaft wie möglich für A ausfällt.

Da A letztlich in jedem Zug unter den Minima der Bewertungen aller Antworten von B das Maximum sucht, nennt man dieses Vorgehen eine *Minimax-Strategie.*

Die Schwierigkeit bei der Anwendung dieses Prinzips besteht einerseits darin, die regelgemäßen Spielverläufe korrekt abzubilden und die Bewertungen vorzunehmen, andererseits, die Bewertungen über die Vielzahl möglicher Spielverläufe korrekt „zurückzuverfolgen“. Lücken in Lösungen ergeben sich nicht selten daraus, dass intuitiv geschlossen wird, dieser oder jener Zug sei in einer gewissen Situation der bestmögliche, ohne dass die Schlüssigkeit von den Endstellungen her nachgewiesen wird.

Dynamische Programmierung

In einigen Fällen eignet sich für das systematische Zurückverfolgen von Bewertungen von den Endstellungen zum Spielbeginn die dynamische Programmierung.

Die Idee der dynamischen Programmierung besteht darin, von einfach zu überblickenden Anfangsfällen an (das sind hier die Endstellungen, in denen Gewinn oder Verlust unmittelbar eintritt) sukzessive komplexere Fälle (mögliche Vorgängerstellungen) zu katalogisieren und zu bewerten.

Für jede neu zu betrachtende Spielstellung werden alle möglichen Spielzüge aufgezählt; jeder davon muss in eine bereits katalogisierte und bewertete Stellung führen. Aus der Bewertung aller Folgestellungen kann dann die Bewertung der neuen Spielstellung abgeleitet und ebenfalls in die Aufzählung aufgenommen werden.

Voraussetzung für diese Herangehensweise ist, dass die Anzahl der infrage kommenden *Zwischenstellungen* überschaubar ist – d. h. in der Regel, wesentlich kleiner als die Zahl der *Spielverläufe.*

Invarianten, Symmetrien und Monotonien

Bei manchen Aufgaben kann die Analyse konkreter Spielverläufe dadurch umgangen werden, dass Symmetrien oder Invarianten ausgenutzt werden. Unter einer *Invariante* versteht man ein Merkmal oder eine Größe, das oder die im Verlaufe des Spiels durch die Spielregeln oder durch eine geeignete Spielstrategie erhalten bleibt.

Symmetrien sind spezielle Invarianten. Bei Spielen mit zwei Beteiligten sind das naturgemäß oft spiegelbildliche Gleichheiten von Spielzügen (Spiegelung an einer Achse oder an einem Punkt). Zum Beispiel kann bei manchen Spielen die spiegelbildliche Nachahmung gegnerischer Spielzüge Bestandteil der Gewinnstrategie sein.

Eine Abwandlung der Invariantenidee ist gegeben, wenn durch Regeln oder Strategie garantiert wird, dass eine gewisse Größe über Spielzüge hinweg nur wachsen oder fallen kann, also eine *Monotonie* vorliegt. Ein Beispiel dafür findet sich (wenn auch nicht bei einem Spiel im engeren Sinne) bei Aufgabe 321224 im nächsten Abschnitt. Monoton fallende Folgen positiver ganzer Zahlen eignen sich auch für Abstiegsargumente zum Nachweis, dass ein Spiel (oder sonstiger iterativer Prozess) nach endlich vielen Schritten endet.

Ein einfaches Beispiel einer Invariante, die durch die Spielregeln garantiert wird, ist bei Spielen, bei denen zwei Spielende abwechselnd Spielsteine in zwei Farben setzen, die Gleichheit der Anzahl beider Spielsteinfarben (nach jedem Doppelzug).

Ein Beispiel einer Invariante, die durch eine Spielstrategie erzeugt wird, findet man beim klassischen NIM-Spiel, bei dem zwei Spielende von einem Haufen mit anfänglich N Streichhölzern abwechselnd mindestens ein und höchstens k Streichhölzer wegnehmen; wer das letzte Holz nimmt, gewinnt. Bekanntlich kann den Sieg erzwingen, wer als erstes eine durch $k+1$ teilbare Anzahl von Hölzern auf dem Haufen hinterlässt; danach kann auf jeden gegnerischen Zug so reagiert werden, dass wieder eine durch $k+1$ teilbare Anzahl entsteht, ohne dass der Gegenspieler diese Situation für sich herbeiführen könnte. Die Teilbarkeit der Hölzchenzahl durch $k+1$ ist also eine Invariante, mit der sich der Beweis für die Gewinnsicherheit der Strategie effizient führen lässt.

Ähnliche, kompliziertere Invarianten gelten für das NIM-Spiel mit mehreren Haufen, bei dem in einem Zug beliebig viele Hölzer, aber nur vom selben Haufen, genommen werden dürfen, und zwar sowohl in der Standardvariante, bei der gewinnt, wer das letzte Holz nimmt, als auch in der umgekehrten Variante, bei der verliert, wer das letzte Holz nimmt. Diese mathematisch schönen Invarianten können in einer Vielzahl von Büchern und Onlinequellen nachgelesen werden; wir stellen sie daher hier nicht im Einzelnen dar.

Der Nutzen dieser Invarianten besteht darin, dass damit eine große Zahl verschiedener Spielstellungen auf einer höheren Abstraktionsebene kontrolliert und eine Aussage über Sieg oder Niederlage ohne Analyse einzelner Spielverläufe möglich wird. Auch die Invariantenidee gehört daher zum Handwerkszeug der Olympiademathematik. – Gerade Abwandlungen des NIM-Spiels selbst bieten im Übrigen auch eine Fundgrube möglicher Olympiadeaufgaben, wie auch an mehreren der nachfolgend ausgewählten Aufgaben deutlich wird.

Aufgabe 261235

Zwei Personen, A und B, spielen mit n auf einer Geraden angebrachten Lampen ($n > 3$) das folgende Spiel: Zum Spielbeginn sind alle Lampen ausgeschaltet. Eine ganze Zahl k mit $1 < k < n-1$ wird vereinbart. Dann verläuft das Spiel so, dass die Spieler, mit A beginnend, abwechselnd am Zug sind: Jeder Spieler schaltet, wenn er am Zug ist, nach eigener Wahl eine Anzahl nebeneinanderliegender Lampen ein, mindestens eine und höchstens k. Gewonnen hat derjenige Spieler, der die letzte der n Lampen einschaltet.

Man beweise, dass der Spieler A für jedes $n > 3$ und jedes k mit $1 < k < n - 1$ durch eine geeignete Vorgehensweise (Strategie) den Gewinn erzwingen kann!

Lösung

Der Spieler A kann für jedes n und jedes k ($n > 3$, $1 < k < n - 1$) zum Beispiel mit folgender Strategie den Gewinn erzwingen:

Ist n ungerade, so schaltet A im 1. Zug genau die in der Mitte der Lampenreihe liegende (die $\frac{n+1}{2}$te) Lampe ein; ist n gerade, so schaltet A im 1. Zug genau 2 Lampen in der Mitte ein, die $n/2$-te und die $(n/2 + 1)$-te Lampe. Durch diesen 1. Zug von A wird die Lampenreihe in zwei symmetrische Teilbereiche I und II uneingeschalteter Lampen eingeteilt, die die gleiche Anzahl von Lampen enthalten. Diese Anzahl L ist von 0 verschieden; denn da die Anzahl a der von A eingeschalteten Lampen höchstens 2 und $n \geq 4$ ist, gilt $L = \frac{1}{2}(n - a) \geq \frac{1}{2}(4 - 2) > 0$.

B kann dann in seinen folgenden Zügen, da in jedem Zug nur nebeneinanderliegende Lampen eingeschaltet werden dürfen, jeweils nur entweder Lampen aus I oder aus II einschalten. Damit bleibt für A nach jedem Zug von B die Möglichkeit, im jeweils anderen Teilbereich den zum Zug von B symmetrischen Zug auszuführen. Diese Strategie verfolgt A. Da mit jedem Zug wenigstens eine Lampe eingeschaltet wird und für B vor jedem Zug in beiden Teilbereichen eine symmetrische Situation besteht, ist B gezwungen, in einem der Teilbereiche nach endlich vielen Zügen die letzte Lampe einzuschalten. Danach tut das im nächsten Zug auch A im anderen Teilbereich und gewinnt. ◇

Aufgabe 401343

Wiebke und Stefan spielen auf einem Blatt Kästchenpapier folgendes Spiel. Sie beginnen mit einem n Zeilen und m Spalten großen Rechteck und zerschneiden es abwechselnd Zug für Zug in kleinere Rechtecke. Ein zulässiger Zug von Stefan ist ein senkrechter Schnitt, der ein $n\times m$-Rechteck in ein $n\times k$- und ein $n\times(m-k)$-Rechteck zerlegt ($k = 1, 2, \ldots, m-1$). Wiebke dagegen darf nur waagerechte Schnitte machen. Also wird bei ihr ein $n \times m$-Rechteck zu einem $j \times m$- und einem $(n-j) \times m$-großen Rechteck ($j = 1, 2, \ldots, n-1$). Bei jedem Zug dürfen die beiden also ein Rechteck auswählen und es senkrecht bzw. waagerecht beliebig in zwei Teile schneiden.

Am Ende verliert derjenige, der keinen Schnitt mehr machen kann. Wenn also nur noch $j \times 1$-Rechtecke übrig sind, verliert Stefan, sind nur noch $1 \times k$-Rechtecke übrig, verliert Wiebke. Das Spiel wird jetzt mit einem 60×40-Rechteck begonnen.

(a) Wer kann den Gewinn erzwingen, wenn Stefan anfängt?

(b) Wer kann den Gewinn erzwingen, wenn Wiebke anfängt?

Beispiel:

Abbildung A401343 zeigt exemplarisch den Beginn eines Spiels mit einem 4×3-Rechteck, bei dem Wiebke den ersten Zug macht.

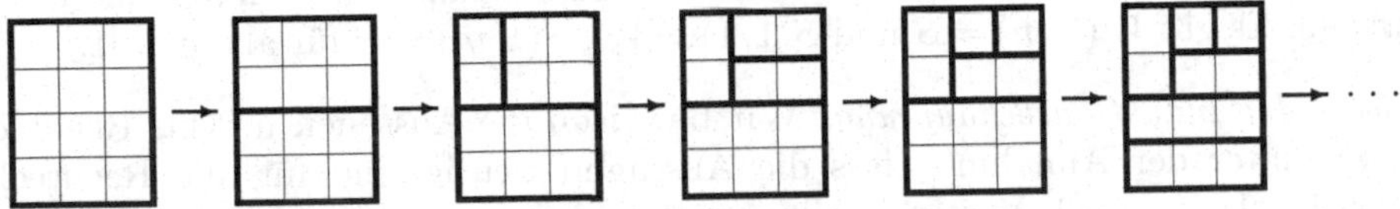

Abb. A401343

Lösung

Zur Notation legen wir folgende Schreibweise fest. Wenn Wiebke das Spiel mit einem $n \times m$-Rechteck beginnt und Stefan den Gewinn erzwingen kann, schreiben wir $W(n,m) = S$. Entsprechend sollen $W(n,m) = W$, $S(n,m) = W$ und $S(n,m) = S$ verstanden werden.

Wir zeigen jetzt folgende Aussage:

Hilfssatz. Es seien

$$n = 2^a + b \qquad \textit{und} \qquad m = 2^c + d$$

mit $0 \le b < 2^a$, $0 \le d < 2^c$, $a, c \in \{0, 1, 2, \ldots\}$.

Dann gilt

$$W(n,m) = \begin{cases} W\,, & \text{falls } a > c,\\ S\,, & \text{falls } a \le c,\end{cases} \qquad S(n,m) = \begin{cases} W\,, & \text{falls } a \ge c,\\ S\,, & \text{falls } a < c.\end{cases}$$

Mit der Herleitung dieser Beziehungen ist die Aufgabe gelöst, denn damit hat man

$$W(60,40) = W(32+28, 32+8) = S \, ,$$
$$S(60,40) = S(32+28, 32+8) = W \, .$$

Also hat Wiebke eine Gewinnstrategie, wenn Stefan beginnt, und es gewinnt Stefan, wenn Wiebke beginnt.

Beweis. Den Beweis des Hilfssatzes führen wir mit ineinandergeschachtelter vollständiger Induktion. Wir beginnen mit vollständiger Induktion über m.

Induktionsanfang. Wir beweisen die Aussagen für alle $n \times 1$-Rechtecke mit beliebigem n.

Dazu sagt schon die Aufgabenstellung $S(n,1) = W$ und $W(1,1) = S$. Wenn Wiebke beginnt und $n > 1$ ist, kann sie einen Schnitt machen, und es verliert Stefan, d. h. $W(n,1) = W$. Damit ist als Induktionsanfang die Behauptung für $m = 1$ gezeigt.

Induktionsvoraussetzung. Die Behauptungen gelten für alle $n \times k$-Rechtecke mit beliebigem n und $1 \le k < m$.

Wir beweisen jetzt die Induktionsbehauptung für $k = m$ mit vollständiger Induktion nach n.

Der Induktionsanfang für alle $1 \times m$-Rechtecke führt analog zu oben auf eine wahre Aussage. Es gilt $W(1,m) = S$ und $S(1,1) = W$, $S(1,m) = S$ für alle $m > 1$.

Beweis der Induktionsbehauptung. Wir beweisen die Aussagen für das Rechteck (n,m), unter der Annahme, dass die Aussagen richtig sind für alle Rechtecke $(j,m), j = 1, \ldots, n-1$. Weiterhin gilt natürlich die oben notierte Induktionsvoraussetzung.

Wir führen für $W(n,m)$ und $S(n,m)$ eine vollständige Fallunterscheidung durch: Für $W(n,m)$:

Fall 1. Es sei $a > c$.

Wiebke beginnt und zerlegt so in zwei Rechtecke $j_1 \times m$ und $j_2 \times m$, dass die Ungleichungen $j_1 \ge 2^c$ und $j_2 \ge 2^c$ gelten. Nach Induktionsvoraussetzung gilt nun aber $S(j_1,m) = W$ und $S(j_2,m) = W$. Wiebke hat also für jedes der beiden Rechtecke eine Gewinnstrategie, wenn Stefan am Zug ist. So kann Wiebke ihre beiden Gewinnstrategien kombinieren, indem sie ihre Schnitte immer in demjenigen Rechteck macht, wo Stefan vor ihr geschnitten hat. Demnach führen beide Strategien vereint auch zum Gewinn des gesamten Spiels.

Fall 2. Es sei $a \le c$.

Wiebke zerlegt in 2 Rechtecke $j_1 \times m$ und $j_2 \times m$, von denen immer mindestens eine der Zahlen j_1, j_2 kleiner als 2^c ist. Sei dies j_1. Dann gilt nach Induktionsvoraussetzung $S(j_1,m) = S$, $W(j_2,m) = S$. Stefan zieht im $j_1 \times m$-Rechteck, in dem er eine Gewinnstrategie hat. Also wird Wiebke auch den ersten Schnitt im $j_2 \times m$-Rechteck machen müssen und verliert dann auch dort wegen $W(j_2,m) = S$. Stefan gewinnt.

Für $S(n,m)$:

Fall 1. Es sei $a < c$.
Stefan beginnt und zerlegt so in zwei Rechtecke $n \times k_1$ und $n \times k_2$, dass die Ungleichungen $k_1 \geq 2^a$ und $k_2 \geq 2^a$ gelten. Nach Induktionsvoraussetzung gilt nun aber $W(n,k_1) = S$ und $W(n,k_2) = S$. Stefan hat also für jedes der beiden Rechtecke eine Gewinnstrategie, wenn Wiebke am Zug ist. So kann Stefan seine beiden Gewinnstrategien kombinieren, indem er seine Schnitte immer in demjenigen Rechteck macht, wo Wiebke vor ihm geschnitten hat. Demnach führen beide Strategien vereint auch zum Gewinn des gesamten Spiels.

Fall 2. Es sei $a \geq c$.
Stefan zerlegt in 2 Rechtecke $n \times k_1$ und $n \times k_2$, von denen immer mindestens eine der Zahlen k_1, k_2 kleiner als 2^a ist. Sei dies k_1. Dann gilt nach Induktionsvoraussetzung $W(n,k_1) = W$, $S(n,k_2) = W$. Wiebke zieht im $n \times k_1$-Rechteck, in dem sie eine Gewinnstrategie hat. Also wird Stefan auch den ersten Schnitt im $n \times k_2$-Rechteck machen müssen und verliert dann auch dort wegen $S(n,k_2) = W$. Wiebke gewinnt.

Damit ist der Beweis abgeschlossen. □

Bemerkung. Gegebenenfalls kann man auch folgende Symmetrie ausnutzen:

$$S(n,m) = S \Leftrightarrow W(m,n) = W \quad \text{und} \quad S(n,m) = W \Leftrightarrow W(m,n) = S\,. \qquad \diamondsuit$$

Aufgabe 371342

Zwei Schüler A und B spielen miteinander folgendes Spiel:
Begonnen wird mit einem Häufchen von 1998 Streichhölzern. Die Spieler ziehen abwechselnd, wobei A beginnt. Wer am Zug ist, muß eine Quadratzahl (größer oder gleich 1) von Streichhölzern wegnehmen. Sieger ist derjenige, der den letzten Zug ausführen kann.
Man entscheide, wer von beiden den Sieg erzwingen kann, und gebe an, auf welche Weise er mit Sicherheit zum Ziel gelangt.

Lösung

Spieler A kann den Sieg erzwingen. Dies gelingt zum Beispiel mit folgender Strategie. Der Spieler A nimmt im ersten Zug $1936 = 44^2$ Streichhölzer weg, sodass für B noch 62 Streichhölzer verbleiben.
Nun wird gezeigt: Ist B am Zug und hat als Ausgangssituation einen Haufen von 62 Streichhölzern, so kann A den Sieg erzwingen. Der Nachweis ergibt sich aus folgender Tabelle, die alle Zugmöglichkeiten von B mit den jeweiligen Antwortzügen von A auflistet. Zur jeweiligen Anzahl verbleibender Streichhölzer (Rest) sind dann wiederum alle Zugmöglichkeiten von B aufgelistet.

Anzahl	Zug B	Zug A	Rest
62	1	49	12
	4	36	22
	9	36	17
	16	36	10
	25	25	12
	36	16	10
	49	1	12
22	1	9	12
	4	16	2
	9	1	12
	16	4	2
17	1	16	0

Anzahl	Zug B	Zug A	Rest
17	4	1	12
	9	1	7
	16	1	0
12	1	4	7
	4	1	7
	9	1	2
10	1	9	0
	4	4	2
	9	1	0
7	1	4	2
	4	1	2
2	1	1	0

Ist der Rest 0, so hat A gewonnen. Alle anderen in der Tabelle auftretenden Reste sind in der Tabelle als Anzahlen enthalten, sodass sich eine vollständige Gewinnstrategie für A ergibt.

Bemerkung. Die oben angegebene Tabelle stellt nicht die einzige Möglichkeit einer Gewinnstrategie dar. Man kann die Menge aller natürlichen Zahlen so in zwei disjunkte Teilmengen zerlegen, dass die erste Menge M_A alle diejenigen Anzahlen enthält (einschließlich der Null), bei denen der Anziehende gewinnt, wenn er geschickt spielt, während M_B diejenigen Anzahlen enthält (einschließlich der Null), bei denen der Anziehende nicht gewinnen kann, wenn sein Gegner optimal spielt.

Aus den Spielregeln folgt, dass $n \in M_A$ genau dann gilt, wenn wenigstens *eine* natürliche Zahl $k > 0$ existiert, für die $n - k^2 \in M_B$ ist. Dagegen gilt $n \in M_B$, wenn für *alle* natürlichen Zahlen k mit $0 < k^2 \leq n$ folgt $n - k^2 \in M_A$. Induktiv lassen sich damit alle natürlichen Zahlen der einen oder der anderen Menge zuordnen.

Alle Elemente von M_B (Verluststellungen) unter 100 sind:

$$0, 2, 5, 7, 10, 12, 15, 17, 20, 22, 34, 39, 44, 52, 57, 62, 65, 67, 72, 85, 95\ .$$

Bezogen auf die aktuellen Jahreszahlen war die letzte Verluststellung 1989, die nächste wird erst wieder 2015 sein, eine Übersicht der Gewinnzüge des anziehenden Spielers A zeigt allerdings, dass die Lösung nicht in jedem Fall ohne Computer leicht zu finden ist:

Anzahl	1990	1991	1992	1993	1994	1995	1996	1997	1998	1999
Gewinnzug	390	142	392	57	1510	770	147	397	62	150

Anzahl	2000	2001	2002	2003	2004	2005	2006	2007	2008	2009
Gewinnzug	704	65	238	67	1520	1105	850	243	72	1865

Anzahl	2010	2011	2012	2013	2014
Gewinnzug	1385	855	787	249	990

Aufgabe 451314

Wiebke und Stefan trainieren für Northcotts Spiel. Dazu zeichnen sie nebeneinander eine Reihe von Quadraten und stellen einen schwarzen Stein auf das erste Feld sowie einen weißen auf das letzte. Die Abbildung A451314 zeigt die Ausgangsstellung für eine Reihe von sieben Quadraten.

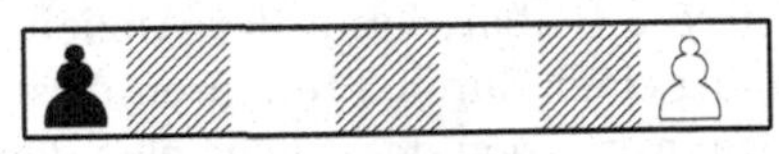

Abb. A451314

Gezogen wird abwechselnd. Ein Zug besteht darin, den eigenen Spielstein um ein Feld oder um zwei Felder vorwärts oder rückwärts zu versetzen, ohne den gegnerischen Spielstein zu überspringen. Wiebke führt den weißen Stein und beginnt. Verloren hat derjenige, der keinen Zug mehr machen kann.

Man untersuche, ob einer der beiden Spieler den Sieg erzwingen kann, und beschreibe, auf welche Weise dies möglich ist.

Lösung

Die Gewinnstrategie hängt von der Anzahl n der leeren Felder zwischen den Spielsteinen ab. Wir nennen den Spieler, der gerade am Zug ist, den Anziehenden, der andere heißt der Nachziehende.

Schritt I. Wir betrachten zunächst verschiedene einfache Fälle für n, die im Laufe des Spiels entstehen können:

Fall 1. $n = 0$. In diesem Fall kann der Nachziehende den Sieg erzwingen. Der Anziehende kann sich nur ein oder zwei Schritte vom „Gegner“ entfernen, der die Lücke sofort wieder schließt. Das geht so lange, bis das Ende der Reihe erreicht ist und für den Anziehenden kein Zug mehr möglich ist.

Fall 2. $n = 1$ oder $n = 2$. Der Anziehende gewinnt, indem er die Lücke schließt und damit den Fall 1 mit sich selbst in der Rolle des Nachziehenden herstellt.

Fall 3. $n = 3$. Verkleinert der Anziehende den Abstand, entsteht die Situation des Falles 2, demzufolge kann höchstens eine Vergrößerung des Abstands zu einer Gewinnstrategie führen. In diesem Fall kann jedoch der Nachziehende den Abstand 3 immer wieder herstellen, bis der Anziehende am Spielfeldrand steht. Dieser muss dann den Abstand verkleinern, und der Nachziehende erzwingt den Sieg.

Schritt II. Wir zeigen jetzt allgemeiner, dass der Nachziehende eine Gewinnstrategie hat, wenn n durch 3 teilbar ist.

Ist $n = 0$, so liegt Fall 1 vor. Für $n \geq 3$ kann der Nachziehende erzwingen, dass nach einer Folge von Zügen der Abstand $n - 3$ beträgt. Verkleinert nämlich der

Anziehende den Abstand um 1 oder 2, kann das bereits im nächsten Zug erreicht werden. Vergrößert dagegen der Anziehende den Abstand, so stellt der Nachziehende den Abstand n wieder her, bis der Anziehende am Rand steht und den Abstand verkleinern muss.

Weil n durch 3 teilbar ist, führt wiederholte Anwendung dieser Strategie schließlich auf $n = 0$, und der Nachziehende erzwingt den Sieg.

Schritt III. Ist n nicht durch 3 teilbar, kann der Anziehende den Sieg erzwingen, indem er in seinem ersten Zug einen durch 3 teilbaren Abstand herstellt und danach die oben beschriebene Gewinnstrategie des Nachziehenden anwendet.

Damit ist gezeigt, dass Stefan den Sieg erzwingen kann, wenn die Anzahl der Quadrate bei Division durch 3 den Rest 2 lässt, anderenfalls führt die beschriebene Strategie Wiebke zum Sieg. ◇

Aufgabe 451324

Stefan und Wiebke spielen Northcotts Spiel. Es wird auf einem Schachbrett gespielt, auf dem sich in jeder waagerechten Reihe je ein schwarzer und ein weißer Spielstein befinden. Gezogen wird abwechselnd, wobei Wiebke die weißen und Stefan die schwarzen Steine führt. Ein Zug besteht darin, einen Spielstein innerhalb seiner Reihe beliebig zu versetzen, ohne den gegnerischen Spielstein zu überspringen. Verloren hat derjenige, der keinen Zug mehr machen kann.

Welcher der beiden Spieler kann den Sieg erzwingen, wenn die Spielsteine wie in der Abbildung gezeigt aufgestellt sind und Wiebke am Zug ist?

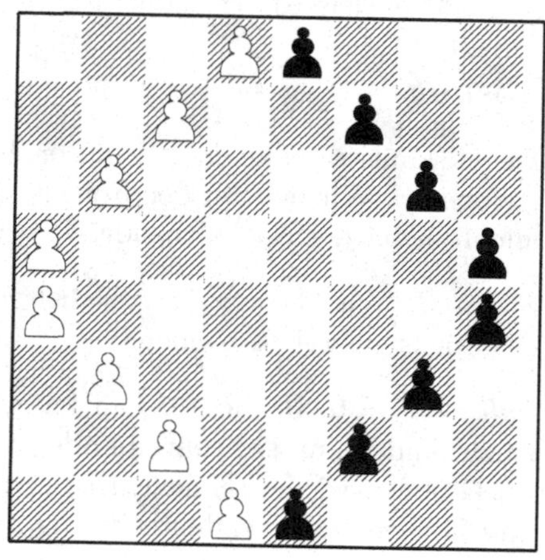

Abb. A451324

Lösung

Stefan kann den Sieg erzwingen. In der folgenden Beschreibung seiner Gewinnstrategie beziehen sich die Zugrichtungen „links“ und „rechts“ auf die Blickrichtung des Betrachters von Abbildung A451324.

Setzt Wiebke einen Stein nach links, dann setzt Stefan seinen Stein in dieser Reihe ebenfalls um die gleiche Anzahl an Feldern nach links. Wenn sie jedoch in der i-ten Reihe ihren Spielstein um n Felder nach rechts zieht, dann zieht Stefan in der $(9 - i)$-ten Reihe seinen Spielstein um n Felder nach links.

Wir beweisen, dass diese Strategie Stefans immer ausführbar ist. Setzt Wiebke einen Stein nach links, kann Stefan seinen Stein in der gleichen Reihe immer nachziehen. Um zu zeigen, dass Stefan auch dann ziehen kann, wenn Wiebke einen Stein nach rechts zieht, bezeichnen wir mit A_i die Anzahl der leeren Felder zwischen den beiden Spielsteinen in der i-ten Reihe. Zu Beginn ist $A_1 = 0$, $A_2 = 2$, $A_3 = 4$, $A_4 = 6$, $A_5 = 6$, $A_6 = 4$, $A_7 = 2$, $A_8 = 0$. Insbesondere gilt am Anfang $A_i = A_{9-i}$ für $i = 1, 2, \ldots, 8$. Da bei jedem Zügepaar entweder beide Werte A_i und A_{9-i} erhalten bleiben oder beide um den gleichen Wert verändert werden, gilt diese Beziehung während des gesamten Spiels immer dann, wenn Wiebke am Zug ist. Deshalb kann Stefan auch dann immer wie gewünscht ziehen, wenn Wiebke vorher einen Stein nach rechts gezogen hat.

Da Stefan in jedem Zug einen seiner Steine nach links zieht, muss das Spiel nach einer endlichen Zahl von Zügen enden, denn Stefan hat in jeder der acht Reihen nur endlich viele Felder links von seinem Stein zur Verfügung. Da Stefan nach der angegebenen Strategie immer ziehen kann, muss Wiebke verlieren. ◇

Aufgabe 411314

Auf einem Schachbrett mit 8×8 Feldern stehen in der ersten Horizontalen 8 weiße und in der letzten Horizontalen 8 schwarze Steine. Zwei Spieler, Weiß und Schwarz, ziehen abwechselnd mit den weißen bzw. schwarzen Steinen. Ein Zug besteht in der vertikalen Verschiebung eines Steines der eigenen Farbe um eine beliebige Anzahl von Feldern (vor oder zurück); jedoch dürfen Steine nicht übersprungen werden. Verloren hat, wer keinen Zug mehr ausführen kann.

Man beweise, dass Schwarz den Sieg erzwingen kann, wenn Weiß beginnt.

Lösung

Wir unterteilen das Schachbrett in vier Bereiche, indem jeweils zwei benachbarte vertikale Spalten zusammengefasst werden.

Nimmt man für einen Moment an, dass das Spielfeld nur aus einem der zweispaltigen Bereiche besteht, so führt folgende Strategie zum Gewinn.

(i) Zieht Weiß seinen Stein in einer Spalte um k Felder zurück, so bewegt Schwarz seinen Stein in derselben Spalte um k Felder vor.

(ii) Zieht Weiß in einer der Spalten seinen Stein um k Felder vor, so bewegt Schwarz seinen Stein in der anderen Spalte ebenfalls um k Felder vor.

Im ersten Fall ist der Zug von Schwarz offenbar stets möglich. Um zu zeigen, dass auch im zweiten Fall (ii) der Zug von Schwarz ausführbar ist, genügt es zu bemerken, dass nach jedem Zug von Schwarz die Anzahl der zwischen den weißen und schwarzen Steinen liegenden Felder in beiden Spalten übereinstimmt. Wenn also Weiß in einer Spalte seinen Stein um k Felder vorziehen kann, kann dies Schwarz in der anderen Spalte tun.

Weil Schwarz seine Steine nur vorwärts bewegt, muss das Spiel nach endlich vielen Zügen enden. Schwarz gewinnt, da er auf jeden Zug von Weiß einen Gegenzug führen kann.

Im Falle eines Schachbrettes mit 8×8 Feldern gewinnt der Spieler mit den schwarzen Steinen, indem er seinen Antwortzug immer im selben Bereich durchführt, in dem Weiß soeben gezogen hat, und diesem Bereich die oben beschriebene Strategie anwendet. Dadurch ist gesichert, dass Schwarz in jedem der vier Bereiche den letzten Zug ausführen kann. ◇

Aufgabe 431314

Anna und Beate spielen folgendes Spiel:

Auf dem Tisch liegen n Spielkarten verdeckt nebeneinander. Anna und Beate ziehen abwechselnd. Die Spielerin, die am Zug ist, deckt eine oder zwei nebeneinanderliegende oder drei nebeneinanderliegende verdeckte Karten auf.

Anna beginnt. Gewonnen hat diejenige Spielerin, die die letzte (bzw. die letzten zwei bzw. die letzten drei Karten) aufdeckt.

Man untersuche, für welche n Anna durch eine geeignete Strategie den Gewinn erzwingen kann.

Lösung

Es wird gezeigt, dass Anna für alle n den Sieg erzwingen kann. Im Folgenden sei eine verdeckt liegende Karte mit „0" und eine aufgedeckte Karte mit „1" bezeichnet. Die Namen der Spielerinnen werden mit A und B abgekürzt.

Für $n = 1, 2, 3$ gewinnt A, indem sie alle Karten aufdeckt. Für $n \geq 4$ ist die Ausgangsposition

$$\underbrace{00\ldots0}_{n \text{ Stück}} .$$

Ist n eine gerade Zahl, so deckt A die beiden mittleren Karten auf. Es entsteht die Position

$$\underbrace{0\ldots0}_{\frac{n}{2}-1}\ 11\ \underbrace{0\ldots0}_{\frac{n}{2}-1} .$$

Für ungerades n deckt A die mittlere Karte auf. Es entsteht die Position

$$\underbrace{0\ldots0}_{\frac{n-1}{2}}\ 1\ \underbrace{0\ldots0}_{\frac{n-1}{2}} .$$

In beiden Fällen hinterlässt A der Spielerin B eine Position, in der links und rechts von den beiden Einsen bzw. der einen Eins eine identische Kartenverteilung vorliegt. Die mittleren aufgedeckten Karten erzwingen also eine symmetrische Situation.

Jedes weitere Aufdecken von Karten links bzw. rechts durch B beantwortet A durch das analoge Aufdecken von Karten rechts bzw. links. Deckt B schließlich links bzw. rechts die letzte Karte (die letzten Karten) auf, so deckt A anschließend rechts bzw. links die letzte Karte (die letzten Karten) auf und gewinnt. ◇

Aufgabe 441324

Zwei Freunde Andreas und Ben haben sich folgendes Spiel ausgedacht: Gegeben sind die n Eckpunkte $A_1, A_2, \ldots, A_n$ eines regelmäßigen n-Ecks mit $n \geq 4$. Andreas und Ben zeichnen abwechselnd jeweils eine neue Strecke $\overline{A_iA_j}$ $(i \neq j)$, bis alle Kanten und Diagonalen eingezeichnet sind. Dabei benutzt Andreas die Farbe Blau und Ben die Farbe Rot. Andreas hat gewonnen, wenn am Ende des Spiels mindestens ein „einfarbiges Dreieck" entstanden ist. Im anderen Fall hat Ben gewonnen.

Für welche n kann Andreas durch geeignete Spielweise den Gewinn erzwingen,

(a) falls Andreas die erste Verbindungsstrecke zeichnet,

(b) falls Ben die erste Strecke zeichnet?

Bemerkung. Unter einem „einfarbigen Dreieck" verstehe man drei Punkte A_i, A_j, A_k mit $i < j < k$ so, dass die drei Strecken $\overline{A_iA_j}$, $\overline{A_jA_k}$ und $\overline{A_iA_k}$ mit der gleichen Farbe gezeichnet sind.

Lösung

Andreas kann in jedem Fall gewinnen. Grundlegend für die Strategie, die wir angeben wollen, ist folgende Feststellung.

Aussage A. Andreas gewinnt, wenn es einen Punkt A_i gibt, von dem mindestens drei Strecken gleicher Farbe ausgehen.

Beweis. Wir können annehmen, dass die drei Strecken $\overline{A_iA_j}$, $\overline{A_iA_k}$ und $\overline{A_iA_m}$ blau sind. Ist am Ende des Spiels auch noch eine der drei Strecken $\overline{A_jA_k}$, $\overline{A_kA_m}$, $\overline{A_mA_j}$ blau, so existiert ein blaues Dreieck mit A_i als Ecke. Sind aber die drei letztgenannten Strecken alle rot, gibt es das einfarbige rote Dreieck $A_jA_kA_m$. □

Wir zeigen im Folgenden, dass Andreas in jedem Fall gewinnen kann:

(a) Andreas beginnt mit der Strecke $\overline{A_1A_2}$. Falls $n \geq 5$ ist, können wir annehmen, dass Ben eine Strecke einzeichnet, die weder A_1 noch A_3 berührt. Dann zeichnet Andreas $\overline{A_1A_3}$ blau und zwingt Ben damit, A_2 und A_3 zu verbinden, weil sonst ein blaues Dreieck $A_1A_2A_3$ entstünde. Nun kann Andreas aber die Strecke $\overline{A_1A_4}$ blau zeichnen und gewinnt nach obiger Aussage A.

Im Fall $n = 4$ kann Ben im ersten Zug auch A_3 und A_4 verbinden. Andreas zwingt Ben dann mit $\overline{A_1A_3}$ blau zu $\overline{A_2A_3}$ rot. Und schließlich führt $\overline{A_1A_4}$ blau zu $\overline{A_2A_4}$ rot, und es entsteht ein rotes Dreieck $A_2A_3A_4$.

(b) Ben beginnt mit $\overline{A_1A_2}$ rot, worauf Andreas $\overline{A_3A_4}$ blau erwidert. Wir können annehmen, dass Ben jetzt eine Strecke rot zeichnet, die weder A_1 noch A_3 enthält. Dann zeichnet Andreas $\overline{A_1A_3}$ blau, und wieder hat Andreas gewonnen, da Ben jetzt $\overline{A_1A_4}$ rot verbinden muss, um nicht zu verlieren, und Andreas mit $\overline{A_2A_3}$ blau nach Aussage A gewinnt.

Bemerkung. Aus der Aussage A folgt auch sofort, dass Andreas für $n \geq 6$ bei beliebigem Spielverlauf gewinnt, da in diesem Fall von jedem Punkt immer mindestens drei Strecken gleicher Farbe ausgehen. Für $n = 4$ oder $n = 5$ kann Ben bei unüberlegter Spielweise von Andreas auch gewinnen, z. B. wenn im Fünfeck die Seiten blau und die Diagonalen rot sind. ◇

Aufgabe 491336

Xaver und Yvonne spielen mit Kastanien. Dazu füllen sie drei Schalen mit Kastanien. Deren Anzahlen seien n_1, n_2 und n_3. Beide Spieler wechseln sich in den Zügen ab. Xaver beginnt.

Derjenige Spieler, der am Zug ist, leert eine beliebige Schale und füllt die geleerte Schale wieder mit einer beliebigen Zahl von Kastanien, die er einer der beiden anderen Schalen entnimmt. Dabei darf keine Schale leer bleiben. Wer keinen Zug mehr ausführen kann, hat verloren, und das Spiel ist beendet.

Man untersuche, ob Xaver oder ob Yvonne die Möglichkeit hat, den Sieg zu erzwingen. Man gebe eine Spielweise an, mit der dies möglich ist.

Lösung

Das Spiel endet stets mit einem Sieger, da die Anzahl der Kastanien in jedem Zug um mindestens eine Kastanie abnimmt und die Anzahl der Kastanien vor dem ersten Zug endlich (nämlich $n_1 + n_2 + n_3$) ist.

Da man immer dann, wenn in einer der Schalen mehr als eine Kastanie enthalten ist, noch einen Zug ausführen kann, endet das Spiel stets damit, dass sich in jeder der drei Schalen genau eine Kastanie befindet.

Im Folgenden werden die Zugmöglichkeiten untersucht, die bestehen, wenn vor einem Zug die Anzahlen der Kastanien $m_1 = 2^{k_1}u_1$, $m_2 = 2^{k_2}u_2$ und $m_3 = 2^{k_3}u_3$ betragen. Dabei sind u_1, u_2 und u_3 die größten ungeraden Teiler von m_1, m_2 bzw. m_3.

Eine Stellung heiße *Verluststellung,* wenn $k_1 = k_2 = k_3$ gilt, alle anderen Konstellationen sollen *Gewinnstellungen* heißen. Insbesondere ist die Endsituation mit $k_1 = k_2 = k_3 = 1$ eine Verluststellung.

Hat ein Spieler eine Gewinnstellung, so kann ohne Einschränkung der Allgemeingültigkeit angenommen werden, dass $k_1 \leq k_2 \leq k_3$ mit $k_1 < k_3$ gilt. Leert der Spieler die mittlere Schale, kann er die Stellung $m_1' = 2^{k_1}u_1$, $m_2' = 2^{k_1}v$ und $m_3' = 2^{k_1}$ herstellen, wenn er

$$v = 2^{k_3-k_1}u_3 - 1$$

wählt. Wegen $k_3 > k_1$ ist v ungerade, es wird also eine Verluststellung erzeugt.

Liegt dagegen eine Verluststellung mit $m_1 = 2^k u_1$, $m_2 = 2^k u_2$ und $m_3 = 2^k u_3$ vor, so kann, sofern noch ein Zug möglich ist, nur eine Gewinnstellung erzeugt werden. Wäre dies nicht der Fall, so müsste der Spieler eine Stellung mit den Anzahlen $m_1' = 2^k u_1$, $m_2' = 2^k v_2$ und $m_3' = 2^k v_3$ und ungeraden Zahlen u_1, v_2, v_3 erzeugen können, bei der $m_2 = m_2' + m_3'$ und somit $u_2 = v_2 + v_3$ gilt. Da die Summe zweier ungerader Zahlen gerade ist, steht dies im Widerspruch zu der Annahme, dass u_2 ungerade ist.

Aus einer Gewinnstellung kann man also immer eine Verluststellung erzeugen, während aus Verluststellungen nur Gewinnstellungen entstehen können. Findet ein Spieler also eine Gewinnstellung vor, kann er den Sieg erzwingen. Anderenfalls gibt es entweder keine Zugmöglichkeiten mehr, oder der nachziehende Spieler findet eine Gewinnstellung vor.

Damit ergibt sich als Antwort: Ist der Primteiler 2 in den drei Anzahlen n_1, n_2 und n_3 in gleicher Potenz enthalten, so kann Yvonne mit der oben beschriebenen Spielweise den Sieg erzwingen. In jedem anderen Fall gewinnt Xaver, indem er ebenfalls dieses Verfahren anwendet. ◇

10.2 Kombinatorik und Wahrscheinlichkeit

Die in diesem Abschnitt zusammengestellten Aufgaben gehören mathematisch gesehen in den Bereich der Logik und Kombinatorik, für deren grundlegende Werkzeuge wir hier auf Kapitel 1 verweisen, erfordern aber die Zusammenführung verschiedener Denkansätze und Ideen. Einige dieser Aufgaben beinhalten diskrete Iterationsprozesse, also wiederholte Anwendung bestimmter Regeln, die Spielen mit nur einer Spielpartei ähnlich sind, wie etwa Aufgabe 321224. Nicht zuletzt bei diesen Aufgaben können auch die im vorangehenden Abschnitt zu Spielen diskutierten Ideen zu Invarianten nützlich sein, vgl. etwa die Geradzahligkeit in Aufgabe 431324 oder die Monotonieidee in Aufgabe 321224.

Aufgabe 321224

Eine Schulklasse ist im Sportunterricht in einer Linie angetreten. Auf das Kommando „rechts um!" drehen sich alle Schüler um 90°, jedoch einige zur falschen Richtung. Jeder Schüler kehrt also jedem seiner Nachbarn entweder das Gesicht oder den Rücken zu.

Von dieser Anfangssituation an drehen sich nur noch zu jeder vollen Sekunde genau diejenigen Schüler, und zwar um 180°, die einem ihrer Nachbarn das Gesicht zuwenden und dabei sein Gesicht sehen.

Man untersuche, ob sich aus jeder (der obigen Beschreibung entsprechenden) Anfangssituation einer Schulklasse heraus einmal ein Zeitpunkt einstellen muss, von dem an sich kein Schüler mehr dreht.

Lösung

Man bezeichne in jeder Situation die Schüler mit dem Symbol L bzw. R, je nachdem, ob sie zu dem betreffenden Zeitpunkt nach links oder rechts blicken. Dann besagt die Regel über das Umdrehen: Zu jeder vollen Sekunde wird jedes Paar der Form R, L durch L, R ersetzt, und sonstige Änderungen finden nicht statt. Dies kann man auch so ausdrücken, indem man nur die Symbole L beachtet: Zu jeder vollen Sekunde rücken genau alle diejenigen Symbole L, die ein linkes Nachbarsymbol haben, das nicht L lautet, um eine Stelle nach links.

Für jede Anfangssituation gilt wegen der endlichen Schülerzahl der Klasse: Nach endlich vielen Schritten entsteht durch dieses Weiterrücken schließlich diejenige Folge, in der alle Symbole L so weit wie möglich nach links gerückt sind. Von demjenigen Zeitpunkt an, in dem diese Situation erreicht ist, führt kein Schüler der Klasse mehr eine Drehung aus. ◇

Aufgabe 431324

In einem Spiel sei jeder der acht Eckpunkte eines Würfels mit einer der Farben Rot und Blau gefärbt.

Ein Zug des Spiels besteht darin, eine Ecke zu wählen und anschließend diese Ecke und ihre drei Nachbarecken, mit denen sie durch Kanten verbunden ist, umzufärben: aus blauen Ecken werden rote und aus roten Ecken werden blaue.

Man untersuche, ob es möglich ist, durch eine Folge derartiger Züge zu einem einfarbigen Würfel zu gelangen,

(a) wenn zu Beginn genau eine Ecke des Würfels rot und die übrigen sieben Ecken blau gefärbt sind,

(b) wenn zu Beginn die vier Eckpunkte einer Seitenfläche des Würfels rot und die übrigen vier Ecken blau gefärbt sind.

Lösung

(a) Die Antwort lautet nein. Sind nämlich von den vier Ecken, die in einem Zug umgefärbt werden, r Ecken rot, so beträgt die Anzahl roter Ecken unter diesen vier Ecken nach dem Zug $4-r$; die Anzahl roter Ecken ändert sich also um $|4-2r|$, eine gerade Zahl. Folglich kann auch durch beliebige Abfolgen der zugelassenen Züge niemals die Anzahl roter Ecken von 1 auf 0 oder auf 8 verändert werden.

(b) Auch hier lautet die Antwort nein. Wir betrachten dazu die Hintereinanderausführung zweier Züge.

Dafür gibt es vier Möglichkeiten: Erstens kann bei beiden Zügen dieselbe Ecke gewählt werden; dann haben nach den beiden Zügen alle Ecken des Würfels wieder dieselbe Farbe wie vorher.

Zweitens können bei den beiden Zügen benachbarte Ecken gewählt werden. In diesem Falle wird jede der beiden gewählten Ecken genau zweimal umgefärbt und hat damit wieder ihre anfängliche Farbe, wohingegen die vier Ecken, die jeweils nur einer der gewählten Ecken benachbart sind, ihre Farbe wechseln. Dies sind aber vier Ecken, die die Endpunkte zweier Raumdiagonalen des Würfels bilden, vgl. Abbildung L431324

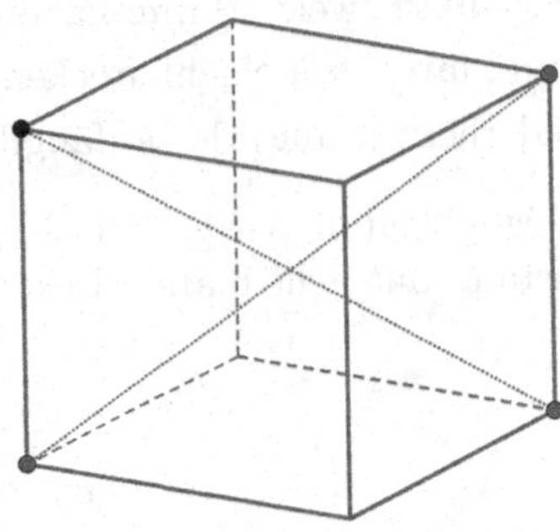

Abb. L431324

Drittens können die ausgewählten Ecken die beiden Endpunkte einer Flächendiagonale des Würfels sein. Die zwei anderen Eckpunkte derselben Seitenfläche sind Nachbarn beider gewählten Ecken und werden daher zweimal umgefärbt. Genau eine Farbänderung erfahren dagegen die gewählten Ecken selbst sowie die jeweilige dritte Nachbarecke; wieder haben im Ergebnis der zwei Züge vier Ecken ihre Farbe gewechselt, die die Endpunkte zweier Raumdiagonalen des Würfels sind.

Viertens schließlich können zwei Ecken ausgewählt werden, die Endpunkte derselben Raumdiagonale sind. Dann werden durch die beiden Züge zusammen alle acht Würfelecken umgefärbt.

Wir betrachten als Nächstes die Hintereinanderausführung einer Umfärbung der Endpunkte von zwei Raumdiagonalen und eines weiteren Zuges gemäß der Aufgabenstellung. Es zeigt sich, dass es prinzipiell nur zwei Möglichkeiten gibt:

Entweder wird im dritten Zug eine Ecke gewählt, die durch die ersten beiden Züge umgefärbt wurde. Dann werden sie selbst und ihre benachbarte bereits umgefärbte Ecke wieder zurück in ihre ursprünglichen Farben umgefärbt; die anderen beiden Nachbarn der gewählten Ecke werden umgefärbt. Damit entsteht eine Situation, wie sie durch einen einzigen Zug hätte erreicht werden können, nämlich durch Wahl der anderen Ecke, die den beiden jetzt neu umgefärbten Ecken benachbart ist.

Oder es wird im dritten Zug eine Ecke gewählt, die nicht (oder zweimal) umgefärbt wurde. Dann werden zwei benachbarte umgefärbte Ecken wieder zurück in ihre ursprünglichen Farben umgefärbt, die gewählte Ecke selbst und die dritte Nachbarecke erhalten die neue Farbe. Jetzt ist die Situation so, als sei in einem einzigen Zug diese dritte Nachbarecke gewählt worden.

In allen Fällen, in denen durch die ersten zwei Züge der Würfel entweder ganz oder gar nicht umgefärbt wurde, ist offensichtlich, dass ein dritter Zug stets ein Ergebnis bringt, das bereits durch einen einzigen Zug erreicht werden kann.

Damit steht fest, dass die Hintereinanderausführung von drei Zügen immer dasselbe Ergebnis hervorbringt wie ein einzelner Zug. Durch eine Abfolge beliebig vieler Züge kann also stets nur eines der folgenden Ergebnisse erreicht werden:

- Umfärbung aller acht Ecken des Würfels,
- Umfärbung der vier Endpunkte zweier Raumdiagonalen,
- Umfärbung einer Ecke und ihrer drei Nachbarecken,
- Beibehaltung (oder Wiederherstellung) der anfänglichen Färbung.

Durch keine dieser vier Möglichkeiten wird aber der unter (b) vorausgesetzte Ausgangszustand in den Zustand mit acht blauen Ecken überführt. ◇

Aufgabe 311246B

In einem utopischen Roman ist von einem unendlich lange lebenden Autor die Rede. An jedem Tag schreibt er einen Text, mit dem er mindestens ein Blatt Papier füllt und, wenn er an diesem Tag noch weitere Blätter beginnt, auch jedes dieser Blätter am gleichen Tag füllt. Im Laufe jeden Jahres füllt er auf diese Weise eine Anzahl Blätter; für verschiedene Jahre können diese Anzahlen verschieden sein, in keinem Jahr jedoch beträgt diese Anzahl mehr als 730.

Man beweise: Im Leben dieses Autors gibt es für jede positive ganze Zahl n einen Zeitraum von aufeinanderfolgenden Tagen, in dem der Autor genau n Blätter füllt.

Hinweis. Es wird vorausgesetzt, dass die derzeit gültige Regel unendlich lange gilt, wonach sich stets unter acht aufeinanderfolgenden Jahren mindestens ein Schaltjahr nmit 366 Tagen befindet, während jedes Nicht-Schaltjahr aus 365 Tagen besteht.

Lösung

Für jede positive ganze Zahl n gilt, wenn k eine ganze Zahl größer als $n/2$ ist: Der Zeitraum von (beliebig gewählten) $8k$ aufeinanderfolgenden Jahren besteht aus einer Anzahl A von Tagen, für die

$$A \geq 365 \cdot 8k + k \tag{1}$$

gilt. Wird für $i = 1, 2, \ldots, A$ jeweils die Anzahl der Blätter, die der Autor in den ersten i Tagen dieses Zeitraums insgesamt gefüllt hat, mit x_i bezeichnet, so gilt nach Voraussetzung ferner

$$0 < x_1 < x_2 < \cdots < x_A \leq 730 \cdot 8k \,. \tag{2}$$

Jede der positiven ganzen Zahlen

$$x_1\,,\; x_2\,,\; \ldots,\; x_A\,,\; x_1+n\,,\; x_2+n\,,\; \ldots,\; x_A+n \tag{3}$$

ist folglich nicht größer als $730 \cdot 8k + n$. Für ihre Anzahl $2A$ gilt wegen (1) und $k > n/2$ aber

$$2A \geq 730 \cdot 8k + 2k > 730 \cdot 8k + n \,.$$

Also müssen sich nach dem Schubfachprinzip unter den Zahlen (3) mindestens zwei einander gleiche befinden. Nach (2) sind jedoch die Zahlen $x_1, x_2, \ldots, x_A$ paarweise verschieden, und daher sind auch unter den Zahlen $x_1+n, x_2+n, \ldots, x_A+n$ keine zwei gleich. Daraus folgt die Existenz von i und j mit $1 \leq i, j \leq A$ und

$$x_i = x_j + n \,. \tag{4}$$

Wegen $n > 0$ ist hierfür $i > j$, und (4) besagt: In dem Zeitraum vom $(j+1)$-ten bis zum i-ten Tag wurden genau n Blätter gefüllt. ◊

Aufgabe 491343

Ein „unendliches Märchen" ist eine Erzählung, die in einem Buch niedergeschrieben wird, das zwar einen Anfang, aber kein Ende hat und dessen Seiten mit den natürlichen Zahlen $1, 2, 3, \ldots$ durchnummeriert sind.

Ein Autor will ein unendliches Märchen schreiben, in welchem auf jeder Seite genau ein neuer Zwerg vorgestellt wird. Mit Ausnahme der ersten Seite führen die Zwerge danach ein oder mehrere Gespräche, an denen jeweils eine Gesprächsgruppe von mindestens zwei der bereits bekannten Zwerge beteiligt ist. Die Anzahl der Gespräche auf einer Seite ist dabei nicht begrenzt. Um das Märchen spannender zu machen, fordert der Verlag vom Autor, dass die folgende zusätzliche Bedingung erfüllt ist:

Jede unendliche Menge von Zwergen enthält eine Gruppe von (mindestens zwei) Zwergen, die zu irgendeinem Zeitpunkt eine Gesprächsgruppe waren, sowie eine gleich große Gruppe, für die dies nicht der Fall ist.

Man entscheide, ob der Autor die Forderung des Verlags erfüllen kann.

Lösungen

1. Lösung. Der Autor beschreibt auf der k-ten Seite die Handlung des k-ten Tages in dem vom mächtigen Mengier CANTOR beherrschten Zwergenreich. Am Morgen des k-ten Tages wird zunächst der Zwerg Z_k vorgestellt. Unmittelbar danach betrachtet CANTOR sämtliche mögliche Gruppen schon eingeführter Zwerge und entscheidet, dass sich eine solche Gruppe von n Zwergen (mit $n \geq 2$) an diesem Tag genau dann zu einem Gespräch trifft, wenn ihr der Zwerg Z_n angehört.

Am vierten Tag treffen sich beispielsweise von den (durch die Nummern der Zwerge) angegebenen möglichen Zwergengruppen tatsächlich genau die unterstrichenen:

$$\underline{\{1,2\}}, \quad \{1,3\}, \quad \{1,4\}, \quad \underline{\{2,3\}}, \quad \underline{\{2,4\}}, \quad \{3,4\},$$
$$\underline{\{1,2,3\}}, \quad \{1,2,4\}, \quad \underline{\{1,3,4\}}, \quad \underline{\{2,3,4\}},$$
$$\underline{\{1,2,3,4\}}.$$

Man beachte, dass sich ab dem zweiten Tag die Zwerge Z_1 und Z_2 jeden Tag zu einem Gespräch treffen, sodass die in der Definition des Begriffes „unendliches Märchen" enthaltene Bedingung, dass danach jeden Tag ein Gespräch stattfindet, erfüllt ist.

Um zu zeigen, dass die so konstruierte Rahmenhandlung die geforderten Bedingungen erfüllt, betrachten wir eine beliebige unendliche Menge von Zwergen

$$A = \{Z_{j_1}, Z_{j_2}, Z_{j_3}, \ldots\},$$

die nach wachsenden Nummern $j_1 < j_2 < j_3 < \ldots$ geordnet sei. Weil gilt

$$j_2 \in \{j_2, j_3, \ldots, j_{j_2+1}\},$$

trifft sich die aus j_2 Zwergen bestehende Gruppe (es gilt $j_2 \geq 2$)

$$\{Z_{j_2}, Z_{j_3}, \ldots, Z_{j_{j_2}}, Z_{j_{j_2+1}}\},$$

und zwar erstmalig am $(j_{j_2} + 1)$-ten Tag. Die ebenfalls aus j_2 Zwergen bestehende Gruppe

$$\{Z_{j_3}, Z_{j_4}, \ldots, Z_{j_{j_2+1}}, Z_{j_{j_2+2}}\}$$

trifft sich dagegen niemals, weil gilt

$$j_2 \notin \{j_3, j_4, \ldots, j_{j_2+1}, j_{j_2+2}\}.$$

Die so konstruierte Rahmenhandlung erfüllt also die Forderung des Verlags.

2. Lösung. Im Reich des sparsamen Großmoduls EUKLID treffen sich die Zwerge seltener. Eine Gruppe von n Zwergen mit $n \geq 3$ trifft sich nämlich genau dann, wenn alle ihre Nummern $i_1, i_2, \ldots, i_n$ bei Division durch n den gleichen Rest lassen, wenn also gilt

$$i_1 \equiv i_2 \equiv \ldots \equiv i_n \bmod n.$$

Am vierten Tag treffen sich beispielsweise von den angegebenen möglichen Gruppen genau die unterstrichenen:

$$\underline{\{1,2\}}, \quad \underline{\{1,3\}}, \quad \{1,4\}, \quad \{2,3\}, \quad \underline{\{2,4\}}, \quad \{3,4\},$$
$$\{1,2,3\}, \quad \{1,2,4\}, \quad \{1,3,4\}, \quad \{2,3,4\},$$
$$\{1,2,3,4\}.$$

Um zu zeigen, dass auch diese Rahmenhandlung der Forderung des Verlags genügt, sei

$$A = \{Z_{j_1}, Z_{j_2}, Z_{j_3}, \ldots\}$$

eine beliebige unendliche Menge von Zwergen mit $j_1 < j_2 < j_3 < \ldots$ Dann gibt es eine natürliche Zahl $n \geq 2$ mit der Eigenschaft, dass die Reste von j_1 und j_2 bei Division durch n verschieden sind. Folglich haben sich die Zwerge mit den Nummern $j_1, j_2, \ldots, j_n$ nicht getroffen.
Wir nehmen nun an, dass A keine Gruppe von genau n Zwergen enthält, die sich getroffen haben. Um diese Annahme zum Widerspruch zu führen, bezeichne B_r für $r = 0, 1, \ldots, n-1$ die Menge aller Zwerge aus A, deren Nummer bei Division durch n den Rest r lässt,

$$B_r = \{Z_{j_k} \in A \mid j_k \equiv r \bmod n\}.$$

Wenn die obige Annahme richtig ist, kann jede der Mengen B_0, B_1, $\ldots$, B_{n-1} höchstens $n-1$ Elemente enthalten. Dann wäre aber auch

$$A = B_0 \cup B_1 \cup \ldots \cup B_{n-1}$$

eine endliche Menge, im Widerspruch zur Unendlichkeit von A. Folglich muss die beliebig gewählte unendliche Menge A für das betreffende $n \geq 2$ sowohl eine Gruppe von n Zwergen enthalten, die sich getroffen haben, als auch eine Gruppe von n Zwergen, für die dies nicht der Fall ist. ◇

10.3 Analysis

Die Aufgaben in diesem Abschnitt greifen Konzepte aus der Analysis – Folgen (Kapitel 6), Ungleichungen (Kapitel 4), Irrationalität – in ungewohnter Weise und teilweise in Verbindung mit diskreten Konzepten auf. Während die Aufgabe 311241 auf einer fortgeschrittenen Anwendung von Ungleichungen beruht, beschreibt Aufgabe 291233A einen kontinuierlichen Prozess und erfordert Überlegungen zu irrationalen Zahlen und führt die Aufgabe 341336 reelle Abschätzungen mit Ganzzahligkeit und Irrationalität zusammen. Aufgabe 391333B verbindet kombinatorische und zahlentheoretische Motive mit Logarithmusfunktionen; die Aufgaben 411324 und 421343 kombinieren Folgen mit einem diskreten Prozess bzw. einem Spiel. Der besondere Reiz der in diesem Abschnitt zusammengestellten Aufgaben liegt also in der überraschenden Kombination mathematischer Gebiete, die in der Schulmathematik oft als getrennt wahrgenommen werden.

Aufgabe 291233A

Auf der Randlinie eines gleichseitigen Dreiecks ABC mit der Seitenlänge 1 m bewegen sich drei Punkte P_1, P_2, P_3, und zwar P_1 mit der Geschwindigkeit 1 m/s, P_2 mit der Geschwindigkeit $\sqrt{2}$ m/s, P_3 mit der Geschwindigkeit $\sqrt{3}$ m/s. Zu Beginn (Zeitpunkt $t = 0$) befindet sich P_1 in A, P_2 in B und P_3 in C. Die Bewegungsrichtung ist bei allen drei Punkten einheitlich stets im Umlaufsinn von A nach B, von B nach C, von C nach A.

Man untersuche, ob es einen Zeitpunkt $t > 0$ gibt, zu dem P_1, P_2, P_3 wieder die Eckpunkte eines gleichseitigen Dreiecks sind (wobei auch der Fall $P_1 = P_2 = P_3$ als Sonderfall eines gleichseitigen Dreiecks aufgefasst werde).

Lösung

Vorbereitend wird folgender *Hilfssatz* bewiesen:

Wenn k, l, m ganze Zahlen sind und

$$k + l\sqrt{2} + m\sqrt{3} = 0 \tag{1}$$

gilt, so ist $k = l = m = 0$.

Beweis. Aus (1) folgt $-k = l\sqrt{2} + m\sqrt{3}$. Durch Quadrieren erhält man

$$k^2 = 2 \cdot l^2 + 3 \cdot m^2 + 2 \cdot lm\sqrt{6}\,.$$

Wäre $lm \neq 0$, so wäre $\sqrt{6}$ die rationale Zahl

$$\sqrt{6} = \frac{k^2 - 2 \cdot l^2 - 3 \cdot m^2}{2 \cdot lm}\,.$$

Also ist $l = 0$ oder $m = 0$. Wäre $l = 0$, $m \neq 0$, so wäre $\sqrt{3}$ nach (1) die rationale Zahl $\sqrt{3} = -k/m$; wäre $m = 0$, $l \neq 0$, so wäre $\sqrt{2} = -k/l$. Also ist $l = m = 0$ und daher nach (1) auch $k = 0$. Damit ist der Hilfssatz bewiesen. □

Angenommen nun, zu einem Zeitpunkt $t > 0$ seien P_1, P_2, P_3 die Eckpunkte eines gleichseitigen Dreiecks. Dann liegt einer der folgenden Fälle vor:

Fall I. Es gilt $P_1 = P_2 = P_3$.

Dann hat in der Zeit t der Punkt P_i eine ganze Anzahl n_i von Seiten des Dreiecks ABC und zusätzlich vom zuletzt erreichten Eckpunkt bis zum Standort P_i die Strecke einer Längenmaßzahl r durchlaufen; folglich gilt

$$n_i + r = \sqrt{i} \cdot t \qquad (i = 1, 2, 3)\,. \tag{2}$$

Subtrahiert man die Gleichung mit $i = 1$ von den anderen, so folgt

$$n_2 - n_1 = (\sqrt{2} - 1) \cdot t\,, \tag{3}$$

$$n_3 - n_1 = (\sqrt{3} - 1) \cdot t\,. \tag{4}$$

Multiplikation von (3) mit $\sqrt{3} - 1$, von (4) mit $1 - \sqrt{2}$ und anschließende Addition ergibt

$$n_3 - n_2 + (n_1 - n_3)\sqrt{2} + (n_2 - n_1)\sqrt{3} = 0\,.$$

Nach dem Hilfssatz folgt hieraus $n_2 = n_1 = 0$ und damit nach (3) der Widerspruch $t = 0$.

Fall II. P_1, P_2, P_3 sind drei verschiedene Punkte, mindestens einer von ihnen liegt in einer Ecke des Dreiecks ABC.
Da dann die Strahlen aus diesem Punkt zu den beiden anderen der Punkte P_1, P_2, P_3 einen Winkel von 60° einschließen, müssen die beiden anderen Punkte auf je einer der beiden Seiten liegen, die die genannte Ecke gemeinsam haben. Ihr Abstand von dieser Ecke habe die Längenmaßzahl r. Hiernach hat von den drei Punkten P_1, P_2, P_3 einer, etwa P_n, eine ganze Anzahl g von Seiten des Dreiecks ABC zurückgelegt, der andere eine ganze Anzahl von Seiten und eine Strecke der Längenmaßzahl r, der dritte eine ganze Anzahl von Seiten un eine Strecke der Längenmaßzahl $1 - r$. Also ist die Summe der Maßzahlen aller drei zurückgelegten Wege eine ganze Zahl h. Da P_n den Weg g in der Zeit t zurückgelegt hat, ist

$$t = \frac{g}{\sqrt{n}}\,. \tag{5}$$

Die Summe der in der Zeit t zurückgelegten Wege ist das Produkt aus der Zeit und der Summe der Geschwindigkeiten; d. h., es folgt

$$h = t \cdot (1 + \sqrt{2} + \sqrt{3})\,,$$

also nach (5)

$$h\sqrt{n} = g \cdot (1 + \sqrt{2} + \sqrt{3})\,.$$

In jedem der Fälle $n = 1, 2, 3$ ergibt sich hieraus nach dem Hilfssatz $g = 0$ und damit aus (5) der Widerspruch $t = 0$.

Fall III. P_1, P_2, P_3 sind drei verschiedene Punkte, keiner von ihnen liegt in einer Ecke des Dreiecks ABC.
Lägen zwei der Punkte P_1, P_2, P_3 auf einer gemeinsamen Seite des Dreiecks ABC, so wäre ihr Abstand kleiner als die Seitenlänge von ABC, und der dritte Eckpunkt des gleichseitigen Dreiecks $P_1P_2P_3$ müsste im Innern des Dreiecks ABC liegen. Da dies nicht möglich ist, liegt auf jeder Seite des Dreiecks ABC genau einer der Punkte P_1, P_2, P_3. Bezeichnet jeweils A_i denjenigen der Eckpunkte A, B, C, den P_i als letzten Eckpunkt erreicht hatte (siehe Abb. L 291233A), so folgt

$$\begin{aligned}|\sphericalangle P_3A_1P_1| &= |\sphericalangle P_1A_2P_2| = 60^\circ\,,\\ |P_3P_1| &= |P_1P_2|\,,\\ |\sphericalangle A_1P_1P_3| &= 180^\circ - 60^\circ - |\sphericalangle A_2P_1P_2| = |\sphericalangle A_2P_2P_1|\,,\end{aligned}$$

also $\triangle A_1P_1P_3 \cong \triangle A_2P_2P_1$ und daher $|A_1P_1| = |A_2P_2|$. Entsprechend folgt $|A_2P_2| = |A_3P_3|$.

Somit hat in der Zeit t der Punkt P_i eine ganze Anzahl n_i von Seiten des Dreiecks ABC und zusätzlich eine Strecke der Länge $|A_1P_1| = |A_2P_2| = |A_3P_3|$ zurückgelegt $(i = 1, 2, 3)$. Mit r als Maßzahl dieser Länge folgen wieder drei Gleichungen der Form (2), also der dort hergeleitete Widerspruch $t = 0$.

Damit ist die eingangs gemachte Annahme widerlegt; d. h., es ist bewiesen, dass es keinen Zeitpunkt $t > 0$ gibt, zu dem P_1, P_2, P_3 die Eckpunkte eines gleichseitigen Dreiecks wären.

◇

Aufgabe 311241

Es sei

$$\begin{aligned}x &= \mathrm{e}^{0{,}000\,009} - \mathrm{e}^{0{,}000\,007} + \mathrm{e}^{0{,}000\,002} - \mathrm{e}^{0{,}000\,001}\,,\\ y &= \mathrm{e}^{0{,}000\,008} - \mathrm{e}^{0{,}000\,005}\,.\end{aligned}$$

Man untersuche, ob $x = y$ oder $x > y$ oder $x < y$ gilt.

Lösung

Mit der Abkürzung $a = \mathrm{e}^{0{,}000\,001}$ ist

$$\begin{aligned}x - y &= a^9 - a^8 - a^7 + a^5 + a^2 - a = a\cdot(a^7\cdot(a-1) - a^4\cdot(a^2-1) + a - 1)\\ &= a\cdot(a-1)\cdot(a^7 - a^4\cdot(a+1) + 1) = a\cdot(a-1)\cdot(a^7 - a^5 - (a^4-1))\\ &= a\cdot(a-1)\cdot(a^2-1)\cdot(a^5 - (a^2+1))\,. \qquad (1)\end{aligned}$$

Nun gilt $1 < \mathrm{e} < 4$, also

$$1 < a < a^2 < a^5 = \mathrm{e}^{0{,}000\,005} < 4^{0{,}000\,005} < 4^{0{,}5} = 2$$

und damit

$$a^5 - a^2 - 1 < 2 - 1 - 1 = 0 \qquad (2)$$

sowie

$$a > a - 1 > 0\,, \qquad a^2 - 1 > 0\,. \qquad (3)$$

Wegen (1), (2), (3) ist $x - y < 0$, also $x < y$. 

Aufgabe 341336

Man ermittle für jede ungerade natürliche Zahl $n \geq 3$ die Zahl

$$\left\lfloor \frac{1}{\sqrt{1}+\sqrt{2}} + \frac{1}{\sqrt{3}+\sqrt{4}} + \frac{1}{\sqrt{5}+\sqrt{6}} + \dots + \frac{1}{\sqrt{n^2-4}+\sqrt{n^2-3}} + \frac{1}{\sqrt{n^2-2}+\sqrt{n^2-1}} \right\rfloor .$$

Lösung

1. Für jede positive ganze Zahl k gilt

$$\left(\sqrt{k}+\sqrt{k-1}\right)\left(\sqrt{k}-\sqrt{k-1}\right) = k-(k-1) = 1 ,$$

also

$$\frac{1}{\sqrt{k-1}+\sqrt{k}} = -\sqrt{k-1}+\sqrt{k} . \tag{1}$$

Damit kann für jedes ungerade $n \geq 3$ der Ausdruck aus der Aufgabe vereinfacht werden zu $\lfloor S_1 \rfloor$ mit der alternierenden Summe

$$S_1 = -\sqrt{1}+\sqrt{2}-\sqrt{3}+\sqrt{4} \mp \dots - \sqrt{n^2-2}+\sqrt{n^2-1} .$$

Wir definieren zusätzlich die beiden alternierenden Summen

$$S_2 = -\sqrt{2}+\sqrt{3}-\sqrt{4}+\sqrt{5} \mp \dots - \sqrt{n^2-1}+\sqrt{n^2} ,$$
$$S_3 = -\sqrt{0}+\sqrt{1}-\sqrt{2}+\sqrt{3} \mp \dots - \sqrt{n^2-3}+\sqrt{n^2-2} .$$

Offensichtlich gilt, da in der Summe $S_1 + S_2$ die mittleren Summenglieder sich mit entgegengesetztem Vorzeichen auslöschen,

$$S_1 + S_2 = -\sqrt{1}+\sqrt{n^2} = n-1 . \tag{2}$$

2. Weiter gilt für $k \geq 1$ wegen (1) und der Monotonie der Quadratwurzelfunktion stets

$$\sqrt{k}-\sqrt{k-1} = \frac{1}{\sqrt{k}+\sqrt{k-1}} > \frac{1}{\sqrt{k+1}+\sqrt{k}} = \sqrt{k+1}-\sqrt{k}$$

und daher

$$S_2 < S_1 < S_3 \tag{3}$$

sowie

$$S_3 = S_2 - \sqrt{n^2} + \sqrt{n^2 - 1} + 1 < S_2 + 1\,. \tag{4}$$

3. Wegen (2) ist $S_2 = n - 1 - S_1$; setzt man dieses und (4) in (3) ein, so ergibt sich $n - 1 - S_1 < S_1 < n - S_1$, also $n - 1 < 2\,S_1 < n$ und schließlich

$$\frac{n-1}{2} < S_1 < \frac{n}{2}\,.$$

Da $n-1$ gerade ist, ist hiermit S_1 zwischen den aufeinanderfolgenden ganzen Zahlen $(n-1)/2$ und $(n+1)/2$ eingeschlossen, und es folgt

$$\lfloor S_1 \rfloor = \frac{n-1}{2}\,.$$

◇

Aufgabe 411324

(a) Ein Käfer sitzt am Morgen am Fuße eines Baumes von 2 m Höhe. Im Laufe des Tages krabbelt der Käfer einen Meter am Stamm nach oben. In der folgenden Nacht, während der Käfer schläft, wächst der Baum – entlang der gesamten Länge gleichmäßig – um einen Meter. Am folgenden Tag und in der folgenden Nacht wiederholt sich der Vorgang: Der Käfer krabbelt jeden Tag einen Meter weit, nachts wächst der Baum um einen Meter. Erreicht der Käfer auf diese Weise jemals die Spitze des Baumes?

(b) Am Fuße eines größeren Baumes, dessen anfängliche Höhe 10 m beträgt, beginnt ein kleinerer Käfer nach oben zu kriechen. Dieser Käfer schafft nur 10 cm pro Tag, der Baum aber wächst jede Nacht um einen Meter wie der erste. Erreicht dieser Käfer die Baumspitze?

Lösung

(a) Wir bezeichnen mit z_i den Quotienten aus der am i-ten Tag vom Käfer zurückgelegten Strecke und der Höhe des Baumes an diesem Tag. Da sich beim Wachsen des Baumes zwar die Höhe des Käfers über dem Boden ändert, aber das Verhältnis aus der Höhe des Käfers über dem Boden und der Gesamthöhe des Baumes gleich bleibt, ist dieses Verhältnis am Ende des i-ten Tages stets gleich der Summe $z_1 + z_2 + \cdots + z_i$.

Nun ist offenbar $z_1 = 1/2$, $z_2 = 1/3$, $z_3 = 1/4$ und damit $z_1 + z_2 + z_3 > 1$. Folglich erreicht der Käfer im Laufe des dritten Tages die Baumspitze.

(b) Es gelten die Bezeichnungen und Vorüberlegungen wie unter (a). Offenbar ist nun $z_1 = 1/100$, $z_2 = 1/110$, und allgemein gilt $z_i = 1/(90 + 10i)$ für $i = 1, 2, \ldots$ Wir zeigen nun, dass für genügend großes i auch hier die Summe $z_1 + z_2 + \cdots + z_i$ den Wert 1 übersteigt. Dazu verwenden wir die folgenden Abschätzungen:

$$z_1 = \frac{1}{100} > \frac{1}{180}, \quad z_2 = \frac{1}{110} > \frac{1}{180}, \quad \ldots, \quad z_9 = \frac{1}{180},$$
$$z_{10} = \frac{1}{190} > \frac{1}{360}, \quad z_{11} = \frac{1}{200} > \frac{1}{360}, \quad \ldots, \quad z_{27} = \frac{1}{360},$$
$$z_{28} = \frac{1}{370} > \frac{1}{720}, \quad z_{29} = \frac{1}{380} > \frac{1}{720}, \quad \ldots, \quad z_{63} = \frac{1}{720},$$
$$\ldots$$
$$z_{9(2^k-1)+1} = \frac{1}{90 \cdot 2^k + 10} > \frac{1}{90 \cdot 2^{k+1}}, \quad \ldots, \quad z_{9(2^{k+1}-1)} = \frac{1}{90 \cdot 2^{k+1}}.$$

Da in jeder Zeile die rechten Seiten der Abschätzungen halb so groß sind wie in der vorausgehenden, jedoch anderseits in jeder Zeile doppelt so viele Folgenglieder stehen wie in der vorangehenden, sind die Summen der rechten Seiten der Abschätzungen aller Zeilen gleich derjenigen der ersten Zeile, also gleich $9 \cdot 1/180$, das heißt, gleich $1/20$. Somit ist

$$\sum_{j=1}^{9(2^{20}-1)} z_j = \sum_{k=0}^{19} \left(z_{9(2^k-1)+1} + \cdots + z_{9(2^{k+1}-1)}\right) > 20 \cdot \frac{1}{20} = 1\,.$$

Nach genügend langer Zeit erreicht also auch der zweite Käfer die Spitze seines Baumes. ◇

Aufgabe 391333B

Susanne fragt Markus nach seinem Geburtstag. Markus, der Susannes Geburtstag kennt, antwortete: „Tages- und Monatszahl meines Geburtsdatums sind die Logarithmen von Tages- und Monatszahl deines Geburtstages bezüglich ein und derselben Logarithmenbasis. Diese Logarithmenbasis ist eine natürliche Zahl."

Susanne kann daraus unter Kenntnis ihres Geburtsdatums eindeutig dasjenige von Markus errechnen. Susanne bemerkt anschließend: „Würdest du mein Geburtsdatum nicht kennen, so könntest du aus der Kenntnis deines Geburtsdatums und des von dir genannten Zusammenhangs mein Geburtsdatum eindeutig bestimmen. Dabei dürfen für die Logarithmenbasis sogar beliebige positive reelle Zahlen ungleich 1 zugelassen werden."

Elfriede, die beide Geburtsdaten nicht kennt, hat zugehört und meint: „Aus eurer Unterhaltung schließe ich, dass es für die Kombination eurer Geburtsdaten nur vier Möglichkeiten gibt." Darauf bemerkt Susanne: „Mein Geburtsdatum ist unter diesen Umständen das spätestmögliche im Verlauf des Jahres."

An welchen Tagen des Jahres haben Susanne und Markus Geburtstag?

Lösung

Es habe Susanne am s-ten Tag des t-ten Monats, Markus hingegen am m-ten Tag des n-ten Monats Geburtstag. Aufgrund der Aufgabenstellung gilt: Es gibt eine positive reelle Zahl $z \neq 1$ mit

$$m = \log_z s , \qquad n = \log_z t .$$

Diese Zahl z ist sogar eine natürliche Zahl. Wird dies bereits vorausgesetzt, so lassen sich aus s und t die Zahlen m, n und damit auch z eindeutig bestimmen. Aus m und n lassen sich auch ohne eine derartige Einschränkung s, t und z eindeutig bestimmen. Diese Bedingungen sollen im folgenden ausgewertet werden.

Wäre $m = n$, so könnten s, t und z daraus nicht eindeutig bestimmt werden, denn zu jeder natürlichen Zahl s, $1 \leq s \leq 12$ gäbe es in diesem Falle eine positive reelle Zahl z mit $\log_z m = s$; also kämen hiernach die zwölf Geburtsdaten 1. 1., 2. 2., ..., 12. 12. für Susanne in Frage. Also ist $m \neq n$ und wegen der strengen Monotonie der Logarithmusfunktionen auch $s \neq t$.

Wäre $z \geq 3$, so wäre die Eindeutigkeit der Gewinnung des Geburtsdatums von Susanne aus demjenigen von Markus wiederum verletzt, weil dann neben dem Zahlentripel $(s, t, z) = (z^m, z^n, z)$ auch das Zahlentripel $(s, t, z) = (2^m, 2^n, 2)$ als Lösung in Frage käme. Also ist $z = 2$.

Aufgrund der Bedingungen $1 \leq s \leq 31$ und $1 \leq t \leq 12$ muss mit $z = 2$ gelten $1 \leq m \leq 4$ und $1 \leq n \leq 3$.

Gilt $m \leq 3$ und $n \leq 2$, so wäre die Gewinnung von s, t, z daraus wiederum nicht eindeutig möglich, da auch $3^m \leq 27$, $3^n \leq 9$ wäre und damit neben $z = 2$ auch $z = 3$ möglich wäre. Somit gilt $m = 4$ oder $n = 3$. Wir untersuchen die damit noch verbleibenden Paare (m, n).

Dies sind $(4, 1)$, $(4, 2)$, $(4, 3)$, $(1, 3)$, $(2, 3)$. Davon ermöglicht das Paar $(4, 2)$ wiederum keine eindeutige Bestimmung von s, t, z, da z. B. mit $z = \sqrt{3}$ auch $s = 9$ und $t = 3$ Lösung wäre.

In den anderen vier Fällen hingegen ist jeweils $z = 2$ die einzige positive reelle Zahl ungleich 1, mit der $s = z^m$ und $t = z^n$ natürliche Zahlen mit $1 \leq s \leq 31$ und $1 \leq t \leq 12$ sind. Dies ist für $(4, 1)$ und $(1, 3)$ klar, da z dann ganzzahlig ist. In den beiden Fällen $(4, 3)$ und $(2, 3)$ sind zwei aufeinander folgende Potenzen von z ganz, also ist z rational; z^3 ist aber wieder ganz, also ist auch hier z eine ganze Zahl. Daraus ergeben sich die vier möglichen Kombinationen der Geburtsdaten von Susanne und Markus:

$$(16.\,2.;\ 4.\,1.)\ ,\quad (16.\,8.;\ 4.\,3.)\ ,\quad (2.\,8.;\ 1.\,3.)\ ,\quad (4.\,8.;\ 2.\,3.)\ .$$

Von den damit möglichen Geburtsdaten für Susanne ist der 16. 8. das späteste im Verlauf des Jahres. Daher hat Susanne am 16. August und Markus am 4. März Geburtstag.

◊

Aufgabe 421343

Gegeben ist ein Quadratgitter aus $N \times N$ Kästchen; N sei eine ungerade Zahl größer oder gleich 3. Die Raupe Nummersatt sitzt in dem Kästchen genau in der Mitte des Gitters. Jedes der übrigen Kästchen enthält eine positive ganze Zahl. Über die Verteilung der Zahlen ist nur bekannt, dass sich in keinen zwei Feldern die gleiche Zahl befindet.

Nummersatt möchte durch dieses Zahlenmeer einen Weg nach draußen finden. Sie kann dabei von einem Kästchen stets nur zu einem entlang einer Seite angrenzenden Kästchen weiterwandern und muss jede Zahl fressen, durch deren Kästchen ihr Weg führt. Jede Zahl n wiegt $\frac{1}{n}$ kg, und Nummersatt kann insgesamt nicht mehr als 2 kg Zahlen fressen.

Man untersuche

(a) für $N = 2003$,

(b) für alle ungeraden Zahlen $N \geq 3$,

ob die Zahlen im Gitter so ungünstig verteilt sein können, dass Nummersatt keinen Weg nach draußen finden kann, auf dem höchstens 2 kg Zahlen liegen.

Lösungen

1. Lösung.

(a) Die Antwort lautet nein: Die Raupe Nummersatt kann immer einen Weg nach draußen finden, auf dem sie nicht mehr als 2 kg Zahlen frisst.

Die Felder seien in zwei ganzzahligen Koordinaten x, y mit $-1\,001 \leq x \leq 1\,001$ und $-1\,001 \leq y \leq 1\,001$ nummeriert. Nummersatt sitzt am Anfang im Feld $(0,0)$. Im Folgenden wird gezeigt, dass einer der folgenden zwölf Wege die Aufgabe löst:

$$\begin{array}{rllllll}
1. & (0,1) & \longrightarrow (0,2) & \longrightarrow (0,3) & \longrightarrow (0,4) & \longrightarrow \ \ldots \longrightarrow & (0,1\,001) \\
2. & (0,1) & \longrightarrow (1,1) & \longrightarrow (1,2) & \longrightarrow (1,3) & \longrightarrow \ \ldots \longrightarrow & (1,1\,001) \\
3. & (1,0) & \longrightarrow (1,1) & \longrightarrow (2,1) & \longrightarrow (3,1) & \longrightarrow \ \ldots \longrightarrow & (1\,001,1) \\
4. & (1,0) & \longrightarrow (2,0) & \longrightarrow (3,0) & \longrightarrow (4,0) & \longrightarrow \ \ldots \longrightarrow & (1\,001,0) \\
5. & (1,0) & \longrightarrow (1,-1) & \longrightarrow (2,-1) & \longrightarrow (3,-1) & \longrightarrow \ \ldots \longrightarrow & (1\,001,-1) \\
6. & (0,-1) & \longrightarrow (1,-1) & \longrightarrow (1,-2) & \longrightarrow (1,-3) & \longrightarrow \ \ldots \longrightarrow & (1,-1\,001) \\
7. & (0,-1) & \longrightarrow (0,-2) & \longrightarrow (0,-3) & \longrightarrow (0,-4) & \longrightarrow \ \ldots \longrightarrow & (0,-1\,001) \\
8. & (0,-1) & \longrightarrow (-1,-1) & \longrightarrow (-1,-2) & \longrightarrow (-1,-3) & \longrightarrow \ \ldots \longrightarrow & (-1,-1\,001) \\
9. & (-1,0) & \longrightarrow (-1,-1) & \longrightarrow (-2,-1) & \longrightarrow (-3,-1) & \longrightarrow \ \ldots \longrightarrow & (-1\,001,-1) \\
10. & (-1,0) & \longrightarrow (-2,0) & \longrightarrow (-3,0) & \longrightarrow (-4,0) & \longrightarrow \ \ldots \longrightarrow & (-1\,001,0) \\
11. & (-1,0) & \longrightarrow (-1,1) & \longrightarrow (-2,1) & \longrightarrow (-3,1) & \longrightarrow \ \ldots \longrightarrow & (-1\,001,1) \\
12. & (0,1) & \longrightarrow (-1,1) & \longrightarrow (-1,2) & \longrightarrow (-1,3) & \longrightarrow \ \ldots \longrightarrow & (-1,1\,001)
\end{array}$$

An diesen Wegen sind insgesamt 12 008 „Fressfelder“ beteiligt. Davon sind 8 Felder an mindestens zwei Wegen beteiligt, unter diesen 8 wiederum 4 an drei Wegen. Werden die Zahlen auf den dreifach benutzten Feldern mit a_1, a_2, a_3 und a_4, diejenigen auf den doppelt, aber nicht dreifach benutzten Feldern mit a_5, a_6, a_7 und a_8 und die auf den übrigen, nur einmal vorkommenden „Fressfeldern“ mit $a_9, a_{10}, \ldots, a_{12\,008}$ bezeichnet, so enthalten alle zwölf Wege in der Addition

$$m = \sum_{k=1}^{12\,008} \frac{1}{a_k} + \sum_{k=1}^{8} \frac{1}{a_k} + \sum_{k=1}^{4} \frac{1}{a_k}$$

Kilogramm Futter.

Die Summen auf der rechten Seite werden unter den Bedingungen der Aufgabe dann am größten, wenn jeweils die Reziproken der ersten 12 008, der ersten 8 beziehungsweise der ersten 4 positiven ganzen Zahlen summiert werden. Damit ist

$$m \leq M = \sum_{k=1}^{12\,008} \frac{1}{k} + \sum_{k=1}^{8} \frac{1}{k} + \sum_{k=1}^{4} \frac{1}{k}\,.$$

Die Raupe kann sich unter den zwölf Wegen den mit der geringsten Futtermenge aussuchen und muss in diesem Fall höchstens $M/12$ kg Futter zu sich nehmen. Es bleibt zu zeigen, dass $M \leq 24$ ist. Wir geben dazu zwei Beweisvarianten (i) und (ii) an.

(i). Auf direktem Weg kann man $M < 24$ z. B. folgendermaßen zeigen: Es gibt genau 2^s ganze Zahlen mit $2^s \leq k < 2^{s+1}$, also gilt

$$\sum_{k=2^s}^{2^{s+1}-1} \frac{1}{k} < \sum_{k=2^s}^{2^{s+1}-1} \frac{1}{2^s} = 1i\,, \qquad \text{d.\,h.} \sum_{k=1}^{2^{s+1}-1} \frac{1}{k} < s+1\,.$$

Daraus folgt wegen $16\,383 = 2^{14} - 1$

$$M \; < \; \sum_{k=1}^{16\,383} \frac{1}{k} + \sum_{k=1}^{15} \frac{1}{k} + \sum_{k=1}^{7} \frac{1}{k} < 14 + 4 + 3 = 21\,.$$

(ii). Unter Verwendung der Integralrechnung kann man wie folgt argumentieren. Weil die Funktion $1/x$ im Intervall $k-1 \leq x \leq k$ nicht kleiner als $1/k$ ist, gilt

$$\sum_{k=1}^{n} \frac{1}{k} = 1 + \sum_{k=2}^{n} \frac{1}{k} \leq 1 + \int_1^n \frac{1}{x} \mathrm{d}x = 1 + \ln n.$$

Daraus erhält man die Abschätzung

$$M \; < \; 1 + \ln 12\,008 + 1 + \ln 8 + 1 + \ln 4\,.$$

Diese Werte müssen nun numerisch abgeschätzt werden. Zum Beispiel gilt

$$
\begin{aligned}
3 + \ln 12\,008 + \ln 8 + \ln 4 &< 3 + \log_2 12\,008 + \log_2 8 + \log_2 4 \\
&< 3 + \log_2 16\,384 + 3 + 2 = 3 + 14 + 3 + 2 = 22\,.
\end{aligned}
$$

Eine bessere Abschätzung erhält man durch direkte Berechnung der zweiten und dritten Summe:

$$
M \;<\; 15 + \sum_{k=1}^{8} \frac{1}{k} + \sum_{k=1}^{4} \frac{1}{k} = 15 + \frac{4033}{840} < 20\,.
$$

Die auf zwei Nachkommastellen schärfste Abschätzung, die man auf diesem Wege erhalten kann, ist $M < 15{,}20$.

2. Lösung. Mit einer leichten Abwandlung lässt sich sogar zeigen, dass die „Fressmasse“ unter 1 kg gehalten werden kann: Wie man sich leicht überzeugen kann, gilt für $0 < m < m + k < n$ die Ungleichung

$$
\frac{1}{m+k} + \frac{1}{n-k} < \frac{1}{m} + \frac{1}{n}\,.
$$

Daraus ergibt sich für ganze Zahlen $n > m + 1 > 1$

$$
\frac{1}{n-m+1}\left(\frac{1}{m} + \frac{1}{m+1} + \frac{1}{m+2} + \cdots + \frac{1}{n-2} + \frac{1}{n-1} + \frac{1}{n}\right) < \frac{1}{2}\left(\frac{1}{m} + \frac{1}{n}\right)\,.
$$

Schätzt man wie oben ab, so erhält man daraus

$$
\begin{aligned}
G &\le \frac{1}{4}\cdot\left(1 + \frac{1}{2} + \frac{1}{3} + \frac{1}{4}\right) + \frac{1}{8}\cdot\left(\frac{1}{5} + \cdots + \frac{1}{12}\right) + \ldots \\
&\quad + \frac{1}{4(N-1)}\cdot\left(\frac{1}{4\cdot 1 + \cdots + 4(N-2) + 1} + \ldots \right.\\
&\qquad\qquad \left. + \frac{1}{4\cdot 1 + \cdots + 4(N-2) + 4(N-1)}\right) \\
&< \frac{1}{2}\left(1 + \frac{1}{4} + \frac{1}{5} + \frac{1}{12} + \frac{1}{13} + \frac{1}{24} + \frac{1}{25} + \cdots + \frac{1}{4\cdot 1 + \cdots + 4(N-2)}\right.\\
&\qquad \left. + \frac{1}{4\cdot 1 + \cdots + 4(N-2) + 1} + \frac{1}{4\cdot 1 + \cdots + 4(N-2) + 4(N-1)}\right) \\
&< \frac{1}{2}\left(1 + \frac{2}{4} + \frac{2}{12} + \cdots + \frac{2}{4\cdot 1 + \cdots + 4(N-2)}\right.\\
&\qquad \left. + \frac{1}{4\cdot 1 + \cdots + 4(N-2) + 4(N-1)}\right) \\
&< \frac{1}{2}\left(1 + \frac{1}{1\cdot 2} + \frac{1}{2\cdot 3} + \cdots + \frac{1}{(N-2)\cdot(N-1)} + \frac{1}{(N-1)\cdot N} + \ldots\right) \\
&= \frac{1}{2}\left(1 + \frac{1}{1} - \frac{1}{2} + \frac{1}{2} - \frac{1}{3} + \cdots + \frac{1}{N-2} - \frac{1}{N-1} + \frac{1}{N-1} - \frac{1}{N} + \ldots\right)
\end{aligned}
$$

Kürzt man in dieser „Teleskopsumme" die entgegengesetzt gleichen Terme, so erhält man schließlich die Abschätzung $G < 1$, womit die Behauptung gezeigt ist.

Bemerkung. Diese Aufgabe fordert dazu heraus, verallgemeinerte Fragestellungen zu betrachten. Im Nachwort auf Seite 596 wird darauf kurz eingegangen. ◇

Nachwort

Die versprochenen 300 schönsten Aufgaben aus den ersten 50 Jahren der Mathematik-Olympiade mit insgesamt 429 Lösungen und Lösungsvarianten liegen nun hinter uns. Vor uns liegt aber noch ein unermessliches Reich mathematischer Probleme, in dem vieles Unbekannte auf seine Entdeckung wartet. Gestatten Sie uns deshalb zum Schluss einen kleinen Exkurs in den Bereich der mathematischen Forschung.

Das Lösen von Olympiade-Problemen hat durchaus einige Gemeinsamkeiten mit der Tätigkeit von Mathematikerinnen und Mathematikern: In beiden Fällen braucht man allgemeine Fähigkeiten zum Problemlösen, Hartnäckigkeit, Frustrationstoleranz und natürlich das Beherrschen (oder Entwickeln) des erforderlichen mathematischen Handwerkszeugs. Die frühzeitige Beschäftigung mit „Problemen vom Olympiadetyp" bietet deshalb eine gute, aber weder notwendige noch hinreichende, Voraussetzung für eine erfolgreiche mathematische Karriere.

Wie sich das im positiven Fall entwickeln kann, beschreiben die Träger der FIELDS-Medaille TIMOTHY GOWERS und STANISLAV SMIRNOV in ihren Essays *How do IMO problems compare with research problems?* und *How do research problems compare with IMO problems?*, die anlässlich der 50. IMO im Jubiläumsband [29] (auf den Seiten 171–183 bzw. 199–208) erschienen sind. Auch PETER SCHOLZE, einer der beiden deutschen FIELDS-Preisträger, ist aus dem Kreis der Mathematik-Olympioniken hervorgegangen (und war sogar kurzzeitig Mitglied der Aufgabenkommission).

Es gibt aber auch wesentliche Unterschiede: Während bei einer Olympiade-Aufgabe von vornherein klar ist, dass sie in begrenzter Zeit mit angemessenen Mitteln lösbar sein sollte, gilt dies für Probleme der „echten Mathematik" nicht. Manche harmlos aussehenden Fragen können sich bei näherer Betrachtung als sehr tückisch erweisen, und es kann sogar sein, dass ihre Beantwortung im Rahmen der gegenwärtigen Mathematik prinzipiell unmöglich ist. Es kommt also darauf an, die Schwierigkeit eines Problems gut einzuschätzen und in Relation zu den eigenen Kräften zu setzen.

Ein zweiter Unterschied ist aber möglicherweise noch gravierender: In der mathematischen Forschung ist es eher die Ausnahme, dass man sich mit einem bereits vorgegebenen Problem befasst. Diese Klassiker sind meist extrem schwierig - man denke an die mehrere hundert Jahre dauernden Bemühungen zum Beweis des Vier-

A. Felgenhauer et al., *Die schönsten Aufgaben der Mathematik-Olympiade in Deutschland*, https://doi.org/10.1007/978-3-662-63183-6

farbensatzes, des großen Satzes von FERMAT durch ANDREW WILES und RICHARD TAYLOR, oder gar an die noch unbewiesene RIEMANN'sche Vermutung. In der mathematischen Forschung muss man typischerweise einen Sachverhalt oder eine intuitive Vorstellung zunächst als Problem formulieren – das *Stellen* von Problemen ist hier ebenso wichtig, wie das *Lösen.*

Aber auch dafür kann die Beschäftigung mit Olympiade-Problemen eine gute Vorbereitung sein. Gibt man sich nicht mehr mit der Lösung der vorgegebenen Aufgabe zufrieden, sondern denkt intensiver darüber nach, kann man mitunter überraschende Beobachtungen machen und sogar neue Erkenntnisse gewinnen.

So lässt sich mit Hilfe der Rekursionsvorschrift $x_{n+1} = x_n^2 + c$ aus Aufgabe 321232 ein ganzes Universium erzeugen, das wiederum eine nahezu unerschöpflich Quelle interessanter Fragen ist und bis heute aktiv erforscht wird. Zwei namhafte Pioniere dieser Untersuchungen sind BENOÎT MANDELBROT und MITCHELL FEIGENBAUM. Es grenzt an das Wunderbare, welche komplexen Strukturen sich mit einer so einfachen Formel erzeugen lassen, wenn man es richtig anstellt.

Während es für die (naive) Beschäftigung mit dem letztgenannten Problem wahrscheinlich zu spät ist, scheint das Potential der „Raupe Nummersatt" aus Aufgabe 421343 bisher noch weitgehend unerforscht zu sein. Nach unserer Kenntnis hat sich nur WOLFGANG BURMEISTER (der bis 2000 mit drei Goldmedaillen, zwei Silbermedaillen und zwei Sonderpreisen der erfolgreichste Teilnehmer der IMO war) intensiver damit auseinandergesetzt. Zunächst konnte er bessere untere und obere Abschätzungen für die in der Aufgabenstellung vorgegebene „Fressgrenze" a finden. In einer E-Mail aus dem Jahr 2003 definiert er die Zahl A als das Supremum aller a, für die es eine Gitterbelegung gibt, so dass jeder Weg unter Beachtung der Fressgrenze a irgendwann endet. Weiter schreibt er: *Die Ermittlung von A ist nach meiner Meinung eine Aufgabe von gigantischer Komplexität. Entweder wird man es nie lösen können oder es tritt ein neues Genie auf den Plan ...*

Wir hoffen, dass dieser Ruf nicht ungehört verhallt und setzen dabei besonders auf einschlägige Online-Foren, in denen oft alternative Ansätze und Lösungswege im Zusammenhang mit der jeweils aktuellen Olympiade entwickelt werden. Auch weitere Ideen zu vergangenen Olympiade-Aufgaben haben gewiss eine systematische Aufarbeitung verdient. Aber das ist dann wohl schon ein neues Projekt – packen Sie es an!

Literaturverzeichnis

[1] J. Aczél. *Vorlesungen über Funktionalgleichungen und ihre Anwendungen.* Deutscher Verlag der Wissenschaften, 1961.

[2] M. Aigner. *Diskrete Mathematik.* Vieweg, 1993.

[3] M. Aigner und G. M. Ziegler. *Proofs from THE BOOK.* Springer, 1998.

[4] M. Aigner und G. M. Ziegler. *Das BUCH der Beweise.* Springer, 2002.

[5] C. Alsina und R. B. Nelsen. *Bezaubernde Beweise. Eine Reise durch die Eleganz der Mathematik.* Springer, 2013.

[6] T. Andreescu. *Essential Linear Algebra with Applications. A Problem-Solving Approach.* Birkhäuser, 2014.

[7] T. Andreescu und D. Andrica. *Complex numbers from A to ... Z.* Birkhäuser, 2004.

[8] T. Andreescu und D. Andrica. *Quadratic Diophantine equations.* Springer, 2015.

[9] T. Andreescu, D. Andrica und I. Cucurezeanu. *Introduction to Diophantine equations. A problem-based approach.* Birkhäuser, 2010.

[10] T. Andreescu und Z. Feng. *103 trigonometry problems. From the training of the USA IMO team.* Birkhäuser, 2005.

[11] E. F. Beckenbach und R. Bellmann. *Inequalities.* Springer, 1961.

[12] *Begabte Kinder finden und fördern, ein Ratgeber für Eltern und Lehrer.* Bundesministerium für Bildung und Forschung, 2009.

[13] „Beschluss des Politbüros des ZK der SED und des Ministerrates der DDR vom 17. Dezember 1962: Zur Verbesserung und weiteren Entwicklung des Mathematikunterrichts in den allgemeinbildenden Polytechnischen Oberschulen der DDR". In: *Mathematik und Physik in der Schule* 10.2 (1963), S. 141–150.

[14] A. Beutelspacher. *Lineare Algebra. Eine Einführung in die Wissenschaft der Vektoren, Abbildungen und Matrizen.* Vieweg, 1994.

[15] R. Bulajich Manfrino, J. A. Gómez Ortega und R. Valdez Delgado. *Topics in algebra and analysis. Preparing for the mathematical olympiad.* Birkhäuser, 2015.

[16] A.-L. Cauchy. *Cours d'Analyse de l'Ecole Royale Polytechnique.* Bd. 1: *Analyse Algébrique.* Debure, 1821.

A. Felgenhauer et al., *Die schönsten Aufgaben der Mathematik-Olympiade in Deutschland*, https://doi.org/10.1007/978-3-662-63183-6

[17] C. J. Colbourn und J. H. Dinitz, Hrsg. *Handbook of Combinatorial Designs.* CRC Press, 1996.

[18] *Concours général.* URL: `http://de.wikipedia.org/wiki/Concours_general` (besucht am 22. 10. 2019).

[19] H. S. M. Coxeter. „A problem of collinear points". In: *Amer. Math. Monthly* 55 (1948), S. 26–28.

[20] H. S. M. Coxeter. *Unvergängliche Geometrie.* Birkhäuser, 1963.

[21] H. S. M. Coxeter und S. L. Greitzer. *Zeitlose Geometrie.* Klett, 1983.

[22] R. Dedekind. *Was sind und was sollen die Zahlen?* Vieweg, 1888.

[23] R. Diestel. *Graphentheorie.* Springer, 1996.

[24] W. Engel. *Zur 50. Mathematikolympiade 2011 in Deutschland – Erinnerungen an mathematische Schülerwettbewerbe und die Förderung mathematisch begabter Jugendlicher in der Deutschen Demokratischen Republik.* URL: `https://lsgm.uni-leipzig.de/lsgm/Geschichte/w_engel-2010.pdf` (besucht am 30. 11. 2020).

[25] P. Erdös. „Problem 4065 - Three point collinearity". In: *Amer. Math. Monthly* 51 (1944), S. 169–171.

[26] G. Fischer. *Lehrbuch der Algebra. Mit lebendigen Beispielen, ausführlichen Erläuterungen und zahlreichen Bildern.* Vieweg, 2008.

[27] A. O. Gelfond. *Die Auflösung von Gleichungen in ganzen Zahlen. Diophantische Gleichungen.* Deutscher Verlag der Wissenschaften, 1954.

[28] H.-D. Gronau, M. Krüppel, R. Labahn, W. Moldenhauer und J. Prestin. *Die 100 schönsten Aufgaben mit eleganten Lösungen – Klassenstufen 11/12.* Bezirkskabinett für außerunterrichtliche Tätigkeit Leipzig, 1987.

[29] H.-D. Gronau, H.-H. Langmann und D. Schleicher, Hrsg. *50th IMO – 50 Years of International Mathematical Olympiads.* Springer, 2011.

[30] L.-s. Hahn. *Complex numbers and geometry.* Mathematical Association of America, 1994.

[31] G. Hamel. „Eine Basis aller Zahlen und die unstetigen Lösungen der Funktionalgleichung: $f(x + y) = f(x) + f(y)$". In: *Math. Ann.* 60 (1905), S. 459–462.

[32] G. H. Hardy, J. E. Littlewood und G. Pólya. *Inequalities.* 2. Aufl. Cambridge University Press, 1952.

[33] G. Ifrah. *Universalgeschichte der Zahlen.* Campus, 1991.

[34] K. Jacobs und D. Jungnickel. *Einführung in die Kombinatorik.* 2. Aufl. de Gruyter, 2004.

[35] *Känguru der Mathematik.* URL: `http://www.mathe-kaenguru.de` (besucht am 30. 11. 2020).

[36] K. Königsberger. *Analysis 1.* Springer, 1990.

[37] L. Kronecker. *Vortrag bei der Berliner Naturforscher-Versammlung.* Zitiert nach: Weber, H.: Leopold Kronecker. Jahresbericht der Deutschen Mathematiker-Vereinigung 2:19 (1893).

[38] M. Kugel. *Aufgabenarchiv 1. – 34. Olympiade.* URL: `https://olympiade-mathematik.de` (besucht am 27. 11. 2020).

[39] E. Lehmann. *Übungen für Junge Mathematiker*. Bd. 1: *Zahlentheorie*. Teubner, 1968.

[40] M.-J. Leppmeier. *Kugelpackungen von Kepler bis heute*. Vieweg, 1997.

[41] A. I. Markuschewitsch. *Rekursive Folgen*. Deutscher Verlag der Wissenschaften, 1955.

[42] *Mathematical Tripos*. URL: `http://en.wikipedia.org/wiki/Cambridge_Mathematical_Tripos` (besucht am 30. 11. 2020).

[43] Mathematik-Olympiaden e.V., Hrsg. *Jahresbände der 35. –55. Mathematik-Olympiade*. HEREUS Verlag, 1996–2016.

[44] Mathematik-Olympiaden e.V., Hrsg. *Festschrift 50 Jahre Mathematik-Olympiaden 1961-2011*. 2011.

[45] Mathematik-Olympiaden e.V., Hrsg. *Jahresbände ab der 56. Mathematik-Olympiade*. adiant Druck, 2017–.

[46] Mathematik-Olympiaden e.V., Hrsg. *Aufgabenarchiv ab der 35. Mathematik-Olympiade*. URL: `https://www.mathematik-olympiaden.de/moev/index.php/aufgaben/aufgabenarchiv` (besucht am 27. 11. 2020).

[47] D. Mitrinovic, E. Barnes, D. Marsh und J. Radok. *Elementary Inequalities*. Noordhoff, 1964.

[48] *MONOID*. URL: `http://monoid.mathematik.uni-mainz.de` (besucht am 30. 11. 2020).

[49] O. R. Musin. „The problem of the twenty-five spheres". In: *Russ. Math. Surv.* 58.4 (2003), S. 794–795.

[50] F. Neiß. *Einführung in die Zahlentheorie*. Hirzel, 1952.

[51] C. Niederdrenk-Felgner. *LS Komplexe Zahlen. Mathematisches Unterrichtswerk für Gymnasien*. Klett, 2004.

[52] F. Pfender und G. M. Ziegler. „Kissing numbers, sphere packings, and some unexpected proofs". In: *Notices of the American Mathematical Society* 51.8 (2004), S. 873–883.

[53] S. Polster. *Mathematik alpha*. URL: `https://mathematikalpha.de/mathematikaufgaben` (besucht am 18. 12. 2020).

[54] K. Schütte und B. L. van der Waerden. „Das Problem der dreizehn Kugeln". In: *Math. Annalen* 53 (1953), S. 325–334.

[55] T. Skolem. *Diophantische Gleichungen*. Springer, 1938.

[56] E. Specht und R. Strich. *Geometria – scientiae atlantis. 440+ mathematische Probleme mit Lösungen insbesondere zur Vorbereitung auf Olympiaden und Wettbewerbe*. Otto-von-Guericke-Universität, 2009.

[57] E. Specht. *Packomania*. URL: `http://www.packomania.com` (besucht am 30. 09. 2019).

[58] H.-J. Sprengel und O. Wilhelm. *Funktionen und Funktionalgleichungen*. Deutscher Verlag der Wissenschaften, 1984.

[59] H. D. Steinhaus. *100 Aufgaben. Elementare Mathematik*. Deutsch, 1968.

[60] H. D. Steinhaus. *100 Aufgaben. Hundert Probleme aus der elementaren Mathematik*. Hrsg. von H. Antelmann und E. Hameister. Urania-Verlag, 1968.

[61] K. Stephenson. *Introduction to circle packing. The theory of discrete analytic functions*. Cambridge University Press, 2005.

[62] J. J. Sylvester. „Mathematical Question 11851“. In: *The Educational Times* 46 (1893), S. 156.

[63] E. Wegert und C. Reiher. „Relaxation procedures on graphs“. In: *Discrete Appl. Math.* 157.9 (2009), S. 2207–2216.

[64] E. Willerding. *Die Pothenotsche Aufgabe und ihre Erweiterungen.* URL: `https://www.eugen-willerding.de/pothenotsche-aufgabe` (besucht am 10. 12. 2020).

[65] *Wurzel – Verein zur Förderung der Mathematik an Schulen und Universitäten e. V.* URL: `http://www.wurzel.org` (besucht am 30. 11. 2020).

Sachwortverzeichnis

A. Felgenhauer et al., *Die schönsten Aufgaben der Mathematik-Olympiade in Deutschland*, https://doi.org/10.1007/978-3-662-63183-6

P

Q

R

S

T

U

V

W

Z

Anhang A
Lösungsstrategien, heuristische Prinzipien und Beweistechniken

In dieser Übersicht stellen wir einige allgemeine Ideen zusammen, die beim Lösen mathematischer Probleme nützlich sein können. Die Kenntnis solcher *heuristischer Prinzipien* kann helfen, das Wesen eines Problems besser zu verstehen und einen geeigneten *Ansatz* zu seiner Lösung zu finden. Oft lässt sich daraus eine *Lösungsstrategie* entwickeln, die dann mit Hilfe spezieller *Beweistechniken* ausgearbeitet werden kann.

Diese Übersicht ist natürlich subjektiv gefärbt und spiegelt die Erfahrung der Autoren wieder, die sie in der langjährigen Beschäftigung mit mathematischen Problemen gewonnen haben. Obwohl der Schwerpunkt dabei auf Aufgaben vom „Olympiade-Typ" liegt, werden viele dieser Prinzipien und Techniken auch in der mathematischen Forschung eingesetzt.

Für jedes Themengebiet ist eine Auswahl von Aufgaben aufgelistet, bei denen dieses Prinzip benutzt werden kann. Eine nachgestellte Ziffer zeigt an, bei welcher der angeführten Lösungen dieses Thema eine Rolle spielt. Die Auswahl ist nicht vollständig – die bewusste Anwendung heuristischer Prinzipien kann sicher auch zu neuen Lösungsvorschlägen führen.

Vollständige Induktion. Um eine Aussage zu beweisen, die für alle natürlichen Zahlen $n \geq n_0$ gelten soll, reicht es aus zu zeigen, dass die Aussage für den ersten Wert $n = n_0$ wahr ist (Induktionsanfang) und ihre Gültigkeit für $n = k + 1$ aus der Gültigkeit für einen oder alle vorangehenden Werte n mit $n \leq k$ folgt (Induktionsschritt). Dieses Prinzip besitzt viele Modifikationen und weit reichende Verallgemeinerungen.

051234, 091246 :1·6, 121236A, 141246A, 151236A, 171236A,
171245 :1, 191233B :3, 201233B, 241233A, 241236 :3, 261242,
261243, 271233B, 281242 :1, 291246B :1, 301223 :2, 301243,
301244, 301246B, 311234 :2, 311245, 321222 :2, 321232,
321242, 341346A, 351333B, 361323, 361345, 371345 :1,
371346B :2, 391345, 401343, 411344, 421346, 431343,
441334 :1, 461341 :1, 481333 :1·3, 491332, 501324 :1, 501333 :1

A. Felgenhauer et al., *Die schönsten Aufgaben der Mathematik-Olympiade in Deutschland*, https://doi.org/10.1007/978-3-662-63183-6

Indirekter Beweis. Um eine Aussage indirekt zu beweisen, wird aus ihrer Negation ein Widerspruch hergeleitet. Zum indirekten Beweis der Implikation „Wenn A, dann B“ wird angenommen, dass A und die Negation von B gleichzeitig wahr sind. Diese Annahme wird durch logische Schlussfolgerungen zu einem Widerspruch geführt.

081246 :1, 091243, 121242, 151235, 181233, 181234, 181242, 181245, 191235, 191244, 201233B, 241223, 241235, 271242, 281233B, 281244, 331346A, 391343 :1, 411344, 491323, 491343

Vollständige Fallunterscheidung. Bei dieser Methode wird der Definitionsbereich eines Problems in (disjunkte) Teilmengen zerlegt („Fälle“), deren Vereinigung den Definitionsbereich ergibt (Vollständigkeit). Die Aufgabe wird dann für jeden einzelnen Fall unter Beachtung der jeweiligen Besonderheiten gelöst.

041246 :3, 051233, 071235, 071245 :2, 101241, 121236A, 131246B, 171236A, 181245, 191243, 211242, 241235, 291233A, 331336, 331346A, 341346A, 361344, 371335, 371343, 371346A, 381346B, 421324, 421334 :1, 421345, 431324, 431343, 441334 :1, 451343, 451345, 461346 :2·3, 471346

Rückwärtsarbeiten. Um ein Ziel durch eine Abfolge mehrerer Schritte zu erreichen, ist es mitunter zweckmäßig, nicht mit dem ersten Schritt zu beginnen. Stattdessen überlege man sich zunächst, wie der *letzte Schritt* aussehen könnte, um Situationen zu finden, von denen aus sich das Ziel erreichen lässt. Durch schrittweises Rückwärtsgehen versuche man dann zur gegebene Ausgangssituation zu gelangen. Diese Strategie wird beispielsweise im klassischen Nim-Spiel angewandt.

101241 :2, 121242, 211223, 261246B, 281235, 301246A, 361324 :2, 371335, 371342, 381342, 411336 :1, 431314, 441343, 451314, 451334 :1·2, 461336, 491336, 501324 :2

Schubfachprinzip. (auch DIRICHLETscher Schubfachschluss oder Englisch *„pigeonhole principle“*) Obwohl die Aussage dieses Prinzips unmittelbar einleuchtet, gehört es zu den wirksamsten Methoden für Existenzbeweise: *Verteilt man $n + 1$ Kugeln auf n Schubfächer, so gibt es (mindestens) ein Schubfach, das mehr als eine Kugeln enthält.* Die Kunst besteht darin, geeignete Schubfächer (und mitunter auch Kugeln) zu finden.

161223, 201236, 271241, 311246B, 341346A, 351333B, 351346B, 401342, 401345, 421343

Invarianzprinzip. Eine *Invariante* ist eine Größe, die in einem Prozess unverändert bleibt. Durch das Vorhandensein von Invarianten wird die Menge aller möglichen Zustände des Prozesses eingeschränkt. Insbesondere lässt sich dadurch die Unmöglichkeit bestimmter Zustände beweisen.

131232 :2·3, 291236, 311246A, 331346B, 351313, 391322,
411335, 421346, 431324, 441344, 451332, 471336

Symmetrieprinzip. Das Finden und Nutzen von Symmetrien kann eine Problemstellung wesentlich vereinfachen. Zusammenhänge bestehen zum Invarianzprinzip („Die Aufgabenstellung bleibt bei einer Drehung um 120° unverändert") und zum Extremalprinzip („Ohne Beschränkung der Allgemeinheit gelte $x \leq y$".)

091246 :4·7, 111246B, 131232 :2, 211242, 241233B, 241244,
261235, 271242, 311231, 321244 :2, 351343, 361344,
371324, 381345, 401343, 411314, 431314, 431345,
441333 :2, 441343, 451324, 461346 :2, 501342 :1

Extremalprinzip. Die Auswahl von Objekten mit extremalen Eigenschaften (minimaler Abstand, maximale Fläche, ...) aus einer gegebenen Menge bildet manchmal den Schlüssel zur Lösung von Problemen.

041246 :2·5, 051242, 071245 :3, 101245, 111246A :1, 111246B,
161234, 161235, 231246A, 241245, 271232, 271233A,
281235, 281246A, 291245, 311234 :1, 321246A, 371342,
371346B :2, 381346A, 441335, 471344 :2, 481334 :2, 481346 :1

Auswahlprinzipien. Als Verallgemeinerung des Vorigen betrachte man Objekte, die sich durch spezielle Eigenschaften auszeichnen, die für das jeweilige Problem relevant erscheinen.

051246 :2, 161234, 171235 :2, 261242, 391146

Mittelungsprinzip. Statt einer konkreten Situation betrachte man einen geeigneten Mittelwert aller möglichen Situationen. Das Prinzip kann unter anderem angewandt werden, um Existenzbeweise zu führen: *Auf einem runden Tisch liegen 100 Zeigeruhren. Jede läuft mit konstanter Geschwindigkeit, die aber wegen eines Defekts möglichwerweise zu groß ist. Man beweise, dass es einen Zeitpunkt gibt, zu dem die Summe der Abstände vom Zentrum O des Tisches zu den Endpunkten der Minutenzeiger größer ist, als die Summe der Abstände von O zu den Mittelpunkten der Zifferblätter.*

271246B, 311234 :1, 331335, 471345, 501332

Variationsprinzip. Man beobachte die Änderung von Größen oder Konfigurationen in Abhängigkeit von Parametern (beispielsweise der Lage von Punkten). Gegebenenfalls sind diese Parameter erst einzuführen.

101245, 141243, 211246A :1, 311241, 311244, 341335 :2·3,
351343, 381336, 381342 :3, 421334 :2, 441343

Monotonieprinzip. Spezialfall des Variationsprinzips bei dem man ausnutzt, dass eine Größe monoton von einem Parameter abhängt.

091243, 111243, 111246B, 121246A, 171245 :1, 191243,
201233B, 241233B, 241244, 261246B, 271242, 281242 :1,

291241, 321246B, 331342, 361324 :1, 361344, 421334 :2, 431344, 441346, 481346 :1, 501342 :2

Abstiegsprinzip. Spezialfall des Vorangehenden: ein Prozess muss nach endlich vielen Schritten abbrechen, wenn sich eine positive ganzzahlige Bewertungsfunktion in jedem Schritt verkleinert.

091246 :6, 191233B :1, 321224, 331345, 391322, 411314, 451314, 491336

Reduktionsprinzip. Man führe ein zu lösendes Problem auf (eine Folge) einfachere(r) Probleme zurück. Hierzu gehört insbesondere die Betrachtung von Spezialfällen.

071223 :5·6·7, 091246 :4·5, 201233A, 291245 :2, 301246B, 311246A, 331343 :2, 331346B, 411143, 431345 :3, 441333 :3, 451332, 461336, 461341 :1, 471344, 471346, 491346

Dimensionsreduktion. Spezialfall des Vorigen. Anstelle eines Problems der räumlichen Geometrie finde und untersuche man zunächst ein verwandtes ebenes Problem. Auch die Reduktion von zwei Dimensionen auf eine Dimension kann mitunter sinnvoll sein.

031243, 091246 :5, 111243, 131234, 211246A, 241245, 271233A, 281245, 291245 :1, 311244, 331343 :1, 341335 :1, 351343, 441345, 501342 :1

Mehrfaches Abzählen. Zählt man Objekte auf unterschiedliche Arten ab, können sich durch Gleichsetzen der Resultate nützliche Zusammenhänge ergeben. Betrachtet man beispielsweise ein Polyeder, dessen n Seitenflächen sämtlich Dreiecke sind, so erhält man durch „kantenweises" und „flächenweises" Zählen von Paaren aus Flächen und dazugehörigen Kanten (siehe S. 20) den Zusammenhang $2k = 3n$. Insbesondere ist also die Zahl der Seitenflächen stets gerade und die Zahl der Kanten muss durch 3 teilbar sein.

121224, 181233 :1, 211246A :1, 321241 :2, 501314

Maßlose Übertreibung. Um ein besseres Verständnis einer Situation zu bekommen, ändere man die gegebenen (realistischen) Daten in extremer Weise ab. Hierzu gehört auch die Betrachtung von Grenzwerten sowie von Spezialfällen, die in der ursprünglichen Aufgabenstellung ausgeschlossen wurden, aber durch Umformulierung des Problems erfasst werden können (wie der Fall $a = b$ in Aufgabe 201233A).

Das Prinzip führt auch im Alltag mitunter zu interessanten Einsichten: *Warum wartet man (gefühlt) umso länger an roten Ampeln, je schneller man fährt?*

171236A, 201233A :1

Anhang B
Liste aller Aufgaben

In den jeweils angegebenen Unterkapiteln wurden die folgenden Aufgaben aus 50 Jahren Mathematik-Olympiaden behandelt.

	Seite	Kapitel	
03 **12 4** 3	523	9.2	Räumliche Geometrie: Dimensionsreduktion
04 **12 4** 6	172	4.1	Ungleichungen: Positivität und Monotonie
05 **12 3** 3	288	5.2	Funktionen: Funktionalgleichungen
05 **12 3** 4	340	6.1	Folgen: Rekursion
05 **12 4** 2	66	1.5	Kombinatorik: Graphen
05 **12 4** 6	511	9.1	Räumliche Geometrie: Konstruktionen
06 **12 3** 1	92	2.2	Kombinatorische Geometrie: Kuss-Zahlen
06 **12 3** 6	155	3.5	Gleichungen: Trigonometrische Gleichungen
06 **12 4** 3	206	4.4	Ungleichungen: Konvexität
06 **12 4** 4	12	1.2	Kombinatorik: Abzählprobleme
06 **12 4** 6	93	2.2	Kombinatorische Geometrie: Kuss-Zahlen
07 **12 2** 3	199	4.3	Ungleichungen: Mehrfache Umordnungen
07 **12 3** 2	157	3.5	Gleichungen: Trigonometrische Gleichungen
07 **12 3** 5	67	1.5	Kombinatorik: Graphen
07 **12 4** 3	289	5.2	Funktionen: Funktionalgleichungen
07 **12 4** 4	388	7.2	Zahlentheorie: Primzahlen
07 **12 4** 5	174	4.1	Ungleichungen: Positivität und Monotonie
07 **12 4** 6	439	8.1	Ebene Geometrie: Dreiecke
08 **12 4** 6	326	5.3	Funktionen: Polynome
09 **12 3** 4	368	6.3	Folgen: Summen und Produkte
09 **12 4** 3	325	5.3	Funktionen: Polynome
09 **12 4** 6	234	4.6	Ungleichungen: Standardungleichungen
10 **12 4** 1	251	4.7	Ungleichungen: Bestimmungsungleichungen
10 **12 4** 3	127	2.7	Kombinatorische Geometrie: Konvexität
10 **12 4** 5	541	9.2	Räumliche Geometrie: Dimensionsreduktion
11 **12 3** 5	207	4.4	Ungleichungen: Konvexität
11 **12 3** 6B	7	1.1	Kombinatorik: Knobelaufgaben
11 **12 4** 3	539	9.2	Räumliche Geometrie: Dimensionsreduktion
11 **12 4** 6A	108	2.6	Kombinatorische Geometrie: Punkte und Geraden
11 **12 4** 6B	279	5.1	Funktionen: Eigenschaften von Funktionen

A. Felgenhauer et al., *Die schönsten Aufgaben der Mathematik-Olympiade in Deutschland*, https://doi.org/10.1007/978-3-662-63183-6

12 **12 2** 4	20	1.2	Kombinatorik: Abzählprobleme
12 **12 3** 5	484	8.3	Ebene Geometrie: Polygone
12 **12 3** 6A	291	5.2	Funktionen: Funktionalgleichungen
12 **12 4** 2	422	7.6	Zahlentheorie: Diophantische Gleichungen
12 **12 4** 6A	281	5.1	Funktionen: Eigenschaften von Funktionen
13 **12 3** 2	176	4.1	Ungleichungen: Positivität und Monotonie
13 **12 3** 3	475	8.2	Ebene Geometrie: Vierecke
13 **12 3** 4	544	9.2	Räumliche Geometrie: Dimensionsreduktion
13 **12 4** 3	112	2.6	Kombinatorische Geometrie: Punkte und Geraden
13 **12 4** 6B	328	5.3	Funktionen: Polynome
14 **12 4** 3	277	5.1	Funktionen: Eigenschaften von Funktionen
14 **12 4** 6A	31	1.2	Kombinatorik: Abzählprobleme
15 **12 3** 5	125	2.7	Kombinatorische Geometrie: Konvexität
15 **12 3** 6A	76	1.5	Kombinatorik: Graphen
15 **12 3** 6B	319	5.3	Funktionen: Polynome
16 **12 2** 3	85	2.1	Kombinatorische Geometrie: Punktpackungen
16 **12 3** 4	223	4.5	Ungleichungen: Extremwerte
16 **12 3** 5	101	2.4	Kombinatorische Geometrie: Abschlüsse
16 **12 4** 5	423	7.6	Zahlentheorie: Diophantische Gleichungen
16 **12 4** 6A	320	5.3	Funktionen: Polynome
16 **12 4** 6B	477	8.3	Ebene Geometrie: Polygone
17 **12 3** 5	218	4.5	Ungleichungen: Extremwerte
17 **12 3** 6A	307	5.2	Funktionen: Funktionalgleichungen
17 **12 4** 5	344	6.1	Folgen: Rekursion
18 **12 3** 3	24	1.2	Kombinatorik: Abzählprobleme
18 **12 3** 4	271	5.1	Funktionen: Eigenschaften von Funktionen
18 **12 4** 2	78	1.5	Kombinatorik: Graphen
18 **12 4** 3	480	8.3	Ebene Geometrie: Polygone
18 **12 4** 5	391	7.2	Zahlentheorie: Primzahlen
19 **12 2** 4	270	5.1	Funktionen: Eigenschaften von Funktionen
19 **12 3** 3A	301	5.2	Funktionen: Funktionalgleichungen
19 **12 3** 3B	244	4.6	Ungleichungen: Standardungleichungen
19 **12 3** 5	424	7.6	Zahlentheorie: Diophantische Gleichungen
19 **12 4** 3	159	3.5	Gleichungen: Trigonometrische Gleichungen
19 **12 4** 4	425	7.6	Zahlentheorie: Diophantische Gleichungen
19 **12 4** 6A	275	5.1	Funktionen: Eigenschaften von Funktionen
19 **12 4** 6B	12	1.2	Kombinatorik: Abzählprobleme
20 **12 3** 3A	179	4.1	Ungleichungen: Positivität und Monotonie
20 **12 3** 3B	284	5.1	Funktionen: Eigenschaften von Funktionen
20 **12 3** 5	479	8.3	Ebene Geometrie: Polygone
20 **12 3** 6	407	7.4	Zahlentheorie: Positionssysteme
20 **12 4** 4	341	6.1	Folgen: Rekursion
20 **12 4** 5	367	6.3	Folgen: Summen und Produkte
21 **12 2** 3	247	4.6	Ungleichungen: Standardungleichungen
21 **12 2** 4	377	7.1	Zahlentheorie: Teilbarkeit
21 **12 4** 2	134	3.1	Gleichungen: Lineare Gleichungen
21 **12 4** 4	324	5.3	Funktionen: Polynome
21 **12 4** 6A	549	9.2	Räumliche Geometrie: Dimensionsreduktion
22 **12 2** 4	27	1.2	Kombinatorik: Abzählprobleme
22 **12 3** 6	57	1.4	Kombinatorik: Extremalprobleme

Aufgabe	Seite	Abschnitt	Thema
30 **12 2** 3	256	4.8	Ungleichungen: Zahlen
30 **12 3** 2	102	2.4	Kombinatorische Geometrie: Abschlüsse
30 **12 4** 1	143	3.3	Gleichungen: Polynomgleichungen
30 **12 4** 2	97	2.3	Kombin. Geometrie: Zerlegungen von Gebieten
30 **12 4** 3	305	5.2	Funktionen: Funktionalgleichungen
30 **12 4** 4	51	1.3	Kombinatorik: Existenzprobleme
30 **12 4** 6A	211	4.4	Ungleichungen: Konvexität
30 **12 4** 6B	71	1.5	Kombinatorik: Graphen
31 **12 3** 1	269	5.1	Funktionen: Eigenschaften von Funktionen
31 **12 3** 3B	17	1.2	Kombinatorik: Abzählprobleme
31 **12 3** 4	248	4.6	Ungleichungen: Standardungleichungen
31 **12 3** 5	34	1.3	Kombinatorik: Existenzprobleme
31 **12 4** 1	586	10.3	Besonderes: Analysis
31 **12 4** 4	552	9.2	Räumliche Geometrie: Dimensionsreduktion
31 **12 4** 5	303	5.2	Funktionen: Funktionalgleichungen
31 **12 4** 6A	249	4.6	Ungleichungen: Standardungleichungen
31 **12 4** 6B	580	10.2	Besonderes: Kombinatorik und Wahrscheinlichkeit
32 **12 2** 2	258	4.8	Ungleichungen: Zahlen
32 **12 2** 4	577	10.2	Besonderes: Kombinatorik und Wahrscheinlichkeit
32 **12 3** 2	365	6.2	Folgen: Periodizität
32 **12 3** 3B	162	3.6	Gleichungen: Diophantische Gleichungen
32 **12 3** 6	503	8.4	Ebene Geometrie: Kreise
32 **12 4** 1	23	1.2	Kombinatorik: Abzählprobleme
32 **12 4** 2	96	2.3	Kombin. Geometrie: Zerlegungen von Gebieten
32 **12 4** 3	70	1.5	Kombinatorik: Graphen
32 **12 4** 4	136	3.2	Gleichungen: Quadratische Gleichungen
32 **12 4** 5	443	8.1	Ebene Geometrie: Dreiecke
32 **12 4** 6A	47	1.3	Kombinatorik: Existenzprobleme
32 **12 4** 6B	311	5.2	Funktionen: Funktionalgleichungen
33 **13 3** 5	40	1.3	Kombinatorik: Existenzprobleme
33 **13 3** 6	392	7.2	Zahlentheorie: Primzahlen
33 **13 4** 2	184	4.1	Ungleichungen: Positivität und Monotonie
33 **13 4** 3	536	9.2	Räumliche Geometrie: Dimensionsreduktion
33 **13 4** 5	53	1.3	Kombinatorik: Existenzprobleme
33 **13 4** 6A	393	7.2	Zahlentheorie: Primzahlen
33 **13 4** 6B	400	7.3	Zahlentheorie: Kongruenzen
34 **13 3** 5	532	9.2	Räumliche Geometrie: Dimensionsreduktion
34 **13 3** 6	587	10.3	Besonderes: Analysis
34 **13 4** 2	446	8.1	Ebene Geometrie: Dreiecke
34 **13 4** 3	259	4.8	Ungleichungen: Zahlen
34 **13 4** 4	448	8.1	Ebene Geometrie: Dreiecke
34 **13 4** 5	161	3.6	Gleichungen: Diophantische Gleichungen
34 **13 4** 6A	378	7.1	Zahlentheorie: Teilbarkeit
34 **13 4** 6B	329	5.3	Funktionen: Polynome
35 **13 1** 3	413	7.5	Zahlentheorie: Teilbarkeitsregeln
35 **13 2** 4	448	8.1	Ebene Geometrie: Dreiecke
35 **13 3** 3A	14	1.2	Kombinatorik: Abzählprobleme
35 **13 3** 3B	342	6.1	Folgen: Rekursion
35 **13 4** 3	555	9.2	Räumliche Geometrie: Dimensionsreduktion
35 **13 4** 4	151	3.4	Gleichungen: Beträge und Wurzeln
35 **13 4** 6A	330	5.3	Funktionen: Polynome
35 **13 4** 6B	45	1.3	Kombinatorik: Existenzprobleme

36 **13 2** 3	98	2.3	Kombin. Geometrie: Zerlegungen von Gebieten
36 **13 2** 4	185	4.1	Ungleichungen: Positivität und Monotonie
36 **13 3** 3B	298	5.2	Funktionen: Funktionalgleichungen
36 **13 3** 5	465	8.2	Ebene Geometrie: Vierecke
36 **13 4** 2	395	7.2	Zahlentheorie: Primzahlen
36 **13 4** 3	468	8.2	Ebene Geometrie: Vierecke
36 **13 4** 4	142	3.3	Gleichungen: Polynomgleichungen
36 **13 4** 5	103	2.5	Kombin. Geometrie: Existenz von Unterstrukturen
37 **13 2** 4	378	7.1	Zahlentheorie: Teilbarkeit
37 **13 3** 3A	404	7.4	Zahlentheorie: Positionssysteme
37 **13 3** 5	414	7.5	Zahlentheorie: Teilbarkeitsregeln
37 **13 4** 1	110	2.6	Kombinatorische Geometrie: Punkte und Geraden
37 **13 4** 2	569	10.1	Besonderes: Spiele
37 **13 4** 3	427	7.6	Zahlentheorie: Diophantische Gleichungen
37 **13 4** 5	369	6.3	Folgen: Summen und Produkte
37 **13 4** 6A	147	3.3	Gleichungen: Polynomgleichungen
37 **13 4** 6B	470	8.2	Ebene Geometrie: Vierecke
38 **13 3** 2	127	2.7	Kombinatorische Geometrie: Konvexität
38 **13 3** 6	561	9.3	Räumliche Geometrie: Analytische Geometrie
38 **13 4** 2	254	4.7	Ungleichungen: Bestimmungsungleichungen
38 **13 4** 3	473	8.2	Ebene Geometrie: Vierecke
38 **13 4** 4	129	2.7	Kombinatorische Geometrie: Konvexität
38 **13 4** 5	178	4.1	Ungleichungen: Positivität und Monotonie
38 **13 4** 6A	99	2.3	Kombin. Geometrie: Zerlegungen von Gebieten
38 **13 4** 6B	415	7.5	Zahlentheorie: Teilbarkeitsregeln
39 **13 2** 2	383	7.1	Zahlentheorie: Teilbarkeit
39 **13 3** 3B	589	10.3	Besonderes: Analysis
39 **13 3** 4	56	1.4	Kombinatorik: Extremalprobleme
39 **13 4** 3	449	8.1	Ebene Geometrie: Dreiecke
39 **13 4** 5	111	2.6	Kombinatorische Geometrie: Punkte und Geraden
39 **11 4** 6	401	7.3	Zahlentheorie: Kongruenzen
39 **13 4** 6	346	6.1	Folgen: Rekursion
40 **13 4** 2	86	2.1	Kombinatorische Geometrie: Punktpackungen
40 **13 4** 3	567	10.1	Besonderes: Spiele
40 **13 4** 5	406	7.4	Zahlentheorie: Positionssysteme
40 **13 4** 6	451	8.1	Ebene Geometrie: Dreiecke
41 **13 1** 3	466	8.2	Ebene Geometrie: Vierecke
41 **13 1** 4	573	10.1	Besonderes: Spiele
41 **13 2** 4	588	10.3	Besonderes: Analysis
41 **13 3** 3	458	8.1	Ebene Geometrie: Dreiecke
41 **13 3** 5	516	9.1	Räumliche Geometrie: Konstruktionen
41 **13 3** 6	260	4.8	Ungleichungen: Zahlen
41 **13 4** 2	88	2.1	Kombinatorische Geometrie: Punktpackungen
41 **11 4** 3	396	7.2	Zahlentheorie: Primzahlen
41 **13 4** 3	379	7.1	Zahlentheorie: Teilbarkeit
41 **13 4** 4	371	6.3	Folgen: Summen und Produkte
41 **13 4** 5	459	8.1	Ebene Geometrie: Dreiecke
41 **13 4** 6	53	1.3	Kombinatorik: Existenzprobleme

42**132**4	163	3.6	Gleichungen: Diophantische Gleichungen
42**133**2	462	8.1	Ebene Geometrie: Dreiecke
42**133**3	29	1.2	Kombinatorik: Abzählprobleme
42**133**4	165	3.6	Gleichungen: Diophantische Gleichungen
42**134**2	461	8.1	Ebene Geometrie: Dreiecke
42**134**3	591	10.3	Besonderes: Analysis
42**134**4	457	8.1	Ebene Geometrie: Dreiecke
42**134**5	397	7.2	Zahlentheorie: Primzahlen
42**114**6	381	7.1	(Variante zu Aufgabe 421346)
42**134**6	381	7.1	Zahlentheorie: Teilbarkeit
43**131**2	62	1.5	Kombinatorik: Graphen
43**131**4	574	10.1	Besonderes: Spiele
43**132**4	578	10.2	Besonderes: Kombinatorik und Wahrscheinlichkeit
43**133**2	402	7.3	Zahlentheorie: Kongruenzen
43**133**6	343	6.1	Folgen: Rekursion
43**134**3	418	7.5	Zahlentheorie: Teilbarkeitsregeln
43**134**4	372	6.3	Folgen: Summen und Produkte
43**134**5	195	4.2	Ungleichungen: Umordnungen
43**134**6	119	2.6	Kombinatorische Geometrie: Punkte und Geraden
44**132**4	575	10.1	Besonderes: Spiele
44**133**2	502	8.4	Ebene Geometrie: Kreise
44**133**3	194	4.2	Ungleichungen: Umordnungen
44**133**4	360	6.2	Folgen: Periodizität
44**133**5	528	9.2	Räumliche Geometrie: Dimensionsreduktion
44**134**2	487	8.4	Ebene Geometrie: Kreise
44**134**3	384	7.1	Zahlentheorie: Teilbarkeit
44**134**4	416	7.5	Zahlentheorie: Teilbarkeitsregeln
44**134**5	557	9.2	Räumliche Geometrie: Dimensionsreduktion
44**134**6	362	6.2	Folgen: Periodizität
45**131**4	571	10.1	Besonderes: Spiele
45**132**4	572	10.1	Besonderes: Spiele
45**133**2	420	7.5	Zahlentheorie: Teilbarkeitsregeln
45**133**4	187	4.1	Ungleichungen: Positivität und Monotonie
45**134**1	408	7.4	Zahlentheorie: Positionssysteme
45**134**2	90	2.1	Kombinatorische Geometrie: Punktpackungen
45**134**3	35	1.3	Kombinatorik: Existenzprobleme
45**134**4	463	8.1	Ebene Geometrie: Dreiecke
45**134**5	323	5.3	Funktionen: Polynome
45**134**6	490	8.4	Ebene Geometrie: Kreise
46**131**4	2	1.1	Kombinatorik: Knobelaufgaben
46**132**4	518	9.1	Räumliche Geometrie: Konstruktionen
46**133**6	428	7.6	Zahlentheorie: Diophantische Gleichungen
46**134**1	215	4.4	Ungleichungen: Konvexität
46**134**6	331	5.3	Funktionen: Polynome
47**132**3	5	1.1	Kombinatorik: Knobelaufgaben
47**133**6	417	7.5	Zahlentheorie: Teilbarkeitsregeln
47**134**3	313	5.2	Funktionen: Funktionalgleichungen
47**134**4	225	4.5	Ungleichungen: Extremwerte
47**134**5	130	2.7	Kombinatorische Geometrie: Konvexität
47**134**6	430	7.6	Zahlentheorie: Diophantische Gleichungen

48 **13** **3** 3	41	1.3	Kombinatorik: Existenzprobleme
48 **13** **3** 4	190	4.1	Ungleichungen: Positivität und Monotonie
48 **13** **3** 6	408	7.4	Zahlentheorie: Positionssysteme
48 **13** **4** 3	497	8.4	Ebene Geometrie: Kreise
48 **13** **4** 6	352	6.1	Folgen: Rekursion
49 **13** **2** 3	353	6.1	Folgen: Rekursion
49 **13** **2** 4	70	1.5	Kombinatorik: Graphen
49 **13** **3** 2	64	1.5	Kombinatorik: Graphen
49 **13** **3** 6	576	10.1	Besonderes: Spiele
49 **13** **4** 1	505	8.4	Ebene Geometrie: Kreise
49 **13** **4** 3	581	10.2	Besonderes: Kombinatorik und Wahrscheinlichkeit
49 **13** **4** 5	321	5.3	Funktionen: Polynome
49 **13** **4** 6	514	9.1	Räumliche Geometrie: Konstruktionen
50 **13** **1** 4	43	1.3	Kombinatorik: Existenzprobleme
50 **13** **2** 2	495	8.4	Ebene Geometrie: Kreise
50 **13** **2** 4	349	6.1	Folgen: Rekursion
50 **13** **3** 2	250	4.6	Ungleichungen: Standardungleichungen
50 **13** **3** 3	354	6.1	Folgen: Rekursion
50 **13** **3** 5	455	8.1	Ebene Geometrie: Dreiecke
50 **13** **4** 2	529	9.2	Räumliche Geometrie: Dimensionsreduktion
50 **11** **4** 5	310	5.2	Funktionen: Funktionalgleichungen

Printed in the United States
by Baker & Taylor Publisher Services